Hanuš Ettl

Xanthophyceae · 1. Teil

Süßwasserflora von Mitteleuropa

Begründet von A. Pascher

Herausgegeben von
H. Ettl · J. Gerloff
H. Heynig

Band 3:
Ettl · Xanthophyceae
1. Teil

Gustav Fischer Verlag
Stuttgart · New York · 1978

Xanthophyceae

1. Teil

Hanuš Ettl

636 Abbildungen

SEMPER BONIS ARTIBUS

Gustav Fischer Verlag
Stuttgart · New York · 1978

Anschrift des Verfassers:
Dr. rer. nat. Hanuš Ettl CSc., Botanisches Institut
der Tschechoslowakischen Akademie der Wissenschaften,
Arbeitsstätte Brno, CSSR

Anschrift der Herausgeber:
Dr. rer. nat. Hanuš Ettl (s. o.)
Prof. Dr. rer. nat. Johannes Gerloff
Bot. Garten u. Bot. Museum Berlin-Dahlem,
Königin-Luise-Str. 6–8, 1 Berlin 33
Dr. rer. nat. H. Heynig
Rudolf Haym-Straße 1b, DDR 402 Halle/Saale

CIP-Kurztitelaufnahme der Deutschen Bibliothek

Ettl, Hans
Xanthophyceae. – Stuttgart, New York : Fischer.
Teil 1. – 1. Aufl. – 1977.
(Süßwasserflora von Mitteleuropa ; Bd. 3)
ISBN 3-437-30250-7

Satz: Bauer & Bökeler, Denkendorf
Druck: Offsetdruckerei Karl Grammlich, Pliezhausen
Einband: Großbuchbinderei H. Koch, Tübingen
Printed in Germany

Dem Andenken an A. Pascher

Vorwort der Herausgeber

Die von A. Pascher herausgegebene Süßwasserflora Deutschlands, Österreichs und der Schweiz, deren zweite Auflage dann den Titel Süßwasser-Flora Mitteleuropas erhielt, galt und gilt noch immer als das Standardwerk der Bestimmungsliteratur der Süßwasserpflanzen, an das sich spätere Floren in Inhalt und äußerer Gestaltung eng anlehnen. Die Süßwasserflora hat sich seit dem Erscheinen ihrer ersten Bände auf der ganzen Welt einen berechtigten Ruf erworben, ja sie ist darüber hinaus zu einem Begriff geworden. Nicht nur Anfänger, sondern auch Spezialisten, die sich mit Süßwasserpflanzen und besonders mit Algen befassen, greifen immer wieder zu dieser Bücherreihe. Dies darf als Beweis für die Richtigkeit der Pascherschen Grundkonzeption dienen, die zu verändern auch heute noch keine Veranlassung besteht. Das bedeutet jedoch nicht, daß die Neubearbeitung der Süßwasserflora im einzelnen nicht wesentliche Erweiterungen und Veränderungen erfahren mußte, liegen doch die Erstbearbeitungen z. T. mehr als 60 Jahre zurück, wobei nicht alle der geplanten Bände erschienen sind. Die heutigen Anschauungen über die Verwandtschaftsverhältnisse haben sich gegenüber früheren Vorstellungen ebensosehr gewandelt, wie die Zahl der Arten, die Kenntnis ihrer Entwicklungsgeschichte oder ihrer ökologischen Ansprüche zugenommen hat. All dies mußte in einer Neuauflage einen Niederschlag finden, zumal wenn sie sich zum Ziel setzt, den neuesten Kenntnisstand der Systematik der behandelten Gruppen widerzuspiegeln. Es ist daher verständlich, daß sowohl Zahl und Umfang der Bände als auch die Anzahl der Abbildungen vermehrt werden mußten. Dennoch soll und kann die Flora die monographische Bearbeitung der einzelnen taxonomischen Gruppen nicht ersetzen. In diesem Sinne mußte auch manches kompilatorisch zusammengetragen werden, obwohl eine kritische Durcharbeitung stets angestrebt wurde. Viele Arten sind nur sehr selten gefunden worden, manche überhaupt nur von der Erstbeschreibung bekannt. In diesen Fällen kann nur der erfahrene Kenner einer Sippe die Angaben in der Literatur zutreffend bewerten. Dennoch wird es stets Unsicherheiten – wie immer in der Taxonomie – in der Bewertung geben.

Wenn auch der Titel des Werkes beibehalten wurde, so sind doch in vielen Gruppen, vor allem bei den Algen, wie z. T. auch schon in den ersten beiden Auflagen, ganz Europa und vielfach auch die übrigen Kontinente berücksichtigt. Dies hat zu einer Ausweitung des Umfangs der Süßwasserflora ebenso beigetragen wie die neue Gliederung des Gesamtwerkes, die heutigen taxonomischen Anschauungen Rechnung trägt, aber auch, wie wir hoffen, die Benutzbarkeit erleichtert. Dem sollen auch die zahlreichen Abbildungen dienen, die nicht nur jede Art, sondern meist auch für das Erkennen wichtige Entwicklungsstadien wiedergeben.

Das verstärkte Interesse der Gesellschaft an Fragen des Umweltschutzes drückt sich in einer Zunahme hydrobiologischer Forschungen aus, für die eine zuverlässige Bestimmungsflora die Voraussetzung ist; wir glauben, daß hier die Neuauflage der Süßwasserflora eine Lücke schließen kann, die dem praktisch arbeitenden Hydrobiologen meist schmerzhaft bewußt wird. Diese Lücke haben weder die Rabenhorstsche Kryptogamenflora, die ein Torso geblieben ist, noch die Reihe «Das Phytoplankton des Süßwassers», die bewußt nur einen Teil der Formenfülle erfaßt, beseitigt, noch die Süßwasserflora in polnischer oder russischer Sprache, die für viele Benutzer sprachlich nicht zugänglich sind und sich außerdem meist auf geographisch begrenzte Gebiete beschränken und oft auch nicht alle bekannten Sippen enthalten.

Andererseits haben wir wegen der vorhandenen Phytoplanktonbände geglaubt, auf einen besonderen Band «Phytoplankton», wie er von Pascher ursprünglich geplant war, verzichten zu können.

Die Gliederung des Werkes ist auf 23 Bände berechnet, die von der grundlegenden Einteilung Paschers ausgeht, aber auch die Klassifikation von Chadefaud (1960), Christensen (1962) und Bourrelly (1970) berücksichtigt. Dementsprechend sind die einzelnen Hefte eingeteilt. Diese sollen nicht die phylogenetischen Beziehungen wiedergeben, sondern vielmehr der praktischen Orientierung dienen und solche taxonomische Gruppen umfassen, die durch bestimmte, eindeutig charakterisierte Merkmale zu unterscheiden sind.

Band 1 Chrysophyceae
Band 2 Bacillariophyceae
Band 3 Xanthophyceae I
Band 4 Xanthophyceae II (Vaucheriales)
Band 5 Cryptophyceae und Raphidophyceae
Band 6 Dinophyceae
Band 7 Phaeophyceae und Rhodophyceae
Band 8 Euglenophyceae
Band 9 Chlorophyceae I (Pedinomonadales, Pyramimonadales, Volvocales)
Band 10 Chlorophyceae II (Tetrasporales)
Band 11 Chlorophyceae III (Chlorococcales)
Band 12 Chlorophyceae IV (Ulotrichales)
Band 13 Chlorophyceae V (Chaetophorales, Trentepohliales etc.)
Band 14 Chlorophyceae VI (Oedogoniales)
Band 15 Chlorophyceae VII (Sphaeropleales, Siphonocladales)
Band 16 Conjugatophyceae I (Zygnemales)
Band 17 Conjugatophyceae II (Desmidiales)
Band 18 Charophyceae
Band 19 Cyanophyceae
Band 20 Schizomycetes
Band 21 Mycophyta (Phycomycetes, Fungi imperfecti, Lichenes etc.)
Band 22 Bryophyta
Band 23 Pteridophyta und Anthophyta

Da fast alle früheren Mitarbeiter der Süßwasserflora verstorben sind, mußten für die entsprechenden Gruppen neue Bearbeiter gewonnen werden. Allen, die sich bereit erklärt haben, sich dieser Aufgabe zu unterziehen, haben die Herausgeber sehr herzlich zu danken, vor allem, da sie nicht verkennen, wie undankbar eine derartige Aufgabe ist und wieviel Zeit sie beansprucht. Der Dank gilt aber auch den beiden Verlagen, die bereit waren, mancherlei Wünsche zu akzeptieren, auch wenn sie zusätzliche finanzielle Belastungen bedeuteten, und die stets bemüht waren, auftretende Schwierigkeiten zu überbrücken. Die Herausgeber haben den Wunsch, daß sich die neue Edition der Süßwasserflora ebenso bewähren möge wie die beiden von A. Pascher redigierten Auflagen. Sie hoffen darüber hinaus, damit dem Andenken A. Paschers zu dienen, des hervorragenden Wissenschaftlers und liebenswürdigen Menschen, dem sie direkt oder indirekt viel verdanken.

Mit seinen Worten möchten wir uns zum Schluß an die Benutzer dieses Werkes wenden: »Irrtümer lassen sich beim besten Willen nicht vermeiden, weder für den speziellen Bearbeiter, noch für den Herausgeber, der ein schwer übersehbares großes Gebiet unmöglich gleichmäßig übersehen kann. Für jede sachliche und wohlgemeinte Anregung und Berichtigung werden Herausgeber und Bearbeiter immer dankbar sein.«

Im Oktober 1977

H. Ettl · J. Gerloff · H. Heynig · B. Schussnig†

Herausgeber und Verlage gedenken dankbar Professor Bruno Schussnigs, der sich als einer der Mitherausgeber mit seiner ganzen Person für diese Neuauflage eingesetzt hat. Leider war es ihm nicht mehr vergönnt, den Neubeginn der Süßwasserflora zu erleben.

Seine aus überragendem Wissen geborene, stets wache Kritik hat vieles zur Klärung allgemeiner Fragen beigetragen. Sie werden wir in Zukunft vermissen. Fehlen wird uns aber auch der liebenswerte, warmherzige Mensch, dessen urbaner Geist Schwierigkeiten überwand.

Wir haben einen Freund verloren.

Vorwort

Die Xanthophyceen gehören zu den Algengruppen, deren Studium in den letzten Jahrzehnten etwas weniger gefördert wurde, obwohl Paschers umfangreiche Monographie aus dem Jahre 1939 vorliegt. Im Vergleich mit den übrigen Algen ist der Zuwachs der neu beschriebenen Arten geringer, und auch in anderer Hinsicht hinken die Kenntnisse über die Xanthophyceen stark nach. Dafür sprechen auch die wenigen Angaben über deren Verbreitung und Ökologie. Ausgenommen sind nur solche Formen, die auf den ersten Blick erkennbar sind, morphologisch auffallen und deswegen auch öfters in den Artenlisten stehen.

Es ist deshalb kein Zufall, daß die Xanthophyceen als erste in der Neuauflage der »Süßwasserflora von Mitteleuropa« erscheinen, sondern es war die Absicht, auf diese wenig bekannte Gruppe erneut aufmerksam zu machen. Zudem sollte Paschers Verdienst um die Süßwasserflora gewürdigt werden, was wohl nicht besser getan werden konnte, als gerade durch die Herausgabe seiner Lieblingsgruppe, der Heterokonten im Sinne Paschers. Der ganze Stoff wurde nach den neuesten Kenntnissen in der Algologie gegliedert, mit Berücksichtigung der neu beschriebenen Sippen. Immerhin bewährte sich die Monographie von Pascher als Grundlage für diese Bearbeitung. Im Prinzip blieb auch Paschers Gliederung erhalten, da sie selbst nach so vielen Jahren ihre Gültigkeit hat. Die Gliederung wurde nur dort abgeändert, wo dies maßgebende morphologische und entwicklungsgeschichtliche neue Erkenntnisse erfordert haben. Die Bedeutung der einzelnen Merkmale wurde analog dem, was man heute auch bei anderen Algengruppen für taxonomisch wichtig hält, bewertet. Da die Süßwasserflora vor allem ein Bestimmungswerk ist, wurde sie in gewisser Hinsicht etwas konservativer gehalten. Ich habe von manchen neuen biochemischen und ultrastrukturellen Auffassungen der Systematik abgesehen, weil noch zu wenig Beweismaterial zusammengetragen worden ist.

Bei der Einordnung neu beschriebener Taxa habe ich mich meist danach gerichtet, wie die einzelnen Organismen ursprünglich aufgefaßt wurden. Weitere Untersuchungen werden möglicherweise zeigen, daß manche Xanthophyceen Grünalgen sind, die unter gewissen Umständen keine Stärke speichern und deren Chromatophoren mehr gelbgrün gefärbt sind. Dies gilt vor allem für solche Formen, bei denen weder Zoosporen noch Zysten beobachtet wurden. Zukünftige Pigmentanalysen werden zeigen, wohin diese Formen gehören. Dessen war ich mir bewußt, doch hielt ich es für ratsam, auch solche unsicheren Formen aufzunehmen, noch ehe man ihre taxonomische Zugehörigkeit eindeutig herausgefunden hat – nach der Devise – lieber einen Organismus zweimal in die Süßwasserflora aufnehmen als überhaupt nicht.

Viele Fachkollegen haben mich durch Zusendung von Literatur und Abbildungen unterstützt. Mein Dank gebührt vor allem Herrn Prof. Dr. H. Pitschmann (Innsbruck), dessen Bearbeitung der Gattung *Heterococcus* ich übernehmen durfte. Weiter danke ich herzlich den Herren Prof. Dr. H. C. Bold (Austin), Prof. Dr. H. Reisigl (Innsbruck), Prof. Dr. M. M. Gollerbach (Leningrad) und Prof. Dr. K. Starmach (Kraków). Auch den beiden Verlagen sei für das Interesse und Entgegenkommen bei der Gestaltung des Werkes aufrichtig gedankt, nicht zuletzt Herrn Prof. Dr. J. Gerloff (Berlin) für seine Geduld bei der Durchsicht des Manuskriptes.

Chrastavec-Půlpecen, Frühjahr 1977 — H. Ettl

Inhalt

Bestimmungsschlüssel für die Klassen der Algen

Der folgende kurze Bestimmungsschlüssel soll es auch dem weniger Erfahrenen ermöglichen, eine gefundene Alge zunächst in die richtige Klasse einzuordnen, ehe die nähere Bestimmung vorgenommen wird.

Es war selbstverständlich nicht möglich, in dem kurzen Bestimmungsschlüssel bei der Beschreibung der Klassen auch alle stark abweichenden Gattungen zu berücksichtigen. Die Herausgeber hoffen aber trotzdem, daß damit auch dem Nichtspezialisten der praktische Gebrauch der Süßwasserflora erleichtert wird.

1a Zellen ohne typischen Zellkern und ohne Chromatophoren. Genetisches Material in Form von Chromatinelementen im zentralen Teil der Zelle gelagert. Pigmente blaugrün, olivgrün oder purpurfarbig, im peripheren Chromatoplasma verteilt. Zellwand, dünn, häufig von einer mehr oder weniger festen Schleimhülle umgeben. Zellen oft mit Pseudovakuolen. Reservestoffe sind Glykogen und proteinartiges Cyanophycin. Jodtest auf Stärke negativ. Einzellige, kolonie- oder fadenbildende Algen. . . . **Cyanophyceae**

1b Zellen mit typischem Zellkern sowie durch cytoplasmatische Membranen abgegrenzte Chromatophoren. Zellwand meist deutlich. 2

2a Zellen mit überwiegend grasgrünen Assimilationspigmenten. Chlorophyll a und b vorhanden, jedoch kann das Chlorophyll durch akzessorische Pigmente maskiert sein z. B. *Euglena, Haematococcus, Trentepohlia.* 3

2b Zellen mit anders gefärbten Chromatophoren. Chlorophyll b stets fehlend. Farbe der Assimilationspigmente bei einzelnen Klassen der der Chlorophyceae sehr ähnlich (Rhaphidophyceae, Xanthophyceae). 6

3a Einzellige, gefärbte oder farblose, meist freischwimmende Flagellaten, z. T. in festen Gehäusen, oft metabolisch. (Vereinzelt kommt Koloniebildung vor!). Stärkebildung (Paramylum) außerhalb der Chromatophoren. Paramylumkörnchen stab- oder ringförmig, durch Jod nicht färbbar. . . . . **Euglenophyceae**

3b Stärkebildung innerhalb der Chromatophoren. Stärke wird durch Jod blau gefärbt. 4

4a Geschlechtliche Fortpflanzung durch Konjugation unbeweglicher Zellen. Algen einzellig, koloniebildend oder fadenförmig, mit oft kompliziert gebauten Chromatophoren. Begeißelte Stadien fehlen. **Conjugatophyceae**

4b Geschlechtliche Fortpflanzung niemals durch Konjugation, sondern stets durch bewegliche Zellen 5

5a Makrophytische, quirlartig verzweigte Algen, deren Vegetationskörper aus Knoten- und Internodialzellen aufgebaut ist. Mit kompliziert gebauten, eigenwertigen Geschlechtsorganen. . . . . **Charophyceae**

5b Algen nicht aus Knoten- und Internodialzellen aufgebaut; sehr vielgestaltig: einzellig, kolonie- oder coenobienbildend, fädig oder siphonal. Entweder vorwiegend als Flagellaten lebend (Volvocales, Pedinomonadales, Pyramimonadales) oder vorwiegend im unbeweglichen Zustand vorkommend. Geißeln stets isokont. . . . . **Chlorophyceae**

6a Assimilationspigmente «maigrün» oder gelbgrün 7

6b Assimilationspigmente gelblich oder braun, graurot oder blau 8

7a Assimilationspigmente durch Xanthophylle und Carotine gelbgrün gefärbt, durch Zusatz verdünnter Salzsäure in einen bläulich-grünen Farbton umschlagend. Chromatophoren 1 – mehrere, meist scheibenförmig. Reservestoffe: Chrysolaminarin neben Volutin und Fetten. Stärke fehlend. Einzellige, koloniebildende, fädige oder siphonale Algen. Zellwand häufig zweiteilig aus H-Stücken gebildet. . . . . **Xanthophyceae**

7b Assimilationspigmente maigrün. Chromatophoren sehr zahlreich, gewöhnlich radial ausgerichtet. Zellen häufig mit Trichocysten. Durch zwei seitenständige Geißeln bewegliche Flagellaten. . . . . **Rhaphidophyceae**

8a Assimilationspigmente gelblich oder braun gefärbt 9

8b Assimilationspigmente graurot, rötlich oder blau 12

9a Algen fadenförmig (einfach oder verzweigt) oder kleine parenchymatöse Thalli bildend; mit individualisierten Sporangien. Reservestoffe: Chrysolaminarin. . . . . **Phaeophyceae**

9b Algen einzellig oder koloniebildend, nur sehr selten fadenförmig und dann ohne individualisierte Sporangien. 10

10a Zellen ohne Geißeln, mit einer zweiteiligen, skulpturierten und verkieselten Zellwand. Einzeln oder koloniebildend. Reservestoffe: Chrysolaminarin und Öl. . . . . **Bacillariophyceae**

10b Zellen mit Geißeln 11

11a Algen meist einzellig, mit 2 in verschiedenen Ebenen (Längs- und Querfurche) angeordneten Geißeln. Zellwand z. T. aus skulpturierten polygonalen Platten gebildet. Reservestoffe: Stärke und Öl. Zahlreiche farblose Gattungen! . . . . **Dinophyceae**

11b Algen einzellig, koloniebildend oder selten auch fadenförmig. Mit 1 oder 2 Geißeln, bisweilen mit geißelartigem Haptonema. Zellen häufig in Gehäusen oder mit endogen gebildeten verkieselten Cysten. Reservestoffe: Chrysolaminarin und/oder Öl. . . . . **Chrysophyceae**

12a Algen mit violetten oder grau-grünen, bisweilen blaugrünen oder leuchtend roten Pigmenten. Einzellig, fadenförmig oder komplizierte makroskopische Thalli bildend. Reservestoffe: Florideenstärke, die durch Jod rötlich gefärbt wird. . . . . **Rhodophyceae**

12b Algen mit grünen, blauen, bräunlichen oder auch roten akzessorischen Pigmenten, meist einzellig und mit zwei verschieden langen Geißeln, die subapikal in einem Schlund (oder Furche) entspringen. Reservestoffe: Cryptophyceenstärke und Öle. Jodtest auf Stärke oft positiv. . . . . **Cryptophyceae**

I. Allgemeiner Teil

1. Abgrenzung der Xanthophyceen

Die Xanthophyceen sind eine selbständige und natürliche Algenklasse, die von den übrigen Algen gut unterscheidbar ist und eine eigene Aufeinanderfolge aller Organisationsstufen zeigt. Wie nur bei wenigen Algenklassen, sind hier sämtliche Organisationsstufen, von der monadoiden bis zur siphonalen, vertreten. Außerdem kommen amöboide Formen vor, die als vegetative Stadien eine besondere Organisationsstufe bilden. Die Xanthophyceen können aufgrund folgender Merkmale erkannt und von den übrigen Algen unterschieden werden:

a) Die Chromatophoren sind rein grün, blaß grün oder gelbgrün, niemals bräunlich oder gelb gefärbt. Als Assimilationspigment kommt vor allem das Chlorophyll *a* vor, begleitet von β-Carotin und Xanthophyllen. Das Chlorophyll *b*, charakteristisch für die Grünalgen, **fehlt**.

b) als Assimilate und Reservestoffe sind immer Chrysolaminarin (Polyglykan) und Öl vorhanden, wovon sich letztes in großen Tropfen anhäufen kann. Gelegentlich werden auch Eiweißkristalle gebildet. Stärke ist jedoch **niemals** vorhanden.

c) Die begeißelten Stadien, gleichgültig ob vegetative Zellen oder Zoosporen, sind bilateral symmetrisch gebaut und besitzen primär zwei ungleich lange und heteromorphe Geißeln. Die längere Geißel (Hauptgeißel) ist immer funktionsfähig und als Flimmergeißel ausgebildet, wogegen die kürzere (Nebengeißel) stets als glatte Peitschengeißel entwickelt ist, meist aber kaum noch funktionsfähig ist. Die Nebengeißel ist bedeutend kürzer, manchmal nur stummelförmig ausgebildet oder völlig bis auf den Basalkörper reduziert. Solche Zellen sind dann sekundär eingeißelig.

d) Die Xantophyceen bilden typische Zysten, die immer endoplasmatisch angelegt werden in der Form, daß ihre Wand im Innern des Protoplasten gebildet wird. Sie bestehen aus zwei ungleich großen Schalen, die nicht selten mit einer Außenskulptur versehen und sehr häufig in beträchtlichen Maßen verkieselt sind.

e) Die Zellwand der behäuteten Xanthophyceen ist meistens zweiteilig, mit gleich oder ungleich großen Teilen; nicht selten mit regelmäßiger Skulptur versehen. Das Längenwachstum der Zellwand erfolgt durch Einschub mehrerer bis vieler ineinander steckender, fingerlingartiger Zuwachsstücke.

f) Die Beschaffenheit des Cytoplasmas ist durch das ausgesprochen glasige Aussehen an lebenden Zellen gekennzeichnet, was stark an das Cytoplasma der Chrysophyceen und Bacillariophyceen erinnert.

Recht umstritten ist die systematische Einreihung der Vaucheriales, die mit den Xanthophyceen sowohl die Pigmente als auch Reservestoffe gemeinsam haben. Sie unterscheiden sich jedoch beträchtlich durch die großen Synzoosporen mit zahlreichen, über den ganzen Körper zu Paaren angeordneten heterokonten, aber isomorphen Geißeln und vor allem durch die ausgeprägte geschlechtliche Fortplanzung in Form einer differenzierten Oogamie (die Spermatozoiden besitzen eine heterokonte und heteromorphe Begeißelung). In der Süßwasserflora werden die Vaucheriales zu den Xanthophyceen gestellt, doch wird ihnen der Rang einer selbständigen Ordnung zugesprochen, was den schwer überbrückbaren Unterschied betonen soll. Diese Gruppe wird auch in einem selbständigen Band behandelt werden (Band 4 – Xanthophyceae II, Vaucheriales).

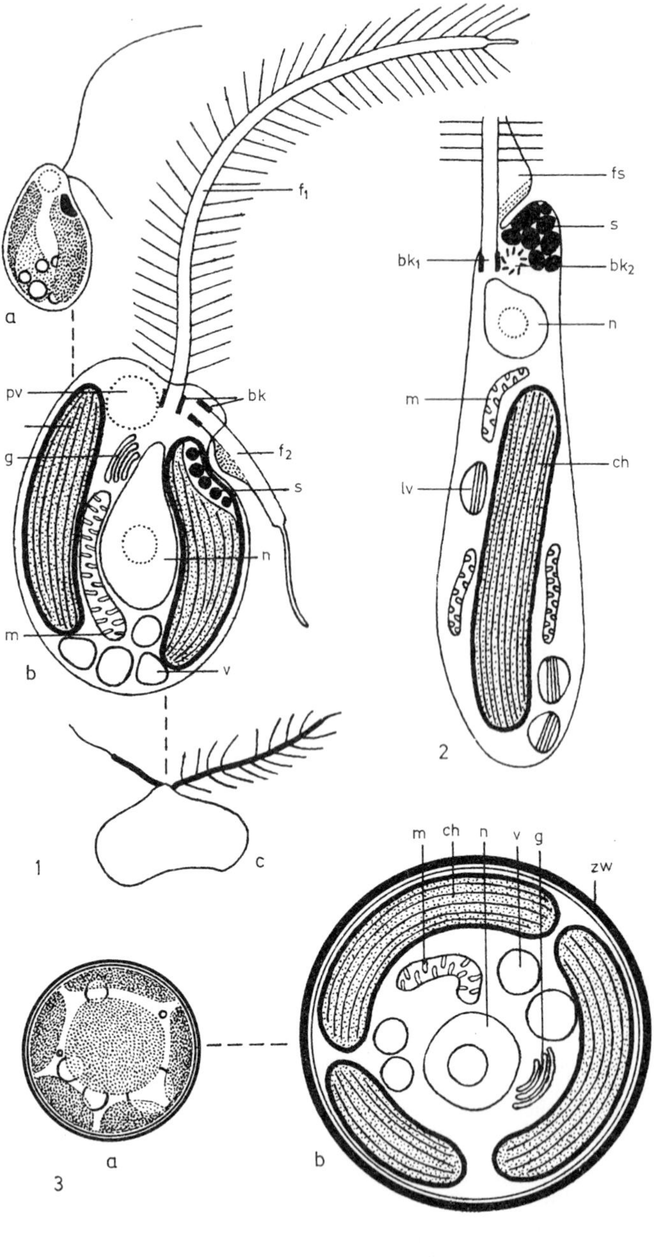
a
pv
g
m
b
f1
bk
f2
s
n
v
c
1
fs
s
bk1
bk2
n
m
ch
lv
2
m ch n v g
zw
a
b
3

Auf Grund elektronenmikroskopischer Untersuchungen und eingehender Pigmentanalysen ist man in letzter Zeit bestrebt, von den Xanthophyceen eine selbständige Klasse, die Eustigmatophyceae, abzutrennen (Hibberd und Leedale 1971b, 1972). Die Unterschiede zwischen den Xanthophyceen i. e. S. und den Eustigmatophyceen sind auf folgender Tabelle dargestellt (siehe auch Fig. 1, 2).

Xanthophyceae

1. Stigma an den Chromatophor gebunden, in diesem als Schicht osmiophiler Tropfen eingebettet.
2. Zoosporen primär zweigeißelig, heterokont und heteromorph. Längere Hauptgeißel zweizeilig beflimmert, kürzere Nebengeißel glatt.
3. Geißelschwellung (flagellar swelling) an der Basis der Nebengeißel. Im Querschnitt polyedrisch, im Längsschnitt konvex vorgewölbt.
4. Chromatophor vom periplastidischen Retikulum umgeben, das mit der Kernhülle in Verbindung steht. Gürtellamelle vorhanden.
5. Pyrenoid im Chromatophor eingesenkt, von zahlreichen Lamellen durchzogen, die die direkte Fortsetzung der Plastidenlamellen sind. Kommt auch in Zoosporen vor, falls in vegetativen Zellen vorhanden.
6. Golgi-Apparat auch bei Zoosporen vorhanden.
7. Zellwand deutlich zweiteilig.
8. Zellkern immer eng mit einem oder mehreren Chromatophoren assoziiert.

Eustigmatophyceae

1. Stigma außerhalb des Chromatophors liegend, aus mehreren großen osmiophilen Tropfen bestehend, die von keiner Membran umgeben sind.
2. Zoosporen sekundär eingeißelig, doch mit vorhandenem zweiten Basalkörper. Geißel mit einer bilateralen Reihe von steifen Haaren.
3. Geißelschwellung länglich, im Querschnitt T-förmig.
4. Chromatophor vom periplastidischen Retikulum umgeben, das keine Verbindungen mit der Kernhülle aufweist. Gürtellamelle fehlt.
5. Pyrenoid knospenartig ausgestülpt, polygonal, auf einem schmalen Stiel dem Chromatophor von der Innenseite aufsitzend. Homogen, weder von Lamellen noch von Thylakoiden durchsetzt. Kommt nur in den vegetativen Zellen vor, in den Zoosporen fehlt es.
6. Golgi-Apparat fehlt bei Zoosporen.
7. Zellwand aus einem Stück bestehend.
8. Zellkern nicht mit dem Chromatophor assoziiert.

◀ Fig. 1. Zellbau einer nackten begeißelten Xanthophyceen-Zelle, *a* lebend im Lichtmikroskop, *b* nach elektronenmikroskopischen Aufnahmen (nach Hibberd und Leedale), c färberisch dargestellte Geißeln (nach Vlk). Fig. 2. Zellbau einer nackten begeißelten Zelle vom Eustigmatophyceae-Typus (nach Hibberd und Leedale). Fig. 3. Zellbau einer behäuteten unbeweglichen Xanthophceen-Zelle, *a* lebend im Lichtmikroskop, *b* nach elektronenmikroskopischen Aufnahmen etwas schematisch dargestellt.

Erklärungen: f_1 – Hauptgeißel, f_2 – Nebengeißel, fs – Geißelschwellung, bk – Basalkörper der Geißeln (bk_2 – Basalkörper ohne Geißelschaft), zw – Zellwand, ch – Chromatophor, n – Zellkern, s – Stigma, g – Golgi-Apparat, lv – Vakuolen mit lamellenartigem Inhalt, m – Mitochondrien, pv – pulsierende Vakuolen, v – kleine Vakuolen und Reservestoffe.

Zu den Eustigmatophyceen gehören vorläufig mit Sicherheit folgende Arten (siehe auch im speziellen Teil):

Pleurochloris commutata Pascher
Pleurochloris magna Boye-Petersen
Ellipsoidion acuminatum Pascher
Polyedriella helvetica Vischer et Pascher
Vischeria punctata Vischer
Vischeria stellata (Poulton) Pascher
Chlorobotrys regularis (W. West) Bohlin
Pseudocharaciopsis texensis Lee et Bold

2. Bau der Xanthophyceen-Zelle

Über den Bau der Xanthophyceen-Zellen sind wir Dank vieler lichtmikroskopischer und in letzter Zeit auch mehrerer elektronenmikroskopischer Untersuchungen verhältnismäßig gut unterrichtet. Im Prinzip haben die Xanthophyceen einen ähnlichen Zellbau wie die verwandten braunen Algengruppen, vor allem jedoch wie die Chrysophyceen. Es kommt innerhalb der Xanthophyceen immer wieder zu einem deutlichen Anklang an die Flagellaten, der bei den unbeweglichen Formen in den begeißelten Zoosporen zum Ausdruck kommt. Wir unterscheiden zwei verschiedene Typen von Zellen – die unbehäuteten (nackten) und die behäuteten (mit differenzierter Zellwand versehenen) Zellen. Nackte Zellen kommen vor allem bei der monadoiden, rhizopodialen und teilweise auch bei der capsalen Organisationsstufe, wie auch bei Zoosporen und Hemiautosporen vor. Also dort, wo der monadoide Charakter noch voll oder teilweise nachweisbar ist. Behäutete Zellen dann bei allen übrigen Organisationsstufen und bei den Autosporen, wie auch bei Aplanosporen und Akineten, die keinen Flagellatencharakter mehr aufweisen. Die Zysten mit ihren verkieselten Schalen nehmen eine völlig gesonderte Stellung ein. Beide Typen der Xanthophyceen-Zellen sind in Fig. 1 und 3 dargestellt, eine begeißelte Zelle des Eustigmatophyceen-Typus in Fig. 2. Nackte Zellen haben ein einfaches Plasmalemma, zeigen keinen differenzierten Periplast und sind deshalb meist auch formveränderlich und können bisweilen ausgesprochen amöboid werden. Sie bilden dann plumpe Pseudopodien oder feine Rhizopodien (Fig. 4).

2.1. Zellwand

Eine deutliche und differenzierte Zellwand kommt schon bei manchen capsalen, immer aber bei den coccalen, trichalen und siphonalen Organisationsstufen vor und ist bei diesen ein regelmäßiger Zellbestandteil, der vom Protoplasten

Fig. 4. Nackte Zellen der monadoiden Organisationsstufe mit ausgebildeten Pseudopodien – *Chloromeson agile*. Fig. 5. Einteilige Zellwand von *Pleurochloris commutata*. Im übrigen zweiteilige Zellwände von: Fig. 6. *Chlorallanthus, a* vegetative Zelle, *b* leere Hälften der Zellwand nach Verlassen der Zoosporen. Fig. 7. *Chlorothecium, a* vegetative Zelle, *b* abgefallener deckelartiger Teil beim Ausschwärmen der Zoosporen. Fig. 8. *Akanthochloris*. Fig. 9. *Ophiocytium* während der Zoosporenbildung. Fig. 10. *Tribonema*, Zellwand eines Keimlings (nach Pascher). ▶

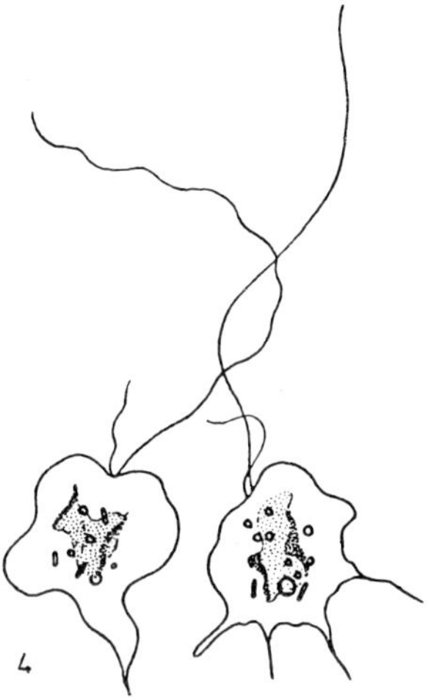

4

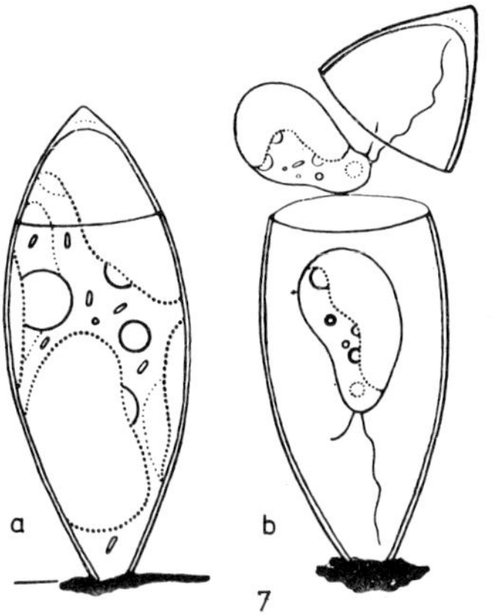

7

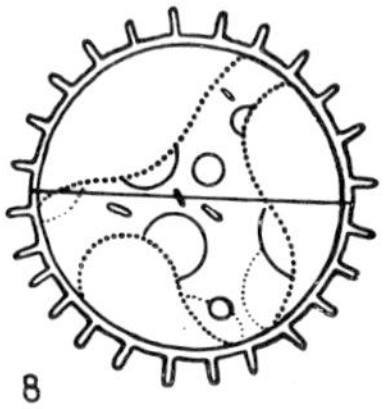

8

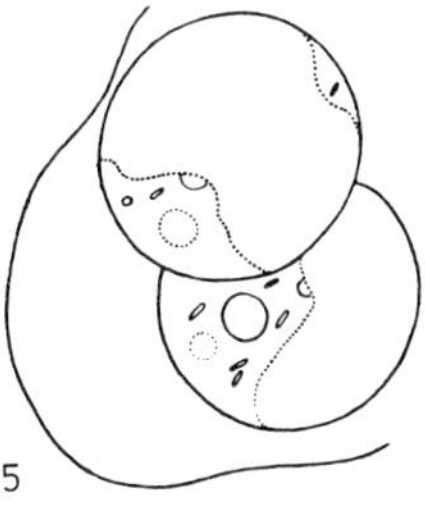

5

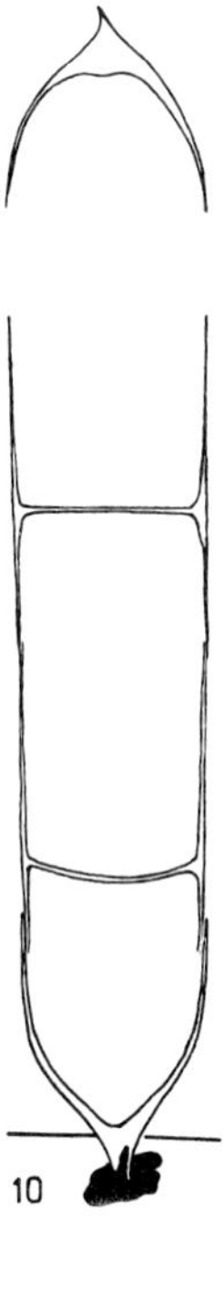

10

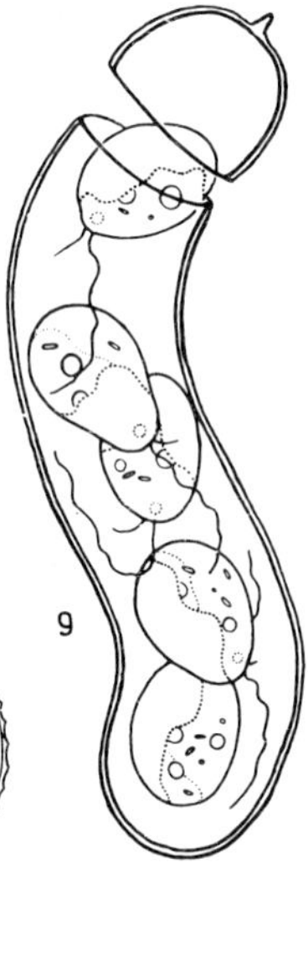

9

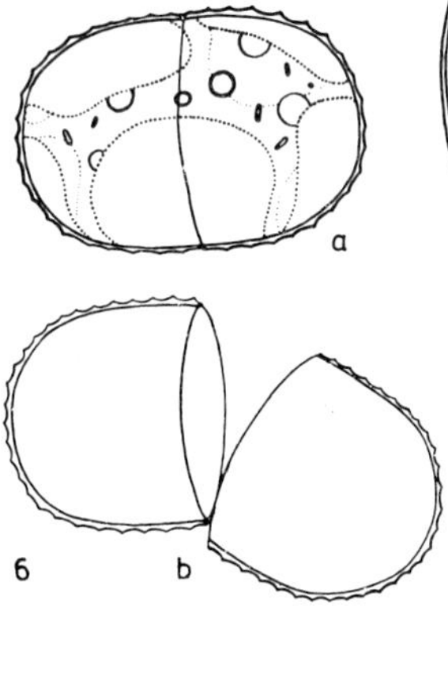

6

nach erfolgter Teilung oder Fortpflanzung ausgeschieden wird. Elektronenmikroskopisch wurden vorerst nur die Zellwände von *Botrydium, Tribonema, Ophiocytium* und *Bumilleriopsis* untersucht (Falk 1967, Falk und Kleinig 1968, Hibberd und Leedale 1971a, Deason 1971). Meist sind Zellwände vorhanden, die sich aus zwei Teilen zusammensetzen (Fig. 6–10). Andere lassen eine solche Zweiteiligkeit der Zellwand zunächst nicht erkennen; sie wird aber deutlich, wenn die Zoosporen oder Autosporen aus der Zelle austreten (Fig. 7). Wieder andere haben zweiteilige Zellwände nur in bestimmten Entwicklungsstufen und bei noch anderen Xanthophyceen besteht die Zellwand aus einem einzigen Stück (Fig. 5). Letzte kommt auch bei den Eustigmatophyceen vor. Wenn sich die vegetativen Zellen hinsichtlich der Beschaffenheit ihrer Zellwand verschieden verhalten, so haben die endoplasmatisch gebildeten Zysten und vielfach auch die Aplanosporen und z. T. die sog. Riesenzellen zweiteilige Wände. Dagegen lassen die Akineten oder Akinetenverbände einen solchen Aufbau der Zellwand nicht immer erkennen.

Dort, wo die Zellwand aus zwei Teilen zusammengesetzt ist, greifen die beiden Hälften mit oft auskeilenden, zugeschärften Rändern übereinander und nur selten stoßen sie direkt aneinander.

In vielen Fällen ist die zweiteilige Zellwand dadurch zu erkennen, daß die zusammenstoßenden Ränder etwas erweitert sind und divergieren oder dadurch, daß die Ränder der beiden Hälften etwas wulstig verdickt sind. Die beiden Teile der Zellwand können gleich groß oder auch sehr ungleich groß sein (Pascher 1939 a). Bei *Chlorothecium* schließt der obere Teil der Zellwand den unteren größeren förmlich deckelartig ab. Ebenso bei *Ophiocytium,* wo die langzylindrischen Zellen an einem Ende durch einen ganz kurzen und übergreifenden, dekkelartigen Teil abgeschlossen werden. Besonders deutlich ist das an elektronenmikroskopischen Aufnahmen zu sehen (Hibberd und Leedale 1971 a).

Eigenartig ist die zweiteilige Zellwand bei manchen trichalen Xanthophyceen gebaut (Fig. 11–13). Die Zellwände werden in der Weise zusammengehalten, daß die aneinanderstoßenden Querflächen der Halbstücke von Zellwänden benachbarter Zellen miteinander verwachsen (Fig. 11). Diese Verwachsung von zu zwei verschiedenen Zellen gehörenden Halbstücken ist viel fester als die von nur mit ihren Rändern übergreifenden Halbstücken einer Zelle. Der Faden wird daher nicht an den Grenzflächen der benachbarten Zellen, sondern in der Mitte der einzelnen Zellen zerbrochen. Durch das Verwachsen der Bodenteile zweier Zellwandhälften, die zu zwei benachbarten Zellen gehören, werden die Querwände des Fadens gebildet. Die Zellwände der Fadenzellen sind somit sekundär zu Einheiten verbunden, die nicht der Zellwand einer Zelle entsprechen, sondern immer zwei Zellen angehören, von denen der linke Teil die rechte Hälfte der links benachbarten Zellen, der rechte die linke Hälfte der rechts benachbarten Zelle behäutet (Fig. 12, 13). Diese Stücke der Zellwand stellen an ihren Rändern zugeschärfte Röhrenstücke dar, die annähernd in der Mitte eine Querwand besitzen. Im optischen Längsschnitt erscheinen sie infolgedessen charakteristisch H-förmig (näheres siehe Pascher 1939 a).

Während der Teilung der Fadenzellen bildet jeder der Teilprotoplasten an seiner Grenzfläche eine neue zarte Wand. Diese beiden neu gebildeten und nebeneinander liegenden Wände verwachsen zur neuen Querwand im Faden. Die Längswände (Röhrenstücke) entstehen in der Form je eines zunächst sehr schmalen zylindrischen Randes, der von jedem Tochterprotoplasten aus an die nun gemeinsame Querwand angesetzt wird. Auf diese Weise wird zwischen die beiden Tochterprotoplasten ein neues H-Stück mit sehr kurzen Enden eingeschoben. Im weiteren Verlauf werden neue Schichten angelegt, die fingerlingartig eingefügt sind und sukzessiv immer länger werden (Fig. 11). Die Zellwand einer jeden neu gebildeten Zelle besteht zum Teil aus der alten Zellwand der Mutter-

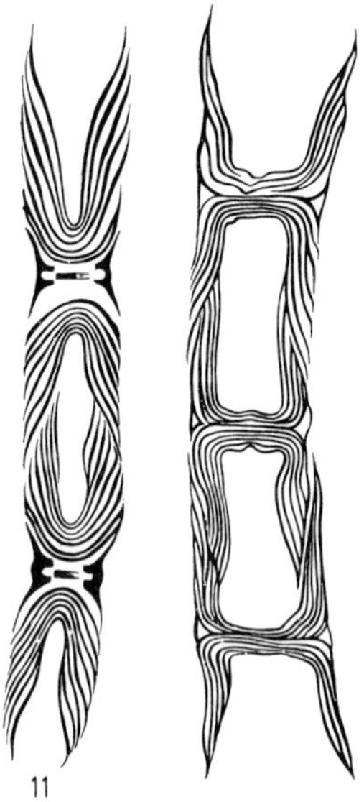

11

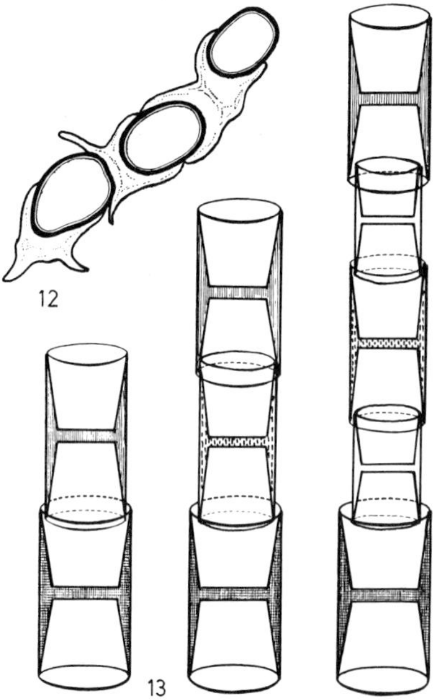

12

13

Fig. 11. Aufgequollene H-Stücke der Zellwand von *Tribonema*, an denen die fingerlingartig ineinandergeschichteten Zuwachsstücke zu sehen sind (nach Bohlin). Fig. 12. Stark verquellende H-Stücke eines *Tribonema*-Fadens während der Aplanosporenbildung. Fig. 13. Schema der Zusammensetzung der Zellwand eines *Tribonema*-Fadens. Die Zellwand ist aus H-Stücken zusammengesetzt, die mit ihren offenen Enden ineinander schließen. In Wirklichkeit besteht jedes H-Stück aus zwei Hälften, die zwei verschiedenen Zellen angehören und mit ihren Bodenteilen zu dem H-Stück verwachsen sind. Bei der Zellteilung werden neue H-Stücke dadurch eingeschoben, daß jeder der beiden Teilprotoplasten die fehlenden Hälften ergänzt und diese mit ihren Bodenteilen verwachsen. Durch das Längenwachstum strecken sich die beiden Wandstücke und treiben die H-Stücke der Mutterzelle auseinander. Je länger der Faden wird, desto ungleichwertiger werden, speziell gegen die beiden Enden des Fadens, die H-Stücke. Die Zellwand einer bestimmten Zelle besteht also immer aus zwei verschiedenwertigen Halbstücken (nach Pascher).

zelle, zum Teil aus der neu entstandenen. Bei coccalen Xanthophyceen wird hingegen die Zellwand von den neuen Teilprotoplasten vollständig neu angelegt. Die alte Zellwand der Mutterzelle wird entweder abgeworfen oder verschleimt.

Die Zellwand scheint bei keiner Art einschichtig zu sein, was bei einigen Arten auch elektronenmikroskopisch nachgewiesen wurde (Falk 1968, Falk und Kleinig 1968, Deason 1971, Hibberd und Leedale 1971 a). Sie besteht aus mehreren Schichten von feinen Fibrillen, die parallel verlaufen und nur an der inneren Seite der Zellwand etwas wahllos orientiert sind. Bei *Tribonema* schieben sich zwischen die Fibrillenlagen noch Schleimschichten, die mit den ersteren alternieren (fingerlingartige Zuwachsstücke) und den lichtoptisch sichtbaren Strukturen entsprechen. Bei den übrigen diesbezüglich untersuchten Arten scheint zumindest eine differenzierte Innenschicht vorhanden zu sein, die insofern eine Rolle spielt, als sie bei der Zoosporen- oder Autosporenentleerung blasenartig gedehnt wird. Bei Zellen mit zweiteiliger Zellwand können die Reste beider Teile eine Zeitlang kappenartig an der Blase kleben bleiben (z. B. bei *Chlorothecium*). Über den Chemismus der Zellwand wissen wir vorläufig nur wenig Bescheid. Nach den bisherigen Ergebnissen sind vor allem Pektine am Aufbau beteiligt. Zellulose gibt es nur wenig, wahrscheinlich nur in der Innenschicht. Nur bei *Botrydium* soll die Zellwand fast völlig aus Zellulose bestehen (Miller 1927, Falk 1967).

Hinzu kommen noch Verkieselungen der Zellwand, Eisen- und Kalkauflagerungen (Pascher 1939 a). Verkieselte Zellwände sind vor allem dort vorhanden, wo die Zellwände eine auffallende Skulptur zeigen. So bei Arten der Gattungen *Arachnochloris, Polyedriella, Chlorallanthus, Goniochloris* u. a. Bei manchen Arten ist die Regelmäßigkeit der verkieselten Skulptur der mancher Diatomeen auffallend ähnlich (Fig. 14, 15). Nicht selten sind die Zellwände verschiedenster Xanthophyceen durch Auflagerungen von Eisenoxidhydrat und Manganverbindungen auffallend bräunlich bis tiefbraun verfärbt. Diese Auflagerungen können zweierlei Ursprungs sein. Entweder wird durch die Lebenstätigkeit der Zellen oder durch die Beschaffenheit der Zellwand Eisenoxidhydrat an der Außenseite der Zelle ausgefällt oder es sind Eisenbakterien daran beteiligt, die an den Zellwänden haften. Sicher spielen dabei die adsorptiven Eigenschaften der Zellwand eine wichtige Rolle. Ähnlich verhält es sich mit Auflagerungen von Calziumcarbonat, wie dies an den Zellwänden von *Tribonema* und *Botrydium* beobachtet wurde. Bei *Tribonema* werden Zellen von recht mächtigen Mänteln dieser Niederschläge umgeben. Hierbei kann sich Calziumcarbonat allein oder zusammen mit Eisenoxidhydrat niederschlagen. Kommt es dann im Faden zu Zellteilungen, so schieben sich zwischen die inkrustierten H-Stücke die jungen, nicht inkrustierten H-Stücke ein. Die Fäden erhalten so ein perlschnurartiges Aussehen. Solche Stadien wurden früher als eigene Gattung *Psichohormium* aufgefaßt (Pascher 1939 a). Bei *Botrydium* ist die Zellwand besonders bei älteren Blasen mit Schüppchen von Calziumcarbonat bedeckt, die mitunter auch krustenförmig zusammentreten können (Miller 1927).

Morphologisch und entwicklungsgeschichtlich vollkommen verschieden von den Zellwänden sind die Gehäuse mancher rhizopodialen Xanthophyceen (*Stipitococcus, Stipitoporos* oder *Rhizolekane*). Leider sind wir über ihre Beschaffenheit nicht informiert. Die Gehäuse werden gelegentlich auch durch Eisen- und Manganverbindungen gelb oder bräunlich verfärbt.

2.2. Geißelapparat

Der Geißelapparat zeigt bei allen begeißelten Xanthophyceen-Zellen eine weitgehende Übereinstimmung. In den meisten Fällen ist er heterokont und heteromorph. Er besteht aus einer längeren beflimmerten Hauptgeißel und einer viel kürzeren glatten Nebengeißel, die auch stummelförmig oder völlig reduziert sein kann (Fig. 27). Die Xanthophyceen i. e. S. sind primär zweigeißelig, wogegen die Eustigmatophyceen sekundär eingeißelig geworden sind. Die Geißelinsertion ist in bezug auf ihre Lage stabil und betont die Polarität der monadoiden Zelle. Sie erfolgt ventral in einer mehr oder weniger deutlichen subapikalen Papille, im spitzen oder stumpfen Winkel zueinander (Fig. 1). Die Nebengeißel ist mehr der Bauchseite, die Hauptgeißel der Rückenseite der Zelle genähert. An der Geißelbasis der Nebengeißel befindet sich die Geißelschwellung (flagellar swelling), die manchmal auch im Lichtmikroskop sichtbar wird. Bei den Xanthophyceen i. e. S. ist sie im Querschnitt polyedrisch, im Längsschnitt konvex gewölbt und dem

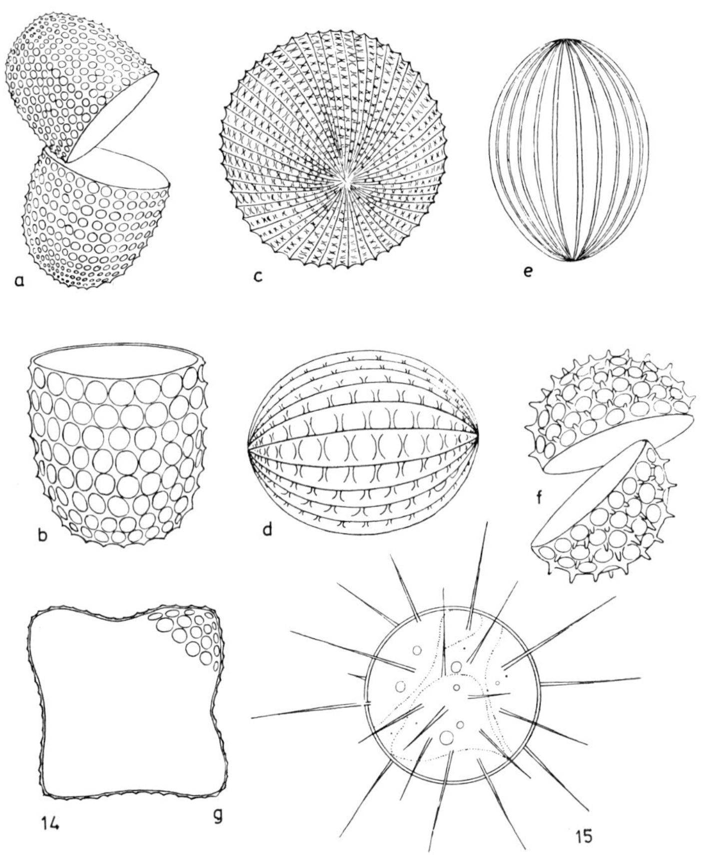

Fig. 14. Skulpturen der Zellwand bei Xanthophyceen. *a* und *b* *Chlorollanthus* – Zellwand mit dicht nebeneinander stehenden und reihig angeordneten, dellenförmigen Vertiefungen versehen. Zwischen den Vertiefungen rippenförmig vorspringende Leisten, die im optischen Schnitt zahnartig aussehen. Bei *c–e* drei verschiedene Arten von *Aulakochloris*, bei denen die Längsrippen zwischen den Längsreihen der Dellen sehr stark betont sind; f *Akanthochloris brevispinosa*, g *Polygoniochloris tetragona*, kissenförmige Zellen mit regelmäßig angeordneten Dellen. Fig. 15. *Meringosphaera*, kugelige Zelle mit radiär angeordneten Borsten (nach Pascher).

Protoplasten zugewendet. Die Geißelschwellung greift in eine konkave Aushöhlung oberhalb des Stigmas ein und schirmt es ab (Stigmaschirm – Casper 1974). Am Bau der Geißelschwellung ist homogen gelagertes elektronendichtes Material beteiligt. Bei den als Eustigmatophyceen abgetrennten Arten (Hibberd und Leedale 1972) befindet sich die Geißelschwellung an der Basis der einzigen Geißel, ist länglich, im Querschnitt T-förmig und liegt mit gerade abgestutzter Fläche dem Stigma an (Fig. 2). Dort kommen auch einige wenig deutliche Lamellen elektronendichten Materials zum Vorschein.

Die Längenunterschiede zwischen Haupt- und Nebengeißel wechseln bei verschiedenen Arten stark, sind aber bei derselben Art konstant. In seltenen Fällen ist die Nebengeißel halb so lang wie die Hauptgeißel. Meist ist sie bedeutend kürzer und in manchen Fällen ganz kurz, stummelförmig und nur schwer zu sehen. Sichtlich ist sie in Rückbildung begriffen. Diese Rückbildung scheint bei jenen Arten zu Ende geführt zu sein, wo sie nur mehr als Basalkörper ausgebildet ist. Bei *Bothrochloris* kommt es zu einer besonderen Längenförderung der Geißeln. Die Hauptgeißel ist bis zehnmal und die Nebengeißel bis zweimal länger als der Protoplast.

Beide Geißeln sind nicht nur in ihrer Länge, sondern auch in ihrer Lage und Struktur verschieden, was schon Vlk (1931) erkannt hatte. Bei den Xanthophyceen i. e. S. ist die Hauptgeißel nach vorn gerichtet und mit zweizeiligem Besatz von Flimmern versehen, wogegen die Nebengeißel glatt ist (Casper 1974). Die Eustigmatophyceen besitzen hingegen nur eine vorwärts gerichtete Geißel, die eine bilaterale Reihe von steifen Haaren trägt. Bei einer Art wurde zwar auch eine glatte Nebengeißel beobachtet, ansonsten ist jedoch nur ein zweiter Basalkörper ohne Geißelschaft vorhanden. Die Nebengeißel beteiligt sich, je kürzer sie wird, immer weniger an der Bewegung. Bei einer bestimmten Kürze wird die Nebengeißel völlig funktionslos und wird bei der Bewegung nur passiv nachgeschleppt (z. B. bei *Heterococcus*).

2.3. Plasma und Kern

Über den Bau von Plasma und Kern waren wir bei den Xanthophyceen bislang wohl am wenigsten unterrichtet. Lebende Zellen fallen im Lichtmikroskop durch die völlige Strukturlosigkeit und durch das glasige Aussehen des Plasmas auf. Das Elektronenmikroskop zeigt jedoch die gleichen Strukturen und dieselbe Zusammensetzung des Plasmas wie bei anderen Algen. Es werden alle ultramikroskopischen Organellen und Bestandteile wie Mitochondrien, Golgi-Apparate, endoplasmatisches Retikulum, Ribosomen u. a. deutlich (Falk 1967, Massalski und Leedale 1969, Deason 1971, Hibberd und Leedale 1969, 1972). Zwischen diesen kommen auch kleine Vakuolen, Vesikeln und spezifische Strukturen zum Vorschein. Das glasige Aussehen des Plasmas ist nicht durch eine andere Struktur, sondern durch die gleiche Lichtbrechung von Organellen und Grundplasma gegeben. Ein ähnliches klares und glasiges Plasma findet man nur noch bei den verwandten Chrysophyceen und Diatomeen.

Der Kern ist an lebenden Zellen meist nicht oder nur schwer zu erkennen. Nur bei nicht näher definierbaren Zuständen des Plasmas tritt er gelegentlich deutlicher hervor. Schon Chadefaud (1935) hat gezeigt, daß keine Unterschiede zwischen Xanthophyceen und anderen Algen in der Kerngestalt und Kerngröße bestehen. Elektronenmikroskopisch gesehen besitzt der Zellkern die für die eukaryotischen Zellen typische Ultrastruktur. In den Zoosporen ist der Kern oft birnenförmig und liegt mit dem verschmälerten Ende fast den Basalkörpern der Geißeln an. Der Zellkern der Eustigmatophyceen zeigt keine strukturellen Assoziationen mit dem Chromatophor, wogegen der Zellkern der Xantophyceen i. e. S. mit einem oder mehreren Chromatophoren eng assoziiert ist (Massalski und Leedale 1969, Hibberd und Leedale 1971a, 1972).

Über den Verlauf der Mitose wissen wir bei den Xanthophyceen so gut wie nichts. Chromosomen wurden nur bei *Tribonema*-Arten in einer Anzahl von 6,8 und 12, einmal sogar von mehr als 20 festgestellt (Hawlitschka 1932). Doch bedürfen diese Angaben einer eingehenden Überprüfung. Auch über den Bau und

Gestalt der Chromosomen ist nichts bekannt. Bei allen Organisationsstufen finden wir sowohl ein- als auch vielkernige Arten, wobei die einkernigen zahlenmäßig überwiegen. Es gibt jedoch vereinzelt auch einkernige Arten, die bei lange dauerndem Wachstum schließlich, oft unter korrespondierender Veränderung oder Vermehrung des Chromatophors, im Alter mehrkernig werden (z. B. *Characiopsis*). Zellen mit bedeutendem Größenwachstum *(Perone, Botrydiopsis, Ophiocytium)* sind immer vielkernig, auch wenn sie als Keimlinge einkernig sind (Coenoblast). Als echte vielkernige und siphonale Organismen sind nur die Gattungen *Botrydium* und *Vaucheria* aufzufassen (Siphonoblast). Manche mehrkernige Ausbildungen der normalerweise einkernigen Xanthophyceen müssen als Hemmungen in der Teilung aufgefaßt werden, die durch wiederholte Kernteilungen entstehen, ohne daß es aber parallel zu einer gleichzeitigen Protoplastenteilung kommt (monadoide und rhizopodiale Formen).

2.4. Chromatophoren

Die Chromatophoren kommen meist als kleine elliptische Scheibchen vor (Fig. 16 e, i). Diese Erscheinung ist so häufig, daß man viele Xanthophyceen schon an ihren zahlreichen Chromatophoren als solche erkennen kann. Bei großen Zellen mit auffallendem Wachstum kann die Zahl der Chromatophoren gewaltig ansteigen und mehrere hundert betragen. Bei gutem Ernährungszustand stehen die Chromatophoren oft so dicht, daß sie sich gegenseitig polygonal abplatten. Sind nur wenige Chromatophoren in den Zellen vorhanden, so sind sie relativ groß und entsprechend der Zellgestalt gewölbt (Fig. 16 a, d). Junge Zellen besitzen sehr häufig nur einen Chromatophor, wogegen relativ wenige Xanthophyceen auch im erwachsenen Zustand nur einen einzigen großen mulden- oder topfförmigen Chromatophor aufweisen. Meistens sind die Chromatophoren seiten- oder wandständig, mit ihren Flächen parallel zur Zellwand oder zum Plasmalemma gelagert. Bei manchen Arten verlagern sich die Chromatophoren in bestimmten Entwicklungsstadien mehr in das Innere der Zelle – sie werden binnenständig. Einige Arten haben auch während der ganzen vegetativen Periode binnenständige Chromatophoren (Fig. 16 f, g). Durch längeres Wachstum oder durch verschiedene äußere Einflüsse kann es zu Abänderungen der Chromatophoren bei ein und derselben Art kommen (Pascher 1939 a). So können Individuen mit scharf getrennten scheibenförmigen Chromatophoren neben solchen mit großen netzförmig durchbrochenen Chromatophoren vorkommen. Zellen, die in der Jugend viele scheibchenförmige Chromatophoren haben, können später die Chromatophoren zu einem weitmaschigen, manchmal etwas diffus begrenzten, breiten Maschenwerk vereinigen und andererseits können sich breitnetzförmige Chromatophoren, die die ganze Zelle auskleiden in scheibchenförmige Chromatophoren zerteilen (Fig. 17–19).

Die Ultrastruktur der Xanthophyceen-Chromatophoren ähnelt stark denen der Chrysophyceen und der Bacillariophyceen (Hibberd und Leedale 1972). Sie besitzen ein komplexes Hüllensystem, bestehend aus der typischen Plastidendoppelmembran, der periplastidischen ER-Zisterne und dem periplastidischen Retikulum (Casper 1974) und werden der ganzen Länge nach von Lamellen durchzogen, die aus drei parallel verlaufenden Thylakoiden bestehen. Gewisse ultrastrukturelle Unterschiede sind in den Chromatophoren der Xanthophyceen i. e. S. und den der Eustigmatophyceen nachweisbar. Bei den ersteren steht das periplastidische Retikulum mit der Kernhülle in direkter Verbindung (Gibbs 1962, Falk und Kleinig 1968, Hibberd und Leedale 1971 a, 1972) und eine Gürtellamelle ist gewöhnlich vorhanden. Sie fehlt jedoch bei *Bumilleriopsis filiformis* (Boeger und Kiermayer 1974). Bei den Eustigmatophyceen fehlt sowohl eine

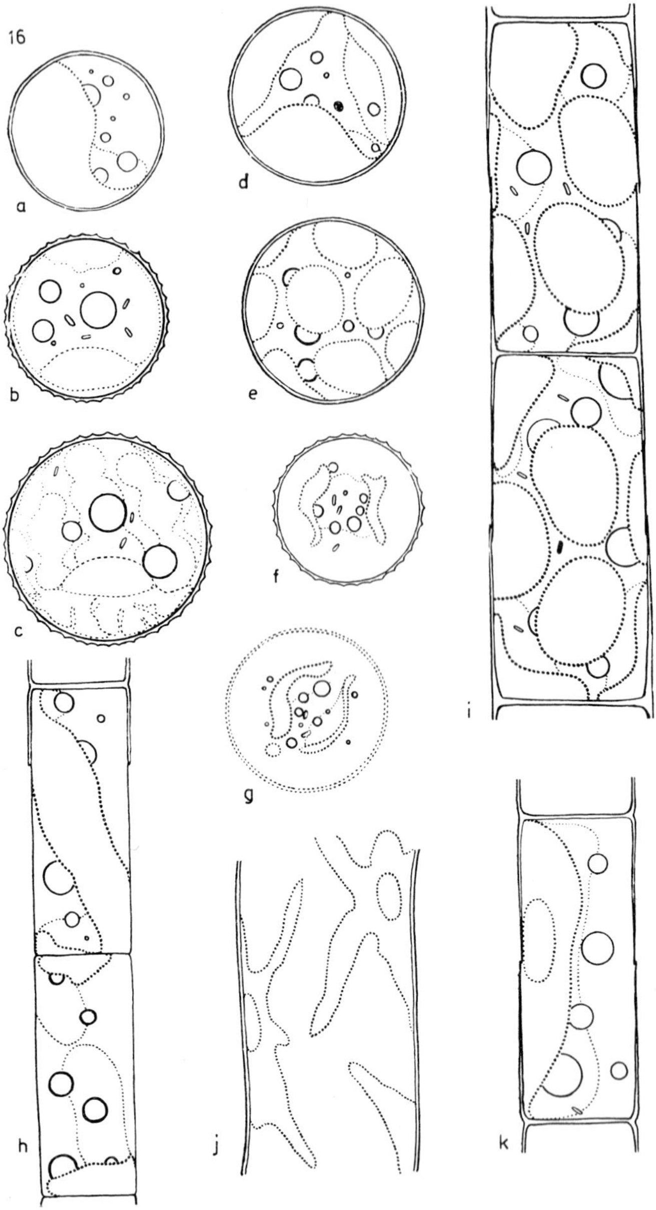
16
a
b
c
d
e
f
g
h
i
j
k

◀ Fig. 16. Chromatophoren bei Xanthophyceen, *a.* einfacher, topfförmiger Chromatophor bei *Chloridella, b.* großer topfförmiger Chromatophor mit basalem Pyrenoid bei *Arachnochloris minor, c.* der topfförmige Chromatophor in seinem Wandstück in meridionale, breite Ränder aufgelöst, die durch Einschnürungen im Begriffe sind, sich in scheibchenförmige Chromatophoren aufzulösen (bei *Arachnochloris*), *d.* der topfförmige Chromatophor in wenige, muldenförmige Chromatophorenteile zerteilt *(Chlorobotrys regularis), e.* zahlreiche scheibchenförmige Chromatophoren bei *Chlorobotrys polychloris, f* und *g.* binnenständige Chromatophoren bei *Endochloridion simplex (f)* und *Heterogloea endochloris (g), h.* der schief bandförmige Chromatophor von *Bumilleria spirotaenia, i.* zahlreiche scheibchenförmige Chromatophoren bei *Tribonema, j.* sternförmige Chromatophoren bei *Ophiocytium, k.* rinnenförmiger Chromatophor von *Tribonema pyrenigerum* (nach Pascher).

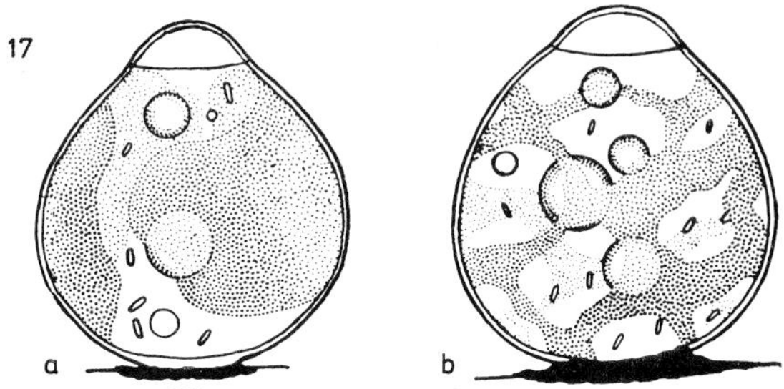

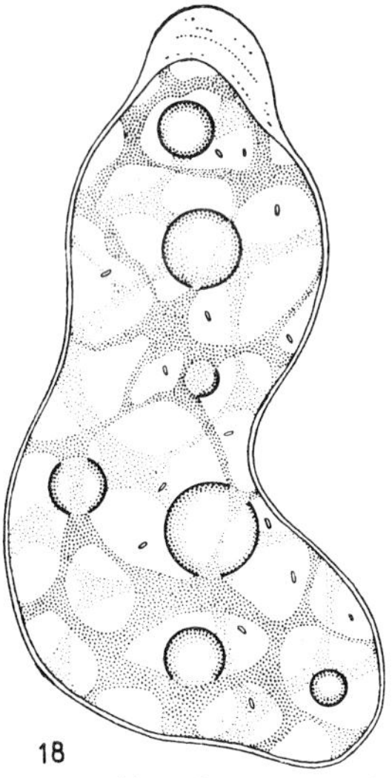

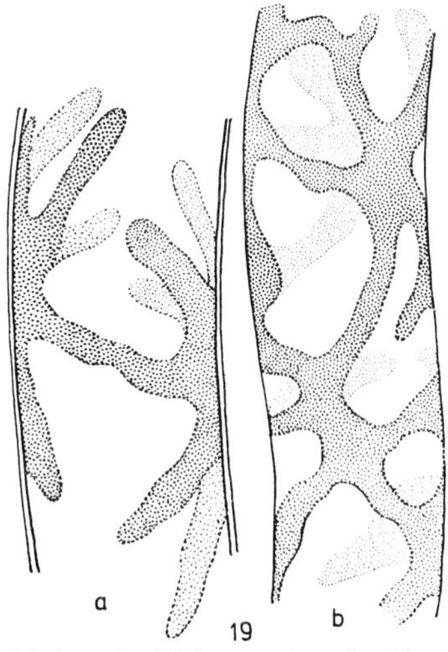

Fig. 17. *Chlorothecium,* zwei verschiedene Ausbildungsweisen des Chromatophors, *a.* zwei große wandständige Chromatophoren, *b.* Chromatophorenapparat in der Form eines nicht scharf begrenzten Maschenwerkes. Fig. 18. *Excentrochloris,* netzförmig entwickelter, lockerer und blasser Chromatophor. Fig. 19 a, b. *Ophiocytium,* sternförmige Chromatophoren, die durch Zerfall großer netzförmiger Chromatophoren entstehen können (nach Pascher).

Verbindung des periplastidischen Retikulums mit der Kernhülle als auch die Gürtellamelle.

Die Pigmente der Chromatophoren unterscheiden sich bedeutend von denen der übrigen Algengruppen und sind für die Xanthophyceen charakteristisch. Die neuesten Untersuchungen haben immer wieder bewiesen, daß bei den Xanthophyceen das Chlorophyll *b* **fehlt.** Als Assimilationspigment kommt vor allem das Chlorophyll *a* vor, nicht völlig gesichert ist das Vorkommen von Chlorophyll *e*. Als Begleitpigmente kommen vor allem reichlich das β-Carotin und Xanthophylle vor, eine Zusammensetzung, die die mehr gelbgrüne oder gelbstichige Farbe der Chromatophoren bedingt. Die Xanthophylle kommen in zwei Modifikationen vor (nach Zusammenfassung von Casper 1974). Als Leitxanthophyll ist das Vaucheriaxanthin anzusehen. Bei den Xanthophyceen i. e. S. gesellt sich noch der Xanthophyllzyklus Diadinoxanthin-Diatoxanthin dazu, durch Heteroxanthin ergänzt, wogegen bei den Eustigmatophyceen der Xanthophyllzyklus Violaxanthin-Antheraxanthin-Zeaxanthin herrscht. Wahrscheinlich sind die Verhältnisse in Wirklichkeit etwas komplizierter. Der braune Farbstoff Fucoxanthin, der für die verwandten Klassen der Chrysophyceen und Bacillariophyceen charakteristisch ist, fehlt bei den Xanthophyceen völlig.

Ähnlich wie bei anderen Algengruppen würde man auch bei den Xanthophyceen das Vorkommen farbloser chlorophyllfreier Formen voraussetzen, doch

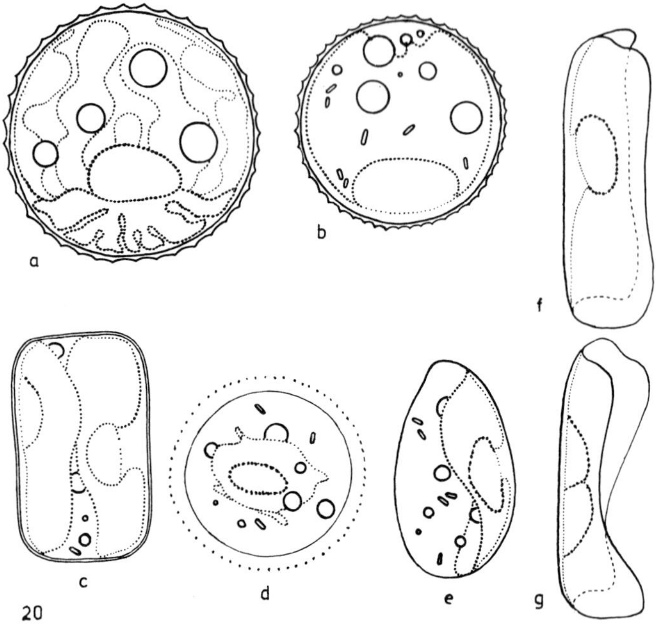

Fig. 20. Pyrenoide bei den Xanthophyceen, *a. Arachnochloris maior, b. Arachnochloris minor, c. Monallanthus*, mit gestielten Pyrenoiden, *d. Heterogloea*, Pyrenoid im binnenständigen Chromatophor, *e. Monodus pyreniger*, Pyrenoid auf einem Chromatophorenhöcker sitzend, *f* und *g. Tribonema pyrenigerum*, bei *g* Pyrenoid in Teilung begriffen (nach Pascher).

wurde bis jetzt keine farblose Xanthophycee eindeutig festgestellt. Es gibt auch keine experimentellen Grundlagen, die die von Pascher (1939 a) öfters diskutierte Möglichkeit der Entstehung farbloser Xanthophyceen stützen könnten. Pascher spricht von Fällen, wo durch ungleiche Aufteilung der Chromatophoren während der Protoplastenteilung farblose Zoosporen bei *Myxochloris* und farblose Autosporen bei *Tetraëdriella* zustande gekommen sind. Dieser Vorgang müßte durch Isolierung und Herstellung von Klonkulturen überprüft werden (Pringsheim 1963). Was das Vorkommen von Mixotrophie bei den Xanthophyceen anbelangt, so sind blasse, vielleicht für ausreichende Photosynthese ungenügend pigmentierte Arten mehrfach angegeben worden. Zellen einiger *Characiopsis*- und *Ophiocytium*-Arten sind gelegentlich fast farblos und solche Zellen wurden auch an Stellen gefunden, die auf schwache Fäulnis des Substrates deuteten. Es ist bekannt, daß *Tribonema*- und *Chlorocloster*-Arten Zucker verwerten und im Dunkeln wachsen können, ohne jedoch ihre Farbe einzubüßen (Hawlitschka 1932, Clemençon 1965).

Pyrenoide kommen bei Xanthophyceen seltener vor als bei den übrigen Algengruppen (Fig. 20). Als erster hat Korschikoff bei *Botrydium* und *Bumilleria* Pyrenoide nachgewiesen (Fig. 21, 22). Lichtoptisch sind die Pyrenoide als linsenförmige bis kugelige Gebilde in den Chromatophoren zu sehen. Manchmal liegen sie aber auch außerhalb der Chromatophoren in Form gestielter polyedrischer Gebilde, die an Eiweißkristalle erinnern. Elektronenmikroskopische Untersuchungen haben gezeigt, daß es sich bei den Xanthophyceen um zwei völlig verschiedene Pyrenoidtypen handelt (Falk 1967, Massalski und Leedale 1969, Hibberd und Leedale 1971a). Erstens sind es halb eingesenkte intraplastidische Pyrenoide, die von zahlreichen Lamellen als direkte Fortsetzung der Plastidenlamellen durchsetzt werden (Fig. 24). Diese wurden z. B. bei *Mischococcus sphaerocephalus, Botrydium granulatum* und *Bumilleriopsis filiformis* beobachtet. Weiters sind es Pyrenoide, die an der Innenseite der Chromatophoren knospenartig ausgestülpt sind (Eustigmatophyceae). Sie sind emporgehoben und sitzen auf einem vom Chromatophor vorgewölbten Kissen oder kurzen Stiel. Letzter kann auch sehr dünn sein (Fig. 23). Solche Pyrenoide sind aus fein gekörntem, homogen verteiltem Material zusammengesetzt, das sich deutlich vom Stroma des Chromatophors unterscheidet und nicht von Lamellen durchsetzt wird. Letzte wurden z. B. bei *Polyedriella helvetica* und *Pseudocharaciopsis texensis* beobachtet. Bei den Xanthophyceen kommen Pyrenoide sowohl in seitenständigen als auch in binnenständigen Chromatophoren vor. Sie sind immer nackt, ohne Hülle von Assimilaten.

Die meisten begeißelten und amöboiden Zellen der Xanthophyceen tragen an ihrem apikalen Zellende oder am Vorderrand des Chromatophors ein deutliches Stigma (Augenfleck – Fig. 1, 2). Dieses ist rot, rotbraun bis bräunlich gefärbt, mitunter auch orangenrot, rundlich bis elliptisch oder strichförmig gestaltet. Es liegt der Geißelbasis der Nebengeißel genähert. Im Elektronenmikroskop erscheint das Stigma als eine einfache Schicht osmiophiler Tropfen, die innerhalb des Chromatophors knapp unter der plastidischen Doppelmembran liegen. Anders gebaute Stigmen kommen bei den Eustigmatophyceen vor. Diese sind als gelbliche, direkt unter der Geißelbasis liegende Flecken entwickelt, die außerhalb des Chromatophors liegen. Pitschmann (1969) spricht von einem »aus Carotinoidkristallen zusammengesetzten Stigma«. Im Elektronenmikroskop erscheint es als Gruppe unregelmäßig gelagerter, völlig loser und auch ungleich großer elektronendichter osmiophiler Tropfen, die weder einzeln noch als Ganzes von einer Membran umgeben sind.

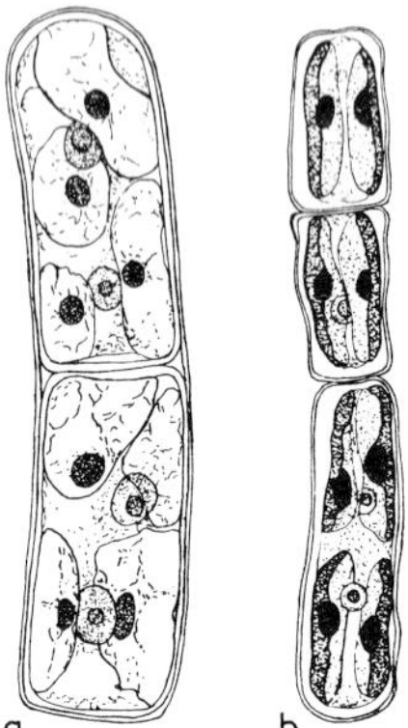

a 21 b

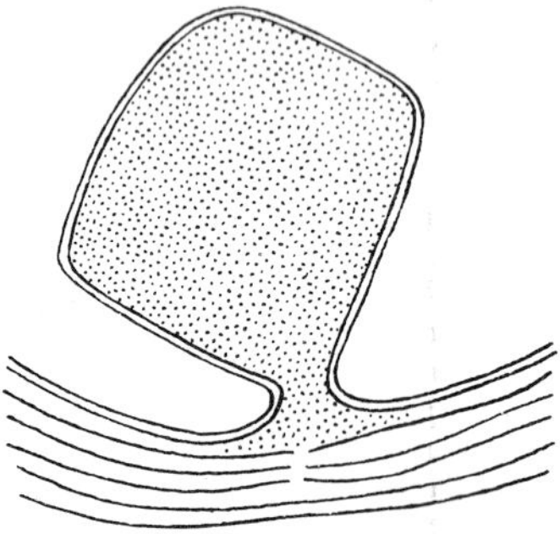

23

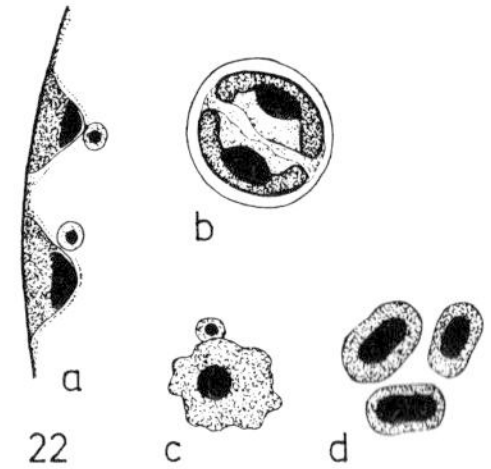

a

22 c d

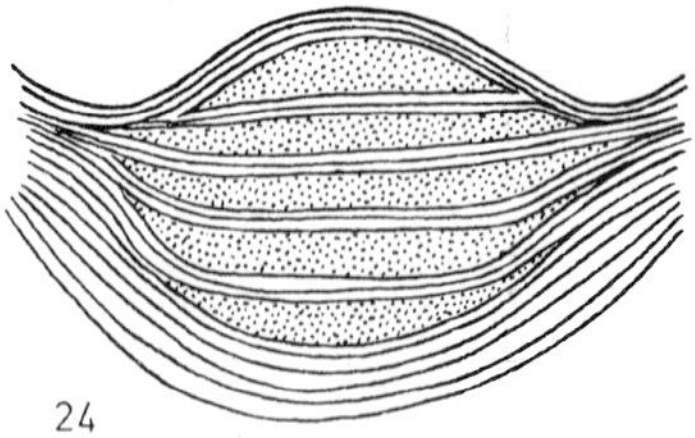

24

Fig. 21. Pyrenoide nach gefärbten Präparaten, *a.* bei *Bumilleria sicula*, meist vier Chromatophoren mit je einem Pyrenoid, *b.* bei *Heterothrix*, jede Zelle mit zwei Chromatophoren und je einem anliegenden Pyrenoid (nach Korschikoff). Fig. 22. Pyrenoide von *Botrydium*, *a.* von der Seite, *b.* in Dauerzellen, *c.* von oben und bei *d.* Pyrenoide in den Chromatophoren einer *Botrydiopsis*-Zelle (nach Korschikoff). Fig. 23. Pyrenoid von *Polyedriella*, das mittels eines kurzen Stieles dem Chromatophor aufsitzt. Innen homogen, ohne durchgreifende Lamellen (nach elektronenoptischen Aufnahmen von Hibberd und Leedal vereinfacht gezeichnet). Fig. 24. Pyrenoid von *Mischococcus*, das im Chromatophor zum Großteil eingesenkt ist. Von Lamellen in mehrere diskusartige Teile aufgeteilt (nach elektronenoptischen Aufnahmen von Hibberd und Leedale vereinfacht gezeichnet).

2.5. Pulsierende Vakuolen

Die pulsierenden Vakuolen kann man im Protoplasten bei nackten monadoiden, rhizopodialen und capsalen Organisationsstufen auch in den vegetativen Zellen antreffen. Sie sind ein kennzeichnendes Merkmal der Flagellaten und aller ihrer Übergänge zu echten Algenzellen. Daher sind sie auch bei capsalen Xanthophyceen vorhanden, die sich zwar mit einer Zellwand umgeben haben, aber noch den Charakter einer Flagellaten-Zelle zeigen (*Characidiopsis*, *Pleurochloridella*). Die pulsierenden Vakuolen kommen in den Zellen entweder einzeln oder zu zweit vor und sind wie bei den meisten Algengruppen einfache, rhythmisch sich füllende und entleerende Bläschen. Sie fehlen nur bei Organismen, die in Meeres- oder Salzwasser leben. Auch in Zoosporen kommen sie vor, ebenso wie bei Forpflanzungszellen, die die Geißeln eingebüßt haben, aber sonst noch die Merkmale der Monadenorganisation oder auch Rhizopodenorganisation zeigen (amöboide Zoosporen, Hemiautosporen). In behäuteten vegetativen Zellen der coccalen oder trichalen Organisationsstufe fehlen sie. Gelegentlich treten sie noch während der Entwicklung auf, bei jungen Zellen, die sich noch nicht vollkommen zu einer Algenzelle umgewandelt haben und aus Zoosporen oder Hemiautosporen hervorgehen. Die pulsierenden Vakuolen sind bei den Xanthophyceen weder hinsichtlich ihrer Anzahl, noch ihrer Lage (in bezug auf die Orientierung der Zelle) so festgelegt wie bei den Chlorophyceen.

2.6 Assimilate und Reservestoffe

Als Assimilat kommt bei den Xanthophyceen Chrysolaminarin vor, früher Leukosin genannt. Chrysolaminarin tritt in Form meist kleinerer, oft etwas unregelmäßiger Tropfen oder Ballen auf, die schon dadurch auffallen, daß sie eigentümlich glänzen. Es handelt sich um ein $-\beta - 1:3\,[1:6]$ Polyglykan, das auch bei den Chrysophyceen und Bacillariophyceen vorkommt und dem Laminarin der Phaeophyceen nahesteht. Es sei bemerkt, daß bei den Xanthophyceen Chry-

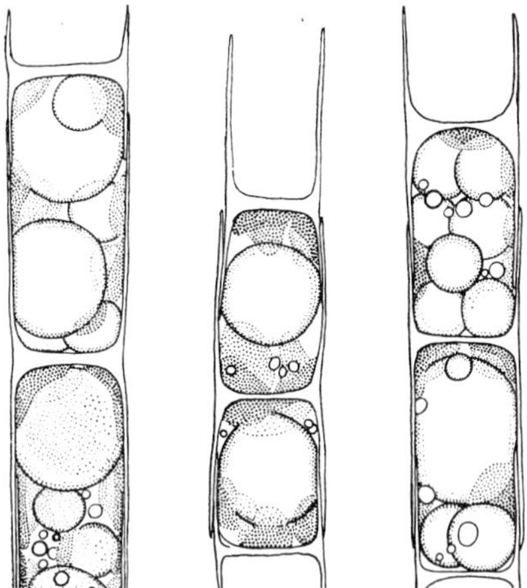

25

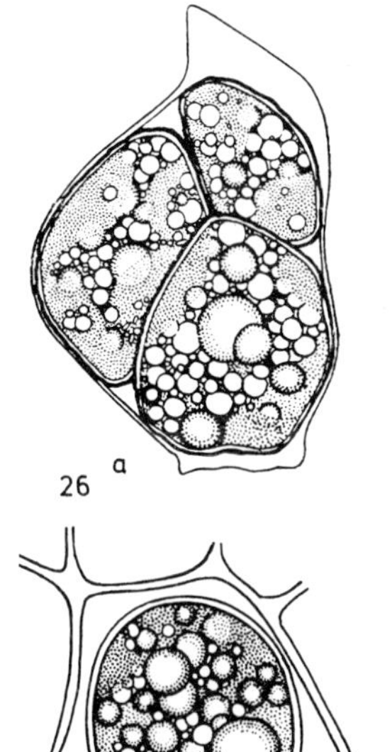

26

Fig. 25. Reservestoffe bei Xanthophyceen. *Tribonema*-Zellen in fettiger Degeneration begriffen und fast ganz mit Öltropfen erfüllt. Fig. 26. *a Characiopsis crassirostrum*, der Inhalt einer Zelle in vier derbwandige Aplanosporen zerteilt, die reichliche Öltropfen führen; *b Heteropedia simplex*, Aplanospore mit Öl vollgestopft (nach Pascher).

solaminarin weniger in den vegetativen Zellen als in den endoplasmatisch gebildeten Zysten und in den Akineten als Reservestoff zu finden ist. Von akzessorischen Reservestoffen kommen Öle und Fette vor, die in den Zellen kleine Tröpfchen oder auch große Ballen bilden und manchmal eine bestimmte Lage haben. Meist sind sie farblos, doch können sie auch gelegentlich gelb oder rötlich gefärbt sein. Das Öl wird in den alten Zellen oft in so großen Mengen gespeichert, daß die anderen Bestandteile der Zelle kaum mehr zu erkennen sind (Fig. 25, 26). Es handelt sich dann um durch vorwiegend einseitige Lebensbedingungen hervorgerufene fettige Degenerationen. Solche Zustände sind fast stets irreversibel und derartige Zellen sterben ab (Pascher 1939 a).

2.7 Andere Inhaltskörper der Zelle

Sehr häufig kommt im Protoplasten während seiner Teilung eine große Zahl kleiner Körperchen vor. Diese verschwinden aber, wenn sich die Teilprotoplasten behäutet oder Gallerte ausgeschieden haben. Chadefaud (1935) ist geneigt, sie mit den Schleimkörperchen der Chrysophyceen zu vergleichen. Pascher (1939 a) hält sie für prinzipiell gleiche Substanzen, wie sie bei den Desmidiaceen und Bangialen für die Bildung der Lokomotionsgallerte vorgebildet werden.

Bei allen behäuteten Zellen, die ein bedeutendes Größenwachstum aufweisen, entwickeln sich zentrale Saftvakuolen (Saftraum), die durch das Zusammenfließen mehrerer kleinerer Saftvakuolen entstehen (Fig. 41). Bei erwachsenen Zellen nimmt die Saftvakuole den weitaus größten Teil der Zelle ein und drängt das Plasma mit seinen Differenzierungen und Einschlüssen an die Zellwand. Die Saftvakuole wird dann nur von zarten, gespannten Fäden und Plasmasträngen durchzogen. Bei langen zylindrischen Zellen, wie z. B. bei *Ophiocytium* ist die lange Saftvakuole durch unregelmäßig verteilte, oft meniskusartige Querlamellen von Plasma unterteilt. Am größten wird die Saftvakuole natürlich bei der siphonalen bis 2 mm großen *Botrydium*-Blase.

Als geformte und feste Bestandteile treten in den Zellen Kristalle auf, entweder in Form von Körnchen oder als deutliche Einzelindividuen. Sie sind zum Teil wahrscheinlich Calziumsulfate (Hawlitschka 1932). Ebenso kommen Calziumoxalatkristalle wie auch gelegentlich Eiweißkristalle vor. Letztere befinden sich im Plasma und vielleicht auch in den Chromatophoren, wogegen die übrigen in den Saftvakuolen anzutreffen sind. Unklar ist die chemische Beschaffenheit der großen runden Ballen, die in den ausgewachsenen Zellen von *Botrydiopsis* und *Chlorapion* zu sehen sind. Diese verschwinden vor der Aufspaltung der Protoplasten in Zoosporen, um sich in den heranwachsenden Zellen wieder zu bilden.

Fig. 27. Monadoide Organisationsstufe der Xanthophyceen. Schematische ▶ Darstellung einiger zeitlebens und einiger nur vorübergehend als Monaden auftretenden Xanthophyceen, *a. Heterochloris, b* und *c. Nephrochloris*, sowohl von der Breit- als auch Schmalseite, *d. Chloromeson, e. Ankylonoton, f.* Zoospore von *Pleurochloris, g.* Zoospore von *Lutherella, h. Bothrochloris,* i. Zoospore einer *Tribonema*-Art, j. Zoospore von *Botrydiopsis* (nach Pascher).

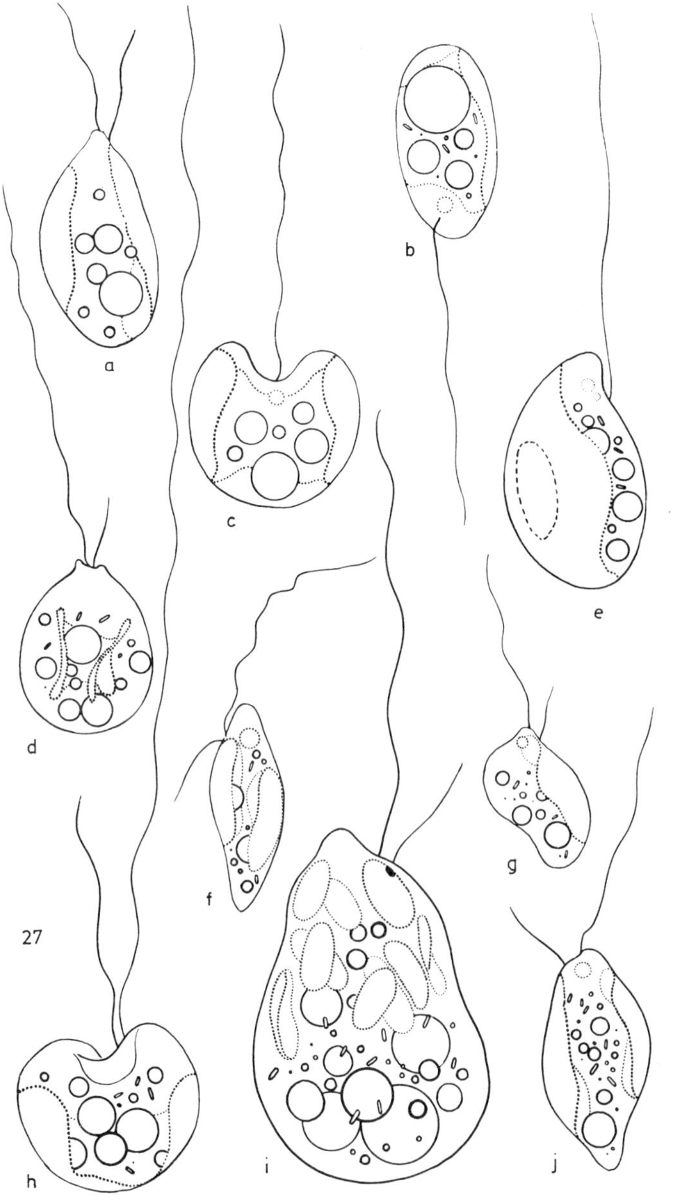

27

3. Morphologie der Xanthophyceen

Die Xanthophyceen umfassen eine Reihe von Organisationsstufen, von den einfachen Flagellaten und Amöben bis zu morphologisch differenzierten Thalli. Dementsprechend ist auch die Morphologie dieser Algengruppe mannigfaltig. Der Formenreichtum hat sich jedoch auch im Rahmen einer einzigen Organisationsstufe entfalten können. Um die bei den Xanthophyceen vorkommenden Ausbildungen besser verstehen zu können, müssen die einzelnen Organisationsstufen erklärt werden.

3.1 Monadoide (begeißelte) Organisationsstufe (Fig. 27)

Das vegetative Stadium ist das eines echten Flagellaten. Die Zellen sind dorsiventral gebaut, mit einer deutlich gewölbten Rückenseite und einer flacheren Bauchseite, mit schräg abgestutztem und manchmal leicht ausgerandetem Vorderende. Diese relativ einfache, bilateral symmetrische Grundform wird nur wenig abgeändert, sei es, daß das Vorderende grubenförmig vertieft (*Bothrochloris*) oder der Protoplast seitlich abgeflacht ist (*Chlorokardion*). Da die Flagellaten fast immer eine weitgehende Formveränderung zeigen, ist die Grundform manchmal schwer zu beobachten. Die Zellen sind immer nackt, ohne differenzierten Periplast, mit zwei ungleich langen und heteromorphen Geißeln, seltener nur mit einer einzigen Geißel versehen und durch sie aktiv beweglich. Die Ebene, in der die Geißeln liegen, fällt mit der medianen Symmetrieebene des Protoplasten zusammen. Die Zellen sind oft mit einem Stigma und bei Süßwasser- oder Brackwasserformen mit pulsierenden Vakuolen versehen. Fortpflanzung durch Zweiteilung der Protoplasten oder durch endoplasmatische Zystenbildung.

3.2 Rhizopodiale (amöboide) Organisationsstufe (Fig. 28)

Das vegetative Stadium ist das einer typischen Amöbe. Zellen vollkommen amöboid sich fortbewegend, stark formveränderlich, entweder mit Pseudo- oder mit Rhizopodien versehen, immer nackt. Der Übergang von den monadoiden Stadien zu den rhizopodialen kann, besonders bei den Fortpflanzungszellen, manchmal fließend sein und auch in umgekehrter Richtung verlaufen (Fig. 28 a-d). Die Zellen weisen neben pflanzlicher auch animalische Ernährungsweise auf. Süßwasserformen sind mit pulsierenden Vakuolen versehen und manche Arten führen auch ein Stigma. In einigen Fällen bilden die amöboiden Zellen gestielte oder ungestielte Gehäuse (Fig. 28 g, h), in denen der sonst nackte Organismus mehr oder weniger deutlich eingeschlossen lebt (*Stipitococcus, Rhizolekane, Stipitoporos*). Eine andere Entwicklungslinie der rhizopodialen Xanthophyceen führt zu plasmodialen Kolonien. Wenn die einzelnen Amöben nach der Teilung durch feine oder stärkere Plasmafäden zusammengehalten werden, so entstehen

---

Fig. 28. Rhizopodiale Organisationsstufe der Xanthophyceen. *a – d.* monadoide Xanthophycee *Heterochloris* in ihrem allmählichen Übergang ins rhizopodiale Stadium, *e. Rhizochloris*, eine dauernd als Amöbe lebende Xanthophycee, *f. Chlorarachnion,* einige Protoplasten zu einem Filarplasmodium verbunden, *g. Stipitococcus, h. Rhizolekane,* zwei in Gehäusen lebende Xanthophyceen (nach Pascher). ▶

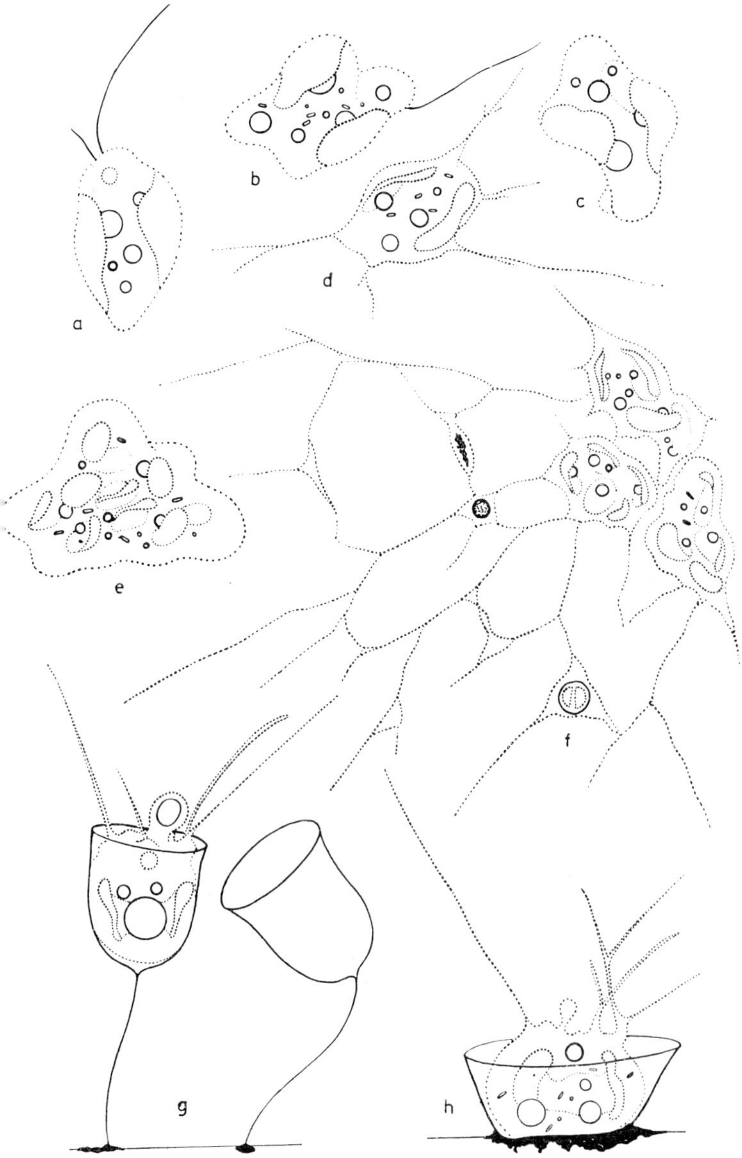

28

Filarplasmodien (*Chlorarachnion*). Diese haben ein netziges Aussehen, wobei die Maschen durch die feinen Plasmastränge gebildet werden, während die Zellen oft in den Maschenecken verbleiben. Vielkernige rhizopodiale Ausbildungen, die nicht mehr einer Einzelamöbe, sondern einer Summe von Amöben entsprechen und die ihre Protoplasten nicht mehr trennen, werden als Fusionsplasmodien bezeichnet (*Myxochloris*). Fortpflanzung erfolgt durch Zweiteilung der Protoplasten bei einzelligen Formen oder durch Auflösung in Einzelamöben bei Plasmodien; es werden auch endoplasmatische Zysten gebildet.

3.3 Capsale (monadoid-celluläre) Organisationsstufe (Fig. 29)

Das vegetative Stadium ist das eines dauernd geißellosen Flagellaten, der schon Anklänge an die Algenzellen zeigt. Zellen im vegetativen Zustand vollkommen unbeweglich, nackt oder auch mit einer Zellwand versehen, mit oder ohne Gallerte, doch stets mit Zügen der Monadenorganisation, also im vegetativen Stadium mit pulsierenden Vakuolen und manchmal auch mit Stigma. Wichtiges Merkmal ist der polare Zellbau, der ähnlich wie bei den Flagellaten zum Ausdruck kommt. Diese Organismen stehen morphologisch zwischen den Flagellaten und den echten Algenzellen. Sie haben meistens abgerundete Zellen, die in einer mehr oder weniger deutlichen Gallerte liegen (Fig. 29 a, b). Gallerte kommt häufig und in großen Mengen vor, ist jedoch für die Charakterisierung dieser Organisationsstufe allein nicht maßgebend. Die höchste Entwicklungsstufe erreicht wohl *Helminthogloea*, die festsitzende, aufrechte, verzweigte Gallertstränge bildet, in denen die Zellen regellos liegen (Fig. 29 c, d). Bei *Malleodendron* ist dagegen die Gallerte auf ein Ende der Zelle beschränkt und fußförmig entwickelt. Einige Vertreter dieser Organisationsstufe bilden überhaupt keine Gallerte und besitzen schon die Gestalt einer behäuteten Algenzelle, die entweder frei oder auch festgeheftet leben kann (Fig. 29 f). Hier ist der Übergang zu den Algenzellen viel eindeutiger. Fortpflanzung durch Zweiteilung des Protoplasten (bei nackten Formen) oder durch Zoosporen oder Hemiautosporen (bei behäuteten Formen). Zystenbildung bekannt.

3.4 Coccale (celluläre) Organisationsstufe (Fig. 30 und 31)

Das vegetative Stadium ist das einer echten Algenzelle. Vegetative Zellen völlig unbeweglich, mit differenzierter und oft auch skulpturierter Zellwand versehen, ohne jedes Merkmal der Monadenorganisation. Einzeln oder in Kolonien lebend, mit oder ohne Gallerte. Die Zellen sind zunächst immer einkernig, werden aber manchmal auch mehrkernig. Die einfachsten Formen sind zart behäutete, kugelige Zellen. Einzelne Formen der coccalen Organisationsstufe haben die primäre Kugelform umgebildet, sind eiförmig oder spindelförmig, wurst- oder nierenförmig oder auch lang zylindrisch. Neben den relativ einfachen Zelltypen gibt es auch abweichende, oft stark differenzierte Formen (Fig. 30). Einige von ihnen sind ausgesprochen tetraëdrisch (*Tetraëdriella*), unregelmäßig polyedrisch (*Polyedriella*), flach kissenförmig (*Goniochloris*), halbkugelig bis napfförmig (*Chlorogibba*) oder sogar sternförmig (*Trypanochloris*). Die Gestalt wird außerdem durch Bildung verschiedener Skulpturen, Stacheln und Borsten oder einseitiger Verdickungen der Zellwand stark beeinflußt (*Arachnochloris*, *Meringosphaera*, *Excentrochloris*). Die coccalen Xanthophyceen bilden auch verschieden geformte Kolonien, (Fig. 31) seltener regelmäßige Zoenobien. Manchmal

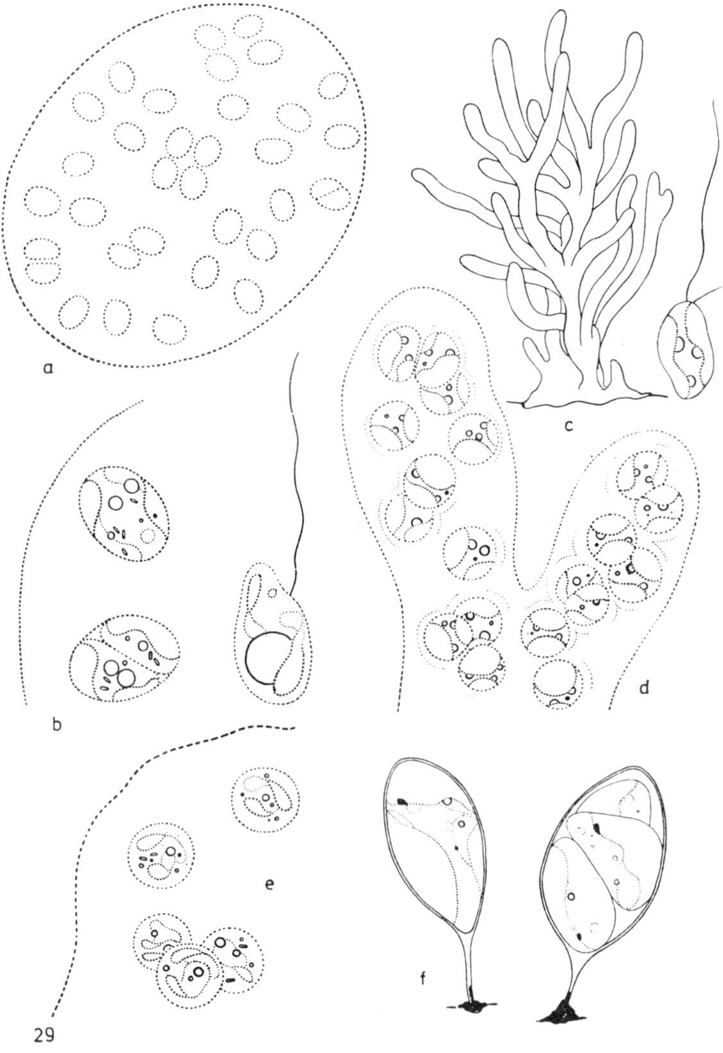

Fig. 29. Capsale Organisationsstufe der Xanthophyceen, die in ihren Protoplasten die pulsierenden Vakuolen und zum Teil auch ein Stigma beibehält. Entweder nackt in Gallerte lebend oder schon von einer Zellwand umgeben, *a* und *b*. *Gloeochloris planctonica*, Gesamtanblick der Kolonien als auch der Zellen und der Zoosporen (letztere bei stärkerer Vergrößerung), *c* und *d*. *Helminthogloea*, sowohl die Kolonie als auch die vegetativen Zellen und eine Zoospore dargestellt, *e*. *Heterogloea*, *f*. *Characidiopsis* (nach Pascher).

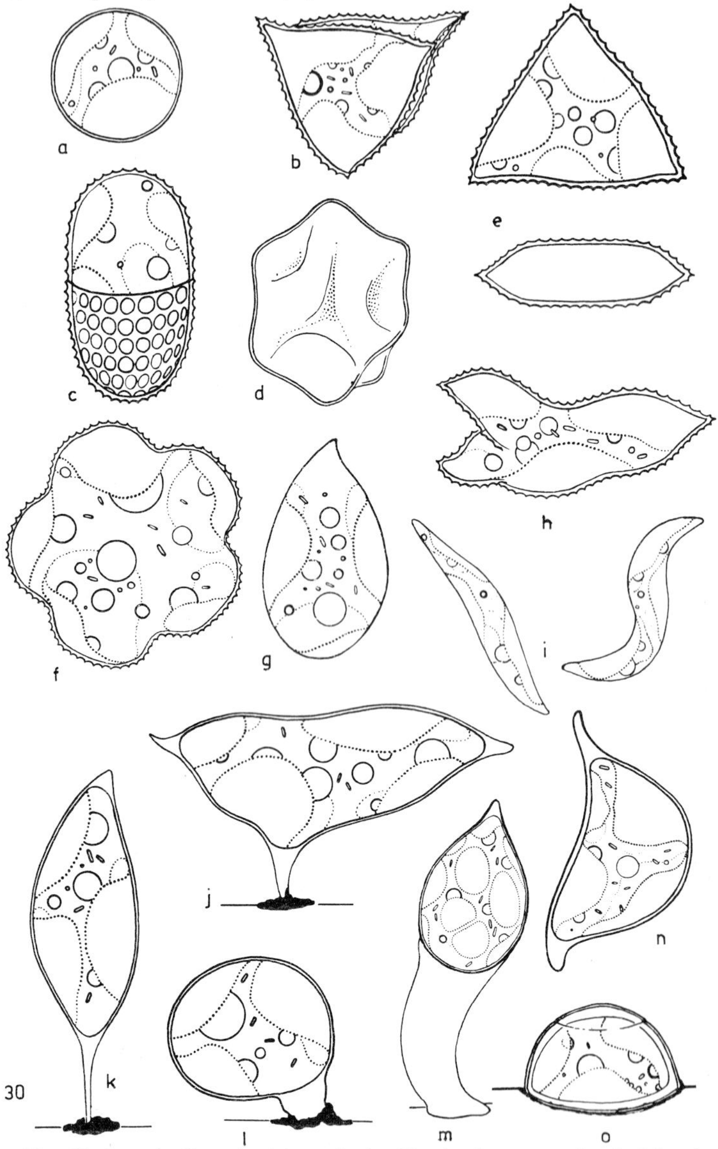

Fig. 30 Coccale Organisationsstufe der Xanthophyceen – einzeln lebende Formen, *a. Pleurochloris*, *b. Tetraëdriella*, *c. Chlorallanthus*, *d. Polyedriella*, *e. Goniochloris*, *f. Chlorogibba*, *g. Monodus*, *h. Goniochloris torta*, *i. Chlorocloster*, *j. Dioxys*, *k* und *l. Characiopsis*, *m. Gloeopodium*, *n. Pleurogaster*, o. *Hemisphaerella* (nach Pascher).

sind die Zellen durch mächtige undifferenzierte und strukturlose Gallerte vereinigt (*Gloeobotrys*), bei anderen Formen sind die einzelnen Zellgenerationen flächig angeordnet und durch Gallertschichten zusammengehalten (*Chlorobotrys*). Bei den Kolonien braucht Gallerte die Zellen nicht allseitig zu umgeben, sondern kann nur einseitig stielartig entwickelt sein und auch bäumchenförmig verästelte Verbände bilden (*Gloeopodium*). In einem anderen Fall (*Mischococcus*) werden bäumchenförmige Kolonien durch stielförmig vorquellende Innenschichten der Mutterzellwand gebildet. Völlig anders erfolgt die Bildung doldenförmiger Kolonien bei *Ophiocytium*, wo sich die aus der Zelle entlassenen Zoosporen am Rande der alten Zellwand festsetzen. Bei anderen Formen erfolgt die Koloniebildung ohne oder fast ohne Gallerte. Die meist zu viert gebildeten Autosporen

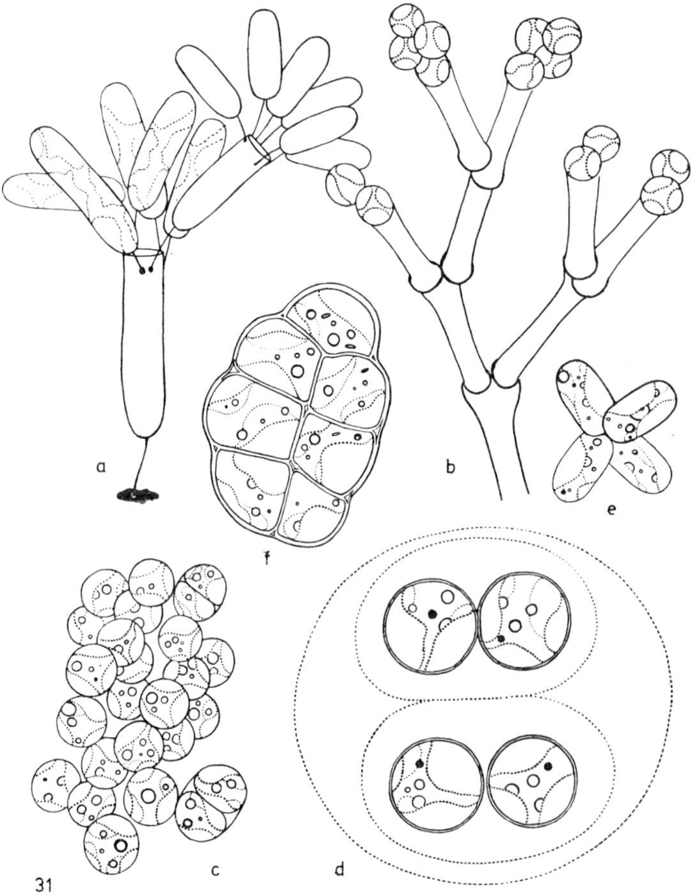

Fig. 31. Coccale Organisationsstufe der Xanthophyceen – kolonienbildende Formen, *a. Ophiocytium*, *b. Mischococcus*, *c. Botryochloris*, *d. Chlorobotrys*, *e. Tetraktis*, *f. Chloropedia* (nach Pascher).

werden oft durch die Reste der alten Zellwand zusammengehalten oder auch nur einfach miteinander verklebt (*Dichotomococcus, Tetraktis*). Kolonien können auch dadurch gebildet werden, daß die Autosporen durch die gedehnte Zellwand der Mutterzelle dauernd zusammengehalten werden (*Chloropedia*). In einigen Fällen zeigen die Zellen ein enormes Wachstum unter Bildung eines vielkernigen Coenoblasten. Bei diesen großen Zellen bildet der Protoplast schließlich nur einen Wandbelag. Die erwachsenen Zellen haben ein unvergleichlich größeres Volumen als die jungen und in ihnen können dann mehrere bis viele, unter Umständen viele Hunderte von Zoosporen gebildet werden (*Botrydiopsis, Perone*). Fortpflanzung durch Zoosporen, Hemiautosporen und Autosporen, die innerhalb der alten Zelle gebildet werden. Die einzelnen Arten verhalten sich in bezug auf ihre Fortpflanzung nicht gleich. Einige scheinen nur Zoosporen zu bilden, manche sowohl Zoosporen als auch Autosporen, andere scheinen nur Autosporen zu produzieren. Zystenbildung bekannt.

3.5 Trichale (fadenbildende) Organisationsstufe (Fig. 32–34)

Das vegetative Stadium ist der Zellfaden, der aus reihig angeordneten Algenzellen hervorgeht. Vegetative Zellen stets mit deutlicher Zellwand versehen und durch sie auf verschiedenartige Weise zu den Fäden vereinigt, mit oder ohne Gallerte. Neben den unverzweigten Fäden (Fig. 32) gibt es auch verzweigte und kompliziert gebaute Fadensysteme (Fig. 34). Aber auch bei den erstgenannten treten gelegentlich Verzweigungen auf (Fig. 33). Diese kommen dadurch zustande, daß die beiden Tochterprotoplasten einer vegetativen Zelle sich nicht wie üblich quer, sondern aus unbekannten Gründen längs teilen. Durch Bildung einer Zwischenwand durch die geteilten Tochterzellen, die sich dann aber wieder quer teilen, kommt es zu einer mehr oder weniger deutlichen Gabelung des Fadens. Bei Fadenalgen, wo Verzweigungen der Fäden regelmäßig vorkommen, entstehen echte Seitenzweige. Hierbei wird die Zelle, die Ausgangspunkt einer Verzweigung ist, am oberen Ende schief ausgebaucht und wächst dort in die Länge. Nach erfolgter Kernteilung wird durch Bildung einer neuen Querwand die Ausbauchung von der alten Fadenzelle abgetrennt und wächst als Seitenzweig weiter (Fig. 34a, b). Die Zweigbildung hängt erheblich von äußeren Einflüssen, wie Licht, Nährstoffen u. a. ab. Die Zellen eines unverzweigten Fadens sind im allgemeinen gleichwertig, denn sämtliche Zellen können sich teilen. Bei den verzweigten Fäden sind hingegen die Zellen nicht immer in gleichem Maße teilungsfähig. Eine Differenzierung der Zellen im Faden tritt dort ein, wo die Fäden mittels einer Haftzelle am Substrat festhaften.

Eine Weiterentwicklung der trichalen Organisation ist die Ausbildung von flächigen Zellverbänden (Fig. 34c). Diese entstehen dadurch, daß die Zweige eines kriechenden Fadens mehr oder weniger in einer Ebene unregelmäßig ausstrahlen, und dann so dicht nebeneinander liegen, daß schließlich einschichtige Zellflächen zustande kommen. Diese Zellflächen können zunächst noch deutlich ihre Entstehung aus der Länge nach verwachsenen Fadensystemen erkennen lassen und behalten den fädigen Charakter auch an ihren Randpartien. Im Zentrum solcher Zellflächen ist ihre Bildung aus verwachsenen Zellfäden nicht mehr zu erkennen. Die Zellteilungen, die bei dichter Lagerung der Zellen nicht mehr polar erfolgen, erzeugen schließlich eine parenchymatische Zellfläche mit polygonal sich gegenseitig abplattenden Zellen. Da sich die Zellen auch parallel zum Substrat teilen können, werden diese Zellflächen schließlich mehrschichtig.

Einige trichale Xanthophyceen neigen dazu, ihre fadenförmigen Verbände aufzulösen. Es handelt sich vor allem um terrestrische oder zumindest aerophile

Formen, die häufig nur einzellig oder in wenigzelligen Verbänden auftreten. Diese sind als Fadenalgen daran zu erkennen, daß die für die trichale Organisationsstufe charakteristische Querteilung der Zellen vorkommt. Die Zellfäden wachsen durch Querteilungen der Zellen in die Länge. Bei allen trichalen Xanthophyceen erfolgt die Fortpflanzung daneben auch durch Zoosporen oder Aplanosporen.

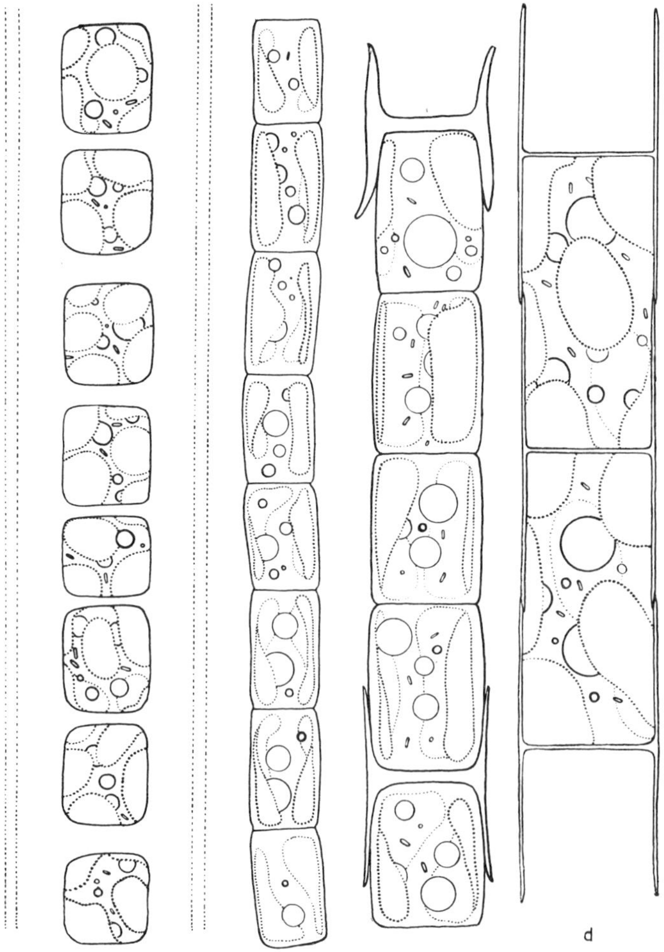

Fig. 32. Unverzweigte Formen der trichalen Organisationsstufe der Xanthophyceen, *a. Neonema, b. Heterothrix, c. Bumilleria, d. Tribonema* (nach Pascher).

33

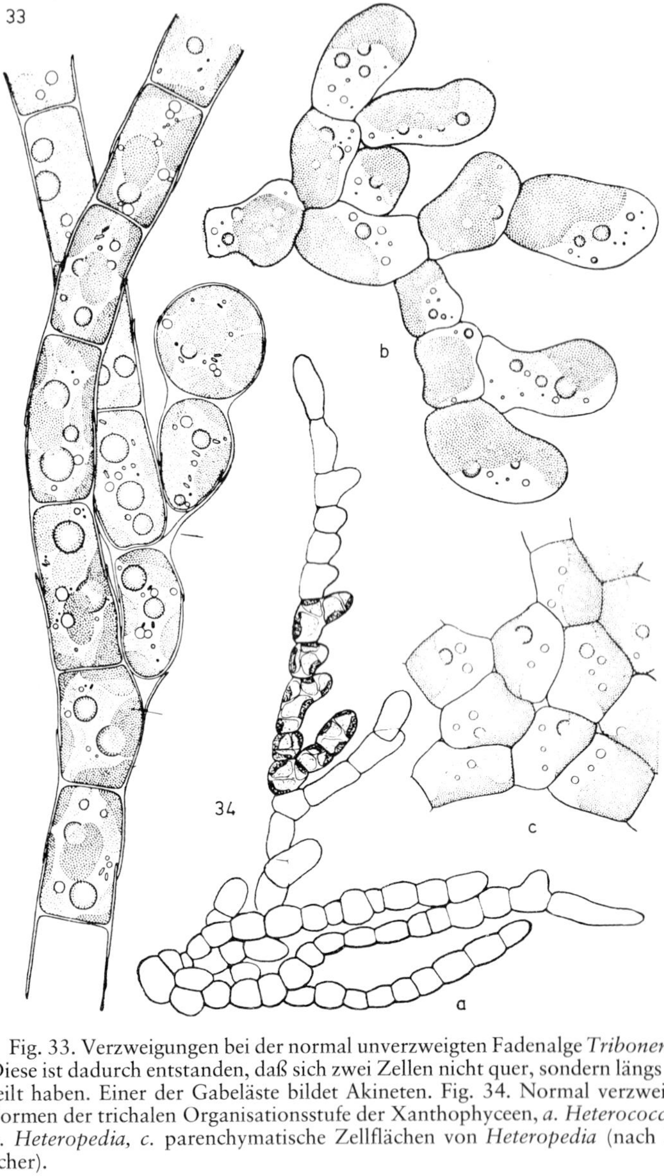

Fig. 33. Verzweigungen bei der normal unverzweigten Fadenalge *Tribonema*. Diese ist dadurch entstanden, daß sich zwei Zellen nicht quer, sondern längs geteilt haben. Einer der Gabeläste bildet Akineten. Fig. 34. Normal verzweigte Formen der trichalen Organisationsstufe der Xanthophyceen, *a. Heterococcus*, *b. Heteropedia*, *c.* parenchymatische Zellflächen von *Heteropedia* (nach Pascher).

3.6 Siphonale (siphonoblastische) Organisationsstufe (Fig. 35)

Das vegetative Stadium ist ein differenzierter polyenergider Siphonoblast. Dieser ist im vegetativen Zustand stets mit einer deutlichen Zellwand versehen, mit bedeutendem und auffallendem Größenwachstum. Protoplast dauernd vielkernig und mit sehr zahlreichen Chromatophoren, in Form eines dünnen Wandbelages durch eine große zentrale Saftvakuole an die Zellwände gedrückt. Thallus in einen grünen assimilationsfähigen Teil und in einen farblosen rhizoidartigen Teil gegliedert, doch immer eine Einheit ohne Querwände bildend. Fortpflanzung durch simultanen Zerfall des vielkernigen Siphonoblasten in einkernige Plasmaportionen, die als Zoosporen austreten oder sich noch innerhalb des

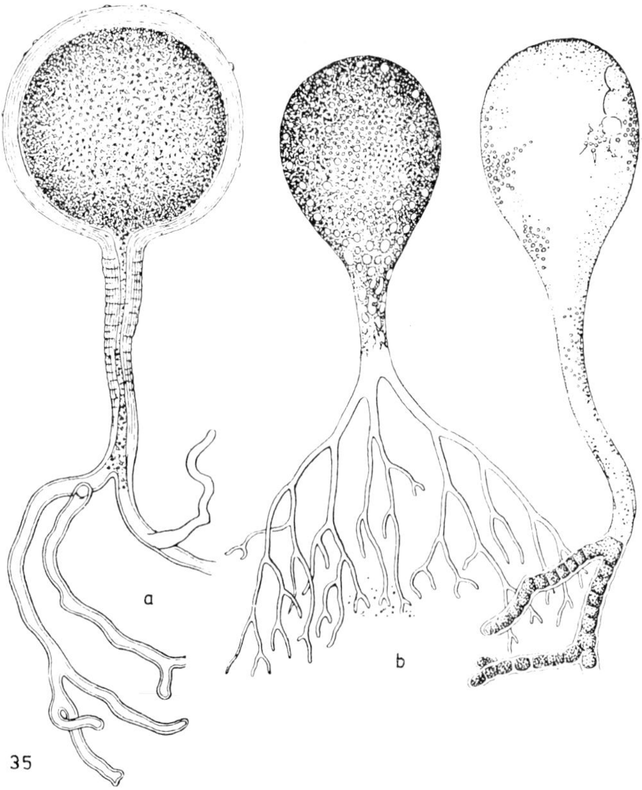

Fig. 35. Siphonale Organisationsstufe der Xanthophyceen, *a. Botrydium wallrothii*, *b. Botrydium granulatum*, links vegetative Zelle, rechts hat sich der Protoplast in die Rhizoide zusammengezogen und bildet dort Dauerstadien (nach Rostafinski und Woronin).

Thallus in Aplanosporen umwandeln. Es können sich aber auch verschieden große und vielkernige Plasmaportionen durch Behäutung zu kleineren oder größeren Aplanosporen umbilden.

4. Fortpflanzung

Die Fortpflanzung ist entsprechend der formenreichen Morphologie der Xanthophyceen vielfältig. Mit Ausnahme der geschlechtlichen Fortpflanzung (bezieht sich nicht auf *Vaucheria*, siehe Band 4), finden sich fast alle Fortpflanzungsarten. Diese hängen vor allem von der Organisationsstufe des entsprechenden Organismus ab. Die niederen Lebensformen der Xanthophyceen spiegeln sich insofern in der Fortpflanzung der höheren wider, als sie und ihre eigenen Fortpflanzungsweisen integrale Bestandteile des Modalitätenvorrates jener sind und von diesen nur zögernd aufgegeben werden. So haben die Flagellaten und auch die rhizopodialen Formen die Zweiteilung der Zellen als einzige Fortpflanzungsweise, abgesehen von Dauerzuständen. Die capsalen Formen haben hingegen außer der Zweiteilung auch die Möglichkeit Zoosporen und Hemiautosporen zu bilden. Die coccalen Formen nehmen zu den Zoosporen und den Hemiautosporen auch noch die Bildung von Autosporen hinzu, wogegen die Zweiteilung nicht mehr vorkommt, da die Zellen behäutet sind. Für die trichalen Formen ist die Querteilung der Zellen, wie auch die Bildung von Zoosporen und Aplanosporen charakteristisch. Schließlich sind die siphonalen Formen durch simultane Bildung einer überaus großen Menge von Zoosporen oder auch Aplanosporen gekennzeichnet.

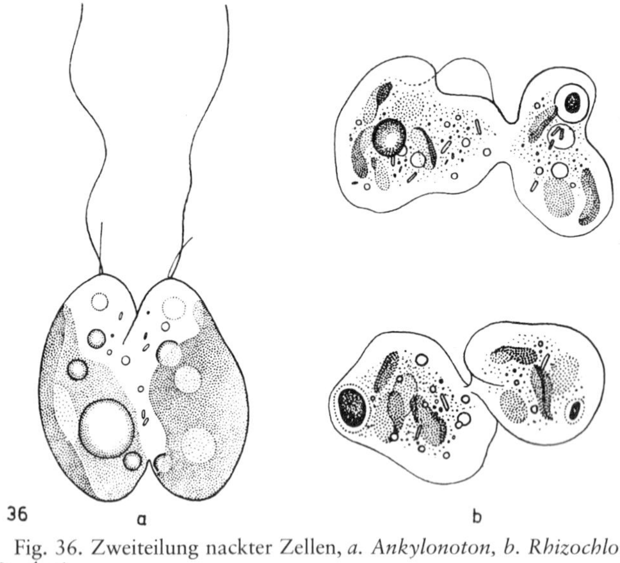

Fig. 36. Zweiteilung nackter Zellen, *a. Ankylonoton*, *b. Rhizochloris* (nach Pascher).

Die **Zweiteilung** (Fig. 36) ist die übliche Fortpflanzungsweise aller nackten Xanthophyceen-Zellen, wie sie bei den monadoiden, rhizopodialen und vielen capsalen Arten vorkommen. Die Protoplastenteilung verläuft in der Längsachse des Flagellaten, und nicht nur das Plasma, sondern auch alle übrigen Organellen werden auf die Tochterzellen aufgeteilt.

Dort, wo die Zellen behäutet, d. h. von einer Zellwand umgeben sind, kommt es zu einer Zwei- oder Vielfachteilung des Protoplasten, die mit einer Umgestaltung der Teilprotoplasten in Zoosporen, Hemiautosporen oder Autosporen verbunden ist (Fig. 42). Am häufigsten ist wohl die **Zoosporenbildung** (Fig. 37 und 38), die bei allen Organisationsstufen vorkommen kann. Nach erfolgter ein- bis mehrfacher Protoplastenteilung werden die Zoosporen differenziert, indem die Geißeln, pulsierende Vakuolen und oft auch ein Stigma gebildet werden (Fig. 42 A). Bei vielkernigen Zellen entstehen die Zoosporen durch simultanen Zerfall des Protoplasten (Fig. 41). Das alles erfolgt innerhalb der alten Mutterzelle und die fertigen Zoosporen werden durch einen Riß in der Mutterzellwand oder durch Auseinanderweichen der Wandteile frei. Oft verschleimt die alte Zellwand so stark, daß die Zoosporen durch die entstandene Gallerte ins Freie gelangen. Nicht selten werden die Zoosporen unter Abwurf der Geißeln zu vollständigen Amöben – amöboide Zoosporen – oder treten auch direkt als Amöben aus der Zelle aus, um dann zu neuen Algenzellen zu werden (Pascher 1930 c).

Eine eigenartige Zoosporenbildung kommt bei manchen differenzierten Fadenalgen vor (Pascher 1944). Die Endzellen an den Fäden oder Zweigen runden sich gelegentlich ab und treten dabei aus dem Verband der übrigen Zellen (Fig. 617 d–f). Sie schwellen häufig an, werden förmlich zu Köpfchenzellen, die sich dann konidienartig ablösen. Im Prinzip handelt es sich um losgelöste Zoosporangien, in denen nach der Loslösung zwei oder mehrere Zoosporen gebildet werden (*Capitulariella, Heteropedia, Aeronemum*). Auch bei *Heterococcus* vergrößern sich die Endzellen vor der Zoosporenbildung, doch werden die Zoosporen noch im Fadenverband gebildet, ohne daß die Sporangien vorher abfallen.

Bei einigen coccalen Xanthophyceen (*Dioxys, Chytridiochloris*) wird für die Zoosporenbildung nicht der ganze Protoplast verbraucht und es kommt zu Durchwachsungen (Fig. 38). Nach der ersten Protoplastenteilung wandelt sich nur der in der vorderen Zellhälfte vorhandene Teilprotoplast, oft nach weiteren Teilungen, in die Zoosporen um, wogegen der andere Teil an der Umwandlung nicht teilnimmt. Sobald die Zoosporen entleert werden, wächst der übriggebliebene Teil des alten Protoplasten zur normalen Größe heran, indem er über das offene Ende der durchrissenen Zellwand der Mutterzelle hinauswächst. Dabei wird eine neue Zellwand angelegt, die innerhalb des Restes der alten Zellwand den Protoplasten umgibt. Dieser Vorgang kann sich wiederholen, wobei dann ineinandergeschachtelte Systeme von Zellwänden entstehen.

Synzoosporen sind regelmäßige ungeschlechtliche Fortpflanzungsgebilde bei der Gattung *Vaucheria*, wogegen bei anderen Xanthophyceen durch Teilungshemmungen nur synzoosporenähnliche Gebilde auftreten (Pascher 1939 b). Die Zoosporenverbände treten in verschiedener Form aus (Fig. 43). Ist die Verbindung zwischen den einzelnen Zoosporen nur durch die Hinterenden hergestellt, so entstehen radiäre Zoosporengruppen. Bilden die ungetrennten Hinterenden eine gemeinsame, zentrale Plasmamasse, so entstehen zwei- bis vielköpfige Zoosporen, von denen jeder Kopf ein Geißelpaar trägt. Im äußersten Fall bleiben alle Zoosporen einer Zelle verbunden, so daß große, kugelige bis ellipsoidische, traubige Gebilde entstehen, die die Zahl der in ihnen verbundenen Zoosporen nur mehr an den etwas vorragenden Köpfchen und den Geißelpaaren erkennen lassen. Die Vereinigung kann aber auch so weit gehen, daß ihre Köpfe auch nicht mehr angedeutet sind und die Zahl der verbundenen Zoosporen nur mehr an den

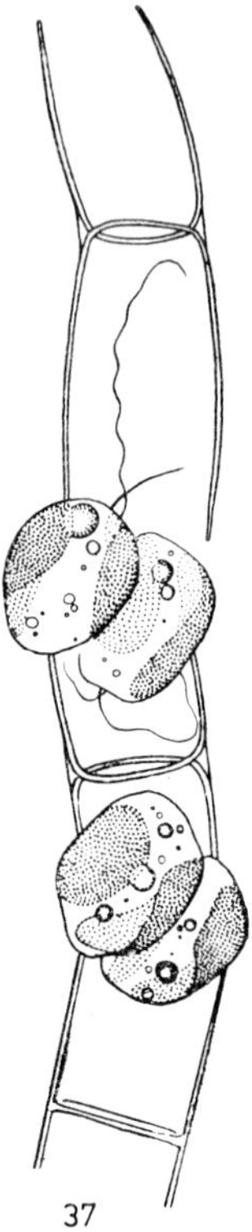

37

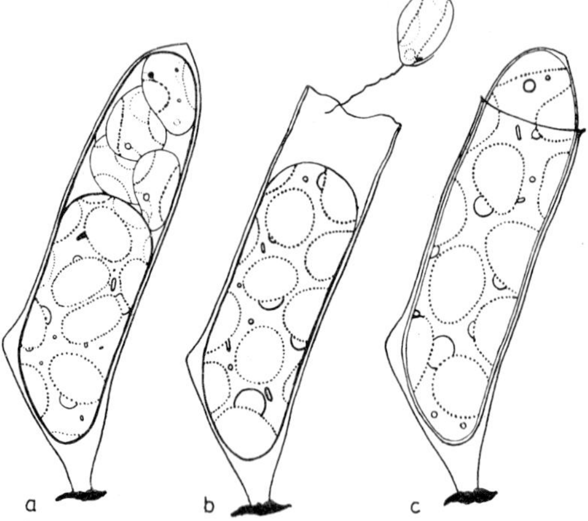

38

40

b

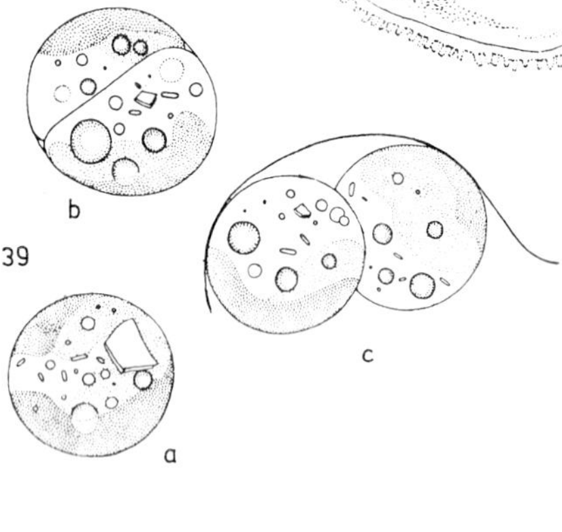

39

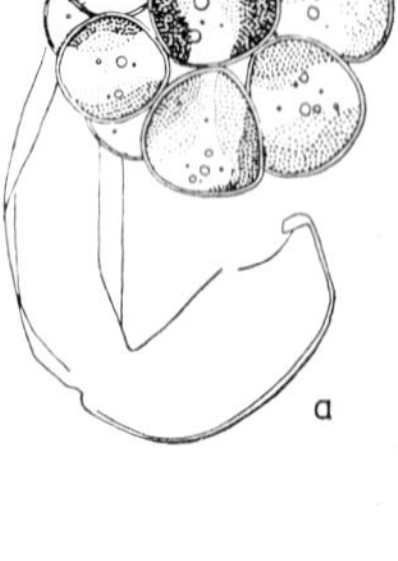

a

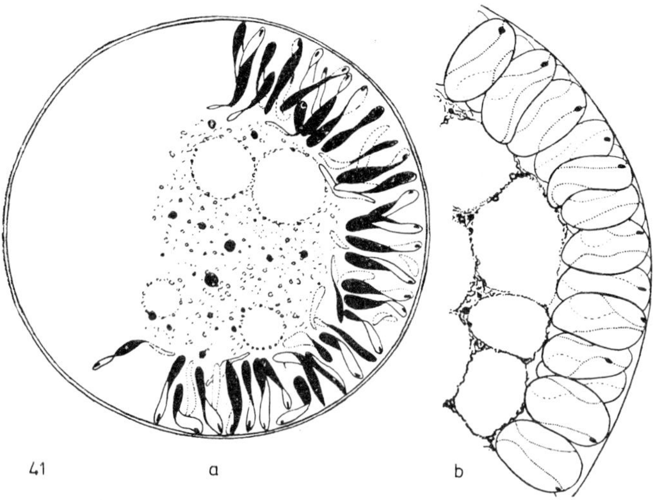

Fig. 41. Einleitung der Zoosporenbildung bei der vielkernigen *Botrydiopsis* (Coenoblast), *a.* Zentral hat sich ein großwabiges Plasma differenziert, in dem Tropfen von Exkretöl, Vakuolen und andere Reste verbleiben. Chromatophoren und Kerne wandern in das periphere Plasma, wobei die Chromatophoren eine radiäre Stellung einnehmen; *b.* im peripheren Plasma haben sich zahlreiche, ausgesprochen radiär angeordnete Zoosporen ausgebildet. Die Stigmata zeigen das nach außen gerichtete Vorderende. Das zentrale Plasma bleibt mit den Exkreten zurück (nach Pascher).

Geißelpaaren abgelesen werden kann, die mehr oder weniger gleichmäßig über die ungegliederte Oberfläche verteilt sind (Fig. 44). Gelegentlich werden auch polare Differenzierungen solcher synzoosporenartiger Verbände beobachtet. In diesen Fällen sind die Geißelpaare nicht gleichmäßig über den Protoplast verteilt, sondern gegen das eine Ende zusammengeschoben und auch die Kerne sind diesem Ende genähert (Fig. 45 a-d).

Eine weitere Art von Fortpflanzungszellen sind die **Hemiautosporen** (Fig. 42 B). Diese behalten den monadoiden Charakter der Zoosporen mit pulsierenden Vakuolen und manchmal auch mit Stigma, sind jedoch wie die Autosporen geißellos und unbeweglich. Sie können sich noch innerhalb der alten

◀ Fig. 37. Zoosporenbildung bei *Tribonema*, die Zoosporen treten mit den Hinterenden voran zwischen den voneinander abgerückten Halbstücken einer Zelle aus. Fig. 38. Zoosporenbildung bei *Dioxys*, verbunden mit Durchwachsung. Nur die eine Hälfte des geteilten Protoplasten wandelt sich in Zoosporen um (*a.*). Nach dem Ausschwärmen der Zoosporen verbleibt der basale Protoplast im Rest der alten Mutterzellwand (*b.*) und wächst innerhalb dieser zu einer neuen Zelle heran (*c.*). Fig. 39 Autosporenbildung bei *Pleurochloris*, *a.* vegetative Zelle, *b.* Protoplastenteilung, *c.* Entleerung der Autosporen. Fig. 40. Autosporenbildung bei *Botrydiopsis*, *a.* bei einer kleinen dünnwandigen Zelle, b. bei einer derbwandigen Zelle (nach Pascher).

Zellwand, meist aber erst nach dem Freiwerden aus dieser, in das vegetative Stadium umwandeln. Sie bilden morphologisch einen Übergang zwischen den Zoosporen und Autosporen.

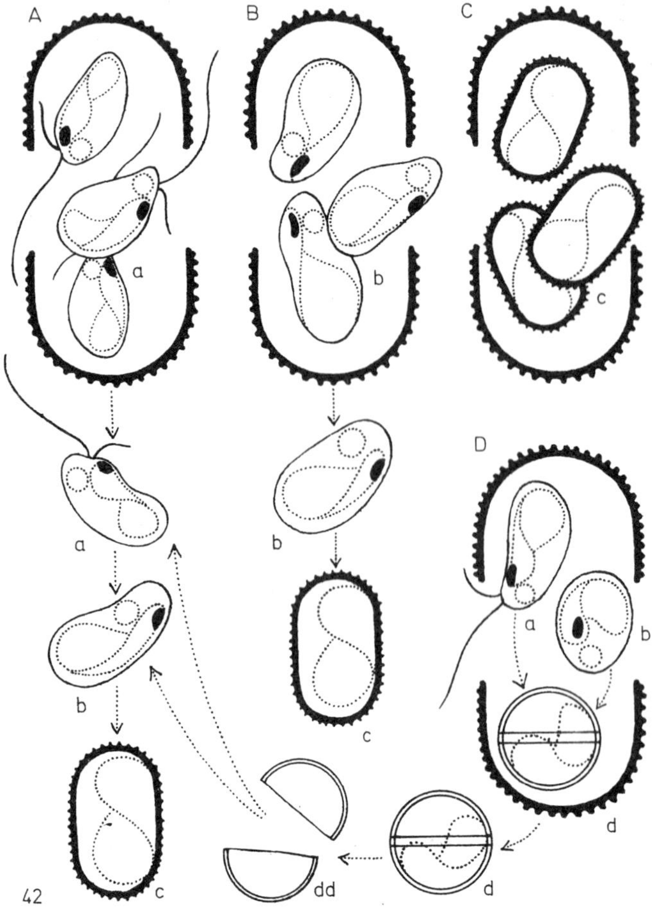

Fig. 42. Schematische Darstellung der ungeschlechtlichen Fortpflanzung bei den Xanthophyceen. *A*. Zoosporenbildung, *B*. Bildung von Hemiautosporen, C. Autosporenbildung und *D*. Bildung von Aplanosporen. Die vegetativen Zellen sind durch die dicke, mit Warzen versehene Zellwand gekennzeichnet. Eine solche haben auch die Autosporen und die jungen Zellen. Die Pfeile zeigen die weitere Entwicklung der Fortpflanzungszellen. Man beachte die allmähliche Verkürzung in der Entwicklung zu jungen Zellen, die bei den Autosporen ohne Zwischenstadien verläuft. Erklärungen zu den Abkürzungen: *a* – Zoosporen, *b* – Hemiautosporen, *c* – Autosporen oder junge Zellen, *d* – Aplanosporen, *dd* – Keimung der Aplanosporen. Alles stark schematisiert.

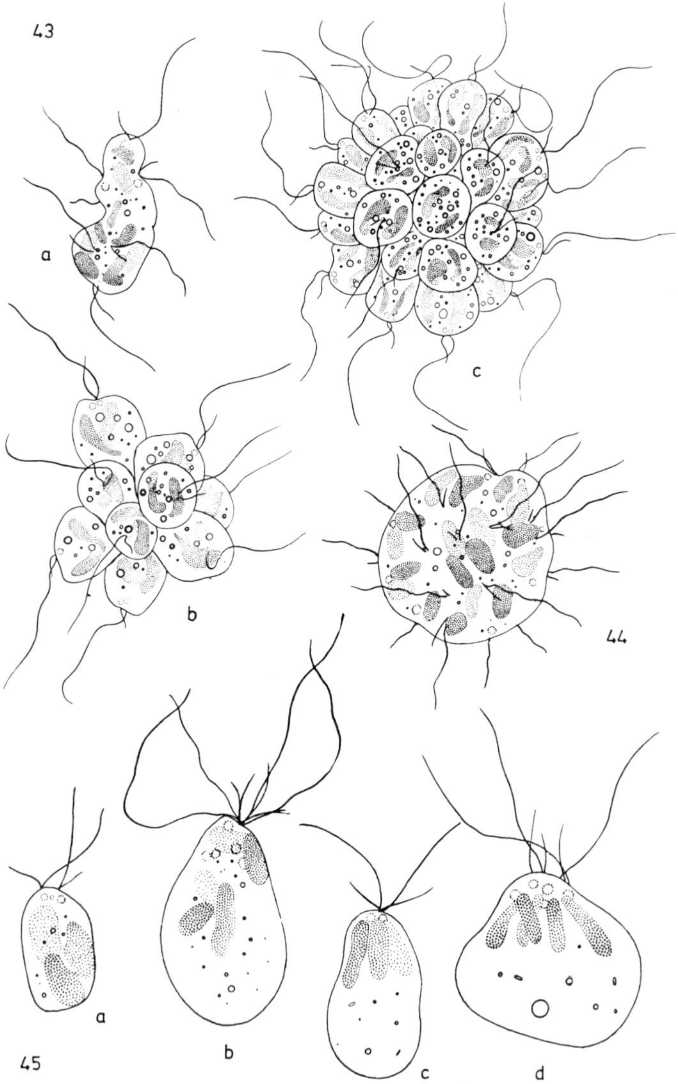

Fig. 43. Synzoosporenartige Gebilde von *Botrydiopsis arrhiza*, bei *b* und *c* sind die Zoosporen nur mit den Hinterenden verwachsen, so daß die Einzelindividuen deutlich zu erkennen sind. Bei *a* tritt eine allmähliche Verwachsung ein. Fig. 44. Völlig verwachsene Zoosporen von *Botrydiopsis arrhiza*. In diesem Fall ist die Anzahl der verschmolzenen Zoosporen nur mehr nach der Anzahl der Geißelpaare zu erkennen (Synzoospore). Fig. 45 *a–d*. *Tribonema*, Zoosporen zu polar gebauten Gebilden verschmolzen, die am Vorderende die Geißelpaare und die pulsierenden Vakuolen tragen. Auch die Chromatophoren sind mehr polar gelagert. Nach den Geißelpaaren ist die Zahl der verbundenen Zoosporen erkennbar (nach Pascher).

Autosporen (Fig. 42C) werden nur bei Arten der coccalen Organisationsstufe gebildet. Jedoch ist diese Form der Fortpflanzung nicht für alle Arten der Mischococcales obligat. Es handelt sich bei den Autosporen um spezialisierte Fortpflanzungszellen, die keinen Zug der Zoosporen mehr aufweisen (Fig. 39, 40) und noch vor dem Freiwerden die Gestalt der vegetativen Zelle annehmen. Auch die Skulptur der Zellwand, falls sie bei erwachsenen Zellen vorhanden ist, ebenso wie eventuelle Warzen oder Fortsätze sind bereits vor dem Freiwerden entwickelt. Die Umwandlung des Teilprotoplasten in die neue vegetative Zelle ist in diesem Fall stark abgekürzt und läuft nicht mehr auf dem Umweg über eine begeißelte Zelle. Je spezialisierter die coccalen Formen sind, umso mehr tritt die Autosporenbildung in den Vordergrund und das Vorkommen von Zoosporen wird seltener. Schließlich kommen bei manchen Formen als Fortpflanzungszellen nur noch Autosporen vor.

Aplanosporen treten nur bei den fadenbildenden Xanthophyceen als Fortpflanzungsgebilde (Fig. 42D) auf, und zwar als Umbildungen von Zoosporen oder von Teilprotoplasten. Da die Aplanosporen nicht die übliche Fortpflanzungsweise der trichalen Xanthophyceen sind, kann angenommen werden, daß in solchem Fall Fortpflanzung und Dauerzustand miteinander eng verknüpft sind. Als charakteristische Fortpflanzungsart der trichalen Organisationsstufe ist jedoch die **Querteilung** der Zellen mit Bildung einer neuen Scheidewand anzusehen. Diese Querteilung trägt zunächst nur zum Wachstum des Fadens bei, auch wenn sich hierbei die Anzahl der Zellen vermehrt. Da jedoch die in die Länge wachsenden Fäden oft zerbrechen und die Fragmente zu neuen Fäden heranwachsen, trägt sie indirekt auch zur Fortpflanzung der Organismen bei.

Geschlechtliche Fortpflanzung wurde bei den Xanthophyceen, mit Ausnahme der Vaucherien, wo eine differenzierte Sexualität in Form von Oogamie vorliegt, nicht sicher nachgewiesen. Zwar wird geschlechtliche Fortpflanzung für manche Arten angegeben, doch scheinen die Beobachtungen nicht ganz verläßlich zu sein. Oft können Teilungshemmungen von Zoosporen Kopulationszustände vortäuschen. Ein sicherer Beweis einer geschlechtlichen Fortpflanzung ist weniger der Kopulationszustand, als die vollständige Bildung einer Zygote. In diesem Sinne unvollständig erfaßt sind die sexuellen Vorgänge bei *Tribonema* und *Botrydium* (Rosenberg 1931), und auch spätere Beobachtungen an *Pleurochloris* (Fritsch und John 1942) haben keine eindeutigen Beweise für eine geschlechtliche Fortpflanzung erbracht.

5. Dauerzustände

Bei Eintritt ungünstiger Lebensbedingungen oder auch infolge innerer Ursachen gehen die vegetativen Zellen in Dauerzustände über, in denen die Lebensprozesse stark herabgemindert sind und so ungünstige Bedingungen überdauert werden. Die Dauerzustände wurden bislang wenig untersucht und die bisherigen Angaben und Beobachtungen haben mehr einen deskriptiven Charakter. Deshalb ist eine erschöpfende Darstellung der Dauerzustände nach einem einheitlichen Maßstab derzeit kaum möglich. Eins steht jedoch fest, daß für die Xanthophyceen jene Dauerzustände typisch sind, die als **Zysten** (Fig. 46 und 47) bezeichnet werden und auf eine recht charakteristische Art und Weise entstehen. Ihre Bildung ist nur bei Arten der monadoiden und rhizopodialen Organisationsstufe bekannt, obzwar sie auch bei anderen Formentypen angegeben werden. Charakteristisch für diese Zysten (früher auch Sporen genannt) ist der Um-

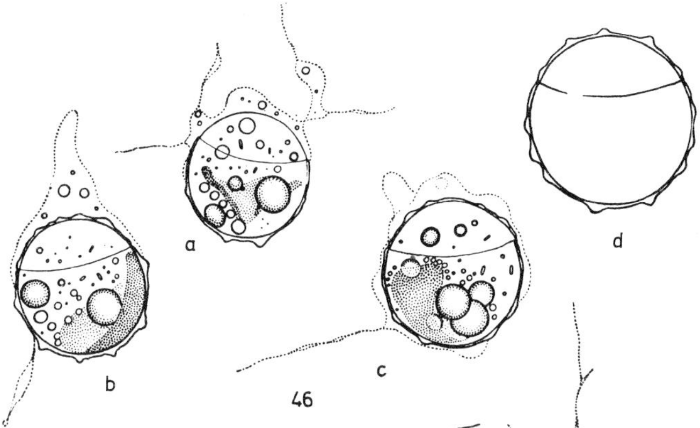

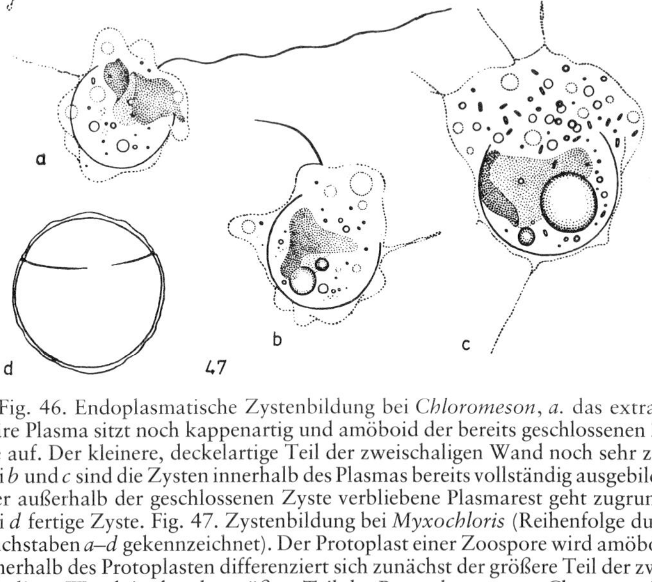

Fig. 46. Endoplasmatische Zystenbildung bei *Chloromeson*, *a.* das extrazystäre Plasma sitzt noch kappenartig und amöboid der bereits geschlossenen Zyste auf. Der kleinere, deckelartige Teil der zweischaligen Wand noch sehr zart. Bei *b* und *c* sind die Zysten innerhalb des Plasmas bereits vollständig ausgebildet. Der außerhalb der geschlossenen Zyste verbliebene Plasmarest geht zugrunde. Bei *d* fertige Zyste. Fig. 47. Zystenbildung bei *Myxochloris* (Reihenfolge durch Buchstaben *a–d* gekennzeichnet). Der Protoplast einer Zoospore wird amöboid, innerhalb des Protoplasten differenziert sich zunächst der größere Teil der zweischaligen Wand, in den der größere Teil des Protoplasten samt Chromatophor und Reservestoffen hineinwandern. Der größere topfförmige Teil der Zystenwand wird durch die nachträgliche Bildung eines Deckels abgeschlossen (nach Pascher).

stand, daß sie immer endoplasmatisch (endogen) gebildet werden. Sie sind zweischalig und ihre Wand ist sehr häufig stark verkieselt. Vor der Zystenbildung wird im Innern des Protoplasten eine zarte halbkugelige Schale angelegt, durch die der Protoplast in einen intra- und extrazystären Teil zerlegt wird. In diese endogen gebildete Schale wandern die Chromatophoren und der Kern, wahrscheinlich auch die übrigen lebenswichtigen Organellen sowie Reservestoffe. Das extrazystäre Plasma wird mützenartig an der offenen Seite der Schale angehäuft und schließlich wird dort der zweite schalenförmige, meist kleinere Teil der Zyste gebildet. Durch diesen wird die Zyste abgeschlossen. Der Teil des Protoplasten, der nicht in die Zyste eingeschlossen wird, geht zugrunde.

Sehr verbreitete Ruhezustände der Xanthophyceen sind die **Aplanosporen** (Fig. 48 a–f). Es werden entweder noch nicht ausgetretene – seltener austretende Zoosporen – die bereits vollständig ausgebildet sein können oder erst als Teilprotoplasten vorkommen, von einer festen, meist zweiteiligen Wand umgeben, oder der Inhalt einer Zelle umgibt sich ohne irgendwelche Teilung als Ganzes mit einer neuen selbständigen Wand und wandelt sich in eine Aplanospore um. Aplanosporen sind demnach derbwandige Dauerzustände, deren Wand nicht endoplasmatisch angelegt wird und an deren Bildung die alte, ursprüngliche Zellwand der Mutterzelle nicht teilnimmt (siehe Pascher 1939 a). Analog zu den Aplanosporen werden weitere Dauerzustände, die **Akineten,** gebildet (Fig. 48 g–i). Bei diesen nimmt die Zellwand der vegetativen Zellen an der Bildung teil, indem sie außerordentlich dick und derb wird. Es werden häufig noch nachträglich weitere deutliche Schichten zwischen dem Protoplasten und der ursprünglichen Zellwand angelegt (Fig. 48 i). Die Oberfläche der Akinetenwand kann später auch warzig und durch Eisenablagerungen braun bis tiefbraun gefärbt werden. Bei Fadenalgen lösen sich während der Akinetenbildung die Zellen entweder aus dem Verband oder bleiben weiterhin als reihenartig angeordnete Akineten – Fadenakineten – verbunden (Fig. 48 g, h).

Zu den Dauerzuständen können auch die gallertigen palmelloiden Stadien gerechnet werden, in denen die Xanthophyceen auch ungünstige Bedingungen überdauern können. Im Unterschied zu den oben erwähnten Dauerzuständen klingt die Lebenstätigkeit in der Gallerte nicht so stark oder fast überhaupt nicht ab. Die eingebetteten Protoplasten können sich sogar lebhaft teilen. Sehr oft werden vorübergehend palmelloide Stadien bei der monadoiden Organisationsstufe gebildet. Aus diesen kann der Protoplast nach kürzerer oder längerer Zeit wieder in die normale Lebensform zurückkehren. Auch die behäuteten unbeweglichen Zellen, gleichgültig zu welcher Organisationsstufe sie gehören, können gelegentlich gallertige Stadien bilden. Gallertstadien, in denen die Gallerte ungeschichtet und ohne andere Struktur ist, werden **Palmellen** genannt. Wo die Gallerte jedoch deutliche Schichtungen zeigt, oft in Form kompliziert ineinandergeschachtelter Systeme, die das Ergebnis verschiedener Teilungsfolgen sind, spricht man von **Gloeocysten.**

Außer diesen hier besprochenen Dauerzuständen gibt es noch andere, die in das gegebene Schema nicht eingereiht werden können und deren Entwicklungsgeschichte noch sehr unklar ist. Hierher gehören auch solche, die bei der siphonalen Gattung *Botrydium* bekannt sind, verschiedenen Ursprung haben und mit unterschiedlichen Namen bezeichnet werden (Fig. 35 b).

Fig. 48. Bildung von Dauerzuständen bei den Xanthophyceen, *a – f.* Aplanosporen, *g – i.* Akineten; *a.* und *b.* Aplanosporen bei *Tribonema*, wo sich der Zellinhalt in zwei oder vier einkernige Teilprotoplasten zerteilt hat. Diese treten jedoch nicht als Zoosporen aus, sondern wandeln sich unter Ausscheidung einer eigenen Wand zu Aplanosporen um, *c.* Umwandlung des ganzen Zellinhaltes zu einer Aplanospore bei *Tribonema, d.* Bildung verschieden großer Aplanosporen in der Verzweigung bei *Tribonema, e.* Umwandlung des ganzen Protoplasten in eine derbwandige Aplanospore bei *Monodus, f.* Zelle von *Characiopsis* mit vielen kugeligen Aplanosporen, *g* und *h.* Bildung von Akineten bei *Heterothrix*. Die Zellwand der vegetativen Zellen hat sich stark verdickt und die ganze Zelle wandelt sich in eine Dauerzelle um. Da die Zellen im Fadenverband bleiben entstehen Fadenakineten, i. isolierte Akineten von *Bumilleria*, man beachte die ungleichmäßige Verdickung und Schichtung der Zellwand (nach Pascher). ▶

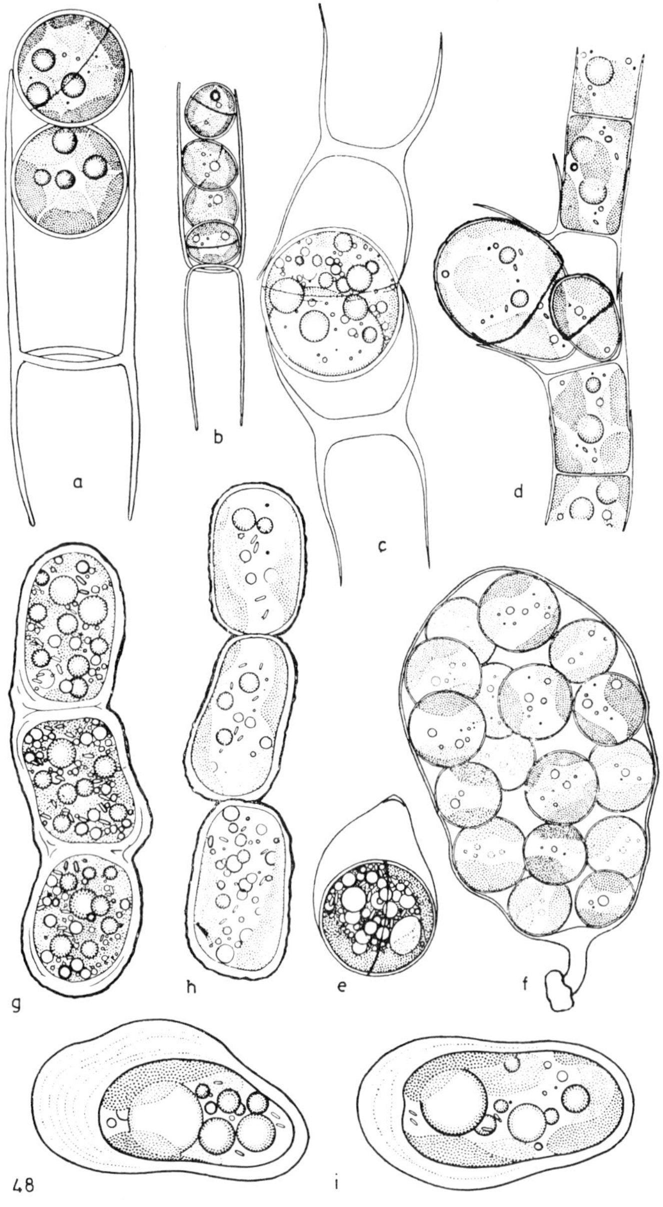

48

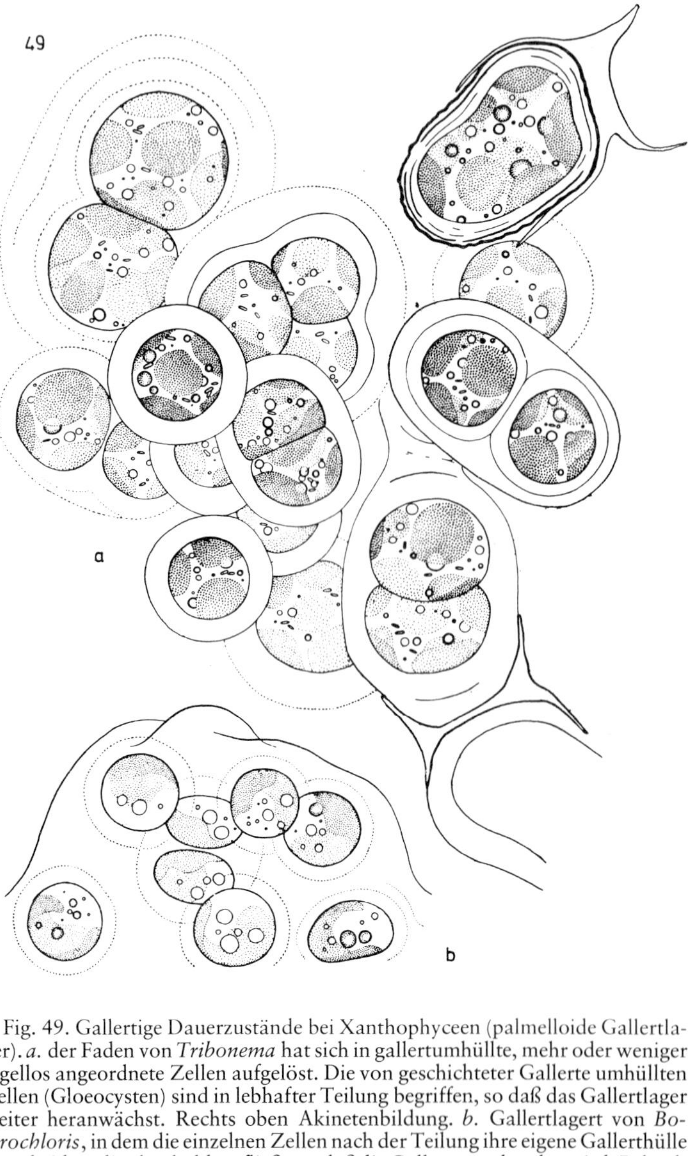

Fig. 49. Gallertige Dauerzustände bei Xanthophyceen (palmelloide Gallertlager). *a.* der Faden von *Tribonema* hat sich in gallertumhüllte, mehr oder weniger regellos angeordnete Zellen aufgelöst. Die von geschichteter Gallerte umhüllten Zellen (Gloeocysten) sind in lebhafter Teilung begriffen, so daß das Gallertlager weiter heranwächst. Rechts oben Akinetenbildung. *b.* Gallertlagert von *Bothrochloris*, in dem die einzelnen Zellen nach der Teilung ihre eigene Gallerthülle ausscheiden, die aber bald zerfließt, so daß die Gallerte strukturlos wird (Palmellen). Auch in diesem Fall können weitere Teilungen der Zellen folgen (nach Pascher).

6. Lebenszyklus

Die meisten Xanthophyceen haben einen relativ einfachen Lebenszyklus (Fig. 50). Dieser besteht aus einer vegetativen Phase und einer Fortpflanzungsphase. Während der vegetativen Phase wächst die junge Zelle oder der Keimling, unter gleichzeitiger mehr oder weniger differenzierter Entfaltung, zur erwachsenen und reifen Zelle heran (Fig. 50 a–c). Die Fortpflanzungsphase beginnt mit der Protoplastenteilung und endet mit der Keimung der Fortpflanzungszellen zu einer neuen jungen vegetativen Zelle (Fig. 50 d–f). Dieser einfache Lebenszyklus kann gelegentlich durch die Bildung von Dauerstadien unterbrochen werden, indem diese in den Lebenszyklus vorübergehend eingeschaltet werden (Fig. 50 g). Der Lebenszyklus wird bei manchen Arten durch Bildung verschiedenster Fortpflanzungszellen, Dauerstadien, amöboide Stadien und Größenwachstum recht

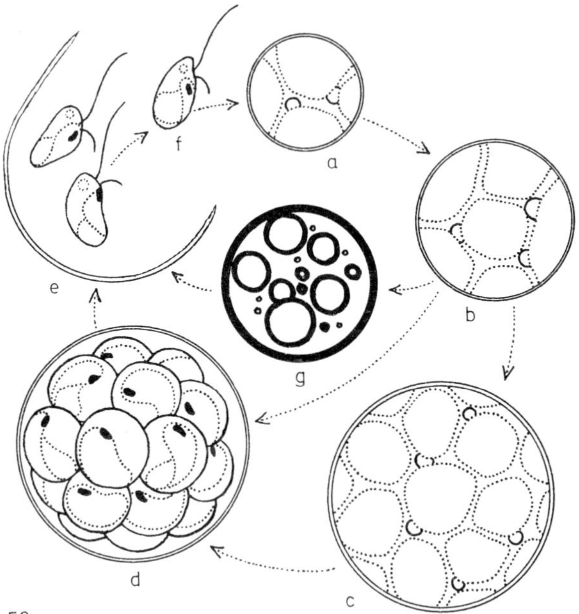

50

Fig. 50. Einfacher Lebenszyklus einzelliger behäuteter Xanthophyceen, *a* und *b*. junge wachsende Zellen, *c*. erwachsene vegetative Zelle, *d*. Protoplastenteilung, *e*. Zoosporenbildung (und zugleich ihr Ausschwärmen), *f*. Zoosporen, *g*. Akinete. Die vegetative Phase erstreckt sich von der jungen Zelle bis zur völlig erwachsenen (*a–c*). Die Fortpflanzungsphase von der einleitenden Protoplastenteilung bis zur Keimung der Zoospore (*d–a*). Unter bestimmten Umständen brauchen die vegetativen Zellen nicht die endgültige Größe zu erreichen und können sich schon früher teilen. Die Pfeile zeigen alle Möglichkeiten der Entwicklung, wobei die Entwicklung irreversibel verläuft. Bei ungünstigen Bedingungen kann sich eine Phase des Ruhestadiums einschalten (über *g*). Alles stark schematisiert.

kompliziert, wie dies von *Myxochloris* oder *Tribonema* bekannt ist. Da für die Bestimmung und Untersuchung der Xanthophyceen die genaue Kenntnis des Lebenszyklus sehr wichtig ist, sollen hier zwei Beispiele komplizierter Zyklen angeführt werden.

Bei *Myxochloris* (Fig. 51) lebt das vegetative Stadium als Plasmodium in den Wasserzellen von *Sphagnum* (a). Dieses Plasmodium kann als Ganzes austreten (f) und sich außerhalb des *Sphagnum*-Blattes in eine derbwandige Aplanospore (g) umwandeln, aus der dann einkernige Keime in Form von Zoosporen oder Amöben austreten, die die Neubesiedelung eines *Sphagnum*-Blattes besorgen. Eine solche Neubesiedelung kann auch durch ein ganzes, vorher austretendes Plasmodium erfolgen. Gelegentlich wandelt sich das Plasmodium auch in kleine Teilplasmodien um, die austreten, außerhalb des *Sphagnum*-Blattes Aplanosporen bilden, aus denen wieder kleine Keime in der Form von Amöben oder Zoosporen hervorgehen. Die kleinen Teilplasmodien können *Sphagnum*-Blätter auch direkt befallen. Manchmal wird das vegetative Plasmodium noch innerhalb der Wasserzellen in eine große Aplanospore (b) umgewandelt. Das weitere Verhalten dieser Aplanosporen kann verschieden sein, entweder wird der Inhalt in größere Portionen zerteilt (Fig. 51 b), die aus den Aplanosporen austreten und *Sphagnum*-Blätter besiedeln oder aber der Inhalt einer solchen Aplanospore wird in kleine einkernige Keime aufgeteilt (Fig. 51 c), die als Zoosporen oder Amöben ebenfalls andere *Sphagnum*-Blätter besiedeln. Es kann auch der Inhalt einer großen Aplanospore in mehrere vielkernige Plasmaportionen aufgeteilt werden, die sich jedoch erneut innerhalb der großen Aplanospore zu neuen Aplanosporen enzystieren (Fig. 51 d). Aus diesen Aplanosporen tritt der Inhalt in Form mehrkerniger großer Keime oder als kleine einkernige Zoosporen oder Amöben aus. Mitunter geschieht es auch, daß die einkernigen Keime (Zoosporen oder Amöben) innerhalb der großen Aplanospore endoplasmatisch angelegte Zysten bilden (Fig. 51 e). Diese Zysten ergeben bei der Keimung zwei oder vier einkernige Keime. Letztere bilden, unabhängig davon auf welche Weise entstanden, auch außerhalb der Aplanosporen endoplasmatische zweischalige Zysten (h).

Bei *Tribonema* (Fig. 52) ist das vegetative Stadium ein einfacher Faden und der Lebenszyklus kann folgendermaßen dargestellt werden. Die Entwicklung beginnt mit einem einzelligen Keimling (a), der normalerweise zu einem Zellfaden heranwächst (b). Die vegetativen Fadenzellen teilen sich quer, wodurch der Faden in die Länge wächst. An den Fadenzellen kommen während dieses Wachstums keine auffallenden Veränderungen vor. Der Inhalt kann entweder ungeteilt oder meistens geteilt in Form von Zoosporen (c) austreten. Manchmal unterbleibt die Geißelbildung (d) und statt Zoosporen entstehen Amöben (amöboide Zoosporen). Die Teilprotoplasten oder die schon fertigen Zoosporen können sich auch in Aplanosporen (e) oder endogene Zysten umwandeln, die behäutet den Zellfaden verlassen und dann wieder als Zoosporen oder Amöben keimen. Manchmal werden aus den vegetativen Zellen dünnwandige Akineten (f) gebildet, aus denen ebenfalls Zoosporen oder Amöben austreten können. Wenn Riesenzellen entstehen, die sich dann in große Aplanosporen (g) umwandeln, keimen diese zu mehreren Zoosporen oder Amöben. Der Zellfaden kann sich auch in gallertige Stadien (h) auflösen, die durch weitere Teilungen der Protoplasten zu Gallertlagern (i) heranwachsen. Die Protoplasten treten aus diesen als Zoosporen oder Amöben aus oder sie wachsen, allerdings selten, zu großen, vielkernigen, gallertumhüllten Riesenzellen heran, die wieder Zoosporen in größerer Anzahl bilden können. Die freigewordenen Zoosporen können zu Amöben werden. Die in allen Entwicklungsstadien gebildeten Zoosporen setzen sich entweder als einzellige Keimlinge fest oder aber umgeben sich mit Gallerte und wachsen zu Gallertlagern (l) heran, oder sie können auch zu Aplanosporen werden. In

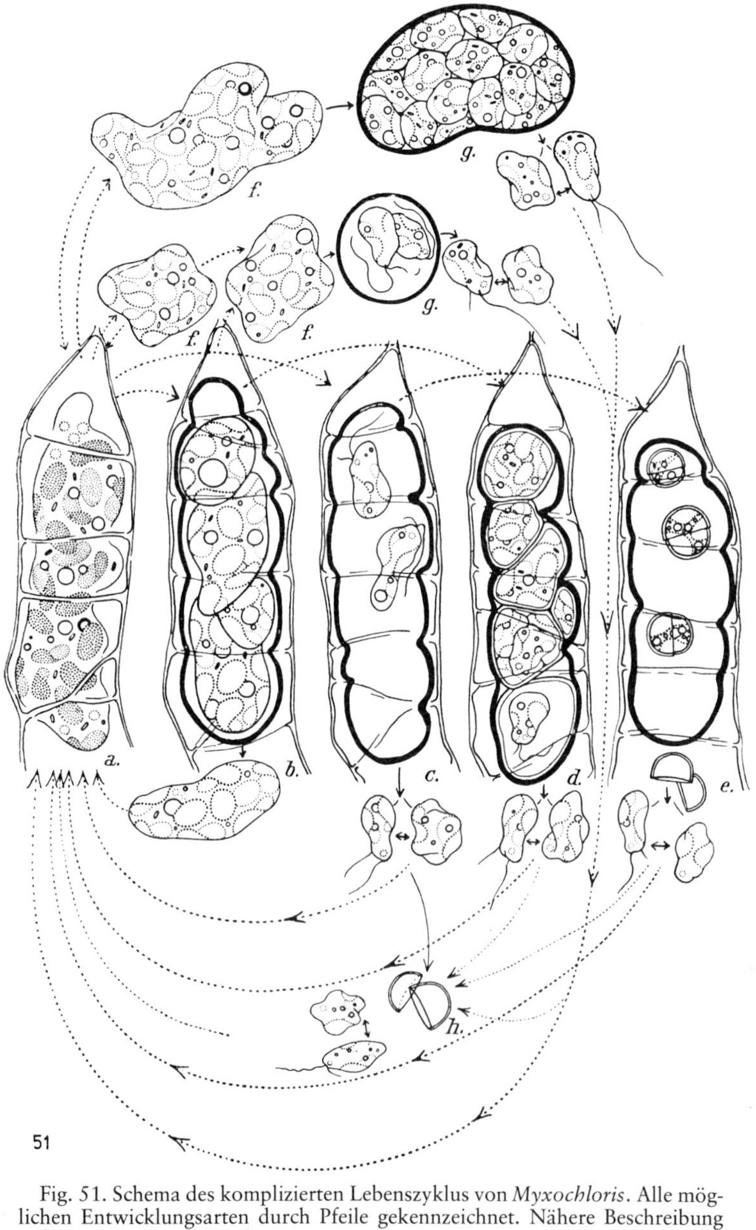

51

Fig. 51. Schema des komplizierten Lebenszyklus von *Myxochloris*. Alle möglichen Entwicklungsarten durch Pfeile gekennzeichnet. Nähere Beschreibung siehe im Text (nach Pascher).

dieser schematischen Darstellung sind nicht alle Entwicklungsmöglichkeiten berücksichtigt, z. B. die Bildung von Akineten und Fadenakineten, mehrkerniger Zysten innerhalb von Riesenzellen u. a. Kompliziert ist auch der Lebenszyklus der siphonalen Xanthophyceen, doch ist dieser, speziell bei *Botrydium*, noch nicht völlig geklärt.

7. Verbreitung und Ökologie

Die Verbreitung und die ökologischen Ansprüche der Xanthophyceen sind ungenügend bekannt, was mit der geringen Kenntnis, die wir von der ganzen Gruppe haben, zusammenhängt. Xanthophyceen kommen sowohl im Süßwasser als auch im Meer- oder Brackwasser vor, wenn auch unvergleichlich mehr Süßwasserarten bekannt sind als Meeresarten (Pascher 1939a). Eine geographische Gliederung ist zur Zeit überhaupt nicht möglich, abgesehen von den Vaucherien, die in dieser Hinsicht viel besser bekannt sind (siehe Band 4). Bei manchen Xanthophyceen sind die Beziehungen zu einem spezifischen Standort unverkennbar. So ist z. B. *Mischococcus* kalkhold, kommt nur auf kalkhaltigem Substrat vor und findet sich niemals in Gewässern mit niederen pH-Werten. Überhaupt ist bei vielen Xanthophyceen das Vorhandensein von Kalk für ihr Vorkommen bestimmend, das betrifft vor allem das massenhafte Auftreten gewisser *Tribonema*-Arten. So weiß man, das *Tribonema minus* und *T. viride* kalkhaltiges Wasser bevorzugen, wogegen *Tribonema vulgare* eine weite ökologische Spannweite aufweist. Letzte ist sowohl aus kalkhaltigen als auch kalkfreien oder sogar leicht moorigen Gewässern bekannt. Man kann sie auch in eisenhaltigen Gewässern finden, wobei die Zellwand bräunlich gefärbt wird oder direkt grobe Eisenauflagerungen zeigt. Einige Xanthophyceen kommen nur in moorigen Gewässern mit geringerem, ja sogar recht niedrigem pH-Wert vor. So vor allem Arten der Gattung *Chlorobotrys*, z. T. auch der Gattungen *Arachnochloris*, *Botrydiopsis*, *Acanthochloris*, *Asterogloea*, *Aulakochloris*, *Polyedriella* oder *Tetraëdriella*. Manche Arten dieser Gattungen wurden sogar bei pH-Werten von 2,5–3,5 gefunden.

Wenig unterrichtet sind wir über die Beziehungen der Xanthophyceen zur Temperatur. Einige Arten vertragen weitgehende Erwärmung des Standortes, speziell an moorigen Orten. Gewisse *Heterothrix*-Arten gedeihen üppig in kleinen Wasserlachen, wo das Wasser durch Sonnenstrahlung beträchtlich durchwärmt wird und oft eine Temperatur von 25 °C und darüber erreicht. Oligotherm scheinen hingegen einige *Tribonema*-Arten zu sein. Sie gedeihen in Schmelzwässern, unter dem Eis oder auch in kalten Gebirgsseen. Einige von ihnen sind ausgesprochen stenotherm (z. B. *Tribonema viride*). Sie bilden ständige Bewüchse oder große Watten in kalten Quellen, wo die Wassertemperatur das ganze Jahr hindurch konstant bei 9–10 °C bleibt.

Inwieweit ausgesprochen katharobe Typen und Formen in allen Abstufungen bis zur saproben Lebensweise unter den Xanthophyceen vorkommen, kann ebenfalls noch nicht eindeutig gesagt werden. Einige *Ophiocytium*-Arten kön-

Fig. 52. Schematische Darstellung des komplizierten Lebenszyklus von *Tribonema*. Die Pfeile zeigen einige der möglichen Entwicklungen. Nähere Beschreibung siehe im Text. In dieser schematischen Darstellung sind nicht alle Entwicklungsmöglichkeiten berücksichtigt (nach Pascher). ▶

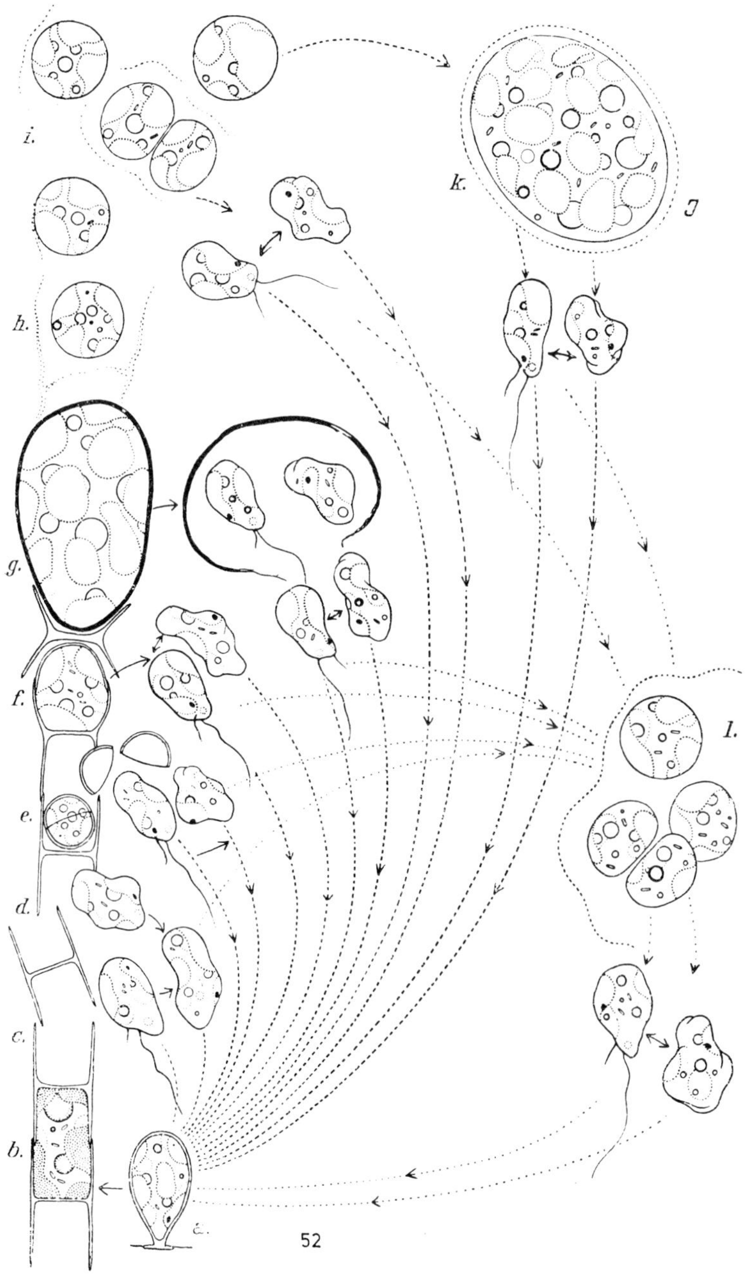

52

nen im stärksten Sapropel mit ausgesprochen saprophytischen Organismen oft als einzige grüne Algen zusammenleben. Manche coccale Arten sind ständige Begleiter des Phytoplanktons eutropher Teiche oder leicht organisch verschmutzter Dorfweiher wie z. B. Arten von *Trachydiscus, Tetraplektron, Goniochloris, Dichotomococcus* u. a. Die meisten Xanthophyceen vertragen jedoch keine größere Verunreinigung der Gewässer. Ausgesprochen katharob sind manche *Tribonema*-Arten, einige auf ihnen epiphytisch vorkommende Arten wie *Lutherella globulosa, Chytridiochloris acus,* sowie vereinzelte *Heterothrix*-Arten, eine bislang noch nicht beschriebene *Mischococcus*-Art sowie *Gloeochloris*-Arten. Quellen und reine Bäche bieten außerordentlich günstige Möglichkeiten für weitere Untersuchungen an Xanthophyceen.

Am Süßwasserplankton beteiligen sich vorherrschend Vertreter der capsalen und coccalen Organisationsstufen. Von der ersteren ist vor allem *Gloeochloris* zu erwähnen. Reicher sind die Mischococcales im Plankton vorhanden. Von den vielen Gattungen seien nur die wichtigsten erwähnt – *Tetraëdriella, Tetraplektron, Goniochloris, Trachydiscus, Centritractus, Ophiocytium, Dichotomococcus* u. a. Etliche von ihnen sind durch Schwebeborsten, gallertige Ausbildungen wie auch durch entsprechende Zellgestalt dem planktischen Leben angepaßt – so *Meringosphaera, Centritractus, Dichotomococcus.*

Im Neuston wird gelegentlich *Botrydiopsis* angetroffen. Die Zoosporen können unter bestimmten und bislang ungeklärten Bedingungen sich an die Wasseroberfläche bewegen. Sie tauchen etwas über den Wasserspiegel auf und hängen sich mit einem Schwimmschirmchen an die Wasseroberfläche. Diese Schwimmschirmchen sind in der Mitte aufgewölbt und ragen somit über das Wasser. Unter Umständen kann die ganze Zelle über den Wasserspiegel emporsteigen und auf der Wasseroberfläche schwimmen (Pascher 1939 a). Gelegentlich leben auch Keimlinge von *Tribonema*-Arten neustisch, indem sie sich an der Grenzfläche Wasser-Luft festsetzen. Hierbei dienen die etwas breiter gewordenen Haftscheiben als Schwimmschirmchen, indem sie sich etwas über die Wasseroberfläche emporheben.

Es gibt einige Xanthophyceen, die zu ausgesprochen aerophilen Erdbewohnern geworden sind. Die bekanntesten unter ihnen sind wohl *Botrydium*-Arten, die oft Massenvegetationen an tonigen wie an lehmigen Ufern fließender oder stehender Gewässer bilden können. Diese Algen sind durch ein unterirdisches Rhizoidsystem und durch die Fähigkeit verschiedene Dauerzustände bilden zu können weitgehend an die aerophile Lebensweise angepaßt. Seit längerem sind auch trichale Formen als Erdbewohner bekannt (z. B. *Heterococcus, Heterothrix, Heterotrichella).* Manche coccalen Xanthophyceen gehören zu den allgemein verbreiteten Bodenalgen *(Pleurochloris, Monodus, Ellipsoidion* u. ä.). Gewisse Arten leben an Baumstämmen, Holzzäunen, Steinen und anderen Substraten völlig aerophytisch *(Monodus, Chlorocloster, Raphidiella, Monallanthus).*

Viele Arten besiedeln im Wasser verschiedene anorganische oder auch organische Substrate, kommen meist aber auch epiphytisch an verschiedenen Fadenalgen und Wasserpflanzen vor. Wie einige rhizopodiale Formen, die in festhaftenden Gehäusen leben *(Stipitococcus, Rhizolekane).* Manche capsalen Arten sitzen mittels ihrer spezialisierten Gallertlager am Substrat fest *(Helmithogloea)*, andere hingegen mit Hilfe von Gallertstielen *(Malleodendron).* Coccale Formen haben noch deutlicher spezialisierte Befestigungsgebilde, seien es Gallertpolster, Stiele, Gallertfüße oder Haftscheiben, manchmal sind es entsprechend flach entwickelte Zellflächen *(Characiopsis, Peroniella, Lutherella, Chloropedia).* Bemerkt sei auch, daß Keimlinge und junge Fäden von *Tribonema*-Arten mit Haftscheiben festsitzen, andere Fadenalgen besitzen differenzierte Haftzellen *(Heterodendron).*

Über symbiontisch lebende Xanthophyceen sind wir wenig unterrichtet. Jedoch ist auch diese Lebensweise möglich. Schon Borzi (1889) berichtete über eine *Botrydiopsis*-ähnliche Xanthophycee *(Polychloris)*, die endobiontisch in Amöben lebt. Es ist auch nicht ausgeschlossen, daß Xanthophyceen als «Zoochlorellen» in anderen Organismen leben. *Heterococcus* kommt als regelrechter Algensymbiont in den Flechten *Verrucaria elaeomelaena* und *V. laevata* vor (Tschermak 1941, Zeitler 1954). Eine eigenartige, gewissermaßen epizootische Lebensweise führt die Gattung *Trypanochloris*, die unter dem Periostrakum und in den oberflächlichen Schichten des Ostrakums auf den Schalen von Mollusken *(Clausilia)* lebt.

8. Kultur, Untersuchung und Bestimmung

Die Kulturmethoden sind bei den Xanthophyceen die gleichen wie bei anderen Algengruppen (Vischer 1933. Pascher 1939a, Pringsheim 1954, Pitschmann 1963). Sie werden in der Spezialliteratur eingehend besprochen; hier soll lediglich auf einige nützliche Handgriffe und geeignete Medien hingewiesen werden. Es sei gleich von vornherein betont, daß nicht alle Xanthophyceen in Kultur gleich gut wachsen. Ist das Ausgangsmaterial ziemlich arm an organischen Substanzen und Pilzen, so kann es zur Abtrennung der gewünschten Arten von anderen, unerwünschten sofort auf Agarplatten durch Aufspritzen oder Verteilen des Rohmaterials übertragen werden. Wenn die gewünschten Arten nur in geringer Menge vorhanden sind, so läßt man sie vorerst auf natürlicher Unterlage oder in Standortwasser, das durch Nährlösungen angereichert wurde, genügend vermehren. Sofern das Material viele organische Substanzen oder Pilzhyphen enthält, müssen die Algen von diesen möglichst bald befreit werden. Größere einzelne Zellen können unter dem Präpariermikroskop mittels einer feinen Nadel oder besser eines Glasfadens so lange über die Agarfläche hin- und herbewegt werden, bis sie frei von anderen Organismen sind. Auf der Agaroberfläche können sich hie und da Zoosporen so weit fortbewegen, daß sie zum Ursprung eines bakterienfreien Einzelpflänzchens oder einer Kolonie werden. Diese können dann viel leichter abgeimpft werden. Zur Herstellung bakterienfreier Kulturen oder Kulturen kleiner Arten empfiehlt es sich das Kulturmaterial, in dem die gewünschten Arten genügend angereichert sind, mit Hilfe eines Fixierröhrchens auf Agar auszuspritzen. Die aus einzelnen Zellen entstandenen Kolonien lassen sich durch Wiederholen des Vorganges zu Reinkulturen aufzüchten. Eine Kontrolle ist notwendig, um festzustellen, ob tatsächlich der gewünschte Organismus wächst und ob sich auch bei Zusatz von Zucker oder Pepton keine Bakterien mehr zeigen. Die erzielten Reinkulturen hält man in Reagenzröhrchen am besten in einem kühlen Raum an einem Nordfenster. Sie halten dann oft mehrere Monate lang, ohne daß sie umgeimpft werden müssen. Wärme und starke künstliche Beleuchtung fördern das Wachstum der Kulturen, die dann in viel kürzeren Zeitabständen weiterzuführen sind. Letzteres Verfahren benützt man zur Anreicherung von Versuchskulturen.

Als autotrophe Organismen können auch die meisten Xanthophyceen mit rein anorganischen Nährstoffen ihr Auslangen finden (Pitschmann 1963). So hat sich die Knopsche Nährlösung, meist auf ein Drittel verdünnt, seit langem bewährt. Spurenelemente sind jedoch für die meisten Arten notwendig. Eine gute und anhaltendere Versorgung mit Spurenelementen ist durch die Zugabe von biologisch inerten Chelatbildnern wie EDTA zu erreichen. Zusatz von organischen Nährstoffen, vor allem Glukose, fördert das Wachstum vieler Arten. Glukosenährböden werden auch für taxonomische Untersuchungen mit Erfolg verwendet, weil manche Eigenschaften (Fadenbildung, Koloniebeschaffenheit, Bildung von Assimilaten) noch klarer in Erscheinung treten (Vischer 1933, Pitschmann 1963).

Im folgenden sind einige Nährlösungen angeführt, die sich bei der Kultur von Xanthophyceen bewährt haben.

Knopsche Nährlösung nach Vischer

$Ca(NO_3)_2$	0,5 g
KCl	0,25 g
$MgCl_2$	0,25 g
$FeCl_3$	1 Tropfen einer 1 % Lösung
dest. Wasser	1000 ml

Es wird empfohlen, diese Lösung auf ein Drittel zu verdünnen.

Pitschmann erprobte eine nach Witsch und Waris modifizierte Nährlösung

$Ca(NO_3)_2$	0,4 g
$MgSO_4$	0,1 g
KH_2PO_4	0,15 g
$ZnSO_4$	
$MnCl_2$	je 1 ml einer 1 % Lösung
$CuCl_2$	
EDTA-Lösung	0,5 ml
dest. Wasser	1000 ml

Die EDTA-Lösung hat folgende Zusammensetzung:

EDTA	5,2 g
$KHCO_3$	5,4 g
$FeSO_4 . 2\,H_2O$	5,0 g
dest. Wasser	1000 ml

Durch Zusatz von n/10 Kalilauge ist der pH-Wert auf 6 einzustellen.

Bristols Nährlösung modifiziert nach Bold

Es werden 6 Vorratslösungen von je 400 ml Volumen hergestellt, in denen folgende Salze aufgelöst sind:

$NaNO_3$	10,0 g
$CaCl_2 . 2\,H_2O$	1,0 g
$MgSO_4 . 7\,H_2O$	3,0 g
K_2HPO_4	3,0 g
KH_2PO_4	7,0 g
NaCl	1,0 g

Zu 940 ml destiliertem Wasser füge man von jeder Vorratslösung 10 ml. Außerdem kommt noch je 1 ml folgender Lösungen mit Spurenelementen hinzu, die folgendermaßen hergestellt werden:

1. 50 g EDTA und 31 g KOH in 1000 ml dest. Wasser,
2. 4,98 g $FeSO_4 . 7\,H_2O$ in 1000 ml. dest. Wasser, das durch Zusatz von 1 ml Schwefelsäure angesäuert wurde,
3. 11,42 g H_3BO_3 in 1000 ml dest. Wasser,
4. 8,82 g $ZnSO_4 . 7\,H_2O$; 1,44 g $MnCl_2 . 4\,H_2O$; 0,71 g MoO_3; 1,57 g $CuSO_4 . 5\,H_2O$ und 0,49 $Co(NO_3)_2$ – alles in 1000 ml dest. Wasser.

Es können noch weitere Nährlösungen empfohlen werden wie z. B. die L-C-Lösung nach Bourrelly oder die Standard-Lösung nach Czurda. Siehe auch Rezepte in den Artenlisten größerer Algensammlungen (Göttingen, Cambridge, Bloomington) und in einschlägiger Literatur (Kufferath 1928, Pringsheim 1954).

Reinkulturen sind vor allem dort wichtig, wo man im Zweifelsfall Xanthophyceen von Chlorophyceen unterscheiden will (Stärkespeicherung bei Chlorophyceen nach Zusatz von Glukose zu den Nährlösungen) oder um genügend Material für Pigmentanalysen zu erhalten, aber auch um den Lebenszyklus einzelner Arten besser kennen zu lernen. Mit Hilfe von Kulturen läßt sich feststellen wie plastisch, polymorph und variabel einzelne Taxa sind, welche Merkmale konstant und welche veränderlich sind. Man kann an Hand von Kulturen auch feststellen inwieweit die Gestalt, die Größenverhältnisse der Zellen, die Deutlichkeit der Chromatophoren, die Dicke der Zellwand usw. von den Ernährungsbedingungen oder Lichtverhältnissen, oft auch Temperaturschwankungen abhängig sind. Nicht zu vergessen sind die Auslösungsfaktoren der Fortpflanzung, die in Reinkulturen ganz besonders erprobt werden können.

Zu den Untersuchungen an Xanthophyceen sei gleich am Anfang betont, daß die Lebendbeobachtung der Zellen oder Thalli, das Kennenlernen von lebenden Zellen und des ganzen Lebenszyklus oder wenigstens der Fortpflanzungweise, das Wichtigste ist. Viele Xanthophyceen sind so zart, daß sie durch Fixierungsmittel stark verändert werden, so daß ein Wiedererkennen kaum möglich ist, geschweige denn eine eindeutige Bestimmung. Im Vordergrund stehen Beobachtungen im Hellfeld, mit ergänzender Benützung von Phasenkontrasten. Man sollte von vornherein wissen, daß zum Bestimmen der Arten das Lichtmikroskop mit guter Optik voll ausreicht, ohne daß besondere zeitraubende Präparationen des Materials notwendig wären. Färbemethoden sollten erst dann angewandt werden, wenn man die lebende Zelle zuvor gut kennengelernt hat. Lebendbeobachtung setzt reine Objektträger und Deckgläser voraus, die von Chemikalien ferngehalten werden müssen. Die Dicke der Deckgläser soll dem Gebrauch von Ölimmersionen angepaßt sein, da man meist ohne sie nicht auskommt. Phasenkontrasteinrichtungen erleichtern die Beobachtung von Geißeln, Zellkernen, feinen Strukturen und sind ganz besonders für Mikrophotographie wegen des besseren Kontrastes des Bildes geeignet.

In manchen Fällen wird man auch zu einfachen Färbemethoden greifen müssen. Dies vor allem dann, wenn man bestimmte Organellen deutlicher machen oder Reservestoffe nachweisen will. Hier seien nur solche Methoden erwähnt, die sich bei Xanthophyceen bewährt haben. Nähere Beschreibungen und Rezepturen sind in Spezialliteratur über mikroskopische Technik zu finden. Zur Darstellung der Zellwand, vor allem der zweiteiligen oder der H-Stücke bei *Tribonema* eignen sich alle Methoden, die zur Quellung der Zellwände führen. Von großem Vorteil ist die Behandlung mit verdünnter Kalilauge (Pascher 1939 a) oder noch besser eine Vorbehandlung mit verdünnter Kalilauge und eine nachträgliche Färbung mit Kongorot. Hier ergeben sich gute Resultate mit Darstellung der Schichtungen. Für den Nachweis von Zellulose in den Zellwänden ist Chlorzinkjod kaum geeignet. Gute Ergebnisse bekommt man mit Jod und verdünnter Schwefelsäure (Miller 1927). Unter dem Deckglas wird dem algenhaltigen Material Jodjodkalium beigemengt und dann Schwefelsäure hinzugefügt (2 : 1 mit Wasser verdünnt). Zellulosehaltige Wände färben sich nach ihrer Hydrolyse mit Jod blau. Auch verschiedene Ablagerungen und Imprägnationen der Zellwand lassen sich gut nachweisen. So verrät sich Eisenoxidhydrat durch seine rot- bis tiefbraune Farbe. Kleinere Mengen kann man mit Hilfe einer 2 %igen Lösung gelben Blutlaugensalzes nachweisen, die man einige Minuten einwirken läßt und mit 5 %iger Salzsäure nachbehandelt. Die mit Eisen imprägnierten Stellen verraten sich durch blaue Niederschläge von Berlinerblau. Verkieselte Zellwände bleiben nach Ausglühen auf Glimmerplättchen oder nach Einwirken oxydierender Substanzen auch mit den etwaigen Skulpturen erhalten (ähnlich wie Diatomenschalen). Zur Deutlichmachung von Gallerte eignet sich eine wäßrige Lösung von Methylenblau oder Gentianaviolett, doch erhält man die besten Resultate durch Beimischen von Tusche zum algenhaltigen Material. Der Gallerte erscheint dann als farbloser Hof um die Zellen im dunklen Medium.

Geißeln werden durch Zugabe von Jodjodkalium deutlich. Doch wird man heute den Phasenkontrasteinrichtungen Vorrang geben. Geißelstrukturen werden sehr gut durch das Gemisch nach Löffler dargestellt (Vlk 1931). Chromatophoren und Stigma können nur an lebenden Zellen untersucht werden. Weder Fixations- noch Färbemittel können in diesem Fall die Gestalt fixieren oder deutlicher machen. Durch stärkere Durchleuchtung oder leichtes Drücken der lebenden Zellen lassen sich unter Umständen deutlichere Bilder erzielen. Anders sind die Verhältnisse bei Pyrenoiden, die an lebenden Zellen oft nur schwer sichtbar sind. Hier haben sich außer klassischen Kernfarbstoffen, durch die die Pyrenoide ebenfalls gefärbt werden, auch Schnellmethoden durchgesetzt. Man färbt die Pyrenoide mit konzentrierter Lösung von Pikrinsäure in 50%igem Alkohol, der man etwas Säurefuchsinlösung (10:1) beigemengt hat. Diese Färbung dauert ungefähr zwei Stunden. Sofortige und sehr gute Ergebnisse erhält man mit Azokarmin G, das ähnlich wie das Essigkarmin für zytologische Schnellmethoden in Essigsäure gelöst wird. Die Lösung wird unter das Deckglas gesaugt und die Zellen werden sofort beobachtet. Die Pyrenoide färben sich intensiv rot, wogegen der übrige Zellinhalt nur leicht rosa erscheint.

Ist es zweifelhaft, ob die untersuchten Organismen zu den Xanthophyceen oder zu den oft ähnlichen Chlorophyceen gehören, so sucht man nach positiver Stärkereaktion, durch die sich die Chlorophyceen verraten sollen. Diese Methode ist für die Unterscheidung beider Gruppen nur bei positivem Ausfall der Reaktion eindeutig und sicher. Als besonders gutes Mittel zum Feststellen auch von Spuren von Stärke ist Jod in Form feiner Kristalle in Chlorallösung geeignet (Chloraljod). Dem Algengemisch muß ein Tropfen der Lösung mit einigen Jodkristallen beigemengt werden. Der Zellinhalt wird völlig aufgehellt und selbst die kleinsten Spuren von Stärke werden schwarzblau gefärbt. Den Zellkern kann man bei den Xanthophyceen zwar mit den klassischen Färbemethoden darstellen, doch hat sich bis jetzt am besten die Färbung mit Giemsa-Lösung nach Hydrolyse mit verdünnter Salzsäure bewährt (Clemençon 1965). Die Kerne werden intensiv rot gefärbt, ebenso die Chromosomen, wogegen das Plasma bläulich gefärbt ist. Färbung mit Essigkarmin führt nicht immer zum Ziel. Fette und Öle färbt man am besten mit alkoholischer Lösung von Sudan III oder schwärzt sie mit Osmiumtetroxyd. Chrysolaminarin ist in Wasser und Alkohol löslich und färbt sich mit Kresylblau pupurviolett.

Die Bestimmung der Xanthophyceen ist aus den schon erwähnten Gründen nicht immer einfach. Sie wird nur dort erleichert, wo die Zellen oder Thalli durch ihre spezifische und unverkennbare Gestalt auffallen. Sonst setzt die Bestimmung reichlicheres Material aus dem Freiland oder aus Kulturen voraus. Bevor man mit dem Bestimmen anfängt, muß man sich klar darüber sein, daß wirklich Xanthophyceen vorliegen (siehe Abgrenzung der Xanthophyceen auf S. 1). Auf jeden Fall müssen außer der äußeren Gestalt auch die Organellen, die Zellwand wie auch die Art und Weise der Fortpflanzung und in manchen Fällen auch der Lebenszyklus verglichen werden. Fixiertes Material reicht nicht immer zum Bestimmen. Das ist nur dort brauchbar, wo ausgeprägte morphologische Merkmale oder Skulpturen der Zellwand ein Wiedererkennen der Arten ermöglichen, was aber nur in Einzelfällen möglich ist. Genauso wichtig ist der Umstand, daß bei der Bestimmung erwachsene Zellen oder voll entwickelte Thalli vorliegen, denn nicht selten sehen junge Tochterzellen oder in Entfaltung begriffene Thalli den erwachsenen kaum ähnlich und können mit völlig anderen Organismen verwechselt werden. Bei alten Populationen muß man wieder mit gewissen Alters- oder Degenerationserscheinungen rechnen, vor allem mit bedeutender Anhäufung von Öl und Fett in den Zellen. Zu einer einwandfreien Bestimmung kann nur eine genaue Kenntnis des betreffenden Organismus führen. Hier kann eine Zeichnung der Gestalt und wichtiger Details sehr hilfreich sein, auch deswegen, weil eine gute Zeichnung (manchmal auch Photographie) zugleich als Beleg dienen kann und auch ein späteres Bestimmen ermöglicht. Bei Fadenalgen sollte man einen Zeichenapparat benützen.

Nicht jede Art läßt sich sofort bestimmen, sei es wegen unvollständiger Kenntniss des Lebenszyklus oder wegen des Fehlens bestimmter Stadien. Man sollte nicht unbedingt bestrebt sein, jede beobachtete Sippe zu benennen. Diesen Fehler begehen meist Anfänger. Eine gewisse Anzahl von Arten wird auch bei eingehenderer Untersuchung nur bis zu einem bestimmten Grad zu indentifizieren sein. Es ist angebracht solche Sippen zunächst nur provisorisch zu bezeichnen oder nur den Gattungsnamen zu gebrauchen.

Das Material für Bestimmungen sollte möglichst frisch untersucht werden, am besten direkt nach der Probeentnahme. Auch sollten die Untersuchungen im Fundwasser vor sich gehen. Die Proben dürfen nur in saubere Gläser eingesammelt werden. Man muß damit rechnen, daß viele Xanthophyceen oligo- und stenotherm sind und Temperaturschwankungen deshalb schlecht vertragen. Langer Transport schadet und wenn dieser nicht ausgeschaltet werden kann, sollte man die Proben kühl halten. Das Material darf auch nicht in den Sammelgläsern längere Zeit dicht verschlossen bleiben. Es ist vorteilhaft die Sammelgläser nur halbvoll zu füllen. Für Untersuchungen von Arten aus Kulturen sollten nur gesunde und in vollem Wachstum stehende Populationen verwendet werden.

Beim Bestimmen der Taxa nach den in der Süßwasserflora gegebenen Bestimmungsschlüsseln sollte auf folgende Regeln geachtet werden. In erster Linie muß der zur Bestimmung ausgewählte Organismus nach der entsprechenden Organisationsstufe in eine der sechs Ordnungen eingereiht werden. Zur besseren Orientierung dient der Überblick auf Seite 52. Ist man an Hand der Übersicht oder des Bestimmungsschlüssels zur entsprechenden Ordnung gelangt, kann die weitere detaillierte Bestimmung der Familie, Gattung und schließlich der Art erfolgen. Zur Bestimmung dienen dichotom gegliederte Bestimmungsschlüssel. Das nach den Bestimmungsschlüsseln erzielte Resultat muß jedoch stets mit den Beschreibungen und ganz besonders mit den Abbildungen verglichen werden. Eine Art gilt als identifiziert, wenn sowohl die Beschreibung als auch die Abbildung mit dem untersuchten Organismus übereinstimmen.

9. Gliederung der Xanthophyceen

Den heutigen Kenntnissen entsprechend, kann die Gliederung der Xanthophyceen vorläufig nur nach den einzelnen Organisationsstufen der vegetativen Zellen oder Zellverbände erfolgen. Diese stellen gewissermaßen Konvergenzen in bezug auf monadoide, capsale, coccale u. a. Ausbildungen dar, ohne die verwandtschaftlichen Beziehungen zu klären. Das alles erschwert eine natürliche Gliederung der Xanthophyceen. Hinzu kommt noch die neueste Abtrennung der Eustigmatophyceen (siehe Abgrenzung der Xanthophyceen auf S. 1). Außerdem sind unsere Formenkenntnisse recht lückenhaft und bei weitem sind noch nicht alle Xanthophyceen bekannt. Bei den beschriebenen Sippen hinken oft die Kenntnisse über den Lebenszyklus und Zytologie nach. Aus diesen Gründen folge ich der Einteilung von Pascher (1939a) in der für die Gliederung die entsprechenden Organisationstypen benützt werden. Dadurch erhält man taxonomische Einheiten (im Rang von Ordnungen), die vielmehr eine Bezeichnung für bestimmte Organisationsstufen sind. Sie bezeichnen mehr äußerlich einheitlich gewordene Lebensformen, ohne auf die strukturellen Zusammenhänge einzugehen oder die spezielle Herkunft der einzelnen Sippen zu berücksichtigen. Diese Gliederung erwies sich jedoch für die Bestimmung und für das Kennenlernen der Organismen vorläufig als die beste. Eine Ausnahme bilden nur die Vaucheriales, die genauso wie die Botrydiales einen siphonalen Bau haben und aus den schon vorher erwähnten Gründen zu einer gemeinsamen Ordnung gehören sollten. Ich habe sie jedoch absichtlich abgetrennt, da die Vaucheriales durch ihre ausgeprägte Sexualtität, durch die eigenartigen Synzoosporen, den Geißelbau und die Zytologie von den übrigen Xanthophyceen doch erheblich verschieden sind.

Gliederung der Xanthophyceen nach Organisationsstufen

Organisationsstufe:		**Taxonomische Rangstufe (Ordnung):**
1. monadoide (begeißelte)	–	1. Chloramoebales
2. rhizopodiale (amöboide)	–	2. Rhizochloridales
3. capsale (monadoidcelluläre)	–	3. Heterogloeales
4. coccale (celluläre)	–	4. Mischoccoccales
5. trichale (fadenbildende)	–	5. Tribonematales
6. siphonale (siphonoblastische)	–	6. Botrydiales
		7. Vaucheriales

II. Spezieller Teil

Xanthophyceae [1]

Confervales Borzi, *Heterokontae* Luther

Grün oder gelbgrün gefärbte Algen, deren Chromatophoren Chlorophyll *a*, β-Carotin und Xanthophylle, aber kein Chlorophyll *b* und auch keine braunen Farbstoffe enthalten. Chromatophoren bei der Mehrzahl der Arten in Form kleiner Scheibchen, bei manchen Arten jedoch auch topf- oder muldenförmig und dann nicht selten in Einzahl vorhanden; gelegentlich maschig-netzig. Meist seiten- oder wandständig, seltener binnenständig. Assimilate niemals Stärke, sondern Chrysolaminarin und vor allem Öl oder Fett. Begeißelte Stadien bilateral symmetrisch gebaut, zumeist mit zwei ungleich langen und heteromorphen Geißeln. Die längere Hauptgeißel ist als Flimmergeißel, die kürzere Nebengeißel als Peitschengeißel ausgebildet. Letztere sichtlich in Rückbildung begriffen und funktionsunfähig, bei einigen Arten nur stummelförmig oder völlig fehlend. Behäutete Xanthophyceen von einheitlicher oder zweiteiliger Zellwand umgeben, wobei im letzteren Fall beide Wandstücke entweder gleich oder ungleich groß sind. Nicht selten ist die Zellwand mit sehr regelmäßiger Skulptur versehen. Längenwachstum der Zellwand durch Einschub mehrerer bis vieler ineinandersteckender, fingerlingartiger Zuwachsstücke, von denen die jüngeren immer länger sind als die älteren. Zellwand pektinreich, seltener zum größeren Teil aus Zellulose bestehend und häufig auch verkieselt. Zysten werden endoplasmatisch angelegt. Die Zystenwand besteht immer aus zwei Schalen und ist stark verkieselt. Beide Teile sind oft sehr ungleich, wobei der kleinere den größeren Teil deckelartig abschließt. Als Dauerzustände kommen bei allen Reihen der Xanthophyceen Palmellen oder Gloeocysten vor, die vorübergehend gebildet werden und durch die außergewöhnlich große Menge von Gallerte auffallen. Aplanosporen, die nach Austritt der Teilprotoplasten oder ganzer Protoplasten aus der alten Mutterzelle unter Bildung einer neuen Wand entstehen, wie auch Akineten, die aus direkter Umwandlung der ganzen Zellen in derbwandige Dauerzellen hervorgehen, sind bei den Xanthophyceen üblich. Fortpflanzung nur ungeschlechtlich (mit Ausnahme der Vaucherien) durch Zweiteilung, Zoosporen, Hemiautosporen oder Autosporen; bei trichalen Formen auch durch Querteilung der Zellen. Die Xanthophyceen sind eine natürliche Algenreihe, deren vegetative Zellen in monadoider, rhizopodialer, capsaler, coccaler und trichaler Organisationsstufe erscheinen. In allen diesen Ausbildungen kommen vorübergehend vielkernige Stadien vor, die in der Reihe der siphonalen Xanthophyceen auch als charakteristische Lebensform auftreten.

Bestimmungsschlüssel der Ordnungen

1a Zellen im vegetativen Zustand beweglich 2
1b Zellen im vegetativen Zustand unbeweglich 3
2a Vorherrschend geißelbewegliche Zellen .... **1. Chloramoebales** (S. 54)

[1] Der Name Xanthophyceae, den Allorge (1930) für die Heterokonten vorgeschlagen hatte, wurde schon von Correns (1893) für eine Algengruppe vergeben, die heute zu den Chrysophyceen gestellt wird. Luther H. (1958) hat in einer eingehenden Studie hierauf hingewiesen und verwendet weiterhin den – im übrigen auch charakteristischen – Namen Heterokontae, der nach der Empfehlung des ICBN über die Endungen der Namen der Algenklassen in Heterokontophyceae abgewandelt werden sollte. In diesem Band wird die heute schon eingebürgerte Benennung Xanthophyceae verwendet.

2b Vorherrschend amöboide oder rhizopodiale Zellen, die sich durch Pseudopodien bewegen[1] .... **2. Rhizochloridales** (S. 71)
3a Zellen unter Beibehalten gewisser monadoider Züge (Stigma, pulsierende Vakuolen) in gallertigen Lagern lebend oder ohne Gallerte, dann aber mit einer Zellwand .... **3. Heterogloeales** (S. 89)
3b Zellen ohne monadoide Züge, stets von einer Zellwand umgeben 4
4a Zellen im vegetativen Zustand vorherrschend einkernig, seltener bei auffallendem Größenwachstum mehrkernig (Coenoblast) 5
4b Zellen im vegetativen Zustand immer vielkernig, ausgesprochen siphonal gebaut (Siphonoblast) 6
5a Zellen einzeln lebend oder zu nicht fadenförmigen Kolonien vereinigt. Ohne vegetative Querteilung der Zellen, nur Protoplastenteilung .... **4. Mischococcales** (S. 105)
5b Zellen zu einfachen fädigen oder auch verzweigten Verbänden vereinigt, vegetative Querteilung der Zellen .... **5. Tribonematales** (S. 414)
6a Zellen blasenförmig, sehr groß, Zoosporen typisch Xanthophyceen-artig, keine Sexualität .... **6. Botrydiales** (S. 503)
6b Zellen faden- bis schlauchförmig, große Büschel bildend, Zoosporen nur in Form großer und allseitig begeißelter Synzoosporen, bipolare Sexualität mit differenzierten sexuellen Organen .... **7. Vaucheriales**[2]

1. Ordnung **Chloramoebales**

Heterochloridales Pascher, *Heterochlorophyceae* Dedusenko Ščegoleva et Gollerbach, *Heterochlorophycidae* Starmach

Monadoide Organisation der Xanthophyceen, vegetative Zellen immer als Flagellaten ausgebildet, Flagellaten monosymmetrisch bis asymmetrisch und stets dorsiventral gebaut; mit deutlicher Bauch- und Rückenseite oder der Länge nach seitlich zusammengedrückt. Bislang sind nur nackte Formen ohne komplizierten Periplast bekannt, ohne Gehäuse oder derbe Schalen. Koloniebildende Formen fehlen. Viele Arten sehr formveränderlich und amöboid, gelegentlich unter Geißelverlust völlig rhizopodial werdend. Der Umstand, daß einzelne Chloramoebalen völlig amöboid werden können oder auch kleine palmelloide Lager bilden, kann das Erkennen ihrer Flagellatennatur sehr erschweren. Zellen mit zwei sehr ungleich langen Geißeln, die in einer mehr oder weniger deutlichen vorderen Ausrandung inseriert sind. Bei *Nephrochloris* ist die Nebengeißel völlig reduziert. In einigen Fällen *(Bothrochloris, Beckingia)* inserieren die Geißeln in einer Einsenkung, die schlundartig vertieft ist. Chromatophoren einer bis mehrere, mulden-, plättchen- bis bandförmig, wand- oder binnenständig. Bei manchen Formen sehr blaß, doch immer als deutlicher Chromatophorenapparat entwickelt. Nur bei *Chloramoeba* können gelegentlich auch farblose Zellen auftreten. Es wurde nicht festgestellt, ob es sich um einen Farbstoffverlust oder Chromatophorenverlust handelt. Gelegentlich können durch Teilungshemmungen des Chromatophors oder ungleiche Verteilung mehrerer Chromatophoren auf die Tochterzellen vereinzelte farblose Individuen entstehen, deren weiteres Schick-

---

[1] Ausnahmsweise und nur vorübergehend können die Zellen auch unbeweglich sein.

[2] Diese Ordnung wird in einem gesonderten Band bearbeitet werden (Band 4) und ist somit hier nicht enthalten.

sal jedoch unbekannt ist. Pyrenoide wurden bislang nur bei einer Sippe beobachtet *(Ankylonoton)*. Ein deutliches Stigma ist bei den meisten Arten vorhanden, kann aber auch fehlen. Eine oder zwei, apikal gelegene pulsierende Vakuolen; bei Arten, die im Brackwasser oder salzigen Gewässern vorkommen, können sie auch fehlen. Zellen häufig mit den für die Xanthophyceen üblichen Reservestoffen.

Fortpflanzung durch Längsteilung im beweglichen Zustand oder unter Palmellenbildung auch im unbeweglichen Zustand. Palmellen bilden z. T. geschichtete Gallerte (Gloeocysten). Geschlechtliche Fortpflanzung nicht bekannt. Als Dauerstadien werden endoplasmatische Zysten gebildet, mit zweiteiliger, aus gleichen oder ungleichen Teilen bestehender verkieselter Wand.

Die Chloromoebales kommen nach den jetzigen Kenntnissen sowohl im süßen als auch im salzigen Wasser vor. Einzelne Arten leben im Brackwasser. Eine Gattung kommt sowohl im Süßwasser als auch im Meerwasser vor *(Phacomonas)*. Wahrscheinlich sind die Chloramoebales im Meere reicher entwickelt als im Süßwasser.

Wichtigste Literatur: Bohlin 1897; Pascher 1913, 1925, 1939a; Ettl 1956, 1977; Dedusenko Ščegoleva und Gollerbach 1962; Starmach 1968; Bourrelly 1968.

Bestimmungsschlüssel der Familien

1a Zellen ohne ausgesprochen schlundartige Vertiefung am apikalen Geißelpol, wenn auch an Stelle der Geißelinsertion eine seichte Ausrandung vorkommen kann .... **1. Chloramoabaceae** (S. 55)
1b Zellen mit deutlicher und tiefer schlundartiger Vertiefung am Geißelpol, aus der die Geißeln hervortreten. Der «Schlund» erinnert an den der Cryptomonaden .... **2. Bothrochloridaceae** (S. 69)

1. Familie **Chloramoebaceae** Luther

Heterochloridaceae Pascher

Flagellaten, deren geißeltragendes Vorderende nicht eingesenkt ist oder nur seicht rinnen- oder muldenförmig vertieft ist. Spezialisierte schlundartige Vertiefungen, wie sie z. B. bei den Cryptomonaden oder Eugleninen vorkommen, fehlen. Sonst mit den Merkmalen der Ordnung.

Wichtigste Literatur: Luther 1899; Pascher 1925, 1939a; Printz 1927; Starmach 1968.

Bestimmungsschlüssel der Gattungen

1a Zellen mit zwei Geißeln, ohne Längsfurche, daher im optischen Querschnitt nicht nierenförmig 2
1b Zellen mit einer Geißel, mit Längsfurche an der Bauchseite, im optischen Querschnitt nierenförmig .... **7. Nephrochloris** (S. 64)
2a Zellen formveränderlich, Pseudopodien oder Rhizopodien bildend, oft amoeboid 3
2b Zellen nicht formveränderlich, keine Pseudopodien bildend, fast starr . 7
3a Zellen vorn ohne Vertiefung, Geißelinsertion fast apikal, Chromatophoren wandständig und ohne Pyrenoid 4

3b Zellen vorn mit leichter Vertiefung, die etwas seitlich liegt und aus der die Geißeln hervorkommen, Chromatophor binnenständig, wenn wandständig, dann mit Pyrenoid 5

4a Zellen vorn stark verschmälert, mit zwei Chromatophoren, feine Rhizopodien bildend .... **1. Heterochloris** (S. 56)

4b Zellen vorn verbreitert, mit zwei bis sechs Chromatophoren, plumpe Pseudopodien bildend .... **2. Chloramoeba** (S. 58)

5a Chromatophor wandständig, mit Pyrenoid .... **6. Ankylonoton** (S. 63)

5b Chromatophor binnenständig, ohne Pyrenoid 6

6a Zellen nicht plattgedrückt, Vorderende mit einer seichten Rinne, Oberfläche eigenartig buckelig .... **4. Polykyrtos** (S. 60)

6b Zellen deutlich abgeflacht, Vorderende ohne Rinne, doch leicht ausgerandet, Oberfläche glatt .... **5. Chloromeson** (S. 61)

7a Zellen vorn leicht vertieft oder mit einem deutlichem Plasmahöcker, zwei oder mehrere Chromatophoren 8

7b Zellen vorn zugespitzt, mit einem Chromatophor . **3. Anotropis** (S. 59)

8a Zellen stark linsenförmig abgeflacht, vorn mit deutlichen Plasmahöcker, mit zwei Chromatophoren, je einer an der Breitseite .... **8. Phacomonas** (S. 66)

8b Zellen nicht so stark abgeflacht, schief herzförmig, vorn mit seichter Vertiefung, mit mehreren Chromatophoren und diese an der Schmalseite .... **9. Chlorokardion** (S. 67)

1. **Heterochloris** Pascher

Einzeln lebende Flagellaten mit nacktem Protoplast, dessen Periplast sehr zart ist und daher ungemein formveränderlich. Zellen im nicht amöboid veränderten Zustand eiförmig bis ei-birnenförmig, vorn immer verschmälert, basal mehr oder weniger abgerundet. Deutlich dorsiventral gebaut und manchmal auch asymmetrisch. Die Monade kann mit oder ohne Verlust der Geißeln völlig amöboid werden, wobei dann Formen entstehen, die mit ihren ganz feinen, langen, oft verzweigten Rhizopodien den Eindruck kleiner chromatophorenführender Rhizopoden machen. Geißeln zwei, ungleich lang, apikal, fast terminal inserierend. Chromatophoren seitenständig, zwei oder ausnahmsweise drei, gelbgrün, scheiben- bis kurz bandförmig, oft ungleich groß, ohne Pyrenoide. Bei einer Art kommt ein deutliches Stigma vor. Pulsierende Vakuolen, soweit beobachtet, an der Geißelbasis. Als Assimilate kommen Fett, Öl, daneben auch Ballen von Chrysolaminarin vor.

Fortpflanzung durch Längsteilung. Gelegentlich wurden formlose Palmellen beobachtet, in denen die Zellen abgerundet liegen und sich reichlich teilen. Zysten mit verkieselter glatter Wand, die aus zwei ungleichen Teilen besteht. Keimung der Zyste durch Aufklappen der beiden schalenartigen Teile, wobei entweder eine Monade oder nach vorangegangener Teilung zwei Monaden austreten.

Wichtigste Literatur: Pascher 1925, 1939a; Printz 1927; Fritsch 1935; Ettl 1977.

Bestimmungsschlüssel der Arten

1a Zellen ohne Stigma, 15–18 μm groß, Chromatophoren klein .... **1. H. mutabilis**

1b Zellen mit Stigma, 6–10 μm groß, Chromatophoren groß ... **2. H. viridis**

1. Heterochloris mutabilis Pascher (Fig. 53)

Zellen ei-oder tropfenförmig, meist aber amöboid, mit zwei kleinen scheibenförmigen Chromatophoren, die zart und gelbgrün gefärbt sind. Ohne Stigma. Es wurde keine pulsierende Vakuole beobachtet. Hauptgeißel 1,5 mal körperlang, die Nebengeißel höchstens $^{1}/_{4}$ der ersteren messend.

Zellen 15–18 μm lang, 6–10 μm breit.

Bis jetzt nur aus einem Kulturglas mit Meeresalgen, die in verdünntem Meereswasser gehalten wurden (Umgebung von Triest.) Nach Pascher ist diese Art kein ausgesprochener Meeresbewohner, sondern kommt im Brackwasser, speziell in den wechsel-süß-salzigen Tümpeln der Meeresküste vor.

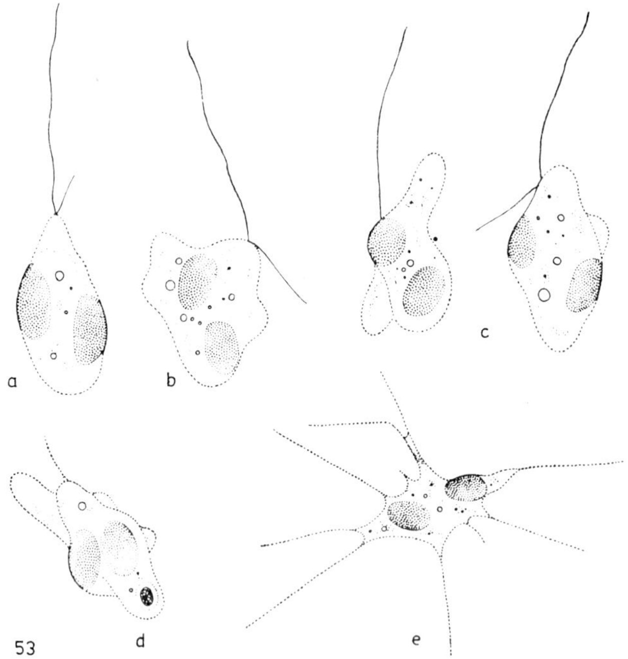

Fig. 53. *Heterochloris mutabilis* Pascher – *a.* wenig veränderte Monade, *b* und *c.* verschiedene Übergänge zur Amöboidie, *d.* völlig amöboide Zelle, *f.* Zelle mit feinen Rhizopodien (nach Pascher).

2. Heterochloris viridis Ettl (Fig. 54)

Zellen ei- bis birnförmig, mitunter amöboid werdend, mit zwei sehr großen scheiben- bis kurz bandförmigen Chromatophoren, die kräftig entwickelt und gelbgrün gefärbt sind. Am Vorderrand des einen Chromatophors befindet sich ein deutliches, bräunlich rotes Stigma. Vorn an der Geißelbasis eine pulsierende Vakuole. Hauptgeißel etwa körperlang, Nebengeißel bis $^{1}/_{3}$ der ersteren messend.

Zellen 6–10 μm lang, bis 5 μm breit.
Einmal in größeren Mengen in schleimigen Algenmassen, die aus Diatomeen und Grünalgen bestanden; im Frühjahr in sumpfigen nassen Wiesen im Quellgebiet bei Svitavy (Tschechoslowakei).

2. **Chloramoeba** Bohlin

Einzeln lebende, nackte Flagellaten, die vollkommen amöboid werden können. Ohne differenzierten Periplast. Zellen im nicht amöboid veränderten Zustand verkehrt plump eiförmig bis rübenartig, vorn stets breiter, abgestutzt und mit einer seichten terminalen Vertiefung, basal verschmälert, mitunter fast spitz. Soweit beobachtet, keine Rhizopodien bildend, sondern nur plumpe, meist breitlappige und kurze Pseudopodien. Hauptgeißel fast doppelt körperlang, Nebengeißel sehr kurz, kaum $^1/_7$ der ersteren messend. Chromatophoren mehrere

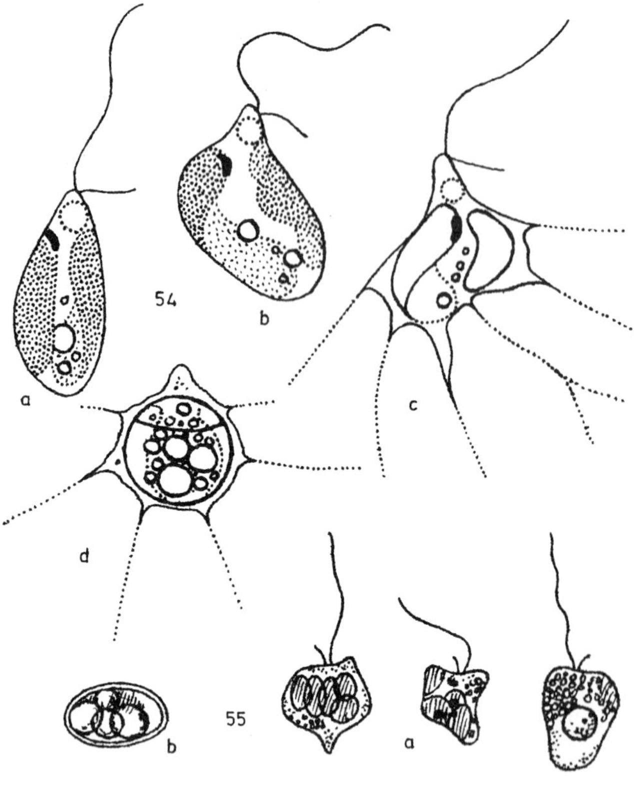

Fig. 54. *Heterochloris viridis* Ettl – *a.* nicht veränderte Monade, *b.* Übergang zur Amöboidie, *c.* amöboid gewordene Zelle mit Rhizopodien, *d.* Zystenbildung (Orig.). Fig. 55. *Chloramoeba heteromorpha* Bohlin – *a.* verschiedene Monaden, *b.* Zystenstadium (nach Bohlin).

(zwei bis sechs), relativ klein, seitenständig und scheibchenförmig. Ohne Stigma und ohne Pyrenoid. Eine pulsierende Vakuole unterhalb der Geißelbasis. Als Assimilate kommen Fett- und Öltropfen vor, mitunter auch Glykogen (?). Teilungsstadien wurden nicht beobachtet. Hingegen sind derbwandige, ellipsoidische Zysten bekannt, die schwach gelbgrün gefärbt sind und große Öltropfen enthalten.

Wichtigste Literatur: Bohlin 1897; Doflein 1921; Pascher 1925, 1939 a; Schiller 1926; Printz 1927.

Eine einzige Art:
Chloramoeba heteromorpha Bohlin (Fig. 55)

Mit den Merkmalen der Gattung. Zellen 7–13 μm lang.
Diese Art wurde in einer alten Algenkultur, deren Ursprung nicht mehr festzustellen ist, fast in Spezies-Reinkultur gefunden. Seitdem nicht wieder beobachtet.

Unsichere und zu streichende Arten:

Chloramoeba marina Schiller – eine Monade, die sicher nicht zur Gattung *Chloramoeba* gehört. Wahrscheinlich eine spezialisierte Monade, in der vielleicht pyrenoidführende Algen symbiontisch leben. Außerdem handelt es sich um einen Meeresorganismus. Nicht zu *Chloramoeba* gehört auch die von Doflein als *Chloramoeba* sp. bezeichnete Monade.

3. **Anotropis** Pascher

Auffallend starre Flagellaten, ohne amöboide Formveränderungen. Zellen längs der Symmetrieebene stark zusammengedrückt, fast doppelt so lang wie breit. Von der Breitseite gesehen mit hochgezogener und stark konvexer bis fast winkeliger Rückenseite, wobei der breiteste Teil meist hinter der Mitte liegt. Nach vorn deutlich verschmälert, nach hinten zu winkelig umgebogen und eckig bis abgerundet, in die nur leicht konvexe Bauchseite übergehend. Von der Bauchseite gesehen verkehrt gestreckt eiförmig und gegen das Hinterende verschmälert. Der Rücken der Zellen ist leicht kielförmig und etwas S-artig gewunden. Von vorn gegen die Bauchseite deutlich verbreitert, diese fast der ganzen Länge nach gerundet, gegen den Rücken aber zum nur angedeuteten Rückenkiel verschmälert.
Auf der Bauchseite ein rinnen- bis bandförmiger Chromatophor, dessen Vorderende ein Stigma trägt. Geißeln auffallend dick, Hauptgeißel etwas mehr als körperlang, Nebengeißel nur $^1/_6$ der ersteren messend. Pulsierende Vakuolen nicht angegeben.
Fortpflanzung durch ausgesprochene Längsteilung; es wurden weder Palmellen noch Zysten beobachtet.

Wichtigste Literatur: Pascher 1939 a.

Eine einzige Art:
Anotropis subsalina Pascher (Fig. 56)

Mit den Merkmalen der Gattung. Zellen 13–19 μm lang. Einmal in großer Menge aus einem stark salzigen, auffallend durchwärmten Brackwassertümpel aus Jütland (Dänemark), den Tümpel fast grün färbend. Vielleicht eine wärmeliebende Form.

4. Polykyrtos Pascher

Einzeln lebende Flagellaten, deren Protoplast auffallend und glänzend glashell ist. Deutlich dorsiventral gebaut, mit flacher breiter Bauchseite und gewölbtem Rücken. Vorderende der Zellen gegen die Bauchseite schief abgestutzt und hier wahrscheinlich mit einer seichten Rinne versehen, die jedoch auf der Bauchseite bald verschwindet. Hinterende breit abgerundet. Die Oberfläche des Protoplasten ist unregelmäßig höckrig oder gebuckelt, wobei sehr häufig symmetrisch zur Mediane am Vorderende zwei seitliche Höcker auftreten. Gelegentlich verschwinden diese Höcker und die Monade bekommt, vom Rücken aus gesehen,

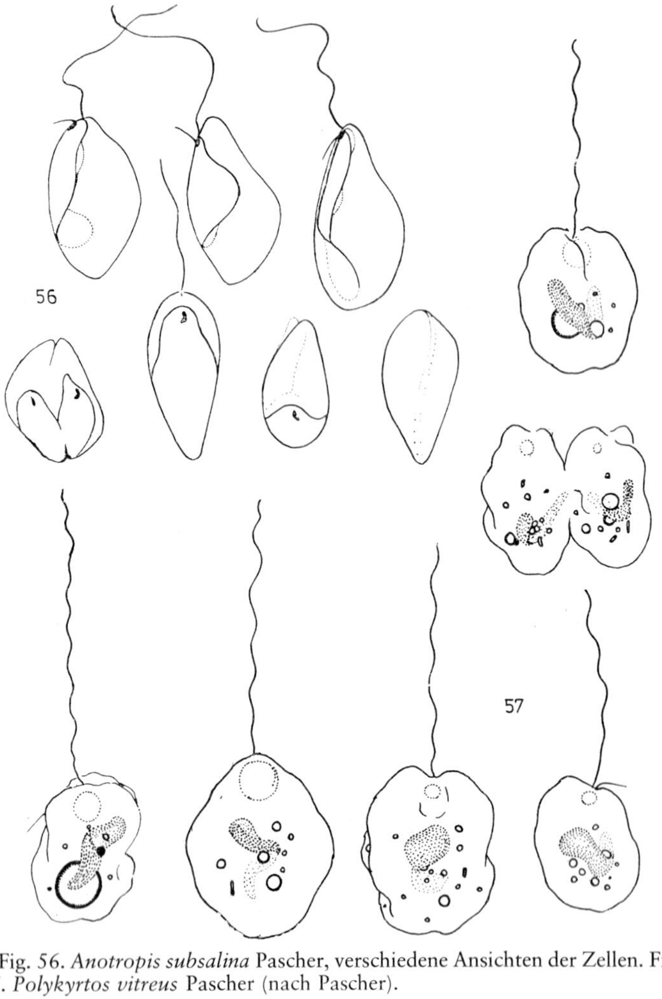

Fig. 56. *Anotropis subsalina* Pascher, verschiedene Ansichten der Zellen. Fig. 57. *Polykyrtos vitreus* Pascher (nach Pascher).

einen etwas unregelmäßig birnenförmigen Umriß. Geißeln inserieren in der Vorderfurche, mehr zur Bauchseite hin. Hauptgeißel fast zweimal körperlang, Nebengeißel sehr kurz und in der seichten Furche leicht nach rückwärts geschlagen, wenig beweglich. Chromatophor relativ klein und ausgesprochen binnenständig, in Form eines unregelmäßig begrenzten Bandes. Dieses ist gewöhnlich gekrümmt oder winkelig umgeschlagen oder bisweilen auch schraubig gedreht, oft sehr blaß. Ohne Pyrenoid und ohne Stigma. Unterhalb der Geißelbasis eine oft auffallend große pulsierende Vakuole.

Fortpflanzung durch Längsteilung im beweglichen Zustand. Gelegentlich werden auch Palmellen gebildet. Die Zellen sind in diesen kugelig abgerundet und besitzen keine Geißeln, wogegen die pulsierenden Vakuolen erhalten bleiben. Die Bildung der Zysten wurde nicht beobachtet. Die fertigen Zysten sind kugelig, zweischalig und glatt. Freie Bewegung der Monaden sowohl nach vorwärts als auch nach rückwärts, jedoch sehr häufig auch am Substrat gleitend, wobei die gleichmäßig schlängelnde Hauptgeißel nach vorn gestreckt ist, während sich die Nebengeißel zitternd bewegt.

Wichtigste Literatur: Pascher 1939a; Starmach 1968; Bourrelly 1968.

Eine einzige Art:
Polykyrtos vitreus Pascher (Fig. 57)

Mit den Merkmalen der Gattung. Zellen bis 10 μm lang, meist aber kleiner.

Diese Monade wurde einmal in großer Menge im *Elodea*-Bassin des Botanischen Gartens in Prag (Tschechoslowakei) gefunden, wo sie eine leicht gelbliche Wasserfärbung verursachte. Der Organismus scheint leicht saprob zu sein, da sich in dem Bassin Fäulnisprozesse abspielten.

5. **Chloromeson** Pascher

Einzeln lebende, frei bewegliche Flagellaten, deren Protoplast deutlich abgeplattet ist. Von der Breitseite eirund bis elliptisch, basal breit abgerundet, vorn manchmal ganz leicht ausgerandet. Von der Schmalseite schmal elliptisch. Sehr formveränderlich und gelegentlich unter Beibehalten der Geißeln, wahrscheinlich aber auch unter Geißelverlust, völlig amöboid werdend. Geißeln in der vorderen Ausrandung inserierend; Hauptgeißel bis sechsmal länger als der Protoplast, Nebengeißel nur $^1/_6$–$^1/_8$ der ersteren messend, manchmal auch nur stummelförmig. Chromatophor nur einer, immer binnenständig, in der Form eines sehr zarten, am Rande gelappten, oft tief eingeschnittenen, gelbgrünen Plättchens oder Bandes, das gefaltet und mannigfach eingeschlagen sein kann, doch immer mehr oder weniger parallel zur Breitseite der Zelle liegend. Stigma nur bei einer Art beobachtet. Pulsierende Vakuolen nicht gesehen. Als Assimilate kommen Fett, Öl und vielleicht auch Chrysolaminarin vor.

Fortpflanzung durch Längsteilung im beweglichen Zustand. Von anderen Entwicklungsstadien nur Zysten mit Sicherheit gesehen. Diese werden endogen gebildet, mit relativ dicker Wand, die aus zwei Teilen, einem großen topfförmigen und einem kleinen deckelförmigen besteht. Palmellen nicht ganz sicher.

Bewegung der Monaden sowohl vorwärts als auch rückwärts. Bei der Rückwärtsbewegung sind die Wellen, die über die Hauptgeißel laufen, kürzer und gleichmäßiger als bei der Vorwärtsbewegung. Die Nebengeißel führt manchmal ruckartige Bewegungen aus.

Wichtigste Literatur: Pascher 1930b, 1939a; Carter 1938.

Bestimmungsschlüssel der Arten

1a Zellen 8–13 μm groß, ohne Stigma, mit vorderer Einbuchtung **1. Ch. agile**

1b Zellen 5–6 μm groß, mit Augenfleck, ohne vordere Einbuchtung .... **2. Ch. parvum**

1. Chloromeson agile Pascher (Fig. 58)

Zellen von der Breitseite mehr breit ellipsoidisch, mit leichter Einbuchtung an der Stelle der Geißelinsertion, Hauptgeißel bis sechsmal körperlang, Nebengeißel $^1/_6$–$^1/_8$ der ersteren messend. Chromatophor in Form eines Plättchens, ohne Stigma.

Zellen 8–13 μm lang und 6–10 μm breit.

Aus Brackwassertümpeln der Lübischen Bucht zwischen Scharbeutz und Haffkrug an der Ostseeküste von Schleswig. Es ist vorläufig unklar inwieweit dieser Organismus in das Süßwasser übertreten kann. Vielleicht eine euryhaline Form.

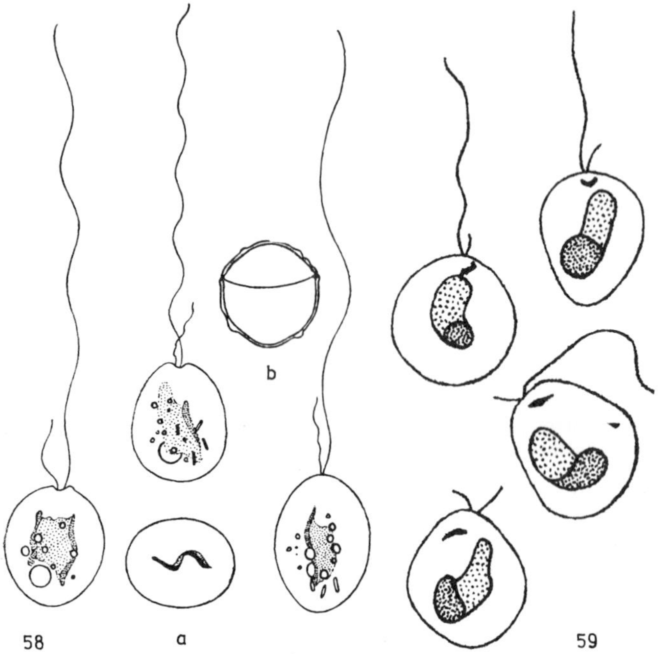

Fig. 58. *Chloromeson agile* Pascher – *a*, optischer Querschnitt, *b*. Zyste (nach Pascher). Fig. 59. *Chloromeson parvum* N. Carter (nach Carter).

2. Chloromeson parvum N. Carter (Fig. 59)

Zellen von der Breitseite breit eiförmig bis fast kugelig eiförmig, leicht formveränderlich. Chromatophor sehr klein, in der Form eines kurzen, schiefen, binnenständigen Bandes. Stigma außerhalb des Chromatophors liegend. Ohne pulsierende Vakuole. Hauptgeißel bis zweimal körperlang, Nebengeißel nur stummelförmig. Fortpflanzung durch Längsteilung der Zellen sowohl im beweglichen als auch im unbeweglichen, leicht mit Gallerte umhüllten Zustand.

Zellen 5–6 µm lang, 4–5 µm breit.

Aus einem Brackwassertümpel im Oberflächenschaum; auf der Insel Wight (England).

Unsichere und zu streichende Art:

Chloromeson viride Conrad et Kufferath – Eine Brackwasser- oder Salzwasserform, deren Zugehörigkeit zu den Xanthophyceen zu überprüfen ist.

6. **Ankylonoton** Pascher

Einzeln und frei lebende Flagellaten, die ausgesprochen dorsiventral und annähernd monosymmetrisch gebaut sind. Amöboide Formveränderungen kommen zwar gelegentlich vor, sind jedoch bei weitem nicht so deutlich wie bei den vorher erwähnten Gattungen und meist auf das Hinterende beschränkt. Protoplast mit einer hochgewölbten, konvexen Rückseite und wenn nicht formverändert, basal breit abgerundet und mit einer nur wenig konvexen bis fast flachen Bauchseite, die unter dem stumpfen Vorderende in einer leicht muldenförmigen Vertiefung die beiden Geißeln trägt. Hauptgeißel mehr als zweimal körperlang, Nebengeißel relativ kurz, meist nur $^1/_8$ der ersteren messend. Ein großer wandständiger und muldenförmiger Chromatophor kleidet die Rückenseite der Zelle mehr oder weniger regelmäßig aus. Das Vorderende wird freigelassen, die beiden Seitenflächen werden teilweise überzogen; die Bauchseite bleibt meist ebenfalls völlig frei; vereinzelt wird der Chromatophor jedoch ausgesprochen bauchständig; annähernd in der Mediane am Rücken mit einem sehr großen unregelmäßigen Pyrenoid, das der Innenseite des Chromatophors anliegt, manchmal jedoch seitlich verlagert sein kann. Ohne Stigma. An der Geißelbasis zwei pulsierende Vakuolen. Als Assimilate kommen Öltropfen und Ballen von Chrysolaminarin vor.

Fortpflanzung durch Längsteilung entlang der Mediane. Häufig erhält der Chromatophor der einen Tochterzelle kein Pyrenoid; dies wird später neu gebildet. Die Tochterzellen bleiben bisweilen längere Zeit durch breite Plasmabrükken miteinander verbunden. Andere Entwicklungsstadien nicht bekannt.

Bewegung der Monade gleitend; nie freischwimmend beobachtet. An der Bewegung beteiligt sich nur die Hauptgeißel, während die Nebengeißel offensichtlich funktionslos ist. Trotz amöboider Formveränderung wurde keine animalische Ernährung beobachtet.

Diese Gattung ist derzeit die einzige Chloramoebale, bei der Pyrenoide bekannt sind.

Wichtigste Literatur: Pascher 1932b, 1939a; N. Carter 1938; Starmach 1968; Bourrelly 1968.

Eine einzige Art:

Ankylonoton pyreniger Pascher (Fig. 60)

Mit den Merkmalen der Gattung. Zellen 13–15 µm, ausnahmsweise bis 22 µm lang.

Ein einziges Mal zwischen einer derben *Scytonema*-artigen Blaualge in einem Graben der Marschwiesen bei Kampen auf Sylt, der zur Zeit der Flut brackig bis salzig ist und zur Zeit der Ebbe aussüßt; an der Grenze der Salzwasserregion.

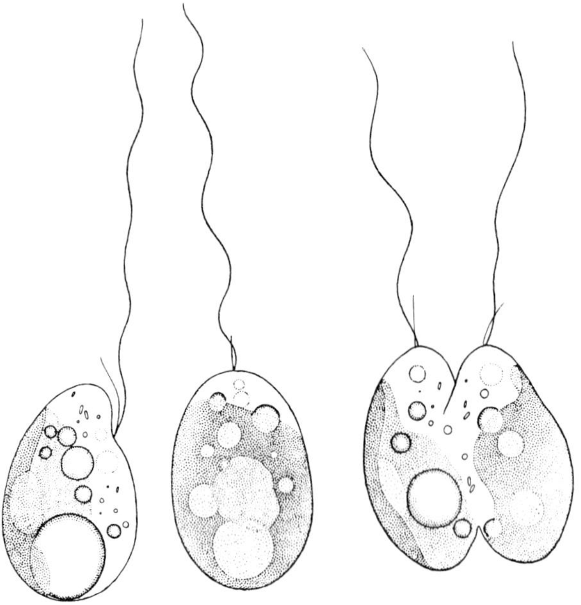

Fig. 60. *Ankylonoton pyreniger* Pascher – *a.* Zelle von der Seite, *b.* von der Rückseite gesehen, *c.* Zweiteilung (nach Pascher).

7. **Nephrochloris** Geitler et Gimesi

Einzeln lebende Flagellaten, deren Zellen deutlich dorsiventral abgeflacht und auf der Bauchseite mit einer sehr seichten und am Rande verwischten Längsfurche versehen sind. Infolgedessen sind sie im optischen Querschnitt nierenförmig. Zellen von der Schmalseite gesehen im Umriß eiförmig bis birn- bzw. nierenförmig. Von der Breitseite gesehen elliptisch, eirund bis fast kreisrund, vorn manchmal leicht ausgerandet und im übrigen in der Form sehr wechselnd. Zellen schwach metabolisch, aber nie völlig amöboid. Vorn, etwas ventral-seitlich, inseriert die einzige bis doppelt körperlange, ziemlich starke Geißel. Ein oder zwei seitenständige, mulden- bis bandförmige Chromatophoren, ohne Pyrenoid und ohne Stigma. Unter der Insertionsstelle der Geißel wurde bei einer Art eine pulsierende Vakuole beobachtet. Im Hinterende der Zellen ein oder zwei stark glänzende Öltropfen.

Fortpflanzung durch Längsteilung im beweglichen Zustand. Zysten wurden nicht gesehen. Palmellen nicht sicher festgestellt. *Nephrochloris* steht durch die völlig reduzierte Nebengeißel unter den Chloramoebalen allein. Eine Reduktion der Nebengeißel kommt jedoch öfters bei den Zoosporen der übrigen Organisationsstufen der Xanthophyceen vor.

Wichtigste Literatur: Geitler 1925; Printz 1927; Carter 1938; Pascher 1939 a; Bourrelly 1951, 1968.

Bestimmungsschlüssel der Arten

1a Zellen mit einem Chromatophor, Geißel doppelt körperlang . **1. N.incerta**
1b Zellen mit zwei Chromatophoren, Geißel etwa körperlang .... **2. N.lotharingica**

1. Nephrochloris incerta Geitler et Gimesi (Fig. 61)

Zellen mit einem großen mantel- bis breit bandförmigen, die Rückenseite auskleidenden und von beiden Seiten her noch auf die Bauchseite übergreifendem Chromatophor. Dieser ist nicht selten vorn in der Mediane der Zelle tief ausgerandet. Geißel doppelt körperlang. Im übrigen mit den Merkmalen der Gattung.

Zellen 4–6 μm lang.

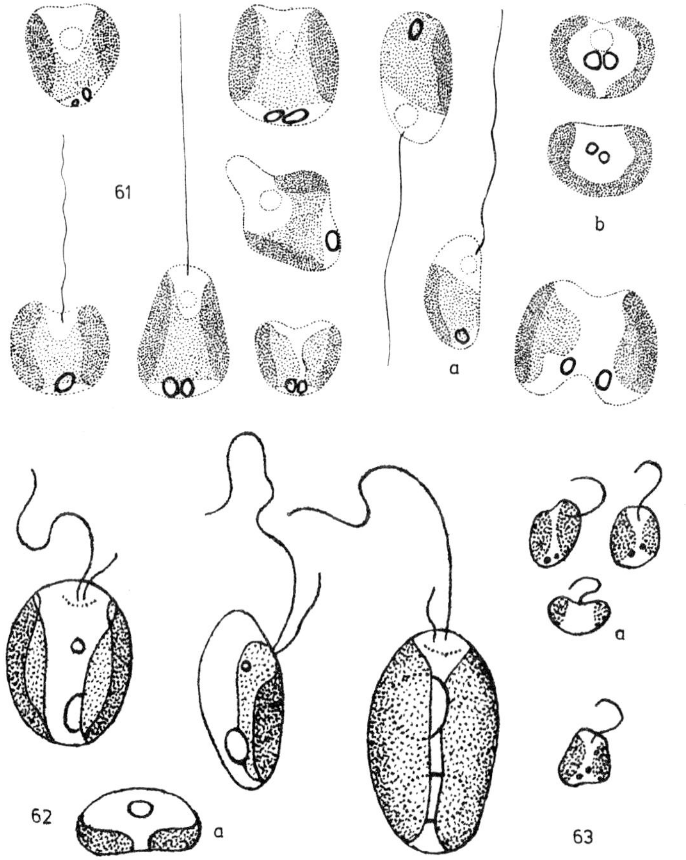

Fig. 61. *Nephrochloris incerta* Geitler et Gimesi – *a*. Seitenansicht, *b*. optischer Querschnitt (nach Geitler et Gimesi). Fig. 62. *Nephrochloris salina* N. Carter – *a*. optischer Querschnitt (nach Carter). Fig. 63. *Nephrochloris lotharingica* Bourrelly – *a*. optischer Querschnitt (nach Bourrelly).

Im Plankton, entweder frei oder in der Gallerte einer *Anabaena*-Art, Water-Neversdorfer Binnensee in Holstein.

2. Nephrochloris lotharingica Bourrelly (Fig. 63)

Zellen mit zwei seitenständigen scheibenförmigen Chromatophoren, die den Schmalseiten der Zellen anliegen. Geißel körperlang oder nur wenig länger. Ohne pulsierende Vakuole (vielleicht wegen der kleinen Ausmaße übersehen).

Zellen 4–6 μm lang, 3,5–4 μm breit.

Im Plankton des Brackwassers von Grange Fouquet à Vie-sur-Seille (Frankreich).

Unsichere und zu streichende Art:

Nephrochloris salina N. Carter (Fig. 62) – dieser Organismus gehört wohl kaum zur Gattung *Nephrochloris,* da er zwei Geißeln besitzt. Auch ist die Zugehörigkeit dieser Monade zu den Xanthophyceen fraglich. Wahrscheinlich eine selbständige Gattung. Äußerlich macht die Monade den Eindruck einer Cryptophycee.

Zellen ausgesprochen dorsiventral, von der Breitseite gesehen eirund bis breit elliptisch, von der Schmalseite verkehrt eiförmig, mit vorgezogener Rückenseite, ausgesprochen abgeplattet und gelegentlich deutlich amöboid werdend. Hauptgeißel bis doppelt körperlang, Nebengeißel nur ein Drittel der ersteren messend. Zwei seiten- und bauchständige Chromatophoren, ohne Stigma und ohne pulsierende Vakuolen. Gelegentlich mit zwei oder drei Tropfen einer stark glänzenden Substanz. Teilung sowohl im beweglichen als auch unbeweglichen Zustand. Leicht palmelloide Ruhezustände ohne Geißeln beobachtet.

Zellen 5–7 μm lang, 3–5 μm breit und 2–3 μm dick.

Brackwassertümpel auf der Insel Wight (England).

8. Phacomonas Lohmann

Einzeln lebende, nicht metabole und nicht amöboide Flagellaten. Zellen im Prinzip linsen- bis scheibenförmig, mit sehr deutlicher Breit- und Schmalseite. Von der Breitseite gesehen fast kreisrund oder breit elliptisch, von der Schmalseite gesehen mit schmalem, gestreckt elliptischem Umriß. Zellen bis dreimal breiter als dick. Vorn mit einem deutlichen Plasmahöcker, aus dem die zwei, in auffallend weitem Abstand inserierenden Geißeln hervortreten. Zwei wandständige, große scheibenförmige Chromatophoren, die die Breitseite der Zellen völlig auskleiden und median symmetrisch zueinander stehen. Ohne Pyrenoid und ohne Stigma. Basal zumeist ein stark lichtbrechender, scharf umrissener Ballen; außerdem Fett- und Öltropfen. Süßwasserformen mit zwei pulsierenden Vakuolen. Fortpflanzung nicht beobachtet, ebenso sind Zysten oder Palmellen unbekannt. *Phacomonas* wurde ursprünglich im marinen Plankton entdeckt, von Pascher aber auch im Süßwasser gefunden; doch scheint es sich dabei um eine selbständige Art zu handeln.

Wichtigste Literatur: Lohmann 1903; Pascher 1925, 1939 a; Van Oye 1925; Printz 1927.

Mit einer sicheren Süßwasserart:
Phacomonas lohmannii Pascher (Fig. 65)

Mit den Merkmalen der Gattung. Von der marinen Art *Phacomonas pelagica* unterscheidet sich diese durch die weniger kreisförmige und mehr elliptische Breitseite der Zellen. Auch ist der Geißelhöcker stärker vorgezogen. Außerdem besitzt sie zwei pulsierende Vakuolen.

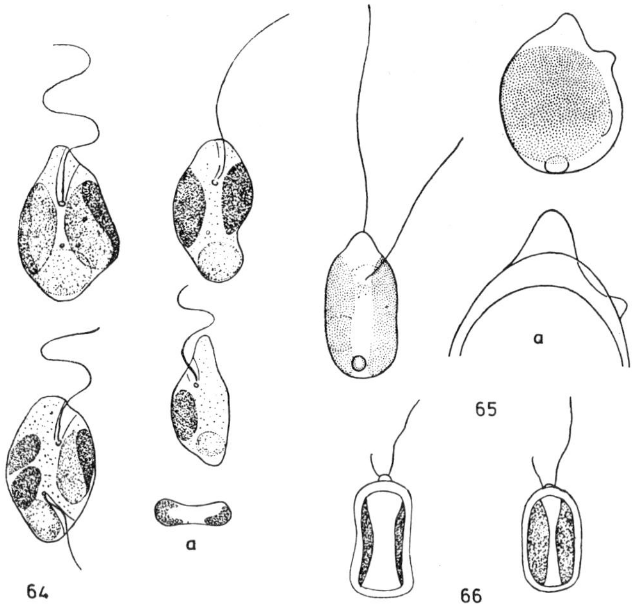

Fig. 64. *Beckingia salina* Ruinen – *a*. Querschnitt (nach Ruinen). Fig. 65. *Phacomonas lohmannii* Pascher – *a*. Detail des Vorderendes (nach Pascher). Fig. 66. *Phacomonas lacustris* Van Oye (nach Van Oye).

Zellen 5–10 µm lang.
Vereinzelt im Plankton südböhmischer Teiche (Tschechoslowakei).

Unsichere und zu streichende Art:

Phacomonas lacustris Van Oye (Fig. 66) – gehört nicht zu dieser Gattung. Nach den Angaben soll diese Form eine derbe braune Hülle besitzen, wogegen die Zellen von *Phacomonas* nackt sind. Es wäre die erste Chloramoebale, die mit einer derben, fast schalenartigen Hülle versehen wäre. Sollte es sich zeigen, daß diese Form doch zu den Chloramoebalen gehört, müßte eine neue Gattung aufgestellt werden.

Zellen kurz zylindrisch, basal flach, vorn mehr oder weniger abgerundet. Flanken gerade oder in der Mitte leicht taillenartig eingezogen. Hülle braun, glatt, mit deutlicher Papille. Hauptgeißel kaum körperlang, Nebengeißel etwa $^1/_3$ der ersteren messend. Chromatophoren zwei, seitenständig, annähernd einander gegenüberliegend, die ganze Länge der Zelle auskleidend, muldenförmig.
Zellen 7 µm lang, 3 µm breit.
Bislang nur einmal in einem künstlichen Teich bei Eala, Kongo, beobachtet.

9. **Chlorokardion** Pascher

Einzeln lebende Flagellaten, deren Zellen deutlich abgeplattet und dick scheibenförmig sind, sowie eine etwas schief herzförmige Breitseite mit breiter, basaler Abrundung und eine elliptische Schmalseite besitzen. Vorderende der Zellen in der Breitseitenansicht etwas schief abgeschrägt und deutlich ausgerandet. Die schiefe Abschrägung der Monade kommt dadurch zustande, daß die Rückenseite des Protoplasten vorn deutlich mehr vorgezogen ist als die Bauchseite. In der Ausrandung inserieren die beiden Geißeln, von denen die Hauptgeißel fast 1,5 mal körperlang ist, während die Nebengeißel etwa $^1/_6$ der ersteren mißt. Periplast sehr zart; trotzdem wurden niemals metabole oder amöboide Formveränderungen beobachtet. Chromatophoren meistens drei, seltener zwei oder vier; deutlich seitenständig, manchmal etwas ungleich groß, muldenförmig. Oft schließen die Chromatophoren bis auf schmale helle Streifen aneinander. Ohne Stigma und ohne Pyrenoid. Mit einer deutlichen pulsierenden Vakuole an der Geißelbasis. Als Assimilate kommen Fett und Öl vor, möglicherweise auch Chrysolaminarin. Gegen das basale Ende zu oft zahlreiche, stark lichtbrechende stäbchenartige, kristalloide Gebilde.

Fortpflanzung durch Längsteilung, die parallel zur Breitseite erfolgt, wobei die Teilung annähernd mit der Symmetrieebene der Zelle zusammenfällt. Die Tochterzellen besitzen eine sehr wechselnde Chromatophorenzahl, manchmal sogar nur einen Chromatophor. Palmellen nicht sicher festgestellt, die Zellen besaßen in der Gallerte keine Geißeln, wohl aber die pulsierenden Vakuolen.

Wichtigste Literatur: Pascher 1930b, 1939a.

Eine einzige Art:

Chlorokardion pleurochloron Pascher (Fig. 67)

Mit den Merkmalen der Gattung. Zellen 12–16 µm lang, 8–12 µm breit, doch auch viel kleiner (9 µm lang).

Im Aufwuchs von *Potamogeton natans*-Blättern, bislang nur in Böhmen in dystrophen Teichen gefunden (pH-Werte 4,8–6,2).

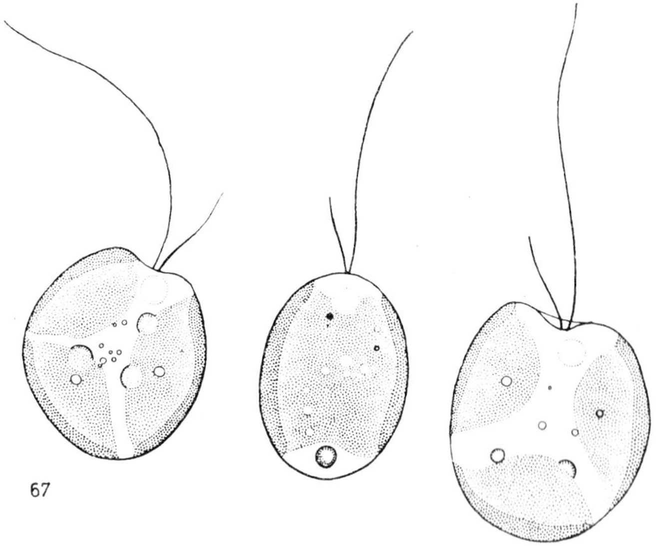

67

Fig. 67. *Chlorokardion pleurochloron* Pascher – in der Mitte Ansicht vom Rücken (nach Pascher).

2. Familie **Bothrochloridaceae** Ettl

Heterochloridaceae Pascher p.p.

Flagellaten, deren Vorderende eine tiefe schlundförmige Vertiefung hat, aus der die Geißeln hervortreten. Die bislang bekannten Formen haben eine oder zwei Geißeln. Sonst mit den Merkmalen der Ordnung. Die vordere Vertiefung, die fälschlich als Schlund bezeichnet wird, findet sich unter den Chloramoebalen nur bei den Gattungen *Beckingia* und *Bothrochloris*, doch eine ähnliche Vertiefung kommt bei vielen Cryptophyceen, Peridineen und Chrysophyceen vor. Sie tritt nur bei dorsiventralen Formen auf, wahrscheinlich ist bei den Flagellaten die Dorsiventralität die Vorbedingung zur Schlundbildung.

Wichtigste Literatur: Pascher 1939 a; Ettl 1977.

Bestimmungsschlüssel der Gattungen

1a Zellen kugelig, schlundartige Vertiefung breit, mit zwei Geißeln, Hauptgeißel bis zehnmal länger als die Zelle .... **1. Bothrochloris** (S. 69)

1b Zellen nicht kugelig, abgeflacht, schlundartige Vertiefung eng, mit nur einer doppelt körperlangen Geißel .... **2. Beckingia** (S. 71)

1. **Bothrochloris** Pascher

Flagellaten mit fast kugeligem Protoplast, im Querschnitt fast kreisförmig oder etwas schief zusammengedrückt. Vorderende des Protoplasten tief ausgerandet und schlundartig vertieft, wobei die eine Seite stärker vorgezogen ist als die andere (vgl. Fig. 68). Die Vertiefung erstreckt sich nicht axial, sondern ist etwas gegen die längere Seite verschoben. Sie ist meist länger als breit und verengt sich nach oben. Die beiden Geißeln inserieren immer auf der Seite der Vertiefung, die dem niedrigeren Ende der vorderen Ausrandung zugewandt ist. Hauptgeißel sehr lang, bis zehnmal länger als der Protoplast, Nebengeißel ein Viertel der ersteren messend. Protoplast nur wenig formveränderlich, amöboide Stadien nicht bekannt. Ein wandständiger Chromatophor in Form eines breiten Bandes, das manchmal muldenförmig an der Basis der Zelle liegt, manchmal aber gürtelförmig herumgeht, jedoch immer das Vorderende der Zelle frei läßt. Ein Stigma wurde nicht beobachtet. Ohne pulsierende Vakuolen. Als Assimilate kommen Fett- und Öltropfen vor.

Fortpflanzung durch Längsteilung, und zwar längs einer Ebene, die die Ansatzstellen der Geißeln durchschneidet und die schlundartige Vertiefung schief zerteilt. Die beiden Tochterzellen können hierbei sehr ungleich werden. Palmellen wurden beobachtet, die aus abgekugelten Zellen mit geschichteter Gallerte bestehen. Bewegung dieser Monade vorwärts und rückwärts. Bei der Bewegung rückwärts rotiert die Zelle um die Bewegungsrichtung, wobei die Hauptgeißel einen Doppelkegel beschreibt, dessen Achse annähernd mit der Bewegungsrichtung zusammenfällt.

Wichtigste Literatur: Pascher 1932b, 1939a.

Eine einzige Art:
Bothrochloris longeciliata Pascher (Fig. 68)

Mit den Merkmalen der Gattung. Zellen bis 13 μm im Durchmesser. In wenigen Exemplaren aus einer Schlammkultur aus dem Königshafen bei List auf Sylt. Es geht aus den Angaben nicht hervor, ob dieser Organismus eine Brackwasserform ist.

68

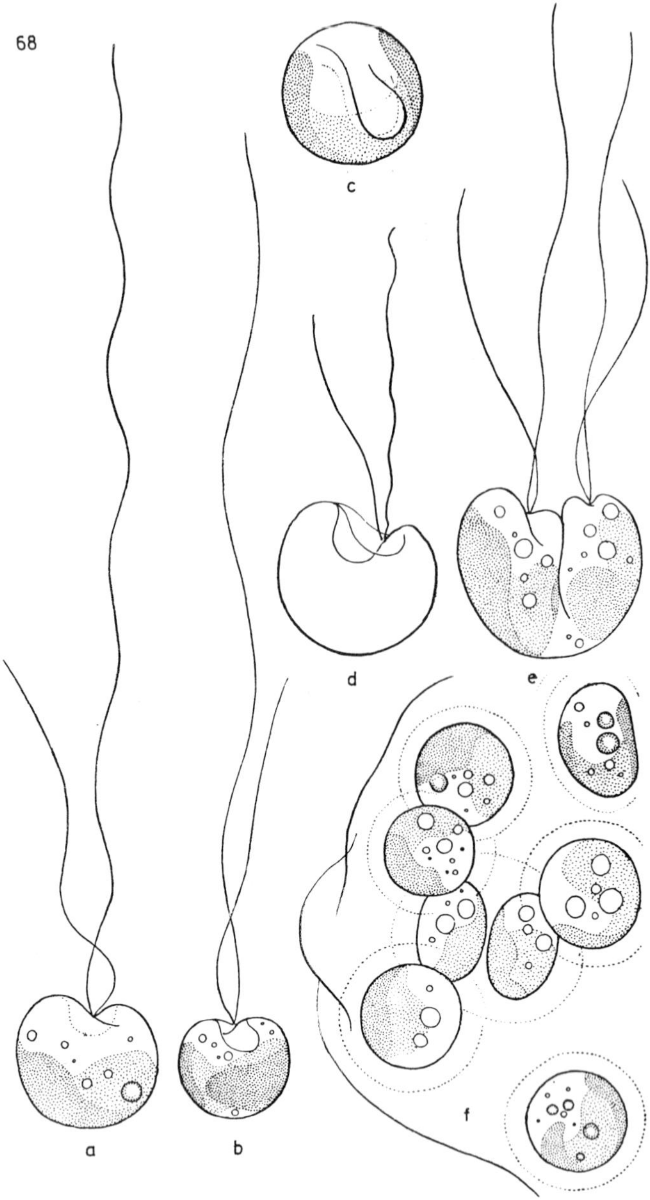

2. **Beckingia** Ruinen

Zellen stark abgeplattet. Breitseite mit unregelmäßigem und wechselndem elliptischem bis unregelmäßigem eirundem Umriß. Vorderende leicht vorgezogen, von dessen Unterseite eine enge schlundartige Vertiefung abgeht, in der die 1–2 mal körperlange Geißel inseriert. Schmalseite eng elliptisch. Bewegung ein rasches Vorwärtsgleiten mittels der schlängelnden Geißel. Chromatophoren zwei bis drei, mehr oder weniger platten- bis leicht muldenförmig, seitenständig. Zellen ohne Stigma und pulsierende Vakuole.

Fortpflanzung durch Längsteilung im beweglichen Zustand. Dauerstadien nicht gesehen, wenn auch mehrmals zweischalige leere Zysten beobachtet wurden.

Wichtigste Literatur: Ruinen 1938; Pascher 1939a.

Eine einzige Art:

Beckingia salina Ruinen (Fig. 64)

Mit den Merkmalen der Gattung. Zellen 10–18 μm lang, 7–10 μm breit. Salzwasserflagellat, der aus Kulturen bekannt ist, Gips- und Salzseen auf der York-Halbinsel in Südaustralien. Vereinzelt wurde diese Art auch in den salzhaltigen Teichen Südmährens (Tschechoslowakei) beobachtet.

Unsichere und zu streichende Gattungen:

Ottonia Schiller (1925) – unvollkommen beschriebene Gattung, die von Schiller zu den Eugleninen, von Pascher mit Vorbehalt zu den Xanthophyceen gestellt wurde. Völlig unsicherer Organismus, besser zu streichen.

Chlorochromonas Lewis (1913) – eine Chrysophycee aus der Gattung *Ochromonas.*

Im Anhang seien noch zwei Gattungen angeführt, die zwar gut beschrieben sind, jedoch marine Organismen darstellen, deren Zugehörigkeit zu den Xanthophyceen mir nicht erwiesen scheint. *Xanthophycomonas* Scagel et Stein (1961) – mit der einzigen Art *X. thalassoides.* Sie erinnert stark an den grünen Flagellaten *Heteromastix,* dessen marine Arten auch gelbgrün gefärbt sind. *Pseudomicroportella* Scagel et Stein (1961) – mit der einzigen Art *P. ornata.* Ein Flagellat mit kompliziert gebautem Gehäuse.

2. Ordnung **Rhizochloridales**

Heterorhizidinae Fritsch, *Rhizochloridineae* Pascher, *Rhizochlorophyceae* Dedusenko Ščegoleva et Gollerbach, *Rhizochlorophycidae* Starmach

Rhizopodiale Organisationsstufe der Xanthophyceen, deren vegetative Zellen immer als nackte Amöben vorkommen. Die Bewegung erfolgt durch eine mehr oder weniger deutliche Amoeboidie der Zellen, wobei plumpe Pseudopodien

◀ Fig. 68. *Bothrochloris longeciliata* Pascher – *a* und *b* Zellen von zwei verschiedenen Seiten, *c* Zelle von oben gesehen, *d* Umriß einer Zelle mit deutlicher schlundartiger Vertiefung, *e* Zweiteilung, *f* palmelloides Stadium (nach Pascher).

oder feine Rhizopodien gebildet werden, durch die die Zellen feste Nahrung aufnehmen können und so imstande sind, sich auch animalisch zu ernähren. Zellen einzeln lebend oder Plasmodien bildend, entweder dadurch, daß die gut unterscheidbaren einkernigen Amöben durch Plasmastränge netzartig miteinander in Verbindung bleiben (Filarplasmodien) oder aber im anderen Falle vielkernige Massen aus mehreren bis vielen völlig fusionierten Amöben entwickeln (Fusionsplasmodien). Chromatophoren sind in verschiedener Anzahl immer vorhanden. Dauernd farblose, chromatophorenfreie Rhizochloridalen sind bislang nicht bekannt. Große vielkernige Plasmodien enthalten entsprechend viele Chromatophoren. Pyrenoide wurden in den Chromatophoren bei dieser Gruppe nicht festgestellt. Manche Arten haben ein deutliches Stigma. Gelegentlich treten auch pulsierende Vakuolen auf. Im ganzen erinnern sie an die Chloramoebales, nur daß der Geißelapparat völlig verloren ging und amöboide Lebensweise eintrat; sonst die für die Monaden typischen Organellen beibehaltend. Assimilate wie bei den übrigen Xanthophyceen.

Fortpflanzung gewöhnlich durch einfache Zweiteilung, wobei die entstandenen Tochterzellen eine Zeitlang durch feine Plasmastränge miteinander verbunden bleiben können. Bildung endoplasmatischer Zysten allgemein verbreitet und bei *Myxochloris* eingehend untersucht. In einem Fall wurde auch die Bildung von Zoosporen beobachtet (*Myxochloris*), doch trifft dies bei anderen Formen nicht zu, denn in den meisten Fällen treten die Keime nicht mehr als geißelbewegliche Zoosporen, sondern gleich als kleine Amöben aus.
Bei den Plasmodien wurde die Bildung großer vielkerniger Akineten mit derber Wand beobachtet. Deren Inhalt tritt dann in Form kleiner Teilplasmodien oder einkerniger Amöben oder Zoosporen aus.
Im allgemeinen ist der Lebenszyklus dieser Gruppe recht wenig bekannt.

Die Rhizochloridalen kommen sowohl im Süßwasser als auch im Brackwasser vor, einige sind marin. Vertreter der Familie Stipitococcaceae leben epiphytisch an verschiedenen Fadenalgen. *Myxochloris* kommt als Endophyt in den Wasserzellen von *Sphagnum*-Blättern vor.

Wichtigste Literatur: Pascher 1914, 1918, 1925, 1930a, c, 1932b, 1939a; Fritsch 1935; Smith G. M. 1950; Dedusenko Ščegoleva und Gollerbach 1962; Starmach 1968; Bourrelly 1968.

Bestimmungsschlüssel der Familien

1a Zellen einkernig, einzeln lebend, höchstens lockere Zellgruppen bildend oder durch feine Rhizopodien miteinander verbunden 2
1b Durch Fusion mehrerer Amöben große vielkernige Plasmodien (Fusionsplasmodien) entstehend . . . . 3. **Myxochloridaceae** (S. 85)
2a Frei lebende nackte Formen . . . . 1. **Rhizochloridaceae** (S. 72)
2b Formen in Gehäusen lebend und epiphytisch auf anderen Algen . . . . 2. **Stipitococcaceae** (S. 78)

1. Familie **Rhizochloridaceae** Pascher em. Ettl

Rhizochloridaceae Pascher p. p., *Rhizochloridae* Pascher incl. *Chorarachniaceae* Pascher

Xanthophyceen, die in Form nackter, einkerniger, mit Chromatophoren versehener Amöben leben. Gewöhnlich einzeln vorkommend, doch mitunter auch lockere Zellgruppen oder filarplasmodiale Kolonien bildend, die durch netzartige Filopodien zusammenhängen. Übergänge zu solchen Filarplasmodien finden sich bei einzeln lebenden, nackten Rhizochloridalen, deren Zellen nach der

Teilung vorübergehend durch Plasmastränge verbunden bleiben können. Fortpflanzung erfolgt soweit bekannt, durch direkte Teilung der Amöben. Bildung begeißelter Stadien nicht mit Sicherheit festgestellt. Zystenbildung bekannt. Sonst mit den Merkmalen der Ordnung.

Wichtigste Literatur: Pascher 1918, 1939a; Bourrelly 1968; Ettl 1977.

Bestimmungsschlüssel der Gattungen

1a Zellen einzeln lebend, keine netzartigen Filarplasmodien bildend, wenn auch die Zellen nach der Teilung vorübergehend zu lockeren Zellgruppen zusammentreten oder durch Plasmastränge zusammengehalten werden können .... **1. Rhizochloris** (S. 73)
1b Zellen durch verzweigte Filopodien zu netzartigen Filarplasmodien zusammengehalten .... **2. Chlorarachnion** (S. 76)

1. Rhizochloris Pascher

Einzellige, einzeln lebende, amöboide Organismen mit breiten und plumpen Pseudopodien oder langstrahligen, feinen Rhizopodien. Manchmal bleiben die Tochterzellen eine Zeitlang durch Plasmastränge miteinander verbunden oder die Zellen können gelegentlich unregelmäßige lockere Zellgruppen bilden, in denen jede Zelle ihre Selbständigkeit beibehält. Chromatophoren meistens 2–10, klein und scheibchenförmig, ohne Pyrenoide. Manche Arten besitzen ein Stigma, die ausgesprochenen Süßwasserformen auch pulsierende Vakuolen. Als Assimilate Fett- oder Öltropfen und außerdem stark lichtbrechende Ballen, die möglicherweise aus Chrysolaminarin bestehen. Ernährung auch durch Aufnahme kleiner Organismen in die Pseudopodien. Fortpflanzung durch direkte Zweiteilung der Amöben. Bei einer Art sind Zysten bekannt. Wohl eine künstliche Gattung.

Wichtigste Literatur: Pascher 1918, 1932b, 1939a; Carter N. 1938; Ettl 1964; Sieminska 1964.

Bestimmungsschlüssel der Arten

1a Zellen mit mehreren (4–16) Chromatophoren, ohne Stigma, meist mit plumpen Pseudopodien .... **1. R.mirabilis**
1b Zellen mit wenigen (2–4) Chromatophoren, mit Stigma, meist mit feinen Rhizopodien 2
2a Zellen 12–14 μm groß, mit 3–4 Chromatophoren, keine Gruppen bildend .... **2. R.stigmatica**
2b Zellen 8–10 μm groß, mit 2 Chromatophoren, zu mehreren in lockeren Gruppen .... **3. R. congregata**

1. Rhizochloris mirabilis Pascher (Fig. 69)

Zellen in der Form Limax-artiger Amöben, mit breiten, oft einseitigen Pseudopodien. Chromatophoren 6–10 (mitunter auch mehr), scheibchen- bis leicht muldenförmig, oft gedreht, in Form blaßgrüner, sehr zarter und dünner Plättchen, die keine bestimmte Lage haben, aber immer leicht binnenständig sind. Ohne Stigma und ohne pulsierende Vakuolen. Im Plasma viele stark lichtbrechende Ballen, die möglicherweise aus Chrysolaminarin bestehen. Daneben Öltropfen. Animalische Ernährung möglich. Fortpflanzung durch Zweiteilung. Zoosporen, Palmellen oder Zysten nicht mit Sicherheit festgestellt.

Zellen 12–18 μm, manchmal größer.

Im Adria-Schlamm bei Grado (Italien). Es ist nicht sicher, daß es sich um eine ausschließlich marine Art handelt, weshalb sie hier angeführt ist.

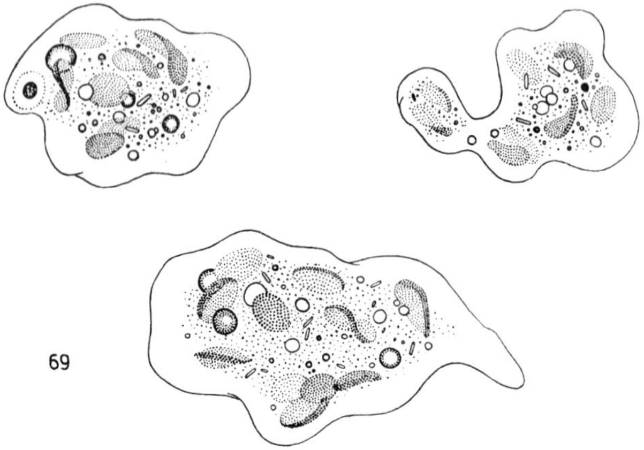

69

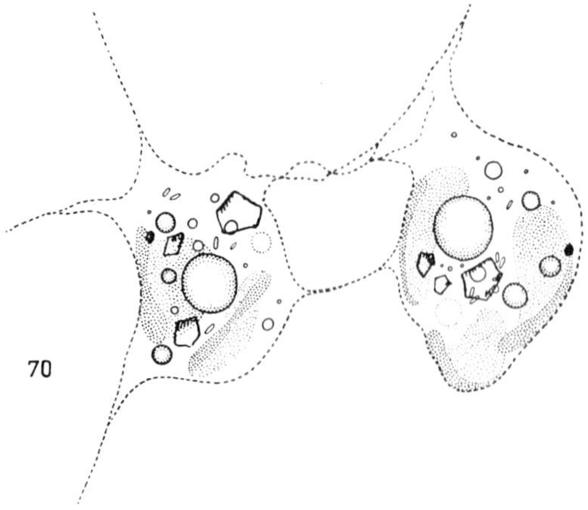

70

Fig. 69. *Rhizochloris mirabilis* Pascher. Fig. 70. *Rhizochloris stigmatica* Pascher– zwei Zellen durch Plasmafäden verbunden (nach Pascher).

2. Rhizochloris stigmatica Pascher (Fig. 70)

Zellen mit breiten und plumpen Pseudopodien, die jedoch sehr häufig in lange feine Rhizopodien auslaufen. Chromatophoren 3–4, relativ groß, aber manchmal sehr ungleich. Einer der Chromatophoren besitzt am vorderen Rand ein deutliches, etwas schwärzliches Stigma. Eine (vielleicht zwei) pulsierende Vakuole. Im Plasma Öltropfen und große kristalloide Körper. Fortpflanzung durch Zweiteilung; die Tochterzellen einer oder zweier Teilungsfolgen bleiben durch kurze und feine Plasmabrücken miteinander verbunden und bilden kleine Nester. So entstehen kleine unregelmäßige Grüppchen, in denen die Zellen ihre Rhizopodien nur einseitig (zentrifugal) entwickeln. Andere Entwicklungsstadien nicht beobachtet.

Zellen 12–14 μm groß.

Süßwasserform, die ein einziges Mal in *Rhizoclonium*-Watten aus dem Großteich bei Doksy und dessen Randtümpeln gefunden wurde (Tschechoslowakei).

3. Rhizochloris congregata Ettl (Fig. 71)

Zellen meist einzeln lebend, sehr formveränderlich, mit mehreren radiären, langstrahligen Rhizopodien. Oft vereinigen sich mehrere Zellen zu lockeren traubenförmigen Zellgruppen. In diesem Fall sind die Rhizopodien nur einseitig, zentrifugal ausgebildet. Einzelne Zellen behalten jedoch ihre Selbständigkeit bei und können sich leicht aus dem Verband lösen. Stets zwei relativ große, schei-

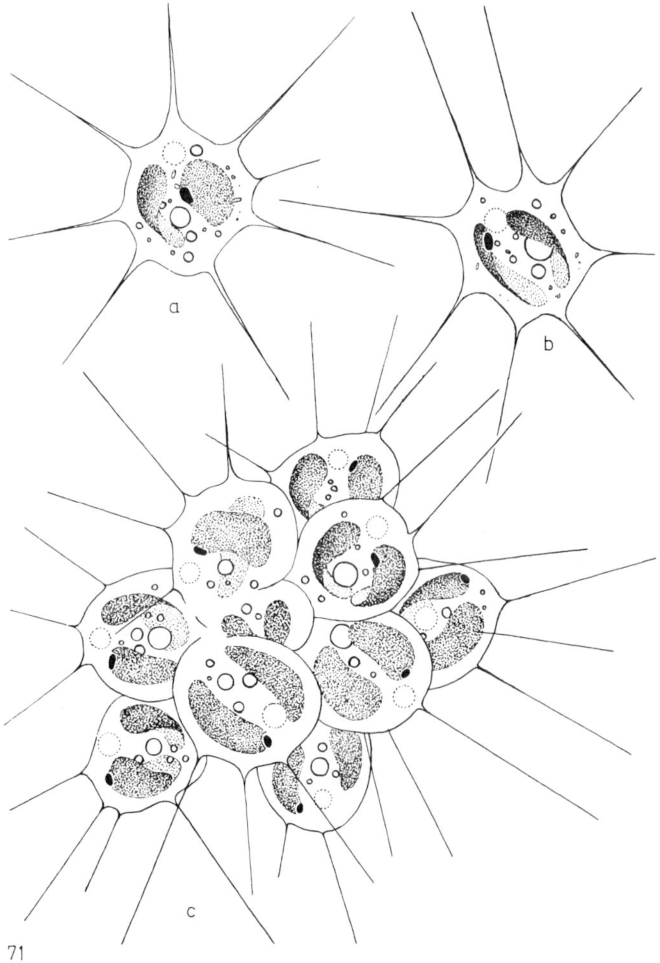

71

Fig. 71. *Rhizochloris consociata* Ettl – *a* und *b* Einzelzellen, *c* eine lockere Zellgruppe (nach Ettl).

benförmige, maigrüne Chromatophoren vorhanden, die gewöhnlich nebeneinander liegen. Am Vorderrand des einen ein deutliches rotes Stigma. Eine pulsierende Vakuole. Reservestoffe: Fett und Chrysolaminarin.

Fortpflanzung durch Zweiteilung; die Tochterzellen oft durch Plasmastränge verbunden und durch erneute Teilungen Zellgruppen bildend. Zysten zweiteilig, endoplasmatisch entstehend.

Zellen 8–10 μm groß, Zysten etwa 8 μm im Durchmesser.

Im Frühjahr im Plankton eines kleinen Wiesentümpels in Nordmähren (Tschechoslowakei). Wahrscheinlich eine kälteliebende Art, die nach der Eisschmelze auftritt und gegen Temperaturschwankungen sehr empfindlich ist. Ihre mehrzelligen Gruppen erinnern äußerlich an Fusionsplasmodien, vor allem dort, wo die einzelnen Zellen undeutlich gegeneinander abgegrenzt sind. Die Zellgruppen zerfallen leicht in die Einzelzellen.

Unsichere und zu streichende Arten.

Rhizochloris arachnoides N. Carter (Fig. 72) – erinnert durch die zahlreichen fadenförmigen Rhizopodien an *Chlorarachnion*, doch bildet sie keine netzartigen Filarplasmodien. Außerdem wurde bei diesem Organismus auch ein Monaden-Stadium beobachtet. Nach Pascher bildet diese Art vielleicht den Typus einer selbständigen neuen Gattung mit folgenden Merkmalen: Amöben mit ausgesprochener Breit- und Schmalseite und polygonalem oft auch unregelmäßigem Umriß. Rhizopodien zart und lang, oft einseitig gebildet. Chromatophoren 4–8–16, meist mehr, nicht ganz peripher gelagert, das Innere des Protoplasten frei lassend. Stigma und pulsierene Vakuolen fehlen.

Fortpflanzung durch Zweiteilung; andere Entwicklungsstadien nicht beobachtet. Einzelne Amöben können sich in eingeißelige Monaden, die mehrere Chromatophoren, aber kein Stigma und keine pulsierenden Vakuolen besitzen, umwandeln. Monaden nach vorn verschmälert, zugespitzt, basal abgestutzt und nicht selten hier Pseudopodien bildend. Zellen 4–9 μm groß.

Vereinzelt in der Zoogloea-artigen Oberflächenschicht eines temporären Brackwassertümpels mit abgestorbener *Spartina*; zusammen mit vielen Bakterien und einer *Stichococcus*-artigen Chlorococcale. Bei Bembridge auf der Insel Wight (England).

Rhizochloris tatrica Sieminska (Fig. 73) – wahrscheinlich eine Limax-artige Amöbe mit Zoochlorellen. Sollte tatsächlich eine Rhizochloridale vorliegen, so müßte eine neue Gattung aufgestellt werden. Die Zellen dieser Art sind sehr groß und sehr formveränderlich; sie besitzen breite und plumpe Pseudopodien. Viele kleine (2,5–4,5 μm) muldenförmige Chromatophoren, die unregelmäßig zerstreut sind, sich jedoch auf das Endoplasma beschränken. Weder Stigma noch pulsierende Vakuolen beobachtet. Oft jedoch eine große Nahrungsvakuole. Zellen 30–80 μm groß. Zwischen anderen Algen unter der Eisdecke, Hohe Tatra (Polen).

Rhizochloris lilloënsis Conrad et Kufferath – wohl keine Xanthophycee.

2. **Chlorarachnion** Geitler

Nackte, einkernige, mit gelbgrünen Chromatophoren versehene Amöben, die durch feine Plasmastränge zu flächig netzigen Filarplasmodien verbunden sind. Zellen etwas abgeplattet, von unregelmäßiger Gestalt. Chromatophoren 3–9, plättchenförmig und leicht gebogen, mehr oder weniger seitenständig. Der Innenseite eines jeden Chromatophors liegt ein fast linsenförmiges hüllenloses Pyrenoid an, das ebenso wie der Zellkern schon im Leben deutlich sichtbar ist. Stigma und pulsierende Vakuolen fehlen. Die Zellen sind durch lange, feine, anastomosierende Rhizopodien netzartig verbunden, wobei bis zu 150 Zellen verei-

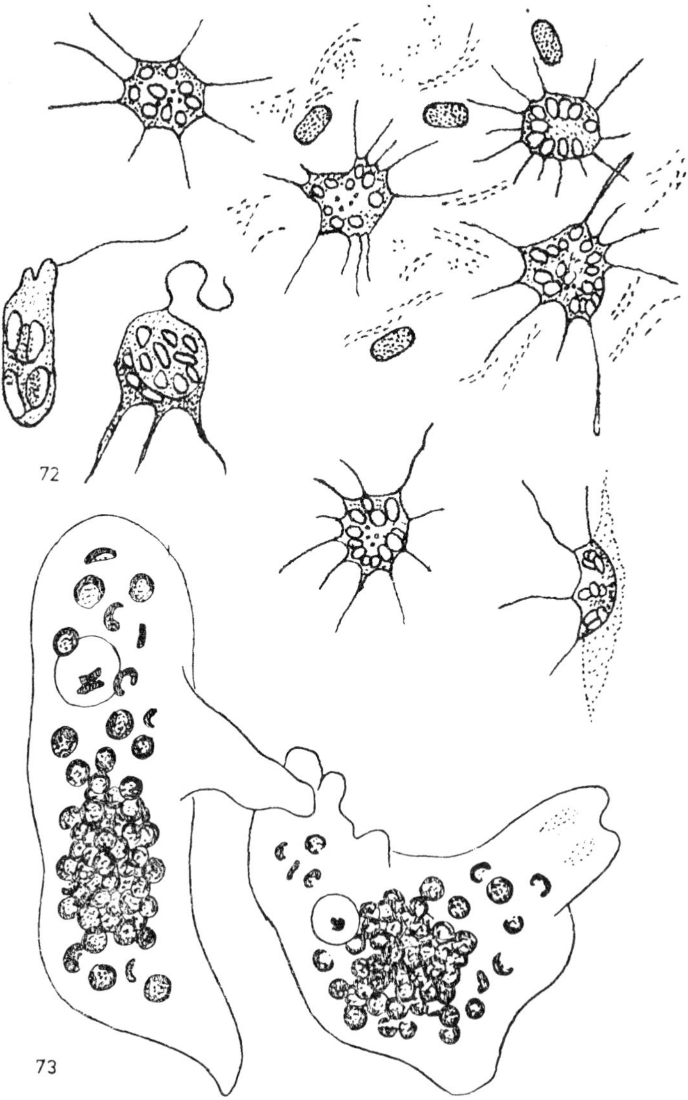

Fig. 72. *Rhizochloris arachnoides* N. Carter – verschiedene Stadien, links eine geißelbewegliche Zelle (nach Carter). Fig. 73 *Rhizochloris tatrica* Siemiǹska (nach Siemiǹska).

nigt sein können. Dort, wo sie die Verbindung von Zelle zu Zelle herstellen, sind die Pseudopodien kurz und wenig verästelt, verlängern sich aber ungemein an den Randpartien des Plasmodiums. Die Gestaltsveränderungen der Pseudopodien sind mit einer Plasmaströmung in Längsrichtung des Stranges und einer Ortsveränderung des gesamten Netzplasmodiums gekoppelt. Ernährung auch animalisch durch Einfangen von Bakterien und kleinen Algen. Fortpflanzung durch Teilung; wobei die Tochterzellen durch Plasmastränge verbunden bleiben. Zystenartige Ruhezustände wurden beobachtet.

Wichtigste Literatur: Geitler 1930; Pascher 1939a.

Eine einzige Art:
Chlorarachnion reptans Geitler (Fig. 74)

Mit den Merkmalen der Gattung. Zellen bis 10 μm, bei Streckung bis 15 μm groß.

In einer Seewasserkultur aus Las Palmas (Kanarische Inseln). Die Stellung des Organismus ist nicht völlig sicher. Für die Zugehörigkeit zu den Xanthophyceen spricht der gelbstichige Farbton der Chromatophoren, der Mangel an Stärke und die endoplasmatische Zystenbildung.

2. Familie **Stipitococcaceae** Ettl

Stipitococceae Pascher, *Rhizochloridaceae* Pascher p. p.

Rhizopodiale Xanthophyceen, deren vegetative Entwicklungsstadien in Form zarter Amöben, in gestielten oder ungestielten Gehäusen leben. Epiphytisch auf anderen Algen oder in deren Gallerte vorkommend. Fortpflanzung durch Teilung oder durch Bildung von zeitweilig begeißelten Zoosporen.

Wichtigste Literatur: Pascher 1939a; Starmach 1968; Ettl 1977.

Bestimmungsschlüssel der Gattungen

1a Gehäuse mit einem deutlichen Stiel an der Unterlage festgeheftet 2
1b Gehäuse ohne Stiel, direkt mit der Basis an der Unterlage sitzend .... **3. Rhizolekane** (S. 85)
2a Gehäuse apikal kelchartig offen oder mit einer größeren terminalen Öffnung versehen .... **1. Stipitococcus** (S. 78)
2b Gehäuse allseitig geschlossen, nur mit feinen, unregelmäßig verteilten Poren für die nach allen Seiten ausstrahlenden Rhizopodien versehen .... **2. Stipitoporos** (S. 83)

1. **Stipitococcus** W. et G. S. West

Kleine rhizopodiale Xanthophyceen, die in einem zarten Gehäuse leben, das mittels eines zarten oder derben Stieles der basal oft scheibenartig verbreitert ist, verschiedenen Algen aufsitzt. Gehäuse eiförmig, ellipsoidisch bis fast kugelig, apikal gerade abgeschnitten oder verschmälert; unter Umständen wieder erweitert; farblos oder gelblich. Basal allmählich oder plötzlich in den Stiel übergehend. Im Gehäuse liegt der Protoplast, der im vegetativen Zustand geißellos ist und feine Rhizopodien trägt. Mitunter können Pseudopodien ausgebildet werden, deren Anzahl wie die der Rhizopodien nicht konstant ist. Animalische Nahrungsaufnahme durch Rhizopodien nur bei einer Art beobachtet. Ein oder zwei zarte, plättchenförmige, gelbgrüne Chromatophoren. Bei einer Art ist auch ein

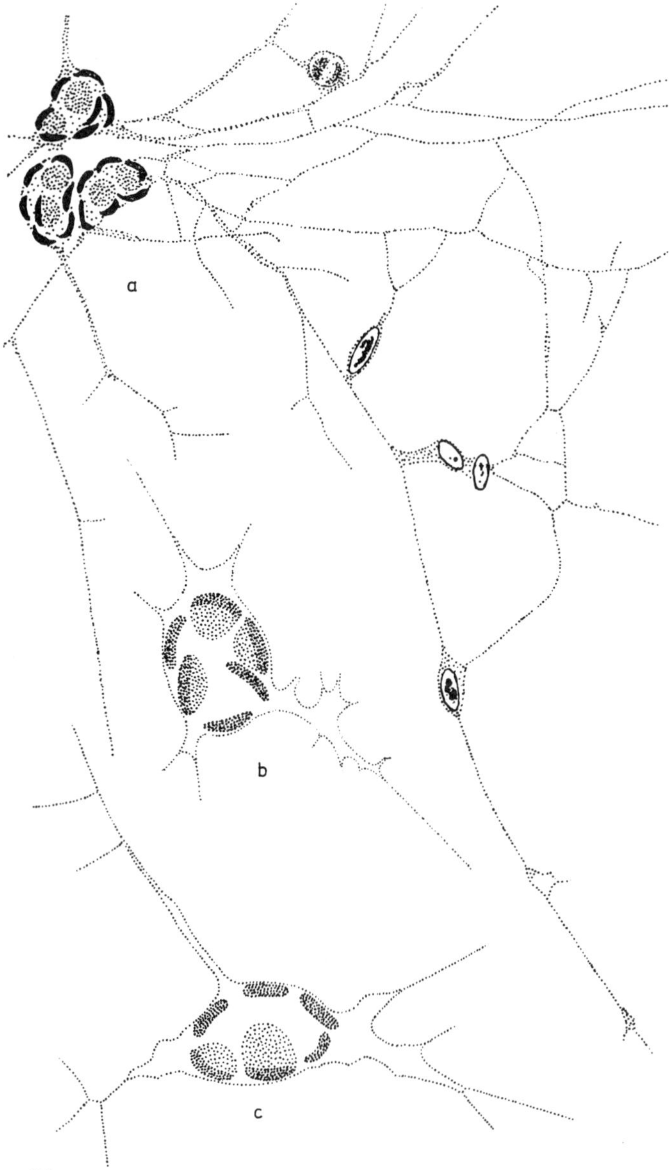

74

Fig. 74. *Chlorarachnion reptans* Geitler – *a* Randpartie einer Kolonie, *b* und *c* Einzelzellen (nach Geitler).

Stigma vorhanden. Pulsierende Vakuolen, sofern sie beobachtet wurden, am Vorderende des Protoplasten vorkommend.

Fortpflanzung nur bei wenigen Arten beobachtet. Der Protoplast wandelt sich nach Längsteilung in zwei Zoosporen um, die sich nach einiger Zeit festsetzen und amöboid werden. Die Gattung scheint heterogen zu sein. Lebenszyklus zu wenig bekannt.

Wichtigste Literatur: West W. und G. S. 1898; Schmidle 1903; Pascher 1925, 1939a; Tiffany 1934; Fritsch 1935; Prescott 1937, 1944; Ettl 1965.

Bestimmungsschlüssel der Arten

1a	Gehäuse an der Mündung flaschenartig verengt oder mit deutlichem Kragen	2
1b	Gehäuse an der Mündung nicht verengt, vorn kelchartig und breit offen	5
2a	Stiel sehr dick	**1. S.crassistipitatus**
2b	Stiel dünn, fadenförmig	3
3a	Gehäuse verkehrt eiförmig bis fast kugelig, mit kleinem Kragen; Stiel bedeutend länger als das Gehäuse	**2. S.apiculatus**
3b	Gehäuse flaschenförmig, mit langem Hals; Stiel kürzer als das Gehäuse	4
4a	Gehäuse 8–11 μm lang, Stiel nur ein Fünftel der Länge des Gehäuses messend	**3. S.vasiformis**
4b	Gehäuse 22–23 μm lang, Stiel ebenso oder halb so lang	**4. S.capensis**
5a	Gehäuse mit ganz feinem fadenförmigem Stiel, Protoplast mit einem einzigen Chromatophor, mit Stigma	6
5b	Gehäuse mit relativ derbem Stiel, Protoplast mit zwei Chromatophoren, ohne Stigma	7
6a	Gehäuse nach vorn gleichmäßig verbreitert, am gerade abgeschnittenen Rande am breitesten, lang gestielt	**5. S.vas**
6b	Gehäuse mehr eiförmig, nach vorn verschmälert und dann meist wieder zur Mündung etwas erweitert, kurz gestielt	**6. S.urceolatus**
7a	Gehäuse eng kelchartig, 10–14 μm lang	**7. S.calix**
7b	Gehäuse breit becherförmig, 6–8 μm lang	**8. S.poculum**

1. Stipitococcus crassistipitatus Prescott (Fig 78)

Gehäuse meist breit flaschenförmig, nach vorn zu deutlich halsartig verschmälert, basal mit einem dicken kurzen Stiel. Halsartiges Vorderende und Stiel nicht immer gleich lang. Protoplast ellipsoidisch oder breit eiförmig, mit zwei großen seitenständigen Chromatophoren. Weitere Angaben fehlen.

Gehäuse 18–20 μm lang, 7–8 μm breit.

Auf Fadenalgen vorkommend, Wisconsin-See (USA) – etwas flüchtig beschriebene Art, die man jedoch nach der charakteristischen Gestalt des Gehäuses wiedererkennen kann.

2. Stipitococcus apiculatus Prescott (Fig. 75)

Gehäuse verkehrt eiförmig bis fast kugelig, an der Mündung mit einem niedrigen, kurzen Kragen, basal allmählich in einen sehr dünnen fadenartigen Stiel übergehend. Dieser ist bedeutend länger als das Gehäuse (bis zweimal länger). Protoplast kugelig, mit einem großen Chromatophor. Weitere Angaben fehlen.

Gehäuse 7–8 μm lang, 4–6 μm breit, Stiel bis 18 μm lang.

In Gruppen auf *Hyalotheca* im Wisconsin-See und Susquehanna River Basin (USA). Auch in Moorgewässern von Abisko (Schweden) auf Gallerthüllen von fädigen Desmidiaceen.

3. Stipitococcus vasiformis Tiffany (Fig. 79)

Gehäuse breit ellipsoidisch, vorn in einen flaschenartigen Hals auslaufend, basal in einen dünnen Stiel übergehend. Hals ebenso lang wie das Gehäuse, an der Mündung gerade abgeschnitten. Protoplast ellipsoidisch bis kugelig, mit einem (?) Chromatophor. Weitere Angaben fehlen.

Gehäuse 8–13 μm lang, 4,5–7 μm breit.

Epiphytisch auf *Mougeotia* im Eriesee (USA).

4. Stipitococcus capensis Prescott (Fig. 77)

Gehäuse ellipsoidisch-eiförmig bis flaschenförmig, basal sehr rasch in den kurzen bis sehr kurzen zarten Stiel zusammengezogen. Nach vorn allmählich, doch stark zusammengezogen und in eine zylindrische, manchmal sehr enge Mündungsröhre übergehend, die gerade abgeschnitten ist. Manchmal ist das Gehäuse etwas schief oder unregelmäßig. Protoplast ellipsoidisch, mit einem, vielleicht auch zwei unregelmäßig gelappten Chromatophoren. Weitere Angaben fehlen.

Gehäuse 12 μm (mit Stiel 22 μm) lang, 6 μm breit.

Aus einem Teich bei Mashpee, Massachusetts (USA) beschrieben, auch auf *Oedogonium* in Spanien gefunden.

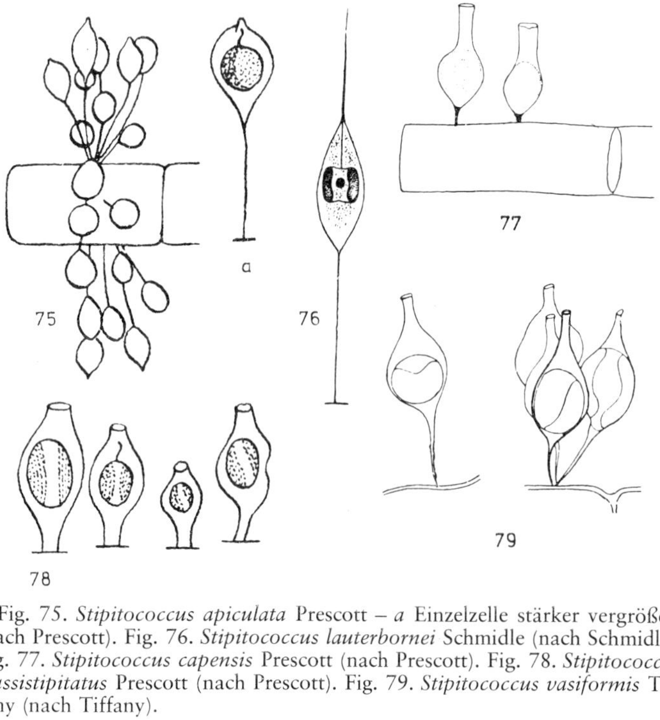

Fig. 75. *Stipitococcus apiculata* Prescott – *a* Einzelzelle stärker vergrößert (nach Prescott). Fig. 76. *Stipitococcus lauterbornei* Schmidle (nach Schmidle). Fig. 77. *Stipitococcus capensis* Prescott (nach Prescott). Fig. 78. *Stipitococcus crassistipitatus* Prescott (nach Prescott). Fig. 79. *Stipitococcus vasiformis* Tiffany (nach Tiffany).

5. Stipitococcus vas Pascher (Fig. 81)

Gehäuse mit einem ungefähr 1 $^{1}/_{2}$ mal so langen, sehr zarten, oft gekrümmten Stiel festsitzend; Gestalt becherförmig, mit eiförmiger Basis nach vorn zu geradlinig und gleichmäßig erweitert, wobei der Rand der vorderen Öffnung gelegentlich etwas geschwungen ist. Das sehr zarte Gehäuse ist etwas länger als breit, und vorn gerade, ausnahmsweise etwas schief abgeschnitten. Protoplast ohne Stiel direkt der Innenseite des Gehäuses ansitzend, mit seinem Vorderende ein wenig über das Gehäuse hervorragend und dort mit mehreren zarten, in Gestalt und Länge wechselnden, aufwärts stehenden Rhizopodien versehen. Gelegentlich auch derbe Pseudopodien bildend. Chromatophor zart, mulden- bis bandförmig, ohne Pyrenoid, doch mit einem kleinen Stigma. Am Vorderende des Protoplasten eine pulsierende Vakuole.

Bei der Teilung wandelt sich einer der beiden Teilprotoplasten in eine zweigeißelige Zoospore um, die das Gehäuse verläßt. Zysten nicht beobachtet.

Gehäuse ohne Stiel bis 12 μm lang, 6–8 μm breit. Stiel bis 40μm lang.

Auf *Mougeotia* und *Bulbochaete* sitzend, aus Gräben in Nordböhmen (Tschechoslowakei) und aus sumpfigen Quellen bei Obergurgl in Tirol (Österreich).

6. Stipitococcus urceolatus W. et G. S. West (Fig. 80)

Gehäuse an der Basis abgerundet bis zugespitzt, in der Mitte eingezogen und nach vorn wieder etwas verbreitert, nur selten an der Mündung erneut zusammengezogen. Vorn gerade oder schief abgeschnitten. Stiel mehr oder weniger lang, mit deutlicher Haftscheibe. Protoplast mit einem zarten gelbgrünen Chromatophor, der ein blaßrotes Stigma trägt. Keine Angaben über pulsierende Vakuolen. Dem Vorderende des rhizopodialen Protoplasten entspringen mehrere zarte Rhizopodien, die leicht divergierend aus der Gehäuseöffnung austreten. Zoosporen mit zwei ungleichen Geißeln beobachtet. Gelegentlich kann auch der ungeteilte Protoplast als Zoospore aus dem Gehäuse austreten.

Gehäuse 6–11 μm lang, 3–4 μm breit, Stiel bis 12 μm lang.

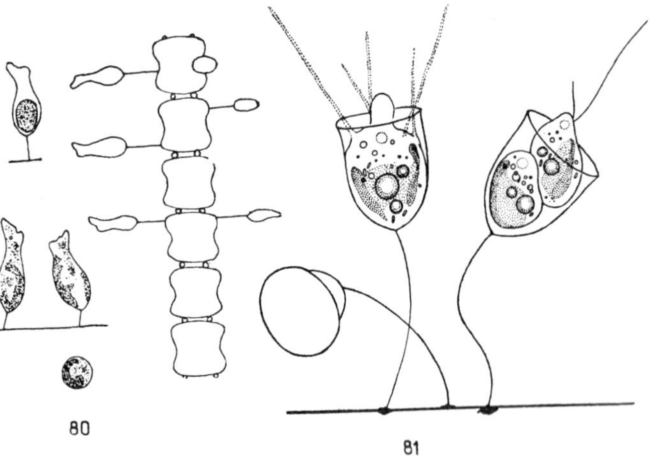

80

81

Fig. 80. *Stipitococcus urceolatus* W. et G. S. West (nach W. et G. S. West). Fig. 81. *Stipitococcus vas* Pascher (nach Pascher).

Auf verschiedenen Fadenalgen, vor allem auf *Mougeotia*-Arten, ziemlich verbreitete Art – bislang aus England, Kanada, Spanien und den USA bekannt.

7. Stipitococcus calix Ettl (Fig. 83)

Gehäuse ziemlich gestreckt kelchförmig, vorn gerade abgeschnitten und weit offen, nach der Basis zu allmählich verjüngt und auf einem kurzen, mäßig dicken und geraden Stiel sitzend. Gehäusewand zart und farblos. Protoplast fast das ganze Gehäuse ausfüllend, oft in die Länge gestreckt und aus dem Gehäuse herausragend, dessen innere Wandfläche gewöhnlich nicht berührend.

Apikal mit einem Kranz von drei bis sieben zarten, aber starren Rhizopodien versehen. Mit zwei seitenständigen, großen, gelb-grünen, scheiben- bis muldenförmigen Chromatophoren. Ohne Stigma. Vorn zwei pulsierende Vakuolen. Fortpflanzung durch Teilung des Protoplasten, wobei eine Tochterzelle das Gehäuse verläßt. Zoosporen oder Zysten wurden nicht beobachtet.

Gehäuse mit Stiel 10–14 μm lang, 4–5 μm breit.

Auf Fäden von *Oedogonium* sp. sitzend, alte Torfstiche im Pavlover Moor bei Boskovice (Tschechoslowakei).

8. Stipitococcus poculum Ettl (Fig. 82)

Gehäuse sehr breit becherförmig oder weinglasartig gebaut. Vorn deutlich zusammenneigend, doch immer weit offen; an der Basis mit einem mäßig dicken und kurzen Stiel. Gehäusewand farblos oder gelblich. Protoplast das ganze Gehäuse ausfüllend, vorn etwas heraustretend. Am apikalen Pol mit mehreren zarten, starren Rhizopodien versehen. Zwei seitenständige, scheiben- oder leicht muldenförmige Chromatophoren. Ohne Pyrenoid und ohne Stigma. Vorn zwei pulsierende Vakuolen. Fortpflanzung und Zysten nicht gesehen.

Gehäuse mit Stiel 6–8 μm lang, 4–5 μm breit.

Auf *Tribonema viride* in einem versumpften Wassergraben, der von Quellen gespeist wird, Nordmähren (Tschechoslowakei).

Unsichere und zu streichende Art.

Stipitococcus lauterbornii Schmidle (Fig. 76) – sieht der Chrysophycee *Stylococcus aureus* sehr ähnlich. Pascher glaubt, daß es sich um abgestorbene *Stylococcus*-Zellen handelt. Die Art fällt durch das geschlossene, nur mit einem apikalen Porus versehene Gehäuse auf. Falls es sich um eine Xanthophycee handelt, müßte sie zur Gattung *Stipitoporos* gestellt werden.

Gehäuse lang gestielt, spindelförmig, basal sehr rasch in den zarten Stiel verschmälert, der doppelt so lang wie das Gehäuse sein kann. Gehäuse nach vorn zu verschmälert, mit kleiner Öffnung, aus der ein langes feines und formveränderliches Rhizopodium herausragt. Protoplast annähernd in der Mitte des Gehäuses. Chromatophoren deutlich, wahrscheinlich nur einer je Zelle. Keine weiteren Angaben. Gehäuse 5–8 μm lang, 3–5 μm breit, Stiel 5–16 μm lang. Bis jetzt nur aus Deutschland und Spanien bekannt, in den Schleimhüllen von *Hyalotheca mucosa* lebend.

2. Stipitoporos Ettl

Gehäuse festsitzend, völlig geschlossen, nur mit mehreren kleinen Poren versehen. Am Substrat mit einem Stiel festgeheftet, der eine kleine Haftscheibe haben kann. Protoplast im Gehäuse eingeschlossen, mit mehreren feinen starren Rhizopodien versehen, die durch die Poren des Gehäuses hindurchtreten. Mehrere gelbgrüne, scheibchenförmige Chromatophoren (4–6). Stigma nicht beobachtet. Mit pulsierender Vakuole. Fortpflanzung durch Teilung, wonach sich

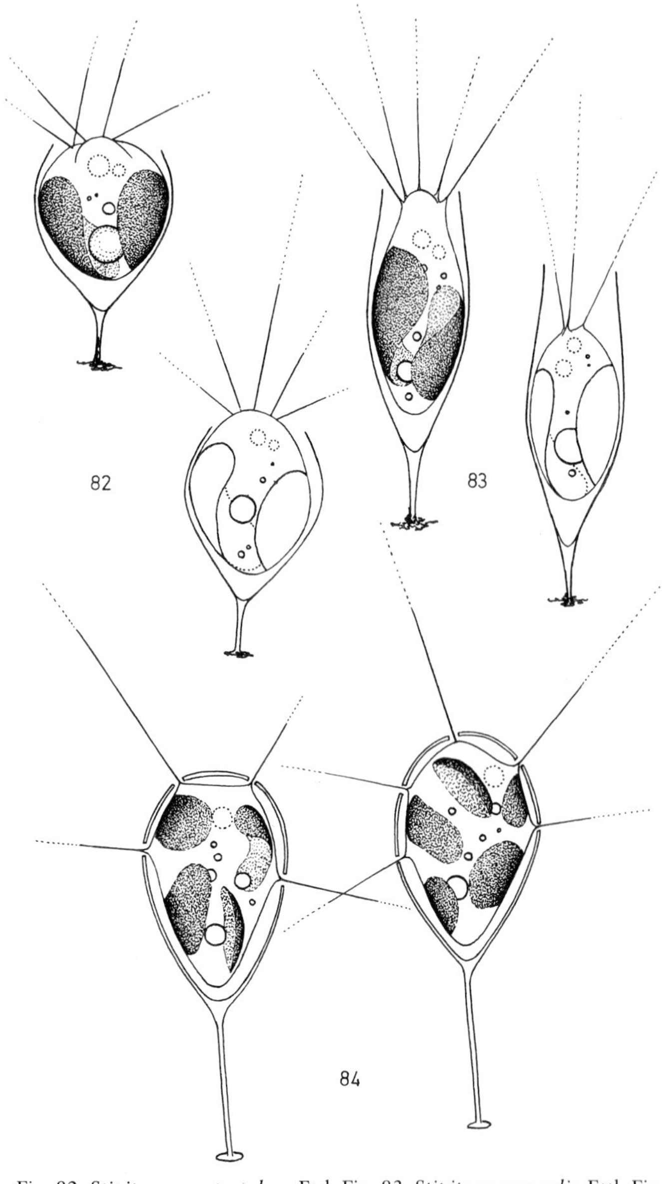

Fig. 82. *Stipitococcus poculum* Ettl. Fig. 83. *Stipitococcus calix* Ettl. Fig. 84. *Stipitoporos polychloris* Ettl (nach Ettl).

das eine Teilprodukt durch eine der vielleicht nachträglich etwas erweiterten Poren hindurchzwängt. Zysten nicht gesehen.

Wichtigste Literatur: Ettl 1965.

Eine einzige Art:
Stipitoporos polychloris Ettl (Fig. 84)

Gehäuse verkehrt eiförmig oder verkehrt birnförmig. Wand des Gehäuses relativ derb, glatt und etwas gelblich gefärbt. Im übrigen mit den Merkmalen der Gattung.

Gehäuse ohne Stiel bis 14 μm lang, bis 10 μm breit, Stiel bis 15 μm lang.

Einmal im Frühjahr auf *Oedogonium*-Fäden in einem kleinen Wiesentümpel gefunden (Tschechoslowakei).

3. **Rhizolekane** Pascher

Amöben in einem zarten, mit breiter Basis flach aufsitzendem Gehäuse lebend, das schüssel- bis schalenförmig, kaum halb so hoch wie breit und von oben gesehen annähernd kreisrund ist. Der Rand ist gelegentlich etwas trichterartig, manchmal sogar einseitig erweitert. An der Basis ist das Gehäuse derber, durch Eisenauflagerungen manchmal braun verfärbt und von einem weiten braunen Eisenhof umgeben. Protoplast im Gehäuse an der Basis dicht anliegend, jedoch nicht gestielt und mit seiner vorderen Fläche deutlich bis weit über das Gehäuse emporragend. Vorderfläche des Protoplasten sehr formveränderlich und 2–11 lange, manchmal verzweigte Rhizopodien bildend, die gleichmäßig nach aufwärts divergieren. Daneben können auch Pseudopodien gebildet werden. In diese können größere Organismen wie Flagellaten oder Diatomeen aufgenommen und verdaut werden. Protoplast sonst auffallend glashell, mit einem meist binnenständigen, oft sehr blassen Chromatophor, der unregelmäßig bandförmig oder relativ kurz ist. Gelegentlich kann der Chromatophor in zwei oder mehrere kleinere Partien zerteilt werden, die manchmal durch zarte Stränge zusammenhängen. Ohne Stigma und ohne Pyrenoid. Assimilate: Öl und Fett. Fortpflanzung und Zysten nicht gesehen.

Wichtigste Literatur: Pascher 1932b, 1939a.

Eine einzige Art:
Rhizolekane sessilis Pascher (Fig. 85)

Mit den Merkmalen der Gattung. Gehäuse 12–15 μm breit und bis 8 μm hoch.

Auf einer sterilen *Vaucheria* im Wattenmeer bei Kampen auf Sylt (BRD) am Ausfluß eines Marschgrabens gefunden. Der Fundort lag im Einflußbereich von Ebbe und Flut.

Unsichere und zu streichende Art.

Rhizolekane campanuliformis Conrad et Kufferath – es ist zu überprüfen, ob eine Xanthophycee vorliegt.

3. Familie **Myxochloridaceae** Pascher

Rhizopodiale Xanthophyceen, die ihr vegetatives Leben in der Form großer, vielkerniger, mit vielen Chromatophoren versehener, plasmodialer Gebilde verbringen. Diese entstehen aus einkernigen Stadien durch Kernvermehrung und Plasmawachstum oder auch durch Fusion von Einzelzellen. Fortpflanzung und Entwicklungszyklus ziemlich kompliziert (siehe bei *Myxochloris*).

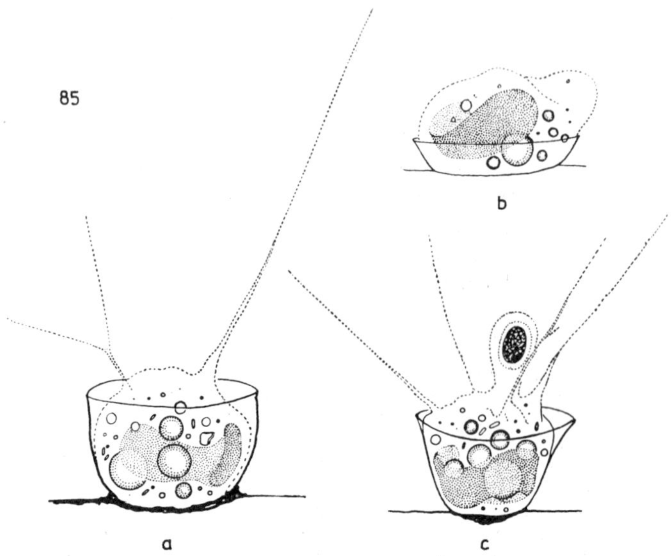

Fig. 85. *Rhizolekane sessilis* Pascher – *a* ausgewachsenes Individuum mit schief nach oben divergierenden Rhizopodien, *b* Zelle mit mächtigem Pseudopodium mit einer Nahrungsvakuole *c* junges Individuum mit noch unfertigem Gehäuse (nach Pascher).

Wichtigste Literatur: Archer 1875; Hieronymus 1898; Pénard 1904; Pascher 1930 a, 1939 a.

Bestimmungsschlüssel der Gattungen

1a Plasmodien mit gleichmäßig verteilten Chromatophoren, mit plumpen Pseudopodien .... **1. Myxochloris** (S. 86)

1b Plasmodien mit hyalinem Randplasma und zentral angehäuften Chromatophoren, mit zarten Rhizopodien .... **2. Chlamydomyxa** (S. 87)

1. **Myxochloris** Pascher

Die mehr- oder vielkernigen und mit vielen Chromatophoren versehenen plasmodialen Stadien, leben einzeln oder zu mehreren in den Wasserzellen von *Sphagnum.* Sie wachsen unter Kern- und Chromatophorenvermehrung rasch heran und füllen unter ständigen Formveränderungen mit der Zeit die Wasserzelle ganz aus. Chromatophoren meist annähernd gleich groß, doch manchmal auch auffallend ungleich, scheibchenförmig, elliptisch, sehr zart, hellgrün; bisweilen nur in geringer Anzahl vorhanden. Häufig sind die Chromatophoren an einem Ende des Plasmodiums dichter gelagert. Kein Stigma. Zahlreiche pulsierende Vakuolen, die über den ganzen Protoplasten verteilt, meist jedoch an einem Ende stärker gehäuft sind. Im Innern des Plasmodiums Öltropfen, die häufig gelblich oder rot gefärbt sind. Gelegentlich bilden die Plasmodien in wechselnder Zahl große und plumpe Pseudopodien, die meistens auf die beiden Enden beschränkt sind. Der Organismus kann gelegentlich aus den Wasserzellen heraustreten und bewegt sich dann langsam auf den *Sphagnum*-Blättern. Einzelne Plasmamassen können miteinander fusionieren. Animalische Ernährung, wenn überhaupt vorkommend, nur gelegentlich.

Vom Zyklus der Fortpflanzung und Entwicklung vermitteln die Beschreibung im allgemeinen Teil (S. 42) und Fig. 51 eine Vorstellung.

Wichtigste Literatur: Pascher 1930a, 1939a.

Eine einzige Art:
Myxochloris sphagnicola Pascher (Fig. 86)

Mit den Merkmalen der Gattung. Größe der Plasmodien und der Akineten sehr schwankend. Zoosporen 6–20 μm groß; die endogen gebildeten Zysten haben einen Durchmesser von 8–20 μm.

Relativ häufiger Organismus, der in sauren Gewässern in den Wasserzellen von *Sphagnum*-Blättern vorkommt. In manchen Jahren ist er sehr häufig, in anderen Jahren hingegen kommt er nicht recht zur Entwicklung. Bislang aus Mooren in Böhmen, Bayern, Tirol und Spanien bekannt.

2. Chlamydomyxa Archer

Bildet Plasmodien in Form großer Amöben, deren Randplasma hyalin ist und nach außen starre, gabelig oder auch mehrfach verzweigte Rhizopodien aussendet. Mitunter können auch große netzig-maschige Plasmamassen gebildet werden, die gewöhnlich einseitig orientiert sind und dann nur an den Enden die Rhizopodien haben. Im Innern der Plasmodien sind zahlreiche kleine scheibenförmige, gelbgrüne Chromatophoren zusammengedrängt, die oft dicht aneinander schließen. In den Randpartien ist das Plasma wenig und fein gekörnt und enthält eine größere Zahl unregelmäßig verteilter pulsierender Vakuolen. Viele Kerne im ganzen Plasmodium zerstreut. Außerdem treten Kalziumoxalat-Kristalle auf. Als Reservestoffe sind Fett und Öl vorhanden. Ernährung auch animalisch; selbst große Desmidiaceen, Diatomeen und andere Algen werden in Nahrungsvakuolen aufgenommen.

Fortpflanzung durch Teilung der Plasmodien, die dabei ihre Rhizopodien einziehen und sich mit einer derben Wand umgeben. Aus den so entstandenen Aplanosporen tritt nach einer gewissen Zeit der Inhalt ungeteilt oder nach vorangegangener Teilung aus. Die vielkernigen Plasmodien können durch sukzedane Teilung in einkernige Amöben zerfallen. Die Enzystierung erfolgt entweder außerhalb oder innerhalb der Wasserzellen von *Sphagnum*. Das vegetative Stadium ist jedoch meist frei anzutreffen.

Wichtigste Literatur: Archer 1875; Lankester 1897; Hieronymus 1898; Pénard 1904; Pascher 1939a; Ettl 1970.

Eine einzige Art:
Chlamydomyxa labyrinthuloides Archer (Fig. 87)
incl. *Chlamydomxya montana* Lankester
Mit den Merkmalen der Gattung. Plasmodien 20–150 μm groß.

In sauren *Sphagnum*-Gewässern sehr verbreitet und vor allem durch die in den Wasserzellen von *Sphagnum* lebenden Akineten auffallend. Vegetative Stadien frei lebend und zeitweise in größeren Mengen anzutreffen. Aus England, BRD, DDR, Österreich, der Tschechoslowakei und der Schweiz bekannt.

Unsichere und zu streichende Art.

Chlamydomyxa montana Lankester – es bestehen keine wesentlichen Unterschiede gegenüber *Ch. labyrinthuloides*.

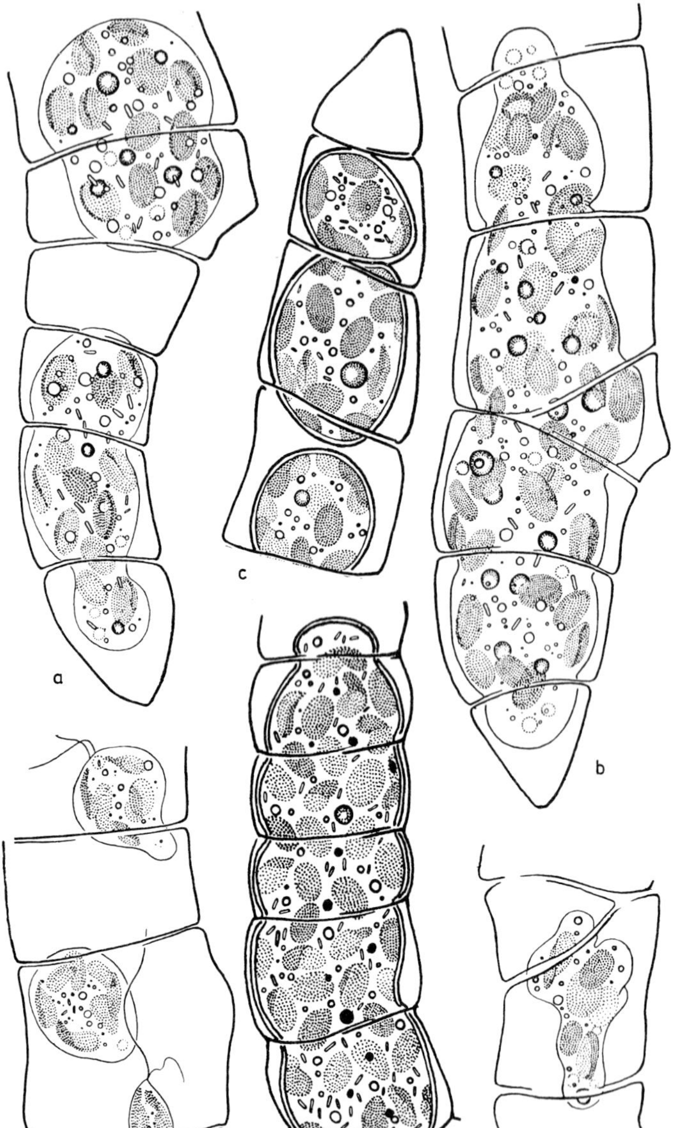
a
b
c
d
e
f
86

87

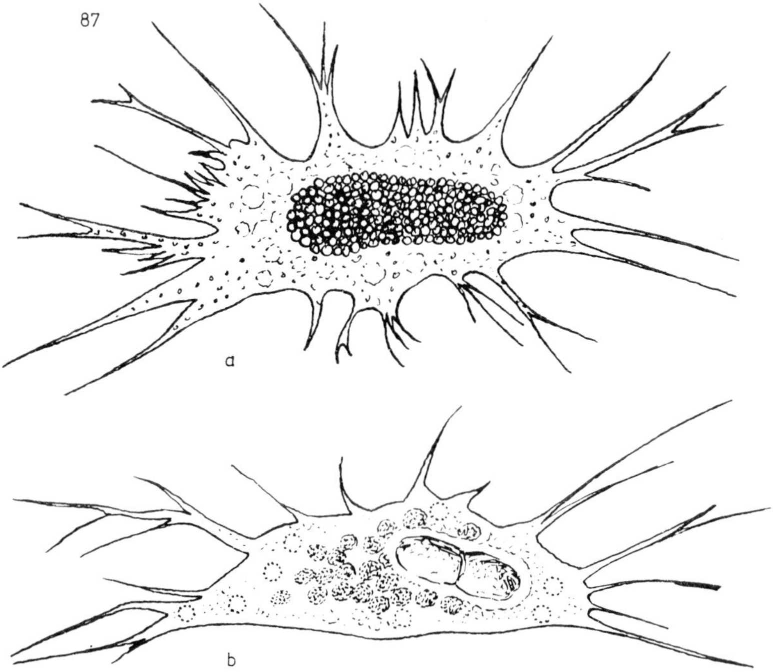

Fig. 87. *Chlamydomyxa labyrinthuloides* Archer – vegetatives Stadium (*a* nach Hieronymus, *b* nach Ettl).

3. Ordnung Heterogloeales

Heterocapsineae Pascher, *Heterocapsales* Pascher, *Heterocapsophyceae* Dedusenko Ščegoleva et Gollerbach, *Heterocapsophycidae* Starmach

Capsale Organisationsstufe der Xanthophyceen, deren vegetative Zellen immer unbeweglich sind, jedoch Merkmale der Monadenorganisation wie z. B. die pulsierenden Vakuolen und das Stigma aufweisen. Sie verbringen ihr Leben meist in Gallertlagern. Manche Arten sind innerhalb der Gallerte in geringem Maße beweglich, oder sie besitzen wenigstens noch die pulsierenden Vakuolen, haben aber oft kein Stigma mehr. In der Gallerte sind die Zellen entweder regellos zerstreut oder in bestimmter Weise gruppiert. Sie sind radiär oder peripher angeordnet oder kommen in mehr oder weniger regelmäßigen Reihen vor. Gallertlager freischwimmend oder festsitzend und mitunter sekundär sich loslö-

◀ Fig. 86. *Myxochloris sphagnicola* Pascher – *a* und *b* vegetative vielkernige Plasmodien in den Wasserzellen von *Sphagnum*, *c* und *d* Akineten innerhalb der Wasserzellen gebildet, *e* Zoosporen, *f* kleine Amöbe (nach Pascher).

send; amorph oder von bestimmter Gestalt. Gallerte selbst meist ohne Struktur oder um die Zellen Schichten bildend, die dadurch entstehen, daß jede Tochterzelle nach der Teilung eine neue Gallerte ausscheidet. Am stärksten scheinen die Formen differenziert zu sein, bei denen die Zellen in Gallertsträngen vereinigt sind und bei denen Scheitelwachstum angedeutet ist. Manche Heterogloeales bilden mächtige stielartige Gallertstränge, die polar gebildet werden. Der Protoplast ist in diesen Gallertstrang etwas eingesenkt. Als Folge von Zellteilungen können verzweigte Gallertfüße oder kleine Gallertbäumchen entstehen, an deren Zweigenden die einzelnen Zellen sitzen. Gallertborsten (Pseudocilien), wie sie bei den capsalen Grünalgen vorkommen, sind bei den Heterogloealen nicht bekannt. Die behäuteten, gallertlosen Formen haben eine deutliche, wahrscheinlich nur einteilige Zellwand. Innerhalb dieser bewahren die Protoplasten ihre monadoide Organisation. Sie enthalten außer den pulsierenden Vakuolen und dem Stigma eine wechselnde Anzahl gelbgrüner, seiten- oder binnenständiger Chromatophoren. Bei einer Art wird auch ein Pyrenoid angegeben. Als Assimilationsprodukte kommen vor allem Öl und Fett, aber auch Chrysolaminarin vor.

Fortpflanzung auf zweierlei Art. Nackte, in Gallerte lebende Protoplasten teilen sich einfach der Länge nach (Zweiteilung). Die Tochterprotoplasten scheiden entweder allseitig oder nur in einer Richtung Gallerte aus. Manchmal wandeln sich die Protoplasten direkt oder nach erfolgter Zweiteilung in Zoosporen mit einer oder zwei ungleichen Geißeln um. Die Zoosporen können das Gallertlager verlassen. Sie schwimmen eine Zeitlang umher, um dann unter Geißelverlust in das vegetative unbewegliche Stadium überzugehen, das sich mit Gallerte umgibt. Bei den behäuteten Formen hingegen werden Zoosporen oder Hemiautosporen gebildet, die entweder zu zweit oder zu viert, seltener zu mehreren durch einen Riß in der Zellwand austreten. Als Dauerzustände kommen typische zweiteilige Xanthophyceen-Zysten vor, in denen in reichlicher Menge Assimilate angehäuft werden.

In dieser Bearbeitung sind die Heterogloeales auf jene Formen beschränkt worden, bei denen der Protoplast noch Monadencharakter besitzt, gleichgültig ob er nackt oder behäutet ist. Von Brackwasser- und Meeresformen wurden nur Formen aufgenommen, deren Protoplasten nackt sind und in Gallerte vorkommen, da pulsierende Vakolen meistens fehlen.

Die Gliederung der Ordnung ist provisorisch.

Wichtigste Literatur: Pascher 1925, 1939a; Fritsch 1935; Smith 1950; Ettl 1956; Fott 1959; Dedusenko Ščegoleva und Gollerbach 1962; Starmach 1968; Bourrelly 1968.

Bestimmungsschlüssel der Familien

1a Zellen mit nackten Protoplasten, die in Gallerte eingebettet sind oder auf mächtigen Gallertfüßen sitzen 2
1b Zellen behäutet, ohne jede Gallerte 3
2a Zellen allseitig von Gallerte umgeben, zu mehreren oder vielen in Gallertlagern .... **1. Heterogloeaceae** (S. 91)
2b Zellen polar auf einseitig entwickelten Gallertsträngen oder Gallertfüßen sitzend .... **2. Malleodendraceae** (S. 97)
3a Zellen frei lebend, einzeln oder in Gruppen **3. Pleurochloridellaceae** (S. 99)
3b Zellen am Substrat mit einem Stiel festgeheftet, einzeln vorkommend .... **4. Characidiopsidaceae** (S. 101)

1. Familie **Heterogloeaceae** Fott

Heterocapsaceae Pascher, *Chlorosaccaceae* G.M. Smith

Zellen nackt, allseitig von Gallerte umgeben, in der sie regel- oder unregelmäßig angeordnet liegen. Gallertlager unbestimmt oder bestimmt geformt, hautartig, klümpchen- bis knotenartig, scharf oder unscharf begrenzt; auch in Form verzweigter Gallertstränge vorkommend, festsitzend oder frei schwimmend, z. T. planktisch. Sonst mit den Merkmalen der Ordnung.

Wichtigste Literatur: Pascher 1925, 1939a; G.M. Smith 1950; Fott 1959.

Bestimmungsschlüssel der Gattungen

1a Unbestimmt oder bestimmt geformte, klumpenartige Gallertlager, Zellen nicht apikal gehäuft 2
1b Scharf begrenzte Gallertstränge, die büschelartig verzweigt sein können, teilungsfähige Zellen zumeist an den apikalen Strangspitzen angehäuft . . . . 3. **Helminthogloea** (S. 96)
2a Gallertlager mit unbestimmt angeordneten Zellen, Chromatophoren binnenständig . . . . 1. **Heterogloea** (S. 91)
2b Gallertlager mit regelmäßig, peripher angeordneten Zellen, Chromatophoren wandständig . . . . 2. **Gloeochloris** (S. 93)

1. **Heterogloea** Pascher

Chlorogloea Pascher

Zellen zu wenigen oder zu vielen in großen ungeformten Gallertlagern lebend. Gallerte ohne Struktur und ohne deutliche Schichtung, manchmal sehr fest und zäh, bei größeren Lagern sich jedoch verflüssigend. Zellen einzeln, nach der Teilung nur kurz zu zweit oder viert zusammenliegend, in der Gallerte regellos verteilt. Protoplasten nackt, mit einem oder zwei, nur ausnahmsweise drei, immer binnenständigen zart gelbgrünen Chromatophoren, die breit bandförmig und nicht selten gefaltet sind und unregelmäßige Ränder haben. Bei einer Art sind Pyrenoide bekannt. Bislang in den vegetativen Zellen kein Stigma gesehen. Gewöhnlich eine einzige pulsierende Vakuole. Assimilate: Fett, Öl und Chrysolaminarin; daneben die bei den Xanthophyceen sehr häufigen, glänzenden, stäbchenförmigen Gebilde.

Fortpflanzung durch Zoosporen, die entweder direkt durch Umwandlung der Protoplasten oder erst nach ihrer Teilung entstehen. Sie sind ellipsoidisch-eiförmig, sehr metabolisch, mit binnenständigen Chromatophoren, mit Stigma, einer pulsierenden Vakuole und relativ langer Hauptgeißel. Zysten mit fester, stark lichtbrechender Wand, die aus zwei annähernd gleich großen Schalen besteht.

Wichtigste Literatur: Pascher 1930b, 1939a.

Bestimmungsschlüssel der Arten

1a Zellen mit zwei Chromatophoren . . . . 1. **H.endochloris**
1b Zellen mit einem Chromatophor 2
2a Zellen bis 4 μm groß, ohne Pyrenoid . . . . 2. **H.minor**
2b Zellen bis 10 μm groß, mit Pyrenoid . . . . 3. **H.pyreniger**

1. Heterogloea endochloris (Pascher) Pascher (Fig. 88)
Chlorogloea endochloris Pascher

Gallertlager unregelmäßig geformt, meist hautartig oder höckerig aufsitzend oder sich auch von der Unterlage ablösend. Gallerte homogen, Zellen nackt, breit eiförmig-ellipsoidisch bis kugelig, mit zwei bandförmigen binnenständigen Chromatophoren und mit 1–2 pulsierenden Vakuolen. Nach der Teilung bleiben die Protoplasten oft noch längere Zeit miteinander verbunden und platten sich gegeneinander ab. Zoosporen mit 1,5 mal körperlanger Hauptgeißel, Nebengeißel 1/3 der ersteren messend. Zysten bekannt.

Zellen 8–10 μm im Durchmesser.

Aus Kolken an Teichen, die von Eisenbakterien besiedelt waren zusammen mit *Ophiocytium, Centritractus* und anderen Algen, Westböhmen (Tschechoslowakei). Auch aus Tirol bekannt; dort in stark verwachsenen Gräben mit reichlichem Eisenbakterienbewuchs. Mit Diatomeen und Zygnemalen vergesellschaftet. Vielleicht siderophile Art. Ebenfalls in Spanien gefunden.

2. Heterogloea minor Pascher (Fig. 89)

Gallertlager unbestimmt geformt, zunächst scharf, später aber unscharf begrenzt; Zellen in den Lagern zuerst dicht beieinander, später voneinander entfernt liegend. Zellen kugelig, manchmal leicht formveränderlich, doch nicht amöboid. Ein einziger flach mulden- bis bandförmiger und binnenständiger Chromatophor, ohne Pyrenoide und ohne Stigma. Eine einzige pulsierende Vakuole, die wegen ihrer geringen Ausmaße schlecht zu sehen ist.

Fortpflanzung durch Zweiteilung; die beiden Tochterzellen werden nach der Teilung eine Zeitlang durch eine deutliche Gallertschicht zusammengehalten, die sich jedoch später auflöst. Zoosporen kugelig bis kurz birnförmig, mit einer 2–3 mal körperlangen Geißel. Zysten nicht gesehen.

Zellen bis 4 μm, ausnahmsweise bis 6 μm groß, Lager bis 100 μm im Durchmesser.

Auf *Potamogeton* in dystrophen Teichen Nordböhmens (Tschechoslowakei) zwischen verschiedenen Blaualgen.

3. Heterogloea pyreniger Pascher (Fig. 90)

Gestalt der Gallertlager ganz unbestimmt, oft im Schleim anderer Algen vorkommend, sehr weich und diffus, nicht völlig frei gefunden. Zellen kugelig, manchmal von einer deutlichen eigenen Gallertschicht umgeben. Mit einem breit bandförmigen Chromatophor, dessen Ränder leicht gelappt oder gewellt sind. Chromatophor oft sehr blaß, mit einem großen, auffallenden, annähernd in der Mitte liegenden Pyrenoid. Zwei pulsierende Vakuolen. Die Zellen werden bisweilen völlig amöboid und bewegen sich dann langsam kriechend in der Gallerte.

Fortpflanzung durch Zweiteilung. Zoosporen mit einer 1,5 mal körperlangen Hauptgeißel und einer kurzen Nebengeißel. Zysten nicht bekannt.

Zellen bis 10 μm groß.

Nicht selten im Schleim verschiedener gallertiger Algen, aber auch in den schleimigen Massen, die verschiedene Wasserpflanzen überziehen. In verschiedenen dystrophen Gewässern mit niedrigen pH-Werten (Tschechoslowakei).

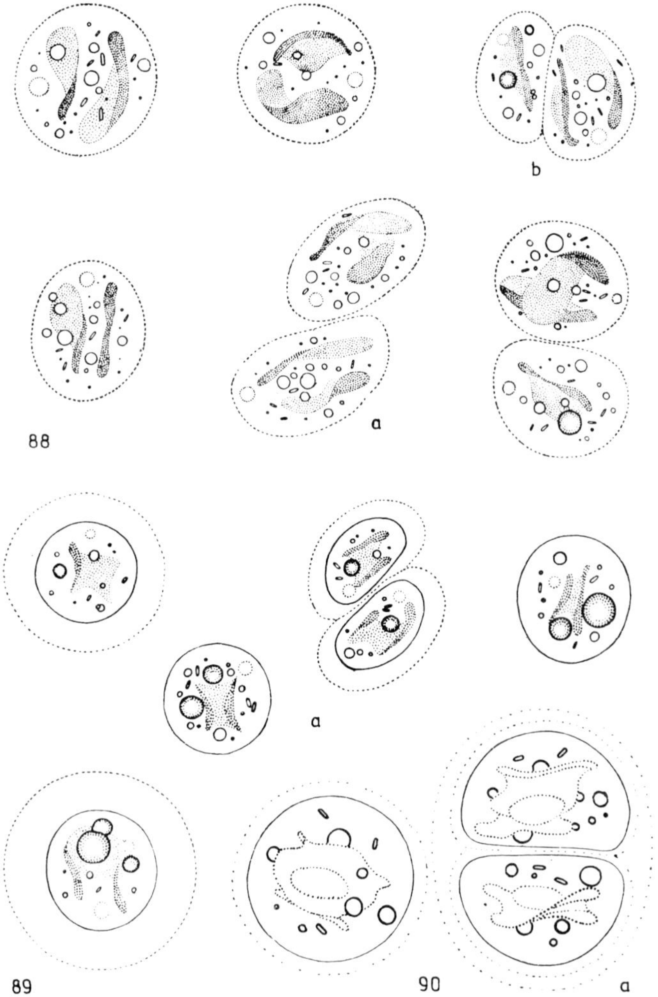

Fig. 88. *Heterogloea endochloris* Pascher – *a und b* Teilungsstadien. Fig. 89. *Heterogloea minor* Pascher – *a* Teilungsstadium. Fig. 90. *Heterogloea pyreniger* Pascher – *a* Zellen nach der Teilung (nach Pascher).

2. **Gloeochloris** Pascher

Chlorosaccus Luther p. p. sensu G. M. Smith, *Heterogloea* Pascher p. p. sensu Bourrelly

Zellen in kleinen, makroskopisch schwer sichtbaren, kugeligen, später ellipsoidischen, glasigen Gallertlagern lebend, die in Form von winzigen Klümpchen treiben oder festgewachsen sind. Gallerte homogen, bis auf ein oder zwei zarte Schichten, die um junge Zellen oder Teilungsstadien gebildet werden, jedoch bald zerfließen. Gallertlager nicht hohl, wenn auch innen bedeutend weicher als außen. Gallerte manchmal sehr fest, fast knorpelig, nur zur Zeit der Zoosporenbildung fast flüssig werdend. Zellen kugelig bis ellipsoidisch oder unregelmäßig gestreckt eiförmig, ziemlich gleich groß; in den Gallertlagern regelmäßig peripher oder radiär angeordnet, zur Formveränderung fähig, gelegentlich innerhalb der Gallerte völlig amöboid werdend. In erwachsenen Zellen meist drei bis vier, seltener mehr Chromatophoren. Pyrenoid und Stigma fehlen. An dem Zellpol, der gegen das Zentrum der Kolonie gerichtet ist, ein oder zwei pulsierende Vakuolen. In den amöboiden Zellen kann manchmal ein kleines Stigma auftreten. Assimilate wie üblich.

Fortpflanzung durch schiefe Längsteilung, die nicht immer gleich große Tochterzellen ergibt. Die Tochterzellen liegen zunächst etwas schief zueinander, legen sich schließlich aber parallel nebeneinander. Dabei kommt es gleichzeitig zur Ausscheidung von ein oder zwei Gallertschichten um die Einzelzellen. Zoosporen sehr formveränderlich und je nachdem, ob sie ohne oder durch Teilung des Protoplasten entstanden sind, mit einem oder mehreren Chromatophoren. Sie besitzen eine einzige oder zwei ungleiche Geißeln. Gelegentlich kommen glattwandige, zweischalige Zysten vor.

Bourrelly hat *Gloeochloris* mit *Heterogloea* vereinigt, da ihm die Unterscheidungsmerkmale ungenügend schienen. Ich folge Pascher und behalte wegen der Lage der Chromatophoren und wegen der Anordnung der Zellen im Lager die Trennung der Gattungen bei.

Wichtigste Litereatur: Pascher 1932b, 1939a; Villeret 1949; G.M. Smith 1950; Bourrelly 1968.

Bestimmungsschlüssel der Arten

1a Zellen ellipsoidisch, mehrere Chromatophoren, Zoosporen mit einer Geißel 2
1b Zellen fast kugelig, mit einem einzigen gelappten Chromatophor, Zoosporen mit zwei Geißeln .... **3. G. minor**
2a Gallertlager planktisch; Zellen ellipsoidisch, mit 3–4 Chromatophoren, bis 11 μm groß .... **1. G. planctonica**
2b Gallertlager festsitzend; Zellen eiförmig-ellipsoidisch, mit 2 Chromatophoren, 13–14 μm groß .... **2. G. mangenótii**

1. Gloeochloris planctonica Pascher (Fig. 91)

Gallertlager frei lebend, planktisch, anfangs kugelig oder ellipsoidisch, später von unbestimmter Form. Zellen ellipsoidisch, gewöhnlich mit drei bis vier Chromatophoren und einer pulsierenden Vakuole. Sonst mit den Merkmalen der Gattung.

Zellen im Durchschnitt bis 11 μm lang. Zysten bis 10 μm groß. Gallertlager bis 100 μm messend, meist aber viel kleiner.

Ausgesprochen oligothermer Plankter, der ungemein labil ist und bei Zimmertemperatur in kürzester Zeit zugrunde geht. Bis jetzt nur im zeitigen Frühjahr in einigen kleinen, pflanzenreichen Kolken in Westböhmen (Tschechoslowakei) gefunden.

Fig. 91. *Gloeochloris planctonica* Pascher – *a* Einzelzelle, *b* Teilungsstadien ▶ (nach Pascher). Fig. 92. *Gloeochloris mangenotii* Villeret – *a* Zoosporen (nach Villeret). Fig. 93. *Gloeochloris minor* Pascher – *a* Teilung (nach Pascher). Fig. 94. *Gloeochloris smithiana* Pascher – *a* Gestalt der Kolonien, *b* ein Teil des Gallertlagers (nach G. M. Smith).

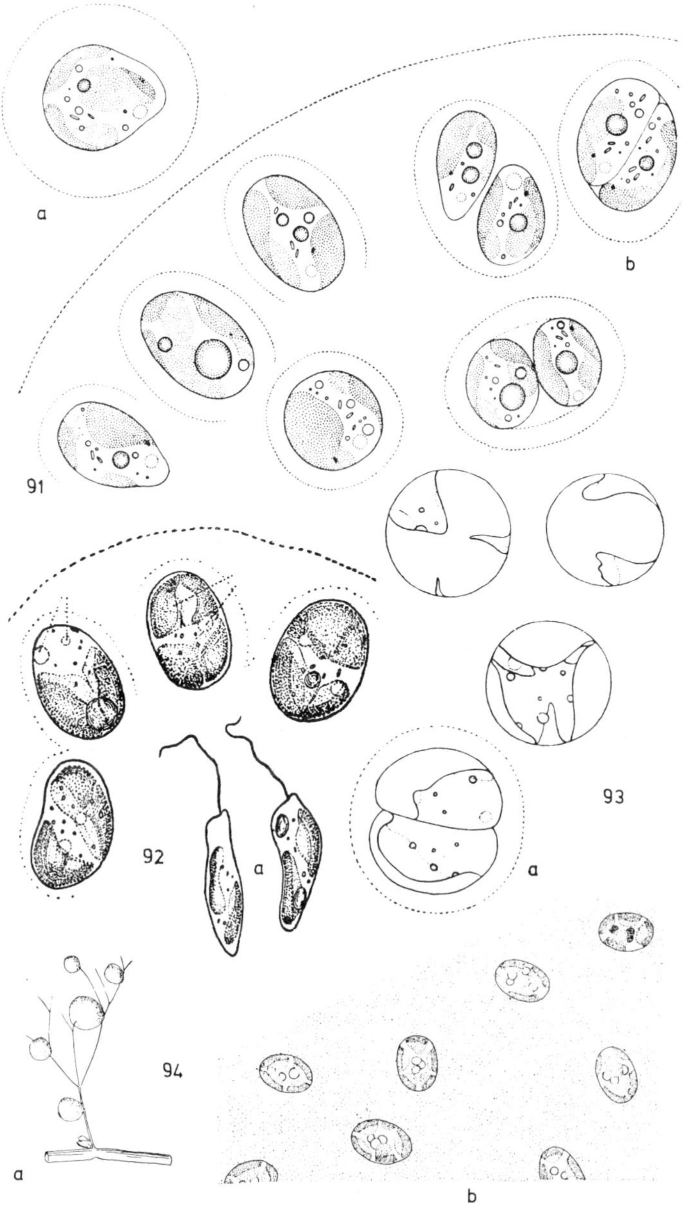
a
b
91
92
a
a
93
94
a
b

2. Gloeochloris mangenotii Villeret (Fig. 92)

Große, makroskopisch sichtbare und festsitzende Gallertlager mit strukturloser Gallerte. An der Peripherie des Lagers Zellen in unbestimmter Anzahl, aber stets in großer Menge angeordnet. In ihrer Gestalt etwas veränderlich, doch meist eiförmig-ellipsoidisch. Gewöhnlich mit zwei seitenständigen Chromatophoren, die muldenförmig sind und meist im hinteren Teil der Zellen liegen. Vor und während der Teilung können auch vier Chromatophoren vorhanden sein, doch dann zu je zwei einander gegenüberliegenden Paaren; ohne Pyrenoid und ohne Stigma. Im farblosen Vorderende der Zellen zwei pulsierende Vakuolen. Zwischen den Chromatophoren liegt nahe der Basis der Zelle meist ein großer Ballen Chrysolaminarin.

Fortpflanzung durch Zweiteilung. Zoosporen stark formveränderlich, gewöhnlich aber gestreckt, mit zwei Chromatophoren und einer einzigen etwas mehr als körperlangen Geißel. Zysten nicht angegeben.

Zellen 13–14 μm lang, 10–11 μm breit, Zoosporen bis 14 μm lang. Die Gallertlager werden 1–2 mm groß.

Auf untergetauchten Blättern und Pflanzenteilen in gut durchlüftetem fließendem Wasser, vergesellschaftet mit *Fontinalis antipyretica* und *Draparnaldia plumosa* (Frankreich).

3. Gloeochloris minor Pascher (Fig. 93)

Gallertlager derb und knorpelig, meist kugelig, sich häufig in zwei oder mehrere Kolonien teilend. Zellen nackt, mehr oder weniger kugelig, sehr regelmäßig peripher und radiär angeordnet, mit einem großen muldenförmigen Chromatophor, der manchmal stark zerlappte Ränder hat und dadurch mehrere Chromatophoren vortäuschen kann. Ohne Pyrenoid und ohne Stigma. Pulsierende Vakuolen vorhanden.

Fortpflanzung wie bei den anderen Arten. Zoosporen mit zwei Geißeln. Zysten nicht gesehen.

Zellen 8–12 μm im Durchmesser.

Zwischen angetriebenen Algenwatten in einem Teich in Böhmen; einmal auch in Kleingewässern in Tirol gefunden. Es ist fraglich, ob diese Art auch im Plankton vorkommt.

Unsichere und zu streichende Art.

Gloeochloris smithiana Pascher *(Chlorosaccus fluidus* Luther sensu G.M. Smith, *Heterogloea smithiana* (Pascher) Bourrelly) (Fig. 94) – wurde von Pascher nur mit Vorbehalt zu *Gloeochloris* gestellt. Bourrelly überführte sie wie alle übrigen *Gloeochloris*-Arten in die Gattung *Heterogloea.* Sie ist zu wenig bekannt, um sie systematisch einordnen zu können. Ich führe sie deshalb vorläufig als unsichere Art an. Gallertlager kugelig bis ellipsoidisch, an Wasserpflanzen haftend. Zellen ellipsoidisch, mit mehreren seitenständigen Chromatophoren. Zoosporen mehr oder weniger länglich, mit zwei ungleichen Geißeln. Dickwandige Aplanosporen (?) mit zahlreichen Chromatophoren und mit viel Assimilaten beobachtet. Keine Angaben über pulsierende Vakuolen. Unvollständig beschrieben. Zellen 10–15 μm lang; 8,5–10 μm breit. Bislang nur in Mud Lake in der Nähe der Stanford Universität in Kalifornien (USA) gefunden.

3. **Helminthogloea** Pascher

Gallertlager in Form winziger, aufrechter Büschelchen, die aus relativ reich verzweigten, wurmförmigen, festen Gallertsträngen bestehen, die aus einer gemeinsamen Basis kommen. Gallerte relativ fest, doch nicht knorpelig, scharf abgegrenzt. Ende der Zweige nicht selten keulig verbreitert, Lager glashell oder zart gelblich. In den Strängen liegen, oft von eigener Gallerte umhüllt, unregelmäßig hintereinander Zellen, die in den meisten Fällen kugelig sind, doch auch länglich birnenförmig sein oder in der Jugend einen stumpf dreieckigen Querschnitt haben können. Zellen immer nackt, mit zwei, seltener mehr, stets seitenständigen Chromatophoren, in jungen Zellen auch nur einer. Stigma und pulsierende Vakuolen fehlen. Assimilate in Form von Öl und Chrysolaminarin.

Fortpflanzung durch Zweiteilung der nackten Protoplasten, wobei die zarte Gallertschicht um die Mutterzelle gedehnt wird und die Tochterzellen eine neue zarte Gallertschicht bilden, die bald undeutlich wird. Teilungen erfolgen insofern orientiert, als es zu Bildung der Stränge kommt. Teilungen gegen die oberen Enden der Stränge häufiger, so daß die Zellen dort angehäuft sind, aber ohne ausgesprochenes Spitzenwachstum. Durch Drehung der Teilungsebene können so entstandene Tochterzellen den Ausganspunkt für Abzweigungen der Stränge geben. Protoplasten können auch als Zoosporen mit zwei ungleich langen Geißeln austreten. Sie kommen bald zur Ruhe und umgeben sich, unter gleichzeitiger Abkugelung, mit Gallerte. Zysten nicht gesehen.

Wichtigste Literatur: Pascher 1932b, 1939a.

Eine einzige Art:
Helminthogloea ramosa Pascher (Fig. 95)

Mit den Merkmalen der Gattung. Zellen 8–12 μm im Durchmesser, Gallertstränge bis 1,5 mm hoch.

Bis jetzt in wenigen Exemplaren im Wattenmeer bei Kampen auf Sylt, auf frei gespülten Wurzeln von *Aster tripolium*. Wahrscheinlich nicht nur marin. Ähnliche Formen habe ich vereinzelt auch zwischen verschiedenen Algen im Süßwasser gesehen.

2. Familie **Malleodendraceae** Pascher

Zellen nicht allseitig von mächtiger Gallerte umgeben, sondern polar vom Vorderende aus derbe und mächtige Gallertstiele ausbildend und mit diesen am Substrat festsitzend. Gallertstiele oft verzweigt und bäumchenförmige Kolonien bildend, in deren ausgehöhlten Enden die Protoplasten sitzen. Bei der Teilung lösen sich die Tochterzellen nicht immer aus dem Verband der Kolonien, sondern bilden gleich wieder derbe Gallertstiele, so daß wenig verzweigte Gallertsysteme entstehen. Zellen vom typischen Bau einer Xanthophyceen-Zelle; mit pulsierenden Vakuolen am Vorderende. Fortpflanzung durch Längsteilung oder durch Zoosporen.

Wichtigste Literatur: Pascher 1939a; Ettl 1956

Eine einzige Gattung:
Malleodendron Pascher

Zunächst einzeln lebend, später aber immer kleine bäumchenförmige Kolonien mit derben, nur wenig zahlreichen Verzweigungen bildend, an deren freien Enden jeweils die ellipsoidischen bis verkehrt eiförmigen Zellen sitzen. Kolonien verschiedenen Substraten aufsitzend. Verzweigungen der Kolonien im Prinzip gabelig, jedoch geht durch ungleichmäßiges Wachstum die Gabeligkeit verloren. Gallertstiele fast so dick wie die Zellen, manchmal runzelig und immer mit breiter Basis aufsitzend. In den Gallertstielen ist gelegentlich deutliche Schichtung zu bemerken; Basis der Stiele oft durch Eiseninkrustationen braun gefärbt. Zellen nackt, nur von einer dünnen und zarten Gallerthülle umgeben, die aber nicht in

95

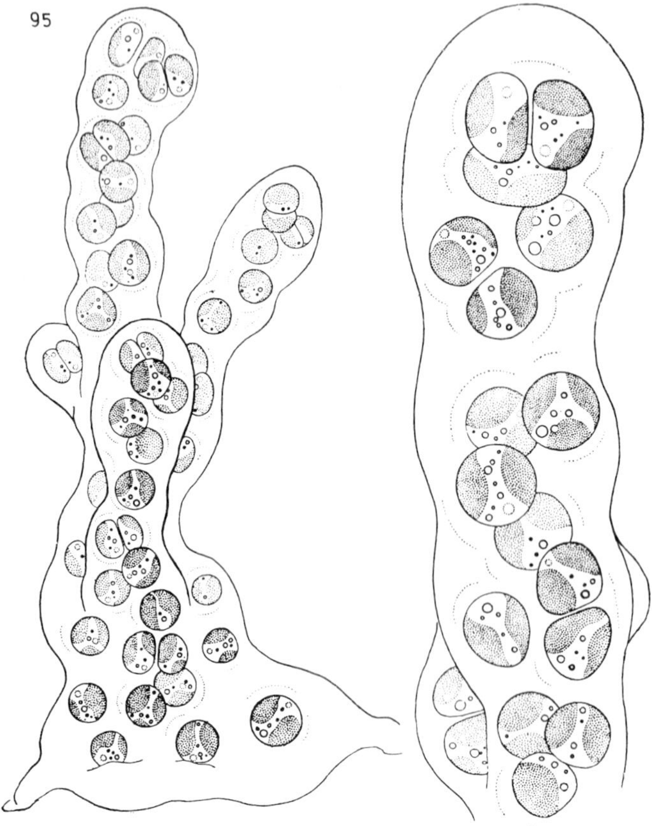

Fig. 95. *Helminthogloea ramosa* Pascher – *a* junges Gallertlager, an dem die Anordnung der Zellen in den etwas kopfig verbreiterten Lagerenden zu sehen ist, *b* Ende eines Lagerzweiges, wo die Teilungen der Zellen gehäuft sind (nach Pascher).

die Gallerte der Gallertstiele übergeht. Chromatophoren zwei bis drei, seitenständig. Stigma fehlend, pulsierende Vakuolen am eingesenkten Vorderende der Zellen.

Fortpflanzung durch Längsteilung, worauf beide Tochterzellen wieder je einen Gallertstiel, der annähernd so breit ist wie die ganze Zelle, abscheiden. Durch sukzessive Gallertausscheidung verlängern sich die Zweige und heben dabei die einzelnen Zellen empor. Nach der Teilung können sich die beiden Tochterprotoplasten auch als Zoosporen aus dem Verband lösen. Zoosporen verkehrt eiförmig, sehr formveränderlich bis leicht amöboid, mit einer 1,5 mal körperlangen Hauptgeißel und einer stummelförmigen Nebengeißel. Stigma unsicher, vorn zwei pulsierende Vakuolen. Zur Ruhe kommende Zoosporen setzen sich mit dem Vorderende fest, umgeben sich mit einer zarten Gallerthülle und bilden den derben Gallertstiel, der bald in die Länge wächst. Zysten nicht bekannt.

Eine einzige Art:
Malleodendron gloeopus Pascher (Fig. 96)

Mit den Merkmalen der Gattung. Zellen ellipsoipidisch, verkehrt eiförmig bis eiförmig. Zellen bis 8 μm lang und 5–6 μm breit, Kolonien bis 20–60 μm hoch werdend.

Auf verschiedenen Algen, aber auch auf Detritus, sehr zerstreut und in wenigen Kolonien aus brackigem Schlamm kultiviert – BRD und DDR.

96

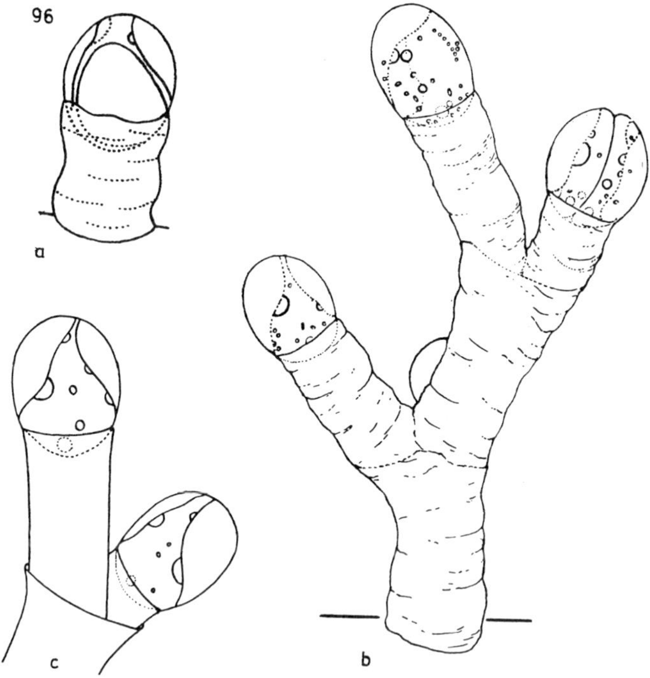

Fig. 96. *Malleodendron gloeopus* Pascher – *a* einzelliges Stadium, *b* eine große Kolonie mit Verzweigungen, *c* Bildung der Zweige schematisch dargestellt (nach Pascher).

3. Familie **Pleurochloridellaceae** Ettl

Pleurochloridaceae Pascher p. p., *Pleurochloridellales* Ettl

Einzeln und frei lebende, einzellige Formen, ohne jede Gallerte oder gallertige Ausscheidungen. Zellen mit einer deutlichen, glatten, einteiligen Zellwand, morphologisch recht einfach gebaut. Der Protoplast behält während des ganzen vegetativen Lebens gewisse Merkmale der monadoiden Organisation, vor allem die pulsierenden Vakuolen und manchmal auch das Stigma. Zellen mit mehreren wandständigen Chromatophoren, ohne Pyrenoide. Fortpflanzung entweder durch Zoosporen mit zwei ungleich langen Geißeln oder durch unbewegliche oder leicht amöboide Hemiautosporen. Beide Formen der Fortpflanzungszellen werden durch einen Riß in der Mutterzellwand frei.

Wichtigste Literatur: Pascher 1939a; Ettl 1956; Bourrelly 1968.

Mit einer einzigen Gattung:
Pleurochloridella Pascher

Zellen einzeln oder nur vorübergehend durch die verschleimten Wände der Mutterzellen in kleinen Gruppen zusammengehalten. Zellwand zart, nur gelegentlich etwas verdickt, glatt. Chromatophoren zwei bis mehrere, kurz nach der Fortpflanzung auch nur einer, wandständig, scheiben- oder muldenförmig; ohne Pyrenoide. Zeitlebens mit pulsierenden Vakuolen, bei einer Art auch mit Stigma. Gelegentlich vereinzelt rubinrote Öltropfen.

Fortpflanzung durch Zoosporen oder Hemiautosporen. Zoosporen, die manchmal auch völlig amöboid werden, meist zu zweit, seltener in großen Zellen auch zu viert gebildet. Sie sind walzlich, mit deutlichem Stigma, körperlanger oder etwas längerer Hauptgeißel und einer Nebengeißel, die $^1/_4$ der ersteren mißt. Zoosporen bald zur Ruhe kommend und sich behäutend. Hemiautosporen ebenfalls zu zweit, seltener zu viert, bei einer Art auch in größerer Menge auftretend. Immer mit pulsierenden Vakuolen und Stigma. Zysten nicht bekannt.

Bestimmungsschlüssel der Arten

1a Zellen mit 2–3 Chromatophoren, ohne Stigma .... **1. P. vacuolata**
1b Zellen mit mehreren Chromatophoren, mit Stigma ... **2. P. botrydiopsis**

1. Pleurochloridella vacuolata Pascher (Fig. 97)

Zellen mehr oder weniger kugelig, mit zarter Zellwand. Gewöhnlich zwei, seltener drei Chromatophoren. Ohne Stigma in den vegetativen Zellen. Sonst mit den Merkmalen der Gattung.

Zellen 10–14 μm im Durchmesser, gelegentlich auch größer.

In stehenden Gewässern, wo sie vor allem im Schleim des Aufwuchses von Wasserpflanzen *(Phragmites communis, Typha angustifolia, Potamogeton lucens)* lebt. Wohl verbreitet – in Teichen bei Prag, in Südböhmen und Nordmähren (Tschechoslowakei).

2. Pleurochloridella botrydiopsis Pascher (Fig. 98)

Zellen kugelrund, mit auffallend dicker, aber anscheinend weicher Zellwand, die jedoch keine Schichtung zeigt. Sie sieht leicht verquollen aus und ist nicht selten bräunlich verfärbt. Mehrere bis zahlreiche gelbgrüne, scheibenförmige Chromatophoren, von denen einer immer ein großes, schwarzrotes Stigma trägt. Mit zwei pulsierenden Vakuolen. Fortpflanzung nur durch Hemiautosporen. Vor deren Bildung kann die Zelle bis auf 40 μm heranwachsen. Je nach Zellgröße entstehen 4–64 Hemiautosporen. Diese bilden noch innerhalb der alten Zelle ihre dicke Wand; sie behalten Stigma und pulsierende Vakuolen. Beim Austritt verschleimt die alte Zellwand oder zerreißt. Die Hemiautosporen bleiben oft lange Zeit in einer Gruppe beisammen und trennen sich erst recht spät.

Zellen im Durchschnitt 15–20 μm groß, manchmal bis 40 μm groß werdend. Keine Angaben über den Fundort.

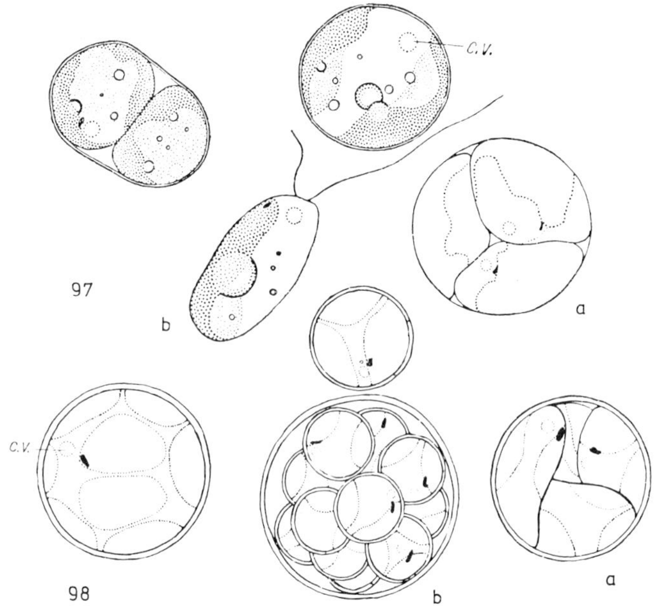

Fig. 97. *Pleurochloridella vacuolata* Pascher – *a* Protoplastenteilung, *b* Zoospore. Fig. 98. *Pleurochloridella botrydiopsis* Pascher – *a* Protoplastenteilung, *b* Bildung von Hemiautosporen. Durch die Buchstaben *cv* sind die pulsierenden Vakuolen bezeichnet (nach Pascher).

4. Familie **Characidiopsidaceae** Ettl

Characiopsidaceae Pascher p. p.

Einzeln lebende, einzellige Formen ohne umhüllende Gallerte, die mittels eines kürzeren oder längeren Stieles oder auch nur eines Gallertpolsters am Substrat festhaften. Zellen mit einer deutlichen, glatten, einteiligen Zellwand, die am morphologischen Vorderende der Zellen in den Stiel ausläuft. Zellen von verschiedener Gestalt, mit wandständigen Chromatophoren. Zeitlebens bleiben im Protoplasten ein deutliches Stigma und pulsierende Vakuolen erhalten. Assimilate wie bei den übrigen Xanthophyceen. Fortpflanzung durch zweigeißelige Zoosporen. Zysten nicht beobachtet.

Wichtigste Literatur: Pascher 1939a, Ettl 1956, Bourrelly 1968.

Mit einer einzigen Gattung:
Characidiopsis Pascher

Zellen mit längerem oder kürzerem Stiel am Substrat festhaftend, im allgemeinen in der Richtung des Stieles entwickelt, mit zarter bis derber Zellwand. Zellen verschieden geformt, gewöhnlich ellipsoidisch bis spindelförmig, mit zwei bis mehreren wandständigen, scheiben-, band- bis muldenförmigen Chromatophoren. Einer der Chromatophoren mit einem deutlichen, manchmal großen Stigma versehen. Im Protoplasten 1–2 pulsierende Vakuolen, die der einen Zellseite genähert sind. Als Assimilate Öltropfen, Chrysolaminarin und stark glänzende Kristalloide. Fortpflanzung durch Zoosporen, die in den Zellen zu 2–8 entstehen und zwei ungleiche Geißeln tragen. Zysten nicht bekannt.

Bestimmungsschlüssel der Arten

1a Zellen gestreckt ellipsoidisch bis spindelförmig, apikal immer spitz 2
1b Zellen ellipsoidisch oder verkehrt birnenförmig, apikal immer abgerundet 3
2a Zellen spindelförmig, leicht gebogen, monosymmetrisch, bis 30 μm lang .... **1. Ch. elongata**
2b Zellen ellipsoidisch, apikal zugespitzt, bis 17 μm lang ...... **2. Ch. acuta**
3a Zellen ellipsoidisch, mit 2–4 Chromatophoren .... **3. Ch. ellipsoidea**
3b Zellen verkehrt birnenförmig, mit 1–2 Chromatophoren . **4. Ch. piriformis**

1. Characidiopsis elongata Pascher (Fig. 99)

Zellen sehr schlank, einzeln auf einem zarten, nicht scharf abgesetzten, sondern vermittelten, meist etwas gekrümmten Stiel sitzend, der nur wenig kürzer als die eigentliche Zelle ist. Zellen spindelförmig, bis fünfmal länger als breit, gewöhnlich nach einer Seite gekrümmt, beidseitig lang und fast geradlinig verschmälert. Vorderende leicht in Richtung der Stielkrümmung gebogen. Zell-

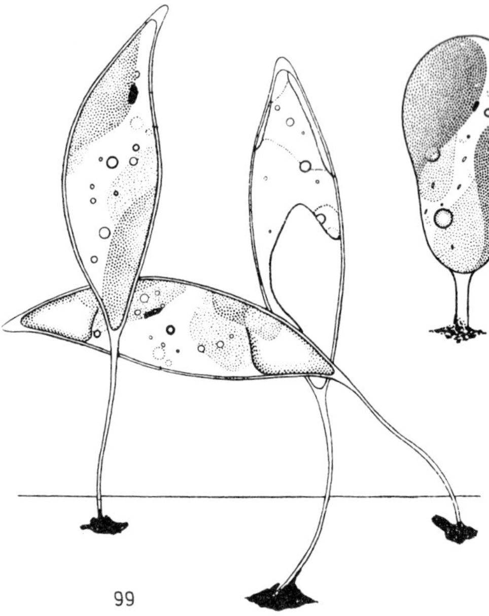

99

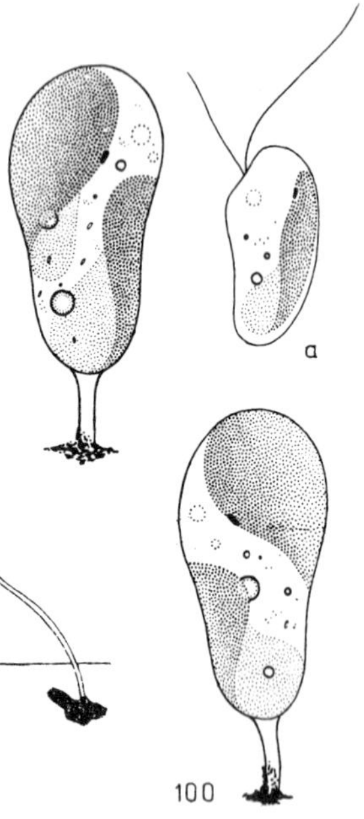

100

Fig. 99. *Characidiopsis elongata* Pascher (nach Pascher). Fig. 100. *Characidiopsis piriformis* Ettl – *a* Zoospore (nach Ettl).

wand zart, am Vorderende derb werdend, doch nicht scharf abgesetzt verdickt. Chromatophoren 2–3, scheiben- bis kurz bandförmig. Stigma deutlich, am vorderen Chromatophor. Zwei pulsierende Vakuolen. Fortpflanzung durch 2–8 Zoosporen, diese ungemein gestreckt, mit einem bauchständigen Chromatophor. Hauptgeißel über körperlang, Nebengeißel $^1/_3$ der ersteren messend.

Zellen bis 30 μm lang, Stiel bis 15 μm messend.

Auf *Cladophora* vom Ufer des Millstätter Sees (Österreich) und auf *Rhizoclonium* in Gräben im Böhmerwald (Tschechoslowakei).

2. **Characidiopsis acuta** Pascher (Fig. 101)

Zellen ellipsoidisch, vorn jedoch deutlich zugespitzt, meist etwas mehr als zweimal so lang wie breit, basal abgerundet und allmählich in den Stiel übergehend, der halb bis fast so lang wie die Zelle werden kann. Zelle meist etwas schief zum Stiel stehend. Zellwand zart, basal allmählich in den Stiel verdickt, an der apikalen Spitze oft sehr verdickt. Chromatophoren 1–2 groß, muldenförmig und wandständig. Stigma und pulsierende Vakuolen deutlich. Fortpflanzung durch zwei oder vier verkehrt eiförmige Zoosporen, die eine überkörperlange Hauptgeißel und eine kurze, fast stummelartige Nebengeißel haben.

Zellen 13–17 μm lang, gelegentlich auch nur bis 10 μm lang.

Auf *Lemna*-Wurzeln, in großen Wiesengräben bei Pieštany (Tschechoslowakei).

3. **Characidiopsis ellipsoidea** Pascher (Fig. 102)

Zellen ellipsoidisch, an beiden oder nur an einem Ende wenig verschmälert und dadurch manchmal leicht eiförmig bis verkehrt eiförmig. An den Enden jedoch immer mehr oder weniger abgerundet. Zellwand sehr zart, basal in den nicht scharf abgesetzten und allmählich verschmälerten Stiel übergehend, der

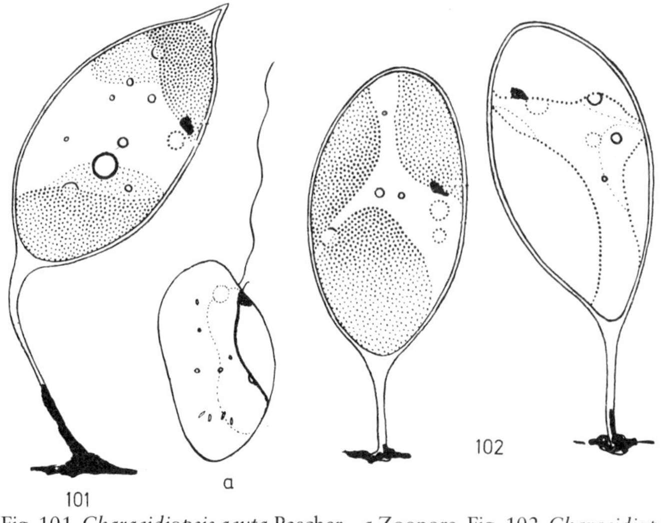

Fig. 101. *Characidiopsis acuta* Pascher – *a* Zoopore. Fig. 102. *Characidiopsis ellipsoidea* Pascher (nach Pascher).

deutlich kürzer als die Zelle ist. Chromatophoren 2–4, seltener mehrere, manchmal auch nur einer, wandständig, scheiben- bis leicht muldenförmig. Stigma deutlich, auf einem der vorderen Chromatophoren. Zwei pulsierende Vakuolen. Fortpflanzung durch vier eiförmige Zoosporen, deren Hauptgeißel etwas kürzer als der Körper ist; die auffallend lange Nebengeißel erreicht $^3/_4$ der Länge der ersten.

Zellen 12–15 μm lang (ohne Stiel).

Auf *Cyclops*, auf planktischen *Anabaena*-Arten und auf treibendem Detritus aus einem Donau-Altwasser bei Tull (Österreich).

4. **Characidiopsis piriformis** Ettl (Fig. 100)

Zellen verkehrt birnenförmig, das schmälere Ende dem Substrat zukehrend, vorn breit abgerundet. Zellwand zart, glatt und basal ziemlich scharf abgesetzt in einen kürzeren, relativ derben, oft leicht gekrümmten Stiel auslaufend, der am Ende mit einem Gallertpolster versehen ist. Zwei große wandständige, scheiben- bis leicht muldenförmige Chromatophoren; in Ausnahmefällen auch nur einer vorhanden. Am vorn gelegenen Chromatophor ein deutliches Stigma. Zwei pulsierende Vakuolen. Fortpflanzung durch vier Zoosporen, bei deren Bildung es zu einer Vergrößerung der Mutterzelle kommt. Zoosporen werden durch einen Riß in der Zellwand frei; sie sind formveränderlich und mit einem Chromatophor und zwei ungleich langen Geißeln versehen. Hauptgeißel etwas mehr als körperlang, Nebengeißel $^1/_2$ der ersteren messend.

Zellen 12–15 μm lang, 5–6 μm breit; Stiel bis 6 μm lang werdend.

Auf *Rhizoclonium hieroglyphicum* gemeinsam mit einigen *Characiopsis*-Arten in einem Quellentümpel im Quellengebiet von Nordmähren (Tschechoslowakei).

Unsichere und zu streichende Gattungen.

Pelagocystis Lohmann (*Clementia* Murray) – mit der einzigen Art *P. oceanica* Lohmann. Aus der Beschreibung geht nicht eindeutig hervor, daß es sich um eine Xanthophycee handelt. Unzureichend beschrieben.

Dictyosphaeriopsis Schmidle – mit der einzigen Art *D. palatina* Schmidle. Unzureichend beschrieben, da die Beschreibung auf mehrere Algen paßt. Wahrscheinlich überhaupt keine Xanthophycee.

Askenasyella Schmidle – mit einer einzigen Art *A. chlamydopus* Schmidle. Nach den letzten Untersuchungen gehört diese Alge zu den Chlorophyceen.

Racovitziella De Wildeman – mit einer sicheren Art *R. antarctica* De Wildeman. Sehr unvollständig beschriebene Gattung, die wohl kaum zu identifizieren ist. Besser zu streichen.

Actinobotrys W. et G. S. West – mit der einzigen Art *A. conferta* W. et G. S. West. Unvollständig beschrieben, vielleicht mit der Chrysophycee *Stichogloea* identisch.

Arthrocystis W. et G. S. West – völlig unsicher und unvollständig beschrieben; ist zu streichen.

Coccobotrys Chodat – mit der einzigen Art *C. verrucariae* Chodat. Unvollständig beschrieben, wahrscheinlich keine Xanthophycee.

4. Ordnung **Mischococcales**

Heterococcineae Pascher, *Heterococcales* Pascher, *Heterosphaerineae* Ettl, *Heterococcophyceae* Dedusenko Ščegoleva et Gollerbach, *Heterococcophycidae* Starmach

Coccale Organisationsstufe der Xanthophyceen, deren vegetative Zellen einkernig, bei Formen mit langdauerndem Wachstum sekundär und vorübergehend auch mehr- bis vielkernig sind und eine feste Zellwand besitzen. Sie zeigen keine Merkmale der monadoiden Organisation und sind zu echten Algenzellen umgewandelt. Zellen einzeln lebend oder auch unregelmäßige wie regelmäßige Kolonien bildend. Zellwand aus einem oder zwei Stücken bestehend, oft mehrschichtig, häufig verkieselt, glatt oder skulpturiert; Wachstum der Zellwand bei zylindrischen Zellen durch Einschubstücke. Chromatophoren von verschiedener Anzahl, Gestalt und Lage – sowohl wand- als auch binnenständig. Manche Arten mit deutlichen Pyrenoiden. Assimilate wie bei den übrigen Xanthophyceen.

Fortpflanzung durch Zoosporen, die nach kürzerer oder längerer Zeit des Schwärmens wieder zu behäuteten Zellen werden, die in der Jugend manchmal noch die pulsierenden Vakuolen behalten, sie später aber immer verlieren. Bei manchen Arten wandeln sich die Zoosporen in Amöben um oder die Teilprotoplasten treten bereits als Amöben aus (amöboide Zoosporen). Außerdem werden bei manchen Arten unbewegliche Fortpflanzungszellen – Hemiautosporen – mit pulsierenden Vakuolen und Stigma gebildet. Sehr häufig behäuten sich die Teilprotoplasten schon innerhalb der Mutterzelle, nehmen auch deren Gestalt an und sind somit Autosporen. Alle Fortpflanzungszellen werden zu zweit oder zu mehreren gebildet. Als Ruhezustände kommen entweder Palmellen oder Aplanosporen und Akineten vor. Vereinzelt Zystenbildung, die nicht immer eindeutig bewiesen ist.

Wie schon erwähnt, bleiben nicht alle Mischococcales zeitlebens einkernig. Es sind Sippen bekannt, bei denen die alten Zellen vielkernig werden, andere hingegen regelmäßig und zeitlebens vielkernig sind (Coenoblasten). Unter günstigen Bedingungen wachsen solche Zellen stark heran, werden mehrkernig und bilden schließlich simultan sehr viele Zoosporen oder Autosporen (z. B. *Botrydiopsis*). Sowohl die einkernigen als auch die mehrkernigen Xanthophyceen sind durch Übergänge verbunden, da manche Zellen nur gelegentlich vielkernig werden, bzw. nach der Kernvermehrung auch bei sonst einkernigen Zellen nicht immer gleich die Aufteilung in einkernige Teilprotoplasten erfolgt (z. B. Arten von *Pleurochloris, Chloridella*).

Bei einigen Mischococcales wird im Jugendstadium oder während der Fortpflanzung das rhizopodiale Stadium besonders betont. Viele Zoosporen zeigen amöboide Formveränderungen oder werden durch Geißelverlust direkt zu Amöben. Bei manchen Arten ist aber ein großer Teil des vegetativen Lebens in das rhizopodiale Stadium verlagert *(Pleurochloris vorax)*. Schließlich werden sie aber immer unbeweglich, behäuten sich und nehmen die coccale Zellstruktur an. Eine auffallende Erscheinung, die häufig im Lebenszyklus der Xanthophyceen auftritt.

Es ist vorläufig unmöglich ein natürliches System der Mischococcales zu geben, das die verwandtschaftlichen Verhältnisse widerspiegelt. Zwar kann man Entwicklungslinien von Formen mit glatter Zellwand zu solchen, deren Zellwand fast Diatomeen-artig skulpturiert ist, ziehen, oder von Formen mit einteiliger Zellwand zu solchen, bei denen die Zellwand aus zwei Teilen besteht. Andere Reihen führen zu den von der ursprünglichen Kugelform abgeleiteten Gestalten und zur Koloniebildung. Die Gruppierung der Mischococcales basiert vorläufig immer noch auf der äußeren Zellgestalt, was für die Bestimmungs-Praxis sogar recht vorteilhaft ist. Daher wurden die Familien und auch Gattungen in dieser Bearbeitung rein nach praktischen Gesichtspunkten gegliedert. Als besondere Kriterien wurden die Ein- und Vielkernigkeit der Zellen, die Ein- und Zweiteiligkeit der Zellwand, Koloniebildung, Gallertbildung, Zellgestalt und teilweise auch die Skulptur der Zellwand benutzt. Danach richten sich auch die Bestimmungsschlüssel.

Wichtigste Literatur: Pascher 1925, 1939 a, Fritsch 1935, Ettl 1956, Starmach 1968, Bourrelly 1968.

Bestimmungsschlüssel der Familien

1a Zellen einzeln lebend, nur vorübergehend nach der Teilung in lockeren Gruppen auftretend 2
1b Zellen immer in Kolonien lebend 8
2a Zellen ohne bedeutendes Längen- oder Größenwachstum, gewöhnlich einkernig 3
2b Zellen mit bedeutendem Längen- oder Größenwachstum, immer vielkernig 7
3a Zellen frei lebend 4
3b Zellen auf Substrat festsitzend 5
4a Zellen verschieden geformt, doch nicht gestreckt oder lang zylindrisch, Zellwand ein- oder zweiteilig, ohne Einschubstücke . . . . **1. Pleurochloridaceae** (S. 107)
4b Zellen lang ellipsoidisch bis zylindrisch, oft sehr gestreckt, Zellwand zweiteilig, mit Einschubstück . . . . **10. Centritractaceae** (S. 388)
5a Zellen sternförmig verzweigt, mit zentrifugalem Wachstum, in den Schalen von Wasserschnecken lebend **9. Trypanochloridaceae** (S. 386)
5b Zellen nicht sternförmig, ohne zentrifugales Wachstum, auf Fadenalgen oder anderen Substraten festsitzend 6
6a Zellen auf dicken und mächtigen Gallertstielen sitzend und mittels dieser festhaftend . . . . **5. Gloeopodiaceae** (S. 302)
6b Zellen direkt oder mittels eines Stieles, der eine Verlängerung der Zellwand ist, festsitzend . . . . **7. Characiopsidaceae** (S. 312)
7a Zellen mit auffallendem Größenwachstum, verschieden geformt, meist kugelig oder ellipsoidisch, doch nicht gestreckt zylindrisch, Zellwand einteilig . . . . **2. Botrydiopsidaceae** (S. 246)
7b Zellen mit auffallendem Längenwachstum, sehr gestreckt zylindrisch bis schlauchförmig, Zellwand zweiteilig . . . . . . **11. Ophiocytiaceae** (S. 403)
8a Kolonien ohne Gallerte oder gallertige Ausbildungen 9
8b Kolonien immer in mächtige Gallertlager eingebettet oder mit oft bäumchenförmig verzweigten gallertigen Ausbildungen 10
9a Kolonien frei lebend, nicht zu pseudoparenchymatischen Gebilden zusammengeschlossen . . . . **3. Botryochloridaceae** (S. 256)
9b Kolonien auf Substraten festsitzend, zu pseudoparenchymatischen Gebilden zusammengeschlossen . . . . **8. Chloropediaceae** (S. 383)
10a Kolonien frei lebend, mehr oder weniger große Gallertlager bildend, in die die Zellen eingebettet sind . . . . **4. Gloeobotrydaceae** (S. 276)
10b Kolonien primär festsitzend, mit bäumchenartigen Gallertstielen, die oft stark verzweigt sind und an ihren Enden die Zellen tragen . . . . **6. Mischococcaceae** (S. 307)

1. Familie **Pleurochloridaceae** Pascher

Chlorobotrydaceae Printz

Einzeln und frei lebende coccale Xanthophyceen, die primär immer einkernig sind und kein bedeutendes Größenwachstum aufweisen. Zellformen verschieden, meist kugelig oder ellipsoidisch, aber auch kurz walzlich, spindelförmig oder prismatisch, doch nie gestreckt zylindrisch. Zellwand ein- oder zweiteilig, ohne Einschubstücke, glatt oder skulpturiert, mit oder ohne Borsten. Chromatophoren einzeln oder zu mehreren, wand- oder binnenständig, scheiben-, mulden-, kurz band- oder auch topfförmig; in einigen Fällen auch unregelmäßig oder netzartig. Die Familie zeigt die Merkmale der Ordnung. Eine völlig künstliche Familie, die Sippen umfaßt, die miteinander sicher nicht verwandt sind. Es ist nicht ausgeschlossen, daß die Arten mit skulpturierter Zellwand für sich zusammengeschlossen werden müssen (Pascher 1939a). Eine Trennung ist jedoch derzeit nicht möglich, da die Zellwand nur bei wenigen Arten näher untersucht wurde. Die Einteilung geschieht vorläufig nur nach der äußeren Zellgestalt. Je nach der Zellform und Skulptur der Zellwand können sechs künstliche Gruppen aufgestellt werden. Diese haben jedoch keine taxonomische Bedeutung und sollen lediglich die Bestimmung erleichtern und dem Zurechtfinden in dieser äußerst formenreichen Familie dienen.

Wichtigste Literatur: Pascher 1925, 1939a, Printz 1927, Starmach 1968, Bourrelly 1968.

Bestimmungsschlüssel der Gruppen

1a Zellen kugelig, ellipsoidisch, kurz walzlich bis spindelförmig, nie tetraëdrisch oder mit armartigen Fortsätzen. Oberfläche ohne Buckel oder Höcker 2
1b Zellen tetraëdrisch, mit armartigen Fortsätzen, mitunter abgeflacht dreieckig, an der Oberfläche mit Buckeln oder Höckern 5
2a Zellwand glatt und ohne radiär angeordnete Borsten 3
2b Zellwand entweder skulpturiert oder seltener glatt, doch dann mit radiär angeordneten Stacheln oder Borsten versehen 4
3a Zellwand einteilig, zart bis mäßig dick . . . **Pleurochloris-Gruppe** (S. 107)
3b Zellwand zweiteilig, derb und dick, manchmal äußerst massiv und spröde . . . . . **Diachros-Gruppe** (S. 161)
4a Zellwand deutlich skulpturiert, ohne Stacheln oder Borsten . . . . . **Trachychloron-Gruppe** (S. 165)
4b Zellwand glatt oder undeutlich skulpturiert, mit Stacheln oder Borsten . . . . . **Meringosphaera-Gruppe** (S. 195)
5a Zellen kugelig, halbkugelig bis napfförmig, Oberfläche mit Vorwölbungen oder mit Buckeln . . . . . **Polyedriella-Gruppe** (S. 202)
5b Zellen tetraëdrisch oder von dieser Gestalt abgeleitet, dann im Umriß dreieckig oder mehreckig, oft mit armartigen Fortsätzen . . . . . **Tetraëdriella-Gruppe** (S. 214)

Pleurochloris-Gruppe

Zellen kugelig, ellipsoidisch, länglich eiförmig, walzlich bis spindelförmig. Immer einzeln und frei lebend. Zellwand glatt, ohne Skulptur und einteilig. Fortpflanzung durch Zoosporen, aber auch durch Hemiautosporen oder Autosporen. Manchmal nur Autosporenbildung bekannt.

Bestimmungsschlüssel der Gattungen

1a Zellen kugelig 2
1b Zellen anders gestaltet 3
2a Fortpflanzung sowohl durch Zoosporen als auch durch Autosporen . . . . **1. Pleurochloris** (S. 108)
2b Fortpflanzung nur durch Autosporen . . . . **2. Chloridella** (S. 118)
3a Zellen ellipsoidisch oder zylindrisch 4
3b Zellen nierenförmig, ei- bis spindelförmig 5
4a Zellen regelmäßig ellipsoidisch, Flanken gewölbt, an den Enden abgerundet . . . . **3. Ellipsoidion** (S. 121)
4b Zellen kurz bis länger walzlich, Flanken gerade und parallel, an den Enden abgerundet-gestutzt . . . . **4. Monallantus** (S. 130)
5a Zellen regelmäßig nierenförmig, oft bis halbkreisförmig gebogen . . . . **5. Nephrodiella** (S. 134)
5b Zellen weder nierenförmig noch gebogen 6
6a Zellen eiförmig oder tropfenförmig, an einem Ende breit abgerundet, am anderen verschmälert bis spitz . . . . **6. Monodus** (S. 139)
6b Zellen spindelförmig bis gestreckt spindelförmig, oder auch im Umriß rhombisch 7
7a Zellen gestreckt bis sehr lang spindelförmig, bis über 8 mal länger als breit, oft mit etwas ungleichen Enden und verschiedenartig gekrümmt . . . . **7. Chlorocloster** (S. 148)
7b Zellen kurz spindelförmig, im Umriß auch rhombisch bis gestreckt sechseckig werdend, nie gekrümmt 8
8a Zellen einseitig ausgebaucht, an beiden Enden mit Warzen an der Zellwand . . . . **8. Pleurogaster** (S. 157)
8b Zellen nicht einseitig ausgebaucht und ohne Warzen 9
9a Im optischen Längsschnitt stumpf, oft ungleichseitig rhombisch, Querschnitt elliptisch . . . . **9. Rhomboidella** (S. 159)
9b Im optischen Längsschnitt unregelmäßig und einseitig gestreckt sechseckig, Querschnitt mehr vierkantig . . . . **10. Prismatella** (S. 159)

1. Pleurochloris Pascher

Zellen meist einzeln oder nur vorübergehend nach der Autosporenbildung zu zweit oder viert, seltener zu mehreren durch die verschleimte alte Zellwand zusammengehalten, sonst ohne Gallerte; meist kugelig bis genau kugelrund, nach der Teilung etwas ellipsoidisch oder eiförmig kugelig, seltener unregelmäßig. Zellwand zart bis derb, doch nie auffallend dick, einteilig, ohne Skulptur und glatt. Chromatophoren einer oder mehrere, immer wandständig (in den vegetativen Zellen). Wenn nur einer vorhanden, so ist er topf-, mulden- bis fast ringförmig, manchmal am Rande gekerbt und oft auch stark gelappt und häufig sehr zart. Bei manchen Arten wurden Pyrenoide beobachtet. Ohne Stigma und ohne pulsierende Vakuolen. Fett- oder Öltropfen oft in größerer Menge.

Fortpflanzung durch Zwei- oder Vierteilung des Protoplasten, seltener mehrere Teilungsfolgen. Teilung erst knapp vor der Bildung von Zoosporen oder Autosporen. Zoosporen mit einem oder mit mehreren Chromatophoren, die hier manchmal auch binnenständig sein können. Mit zwei ungleichen Geißeln, wovon die Nebengeißel oft sehr schwer zu beobachten ist oder völlig reduziert sein kann. Zoosporen recht formveränderlich, manchmal auch völlig amöboid werdend. Bei einer Art animalische Ernährungsweise der amöboiden Zoosporen beobachtet. Neben Zoosporen werden auch Hemiautosporen oder echte, manchmal ungleich große Autosporen gebildet, wobei die Chromatophoren in sehr ungleichmäßiger Weise aufgeteilt werden. Zysten nicht beobachtet.

Wohl eine künstliche Gattung, in die alle einzeln lebenden kugeligen coccalen Xanthophyceen eingereiht werden. Wahrscheinlich wird man sie nach eingehender Untersuchung der Fortpflanzungsweise aufteilen können. Die Gattung *Pleurochloris* gehört wohl zu den einfachsten coccalen Xanthophyceen. Ohne Beobachtung von Zoosporen, kann sie mit der Gattung *Chloridella* verwechselt werden.

Wichtigste Literatur: Pascher 1925, 1939 a, Printz 1927, Boye-Petersen 1932, Fritsch 1935, James 1935, Fritsch und John 1942, Vischer 1945, Ettl 1956, 1960, 1968, 1977, Pitschmann 1969, Skuja 1970.

Bestimmungsschlüssel der Arten

1a Zellen mit einem manchmal gelappten Chromatophor 2
1b Zellen mit zwei bis mehreren Chromatophoren 5
2a Chromatophor mit Pyrenoid .... **1. P. pyrenoidosa**
2b Chromatophor ohne Pyrenoid 3
3a Chromatophor nicht gelappt, topf- bis muldenförmig, Zellen bis 8 μm groß .... **3. P. commutata**
3b Chromatophor gelappt bis tief ausgerandet, Zellen bis 20 μm groß ... 4
4a Chromatophor nicht die ursprüngliche topfförmige Gestalt zeigend, Zoosporen ohne Nebengeißel .... **5. P. magna**
4b Chromatophor läßt ursprüngliche topfförmige Gestalt erkennen, Zoosporen mit Nebengeißel .... **4. P. lobata**
5a Zellen immer mit zwei Chromatophoren 6
5b Zellen mit mehreren Chromatophoren 7
6a Beide Chromatophoren gleich groß, Zellen neigen zur Bildung schleimiger Verbände .... **2. P. imitans**
6b Beide Chromatophoren deutlich verschieden groß, Zellen neigen nicht zur Bildung schleimiger Verbände .... **6. P. inaequalis**
7a Chromatophoren mit Pyrenoiden .... **8. P. pachychloron**
7b Chromatophoren ohne Pyrenoide 8
8a Statt Zoosporen werden Amöben gebildet; das amöboide Stadium dauert lange und wird in der Entwicklung betont, vor der Bildung der Amöben werden die Chromatophoren binnenständig .... **7. P. vorax**
8b Es werden Zoosporen gebildet, die zwar etwas metabolisch sein können, doch wird das amöboide Stadium hier nicht erreicht, Chromatophoren nie binnenständig werdend 9
9a Zellwand recht derb, glänzend, aber nicht spröde, Zoosporen mit zwei fast gleich langen Geißeln .... **9. P. fulgens**
9b Zellwand zart, Zoosporen mit auffallend ungleich langen Geißeln .. 10
10a Zellen nicht miteinander verklebt, Zoosporen mit mehreren Chromatophoren 11
10b Zellen oft zu Gruppen verklebt, Zoosporen mit nur zwei Chromatophoren .... **12. P. meiringensis**
11a Zellwand fest und deutlich, Chromatophoren sehr zahlreich, Zoosporen mit Stigma .... **10. P. polychloris**
11b Zellwand sehr fein und undeutlich, Chromatophoren weniger zahlreich, Zoosporen ohne Stigma .... **11. P. pseudopolychloris**

1. Pleurochloris pyrenoidosa Pascher (Fig. 103)

Zellen kugelig, nur manchmal etwas unregelmäßig, gewöhnlich einzeln, seltener vorübergehend in Zweier- oder Vierer-Verbänden lebend. Zellwand relativ derb. Chromatophor schüssel-, mulden- bis topfförmig, meist nur eine Seite der Zelle auskleidend, oft auch auffallend klein, sehr zart und manchmal mit unregelmäßigem, leicht gelapptem Umriß; immer ein deutliches, großes, mitunter unregelmäßiges Pyrenoid aufweisend. Häufig Fett- und Öltropfen. Fortpflanzung durch Bildung von zwei oder vier Zoosporen, die vorn deutlich ausgerandet sind, einen bauchständigen Chromatophor ohne Stigma und eine pulsierende Vakuole besitzen. Hauptgeißel 1,5 mal körperlang, Nebengeißel kaum 1/4 der ersteren messend. Daneben werden auch Autosporen gebildet, die beim Austritt sehr häufig die Größe der Mutterzelle erreichen und sehr bald erneut zur Zoo- oder Autosporenbildung schreiten.

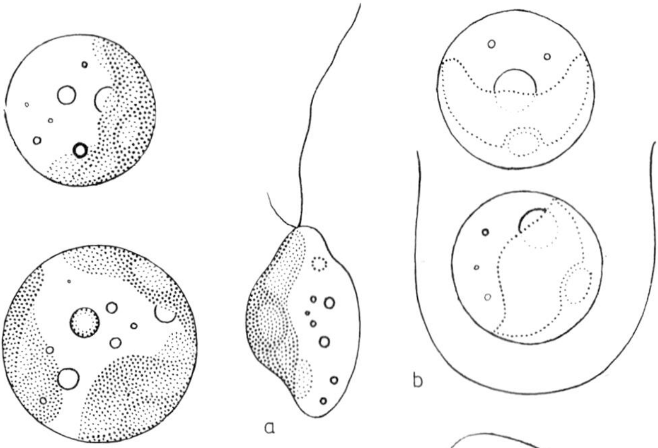

103

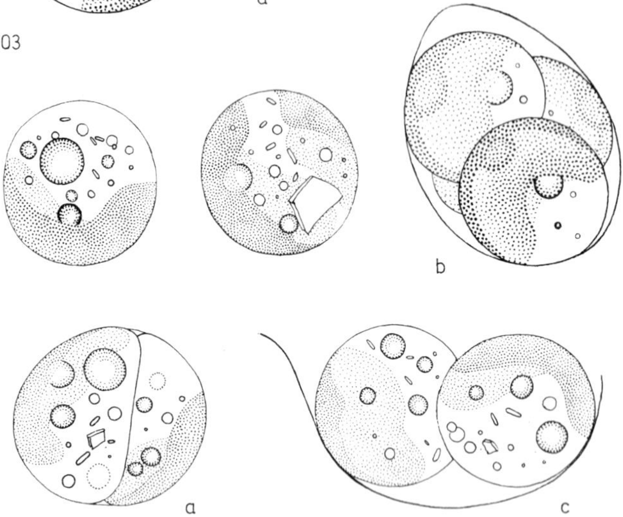

104

Fig. 103. *Pleurochloris pyrenoidosa* Pascher – *a* Zoospore, *b* frei gewordene Autosporen. Fig. 104. *Pleurochloris imitans* Pascher – *a* Teilungsstadium, *b, c,* Autosporenbildung (nach Pascher).

Zellen 8–12 µm groß, bei Teilungshemmungen des Protoplasten gelegentlich auch bis 25 µm groß werdend.

Öfters unter angetriebenen Algen *(Rhizoclonium, Oedogonium)* an Teichufern und Ufern verschiedener Gewässer beobachtet, in Nord- und Westböhmen (Tschechoslowakei). Meist an Orten, die reich an zerfallenden organischen Substanzen sind.

2. Pleurochloris imitans Pascher (Fig. 104)

Zellen immer kugelig oder ganz kurz ellipsoidisch-kugelig, meist schleimige, mehrzellige Verbände liefernd. Zellwand sehr zart, oft leicht verschleimend. Chromatophoren fast immer zwei, seltener drei, scheiben- bis muldenförmig, manchmal unregelmäßig gelappt und so gelegentlich mehrere Chromatophoren vortäuschend; ohne Pyrenoide. Bei erwachsenen Zellen auch ein auffallendes rotes Öltröpfchen und ein oder mehrere Eiweißkristalle. Fortpflanzung durch Zoosporen und Autosporen. Zoosporen walzlich eiförmig, mit körperlanger Hauptgeißel und kurzer Nebengeißel, mit einem binnenständigen und bandförmigen Chromatophor, an dessen Vorderrand ein kleines Stigma sitzt und zwei pulsierenden Vakuolen an der Geißelbasis. Autosporen meist zu viert gebildet. Auch Hemiautosporen beobachtet. Gelegentlich tritt der Inhalt der Autosporen wieder als Zoospore aus. Amöboide Stadien der Zoosporen häufig, oft unter Bildung von Rhizopodien.

Zellen 7–12 µm groß.

Sowohl in Erdproben als auch in der Uferregion am Grund stehender Gewässer gefunden, vielleicht nur gelegentlich in die Erde eingeschwemmt (Tschechoslowakei, Polen).

3. Pleurochloris commutata Pascher (Fig. 105)

Zellen meist kugelig, doch gelegentlich auch breit eiförmig bis unregelmäßig. Kurz nach der Entleerung aus der Mutterzelle haben die jungen Zellen dreieckigen Umriß. Zellwand sehr zart. Chromatophor normalerweise topf- oder muldenförmig, oft sehr groß und nur eine kleine Partie der Zelle frei lassend. Gelegentlich wird der Chromatophor auch ringförmig; ohne Pyrenoid. Nicht selten zeigt der Chromatophor unregelmäßige Risse und Spalten. Zellinhalt zum Teil mit Vakuolen oder größeren gelblichen Öltropfen. Fortpflanzung vor allem durch Autosporen, die meist zu zweit gebildet werden. Gelegentlich treten auch birnförmige, oft recht formveränderliche Zoosporen auf, die zu 2 oder 4 gebildet werden. Ohne Stigma, Hauptgeißel etwas über körperlang, Nebengeißel kaum 1/4 der ersteren messend. Eine pulsierende Vakuole.

Zellen 3–9 µm groß, sehr selten treten auch 15 µm große Zellen auf. Zoosporen 4–6 µm lang.

Nach Hibberd und Leedale (1972) zu den **Eustigmatophyceen** gehörend.

Eine häufige Erdalge, die aber gelegentlich auch in Kleingewässern vorkommen kann. Mit anderen Algen vergesellschaftet auf oder in feuchter Erde, auch am Grund alter Bäume oder in alpinen Böden gefunden. (Tschechoslowakei, Polen, Ungarn, Dänemark, Schweiz).

4. Pleurochloris lobata Pascher (Fig. 106)

Zellen immer regelmäßig kugelig, oft längere Zeit durch die leicht verschleimende Zellwand der Mutterzelle zu 4–8 zusammengehalten. Zellwand sehr zart. Chromatophor recht groß, im Prinzip topfförmig, aber durch tiefgehende Einschnitte stark gelappt. Lappen unregelmäßig, oft nur am Grunde des Chromatophors zusammenhängend. Seitlich gesehen ist die ursprüngliche topfförmige Gestalt noch zu erkennen, von oben betrachtet mehrere Chromatophoren vorgetäuscht. In seltenen Fällen der Chromatophor nur wenig gelappt.

Fortpflanzung erfolgt, soweit bekannt nur durch Zoosporen. Diese werden zu 2 oder 4 gebildet und sind ausgesprochen dorsiventral. Geißeln tief an der Bauchseite inserierend, Hauptgeißel über körperlang, Nebengeißel fast stum-

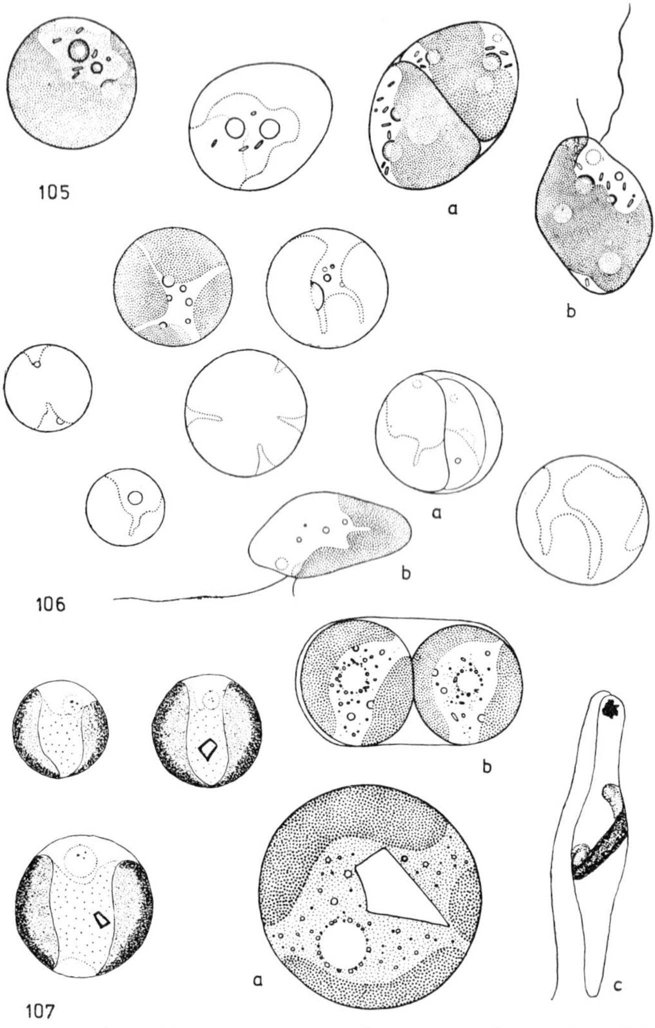

Fig. 105. *Pleurochloris commutata* Pascher – *a* Protoplastenteilung, *b* Zoospore. Fig. 106. *Pleurochloris lobata* Pascher – *a* Protoplastenteilung, *b* Zoospore. Fig. 107. *Pleurochloris magna* Boye-Petersen – *a* erwachsene Zelle, *b* Autosporenbildung, *c* Zoospore (Fig. 107 nach Boye-Petersen und nach Pitschmann, sonst nach Pascher).

melförmig. Zoosporen mit bauchständigem Chromatophor, undeutlichem Stigma und pulsierender Vakuole.

Zellen 12–15 μm im Durchmesser.

Nicht sehr verbreitete Erdalge, die vielleicht mehr in sauren Böden vorkommt und hier bisweilen kleine schleimige Nester bildet. Aus sauren Wiesenböden aus Nord- und Westböhmen (Tschechoslowakei).

5. Pleurochloris magna Boye-Petersen (Fig. 107)

Pleurochloris polyphem Pitschmann

Zellen im allgemeinen deutlich kugelig, manchmal genau kugelrund werdend oder auch etwas unregelmäßig,; meist einzeln. Zellwand relativ zart und dehnbar, gelegentlich verschleimend. Bei rasch wachsenden Zellen auch Häutungen beobachtet. Chromatophor im Prinzip schüssel- oder muldenförmig, meist nur eine Seite der Zelle auskleidend. Gewöhnlich aber im erwachsenen Zustand mit sehr tiefen und unregelmäßigen Einschnitten, so daß er stark lappig wird und von oben gesehen mehrere Chromatophoren vortäuschen kann; mit kantigem Pyrenoid. In älteren Zellen wird manchmal eine große, von glänzenden Körnchen umgebene Vakuole gebildet; gelegentlich auch mehrere Vakuolen. Außerdem auch Karotinkörnchen. Fortpflanzung sowohl durch Zoosporen als auch Autosporen. Zoosporen werden gewöhnlich zu 2–4, aber auch zu 8 gebildet, Autosporen meist zu 2–4. Zoosporen langgestreckt, abgeflacht und dorsiventral gebaut, stark formveränderlich. Vorn kopfartig erweitert und mit einer ungefähr körperlangen Geißel. Nebengeißel vollkommen reduziert. Mit einem einzigen mulden- bis fast bandförmigen Chromatophor. Augenfleck groß, außerhalb des Chromatophors liegend, aus losen Karotinkörnchen zusammengesetzt. Schwärmzeit sehr kurz.

Zellen 7–14 μm im Durchmesser, gelegentlich auch bedeutend größer (bis 34 μm).

Eine recht verbreitete Bodenalge, die bislang in den verschiedensten Bodentypen gefunden wurde. Im Boden von Weiden und Ackerland (Dänemark), in Erdböden bei Leningrad (UdSSR), in alpinen Erdböden der Schweiz, auf der vulkanischen Insel Surtsey (Island), aus Bodenproben vom Mt. Kenya wie auch aus verschiedenen Erdböden der Tschechoslowakei.

Die von Pitschmann als *Pleurochloris polyphem* beschriebene Art ist mit *P. magna* identisch, wie auch Untersuchungen Vischers an der letzteren Art gezeigt haben. Charakteristisch für diese Art sind die eingeißeligen Zoosporen mit dem außerhalb des Chromatophors liegenden Stigma. Nach Hibberd und Leedale (1972) zu den **Eustigmatophyceen** gehörend.

6. Pleurochloris inaequalis Pascher (Fig. 108)

Zellen kugelig oder etwas ellipsoidisch, seltener ein wenig unregelmäßig bis stumpf dreieckig, einzeln oder in unregelmäßigen, losen Gruppen, die durch Gallerte vorübergehend zusammengehalten werden. Zellwand sehr zart, manchmal schleimig. Zellen im erwachsenen Zustand mit zwei wandständigen, manchmal etwas gelappten Chromatophoren, von denen der eine immer auffallend kleiner ist als der andere. Junge Zellen haben oft auch nur einen Chromatophor, der auffallend blaß ist. Ohne Pyrenoide. Zellinhalt mit ein oder zwei sehr deutlichen Eiweißkristallen. Fortpflanzung durch Bildung zweier Zoosporen oder 2–4 Autosporen. Zoosporen mit etwas über körperlanger Hauptgeißel und einer stummelartigen Nebengeißel; mit zwei seitenständigen Chromatophoren, punktförmigem Stigma und einer pulsierenden Vakuole. Unter Geißelverlust werden die Zoosporen auch vollkommen amöboid.

Zellen 8–14 μm im Durchmesser, vereinzelt auch bis 20 μm groß werdend.

Einmal in größeren Mengen aus Gartenerde isoliert. Wahrscheinlich weiter verbreitet und wohl mit anderen Arten verwechselt.

7. **Pleurochloris vorax** Pascher (Fig. 109)

Zellen kugelig, mit sehr zarter Zellwand und manchmal mit einer zarten Gallerthülle. Chromatophoren 2–5, wandständig, scheiben- bis leicht muldenförmig, ohne Pyrenoide. Vor der Bildung der Fortpflanzungszellen werden die Chromatophoren auffallend binnenständig. Fortpflanzung durch Hemiautosporen oder Autosporen, die zu 2–4 gebildet werden und durch Verschleimen der alten Zellwand frei werden. Als bewegliche Stadien treten hier statt der Zoosporen 2–4 Amöben aus (amöboide Zoosporen). Die Teilprotoplasten haben

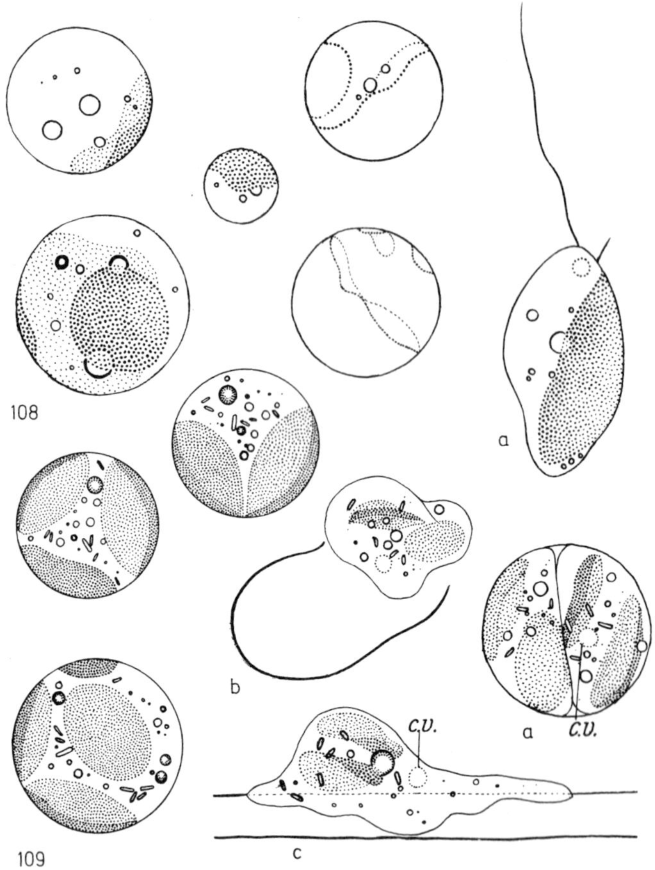

Fig. 108. *Pleurochloris inaequalis* Pascher – *a* Zoospore. Fig. 109. *Pleurochloris vorax* Pascher – *a* Protoplastenteilung, *b* Austreten einer Amöbe, *c* frei herumkriechende Amöbe (amöboide Zoospore – *cv* pulsierenden Vakuolen) (nach Pascher).

sich gewissermaßen unter Unterschlagung des Zoosporenstadiums sofort in Amöben umgewandelt. Diese besitzen 1–3 binnenständige Chromatophoren, pulsierende Vakuolen, aber kein Stigma. Das amöboide Stadium bleibt sehr lange – oft tagelang – erhalten und zeigt ausgesprochen animalische Ernährungsweise. Nach langer Zeit runden sich die Amöben ab, umgeben sich mit einer Wand und werden wieder zu den behäuteten vegetativen Zellen.

Zellen 15–25 μm groß, amöboide Stadien 10–20 μm messend.

Mit anderen Xanthophyceen vergesellschaftet in der Uferregion eines kleinen Teiches bei Prag (Tschechoslowakei).

8. **Pleurochloris pachychloron** Pascher (Fig. 110)

Zellen mehr oder weniger kugelig, mitunter genau kugelrund. Zellwand mäßig dick, nicht verschleimend. Mehrere, wandständige, scheibenförmige Chromatophoren die zentral nach innen fast halbkugelig oder bauchig verdickt sind. In der Mitte eines jeden Chromatophors ein Pyrenoid. Fortpflanzung sowohl durch Zoosporen als auch durch Autosporen, die meist zu viert gebildet werden. Zoosporen gewöhnlich mit zwei, seltener mit vier oder nur einem Chromatophor, die auch hier ihre verdickte Gestalt beibehalten und ein zentrales Pyrenoid besitzen. Hauptgeißel etwas über körperlang, Nebengeißel $^1/_4$ der ersteren messend. Augenfleck und pulsierende Vakuolen vorhanden.

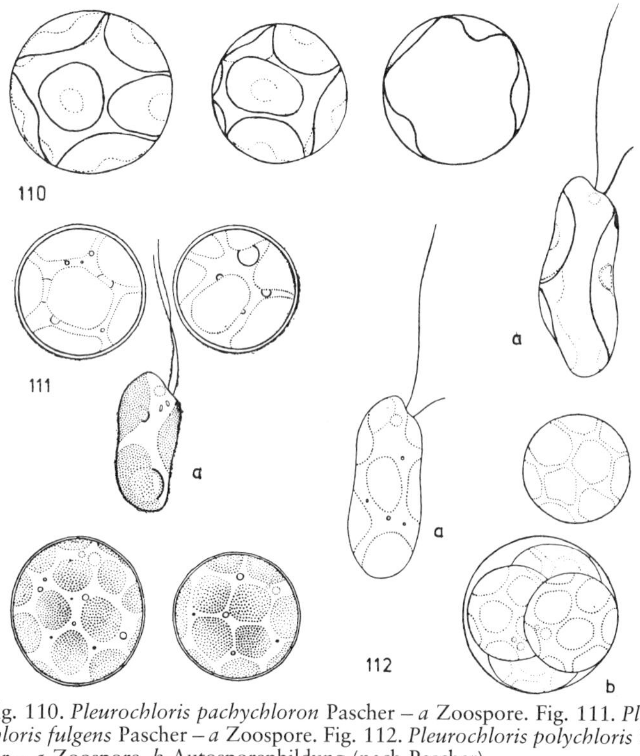

Fig. 110. *Pleurochloris pachychloron* Pascher – *a* Zoospore. Fig. 111. *Pleurochloris fulgens* Pascher – *a* Zoospore. Fig. 112. *Pleurochloris polychloris* Pascher – *a* Zoospore, *b* Autosporenbildung (nach Pascher).

Zellen 12–15 μm, seltener bis 20 μm im Durchmesser.
In Altwässern der Elbe bei Lysá und in einem kleinen Wiesenteich bei Prag gefunden (Tschechoslowakei).

9. Pleurochloris fulgens Pascher (Fig. 111)

Zellen kugelig, mit derber, glänzender, aber weicher, fast gelatinöser Zellwand. Mit mehreren pyrenoidfreien wandständigen, scheibenförmigen Chromatophoren. Häufig mit größeren Öltropfen. Fortpflanzung durch auffallende Zoosporen, deren Nebengeißel nur wenig kürzer als die Hauptgeißel ist, Zoosporen mit zwei bis drei Chromatophoren, pulsierender Vakuole, aber ohne Stigma. Andere Stadien nicht gesehen.
Zellen bis 14 μm im Durchmesser.
Fundort nicht angegeben.

10. Pleurochloris polychloris Pascher (Fig. 112)

Zellen gewöhnlich kugelig, von dieser Gestalt kaum abweichend. Zellwand ziemlich fest und deutlich, nicht ausgesprochen dick. Chromatophoren sehr zahlreich, 8–10 oder noch mehr, wandständig, kreisförmig bis elliptisch, scheibenförmig, nicht selten sich gegenseitig etwas polygonal abplattend, relativ klein; ohne Pyrenoide. Im Zellinhalt oft auffallend viele rote Öltropfen. Fortpflanzung sowohl durch Zoosporen als auch Autosporen. Zoosporen mehr walzlich als eiförmig, am hinteren Ende sehr formveränderlich, mit 2–8 Chromatophoren. Am vordersten Chromatophor ein dunkelrotes Stigma. Vielleicht zwei pulsierende Vakuolen. Hauptgeißel annähernd körperlang, Nebengeißel $^1/_4$ der ersteren messend. Gelegentlich tritt der ganze Inhalt einer Zelle als eine große Zoospore aus. Autosporen zu 2 oder 4 gebildet. Chromatophorenaufteilung auf die Autosporen sehr unregelmäßig.
Zellen 7–14 μm im Durchmesser.
Zwischen feuchten Moosen auf Gestein im Elbsandsteingebirge, Sandsteingebieten in Nordböhmen und in der Umgebung von Prag mehrmals beobachtet (Tschechoslowakei). Außerdem auch aus dem Detritus kleiner Tümpel bekannt, deren pH-Werte nicht allzu hoch lagen (Österreich, Polen).

11. Pleurochloris pseudopolychloris Ettl (Fig. 113)

Zellen kugelrund, mit sehr feiner, kaum sichtbarer und hyaliner Zellwand, die nur bei der Fortpflanzung deutlicher wird. Chromatophoren mehrere, doch höchstens bis acht, relativ groß bleibend, ohne Pyrenoide, scheibenförmig oder nur leicht abgerundet polygonal. Keine roten Öltropfen beobachtet. Fortpflanzung durch ei-ellipsoidische, meist leicht asymmetrische Zoosporen, die mitunter leicht metabolisch werden, mit mehreren, gewöhnlich vier seitenständigen Chromatophoren, ohne Stigma; apikal eine pulsierende Vakuole. Hauptgeißel kaum körperlang, Nebengeißel etwa $^1/_3$ der ersteren messend. Autosporen nicht gesehen.
Zellen 4–14 μm im Durchmesser.
An feuchten Stellen auf einem lehmigen Waldweg, oft zarte grüne Überzüge bildend. Mehrmals in Nordmähren gefunden (Tschechoslowakei).

12. Pleurochloris meiringensis Vischer (Fig. 114)

Zellen kugelig, nur junge Zellen nach der Teilung etwas unregelmäßig. Sie bleiben oft zu unregelmäßigen Gruppen miteinander verklebt, wobei Vierergruppen überwiegen. Zellwand relativ zart, wahrscheinlich verschleimend. Mit mehreren wandständigen scheibenförmigen Chromatophoren; junge Zellen mit nur zwei, erwachsene mit 16–18 Chromatophoren. Keine Angaben über Reservestoffe. Fortpflanzung sowohl durch Zoosporen als auch durch Autosporen.

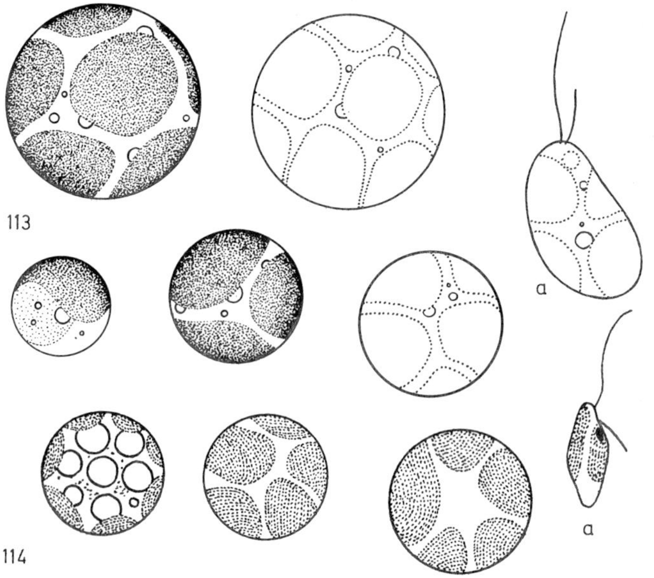

Fig. 113. *Pleurochloris pseudopolychloris* Ettl – *a* Zoospore (nach Ettl). Fig. 114. *Pleurochloris meiringensis* Vischer – *a* Zoospore (nach Vischer).

Zoosporen werden zu mehreren gebildet; sie haben zwei Chromatophoren, ein deutliches Stigma und zwei ungleiche Geißeln. Die Hauptgeißel ist ungefähr körperlang, die Nebengeißel mißt etwa $^1/_2$ der ersteren. Hinterende der Zoosporen oft amöboid.

Zellen 3–10 μm groß.

Gemeinsam mit *Heteroccoccus protonematoides* und *H. crassulus* als grüner Überzug auf Protogyn-Splittern in der Aareschlucht bei Meiringen (Schweiz).

Unsichere und zu streichende Arten.

Pleurochloris acidophila Fritsch et John – Aus der Beschreibung geht nicht eindeutig hervor, daß es sich um eine Xanthophycee handelt. Der Chromatophor besitzt ein Pyrenoid, die Geißeln und das Stigma der Zoosporen erinnern stark an solche bei den Chlorophyceen. Außerdem haben die vegetativen Zellen eine dicke und gestreifte Zellwand. Sollte es sich doch um eine Xanthophycee handeln, so wäre sie eher bei *Sklerochlamys* unterzubringen. Etwas widersprüchlich beschrieben, besser zu streichen.

Pleurochloris terrestris Fritsch et John – Hier gilt dasselbe wie bei der oben erwähnten Art. Es wird außerdem das Vorkommen von Gameten und Zygoten angegeben. Falls wirklich Kopulationsstadien und nicht Teilungshemmungen vorliegen, wäre nach Vischer zum ersten Male sexuelle Fortpflanzung bei niederen Xanthophyceen nachgewiesen.

Pleurochloris anomala James – Schon Vischer sprach den Verdacht aus, daß eine Chlorophycee der Gattung *Dictyococcus* vorliege *(Dictyococcus anomalus* (James) Vischer). Die Morphologie der vegetativen Zellen und vor allem die der Zoosporen entspricht der einer Chlorophycee. Das gilt wahrscheinlich auch für die wenig bekannte Varietät *P. anomala* var. *antarctica* Kol, die als Erdalge aus Erdproben von der Haswel Insel isoliert wurde.

Pleurochloris cavernicola Skuja – wahrscheinlich nur eine besondere Ökomorphose von *P. polychloris*. Unterscheidet sich von dieser Art nur unwesentlich. Aus der Beschreibung geht, da nur Autosporen beobachtet wurden, auch nicht klar hervor, ob überhaupt eine *Pleurochloris*-Art vorliegt. Eine ähnliche Morphologie haben auch manche Chlorococcales, die nicht immer Stärke zu bilden brauchen.

2. Chloridella Pascher

Zellen kugelig, mit geringem Größenwachstum, seltener etwas unregelmäßig gebaut, einzeln lebend oder nur nach der Fortpflanzung vorübergehend zu zweit oder zu viert nebeneinander liegend und sich erst später zerstreuend. Niemals dauernd von Gallerte umhüllt. Zellwand zart bis sehr derb, manchmal stark eiseninkrustiert. Chromatophoren entweder nur einer, dann topf- bis muldenförmig, oder mehrere, dann scheibenförmig, rund elliptisch bis polygonal und in ihrer Anzahl in den Zellen sehr wechselnd. In den vegetativen Zellen immer wandständig. Im Zellinhalt Fett- oder Öltropfen, manchmal Chrysolaminarin, sehr selten auch rot gefärbtes Öl. Bisweilen auch Eiweißkristalle.

Fortpflanzung ausschließlich durch Bildung von Autosporen, die zu zweit oder zu viert (ausnahmsweise auch 8–16) entstehen und durch Aufreißen oder Verschleimen der alten Zellwand frei werden. In ganz jungen Autosporen können die Chromatophoren vorübergehend etwas binnenständig sein. Andere Stadien nicht bekannt. *Chloridella* ist unter den Xanthophyceen das, was *Chlorella* und *Muriella* unter den Chlorophyceen sind.

Wichtigste Literatur: Pascher 1932b, 1939a; Vischer 1945, Reisigl 1964; Ettl 1968, 1977; Kol und Flint 1968.

Bestimmungsschlüssel der Arten

1a Zellen mit einem Chromatophor .... **1. Ch. simplex**
1b Zellen mit mehreren Chromatophoren 2
2a Zellwand zart bis fest, nicht eiseninkrustiert 3
2b Zellwand sehr derb und relativ dick, oft mit mächtigen Eisenablagerungen 4
3a Zellen bis 14 μm groß, mit 4–6 Chromatophoren .... **2. Ch. neglecta**
3b Zellen bis 22 μm groß, mit vielen (bis 20) Chromatophoren .... **5. Ch. polychloris**
4a Zellen klein, 4–6 μm, mit nur 2–3 Chromatophoren ... **3. Ch cystiformis**
4b Zellen größer, 12–15 μm, mit mehreren bis vielen Chromatophoren .... **4. Ch. ferruginea**

1. Chloridella simplex Pascher (Fig. 115))

Zellen kugelig, nur selten etwas unregelmäßig. Zellwand meistens sehr zart. Chromatophor immer in der Einzahl, schüssel- bis topfförmig, meist nicht mehr als die halbe Zelle auskleidend, doch oft kleiner. Ränder des Chromatophors manchmal gewellt, aber auch tief eingeschnitten und gelappt, von oben gesehen dann mehrere Chromatophoren vortäuschend; dabei sehr zart. Gelegentlich entstehen durch Teilungshemmungen große Zellen mit 8–10 Chromatophoren. Fortpflanzung durch Bildung von zwei Autosporen, die durch die verschleimte Zellwand der Mutterzelle lange zusammengehalten werden.

Zellen 12–15 μm groß.

Kommt in Gewässern mit sehr niedrigen pH-Werten vor. Hauptsächlich in sauren Verlandungsbuchten sowie gelegentlich in Torfgräben zwischen *Microspora*-Watten am Großteich bei Doksy (Tschechoslowakei). Auch in Gräben im kleinen Torfmoor bei Georgenfeld in Sachsen (DDR).

2. Chloridella neglecta (Pascher et Geitler) Pascher (Fig. 116)
Chlorobotrys neglecta Pascher et Geitler

Zellen kugelig bis etwas unregelmäßig, oft sogar stumpfeckig. Zellwand zart bis fest, mitunter fast derb, manchmal leicht bräunlich verfärbt. Chromatopho-

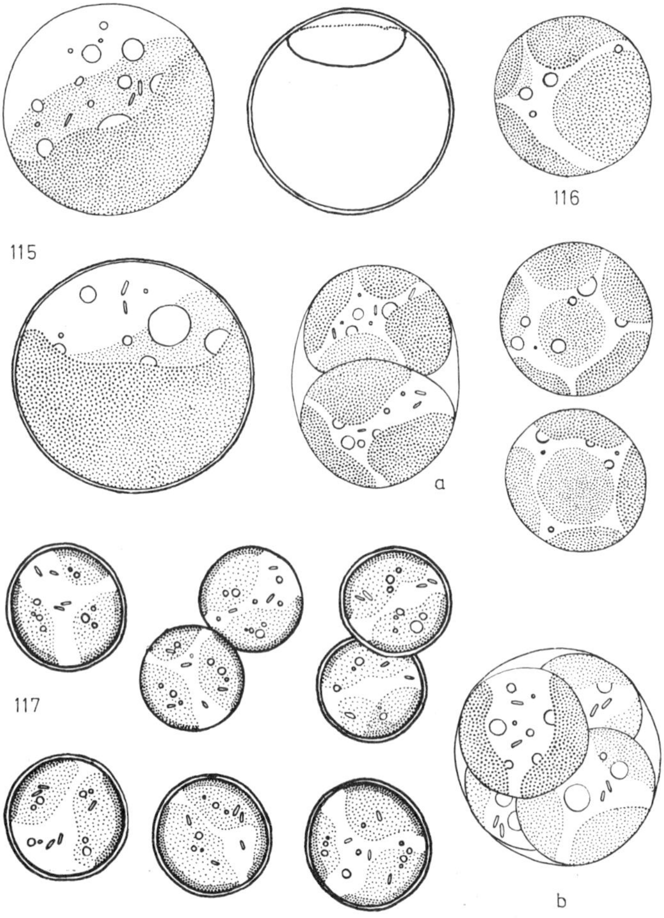

Fig. 115. *Chloridella simplex* Pascher. Fig. 116. *Chloridella neglecta* (Geitler et Pascher) Pascher – *a, b* Autosporenbildung. Fig. 117 *Chloridella cystiformis* Pascher (nach Pascher).

ren 4–6, wandständig, oft sehr verschieden groß, nicht selten polygonal abgeplattet, sonst scheibenförmig. Fortpflanzung durch Bildung von zwei bis vier, gelegentlich mehr Autosporen, die sich manchmal tetraëdrisch abplatten, vorübergehend leicht verklebt sind und vielleicht auch im erwachsenen Zustand diese Abplattung beibehalten und so die erwähnte gelegentliche Unregelmäßigkeit in der Gestalt der Zellen verursachen.

Zellen 8–14 μm groß, in einem Fall sogar bis 22 μm.

Sehr häufige, vielleicht spezifisch nicht einheitliche Alge. In stehenden Gewässern, besonders Grundwassertümpeln, niedere pH-Werte meidend. In Mooren nur dort vorhanden, wo pH-Werte höchstens bei 6,5–6,7 liegen. Diese Art wurde auch in Erdböden gefunden. Im Gebiet recht verbreitet.

Nach Hibberd und Leedale (1971 a) soll *Chloridella neglecta* Zoosporen bilden (Kulturen von Vischer). Es ist aber nicht sicher, daß letztere Form mit Paschers Typus identisch ist.

3. **Chloridella cystiformis** Pascher (Fig. 117)

Zellen mehr oder weniger kugelig, mit einer derben, nicht selten tiefbraun gefärbten, mit Eiseninkrustationen versehenen, oft etwas spröden und glatten Zellwand. Keine Gallerthüllen vorhanden. Chromatophoren meist 2–3, selten nur einer oder mehrere, wandständig, scheiben- bis muldenfömig, oft sehr ungleich groß und sehr blaß. Im Zellinhalt rote Öltropfen. Fortpflanzung durch 2–4 Autosporen, die entweder zart- oder dickwandig sind.

Zellen 5–7 μm im Durchmesser.

Oft in größeren Mengen in stark eisenhaltigen Gewässern mit niedrigeren pH-Werten. Die Zellen können dabei oft so tiefbraun gefärbt sein, daß Einzelheiten des Inhalts nicht zu erkennen sind. Mehrmals im Böhmerwald, im Erzgebirge wie auch in Westböhmen (Tschechoslowakei) gefunden. Außerdem auch in Tirol, in Polen und in Spanien gesichtet.

4. **Chloridella ferruginea** Pascher (Fig. 118)

Zellen breit eiförmig-kugelig bis kugelig, mitunter auch etwas unregelmäßig. Zellwand sehr derb, vielleicht sogar geschichtet, manchmal fleckenweise oder zusammenhängende, unregelmäßige braune Auflagerungen besitzend. Auflagerungen so mächtig, daß die Zellen ganz unregelmäßige Umrisse bekommen und sekundär durch diese Eisenauflagerungen miteinander völlig verbunden sein können. In alten Zellen ist die Zellwand spröde. Chromatophoren 3–5, in größeren Zellen 8–10, wandständig und scheibenförmig. Fortpflanzung durch Bildung von meist nur zwei Autosporen, die sehr häufig bereits mit derben Zellwänden austreten und manchmal nur einen Chromatophor haben.

Zellen 9–13 μm, gelegentlich bis 15 μm im Durchmesser.

In moorigen und eisenhaltigen Gewässern mit sehr niedrigen pH-Werten (3,4). Bei höheren Temperaturen auftretend. In den Mooren im Böhmerwald, im Riesengebirge und im Erzgebirge, häufig auch in Tirol gefunden.

5. **Chloridella polychloris** Ettl (Fig. 119)
Chloridella neglecta Pascher fo. sensu Ettl

Zellen immer kugelig, von dieser Gestalt kaum abweichend; recht zart, doch deutlich behäutet; die Zellwand nie bräunlich verfärbt. Chromatophoren mehrere bis viele (bis 20), wandständig, scheibenförmig, im Umriß rundlich elliptisch bis abgerundet polygonal. Mit mehreren, oft rötlich gefärbten Öltropfen. Fortpflanzung durch acht Autosporen, die in der erweiterten Mutterzelle entstehen. Junge Autosporen werden durch gegenseitigen Druck innerhalb der alten Zellwand oft etwas abgeplattet, runden sich später aber immer ab.

Zellen 6–22 μm groß.

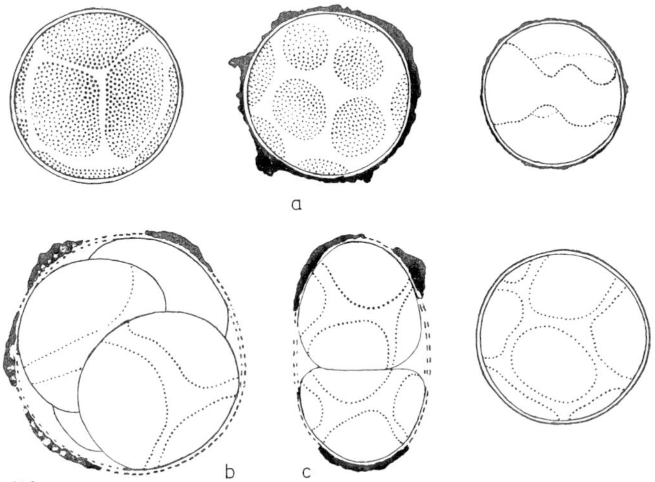

118

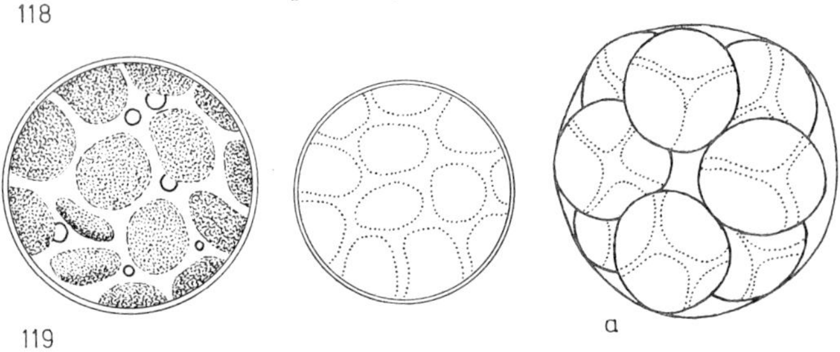

119

Fig. 118. *Chloridella ferruginea* Pascher – *a* vegetative Zelle mit starken Eisenauflagerungen, *b, c* Autosporenbildung, wobei die äußere, mit Eisenablagerungen versehene Schicht gesprengt wird (nach Pascher). Fig. 119. *Chloridella polychloris* Ettl – *a* Autosporenbildung (nach Ettl).

Zerstreut, aber häufig in allen Moorgewässern in der Nähe von Innsbruck und von Obergurgl in Tirol vorkommend.

Unsichere und zu streichende Art.

Chloridella glacialis Kol – aus der Beschreibung wie auch aus der Abbildung geht nicht klar hervor, ob es sich um eine *Chloridella*-Art handelt. Vielleicht ist es eine *Chlorella*-Art, worauf die äußerst kleinen Ausmaße, ebenso wie der typisch becherförmige Chromatophor hinweisen. Die Zellen haben einen Durchmesser von nur 0,5–1,5 μm. Im Eis der Antarktis gefunden.

3. **Ellipsoidion** Pascher

Zellen einzeln lebend oder nur vorübergehend durch die erweiterte verschleimte Zellwand der Mutterzelle zusammengehalten, doch später immer auseinanderfallend. Zellen mehr oder weniger ellipsoidisch, kurz oder etwas gestreckt, mitunter ellipsoidisch-eiförmig, manchmal deutlich gegen die Enden verschmälert, nie walzlich. Zellwand zart bis derb, nicht skulpturiert. Chromatophoren einer oder mehrere, wenn einer vorhanden ist, so ist er mulden-, ring- bis topfförmig, bei mehreren regelmäßig oder unregelmäßig scheibchenförmig, immer wandständig. Bei einer Art ist ein Pyrenoid vorhanden. Als Assimilate treten Öl und Fette, auch Chrysolaminarin, ferner rotes Exkretöl auf.

Fortpflanzung durch Bildung von zwei oder vier, sehr selten von acht Autosporen. Sie werden durch Aufreißen oder Verschleimen der alten Zellwand frei oder werden durch diese auch noch eine Zeitlang zusammengehalten. Zoosporenbildung nur bei einer Art mit Sicherheit festgestellt. Ebenso ist die Zystenbildung nur bei einer Art bekannt.

Eine künstliche Gattung, die Arten gleichen Aussehens umfaßt. Es ist nicht ausgeschlossen, daß einzelne *Ellipsoidion*-Arten eine zweiteilige Zellwand besitzen. Ebenso ist es nicht sicher, ob die meisten Arten ausschließlich autosporin sind oder nicht.

Wichtigste Literatur: Geitler 1928; Pascher 1930b, 1939a; Ettl 1960, 1968, 1977; Reisigl 1964; Norris 1964; Péterfi 1967.

Bestimmungsschlüssel der Arten

1a Zellen mit einem Chromatophor 2
1b Zellen mit zwei oder mehreren Chromatophoren 7
2a Chromatophor mit Pyrenoid . . . . **1. E.solitare**
2b Chromatophor ohne Pyrenoid 3
3a Zellen sehr klein, nur 2 µm dick . . . . **3. E.perminimum**
3b Zellen größer, 6–9 µm dick 4
4a Chromatophor ringförmig . . . . **4. E.anulatum**
4b Chromatophor mulden- oder scheibenförmig 5
5a Chromatophor ganzrandig 6
5b Chromatophor tief gelappt, oft sternartig aussehend . . . . **2. E.stellatum**
6a Zellen gegen die Enden deutlich verschmälert und zugespitzt **5. E.simplex**
6b Zellen gegen die Enden nicht verschmälert, eiförmig-ellipsoidisch . . . . **6. E.ovoideum**
7a Zwei Chromatophoren (nur ausnahmsweise einer) 8
7b Mehrere Chromatophoren 9
8a Zellen gleichmäßig ellipsoidisch, bis 7 µm lang, Zellwand der Mutterzelle nicht verschleimend . . . . **9. E.oocystoides**
8b Zellen nicht regelmäßig, oft etwas gedrückt, bis 5,5 µm lang, Zellwand der Mutterzelle stark verschleimend . . . . **10. E.parvum**
9a Zellen ellipsoidisch bis gestreckt ellipsoidisch 10
9b Zellen an den Enden geradlinig verschmälert und zugespitzt 12
10a Zellwand sehr derb, Zellen 7 µm lang . . . . **7. E.pachydermum**
10b Zellwand sehr zart, Zellen 10–14 µm lang 11
11a Zellen breit und kurz ellipsoidisch, immer regelmäßig . . . . **8. E.regulare**
11b Zellen gestreckt ellipsoidisch, oft etwas schief und unregelmäßig . . . . **11. E.stichococcoides**
12a Zellen kurz und plump, an beiden Enden fast geradlinig verschmälert . . . . **12. E.pulchrum**
12b Zellen gestreckt, fast spindelförmig, an beiden Enden in eine Spitze ausgezogen . . . . **13. E.acuminatum**

1. Ellipsoidion solitare (Geitler) Pascher (Fig. 120)
Chlorobotrys solitaris Geitler

Zellen ellipsoidisch, manchmal leicht eiförmig-ellipsoidisch, an beiden Enden abgerundet. Zellwand ziemlich derb. Chromatophor in der Einzahl, sehr groß, topfförmig, nur an einem Ende eine kleine Stelle freilassend, an seiner Basis mit einem deutlichen, oft schief stehenden Pyrenoid, das innerhalb der Chromatophorenverdickung meist scharf abgegrenzt ist. Chromatophor manchmal von Spalten und Rissen durchzogen und gelegentlich scheinbar in mehrere, polygonal aneinandergrenzende Teilstücke aufgeteilt. Fortpflanzung durch Autosporen, die zu zweit oder zu viert gebildet werden. Zysten mit derber Wand beobachtet.

Zellen bis 14 μm lang und 8–9 μm breit.

Diese Art scheint eine große ökologische Spannweite zu haben. Sie wurde aus dem Kalthaus bei Lunz (Österreich) beschrieben, doch mehrmals auch im Freiland, vor allem in Altwässern beobachtet.

2. Ellipsoidion stellatum Ettl (Fig. 121)

Zellen mehr oder weniger regelmäßig ellipsoidisch oder breit ellipsoidisch, selten einseitig leicht verschmälert. Zellwand zart, glatt und nicht verfärbt. Es ist nur ein einziger wandständiger Chromatophor vorhanden. Er ist im Prinzip muldenförmig, jedoch durch tiefe Einschnitte in drei oder vier lange Lappen zerteilt und deshalb häufig sternförmig erscheinend; ohne Pyrenoid. Fortpflanzung durch zwei oder vier Autosporen, bei deren Bildung die Zellwand der Mutterzelle nicht sehr erweitert wird. Knapp vor der Protoplastenteilung teilt sich der Chromatophor in die entsprechende Anzahl von Teilstücken.

Zellen 10–14 μm lang, 6–10 μm breit.

Im Detritus zwischen vielen Diatomeen am Ufer eines größeren Teiches bei Svitavy (Tschechoslowakei).

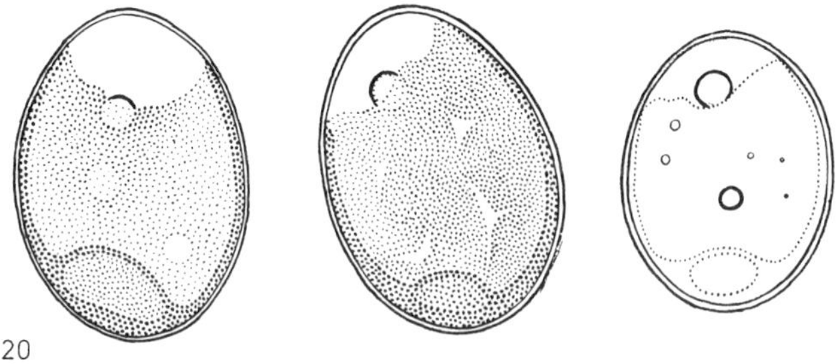

120

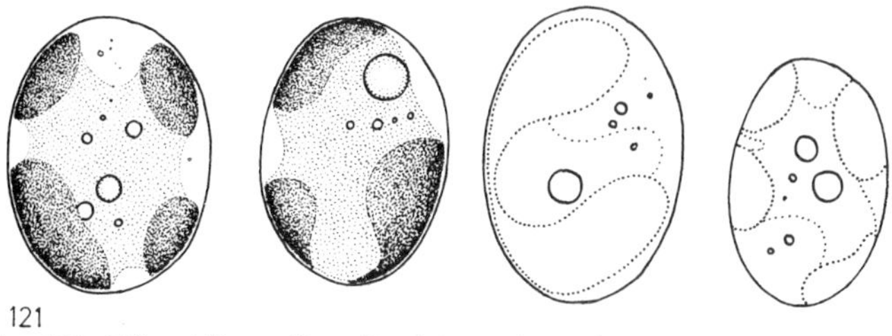

121

Fig. 120. *Ellipsoidion solitare* Pascher (nach Pascher). Fig. 121. *Ellipsoidion stellatum* Ettl (nach Ettl).

3. Ellipsoidion perminimum Pascher (Fig. 122)

Zellen regelmäßig ellipsoidisch bis schief oder mit einer geraden Fläche, manchmal ganz leicht gekrümmt, 1,5 mal länger als breit, an den Enden breit abgerundet und nicht gegen die Enden verschmälert. Zellwand zart, sehr leicht verschleimend. Chromatophor einer, sehr klein und blaß, muldenförmig. Ohne Pyrenoid. Fortpflanzung durch 2–4 Autosporen, die von der alten Zellwand lange zusammengehalten werden.

Zellen 3–6 μm lang, nur 2 μm breit.

Aus flachen Tümpeln, am Grunde von Baumstämmen, in alpinen Erdböden, häufig auch an stickstoffreichen Plätzen. Verträgt das Austrocknen und kann sowohl als Luft- als auch als Wasseralge auftreten. Im Gebiet recht verbreitet.

Kol beschrieb eine Varietät *cryophila*, die im grün gefärbten Eis auf der Insel Sabrina in der Antarktis gefunden wurde. Vom Typus soll sie sich durch den größeren Chromatophor und durch die kryophile Lebensweise unterscheiden. Es ist jedoch fraglich, ob wirklich eine *Ellipsoidion*-Form vorliegt. Erinnert stark an *Chlorella*.

4. Ellipsoidion anulatum Pascher (Fig. 124)

Zellen ausgesprochen ellipsoidisch, an den Enden breit abgerundet, manchmal hier leicht verschmälert, seltener etwas unregelmäßig bis leicht polyedrisch, vor allem bei später Entleerung der herangewachsenen Autosporen. Zellwand sehr zart, manchmal mit leichter Schleimhülle, allgemein zur Verschleimung neigend. Chromatophor einer, bei normaler Ausbildung in Form eines breiten, mehr oder weniger äquatorial stehenden, oft gelappten und eingeschnittenen, meist geschlossenen, ringförmigen Bandes, das die beiden Zellenden frei läßt. Stellenweise jedoch sehr stark verschmälert oder auch breit durchgetrennt, so daß ein breit rinnen- bis muldenförmiger, immer wandständiger Chromatophor zustande kommt. Bisweilen auch netzförmig durchbrochen oder in zwei bandförmige Chromatophoren zerteilt. Fortpflanzung durch 2–16 Autosporen, die manchmal recht ungleich groß sein können und deren Chromatophoren auch innerhalb derselben Mutterzelle in Form und Größe weitgehend schwanken. Gelegentlich werden auch Hemiautosporen gebildet. Selten auch Zoosporenbildung, Zoosporen schief verkehrt eiförmig, ohne Stigma, doch mit pulsierenden Vakuolen, mit einem binnenständigen bandförmigen Chromatophor. Hauptgeißel mehr als körperlang, Nebengeißel sehr kurz.

Zellen bis 14 μm lang und 6–9 μm breit, auch in kleinerer Form auftretend.

Einmal in größerer Menge im Ufersand des Großteiches bei Doksy (Tschechoslowakei) und diesen fleckenweise bis 1 cm tief grün färbend. Anscheinend sehr kalkhold, da die Art auch in flachen Wasserlachen auf Kalkgestein bei Prag und in den Dolomiten gefunden wurde.

5. Ellipsoidion simplex Pascher (Fig. 123)

Zellen ellipsoidisch, gegen die Enden zu aber immer deutlich, manchmal fast geradlinig verschmälert, nicht selten ein Ende schmäler als das andere. Enden meist deutlich spitz, so daß die Zellen dann plump spindelförmig werden. Zellwand ziemlich derb, wahrscheinlich auch eine zarte Schleimhülle vorhanden. Chromatophor einer, sehr groß, muldenförmig und meist mehr der Längswand anliegend. Falls die Zellen etwas asymmetrisch sind, liegt der Chromatophor fast immer der gewölbten Seite an. Manchmal ist der Chromatophor fast ringförmig, ausnahmsweise auch in zwei Stücke aufgeteilt, von denen das eine immer bedeutend kleiner als das andere ist. Fortpflanzung durch zwei oder vier Autosporen, die nicht selten noch lange Zeit durch die derbe alte Zellwand der Mutterzelle zusammengehalten werden.

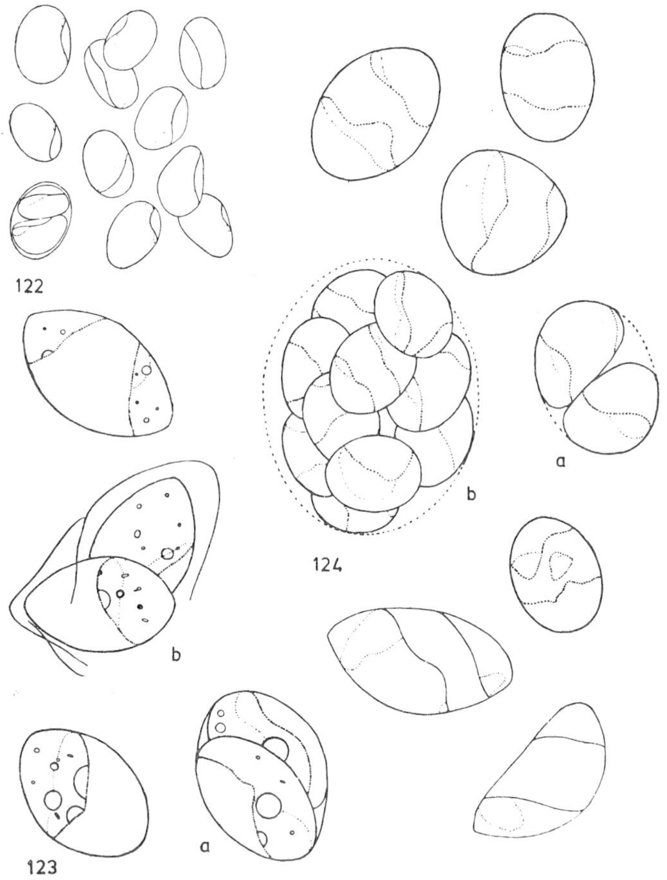

Fig. 122. *Ellipsoidion perminimum* Pascher. Fig. 123. *Ellipsoidion simplex* Pascher – *a, b* Autosporenbildung. Fig. 124. *Ellipsoidion anulatum* Pascher – *a* Protoplastenteilung, *b* Autosporenbildung (nach Pascher).

Zellen 9–15 μm lang, 6–9 μm breit.

Mit *Tetraspora* in den Frühjahrs-Schmelzwässern im Böhmerwald, aber auch an Felsen im Erzgebirge gefunden (Tschechoslowakei), vielleicht oligotherm.

6. Ellipsoidion ovoideum Pascher (Fig. 125)

Zellen ausgesprochen eiförmig-ellipsoidisch, an einem Ende breit abgerundet, am anderen etwas verschmälert, doch stumpf und dabei im allgemeinen regelmäßig gestaltet. Zellwand sehr zart. Mit einem großen, wandständigen, muldenförmigen Chromatophor. Manchmal ist er leicht gelappt, ring-muldenförmig bis fast ringförmig, oft auch verkleinert. Fortpflanzung durch Bildung von zwei oder vier Autosporen, deren Chromatophoren sehr ungleich groß sein können.

Zellen 12–14 μm lang, abnorme Zellen bis 20 μm.

Wenig verbreitete Alge, die wahrscheinlich meist für eine längliche *Chlorococcum*-Art angesehen wurde. Wahrscheinlich eine oligotherme Art, die in Frühjahrs-Schmelzwässern mit *Tetraspora* in *Ulothrix*-Watten vorkommt, Böhmerwald.

7. **Ellipsoidion pachydermum** Ettl (Fig. 126)
Chloridella cystiformis Pascher fo. sensu Ettl

Zellen kurz und breit ellipsoidisch, manchmal ellipsoidisch-kugelig oder etwas unregelmäßig. Zellwand sehr derb und dick, doch nicht spröde, wenn auch manchmal leicht bräunlich verfärbt. Chromatophoren 3–4, ausnahmsweise auch 5, wandständig, scheibenförmig, gelbrün. Zellen mit wenigen Öltropfen als Reservestoff. Fortpflanzung durch vier Autosporen, die noch vor Verlassen der Mutterzelle die derbe Zellwand ausbilden. Zoosporen nicht bekannt.

Zellen 5–7 μm lang, ungefähr 5 μm breit.

Häufig im grünen Schleim kleiner Wasseransammlungen in Sphagneten, gemeinsam mit großen Mengen von Zygnemalen und Desmidiaceen, Seefelder Moor in Tirol.

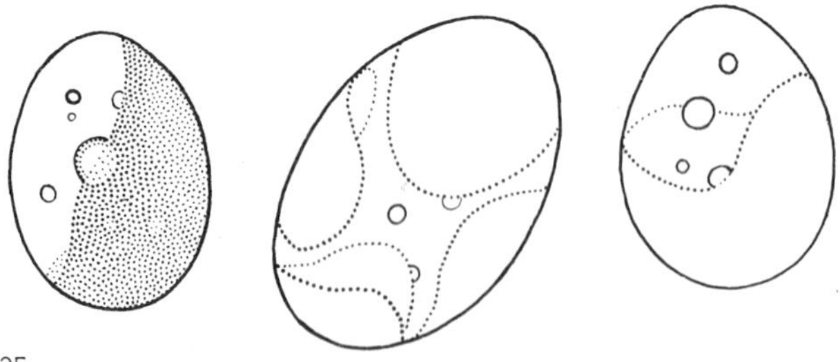

125

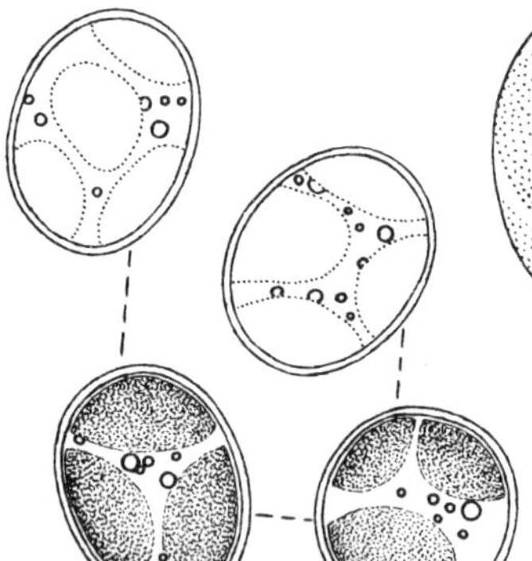

126

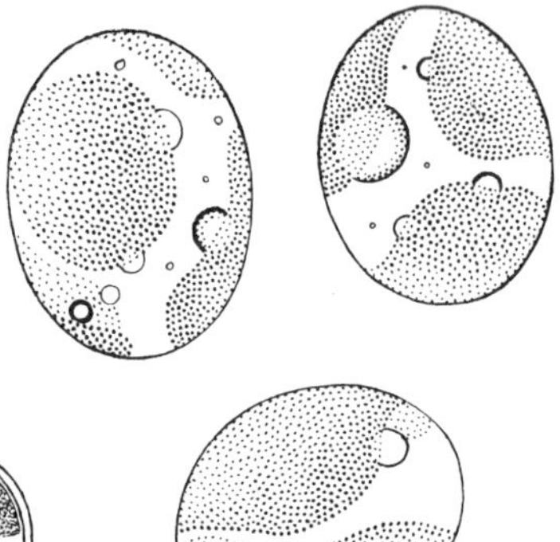

127

Fig. 125. *Ellipsoidion ovoideum* Pascher (nach Pascher). Fig. 126. *Ellipsoidion pachydermum* Ettl (nach Ettl). Fig. 127. *Ellipsoidion regulare* Pascher (nach Pascher).

8. Ellipsoidion regulare Pascher (Fig. 127)

Zellen kurz und breit ellipsoidisch, mit sehr breiten, fast halbkugelig abgerundeten Enden. Manchmal auch etwas unregelmäßig werdend. Zellwand außerordentlich zart, oft auch noch mit einer zarten Schleimhülle. Chromatophoren mehrere (4–7), oft polygonal aneinanderschließend, nicht selten ungleich groß, gelegentlich auch nur zwei, im Prinzip scheibenförmig. Fortpflanzung durch vier Autosporen, von denen zunächst jede nur einen Chromatophor hat.

Zellen 10–14 μm lang, bis 8 μm breit.

Im Aufwuchs an Wasserpflanzen an moorigen Stellen, Böhmen.

9. Ellipsoidion oocystoides Pascher (Fig. 128)

Zellen gleichmäßig ellipsoidisch, an den Enden breit abgerundet, ungefähr 1,5 mal länger als breit. Zellwand sehr zart, doch anscheinend nicht leicht verschleimend, infolgedessen werden die Einzelzellen nur selten länger zusammen gehalten. Chromatophoren einer oder meist zwei, im letzten Fall oft sehr ungleich groß, wandständig, mulden- bis bandförmig, oft sehr blaß. Im allgemeinen recht klein. Nicht selten rote Öltropfen. Fortpflanzung durch Autosporen, die zu 2–8 gebildet werden. Auch Bildung von Zoosporen wurde beobachtet.

Zellen bis 7 μm lang und bis 4 μm breit.

Vielleicht eine sehr verbreitete Alge saurer Gewässer oder Böden. An mehreren moorigen Standorten in Böhmen gefunden, auch aus Rumänien und Australien bekannt (in Erdproben).

10. Ellipsoidion parvum Reisigl (Fig. 131)

Zellen rundlich oval, nicht sehr regelmäßig, etwas gedrückt. Zellwand zart, stark verschleimend. Chromatophoren einer oder meist zwei, wandständig, scheiben- oder kurz bandförmig, auch leicht muldenförmig, blaß. Ohne Pyrenoid. Fortpflanzung durch Autosporen, die durch schnell aufeinander folgende Teilungen gebildet werden. Zellwand der Mutterzelle ziemlich stark verschleimend, so daß die Autosporen zu unregelmäßigen traubigen Haufen verklebt bleiben.

Zellen 3,5–5,5 μm lang und 2,5–3,5 μm breit.

Von der Oberfläche eines mineralischen Rohbodens am Gipfel der Kreuzspitze (3450 m ü. M.) in Tirol isoliert.

11. Ellipsoidion stichococcoides Pascher (Fig. 129, 130)

Zellen gewöhnlich sehr regelmäßig, gestreckt ellipsoidisch, 2–2,5 mal länger als breit, an beiden Enden gleichmäßig, manchmal fast flach, abgerundet. Gelegentlich sind die Enden voneinander verschieden. Die Zellen können auch etwas schief oder unregelmäßig sein. Zellwand immer sehr zart, ohne Verdickungen. Chromatophoren mehrere (3–9), wandständig, in ihrer Größe nicht nur an den Zellen desselben Materials, sondern auch innerhalb einer Zelle wechselnd; oft recht klein, scheibenförmig. Fortpflanzung durch zwei oder vier, seltener auch mehrere Autosporen. Erste Protoplastenteilung meist schief zur Längsachse der Zelle.

Zellen 5–10 μm lang, 3–4 μm breit.

In verschiedenen Algenwatten – *Oedogonium, Zygnema, Tribonema* – in Gräben, an Teichufern oder auch in eisenhaltigen Gewässern. Bislang an mehreren Orten in Böhmen und in einem sauren, eisenhaltigen Sumpf bei Innsbruck in Tirol.

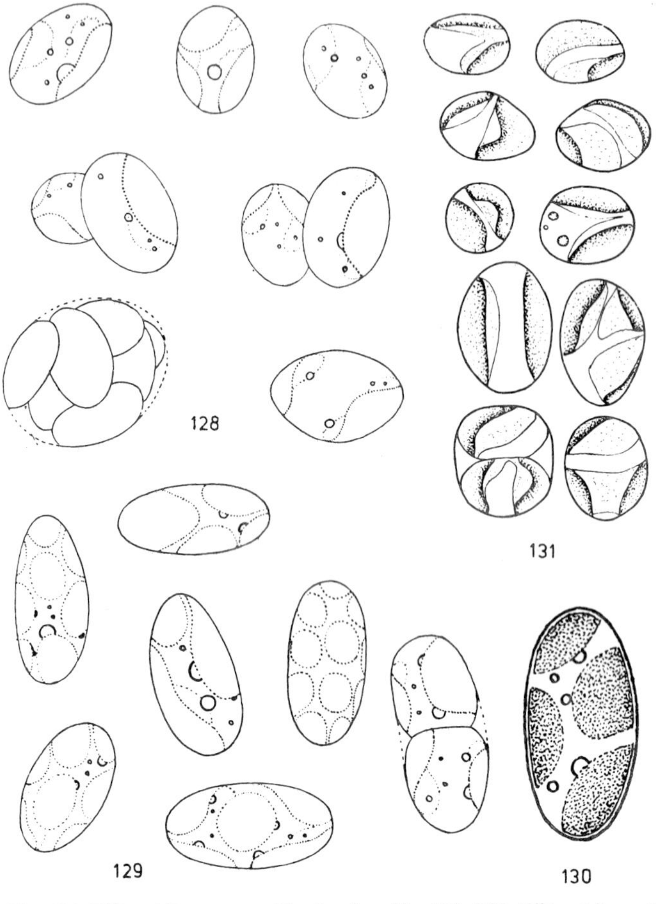

Fig. 128. *Ellipsoidion oocystoides* Pascher. Fig. 129, 130. *Ellipsoidion stichococcoides* Pascher. (Fig. 130 nach Ettl, sonst nach Pascher). Fig. 131 *Ellipsoidion parvum* Reisigl (nach Reisigl).

12. Ellipsoidion pulchrum Pascher (Fig. 133)

Zellen von der Mitte aus beiderseits fast geradlinig, meist auffallend verschmälert, an beiden Enden breit abgerundet, selten nur stumpflich, ungefähr 1,5 mal länger als breit. Dadurch, daß die beiden Längsseiten ungleich stark ausgebaucht sind, entstehen eigenartige, im optischen Schnitt fast stumpf-delta-ähnliche Formen. Zellwand sehr derb, manchmal rötlich verfärbt, doch nirgends lokal verdickt. Chromatophoren meistens drei oder vier, wandständig, mulden- bis ringförmig, aber auch scheibenförmig. Fortpflanzung durch zwei oder vier Autosporen oder Hemiautosporen.

Zellen bis 17 μm lang, 8–12 μm breit.

Anscheinend seltene Alge mooriger Gewässer, im Erzgebirge und im Böhmerwald gefunden (Tschechoslowakei).

13. Eillipsoidion acuminatum Pascher (Fig. 132)

Zellen zwei- bis dreimal länger als breit, meist regelmäßig gestaltet, gestreckt ellipsoidisch und deutlich zugespitzt. Manchmal angedeutet S-förmig. Zellwand ziemlich derb und an den beiden Zellspitzen etwas verdickt. Chromatophoren meist drei oder vier, wandständig, länglich bis elliptisch scheibenförmig. Fortpflanzung durch zwei oder vier Autosporen oder Hemiautosporen. Gelegentlich platten sich die Autosporen ab und verbacken auch öfters miteinander, so daß ausdauernde zwei- bis vierzellige Verbände entstehen können.
Es wurden auch zweischalige Zysten beobachtet.

Zellen 8–16 μm lang, 4–6 μm breit.

Aus salzhaltigen Tümpeln der Flachmoore bei Lysá und Kralupy (Tschechoslowakei). Nach Hibberd und Leedale (1972) zu den **Eustigmatophyceen** gehörend.

Unsichere und zu streichende Art.

Ellipsoidion salinum Norris – Unvollständig, in einigen Merkmalen sogar etwas widersprüchlich beschriebene Meeresform. Erinnert stark an *Oocystis*. An den einzelnen scheibenförmigen Chromatophoren wurden Pyrenoid-ähnliche Gebilde festgestellt, jedoch ohne Stärke.

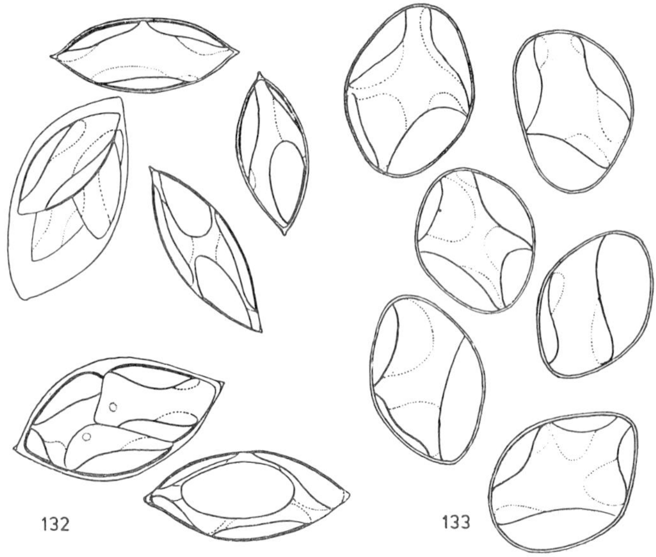

132 133

Fig. 132. *Ellipsoidion acuminatum* Pascher. Fig. 133. *Ellipsoidion pulchrum* Pascher (nach Pascher).

4. **Monallantus** Pascher

Zellen einzeln lebend oder nur kurz nach der Fortpflanzung vorübergehend zu zweit oder viert beisammen gehalten. Gestalt kurz zylindrisch oder zylindrisch-ellipsoidisch, an beiden Enden abgerundet oder abgerundet-gestutzt, Seitenflanken meist gerade und oft parallel verlaufend. Manchmal unmerklich gekrümmt oder in der Mitte leicht taillenartig eingezogen. Gewöhnlich nur wenige Male länger als breit, oft auch kaum länger als breit. Zellwand aus einem Stück bestehend, zart bis fest, bei einer Art sogar derb; glatt, manchmal etwas rötlich verfärbt oder mit ganz zarter und dünner Gallerthülle. Chromatophoren einer oder mehrere, immer wandständig, scheiben- bis muldenförmig, aber auch rinnenförmig, meist sehr groß und deutlich, nur schmale, helle Zwischenräume freilassend. Pyrenoide vorhanden oder fehlend. Die anderen Inhaltskörper wie bei den anderen Xanthophyceen, manchmal auffallende rubinrote Öltropfen.

Fortpflanzung durch Zoosporen oder Autosporen, gelegentlich auch Hemiautosporen. Sie werden zu zweit oder viert gebildet. Zoosporen können völlig amöboid werden, nehmen aber bald unter leichter Streckung eine walzliche Form an; mit oder ohne Stigma. Die alten Zellwände werden sehr gedehnt, verschleimen oder zerreißen. Zysten nicht beobachtet.

Wichtigste Literatur: Pascher 1939a; Ettl 1965, 1968, 1977; Péterfi 1967; Bourrelly 1968.

Bestimmungsschlüssel der Arten

1a Chromatophoren mit Pyrenoid .... **1. M.pyreniger**
1b Chromatophren ohne Pyrenoid 2
2a Zellen mit einem (ausnahmsweise zwei) Chromatophoren und an den Enden mit kappenartigen Verdickungen .... **4. M.stichococcoides**
2b Zellen mit zwei bis mehreren Chromatophoren, ohne kappenartige Verdickungen 3
3a Zellwand sehr derb, doppelt konturiert erscheinend, an den Enden fast gerade abgestutzt .... **2. M.cylindrus**
3b Zellwand sehr zart, an beiden Zellenden abgerundet 4
4a Zellen gestreckt, mitunter sehr lang zylindrisch, 3–4 μm breit .... **3. M.angustus**
4b Zellen kurz zylindrisch, 6–10 μm breit 5
5a Zellen an den Flanken gerade oder leicht nach außen gewölbt, bis 12 μm lang, mit 2–4 Chromatophoren .... **5. M.brevicylindrus**
5b Zellen an den Flanken leicht taillenartig eingezogen, bis 20 μm lang, mit mehreren bis vielen Chromatophoren .... **6. M.gracilis**

1. **Monallantus pyreniger** Pascher (Fig. 134)

Zellen walzlich, mit geraden oder leicht tonnenförmig erweiterten Mantelflächen, mitunter auch leicht taillenartig eingezogen. Manchmal die Enden etwas ungleich breit, aber sonst gleichartig geformt, Endflächen sehr breit, fast flach abgerundet und dadurch die Zellen fast abgerundet-gestutzt. Zellwand mäßig bis sehr derb, manchmal leicht rötlich verfärbt. Chromatophoren in normaler Ausbildung zwei, symmetrisch zueinander die Längsflanken der Zelle auskleidend und manchmal auch etwas auf die Querflächen übergreifend, besonders bei den mehr gestutzten Formen. Immer mulden- bis breit rinnenförmig, oft gegeneinander verschoben. Jeder Chromatophor ungefähr in seiner Mediane mit einem großen, kissenförmigen, gut differenzierten Pyrenoid versehen, das dem Chromatophor breit anliegt. Beide Pyrenoide einer Zelle manchmal sehr ungleich, gelegentlich das eine oder das andere Pyrenoid geteilt oder fehlend. Fortpflanzung durch Zoosporen oder Autosporen, die fast immer zu zweit gebildet werden. Vor der Protoplastenteilung meist Teilung der Chromatophoren, wobei dann alle vier Chromatophoren einer Zelle Pyrenoide bekommen oder aber die Teilung ohne die der Pyrenoide verläuft. Zoosporen mehr ellipsoidisch-zylindrisch, sehr formveränderlich, Hauptgeißel ungefähr körperlang, Nebengeißel $^1/_4$ der ersteren messend, Stigma vorhanden.

Zellen 12–15 μm, aber auch bis 17 μm lang, bis 9 μm breit.

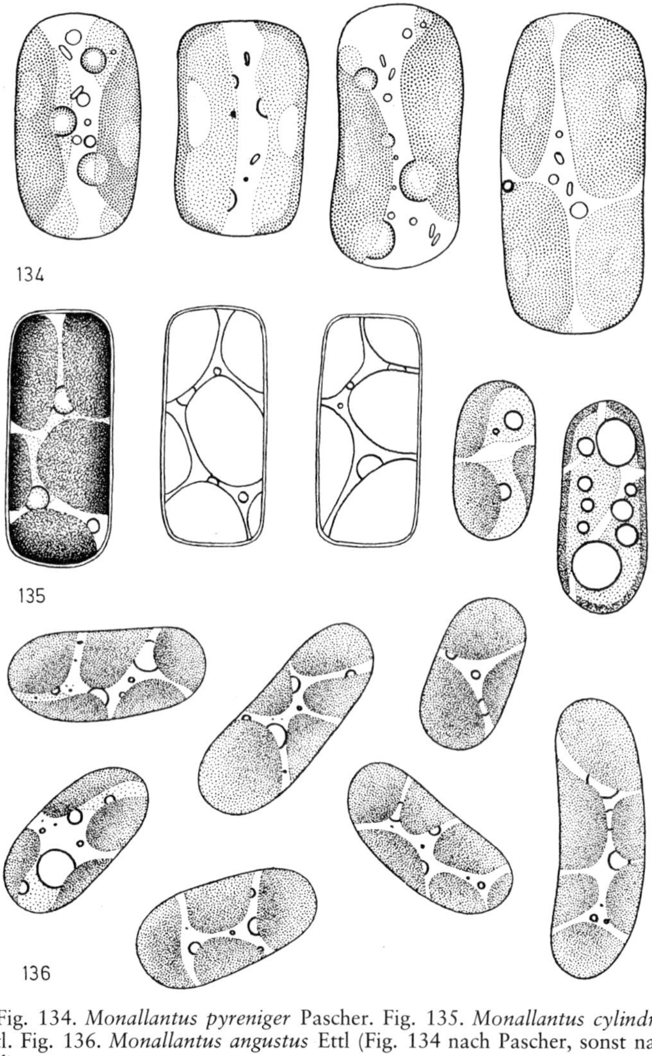

Fig. 134. *Monallantus pyreniger* Pascher. Fig. 135. *Monallantus cylindrus* Ettl. Fig. 136. *Monallantus angustus* Ettl (Fig. 134 nach Pascher, sonst nach Ettl).

Einmal in größeren Mengen in einer Algenwatte, die in einem kleinen Wiesenloch wuchs, Böhmerwald (Tschechoslowakei).

2. Monallantus cylindrus Ettl (Fig. 135)
Monallantus gracilis Pascher fo. sensu Ettl

Zellen genau zylindrisch, 2–2,5 mal länger als breit, mit geraden und fast parallelen Seitenflanken und fast gerade abgestutzten Enden, die nur ausnahmsweise leicht gerundet sein können. Zellwand sehr derb und recht deutlich doppelt konturiert erscheinend. Mit mehreren (bis 8) Chromatophoren, die dicht aneinandergerückt sind und daher etwas polygonal werden. Sonst wandständig, scheibenförmig, gelbgrün, ohne Pyrenoide. Fortpflanzung durch Autosporen, leider nicht vollständig beobachtet.

Zellen 12–16 μm lang, 5–6 μm breit.

Im Detritus am Teichufer eines größeren leicht eutrophen Teiches und zwischen anderen Algen in kleinen Wiesentümpeln in Nordmähren (Tschechoslowakei).

3. Monallatus angustus Ettl (Fig. 136)

Zellen einzeln lebend oder nur nach der Fortpflanzung vorübergehend zu zweit beisammen, ohne Gallerte. Gestalt zylindrisch-ellipsoidisch bis gestreckt zylindrisch, an beiden Enden abgerundet, 2–3 mal länger als breit. Nicht selten sind die Zellen leicht gebogen oder einseitig leicht keulenartig verdickt. Zellwand sehr zart, glatt und aus einem Stück bestehend, auch wenn sie beim Freiwerden der Autosporen in 2–3 Stück zerbirst. Chromatophoren mehrere (4–5), wandständig und scheibenförmig, manchmal recht blaß. Fortpflanzung nur durch Autosporen, die zu zweit nach Querteilung des Protoplasten entstehen. Chromatophoren bei den Autosporen nur zwei, von mehr rinnen- oder muldenförmiger Gestalt.

Zellen 6–12 μm, seltener bis 14 μm lang und 3–4 μm breit, Autosporen nur 2 μm breit.

Ziemlich häufig zwischen verschiedenen Algen in kleinen, mit *Sphagnum* zugewachsenen Wasserstellen in Mooren bei Obergurgl in Tirol. Auch in schleimigen Überzügen und im Detritus verwesender *Sphagnum*-Pflänzchen; pH-Werte 4,2–4,5.

4. Monallantus stichococcoides Pascher (Fig. 137)

Zellen kurz walzlich-ellipsoidisch, mit geraden oder leicht gewölbten Seitenflanken, an den Enden abgerundet-gestutzt, manchmal fast gerade gestutzt. Zellwand zart, an den beiden Enden deutlich verdickt, so daß niedrige und breite Kappen entstehen. Chromatophor einer oder zwei, wandständig, scheiben- bis rinnenförmig, oft sehr blaß, ohne Pyrenoid. Sofern zwei Chromatophoren vorhanden sind, sind sie immer ungleich groß, stehen einander mehr oder weniger gegenüber und kleiden die Längsflanken der Zelle aus. In den Zellen deutliche Eiweißkristalle. Fortpflanzung nur durch Autosporen, die zu zweit oder viert gebildet werden.

Zellen 6–7 μm lang, 2–3 μm breit.

Wohl eine in Moorgewässern verbreitete Art, die im Böhmerwald und in Nordmähren mehrmals gesichtet wurde, einmal auch in Südböhmen (Tschechoslowakei) gefunden. Sie kommt auch in den Hochmooren bei Obergurgl in Tirol vor. Vor allem vergesellschaftet mit *Spirotaenia erythrocephala, Gloeocystis gigas, Binuclearia tatrana* u. ä. Vertretern borealer Algengesellschaften. Eine ähnliche Form wurde in Anflügen an Bäumen in Rumänien gefunden.

5. Monallantus brevicylindrus Pascher (Fig. 138)

Zellen höchstens 1,5 mal so lang wie breit, meist etwas kürzer. Fast immer gerade zylindrisch, mit breit abgerundeten Enden, die nie abgestutzt sind. Zellwand sehr zart, manchmal mit zarter Schleimhülle. Chromatophoren 2–4, selten einer, der dann einseitig und schief wandständig ist und einen großen Teil der Zelle auskleidet. Bei mehreren Chromatophoren sind diese wandständig, scheiben- bis muldenförmig, meist nicht sehr regelmäßig verteilt, manchmal auch sehr

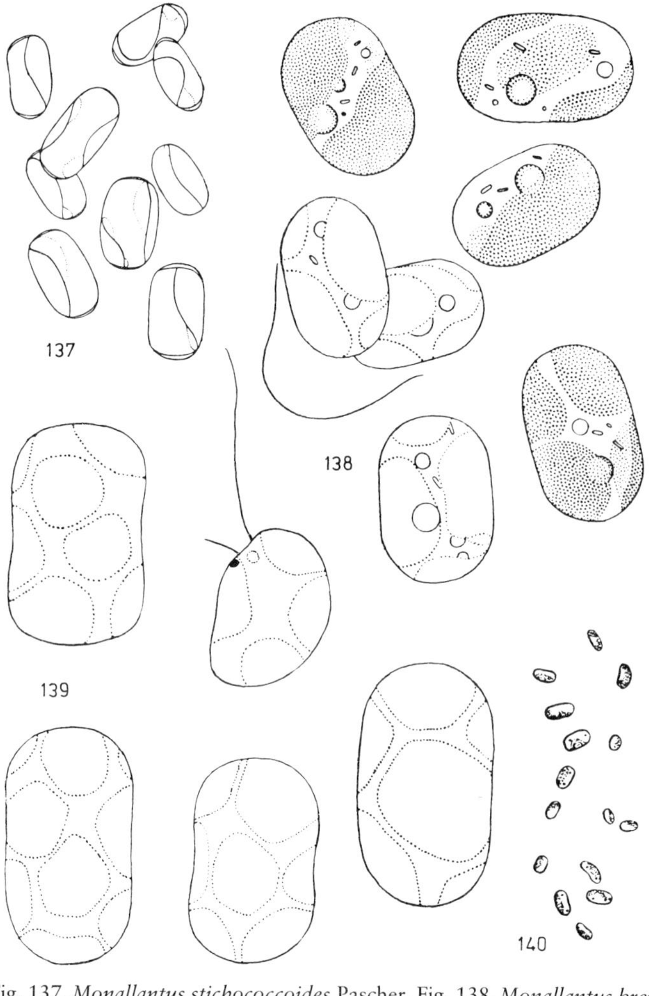

Fig. 137. *Monallantus stichococcoides* Pascher. Fig. 138. *Monallantus brevicylindrus* Pascher. Fig. 139. *Monallantus gracilis* Pascher (nach Pascher). Fig. 140. *Monallantus salina* Bourrelly (nach Bourrelly).

ungleich. Fortpflanzung durch zwei Autosporen, die oft bereits sehr groß aus der Mutterzelle austreten. Zoosporen breit eiförmig, sehr amöboid, mit zwei Chromatophoren, jedoch ohne Stigma. Hauptgeißel über körperlang, Nebengeißel $^1/_4$ der ersteren messend.

Zellen 9–12 μm lang, 6–8 μm breit.

In leicht verschmutzten, stark mit organischen Substanzen durchsetzten Teichufern im südlichen Böhmerwald (Tschechoslowakei). Auch aerophytisch auf Baumstämmen lebend (Rumänien).

6. Monallantus gracilis Pascher (Fig. 139)

Zellen kurz walzlich, ungefähr 1,5 mal so lang wie breit, in der Mitte etwas taillenartig eingezogen, an beiden Enden breit bis fast gestutzt abgerundet. Zellwand sehr zart. Chromatophoren 5–12, aber auch noch mehr, wandständig, scheibenförmig, ohne Pyrenoide. Fortpflanzung durch meist zu zweit gebildete Autosporen, Zoosporen oder Hemiautosporen. Zoosporen mit mehreren Chromatophoren, mit deutlichem Stigma; Hauptgeißel 1,5 mal körperlang, Nebengeißel stummelförmig.

Zellen 16–20 μm lang, bis 10 μm breit, vereinzelt auch bedeutend größer werdend.

Zwischen treibenden Algenwatten *(Oedogonium, Rhizoclonium),* die im Hochsommer zur Oberfläche aufsteigen und ausblassen. Teiche in Südböhmen, Tümpel bei Svitavy (Tschechoslowakei), wahrscheinlich eine wärmeliebende Sommerform.

Unsichere und zu streichende Arten.

Monallantus minimus Pascher – unvollständig und ohne Abbildung beschrieben, besser zu streichen.

Monallantus (?) *salinus* Bourrelly (Fig. 140) – Brackwasserform, Zugehörigkeit zur Gattung *Monallantus* fraglich. Zellen einzeln lebend, kurz zylindrisch, an beiden Enden abgerundet, manchmal leicht gebogen. Zellwand anscheinend zart, mit einem gelbgrünen Chromatophor und je einem Körnchen an den Zellpolen. Fortpflanzung nicht beobachtet. Zellen 3–4 μm lang und 1,5–1,7 μm breit. Bislang an zwei Stellen an der französischen Mittelmeerküste gefunden. Bourrelly vergleicht diese Art auch mit den Vertretern der Gattungen *Stichococcus, Nannochloris* und *Coccomyxa.*

5. **Nephrodiella** Pascher

Zellen einzeln lebend oder nur vorübergehend durch zarte Gallerte zu kleinen Lagern vereinigt, seltener in verschiedener Weise zu zweit oder zu viert zusammenhängend. Gestalt meist nierenförmig bis halbmondförmig oder doch wenigstens ellipsoidisch, mit sehr ungleich bauchigen Flanken, manchmal leicht S-förmig gekrümmt oder einzelne Zellen fast gerade. Im Querschnitt sind die Zellen kreisrund oder elliptisch. Zellwand sehr zart, glatt und ohne lokale Verdikkungen, sehr wahrscheinlich aus einem Stück bestehend. Meist nur ein Chromatophor, seltener auch zwei (dann oft ungleich), wandständig, schüssel- oder muldenförmig, aber auch rinnen- bis gedreht bandförmig, oft die gebogene Rükkenseite der Zelle auskleidend; manchmal relativ klein. Als Reservestoffe kommen häufig viele und große Öltropfen vor.

Fortpflanzung durch Bildung von zwei oder vier Autosporen, die noch eine Zeitlang durch die Zellwand der Mutterzelle zusammengehalten werden. In einigen Fällen wurden auch Zoosporen beobachtet, die meist in Ein- oder Zweizahl aus den Zellen austreten. Zoosporen mit sehr kurzer Nebengeißel, Stigma und einem Chromatophor; sehr wenig formveränderlich. Diese oft winzig kleinen Algen haben häufig eine blaßgrüne Farbe. Bei einer Art *(N. lunaris)* ist ein deutlicher Ansatz zur Koloniebildung zu erkennen: die Autosporen bleiben nach dem Austreten aus der alten Zelle sehr häufig miteinander verklebt.

Wigste Literatur: Pascher 1939 a; Vischer 1945; Ettl 1960, 1968, 1977; Reisigl 1964; Péterfi 1967.

Bestimmungsschlüssel der Arten

1a Zellen kurz nierenförmig, höchstens 1,5 mal länger als breit, nie gestreckt 2
1b Zellen gestreckt halbmondförmig oder gebogen zylindrisch, zwei- bis mehrmal länger als breit 3
2a Zellen bis 13 μm lang, mit nur einem Chromatophor **1. N.phaseolus**
2b Zellen bis 9 μm lang, mit zwei Chromatophoren .... **2. N.minor**
3a Zellen an den Enden abgerundet 4
3b Zellen an den Enden kurz zugespitzt .... **3. N.acuta**
4a Zellen nur leicht gebogen, mit einem Chromatophor ... **4. N.semilunaris**
4b Zellen fast halbkreisförmig gebogen, mit 1–3 Chromatophoren 5
5a Zellen bis 18 μm lang und 3–6 μm breit, bis drei Chromatophoren .... **5. N.lunaris**
5b Zellen bis 6 μm lang und 1,5 μm breit, nur ein Chromatophor . **6. N.nana**

1. Nephrodiella phaseolus Pascher (Fig. 141)

Zellen sehr breit nierenförmig, höchstens 1,5 mal länger als breit, konkave Einkrümmung der einen Flanke kaum angedeutet und gelegentlich völlig feh-

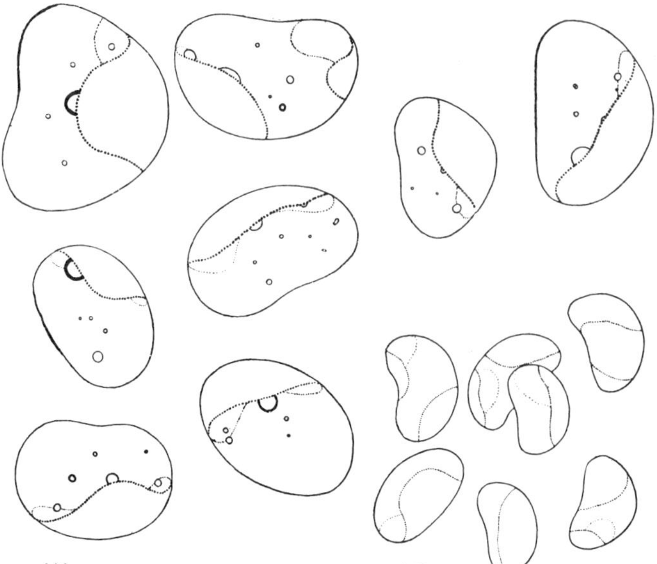

141 142

Fig. 141. *Nephrodiella phaseolus* Pascher. Fig. 142. *Nephrodiella minor* Pascher (nach Pascher).

lend, die andere Seite (Rückenseite) jedoch immer stark gewölbt, oft sogar stumpfwinklig ausgebaucht, so daß die Zellen von der Breitseite gesehen herzförmig erscheinen. Zellwand sehr zart, manchmal mit einer leichten Schleimhülle. Chromatophor einer, meist sehr klein, fast immer rückenständig oder gegen das eine Ende abgerückt, meistens sehr blaß. Im Zellinhalt auch rote Öltropfen. Fortpflanzung durch Autosporen und Zoosporen. Letztere sind ellipsoidisch und kaum formveränderlich; mit einem großen Chromatophor und mit Stigma. Hauptgeißel etwas länger als der Körper, Nebengeißel sehr kurz, fast stummelförmig.

Zellen 7–13 μm lang, 5–9 μm breit.

Einmal in größerer Menge im Schlamm des *Elodea*-Tümpels des Botanischen Gartens in Prag (Tschechoslowakei). Dort mit anderen Algen einen leichten gelbgrünen Anflug bildend.

2. Nephrodiella minor Pascher (Fig. 142)

Zellen breit nierenförmig, höchstens 1,5 mal so lang wie breit, die eine Flanke deutlich konkav, die andere konvex, an beiden Enden abgerundet, seltener abgerundet-zugespitzt. Zellwand sehr zart, leicht verschleimend. Chromatophor ein oder zwei rückenständig, scheiben- bis rinnenförmig. Fortpflanzung durch zwei oder vier Autosporen, die durch die verschleimte alte Zellwand eine Zeitlang zusammengehalten werden. Zoosporen nicht beobachtet.

Zellen 6–9 μm lang, 4–6 μm breit.

Alge saurer Gewässer, vor allem in sauren Wiesengräben vorkommend. Eine Form auch aerophytisch lebend.

Nach Pigmentanalysen soll diese Art zu den Chlorophyceen gehören. Leider ist es nicht sicher, ob sich die Analysen auf die obige Art beziehen oder auf eine andere ähnliche (*N. brevis* – siehe unten).

3. Nephrodiella acuta Pascher (Fig. 143)

Zellen im Prinzip nierenförmig, leicht gebogen, die eine Flanke konkav, die andere stark gewölbt, höchstens doppelt so lang wie breit. An den beiden Enden sind die Zellen in eine kurze, oft schiefe Spitze ausgezogen, die jedoch nicht durch eine lokale Verdickung der Zellwand verursacht wird. Diese ist an der Spitze ebenfalls zart. Gelegentlich sind die Zellen etwas unregelmäßig, leicht S-förmig gebogen oder angedeutet keulenförmig, doch haben sie immer die spitzen Enden. Zellwand sehr zart, wahrscheinlich mit einer dünnen Schleimschicht. Chromatophor nur einer, meist an der gewölbten Seite, relativ klein, muldenförmig, manchmal auch etwas gelappt; ohne Pyrenoid. Bei stark vergrößerten Zellen können ausnahmsweise auch 2–3 Chromatophoren auftreten. Fortpflanzung durch zwei Autosporen.

Zellen bis 8 μm lang, 2–3 μm breit.

In etwas größerer Menge am Grund von Wiesengräben im Böhmerwald (Tschechoslowakei), vergesellschaftet mit einer zarten *Mougeotia*- und *Tribonema*-Art. Auch aus Rumänien und Spanien bekannt.

4. Nephrodiella semilunaris Pascher (Fig. 144)

Zellen walzlich nierenförmig, seltener leicht S-förmig, manchmal auch fast gerade und dann mit ungleich gewölbten Flanken, meist zweimal länger als breit. An den Enden breit abgerundet. Zellwand zart. Chromatophor einer, rückenständig, nur selten dem einen Ende genähert, muldenförmig, recht klein und selten mehr als die halbe Zelle auskleidend. In den Zellen sind oft auffallend kleine doppelbrechende Körnchen vorhanden. Fortpflanzung durch zwei Autosporen.

Zellen 5–10 μm lang, 3–5 μm breit.

Einige Male aus Erdproben isoliert, aus Fichtenwäldern im Böhmerwald, aus

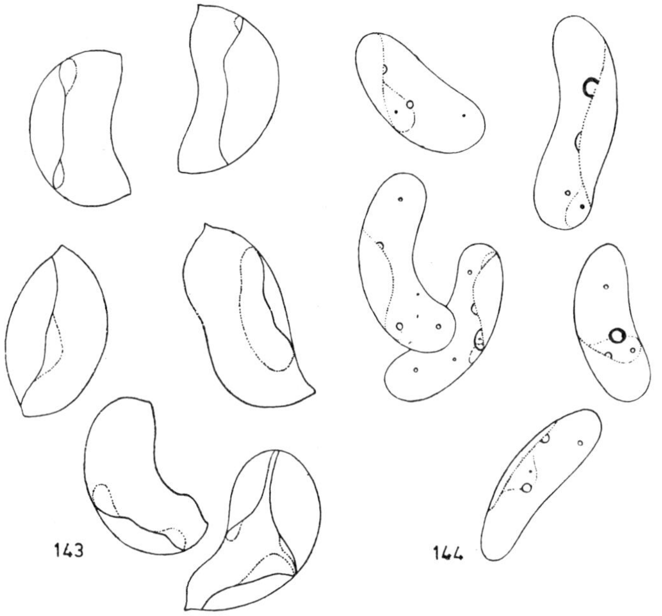

Fig. 143. *Nephrodiella acuta* Pascher. Fig. 144. *Nephrodiella semilunaris* Pascher (nach Pascher).

Kiefernwäldern in Nordböhmen, doch auch in einem eisenhaltigen Straßengraben gefunden (Tschechoslowakei).

5. **Nephrodiella lunaris** Pascher (Fig. 145)

Zellen walzlich und in normaler Ausbildung halbmondförmig bis halbkreisförmig gekrümmt, an beiden Enden breit und gleichmäßig abgerundet. Zellen meist einzeln lebend, seltener zu zweit oder zu viert aneinander klebend. Zellwand sehr zart, manchmal mit leichter Schleimhülle. Chromatophoren gewöhnlich einer, seltener zwei, wobei dann der zweite viel kleiner ist. Ohne Pyrenoid und ohne intensiv roten Öltropfen. Fortpflanzung durch zwei oder vier Autosporen, die noch in der Mutterzelle die halbkreisförmige Gestalt annehmen. Zellwand der Mutterzelle wird dabei oft mächtig und blasenförmig erweitert. Manchmal können die Tochterzellen aber auch eng aneinanderliegen. Sie sind dann nach dem Austritt nicht mehr so regelmäßig gebaut, sondern mannigfach gebogen, birnen- oder eiförmig und einseitig abgeplattet. Gelegentlich treten auch S-förmige oder fast gerade Zellen auf.

Zellen 12–18 μm lang, 3–6 μm breit.

Mehrmals beobachtet, vor allem in Gewässern mit niederen pH-Werten, oft auch im schleimigen Aufwuchs an Pflanzen. Moorgräben bei Strobl am Wolfgangsee, Moore bei Seefeld und bei Obergurgl (Österreich), Moore im Böhmerwald (Tschechoslowakei), einmal auch in England gesichtet.

6. Nephrodiella nana Ettl (Fig. 146)

Zellen einzeln lebend und nur gelegentlich vorübergehend zu zweit oder zu viert aneinander klebend. Gestalt kurz walzlich, halbkreisförmig gebogen, an den Enden regelmäßig abgerundet, mitunter auch nieren- oder bohnenförmig, stets gleich dick. Zellwand sehr zart, soweit beobachtet ohne Schleimhülle. Chromatophor einer, rückenständig, mehr oder weniger rinnenförmig, gelegentlich beide Enden frei lassend. Mit großen farblosen Öltropfen, die häufig an den beiden Enden gelagert sind, daneben kleine, stark lichtbrechende Körper. Fortpflanzung durch zwei Autosporen. Zoosporen nicht beobachtet.

Zellen bis 6 μm lang und ungefähr 1,5 μm breit.

Vereinzelt in Erdproben gefunden, die aus den Alpen (Ötztaler Alpen) unter Zirben entnommen wurden (Österreich). Einmal auch in Erdproben aus Kiefernwäldern in Nordmähren (Tschechoslowakei).

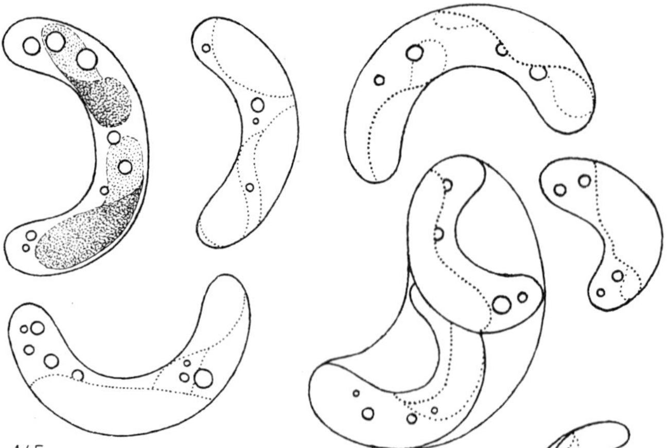

145

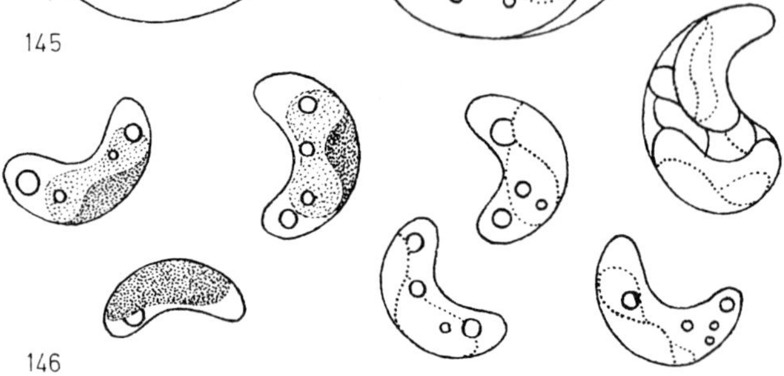

146

Fig. 145. *Nephrodiella lunaris* Pascher. Fig. 146. *Nephrodiella nana* Ettl. (Orig.).

Unsichere und zu streichende Art.

Nephrodiella brevis Vischer – Es ist nicht sicher ob überhaupt eine *Nephrodiella*-Art vorliegt, da die Zellen in gloeocystisartig geschichteter Gallerte eingebettet sind. Vielleicht auch nur eine Ökoform von *N.minor,* da keine bedeutenden Unterschiede im Zellbau bestehen. Selbst Vischer weist auf diese Ähnlichkeit hin. Es ist auch möglich, daß es sich um eine Chlorophycee handelt, da bei einer ähnlichen Form Chlorophyll *b* nachgewiesen wurde.

6. **Monodus** Chodat

Chlorella p.p. sensu Gerneck

Zellen einzeln oder vorübergehend in kleinen, sich später meist auflösenden Lagern lebend. Von charakteristischer, meist asymmetrischer Gestalt. Im Prinzip ellipsoidisch bis ellipsoidisch eiförmig, manchmal gestreckt, mit sehr verschiedenen und immer ungleich dicken Enden. Das eine Ende meistens breit abgerundet, das ander hingegen verschmälert, oft schief und eckig oder spitz endend, manchmal auch lang und spitzig ausgezogen. Nicht selten ist das schmälere Ende gebogen. Zellwand sehr zart, vielleicht auch leicht verkieselt, bei manchen Arten zur Verschleimung neigend. Bei einer Art ist die Zellwand sehr derb. Einer oder mehrere (2–8) Chromatophoren, die sehr zart, gelblich grün, mulden- bis scheibenförmig und stets wandständig sind. Pyrenoide bei einer Art vorhanden. Assimilate wie bei allen anderen Xanthophyceen.

Fortpflanzung durch Autosporen, seltener durch Zoosporen. Autosporen zu zweit oder zu viert, seltener zu mehreren gebildet. Sie werden durch Verschleimen der alten Zellwand oder auch durch deren Aufreißen frei. Vereinzelt kommen auch Hemiautosporen vor. Zoosporen mit kleiner Nebengeißel und einem deutlichen Stigma. Ihre Schwärmzeit ist sehr kurz. Bei einer Art wurden auch Zysten beobachtet, die eine derbe zweiteilige Wand haben.

Wichtigste Literatur: Gerneck 1907; Chodat 1913; Pascher 1925, 1939a; Printz 1927; Conrad und Kufferath 1954; Reisigl 1964; Ettl 1965, 1977; Péterfi 1967; Rino 1969.

Bestimmungsschlüssel der Arten

1a Zellen sehr breit eiförmig bis fast kugelig 2
1b Zellen deutlich länger als breit (1,5–8 mal), eiförmig bis gestreckt eiförmig 3
2a Zellen bis 5 μm lang, feuchte Stellen besiedelnd . . . . **1. M.guttula**
2b Zellen bis 10 μm lang, wasserbewohnend . . . . **2. M.subglobosa**
3a Zellen höchstens bis 3mal länger als breit 4
3b Zellen 4–8 mal länger als breit 13
4a Mit Pyrenoid . . . . **3. M.pyreniger**
4b Ohne Pyrenoid 5
5a Zellwand sehr zart 6
5b Zellwand sehr derb, geschichtet . . . . **4. M.cystiformis**
6a Mit einem Chromatophor 7
6b Mit mehreren Chromatophoren 11
7a Zellen mit papillenartigen Verdickungen am schmalen Zellende . . . . **5. M.unipapilla**
7b Zellen ohne papillenartige Verdickung der Zellwand 8
8a Zellen sehr unregelmäßig, oft auch spitz drei- bis viereckig im Umriß . . . . **6. M.obliqua**
8b Zellen regelmäßig, im Umriß nie drei- oder viereckig 9
9a Schmales Zellende lang und spitz ausgezogen, oft sehr spitz . . . . **7. M.acuminata**
9b Schmales Zellende stumpf 10
10a Zellen bis 9 μm lang . . . . **8. M. subterranea**
10b Zellen 12–20 μm lang . . . . **9. M.coccomyxa**

11a Schmales Zellende in einen langen, rechtwinklig abstehenden Stachel auslaufend .... **10 M.spinifer**
11b Schmales Zellende ohne Stachel **12**
12a Zellen fast ellipsoidisch, sehr wenig einseitig verschmälert, mit 2–4 Chromatophoren .... **13. M.chodatii**
12b Zellen einseitig deutlich verschmälert, mit 4–10 Chromatophoren .... **14. M.coccomyxoides**
13a Zellen stark gebogen bis unregelmäßig und stark gekrümmt oder gewellt, schmales Zellende sehr scharf zugespitzt .... **11. M.curvata**
13b Zellen ziemlich gerade oder nur wenig und leicht gebogen, nie gewellt, schmales Zellende mehr stumpf, nie scharf zugespitzt **14**
14a Zellen gerade, viermal länger als breit .... **15. M.dactylococcoides**
14b Zellen gebogen oder leicht S-förmig achtmal länger als breit .... **12 M.clavata**

1. Monodus guttula Pascher (Fig. 147)

Zellen breit kugelig-eiförmig bis birnenförmig, manchmal im optischen Schnitt fast dreieckig, meistens an einem Ende etwas vorgezogen und spitz bis stumpflich, oft etwas schief bis leicht gekrümmt oder gelegentlich fast halbmondförmig, manchmal auch unregelmäßig. Einzeln lebend oder nur gelegentlich zu zweit oder zu viert miteinander verklebend. Zellwand sehr zart, leicht verschleimend. Chromatophor einer, sehr zart, wandständig, mulden- bis leicht

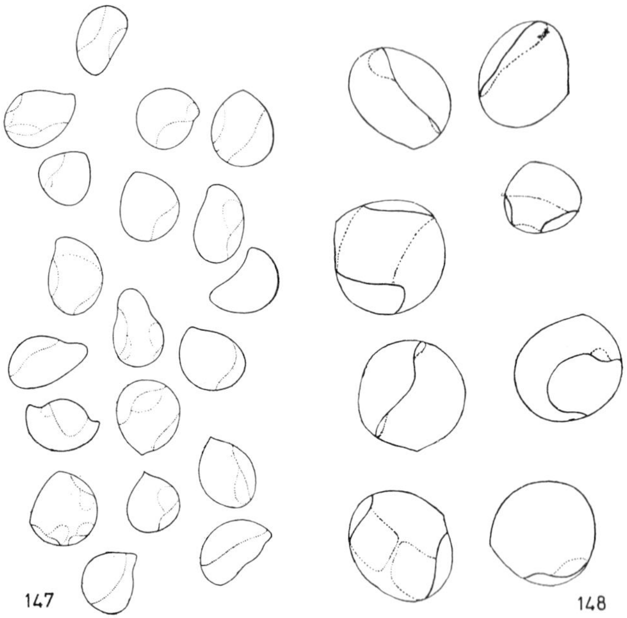

Fig. 147. *Monodus guttula* Pascher. Fig. 148. *Monodus subglobosa* Pascher (nach Pascher).

schüsselförmig, oft sehr klein und sehr blaß. Fortpflanzung durch 2–4 Autosporen, die durch Verschleimung und Aufreißen der Mutterzellwand frei werden. Gelegentlich verkleben die Autosporen noch innerhalb der erweiterten alten Zellwand miteinander und treten dann verbunden aus, lösen sich jedoch bald aus diesem Verband.

Zellen 5 μm lang, 2–3 μm breit.

An feuchten Stellen, aber auch in Wassergräben im Erzgebirge, im Böhmerwald und in den Uralpen gefunden.

2. **Monodus subglobosa** Pascher (Fig. 148)

Zellen breit, fast kugelig eiförmig, oft breiter als hoch, gerade oder schief, an einem Ende zu einem kurzen Spitzchen zusammengezogen; gelegentlich sehr unregelmäßig und schief. Zellwand sehr zart, manchmal an der Spitze gallerartig verdickt. Chromatophor meistens einer, sehr klein, mulden- bis bandförmig, oft auch nur einen kleinen Teil der Zelle auskleidend. Fortpflanzung durch 2–8 Autosporen, die gelegentlich in verschiedener Weise miteinander verklebt sind. Auch Hemiautosporen gesehen.

Zellen 7–10 μm im Durchmesser.

Vielleicht obligotherme Art; bis jetzt nur im Frühjahr gemeinsam mit *Draparnaldia* in Schmelzwassertümpeln im Böhmerwald und in Vorarlberg gesehen.

Diese Art ist durch den Ansatz zur Koloniebildung bemerkenswert. Möglicherweise muß sie aus der Gattung *Monodus* herausgenommen werden, falls sich herausstellt, daß die Koloniebildung (nicht nur vorübergehende Verklebung der jungen Zellen) eine konstante Erscheinung ist.

3. **Monodus pyreniger** Pascher (Fig. 149)

Zellen manchmal unregelmäßig, oft etwas schief eiförmig, bis zweimal länger als breit, auf eine Seite breit abgerundet, auf der anderen Seite verschmälert und stumpf endend, meist einseitig stark gewölbt. Gelegentlich ausgesprochen hornförmig. Zellwand zart, manchmal am spitzeren Ende leicht verdickt. Bisweilen sind mehrere Zellen in einer Schleimmasse vereinigt. Chromatophor einer, oft die gewölbte Längsseite breit auskleidend, mit gelapptem Rand und das schmälere Ende meist frei lassend. Annähernd in der Längsmediane der Zelle ein großes, brotlaibartiges und gut differenziertes Pyrenoid. In den Zellen mitunter Eiweißkristalle. Fortpflanzung durch Bildung von zwei oder vier Autosporen. Tochterzellen einer oder zweier Generationen werden durch die verschleimende

149

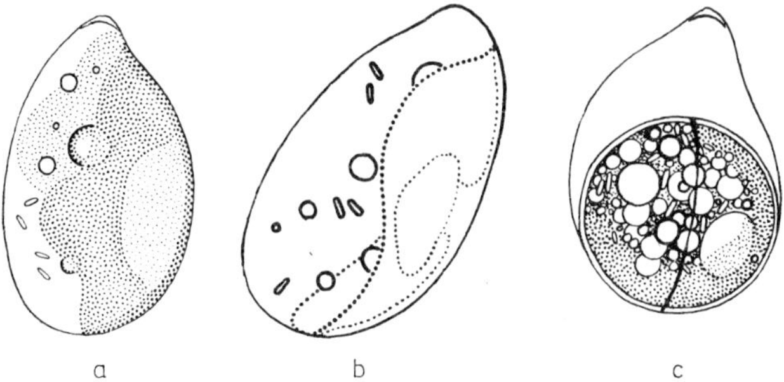

Fig. 149. *Monodus pyreniger Pascher* – *a* vegetative Zelle, *b* eine Zelle mit gestieltem Pyrenoid, *c* Bildung einer Aplanospore (nach Pascher).

alte Zellwand eine Zeitlang zusammengehalten. Derbwandige zweischalige Zysten wurden beobachtet.

Zellen 12–15 μm lang, bis 9 μm breit.

Ein einziges Mal in größerer Menge in der Soos in Westböhmen (Tschechoslowakei) im salzhaltigen Schlamm. Vielleicht leicht halophil. Auch aus Portugal bekannt.

4. Monodus cystiformis Pascher (Fig. 150)

Zellen einzeln oder seltener zu mehreren verbunden bleibend, ei- bis birnenförmig, manchmal birnen-nierenförmig, vereinzelt halbmondförmig, immer an einem Ende deutlich verschmälert und dort spitz bis stumpf, bisweilen auch das andere Ende etwas spitzlich. Zellwand sehr derb, manchmal geschichtet und eigentümlich gelatinös aussehend, entweder gleich dick oder am verschmälerten Ende deutlich verdickt. In einigen Fällen ist diese Verdickung sehr auffallend und dann fast kappenartig dem einen Ende der Zelle aufsitzend. Bei zweispitzigen

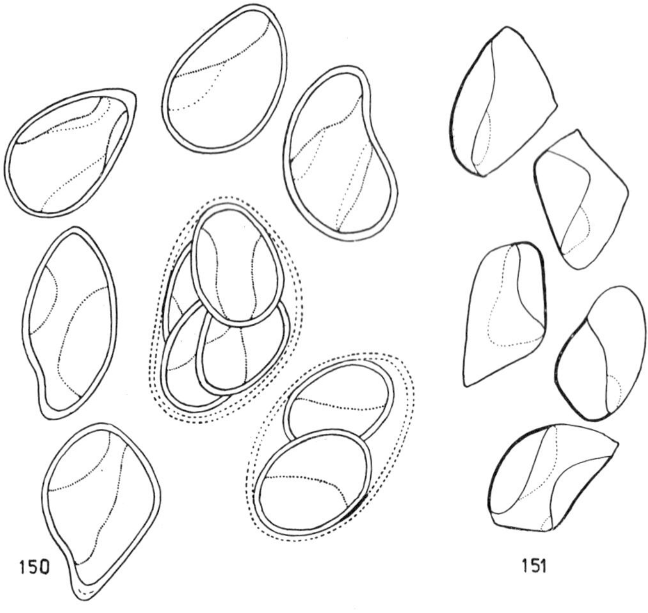

150

151

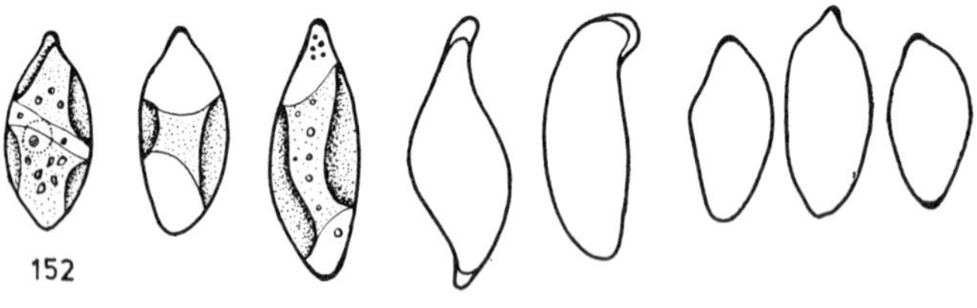

152

Fig. 150. *Monodus cystiformis* Pascher. Fig. 151. *Monodus obliqua* Pascher (nach Pascher). Fig. 152. *Monodus unipapilla* Reisigl (nach Reisigl).

Zellen manchmal beide Enden mit Verdickungen der Zellwand versehen. Chromatophoren meist zwei, wandständig. Fortpflanzung durch zwei oder vier Autosporen, die noch innerhalb der Mutterzelle die derbe Zellwand bekommen und durch Verschleimen der alten Zellwand frei werden. Autosporen manchmal leicht miteinander verklebend.

Zellen 12–14 μm lang, 8–10 μm breit.

Keine ausgesprochene Wasseralge, sondern an feuchten Stellen vorkommend und dort auch einige Millimeter in die Erde eindringend. An schlammigen Ufern eines Teiches in Westböhmen (Tschechoslowakei). Nach Starmach auch katharob lebend und mit *Batrachospermum* vergesellschaftet (Polen).

5. **Monodus unipapilla** Reisigl (Fig. 152)

Zellen zitronenförmig bis angedeutet kurz spindelförmig, an den Enden abgerundet oder zugespitzt, mitunter mit einer leicht kopfigen Verdickung der Zellwand. Letztere ansonsten zart und nur an einem Ende die Verdickung bildend. Chromatophor einer, wandständig, rinnen- bis halbringförmig, gelbgrün. Fortpflanzung durch zwei Autosporen.

Zellen 7–9 μm lang, 3,5–4,5 μm breit.

Zwischen Polstervegetation (*Silene exscapa, Minuartia sedoides*) grünen Anflug bildend; auf der südlichen Hochwilde (3460 m ü. M.) in Tirol.

6. **Monodus obliqua** Pascher (Fig. 151)

Zellen meist recht unregelmäßig, zunächst schief ellipsoidisch, dann aber unregelmäßig dreieckig bis schief viereckig, mit teils mehr stumpfen, teils mehr ausgeprägten Ecken, von denen eine meist in eine kleine Spitze ausgezogen ist. Zellwand sehr zart, vielleicht gelegentlich verschleimend. Chromatophoren einer, selten zwei, zart, oft recht blaß oder gelblich, manchmal gelappt, wandständig, scheiben- bis rinnenförmig. Fortpflanzung durch zwei Autosporen, die zunächst schief eirund-ellipsoidisch, später immer eigenartig unregelmäßig sind.

Zellen 6–10 μm lang, 4–7 μm breit.

Bis jetzt nur als Bodenbelag der Moor- und Kieselguroberfläche der Soos in Westböhmen (Tschechoslowakei).

7. **Monodus acuminata** (Gerneck) Chodat (Fig. 153)
Chlorella acuminata Gerneck

Zellen meist etwas mehr als zweimal so lang wie breit, gerade oder schief eiförmig, an einem Ende gewöhnlich abgerundet, am anderen stark verschmälert und spitz, manchmal auch spitz ausgezogen. Zellwand sehr zart, gelegentlich mit leichter Schleimhülle. Chromatophor einer, wandständig, meistens muldenförmig die Rückenseite der Zelle auskleidend, aber auch rinnenförmig oder kurz bandförmig und im erweiterten Hinterende gelagert, manchmal sehr klein. Fortpflanzung durch vier Autosporen.

Zellen 7–11 μm lang, 2–5 μm breit.

Mehr als Erdalge lebend; im feuchten Boden, am Grund von Baumstämmen, an Wegrändern, Fluß- und Teichufern wie auch im Ackerboden vorkommend. Im Gebiet sehr verbreitet.

8. **Monodus subterranea** Boye-Petersen (Fig. 154)

Zellen eiförmig bis ausgesprochen ellipsoidisch, auch unregelmäßig länglich, an einem Ende oft geradlinig verschmälert und spitz, am anderen oft breit, doch auch unregelmäßig abgerundet, gelegentlich fast spindelförmig. Zellwand sehr zart, anscheinend nicht verschleimend. Chromatophor immer nur einer, der meistens sehr groß und immer wandständig ist und den größten Teil der Zelle auskleidet; Ränder oft unregelmäßig und grob gelappt; ohne Pyrenoid. Im

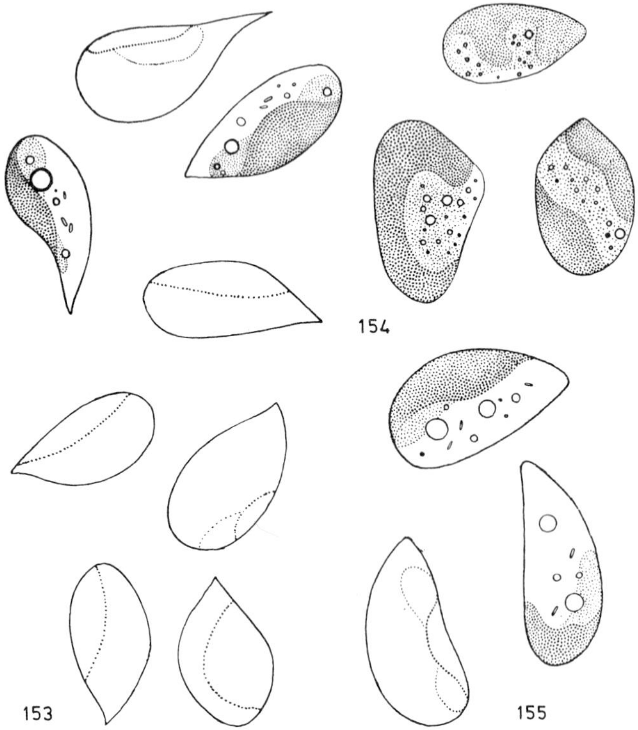

Fig. 153. *Monodus acuminata* (Gerneck) Chodat. Fig. 154. *Monodus subterranea* Boye-Petersen. Fig. 155. *Monodus coccomyxa* Pascher (Fig. 154 nach Boye-Petersen, sonst nach Pascher).

Plasma zahlreiche Öltropfen. Fortpflanzung durch zwei Autosporen, die innerhalb der Mutterzelle zur normalen Größe heranwachsen.

Zellen 7–9 μm lang, 3–5 μm breit.

Erdalge, die aus Ackerböden isoliert wurde (Dänemark, Tschechoslowakei), aber auch aus Erdproben der Haswel Insel in der Antarktis bekannt ist. Kommt gelegentlich auch aerophytisch vor (Rumänien).

9. **Monodus coccomyxa** Pascher (Fig. 155)

Zellen mit deutlicher Bauch- und Rückenseite, schief und gestreckt eiförmig. Auf der Bauchseite fast gerade oder manchmal auch etwas konkav, Rückenseite gewölbt. Ein Ende abgerundet, manchmal etwas schief, am anderen Ende immer stumpf zugespitzt, manchmal leicht zur Bauchseite gekrümmt, nicht selten vor dem Ende etwas verschmälert. Zellen gewöhnlich mehr als doppelt so lang wie breit. Zellwand sehr zart. Chromatophor immer einer, meist rückenständig, oft auch über das Hinterende der Zelle ausgezogen, seltener auf der Bauchseite, weniger als die halbe Zelle auskleidend, rinnen- bis muldenförmig. Fortpflanzung durch zwei oder vier Autosporen. Andere Stadien nicht bekannt.

Zellen bis 15 μm lang, 7 μm breit.

Erdalge, die wiederholt aus Ackerböden oder Gartenerde isoliert wurde. Im Gebiet wohl verbreitet.

10. Monodus spinifer Ettl (Fig. 156)

Zellen gestreckt eiförmig, birnenförmig oder dick keulenförmig, gerade oder nur leicht gekrümmt. An einem Ende abgerundet, gegen das andere Ende allmählich verjüngt und dort mit einem rechtwinklig abstehenden, hyalinen stachelförmigen Fortsatz versehen, in den der Protoplast hineinragt. Zellwand zart, auch am Fortsatz nicht verdickt. Mehrere (3–5) Chromatophoren, wandständig, scheibenförmig und gelblich grün; ohne Pyrenoide. Fortpflanzung durch vier Autosporen, die in der erweiterten alten Zellwand gebildet werden und gleich nach dem Ausschlüpfen ihre typische Gestalt annehmen.

Zellen 12–15 μm lang, 5–8 μm breit.

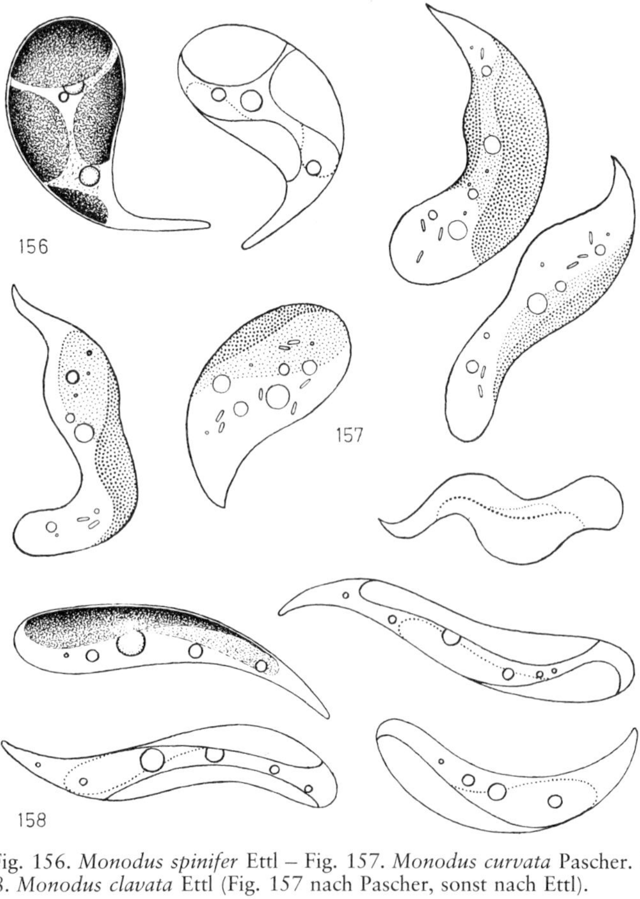

Fig. 156. *Monodus spinifer* Ettl – Fig. 157. *Monodus curvata* Pascher. Fig. 158. *Monodus clavata* Ettl (Fig. 157 nach Pascher, sonst nach Ettl).

Im Aufwuchs in Wassergräben und im Detritus kleiner Wiesentümpel in Nordmähren. Vereinzelt zwischen anderen, meist gallertigen Algen in sumpfigen Gewässern von Tirol.

11. Monodus curvata Pascher (Fig. 157)

Zellen sehr lang, 3–6 mal länger als breit. Hornförmig gekrümmt, niemals gerade, sondern winklig gebogen und dabei windschief verdreht. Gelegentlich in der Mitte ausgebaucht. Das eine Ende breit abgerundet, das andere sehr lang, verschmälert und spitz ausgezogen; manchmal dieses Ende hornförmig umgebogen. Zellwand im Verhältnis zu den anderen Arten etwas derber, doch nicht dick. Chromatophor immer nur einer, rücken- oder bauchständig, in seiner Größe sehr wechselnd, mulden- bis rinnenförmig, mitunter auch bandförmig. Fortpflanzung durch zwei, seltener vier Autosporen.

Zellen 12–25 μm lang, 4–5 μm breit.

In *Ulothrix*-Watten in einem Wiesentümpel im Böhmerwald (Tschechoslowakei), aus Granattrichtern am Plöckenpaß in Kärnten und in Randtümpeln des Offensees im Salzkammergut (Österreich). Vielleicht oligotherm und kalkhold.

12. Monodus clavata Ettl (Fig. 158)
Monodus dactylococcoides Pascher sensu Ettl

Zellen gestreckt keulenförmig, das eine Ende breit abgerundet, das andere Ende allmählich verschmälert und in eine lange, aber nicht scharfe Spitze auslaufend. Meist leicht gebogen, seltener ganz leicht S-förmig. Recht schmal, bis 8 mal länger als breit. Zellwand sehr zart, ohne Verdickung. Chromatophor einer, seltener zwei, wandständig, rinnenförmig; ohne Pyrenoid. Wenn nur ein Chromatophor vorhanden, so liegt er der konvexen Seite der Zelle an. Gelegentlich mehrere kleine, stark lichtbrechende Öltropfen. Fortpflanzung nicht gesehen.

Zellen 15–24 μm lang, 3–4 μm breit.

Im Plankton, aber auch im Detritus kleiner Dorfteiche in Nordmähren (Tschechoslowakei).

13. Monodus chodatii Pascher (Fig. 159)

Zellen ellipsoidisch bis breit ellipsoidisch-eiförmig, manchmal sehr regelmäßig, manchmal etwas schief. An einem Ende breit abgerundet, am anderen, schmäleren Ende leicht eckig bis verschmälert eckig stumpf. Niemals in eine scharfe Spitze ausgezogen, trotzdem aber die Zellen leicht asymmetrisch, mit Bauch- und Rückenseite. Nur 1,5–2 mal länger als breit. Zellwand sehr zart und sehr leicht verschleimend, so daß mehrere Zellen in unregelmäßigen Gruppen vereinigt sein können. Chromatophoren 2–4, wandständig, scheibenförmig; in alten Zellen oft diffus und maschenförmig. Fortpflanzung durch zwei bis vier Autosporen, die, zunächst ellipsoidisch, sich gegenseitig sehr stark abplatten und erst nach dem Austritt aus der Mutterzelle die endgültige Gestalt annehmen.

Zellen 10–15 μm lang, 6–9 μm breit.

Bislang an verschiedensten Standorten gefunden – in stehenden Gewässern, in angetriebenen und schwach fauligen Algenwatten an Teichrändern oder in Altwässern (Tschechoslowakei), aber auch aus Erdböden isoliert (UdSSR) und in katharoben Gewässern zwischen *Batrachospermum* gefunden (Polen). Wahrscheinlich eine Sammelart, über deren Variationsbreite und ökologische Rassen wir zu wenig unterrichtet sind.

14. Monodus coccomyxoides Pascher (Fig. 160)

Zellen plump, 2,5 mal so lang wie breit, nach dem einen Ende zu aus der Mitte einseitig verschmälert, gerade oder leicht gekrümmt, breit stumpf bis spitzlich endend, das andere Ende breit abgerundet. Zellwand sehr zart, ohne Verdickun-

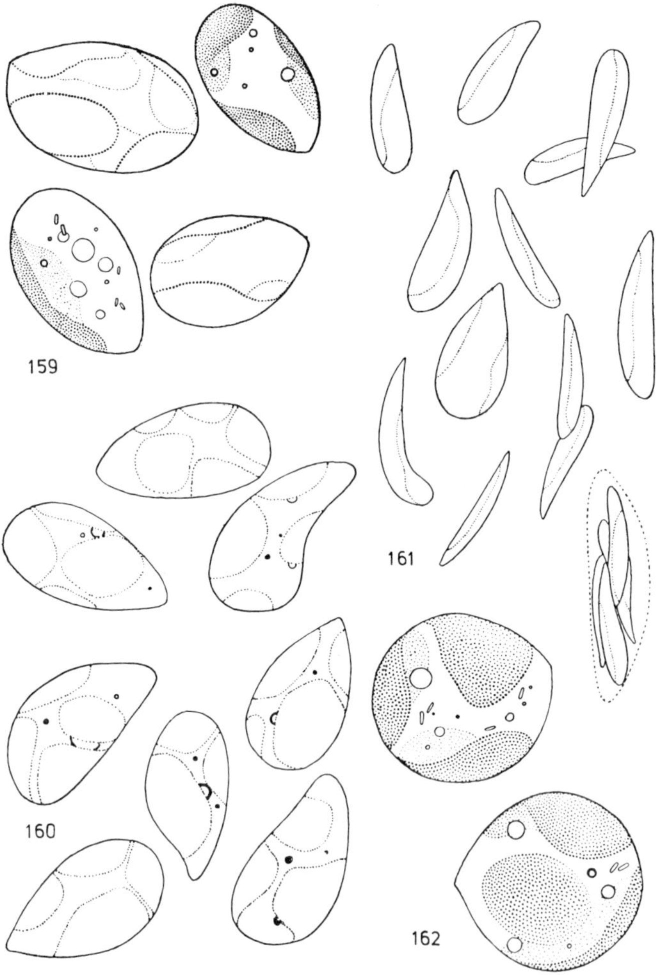

Fig. 159. *Monodus chodatii* Pascher. Fig. 160. *Monodus coccomyxoides* Pascher. Fig. 161. *Monodus dactylococcoides* Pascher. Fig. 162. *Monodus amicimei* (nach Pascher).

gen. Chromatophoren mehrere (4–10), wandständig, scheibenförmig, oft recht ungleich groß. Nicht selten rote Öltropfen vorkommend. Fortpflanzung durch vier Autosporen. Diese treten manchmal fast kugelig aus und nehmen erst später ihre typische Gestalt an. Andere Stadien nicht bekannt.

Zellen bis 12 μm lang, 5–7 μm breit.

Vielleicht recht verbreitete Art, die im Freiland nicht in großen Lagern oder in Massen aufzutreten scheint. Aus einem Straßengraben bei Haffkrug in der Lübischen Bucht (BRD), aus einem Wiesentümpel am Ritten bei Bozen (Italien), aber auch in einem mit Quellwasser gespeistem Tümpel zwischen *Tribonema*-Fäden in Nordmähren (Tschechoslowakei).

15. Monodus dactylococcoides Pascher (Fig. 161)

Zellen gestreckt eiförmig bis gestreckt birnenförmig, gerade oder leicht gekrümmt. Ein Ende meistens abgerundet, das andere schief verschmälert, stumpf bis spitz. Meistens viermal, oder noch mehrmals länger als breit. Einzelne Zellen an den Enden manchmal verschmälert. Zellwand relativ zart, leicht verschleimend. Chromatophor einer, selten zwei, wandständig, die eine Seite der Zelle auskleidend, oft sehr blaß, band- bis schwach rinnenförmig. Fortpflanzung durch 2 – 16 Autosporen, die innerhalb der erweiterten alten Zellwand sehr rasch heranwachsen. Gelegentlich, besonders wenn nur zwei Autosporen gebildet werden, verkleben die Tochterzellen an ihren verbreiterten Enden miteinander. Sie treten dann auch oft gemeinsam aus.

Zellen bis 18 μm lang, 3–4 μm breit.

Einmal in großen Mengen in einem Altwasser der Ischl (Österreich), gemeinsam mit *Geminella, Tetraspora* u. a.

Diese Art nähert sich in ihrer Morphologie der Gattung *Chlorocloster*, wie auch *Chlorocloster* in einzelnen Arten gelegentlich Formen ausbildet, die *Monodus* zum Verwechseln ähnlich sehen. Möglicherweise stellen die beiden genannten Gattungen Extreme einer bestimmten Formabwandlung innerhalb der Mischococcales dar (Pascher 1939 a).

Unsichere und zu streichende Arten

Monodus amici-mei Pascher (Fig. 162) – nicht im Bestimmungsschlüssel enthalten, da eine marine Art. Da sie vielleicht auch im Brackwasser vorkommen kann, sei hier ihre Beschreibung gegeben: Zellen fast kugelig bis sehr breit eiförmig, mit zarter, wahrscheinlich verkieselter Zellwand, die an einer Seite in ein kurzes, oft gekrümmtes, manchmal nur angedeutetes Spitzchen ausgezogen ist. Seltener sind die Zellen an einer Seite leicht eckig vorgezogen. Chromatophoren mehrere (4–8), wandständig, plattenförmig, manchmal sehr ungleich groß. Fortpflanzung durch 4–8 Autosporen. Zellen 12 – 15 μm lang, 10 – 12 μm breit. Wurde in marinen Planktonproben gefunden, die vorherrschend *Halosphaera* enthielten und in Küstennähe gesammelt worden waren; Nordsee. Wahrscheinlich Litoralform, die nur sekundär ins Plankton gelangte. Es ist fraglich, ob die Art zu *Monodus* gehört. Im Meere gibt es nach Pascher noch andere *Monodus*-Formen, die sich im Blaualgenschleim, ferner in den schleimigen Überzügen und in den Gallerten mancher Braun- und Rotalgen finden. Einzelne von ihnen sind Bewohner des Brackwassers und wahrscheinlich auch euryhalin.

Monodus subsalsus Conrad et Kufferath – Es ist fraglich, ob es sich um eine Xanthophycee handelt.

7. **Chlorocloster** Pascher

Gestreckte bis lang gestreckte, spindelförmige bis ungleich spindelförmige oder auch schwach ellipsoidische, manchmal an den Enden schief verschmälerte Zellen, die bis über achtmal länger als breit werden und stumpfe, kurzspitzige bis lang ausgezogene spitze Enden haben, wobei die beiden Enden nicht selten ungleich sein können. Sehr häufig sind die Zellen leicht bis stark, sogar fast kreisförmig, wellen- oder S-förmig gekrümmt. Manchmal die beiden Schenkel der gekrümmten Zellen windschief zueinander verdreht. Zellen einzeln lebend oder nur vorübergehend durch zarte Gallerte mehr oder weniger regellos zusammengehalten. Zellwand aus einem Stück, gewöhnlich zart und ohne jede Verdickung, auch an den Enden nicht verdickt. Chromatophoren wandständig, in Einzahl oder in Mehrzahl, mulden- bis scheibenförmig, mit oder ohne Pyrenoid.

Fortpflanzung meist in der Art, daß nach Teilung des Protoplasten zwei Autosporen gebildet werden, die bald zu normaler Form heranwachsen und die verschleimte alte Zellwand aufreißen. Gelegentlich werden die jungen Zellen längere Zeit durch die eng anliegende alte Zellwand fest zusammengehalten und platten sich dann an den Berührungsstellen gegeneinander stark ab. Bisweilen werden auch 4–8 Autosporen gebildet. In einigen Fällen auch Hemiautosporen. Als Dauerstadien wurden Aplanosporen mit dicker Wand beobachtet.

«*Chlorocloster* ist in seinem Gattungsumfang relativ schwer zu umgrenzen, da manche Formen jenen *Monodus*-Arten, die längere Zellen besitzen umso mehr nahe kommen, als einzelne *Chlorocloster*-Arten ebenfalls sehr ungleiche Zellenden haben» (Pascher 1939 a). Die Artumgrenzung ist gleichfalls schwierig und die einzelnen Arten variieren stark. Manche Arten gehören wohl zu den Chlorophyceen; Pigmentanalysen wären dringend nötig.

Wichtigste Literatur: Pascher 1925, 1939 a; Vischer 1945, George 1963; Reisigl 1964; Péterfi 1967; Starmach 1968; Bourrelly 1968.

Bestimmungsschlüssel der Arten

1a Zellen kurz und plump, nur 2 – 4 mal so lang wie breit 2
1b Zellen gestreckt spindelförmig bis nadelförmig, viermal bis mehrmals so lang wie breit 3
2a Zellen bis 8 μm lang und 3 μ breit .... **1. Ch.minimus**
2b Zellen 15 – 20 μm lang und 5 μm breit .... **3. Ch.simplex**
3a Zellenden sehr verschieden, das eine oft stumpf bis abgerundet, das andere ausgezogen und spitz 4
3b Zellenden gleich gestaltet 5
4a Ein oder wenige größere Chromatophoren .... **2. Ch.inaequalis**
4b Viele kleinere Chromatophoren .... **4. Ch.caudatus**
5a Mit Pyrenoid .... **5. Ch.pyreniger**
5b Ohne Pyrenoide 6
6a Zellenden sehr lang, fein und spitz nadelförmig ausgezogen, ein Chromatophor .... **6. Ch.raphidioides**
6b Zellenden nicht nadelförmig ausgezogen, zwei bis mehrere Chromatophoren 7
7a Zellen wenig gekrümmt 8
7b Zellen sehr stark gekrümmt, die beiden Schenkel windschief verdreht .... **7. Ch.angulus**
8a Zellwand sehr zart .... **8. Ch.terrestris**
8b Zellwand auffallend dick, oft auch leicht geschichtet .**9. Ch.pachychlamys**

1. Chlorocloster minimus Pascher (Fig. 164)

Zellen plump und unregelmäßig spindelförmig, mit sehr ungleichen Flanken, seltener regelmäßig gebaut, bis 2,5 mal länger als breit. An den Enden verschmälert und stumpflich spitz. Zellwand sehr zart. Mit einem wandständigen, rinnenförmigen und blassen Chromatophor, der kaum ein Drittel der Zelle auskleidet. Fortpflanzung durch zwei Autosporen.

Zellen bis 8 μm lang und bis 3 μm breit.

Mehrere Male an Uferstellen gefunden; nicht in sauren Gewässern (Tschechoslowakei). Aus Erdproben der Haswel Insel (Antarktis) isoliert, aber auch aerophytisch lebend (Rumänien).

2. Chlorocloster inaequalis Pascher (Fig. 163)

Zellen bis siebenmal länger als breit, leicht bis stark gekrümmt, oft winklig gebogen, an einem Ende meist sehr lang, oft wellig ausgezogen, verschmälert und spitz. Das andere Ende fast immer stumpfer bis abgerundet, die Zellen daher nicht selten mehr keulenförmig. Zellwand zart und sehr leicht verschleimend.

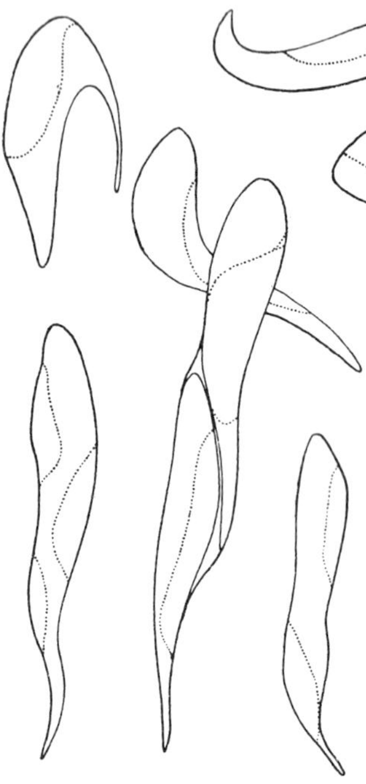

163

164

Fig. 163. *Chlorocloster inaequalis* Pascher. Fig. 164. *Chlorocloster minimus* Pascher (nach Pascher).

Chromatophoren einer bis wenige, wandständig, scheiben- bis rinnenförmig, oft ungleich groß. Fortpflanzung durch Bildung von zwei hintereinander liegenden Autosporen, die durch die alte Zellwand sehr lange zusammengehalten werden. Oft treten die jungen Zellen sehr spät aus und behalten dann die Abschrägung des einen Endes bei, in anderen Fällen wachsen die jungen Zellen innerhalb der Mutterzelle übereinander hinweg.

Zellen bis 26 μm lang, 3–5 μm breit.

Auf feuchten überrieselten Stellen grüne Flecken bildend, aus einem Graben in der Nähe von Františkovy Lázně (Tschechoslowakei). Keine ausgesprochene Wasseralge.

3. Chlorocloster simplex Pascher (Fig. 165, 166)

Zellen plump und unregelmäßig spindelförmig, mit oft sehr ungleichen Flanken, 4 – 5 mal länger als breit. Enden meist sehr ungleich, das eine oft stumpf bis

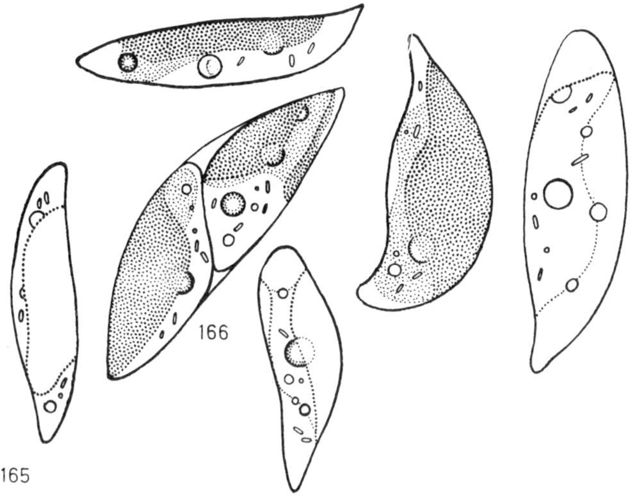

Fig. 165, 166. *Chlorocloster simplex* Pascher; Fig. 166. Autosporenbildung (nach Pascher).

abgerundet, das andere verschmälert, doch niemals spitz. Zellen gerade oder hornförmig gekrümmt bis halbmondförmig. Zellwand sehr zart. Chromatophor einer, relativ groß, wandständig, rinnen- bis muldenförmig, meist der mehr gewölbten Seite anliegend. Chromatophor oft sehr blaß, gelegentlich bandförmig und dann schief schraubig die Zelle durchziehend. Fortpflanzung durch zwei Autosporen oder Hemiautosporen. Zoosporenbildung vielleicht nicht ausgeschlossen. Autosporen in der alten Zelle hintereinander liegend.

Zellen 15–20 μm lang, bis 5 μm breit.

Wohl eine verbreitete, wenn auch nicht häufige Erdalge. Wiederholt in Ackererde oder in der Erde von Blumentöpfen gefunden.

Diese Art könnte, was die Gestalt der Zellen anbelangt, ebenso gut bei *Monodus* stehen. Doch da die Autosporen hier immer zu zweit und hintereinander liegend gebildet werden, wird sie zu *Chlorocloster* gestellt.

4. Chlorocloster caudatus Pascher (Fig. 167)

Zellen gestreckt eiförmig bis ellipsoidisch, gerade oder meist gekrümmt, an einem Ende sehr lang und dünn, fast schwanzartig ausgezogen, das andere Ende meist abgerundet und niemals ausgezogen. Zellwand überaus zart, manchmal etwas verschleimt. Chromatophoren zahlreich, klein, scheibenförmig, meist sehr blaß. Fortpflanzung durch Bildung von 2–4 Autosporen, die noch innerhalb der Mutterzelle verschiedene Enden bekommen und sich meist bald trennen. Manchmal werden sie längere Zeit von der gedehnten, eng anliegenden Zellwand zusammengehalten und verkleben dann zu zweit oder viert.

Zellen bis 25 μm lang oder auch länger, bis 6 μm breit.

In stark gedüngten Wiesengräben bei Lauffen an der Traun (Österreich).

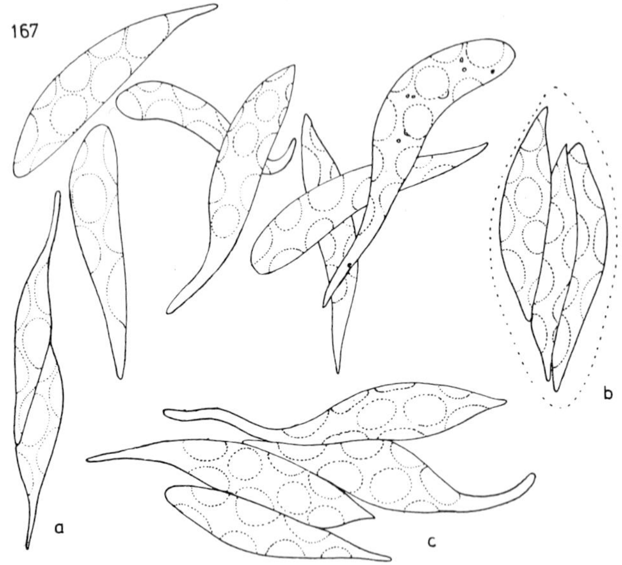

Fig. 167. *Chlorocloster caudatus* Pascher – *a* zwei hintereinander gebildete Autosporen, *b* vier Autosporen, *c* vierzelliger Verband (nach Pascher).

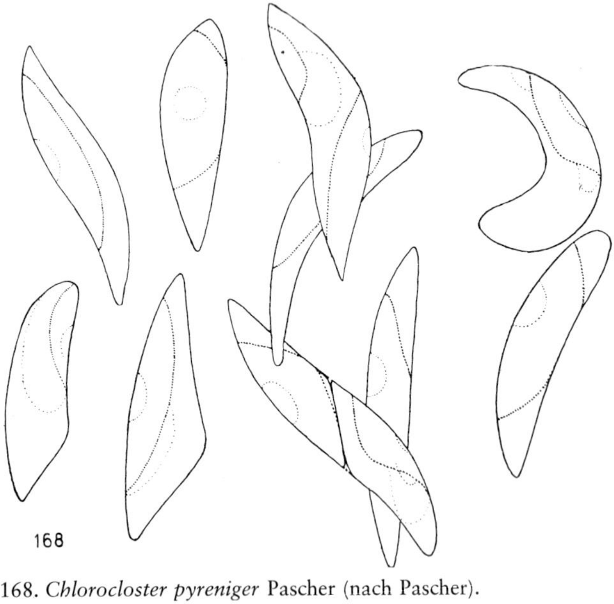

Fig. 168. *Chlorocloster pyreniger* Pascher (nach Pascher).

5. Chlorocloster pyreniger Pascher (Fig. 168)

Zellen derb, spindelförmig, gerade oder leicht S-förmig gekrümmt, oft einseitig ausgebaucht, an beiden Enden gleichmäßig verschmälert, spitz oder ein Ende etwas verlängert, selten beide Enden stumpf. Gelegentlich ein Ende schief gestutzt, Zellen dann im optischen Längsschnitt fast dreieckig. Seltener kommen unregelmäßig halbmondförmige bis sichelförmige Zellen vor. Zellwand sehr zart und zur Verschleimung neigend. Chromatophor einer (sehr selten zwei), gewöhnlich muldenförmig, den konvexen Teil der Zelle auskleidend, groß, tiefgrün. Mit einem großen, länglichen, mehr oder weniger zentral gelegenen Pyrenoid versehen. Bei zwei Chromatophoren nicht selten der eine pyrenoidfrei. Fortpflanzung durch Bildung von zwei, selten vier oder acht Autosporen. Werden nur zwei Autosporen gebildet, so liegen sie schief hintereinander und werden nicht selten durch die lange persistierende alte Zellwand beisammengehalten. Einmal derbe, zweischichtige Aplanosporen beobachtet.

Zellen bis 25 μm lang, 6–8 μm breit.

In angetriebenen Algenwatten an Teichufern in Nordböhmen (Tschechoslowakei).

6. Chlorocloster raphidioides Pascher (Fig. 169)

Zellen gerade, S-förmig oder gebogen, an beiden Enden meist lang zugespitzt und manchmal scharf und spitz ausgezogen, seltener an einem Ende weniger spitz als am anderen; manchmal einseitig und unregelmäßig erweitert. Gelegentlich zu zweit oder zu mehreren durch zarte Gallerte zusammengehalten, doch meistens einzeln lebend. Zellwand sehr zart. Ein einziger wandständiger und rinnenförmiger Chromatophor, nicht selten mit grob gelapptem Rand und dann unter Umständen auch mehrere Chromatophoren vortäuschend. Manchmal ist der Chromatophor sehr klein und auch nicht selten blaß. Im Zellinhalt Öltropfen und kleine kristalloide Körper. Fortpflanzung durch Bildung zweier Autosporen.

Zellen bis 25 μm lang, bis 6 μm breit.

Scheint eine verbreitete Alge zu sein, die jedoch wegen ihrer Ähnlichkeit mit Arten der Chlorophyceen-Gattungen *Ankistrodesmus* oder *Keratococcus* oft mit diesen verwechselt worden sein dürfte. Mehrmals beobachtet: an Teichufern, in Ackergräben, vielleicht vorherrschend terrestrisch (Tschechoslowakei, Polen).

7. Chlorocloster angulus Pascher (Fig. 170)

Zellen gestreckt spindelförmig, gegen beide Enden zu verschmälert, doch stumpf und nicht spitz endend. Verschmälerungen an beiden Enden in der Form und auch in der Größe ungleich, dadurch die Zellen aus zwei verschiedenen und ungleich großen Teilstücken bestehend. Das längere Teilstück meist mehr verschmälert und oft wellig. Zellen stark halbmondförmig bis über halbmondförmig gekrümmt, wobei die beiden Hälften nicht in einer Ebene liegen, sondern gegeneinander windschief verdreht sind. Die Zellen liegen demnach der Unterlage niemals flach auf. Zellwand sehr zart, sehr leicht verschleimend, so daß die Zellen nicht selten vorübergehend zu mehreren in kleinen Klümpchen vereinigt bleiben. Chromatophoren meist zwei bis mehrere, nur in seltenen Fällen zahlreiche kleine scheibenförmige. Oft kommen rötliche Öltropfen vor. Fortpflanzung durch zwei, seltener vier Autosporen. Derbwandige Aplanosporen wurden beobachtet.

Zellen bis 35 μm lang, 4–8 μm breit.

Wiederholt in angetriebenen Algenwatten in Teichen beobachtet (Tschechoslowakei).

Fig. 169. *Chlorocloster raphidioides* Pascher – *a* Autosporenbildung. Fig. 170. *Chlorocloster angulus* Pascher – *a* zwei hintereinander gebildete Autosporen (nach Pascher).

8. Chlorocloster terrestris Pascher (Fig. 171, 172)

Zellen gestreckt spindelförmig, gerade oder wellig, bis S-förmig gebogen, gegen die Enden deutlich bis scharf verschmälert und dann stumpf bis spitz, nicht aber ausgezogen spitz endend. Zellwand zart, leicht verschleimend. Chromatophoren drei oder mehrere, wandständig, meist ungleich groß und dann nicht selten gelappt, oft sehr blaß. Fortpflanzung durch zwei Autosporen, die die erweiterte alte Zelle ganz ausfüllen und meist in unregelmäßiger Form austreten. Manchmal werden sie durch die stark verschleimte Zellwand der Mutterzelle zusammengehalten.

Zellen bis 25 μm lang, 3–5 μm breit.

Diese Art gehört zu den charakteristischen Algen-Gesellschaften, die am

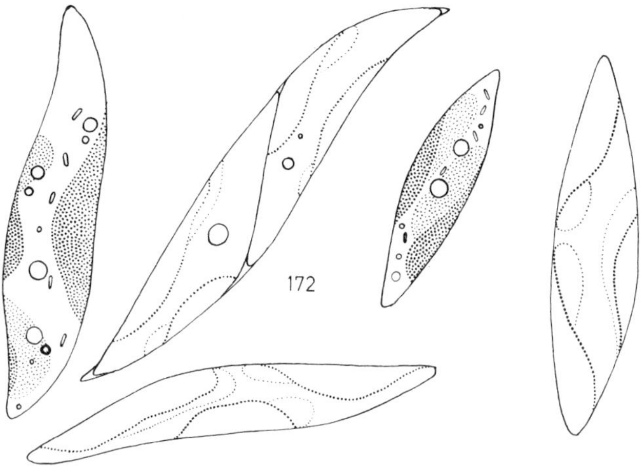

Fig. 171. *Chlorocloster terrestris* Pascher; Fig. 172. Autosporenbildung (nach Pascher).

Grunde von Baumstämmen und an feuchten Stellen leben *(Keratococcus*, aerophile Blaualgen, Diatomeen, gewisse Chrysophyceen, *Hormidium* und auch *Porphyridium)*. Wiederholt in Südböhmen, aber auch in Österreich und in der UdSSR gefunden.

9. **Chlorocloster pachychlamys** Pascher (Fig. 173)

Zellen einseitig spindelförmig bis leicht S-förmig, manchmal etwas unregelmäßig, bis 6 mal so lang wie breit, an den Enden oft etwas ungleich stumpf. Zellwand sehr dick, manchmal an den besonders verdickten Enden leicht geschichtet, sehr hell, fest. Chromatophoren mehrere, 3–7, wandständig, muldenförmig bis leicht bandförmig, in einer Zelle oft sehr ungleich groß. Gelegentlich Eiweißkristalloide und rote Öltropfen. Fortpflanzung durch zwei oder vier Autosporen, die unter Umständen vorübergehend beisammen bleiben können und erst nach Verschwinden der gedehnten alten Zellwand auseinanderbrechen. Manchmal wandeln sich die Teilprotoplasten innerhalb der Mutterzelle in sehr dickwandige Aplanosporen um.

Zellen bis 30 μm lang, 4–7 μ m breit.

Am Ufer kleiner Wassertümpel bei Braunschweig und aus *Erica tetralix*-Tümpeln in den Dünen von Sylt (BRD).

Unsichere und zu streichende Arten.

Chlorocloster solanii George – Eine endophytisch in *Solanum tuberosum* lebende Alge, die jedoch nach neuen Untersuchungen und Pigmentanalysen zu den Chlorophyceen gehört.

Chlorocloster engadinensis Vischer – Auch in diesem Fall soll es sich um eine Chlorophycee handeln, da bei Pigmentanalysen Chlorophyll *b* festgestellt wurde. Durch die Bildung mehrerer und nicht hintereinander liegender Autosporen ebenfalls von *Chlorocloster* verschieden.

Chlorocloster dactylococcoides Pascher (Fig. 178) – schon Pascher hat diese

Fig. 173. *Chlorocloster pachychlamys* Pascher – *a* reihenartig hintereinander gereihte Tochterzellen. Fig. 174. *Chlorocloster dactylococcoides* Pascher – *a* reihig angeordnete Autosporen, *b* sternförmig angeordnete Zellverbände (nach Pascher).

Alge nur mit Vorbehalt zu *Chlorocloster* gestellt. Eigenartig ist bei ihr die Neigung zur Bildung kettenförmiger und strahliger Zellverbände. Deshalb hat Pascher diesen Organismus mit einem weiteren – provisorischen – Namen versehen – *Desmastridion dactylococcoides.* Zellen einzeln, seltener in mehrzelligen, ketten- oder sternförmigen Verbänden. Einzelzellen breit und unregelmäßig spindelförmig, die beiden Enden oft ungleich verschmälert und ungleich spitz. Zellwand sehr zart, vielleicht mit leichter Schleimhülle. Chromatophor einer, wandständig, muldenförmig, oft klein und blaß. Fortpflanzung durch zwei oder vier Autosporen, die unter sehr schiefer Protoplastenteilung gebildet werden. Autosporen innerhalb der alten Zellwand schief nebeneinander, nicht in einer Reihe hintereinander liegend. Gelegentlich strahlen die Autosporen von einem Punkt aus. Die Autosporen können verbunden bleiben, wobei vorübergehende oder auch dauernde Zellverbände entstehen. Zellen 8 – 10 μm lang, 2–4 μm breit. Aus den Altwässern der Traun bei Ischl (Österreich), in Algenwatten eines kleinen

Teiches (Tschechoslowakei). Von der Gattung *Chlorocloster* nicht nur durch die kolonieartigen Zellverbände, sondern auch durch die Autosporenbildung verschieden. Ich habe einen sehr ähnlichen, in einigen Merkmalen fast übereinstimmender Organismus gesehen, der jedoch eindeutig eine Grünalge war. Die Art bedarf dringend einer Überprüfung.

8. **Pleurogaster** Pascher

Zellen einzeln lebend, nur kurz nach der Teilung zu viert, seltener zu zweit vorübergehend beisammen bleibend, ungleichseitig spindelförmig bis halbmondförmig, im optischen Querschnitt kreisrund oder breit elliptisch-eiförmig, niemals kantig. Eine Längsflanke nur wenig konvex oder gerade, mitunter auch leicht konkav, die andere Längsseite hingegen stark bauchig bis sehr stark gewölbt. An beiden Enden oft durch bedeutende Verdickungen der Zellwand eckig bis warzig oder sogar bis stumpf dornig ausgezogen, manchmal an einem Ende eine lange Borste. Zellwand bis auf die verdickten Ecken gleichmäßig dick, doch gewöhnlich derb. Ein bis vier wandständige, oft sehr blasse Chromatophoren, die meist bis auf schmale, helle Zwischenstreifen aneinanderschließen. Ohne Pyrenoide. Gelegentlich rotes Öl in Form eines oder mehrerer Tropfen.

Fortpflanzung entweder durch Autosporen, die zu zweit, oft aber zu viert gebildet werden. Manchmal kommen auch Hemiautosporen vor. Es können statt Autosporen auch formveränderliche Zoosporen austreten.

Wichtigste Literatur: Pascher 1939 a; Prescott 1951; Ettl 1968.

Bestimmungsschlüssel der Arten

1a Zellen an einem Ende mit langer, bis überkörperlanger Borste, die manchmal fein nadelförmig sein kann . . . . **1. P.setifer**
1b Zellen ohne lange Borste 2
2a Endverdickung nicht stachelförmig, stumpf, meist mehrere Chromatophoren . . . . **2. P.lunaris**
2b Endverdickung stachelförmig zugespitzt, meist nur ein einziger Chromatophor . . . . **3.P. anisodus**

1. **Pleurogaster setifer** Pascher (Fig. 177)

Zellen ausgesprochen bauchig, meist einseitig stark ausgebaucht, schief spindelförmig bis halbmondförmig. Zellwand sehr derb und an einem Ende zu einer derben, oft runzeligen Warze verdickt. Das andere Zellende ebenfalls verdickt und in eine sehr feine bisweilen etwas derbere Borste ausgezogen, die Zellänge erreicht oder diese sogar noch übertrifft. Chromatophoren zwei bis mehrere, wandständig und scheibenförmig. Rote Öltropfen vorhanden. Fortpflanzung durch zwei oder vier Autosporen oder Hemiautosporen.

Zellen 10–17 μm lang, 5–7 (- 10) μm breit.

In versumpften Wiesengräben, oft gemeinsam mit Eisenbakterien (Tschechoslowakei, Österreich).

2. **Pleurogaster lunaris** Pascher (Fig. 175)

Zellen schief halbkreisförmig, bohnenförmig bis ungleich spindelförmig, immer mit einer stärker und einer weniger stark gewölbten Seite. Zellwand meist derb bis sehr derb, manchmal leicht geschichtet, an einer oder beiden Zellecken warzig bis stumpf stachelig verdickt. Diese Verdickungen nicht selten geschichtet. Mehrere scheibenförmige, wandständige Chromatophoren, die ungleich groß sein können. Gelegentlich rote Öltropfen. Fortpflanzung durch zwei oder vier Autosporen, die entweder dünn behäutet austreten oder noch innerhalb der Mutterzelle ihre Zellwand verdicken. Außerdem wurden auch Zoosporen beob-

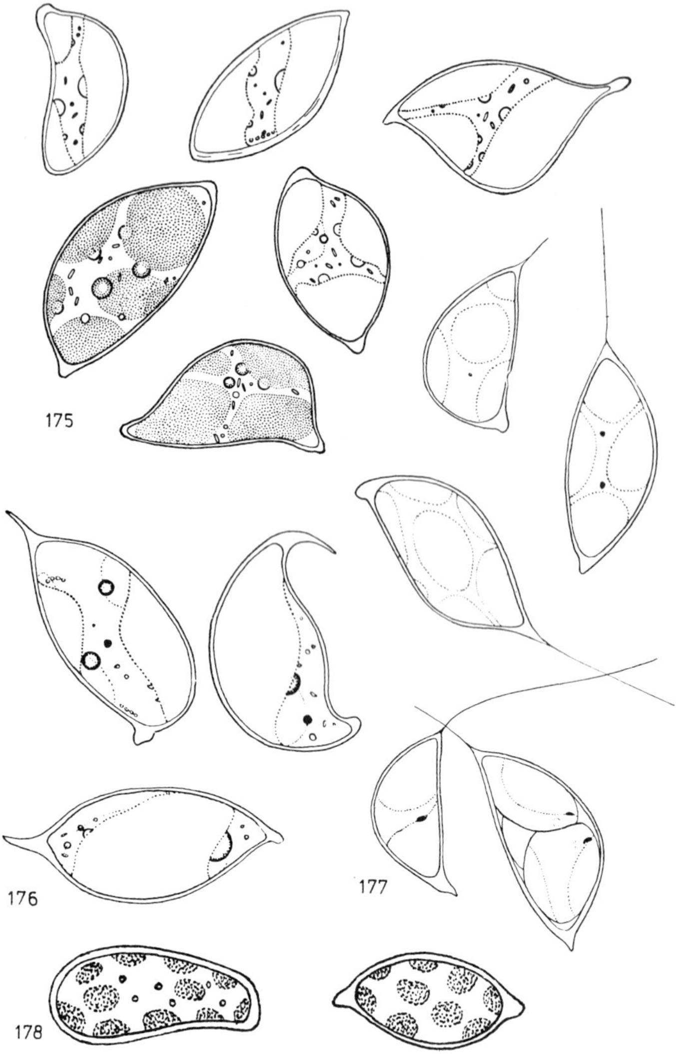

Fig. 175. *Pleurogaster lunaris* Pascher. Fig. 176. *Pleurogaster anisodus* Pascher. Fig. 177. *Pleurogaster setifer* Pascher (nach Pascher). Fig. 178. *Pleurogaster oocystoides* Prescott (nach Prescott).

achtet. Mit zwei bis vier Chromatophoren, kleinem Stigma, 1,5 mal körperlanger Hauptgeißel und kurzer Nebengeißel.

Zellen 16–25 μm lang, 8–15 μm breit.

Im freiliegenden Teichschlamm, und aus einer Erdprobe von einem Acker isoliert (Tschechoslowakei).

3. **Pleurogaster anisodus** Pascher (Fig. 176)

Zellen unregelmäßig spindelförmig bis unregelmäßig halbmondförmig, gerade oder leicht gekrümmt, oft auf einer Seite sehr stark ausgebaucht. Zellwand derb, an einem Ende in eine stumpfe, oft unregelmäßige, manchmal nur angedeutete Warze verdickt, am anderen Ende einen relativ langen, oft scharf zugespitzten Stachel bildend. Ein großer und muldenförmiger Chromatophor, der meist die stärker gewölbte Rückenseite der Zelle auskleidet. Gelegentlich noch ein zweiter, kleinerer Chromatophor vorhanden. Fortpflanzung durch Autosporen.

Zellen 12–17 μm, gelegentlich bis 30 μm lang.

In einem ausgetrockneten, mit Erde ausgefüllten Waldgraben bei Lunz (Österreich).

Unsichere und zu streichende Art.

Pleurogaster oocystoides Prescott (Fig. 178) – Zellen einzeln lebend, oval, asymmetrisch nierenförmig oder breit ellipsoidisch, die eine Flanke flach oder konkav, die andere breit konvex, an beiden Enden breit abgerundet. Zellwand relativ derb, an einem der beiden Zellenden verdickt. Chromatophoren mehrere, wandständig, scheibenförmig. Fortpflanzung nicht beschrieben. Zellen 12–14 μm lang, 8 – 10 μm breit. In einem mit *Sphagnum* zugewachsenen Moortümpel, Michigan (USA). Etwas unvollständig beschrieben. Aus der Beschreibung geht nicht eindeutig hervor, daß es sich um eine *Pleurogaster*-Art handelt.

9. **Rhomboidella** Pascher

Zellen immer einzeln lebend, im optischen Längsschnitt schief und oft etwas unregelmäßig rhombisch, in Wirklichkeit zusammengedrückt walzlich und an den Enden nicht gerade, sondern schief abgeschnitten. Im optischen Querschnitt elliptisch, an den Enden kreisförmig. Zellen meist etwas länger als breit, manchmal etwas unregelmäßig, gelegentlich die beiden Enden verschieden. Von den vier Ecken infolge der schiefen Enden zwei sehr breit, zwei verschmälert abgerundet. Gelegentlich ein Zellende breit abgerundet. Zellwand sehr stark, glatt, wahrscheinlich einteilig. Chromatophoren meist mehrere, wandständig, scheiben- bis leicht muldenförmig. Fortpflanzung durch zwei oder vier Autosporen oder Hemiautosporen.

Eine einzige Art:
Rhomboidella obliqua Pascher (Fig. 179)

Mit den Merkmalen der Gattung. Zellen 12–18 μm lang, 8–12 μm breit. Im Algenbelag des Schilfes und der Rohrkolben von Altwässern und in Teichen (Tschechoslowakei).

10. **Prismatella** Pascher

Zellen meist einzeln lebend und sehr charakteristisch gestaltet. Immer gestreckt und mit schief rhombisch-sechseckigem, oft ziemlich scharfeckigem oder stumpfeckigem Umriß, wobei einzelne Ecken verwischt sein können und dadurch nicht selten eine Bauch- und eine Rückenseite angedeutet wird. Im opti-

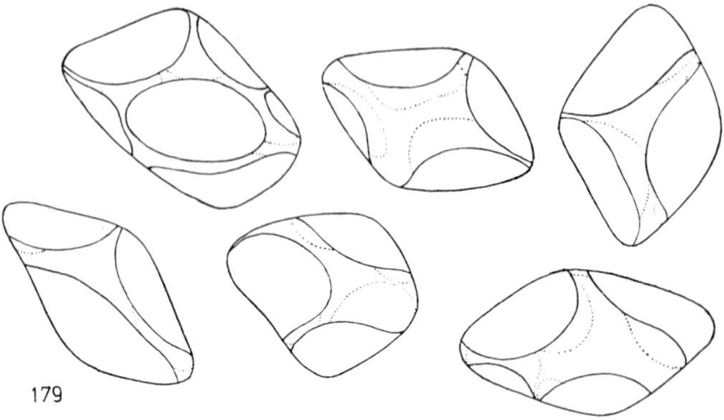

179

Fig. 179. *Rhomboidella obliqua* Pascher (nach Pascher).

schen Querschnitt stumpf rhombisch oder deltoidisch, oft mit gekrümmten Seiten. Es handelt sich infolgedessen bei diesen Zellen nicht um zylindrische, sondern um mehr unregelmäßige prismatische Gebilde. Zellwand derb, ohne Verdickungen, manchmal jedoch mit einer zarten, vergänglichen Schleimhülle, die zwei oder vier Zellen eine Zeitlang zusammenhält. Chromatophoren wandständig, meistens zwei, seltener einer oder drei, die Längsflanken der Zellen auskleidend; ohne Pyrenoid. Fortpflanzung durch Autosporen, die zu zweit oder viert gebildet werden. Auch Hemiautosporen, die sich später behäuten und noch innerhalb der alten Zelle ihre Gestalt annehmen, sind bekannt.

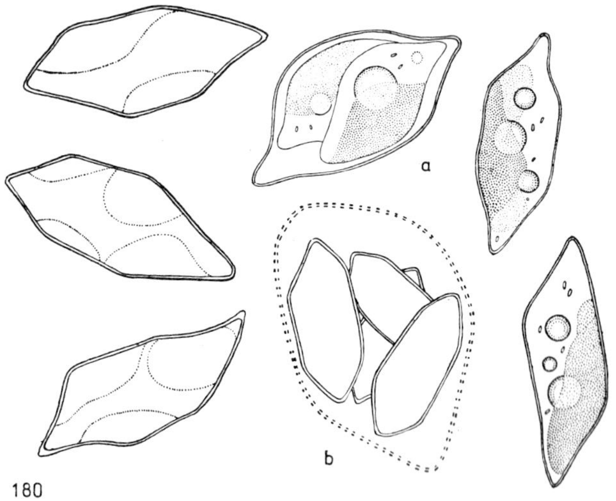

180

Fig. 180. *Prismatella hexagona* Pascher – *a, b* Autosporenbildung (nach Pascher).

Eine einzige Art:
Prismatella hexagona Pascher (Fig. 180)

Mit den Merkmalen der Gattung. Zellen 12–20 μm lang, 6–8 μm breit. In Altwässern im Böhmerwald und an Ufern von Teichen bei Prag (Tschechoslowakei).

Diachros-Gruppe

Zellen kugelig oder von der kugeligen Gestalt nur wenig abweichend und von solcher immer ableitbar. Zellwand stets zweiteilig, zart bis derb oder dick, sehr spröde und durch Eisenablagerungen rötlich bis bräunlich verfärbt. Oft ist die Zellwand glänzend oder auch mit feiner radiärer Streifung versehen. Fortpflanzung durch Zoosporen oder Autosporen.

Bestimmungsschlüssel der Gattungen

1a Zellwand ohne sichtbare Struktur .... **11. Diachros** (S. 161)
1b Zellwand mit deutlicher, eigenartiger und fein radiärer Streifung .... **12. Sklerochlamys** (S. 163)

11. Diachros Pascher

Zellen einzeln lebend oder nach Autosporenentleerung vorübergehend zu kleinen Gruppen verbunden, kugelig, seltener etwas abgeplattet oder mehr unregelmäßig. Zellwand zart bis sehr derb, manchmal durch Eisenverbindungen rotbraun verfärbt und sehr spröde, aus zwei Halbstücken bestehend, die ungefähr Halbkugeln entsprechen und zumeist gleich groß sind. Die beiden Hälften der Zellwand greifen an ihren Rändern nur wenig oder gar nicht übereinander. Chromatophoren einer oder mehrere, wandständig, scheiben- bis muldenförmig.

Fortpflanzung durch zwei oder seltener vier bis acht Autosporen. Diese bereits mit der aus zwei Hälften zusammengesetzten Zellwand austretend. Die beiden Hälften der alten Zellwand klappen bei der Entleerung auf, gewöhnlich bleiben sie noch eine Zeitland durch eine gedehnte, blasenförmige Innenschicht miteinander verbunden, nach deren Aufreißen die Autosporen frei werden. Mitunter auch Hemiautosporen beobachtet.

Wichtigste Literatur: James 1935; Pascher 1939 a.

Bestimmungsschlüssel der Arten

1a Zellen ungefähr 8 μm groß, meist mit einem Chromatophor . **1. D.simplex**
1b Zellen 12–20 μm groß, mit zwei bis mehreren Chromatophoren 2
2a Zellwand mäßig derb, 2–4 größere Chromatophoren . **2. D.pleiochloris**
2b Zellwand sehr derb, viele kleine Chromatophoren ...... **3. D.incrassata**

1. Diachros simplex Pascher (Fig. 181)

Zellen kugelig, seltener etwas unregelmäßig. Zellwand sehr zart, doch deutlich zweischalig und spröde. Chromatophor einer, selten zwei, wandständig, schüssel- bis topfförmig. Fortpflanzung durch zwei oder vier Hemiautosporen oder Autosporen.

Zellen ungefähr 8 μm groß.

Einige Male in Algenkulturen beobachtet, die aus Böden aus der Umgebung von Prag (Tschechoslowakei) herausgezüchtet wurden. In einer abweichenden, derbwandigeren Form auch in Wassergräben im Frühjahr gesichtet.

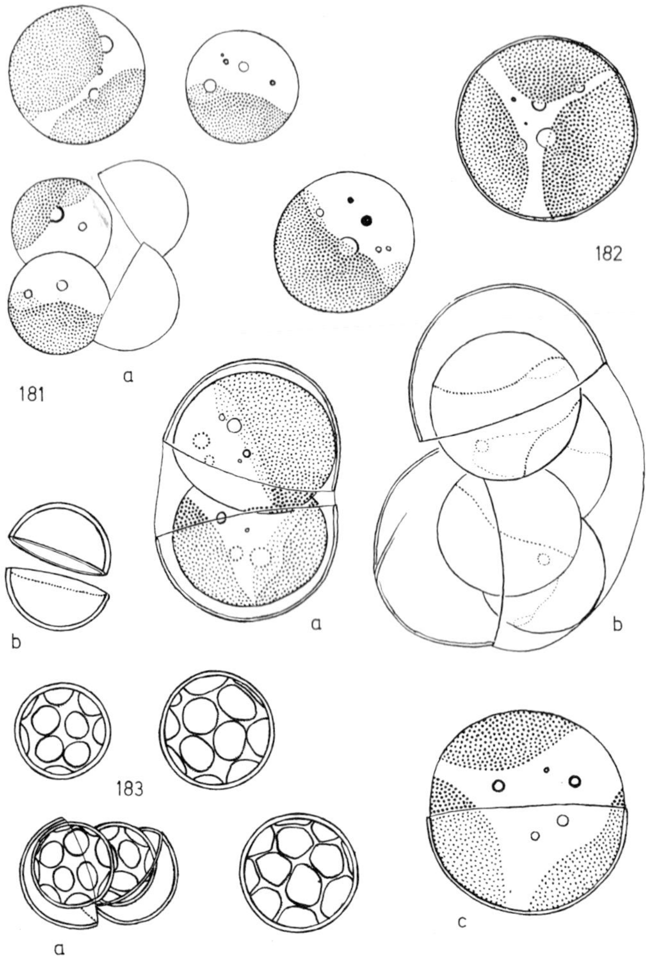

Fig. 181. *Diachros simplex* Pascher – *a* Entleerung der Autosporen. Fig. 182. *Diachros pleiochloris* Pascher – *a, b* Autosporenbildung. Fig. 183. *Diachros incrassata* Pascher – *a* Entleerung der Autosporen (nach Pascher).

2. Diachros pleiochloris Pascher (Fig. 182)

Zellen kugelig, in den vorübergehend gebildeten Verbänden manchmal leicht abgeplattet. Zellwand zart, zweiteilig, gelegentlich die beiden Hälften am Rande leicht verdickt oder übereinandergreifend. Chromatophoren drei bis fünf, wandständig, manchmal ungleich groß, scheiben- bis muldenförmig. Gelegentlich in den Zellen 2–3 rubinrote Öltropfen. Fortpflanzung durch zwei oder vier, seltener acht Autosporen. Diese zunächst etwas abgeplattet, sehr ungleich, oft nur mit einem Chromatophor, der sich aber rasch teilt. Häufig auch Hemiautosporen.

Zellen durchschnittlich 12 μm, gelegentlich aber auch 14–18 μm groß.

Erdalge, die aus sauren Erdböden isoliert wurde. Aus verschiedenen Böden West- und Nordböhmens bekannt (Tschechoslowakei).

3. Diachros incrassata Pascher (Fig. 183)

Zellen kugelrund. Zellwand sehr derb, doch ungeschichtet und glatt, oft tiefbraun verfärbt und sehr spröde. Beide Hälften der Zellwand gleich, nur gelegentlich kleine Größenunterschiede vorhanden. Chromatophoren zahlreich, wandständig, klein und scheibchenförmig. Rote Öltropfen gelegentlich vorhanden. Fortpflanzung durch zwei Autosporen, die bereits innerhalb der Mutterzelle mit derber Zellwand versehen sind und ziemlich erwachsen austreten. Andere Stadien nicht gesehen.

Zellen 12–15 μm, seltener bis 20 μm im Durchmesser.

In sehr eisenhaltigen, stark sauren Gewässern in Nordböhmen und im Böhmerwald beobachtet (Tschechoslowakei).

12. Sklerochlamys Pascher

Zellen immer einzeln lebend, stets kugelig, mit auffallend derber, fast dicker, doch meist ungeschichteter Zellwand. Diese nicht selten rötlich gefärbt, im optischen Schnitt mit einer eigenartigen Struktur, einer sehr feinen radiären Streifung versehen. In der Aufsicht erscheint die Zellwand grob punktiert. Struktur über die ganze Zelle regelmäßig entwickelt, keine Polarität zeigend. Die einzelnen groben Punkte der Oberflächenansicht entsprechen deutlich den radiären Streifen der Zellwand. Möglicherweise handelt es sich um Poren. Manchmal um die Zelle eine zarte Gallertschicht. Chromatophor einer oder mehrere, wandständig, mulden- bis schalenförmig, aber auch ringförmig oder scheibenförmig, nur ausnahmsweise auch topfförmig, ohne Pyrenoide. In den Zellen häufig viel Öl und auch sehr viel rote Öltropfen.

Fortpflanzung durch Autosporen und Zoosporen. Autosporen zu zweit, doch auch zu viert gebildet. Sie wachsen bereits innerhalb der Mutterzelle rasch heran und bekommen dort auch ihre derbe Zellwand mit der charakteristischen Struktur. Durch Sprengung der alten Zellwand werden die Autosporen frei, wobei zwei annähernd gleich große Teile der Mutterzellwand zurückbleiben. Zoosporen zu zweit oder viert gebildet, mit binnenständigem Chromatophor und einer sehr kurzen, vielleicht funktionslosen Nebengeißel.

Wichtigste Literatur: Pascher 1939a

Bestimmungsschlüssel der Arten

1a Zellen mit einem, seltener zwei oder drei Chromatophoren, Zellwand dünner .... **1. S.fragilis**

1b Zellen mit vielen Chromatophoren, Zellwand sehr dick .... **2. S.pachyderma**

1. Sklerochlamys fragilis Pascher (Fig. 184)

Zellen mit einem schüssel- bis fast topfförmigen Chromatophor. Selten kommen zwei bis drei muldenförmige Chromatophoren vor. Fortpflanzung durch Zoosporen und Autosporen. Sonst mit den Merkmalen der Gattung.

Zellen 10–13 μm groß.

Ausgesprochene Erdalge, die aus Blumentopferde des Warmhauses des Botanischen Gartens in Prag (Tschechoslowakei) isoliert wurde. Möglicherweise eine eingeschleppte tropische Erdalge.

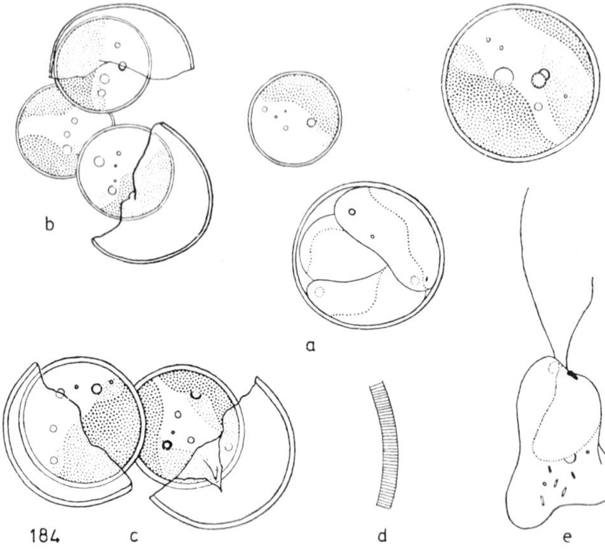

Fig. 184. *Sklerochlamys fragilis* Pascher – *a* Zoosporenbildung, *b, c* Entleerung der Autosporen, *d* radiäre Streifung der Zellwand bei stärkerer Vergrößerung, *e* Zoospore (nach Pascher).

2. Sklerochlamys pachyderma Pascher (Fig. 185)

Zellen mit äußerst dicker Zellwand, mit vielen (10 und mehr) scheibchenförmigen Chromatophoren. Fortpflanzung durch Autosporen. Sonst mit den Merkmalen der Gattung.

Zellen ungefähr 15 μm groß.

Fundort nicht angegeben. Vielleicht ebenfalls eine Erdalge.

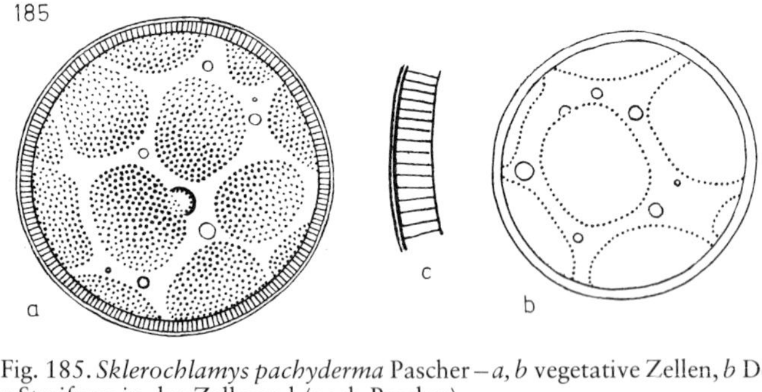

Fig. 185. *Sklerochlamys pachyderma* Pascher – *a, b* vegetative Zellen, *b* Detail der Streifung in der Zellwand (nach Pascher).

Trachychloron-Gruppe

Zellen meist kugelig, ellipsoidisch bis länglich ellipsoidisch, seltener anders gestaltet, drehrund oder auch mehr oder weniger abgeflacht, einzeln oder nur ausnahmsweise und nur vorübergehend in wenigzelligen Verbänden lebend. Zellwand immer deutlich, oft derb und in charakteristischer Weise Diatomeen-artig skulpturiert. Oberfläche wabenartig mit Tüpfeln oder Dellen besetzt, wobei vielfach die Netzpunkte des so entstehenden Leistenwerkes dornig oder stachelig vorgezogen sind. Netzwerk manchmal sehr weitmaschig oder vollkommen fehlend, statt dessen mit regelmäßigen Stacheln oder Höckern besetzt. Zellwand im Prinzip immer zweiteilig, bei manchen Formen aus fast gleichen Hälften zusammengesetzt, wahrscheinlich immer mehr oder weniger verkieselt. In ihrem Umfang vielleicht unsicher begrenzte, aber ziemlich natürliche Gruppe.

Bestimmungsschlüssel der Gattungen

1a Zellen kugelig 2
1b Zellen nicht kugelig 7
2a Netzpunkte der Maschenskulptur der Zellwand nicht dornig oder stachelig vorgezogen 3
2b Netzpunkte der Maschenskulptur stachelig bis kurz stäbchenförmig vorgezogen . . . . 18. **Akanthochloris** (S. 175)
3a Chromatophoren wandständig 4
3b Chromatophoren binnenständig . . . . 17. **Endochloridion** (S. 172)
4a Chromatophor einer, topfförmig, durch Spalten zerteilt oder gelappt, Zellwand mit wabenartig aneinanderschließenden Tüpfelreihen . . . . 13. **Arachnochloris** (S. 165)
4b Chromatophoren mehrere, scheibenförmig, Zellwand mit Eindellungen, zwischen denen deutliche und kräftige Rippen hervortreten 5
5a Eindellungen klein, acht- bis zwanzigeckig, mit dementsprechend mäßig hervortretenden Rippen . . . . 14. **Trachycystis** (S. 169)
5b Eindellungen groß, Rippen deshalb kräftiger 6
6a Rippen (Zellwandleisten) große fünf- bis sechseckige Felder bildend . . . . 15. **Chlorarkys** (S. 171)
6b Rippen (Zellwandleisten) regelmäßige Kreise bildend . . . . 16. **Keriosphaera** (S. 171)
7a Zellen mehr oder weniger abgeflacht . . . . 22. **Trachydiscus** (S. 191)
7b Zellen drehrund 8
8a Zellen im Prinzip ellipsoidisch bis kurz ellipsoidisch-spindelförmig 9
8b Zellen kurz walzlich . . . . 21. **Chlorallantus** (S. 187)
9a Skulptur der Zellwand netzig, ohne betonte meridional verlaufende Längsleisten . . . . 19. **Trachychloron** (S. 178)
9b Zellwand mit deutlichen, meridional verlaufenden Längsleisten . . . . 20. **Aulakochloris** (S. 185)

13. **Arachnochloris** Pascher

Zellen kugelig, meist genau kugelrund, einzeln lebend, mit sehr fester und oft sehr glänzender Zellwand. Diese mit Reihensystemen von Skulpturen bedeckt, die bei oberflächlicher Einstellung den Eindruck von einander schneidenden Tüpfelreihen machen, bei tiefer Einstellung aber wabenartig aneinanderschließen. Skulptur sehr schwankend, manchmal sehr deutlich und grob, bei anderen Formen wieder sehr zart und nur schwer zu beobachten. Zellwand bei alten Zellen meist verkieselt. Chromatophor im Prinzip topfförmig und wandständig, bei den einzelnen Arten verschieden ausgebildet, oft mit einer mächtigen basalen

Partie versehen. Wandstück nicht einheitlich, sondern durch meridionale Spalten in Lappen zerteilt, die bis an den Vorderpol der Zelle reichen und basal aus dem verdickten Basalstück hervorkommen. Bei einer Art ist auch das Basalstück meridional gestreift. Lappen nicht immer gleichmäßig entwickelt, oft eingeschnürt und mitunter auch in rosenkranzförmig miteinander zusammenhängende Scheibchen aufgelöst. In der verdickten Basis des Chromatophors meist ein unregelmäßiges, manchmal undeutliches Pyrenoid. Als Assimilate kommen Fett, Öl und Chrysolaminarin vor. Manchmal sind leuchtend rote Öltropfen vorhanden.

Fortpflanzung entweder durch Autosporenbildung oder durch Bildung von Zoosporen, die zu zweit oder zu viert gebildet werden und die die charakteristische Gestalt des Chromatophors nicht oder nur wenig zeigen. Gelegentlich werden auch Hemiautosporen gebildet. Zysten nicht beobachtet.

Wichtigste Literatur: Pascher 1930b, 1939a; Fritsch 1935; Fott 1957; Ettl 1960.

Bestimmungsschlüssel der Arten

1a	Zellen kugelig	2
1b	Zellen breit querellipsoidisch, breiter als lang	5
2a	Chromatophor ohne Pyrenoid	3
2b	Chromatophor mit Pyrenoid	4
3a	Chromatophor kompakt, mulden- oder mantelförmig	**1. A.simplex**
3b	Chromatophor durch zahlreiche meridionale Streifen aufgeteilt	**3. A.striata**
4a	Zellen höchstens 10 μm groß, Wandstück des Chromatophors in große Teile geteilt	**2. A.minor**
4b	Zellen 15–25 μm groß, Wandstück des Chromatophors in mehrere meridionale Streifen zerteilt	**6. A.maior**
5a	Zellen regelmäßig breit querellipsoidisch, Chromatophor ohne Pyrenoid	**4. A.compressa**
5b	Zellen breit querellipsoidisch, bis spindelförmig, Chromatophor mit Pyrenoid	**5. A.planctonica**

1. Arachnochloris simplex Ettl (Fig. 186)

Zellen stets kugelrund; Zellwand sehr derb, deutlich und grob skulpturiert. Skulptur siebartig, mit deutlichen tüpfelartigen Vertiefungen, so daß die Zellwand im Querschnitt leicht stachelig erscheint. Chromatophor einer, meistens mulden- bis schüsselförmig, mitunter aber auch einseitig mantelförmig, relativ groß. Ohne Pyrenoid. Fortpflanzung durch Autosporen, die zu viert gebildet werden. Andere Stadien nicht bekannt.

Zellen 8–18 μm im Durchmesser.

Zwischen Fäden von *Tribonema vulgare* in einem eisenhaltigen Wiesengraben in Nordmähren (Tschechoslowakei).

2. Arachnochloris minor Pascher (Fig. 187)

Zellen kugelig, mit derber, doch feinskulpturierter Zellwand. Skulptur manchmal undeutlich. Chromatophor mit schwammigem Basalstück und meist undeutlichem Pyrenoid; Wandstück durch zwei, oft breite Spalten in zwei muldenförmige und wandständige, immer zusammenhängende Teile zerlegt, die sehr ungleich groß sein können und von denen der eine Teil manchmal völlig fehlen kann. Beide Teile des Wandstücks reichen gewöhnlich bis zum Vorderrand der Zelle, oft sind sie aber auch sehr klein. Fortpflanzung durch zwei oder vier Autosporen.

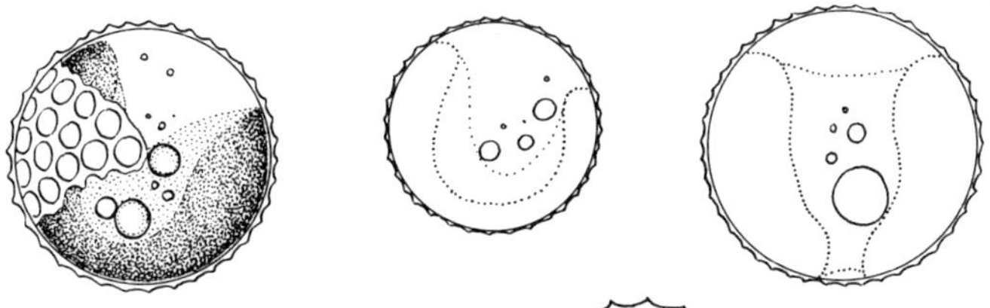

186

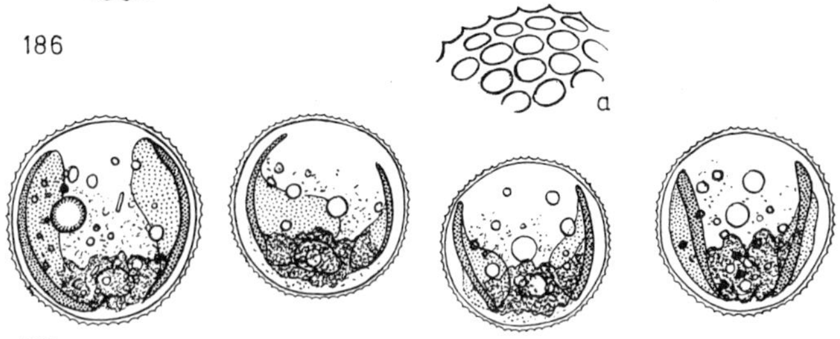

187

Fig. 186. *Arachnochloris simplex* Ettl, links Kombinationsfigur mit teilweise eingezeichneter Skulptur (nach Ettl). Fig. 187. *Arachnochloris minor* Pascher, *a* Detail der Skulptur (nach Pascher).

Zellen 7–9 μm, doch auch bis 12 μm groß.

Bewohner saurer Gewässer, oft im schleimigen Aufwuchs von Wasserpflanzen zwischen anderen Algen; in moorigen Gräben und Verlandungszonen (Tschechoslowakei, Portugal).

3. **Arachnochloris striata** Pascher (Fig. 188)

Zellen kugelig. Zellwand derb und oft grob skulpturiert. Chromatophor in zahlreiche meridionale Streifen aufgelöst, die sehr ungleich breit und lang sein und von denen einige basal zusammenhängen können (Reste des Basalstückes). Meridionale Chromatophorenstreifen mit ungleich breiten, gelappten Rändern, manchmal durch Quereinschnitte in mehrere der Länge nach angeordnete Teile zerlegt. Ohne Pyrenoid. Fortpflanzung nicht vollständig beobachtet. Zellen mit geteilten Protoplasten besitzen einen wandständigen, bereits gelappten Chromatophor und pulsierende Vakuolen (Hemiautosporen?).

Zellen höchstens 10 μm groß werdend.

Gräben in der Nähe eines dystrophen Teiches in Nordböhmen, saure Gräben bei den Teichen von Hrnčíře bei Prag (Tschechoslowakei).

4. **Arachnochloris compressa** Pascher (Fig. 189)

Zellen breiter als lang, zusammengedrückt kugelig, im Umriß breit querellipsoidisch; die kurze Achse ist also die morphologische Hauptachse. Zellwand ziemlich derb, mit deutlicher Skulptur. Chromatophor in relativ wenige und dementsprechend breite meridionale Streifen zerlegt, die basal nur leicht zusammenhängen. Ohne Pyrenoid. Fortpflanzung nicht beobachtet.

Zellen 12–15 μm breit, 8–12 μm hoch.

Fundort von Pascher nicht angegeben. Ich habe eine völlig übereinstimmende Form vereinzelt in den Hochmooren von Tirol gefunden.

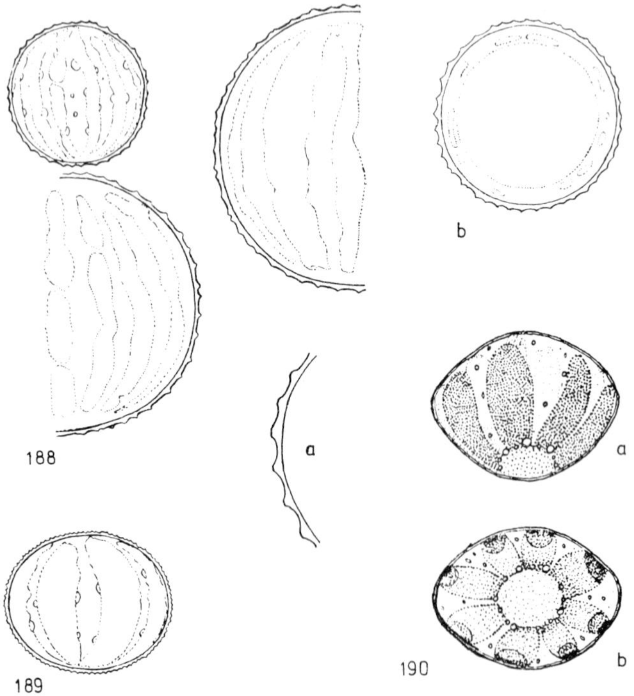

Fig. 188. *Arachnochloris striata* Pascher – *a* ein Stück der Zellwand im Schnitt, *b* Zelle im optischen Querschnitt. Fig. 189. *Arachnochloris compressa* Pascher. Fig. 190. *Arachnochloris planctonica* Fott – *a* Seitenansicht, *b* Scheitelansicht (Fig. 190 nach Fott, sonst nach Pascher).

5. **Arachnochloris planctonica** Fott (Fig. 190)

Zellen querellipsoidisch, breiter als lang, mitunter abgerundet tetraedrisch, im Umriß annähernd rhombisch. Zellwand fest, ohne wahrnehmbare Skulptur. Chromatophor aus meridional verlaufenden, relativ breiten Streifen bestehend, die basal vereinigt und dort auch verdickt sind. Hier auch ein deutliches Pyrenoid, das von kleinen Öltropfen umgeben ist. Fortpflanzung nicht angegeben.

Zellen 12 μm breit, 9,5 μm hoch.

Im Plankton der Teiche bei Blatná (Tschechoslowakei).

Etwas flüchtig beschriebene Art, die man vorläufig nur auf Grund des typischen Chromatophors zu dieser Gattung stellen kann.

6. **Arachnochloris maior** Pascher (Fig. 191)

Zellen immer kugelig, wenn auch nicht immer genau kugelrund. Zellwand oft derb, mit deutlicher Skulptur, nur bei einzelnen Varianten sehr zart. Bei grober Skulptur die Maschenecken manchmal etwas warzig ausgezogen. Chromatophor meist lebhaft grün, im Prinzip topfförmig, mit mächtigem, schwammigem Basalstück und hier ein oft undeutliches Pyrenoid. Wandstück in meridionale

191

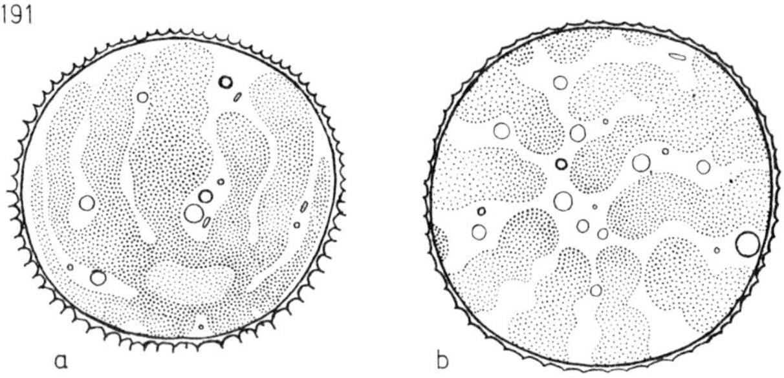

Fig. 191. *Arachnochloris maior* Pascher – *a* optischer Schnitt mit Seitenansicht des Chromatophors, *b* Scheitelansicht der Zelle mit Lappen des Chromatophors (nach Pascher).

Streifen zerteilt, die nicht selten nach vorn zu eingeschnürt sind und sich auch vollständig in kleine, zunächst reihenförmig angeordnete Scheibchen auflösen können. Auch das Basalstück kann radiär-sternförmig zerteilt sein. Fortpflanzung sowohl durch Autosporen als auch Zoosporen. Letztere ellipsoidisch-eiförmig bis fast kugelig, sehr formveränderlich, mit 1,5 mal körperlanger Hauptgeißel und reduzierter Nebengeißel. Chromatophor bei den Zoosporen und auch bei den Autosporen in seiner Form recht undeutlich, eigentlich schief topfförmig, streifenförmige Auflösung nur angedeutet.

Zellen 10–25 μm, meist jedoch 15–20 μm im Durchmesser.

In sauren Gewässern mit pH-Werten von 4,8, vor allem im Schleim an verschiedenen Wasserpflanzen lebend, dort oft in größerer Anzahl. In mehreren Mooren gefunden (Tschechoslowakei, Österreich, BRD, DDR, Spanien).

14. **Trachycystis** Pascher

Zellen einzeln lebend und nur gelegentlich dadurch, daß die zwei oder vier in einer Zelle gebildeten Autosporen miteinander verkleben, zwei- bis vierzellige Verbände bildend, die aber später zerfallen. Einzelne Zellen kugelig, sehr kurz ellipsoidisch oder kugelig-eiförmig. Zellwand derb bis sehr derb, bei alten Zellen vielleicht aus einer mehr oder weniger deutlich abgesetzten Innenschicht und einer derben Außenschicht zusammengesetzt. Auffallend und deutlich skulpturiert, mit breiten, kreisförmigen bis elliptischen, sanften Eindellungen versehen, zwischen denen deutliche und recht derbe Rippen hervortreten. Dadurch ist die Oberfläche in mehr oder weniger sechseckige Felder zerteilt. Größe der Dellen bzw. Größe der Rippenmaschen sehr schwankend. Im optischen Schnitt erscheint die Zelle bei normaler, regelmäßiger Ausbildung daher je nach der Anzahl der Dellen oder Rippen mehr oder weniger regelmäßig acht- bis zwanzigeckig. Bei vielen kleineren Dellen aber sieht die Zellwand im optischen Schnitt warzig aus, wobei die Warzen einen mehr oder weniger regelmäßigen Abstand haben. Zellwand wahrscheinlich verkieselt. Chromatophoren wandständig, scheibenförmig, in ihrer Größe und Zahl bei den einzelnen Zellen recht schwankend.

Fortpflanzung durch zwei oder vier, seltener acht Autosporen. Mitunter werden auch Hemiautosporen gebildet. Die Autosporen treten in den Zellen des gleichen Materials sehr verschieden weit entwickelt aus, in seltenen Fällen in der Form zart- und glattwandiger Zellen. Meistens aber bekommen die Autosporen noch vor dem Austreten ihre charakteristische Zellwand-Skulptur. Manchmal werden die Autosporen lange Zeit durch die gedehnte alte Zellwand entweder in tetraedrischen oder in flachen Vierergruppen zusammengehalten, verkleben mit ihren Zellwänden und bleiben gelegentlich auch noch nach Auflösen der alten Zellwand in Zweier- oder Vierergruppen beisammen. Spät aus dem Verband isolierte Zellen sind dann etwas unregelmäßiger geformt.

Wichtigste Literatur: Pascher 1939 a; Beger 1955.

192

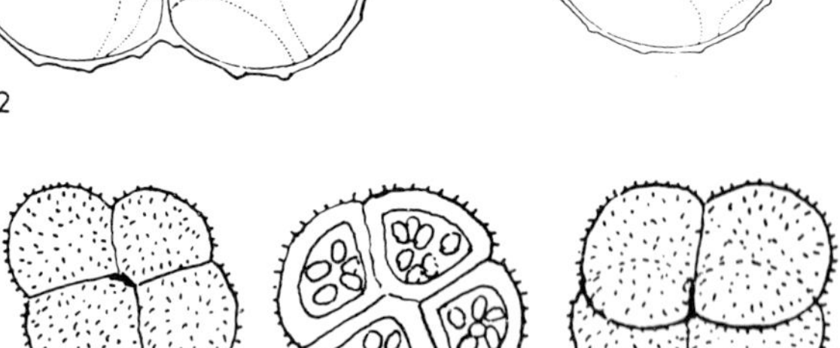

193

Fig. 192. *Trachycystis subsolitaria* Pascher, Einzelzellen und verklebte Zellgruppen (nach Pascher). Fig. 193. *Trachycystis hispida* Beger (nach Beger).

Eine einzige Art:
Trachycystis subsolitaria Pascher (Fig. 192)

Mit den Merkmalen der Gattung. Zellen 8–13 µm groß, seltener etwas größer werdend.

In kalkhaltigen Gewässern lebend, in größeren Mengen vor allem in den leicht verkalkten Überzügen von *Typha* und *Phragmites* (Tschechoslowakei).

Unsichere und zu streichende Arten.

Trachycystis turfosa Pascher – ohne Abbildung und unvollständig beschrieben. Unterscheidet sich von *Trachycystis subsolitaria* durch eine leicht gelbbraune, sehr derbe Zellwand mit feinnetziger Skulptur. Außerdem besitzen die Zellen einen oder zwei Chromatophoren, bilden keine Verbände und sind höchstens 6 µm groß.

Trachycystis hispida Beger (Fig. 193) – unvollständig beschriebene Art, deren taxonomische Zugehörigkeit sehr unsicher ist. Zudem bildet der Organismus kolonieartige Verbände. Zellen zu viert in Tetraden vereinigt und diese in lockeren Verbänden zusammenhängend. Tetraden 20–24 µm, Zellen 5–6 µm groß. Zellwände deutlich verstärkt und sehr dick, an den freien Außenwänden mit dicht gestellten und kurzen Börstchen versehen. Chromatophoren mehrere, anscheinend binnenständig (?). Es ist nicht sicher, daß eine Xanthophycee vorliegt.

15. **Chlorarkys** Pascher

Zellen kugelig, von dieser Gestalt nur infolge der stärker entwickelten Skulptur abweichend. Zellwand deutlich und auffallend skulpturiert. Skulptur aus einem weitmaschigen, polygonalen Netzwerk bestehend, das aus gleichmäßig dikken, groben Leisten der Zellwand gebildet wird. Die Maschen der Skulptur erreichen oft einen Durchmesser von einem Drittel der Zelle, so daß auf der ganzen Zelloberfläche nur 6–12 solche Maschen vorhanden sind. Da die Maschen sehr weit sind, ist die ursprüngliche kugelige Gestalt der Zellen deutlich und das Leistenwerk scheint den kugeligen Zellen aufzuliegen. Zellwand oft stark verkieselt und rot verfärbt. Chromatophoren einer oder wenige, wandständig und scheibenförmig. Fortpflanzung nicht vollständig beobachtet, nur Teilungsstadien bekannt.
Eine einzige Art:

Chlorarkys reticulata Pascher (Fig. 194)

Mit den Merkmalen der Gattung. Zellen 6–9 µm im Durchmesser. Aus Gräben in Nordböhmen und im Norden der BRD und der DDR bekannt, in wenigen Exemplaren auch in eisenhaltigen Sümpfen in Tirol gesehen.

16. **Keriosphaera** Pascher

Zellen kugelig, doch durch die auffallende und grobe Skulptur unregelmäßig oder gebuckelt erscheinend. Zellwand deutlich bis derb, mit sehr regelmäßiger Skulptur. Vertiefungen zwischen den Zellwandleisten immer sehr regelmäßig verteilt, relativ groß, regelmäßig kreisförmig, infolgedessen Leisten nicht gleichmäßig dick, sondern zwischen den Kreisen drei- oder vierseitige Zwickel bildend. Einzelne Formen der in dieser Gattung zusammengefaßten Formenreihe weichen voneinander ab, je nachdem, ob sich um eine Delle drei, fünf oder sechs weitere Dellen gruppieren. Zellwand vielleicht zweischichtig, wahrscheinlich auch stark verkieselt, mitunter braun verfärbt. Durch die Skulptur der Zellwand bekommen die Zellen einen drei-, fünf-, sechs- oder achtstrahligen Bau. Chromatophoren einer oder mehrere, wandständig, manchmal sehr blaß. Fortpflan-

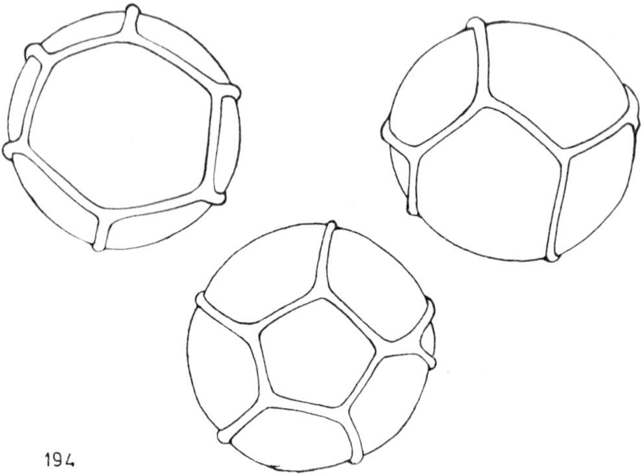

194

Fig. 194. *Chlorarkys reticulata* Pascher, drei verschiedene Ansichten des Leistenwerkes (nach Pascher).

zung nicht gesehen. Vorläufig alle Formen, die sich durch die Anzahl der Dellen unterscheiden zu einer Art zusammengefaßt:

Keriosphaera gemma Pascher (Fig. 195)

Mit den Merkmalen der Gattung. Zellen 5–14 μm groß. Wiederholt, doch nie vollständig beobachtet. Gräben in sauren Wiesen im südlichen Böhmerwald, aus Moortümpeln im Erzgebirge (Tschechoslowakei) und in den Ötztaler Alpen (Österreich).

17. Endochloridion Pascher

Zellen stets einzeln lebend, immer kugelig, meist genau kugelrund. Zellwand vielleicht aus zwei Teilen bestehend, zart bis derb, stark glänzend, im Alter wahrscheinlich stärker verkieselt. Skulptur dadurch entstehend, daß Reihensysteme wabig aneinander schließender tüpfelartiger Vertiefungen vorhanden sind. Im optischen Schnitt erscheint daher die Zellwand leicht spitz warzig. Chromatophoren einer bis viele, niemals wandständig, sondern immer binnenständig. Ist nur ein Chromatophor vorhanden, dann ist er fast zentral gelegen. Bei mehreren Chromatophoren kann es geschehen, daß einzelne förmlich radiär stehen. Sie haben die Gestalt zarter, manchmal sehr blasser Plättchen oder Bänder, die auffallend gefaltet oder gedreht sein können. Als Assimilate sind Fett- oder Öltropfen, stark glänzende Ballen oder auch Stäbchen vorhanden.

Fortpflanzung dadurch, daß nach einer oder wiederholten Teilungen des Protoplasten zwei oder mehrere Zoosporen entstehen. Diese haben einen oder auch zwei binnenständige Chromatophoren, zwei ungleiche Geißeln und sind stark amöboid. Keimende Zoosporen bilden zunächst kleine Zellen, deren Chromatophor bereits binnenständig ist, deren Zellwand jedoch noch keine Skulptur zeigt. Autosporen mit derber und skulpturierter Zellwand sind ebenfalls bekannt. Zysten nicht beobachtet.

Bei dieser Gattung kommen zwei Formenreihen vor, die sich durch die Zell-

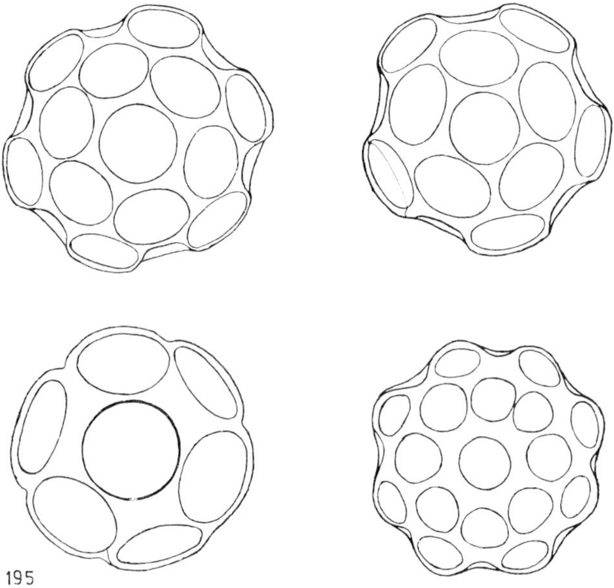

195

Fig. 195. *Keriosphaera gemma* Pascher – vier verschiedene Zellen mit verschiedener Anzahl von Dellen (nach Pascher).

größe unterscheiden. Die kleine *Endochloridion*-Art besitzt niemals mehrere Chromatophoren. Ihr steht eine Formenreihe gegenüber, bei der die Zellen sehr rasch an Größe zunehmen, und die Chromatophoren sich reich vermehren, so daß schließlich große Zellen mit mehreren bis vielen binnenständigen Chromatophoren vorhanden sind. Es wurde nicht festgestellt, ob die großen Zellen mehrkernig sind.

Wichtigste Literatur: Pascher 1930b, 1939a, Ettl 1960, 1977.

Bestimmungsschlüssel der Arten

1a Zellen klein, höchstens 10 μm groß werdend, mit einem einzigen Chromatophor . . . . **1. E.simplex**

1b Zellen viel größer werdend (34–60 μm), mit mehreren bis vielen Chromatophoren 2

2a Zellwand grob und deutlich skulpturiert, Tüpfel sehr klein, Chromatophoren plättchenförmig . . . . **3. E.polychloron**

2b Zellwand sehr zart, mit undeutlicher Skulptur, Tüpfel seicht, aber breit, Chromatophoren bandförmig . . . . **2. E.pascheri**

1. Endochloridion simplex Pascher (Fig. 196)

Zellen kugelig, einzeln lebend, höchstens kurz nach der Autosporenbildung zu zweit einander genähert. Zellwand relativ derb, mit deutlicher, wenn auch oft zarter Skulptur. Chromatophor nur einer, fast zentral, bandförmig, sehr ungleich breit, mit lappigen, oft tief eingeschnittenen Rändern und nicht selten auf-

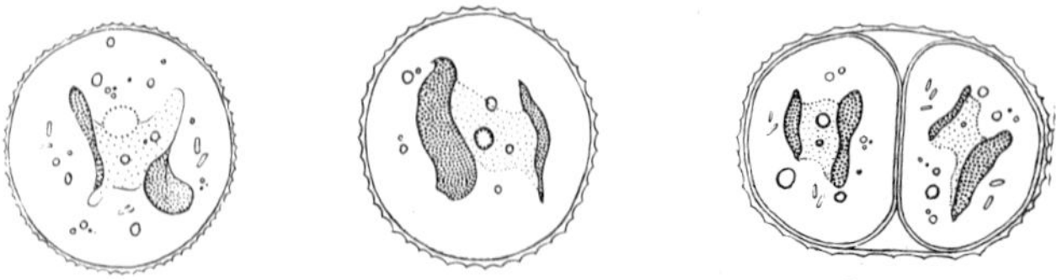

a

196

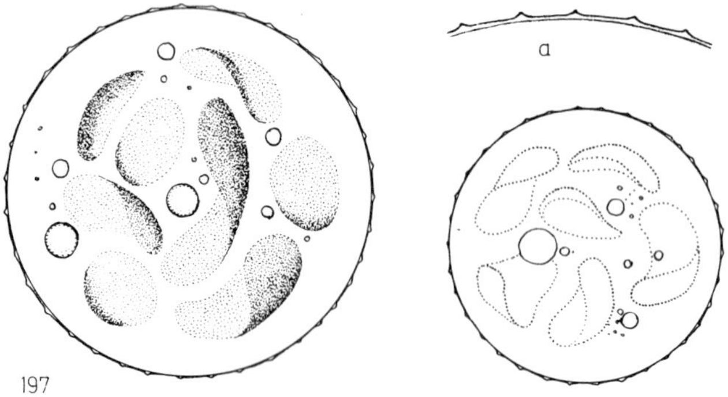

a

197

Fig. 196. *Endochloridion simplex* Pascher – *a* Autosporenbildung (nach Pascher). Fig. 197. *Endochloridion pascheri* Ettl – *a* Detail der Zellwand im Schnitt (nach Ettl).

fallenden Faltungen. Mitunter fast halbringförmig, immer sehr zart. Fortpflanzung durch Autosporen oder Zoosporen, die zu zweit gebildet werden.

Zellen bis 10 μm im Durchmesser.

Vereinzelt im Algenaufwuchs von *Potamogeton natans*-Blättern, manchmal auch im Schleim auf *Utricularia* (Tschechoslowakei).

2. Endochloridion pascheri Ettl (Fig. 197)
Endochloridion polychloron Pascher sensu Ettl

Zellen immer kugelig bis genau kugelrund, einzeln lebend, mit deutlichem Größenwachstum. Zellwand sehr zart, auch bei erwachsenen Zellen nie derber werdend, mit ganz feiner und wenig deutlicher Skulptur in Form von breiten aber seichten tüpfelartigen Vertiefungen. Chromatophoren mehrere (6–8), binnenständig, in Form kräftiger, kurzer oder längerer Bänder, gelegentlich auch scheibenförmig. Fortpflanzung nicht vollständig beobachtet, nur Teilungsstadien mit vier oder acht Teilprotoplasten gesehen.

Zellen 12–34 μm im Durchmesser, meistens bis 25 μm groß.

Vereinzelt in moorigen Wiesengräben bei Svitavy und Boskovice (Tschechoslowakei).

3. Endochloridion polychloron Pascher (Fig. 198)

Zellen kugelig, sehr verschieden groß. Zellwand sehr derb, mit deutlicher und grober Skulptur. Junge Zellen relativ klein, mit einem oder zwei binnenständigen Chromatophoren. Dann aber rasch heranwachsend und schließlich große Zellen bildend, die zahlreiche binnenständige Chromatophoren haben. Diese stehen

198

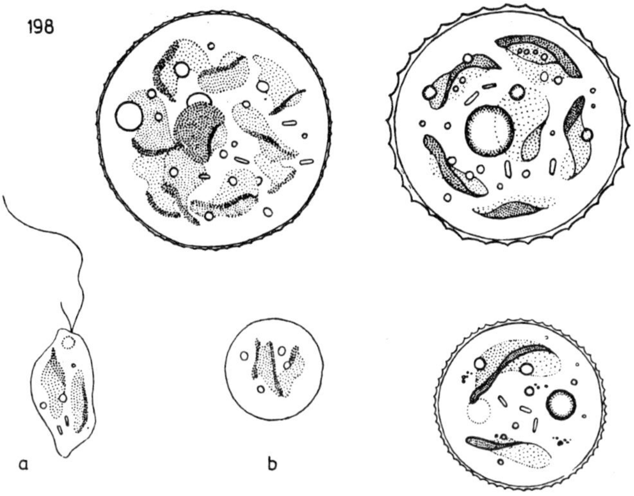

Fig. 198. *Endochloridion polychloron* Pascher – *a* Zoospore, *b* junge Zelle, die aus der Zoospore hervorgegangen ist (nach Pascher).

dann mehr oder weniger parallel zur Zellwand, ohne sie jedoch zu berühren. Mitunter sind sie nach innen eingeschlagen, sehr häufig gefaltet oder gedreht und in ihrer Form nicht immer leicht deutbar, im allgemeinen aber plättchenförmig, groblappig und sehr zart. Fortpflanzung durch Zoosporen, die zu 16 oder 32 (oder mehr) gebildet werden, schief ei-birnenförmig, sehr formveränderlich und amöboid sind. Meist mit zwei oder mehreren Chromatophoren und sehr kleinem Stigma. Hauptgeißel über 1,5 mal körperlang, Nebengeißel kaum $^1/_6$ der ersteren messend.

Zellen 8–15 μm groß, im Alter bis 60 μm messend.

Aus Tümpeln in der Umgebung von Frant. Lázně (Tschechoslowakei). Zwischen Algenwatten auftretend. In einer etwas kleineren Form aus moorigen Wiesengräben am Ameringkogel (Österreich).

18. **Akanthochloris** Pascher

Zellen kugelig, immer einzeln lebend, höchstens vorübergehend zu zweit oder zu viert einander genähert. Zellwand relativ derb, stark glänzend, später sehr stark verkieselt und aus zwei gleichen, halbkugeligen Teilstücken bestehend. Oberfläche der Zellwand skulpturiert und mit sich kreuzenden Reihen kleiner Dellen versehen. Diese schließen wabenartig aneinander und können in ihrer Ausbildung sehr schwanken, so daß die Zellen stark und grob, aber auch fein und kaum merklich skulpturiert sein können. Maschenecken des Skulpturnetzes radiär in kürzere oder längere, zylindrische oder kegelförmige, stumpfe, abgestutzte oder ganz spitze, manchmal feine bis nadelförmige Stacheln ausgezogen, die $^1/_9$–$^1/_3$ des Zelldurchmessers betragen können. Chromatophoren einer oder zwei bis fünf, relativ groß, wandständig, nicht selten blaß. In einigen Fällen einzelne Chromatophoren besonders groß, diese dann häufig einseitig gelappt. Plasma mit viel Öl und Fett, auch mit Chrysolaminarin.

Fortpflanzung durch zwei, seltener vier Zoosporen, die nur einen oder höchstens bis drei Chromatophoren besitzen, sehr formveränderlich sind und bei einer Art eine auffallend kurze Nebengeißel haben. Oft auch Autosporen, die innerhalb der Mutterzelle die charakteristische Skulptur erhalten. Austreten der Fortpflanzungszellen durch Aufklappen der beiden Hälften der Mutter-Zellwand.

Akanthochloris kann in bezug auf die Beschaffenheit der Zellwand als direkte Weiterentwicklung von *Arachnochloris, Trachycystis* u. a. angesehen werden. Die Stacheln der Zellwand sind nichts anderes als dornartig entwickelte Maschenecken, die bei den vorstehenden Gattungen nur angedeutet sind. Eine weitere Entwicklung führt zu den radiär benadelten *Meringosphaera*-Arten.

Wichtigste Literatur: Pascher 1930b, 1939a; Margalef 1956; Kol 1959; Ettl 1968, 1977.

Bestimmungsschlüssel der Arten

1a Stacheln sehr derb, meist nicht sehr dicht stehend 2
1b Stacheln sehr zart, nadelförmig und sehr dicht stehend ... **1. A.scherffelii**
2a Stacheln zugespitzt 3
2b Stacheln nicht zugespitzt, sondern gleich dick und abgestutzt endend .... **3. A.bacillifera**
3a Stacheln niedrig, breit kegelförmig, ebenso breit oder breiter als hoch .... **2. A.verrucosa**
3b Stacheln hoch, spitz kegelförmig, bedeutend höher als breit 4
4a Zellen klein, 6–8 μm im Durchmesser, mit deutlichen Dellen zwischen den Stacheln .... **4. A.brevispinosa**
4b Zellen viel größer, 20–28 μm im Durchmesser, Dellen wenig deutlich .... **5. A.ingens**

1. Akanthochloris scherffelii Pascher (Fig. 199)

Zellen kugelig bis genau kugelrund, einzeln lebend, ohne jede Gallerte. Zellwand relativ zart bis mäßig derb, glänzend, an der Oberfläche ohne wabenartig angeordnete Dellen, doch mit kurzen (1–1,5 μm), zarten, nadelförmigen Stacheln dicht, fast pelzartig besetzt. Stacheln nicht gleich dick, sondern an der Basis etwas verdickt und nach außen zu allmählich und scharf zugespitzt. Zellwand und Stacheln verkieselt. Chromatophoren 1–4, wandständig, relativ groß, scheiben- bis muldenförmig; wenn ein Chromatophor, so ist dieser häufig gelappt. Fortpflanzung nicht gesehen.

Zellen 8–14 μm im Durchmesser.

Wiederholt in verschiedenen Gewässern gefunden, wohl mit großer ökologischer Spannweite. In leicht moorigen Gewässern zwischen Schleimmassen anderer Algen (Tschechoslowakei, Österreich).

2. Akanthochloris verrucosa Ettl (Fig. 200)
Vischeria stellata fo. sensu Ettl

Zellen einzeln lebend, kugelig, seltener etwas mehr ellipsoidisch. Zellwand derb, mit zahlreichen breiten, stumpf kegelförmigen Höckern, die ein Überbleibsel des Maschenwerkes darstellen. Dellen nicht mehr deutlich. Chromatophoren drei oder vier, scheibenförmig, wandständig. Ohne Pyrenoid. Fortpflanzung nicht beobachtet.

Zellen 6–9 μm, gelegentlich bis 12 μm groß.

In Moorgräben bei Boskovice (Tschechoslowakei).

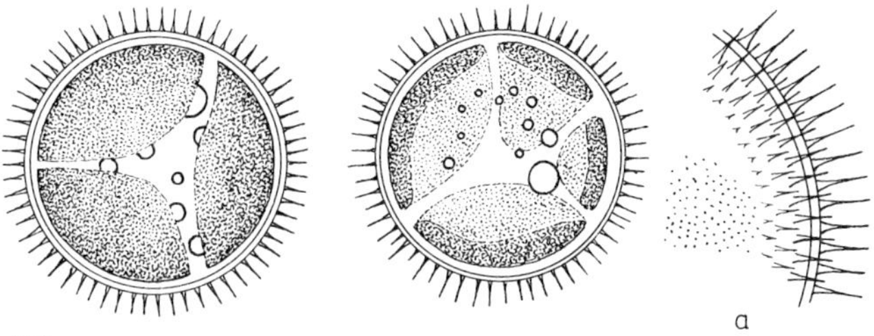

199

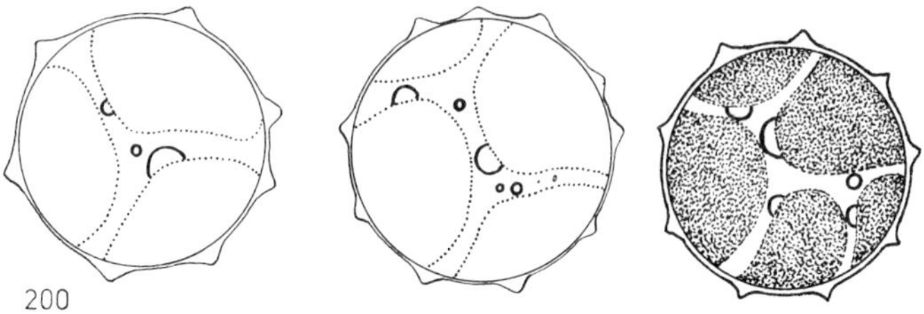

200

Fig. 199. *Akanthochloris scherffelii* Pascher – *a* Detail der Zelloberfläche (nach Ettl). Fig. 200. *Akanthochloris verrucosa* Ettl (Orig.).

3. Akanthochloris bacillifera Pascher (Fig. 201)

Einzeln vorkommend, Zellen immer kugelig. Zellwand derb, manchmal tiefrot verfärbt; mit der typischen Skulptur an der Oberfläche. Stacheln im allgemeinen zylindrisch, niemals spitz, sondern abgestutzt oder stumpf endend. Chromatophoren vier bis sieben, scheiben- bis muldenförmig, wandständig. Häufig größere Öltropfen. Fortpflanzung nicht beobachtet.

Zellen meistens 10–12 μm messend.

Aus den dystrophen Musikantenteichen in Nordböhmen und aus Wiesengräben bei Prag (Tschechoslowakei).

4. Akanthochloris brevispinosa Pascher (Fig. 202)

Zellen kugelig, gleichmäßig und nicht all zu dicht mit Stacheln besetzt, die allmählich in eine scharfe Spitze verschmälert sind und ungefähr $^1/_5$ des Zelldurchmessers erreichen, bisweilen auch etwas länger sind. Zellwand derb, verkieselt, mit deutlicher Skulptur, zweischalig. Chromatophoren zwei bis sieben, wandständig, manchmal eigenartig olivgrün. Fortpflanzung durch sehr formveränderliche Zoosporen, die in den Zellen zu zweit gebildet werden und einen oder zwei Chromatophoren besitzen. Hauptgeißel mehr als körperlang, Nebengeißel $^1/_6$ der ersteren messend. Autosporen bereits in kugeliger Form austretend. Beim Austreten klappen die beiden Hälften der Mutter-Zellwand auseinander.

Zellen 6–8 μm im Durchmesser, manchmal etwas größer.

Aus den sauren Kolken um Františkovy Lázně, aus Wiesengräben im Böhmerwald (Tschechoslowakei) und aus Gräben bei den Teichen um Riddagshausen bei Braunschweig (BRD).

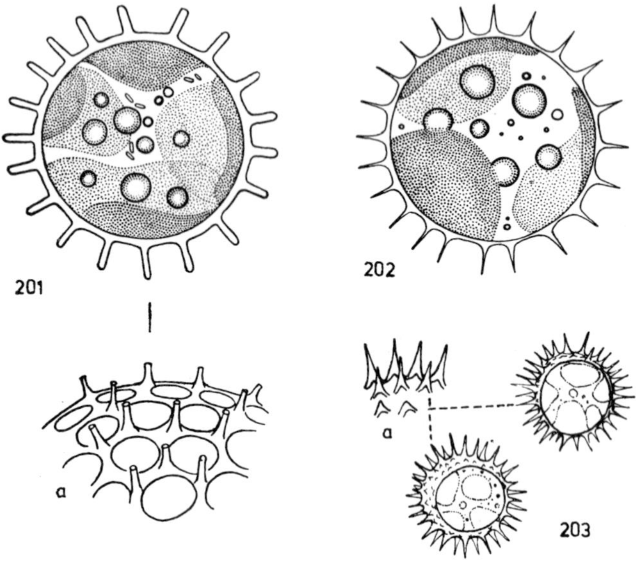

Fig. 201. *Akanthochloris bacillifera* Pascher – *a* Detail der Skulptur. Fig. 202. *Akanthochloris brevispinosa* Pascher. Fig. 203. *Akanthochloris ingens* Margalef – *a* Detail der Zelloberfläche (Fig. 203 nach Margalef, sonst nach Pascher).

5. **Akanthochloris ingens** Margalef (Fig. 203)

Zellen kugelig, einzeln lebend, nur vorübergehend auch in vierzelligen Gruppen. Zellwand sehr derb und dick, ohne deutliche Dellen, doch gleichmäßig mit sehr langen und spitz auslaufenden Stacheln besetzt, die bis $^1/_3$ des Zelldurchmessers erreichen. Chromatophoren mehrere, scheibenförmig und wandständig. Fortpflanzung nicht bekannt.

Zellen sehr groß, 21–28 μm im Durchmesser, Stacheln bis über 6 μm lang. Bislang nur aus dem Nordosten Spaniens bekannt.

Unsichere und zu streichende Arten

Mit *Akanthochloris* ist wohl die etwas zweifelhafte Gattung *Groenlandiella* Kol mit den zwei bislang beschriebenen Arten *G. nivalis* Kol und *G. brevispina* Kol zu vereinigen. Die Gattungen unterscheiden sich mit Ausnahme ihres Vorkommens kaum voneinander. Den Beschreibungen und Abbildungen kann man nicht eindeutig entnehmen, inwieweit Unterschiede vorhanden sind und ob die Gattung überhaupt zu den Xanthophyceen gehört, zu denen sie nur aufgrund der gelbgrünen Chromatophoren und des Vorhandenseins von Öl gestellt wird. Zoosporen wurden zwar beobachtet, jedoch weder beschrieben noch abgebildet.

19. **Trachychloron** Pascher

Arachnochloris Pascher p. p.

Zellen primär regelmäßig ellipsoidisch, an den Enden abgerundet oder auch kegelartig verschmälert und dadurch im ganzen mehr spindelförmig werdend.

Immer drehrund. Einzeln lebend, auch vorübergehend keine Verbände bildend. Zellwand anscheinend aus zwei gleichen Teilen bestehend, meist derb, oft sehr stark glänzend, manchmal rot verfärbt. An der Oberfläche mit der typischen Netzskulptur, wobei die Dellen bisweilen sehr seicht oder auch die Netzpunkte kurz stachelförmig vorgezogen sein können. Skulptur in ihrer Ausbildung schwankend, bei manchen Zellen an den Polen auffallend verdickt und manchmal in einen kurzen Dorn ausgezogen. Chromatophor einer oder mehrere. Wenn nur ein Chromatophor vorkommt, dann ist er entweder becher- oder topfförmig oder auch röhrenförmig und im optischen Längsschnitt H-förmig. Falls mehrere Chromatophoren vorhanden sind, dann sind die scheibenförmig. Pyrenoid bei einigen Arten vorkommend. Als Reservestoffe Fett, Chrysolaminarin und bei einigen Arten auch rote Öltropfen.

Fortpflanzung durch Autosporen, die zu zweit oder zu viert gebildet werden. Ihre Zellwand ist meist schon innerhalb der Mutterzelle derb und skulpturiert. Manchmal auch Hemiautosporen auftretend.

Diese Gattung zeigt eine große Mannigfaltigkeit im Bau der Chromatophoren, vor allem dort, wo nur ein einziger in den Zellen vorhanden ist. In Bezug auf die Skulptur zeigen alle Zellen das für diese Gruppe charakteristische Wabenmuster.

Wichtigste Literatur: Pascher 1930b, 1939a; Ettl 1965, 1977.

Bestimmungsschlüssel der Arten

1a Zellen mit einem großen Chromatophor 2
1b Zellen mit mehreren kleineren Chromatophoren 4
2a Chromatophor mit Pyrenoid 3
2b Chromatophor ohne Pyrenoid . . . . **1. T. depauperatum**
3a Chromatophor topf- oder muldenförmig . . . . **2. T. simplex**
3b Chromatophor röhrenförmig mit mächtiger Querplatte, im optischen Längsschnitt H-förmig . . . . **3. T. agloë**
4a Zellen an den Polen ohne Warzen oder mächtige Stacheln 5
4b Zellen an den Polen mit deutlichen Warzen oder Stacheln . **8. T. biverruca**
5a Chromatophoren an einem Pol meist miteinander verbunden, hier ein undeutliches Pyrenoid . . . . **5. T. ellipsoideum**
5b Chromatophoren frei, ohne Pyrenoid 6
6a Zellen ausgesprochen ellipsoidisch, an den Enden breit abgerundet 7
6b Zellen gegen die Enden oft fast geradlinig verschmälert, im Umriß rhombisch oder spindelförmig 8
7a Wenige (meist 4) sehr regelmäßige Chromatophoren, die die Äquatorialzone der Zelle frei lassen . . . . **4. T. regulare**
7b Acht bis viele kleine und unregelmäßig gelagerte Chromatophoren . . . . **6. T. chlorallanthoides**
8a Zellen regelmäßig und symmetrisch gebaut 9
8b Zellen asymmetrisch, eine Flanke stark und winkelig ausgebaucht . . . . **9. T. triangulatum**
9a Zellen gegen die Enden geradlinig verschmälert, im Umriß fast rhombisch, plump . . . . **7. T. biconicum**
9b Zellen spindelförmig, an den Seiten gebogen, schlank . . . **10. T. fusiforme**

1. Trachychloron depauperatum Pascher (Fig. 204)

Zellen ellipsoidisch, gegen ein Ende manchmal etwas verschmälert und dadurch ellipsoidisch-eiförmig. Zellwand meist zarter als bei anderen Arten, doch manchmal auch auffallend derb. Skulptur gewöhnlich ebenfalls sehr zart. Chromatophor topfförmig bis seitenständig, muldenförmig, oft sehr blaß, ohne Pyrenoid. Gelegentlich fehlt das Bodenstück des Chromatophors, so daß er ringförmig wird. Fortpflanzung durch vier Autosporen oder Hemiautosporen.

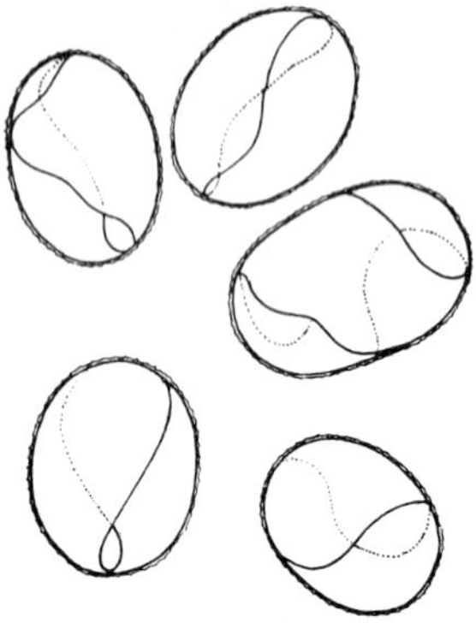

204

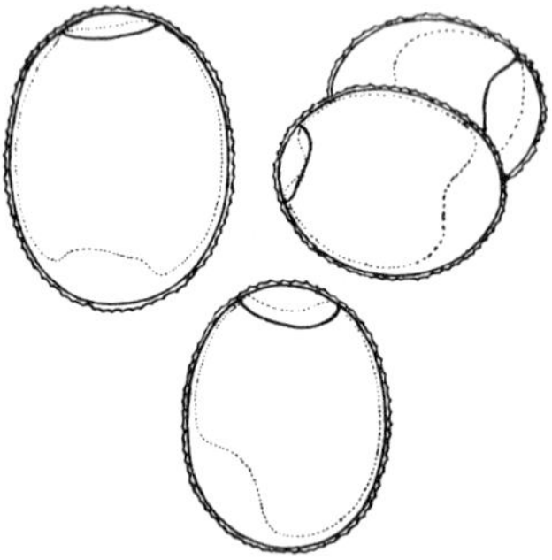

205

Fig. 204. *Trachychloron depauperatum* Pascher. Fig. 205. *Trachychloron simplex* Pascher (nach Pascher).

Zellen 7–10 μm lang, 4–8 μm breit.

In größeren Mengen zwischen *Mougeotia*-Watten. Vielleicht oligothermer Frühlingsorganismus. Gräben bei Langen am Arlbergpaß (Österreich) und aus Wiesentümpeln im Böhmerwald (Tschechoslowakei).

2. Trachychloron simplex Pascher (Fig. 205)

Zellen ellipsoidisch, an den Enden breit abgerundet. Zellwand meist sehr derb, mit sehr wechselnder, oft kaum erkennbarer Skulptur. Chromatophor zart, topfförmig, vorn meist nur eine kleine helle Stelle frei lassend, in seltenen Fällen das Wandstück, durch Längsspalten tief zerschnitten und zerlappt. Ein großes basales Pyrenoid, das gelegentlich auch leicht zur Seite verlagert sein kann. Fortpflanzung durch zwei bis vier Hemiautosporen, deren Austritt aber nicht beobachtet wurde.

Zellen bis 12 μm lang, bis 9 μm breit.

Kalkholde Alge, die zwischen *Rhizoclonium*-Watten aus den Altwässern der Traun (Österreich) und von Teichufern bei Prag (Tschechoslowakei) bekannt ist.

3. Trachychloron agloë (Pascher) Pascher (Fig. 206)

Arachnochloris agloë Pascher

Zellen ellipsoidisch, an beiden Enden sehr regelmäßig breit abgerundet. Zellwand zart bis derb, meist mit deutlicher, oft sehr grober Skulptur. Chromatophor im Prinzip röhrenförmig, an beiden Seiten offen, in der Mitte mit einer, oft sehr mächtigen Querplatte, die quer bis schief stehen kann. Im optischen Längsschnitt daher H-förmig. In der Querplatte ein oft undeutliches Pyrenoid. Wandstück des Chromatophors nicht selten durch tiefe, oft verzweigte Spalten zerteilt oder zerlappt. Das Wandstück kann durch die Spalten in mehrere große, muldenförmige Teile zerlegt werden, die sich von der Querplatte ablösen; es entstehen dann Zellen mit zwei bis acht großen seitenständigen Chromatophoren. Derartige Ausbildungen sind jedoch selten. Fortpflanzung durch Hemiautosporen und Autosporen. Junge Zellen haben einen Chromatophor, bei dem das Querstück an das untere Ende gerückt ist und daher fast topfförmig erscheint.

Zellen 10–14 μm lang, 8–10 μm breit.

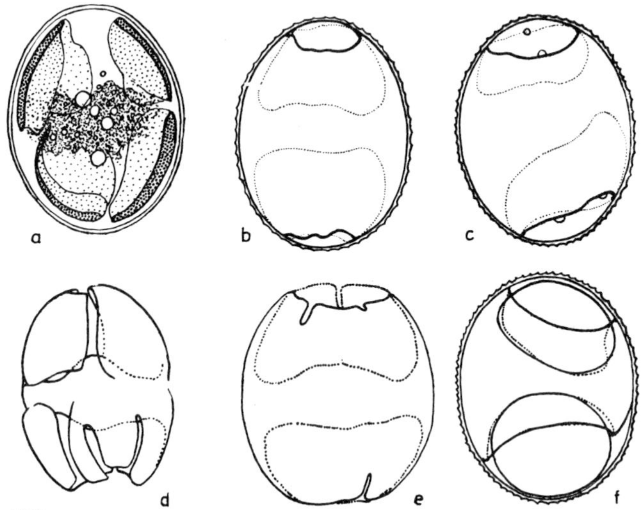

206

207

Fig. 206. *Trachychloron agloë* Pascher – *a* Zelle mit stark zerteiltem Chromatophor und schwammig aufgelockertem Querstück, *b* und *c* Zellen mit regelmäßigem Chromatophor, *d* zerlappter Chromatophor (isoliert dargestellt), *e* Chromatophor mit leichten Einschnitten an den Rändern, *f* Rückbildung des Chromatophors durch zwei große Fettballen. Fig. 207. *Trachychloron regulare* Pascher (nach Pascher).

In einem ziemlich sauren Graben in der Nähe der Natalienquelle bei Františkovy Lázně in *Tribonema*-Watten. Auch aus dem Aufwuchs von *Potamogeton natans*-Blättern in dystrophen Teichen gesehen (Tschechoslowakei).

4. Trachychloron regulare Pascher (Fig. 207)

Zellen ellipsoidisch bis breit ellipsoidisch, manchmal fast kugelig-ellipsoidisch. Zellwand immer sehr derb, auffallend glänzend und meist mit sehr grober Skulptur. Braunfärbung recht häufig. Chromatophoren mehrere, meist vier, aber auch acht, mulden- bis plattenförmig, manchmal sehr regelmäßig angeordnet und eine ausgesprochen hyaline, meist äquatorial verlaufende Längs- und

Querzone frei lassend. Fortpflanzung durch zwei oder vier Autosporen, mit häufig ungleichmäßiger Aufteilung der Chromatophoren.

Zellen 15–18 μm lang, 10–15 μm breit.

Aus *Utricularia*-Kolken, aber auch gemeinsam mit *Tribonema viride* aus Wassergräben in Westböhmen (Tschechoslowakei).

5. Trachychloron ellipsoideum (Pascher) Pascher (Fig. 208)
Arachnochloris ellipsoidea Pascher

Zellen kurz ellipsoidisch, an den Enden mehr oder weniger breit abgerundet, gelegentlich auch leicht ellipsoidisch-eiförmig. Zellwand sehr derb, dagegen Skulptur häufig sehr zart. Zellwand durch Verkieselung sehr brüchig. Chromatophor oft sehr blaß im Prinzip topfförmig, an der Basis mit einer Verdickung, in der ein oft undeutliches Pyrenoid liegt. Wandstück des Chromatophors nicht selten durch Risse und Spalten sehr tief zerteilt. Einzelne Risse bis zur basalen Verdickung gehend und so den Chromatophor in wenige, große und sehr ungleich muldenförmige Teile zerlegend, von denen aber die unteren durch die basale Verdickung wenigstens zum Teil zusammengehalten werden. Zellinhalt häufig mit mehreren roten Öltropfen. Fortpflanzung durch Bildung von zwei oder vier Autosporen oder auch Hemiautosporen. Bei letzteren bleiben die pulsierenden Vakuolen oft sehr lange erhalten.

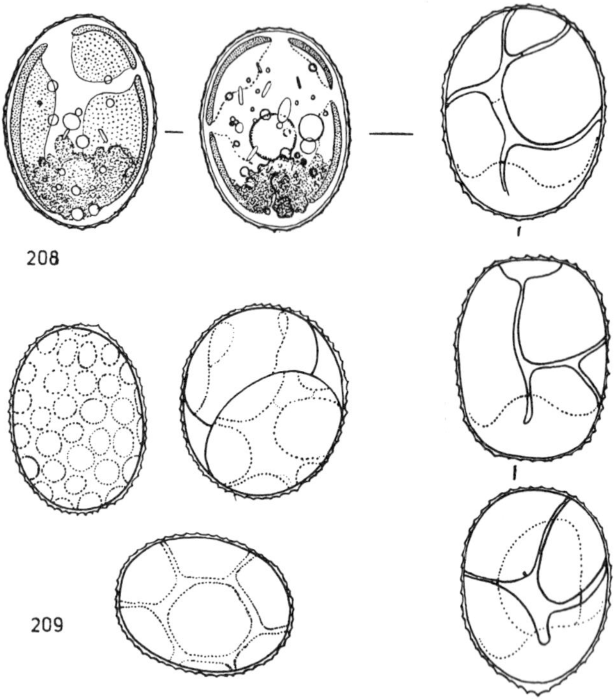

208

209

Fig. 208. *Trachychloron ellipsoideum* Pascher. Fig. 209. *Trachychloron chlorallantoides* Pascher (nach Pascher).

Zellen 10–15 μm lang, 8–12 μm breit.
In dystrophen und sauren Gewässern vorkommend. Musikantenteiche bei Doksy, Kolke bei Františkovy Lázně und Kleingewässer in der Hohen Tatra (Tschechoslowakei). Auch aus Torfgräben zwischen *Microspora* bei Georgenfeld in Sachsen (DDR) und sauren Gräben von Weissenstein im Lavanttal (Österreich) bekannt.

6. Trachychloron chlorallantoides Pascher (Fig. 209)

Zellen breit und kurz ellipsoidisch, an den Enden breit abgerundet, manchmal sogar fast gestutzt-gerundet. Zellwand sehr derb, oft sehr grob skulpturiert, nicht selten an den plumpen Enden unregelmäßig verdickt und mit derberer Skulptur versehen. Chromatophoren wandständig, in ihrer Ausbildung sehr schwankend, oft wenige große, polygonal aneinanderschließende Chromatophoren, manchmal sehr viele kleine, fast körnchenartig. Fortpflanzung durch zwei oder vier Autosporen; ungleichmäßige Aufteilung der Chromatophoren sehr häufig.
Zellen 10–15 μm lang, 6–10 μm breit.
Im Algen-Material aus Gräben im Riesengebirge, gemeinsam mit *Binuclearia tatrana* und *Gloeocystis gigas*. Ein anderes Mal gemeinsam mit *Oedogonium itzigsohnii* in Torfgräben vorkommend (Tschechoslowakei).

7. Trachychloron biconicum Pascher (Fig. 210)

Zellen im Prinzip ellipsoidisch, aber von der Äquatorialzone gegen die beiden Enden zu, manchmal fast geradlinig und breit kegelförmig verschmälert. Dadurch bekommen die Zellen einen fast rhombischen Umriß. An beiden Enden abgerundet stumpf. Zellwand sehr derb, mit deutlicher Skulptur, an den Enden oft stark verdickt. Chromatophoren entweder wenige sehr große oder sehr viele kleine, scheibenförmige. Gelegentlich, besonders in mehr gestreckten Zellen, nur ein einziger Chromatophor, in anderen Zellen oft nur zwei oder drei. Fortpflanzung durch zwei Autosporen.
Zellen in ihrer Größe sehr schwankend, 8–20 μm lang.
In mehr kalkhaltigen Gewässern zusammen mit *Mischococcus* gefunden (Tschechoslowakei, Österreich).

8. Trachychloron biverruca Pascher (Fig. 211)

Zellen mehr oder weniger regelmäßig ellipsoidisch oder ellipsoidisch-eiförmig. Zellwand derb und kräftig, mit sehr deutlicher Skulptur. An beiden Zellpolen ist die Zellwand verdickt und in eine sehr deutliche Warze oder in einen spitzen Dorn ausgezogen. Dornen nicht immer gleichartig, manchmal auch leicht gebogen, spitz endend. Chromatophoren wenige, wandständig und scheibenförmig, ohne Pyrenoid. Fortpflanzung durch zwei, meist aber vier Autosporen, die manchmal schon innerhalb der Mutterzelle die Dornen entwickeln.
Zellen 18 μm lang, 10 μm breit.
Aus Wiesengräben auf Urgestein (Tschechoslowakei).

9. Trachychloron triangulatum Ettl (Fig. 213)
Trachychloron biconicum Pascher fo.

Zellen sehr unregelmäßig und asymmetrisch gebaut, die eine Längsseite bedeutend stärker ausgebuchtet als die andere, oft winklig ausgezogen und daher die Zellen mit dreieckigem Umriß. Die Längsachse der Zelle ist dann nur an Hand der polaren Verdickungen zu erkennen. Zellwand recht derb, mit grober Skulptur und deutlichen warzenartigen Verdickungen an den Zellpolen. Chromatophoren meist drei oder vier, recht groß, scheiben- oder muldenförmig,

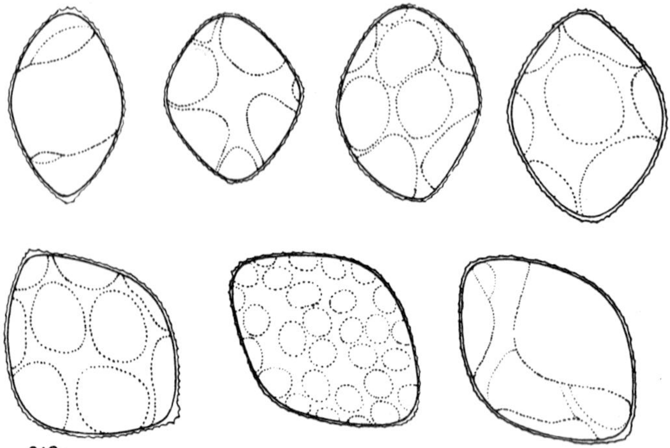

210

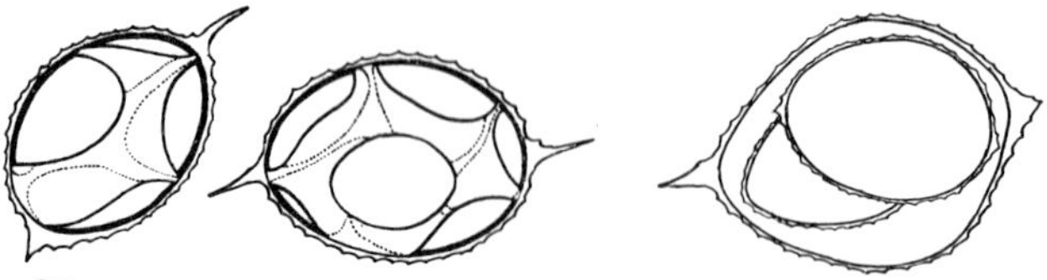

211

Fig. 210. *Trachychloron biconicum* Pascher. Fig. 211. *Trachychloron biverruca* Pascher (nach Pascher).

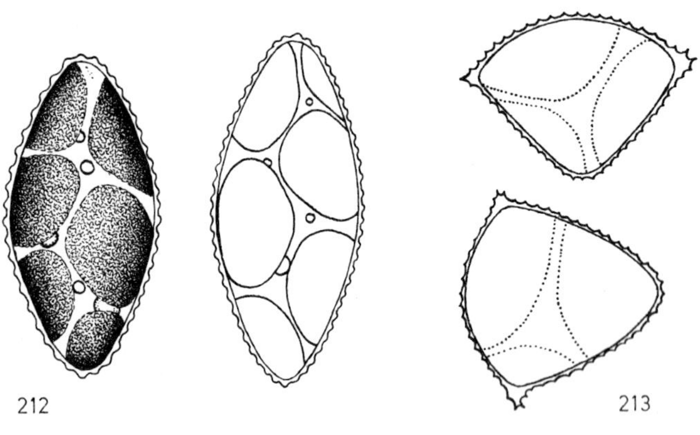

212 213

Fig. 212. *Trachychloron fusiforme* Ettl (nach Ettl.) Fig. 213. *Trachychloron triangulatum* Ettl (Orig.).

wandständig. Fortpflanzung durch vier Autosporen, die noch innerhalb der Mutterzelle ihre unregelmäßige Gestalt annehmen.

Zellen ungefähr 10–15 μm lang, wobei die Breite sehr veränderlich ist.

Recht häufig, wenn auch nie in Massen auftretend, zwischen anderen Mooralgen, ganz besonders in schleimigen Überzügen von *Sphagnum*. In den Hochmooren bei Innsbruck (Österreich).

10. Trachychloron fusiforme Ettl (Fig. 212)
Trachychloron biconicum Pascher var. *ellipsoideum* Ettl

Zellen recht schlank, mit schön gebogenen Seitenflanken, ellipsoidisch-spindelförmig bis ausgesprochen spindelförmig, mit verschmälerten und abgerundet spitzen Enden. Zellwand außerordentlich derb bis dick, jedoch ohne lokale Verdickungen, mit sehr grober Skulptur. Chromatophoren mehrere (5–8), wandständig, relativ groß, scheibenförmig oder sich auch polygonal abplattend. Größe und Anzahl der Chromatophoren nicht so stark veränderlich wie bei der vorigen Art. Fortpflanzung durch vier Autosporen, die schon innerhalb der Mutterzelle die derbe Zellwand und die Skulptur zeigen. Andere Stadien nicht bekannt.

Zellen 20–24 μm lang, 8–12 μm breit.

Zwischen Fadenalgen, vor allem *Tribonema*-Arten, mehrmals, doch immer nur vereinzelt in den kalkhaltigen Quellen bei Březová (Tschechoslowakei) gesehen.

20. **Aulakochloris** Pascher

Zellen meist einzeln oder nur vorübergehend zu zweit zusammengehalten. Gestalt immer mehr ellipsoidisch bis gestreckt ellipsoidisch als kugelig, an den Enden abgerundet oder auch etwas zugespitzt. Zellwand derb, manchmal leicht rötlich verfärbt und verkieselt. Mit auffallender Skulptur, die von Pol zu Pol verlaufende, meridionale Längsstreifen zeigt. Diese Längsstreifen entsprechen vorstehenden Zellwandrippen, die sich an den Polen manchmal in unregelmäßiger Weise treffen und zwischen denen flache Rinnen verlaufen. Diese Rinnen sind bei manchen Formen durch kleine, zarte, manchmal aber auch derbe Querleisten unterteilt, die meist etwas weniger hoch als die Längsrippen sind und die Längstäler in kleine Kammern teilen. Chromatophoren einer oder mehrere, oft so groß, daß sie zwischen sich nur helle Streifen frei lassen. Häufig Fett- und Öltropfen, Eiweißkristalle und Chrysolaminarin.

Fortpflanzung durch Autosporen, die zu viert, manchmal auch nur zu zweit gebildet werden und schon innerhalb der Mutterzelle die typische Skulptur der Zellwand anlegen. Unklar ist vorläufig das Freiwerden der Autosporen, vielleicht ist die Zellwand zweiteilig.

Wichtigste Literatur: Pascher 1930b, 1939a; Palik 1964; Starmach 1968.

Bestimmungsschlüssel der Arten

1a Zellen ellipsoidisch, höchstens zweimal so lang wie breit 2
1b Zellen sehr gestreckt ellipsoidisch, bis fünfmal länger als breit, sehr groß (bis 150 μm) . . . . **4. A. clausiana**
2a Zellwand mit einfachen Längsrippen, ohne Querleisten und ohne Kammerung der Längsrinnen . . . . **1. A. striata**
2b Längsrinnen der Zellwand durch Querleisten gekammert 3
3a Kammerung fein, Zellen bis 18 μm lang . . . . **2. A. areolata**
3b Kammerung sehr grob, Zellen bis 12 μm lang . . . . **3. A. reticulata**

1. Aulakochloris striata Pascher (Fig. 214)

Zellen gestreckt ellipsoidisch, bis zweimal so lang wie breit. Längsleisten der Zellwand sehr derb, Querleisten vollständig fehlend und auch nicht angedeutet, so daß die Längsrinnen durchgehend von einem Pol zum anderen verlaufen. Chromatophoren meist nur zwei. Fortpflanzung nicht beobachtet.

a

214

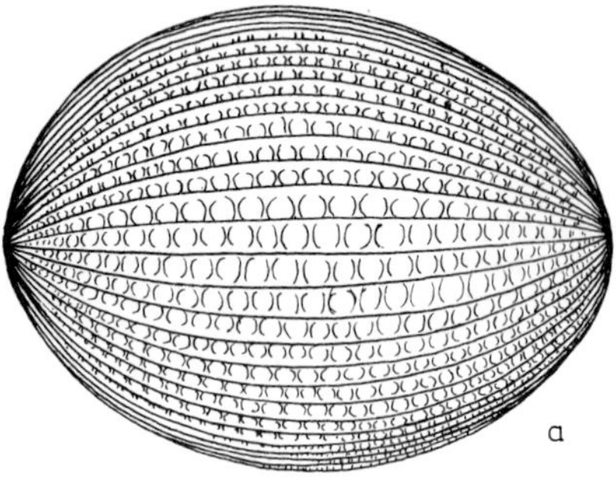

a

216

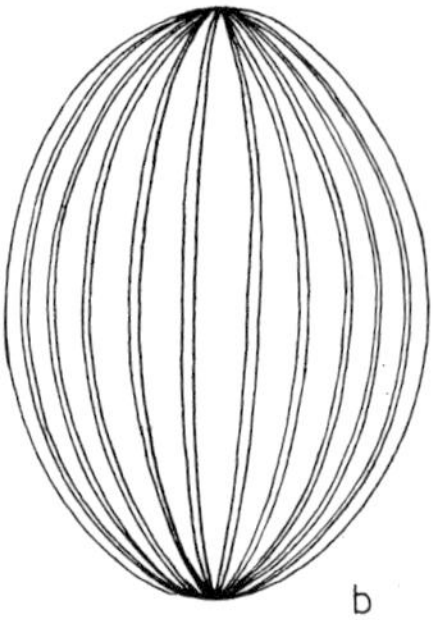

b

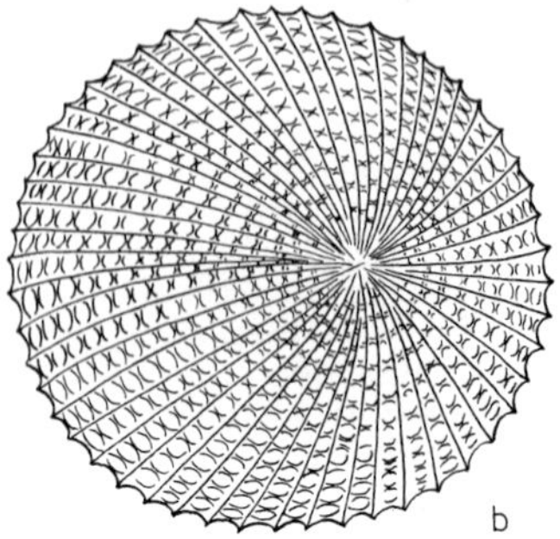

b

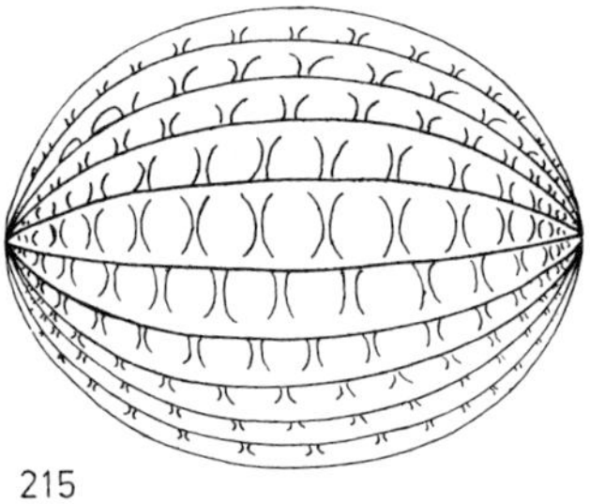

215

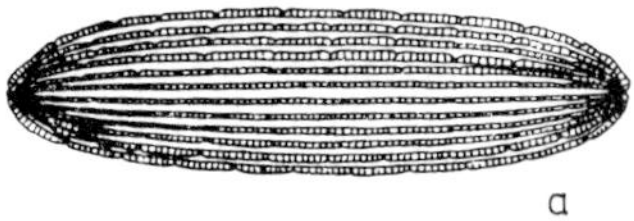

a

217

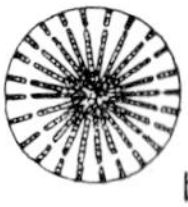

b

Fig. 214. *Aulakochloris striata* Pascher – *a* optischer Querschnitt der Zelle mit deutlichen Längsrippen, die hier als Zahnung hervortreten, *b* Oberfläche der Zelle. Fig. 215. *Aulakochloris reticulata* Pascher. Fig. 216. *Aulakochloris areolata* Pascher – *a* Seitenansicht, *b* Scheitelansicht. Fig. 217. *Aulakochloris clausiana* Palik – *a* Seitenansicht, *b* Scheitelansicht (Fig. 217 nach Palik, sonst nach Pascher).

Zellen höchstens bis 13 µm lang und bis 9 µm breit, meistens kleiner.
Aus leicht salzigen Wasserstellen, zusammen mit *Placosphaera* auf *Ultricularia,* bei Františkovy Lázně (Tschechoslowakei).

2. **Aulakochloris reticulata** Pascher (Fig. 215)

Zellen breit ellipsoidisch, höchstens 1,5 mal so lang wie breit. Zellwand recht derb mit wenigen weit voneinander abstehenden Längsrippen; ebenso die Querrippen weit voneinander abstehend, so daß relativ große Felder zustande kommen. Chromatophoren mehrere, groß, wandständig, scheiben- bis muldenförmig. Fortpflanzung nicht beschrieben.
Zellen nicht über 14 µm lang.
Ein einziges Mal in Wiesengräben im Böhmerwald gefunden (Tschechoslowakei).

3. **Aulakochloris areolata** Pascher (Fig. 216)

Zellen breit ellipsoidisch, an beiden Polen breit abgerundet. Zellwand manchmal leicht rötlich verfärbt, nicht derb. Längsrippen zart, nur wenig voneinander entfernt, daher in großer Anzahl. Querleisten ebenfalls zart und so angeordnet, daß die ganze Zelloberfläche areoliert erscheint; Kammerung zart. Chromatophoren zwei bis mehrere, immer wandständig. Fortpflanzung durch zwei Autosporen.
Zellen 10–18 µm lang, bis 14 µm breit.
Im Blaualgenschleim; dystrophe Teiche in Nordböhmen (Tschechoslowakei).

4. **Aulakochloris clausiana** Palik (Fig. 217)

Zellen außerordentlich groß, sehr lang und gestreckt ellipsoidisch, bis fünfmal so lang wie breit, an beiden Enden abgerundet. Zellwand mit sehr deutlichen und vielen Längsrippen, die quergestreift und stark verkieselt sind. Längsrinnen glatt, ohne Querleisten. Chromatophoren und Fortpflanzung nicht beschrieben.
Zellen 130–150 µm lang und 30–40 µm breit. Längsrippen 2,5 µm hoch und die Längsrinnen 3 µm breit.
In der Tropfsteinhöhle von Abaliget (Ungarn) gefunden.
Diese Art stelle ich nur mit großem Vorbehalt zur Gattung *Aulakochloris.* Nicht allein der sehr großen Abmessungen wegen, sondern auch, weil Zellinhalt und Fortpflanzung unbekannt sind. Es ist nicht sicher, daß es sich um eine Xanthophycee handelt. Sie wurde nur wegen der Ähnlichkeit in der Skulptur der Zellwand zu *Aulakochloris* gestellt.

21 **Chlorallantus** Pascher

Zellen kurz walzlich–ellipsoidisch bis ausgesprochen walzlich, seltener ausgesprochen ellipsoidisch, immer gerade, manchmal mit parallelen Flanken, an beiden Enden gleich und hier entweder breit bis halbkugelig abgerundet oder fast kegelförmig veschmälert. Immer einzeln lebend. Zellwand relativ derb stark glänzend und deutlich verkieselt, meistens aus zwei gleichen Teilen bestehend, deren Fuge bei manchen Arten bereits im vegetativen Zustand erkennbar ist. Skulptur durch Reihensysteme von Dellen gebildet, die sich entweder rechtwinkelig oder unter einem Winkel von 60 Grad schneiden und der Oberfläche der Zellwand ein zartes bis derbnetziges oder wabiges Aussehen geben. Waben entweder vier- oder sechseckig oder auch rund. Bei manchen Arten sind die Leisten zwischen den Dellen an ihren Schnittpunkten dornartig vorgezogen. Die Dornen können an den Zellpolen länger sein als an der Mantelfläche. Skulptur sehr schwankend, oft sehr derb und fast grob, manchmal an alten Zellen sehr zart. Chromatophoren mehrere oder viele, wandständig, scheibenförmig, bisweilen ungleich groß. Fett- und Öltropfen; manchmal glänzende Ballen unbestimmter Natur im Plasma.

Fortpflanzung durch Bildung von zwei oder vier, aber auch 16 Teilprotoplasten, die zu typischen Zoosporen oder auch zu Autosporen werden. Das Freiwerden erfolgt durch Aufklappen der beiden Hälften der Mutter-Zellwand. Zysten nicht bekannt.

Wichtigste Literatur: Pascher 1930b, 1939a, Cedercreutz 1931, Prescott und Vinyard 1965.

Bestimmungsschlüssel der Arten

1a Zellen an den Polen ohne auffallend lange, schopfartig stehende Stacheln ... 2
1b Zellen an den Polen mit auffallenden und außergewöhnlich langen, schopfartig stehenden Stacheln ... **4. Ch.comosus**
2a Zellen an den Enden breit abgerundet ... 3
2b Zellen an den Enden kegelartig verschmälert, schließlich am Scheitel abgerundet ... **3. Ch.attenuatus**
3a Zellen ohne Stacheln ... **1. Ch.oblongus**
3b Zellen mit Stacheln ... **2. Ch. spinosus**

1. Chlorallantus oblongus Pascher (Fig. 218)

Zellen ellipsoidisch walzlich, oft sehr betont walzlich, manchmal wieder mehr ellipsoidisch, an beiden Enden breit abgerundet. Zellwand derb, mit netziger Skulptur. Zwischen den Netzmaschen deutliche, rundliche Dellen, die Netzpunkte aber nicht dornenförmig vorgezogen. Skulptur meist sehr deutlich, auch dann, wenn die Zellwand gelegentlich eisenbraun gefärbt ist. Verkieselung wahrscheinlich. Zusammensetzung der Zellwand aus zwei Hälften oft schon an vegetativen Zellen deutlich. Chromatophoren mehrere, wandständig, scheibenförmig und häufig relativ klein. Größere Chromatophoren unregelmäßig gelappt oder einseitig eingeschnitten. Selten rote Öltropfen im Plasma. Fortpflanzung durch Zoosporen, die durch Auseinanderweichen der Zellwandstücke frei

218

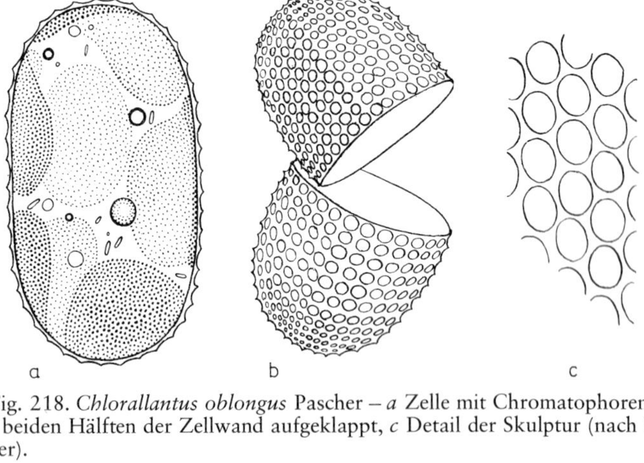

Fig. 218. *Chlorallantus oblongus* Pascher – *a* Zelle mit Chromatophoren, *b* die beiden Hälften der Zellwand aufgeklappt, *c* Detail der Skulptur (nach Pascher).

werden. Nebengeißel der Zoosporen auffallend lang, die Hälfte der Hauptgeißel messend. Neben Zoosporen werden auch Autosporen gebildet.

Zellen 10–15 μm lang, 5–9 μm breit.

In einer stark sauren verlandeten Bucht des Großteiches bei Doksy, zwischen *Drepanocladus* und *Sphagnum*, ferner aus der Umgebung von Františkovy Lázně und Prag (Tschechoslowakei). Anscheinend mit großer ökologischer Spannweite.

2. Chlorallantus spinosus Cedercreutz (Fig. 219)

Zellen ausgesprochen walzlich, doch manchmal auch mehr ellipsoidisch, junge Zellen mitunter sogar fast kugelig-ellipsoidisch. An beiden Enden breit bis halbkugelig abgerundet. Zellwand derb mit typischer netzmaschiger Skulptur. Netzpunkte deutlich dornartig vorgezogen; Dornen meist gleich lang, gelegentlich aber an den Zellenden länger werdend. Netzskulptur nicht immer sehr deutlich, Dornen jedoch immer vorhanden und entsprechend der Beschaffenheit der Skulptur unterschiedlich dicht stehend. Chromatophoren zahlreich, oft groß und polygonal. Fortpflanzung durch 2–16 Zoosporen mit einem oder zwei Chromatophoren, ohne Stigma, mit 1,5 mal körperlanger Hauptgeißel und sehr kurzer Nebengeißel. Es wurden auch Autosporen beobachtet, die jedoch nur zu 2–4 gebildet werden.

Zellen bis 30 μm lang und bis 15 μm breit, Stacheln bis 5 μm lang.

Mehrere Male in einem kleinen Tümpel bei Prag und aus den Musikantenteichen bei Doksy (Tschechoslowakei). In Algenwatten eines kleinen Tümpels bei Innsbruck (Österreich).

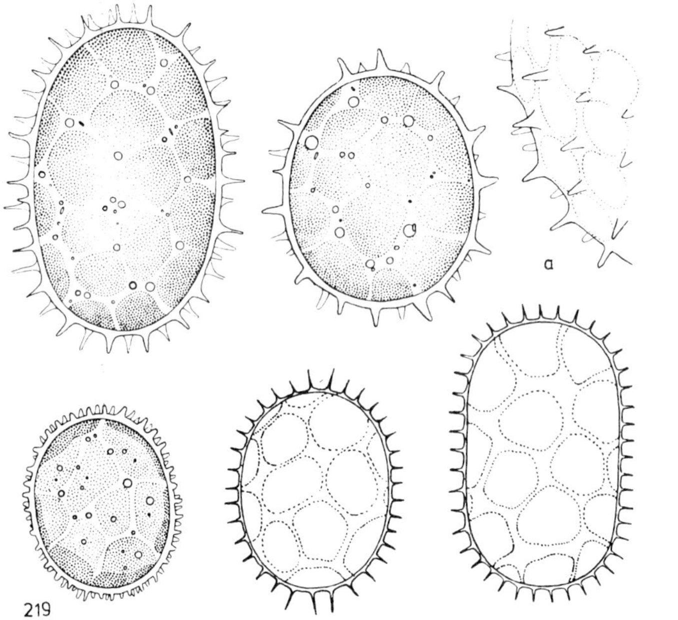

219

Fig. 219. *Chlorallantus spinosus* Cedercreutz – *a* Detail der Skulptur (nach Cedercreutz).

3. Chlorallantus attenuatus Pascher (Fig. 220)

Zellen meistens ausgesprochen walzlich, an beiden Enden jedoch immer breit kegelartig verschmälert und schließlich stumpf bis abgerundet stumpf. Gelegentlich zeigen manche Zellen eine leichte Einschnürung. Zellwand auffallend derb, manchmal rostbraun gefärbt, mit deutlicher Netzskulptur, wobei die Netzpunkte zu kleinen spitzen Warzen oder kurzen Dornen vorgezogen sein können. Diese an den Zellenden immer etwas länger als an den Flanken. Sehr selten treten fast skulpturlose Zellen auf. Chromatophoren zahlreiche, scheibenförmig, wandständig. Fortpflanzung nicht beobachtet.

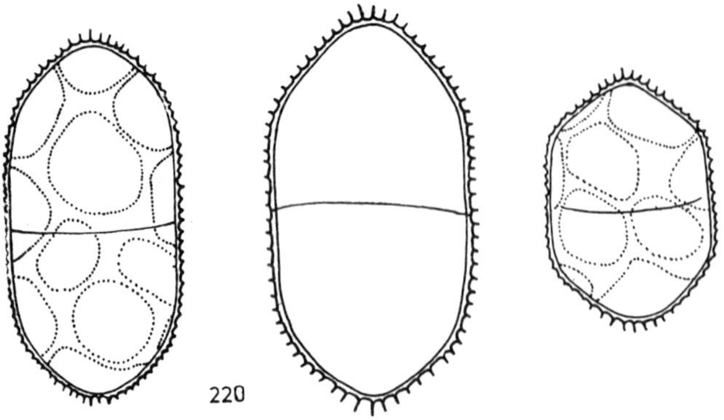

220

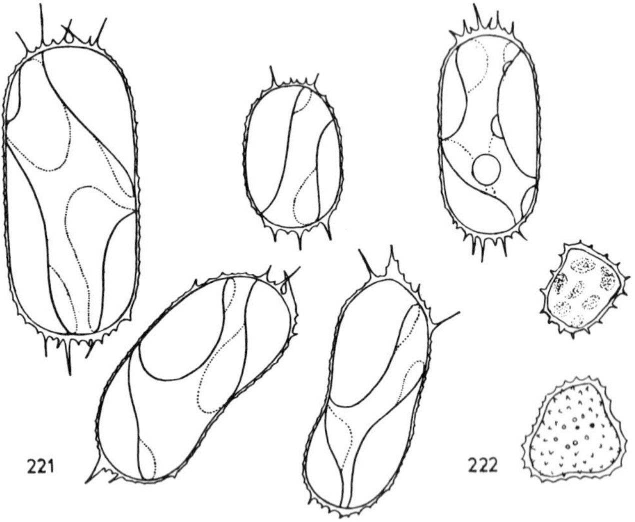

221

222

Fig. 220. *Chlorallantus attenuatus* Pascher. Fig. 221. *Chlorallantus comosus* Pascher. Fig. 222. *Chlorallantus arcticus* Prescott (Fig. 222 nach Prescott, sonst nach Pascher).

Zellen 12–20 μm lang, 6–8 μm breit.

Aus einem eisenhaltigen Wiesengraben unter *Microspora*-Fäden, denen sehr viel *Closterium acerosum* beigemengt war (Tschechoslowakei).

4. Chlorallantus comosus Pascher (Fig. 221)

Zellen walzlich, an beiden Enden breit abgerundet, gerade, manchmal aber auch ganz leicht gebogen. Zellwand mäßig derb, Skulptur wenig deutlich und nur an den Zellenden betont. Während an der Mantelfläche die Stacheln fast zu fehlen scheinen, sind sie an den Enden außergewöhnlich lang und schopfartig angehäuft, manchmal jedoch nur an einem Ende kräftig entwickelt. Sonst wie bei den übrigen Arten. Fortpflanzung nicht gesehen.

Zellen 8–10 μm lang, 4–6 μm breit, auch kleiner.

Alge saurer Gewässer, aus Gräben im südlichen Böhmerwald (Tschechoslowakei).

Unsichere und zu streichende Art.

Chlorallantus arcticus Prescott (Fig. 222) – völlig unsicherer Organismus, der nicht zu *Chlorallantus* zu gehören scheint. Von Prescott nur wegen der spitzen Warzen an der Zelloberfläche zu *Chlorallantus* gestellt. Die Zellen haben eine völlig unregelmäßige Gestalt und sind mehr oder weniger rhombisch oder dreilappig. Zellwand deutlich und einteilig. Mit mehreren, unregelmäßig scheibenförmigen Chromatophoren. Zellen 12–15 μm groß. Bislang aus Alaska bekannt.

22. Trachydiscus Ettl

Zellen immer einzeln lebend, mehr oder weniger deutlich abgeplattet und daher mit einer deutlichen Breit- und Schmalseite. Breitseite elliptisch, rundlich bis fast kreisförmig, aber auch polygonal, sechs- oder viereckig, mitunter auch leicht unregelmäßig gebaut. Schmalseite gestreckt ellipsoidisch oder spindelförmig. Ohne jeden Fortsatz. Zellwand zart bis oft recht derb, vielleicht nicht zweiteilig. Oberfläche immer skulpturiert. Skulptur ohne Dellen oder netzartige Struktur. Statt dessen ist die Oberfläche mit deutlichen Warzen, Körnern oder Buckeln oft sehr regelmäßig übersät. Diese Skulptur läßt sich von der sonst bei den Gattungen der Trachychloron-Gruppe vorkommenden ableiten: die netzartig angeordneten Dellen wurden verwischt und die Warzen sind als Überbleibsel der verstärkten Netzpunkte übriggeblieben. Größere Höcker immer in kleinerer Anzahl als die kleinen Warzen oder Körnchen. Zellwand wahrscheinlich leicht verkieselt. Chromatophoren mehrere (2–6), wandständig, scheiben- bis leicht muldenförmig, nicht selten durch Aneinanderrücken polygonal werdend. Ohne Pyrenoide. Plasma glashell, mit wenig Öl.

Fortpflanzung durch zwei oder vier Autosporen bekannt. Sie werden durch einen Riß in der alten Zellwand frei. Zysten nicht bekannt.

Wichtigste Literatur: Bourrelly 1951, 1968, Fott 1961, Ettl. 1964a.

Bestimmungsschlüssel der Arten

1a Breitseite der Zellen rund bis regelmäßig kreisförmig 2
1b Breitseite der Zellen anders gestaltet 3
2a Zellwand mit vielen kleinen Warzen; Breitseite kreisrund .... **1. T. lenticularis**
2b Zellwand mit wenigen, aber großen Warzen; Breitseite nicht genau kreisförmig, sondern mehr abgerundet polygonal .... **2. T. verrucosus**
3a Breitseite ellipsoidisch bis spindelförmig 4
3b Breitseite ausgesprochen eckig 5

4a Breitseite elliptisch, an beiden Enden regelmäßig abgerundet .... 3. **T.ellipsoideus**
4b Breitseite spindelförmig, an beiden Enden verschmälert und zugespitzt .... 4. **T.fusiformis**
5a Breitseite sechseckig, Zellwand mit sehr vielen kleinen, dicht gedrängten Warzen .... 5. **T.sexangulatus**
5b Breitseite vier- oder fünfeckig, mit wenigen und weit entfernten Warzen . 6
6a Zellen bis 8 μm groß, Schmalseite bikonvex .... 6. **T.minutus**
6b Zellen bis 14 μm groß, Schmalseite ellipsoidisch .... 7. **T.quadratus**

1. Trachydiscus lenticularis Ettl (Fig. 223)

Zellen linsenförmig abgeplattet, von der Breitseite gesehen rund bis fast genau kreisrund, von der Schmalseite deutlich bikonvex. Zellwand mäßig derb, doch immer deutlich. Skulptur in Form regelmäßiger, leicht zugespitzter, aber stumpf endender Warzen. Chromatophoren meist drei, seltener nur zwei, wandständig und scheibenförmig; sie sind gelbgrün und liegen der Breitseite der Zelle an. Im Plasma nur wenige Öltropfen. Fortpflanzung durch vier Autosporen.

Zellen 6,5–10 μm im Durchmesser.

Zerstreut zwischen anderen planktischen Algen, vor allem Chlorococcales und Euglenales, in einem kleinen, schwach eutrophen Tümpel in Nordmähren (Tschechoslowakei).

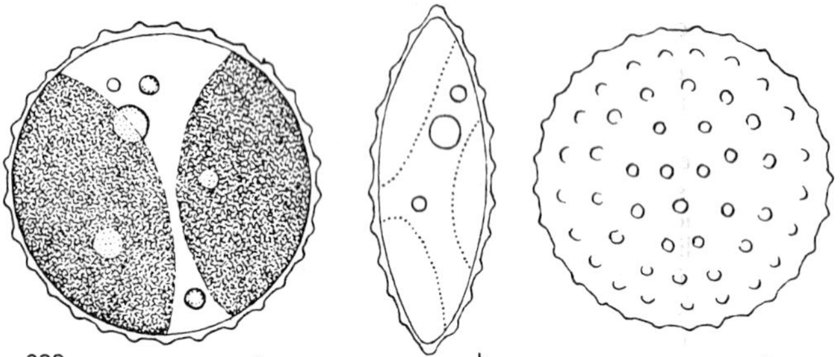

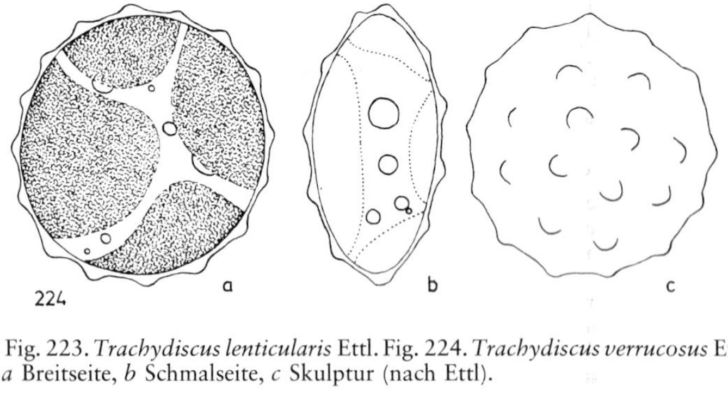

Fig. 223. *Trachydiscus lenticularis* Ettl. Fig. 224. *Trachydiscus verrucosus* Ettl – *a* Breitseite, *b* Schmalseite, *c* Skulptur (nach Ettl).

2. Trachydiscus verrucosus Ettl (Fig. 224)

Zellen von der Breitseite gesehen fast kreisförmig oder breit elliptisch-kreisförmig, doch durch die großen Warzen an der Oberfläche meist etwas unregelmäßig. Schmalseite elliptisch bis bikonvex. Zellwand mäßig derb, wahrscheinlich verkieselt, mit wenigen, aber großen und derben, abgerundeten Warzen. Chromatophoren drei bis fünf, wandständig, scheibenförmig, oft dicht aneinander gerückt und nur schmale Zonen zwischen sich frei lassend, blaß gelblichgrün. Fortpflanzung nicht gesehen.

Zellen 8–13,5 µm im Durchmesser.

Vereinzelt zwischen *Oedogonium*-Fäden und Fäden von *Tribonema vulgare* in einem kleinen, mit *Sphagnum* verwachsenen Tümpel (pH 5,6) in den Pavlover Mooren bei Boskovice (Tschechoslowakei).

3. Trachydiscus ellipsoideus Ettl (Fig. 225)

Zellen stark abgeplattet, Breitseite regelmäßig elliptisch, an beiden Enden abgerundet. Schmalseite gestreckt elliptisch. Zellwand derb, mit vielen perlartigen Warzen, die dem Zellrand im optischen Schnitt ein fast regelmäßig gewelltes Aussehen verleihen. Warzen im Schnitt fast halbkugelig, auffallend glänzend. Chromatophoren drei bis vier, wandständig, scheiben- bis leicht muldenförmig, auch auf die Schmalseite übergreifend, etwas blaß. Fortpflanzung durch vier Autosporen, die innerhalb der Mutterzelle ihre endgültige Gestalt annehmen. Freiwerden durch Aufreißen der etwas verschleimten alten Zellwand.

Zellen 8–12 µm lang, 6–10 µm breit und 2–3 µm dick.

Im Plankton eines leicht dystrophen Teiches bei Boskovice (Tschechoslowakei).

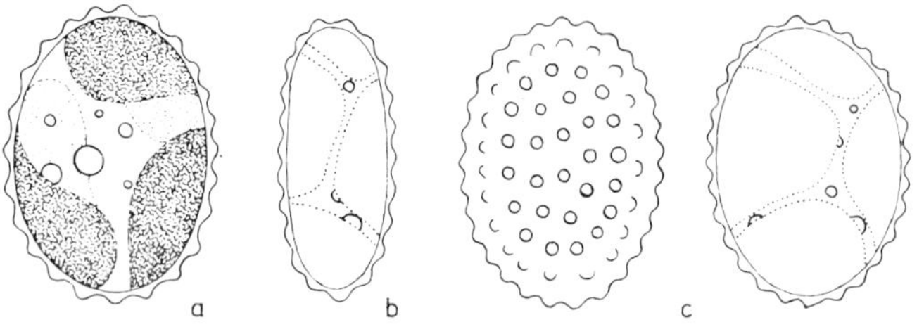

225

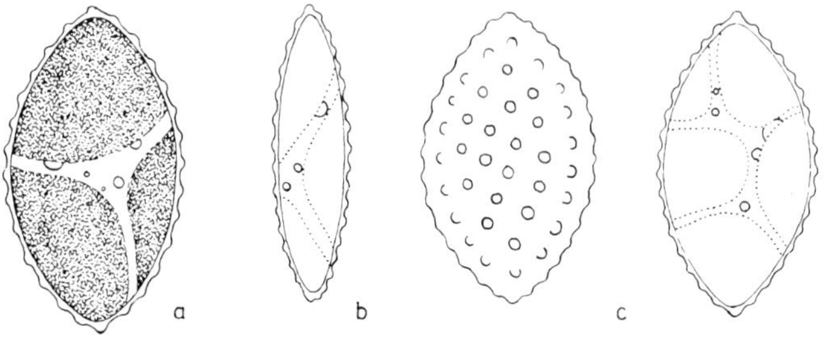

226

Fig. 225. *Trachydiscus ellipsoideus* Ettl. Fig. 226. *Trachydiscus fusiformis* Ettl – *a* Breitseite, *b* Schmalseite, *c* Skulptur (nach Ettl).

4. Trachydiscus fusiformis Ettl (Fig. 226)

Zellen sehr flach, Breitseite breit bikonvex, spindelförmig erscheinend, an beiden Enden verschmälert und immer zugespitzt, an den Flanken regelmäßig gebogen. Schmalseite sehr gestreckt bikonvex. Zellwand zart bis mäßig derb, mit deutlichen, wenn auch zarten und niedrigen, ziemlich weit voneinander entfernten Warzen. Chromatophoren drei bis fünf, wandständig, scheibenförmig bis abgerundet polygonal, dicht aneinanderschließend, auf die Schmalseite übergreifend, gelbgrün. Fortpflanzung wie bei den übrigen Arten.

Zellen 7,5–12 µm lang, 5–9 µm breit und etwa 2 µm dick.

In einem leicht sauren Wiesengraben im nördlichen Teil des Hohen Gesenkes (Tschechoslowakei).

5. Trachydiscus sexangulatus Ettl (Fig. 227)

Zellen mit abgerundet sechseckiger Breitseite, oft etwas unregelmäßig, manchmal mehr abgerundet, so daß die eckige Gestalt leicht verwischt wird. Kanten nicht immer gleich lang. Schmalseite nicht eckig, gestreckt und schmal elliptisch. Zellwand mäßig derb, manchmal auch zart, mit sehr vielen kleinen, dicht aneinandergedrängten körnchenartigen Warzen. Diese sind der sechseckigen Zellform entsprechend regelmäßig angeordnet. Chromatophoren gewöhnlich fünf, aber gelegentlich auch acht, wandständig, groß, scheibenförmig oder etwas polygonal und nur schmale Zonen zwischen einander frei lassend. Im

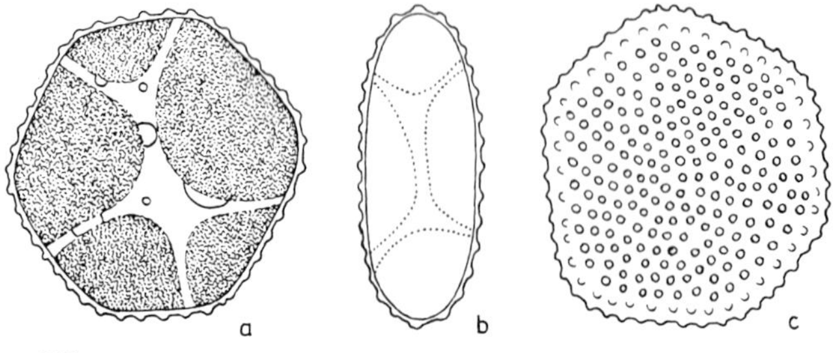

227

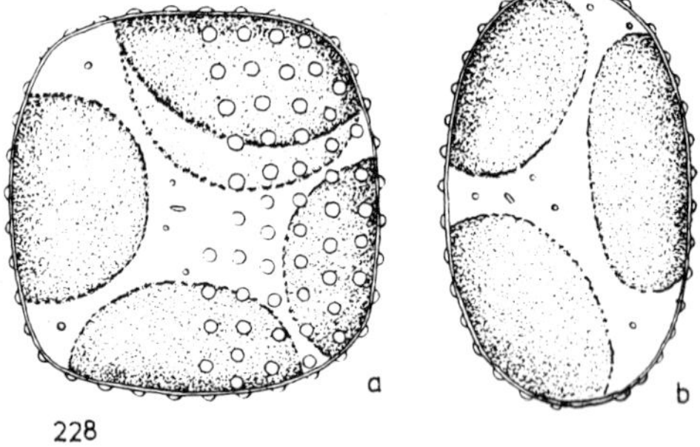

228

229

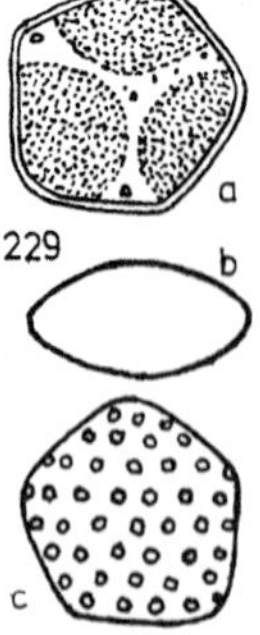

Fig. 227. *Trachydiscus sexangulatus* Ettl (nach Ettl). Fig. 228 *Trachydiscus quadratus* Ettl (nach Fott). Fig. 229. *Trachydiscus minutus* (Bourrelly) Ettl (nach Bourrelly) – *a* Breitseite, *b* Schmalseite, *c* Skulptur.

Plasma sonst kleine lichtbrechende Fettropfen. Fortpflanzung durch vier Autosporen.

Zellen 10,5–16 μm im Durchmesser.

Zwischen Detritus am Ufer eines kleinen Wiesentümpels, vereinzelt auch zwischen zahlreichen Chlorococcalen in schwach eutrophen Teichen (Tschechoslowakei).

6. Trachydiscus minutus (Bourrelly) Ettl (Fig. 229)
Pseudostaurastrum minutum Bourrelly

Zellen von der Breitseite gesehen vier- bis fünfeckig, an den Ecken abgerundet, von der Schmalseite bikonvex. Zellwand zart, mit deutlichen Warzen, die relativ groß und weit voneinander entfernt sind. Chromatophoren drei bis vier, scheibenförmig. Fortpflanzung nicht beschrieben.

Zellen ungefähr 8 μm im Durchmesser, 4–5 μm dick.

Im Bassin des Botanischen Gartens in Paris, Teiche bei Trappes und Boune Mare (Frankreich).

7. Trachydiscus quadratus Ettl (Fig. 228)
Trachychloron biconicum Pascher sensu Fott

Zellen von der Breitseite gesehen viereckig, mit breit abgerundeten Ecken, von der Schmalseite jedoch ellipsoidisch, deutlich abgeflacht. Zellwand dick, mit deutlichen Warzen bedeckt, die ziemlich weit voneinander, in regelmäßigen Reihen angeordnet sind. Meist nur ein einziger Chromatophor, manchmal aber auch zwei oder drei, wandständig und scheibenförmig. Fortpflanzung nicht beobachtet.

Zellen 8–20 μm, gewöhnlich 14 μm im Durchmesser.

Im Plankton, gemeinsam mit verschiedenen Chlorococcalen, Teiche bei Prag (Tschechoslowakei), Fischteiche bei Grzycko (Polen).

Meringosphaera-Gruppe

Einzeln lebende, kugelige oder walzliche, drehrunde oder auch abgeflachte, kissenförmige Algen mit wahrscheinlich immer zweischaliger Zellwand. Diese vielleicht skulpturiert, Skulptur nicht deutlich, doch immer mit langen nadel- bis borstenförmigen Fortsätzen der Zellwand. Diese entweder gleichmäßig verteilt und radiär ausstrahlend oder äquatorial bzw. polar beschränkt, kurz bis sehr lang, gerade oder leicht wellig, allmählich nadelförmig verjüngt oder gleichmäßig dick. Zellwand wohl immer verkieselt. Fast ausschließlich marine Formenreihe, die gelegentlich auch im Brackwasser und in einem Fall auch im Süßwasser vorkommt. Hier sollen nur die Süßwasserformen und solche, die man im Brackwasser findet, angeführt werden.

Bestimmungsschlüssel der Gattungen

1a Zellen walzlich oder kissenförmig 2
1b Zellen kugelig 3
2a Zellen walzlich, drehrund, Borsten einseitig polar orientiert . . . . **23. Schilleriella** (S. 196)
2b Zellen kissenförmig, stark abgeflacht, Borsten nicht einseitig polar . . . . **24. Pseudotetraëdron** (S. 196)
3a Borsten radiär und gleichmäßig über die Oberfläche verteilt . . . . **25. Meringosphaera** (S. 198)
3b Borsten lokalisiert, nicht radiär 4
4a Borsten äquatorial angeordnet und seitlich ausstrahlend . . . . **26. Actinellipsoidion** (S. 200)

4b Borsten nur polar angeordnet und über die Zelle hinweg nach hinten gerichtet .... **27. Skiadosphaera** (S. 201)

23. **Schilleriella** Pascher

Meringosphaera Lohmann p. p. sensu Schiller

Zellen einzeln lebend, kurz stumpfprismatisch bis walzlich, basal abgerundet, an der einen Seite aber gerade abgestutzt oder leicht ausgerandet. Im optischen Querschnitt basal kreisrund, unterhalb des abgestutzten Endes deutlich stumpf dreieckig werdend, dadurch, daß am Rande der Fläche drei kürzere oder längere, zartere oder derbere, leicht divergierende oder zueinander fast parallele Borsten annähernd in Längsrichtung der Zelle abgehen. Borsten glatt und ziemlich steif. Zellwand vielleicht skulpturiert. Protoplast mit einem oder mehreren wandständigen Chromatophoren. Fortpflanzung nicht gesehen. Zweischalige Zysten bei einer Art beobachtet, wobei die beiden Schalen gleich oder ungleich sein können. Skulptur meistens in Form kurzer Warzen.

Wichtigste Literatur: Schiller 1916, Pascher 1932 a, 1939 a.

Bestimmungsschlüssel der Arten

1a Borsten zart, viel länger als die Zelle .... **1. S.triseta**
1b Borsten derb, kaum so lang wie die Zelle .... **2. S.anuraea**

1. Schilleriella triseta (Schiller) Pascher (Fig. 230 a)
Meringosphaera triseta Schiller

Zellen kurz walzlich, basal abgerundet, vorn abgestutzt, im optischen Querschnitt elliptisch. Zellwand sehr zart und dünn, oberes Ende mit drei sehr langen und sehr feinen, im übrigen schwer sichtbaren Borsten besetzt, von denen die zwei äußeren kürzer sind und leicht nach außen divergieren, während die dritte viel länger und gerade ist. Borsten drei- bis zehnmal körperlang. Chromatophoren wandständig, drei bis vier, immer schön grün. Fortpflanzung nicht bekannt.

Zellen 7–8 μm lang, 3–4 μm breit, Borsten bis 70–80 μm lang.

Bis jetzt nur aus dem Küstengebiet der Adria bekannt; anscheinend mehr im ausgesüßten Wasser. Vor allem in den Engen von Kotor, Hafen von Šibenik (Jugoslawien).

2. Schilleriella anuraea Pascher (Fig. 230 b)

Zellen kurz walzlich, basal abgerundet, gerade oder manchmal etwas schief, vorn gerade abgestutzt, im allgemeinen ellipsoidisch bis walzlich prismatisch, doch allmählich einseitig entwickelt. Zellwand relativ derb. Borsten verhältnismäßig kurz, fast immer ungleich, nicht divergierend, sondern annähernd parallel zur Längsachse der Zelle orientiert, meist sehr derb, manchmal im Verlaufe ungleich dick, oft leicht gekrümmt, immer derber als die Zellwand. Chromatophoren zwei bis mehrere, wandständig und oft recht ungleich. Fortpflanzung nicht beobachtet. Zysten bekannt.

Zellen 12–19 μm lang, bis 9 μm breit.

In sehr wenigen Exemplaren in der Nähe der Ombla-Mündung (Jugoslawien).

24. **Pseudotetraëdron** Pascher

Polyedrium p. p. sensu Bachmann

Zellen immer einzeln lebend, kissenförmig, in Form eines der Länge nach zusammengedrückten Zylinders. Von der Breitseite gesehen fast quadratisch, von der Schmalseite elliptisch, was besonders in der Scheitelansicht sehr deutlich ist.

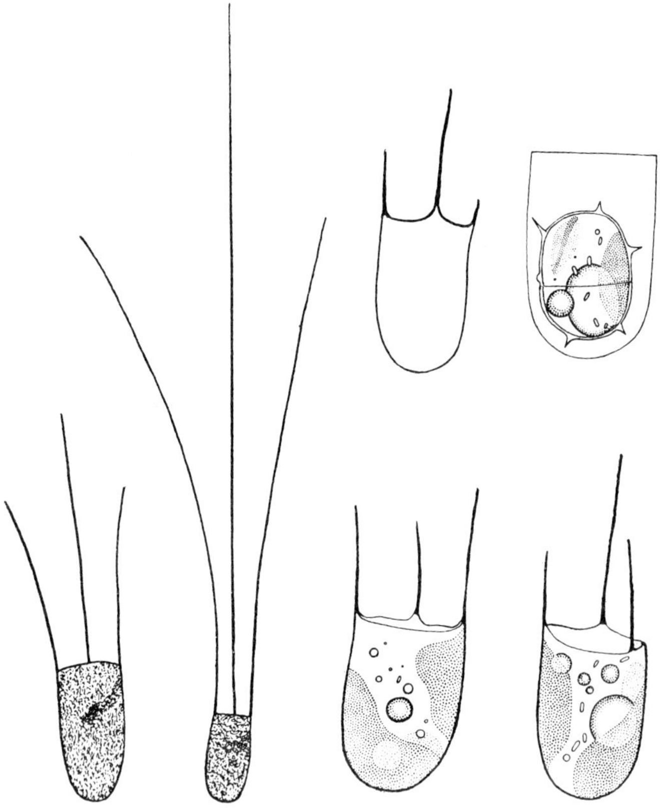

230 a 230 b

Fig. 230 a *Schilleriella triseta* (Schiller) Pascher (nach Schiller). Fig. 230 b *Schilleriella anuraea* Pascher (nach Pascher), oben rechts Zystenbildung.

Zellwand relativ derb, aus zwei deutlichen Hälften bestehend, die äquatorial leicht übereinander greifen. Die Ecken der Breitseite in je einen, annähernd zweimal körperlangen geraden Stachel ausgezogen, der in der Ebene der Breitseite liegt, so daß die ganze Zelle mit vier diagonal stehenden langen Stacheln versehen ist. Chromatophoren mehrere, scheibenförmig und wandständig. Fortpflanzung nicht vollständig gesehen, wahrscheinlich durch zwei Autosporen. Zysten in Form und Bildung sehr charakteristisch, kugelförmig, mit glatter, fester, leicht verkieselter Wand, die aus zwei mit ihren Rändern übereinandergreifenden Hälften besteht. Die Zysten werden durch Auseinanderklappen der beiden Hälften der Zellwand frei.

Wichtigste Literatur: Bachmann 1911, Pascher 1912, 1925, 1939 a, Printz 1927, G. M. Smith 1950.

Eine einzige Art:
Pseudotetraëdron neglectum Pascher (Fig. 231)

Mit den Merkmalen der Gattung. Zellen 7–12 μm groß, Borsten 20–30 μm lang, Zysten 5–7 μm im Durchmesser.

Seltener Plankter stehender Gewässer, im Gebiet verbreitet.

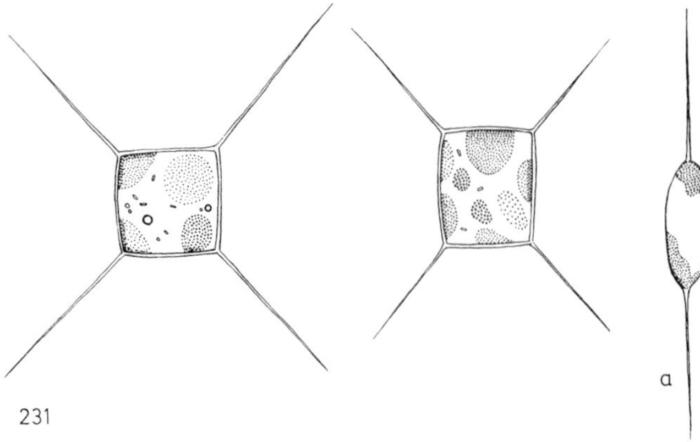

Fig. 231 *Pseudotetraëdron neglectum* Pascher – *a* Schmalseite (nach Pascher).

25. Meringosphaera Lohmann em. Pascher

Zellen kugelig oder fast kugelig, manchmal auch etwas unregelmäßig, mit fester, oft sogar dicker, an ausgewachsenen Zellen wohl immer verkieselter und spröder Zellwand, die glatt ist, aber auch leicht skulpturiert sein kann. Zellwand wohl bei allen Arten zweischalig, oft noch von einer Gallertschicht überdeckt. Oberfläche der Zellen ziemlich dicht oder auch spärlich mit sehr kurzen bis meist langen, geraden oder leicht welligen Borsten besetzt. Diese sind zart oder derb, entweder gegen das Ende nadelförmig verjüngt oder mehr gleichmäßig dick, $^1/_4$–6 mal so lang wie der Zelldurchmesser. Sie sind gleichmäßig auf der Zelloberfläche verteilt, glatt oder mit Zacken versehen. Mit einem oder mehreren Chromatophoren von gelbgrüner bis grüner Farbe, vielleicht auch mit Pyrenoiden. Fortpflanzung durch Autosporen nur von wenigen Arten bekannt; Zysten unbekannt. Relativ wenig untersuchte, vor allem im Meeresplankton vorkommende Gattung, die durch ihre Gestalt auffällt. Ich führe unten einige der Arten an, die im Süßwasser oder im Brackwasser angetroffen werden können.

Wichtigste Literatur: Lohmann 1903, Schiller 1916, 1925, Printz 1927, Pascher 1932a, 1939a, Prescott 1951.

Bestimmungsschlüssel der Arten

1a	Borsten bedeutend kürzer als der Zelldurchmesser	2
1b	Borsten zwei- bis mehrmals so lang wie der Zelldurchmesser	3
2a	Zellen höchstens 4 μm groß, mit nur einem Chromatophor	**1. M. wulffiana**
2b	Zellen 10–12 μm groß, mit mehreren Chromatophoren . . .	**2. M. spinosa**
3a	Borsten gerade, sehr zart, bis dreimal länger als die Zelle .	**3. M. tenerrima**
3b	Borsten deutlich gewellt, weniger zart, bis sechsmal länger als die Zellen	**4. M. mediterranea**

1. Meringosphaera wulffiana Pascher (Fig. 232)

Zellen kugelig, mit zarter Zellwand, die vielleicht nur wegen der Kleinheit der Zellen keine Skulptur erkennen läßt. Mit sehr wenigen, radiären, spitz auslaufenden, oft recht derben nadelförmigen Borsten, die immer kürzer als der Radius der Zelle sind. Chromatophor meist einer, blaß-grün, ziemlich klein, wandständig und schüsselförmig. Gelegentlich auch zwei sehr ungleiche Chromatophoren. Fortpflanzung durch vier Autosporen.

Zellen höchstens 4 μm im Durchmesser.

An der dalmatinischen Küste einmal in großer Zellzahl beobachtet. Zellen gegen die bei der Beobachtung zunehmende Salzkonzentration ungemein empfindlich. Wahrscheinlich mehr Brackwasserform.

2. Meringosphaera spinosa Prescott (Fig. 233)

Zellen kugelig, mit etwas derberer, aber glatter Zellwand. Mit vielen derben, spitz nadelförmigen, radiären Borsten, die höchstens ein Drittel des Zelldurchmessers erreichen. Chromatophoren mehrere bis viele, wandständig, scheibenförmig, mit elliptischem Umriß. Fortpflanzung nicht beobachtet.

Zellen 10–12,5 μm im Durchmesser.

In seichten und sauren Wasserstellen am Michigan See (USA).

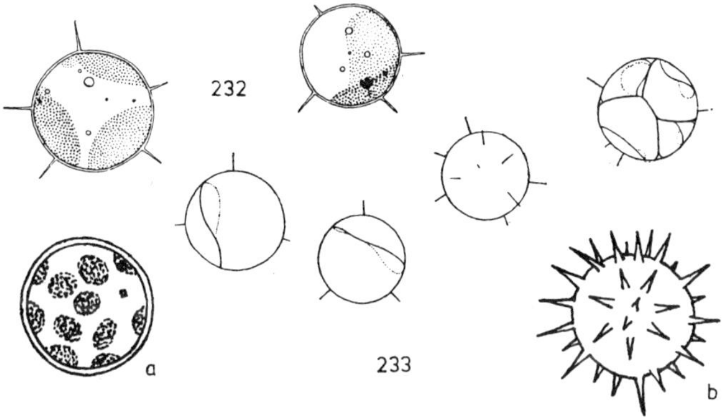

Fig. 232. *Meringosphaera wulffiana* Pascher (nach Pascher). Fig. 233. *Meringosphaera spinosa* Prescott – *a* Zellinhalt, *b* Zelloberfläche (nach Prescott).

3. Meringosphaera tenerrima Schiller (Fig. 234)

Zellen kugelig, mit dünner, glatter und verkieselter Zellwand. Borsten sehr zart, anscheinend nadelförmig verjüngt, gerade, bis dreimal so lang wie die Zellen. Nicht immer genau radiär angeordnet. Chromatophoren vier, wandständig, gelbgrün. Fortpflanzung durch zwei oder vier Autosporen.

Zellen 4–6 μm im Durchmesser, Borsten bis 18 μm lang.

Im nördlichen Teil der Adria in einer Tiefe von 25–75 m; im Plankton zurücktretend bis mitbestimmend. Auch im Brackwasser.

4. Meringosphaera mediterranea Lohmann (Fig. 235)
incl. *Meringosphaera baltica* Lohmann

Zellen kugelig, mit nicht sehr derber, verkieselter, außen glatter Zellwand, der eine schwankende Zahl mehrfach wellig gebogener, zarter Borsten aufsitzt, die

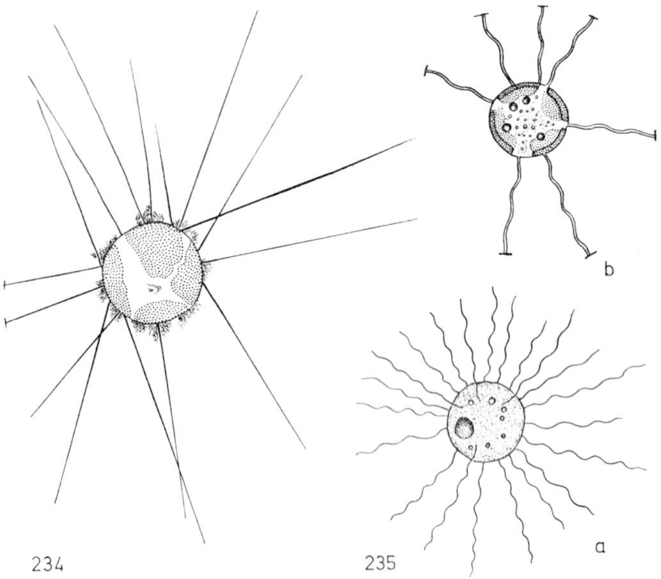

Fig. 234. *Meringosphaera tenerrima* Schiller. Fig. 235. *Meringosphaera mediterranea* Lohmann – *a* farblos (?) gewordene Form, *b* Form mit Chromatophoren (Fig. 235a nach Hensen, sonst nach Schiller).

bis sechsmal länger als die Zelle sein können. Basis der Borsten etwas kalottenartig, oft aber nur unmerklich verdickt. Chromatophoren mehrere (3–6), wandständig, vielleicht mit Pyrenoid (nicht sicher). Reichliche Fett- und Öltropfen. Fortpflanzung nicht gesehen.

Zellen 5–9 μm groß, Borsten bis 50 μm lang.

Mehrfach im Mittelmeergebiet, in der Nordsee und Ostsee, und auch in der Adria beobachtet. Ist auf das Küstenwasser beschränkt, lebt auch im brackigen und stärker ausgesüßten Wasser, einmal sogar direkt im Süßwasser gefunden (Rumänien).

Wahrscheinlich keine einheitliche Art. Enthält ökologisch unterschiedliche Formen, die sich auch hinsichtlich der Borsten unterscheiden. Die ganze Gattung bedarf einer genauen Untersuchung.

Im Meeresplankton kommen noch weitere Arten vor, wie *M.brevispina* Pascher, *M.setifera* Schiller, *M.merzii* Schiller, *M.hensenii* Schiller, *M.aculeata* Pascher. Da sie wohl ausgesprochen marin sind, führe ich sie hier nicht an. Unsicher sind *M.radians* Lohmann und *M.serrata* Lohmann.

26. **Actinellipsoidion** Ettl

Radiosphaera Pascher non Snow, *Meringosphaera* Lohmann p. p.

Zellen quer breit-ellipsoidisch, immer breiter als lang. Zellwand glatt, fest und spröde, vielleicht leicht skulpturiert und verkieselt. Borsten nicht gleichmäßig verteilt, sondern streng äquatorial lokalisiert und dabei radiär ausstrahlend, so daß die Borsten annähernd in einer Ebene liegen. Borsten lang und stabförmig, ihr natürliches Ende nicht gesehen, da alle Borsten beschädigt waren, aber allem Anschein nach nicht verjüngt. Chromatophoren mehrere, wandständig, scheiben- bis muldenförmig. Glänzende Fett- oder Öltropfen. Fortpflanzung nicht beschrieben.

Wichtigste Literatur: Pascher 1932a, 1939a, Ettl 1977.

Eine einzige Art:
Actinellipsoidion sol (Pascher) Ettl (Fig. 236)

Meringosphaera sol Pascher, *Radiosphaera sol* (Pascher) Pascher

Mit den Merkmalen der Gattung. Zellen bis 11 μm breit und ungefähr 7 μm lang.

Im küstennahen Gebiet bei Ragusa, vielleicht auch im Brackwasser vorkommend.

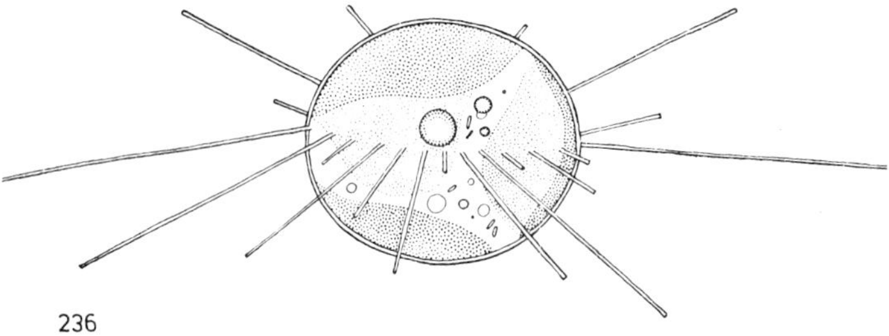

236

Fig. 236. *Actinellipsoidion sol* (Pascher) Ettl (nach Pascher).

27. **Skiadosphaera** Pascher

Meringosphaera Lohmann p. p.

Zellen kugelig oder fast kugelig, vielleicht immer am oberen Pol etwas abgeplattet. Mit zarter, vielleicht skulpturierter Zellwand und mit 12 Borsten, von denen 6 gegen den oberen Pol zu eingefügt, viel länger als die Zellen und derb nadelförmig sind. Sie sind zum unteren Pol hin abgebogen und spreizen wie die Spangen eines Regenschirmes weit auseinander. Die übrigen 6 Borsten sind unterhalb des oberen Pols eingefügt, doch scheint es, als ob auch sie am Scheitel der Zelle entspringen. Chromatophoren mehrere, scheibenförmig und wandständig. Fortpflanzung nicht beobachtet.

Wichtigste Literatur: Lohmann 1902, Schiller 1916, Pascher 1932a, 1939a.

Eine einzige Art:
Skiadosphaera divergens (Lohmann) Pascher (Fig. 237)
Meringosphaera divergens Lohmann

Mit den Merkmalen der Gattung. Zellen 7 μm groß, Borsten bis sechsmal länger als die Zelle. In den Küstengewässern des Mittelmeeres; fraglich ob ausgesprochener Meeres- oder Brackwasserorganismus.

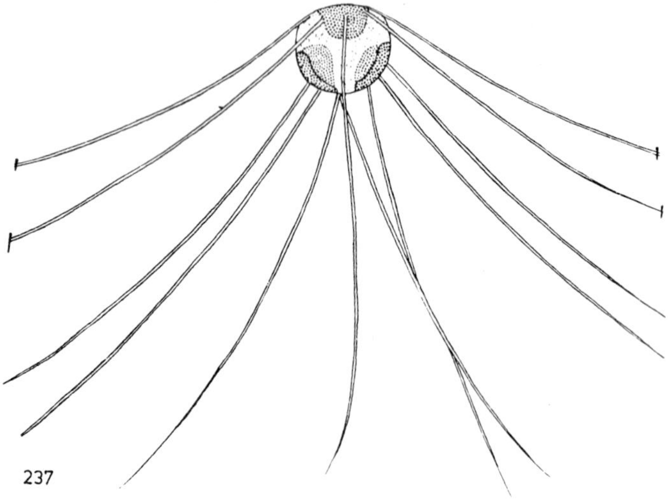

237

Fig. 237. *Skiadosphaera divergens* (Lohmann) Pascher (nach Lohmann).

Polyedriella-Gruppe

Meist einzeln lebende Zellen, nur vorübergehend zwei- oder vierzellige Verbände bildend. Zellen dadurch charakterisiert, daß die Zellwand radiäre kegelförmige, halbkugelige bis kalottenartige oder auch wulstförmige Vorwölbungen bildet, die zumeist regelmäßig über die Zelle verteilt sind und in die der Protoplast hineinreicht. Die Vorwölbungen können durch Zellkanten verbunden werden, so daß sie flachpyramidenartige Form annehmen, während die Zellen selbst dadurch mehr oder weniger polyëdrisch werden. Im Prinzip sind die Zellen kugelig, die primäre Kugelfläche der Zelle wird jedoch nicht selten durch die Vorwölbungen oder Höcker völlig überdeckt. Eine der Gattungen mit mehr halbkugeligen bis napfförmigen Zellen. Zellwand oft mit charakteristischer wabenartiger Skulptur oder regelmäßiger Punktierung.

Bestimmungsschlüssel der Gattungen

1a Zellen im Prinzip kugelig bis polyëdrisch 2
1b Zellen im Prinzip halbkugelig bis fast halbkugelig oder auch napfförmig . . . . 30. **Chlorogibba** (S. 210)
2a Zellen primär mehr oder weniger kugelig, Höcker kegelförmig bis wulstig, nie scharfe Kanten bildend . . . . 28. **Vischeria** (S. 202)
2b Zellen primär polyedrisch, Ausbuckelungen stumpfkantig miteinander verbunden, kantig . . . . 29. **Polyedriella** (S. 208)

28. **Vischeria** Pascher

Chlorobotrys Bohlin p. p. sensu Chodat

Zellen einzeln, sehr selten vorübergehend in zwei- oder vierzelligen Verbänden lebend. Im Prinzip mehr oder weniger kugelig. Zellwand ziemlich derb, doch nirgends (mit Ausnahme der Buckelscheitel) auffallend verdickt, aber bei typisch ausgebildeten Zellen in regelmäßiger Weise ausgebeult, so daß die Zelle im optischen Schnitt eine hoch-, flach- bis kerbwellige Kontur bekommt. Die Höcker entsprechen stumpfen Kegeln, Halbkugeln oder Kugelsegmenten. Sie gehen entweder allmählich in die Kugelfläche über oder sind ihr ziemlich scharf aufgesetzt und schwanken sehr in der Zahl. Von fünf bis acht großen flachen Höckern sind alle Übergänge vorhanden zu zahlreichen, kegel- oder halbkugeligen, die so dicht stehen können, daß dann die primäre Kugelfläche der Zellen überhaupt nicht mehr erkennbar ist. Bei manchen Arten drängen sich die Ausbeulungen in die Zwischenräume zwischen den anderen hinein, verlieren dadurch ihren ursprünglichen mehr oder weniger kreisförmigen Querschnitt und werden wulstförmig. Zellwand derb bis sehr derb, verkieselt, durch Eisenablagerungen bräunlich bis rotbraun verfärbt, manchmal auffallend spröde und brüchig. Skulpturierung der Zellwand wahrscheinlich vorhanden, da leere Zellwände oft eine regelmäßige Punktierung zeigen. Gelegentlich werden auch Zellen mit glatter, buckelloser Zellwand gebildet (vor allem in Kulturen). Chromatophor meist einer, wandständig und muldenförmig, oft sehr stark gelappt und eingeschnitten, doch auch zwei oder mehrere, völlig getrennte Chromatophoren; ohne Pyrenoid. Im Plasma oft rote Öltropfen.

Fortpflanzung durch Autosporen oder Zoosporen. Autosporen zu zweit bis acht gebildet und durch die gedehnte alte Zellwand nicht selten längere Zeit zusammengehalten. Manchmal junge Zellen einseitig abgeplattet. Zoosporen wurden bis jetzt nur bei einer Art beobachtet.

Wichtigste Literatur: Poulton 1925, Pascher 1939 a, Vischer 1945, Ettl 1968.

Bestimmungsschlüssel der Arten

1a Zellen mit stumpf kegelförmigen bis halbkugeligen oder kalottenartigen Buckeln 2
1b Zellen mit wulstartigen bis wurmförmigen, dicht aneinanderschließenden Buckeln 9
2a Buckel stumpf oder spitz kegelförmig 3
2b Buckel halbkugelig oder flach kalottenförmig 5
3a Buckel klein, oft wenig deutlich . . . . **1. V.stellata**
3b Buckel groß, sehr deutlich, den Zellen ein strahliges Aussehen verleihend .4
4a Buckel stumpf und abgerundet kegelförmig . . . . **2. V.aster**
4b Buckel spitz kegelförmig . . . . **3. V.aculeata**
5a Buckel groß, aber sehr flach kalottenförmig . . . . **4. V.gibbosa**
5b Buckel nicht flach, sondern halbkugelig, manchmal noch mehr hervortretend 6
6a Buckel gewöhnlich acht, tetraëdrisch zueinander orientiert, stark bis fast armartig hervortretend . . . . **5. V. tetraëdroides**
6b Mehrere bis viele, regelmäßig und radiär angeordnete Buckel, Zelle dadurch strahlig gebaut 7
7a Zellen im optischen Schnitt 5–6 strahlig, mit 12–14 halbkugeligen Buckeln . . . . **6. V.regularis**
7b Zellen im optischen Schnitt mehrstrahlig, mit 24–68 oder noch mehr Buckeln 8
8a Buckel 24–32, halbkugelig, Zellen deutlich gebuckelt . . . . . . **7. V.gemma**
8b Buckel 38–68 und noch mehr, etwas flacher, Zellen im Umriß unduliert . . . . **8. V.undulata**
9a Wulstförmige Buckel sehr breit und kräftig, relativ wenige (8–12) . . . . **9. V.torta**
9b Wulstförmige Buckel sehr schmal und zarter, fast wurmförmig, viele (24 und mehr) . . . . **10. V.rimosa**

1. Vischeria stellata (Chodat) Pascher (Fig. 238)
Chlorobotrys stellata Chodat in Poulton, *Vischeria punctata* Vischer

Zellen in normaler Ausbildung immer einzeln lebend, sehr selten und nur vorübergehend zu Gruppen verbunden. Im Prinzip kugelig, doch daneben vereinzelt auch ellipsoidisch bis fast halbkugelig oder vollkommen unregelmäßig. Zellwand mäßig derb, mit zahlreichen kleinen stumpf-kegeligen Ausbuckelungen, die regelmäßig verteilt sind und an den verschiedenen Zellen in ihrer Größe sehr schwanken. Ausbuckelungen immer locker stehend, so daß die ursprüngliche Kugelfläche der Zelle zu erkennen ist. Vereinzelt, vor allem in Kulturen, sind die Buckel auch reduziert. Chromatophor meistens einer, wandständig und oft stark gelappt, mehrere Chromatophoren vortäuschend. Fortpflanzung durch zwei oder vier Autosporen, die entweder in der Mutterzelle oder erst nach ihrem

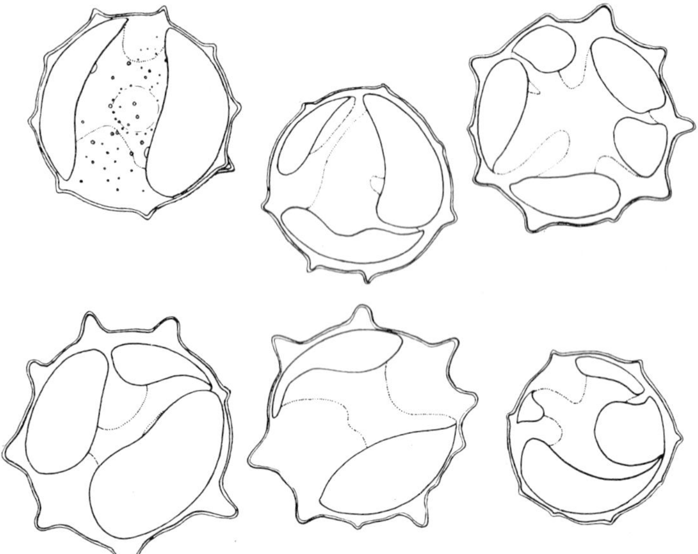

238

239

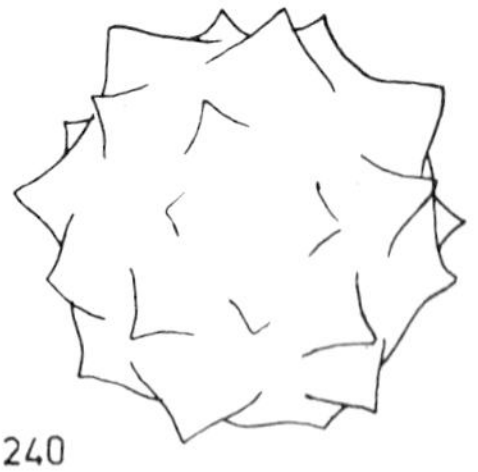

240

Fig. 238. *Vischeria stellata* (Chodat) Pascher. Fig. 239. *Vischeria aster* Pascher. Fig. 240. *Vischeria aculeata* Pascher (nach Pascher).

Freiwerden die Buckel bilden. Einmal auch Zoosporen gesehen. Nach Hibberd und Leedale (1972) zu den **Eustimatophyceen** gehörend.

Zellen 7–13 µm groß, bisweilen größer.

Wahrscheinlich eine Erdalge, die nur gelegentlich in Gewässer eingeschwemmt wird. Vor allem unter Gras in Humusschichten alpiner Erdböden, doch auch in niederen Lagen vorkommend (Schweiz, Österreich, Tschechoslowakei, Spanien).

Die von Vischer als *V.punctata* beschriebene Art unterscheidet sich kaum von dieser. Es gibt keine Anhaltspunkte für eine Trennung der Arten.

2. **Vischeria aster** Pascher (Fig. 239)

Zellen dadurch strahlig erscheinend, daß die ziemlich dicht stehenden Buckel sehr groß, kegelförmig verlängert und am Ende abgerundet sind. Buckel meist ebenso hoch wie breit, oft auch höher. Verteilung der Buckel regelmäßig radiär. Zellen 7–13 µm groß. Fundort nicht angegeben.

3. **Vischeria aculeata** Pascher (Fig. 240)

Zellwand mit zarter Punktierung, Buckel groß, breit kegelförmig und spitz, radiär angeordnet. Zellen strahlig gebaut, den Zygoten mancher Volvocales ähnlich. Zellen zwischen 7 und 13 µm groß.

Fundort nicht angegeben (von Margalef im Nordosten Spaniens gefunden).

4. **Vischeria gibbosa** Pascher (Fig. 241)

Zellen im Prinzip kugelig, mit wenigen sehr großen und meistens gleichmäßig verteilten Ausbeulungen, die untereinander gleich groß sind oder aber durch Verkleinerung einzelner ungleich werden. Ausbeulungen an der Basis kreisrund, sehr flachen Kugelabschnitten entsprechend, entweder mit scharfen oder sanften Furchen aneinander grenzend. Im optischen Querschnitt Zellen 5–6 lappig. Zellwand sehr derb, an ausgewachsenen Zellen oft deutlich zweischichtig. Außenschicht häufig gelblich bis rotbraun verfärbt, sehr spröde und brüchig.

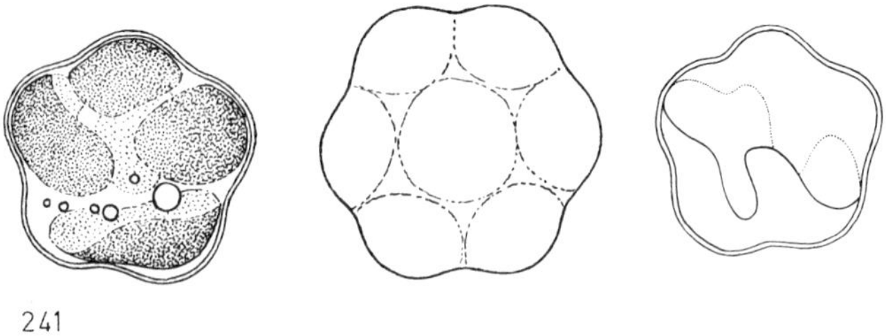

241

242

Fig. 241. *Vischeria gibbosa* Pascher. Fig. 242. *Vischeria tetraëdroides* Pascher (nach Ettl).

Chromatophoren zwei bis fünf, scheibenförmig, seltener nur einer, dieser jedoch muldenförmig und tief gelappt bis zerteilt. Eiweißkristalle häufig. Fortpflanzung durch 2–4 Autosporen, die bereits in der Mutterzelle die charakteristische Form zeigen.

Zellen 7–11 μm, aber auch bis 15 μm groß, gelegentlich auch kleinere Formen.

Wiederholt in verschiedenen Teichen, vor allem an Teichufern gesehen, aber auch an leicht moorigen und eisenreichen Stellen, wie Gräben oder verlandeten Seeufern mit *Eriophorum* (Tschechoslowakei, Österreich), vorkommend.

5. **Vischeria tetraëdroides** Pascher (Fig. 242)

Zellen sehr klein, oft mit sehr derber, tiefbrauner bis schwarzer Zellwand, mit acht halbkugeligen oder noch stärker hervortretenden, im Verhältnis zur Zelle sehr großen Vorwölbungen, die in sehr charakteristischer Weise angeordnet sind und ineinander übergehen. Zweimal sind je drei radiär und in Winkeln von 60 Grad zueinander angeordnet, dabei sind diese beiden Formen von Buckeln so gegeneinander verdreht, daß sie miteinander abwechseln. Je ein Buckel ist dann gewissermaßen polständig. Chromatophor meist nur einer, muldenförmig, aber infolge der Zellgestalt sehr zerlappt und manchmal in zwei oder drei Teile aufgelöst, sehr blaß. Fortpflanzung wie bei den übrigen Arten.

Zellen 3–5 μm, gelegentlich bis 8 μm im Durchmesser.

Verbreitete Alge, die in stark eisenhaltigen, oft moorigen Gewässern manchmal in großen Mengen vorkommt. Typische Eisenalge, mit anderen Eisenorganismen vergesellschaftet, an mehreren Standorten gefunden (Tschechoslowakei, Österreich, Spanien).

6. **Vischeria regularis** Pascher (Fig. 243)

Zellen sehr regelmäßig gebaut, durch die auffallenden Buckel strahlig erscheinend. Je nach der Aufstellung der Zelle (ein Buckel in der optischen Achse) drei-, fünf- oder sechsstrahlig; Buckel groß und halbkugelig, 12–14. Sonst mit den Merkmalen der Gattung.

Zellen 10–12 μm im Durchmesser.

In nicht eisenhaltigen Gewässern, in moorigen oder sumpfigen Gräben (Tschechoslowakei).

7. **Vischeria gemma** Pascher (Fig. 244)

Zellen mit sehr regelmäßig verteilten Buckeln, dennoch die primäre kugelige Gestalt bewahrend. Buckel halbkugelig, sehr zahlreich (24–32). Zellwand sehr spröde. Chromatophor einer, lappig, oft auch ganz zerteilt. Sonst mit den Merkmalen der Gattung.

Zellen 10–17 μ m im Durchmesser. Fundort nicht angegeben.

8. **Vischeria undulata** Pascher (Fig. 245)

Zellen im Prinzip kugelig, mit sehr vielen (32–68) recht flachen Buckeln. Regelmäßig gebaut. Oft stehen die Buckel sehr dicht, werden dabei abgeflacht, so daß die Buckelung der Zellen eine wabige Skulptur vortäuschen kann.

Zellen 10–16 μm groß.

In sehr eisenhaltigen Gewässern.

9. **Vischeria torta** Pascher (Fig. 246)

Zellen im optischen Schnitt kugelig polygonal. Ausbeulungen regelmäßig verteilt, doch nicht halbkugelig, sondern wulstförmig entwickelt, einseitig oder beidseits verlängert und in die Fugen einer oder zweier benachbarter Ausbeulungen einkeilend. An einer Zelle die Verbreiterungen aller Ausbeulungen im gleichen Sinn orientiert. Dadurch bekommt die Zelle, von der Oberfläche betrach-

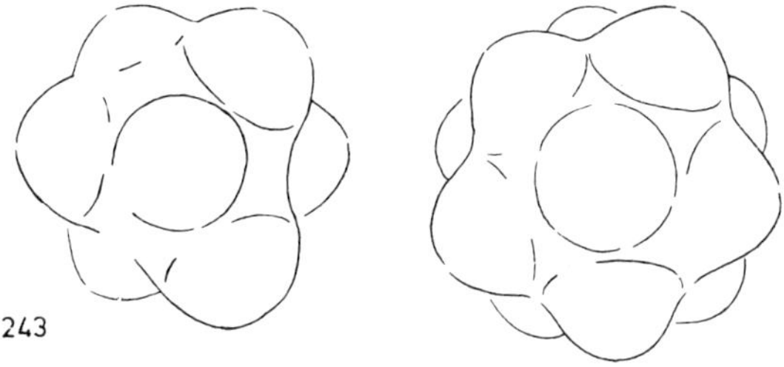

243

244

245

Fig. 243. *Vischeria regularis* Pascher. Fig. 244. *Vischeria gemma* Pascher. Fig. 245. *Vischeria undulata* Pascher (nach Pascher).

tet, ein eigenartiges, gedrehtes Aussehen. Zellwand relativ derb, doch nicht sehr dick, oft rötlich und spröde. Chromatophoren zwei bis fünf. Fortpflanzung nicht beobachtet.

Zellen 8–11 μm im Durchmesser, gelegentlich größer.

Bis jetzt nur zweimal gesehen, verlandete Granattrichter am Plöckenpass und Wiesengräben am Ameringkogel im Lavanttal (Österreich). Sowohl auf Urgestein als auch auf Kalkgestein vorkommend, vielleicht alpine Form.

10. Vischeria rimosa Pascher (Fig. 247)

Zellen im Prinzip kugelig polygonal, manchmal leicht unregelmäßig. Buckel sehr lang und schmal, bogig sich ineinander windend. Es ist nicht ausgeschlossen, daß diese Zellen auch in bezug auf die wurmartig gewundenen Buckel polar

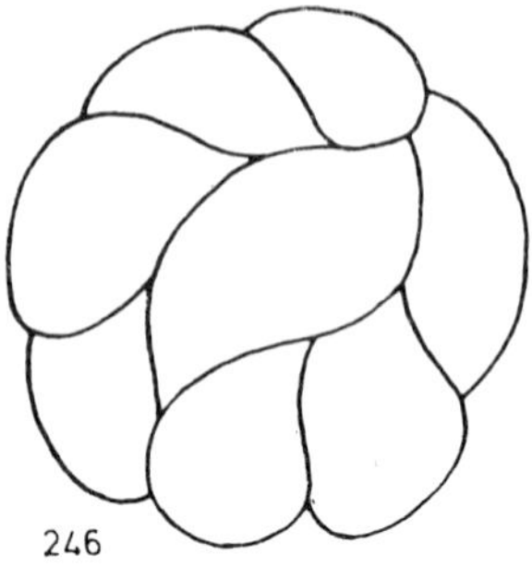

246

247

Fig. 246. *Vischeria torta* Pascher. Fig. 247. *Vischeria rimosa* Pascher (nach Pascher).

geworden sind. Einzelne Zellen lassen deutliche Polarität erkennen. Zellwand sehr derb und oft tiefbraun verfärbt. Zellinhalt wie bei anderen Arten. Fortpflanzung nicht bekannt.

Zellen 10–14 μm groß, Fundort nicht angegeben.

Unsichere und zu streichende Art.

Vischeria punctata Vischer – stellt nur eine besondere Ökoform von *V. stellata* dar (siehe dort) und ist von letzterer kaum zu unterscheiden.

29. **Polyedriella** Pascher

Zellen einzeln oder kurz nach der Teilung vorübergehend zu zweit oder zu viert einander genähert, isodiametrisch; nicht kugelig, sondern von oft nicht sehr regelmäßigen, manchmal rhombischen Flächen begrenzt, die mit unscharfen bis sehr stumpfen Kanten und Ecken aneinander stoßen. Zellen infolgedessen die Gestalt von Polyedern mit wechselnder Flächenzahl annehmend. Im optischen Schnitt sehr häufig unregelmäßig sechs- oder mehreckig. Flächen manchmal leicht konkav. Zellwand derb, bisweilen rötlich verfärbt, wahrscheinlich immer mit mehr oder weniger grober Skulptur versehen. Polyederecken bei einigen Arten zu einem kurzen Stachel verdickt. Chromatophor einer, wandständig, muldenförmig, oft gelappt, doch auch zwei oder mehrere Chromatophoren, die nicht selten ungleich groß sind. Assimilate wie bei den übrigen Xanthophyceen.

Fortpflanzung durch Autosporen, die zu zweit oder viert gebildet werden, durch die vielleicht verschleimende alte Zellwand austreten und noch eine Zeitlang beisammen bleiben. Bleiben die Autosporen in der Mutterzelle lange eingeschlossen, so behalten sie nicht selten auch nach dem Austritt noch die abgeplattete Form bei und sind dann leicht unregelmäßig tetraëdrisch oder nur halbseitig entwickelt. Junge Zellen können auch rund oder länglich sein und ohne Ausbukkelungen aus der Mutterzelle austreten (besonders in Kulturen), ohne danach immer die Polyederform zu erreichen. Nur manchmal bleiben die Autosporen nach dem Austreten zu Tetraden verklebt. Zoosporen wurden bislang nur bei einer Art beobachtet. Diese haben nur eine Geißel, einen Chromatophor und ein von den Chromatophoren unabhängiges Stigma an der Geißelbasis (Eustigmatophyceae).

Wichtigste Literatur: Pascher 1930b, 1939a.

Bestimmungsschlüssel der Arten

1a Zellecken mit deutlichen, oft warzig-stacheligen Verdickungen .... 1. **P.aculeata**

1b Zellecken ohne stachelige Verdickungen 2

2a Polyederecken wenig vorspringend, Zellen mehr kugelig, meist ein gelappter Chromatophor .... 2. **P.helvetica**

2b Polyederecken sehr ausgeprägt, Zellflächen eben bis leicht konkav, mehrere Chromatophoren .... 3. **P.irregularis**

1. Polyedriella aculeata Pascher (Fig. 248)

Zellen unregelmäßig polyedrisch mit schwankender Flächenzahl, im optischen Schnitt jedoch meist von annähernd sechseckigem Umriß. Zellen manchmal einseitig verzogen. Zellwand derb, wahrscheinlich skulpturiert, öfter rötlich verfärbt, an den Ecken hornartig bis kurz stachelig verdickt und geschichtet. Chromatophor einer, wandständig, stark gelappt bis ganz zerteilt. Gelegentlich im Plasma tiefrote Öltropfen. Fortpflanzung durch zwei oder vier Autosporen in der stark erweiterten und unregelmäßig veränderten Mutterzelle.

Zellen 10–15 μm, gelegentlich bis 20 μm groß.

In größeren Mengen aus den Uferalgen in einem kleinen Teich bei Prag (Tschechoslowakei).

2. Polyedriella helvetica Vischer et Pascher (Fig. 249)

Zellen mehr oder weniger kugelig, oder mehr dreikantig, durch leicht vorgezogene, stumpfe Ecken im optischen Schnitt mehr oder weniger regelmäßig sieben-, acht-, fünf- oder seltener auch nur dreieckig erscheinend. Unter bestimmten Bedingungen fast glatt werdend und dann kugelig oder ellipsoidisch. Zellwand im ausgewachsenen Zustand ziemlich derb und in weiten Abständen eckig bis ganz flach kegelförmig vorgezogen, wobei die auf diese Weise entstandenen stumpfen Ecken durch leichte kantenförmige Vorziehungen der Zellwand untereinander verbunden sind. Infolge der konvexen Flächen wird die im Prinzip vorhandene Kugelform der Zelle polyedrisch, wobei die Zahl der Ecken recht schwanken kann. Zellwand in alten Zellen stark glänzend, vielleicht verkieselt. Chromatophor einer, meist muldenförmig und tief gelappt, manchmal zerteilt. Fortpflanzung durch Bildung von zwei oder vier Autosporen, die in der erweiterten alten Zellwand kugelförmig bleiben und nicht selten glattwandig austreten; Zoosporen ebenfalls beobachtet. Diese werden zu 2–4 gebildet, haben eine einzige ungefähr körperlange Geißel und einen binnenständigen, rinnenförmigen Chromatophor. Stigma nicht in der typischen Ausbildung vorhanden, sondern statt dessen außerhalb des Chromatophors eine Gruppe stark glänzender, gelblicher Körperchen.

Zellen 7–11 μm im Durchmesser, manchmal größer.

Aus Reinkulturen bekannt, im Freiland nur in Spanien gesehen. Nach Hibberd und Leedale (1972) zu den **Eustigmatophyceen** gehörend.

3. Polyedriella irregularis Pascher (Fig. 250)

Zellen im optischen Schnitt unregelmäßig sechseckig, an den Flächen meist leicht eingedrückt. Zellwand anscheinend glatt, ziemlich derb, an den Polecken jedoch nicht verdickt; manchmal leicht verfärbt. Chromatophoren im erwachsenen Zustand mehrere (bis 10), wandständig, scheibenförmig, vielleicht manchmal netzartig aneinanderschließend. Fortpflanzung durch zwei oder vier Autosporen, die in annähernd definitiver Gestalt austreten.

Zellen 8–12 μm, manchmal bis 16 μm groß.

Verbreitete, aber nie häufige Alge mooriger Gewässer (Tschechoslowakei, Österreich).

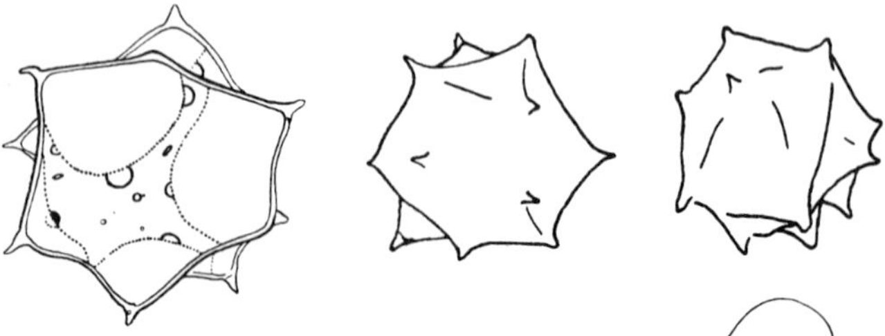

248

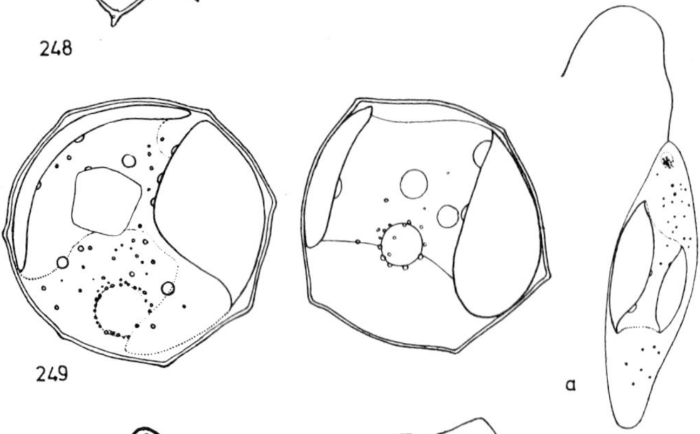

249

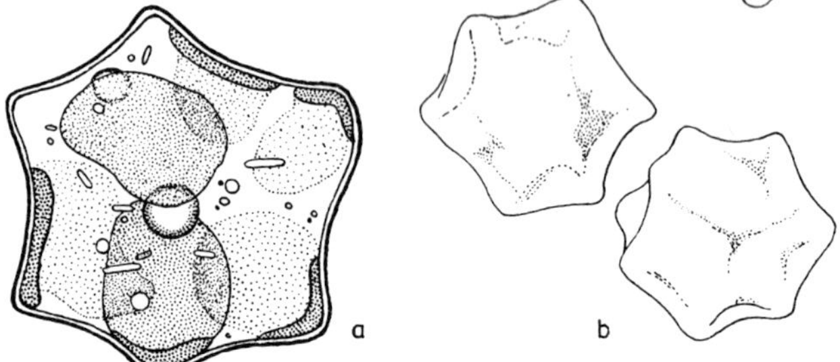

250

Fig. 248. *Polyedriella aculeata* Pascher. Fig. 249. *Polyedriella helvetica* Vischer et Pascher – *a* Zoospore. Fig. 250. *Polyedriella irregularis* Pascher – *a* Zelle mit Inhalt, *b* Oberflächenansicht (nach Pascher).

30. **Chlorogibba** Geitler

Zellen klein, einzeln lebend, von annähernd halbkugeliger oder schüsselförmiger Gestalt, die auf der Querfläche leicht konvex, flach oder auch oft ausgehöhlt sein kann. Zellwand regelmäßig oder unregelmäßig eingebuchtet und ausgebeult, so daß die Zellen, besonders von der Breitseite gesehen, entweder einen etwas unregelmäßig welligen oder fünf- bis zwölflappigen Umriß haben, wobei die Einschnitte flach oder scharf sein können. Zellwand derb, wahrscheinlich bei allen, sicher aber bei zwei Arten wabenartig bis netzig skulpturiert. Netzpunkte können kurz warzenförmig vorspringen; wahrscheinlich verkieselt. Chromatophor einer, der aber tief zerlappt bis ganz zerteilt sein kann, so daß zwei bis fünf getrennte Chromatophoren entstehen. Oft sehr blaß, manchmal fast farblos erscheinend.

Fortpflanzung durch zwei bis vier Autosporen, deren Freiwerden jedoch nicht beobachtet wurde. Auch Hemiautosporen können auftreten. Bei einer Art wurden Zoosporen beobachtet. Diese haben einen oder zwei Chromatophoren und eine stummelförmige Nebengeißel. Sie kommen nach kurzer Zeit, oft ohne besondere Ortsveränderung zur Ruhe.

Wichtigste Literatur: Geitler 1928, Pascher 1930b, 1939a.

Bestimmungsschlüssel der Arten

1a	Zellen mit flacher oder leicht vorgewölbter Vorderfläche	2
1b	Zellen durch konkave Vertiefung der Vorderfläche schüssel- bis napfförmig	4
2a	Zellen ohne auffallende Buckel	**1. Ch. allorgei**
2b	Zellen mit deutlichen Buckeln	3
3a	Buckel stumpf, nicht ausgezogen	**2. Ch. trochisciaeformis**
3b	Buckel spitz und ausgezogen	**3. Ch. aculeata**
4a	Buckel ziemlich unregelmäßig verteilt	**4. Ch. ostreata**
4b	Buckel sehr regelmäßig verteilt	5
5a	Zellen fünfstrahlig, mit sehr breiten Randlappen	**5. Ch. pentagonia**
5b	Zellen acht- bis zwölfstrahlig, am Rande regelmäßig gewellt	**6. Ch. regularis**

1. Chlorogibba allorgei Bourrelly (Fig. 251)
Goniochloris allorgei (Bourrelly) Bourrelly

Zellen halbkugelig abgeflacht, Vorderfläche hierbei flach oder ganz leicht vorgewölbt, basal dann breit abgerundet. Breitseite abgerundet sechseckig bis rundlich, ohne deutliche Buckel. Zellwand zart, an der Oberfläche mit einer regelmäßigen punktierten Skulptur. Chromatophoren mehrere (3–5), wandständig, scheibenförmig. Fortpflanzung nicht angegeben.

Zellen 8–14 μm im Durchmesser, 6 μm dick.

251

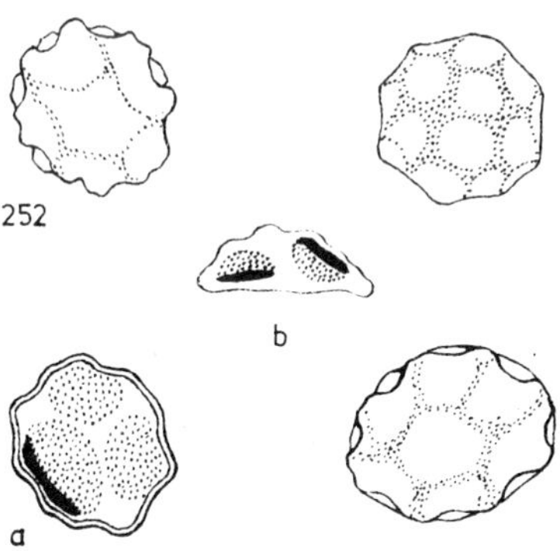

252

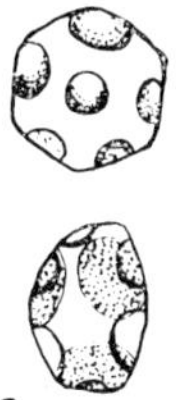
253

Fig. 251. *Chlorogibba allorgei* Bourrelly, unten optischer Querschnitt. Fig. 252. *Chlorogibba trochisciaeformis* Geitler – *a* Zelle mit Inhalt, *b* optischer Querschnitt. Fig. 253. *Chlorogibba trochisciaeformis* var. *hexagona* Bourrelly (Fig. 252 nach Geitler, sonst nach Bourrelly).

Vereinzelt auftretend, aus Frankreich bekannt, aber auch außerhalb des Gebietes gefunden.

2. Chlorogibba trochisciaeformis Geitler (Fig. 252)

Zellen von der Breitseite gesehen polygonal, manchmal angedeutet achtseitig, mit leicht eingedrückten Seiten, annähernd symmetrisch bis deutlich asymmetrisch, von der Schmalseite gesehen annähernd halbkugelig mit ebenfalls grobwelligem Umriß. Querfläche leicht gewölbt oder flach, nicht muldenförmig. Zellwand sehr derb, manchmal rötlich verfärbt, stark glänzend, vielleicht ganz zart skulpturiert. Chromatophoren zwei bis fünf, wohl im Prinzip nur einer, der sehr zerlappt oder auch ganz zerteilt sein kann, oft sehr blaß. Fortpflanzung durch zwei oder vier Autosporen. Junge Zellen manchmal halbkugelig, mit fast ebener Zellwand. Gelegentlich auch Hemiautosporen vorkommend.

Zellen 7–9 μm im Durchmesser.

Verbreiteter Organismus. Aus dem Kalthausbecken der Biologischen Station in Lunz (Österreich) beschrieben, wiederholt in den Musikantenteichen bei Doksy und in sauren Gewässern bei Františkovy Lázně (Tschechoslowakei) gefunden. Auch in Frankreich und in den USA gesehen. Sehr häufig im schleimigen Aufwuchs von Wasserpflanzen.

Eine besondere Varietät – var. *hexagona* Bourrelly – soll sich vor allem durch den hexagonalen Umriß der Zellen unterscheiden (Fig. 253)

3. Chlorogibba aculeata Pascher (Fig. 254)

Zellen von der Breitseite gesehen polygonal, mit eingedrückten Seiten und spitz ausgezogenen Ecken. Vorderfläche der Zelle flach oder etwas emporgehoben, basal gewölbt. Beide Seiten mit deutlichen, spitz kegelförmigen bis horn-

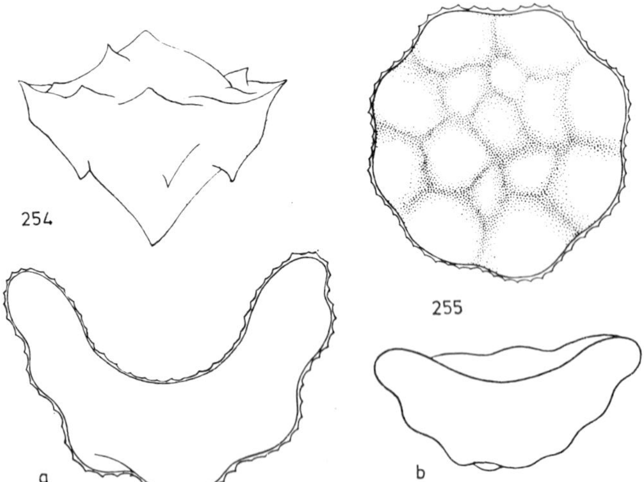

Fig. 254. *Chlorogibba aculeata* Pascher. Fig. 255. *Chlorogibba ostreata* Pascher – *a* und *b* Schmalseiten zwei verschieden stark gebogener Zellen (nach Pascher).

förmigen Buckeln. Axiale Buckel stark betont. Sonst mit den Merkmalen der Gattung.

Zellen 10–12 μm groß, Fundort nicht angegeben.

4. Chlorogibba ostreata Pascher (Fig. 255)

Zellen von der Breitseite gesehen polygonal bis fast kreisförmig, mit welligem Umriß, meistens undeutlich 8–12lappig, von der Schmalseite halbkreisförmig, ebenfalls mit welligem Rand. Querfläche tief eingedrückt, so daß die ganze Zelle oft tief napfförmig wird. Zellen mit vielen, nicht regelmäßig verteilten Ausbeulungen, die der im Prinzip kreisförmigen Breitseite die Lappung geben. Zellwand meist sehr deutlich, seltener weniger deutlich skulpturiert. Bei manchen Formen Netzpunkte der Skulptur etwas dornenförmig vorgezogen. Chromatophoren einer oder mehrere (2–5), scheiben- bis muldenförmig, oft sehr blaß und ungleich groß. Rote Öltropfen im Plasma vorhanden. Fortpflanzung durch Bildung von zwei oder vier kleinen, ei-bis birnenförmigen, recht formveränderlichen Zoosporen mit sehr langer Haupt- und winziger Nebengeißel und meist nur einem, seltener zwei Chromatophoren. Häufiger werden Autosporen gebildet, die noch innerhalb der Mutterzelle die schüsselförmige Gestalt annehmen.

Zellen 8–12 μm im Durchmesser.

Aus verschiedenen sauren Gewässern um Doksy, Františkovy Lázně, im Böhmerwald wie auch in Mooren des Erzgebirges und des Riesengebirges (Tschechoslowakei). Meist zwischen Moosen und im Algenschleim des Aufwuchses verschiedener Wasserpflanzen.

5. Chlorogibba pentagonia Pascher (Fig. 256)

Breitseite der Zellen ausgeprochen fünfstrahlig, denn der Rand der Breitseite zeigt deutlich fünf regelmäßig gestaltete Lappen, die an ihren Enden entweder abgerundet oder leicht konkav eingedrückt sind. Von der Schmalseite gesehen – Querfläche immer leicht eingedrückt und dadurch die ganze Zelle leicht schüsselförmig. Zelle mit wenig großen Buckeln versehen, wovon einer in der Mitte der Außenfläche der Zelle, fünf konzentrisch um diesen Mittelbuckel liegen. Diese fünf Buckel vielleicht direkt in die fünf Lappen der Zelle auskeilend. Zellwand meist sehr derb, mit sehr ungleichmäßiger, oft sehr grober deutlicher Skulptur, stark glänzend und oft rötlich verfärbt. Chromatophor meist einer, tief gelappt bis zerteilt, dann in drei bis fünf Teilstücke zerfallend. Fortpflanzung durch Hemiautosporen beobachtet, die zu zweit oder zu viert entstehen. Sie wandeln sich noch innerhalb der Mutterzelle zu fertigen jungen Zellen um.

Zellen 9–16 μm im Durchmesser.

Zwischen *Microspora* in Kolken bei Františkovy Lázně und in vermoorten Altwässern im südlichen Böhmerwald. Außerdem aus den Musikantenteichen bei Doksy (Tschechoslowakei) und aus Gräben bei Bad Gastein (Österreich) bekannt.

6. Chlorogibba regularis Pascher (Fig. 257)

Zellen von oben gesehen im Prinzip kreisrund, schwach, doch sehr regelmäßig wellig, 8–12 strahlig. Querfläche eingedrückt, dadurch Zellen mehr oder weniger napfförmig. Untere Seite sehr regelmäßig, mit stumpf kegelförmigen, zum Teil parallel zur Längsachse ausgerichteten Buckeln. Axiale Buckel meist deutlich größer als die anderen, in einem oder zwei verschiedenzahligen Kränzen um den zentralen Buckel angeordnet. Zellen von unten gesehen mit sehr regelmäßiger Verteilung der Buckel. Chromatophor einer, stark gelappt oder völlig aufgelöst. Fortpflanzung nicht angegeben.

Zellen bis 14 μm im Durchmesser, vielleicht zwei Größenklassen – 6–9 μm und 11–14 μm groß.

Im Aufwuchs der Wasserpflanzen im Schleime anderer Algen, aus leicht sauren Wiesengräben im Bayrischen Wald (BRD).

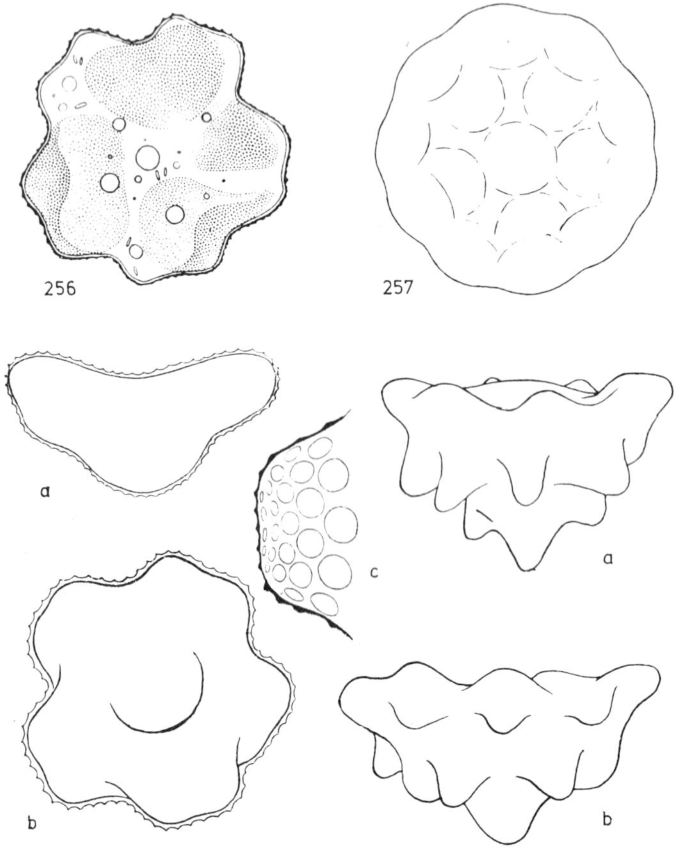

Fig. 256. *Chlorogibba pentagonia* Pascher – *a* Schmalseite, *b* Zelle von unten, *c* Detail der Skulptur. Fig. 257. *Chlorogibba* regularis Pascher – *a* und *b* Schmalseiten zwei verschiedener Zellen (nach Pascher).

Tetraëdriella-Gruppe

Zellen einzeln lebend, keine vorübergehenden Gruppen bildend. Im Prinzip tetraëdrisch, wobei die tetraëdrische Form auch nur angedeutet zu sein braucht. Manche Zellen zwar von tetraëdrischer Form abzuleiten, aber stark verändert, dann nicht dreidimensional vierstrahlig, sondern nur zweidimensional, also flach drei- bis mehreckig, mit ausgesprochener Breit- und Schmalseite. Andere durch Übergänge verbunden mit Formen, die exakt tetraëdrisch sind und bei denen die Tetraëderecken lang und armartig ausgezogen sein können. Durch Abflachung oder Verlust des einen Armes oder einer Ecke kommen dann die abgeflachten Formen zustande. Zellwand vielleicht zweiteilig, oft verkieselt und meist mit der charakteristischen tüpfelartigen Skulptur versehen. Manchmal auch nur punktiert oder mit kleinen Warzen besetzt. Netzpunkte der wabenartigen Skulptur an den Ecken und Kanten der Zelle zu kürzeren oder längeren, mitunter sehr langen Borsten ausgezogen. In seltenen Fällen Skulptur undeutlich oder nicht vorhanden. Fortpflanzung durch Autosporen, seltener durch Zoosporen.

Bestimmungsschlüssel der Gattungen

1a Zellen ausgesprochen tetraëdrisch gebaut und dreidimensional ausstrahlend 2
1b Zellen nicht tetraëdrisch gebaut, abgeflacht, in einer Ebene ausstrahlend . . . 4
2a Zellen ohne armartige Fortsätze (Borsten nicht ausgeschlossen) . . . . 31. **Tetraëdriella** (S. 215)
2b Zellen mit armartigen Fortsätzen, in die das Plasma hineinragt 3
3a Fortsätze einfach, nicht verzweigt . . . . 32. **Tetraplektron** (S. 220)
3b Fortsätze verzweigt oder an den Enden gegabelt, mit mehreren Stacheln (*Staurastrum*-artig) . . . . 33. **Pseudostaurastrum** (S. 224)
4a Zellen im Umriß dreieckig oder dreiarmig 5
4b Zellen weder dreieckig noch dreiarmig 6
5a Zellen dreieckig oder mit drei armartigen Fortsätzen, diese nicht gewellt, Zellwand deutlich skulpturiert . . . . 34. **Goniochloris** (S. 226)
5b Zellen nur aus drei walzlichen, zentral vereinigten Armen bestehend, diese oft gewellt, Zellwand ohne jede Skulptur . . 36. **Bracchiogonium** (S. 242)
6a Zellen ohne Stacheln, im Umriß regelmäßig vier- bis sechseckig oder fast rund . . . . 35. **Polygoniochloris** (S. 240)
6b Zellen mit deutlichen bis langen Stacheln, im Umriß anders gebaut 7
7a Zellen wie Desmidiaceen bilateral-symmetrisch, mit deutlichem Isthmus in der Mitte . . . . 37. **Isthmochloron** (S. 244)
7b Zellen nicht bilateral symmetrisch, ohne Isthmus . . . . 38. **Pseudopolyedriopsis** (S. 245)

31. **Tetraëdriella** Pascher

Tetragoniella Pascher, *Pseudostaurastrum* p.p.sensu Bourrelly

Zellen einzeln lebend, in ihrer Gestalt meist exakt tetraëdrisch, wobei die Flächen nur wenig konvex zu sein brauchen oder sehr konvex sind, so daß unter Umständen die Zelle fast kugelig ist und die Tetraëderkanten nur als leichte Leisten vorspringen. Zellen dabei isodiametrisch. Andere Zellen mit konkaven Flächen oder an den Tetraëderecken in lange Arme auslaufend. Manchmal auch verdreht und etwas unregelmäßig. Zellwand vielleicht zweiteilig, bei einzelnen Zellen sehr derb, sonst relativ zart, deutlich, manchmal grob skulpturiert durch sich kreuzende Reihensysteme von Dellen, denen bei tiefer Einstellung eine mehr wabenartig zusammenschließende Skulptur entspricht. Im optischen Schnitt der Wand ist die Skulptur als regelmäßige zahnige Kerbung zu sehen. An den Kanten der Zellen Skulptur derber. Ecken der Tetraëder manchmal zahnförmig bis lang borstenförmig vorgezogen. Chromatophoren mehrere, in jungen Zellen manchmal auch nur einer, wandständig, scheiben- bis muldenförmig. Fett- und Öltropfen recht häufig, vielleicht auch Ballen von Chrysolaminarin.

Fortpflanzung sowohl durch Zoosporen als auch durch Autosporen.
Bei jenen Formen, die fast kugelig sind, wird die definitive Zellform meist erst nach dem Austreten aus der erweiterten und teilweise verschleimten Zellwand

angenommen. Chromatophoren werden bei der Autosporenbildung sehr ungleichmäßig aufgeteilt.

Wichtigste Literatur: Pascher 1930b, 1939a, Skuja 1948, 1964, Smith G. M. 1950, Bourrelly 1951, 1968.

Bestimmungsschlüssel der Arten

1a Zellen fast kugelig, Tetraëderform undeutlich, nur an den vier Leisten erkennbar . . . . **1. T.subglobosa**
1b Zellen immer deutlich tetraëdrisch 2
2a Kanten nicht scharf, an den Ecken abgerundet, wenig tetraëdrisch entwickelt 3
2b Kanten scharf, an den Ecken spitz, immer deutlich und ausgesprochen tetraëdrisch 4
3a Zellen stark verdreht, klein (10–12 µm), Flanken ausgerandet, Ecken halbkugelig hervortretend und betont, 5–9 größere Chromatophoren . . . . **2. T.jovetii**
3b Zellen nicht verdreht, groß (20–45 µm), Flanken leicht, aber deutlich gewölbt, Ecken abgerundet, aber nicht betont, mit zahlreichen kleinen Chromatophoren . . . . **3. T.polychloris**
4a Zellen ohne Stacheln an den Ecken 5
4b Zellen mit langen, überkörperlangen Stacheln an den Ecken **4. T.spinigera**
5a Zellen kleiner, bis 15 µm, ohne Saftvakuole, wenige große Chromatophoren 6
5b Zellen auffallend groß, bis 45–50 µm, mit Saftvakuolen und vielen kleinen Chromatophoren . . . . **5. T.regularis**
6a Tetraëderflächen leicht nach innen gedrückt, schwach konkav . . . . **6. T.impressa**
6b Tetraëderflächen konvex 7
7a Zellkanten leistenförmig verbreitert, an den Ecken mit spitzem Dorn, Skulptur zart . . . . **7. T.limbata**
7b Zellkanten nicht leistenförmig verbreitert, ohne Dornen an den Ecken, Skulptur grob . . . . **8. T.acuta**

1. Tetraëdriella subglobosa Pascher (Fig. 258)

Zellen breit ellipsoidisch bis fast kugelförmig. Tetraëderflächen so stark kugelig vorgewölbt, daß die Tetraëderform nur mehr an den vier zarten Kantenleisten erkennbar ist. Zellwand auch bei erwachsenen Zellen meist zart, Skulptur ebenfalls zart, aber deutlich. Chromatophoren mehrere, wandständig, scheibenförmig. Fortpflanzung durch Autosporen. Bei ihrer Bildung liegen die Teilprodukte die erste Zeit dicht aneinander. Ihre Zellwände beginnen sich aber bereits in der Mutterzelle etwas auszuwölben, die Zellen nehmen ihre definitive Form erst an, wenn sie die Mutterzelle verlassen haben.

Zellen 8–13 µm im Durchmesser.

In Kolken mit saurem Wasser in Westböhmen, Musikantenteiche bei Doksy (Tschechoslowakei).

2. Tetraëdriella jovetii (Bourrelly) Bourrelly (Fig. 259)
Pseudostaurastrum jovetii Bourrelly

Zellen wenig tetraëdrisch entwickelt, oft tordiert und etwas abgeplattet. Eigentlich eine Zwischenform zu *Goniochloris* darstellend. Kanten und Flächen des Tetraëders stark konkav und eingebuchtet, so daß die Ecken halbkugelig werden und stark betont sind. Ecken immer breit abgerundet. Zellwand zart und ebenfalls mit zarter punktierter Skulptur. Chromatophoren mehrere (5–9), scheibenförmig, gelbgrün. Fortpflanzung nicht beschrieben.

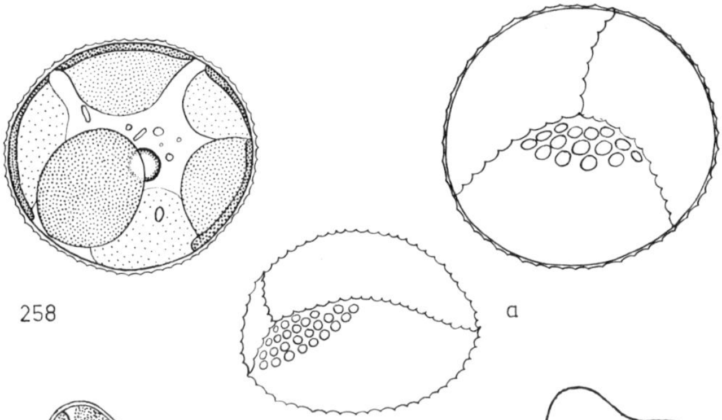

258 a

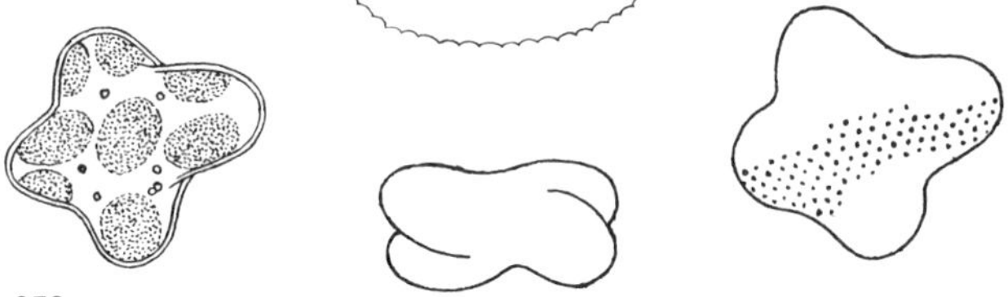

259 a b

Fig. 258. *Tetraëdriella subglobosa* Pascher – *a* zwei Zellen mit eingezeichneter Oberfläche (nach Pascher). Fig. 259. *Tetraëdriella jovetii* (Bourrelly) Bourrelly – *a* von der Seite gesehen, *b* Skulptur (nach Bourrelly).

Zellen 10–12 μm groß.

Im Nannoplankton von Teichen und Weihern aus der Umgebung von Paris (Frankreich) und einmal auch im Nannoplankton eines leicht dystrophen Teiches bei Boskovice (Tschechoslowakei).

3. **Tetraëdriella polychloris** Skuja (Fig. 260)

Zellen im Prinzip tetraëdrisch, doch bisweilen in Richtung der einen Hauptachse mehr oder weniger abgeplattet; ebenfalls Übergangsform zu *Goniochloris*. Kanten wenig scharf, leicht vorgewölbt oder höchstens flach, an den Enden breit

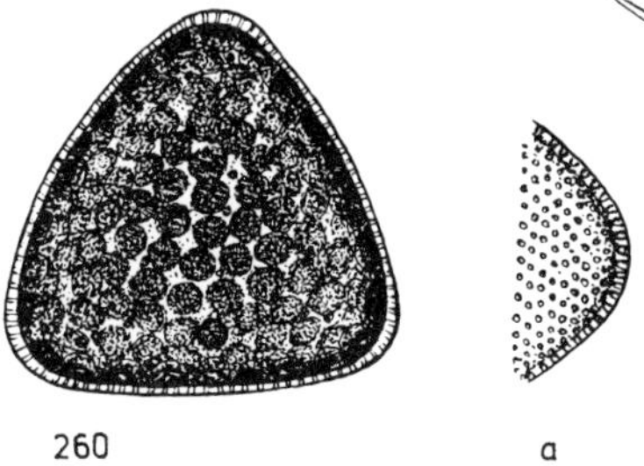

260 a

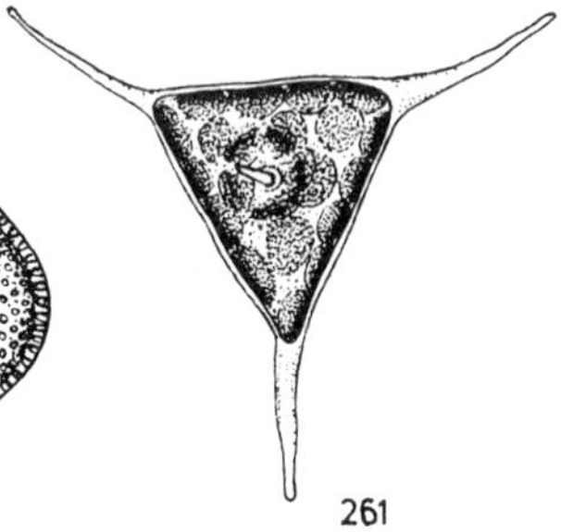

261

Fig. 260. *Tetraëdriella polychloris* Skuja – *a* Skulptur. Fig. 261. *Tetraëdriella spinigera* Skuja (nach Skuja).

abgerundet. Zellwand mäßig dick, an den Enden leicht verdickt und mit deutlicher Skulptur, die dichte, sich kreuzende Diagonalreihen aufweist. Chromatophoren viele, klein, scheibenförmig, dicht aneinander liegend. Plasma recht homogen, mit wenigen Assimilaten oder roten Öltropfen. Fortpflanzung nicht näher beschrieben, vielleicht vier Autosporen bildend.

Zellen 20–42 μm im Durchmesser.

Vereinzelt unter verschiedenen anderen Algen, vor allem Fadenalgen, im Uferwasser bei Abisko (Schweden).

4. Tetraëdriella spinigera Skuja (Fig. 261)

Zellen regelmäßig tetraëdrisch, an den Kanten mehr oder weniger deutlich doch immer nur leicht vorgewölbt. Zellen mäßig derb bis derb, Skulptur sehr fein, oft kaum merkbar, an den Zellecken in überkörperlange, relativ derbe und spitz endende Stacheln ausgezogen. Chromatophoren viele (oft mehr als 20), wandständig, klein, scheibenförmig. Oft große Öltropfen im Plasma. Fortpflanzung nicht angegeben.

Zellen 25–32 μm groß (ohne Stacheln).

Vereinzelt im Plankton, besonders im Seenplankton, wahrscheinlich oft verwechselt oder übersehen. Seen in Uppland (Schweden), Finstertaler Seen in Tirol (Österreich).

5. Tetraëdriella regularis (Kützing) Fott (Fig. 262)

Tetraëdron regulare Kützing, *Polyedrium tetraëdricum* Nägeli, *Tetragoniella gigas* Pascher, *Tetraëdriella gigas* (Pascher) Dedusenko Ščegoleva, *Pseudostaurastrum gallicum* Bourrelly

Zellen auffallend groß und ausgesprochen tetraëdrisch. Kanten des Tetraëders meist leicht konvex, oft ein wenig verdreht. An den Ecken vorerst abgerundet zugespitzt, dann mit einer Spitze endend. Zellwand sehr derb, stark glänzend, an den Ecken leicht geschichtet und diese Ecken selber in kurze oder lange, gerade oder leicht gekrümmte, spitze oder stumpfe Stacheln ausgezogen. Skulptur sehr auffallend und grob, in Form von Tüpfelreihen. Ausgewachsene Zellen mit zwei

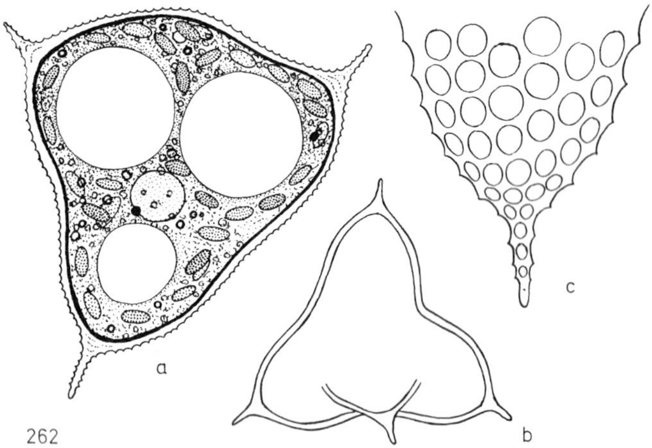

Fig. 262. *Tetraëdriella regularis* (Kützing) Fott – *a* Zelle mit Inhalt, *b* Zellumriß, *c* Detail der Skulptur (nach Pascher).

bis vier Saftvakuolen, die das Plasma in peripheres Plasma und zwischen den Vakuolen befindliches Strangplasma zerteilen. Chromatophoren klein, scheibenförmig, zahlreich, sowohl im peripheren Plasma als auch im Strangplasma vorhanden. Zellen immer nur mit einem Kern. Fett- und Öltropfen sehr häufig, mitunter auch rote Öltropfen. Fortpflanzung nicht vollständig beobachtet. Meist durch viele, relativ kleine Zoosporen, die amöboid sind und 2–5 Chromatophoren führen. Autosporen kommen vor.

Zellen 30–40 μm, manchmal auch bis 50 μm groß werdend.

Recht verbreitete, nicht massenhaft auftretende Alge, die mehr saure Gewässer bevorzugt, im Gebiet häufig.

6. **Tetraëdriella impressa** Pascher (Fig. 263)

Zellen sehr regelmäßig bis schief tetraëdrisch. Flächen meist etwas konkav eingedrückt, wobei die Eindrückung gegen eine oder die andere Ecke besonders betont sein kann. An den Kanten scharf, Ecken spitz. Zellwand ziemlich derb, glatt erscheinend, wahrscheinlich aber mit zarter Skulptur; an den Ecken älterer Zellen warzig verdickt. Kanten leistenförmig verbreitert. Zellwand nicht selten rötlich verfärbt. Chromatophor einer oder höchstens zwei, die entsprechend der Tetraëderform muldenförmig gestaltet sind und einander schief gegenüber liegen. Fortpflanzung nicht gesehen.

Zellen 8–12 μm groß.

In sehr wenigen Exemplaren aus einem Tümpel auf der Pachalpe in der Steiermark (Österreich), gemeinsam mit schleimigen Blaualgen und *Tribonema*.

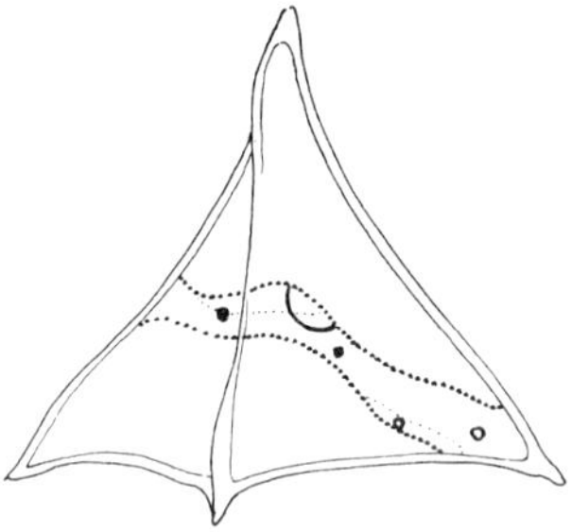

263

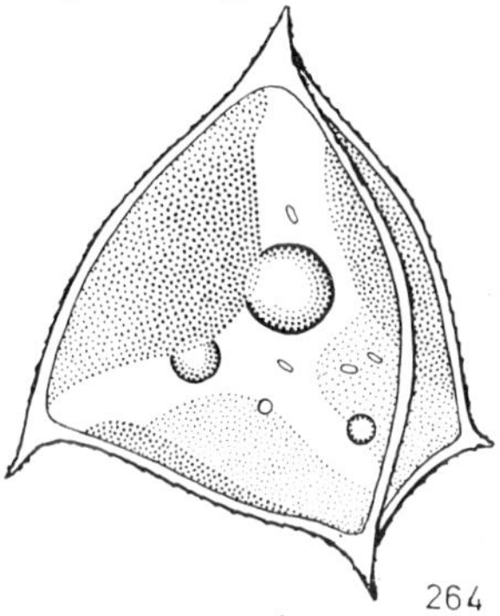

264

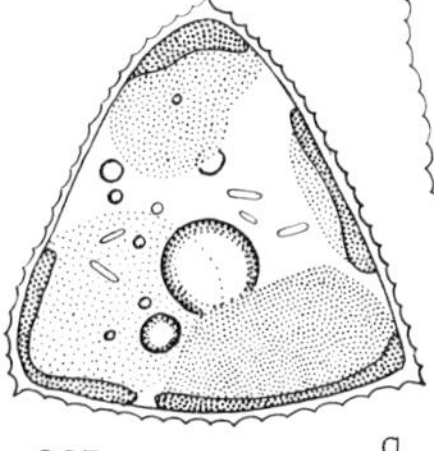

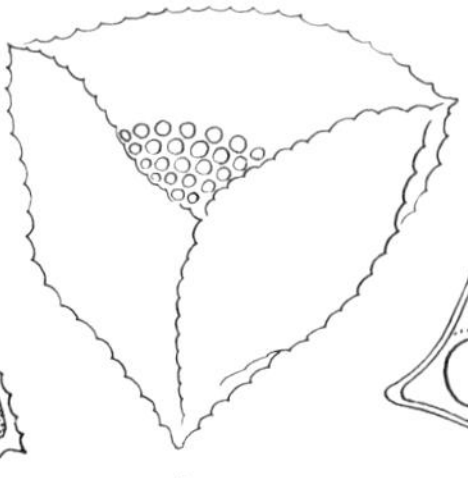

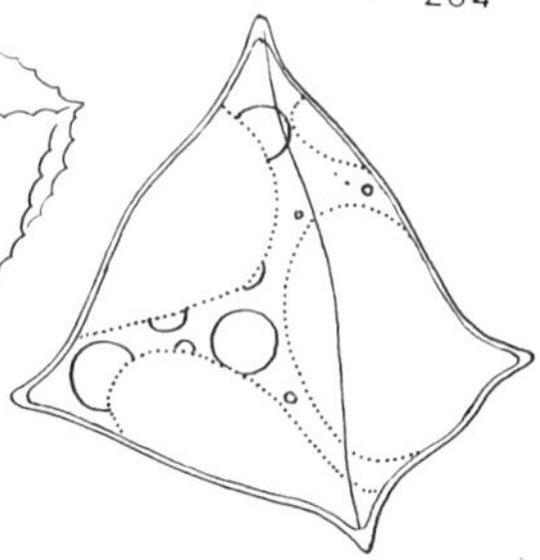

265 a b

Fig. 263. *Tetraëdriella impressa* Pascher. Fig. 264. *Tetraëdriella limbata* Pascher. Fig. 265. *Tetraëdriella acuta* Pascher – *a* Zelle mit Inhalt, *b* Oberflächenansicht mit Skulptur (nach Pascher).

7. Tetraëdriella limbata Pascher (Fig. 264)

Zellen ausgesprochen tetraëdrisch, manchmal mit ungleich großen Flächen. Diese bauchig, oft sehr stark nach außen gewölbt. Kanten scharf. Zellwand derb, Skulptur hingegen zart, an den Ecken zu kräftigen und spitzen Dornen verdickt und ausgezogen. An den erwachsenen Zellen sehr häufig die Zellkanten der ganzen Länge nach saumartig verbreitert. Chromatophoren meist 3–4. Fortpflanzung durch Autosporen, die nur einen Chromatophor haben. Die Dornen werden meistens schon innerhalb der Mutterzelle gebildet.

Zellen 10–12 μm im Durchmesser.

Einmal in großer Menge aus Wiesengräben und den Mooren im Böhmerwald und in wenigen Exemplaren in einem leicht sauren Tümpel bei Svitavy (Tschechoslowakei). Auch aus den Mooren bei Strobl im Salzkammergut (Österreich) bekannt.

8. Tetraëdriella acuta Pascher (Fig. 265)
Pseudostaurastrum acutum (Pascher) Bourrelly

Zellen ausgesprochen tetraëdrisch, mit vorgewölbten Flächen und scharfen Kanten. Zellwand derb, stark glänzend und im Alter verkieselt. Wabenartige Skulptur recht grob und sehr deutlich. An den Tetraëderleisten besonders stark entwickelt und gezahnt erscheinend. Ecken spitz, aber keine Stacheln bildend. Chromatophoren mehrere, wandständig, scheibenförmig. Fortpflanzung durch Autosporen, die zu viert gebildet werden; sie sind die erste Zeit eng aneinander gepreßt und nehmen dadurch die definitive Form an.

Zellen 9–16 μm groß (nach Bourrelly bis 26 μm).

Aus Mooren in Böhmen und in der Hohen Tatra (Tschechoslowakei) bekannt, wahrscheinlich auf niedere pH-Werte eingestellt. Auch in Spanien und in Frankreich gefunden.

Unsichere und zu streichende Art.

Tetraëdriella parvula Pascher – ohne Abbildung und unzureichend beschrieben. Wahrscheinlich nur eine besondere Form von *T. acuta*, die sich durch kleinere Ausmaße unterscheidet.

Es wurden außerdem noch zwei weitere *Tetraëdriella*-Arten beschrieben, die als gute Taxa gelten, aber ausgesprochen marin sind und deswegen hier nicht beschrieben werden – *T. quadriseta* Pascher und *T. horrida* Pascher.

32. Tetraplektron Fott

Tetrakentron Pascher non Oliver, *Pseudostaurastrum* Chodat p.p. sensu Bourrelly

Zellen einzeln lebend, ausgesprochen tetraëdrisch vierstrahlig gebaut. In vier tetraëdrisch zueinander gelagerte, derbe bis sehr dünne und zarte, oft leicht gekrümmte, stumpfe oder spitze Arme ausgezogen, die sich zentral zu einem kleinen bis sehr kleinen Körper vereinigen und meist nicht scharf voneinander abgesetzt sind. Die vier Arme meist gleich lang. Zellwand bei den bisher bekannten Arten sowohl zart als auch derb; bei den derbwandigen vielleicht skulpturiert, bei zwei Arten an den Armenden verdickt. Chromatophoren mehrere bis zahlreiche, oft auf den zentralen Teil der Zellen beschränkt und nicht selten einen großen Teil der vier Arme völlig frei lassend; unregelmäßig scheiben- bis bandförmig, ungleich groß und oft blaß.

Fortpflanzung durch Bildung von vier Tochterprotoplasten, die meist als Hemiautosporen austreten. Oft wandeln sie sich aber in der Mutterzelle zu behäuteten jungen Zellen um, wobei die alte Zellwand sehr stark erweitert wird. Die vier Tochterzellen haben innerhalb der erweiterten Mutterzelle eine bestimmte Lage.

Sie liegen tetraëdrisch zueinander und je eine Tochterzelle ragt mit einem Arm in je einen erweiterten Arm der Mutterzelle hinein. Autosporen ebenfalls beobachtet.

Wichtigste Literatur: Pascher 1939 a, Skuja 1948, Bourrelly 1951, 1968, Fott 1957, A. R. Loeblich 1967.

Bestimmungsschlüssel der Arten

1a Zellen gleichsam seitlich zusammengedrückt, stark tordiert, doppelt sattelförmig .... **1. T.torsum**
1b Zellen nicht tordiert, immer tetraëdrisch vierstrahlig 2
2a Arme mit deutlichen Stacheln der Zellwand endend 3
2b Arme ohne Stacheln 4
3a Arme gleichmäßig und sehr schmal, Chromatophoren scheibenförmig, unregelmäßig gelagert .... **5. T.acuminatum**
3b Arme dick, gegen die Enden deutlich verjüngt, Chromatophoren bandförmig, regelmäßig, je zu zweit in einem Arm gelagert ...... **2. T.bourrellyi**
4a Arme sehr schmal und sehr gestreckt, Chromatophoren nicht in die Arme hineinragend .... **4. T.tribulus**
4b Arme kräftig und nicht gestreckt, Chromatophoren in die Arme hineinragend 5
5a Zellen im Umriß mehr dreieckig aussehend, Arme sehr breit, an den Enden zitzenartig ausgezogen, viele kleine Chromatophoren .... **6. T.laevis**
5b Zellen im Umriß deutlich dreiarmig, Arme schmal, an den Enden kegelförmig verschmälert und spitz .... **3. T.acutum**

1. Tetraplektron torsum (Skuja) Dedusenko Ščegoleva (Fig. 266)
Tetrakentron torsum Skuja

Zellen im Prinzip tetraëdrisch, doch leicht seitlich zusammengedrückt und die mit je einem spitzen Stachel versehenen schwach konvergierenden Ecken paarig um 90 Grad gegeneinander gedreht; Zellen deshalb etwa doppelt sattelförmig. Zellwand ziemlich dick, glatt und farblos. Chromatophoren zahlreich, wandständig, scheibenförmig bis abgerundet polygonal. Fortpflanzung nicht beobachtet.

Zellen 46–50 μm lang und 22–25 μm breit.

Vereinzelt im Seenplankton von Uppland (Schweden).

2. Tetraplektron bourrellyi Ettl (Fig. 267)
Tetrakentron acutum Pascher sensu Bourrelly,
Pseudostaurastrum acutum (Pascher) Bourrelly

Zellen regelmäßig tetraëdrisch, mit vierstrahlig auslaufenden Armen. Arme ziemlich breit, allmählich verschmälert, an den Wänden leicht gewölbt und mehr oder weniger spitz endend. Zellwand mäßig derb, glatt, an den Armenden in einen deutlichen, stumpfen oder leicht knopfartig endenden Dorn auslaufend. Chromatophoren lang bandförmig, wandständig; in jedem Arm zwei der Länge nach angeordnet und einander gegenüber liegend (insgesamt 8). Zentraler Zellkörper ohne Chromatophoren, doch sind dort Öltropfen angesammelt. Fortpflanzung nicht beobachtet.

Zellen bis 26 μm im Durchmesser.

In Gewässern der Elfenbeinküste gefunden.

3. Tetraplektron acutum (Pascher) Fott (Fig. 268)
Tetrakentron acutum Pascher

Zellen meist sehr regelmäßig tetraëdrisch, mit derben, gleichmäßig, manchmal kegelförmig verschmälerten und schließlich scharfspitzen Armen. Diese im

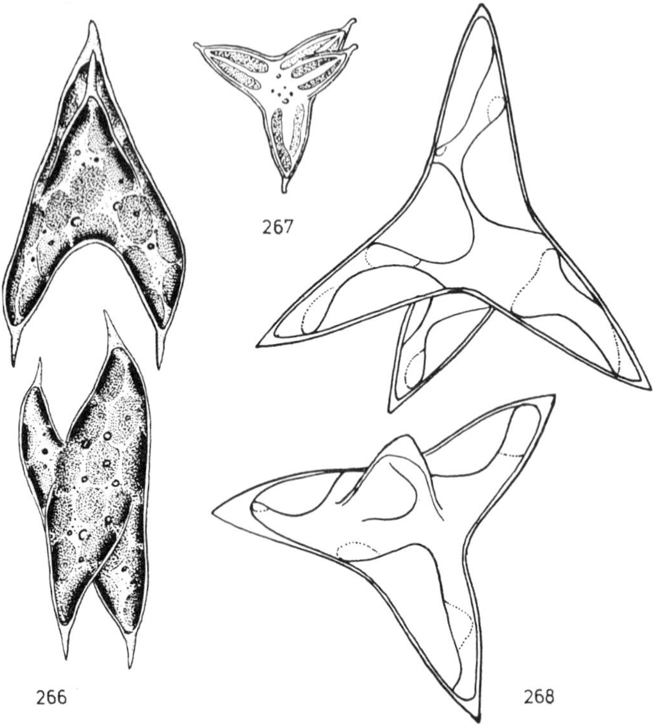

Fig. 266. *Tetraplektron torsum* (Skuja) Dedusenko Ščegoleva (nach Skuja). Fig. 267. *Tetraplektron bourrellyi* Ettl (nach Bourrelly). Fig. 268. *Tetraplektron acutum* (Pascher) Fott (nach Pascher).

Verhältnis zu den anderen Arten recht dick. Zellwand derb, an den Enden deutlich verdickt, aber keine Dornen bildend, vielleicht skulpturiert. Chromatophoren mehrere, meist groß, wandständig, scheibenförmig, der Gestalt der Arme angepaßt, in die sie hineinreichen. Rote Öltropfen vorhanden. Fortpflanzung nicht gesehen. Gelegentlich sind die Arme nicht regelmäßig tetraëdrisch angeordnet, sondern etwas gegeneinander verdreht.

Zellen 20–25 μm groß, manchmal auch etwas kleiner.

In Proben aus der Hohen Tatra (Tschechoslowakei).

4. Tetraplektron tribulus (Pascher) A. R. Loeblich (Fig. 269)
Tetrakentron tribulus Pascher

Alle vier Arme gleichmäßig spreizend, meist gerade, seltener leicht gekrümmt und der ganzen Länge nach gleichmäßig gegen die Enden verjüngt. Arme daher sehr schmal und sehr lang, mit stumpfen Enden. Zellwand sehr zart, vielleicht leicht verkieselt, auch an den Armenden nicht verdickt. Chromatophoren 5–9, scheibenförmig, nicht in die Armenden hineinreichend. Im Plasma oft rote Öltropfen. Fortpflanzung durch Hemiautosporen, die sich noch innerhalb der

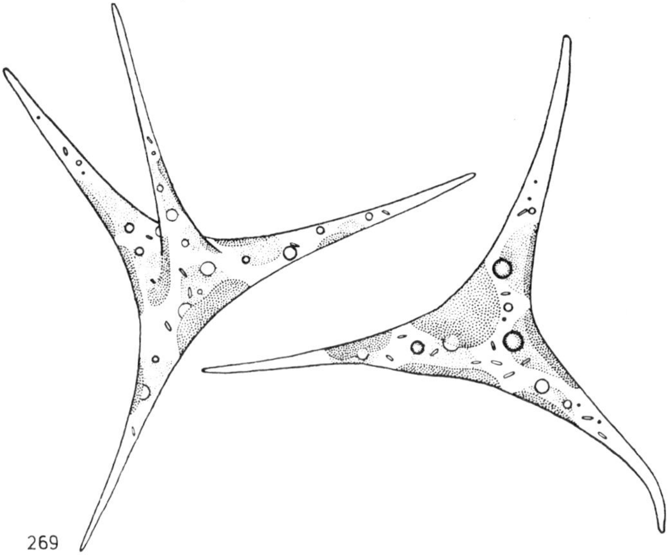

269

Fig. 269. *Tetraplektron tribulus* (Pascher) A. R. Loeblich (nach Pascher).

Mutterzelle zu jungen Zellen umwandeln und ihre endgültige Gestalt annehmen.

Zellen von einem bis zum anderen Armende 22–28 μm, seltener bis 35 μm messend.

Mehrmals in Dorftümpeln gesehen (Tschechoslowakei, Österreich).

5.**Tetraplektron acuminatum** (Pascher) Fott (Fig. 270)
Tetrakentron acuminatum Pascher

Von den vier Armen manchmal drei einander genähert. Arme relativ dick, so daß der Gegensatz zwischen Zellmitte und Armen sehr gering ist. Erst im letzten Drittel werden die Arme verschmälert und enden hier mit einem deutlichen spitzen Stachel. Oft sind die Arme leicht gekrümmt, manchmal sogar leicht S-förmig gebogen. Zellwand zart, ohne Skulptur, nur an den Armenden deutlich zu einem spitzen Stachel verdickt. Chromatophoren mehrere, wandständig, scheiben- bis kurz rinnenförmig, der Gestalt der dünnen Arme angepaßt und in diese bis ans Ende hineinreichend. Fortpflanzung anscheinend durch Autosporen, deren Bildung nicht gesehen wurde. Fertige junge Tochterzellen mit definitiver Gestalt in der gedehnten alten Zellwand. Derbwandige Aplanosporen beobachtet.

Spannweite der Arme bis 30 μm.

In Moor- und Wiesengräben in Süd- und Westböhmen (Tschechoslowakei).

6. **Tetraplektron laevis** (Bourrelly) Ettl (Fig. 271)
Tetraëdriella laevis Bourrelly, *Pseudostaurastrum pseudolaevis* Bourrelly, *Tetraplektron acutum* var. *laevis* (Bourrelly) Fott

Zellen regelmäßig tetraëdrisch, mit breiten, fast kegelförmig verschmälerten, doch an den Mänteln vorgewölbten Armen, die zitzenartig enden. Zellwand mäßig dick, glatt, ohne sichtbare Skulptur und farblos. An den zitzenartigen

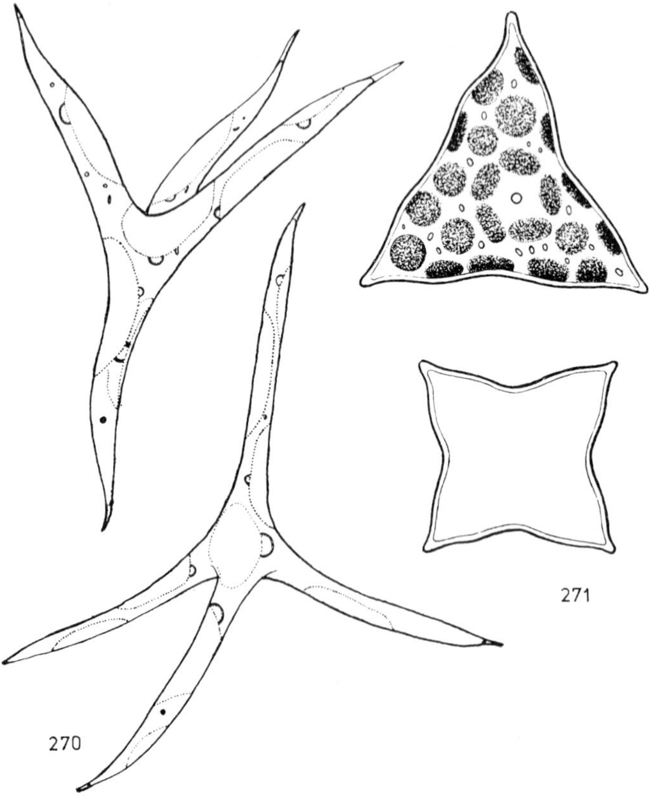

270

271

Fig. 270. *Tetraplektron acuminatum* (Pascher) Fott (nach Pascher). Fig. 271. *Tetraplektron laevis* (Bourrelly) Ettl (nach Fott).

Armenden nicht verdickt. Chromatophoren mehrere, klein, scheibchenförmig. Zwischen diesen kleine Öltropfen. Fortpflanzung nicht gesehen.

Zellen 23–25 μ m groß.

Im Plankton vereinzelt vorkommend, vor allem im Teichplankton (Tschechoslowakei, Frankreich).

33. **Pseudostaurastrum** Chodat

Tetraëdron Kützing p.p.

Zellen im Prinzip tetraëdrisch vierstrahlig, mit deutlichen, mehr oder weniger langen Armen und einem deutlichen Zentralstück. Arme verzweigt oder gabelig endend, im ganzen *Staurastrum*-artig. Zellwand mäßig derb bis derb, nicht sichtbar skulpturiert, gleichmäßig dick und an den Enden der Arme bei den Gabelungen beteiligt. Dort in spitze, mehr oder weniger lange Stacheln auslaufend. Chromatophoren mehrere bis viele, wandständig, scheibenförmig; ohne Pyrenoide. Fortpflanzung nicht angegeben, wahrscheinlich durch Autosporen.

Wichtigste Literatur: Skuja 1964, Starmach 1968.

Bestimmungsschlüssel der Arten

1a Zellkörper wenig oder nicht entwickelt, mit langen und schmalen Armen 2
1b Zellkörper dick und kräftig entwickelt, Arme kurz und ebenfalls dick .... **1. P.enorme**
2a Arme nicht verzweigt, an ihren Enden drei Stacheln ...... **2. P.hastatum**
2b Arme gabelig verzweigt, an den Enden mit zwei Stacheln **3. P.limneticum**

1. Pseudostaurastrum enorme (Ralfs) Chodat (Fig. 273)
Staurastrum enorme Ralfs
Tetraëdron enorme (Ralfs) Hansgirg

Zellen unregelmäßig tetraëdrisch, mit deutlichem und massivem Zellkörper, der in vier relativ dicke und verzweigte Arme ausläuft. Enden der Verzweigungen mit zwei Stacheln versehen. Zellwand derb, glatt, an den Enden der Armverzweigungen die spitzen Stacheln bildend. Mehrere scheibenförmige Chromatophoren.

Zellen 25–45 μm groß.

Im Gebiet oft im Plankton verschiedener Gewässer vorkommend. Recht variable Art, von der einige Varietäten und Formen beschrieben wurden, die jedoch zu wenig bekannt sind.

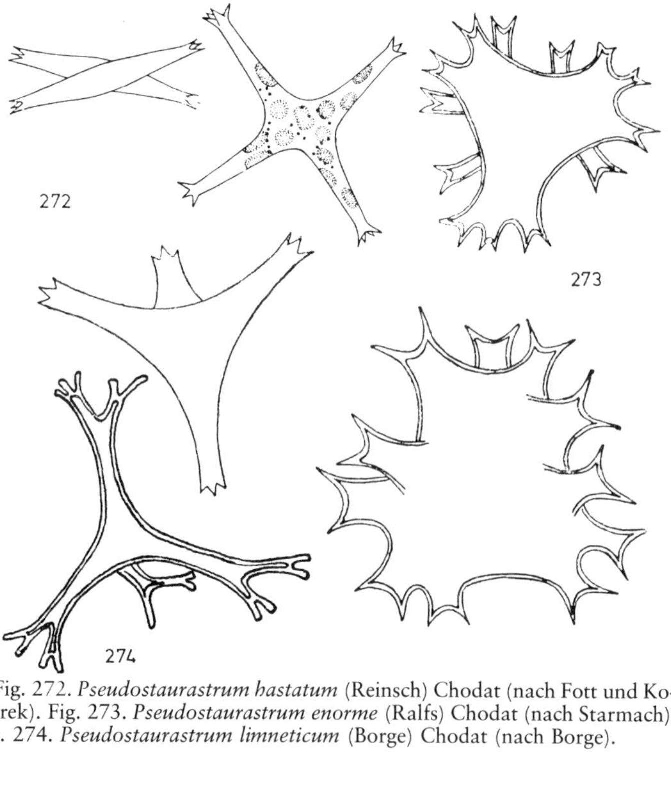

Fig. 272. *Pseudostaurastrum hastatum* (Reinsch) Chodat (nach Fott und Komarek). Fig. 273. *Pseudostaurastrum enorme* (Ralfs) Chodat (nach Starmach). Fig. 274. *Pseudostaurastrum limneticum* (Borge) Chodat (nach Borge).

2. **Pseudostaurastrum hastatum** (Reinsch) Chodat (Fig. 272)
Polyedrium tetraëdricum hastatum Reinsch,
Tetraëdron hastatum (Reinsch) Hansgirg

Zellen tetraëdrisch gebaut, ohne besonders entwickelten Körper, in vier schmale Arme auslaufend, die nicht verzweigt sind und mit drei Stacheln enden. Zellwand zart oder nur mäßig derb, glatt, an der Bildung der Stachelspitzen beteiligt. Mehrere scheibenförmige Chromatophoren, die nicht bis zu den Armenden vordringen.

Zellen 28–33 μm groß.

Im Gebiet oft im Plankton stehender Gewässer vorkommend. Meist jedoch als *Tetraëdron* bezeichnet.

3. **Pseudostaurastrum limneticum** (Borge) Chodat (Fig. 274)
Tetraëdron limneticum Borge

Zellen tetraëdrisch, ohne entwickelten Zentralkörper, in vier schmale tetraëdrisch, ausstrahlende Arme auslaufend. Arme an ihren distalen Enden gabelig verzweigt und jede Verzweigung zwei stumpfe Stacheln bildend. Zellwand relativ derb, an der Bildung der Endstacheln beteiligt. Chromatophoren mehrere, scheibenförmig und wandständig.

Zellen 35–70 μm groß.

Zerstreut im Plankton, im Gebiet nicht selten.

34. **Goniochloris** Geitler

Pseudostaurastrum Chodat p.p. sensu Bourrelly

Zellen einzeln lebend und keine vorübergehenden Verbände bildend. Deutlich dorsiventral abgeflacht oder nur windschief verdreht, mit ausgesprochener Breit- und Schmalseite. Von der Breitseite gesehen dreieckig bis dreistrahlig oder auch nur dreiarmig, mit manchmal konvexen oder konkaven Kanten. Bisweilen die Dreieckumrisse der Breitseite sehr ungleich lang, mitunter eine Seite besonders betont und die Zelle förmlich in die Länge gezogen. Von der Schmalseite mehr oder weniger elliptisch, Zellen daher im allgemeinen flach kissenförmig. Zellwand relativ derb, manchmal leicht rötlich bis bräunlich verfärbt, wahrscheinlich aus zwei Hälften bestehend, die an den Kanten der Zelle zusammenschließen. Oberfläche skulpturiert, bei den meisten Arten Skulptur sehr deutlich bis grob, bei manchen undeutlich bis kaum wahrnehmbar. Skulptur in Form von Tüpfelreihen, die sich entweder rechtwinklig oder in einem Winkel von 60 Grad schneiden. An den Kanten bildet die Skulptur eine leichte Kerbung oder Zahnung. Ecken der Zellen bei einzelnen Arten in kürzere oder längere Warzen oder Dornen vorgezogen. Zellwand bei alten Zellen oft stark verkieselt. Chromatophoren meist zwei bis fünf, seltener nur einer oder mehrere, wandständig, scheiben-, band- oder muldenförmig. Im Plasma viele Fett- und Öltropfen, von denen einer oder zwei intensiv rot gefärbt sind. Gelegentlich auch Chrysolaminarin und stark glänzende Gebilde.

Fortpflanzung durch Protoplastenteilung in zwei oder vier Teilstücke. Dieser entweder als sehr ungleichgeißelige, recht formveränderliche und auch amöboide Zoosporen austretend oder in Form von Autosporen. Bei einer Art wurden derbwandige Aplanosporen beobachtet.

Wichtigste Literatur: Geitler 1928, Pascher 1930b, 1939a, Bourrelly 1951, 1968, Fott 1960, Ettl 1977.

Bestimmungsschlüssel der Arten

1 Zellen ausgesprochen dreieckig 2
1b Zellen dreistrahlig oder dreiarmig 13
2a Zellen sehr klein (4–6 μm), mit einem, seltener zwei Chromatophoren .... **1. G. parvula**
2b Zellen größer, mit meist mehreren Chromatophoren 3
3a Zellwand fast glatt .... **2. G. laevis**
3b Zellwand deutlich bis grob skulpturiert 4
4a Ecken ohne warzige oder dornige Verdickungen 5
4b Ecken mit deutlichen dornigen, warzen- bis zapfenförmigen Verdickungen 10
5a Zellen mehr oder weniger regelmäßig dreieckig, Seitenkanten gleich .. 6
5b Zellen unregelmäßig dreieckig verzogen, Seitenkanten ungleich 9
6a Zellen sehr groß (25–40 μm), mit vielen kleinen Chromatophoren .... **3. G. pseudogigas**
6b Zellen bedeutend kleiner (10–20 μm), Chromatophoren mehrere, relativ groß 7
7a Zellen an den Ecken völlig spitz, im Umriß spitz dreieckig **4. G. iyengarii**
7b Zellen an den Ecken abgerundet, im Umriß abgerundet dreieckig 8
8a Kanten gerade oder leicht konvex, Skulptur sehr grob und deutlich .... **5. G. sculpta**
8b Kanten konkav, Skulptur sehr fein, an lebenden Zellen undeutlich .... **6. G. mutica**
9a Zellen den dreieckigen Umriß noch erkennen lassend, bis höchstens 4 mal länger als breit .... **7. G. irregularis**
9b Zellen den dreieckigen Umriß kaum noch erkennen lassend, bis 10 mal länger als breit .... **8. G. closterioides**
10a Ecken breit warzenartig und stumpf verdickt .... **9. G. triverruca**
10b Ecken anders gestaltet 11
11a Ecken deutlich zapfenartig ausgezogen, Zapfen mit zwei oder drei scharfen Spitzen endend .... **10. G. tripus**
11b Ecken dornig 12
12a An jeder Ecke ein mehr oder weniger langer Dorn .... **11. G. spinosa**
12b An jeder Ecke zwei kurze, ungleich lange Dornen ... **13. G. brevispinosa**
13a Arme der Zellen in einer Ebene 14
13b Arme der Zellen nicht in einer Ebene, Zellen um die Mediane verdreht 19
14a Arme mehr oder weniger gleich dick, Enden nicht zu einem Fortsatz ausgezogen 15
14b Arme allmählich verschmälert und die Enden zu einem Fortsatz ausgezogen 17
15a Arme scharf und spitz, oft mit einem Dorn endend .... **14. G. triradiata**
15b Arme breit, stumpf endend 16
16a Einbuchtungen der Seiten gleichmäßig konkav, Mittelraum der Zellen im Schnitt nicht aufgetrieben .... **12. G. pulchra**
16b Einbuchtung der Seiten etwas kantig, Mittelraum der Zellen im Schnitt deutlich aufgetrieben .... **15. G. pulcherrima**
17a Arme sehr schmal, allmählich und gleichmäßig auslaufend, Chromatophoren scheibenförmig .... **16. G. fallax**
17b Arme dick, plötzlich verschmälert und einen dünnen Fortsatz bildend, Chromatophoren bandförmig 18
18a Arme und Fortsätze mehr oder weniger gerade, Zellen regelmäßig dreistrahlig .... **17. G. smithii**
18b Arme und Fortsätze gebogen oder gekrümmt, Zellen daher nicht regelmäßig dreistrahlig .... **18. G. contorta**

19a Zellen mehr dreieckig, bis 11 μm groß, Seiten wenig tief ausgekehlt .... **19. G.torta**

19b Zellen mehr dreiarmig, bis 18 μm groß, Seiten tief ausgekehlt .... **20. G.cochleata**

1. Goniochloris parvula Pascher (Fig. 275)

Zellen meist regelmäßig stumpf bis spitz dreieckig, manchmal etwas unregelmäßig, seltener sehr unregelmäßig gebaut. Zellwand derb, fast glatt bis sehr grob skulpturiert, mit sehr groben Dellen und sehr grobem Maschenwerk. An den Ekken oft kurzspitzig vorgezogen, nicht selten rötlich verfärbt. Chromatophor gewöhnlich nur einer seltener zwei, wandständig, scheiben- bis muldenförmig. Im Plasma rote Öltropfen vorhanden.

Zellen 4–6 μm groß.

Aus einem eisenreichen Wassergraben im Erzgebirge (Tschechoslowakei) und aus Tümpeln auf der Turracher Höhe in Kärnten (Österreich).

275

Fig. 275. *Goniochloris parvula* Pascher (nach Pascher).

2. Goniochloris laevis Pascher (Fig. 276)

Zellen mit dreieckiger Breitseite. Immer punktsymmetrisch gedreht dreieckig (vgl. Fig. 276). Schmalseite der Zellen elliptisch-spindelig, mit zugespitzten Enden. Zellwand relativ derb, an den Ecken nur zu stumpfen Warzen verdickt, manchmal ganz glatt erscheinend oder doch mit so zarter Skulptur, daß sie kaum zu sehen ist. Chromatophoren mehrere, wandständig, scheibenförmig. Mit vielen großen Öltropfen und stäbchenförmigen Gebilden. Fortpflanzung durch vier

Autosporen, die lange durch die verschleimte alte Zellwand zusammengehalten werden.

Zellen 10–15 μm groß.

Aus einem Moorgraben bei Františkovy Lázně (Tschechoslowakei), gemeinsam mit *Tribonema* und *Zygnema*.

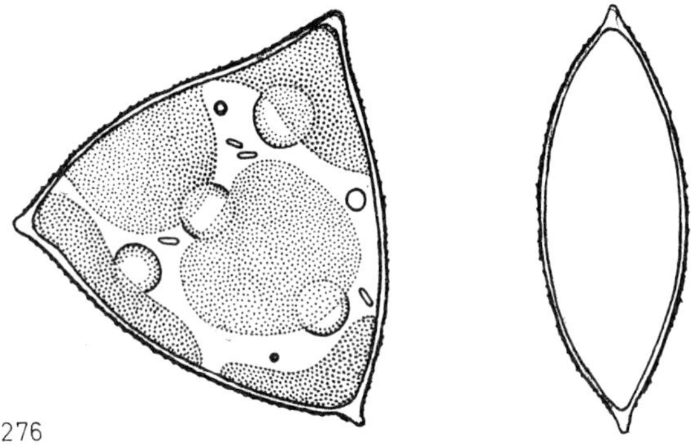

276

Fig. 276. *Goniochloris laevis* Pascher, rechts Schmalseite (nach Pascher).

3. Goniochloris pseudogigas (Bourrelly) Bourrelly (Fig. 277)
Pseudostaurastrum pseudogigas Bourrelly

Zellen im Prinzip dreieckig, an den Seiten mehr oder weniger gerade, oder auch leicht konkav oder konvex, an den Ecken stumpf bis abgerundet. Schmalseite in der Mitte etwas aufgetrieben, daher schwach rhombisch erscheinend. Zellwand derb bis dick, mit sehr deutlicher Skulptur, an den Zellecken nicht verdickt. Chromatophoren viele, wandständig, kurz bandförmig bis leicht biscuitförmig. Fortpflanzung nicht beschrieben.

Zellen 25–40 μm groß.

Bislang aus Gewässern Spaniens, Guadeloupes und der Elfenbeinküste bekannt.

4. Goniochloris iyengarii (Ramanathan) Ettl (Fig. 278)
Pseudostaurastrum iyengarii Ramanathan

Zellen spitz dreieckig, mit leicht konkaven, seltener leicht gewellten Seiten und immer spitzen Ecken, sehr flach. Schmalseite leicht bikonvex, an den Enden ebenfalls spitz, an den Seiten also scharf. Ecken immer gerade und spitz. Zellwand derb, mit deutlicher wabenartiger bis maschiger Skulptur. Chromatophoren mehrere, wandständig, scheibenförmig, blaßgrün bis gelblich. Plasma oft mit roten Öltropfen. Fortpflanzung durch zweigeißelige Zoosporen. Es soll in jeder Zelle nur eine einzige Zoospore gebildet werden. Diese hat eine stummelförmige Nebengeißel, zwei bis drei scheibenförmige Chromatophoren und an der Geißelbasis eine pulsierende Vakuole. Zoosporen sehr formveränderlich; vor der Keimung nehmen sie eine mehr dreieckige Gestalt an und umgeben sich dann mit der Zellwand. Junge Zellen mit sehr zarter Zellwand, an der die Skulptur noch nicht zu sehen ist.

Zellen 10–20 μm groß, Zoosporen bis 11,5 μm lang.

Aus einem kleinen künstlichen Wasserbecken in einen Kindergarten in Madras (Indien), wo die Art eine dünne Neustonhaut bildete.

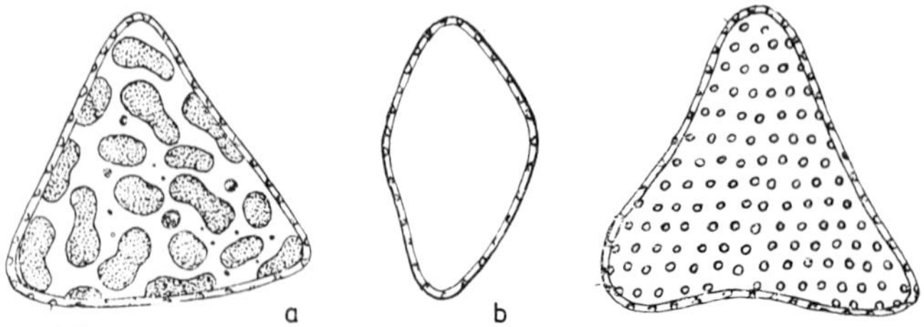

277

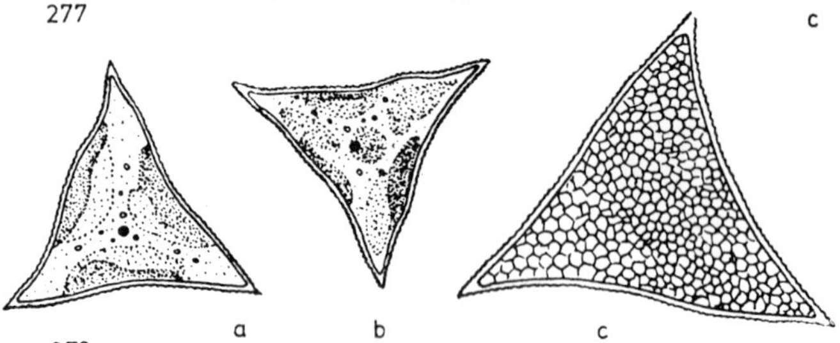

278

Fig. 277. *Goniochloris pseudogigas* (Bourrelly) Bourrelly – *a* Zelle mit Inhalt, *b* Schmalseite, *c* Skulptur (nach Bourrelly). Fig. 278. *Goniochloris iyengarii* (Ramanathan) Ettl – *a* und *b* Zellen mit Inhalt, *c* Skulptur (nach Ramanathan).

5. Goniochloris sculpta Geitler (Fig. 279)

Zellen von der Breitseite gesehen dreieckig, mit stumpfen oder nur leicht vorgezogenen Ecken. Seiten gerade oder leicht konvex. Von der Schmalseite im längeren Schnitt gestreckt elliptisch. Zellwand derb und verkieselt, mit relativ grober wabenartiger Skulptur. Waben regelmäßig sechseckig. Chromatophoren gewöhnlich vier, wandständig, scheiben- bis kurz bandförmig. Fortpflanzung durch vier Autosporen.

Zellen 12–16 μm groß, Durchmesser der Waben in der Skulptur 1–1,4 μm. Sicher sehr verbreitete Alge, die vor allem in schleimigen Überzügen von Wasserpflanzen vorkommt, auch in stark sauren Gewässern. Bislang aus dem Wasserbecken des Kalthauses in Lunz (Österreich), aus der Umgebung von Berlin (DDR), aus unterschiedlichen Gewässertypen Böhmens, und moorigen Stellen bei Boskovice (Tschechoslowakei) bekannt. Kommt auch im Seenplankton vor (Schweden, Finnland, England, Rumänien und Spanien).

6. Goniochloris mutica (A. Braun) Fott (Fig. 280)

Polyedrium muticum A. Braun, *Pseudostaurastrum muticum* (A. Braun) Bourrelly, *Tetraëdron muticum* (A. Braun) Hansgirg

Zellen in der Gestalt eines gleichseitigen Dreieckes, mit breit oder schmal abgerundeten Ecken, die nie spitz auslaufen. Seiten des Dreiecks immer mäßig konkav vertieft. Zellen sehr flach, daher von der Schmalseite schwach bikonvex. Zellwand dünn, mit sehr feiner Skulptur, die an lebenden Zellen undeutlich ist; leicht verkieselt. Skulptur besonders deutlich an getrockneten oder leicht ausgeglühten Zellen. Chromatophoren zwei oder drei, wandständig, scheibenförmig. Fortpflanzung nicht beschrieben.

Zellen 10–12 μm groß.

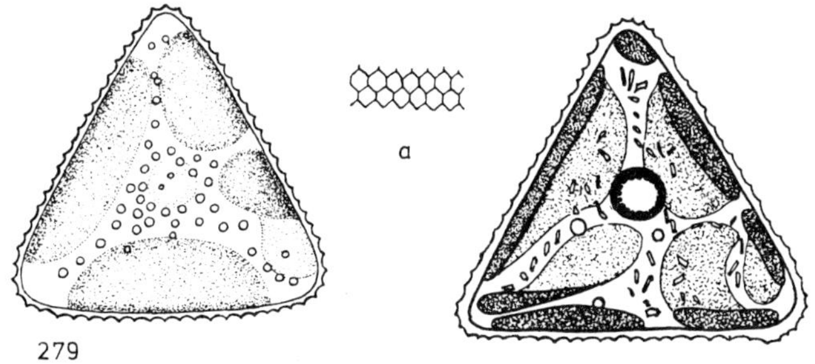

279

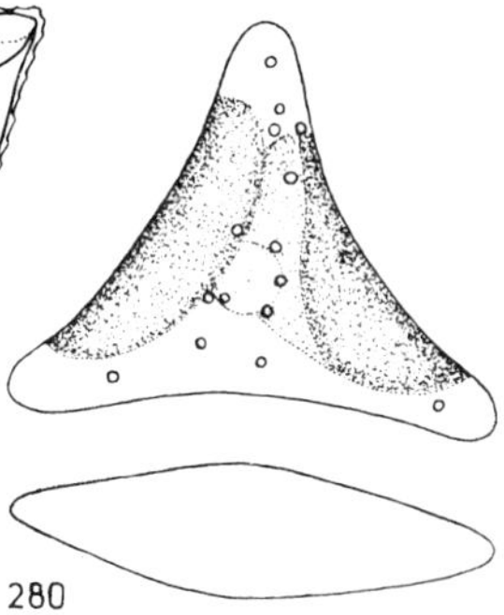

280

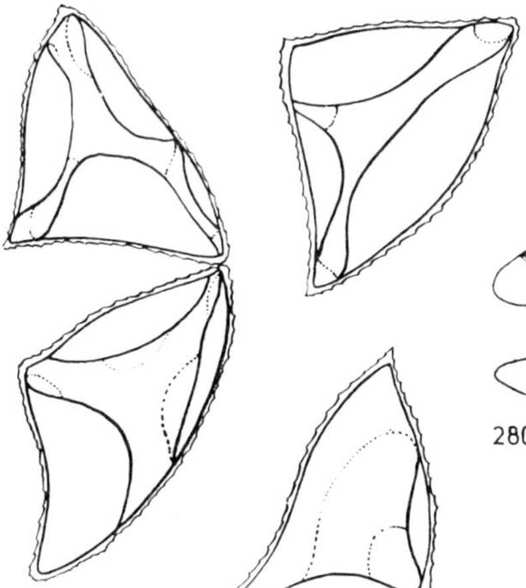

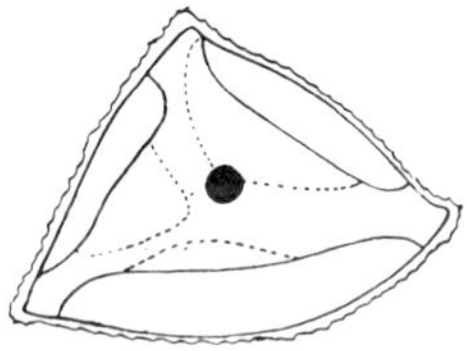

281

Fig. 279. *Goniochloris sculpta* Geitler – *a* Detail der Skulptur (nach Geitler und nach Fott). Fig. 280. *Goniochloris mutica* (A. Braun) Fott (nach Fott). Fig. 281. *Goniochloris irregularis* Pascher (nach Pascher).

Eine kosmopolitisch verbreitete Art, die jedoch nur vereinzelt, nie massenhaft vorkommt. Vor allem im Teich- und Seenplankton. Von Bourrelly wurde eine fo. *minor* beschrieben, deren Zellen nur 6 μm groß sind und bei denen die Skulptur völlig undeutlich ist.

7. Goniochloris irregularis Pascher (Fig. 281)

Zellen immer sehr unregelmäßig, oft ganz schief bis schief gleichschenkelig dreieckig. Seiten sehr häufig konvex. Zellen flach, manchmal eine Seite der Zelle sehr stark gefördert, so daß die Zellen eine ausgesprochene Längsorientierung haben. Zellwand zart bis derb, mit auffallend wechselnder Skulptur, diese manchmal sehr fein, oft auch kaum merkbar, ein anderes Mal wieder auffallend grob. Zellwand auch oft unregelmäßig verdickt, manchmal eine Zellkante besonders verdickt. Chromatophoren in der Zahl recht wechselnd (1 – 5), scheiben- oder muldenförmig. Fortpflanzung nicht gesehen.

Zellen 5–11 μm groß.

Bis jetzt nur wenige Male beobachtet, aus leicht salzhaltigen Gräben der Moore in der Soos in Westböhmen, aus der Umgebung von Prag (Tschechoslowakei) und auch aus der Umgebung von Braunschweig (BRD).

8. Goniochloris closterioides Pascher (Fig. 282)

Zellen bis 10 mal länger als breit, den ursprünglichen dreieckigen Charakter nur undeutlich erkennen lassend, da die eine Längsseite kaum merklich stumpfeckig vorgezogen ist. Manchmal sind die Zellen halbmond- oder sichelförmig gebogen, ausgesprochen *Closterium*-artig. Schmalseite gestreckt elliptisch. Zellwand zart bis derb, mit der charakteristischen Skulptur. Chromatophoren

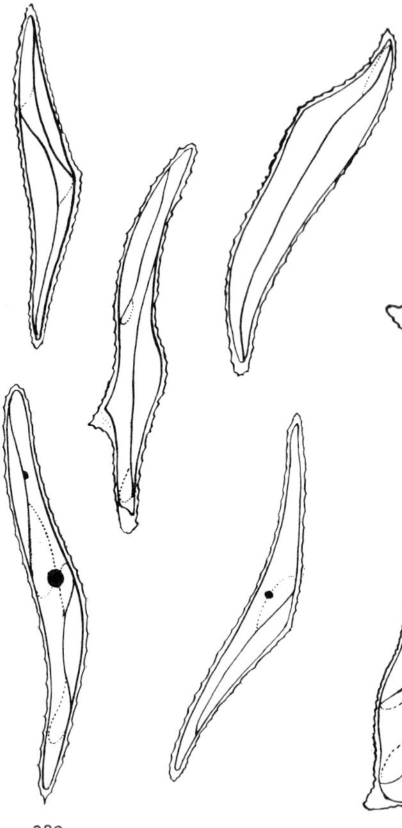

282

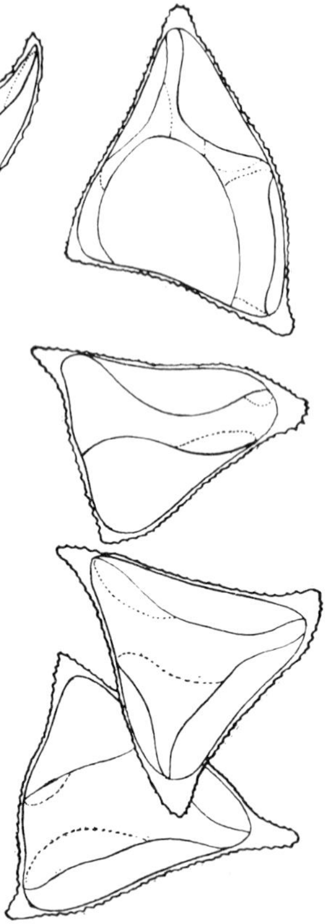

283

Fig. 282. *Goniochloris closterioides* Pascher. Fig. 283. *Goniochloris triverruca* Pascher (nach Pascher).

einer bis drei, band- bis kurz rinnenförmig, wandständig. Rote Öltropfen im Plasma fast immer vorhanden. Fortpflanzung nicht beobachtet.

Zellen 18–25 μm lang.

Selten in leicht sauren Kleingewässern, zwischen anderen Algen oder in schleimigen Überzügen (Tschechoslowakei).

9. Goniochloris triverruca Pascher (Fig. 283)

Zellen regelmäßig bis unregelmäßig dreieckig, oft ausgesprochen schief und manchmal etwas windschief verdreht. Zellwand meist derb, fein bis grob skulpturiert, oft rötlich verfärbt, an den Ecken der Zellen zu großen stumpfen, geraden oder schiefen, oft sehr unregelmäßigen Warzen oder Hörnern von bedeutender Länge verdickt. Chromatophoren mehrere (2–5), wandständig, scheibenförmig. Fortpflanzung durch Zoosporen, die keine Nebengeißel führen, Hauptgeißel 1,5 mal körperlang.

Zellen 7–11 μm, in einzelnen Fällen bis 18 μm groß.

Wenig verbreitete, vielleicht auf höhere Lagen beschränkte Form. Zwischen *Tribonema*-Fäden und *Mougeotia* vom Amerinkogel in der Steiermark und vom Graukogel bei Bad Gastein (Österreich). Auch im Plankton gefunden (Rumänien).

10. Goniochloris tripus Pascher (Fig. 284)

Zellen flach oder leicht gekrümmt, von der Breitseite gesehen dreieckig mitunter punktsymmetrisch gedreht dreieckig, mit manchmal etwas ungleich langen Seiten, die oft etwas unregelmäßig, konkav eingebuchtet sind, so daß die Zellen leicht gedreht erscheinen. Zellwand meist derb bis sehr derb, oft mit deutlicher und sehr grober Skulptur, an den Zellecken in oft lange, solide Zapfen ausgezogen, die mit zwei oder drei Stacheln oder Warzen enden. Bei den gedrehten Formen die Zapfen im Sinne der Drehung abgebogen. Chromatophoren mehrere, wandständig, scheibenförmig. Fortpflanzung nicht gesehen.

Zellen 15–20 μm groß.

Aus einem Teich bei Prag und aus einem kleinen Mühlteich im Böhmerwald (Tschechoslowakei), auch in Rumänien gefunden.

11. Goniochloris spinosa Pascher (Fig. 285)

Zellen von der Breitseite gesehen ausgesprochen dreieckig, mit langen Stacheln an den Ecken und mit leicht konvexen Seiten. Da die Zellen ausgesprochen kissenförmig sind, ergeben sich von der Schmalseite gesehen, zwei fast parallele Begrenzungsflächen. Zellwand derb, deutlich skulpturiert, wobei die Skulptur an den Rändern der Zelle leistenartig vorspringt. An den drei Zellecken ist die Zellwand in längere, feine, spitz nadelförmige Stacheln ausgezogen, auf die die Skulptur noch zum Teil übergeht. Chromatophoren mehrere, wandständig, scheibenförmig. Fortpflanzung durch Autosporen.

Zellen 15–20 μm groß, Stacheln bis 7 μm lang.

Vereinzelt im Plankton, aber auch an sumpfigen oder moorigen Ufern von Flüssen und Teichen (Tschechoslowakei, Österreich, Rumänien).

12. Goniochloris pulchra Pascher (Fig. 286)

Zellen im Prinzip sehr regelmäßig dreieckig, mit stumpfen bis abgerundet stumpfen Enden, flach. Seitenkanten sehr regelmäßig seicht bis tief eingebuchtet, so daß im Extrem die Zellen dadurch fast dreiarmig erscheinen. Von der Schmalseite gesehen sehr dünn und gestreckt elliptisch, gegen die Kanten fast geradlinig verschmälert. Zellwand derb, fein bis grob skulpturiert, an den Ecken nicht warzig oder dornig verdickt, oft tiefbraun verfärbt. Chromatophoren zwei bis fünf, groß, muldenförmig. Fortpflanzung durch Autosporen.

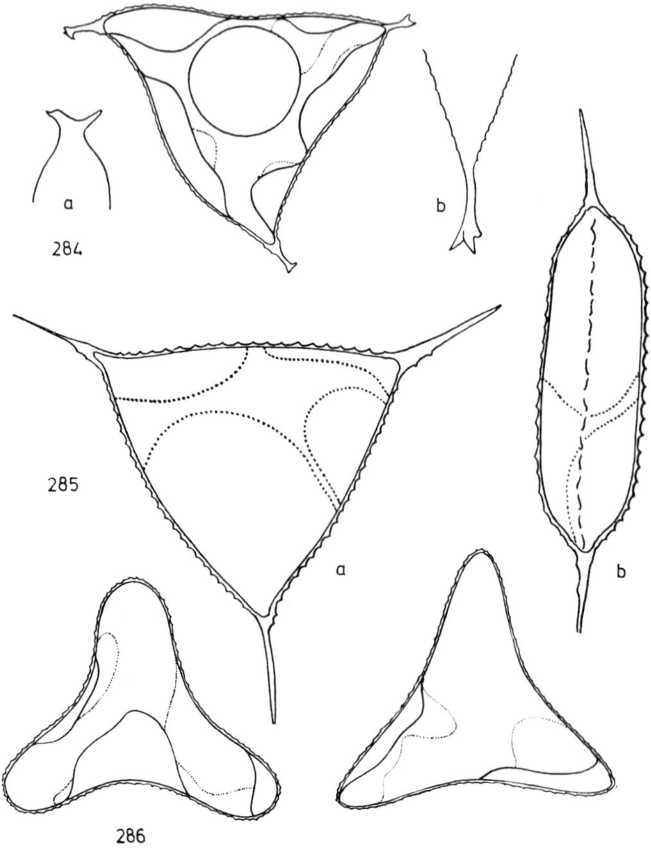

Fig. 284. *Goniochloris tripus* Pascher – *a* und *b* Detaile der Zapfen an den Zellecken. Fig. 285. *Goniochloris spinosa* Pascher *a* Breitseite, *b* Schmalseite. Fig. 286. *Goniochloris pulchra* Pascher (nach Pascher).

Zellen 10–16 μm groß.
Aus einem leicht moorigen Wiesengraben, der reich an Desmidiaceen war, Tirschenreuth in Oberfranken (BRD).

13. Goniochloris brevispinosa Pascher (Fig. 287)

Zellen von der Breitseite gesehen dreieckig, Dreieckform aber oft ziemlich unregelmäßig, manchmal die Seiten sogar leicht S-förmig gewellt, sonst deutlich konvex. Von der Schmalseite Zellen mehr oder weniger bikonvex. Zellwand derb, mit relativ grober wabenartiger Skulptur, an den Ecken in kürzere Stacheln ausgezogen. Häufig an den Ecken auch zwei Stacheln, die aber immer ungleich lang sind. Zahl der Chromatophoren sehr schwankend, gewöhnlich zwei bis fünf, scheibenförmig bis leicht muldenförmig. Häufig große Öltropfen und stäb-

287

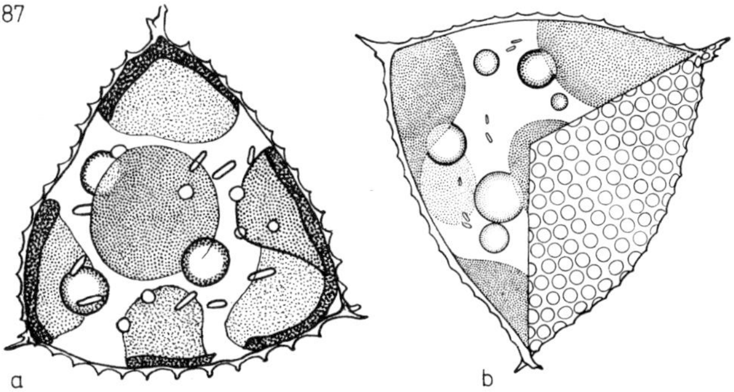

Fig. 287. *Goniochloris brevispinosa* Pascher – *a* Zelle mit Inhalt, *b* Zelle mit teilweise eingezeichneter Skulptur (nach Pascher).

chenartige Gebilde vorhanden. Fortpflanzung sowohl durch Zoosporen als auch durch Autosporen. Letztere werden zu viert gebildet, nehmen schon innerhalb der Mutterzelle die charakteristische Zellgestalt an und entwickeln dort auch die Stacheln. Zoosporen häufig mit nur einem Chromatophor, einmal sogar völlig chromatophorenfreie (?) Zoosporen gesehen (Pascher 1939 a).

Zellen 8–11 μm groß.

Scheint auf saure bis stark saure Gewässer beschränkt zu sein. Torfmoore bei Doksy, bei Františkovy Lázně, im Böhmerwald und im Riesengebirge (Tschechoslowakei).

14. Goniochloris triradiata Pascher (Fig. 288)

Zellen ausgesprochen dreiarmig, ohne besonders entwickelten Zentralkörper. Einbuchtungen der Seitenkanten oft so weitgehend, daß die Zellen fast nur aus drei in der Mitte zusammenhängenden Armen zu bestehen scheinen. Von der Seite gesehen mehr oder weniger bikonvex, in der Mitte nicht aufgetrieben. Arme in einer Ebene liegend, gegen die Enden oft mehr oder weniger zugespitzt. Zellwand meistens sehr derb, fein bis grob skulpturiert, an den Ecken nicht selten in ein oder zwei kleine Dornen ausgezogen. Chromatophoren zwei oder drei, kurz rinnenförmig bis länglich scheibenförmig, der Zellgestalt angepaßt. Fortpflanzung nicht gesehen.

Zellen bis 15 μm groß.

Aus einem Tümpel bei St. Martin im Rosentale in Kärnten (Österreich) und aus einem Graben in Südmähren (Tschechoslowakei). Vielleicht eine kalkholde Form.

15. Goniochloris pulcherrima Pascher (Fig. 289)

Zellen ausgesprochen dreiarmig, mit stumpfen, nicht abgerundeten Ecken. Arme fast linear angeordnet und relativ schmal. Mittelraum der Zellen (Zentralkörper) gegenüber den Armen scharf abgesetzt und geradlinig dreiseitig begrenzt. Zellen von der Schmalseite gesehen in der Mitte deutlich und stark aufgetrieben. Zellwand meist derb, zart bis grob skulpturiert. Chromatophoren mehrere (2–5), kurz rinnenförmig bis gedreht bandförmig, der schmalen Form der Arme angepaßt. Fortpflanzung nicht gesehen.

Zellen ungefähr 14 μm groß.

Einmal in einem Graben im Blaugrunde bei Pec im Riesengebirge (Tschechoslowakei).

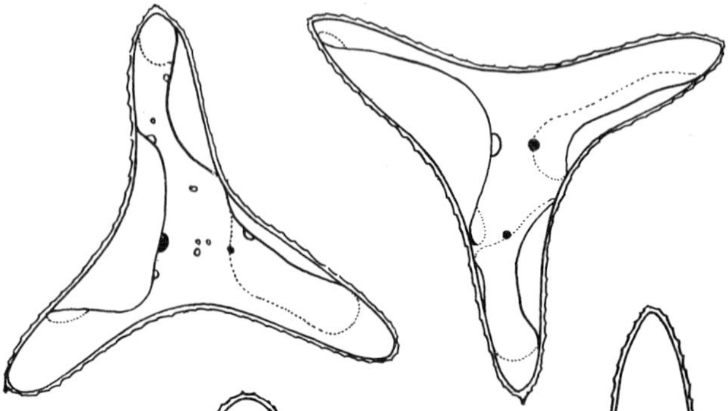

288

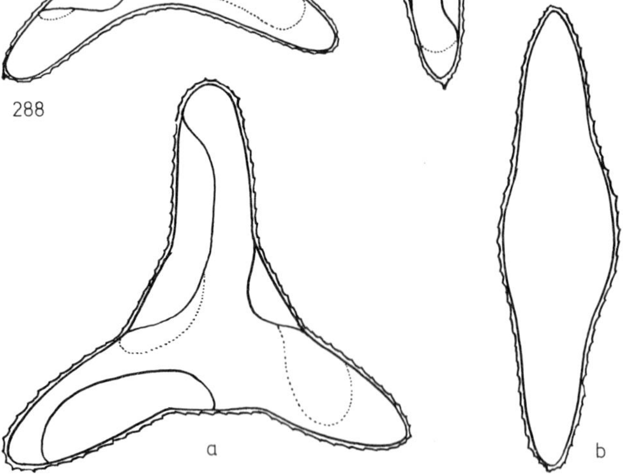

289

Fig. 288. *Goniochloris triradiata* Pascher. Fig. 289. *Goniochloris pulcherrima* Pascher – *a* Breitseite, *b* Schmalseite (nach Pascher).

16. Goniochloris fallax Fott (Fig. 290)
Tetraëdron trigonum auct.

Zellen regelmäßig dreiarmig. Arme flach, konisch, in einer Ebene liegend und allmählich in den Zellkörper übergehend. Von der Schmalseite gesehen flach, jedoch mit deutlich aufgetriebenem Zentralkörper. Zellwand zart, farblos oder leicht bräunlich, mit ganz feiner, punktierter Skulptur, die manchmal kaum zu sehen ist. An den Armenden mit kleinen stumpfen Warzen. Chromotophoren mehrere (4–6), wandständig, scheibenförmig, nicht in die schmalen Armenden hineinragend. Fortpflanzung nicht gesehen.

Zellen 20–28 μm groß.

Im Plankton eutropher Teiche und ruhig fließender Ströme überall verbreitet, doch immer vereinzelt vorkommend.

17. Goniochloris smithii (Bourrelly) Fott (Fig. 291)
Pseudostaurastrum smithii Bourrelly

Zellen ausgesprochen dreiarmig, mehr oder weniger regelmäßig gebaut, Arme in einer Ebene liegend. Arme im Prinzip breit kegelförmig, gleichmäßig dem

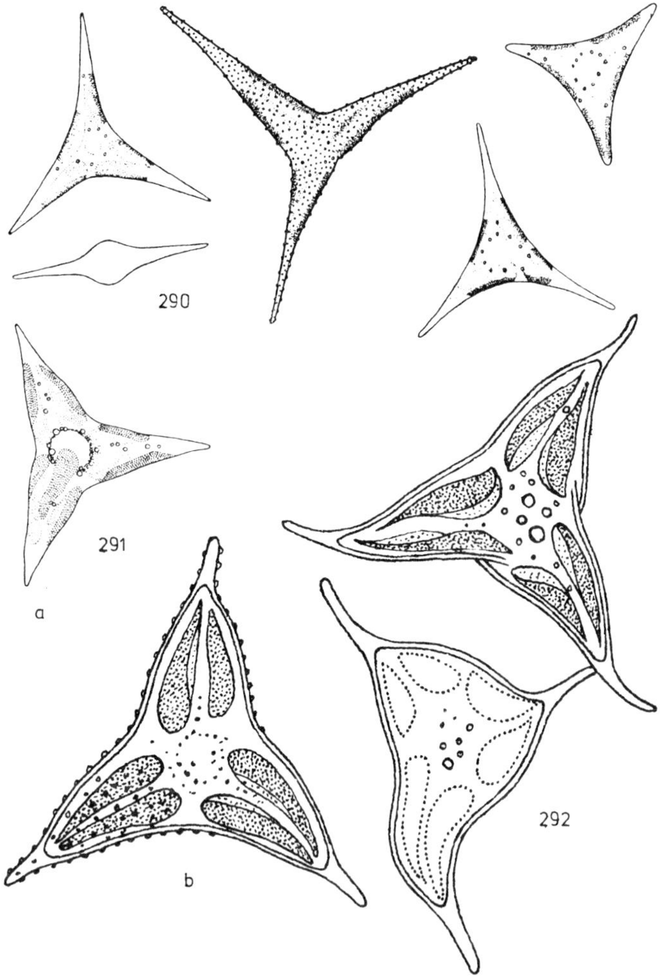

Fig. 290. *Goniochloris fallax* Fott (nach Fott). Fig. 291. *Goniochloris smithii* (Bourrelly) Fott (*a* nach Fott, *b* nach Bourrelly). Fig. 292. *Goniochloris contorta* (Bourrelly) Ettl (nach Bourrelly).

Ende zu verschmälert, an den Seiten leicht konvex. Ohne eigentlichen Zentralkörper. Zellwand mäßig derb oder auch zart, mit mehr oder weniger deutlicher körniger Skulptur. An den Armenden ist die Zellwand verdickt und bildet dort einen längeren, stumpf endenden Fortsatz, mitunter auch mamillenartig vorgezogen. Chromatophoren sechs, bandförmig, je zwei in einem der Arme gelagert und bis ans Armende reichend. Diese regelmäßige Lagerung der Chromatophoren ist sehr auffallend. In der Zellmitte ist rund um den Kern ein Kranz kleiner Öltropfen sichtbar. Fortpflanzung nicht gesehen.

Zellen 25–30 μm, mitunter bis 50 μm groß.

Im Plankton verschiedener Teiche und kleiner Seen, allgemein verbreitet, doch immer vereinzelt vorkommend.

18. Goniochloris contorta (Bourrelly) Ettl (Fig. 292)
Pseudostaurastrum contortum Bourrelly, *Tetraplektron contortum (Bourrelly) Bourrelly*

Zellen wie bei der vorigen Art ausgesprochen dreiarmig, ohne besonders differenzierten Zentralkörper. Arme breit kegelförmig, am Ende in einen langen Fortsatz auslaufend, an den Seiten gewölbt. Arme mit Fortsatz stark gebogen und daher der Zelle ein unregelmäßiges Aussehen verleihend. Immer in einer Ebene liegend. Zellwand derb, hyalin, ohne sichtbare Skulptur (wahrscheinlich äußerst fein), an den Armenden die langen, fast spitzen Fortsätze bildend. Chromatophoren sechs, regelmäßig je zwei in jedem Arm gelagert und bis an das Armende reichend. In der Zellmitte häufen sich Öltropfen an. Fortpflanzung nicht gesehen.

Zellen 35–45 μm groß.

In einem kleinen sauren Tümpel im Forêt de Sénart (Frankreich).

19. Goniochloris torta Pascher (Fig. 293)

Zellen von der Breitseite gesehen etwas unregelmäßig dreieckig, aber nicht flach, sondern die Ecken leicht gegeneinander verdreht, so daß nicht die ganze Zelle zugleich scharf eingestellt werden kann. Durch diese Torsion der Zelle erscheinen die drei Seiten nicht gerade, sondern in der Mitte scharfwinkelig ausgezackt. Zellen von der Schmalseite infolge der Drehung leicht S-förmig. Zellwand derb, doch mit relativ feiner Skulptur. Ecken manchmal mit kleinen Wärzchen. Chromatophoren in der Zahl schwankend, bis fünf, wandständig, scheiben- bis leicht muldenförmig. Fortpflanzung nicht beobachtet.

Zellen 8–14 μm groß.

Moorgraben in der Soos in Westböhmen und im Moor bei Cínovec im Erzgebirge (Tschechoslowakei). Vielleicht eine nur in Torfmooren vorkommende Art, die gemeinsam mit *Microspora* und *Chlamydomonas sphagnicola* gefunden wurde.

20. Goniochloris cochleata Pascher (Fig. 294 a)

Zellen von der Breitseite gesehen dreieckig, aber nicht flach, in der Mitte jeder der drei Seiten relativ tief und meist scharf ausgezackt, was durch die starke Torsion der Zellen zustande kommt. Breitseite von der Schmalseite wegen der Drehung nicht sehr stark verschieden. Die drei Arme der Zellen liegen deshalb auch nicht in einer Ebene, sondern sind sehr stark gegeneinander verdreht. Zellwand sehr derb und sehr grob skulpturiert. Dellen in einen hexagonalen System stehend, infolgedessen bei oberflächlicher Einstellung sechseckige Waben zeigend. Chromatophoren mehrere, wandständig, der Zellgestalt angepaßt. Fortpflanzung nicht vollständig beobachtet. Einmal wurden in den Zellen acht nackte Protoplasten mit je einem oder zwei Chromatophoren und einer pulsierenden Vakuole gesehen, wobei der eine Chromatophor ein deutliches Stigma hatte.

Zellen 13–18 μm groß.

Einmal in größeren Mengen in einem Moor gefunden, besonders in schleimigen Algenüberzügen von Grabenwänden (Tschechoslowakei).

Im Anhang zu *Goniochloris* sei noch eine unlängst beschriebene Art angeführt (nicht im Bestimmungsschlüssel enthalten!).

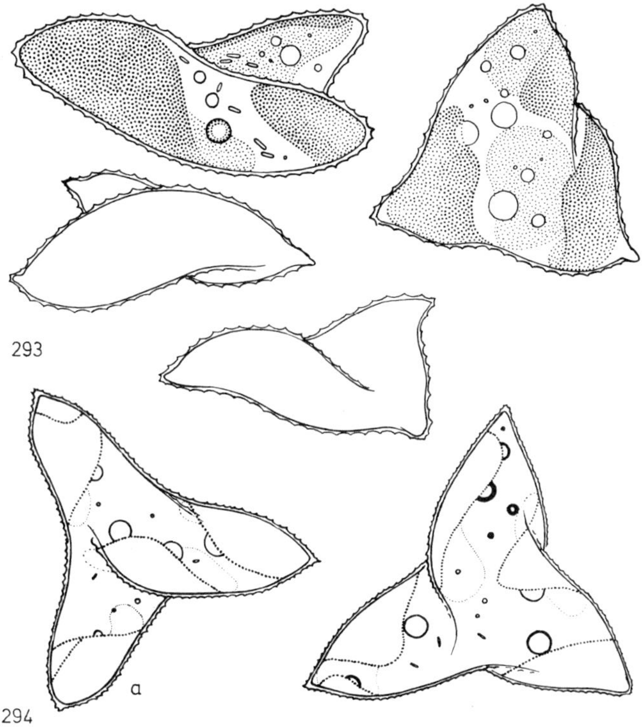

Fig. 293. *Goniochloris torta* Pascher. Fig. 294a *Goniochloris cochleata* Pascher (nach Pascher).

Goniochloris stellata Rino (Fig. 294 b)

Zellen von der Breitseite dreieckig, mit abgerundeten Ecken und mehr oder weniger geraden bis leicht konvexen Seiten. Schmalseite elliptisch, etwas aufge-

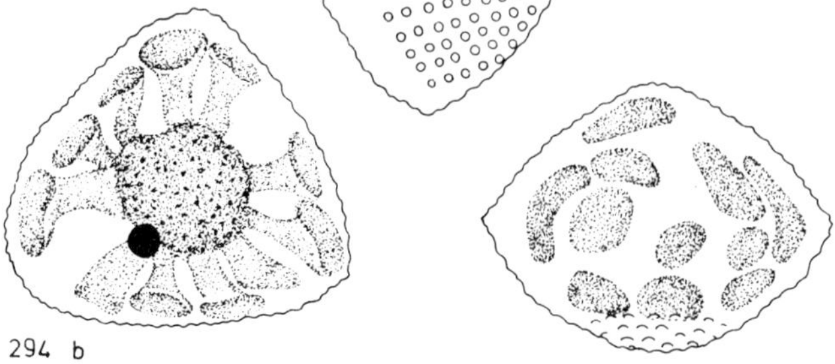

Fig. 294b. *Goniochloris stellata* Rino – links Breitseite der Zelle mit Chromatophor, rechts Schmalseite und in der Mitte Detail der Skulptur (nach Rino).

trieben, an den Enden abgerundet. Zellwand mäßig derb, mit deutlicher skrobikulierter Skulptur, Körnchen 0,5–1 μm groß, in Reihen angeordnet, die sich in einem Winkel von 60 Grad schneiden. Chromatophor sternförmig gelappt, aus mehreren wandständigen Lappen bestehend, die aus einem dickeren Basalstück entspringen. Im Plasma reichlich Öltropfen, manchmal mit einem großen rundlichen Karotinkörper. Fortpflanzung nicht beschrieben.

Zellen 23–25 μm groß, 19 μm dick.

In einem kleinen Teich in Moçambique gefunden.

35. **Polygoniochloris** Ettl

Goniochloris p. p. Pascher pro subgenere *Polygoniochloris, Trachychloron* p. p. sensu Fott

Zellen deutlich dorsiventral abgeflacht, in einer Ebene liegend, mit ausgesprochener Breit- und Schmalseite. Von der Breitseite gesehen vier- bis vieleckig, mit konkaven bis fast geraden, aber auch leicht konvexen Seiten, in einem Fall fast rund werdend. Manchmal etwas unregelmäßig gebaut. Von der Schmalseite gesehen mehr oder weniger elliptisch, meist aber mit parallelen Begrenzungslinien, daher Zellen kissenförmig gebaut. Zellwand oft relativ derb, manchmal rötlich verfärbt, bei älteren Zellen wohl stärker verkieselt. Oberfläche wie bei *Goniochloris* deutlich skulpturiert, vor allem in Form eines Maschenwerkes. Maschenreihen schneiden sich entweder rechtwinkelig oder in einem Winkel von 60 Grad; Maschen rund bis sechseckig. Skulptur an den Kanten der Zellen als leichte Kerbung oder Zahnung sichtbar. Chromatophoren mehrere, meist zwei bis fünf, wandständig, scheiben- oder muldenförmig. Im Plasma Fett- oder Öltropfen, von denen einer oder zwei leuchtend rot gefärbt sind.

Fortpflanzung durch Zwei- oder Vierteilung des Protoplasten. Bislang wurden nur Autosporen beobachtet. Zoosporen wahrscheinlich vorkommend, da gelegentlich nackte, monadoide Protoplasten gesehen wurden. Zysten nicht beobachtet.

Wichtigste Literatur: Pascher 1939 a, Ettl 1965, 1977.

Bestimmungsschlüssel der Arten

1a	Zellen vier- bis vieleckig, Ecken deutlich	2
1b	Zellen rundlich polygonal mit undeutlichen Ecken oder auch fast kreisrund	**1. P.circularis**
2a	Zellen regelmäßig viereckig	2. P.tetragona
2b	Zellen sechs- bis mehreckig	3
3a	Zellen regelmäßig sechseckig	**3. P.regularis**
3b	Zellen fünf- bis zehneckig, mit oft ungleichen Seiten	**4. P.polygonia**

1. **Polygoniochloris circularis** (Bourrelly et Georges) Ettl (Fig. 298)

Pseudostaurastrum circulare Bourrelly et Georges, *Trachychloron circulare* (Bourrelly et Georges) Fott

Zellen von der Breitseite gesehen undeutlich abgerundet polygonal bis fast rund, manchmal leicht unregelmäßig. Schmalseite elliptisch bis angedeutet bikonvex, Zellen daher mehr linsenförmig abgeflacht. Zellwand zart, mit mehr oder weniger deutlicher wabenförmiger Skulptur, die an lebenden Zellen nicht immer deutlich zu sehen ist; mit typischem wabenartigem Aussehen, Zellwand wahrscheinlich verkieselt. Chromatophoren gewöhnlich vier, aber auch nur drei, wandständig, scheibenförmig, blaß grün. Fortpflanzung nicht beobachtet.

Zellen 7–15 μm im Durchmesser; 2,5–5 μm dick.

Eine häufig vorkommende, wohl kosmopolitisch verbreitete Alge, die vor allem im Plankton kleiner Tümpel, Teiche oder seichter, leicht eutrophierter Seen vorkommt. Im Gebiet verbreitet.

2. Polygoniochloris tetragona (Pascher) Ettl (Fig. 295)
Goniochloris tetragona Pascher

Zellen von der Breitseite gesehen quadratisch bis schief quadratisch, immer deutlich viereckig. Mitte der Seiten leicht bis deutlich ausgerandet, wobei diese Ausrandungen an den vier Seiten einer Zelle sehr verschieden tief gehen können. Von der Schmalseite gesehen sehr flach, mit parallelen Seiten, gegen die Enden dann plötzlich spitz verschmälert. Zellen daher ausgesprochen kissenförmig. Zellwand derb, mit deutlicher bis grober Skulptur, wobei sich die Reihen der runden Dellen entweder im rechten Winkel oder in einem Winkel von 60 Grad schneiden. Zellwand an den vier Seitenkanten leistenartig verdickt, ohne daß aber an den Ecken Dornen oder Stacheln entwickelt sind. Chromatophoren mehrere, scheibenförmig, manchmal ungleich groß. Fortpflanzung durch Autosporen.

Zellen an den Seiten 12–20 μm messend.

Aus einer stark sauren, fast völlig verlandeten Bucht des Großteiches bei Doksy in Böhmen, ferner in *Zygnema*-Watten aus einem moorigen Graben der Hohen Tatra (Tschechoslowakei).

3. Polygoniochloris regularis Ettl (Fig. 296)
Goniochloris polygonia Pascher var. *regularis* Ettl

Zellen sehr flach, scheibenförmig, niemals gebogen oder einseitig vertieft. Breitseite von fast regelmäßig sechseckigem Umriß, an den Ecken jedoch abgerundet oder stumpf. Seiten gerade, bisweilen aber etwas ungleich lang, so daß die Zellen leicht schief werden. Schmalseite mit fast paralleler Begrenzung, gegen die Enden dann verschmälert und abgerundet; Zellen kissenförmig. Zellwand mit der für die Gattung typischen Skulptur, die jedoch äußerst zart, manchmal fast verschwommen ist. Sie zeigt bei oberflächlicher Einstellung ein sechseckiges Wabensystem. Chromatophoren zwei oder drei, groß, scheiben- bis muldenförmig. Fortpflanzung durch vier Autosporen.

Zellen 8–12 μm im Durchmesser.

Mehrmals, doch immer vereinzelt in verschiedenen Planktonproben gefunden, kleine Teiche, Tümpel oder Wiesengräben in Nordmähren (Tschechoslowakei).

4. Polygoniochloris polygonia (Pascher) Ettl (Fig. 297)
Goniochloris polygonia Pascher

Zellen flach scheibenförmig, in der Mitte meist etwas, doch niemals auffallend verdickt und gelegentlich leicht napfförmig werdend. Von der Breitseite gesehen stumpf fünf- bis zehneckig, mit sehr ungleichen Längsseiten, die leicht bis stark konkav sein können. Zellen meistens asymmetrisch. Zellwand sehr derb, meist grob skulpturiert, an den Zellecken nicht selten etwas warzig verdickt, Warzen aber nicht scharf abgesetzt. Chromatophoren mehrere (5–10), oft sehr verschieden groß, scheibenförmig. Rote Öltropfen im Plasma vorhanden. Fortpflanzung durch zwei oder vier Autosporen. Die Autosporen einer Zelle schwanken nicht selten weitgehend in der Zahl der Ecken.

Zellen 10–19 μm im Durchmesser.

Sehr leicht zu übersehende, meist sehr blasse Alge, die vielleicht kalkhold ist. Altwasser der Traun bei Ischl, außerdem in Wiesenlachen (Österreich).

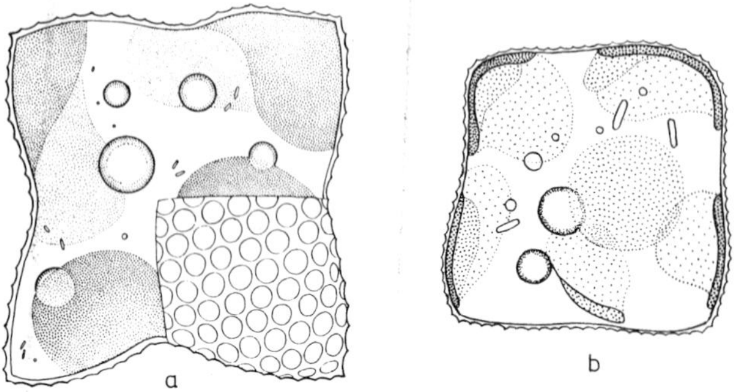

a b

295

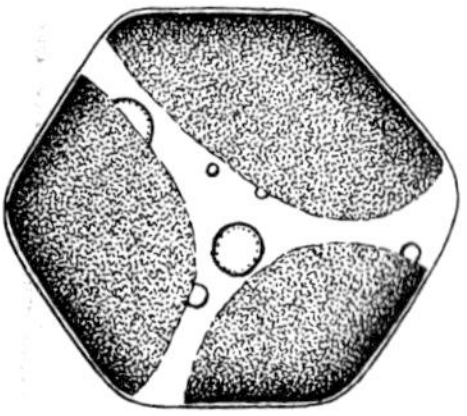

296 a

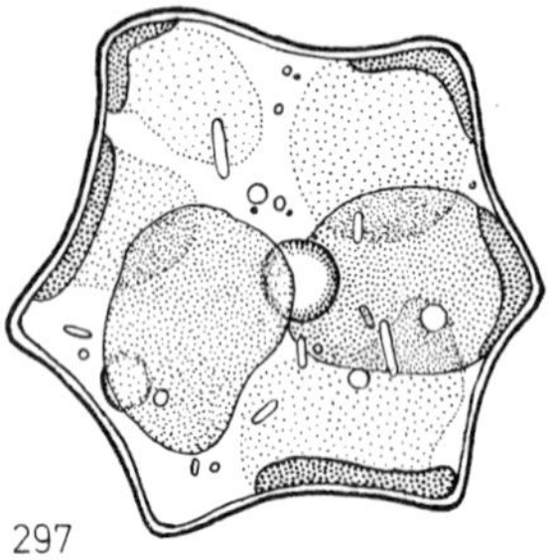

297

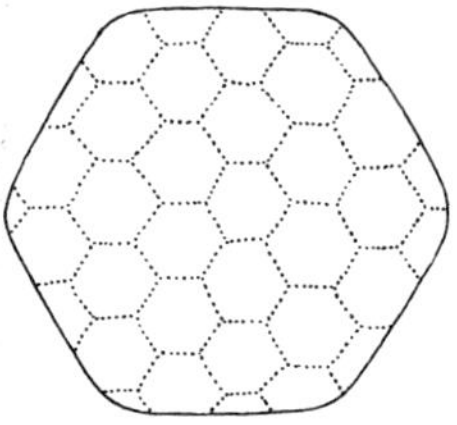

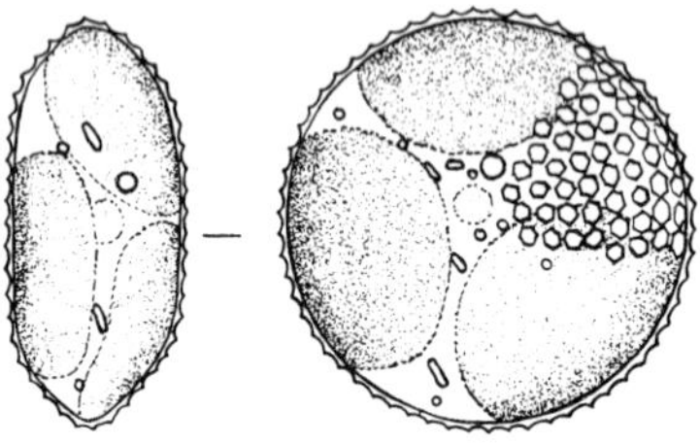

b a 298

Fig. 295. *Polygoniochloris tetragona* (Pascher) Ettl – *a* Zelle mit teilweise eingezeichneter Skulptur, *b* Zelle mit Inhalt (nach Pascher). Fig. 296. *Polygoniochloris regularis* Ettl – *a* Breitseite, *b* Skulptur, (nach Ettl). Fig. 297. *Polygoniochloris polygonia* (Pascher) Ettl (nach Pascher). Fig. 298. *Polygoniochloris circularis* (Bourrelly et Georges) Ettl – *a* Schmalseite (nach Fott).

36. **Bracchiogonium** Pascher in Ettl

Goniochloris p. p. sensu Pascher

Zellen dreistrahlig, ohne Zentralkörper, nur aus drei äußerst langen Armen zusammengesetzt, die in der Mitte miteinander vereinigt sind. Arme ausgesprochen walzlich, kaum verjüngt, nur an den Enden plötzlich verschmälert und dort stumpf bis leicht spitz. Alle Arme gewöhnlich in einer Ebene, doch kann hie und da einer in eine andere Richtung verdreht sein. Von oben gesehen sind die Arme nur manchmal gerade, viel öfter sind sie leicht gebogen oder leicht geschlängelt, manchmal verdreht und gekrümmt, einer Baumwurzel ähnlich. Die ganze Zelle wird dadurch mehr oder weniger windschief. Zellwand sehr zart, ohne jede sichtbare Skulptur, diese vielleicht zu zart um mit dem Lichtmikroskop erfaßt zu werden. Chromatophoren gewöhnlich einer bis drei, manchmal auch mehrere, wandständig, scheiben- bis schmal bandförmig und dann die Arme schraubig durchziehend. In einem Fall wurden mehrere kleine scheibenförmig Chromatophoren gesehen, die auffallend blaß bis fast farblos waren. Fortpflanzung nicht bekannt.

Wichtigste Literatur: Pascher 1939a, Ettl 1965

Eine einzige Art:

Bracchiogonium ophiaster Pascher in Ettl (Fig. 299)

Mit den Merkmalen der Gattung. Zellen 18–25 μm groß (von einem Ende zum anderen).

299

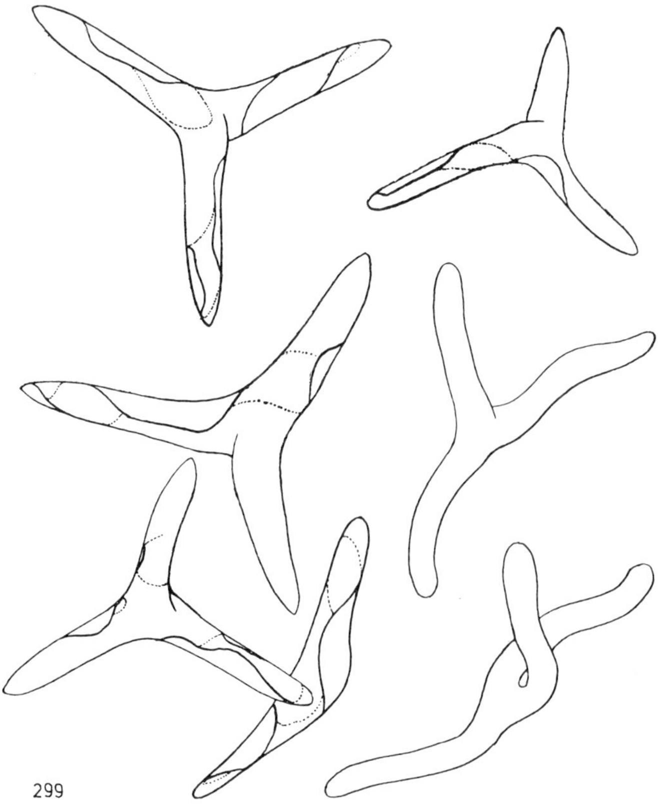

Fig. 299. *Bracchiogonium ophiaster* Pascher in Ettl (nach Pascher).

Vielleicht kalkholde Art, die zwischen verschiedenen Algen, vor allem *Mougeotia, Geminella, Radiofilum* und *Tribonema* vereinzelt vorkommt. In einem kleinen Wiesentümpel in den Karawanken bei Rosenbach (Österreich) und in einem kleinen Tümpel bei Svitavy (Tschechoslowakei).

37. **Isthmochloron** Skuja

Tetraëdron p. p., *Pseudostaurastrum* p. p.

Zellen einzeln lebend, stark abgeplattet, also in einer Ebene entfaltet. Von der Breitseite gesehen im Prinzip viereckig, mit stark konkaven Seiten, wobei zwei gegenüberstehende Seiten immer stärker eingebuchtet sind als die anderen. Somit entsteht ein Isthmus, der die Zellen in zwei gleichartige Hälften teilt, ähnlich wie bei manchen Desmidiaceen (vor allem *Arthrodesmus).* Die in einer Ebene entwickelten Ecken der Zellen bilden kurze und nur schwach angedeutete oder aber lange und oft gabelige Fortsätze, an denen Stacheln sitzen. Durch die Verzweigungen der Arme und Stacheln erinnert diese Gattung rein äußerlich an *Staurastrum.* Die Gattung umfaßt bislang solche Formen, die rechteckig ausgebildet sind, durch eine stärkere Mitteleinschnürung immer deutlich bilateral symmetrisch bis leicht zygomorphe Gestalt haben und an den Zellecken gelappt oder bestachelt, doch nur in einer Ebene entwickelt sind (im Unterschied zu *Pseudostaurastrum).* Zellwand zart bis mäßig derb, hyalin und ohne Skulptur, an den Ecken der Zelle manchmal kleine Spitzen oder deutliche scharfe Stacheln bildend. Chromatophoren mehrere, wandständig, scheibenförmig; ohne Pyrenoide. Fortpflanzung nicht beobachtet.

Wichtigste Literatur: Skuja 1948, 1964, Bourrelly 1951, Starmach 1968.

Bestimmungsschlüssel der Arten

1a Zellen ohne deutliche armartige Fortsätze, doch an den Zellecken mit drei bis vier spitzen Stacheln . . . . **1. I.trispinatum**

1b Zellen mit deutlichen armartigen und kurz zweilappig gegabelten Fortsätzen, ohne Stacheln . . . . **2. I.lobulatum**

1. **Isthmochloron trispinatum** (W. et G. S. West) Skuja (Fig. 300)

Arthrosdesmus trispinatus W. et G. S. West

Zellen im Prinzip viereckig, mit konkaven Seiten, wobei zwei gegenüberstehende tiefer und mehr spitzwinkelig, die zwei anderen seichter und breiter ausgerandet sind. Zellecken abgerundet und mit einer schwankenden Anzahl (meist 3, aber auch 4–7) spitzen Stacheln versehen. Zellwand mäßig derb, glatt und farblos, an den Ecken die Stacheln bildend. Chromatophoren mehrere (4–6), scheibenförmig, gelbgrün. Im Plasma rote Öltropfen und ölige Assimilate. Fortpflanzung nicht gesehen.

Zellen 9,5–13 μm lang, 9–12 μm breit (ohne Stacheln) und 4–8 μm dick.

Eine verbreitete Form, die vereinzelt in den verschiedensten Planktonproben gefunden wurden. Sowohl in moorigen Gewässern als auch in Teichen und Seen.

2. **Isthmochloron lobulatum** (Nägeli) Skuja (Fig. 301)

Polyedrium lobulatum Nägeli, *Pseudostaurastrum lobulatum* (Nägeli) Chodat

Zellen im Prinzip viereckig mit stark konkaven Seiten, wobei zwei gegenüberstehende Seiten immer etwas stärker ausgehöhlt sind als die zwei anderen. Die Zellecken sind in relativ lange, kurz zweilappig gegabelte Fortsätze ausgezogen, die noch an den Enden in zwei kurze, gesonderte Spitzen auslaufen. Manchmal

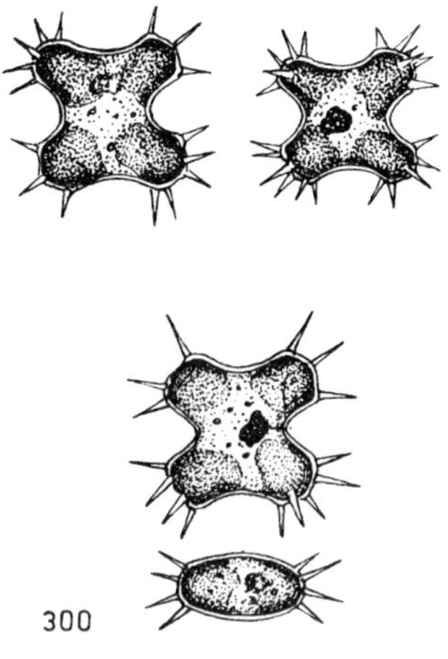

300

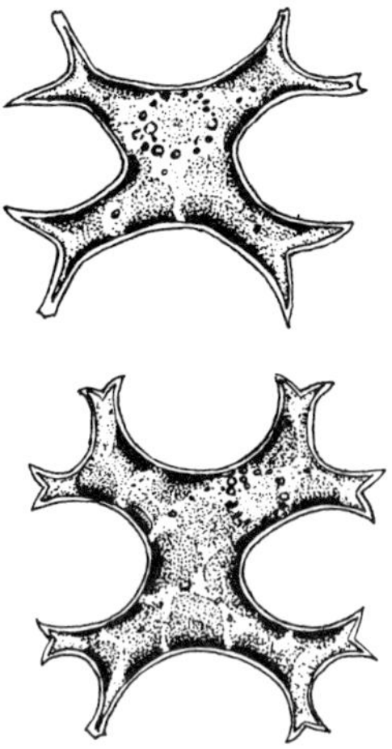

301

Fig. 300. *Isthmochloron trispinatum* (W. et G. S. West) Skuja. Fig. 301. *Isthmochloron lobulatum* (Nägeli) Skuja (nach Skuja).

auch mit drei Spitzen endend. Zellwand relativ zart, glatt und farblos. Sie ist auch an den Zellecken kaum verdickt, so daß der Protoplast bis in die Spitzen eindringt. Chromatophoren mehrere (bis 20 und noch mehr), wandständig, klein scheibchenförmig, oliv- oder gelbgrün. Fortpflanzung nicht gesehen.

Zellen 33–45 μm lang, 27–40 μm breit und 15–20 μm dick.

Wie die vorige Art auch im Gebiet recht verbreitet. Kommt oft vereinzelt in Planktonproben vor.

38. **Pseudopolyedriopsis** Gollerbach

Polyedriopsis Schmidle sensu Skuja

Zellen leicht abgeflacht und bisweilen mehr oder weniger tordiert, etwas unregelmäßig eckig, fünf- bis vierstrahlig, mit konischen Fortsätzen und eckigen Buchten dazwischen. Von der Schmalseite gesehen sind die Zellen unregelmäßig elliptisch. Zellwand mäßig derb, farblos und ganz fein punktiert. An den Enden der Fortsätze sind 2–6 lange nadelförmige Stacheln vorhanden, die bis doppelt körperlang sein können. Chromatophoren mehrere bis viele, wandständig, scheibenförmig, gelbgrün. Ohne Pyrenoide. Im Plasma zerstreut zahlreiche Körner oder Öltropfen. Fortpflanzung nicht bekannt.

Wichtigste Literatur: Skuja 1956, Starmach 1968

Eine einzige Art:

Pseudopolyedriopsis skujae Gollerbach (Fig. 302)

Tetraëdron spinulosum Schmidle sensu Skuja

Mit den Merkmalen der Gattung. Zellen ohne Stacheln 17–25 μm groß, Stacheln 20–40 μm lang werdend.

Vereinzelt unter anderen Formen des Phytoplanktons, im Gebiet recht verbreitet.

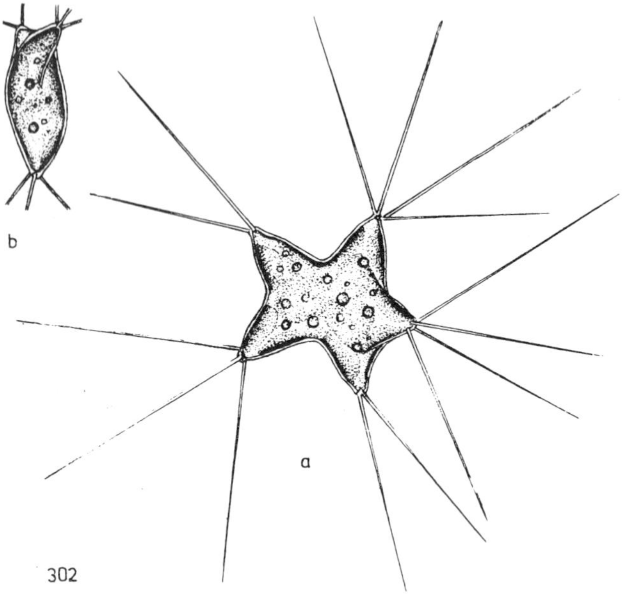

Fig. 302. *Pseudopolyedriopsis skujae* Gollerbach (nach Skuja).

2. Familie **Botrydiopsidaceae** Ettl

Pleurochloridaceae p. p. Pascher, *Botrydiopsideae* Pascher

Einzeln lebende Xanthophyceen, die entweder frei vorkommen oder an untergetauchten Teilen von Wasserpflanzen festhaften. Zellen durch auffallendes, manchmal lange andauerndes Größenwachstum und Vielkernigkeit charakterisiert. Zellformen verschieden, kugelig oder ellipsoidisch, manchmal länglich, birnenförmig bis unregelmäßig. Zellwand einteilig, ohne Skulptur, bisweilen aber auch verdickt, geschichtet oder nur einseitig und lokal stark verdickt. Chromatophoren immer mehrere bis sehr viele, relativ klein, scheiben- bis kurz bandförmig, binnen- oder wandständig. In einigen Fällen Chromatophoren netzartig miteinander verbunden. Pyrenoide bislang bei zwei Arten bekannt. Im Zellinnern ist immer eine mehr oder weniger große Saftvakuole vorhanden, die bei erwachsenen Zellen das Plasma mit den Chromatophoren zur Peripherie drängt. Sonst mit den Merkmalen der Ordnung. Fortpflanzung wie bei allen Mischococcalen, doch erfolgt der Zerfall des Protoplasten in die Teilstücke simultan. Zoosporen und Autosporen immer in großer Menge. Die einzelnen Gattungen sind vielleicht nicht näher miteinander verwandt, doch werden sie wegen ihrer vielkernigen und äußerst großen Zellen (Coenoblast) aus rein praktischen Gründen in dieser Familie vereinigt.

Wichtigste Literatur: Pascher 1939 a, Starmach 1968, Bourrelly 1968, Ettl 1977.

Bestimmungsschlüssel der Gattungen

1a Zellen frei lebend 2
1b Zellen auf Wasserpflanzen festsitzend 3
2a Zellen kugelig, Zellwand gleichmäßig dick, ohne lokale Verdickungen .... **1. Botrydiopsis** (S. 247)
2b Zellen länglich bis unregelmäßig gebaut, an einem Ende mit mächtiger und oft geschichteter lokalen Verdickung der Zellwand .... **2. Excentrochloris** (S. 251)
3a Chromatophoren binnenständig, peripheres Plasma nicht durchbrochen .... **3. Chlorapion** (S. 253)
3b Chromatophor wandständig, peripheres Plasma durch viele Perforationen netzig durchbrochen .... **4. Perone** (S. 253)

1. **Botrydiopsis** Borzi

Zellen im erwachsenen Zustand sehr groß werdend, mit bis zehnmal größerem Durchmesser als die jungen Zellen; immer durch enormes Größenwachstum aus kleinen Zellen hervorgehend. Meist vollkommen kugelig, seltener brotlaibförmig oder kugelig-ellipsoidisch. Zellwand zart bis derb, manchmal vielleicht geschichtet, ohne lokale Verdickungen. Nicht verkieselt und auch keine Skulptur zeigend. Manchmal ist die Zellwand sehr derb und mit kürzeren oder längeren, stumpfen, gallertigen Zapfen allseitig besetzt, die jedoch auf völlig andere Weise entstehen als die Skulptur anderer Heterococcalen. In seltenen Fällen ist eine zarte Gallerthülle vorhanden, gelegentlich auch fleckenweise Eisenauflagerungen. Protoplasten der erwachsenen Zellen mit einer deutlichen, großen, zentralen Saftvakuole. Chromatophoren sehr viele, wandständig, scheibenförmig, mit elliptischem oder mehr polygonalem Umriß. Oft stehen die Chromatophoren so dicht, daß zwischen ihnen nur schmale helle Streifen frei bleiben. Pyrenoide bei zwei Arten bekannt, färberisch nachgewiesen. Junge Zellen einkernig, erwachsene hingegen immer mehr- bis vielkernig. In älteren Zellen liegt – meist exzentrisch – ein großer kugeliger Ballen unbekannter, leicht gelblicher Substanz. Außerdem Fett und Öl, wahrscheinlich auch Chrysolaminarin. Bei fortschreitendem Wachstum differenziert sich deutlich ein grobmaschiges zentrales Plasma und ein mehr homogenes, nicht vakuolisiertes peripheres Plasma, in dem die Kerne und die Chromatophoren liegen.

Fortpflanzung durch Bildung von sehr zahlreichen Zoosporen, die in ihrer Größe ungemein schwanken. Sie entstehen durch simultanen Zerfall des peripheren Plasmas, sind sehr formveränderlich und besitzen zwei bis viele Chromatophoren, manchmal auch ein Stigma und pulsierende Vakuolen. Nicht selten werden auch synzoosporenartige Gebilde oder Synzoosporen gebildet. Die aus Zoosporen hervorgegangenen Zellen haben zunächst meist binnenständige Chromatophoren. Vor der Bildung der Zoosporen kommt es fast immer zu einer sehr deutlichen Gliederung des peripheren Plasmas, aus dem die Zoosporen hervorgehen, und schon hier wandeln sich die wandständigen Chromatophoren in binnenständige um. Das zentrale Restplasma bleibt beim Ausschwärmen der Zoosporen zurück. Während des Wachstums der jungen Zellen werden die Chromatophoren wieder wandständig. Sehr häufig werden auch viele kleine Autosporen gebildet. Die Zahl der gebildeten Zoosporen oder Autosporen schwankt beträchtlich, von wenigen bis über 300 in einer Zelle, abhängig von deren Größe. Als Dauerstadien wurden bis jetzt nur derbwandige Zellen beobachtet (Aplanosporen?), die sich innerhalb der Mutterzelle bilden und über deren Entwicklungsgeschichte wenig bekannt ist.

Wichtigste Literatur: Borzi 1889, Snow 1902, Pascher 1925, 1939 a, 1939 b,

Printz 1927, Fritsch 1935, Vischer 1945, G. M. Smith 1950, Ettl 1960 b, Trenkwalder 1975.

Bestimmungsschlüssel der Arten

1a Chromatophoren ohne Pyrenoide 2
1b Chromatophoren mit Pyrenoiden 3
2a Chromatophoren mehr rundlich, Zoosporen amöboid, und ohne Stigma .... **1. B.arhiza**
2b Chromatophoren polygonal, Zoosporen nicht amöboid, aber mit Stigma .... **2. B.intercedens**
3a Zellwand auch im Alter nicht verdickt, Zoosporen ohne Stigma .... **3. B.pyrenoidosa**
3b Zellwand im Alter auffallend stark verdickt, Zoosporen mit Stigma .... **4. B.callosa**

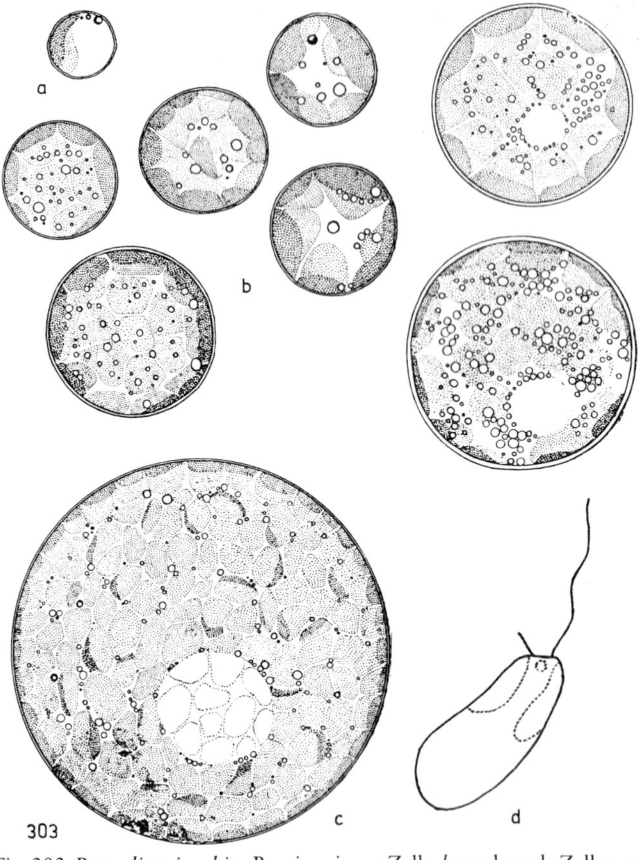

Fig. 303. *Botrydiopsis arhiza* Borzi – *a* junge Zelle, *b* wachsende Zellen, *c* ausgewachsene Zelle, *d* Zoospore (nach Pascher).

1. Botrydiopsis arhiza Borzi (Fig. 303)

Zellen kugelig bis kugelrund, nur unter ungünstigen Verhältnissen etwas unregelmäßig kugelig-ellipsoidisch bis brotlaibförmig. Zellwand mäßig derb bis derb, seltener mit leicht stacheliger und gallertiger Außenschicht. Chromatophoren rundlich bis elliptisch, auch in erwachsenen Zellen nicht anders geformt. Sonst mit den Merkmalen der Gattung. Zoosporen unter Geißelverlust völlig amöboid werdend. Mit zwei bis vielen Chromatophoren, ohne Stigma.

Zellen sehr groß, 25–50 μm, doch auch bis 80 μm im Durchmesser, junge Zellen nur 8–10 μm groß.

Sehr verbreitete Alge mit größerer ökologischen Spannweite. In stehenden Gewässern, besonders in der Randflora von Teichen, aber auch in fast stagnierenden Moorgräben verbreitet. Kommt auch in Erdböden vor. Im Gebiet verbreitet.

2. Botrydiopsis intercedens Pascher (Fig. 304)

Zellen kugelig bis fast kugelrund. Zellwand bei erwachsenen Zellen zart, ohne jede Gallertschicht. Chromatophoren viele bis zahlreiche, oft polygonal aneinanderschließend. Sonst mit den Merkmalen der Gattung. Zoosporen nicht amöboid werdend, mit zwei Chromatophoren und einem deutlichen Stigma.

Zellen bis 60–70 μm groß werdend.

Wohl ebenfalls eine verbreitete Art. Aus Reinkulturen bekannt, außerdem aus alpinen Erdböden isoliert (Österreich), kommt aber auch in Mooren vor (Tschechoslowakei) und wurde sogar aerophytisch aufgefunden (Rumänien).

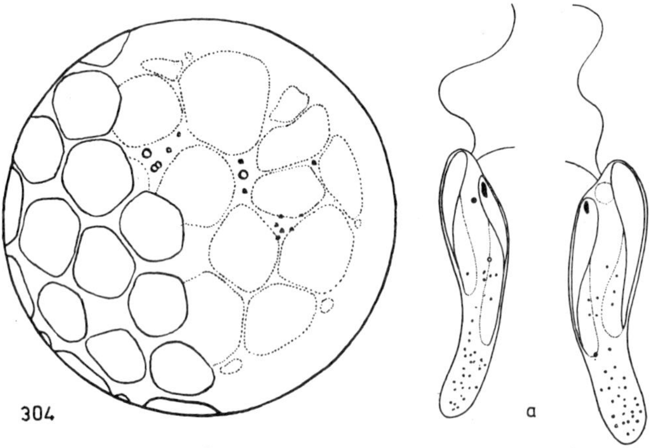

Fig. 304. *Botrydiopsis intercedens* Pascher – *a* Zoosporen (nach Pascher).

3. Botrydiopsis pyrenoidosa Trenkwalder (Fig. 304a)

Zellen einzeln, schön kugelrund. Zellwand glatt, auch im Alter kaum oder gar nicht verdickt. Chromatophoren zahlreich, in jungen Zellen regelmäßig parietal, in erwachsenen Zellen auch binnenständig. In Aufsicht sind sie polygonal, im Querschnitt auffällig unregelmäßig eckig. Jeder Chromatopor besitzt ein Pyrenoid. Zoosporen amöboid, meist etwas unregelmäßig birnförmig und relativ groß, mit zwei Chromatophoren und einer Geißel, aber ohne Stigma. Auch Autosporen bekannt.

Zellen bis 70–85 µm groß werdend, Zoosporen bis 15 µm lang.
Aus Erdproben isoliert. Böden der Föhrenwälder im Raum von Brixen in Südtirol (Italien).

4. Botrydiopsis callosa Trenkwalder (Fig. 304b)

Zellen einzeln, kugelig. Zellwand bei älteren Zellen dick werdend, bei erwachsenen Zellen in alten Kulturen eine auffallend starke Zellwandverdickung. Verdickte Zellwand deutlich zweischichtig, wobei die äußere Schicht radial, die innere, meist dünnere, konzentrisch gestreift erscheint, Chromatophoren zahlreich, in Aufsicht polygonal, meist parietal, nur bei erwachsenen Zellen auch binnenständig werdend. Jeder Chromatophor mit Pyrenoid. Zoosporen und Autosporen sind nicht peripher-radial angeordnet, sondern erfüllen das ganze Sporangium. Zoosporen relativ klein, mit zwei deutlich ungleich langen Geißeln, mit einem Chromatophor und Stigma.

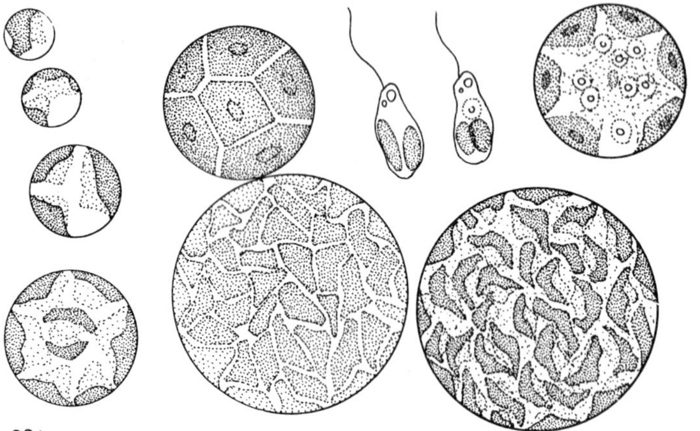

304a

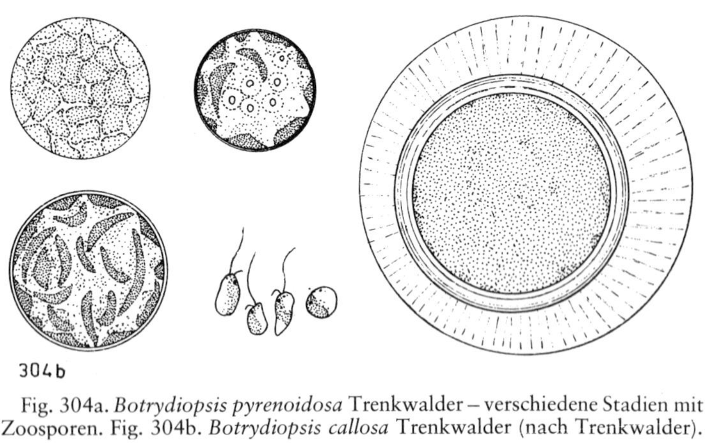

304b

Fig. 304a. *Botrydiopsis pyrenoidosa* Trenkwalder – verschiedene Stadien mit Zoosporen. Fig. 304b. *Botrydiopsis callosa* Trenkwalder (nach Trenkwalder).

Zellen 15–35 μm groß, bei starker Zellwandverdickung bis 90 μm Durchmesser, Zoosporen 5–7 μm lang.

Aus Erdproben isoliert. Böden der Föhrenwälder im Raum von Brixen in Südtirol (Italien).

Unsichere und zu streichende Arten

Botrydiopsis alpina Vischer – unterscheidet sich von *B. arhiza* nur dadurch, daß ihre Zellen in Kultur meist etwas kleiner bleiben. Zoosporen mit Stigma, deshalb wieder mehr an *B. intercedens* erinnernd. Nach Vischer soll *B.alpina* die normale Größe regelmäßig, *B.intercedens* nur hie und da erreichen. Diese Unterschiede sind für eine Trennung von Arten unzureichend. Wohl nur ein Ökoform von *B.intercedens*.

Botrydiopsis anglica Fritsch et John – wahrscheinlich eine Grünalge aus dem Umkreis von *Dictyococcus*.

Botrydiopsis antarctica Kol – weist Unterschiede auf, die die Zugehörigkeit zur Gattung *Botrydiopsis* zweifelhaft machen. Vor allem die außergewöhnlich dicke und geschichtete Zellwand. Es kann sich auch um ein Dauerstadium einer der bekannten *Botrydiopsis*-Arten handeln. Zellen kugelig, einzeln lebend. Zellwand bei jungen Zellen dünn, bei älteren sehr dick werdend und deutlich geschichtet. Außen wird die Zellwand noch von einer Gallerthülle umgeben. Chromatophoren scheibenförmig, zahlreich, dunkelgrün. Alte Zellen sollen nach der Autorin etwas Stärke (!) enthalten, was bei Xanthophyceen nie vorkommen kann. Ein sehr fraglicher Organismus.

Botrydiopsis cuprea Fehér – nomen nudum.

Botrydiopsis eriensis Snow – eine fragliche Art, die nicht einheitlich aufgefaßt wurde. Vor allem sind die Angaben über die Zoosporen widersprüchlich. Besser zu streichen.

Botrydiopsis minor Chodat – eine Grünalge, *Dictyococcus minor* (Chodat) Petrová.

Botrydiopsis oleacea Snow – ungenügend und unvollkommen beschrieben, wahrscheinlich überhaupt keine Xanthophycee.

Botrydiopsis turfosa Pascher – nur eine Ökoform von *B.arhiza*.

2. **Excentrochloris** Pascher

Zellen im erwachsenen Zustand unregelmäßig ellipsoidisch oder unregelmäßig und sehr stumpf-polyedrisch, birnenförmig oder sehr unregelmäßig wurstförmig, oft mit lokalen Einschnürungen und auffallend groß. Zellwand dünn bis derb, an einem Zellende lokal stark und auffallend verdickt und geschichtet. Verdickung oft so stark, daß es zur Bildung eines kleinen fuß- bis stielförmigen Fortsatzes kommt. Ohne jede deutlich Skulptur. Gelegentlich liegt der Zelle noch eine dünne und zarte Gallertschicht an. Chromatophoren in ihrer Ausbildung sehr wechselnd; entweder mehrere bis viele größere oder kleinere scheibenförmige, wandständige Chromatophoren, die manchmal so dicht stehen, daß sie sich polygonal abplatten, oder bisweilen der Chromatophorenapparat als breitmaschiges Netz ausgebildet. Von diesem bis zu ganz zarten netzförmigen Chromatophoren alle Übergänge. Ohne Pyrenoide. Rote Öltropfen oft in großen Mengen. Zellen in der Jugend einkernig, später immer vielkernig werdend.

Fortpflanzung durch Bildung von sehr zahlreichen, gelegentlich über 100 Zoosporen, die in ihrer Größe recht schwanken können und in ähnlicher Weise entstehen wie bei *Botrydiopsis*. Mit einem oder mehreren Chromatophoren, mit Stigma und pulsierenden Vakuolen. Hauptgeißel bis zweimal körperlang, Nebengeißel $^1/_4$ der ersteren messend. Hinterende der Zoosporen stark amöboid. Nach der Schwärmzeit bilden die Zoosporen kleine Zellen, die sehr bald einseitig entwickelt sind. Schon an diesen kleinen Zellen werden die Pole der Zellwand zapfenartig verdickt. Auch Autosporen sind bekannt. Als Dauerstadien kommen Aplanosporen vor, die in der Mutterzelle nach erfolgter Protoplastenteilung gebildet werden. Sie sind oft tiefbraun verfärbt und enthalten viel orangefarbenes Öl.

Wichtigste Literatur: Pascher 1939a, Ettl 1968.

Eine einzige Art:

Excentrochloris gigas Pascher (Fig. 305)

Mit den Merkmalen der Gattung. Zellen 30–50 μm lang und 20–30 μm breit, Zoosporen 6–20 μm groß.

Eine relativ seltene Alge, die in etwas saueren Wiesengräben mit viel *Tribonema* und *Zygnema*, zuweilen auch zusammen mit Eisenbakterien vorkommt (Tschechoslowakei, Österreich).

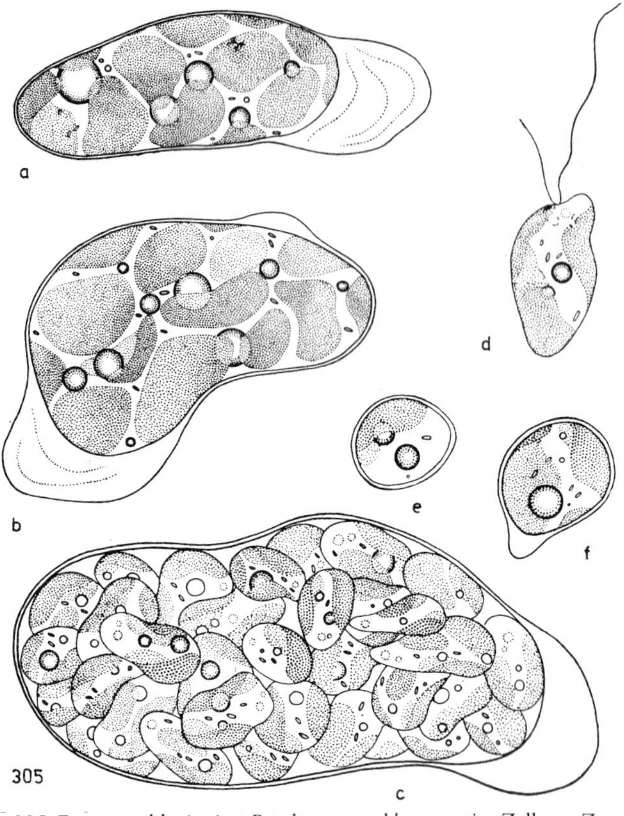

Fig. 305. *Excentrochloris gigas* Pascher – *a* und *b* vegetative Zellen, *c* Zoosporenbildung, *d* Zoospore, *e* Keimling, *f* junge Zelle mit lokaler Verdickung (nach Pascher).

3. **Chlorapion** Bourrelly

Apiochloris Düringer non *Apiochloris* Pascher

Erwachsene Zellen sehr groß, birnen- bis eiförmig, mitunter oft recht unregelmäßig geformt, an Wasserpflanzen festhaftend; mit bedeutendem Größenwachstum. Mit dem schmäleren Ende sitzen die Zellen in einer mit Kalk inkrustierten Gallerte. Häufig sind die Zellen dicht gedrängt, wobei die Gallerte dann eine dicke Kruste bildet. Zellwand sehr dick, aber nicht geschichtet, ohne bedeutende lokale Verdickungen. Chromatophoren sehr zahlreich, scheibchen- bis spindelförmig, binnenständig, im ganzen Protoplasten regelmäßig verteilt. Ohne Pyrenoide. Protoplast durch einen großen zentralen, hyalinen Ballen unbekannter Natur an die Peripherie gedrängt. Dieser Ballen ist auch schon bei jungen Zellen vorhanden und ist dem bei *Botrydiopsis* analog. Er verschwindet bei Behandlung mit verdünnten Säuren, Chlorzinkjod und Jodjodkalium. Zellen immer mehr- bis vielkernig, selbst die jüngsten Zellen zeigen schon mehrere Kerne. Assimilate und Reservestoffe wie bei den übrigen Xanthophyceen.

Fortpflanzung durch Zoosporen, die auf ähnliche Weise entstehen wie bei *Botrydiopsis*. Die Kerne und die Chromatophoren wandern an die Peripherie der Zellen; die Chromatophoren ordnen sich radiär an, während sich der zentrale Ballen noch vergrößert. Sehr bald treten an den Chromatophoren die Augenflecke auf. Die Protoplastenteilung erfolgt dann simultan und die Zoosporen beginnen sich sofort lebhaft zu bewegen. Durch Verschleimen der Zellwand werden die Zoosporen frei. Manchmal treten sie in großen Scharen aus (bis 1024). Durch Licht wird die Entleerung der Zoosporen gehemmt. Zoosporen ellipsoidisch bis eiförmig, mit zwei scheibenförmigen Chromatophoren, Stigma und zwei pulsierenden Vakuolen. Hauptgeißel etwa körperlang, Nebengeißel stummelförmig. Vor dem Festsetzen werden die Zoosporen amöboid. Sofort nach Umwandlung in die junge Zelle setzt starkes Wachstum ein. Es wurden auch Autosporen beobachtet.

Wichtigste Literatur: Düringer 1958, Bourrelly 1959.

Eine einzige Art:

Chlorapion grandis (Düringer) Bourrelly (Fig. 306)
Apiochloris grandis Düringer

Mit den Merkmalen der Gattung. Zellen bis 150 μm lang und bis 90 μm breit, Zoosporen 15 μm lang und 4,5 μm breit.

Einmal in größeren Mengen auf *Lemna minor* in einem Tümpel bei Moosbrunn (Österreich). Die blasigen Algenzellen häufig so dicht gedrängt, daß der Bewuchs schon mit freiem Auge zu erkennen war.

4. **Perone** Pascher

Zellen einzeln vorkommend, meist auf den grünen Zellen von *Sphagnum*-Blättern sitzend. Im erwachsenen Zustand behäutet, kugelig bis ellipsoidisch oder abgeplattet ellipsoidisch bis brotlaibförmig, seltener unregelmäßig birnenförmig. Mit starkem und auffallendem Größenwachstum. Zellwand zart, ohne jede Skulptur. In jungen Zellen, die noch kugelig und klein sind, füllt der Protoplast, bis auf eine relativ kleine Saftvakuole, die ganze Zelle aus. Große Zellen bereits mit ausgesprochen netzig-wabigem Zentralplasma, das große Maschenstränge bildet und die große Saftvakuole mehr- bis vielfach mit Plasmalamellen oder Strängen durchsetzt. Peripheres Plasma mehr homogen, doch ebenfalls perforiert. Plasmabewegung, vor allem in den Strängen deutlich. Chromatophoren in ganz jungen Zellen scheibenförmig und wandständig, meist nur einer oder

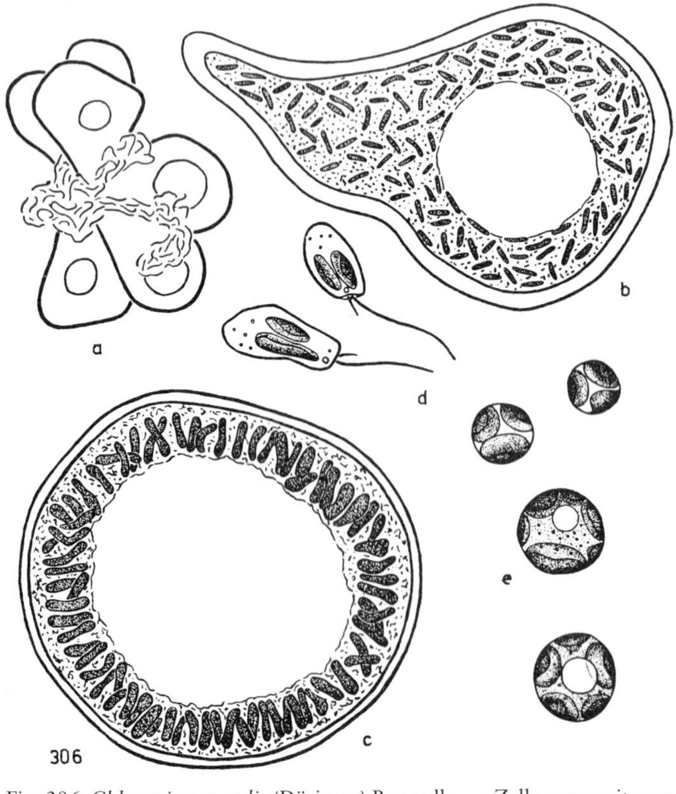

Fig. 306. *Chlorapion grandis* (Düringer) Bourrelly – *a* Zellgruppe mit ausgefälltem Kalk, *b* erwachsene Zelle, *c* Zoosporenbildung, *d* Zoosporen, *e* Keimlinge und junge Zellen (nach Düringer).

wenige. In den großen Zellen bleiben die zahlreichen Chromatophoren wandständig und sind daher in den peripheren Plasmaansammlungen angehäuft; sie sind elliptisch bis spindelförmig. In extremen Fällen scheint das Maschenwerk des Protoplasten stellenweise fast nur aus den spindeligen Chromatophoren zu bestehen, die durch ganz feine fädige Plasmastränge untereinander in Verbindung stehen und dann ein eigenartiges weites Maschenwerk bilden. Junge Zellen immer einkernig, während des Wachstums werden die Zellen vielkernig. Als Reservestoffe Fett, Öl, Chrysolaminarin, gelegentlich auch Eiweißkristalle und rubinrote Öltropfen.

Fortpflanzung durch Bildung von wenigen bis zahlreichen amöboiden, seltener geißeltragenden Zoosporen. Die Fortpflanzung kann in allen Größenklassen der Zellen einsetzen, und daher schwankt die Zahl der gebildeten Keime, es werden jedoch höchstens 64–200 gebildet. Zoosporen mit 1–3 Chromatophoren, Stigma und pulsierenden Vakuolen. Geißeln nur selten vorhanden, Hauptgeißel etwas mehr als körperlang, Nebengeißel stummelförmig. Sehr häufig sind die

Keime formveränderlich, geißellos und kriechen wie Amöben umher. Nach kurzer Zeit werden sie bewegungslos, setzen sich fest und entwickeln nur polar Pseudo- oder Rhizopodien. Meist zeigen diese Stadien auch ein ausgesprochenes Wachstum. Es kommt zur Vermehrung der Chromatophoren, der pulsierenden Vakuolen und wahrscheinlich auch der Kerne. Früher oder später, oft auch ohne besondere Vergrößerung der Zelle, werden die Pseudo- oder Rhizopodien eingezogen, der Organismus rundet sich ab und umgibt sich mit der Zellwand. In den großen Zellen differenziert sich sehr rasch die Saftvakuole, wogegen die pulsierenden Vakuolen verschwinden. Kleinere Zellen wachsen rasch heran und vermehren die Chromatophoren. Die Zoosporen können sich in manchen Fällen, auch ohne erst ins amöboide Stadium überzugehen, festsetzen und gleich zu kleinen, behäuteten vegetativen Zellen werden. Zysten nicht gesehen.

Perone ist als coccale Xanthophycee dadurch interessant, daß sie im entwikkelten Zustand zwar ausgesprochen coccal ist, einen größeren oder geringeren Teil ihres Lebens aber als Amöbe lebt. Das geht soweit, daß sogar das Größenwachstum der Zelle bereits zum großen Teil im rhizopodialen Stadium stattfindet. Nach den derzeitigen Kenntnissen hat *Perone* keine Parallele bei anderen Algen.

Wichtigste Literatur: Pascher 1932b, 1939a.

Eine einzige Art:

Perone dimorpha Pascher (Fig. 307)

Mit den Merkmalen der Gattung. Zellen 13–60 μm im Durchmesser, Zoosporen oder kleine amöboide Stadien 7–15 μm groß.

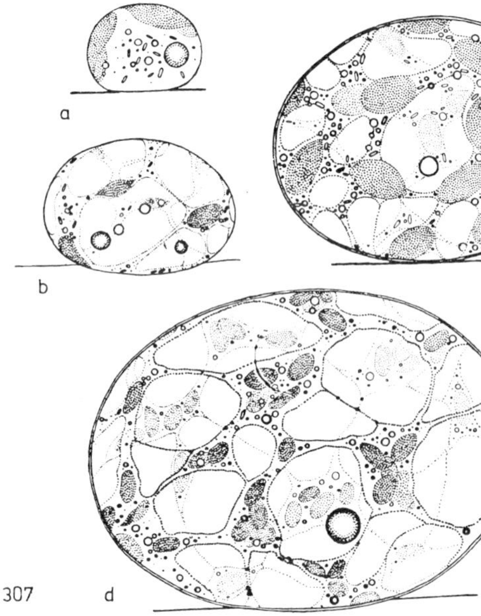

Fig. 307. *Perone dimorpha* Pascher – *a* ganz junge behäutete Zelle, *b* – *d* aufeinanderfolgende Stadien des Größenwachstums (nach Pascher).

Typische Mooralge, die epiphytisch auf den grünen Zellen von *Sphagnum*-Blättern lebt. Bislang in den Musikantenteichen bei Doksy, in Mooren bei Františkovy Lázně, im Böhmerwald und im Riesengebirge (Tschechoslowakei), aber auch im Schwarzwald (BRD) gesehen. Vergesellschaftet mit anderen Epiphyten wie z. B. *Porochloris tetragona, Octogoniella, Lagynion* und endophytisch lebenden rhizopodialen und beschalten Chrysophyceen.

Unsichere und zu streichende Gattungen

Leuvenia Gardner *(Osterhoutia* Gardner) – mit einer einzigen Art *L.natans* Gardner. Junge Zellen klein, kugelig, mit einem oder zwei Chromatophoren und einkernig. Dann bedeutend heranwachsend, mit vielen Chromatophoren und mehrkernig. In diesem Stadium aber meist etwas unregelmäßig kugelig bis birnenförmig. Zellen gewöhnlich in größeren Mengen auf der Wasseroberfläche schwimmend und hier ein dünnes Neustonhäutchen bildend. Untergetaucht gehen die Zellen zu Zoosporenbildung über. Zoosporen mit zwei ungleichen Geißeln, ohne Stigma und oft amöboid werdend. Zellen bis 45 μm, Zoosporen 4–6 μm groß. Mehrmals in stehenden Gewässern Kaliforniens gefunden. Wahrscheinlich zur Gattung *Botrydiopsis* gehörend, vielleicht überhaupt nur eine gelegentliche Ausbildungsform einer *Botrydiopsis*-Art. Paschers Beobachtungen an *Botrydiopsis* haben gezeigt, daß Zellen dieser Gattung auch oft Neuston-artige Häutchen bilden können.

Polychloris Borzi – mit einer Art *P.amoebicola* Borzi. Etwas unvollständig beschriebener Organismus, der symbiontisch in einer Amöbe beobachtet wurde. Vielleicht aus der nächsten Verwandtschaft von *Botrydiopsis*. Besser zu streichen.

3. Familie **Botryochloridaceae** Pascher

incl. *Tetraktidaceae* Komárek

Zellen kugelig, breit ellipsoidisch, kurz walzlich bis nadelförmig. Zu zweit, viert bis zu vielen zu unregelmäßigen bis sehr regelmäßigen Kolonien dadurch vereinigt, daß die Zellen seitlich oder an einem Ende miteinander verkleben. Manchmal werden die Zellen durch Reste der alten Zellwand oder durch Ausläufer einzelner Zellen zusammengehalten. Kolonien niemals von einer gemeinsamen Gallerte umgeben, auch die Zellen keine Gallerthülle bildend. In den Kolonien sind die Zellen entweder regellos oder geordnet, im letzteren Fall meist zu viert, seltener zu zweit oder acht. In einem Fall werden wohl Zoenobien gebildet. Kolonien meist traubenförmig oder kugelig; bei vierzelligen Kolonien Zellen auch quadratisch, tetraëdrisch oder bündelartig angeordnet. Solche vierzelligen, speziell tetraëdrischen Kolonien können wieder zu weiteren Verbänden zusammentreten und so unregelmäßige Kolonien zweiter Ordnung bilden, die aus Vierer- oder auch Zweiergruppen von Zellen bestehen.

Fortpflanzung durch Zoosporen oder Autosporen, gelegentlich auch Hemiautosporen. Zoosporen meist nur relativ kurze Zeit beweglich. Autosporen zu zweit, sehr häufig zu viert, aber auch zu mehreren gebildet, bei manchen Gattungen bereits in der Mutterzelle zu Kolonien zusammentretend und zusammen als Tochterkolonien aus der Mutterzelle austretend.

Wichtigste Literatur: Pascher 1930b, 1939a, Komárek 1964, Bourrelly 1968.

Bestimmungsschlüssel der Gruppen

1a Kolonien immer nur vierzellig, nur ausnahmsweise auch zwei- oder achtzellig, Zellen regelmäßig angeordnet .... **Tetraktis-Gruppe** (S. 257)

1b Kolonien mehr- bis vielzellig, oft unregelmäßige Haufen oder Gruppen bildend 2
2a Zellen nicht durch Reste der alten Zellwand zusammengehalten 3
2b Zellen durch Reste der aufgerissenen alten Zellwand zusammengehalten . . . . **Dichotomococcus-Gruppe** (S. 271)
3a In den Kolonien keine Gruppierung der Zellen zu Vierer- oder Zweiergruppen erkennbar . . . . **Botryochloris-Gruppe** (S. 263)
3b Die vielzelligen Kolonien setzen sich aus deutlichen Vierer- oder Zweiergruppen von Zellen zusammen . . . . **Chlorellidium-Gruppe** (S. 269)

Tetraktis-Gruppe

Zellen kugelig, ellipsoidisch, kurz walzlich bis nadelförmig, zumeist zu viert, seltener zu zweit zu Kolonien vereinigt, dadurch, daß die Zellen entweder mit ihren Enden oder mit ihren Längsseiten miteinander verkleben oder verwachsen. Im ersten Fall Kolonien mit ausgesprochen tetraëdrischer, seltener quadratischer Anordnung der Zellen. Im letzteren Fall Zellen zu parallelen oder büschelförmigen Bündeln vereinigt. Fortpflanzung durch Bildung von vier, seltener von zwei Autosporen, die sich noch innerhalb der Mutterzelle zu Kolonien zusammenlegen.

Bestimmungsschlüssel der Gattungen

1a Zellen mit ihren Enden miteinander verklebt, tetraëdrisch bis quadratisch angeordnet 2
1b Zellen mit ihren Längsseiten miteinander verklebt, in Reihen oder Bündeln angeordnet 3
2a Zellen ausgesprochen kugelig bis höchstens breit eiförmig, quadratisch angeordnet . . . . **1. Ilsteria** (S. 257)
2b Zellen kurz walzlich bis ellipsoidisch, tetraëdrisch-radiär angeordnet . . . . **2. Tetraktis** (S. 259)
3a Zellen nadelförmig, in Bündeln angeordnet . . . . . **3. Raphidiella** (kS. 260)
3b Zellen nicht nadelförmig, *Scenedesmus*-artige Zellreihen bildend . . . . **4. Heterodesmus** (S. 261)

1. **Ilsteria** Skuja et Pascher

Zellen gewöhnlich in Vierergruppen entweder in quadratischer oder etwas verschobener Anordnung, selten paarweise geordnet. Nicht durch Gallerte zusammengehalten, sondern sich nur mit den Zellenden leicht berührend und dort durch die leicht verschleimte Zellwand verklebt. Kolonien in der Jugend mehr tetraëdrisch, im erwachsenen Zustand dann quadratisch gelagert. Zellen fast kugelig, nur manchmal ganz leicht eirund. Zellwand zart bis derb, öfter leicht rötlich verfärbt, doch immer ohne Skulptur. Gelegentlich eine oder die andere Zelle mit einer unregelmäßigen Verdickung der Zellwand. Chromatophor meist einer, dann topf- oder muldenförmig, oder oft und mehrfach gelappt, so daß er bei axialer Einstellung durch seine Lappen mehrere Chromatophoren vortäuschen kann. In einigen Fällen auch mehrere scheibchenförmige Chromatophoren, diese meist gegen die Außenseite der Kolonie gelagert. Ohne Pyrenoide. Assimilate wie bei den übrigen Xanthophyceen.

Fortpflanzung durch Bildung von vier, seltener zwei Autosporen, die sich innerhalb der Mutterzelle in der oben beschriebenen Weise zusammenlagern und bereits als kleine Tochterkolonien aus den erweiterten und aufreißenden Zellwänden austreten. Tochterkolonien zeigen zunächst vielfach eine mehr tetraëdrische Anordnung der Zellen, flachen sich aber bald ab. Beim Aufreißen der

Zellwand werden fast immer zwei ziemlich gleich große Klappen gebildet, die auf der dem Koloniezentrum zugekehrten Seite verbunden bleiben und manchmal sehr unregelmäßig gefaltet sein können.

Wichtigste Literatur: Skuja 1932, Pascher 1939a.

Bestimmungsschlüssel der Arten

1a Zellen sehr klein, höchstens 4–5 μm messend, mit einem kompakten Chromatophor .... **1. I.tetracoccus**
1b Zellen größer, ein gelappter oder mehrere scheibenförmige Chromatophoren 2
2a Ein stark gelappter topfförmiger Chromatophor .... **2. I.lobata**
2b Mehrere scheibenförmige Chromatophoren .... **3. I.quadrijuncta**

1. Ilsteria tetracoccus Pascher (Fig. 308)

Kolonien quadratisch, aus vier, seltener auch aus zwei Zellen bestehend. Zellen kugelig bis kugelig eiförmig, mit sehr zarter Zellwand. Chromatophor topfförmig, fast die ganze Zelle ausfüllend, mitunter auch kleiner und dann nur schüsselförmig; am Rande gewellt. Sonst mit den Merkmalen der Gattung.

Zellen 3–4 μm, seltener bis 5 μm groß.

Einmal in einer Massenansammlung aus einem Straßengraben von Ischl nach Goisern (Österreich), in wenigen Exemplaren aus einem Wiesentümpel bei Gleschendorf in Holstein (BRD). Auch in Rumänien gefunden.

2. Ilsteria lobata Pascher (Fig. 309)

Zellen in quadratischen, tafelförmigen, in der Jugend aber auch tetraëdrischen Kolonien angeordnet. Manchmal innerhalb einer Kolonie Zellen ungleich groß. Sehr selten nur zwei Zellen in den Kolonien. Zellen kugelig, manchmal sich gegenseitig etwas abplattend, in einigen Fällen leicht eiförmig. Zellwand derb, oft rötlich verfärbt, manchmal sogar auffallend dick. Chromatophor einer, deutlich topfförmig, durch tiefe Spalten, die fast bis zur Basis gehen können, in zwei bis vier, meist sehr ungleiche Lappen zerteilt, die den größeren Teil der Zelle auskleiden und bei axialer Ansicht mehrere Chromatophoren vortäuschen. Gelegentlich einer oder der andere Lappen durchgetrennt. Im Plasma sehr häufig rote Öltropfen. Fortpflanzung wie bei der Gattung üblich.

Zellen 8–11 μm, gelegentlich bis 14 μm groß.

Mehrfach gesehen, vielleicht nur in Gewässern mit niedrigen pH-Werten vorkommend. In Wiesen- und Moorgräben im Böhmerwald (Tschechoslowakei).

3. Ilsteria quadrijuncta Skuja in Pascher (Fig. 310)

Vierergruppen quadratisch, tafelförmig, selten tetraëdrisch angeordnet, gelegentlich bleiben mehrere Gruppen beisammen. Zellen kugelig, manchmal an den Kontaktstellen leicht abgeplattet. Zellwand recht zart. Chromatophoren mehrere (4–12), wandständig, scheibenförmig und ungleich groß, manchmal gelappt, meist an der Außenseite der Zellen dichter gelagert. Fortpflanzung wie üblich.

Zellen 6,5–8 μm im Durchmesser.

Aus Uferwasser von Seen in Lettland (UdSSR) bekannt.

Unsichere und zu streichende Art.

Ilsteria eradians Pascher – unzureichend und ohne Abbildung beschrieben. Dieser Organismus, dessen Zellen mehr ellipsoidisch sind, läßt sich nach Pascher als Übergang zu *Tetraktis* deuten. Zellwand zart, mehrere Chromatophoren. Zellen 10–12 μm lang und 7–10 μm breit. Besser zu streichen.

308

309

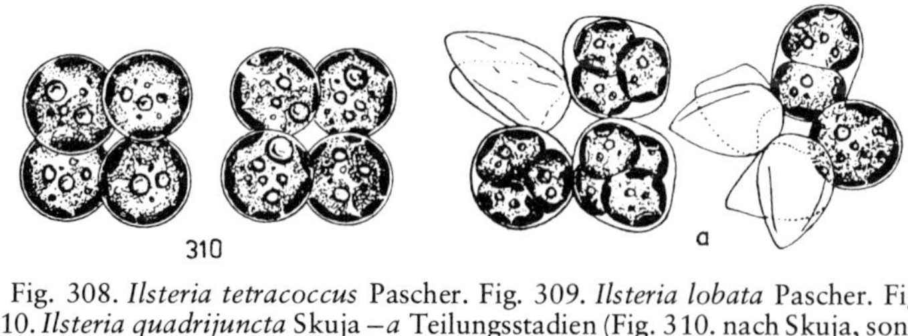

310

Fig. 308. *Ilsteria tetracoccus* Pascher. Fig. 309. *Ilsteria lobata* Pascher. Fig. 310. *Ilsteria quadrijuncta* Skuja – *a* Teilungsstadien (Fig. 310. nach Skuja, sonst nach Pascher).

2. **Tetraktis** Pascher

Zellen ausgesprochen zylindrisch, oft etwas gestreckt, normalerweise zu vierzelligen, seltener zweizelligen, meist regelmäßigen Kolonien vereinigt. Vierzellige Kolonien aus zwei Zellpaaren bestehend, die so angeordnet sind, daß die vier freien Zellenden den Eckpunkten eines Tetraëders entsprechen, während die anderen Enden der Zellen zentral durch die lokal verschleimte Zellwand vereinigt sind. Zweizellige Kolonien stellen Verbände dar, bei denen die Zellen meistens winklig mit je einem Ende vereinigt sind. Eine vierzellige Kolonie stellt gewissermaßen eine Vereinigung von zwei solchen zweizelligen, winkeligen Zellgruppen dar, die mit ihren Winkelscheiteln so vereinigt sind, daß die Ebenen, die von jedem Zellpaar gebildet werden, annähernd normal zueinander stehen. Abweichungen ergeben sich bei den vierzelligen Kolonien dadurch, daß die Zellen, bandförmig oder auch zickzackartig hintereinander angeordnet sein können. In diesem Fall sind die Winkelpaare nicht kreuzweise übereinander, sondern hintereinander geschaltet. Einzelne Zellen in der typischen Form walzlich, an beiden Enden breit abgerundet und an den Flanken gerade. Gelegentlich Zellen auch leicht gekrümmt und auch ellipsoidisch-walzlich. Zellwand zart, ohne jede Skulptur. Chromatophoren mehrere, in ihrer Zahl in den Zellen einer Kolonie sehr schwankend, wandständig, scheiben- bis kurz rinnenförmig. Ohne Pyrenoide. Assimilate wie üblich.

Fortpflanzung durch vier Autosporen, die in den einzelnen Zellen gebildet werden, schon innerhalb der Mutterzelle sich zu den für die Gattung charakteristischen Kolonien vereinigen. Es werden im allgemeinen so viele neue Kolonien gebildet wie Zellen in einer Mutter-Kolonie vorhanden sind. Die Tochterkolonien werden noch eine Zeitlang durch die erweiterte alte Zellwand zusammengehalten.

Wichtigste Literatur: Pascher 1939a.

Eine einzige Art:

Tetraktis aktinastroides Pascher (Fig. 311)

Mit den Merkmalen der Gattung. Zellen 12–15 µm lang und 9 µm breit. Anscheinend seltene Alge. Unter Uferalgen in den Altwässern der Moldau bei Prag gefunden (Tschechoslowakei).

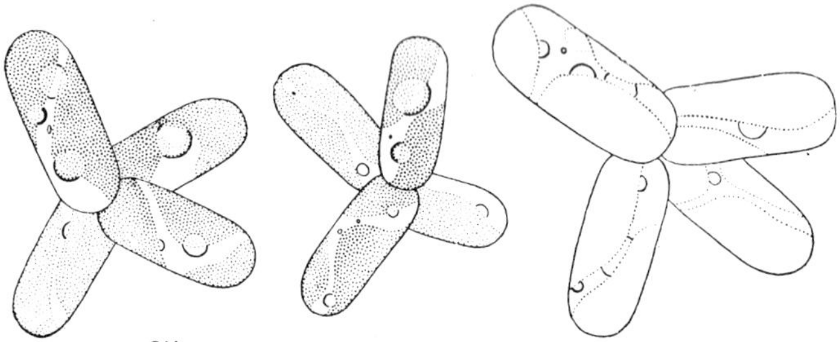

Fig. 311. *Tetraktis aktinastroides* Pascher (nach Pascher).

3. **Raphidiella** Pascher

Zellen selten einzeln lebend, meist in Bündeln zu viert vereinigt, dabei entweder parallel zueinander gelagert oder sich annähernd in halber Höhe überkreuzend oder umschlingend. Einzelne Zellen sehr lang walzlich-spindelförmig, 10–15mal länger als breit, sehr selten gerade, meist leicht gekrümmt, manchmal S-förmig gebogen, wobei die Krümmung in den beiden Zellhälften nicht gleich stark zu sein braucht. Enden meistens verschmälert spitzlich, gelegentlich das eine Ende mehr abgerundet. Zellwand sehr zart, manchmal von einer sehr zarten Schleimhülle umgeben, gleichmäßig ausgebildet, ohne Endverdickungen oder Skulptur. Chromatophoren zwei bis mehrere, sehr selten nur einer, wandständig, mulden- bis rinnenförmig, doch auch scheibenförmig, häufig sehr ungleich und nicht selten blaß bis fast farblos.

Fortpflanzung durch Bildung von meist vier Autosporen innerhalb der erweiterten und verlängerten Mutterzelle, die noch innerhalb dieser in die Länge wachsen. Tochterzellen noch innerhalb der Mutterzelle in die Länge wachsend und sich in mehr oder weniger paralleler Anordnung oder büschelförmig aneinanderlegend. Meist nur mit einem, seltener mit zwei Chromatophoren. Hemiautosporen wahrscheinlich vorkommend. Als Dauerstadien werden derbwandige ellipsoidische Aplanosporen gebildet, die fast immer zu viert hintereinander in der erweiterten Mutterzelle liegen. Bei der Keimung tritt aus den Aplanosporen eine einzige behäutete vegetative Zelle aus, die sehr rasch in die Länge wächst und die eine Hälfte der Sporenwand sehr bald abstößt.

Eine einzige Art:
Raphidiella fascicularis Pascher (Fig. 312)

Mit den Merkmalen der Gattung. Zellen 18–30 µm lang und 3–5 µm breit. Wohl eine wärmeliebende Art, gemeinsam mit *Pleurochloris pachychloron* in den Altwässern der Moldau (Tschechoslowakei).

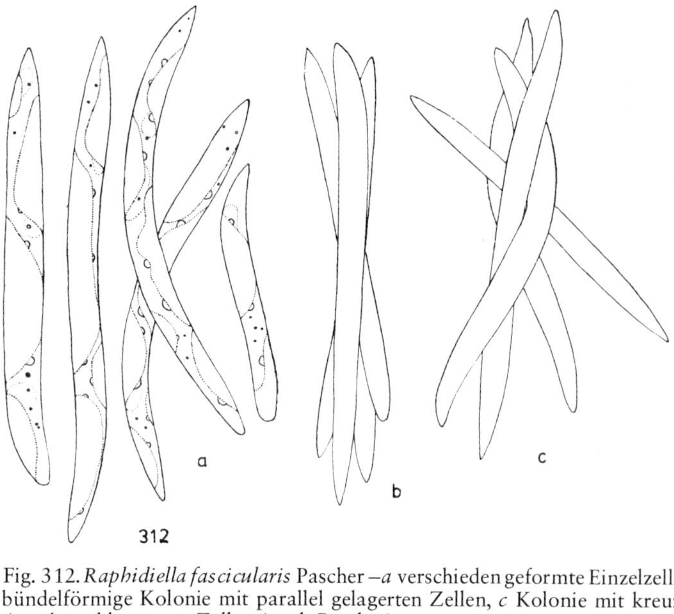

Fig. 312. *Raphidiella fascicularis* Pascher – *a* verschieden geformte Einzelzelle, *b* bündelförmige Kolonie mit parallel gelagerten Zellen, *c* Kolonie mit kreuzweise überschlungenen Zellen (nach Pascher).

4. **Heterodesmus** Ettl

Scenedesmus p. p. sensu Printz

Zellen vierzellige, einreihige, *Scenedesmus*-artige Kolonien bildend. Manchmal nur zwei oder auch sechs bis mehr Zellen in den Verbänden, doch immer reihig nebeneinander liegend. In den Kolonien sind die Zellen mit ihren Seitenflanken verklebt oder leicht verwachsen. Einzelne Zellen ellipsoidisch, gestreckt eiförmig-ellipsoidisch, spindelförmig oder auch sigmoid; im optischen Querschnitt rund, elliptisch oder auch rhombisch. Zellwand zart oder derb, manchmal auffallend dick, ohne jede Skulptur. Schleimhülle bei einer Art beobachtet. Chromatophoren einer oder zwei, in einigen Fällen auch mehrere, wandständig, scheiben- bis leicht muldenförmig. Ohne Pyrenoide. Bei alten Zellen wird Fett und Öl zu großen Ballen angehäuft.

Fortpflanzung durch Autosporen, die in den Zellen zu zweit oder zu viert, seltener zu mehreren gebildet werden. Noch innerhalb der Mutterzelle entwickeln sich die jungen Tochterkolonien. Andere Stadien nicht gesehen.

Wichtigste Literatur: Printz 1914, Ettl 1956, Wawrik 1963.

Bestimmungsschlüssel der Arten

1a Zellen sigmoid gebaut und an den Enden leicht zugespitzt, mit einem großen Chromatophor .... **1. H.multicellularis**
1b Zellen nicht sigmoid gebaut, an den Enden breit abgerundet, mit zwei oder mehreren Chromatophoren 2
2a Zellwand zart, zwei Chromatophoren .... **2. H.bichloris**
2b Zellwand derb bis dick, 3–6 Chromatophoren .... **3. H.dividuus**

1. Heterodesmus multicellularis Wawrik (Fig. 314 a)

Kolonien meistens zweizellig, mitunter lange kettenartige Gebilde entwikkelnd, die aber immer deutlich die Zweiergruppen erkennen lassen. Ketten bis 24 solche Zweiergruppen enthaltend. Um die Kolonien manchmal eine ganz leichte Schleimhülle. Einzelne Zellen von sigmoid-spindeliger Gestalt, im optischen Querschnitt mehr oder weniger rhombisch. Zellwand sehr dünn und glatt. Chromatophor einer, groß, wandständig, die ganze Zelle ausfüllend. Apikal und antapikal kleine lichtbrechende Körperchen (Fett?). Fortpflanzung durch zwei Autosporen, die paarweise genähert bleiben.

Zellen 5–6 μm lang; 2,5–3 μm breit.

Im Plankton der Fischteiche im Waldviertel (Österreich), zusammen mit anderen Planktonalgen. Im Sommer massenhaft auftretend.

2. Heterodesmus bichloris Ettl (Fig. 313)

Kolonien vier- bis achtzellig, seltener nur zwei- oder sechszellig. Einzelzellen ellipsoidisch bis ellipsoidisch-eiförmig, manchmal leicht gebogen, an den Enden abgerundet. Zellwand sehr zart und glatt. Chromatophoren zwei, groß, wandständig, band- bis rinnenförmig, fast die ganze Zelle auskleidend, ohne Pyrenoid. Häufig große Öltropfen im Plasma. Fortpflanzung durch 4–8, aber auch 2 Autosporen, die sich noch innerhalb der Mutterzelle zu den Kolonien zusammenlegen.

Zellen bis 15 μm lang und bis 5 μm breit.

In einer kleinen stagnierenden Quelle zwischen den Fäden von *Tribonema viride* und *T.vulgare*. Vielleicht kalkhold, Quellgebiet bei Svitavy (Tschechoslowakei).

3. Heterodesmus dividuus (Printz) Ettl (Fig. 314 b)
Scenedesmus dividuus Printz

Kolonien meist nur aus zwei Zellen bestehend. Einzelzellen ellipsoidisch bis leicht unregelmäßig ellipsoidisch. Zellwand dick, sehr deutlich und glatt. Chromatophoren 3–6, wandständig, scheibenförmig. Fortpflanzung nicht angegeben.

Zellen 9,5–10 μm lang, 5–6 μm breit.

In verschiedenen Gewässern Westeuropas.

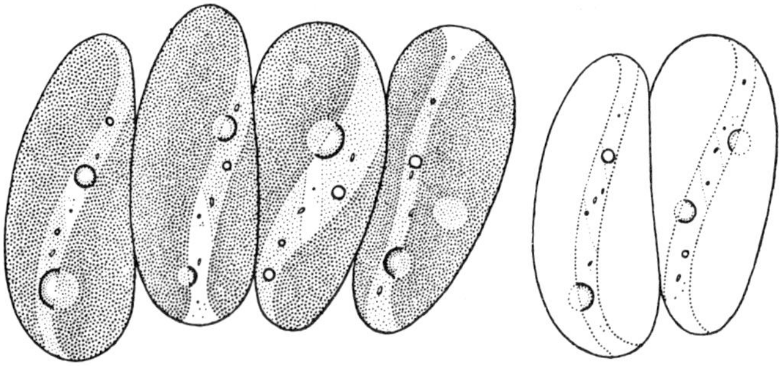

313

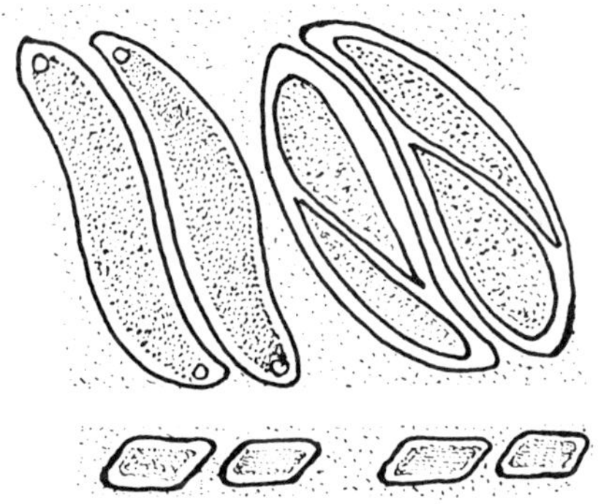

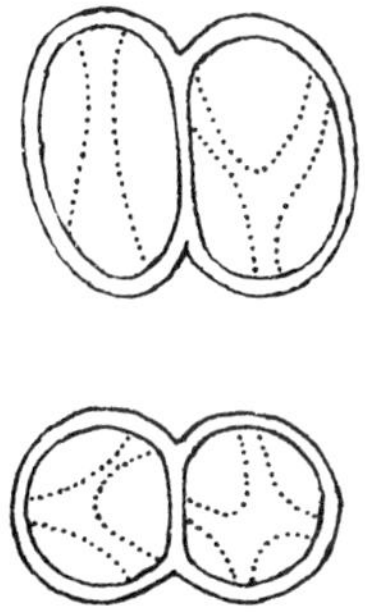

314 a

314 b

Fig. 313. *Heterodesmus bichloris* Ettl (nach Ettl). Fig. 314a *Heterodesmus multicellularis* Wawrik (nach Wawrik), unten Zellen im optischen Querschnitt. Fig. 314b *Heterodesmus dividuus* (Printz) Ettl (nach Printz).

Botryochloris-Gruppe

Zellen zu mehreren bis sehr vielen zu unregelmäßigen oder regelmäßigen ellipsoidischen oder kugeligen Kolonien dadurch vereinigt, daß die Zellen, ohne sich abzuplatten, seitlich miteinander verkleben. In einigen Fällen Kolonien auch von unbestimmter Gestalt oder unregelmäßig traubig geformt. Zellen innerhalb der Kolonien mit Ausnahme der Fortpflanzungsstadien keine Zweier- oder Vierergruppen bildend. Zellwand glatt oder mit Warzen oder kurzen Stacheln versehen. Über die Zusammensetzung der Zellwand ist nichts Sicheres bekannt, wahrscheinlich einteilig. Fortpflanzung durch Zoosporen oder Autosporen, wobei die einzelnen Zellen der Kolonien bei manchen Formen sehr in die Größe wachsen und bis 32 Autosporen bilden können. Autosporen unter Umständen bereits miteinander verklebt, also als kleine Tochterkolonien aus der Mutterzelle hervortretend. Bei einer Gattung *(Ducelliera)* werden Zoenobien gebildet.

Bestimmungsschlüssel der Gattungen

1a Zellwand glatt, Zellen nicht durch Fortsätze der Zellwand miteinander verbunden, keine Zoenobien bildend 2

1b Zellwand mit Warzen oder Stacheln, Zellen durch Fortsätze der Zellwand zu regelrechten Zoenobien vereinigt .... **7. Ducelliera** (S. 268)
2a Kolonien unbestimmt geformt, unregelmäßig traubig, aus mehreren bis vielen Zellen bestehend .... **5. Botryochloris** (S. 264)
2b Kolonien genau kugelig, aus 4–32 Zellen bestehend, die ziemlich regelmäßig angeordnet sind. Autosporen bereits zu kleinen Kolonien vereinigt .... **6. Sphaerosorus** (S. 267)

5. **Botryochloris** Pascher

Zellen kleine traubige, bis hundert und mehr Zellen zählende Kolonien bildend, die nicht von einer gemeinsamen Gallerte umgeben sind, sondern wahrscheinlich nur an den Berührungsstellen durch lokal verschleimte Zellwände aneinander kleben und sich leicht wieder in Teilkolonien auflösen. Zellen dicht gedrängt, nur manchmal sich leicht abplattend, sonst kugelig bis kurz eirund oder kurz ellipsoidisch. Zellwand sehr zart, nicht skulpturiert, wahrscheinlich aus einem Stück bestehend. Chromatophoren meist zwei, bei einigen Arten auch nur einer oder mehrere, wandständig, mulden- bis scheibenförmig. Ohne Pyrenoide. Assimilate wie bei den übrigen Xanthophyceen.

Fortpflanzung durch Zoosporen oder Autosporen. Zoosporen werden zu zweit oder zu viert gebildet, haben bei manchen Arten eine völlig reduzierte Nebengeißel. Oft sehr amöboid werdend. Hauptsächliche Fortpflanzung jedoch durch Autosporen, die auch zu zweit oder zu viert, seltener zu mehreren gebildet werden.

Wichtigste Literatur: Pascher 1930b, 1939a, Ettl 1968.

Bestimmungsschlüssel der Arten

1a Zellen sehr klein, 3–7 μm .... **1. B. minima**
1b Zellen 10 μm und größer 2
2a Ein, seltener zwei Chromatophoren .... **2. B. simplex**
2b Zwei bis mehrere Chromatophoren 3
3a 2–4 Chromatophoren .... **3. B. cumulata**
3b 6–8, aber auch mehrere Chromatophoren .... **4. B. chlorellidiopsis**

1. **Botryochloris minima** Pascher (Fig. 315)

Kleine, oft sehr wenigzellige und in der Form unregelmäßige Kolonien bildend. Kolonien ungemein locker und sich unter Druck sehr leicht in die Einzelzellen auflösend. Zellen meist kugelig, hie und da in der Mitte dichterer Kolonien etwas abgeplattet. Zellwand sehr zart, nur selten derber. Chromatophor gewöhnlich einer, nicht selten sehr klein. Nur in größeren Zellen manchmal zwei Chromatophoren. Fortpflanzung durch Zoosporen, die auffallend gestreckt walzlich sind, einen Chromatophor, ein auffallend großes Stigma und eine sehr kurze Nebengeißel haben.

Zellen 3–7 μm groß, meist nur 5 μm.

Vielleicht verbreitete Alge, die wahrscheinlich höhere Stickstoffmengen bevorzugt. Aus Straßenpfützen im Salzkammergut, aus einem Graben in einer sehr gedüngten Wiese, auffallenderweise auch in einem Moortümpel bei Millstatt in Kärnten (Österreich).

2. **Botryochloris simplex** Pascher (Fig. 316)

Kolonien traubig-unregelmäßig, aus sehr vielen, vielleicht gelegentlich mehreren Hunderten von Zellen zusammengesetzt. Sehr locker und sehr leicht in Teilkolonien oder in Einzelzellen zerfallend. Zellen kugelig, ausnahmsweise leicht

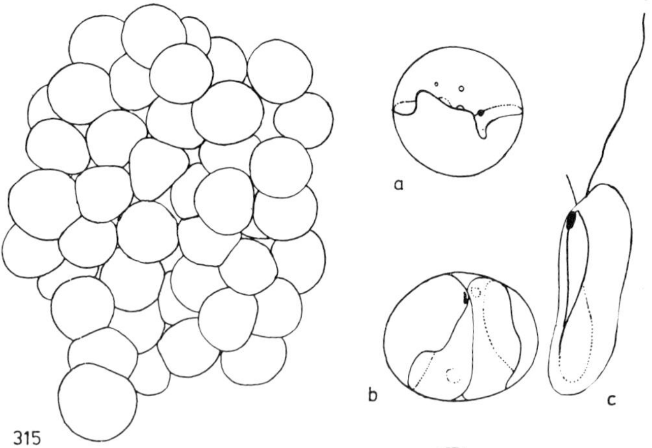

315

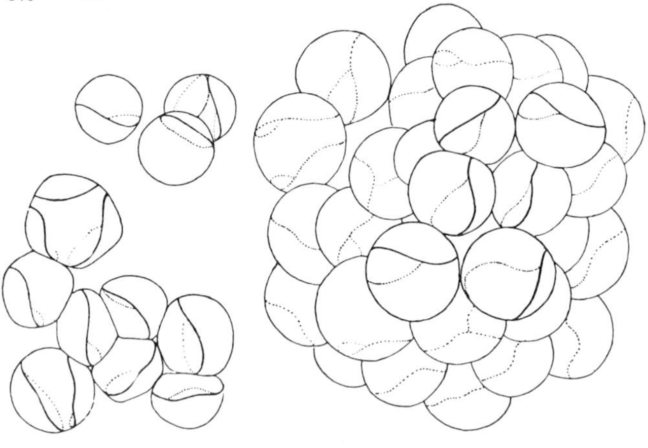

316

Fig. 315. *Botryochloris minima* Pascher – *a* Einzelzelle, *b* Protoplastenteilung, *c* Zoospore. Fig. 316. *Botryochloris simplex* Pascher (nach Pascher).

polyedrisch. Zellwand sehr zart und glatt. Gewöhnlich ein Chromatophor, der topf- bis schüsselförmig ist, selten in mannigfacher Weise gelappt. Manchmal auch zwei Chromatophoren. Fortpflanzung durch Zoosporen, die häufig gebildet werden. Vielleicht ohne Stigma, Nebengeißel auffallend lang. Nach Pascher eine Sammelart.

Zellen 10–12 μm groß.

Wiederholt gefunden, besonders unter angetriebenen Algen der Altwässer und in den Schilfrändern an Teichufern, oft in unglaublicher Zellenzahl vorhanden. Altwässer des Rheins bei Oppenheim (BRD), kleine Teiche bei Český Krumlov (Tschechoslowakei).

3. Botryochloris cumulata Pascher (Fig. 317)

Kolonien sehr locker und annähernd traubig geformt, sich oft in Teilkolonien auflösend. Zellen kugelig oder etwas unregelmäßig kugelig, gegenseitig sich nicht abplattend. Zellwand zart und glatt. Chromatophoren gewöhnlich zwei, seltener bis vier, leicht mulden- bis scheibenförmig. Bei jungen Zellen leicht binnenständig (nach Keimung von Zoosporen). Fortpflanzung durch Zoosporen und Hemiautosporen. Zoosporen mit Stigma und sehr kurzer stummelförmiger Nebengeißel. Autosporen recht häufig.

Zellen 9–13 μm groß.

In *Drepanocladus*-Watten aus den Kolken in Westböhmen (Tschechoslowakei). Außerdem aus leicht anmoorigen Altwässern im südlichen Böhmerwald. In einer sehr lockeren, kleine, wenigzellige Kolonien bildenden Form, deren Zellen auffallend blaß waren und 14 μm maßen, aus überrieselten Moosen von Felsenrändern bei Bad Gastein (Österreich).

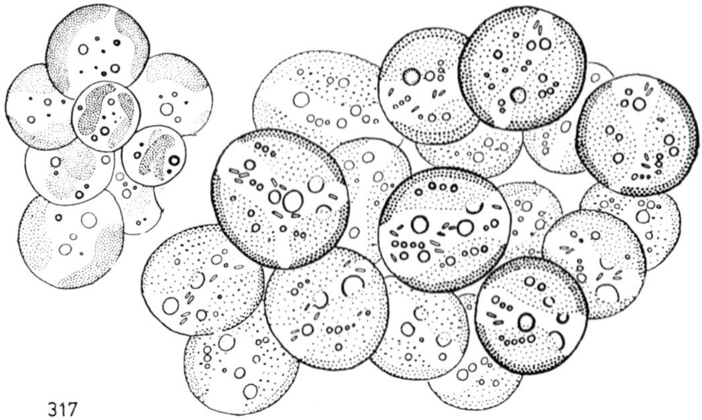

317

Fig. 317. *Botryochloris cumulata* Pascher (nach Pascher).

4. Botryochloris chlorellidiopsis Ettl (Fig. 318)

Zellen in mehrzelligen, kleineren oder größeren, unregelmäßigen oder traubenförmigen Kolonien angehäuft. Kolonien relativ locker, in kleinere Zellhaufen zerfallend. Zellen gewöhnlich kugelig oder kugelig-eiförmig, manchmal durch gegenseitigen Druck in den Kolonien etwas unregelmäßig werdend. Große Zellen wechseln in einer Kolonie mit jungen kleinen ab, häufig auch mit Autosporen. Zellwand sehr zart, farblos. Chromatophoren mehrere (6–8), wandständig, scheibenförmig, gelbgrün. Plasma häufig mit Öltropfen und Eiweißkristallen. Fortpflanzung nur durch Autosporen. Sie werden normalerweise zu 2–4 gebildet, doch können in großen Zellen mitunter auch 16–32 gebildet werden. Autosporen bleiben nach dem Austritt aus der Mutterzelle miteinander verklebt.

Zellen 10–14 μm groß, Autosporen 4–6, aber auch nur 3 μm messend.

Im grünen Schleim zwischen anderen Algen in einem Wassergraben des Seefelder Moores in Tirol. Der grüne Schleim bestand vorwiegend aus Zygnemales und Desmidiaceen, jedoch traten auch andere Algen auf – *Asterococcus superbus, Chlorobotrys polychloris, Desmatractum bipyramidatum* u. a.

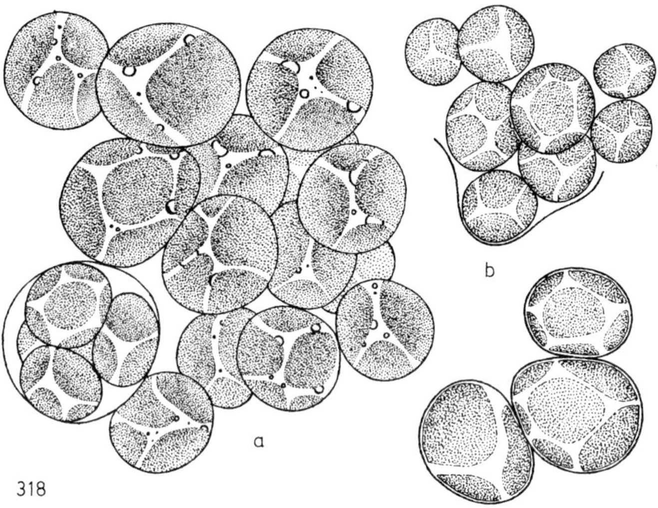

Fig. 318. *Botryochloris chlorellidiopsis* Ettl (nach Ettl).

6. Sphaerosorus Pascher

Zellen meistens zu 16–32, doch auch nur zu 8 oder 4 aneinander klebend. Dabei die vier Zellen in Tetraëderordnung, bei 8 und mehreren zu ziemlich regelmäßigen kugeligen Kolonien vereinigt. Die kugelige Anhäufung der Zellen ist für diese Gattung charakteristisch. Zellen nie in formlosen Haufen wie bei *Botryochloris* vorkommend. Zellen kugelig, gegenseitig sich nur wenig abplattend, meist ziemlich gleich groß. Zellwand fest, doch nicht derb. Chromatophoren mehrere, wandständig und scheibenförmig, manchmal recht ungleich groß. Chromatophoren nicht selten auch blaß, vor allem dann, wenn ausnahmsweise nur einer vorhanden ist.

Fortpflanzung durch Bildung von 2–32 Autosporen, die in der heranwachsenden Mutterzelle etwas in die Größe wachsen und sich zu den kugeligen Kolonien vereinigen. Die Mutterzellen lösen sich dabei aus dem ohnehin locker gewordenen alten Verband. Andere Stadien nicht beobachtet.

Sphaerosorus schließt an *Botryochloris* an, unterscheidet sich aber durch die *Coelastrum*-ähnliche Anordnung der Zellen in der Kolonie. Ähnlichkeit jedoch nur äußerlich, da bei *Sphaerosorus* die Zellen nicht regelmäßig peripher angeordnet sind.

Wichtigste Literatur: Pascher 1939a.

Eine einzige Art:
Sphaerosorus coelastroides Pascher (Fig. 319)

Mit den Merkmalen der Gattung. Zellen 8–12 μm groß, vor der Fortpflanzung bis 25 μm groß. Aus Kulturen beschrieben, die mit Erdproben angelegt waren, die aus zeitweise austrocknenden Wasserläufen des Kaplandes stammten. Auch im Gebiet beobachtet.

319

Fig. 319. *Sphaerosorus coelastroides* Pascher (nach Pascher).

Unsichere und zu streichende Art.

Sphaerosorus compositus L. Moewus – eine ausgesprochen marine Art, die in den Küstengebieten Australiens gefunden wurde. Beschreibung etwas unvollständig.

7. **Ducelliera** Teiling

Coelastrum-artige Zoenobien bildend, ohne Gallerte und Schleim. Zellen ausgesprochen knollenförmig oder abgerundet eckig kegelig, im Umriß mehr oder weniger dreieckig, mit der Basis dem Innern der Kolonie zugewandt. Basis polygonal abgeplattet. Durch dünne oder derbe, zylindrische Fortsätze der Zellwand sind die Zellen miteinander zu den kugeligen Zoenobien vereinigt. Letztere bestehen aus vielen Zellen. Zellen in den Zoenobien nur peripher gelagert und zwischen sich freie Stellen lassend, so daß das ganze Zoenobium netzig durchbrochen ist. Die freien, nach außen gerichteten Zellenden tragen einen oder drei spitze Stacheln. Zellwand ansonsten derb und sehr deutlich. Chromatophoren mehrere, klein scheibenförmig, ohne Pyrenoide. Fortpflanzung nicht bekannt.

Wichtigste Literatur: Ducellier 1915, Borge 1936, Teiling 1957, Bourrelly 1968.

Bestimmungsschlüssel der Arten

1a Zellen mit einem Stachel .... **1. D.chodatii**
1b Zellen mit drei Stacheln .... **2. D.tricuspidata**

1. Ducelliera chodatii (Ducellier) Teiling (Fig. 320)
Coelastrum chodatii Ducellier

Zellen knollenförmig, an der Basis vier- bis sechseckig, am freien Ende mit einem langen spitzen Stachel. Zellwand dünn, häufig mit Warzen versehen oder leicht gerunzelt. In den Zoenobien 8–32 Zellen. Sonst mit den Merkmalen der Gattung.

Zellen 9–14 μm groß, Stacheln 2–15 μm lang, Zoenobien bis 100 μm im Durchmesser.

Im Gebiet ziemlich verbreitet, ein ausgesprochen planktischer Organismus.

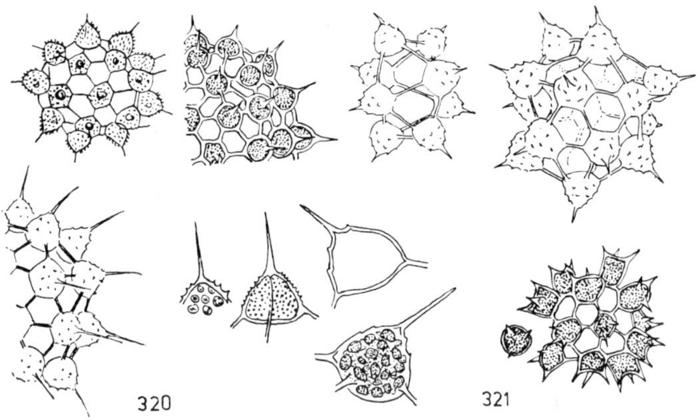

Fig. 320. *Ducelliera chodatii* (Ducellier) Teiling. Fig. 321. *Ducelliera tricuspidata* (Borge) Teiling (nach Teiling).

2. Ducelliera tricuspidata (Borge) Teiling (Fig. 321)
Coelastrum tricuspidatum Borge

Zellen mehr kurz zylindrisch, basal abgeflacht, nach außen zu mit drei deutlichen und spitzen Stacheln. Zellwand derb, doch glatt. In den Zoenobien gewöhnlich 6–16 Zellen. Sonst mit den Merkmalen der Gattung.

Zellen 9–11 μm groß, Stacheln 4–6 μm lang, Zoenobien bis 65 μm im Durchmesser.

Bislang nur aus dem Seenplankton in Schweden bekannt.

Chlorellidium-Gruppe

Wenig- bis sehr vielzellige Kolonien bildend, die vorherrschend aus Vierergruppen von Zellen zusammengesetzt sind, zwischen denen sich auch Zweiergruppen und einzelne Zellen finden. In den Vierergruppen sind die Zellen meist tetraëdrisch angeordnet und platten sich gegenseitig ab. Zellen entweder nur leicht miteinander verklebt oder so fest miteinander verwachsen, daß sie nicht mehr trennbar sind. Tochterzellen verbinden sich bereits innerhalb der Mutterzelle, so daß daraus zwei- oder vierzellige Verbände austreten. Bei einer Gattung lösen sich die entleerten Mutterzellen nicht mehr aus dem Verband.

Bestimmungsschlüssel der Gattungen

1a Vierer- oder Zweiergruppen der Zellen durch Druck leicht aus dem Verband lösbar .... **8. Chlorellidiopsis** (S. 269)
1b Vierer- oder Zweiergruppen der Zellen nicht aus dem Verband lösbar, miteinander verwachsen .... **9. Chlorellidium** (S. 271)

8. **Chlorellidiopsis** Pascher

Zellen in recht unregelmäßigen, vielzelligen, oft großen Zellhaufen lebend. Diese sind vorherrschend aus Zelltetraden, seltener Zweiergruppen zusammengesetzt. Diese kleinen Zweier- oder Vierergruppen von Zellen sehr locker zusammenhaftend und unter Druck sich leicht voneinander lösend. Die Zellgruppen werden durch die zarten, weichen Zellwände der Mutterzellen zusammengehalten. Aus den Tetraden oder Zweiergruppen isolierte Zellen behalten ihre unregelmäßige, abgeplattete und polyedrische Gestalt. Daneben sind aber auch kugelige oder etwas eiförmige Zellen anzutreffen. Zellwand sehr zart, manchmal mit einer sehr leichten Gallerthülle (verschleimte Zellwand), ohne Skulptur. Chromatophor meist in der Einzahl, manchmal auch zwei oder mehrere, auffallend klein und blaß. Wenn nur ein Chromatophor vorhanden ist, wird er oft stark gelappt. Im Plasma manchmal rote Öltropfen.

Fortpflanzung durch Zoosporen und Autosporen. Zoosporen zu 2–8 gebildet, meist etwas walzlich und vorn schräg abgestutzt. Nebengeißel stummelförmig, kaum sichtbar, Chromatophor nicht selten binnenständig, ohne Stigma. Die Zoosporen können amöboid werden, manchmal treten sie aus der Mutterzelle als geißellose Amöben aus. Autosporen zu zweit oder zu viert gebildet. Sie werden sehr lange durch die stark gedehnte und etwas verschleimende alte Zellwand zusammengehalten und bilden die Zweier- oder Vierergruppen. Oft mehrere Generationen von Autosporen ineinandergeschachtelt.

Wichtigste Literatur: Pascher 1939a

Eine einzige Art:
Chlorellidiopsis separabilis Pascher (Fig. 322)

Mit den Merkmalen der Gattung. Zellen 8–14 μm groß, Zoosporen 12–18 μm lang.

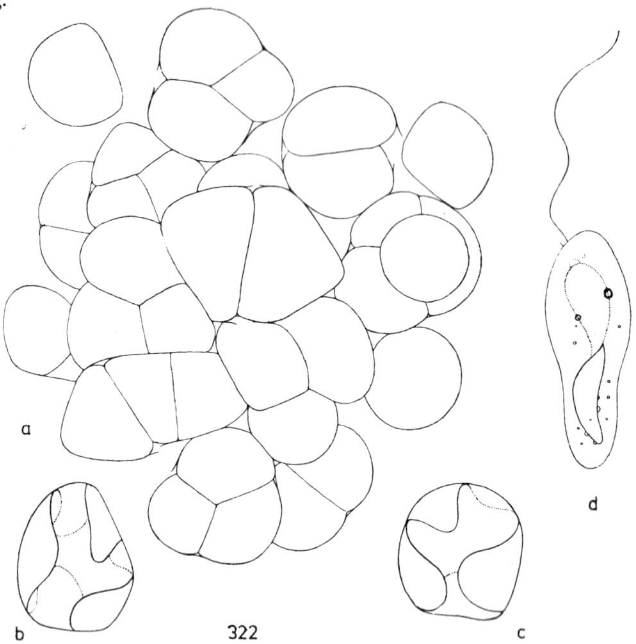

Fig. 322. *Chlorellidiopsis separabilis* Pascher – *a* Teil eines aus Zweier- und Vierergruppen bestehenden Lagers, *b* und *c* einzelne isolierte Zellen, *d* Zoospore (nach Pascher).

Einmal aus Glashauserde des Botanischen Gartens in Prag (Tschechoslowakei) isoliert.

9. **Chlorellidium** Vischer et Pascher

Kolonien der Alge bestehen zumeist aus tetraëdrischen Vierergruppen von Zellen, unter denen sich mitunter auch Zweiergruppen oder einzelne Zellen finden. In den einzelnen Tetraden wie auch in den Zweiergruppen sind die Zellen an den Kontaktflächen sehr stark abgeplattet und schließen lückenlos oder bis auf eine kleine zentrale Lücke aneinander. Die miteinander verbundenen Zellen können auch durch Druck nicht voneinander gelöst werden. Sie lösen sich auch dann nicht voneinander, wenn ihr Inhalt in Form von Autosporen oder Zoosporen entleert wird. Um die Tetraden wie auch um die Zweiergruppen bleiben nicht selten die erweiterten Zellwände der Mutterzellen in Stücken erhalten. Gelegentlich wachsen vereinzelte Zellen (sehr) bedeutend heran. Diese großen Zellen bilden dann keine Tetraden, sondern sehr viele Zoosporen oder Autosporen. Zellwand zumeist zart, doch fest, nur selten derb. Ohne Skulptur und ohne besondere Schleimbildung. Chromatophoren zwei bis mehrere, immer wandständig, manchmal ungleich groß und oft in den Zellen einer Tetrade an Zahl wechselnd.

Fortpflanzung durch Zoosporen oder durch Autosporen. Die Zellen öffnen sich zumeist mit einem großen Loch. Die leere Zellwand der Mutterzellen verschleimt nicht, sondern bleibt erhalten. Zoosporen mit einem oder zwei Chromatophoren, Stigma und recht ungleichen Geißeln. Zoosporen kommen bald zur Ruhe und bilden kleine behäutete Zellen, die sehr rasch heranwachsen und zur Tetradenbildung schreiten. Nicht selten schwärmt der Inhalt der eben behäuteten Zellen wieder in Form einer Zoospore aus, ein Vorgang, der sich mehrmals wiederholen kann. Vorherrschend werden jedoch Autosporen gebildet, die nach dem Austritt aus der Mutterzelle zu Tetraden vereinigt bleiben. Gelegentlich sind zwei oder drei Tetradengenerationen ineinander geschachtelt. Nicht immer aber werden nur vier miteinander verklebte Tochterzellen gebildet, es entstehen auch 6–8 Tochterzellen. Diese bleiben zumeist auch nach dem Austritt miteinander verbunden. Es können in den Zellen von *Chlorellidium* gelegentlich auch sehr viele (16–32) sehr kleine Autosporen gebildet werden. Diese sind kugelig oder ellipsoidisch, verkleben miteinander nicht und bleiben auch nach dem Austreten isoliert. Diese kleinen Zellen wachsen entweder zur normalen Zellgröße heran um dann wieder Zellgruppen oder Zoosporen zu bilden oder aber sie bilden sofort wieder Zoosporen, die sich in Aplanosporen umwandeln.

Wichtigste Literatur: Pascher 1939 a.

Eine einzige Art:
Chlorellidium tetrabotrys Vischer et Pascher (Fig. 323)

Mit den Merkmalen der Gattung. Zellen 8–10 μm, vereinzelt bis 20 μm messend. Bis jetzt nur aus Kulturen bekannt. Aus Warmhauserde der Glashäuser in Basel (Schweiz) und in Prag (Tschechoslowakei) isoliert. Vielleicht eine eingeschleppte tropische Bodenalge.

Dichotomococcus-Gruppe

Tetraktidaceae (Pascher) Komárek

Zellen werden in Kolonien durch die aufgerissene Zellwand der Mutterzelle zusammengehalten, an deren Enden die Zellen sitzen. Die Reste der alten Zellwand bilden ein System von Strängen, wodurch mehrzellige Kolonien entstehen. In größeren Kolonien können die Stränge später im Zentrum verschleimen. Mit einer einzigen Gattung.

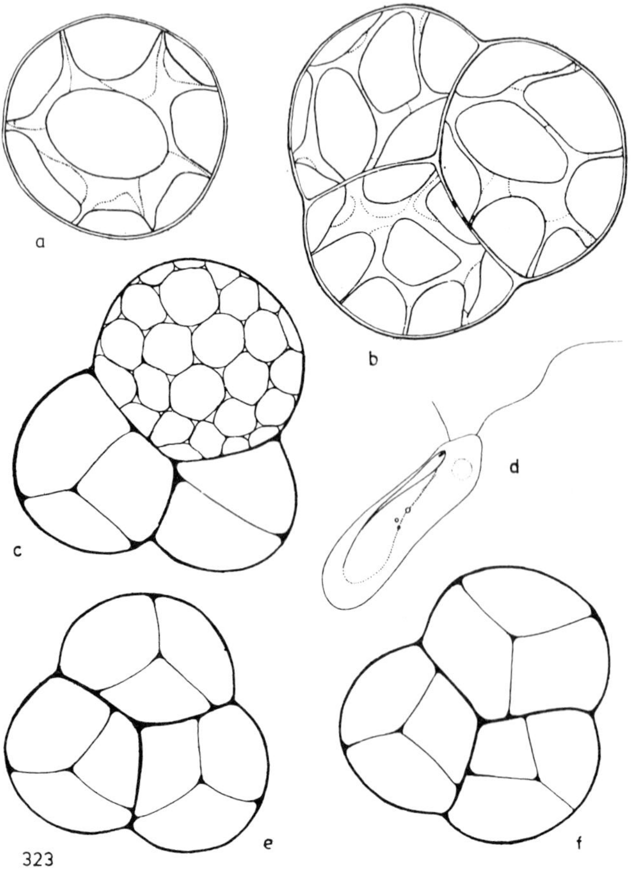

Fig.323. *Chlorellidium tetrabotrys* Vischer et Pascher – *a* größere Einzelzelle mit mehreren Chromatophoren, *b* junge Vierergruppe, *c* Vierergruppe während der Fortpflanzung. Eine Zelle stark vergrößert und in Zoosporenbildung begriffen. Die übrigen Zellen bei Bildung neuer Zweier- und Vierergruppen, *d* Zoospore, *e* und *f* Vierergruppen mit vollzogener Protoplastenteilung, wobei neue Vierergruppen gebildet werden (nach Pascher).

10. **Dichotomococcus** Korschikoff

Kolonien aus mehr oder weniger radiär angeordneten Zellen zusammengesetzt, die wenigstens in jungen Kolonien durch die Zellwand der Mutterzelle, die später verschleimen kann, verbunden sind. Kolonien unregelmäßig kugelförmig oder ellipsoidisch, oft mit einer dünnen und farblosen Gallerte umgeben. In den alten Kolonien verschmelzen nicht selten die zerflossenen Zellwände der Mutterzellen mit der Gallerte. Letztere ist stets eine sekundäre Erscheinung, da die

Kolonien zunächst immer ohne Gallerte sind. Zellen länglich, gerade oder gebogen, unregelmäßig spindelförmig bis zylindrisch, das Apikalende oft verschmälert. Chromatophoren einen oder zwei, wandständig, band- bis rinnenförmig, gelbgrün, ohne Pyrenoide. Plasma mit winzigen Öltropfen.

Fortpflanzung durch Autosporen, die zu je zweien entstehen und die Mutterzelle gewöhnlich durch eine längliche Öffnung in der Zellwand verlassen. Mit einem Ende bleiben die Tochterzellen am Rest der alten Zellwand angeheftet. Infolge aufeinander folgenden Teilungen entstehen aus den Resten alter Zellwände Systeme von Stielen (ursprünglich immer Zellwand – keine Gallerte!), die mit der Zeit verschleimen können.

Eine charakteristisches Merkmal dieser Gattung ist die Bildung von zwei Autosporen und die Art der Koloniebildung, die der der Grünalge *Dictyosphaerium* ähnlich sieht. Da die Gallerte eine sekundäre Erscheinung ist, wird diese Gattung zu den Botryochloridaceen gestellt.

Wichtigste Literatur: Korschikoff 1928, Fott 1948, Bourrelly 1963, Komárek 1964, Williams 1967.

Bestimmungsschlüssel der Arten

1a Zellen mehr oder weniger ellipsoidisch oder unregelmäßig spindelförmig bis walzlich, gegen das Apikalende verschmälert, länger als 5,5 μm, benachbarte Zellen berühren sich an ihren basalen Enden 2

1b Zellen mehr oder weniger halbmondförmig, gebogen, gegen beide Enden zu verschmälert, kürzer als 5,5 μm, benachbarte Zellen berühren sich mit ihrem mittleren konvexen Teil . . . . **4. D.lunatus**

2a Zellen mehr oder weniger spindelförmig, gegen das Apikalende zu sichtbar verschmälert 3

2b Zellen mehr oder weniger walzlich, gegen das Apikalende zu nur wenig verschmälert . . . . **3. D.bacillaris**

3a Zellen unregelmäßig spindelförmig, am breitesten in der Mitte, am Apikalende plötzlich papillenartig verschmälert . . . . **1. D.capitatus**

3b Zellen mehr oder weniger ellipsoidisch, am breitesten im unteren Drittel, gegen das Apikalende zu allmählich in eine abgerundete Spitze verschmälert . . . . **2. D.curvatus**

1. Dichotomococcus capitatus Korschikoff (Fig. 324)

Kolonien mit 2–16 Zellen; die Stiele behalten relativ lange den Charakter der leeren Zellwände der Mutterzellen und bilden deutliche, dichotom verzweigte Stränge. Gallerte wurde nicht beobachtet. Die benachbarten Zellen berühren sich mit ihren basalen Enden. Zellen länglich, unregelmäßig spindelförmig bis keulenförmig, manchmal wenig gekrümmt, an der Basis oval und wenig verschmälert, an den Apikalenden in eine kleine Papille verlängert. Chromatophor einer, selten zwei, wandständig, rinnen- bis mantelförmig. Ohne Pyrenoid. Fortpflanzung wie bei dieser Gattung üblich.

Zellen 7–9 μm lang; 2–2,5 μm breit.

Im Plankton seichter Teiche, größerer Ströme und in Stauseen (UdSSR, Tschechoslowakei).

2. Dichotomococcus curvatus Korschikoff (Fig. 325)
Gloeoactinium limneticum G. M. Smith

Kolonien mit 2–36 Zellen. Zellwände der Mutterzellen bilden dichotom verzweigte Stränge, die bald verschleimen – zunächst in Form dünner Stiele, dann sich auflösend und undeutlich werdend. Benachbarte Zellen berühren sich mit ihren basalen Enden. Zellen länglich, mäßig gebogen, an der Basis abgerundet,

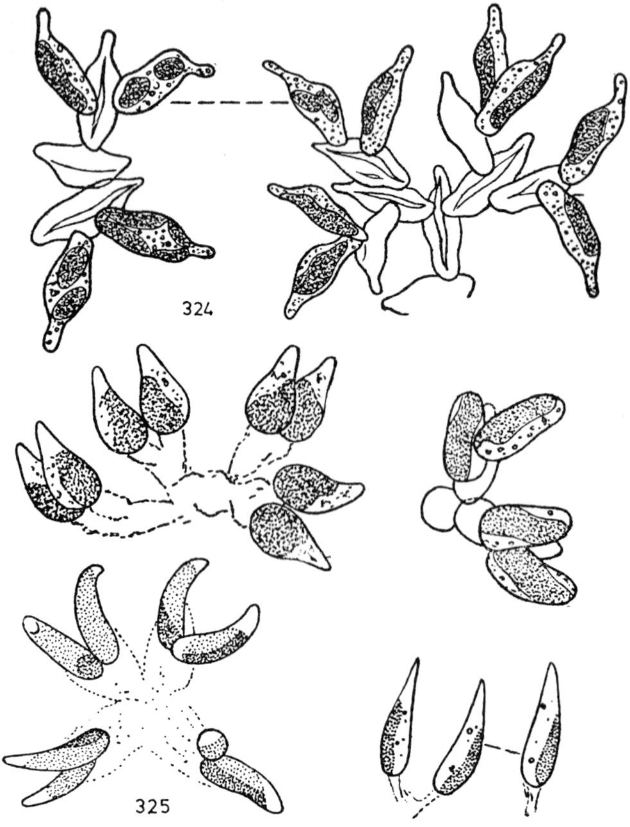

Fig. 324. *Dichotomococcus capitatus* Korschikoff (nach Korschikoff). Fig. 325. *Dichotomococcus curvatus* Korschikoff (nach Komárek).

am Apikalende verschmälert bis in eine Spitze auslaufend, am breitesten im unteren Drittel der Zelle. Meist nur ein einziger wandständiger, rinnenförmiger Chromatophor, der gewöhnlich an der konvexen Seite der Zelle gelagert ist. Selten zwei Chromatophoren. Fortpflanzung wie bei der Gattung üblich.

Zellen 6–11 μm lang, 2–4 μm breit.

Eine ephemere Art aus dem Plankton eutropher Gewässer – Teiche, Flüsse, Stauseen u. ä. (BRD, DDR, Frankreich, Polen, Tschechoslowakei, UdSSR, USA). Vorwiegend in den Frühjahrs- und Sommermonaten.

3. Dichotomococcus bacillaris Komárek (Fig. 326)

Kolonien mit bis zu 12 Zellen. Zellwände der Mutterzellen verschleimen bald und verwandeln sich in dicke, farblose und schlecht sichtbare Stränge. Benachbarte Zellen berühren sich mit ihren basalen Enden. Zellen mehr oder weniger zylindrisch, wenig gebogen und gegen das Apikalende zu kaum verschmälert

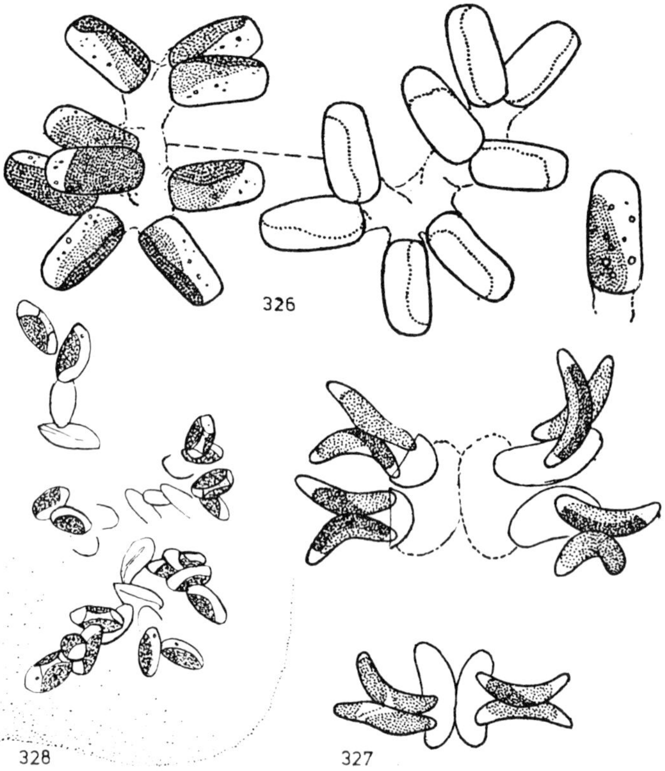

Fig. 326. *Dichotomoccus bacillaris* Komárek. Fig. 327. *Dichotomococcus lunatus* Fott. Fig. 328. *Dichotomococcus hoefleri* Bourrelly (Fig. 328 nach Bourrelly, sonst nach Komárek).

und abgeplattet. Am breitesten an der Basis. Chromatophor einer, wandständig, mantelförmig, hell- bis gelbgrün. Im Plasma winzige Öltröpfchen. Fortpflanzung wie bei der Gattung üblich.

Zellen 5,5–8,5 μm lang; 2,5–4 μm breit.

In einem eutrophen Teich in Südböhmen (Tschechoslowakei).

4. Dichotomococcus lunatus Fott (Fig. 327)

Kolonien mit bis zu 16 Zellen. Reste der alten Zellwände kaum dichotom verzweigt, bald verschwindend und verschleimend. Die benachbarten Zellen berühren sich mit den konvexen Seiten und zwar in ihrer Mitte. Zellen länglich, halbmondförmig, gegen beide Enden zu gleichmäßig verschmälert, in der Mitte am breitesten. Chromatophor einer. Fortpflanzung wie bei der Gattung üblich.

Zellen bis 5 μm lang und 1 μm breit.

Im Plankton eutropher Gewässer (Tschechoslowakei).

Unsichere und zu streichende Art

Dichotomococcus hoefleri Bourrelly (Fig. 328) – Aus den Abbildungen geht nicht klar hervor, ob die jungen Tochterzellen an den Resten der leeren Zellwand der Mutterzelle in der Weise hängen bleiben, wie es bei dieser Gattung üblich ist. Es werden auch keine Systeme von Strängen, an denen die Zellen hängen, gebildet. Die Zugehörigkeit zur Gattung *Dichotomococcus* bleibt deshalb etwas unsicher. Kolonien kugelig bis unregelmäßig, mit homogener und deutlicher Gallerte. Zellen ellipsoidisch, in die Gallerte unregelmäßig eingebettet. Mit einem wandständigen Chromatophor. Jede Zelle bildet zwei Autosporen, die zwar durch einen Längsspalt in der alten Zellwand frei werden, aber nicht die typischen Systeme von Strängen bilden. Zellen 4–6 μm lang und 2–3 μm breit. Im Nannoplankton von Teichen und auch von kleinen Wasserbehältern (Frankreich).

4. Familie **Gloeobotrydaceae** Pascher

Heterocapsaceae Pascher p.p., *Asterogloeae* Pascher

Zellen zu zweit oder zu sehr vielen zu Kolonien vereinigt, die entweder aufsitzende oder frei schwebende Gallertlager verschiedener Größe und Gestalt bilden, in die die Zellen völlig eingebettet sind. Gallerte entweder nur wenig oder gar nicht bis sehr deutlich geschichtet. Wenn die Gallerte geschichtet ist, so umfassen die einzelnen Schichten entsprechend den Teilungsfolgen je zwei oder mehrere Zellen. Bei einer Gattung können gelegentlich auch einzelne, von Gallerte umgebene Zellen auftreten. Zellen verschieden geformt, doch meistens kugelig oder ellipsoidisch. Zellwand entweder glatt oder skulpturiert. Skulptur in Form dicht aneinander gereihter Tüpfelreihen, deren Maschenecken warzenartig vorgezogen sind, oder in Form von mehr oder weniger spitzen Stacheln. Chromatophoren wandständig oder auch binnenständig. Assimilate wie bei den übrigen Xanthophyceen.

Fortpflanzung durch Zoosporen oder durch Autosporen. Jede neue Zelle umgibt sich mit einer neuen Gallertschicht, wobei die Gallertschichten der Mutterzelle gedehnt werden. Dieser Vorgang kann sich wiederholen und es entstehen so Kolonien mit geschichteter Gallerte, oder aber die Grenze zwischen neu gebildeten Gallerten und der älteren Gallertmasse verschwindet sehr bald. Im ersten Fall sprechen wir von Gloeocysten, im anderen Fall von Palmellen. Eine formenreiche Familie, die aber bis jetzt wenig bekannt ist.

Wichtigste Literatur: Pascher 1939a, Bourrelly 1948, 1968, Flint 1955, Ettl 1957, 1968.

Bestimmungsschlüssel der Gattungen

1a Zellwand glatt, ohne Skulptur 2
1b Zellwand mit deutlicher tüpfelartiger oder stacheliger Skulptur 7
2a Chromatophoren binnenständig . . . . **1. Gloeoskene** (S. 277)
2b Chromatophoren wandständig 3
3a Gallerte nicht geschichtet oder Schichtung auf die ersten Teilungsstadien beschränkt (Palmellen) 4
3b Gallerte immer deutlich geschichtet, entsprechend den Teilungsfolgen zwei, vier, acht Zellen umfassend (Gloeocysten) 6
4a Zellen auch im Zentrum der Gallerte eingebettet, Gallertlager bildet keine Höcker oder Papillen 5

4b Zellen in der Peripherie der Gallerte, in Höckern oder Papillen, die an der Oberfläche der Gallertlager gebildet werden einzeln oder zu viert eingebettet .... **2. Chlorosaccus** (S. 277)
5a Gallertlager unregelmäßig, Zellen auch unregelmäßig in diesen verteilt, Gallerte weich .... **3. Gloeobotrys** (S. 280)
5b Gallertlager regelmäßig kugelig, Zellen in dieser auch zu regelmäßigen kugeligen Gruppen angehäuft, Gallerte derb **4. Gloeosphaeridium** (S. 290)
6a Zellen in einer gemeinsamen geschichteten Gallerte, in einer Ebene liegend .... **5. Chlorobotrys** (S. 291)
6b Zellen in eigenen weiten Gallerthüllen, froschlaichartig und dreidimensional gruppiert .... **6. Merismogloea** (S. 297)
7a Zellen kugelig, Skulptur in Form von Tüpfelreihen, die in den Maschenekken zu Warzen ausgezogen sind, Zellen in gemeinsamer Gallerte eingebettet .... **7. Asterogloea** (S. 299)
7b Zellen elipsoidisch, Skulptur in Form von relativ langen, spitzen Stacheln, jede Zelle mit eigener Gallerthülle .... **8. Gaumiella** (S. 300)

1. **Gloeoskene** Fott

Zellen zu mehreren bis vielen unregelmäßig in weicher, strukturloser Gallerte eingebettet. Gallerte farblos und homogen, ohne scharfen Umriß, an den Rändern häufig verfließend. Manchmal ist die Gallerte ohne Färbung kaum erkennbar. Zellen immer kugelig, nur junge Tochterzellen manchmal nach Verlassen der Mutterzelle mehr breit ellipsoidisch. Zellen in der Gallerte zwar unregelmäßig eingebettet, aber in manchen Partien stärker angehäuft als in anderen. Nicht selten sind die Zellen innerhalb der Gallerte in verzweigten Ketten aneinander gereiht. Zellwand sehr zart, doch deutlich, ohne Skulptur. Mit zwei binnenständigen, scheibenförmigen, gelbgrünen Chromatophoren, die meist parallel einander gegenüber stehen, mitunter aber auch senkrecht zueinander gestellt sind oder nebeneinander in einer Ebene liegen. Ohne Pyrenoide. Chromatophoren nicht immer gleich groß und oft gebogen. Als Assimilate kommen zahlreiche Öltropfen vor.

Fortpflanzung bislang nur durch Autosporen bekannt. Diese entstehen gewöhnlich zu zweit oder seltener zu viert, haben bereits in der Mutterzelle beide binnenständige Chromatophoren. Sie werden durch einen Riß in der alten Zellwand frei, bleiben jedoch eine Zeitlang in der gemeinsamen Gallertmasse. Die Gallertlager vermehren sich auch durch Zerfall in kleinere Gallertlager.

Wichtigste Literatur: Fott 1957, Ettl 1968.

Eine einzige Art:
Gloeoskene turfosa Fott (Fig. 329)

Mit den Merkmalen der Gattung. Zellen 6–8,5 μm, seltener bis 10 μm groß, Gallertlager bis über 80 μm im Durchmesser. Wohl eine ausgesprochene Mooralge, die in den Mooren des südlichen Böhmerwaldes (Tschechoslowakei) und in den Mooren bei Obergurgl in Tirol (Österreich) gefunden wurde, wo sie vereinzelt in grünen Schleimmassen mit anderen typischen Mooralgen anzutreffen war.

2. **Chlorosaccus** Luther

Kolonien sackartig bis fast kugelig, manchmal recht unregelmäßig, in älteren Stadien blatt- bis hautartig, oft zerrissen und verschiedenartig perforiert. An der Oberfläche der Gallertlager sind manchmal kleine vorstehende Höcker oder Papillen von halbkugelig-kegeliger Form vorhanden, die dicht nebeneinander ste-

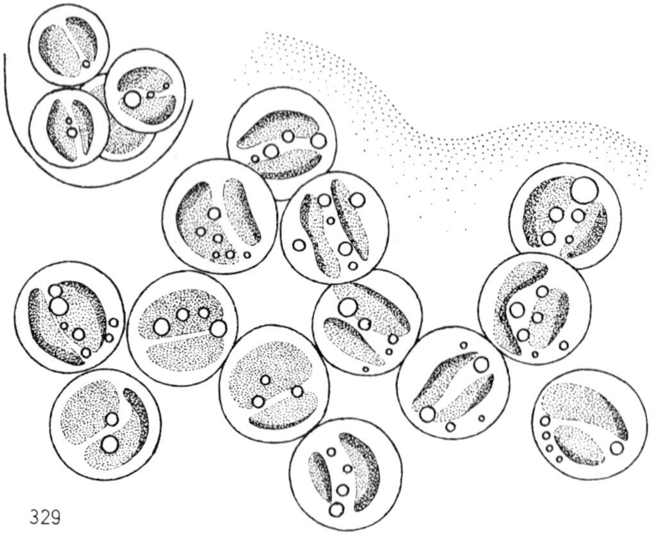

329

Fig. 329. *Gloeoskene turfosa* Fott, links oben Autosporenbildung (nach Ettl).

hen und dem Gallertlager im Profil ein merkwürdiges hügeliges Aussehen verleihen. Manchmal sind diese Höcker zu Warzen reduziert, sie können in einigen Fällen auch fehlen. Zellen immer peripher gelegen, regelmäßig angeordnet und sofern an der Oberfläche der Gallertlager Höcker vorhanden sind, entweder einzeln, zu zwei oder viert in diesen vorkommend. Die Höckerchen der Gallertlager können auch durch starke, einseitige Gallertausscheidung sehr verlängert sein und Andeutungen von Verzweigungen zeigen. Dann sind in ihnen gewöhnlich nur eine oder zwei Zellen eingebettet. Gallertlager sehr stark veränderlich, je nach den gegebenen Außenbedingungen. Die einzelnen Zellen oder die kleinen Zellgruppen haben ihre eigene Gallerthülle, die jedoch oft erst nach Färbung sichtbar wird und mitunter Gloeocystis-artige Schichtung zeigt. Zellen kugelig, kugelig-ellipsoidisch, meist aber ellipsoidisch bis leicht ellipsoidisch-birnenförmig. Zellwand sehr zart, ohne Skulptur. Chromatophoren gewöhnlich zwei, seltener drei oder vier, wandständig, scheiben- bis leicht muldenförmig, ohne Pyrenoide. Assimilate Öl und Fett.

Fortpflanzung durch Zoosporen oder Autosporen. Zoosporen können einzeln oder zu zweit aus den einzelnen Zellen entstehen. Sie sind ellipsoidisch bis birnenförmig, oft leicht gekrümmt und allem Anschein nach auch formveränderlich. Mit zwei großen seitenständigen Chromatophoren, ohne Stigma; Hauptgeißel 1,5 mal körperlang. Nebengeißel $^1/_4$ der ersteren messend. Die Zoosporen kommen bald zur Ruhe, umgeben sich mit Gallerte und wachsen zu neuen Lagern heran. Autosporen werden zu zweit oder zu viert gebildet und bleiben in der gemeinsamen Gallerte beisammen, wobei die alte Zellwand verschleimt und eine umgebende Gallertschicht bildet. Als Ruhestadien sind Akineten bekannt, die durch Vergrößerung der Zellen und Verdickung der Zellwand entstehen.

Wichtigste Literatur: Luther 1899, Printz 1927, Pascher 1939a, Messikommer et Vischer 1946, Bourrelly 1948, Flint 1955.

Eine einzige Art:

Chlorosaccus fluidus Luther (Fig. 330)

Chlorosaccus ulvaceus Messikommer et Vischer, *Chlorosaccus concarnensis* Bourrelly

Mit den Merkmalen der Gattung. Zellen 8–12 μm lang, 5–8 μm breit, Akineten 11–13 μm groß, Gallertlager von 10–15 mm Größe bis zu 100 mm heranwachsend. Im Gebiet verbreitet, doch gewöhnlich nur vereinzelt auftretend, auch wenn diese Alge an bestimmten Orten dann in großen Massen vorkommt. Eine oligotherme Art (vorherrschend bei 6–12 C), die katharobe bis höchstens oligosaprobe Gewässer besiedelt. Nach eingehenden Untersuchungen von Flint ist diese Alge sehr formveränderlich und deshalb können die übrigen beschriebenen Arten nur als Synonyma von *Ch. fluidus* geführt werden (siehe Synonymik).

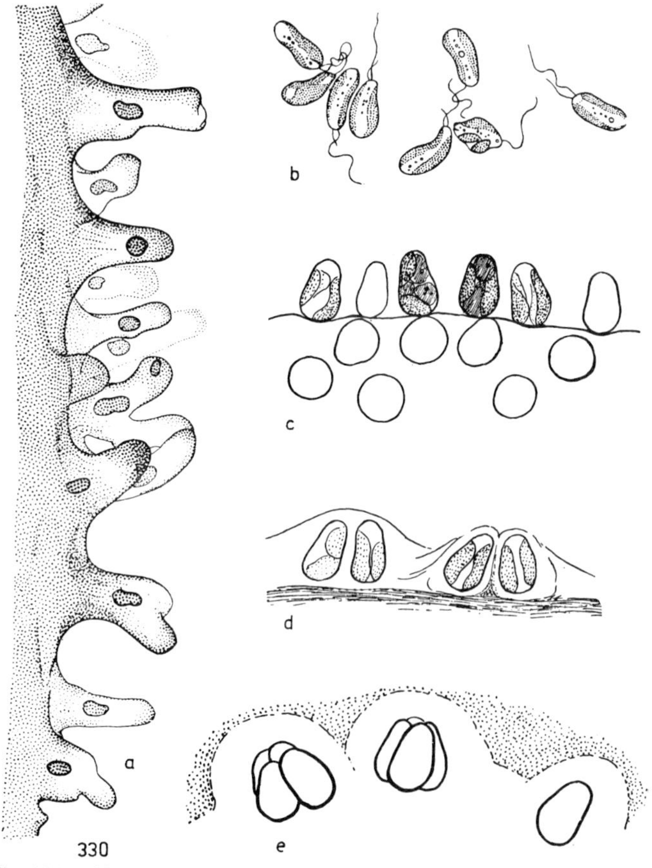

Fig. 330. *Chlorosaccus fluidus* Luther – *a* Profilansicht des Randes einer Kolonie, *b* Zoosporen, *c–e* verschiedene Anordnung der Zellen in den Randpartien der Kolonien (*a* und *b* nach Luther, sonst nach Messikommer und Vischer).

3. **Gloeobotrys** Pascher

Chlorobotrys p. p. sensu G. M. Smith

Gallertlager mit wenigen bis vielen Hunderten Zellen, die entweder kleine weichgallertige oder derbere, in beiden Fällen manchmal unregelmäßig gelappte, oft in Trennung befindliche, manchmal schon makroskopisch als kleine Pünktchen wahrnehmbare, gelb- bis tiefgrüne Klümpchen bilden. Zellen in dieser Gallerte anscheinend unregelmäßig verteilt, nur nach der Teilung zwei oder vier Tochterzellen einander genähert, manchmal die Zellen in mehrere Gruppen aufgeteilt und peripher oft stärker gehäuft. Die Gallerte selbst ohne weitere Differenzierung mit Ausnahme des Umstandes, daß die Zellen einer Teilungsfolge manchmal noch von einer eigenen Gallertschicht umgeben sind, die aber bald undeutlich wird. Gallertlager frei lebend oder auf Unterlagen festhaftend. Zellen kugelig oder ellipsoidisch, mitunter auch anders geformt, nicht selten auch asymmetrisch. Zellwand zart bis derb, ohne Skulptur. Chromatophoren wandständig, einer bis mehrere, scheiben-, mulden- oder topfförmig. Ohne Pyrenoide. Assimilate wie bei anderen Xanthophyceen.

Fortpflanzung durch Zoosporen oder Autosporen. Zoosporen werden zu zweit oder viert gebildet. Bei den beobachteten Arten mit nur sehr kurzer Nebengeißel. Stigma vorhanden. Hauptsächliche Fortpflanzung durch Autosporen, die in gleicher Anzahl wie die Zoosporen gebildet werden.

Wichtigste Literatur: Smith G. M. 1920, Pascher 1930b, 1939a, Ettl 1958, 1968, Fott 1961, Reisigl 1964.

Bestimmungsschlüssel der Arten

1a	Zellen kugelig	2
1b	Zellen nicht kugelig	4
2a	Zellen oft in Vierergruppen orientiert, mit nur einem Chromatophor	**1. G.coenococcoides**
2b	Zellen regellos gelagert, mit zwei bis vielen Chromatophoren	3
3a	Bis vier Chromatophoren, mulden- oder scheibenförmig, Zellen 4–5 μm groß	**2. G.chlorinus**
3b	Nur zwei Chromatophoren, schüssel- bis halbkugelförmig, sich gegenüber liegend, Zellen 5–7 μm	**3. G.bichlorus**
4a	Zellen mondsichelförmig bis bohnenförmig, Kolonien mit nur 4–16 Zellen	**4. G.lunatus**
4b	Zellen nicht mondsicherlförmig, Kolonien mit mehreren bis zahlreichen Zellen	5
5a	Zellen mit einem großen Chromatophor	**5. G.monochloron**
5b	Zellen mit zwei oder mehreren Chromatophoren	6
6a	Zellen regelmäßig ellipsoidisch oder walzlich	7
6b	Zellen nicht regelmäßig, asymmetrisch, mitunter auch birnen- bis bohnenförmig	12
7a	Kolonien planktisch, Zellwand sehr derb	**6. G.limneticus**
7b	Kolonien nicht planktisch, Zellwand zart	8
8a	Zellen ausgesprochen zylindrisch, mit mehreren Chromatophoren	**7. G.ellipsoideus**
8b	Zellen ellipsoidisch, höchstens drei Chromatophoren	9
9a	Zellen sehr breit ellipsoidisch, nicht gebogen	10
9b	Zellen ellipsoidisch, manchmal leicht gebogen	11
10a	Zellen höchstens 4,5–6,5 μm lang, Chromatophoren gleichartig	**8. G.ovalis**
10b	Zellen 7,5–9,5 μm lang, Chromatophoren sehr ungleich	**9. G.gelatinosus**

11a In moorigen Gewässern lebend, Chromatophoren groß, die ganze Zelle auskleidend .... 10. G.sphagnophilus
11b In schwach salzhaltigen Gewässern lebend, Chromatophoren klein, nur einen Teil der Zellen auskleidend .... **11. G.subsalsus**
12a Zellen birnen- oder eiförmig, bis 16 μm lang .... 13. G.piriformis
12b Zellen unregelmäßig ellipsoidisch bis bohnenförmig, höchstens bis 9,5 μm lang 13
13a Zellen asymmetrisch ellipsoidisch-rhombisch oder ellipsoidisch eiförmig, 1–2 Chromatophoren .... **12. G.terrestris**
13b Zellen asymmetrisch ellipsoidisch-bohnenförmig, 3–4 Chromatophoren .... **14. G.phaseolus**

1. Gloeobotrys coenococcoides Fott (Fig. 331)

Gallertlager klein, mikroskopisch, mit 4–64 Zellen. Gallerte ohne Struktur, weich, an den Rändern verfließend und dort häufig mit radiär angeordneten, stäbchenförmigen Bakterien. Nur nach der Teilung bleibt die alte Zellwand als eine Gallertschicht, die die Tochterzellen umgibt, erhalten. Letztere bleiben längere Zeit in Vierergruppen angeordnet, später sind sie jedoch wie bei den übrigen Arten regellos verteilt. Zellen kugelig, manchmal kugelig-eiförmig. Zellwand dünn, glatt, bei der Autosporenbildung schnell verschleimend. Chromatophor groß, topfförmig, mitunter fast hohlkugelig, mit einer breiten Öffnung. Fortpflanzung durch vier Autosporen.

Zellen 4–5,5 μm, ausnahmsweise bis 8 μm im Durchmesser, Gallertlager werden höchstens 40 μm groß.

In einer mit Wasser gefüllten Sandgrube am Rande eines Teiches in Südböhmen (Tschechoslowakei). In schleimigen Überzügen zwischen Algen an *Drepanocladus* und *Chara* wachsend.

2. Gloeobotrys chlorinus Pascher (Fig. 332)

Gallertlager ellipsoidisch bis kugelig, sehr weich. Gallerte ohne jede Differenzierung. Zellen kugelig, seltener etwas mehr rundlich polyedrisch, in der Gallerte regellos verteilt, seltener in kleinen, vorübergehenden Gruppen. Zellwand sehr zart. Chromatophoren zwei bis vier, wandständig, scheibenförmig, sehr blaß. Fortpflanzung durch zwei oder vier Zoosporen oder auch Autosporen. Zoosporen sehr formveränderlich, mit zwei Chromatophoren und Stigma; Hauptgeißel überkörperlang, Nebengeißel sehr kurz.

Zellen 4–5 μm im Durchmesser.

Zwischen Uferalgen lebend, vor allem in Kleingewässern oder kleineren Teichen. Aus der Umgebung von Františkovy Lázně und Prag (Tschechoslowakei). Wohl verbreitet. Rino fand in Moçambique eine größere Form (7–10 μm), die er als var. *maior* bezeichnet.

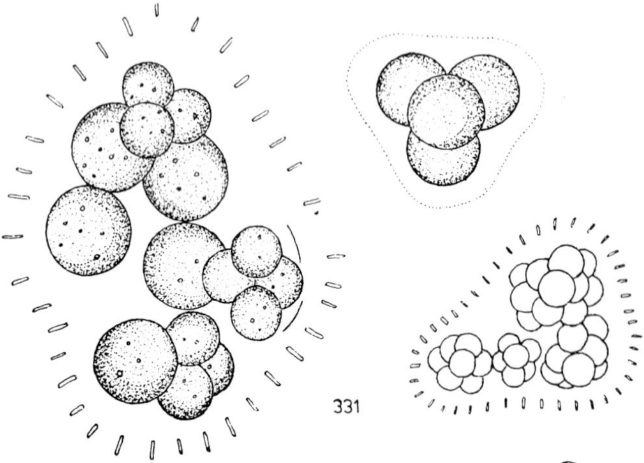

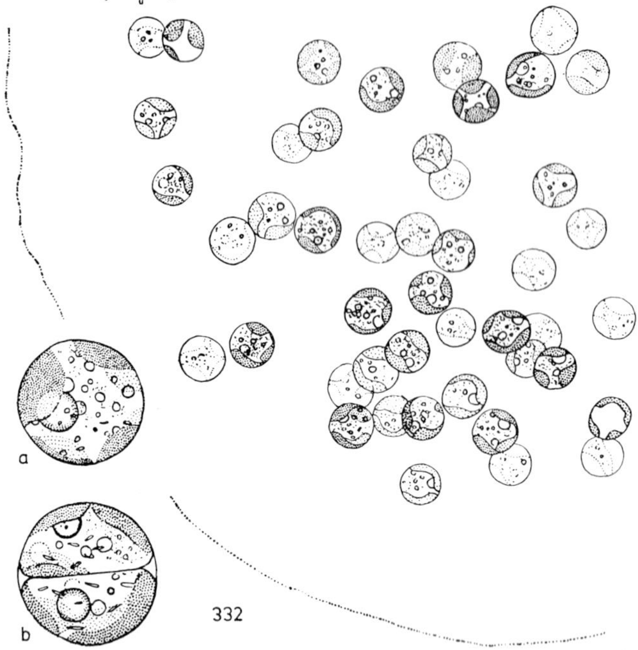

Fig. 331. *Gloeobotrys coenococcoides* Fott (nach Fott). Fig. 332. *Gloeobotrys chlorinus* Pascher (nach Pascher).

3. Gloeobotrys bichlorus Ettl (Fig. 333)

Kleine mikroskopische Gallertlager mit relativ wenigen Zellen, die in der Gallerte unregelmäßig zerstreut sind. Gallerte weich, nicht immer scharf begrenzt, homogen und farblos. Zellen kugelig bis genau kugelrund, seltener in jungen Stadien kugelig-ellipsoidisch. Zellwand zart. Chromatophoren zwei, groß, schüssel- oder halbkugelförmig, sich mit den Öffnungen gegenüberliegend, manchmal einander so dicht genähert, daß sie ein fast hohlkugeliges Gebilde vortäuschen und nur einen schmalen Streifen zwischen sich frei lassen. Ohne Pyrenoide. Fortpflanzung durch Autosporen, die zu zweit gebildet werden. Die Teilungsebene verläuft in der Richtung der freien Zone zwischen den Chromatophoren. Junge Tochterzellen zunächst mit einem Chromatophor. Sie werden durch einen Riß in der alten Zellwand frei, wonach diese sehr rasch verschleimt.

Zellen 5–7 μm im Durchmesser.

Im grünen Schleim, der durch verschiedene Algen und *Sphagnum*-Reste gebildet wird. Nur in Sphagneten gefunden, Moore bei Obergurgl (Österreich) und im Hohen Gesenke (Tschechoslowakei).

4. Gloeobotrys lunatus Ettl (Fig. 334)

Bildet sehr kleine, mikroskopische Gallertlager von regelmäßiger, breit ellipsoidischer Gestalt. Gallertlager frei lebend, wenn auch nicht planktisch, nie festhaftend. Gallerte ziemlich zäh, mit scharfer, auch ohne Färbung sichtbarer Umgrenzung; farblos, ohne jede Differenzierung. Zellen in der Gallerte unregelmäßig gelagert, doch stets zu zweit einander genähert, was auf die Autosporenbildung zurückzuführen ist. In den Gallertlagern sind gewöhnlich vier, nur manchmal mehr (8–16) Zellen vorhanden. Zellen mondsichelförmig, mit abgerundeten Enden, die eine Seite konvex, die andere konkav. Zellwand sehr zart, ohne Skulptur oder Verdickungen, hyalin. Chromatophoren zwei, wandständig, länglich scheiben- bis kurz bandförmig, gewöhnlich senkrecht, aber auch schief zur Längsachse der Zellen liegend. Ohne Pyrenoide. Fortpflanzung durch zwei Autosporen, die durch Längsteilung des Protoplasten entstehen. Die alte Zellwand verschleimt recht früh, doch bleiben auch später die jungen Zellen bis in den erwachsenen Zustand zusammen und bilden etwas lockere Zweiergruppen.

Zellen 8–10 μm lang, 2–3 μm breit, Gallertlager bis 40 μm groß.

Zwischen verschiedenen Fadenalgen, vor allem *Oedogonium itzigsohnii* und *Microspora pachyderma* in einem kleinen Moor bei Obergurgl in Tirol (Österreich).

5. Gloeobotrys monochloron Ettl (Fig. 335)

Gallertlager makroskopisch, bis mehrere Zentimeter groß, unregelmäßig geformt, an *Sphagnum* oder anderen Unterlagen festhaftend, sekundär nach dem Abreißen von der Unterlage auch frei am Grunde vorkommend. Mit mehreren bis zahlreichen Zellen, die unregelmäßig in der Gallerte zerstreut sind. Gallerte zäh, nur manchmal etwas weicher, an den Rändern scharf begrenzt, ohne jede Differenzierung. Zellen ellipsoidisch bis gestreckt ellipsoidisch, mitunter auch gestreckt ellipsoidisch-eiförmig. Zellwand sehr zart, ohne Skulptur, nach der Autosporenbildung rasch verschleimend. Jede Zelle mit nur einem großen rinnen- bis mantelförmigen, wandständigen Chromatophor. Dieser kleidet einen großen Teil der Zelle aus, manchmal sehr blaß und ohne Pyrenoid. Fortpflanzung durch zwei oder vier Zoosporen oder Autosporen. Zoosporen etwas formveränderlich, mit einem Chromatophor und Stigma, mit einer körperlangen Hauptgeißel und halb so langen Nebengeißel. Autosporen bleiben nach dem Freiwerden eine Zeitlang beisammen.

Zellen 6–9 μm lang, 2–3,5 μm breit, Gallertlager 1–5 cm groß werdend.

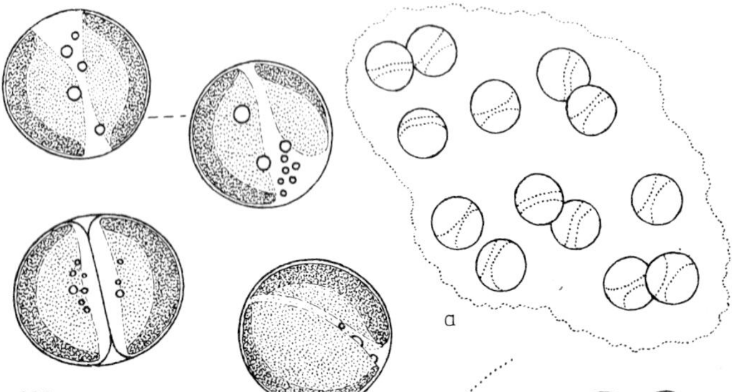

333

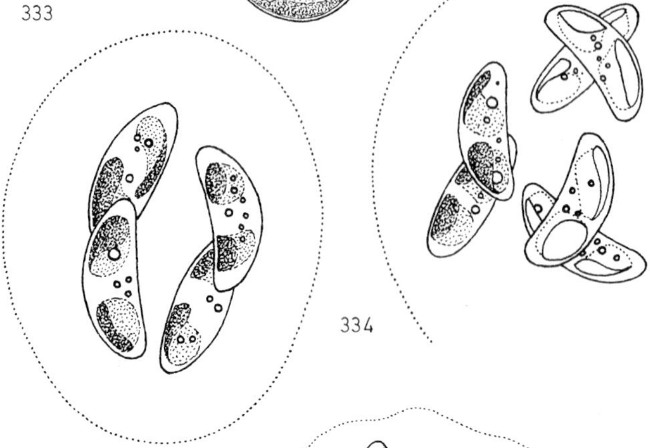

334

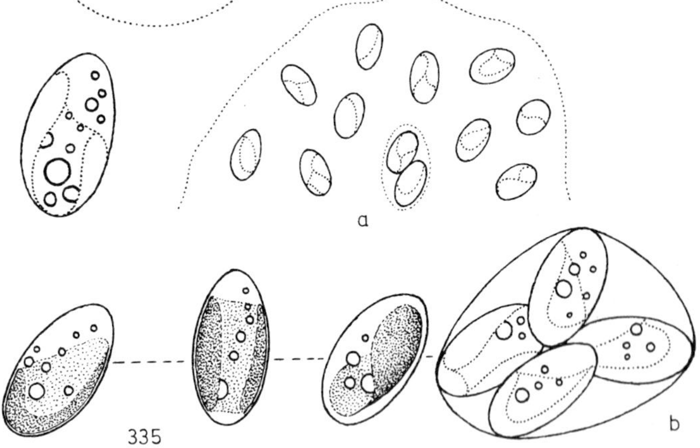

335

In einem stark sauren Abwässerungsgraben eines Moores im Böhmerwald (Tschechoslowakei), wo die pH-Werte bei nur 2,5 lagen. Auch im Seefelder Moor bei Innsbruck (Österreich), in einem mit *Sphagnum* verwachsenen Graben mit pH-Werten von 3,4. Wahrscheinlich eine ausgesprochene Mooralge, die auf sehr niedrige pH-Werte eingestellt ist.

6. Gloeobotrys limneticus (G. M. Smith) Pascher (Fig. 336)
Chlorobotrys limneticus G. M. Smith

Gallertlager planktisch treibend, ellipsoidisch bis unregelmäßig, oft beträchtliche Größe erreichend. Gallerte deutlich begrenzt, aber ohne jede weitere Differenzierung. Zellen zu 10–30, innerhalb größerer Kolonien meist in kleinere Gruppen aufgeteilt oder völlig unregelmäßig verteilt, breit ellipsoidisch bis kurz zylindrisch, an beiden Enden breit abgerundet, manchmal etwas unregelmäßig. Zellwand sehr derb. Chromatophoren wandständig, drei bis vier. Fortpflanzung nicht beschrieben.

Zellen 6–8 μm lang, 5–6 μm breit, Gallertlager 40–200 μm groß.

Bislang nur aus Seenplankton bekannt – Seen in Wisconsin und im Erie-See (USA), auch in den Seen Englands gefunden.

7. Gloeobotrys ellipsoideus Pascher (Fig. 337)

Aufliegende, vielleicht erst sekundär freie Gallertlager, die makroskopisch sichtbar werden können. Gallerte derb, am Rande scharf begrenzt, ohne wahrnehmbare Strukturen, bis auf den Umstand, daß die Zellen nach der Teilung von einer vorübergehenden Gallertschicht umgeben sind. Zellen ziemlich gleichmäßig verteilt, gegen die Peripherie der Kolonie mehr gehäuft. Sie sind ellipsoidisch bis kurz walzlich, an beiden Enden breit abgerundet. Zellwand deutlich, aber nicht derb. Chromatophoren mehrere (3–5), wandständig, scheibenförmig oder auch polygonal begrenzt. Bei einzelnen größeren Zellen auch viele Chromatophoren vorhanden. Fortpflanzung sowohl durch Zoosporen als auch durch Autosporen. Zoosporen mit stummelförmiger Nebengeißel, deutlichem Stigma und mehreren Chromatophoren.

Zellen bis 12 μm lang, bis 8 μm breit, seltener auch größer.

Moorgräben in der Soos in Westböhmen (Tschechoslowakei), Wasser mit niedrigen pH-Werten, vielleicht auch leicht halophil.

8. Gloeobotrys ovalis Reisigl (Fig. 338)

Zellen unregelmäßig in strukturloser, dünnflüssiger Gallerte liegend. Einzelne Zellen breit ellipsoidisch bis ellipsoidisch-eiförmig. Zellwand zart, nur bei der Fortpflanzung deutlicher werdend. Chromatophoren einer oder zwei, seltener auch drei, kurz band- oder auch muldenförmig, blaß gelbgrün. Fortpflanzung durch zwei oder vier Autosporen, die relativ früh gebildet werden. Abgestoßene Reste der alten Zellwand sind vorübergehend nach dem Freiwerden der Autosporen sichtbar.

Zellen 4,5–6,5 μm lang.

Aus Erdproben isoliert, die aus der Wurzelzone von *Poa alpina* var. *minor* auf stark windgefegtem Joch am Südfuß des Granatenkogels (3145 m ü. M.) entnommen wurden. Tiroler Alpen.

◀ Fig. 333. *Gloeobotrys bichlorus* Ettl – *a* Gallertlager bei schwächerer Vergrößerung. Fig. 334. *Gloeobotrys lunatus* Ettl. Fig. 335. *Gloeobotrys monochloron* Ettl – *a* Gallertlager bei schwächerer Vergrößerung, *b* Autosporenbildung (nach Ettl).

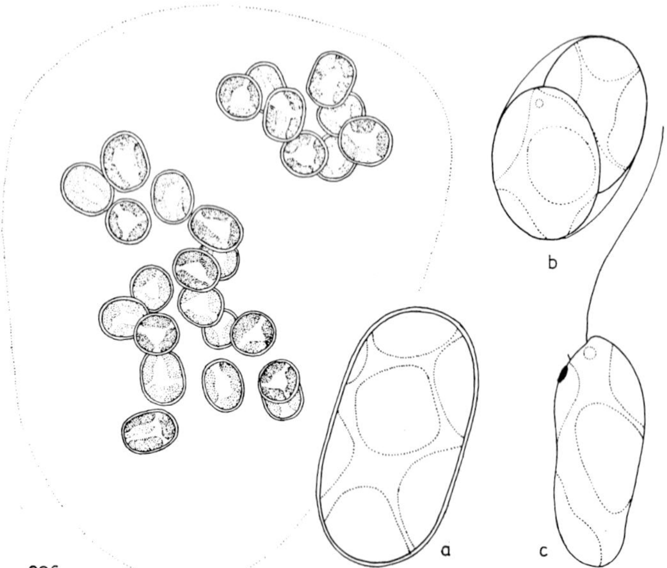

336

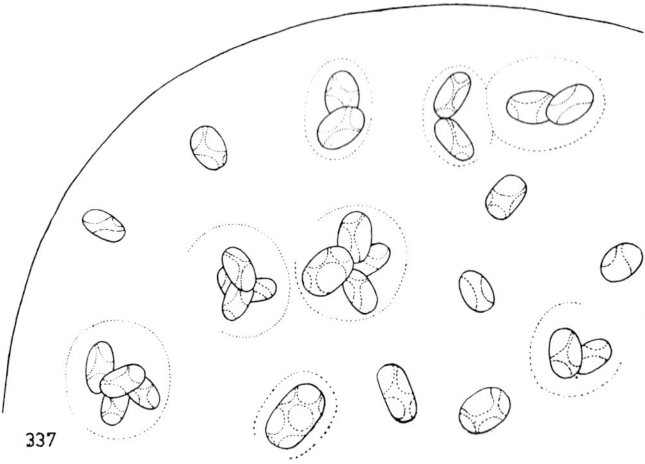

337

Fig. 336. *Gloeobotrys limneticus* G. M. Smith (nach G. M. Smith). Fig. 337. *Gloeobotrys ellipsoideus* Pascher – *a* besonders große Einzelzelle, *b* Protoplastenteilung, *c* Zoospore (nach Pascher).

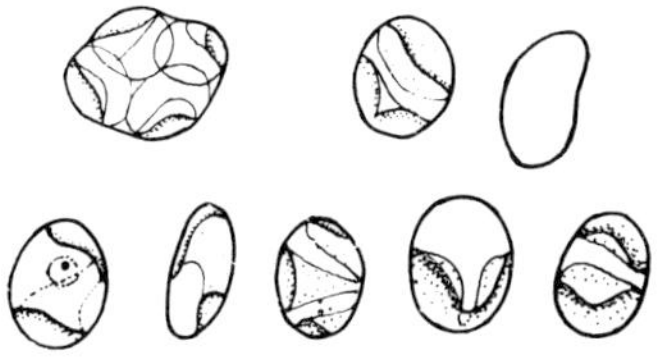

338

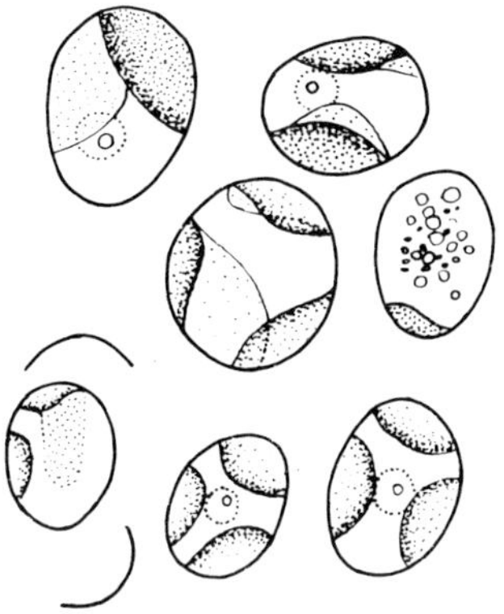

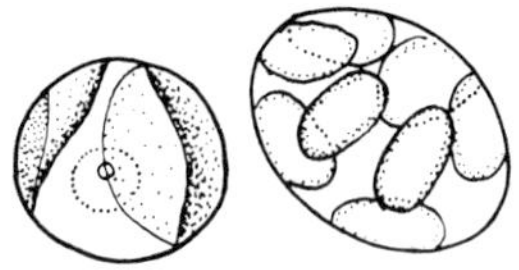

339

Fig. 338. *Gloeobotrys ovalis* Reisigl. Fig. 339. *Gloeobotrys gelatinosus* Reisigl (nach Reisigl).

9. Gloeobotrys gelatinosus Reisigl (Fig. 339)

Zellen unregelmäßig in strukturloser, weicher und stark aufgewölbter Gallerte liegend. Einzelne Zellen ziemlich regelmäßig breit ellipsoidisch-eiförmig. Zellwand sehr deutlich, wahrscheinlich nur bei der Fortpflanzung noch deutlicher werdend. Chromatophoren zwei oder drei, seltener mehrere, scheiben- bis leicht muldenförmig. Oft durch körnige Inhaltsstoffe verdeckt. Zellkern gut sichtbar. Fortpflanzung durch 2–8 Autosporen.

Zellen 7,5–9,5 μm lang, 6–8 μm breit.

Aus Erdproben isoliert, die in einem von Küchenabfällen gedüngten Dolomitengrus mit *Prasiola crispa* entnommen wurden, Payerhütte (3020 m ü. M.) in den Tiroler Alpen.

10. Gloeobotrys sphagnophilus Ettl (Fig. 340)

Bildet kleine, mikroskopische Gallertlager von unregelmäßiger Gestalt. Nur sehr junge und kleine Lager haben einen mehr regelmäßigen, breit elliptischen Umriß. Gallerte weich, oft mit verfließenden Rändern, ohne jede Struktur, farblos. Gallertlager entweder festhaftend oder zwischen anderen Algen vorkommend, oder auch gemeinsam mit *Sphagnum* grüne schleimige Massen bildend. Zellen in der Gallerte unregelmäßig zerstreut und nur nach der Autosporenbildung die jungen Zellen in Gruppen genähert. Einzelne Zellen im Prinzip ellipsoidisch, oft jedoch auch eiförmig-ellipsoidisch oder kurz ellipsoidisch-zylindrisch, seltener etwas unregelmäßig. Zellwand sehr zart, ohne Skulptur, erst während der Fortpflanzung deutlicher werdend. Chromatophoren zwei, seltener auch drei, wandständig, mulden- bis kurz bandförmig, oft ungleich groß. Manchmal der eine Chromatophor bis doppelt so groß wie der andere. Muldenförmige Chromatophoren werden meist dann gebildet, wenn sie in den Enden der Zellen liegen. Fortpflanzung durch Autosporen, die zu zweit gebildet werden. Die alte Zellwand verschleimt sehr schnell.

Zellen 5,5–8 μm lang, 3–3,5 μm breit.

Zwischen *Sphagnum* in kleinen Wasserstellen der Moore bei Obergurgl in Tirol (Österreich) mehrmals gesehen. Kommt bei niederen pH-Werten vor (3,0).

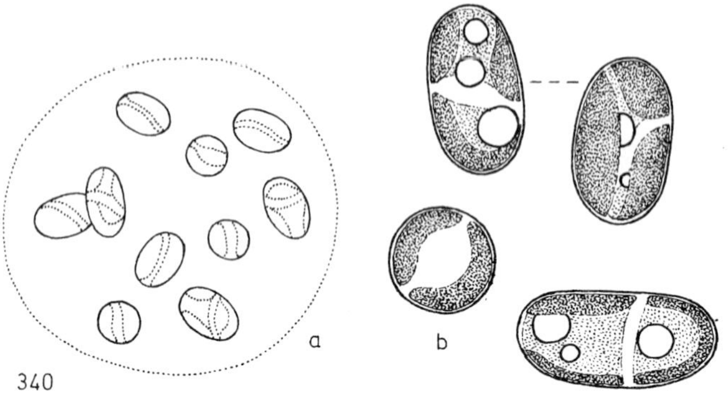

Fig. 340. *Gloeobotrys sphagnophilus* Ettl – *a* Gallertlager bei schwächerer Vergrößerung, *b* eine Zelle im optischen Querschnitt (nach Ettl).

11. Gloebotrys subsalsus Pascher (Fig. 341)

Gallertlager nicht auf Wasserpflanzen oder anderen Unterlagen festhaftend, sondern im Schleim niederer Algen vorkommend. Zellen kurz ellipsoidisch, manchmal etwas unregelmäßig. Meist zu zweit oder zu mehreren, in manchmal undeutlich geschichteten Galltertpaketen zusammengefaßt und diese wieder von undeutlichen Gallertlagern überschichtet. Schließlich verfließt die Gallerte und wird homogen. Gallertlager dieser Art sehr leicht in kleine Teillager trennbar. Zellwand sehr zart. Chromatophoren meist zwei, wandständig, manchmal ungleich groß, immer relativ klein, große Partien der Zellen frei lassend. Fortpflanzung nicht vollkommen beobachtet, Zoosporenbildung wahrscheinlich, da Teilungsstadien mit pulsierenden Vakuolen und mit Stigma beobachtet wurden.

Zellen 7–9 μm lang, 5–6 μm breit.

Aus schwach salzhaltigen Gewässern in den Flachmooren bei Lysá an der Elbe und um Kralupy (Tschechoslowakei).

12. Gloeobotrys terrestris Reisigl (Fig. 342)

Zellen unregelmäßig in einer dünnflüssigen Gallertmasse eingebettet. Einzelne Zellen recht unregelmäßig gebaut, im Prinzip ellipsoidisch, ellipsoidisch-eiförmig bis ellipsoidisch-spindelförmig, von regelmäßiger Gestalt jedoch immer asymmetrisch. Zellwand zart, bei der Fortpflanzung deutlicher werdend. Chromatophoren meist zwei, muldenförmig, gewöhnlich einander gegenüberliegend. Fortpflanzung wahrscheinlich durch Autosporen, junge Zellen mitunter auch schmal nierenförmig.

Zellen 5–9 μm lang; 2,5–4,5 μm breit.

Aus schwach humoser Feinerde unter Blöcken, Simalaun-Südgrat in den Tiroler Alpen (3580 m ü. M.).

13. Gloeobotrys piriformis Reisigl (Fig. 343)

Zellen unregelmäßig, aber dicht in sehr fester Gallerte mit klein blasig aufgetriebener Oberfläche eingebettet. Einzelne Zellen mehr oder weniger deutlich birnenförmig oder eiförmig. Oft eine Längsseite bauchiger und ein Ende verschmälert, so daß die Zellen asymmetrisch verzogen werden. Zellwand zart. Chromatophor meist einer, seltener mehrere, groß, oft gelappt. Als Assimilate große Öltropfen. Fortpflanzung durch acht wurstförmige Autosporen. Alte Zel-

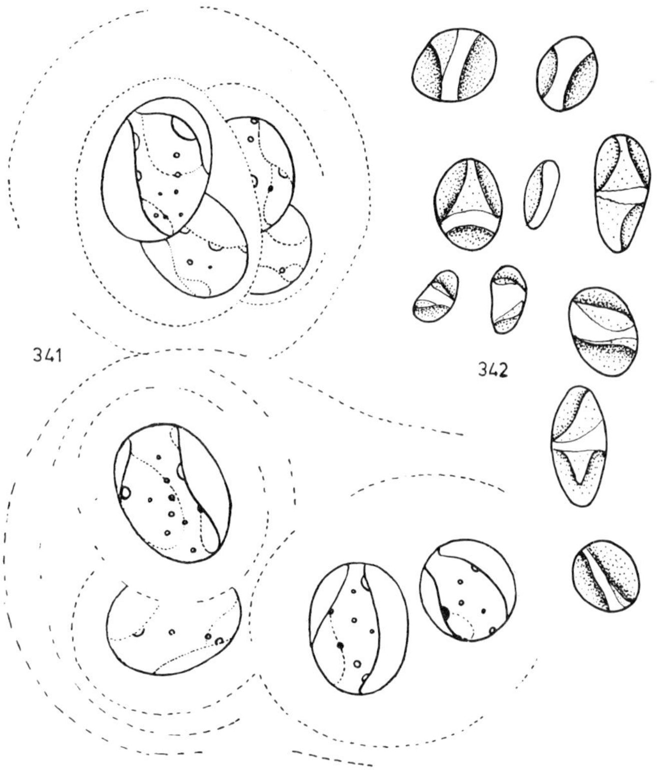

Fig. 341. *Gloeobotrys subsalsus* Pascher (nach Pascher). Fig. 342. *Gloeobotrys terrestris* Reisigl (nach Reisigl).

len werden oft kugelig, wobei sie sich stark vergrößern, die Chromatophoren lösen sich auf und der Inhalt vakuolisiert völlig.

Zellen bis 16 μm lang, 10–11 μm breit.

Grüne Überzüge an offenen Bodenstellen im Curvuletum bildend, Tiroler Alpen (3160 m ü. M.).

14. Gloeobotrys phaseolus Reisigl (Fig. 344)

Zellen in dichter Gallerte eingebettet. Einzelne Zellen asymmetrisch gebaut, unregelmäßig eiförmig bis leicht bohnenförmig gebogen. Zellwand derber, nach der Beschreibung angedeutet zweiteilig (?). Chromatophoren zwei bis vier, in der Form sehr verschieden, meistens aber muldenförmig, oft gelappt. In vielen Fällen nicht deutlich, da von hellen Körnchen verdeckt. Fortpflanzung durch zwei oder häufiger 4–8 Autosporen, die leicht nierenförmig und schmal sind. Die alte Zellwand zerfällt in zwei Teile und bleibt eine Zeitlang in der Gallertmasse erhalten.

Zellen 9,5 μm lang, 5,5 μm breit, manchmal größer.

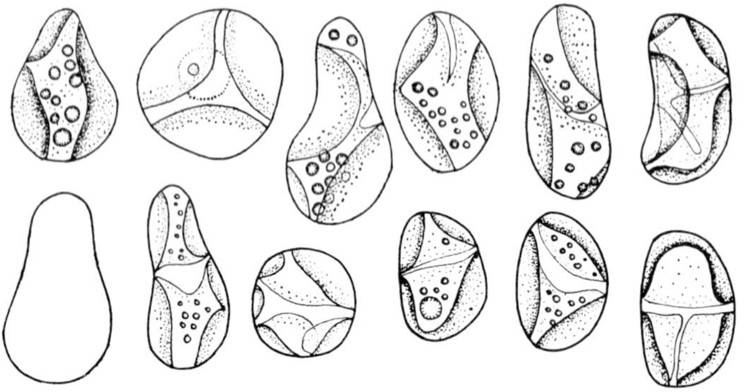

343

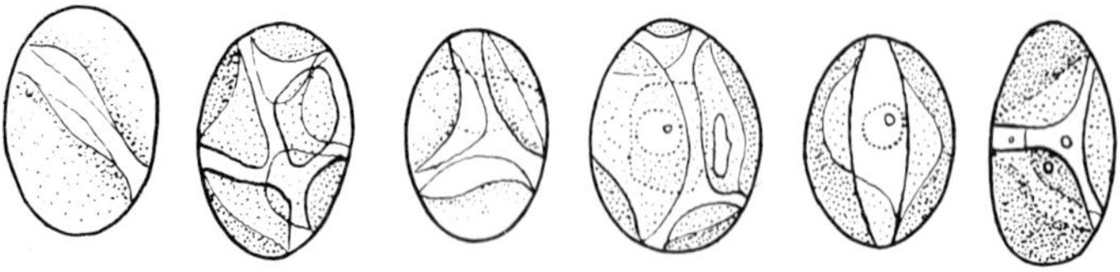

344

Fig. 343. *Gloeobotrys piriformis* Reisigl. Fig. 344. *Gloeobotrys phaseolus* Reisigl (nach Reisigl).

Aus Erdproben isoliert, die aus der Wurzelzone von *Poa laxa* und aus einem Curvuletum stammten, Tiroler Alpen (2900–3480 m ü. M.).

Unsichere zu streichende Arten

Gloeobotrys bacillaris (Kufferath) Pascher – unvollständig beschriebene Art, deren Wiedererkennen kaum möglich ist. Auch die Abbildungen sind unzureichend. Besser zu streichen.

Gloeobotrys mucosa Pascher et Czurda – nach späteren Berichten von Pascher handelt es sich um eine gallertige Chrysophycee.

Gloeobotrys sp. sensu Fott – nachträgliche Untersuchungen des Autors haben erwiesen, daß es sich um eine Grünalge handelt.

4. **Gloeosphaeridium** Pascher

Gloeobotrys p. p. sensu Pascher

Kolonien 4–32zellig, in denen die Zellen keine Gruppierung Zweier- oder Vierergruppen zeigen, sondern gleichmäßig kugelartig aneinander lagern und vielleicht leicht miteinander verklebt sind. Die ganze Kolonie wird außerdem von einer sehr derben, gleichmäßig entwickelten Gallertschicht umgeben, die die Zellen zusammenhält. In dieser derben Schicht wie auch im Innern ist keine weitere Struktur sichtbar. Zellen später durch Erweichen der Gallerthülle frei werdend. Einzelne Zellen mehr oder weniger kugelig. Zellwand zart, wenig deutlich. Chromatophoren mehrere (3–6), wandständig, scheiben- bis leicht muldenförmig. Ohne Pyrenoide. Assimilate wie bei anderen Xanthophyceen.

Fortpflanzung unvollständig beobachtet. Aufteilung des Protoplasten einer jeden Zelle in 2–32 Teilprotoplasten, wobei sich die in Teilung begriffenen Zellen zuvor manchmal sehr stark vergrößern. Teilprotoplasten mit pulsierenden Vakuolen und Stigma. Es ist jedoch unklar, ob Zoosporen oder Hemiautosporen entstehen. Auch die Bildung der derben peripheren Gallertschicht ist unbekannt.

Wichtigste Literatur: Pascher 1939 a.

Eine einzige Art:
Gloeosphaeridium firmum (Pascher) Pascher (Fig. 345)
Gloeobotrys firmus Pascher

Mit den Merkmalen der Gattung. Zellen 10–12 μm, ausnahmsweise bis 30 μm groß.

Eine Uferalge, die zwischen Fäden von *Rhizoclonium* gefunden wurde, Teiche in Nordböhmen (Tschechoslowakei).

345

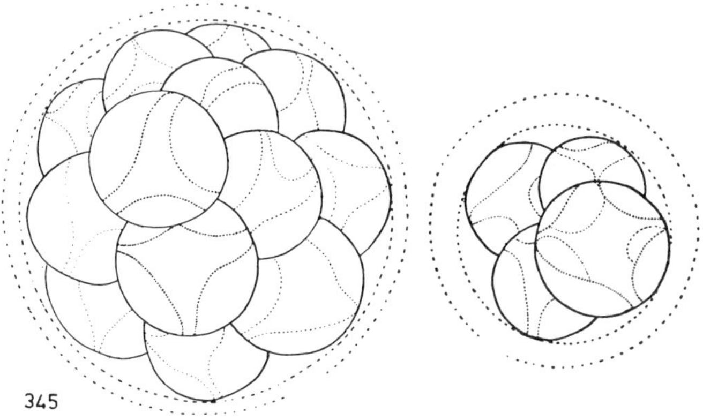

Fig. 345. *Gloeosphaeridium firmum* Pascher (nach Pascher).

5. **Chlorobotrys** Bohlin

Chlorococcum p. p. sensu W. West

Zellen mehr oder weniger kugelig bis kugelrund, seltener etwas mehr ellipsoidisch-kugelig. Selten einzeln, gewöhnlich zu zweit oder zu viert, sogar auch bis zu 32, in zunächst scharf umrissenen Gallertlagern liegend, in denen die zunächst sehr regelmäßigen, später aber noch immer deutlich erkennbaren Zweier- oder Vierergruppen einander genähert bleiben. Zellen vorherrschend in einer Ebene liegend. Gallerte in vielen Fällen deutlich differenziert, mit zarten Schichtungen, die dadurch entstehen, daß bei der Fortpflanzung der Zellen um die Tochterzellen neue Gallerten gebildet werden, so daß im Prinzip *Gloeocystis*-artige Schichtensysteme entstehen, die aber nur in wenigen Fällen deutlicher erkennbar bleiben und bald verwischt werden können. Um die Zellgruppen herum deutlich die oft verquollenen Reste der zersprengten alten Zellwand erkennbar, deren meist bestimmte Zahl darauf schließen läßt, daß die alten Zellwände in bestimmter Weise gesprengt werden. Zellwand an den Zellen deutlich, fest, in manchen Fällen stark glänzend und verkieselt, doch ohne Skulptur. Bei alten Zellen ist die Zellwand manchmal leicht rötlich verfärbt. Chromatophoren immer wandständig, einer bis zahlreiche, mulden- oder scheibenförmig, gelbgrün bis trüb dunkelgrün. Im fortgeschrittenen Stadium der Zellen oft undeutlich werdend und oft nur in der Form eines diffusen peripheren Maschenwerkes erkennbar. In älteren Zellen wird der Inhalt vakuolisiert, mit einer großen zentralen Saftvakuole, die von zarten Plasmasträngen durchzogen ist. Fett- und Öltropfen, kleine Kristalle, stark glänzende Ballen und sehr häufig rubinrote Öltropfen im Plasma vorhanden.

Fortpflanzung nicht vollständig bekannt. Anscheinend nur Autosporenbildung, wobei in jeder Zelle zwei Autosporen entstehen. Durch Wachstum der entstandenen Tochterzellen wird die alte Zellwand wahrscheinlich in bestimmer Weise gesprengt, nachdem sie verquollen ist. Die Sprengstücke der Zellwand sind an der entsprechenden Gallertschicht der Tochterzellen deutlich zu sehen. Teilungen nach zwei Richtungen. Ob auch vier Autosporen in einer Zelle gebildet werden, kann nicht gesagt werden. Zoosporen nicht bekannt. Als Ruhestadien sind Zysten bekannt, die dosenförmig, kurz walzlich oder auch mehr abgeplattet kugelig sein können. Die Wand der Zysten besteht aus zwei relativ derben, in der Mitte aneinanderschließenden Schalen, dem Typus einer Xanthophyceen-Zyste entsprechend.

Wichtigste Literatur: Bohlin 1901, Pascher 1932b, 1939a, Margalef 1956, Ettl 1968.

Bestimmungsschlüssel der Arten

1a	Zellen kleiner als 10 μm, mit einem Chromatophor	2
1b	Zellen 10–20 μm groß, meist mit mehreren Chromatophoren	3
2a	Zellen 7 μm groß, Wasseralge	**1. Ch.simplex**
2b	Zellen nur 4 μm groß, aerophil	**2. Ch.terrestris**
3a	Nur 2–5 Chromatophoren	4
3b	Mehrere bis viele Chromatophoren	**3. Ch.polychloris**
4a	Zellen 10–12 μm groß	**4. Ch.gloeothece**
4b	Zellen 15–20 μm groß	**5. Ch.regularis**

1. Chlorobotrys simplex Pascher (Fig. 346)

Zellen einzeln bis zu viert, seltener auch zu acht in kleinen *Gloeocystis*-artigen Kolonien, in denen die Zellen paarweise in Gallertschichten zusammengefaßt sind oder seltener zu viert beisammen liegen. Gallerte sehr zart, Schichten nur schwer erkennbar, ihre Höfe oft sehr weit. Zellen kugelig, mit fester, oft auffallend starker, manchmal leicht bräunlicher Zellwand, die keine Skulptur zeigt. Chromatophor immer nur einer, topf- bis napfförmig, annähernd die halbe Zelle, häufiger weniger, seltener mehr auskleidend. Ohne Pyrenoid. Im Plasma mehrere farblose oder gebliche, mitunter auch schwarzrote Öltropfen. Fortpflanzung durch zwei Autosporen. Zysten nicht beobachtet.

Zellen ungefähr 7 μm groß.

Wiederholt zwischen anderen Algen in Torfgräben; wahrscheinlich auf niedere pH-Werte eingestellt. An mehreren Stellen in Westböhmen (Tschechoslowakei) gefunden. Auch aus Spanien und den USA bekannt.

2. Chlorobotrys terrestris Pascher (Fig. 347)

Kolonien meist nur aus zwei Zellen bestehend, seltener vierzellig. Gallerte sehr weich und sehr leicht verquellend, daher die baldige Auflösung mehrzelliger Kolonien in zweizellige Gruppen. Zellen sehr klein, kugelig, Zellwand auffallend derb, manchmal rötlich verfärbt. Chromatophor einer, muldenförmig, mit gewellten Rändern, trübgrün oder auch sehr blaß. Fortpflanzung durch zwei Autosporen, bei deren Austritt die Mutterzellwand gesprengt wird. Die Reste der al-

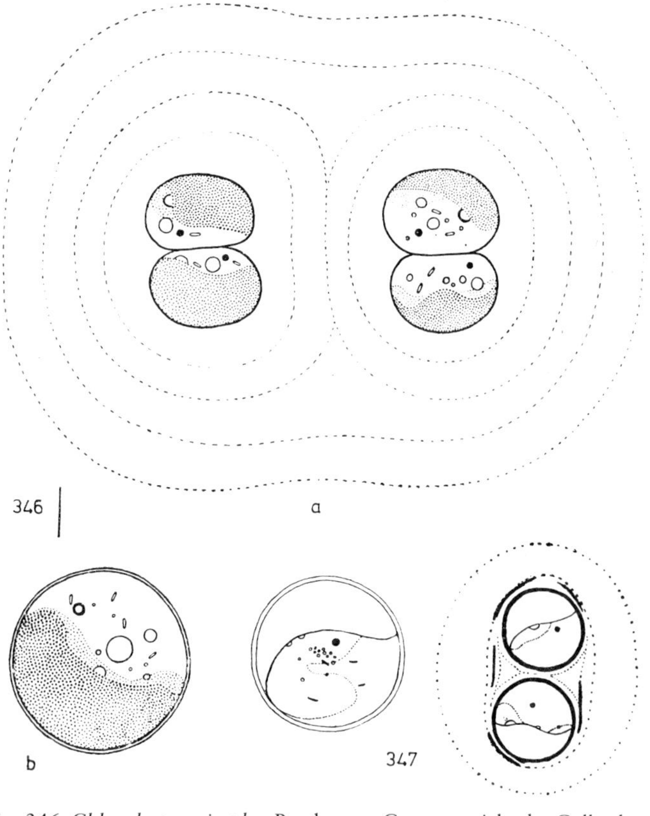

Fig. 346. *Chlorobotrys simplex* Pascher – *a* Gesamtansicht des Gallertlagers mit vier Zellen, *b* Einzelzelle. Fig. 347. *Chlorobotrys terrestris* Pascher, links eine Einzelzelle, rechts zweizellige Kolonie (nach Pascher).

ten Zellwand sind oft sehr lange in den Gallerten sichtbar. Äußere Gallertschichten verschwinden sehr bald.

Zellen nur 4 μm im Durchmesser.

Erdalge, die an feuchten Stellen, am Grunde von Mauern und Bäumen vorkommt und vielleicht auf größeren Gehalt an organischen Substanzen angewiesen ist. An mehreren Stellen gefunden (Tschechoslowakei, Österreich).

3. Chlorobotrys polychloris Pascher (Fig. 348)

Chlorobotrys regularis p. p. sensu auct.

Zellen mehr oder weniger, doch meist schön kugelrund, als Zweier- oder Vierergruppen in distinkte und meist auch scharf umrissene Gallerte eingelagert, die ebenfalls die alten Reste der Zellwand enthalten. Zellwand an den Zellen fest, oft sogar derb, manchmal leicht rötlich verfärbt. Chromatophoren zahlreich, wandständig, relativ klein und im Prinzip scheibenförmig, manchmal auch etwas po-

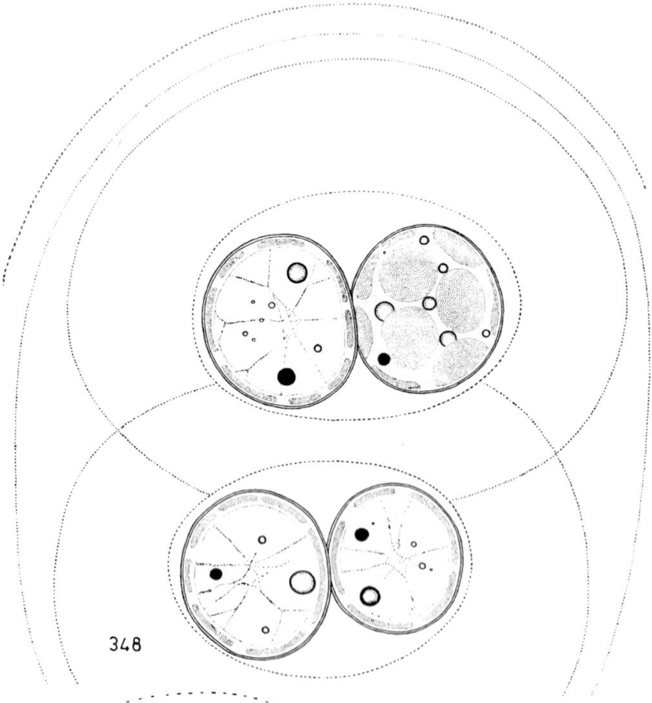

348

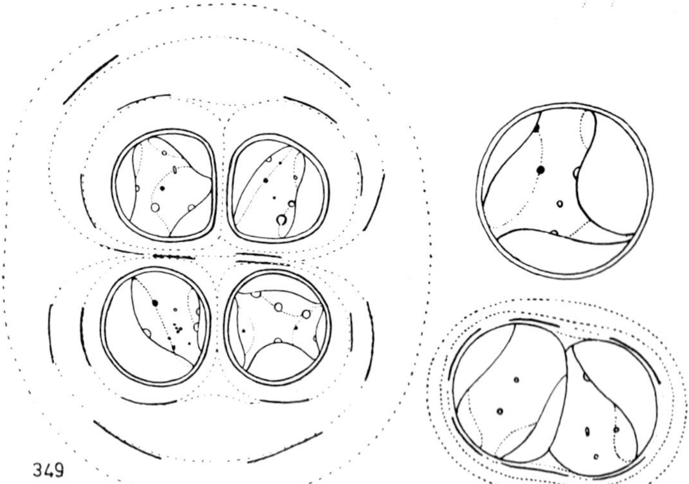

349

lygonal oder gelappt. Ältere Zellen verlieren die scharfe Differenzierung der Chromatophoren, die dann ein mehr maschiges Aussehen bekommen. In erwachsenen Zellen oft große zentrale Saftvakuolen, die von zarten Plasmalamellen durchsetzt sind. Häufig rubinrote Öltropfen. Fortpflanzung durch zwei Autosporen. Zysten nicht mit Sicherheit beobachtet.

Zellen 18–25 µm groß, manchmal etwas kleiner.

Häufige Alge, die in einzelnen Rassen auftritt und in moorigen, aber nur leicht sauren Gewässern vorkommt. Im Gebiet sehr verbreitet, vor allem mit anderen typischen Mooralgen vergesellschaftet, in Hochmooren wohl überall vorhanden.

4. Chlorobotrys gloeothece Pascher (Fig. 349)

Kolonien wenigzellig, maximal bis acht Zellen enthaltend, mit oft sehr deutlichen, sogar sehr derben Gallertschichten, die nicht selten braun verfärbt sind. In den Gallertschichten sind sehr lange die Bruchstücke der alten Zellwände sichtbar. Zellwand meist sehr derb, oft rotbraun verfärbt, vielleicht bei besonders dicken Zellwänden mit einer zarten radiären Struktur. Chromatophoren 3–5, meist nur drei, oft sehr ungleich groß, manchmal auch undeutlich und auffallend blaß. Fortpflanzung wie bei den übrigen Arten.

Zellen 10–12 µm groß.

Auf überrieselten Sandsteinfelsen, auf feuchter Erde, auch auf Urgestein (Österreich, Tschechoslowakei).

5. Chlorobotrys regularis (W. West) Bohlin (Fig. 350)
Chlorococcum regulare W. West

Zellen zu zweit, zu viert, oder sechzehn, seltener noch mehr, in zuerst scharf umrissenen Gallerten so vereinigt, daß regelmäßige Zweier- oder Vierergruppen entstehen. Gallerten oft sehr zart differenziert, leichte Schichten aufweisend, die den Gallertanteilen der einzelnen Tochtergenerationen entsprechen. Die Lager lösen sich mit der Zeit in kleine Teillager auf. Um die Zellgruppen sind meist deutlich in Form glänzender Teilkonturen die Reste der alten Zellwand zu sehen. Zellen ausgesprochen kugelig, mit fester, manchmal leicht gelblich gefärbter Zellwand. Chromatophoren in jungen Zellen meist nur in der Einzahl, in erwachsenen Zellen zwei oder drei, sehr selten vier, scheiben- bis leicht muldenförmig. Chromatophoren nur an jungen Zellen deutlich, später diffus werdend. Fortpflanzung durch Autosporenbildung, wobei die Teilungen nach einer oder zwei Richtungen hin erfolgen. Zysten mit zweischaliger Wand, kurz walzlich. Bei der Keimung entstehen zwei vegetative Zellen, die durch Aufklappen der Wandteile frei werden.

Zellen 15–20 µm im Durchmesser.

Sehr verbreitete, im ganzen Gebiet vorkommende Alge, die mehr in sauren Gewässern, speziell im Schleime verschiedener Wasserpflanzen und Algen lebt. Wahrscheinlich nicht einheitliche Art, die in mehrere konstante Rassen zerfällt. Nach Hibberd und Leedale zu den **Eustigmatophyceen** gehörend.

Unsichere und zu streichende Arten

Chlorobotrys schizochlamys Margalef (Fig. 351) – unvollständig beschriebene Art, die man nur mit großem Vorbehalt zu *Chlorobotrys* stellen kann. Bildet Kolonien mit 2–4 Zellen, Gallerte ohne oder mit wenig deutlicher Schichtung. Zellen kugelig, mit derber Zellwand, die aus zwei Teilen besteht. Nach der

◀ Fig. 348. *Chlorobotrys polychloris* Pascher, drei Zellen im optischen Schnitt, um die Lagerung der Chromatophoren und die zentrale Saftvakuole zu zeigen.
Fig. 349. *Chlorobotrys gloeothece* Pascher (nach Pascher).

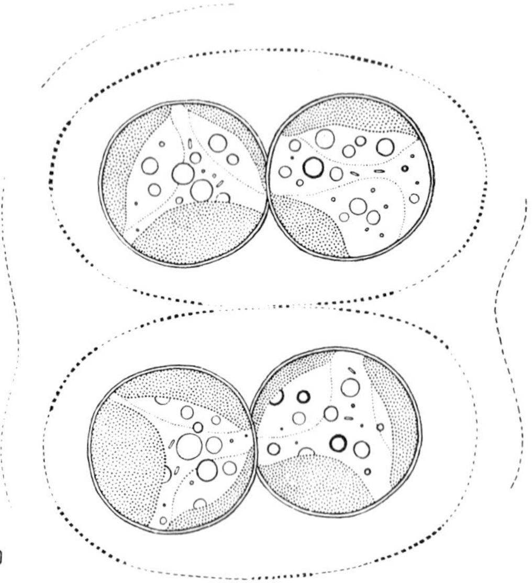

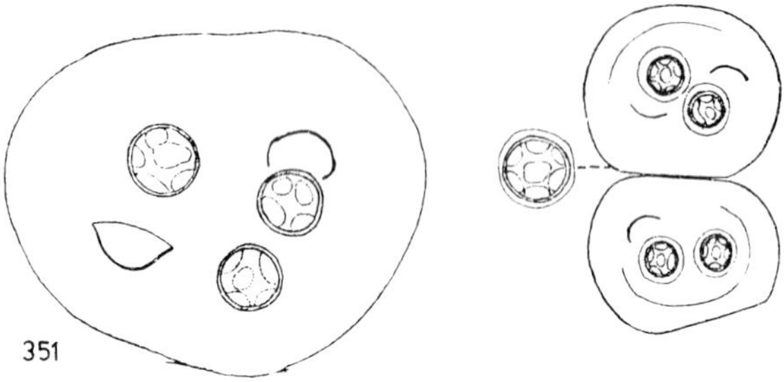

Fig. 350. *Chlorobotrys regularis* (W. West) Pascher (nach Pascher). Fig. 351. *Chlorobotrys schizochlamys* Margalef (nach Margalef).

Fortpflanzung bleiben die Reste der alten Zellwand in der Gallerte erhalten. Chromatophoren mehrere, wandständig, scheibenförmig. Fortpflanzung durch zwei Autosporen. Einzelne Gallertlager vereinigen sich zu kettenartigen, unregelmäßigen Gebilden. Zellen 6–8 μm im Durchmesser. Bislang nur aus Spanien bekannt. Erinnert stark an coccale Grünalgen.

Chlorobotrys bacillaris Kufferath – (*Gloeobotrys bacillaris* [Kufferath] Pascher) – unvollständig beschrieben und abgebildet, so daß ein Wiedererkennen kaum möglich ist. Besser zu streichen.

Chlorobotrys limneticus G. M. Smith – bildet kleine dreidimensionale Gallertlager. Gallerte nicht geschichet. Wurde deswegen zu *Gloeobotrys* gestellt (siehe dort).

Chlorobotrys neglectus Pascher et Geitler – Zellen einzeln lebend und keine Gallerte bildend. Dieser Organismus gehört zu *Chloridella* (siehe dort).

Chlorobotrys solitaris Geitler – gehört zu *Ellipsoidion* (siehe dort).
Chlorobotrys stellatus Chodat et Poulton – ist *Vischeria stellata* (siehe dort).

6. **Merismogloea** Pascher in Ettl

Kleine mikroskopische Gallertlager, die ein froschlaich-artiges Aussehen haben. Jede einzelne Zelle ist mit einem großen, scharf umrissenen Gallerthof umgeben und bei der Teilung bildet jede neue Tochterzelle wieder einen neuen selbständigen Gallerthof, während die Gallerthöfe der Mutterzellen undeutlich werden und wahrscheinlich zerfließen. Die einzelnen Zellen verkleben mit ihren Gallerthüllen zu unregelmäßigen gallertigen Zellgruppen oder zu großen Kolonien, wobei jede Zelle mit ihrer Gallerthülle ihre Selbständigkeit bewahrt. Im mikroskopischen Bild froschlaich-artige, traubig zusammengesetzte Kolonien bildend, die durch Druck in kleinere Gruppen oder auch Einzelzellen zerfallen können. Gallerthüllen ohne jede weitere Struktur, farblos, nach außen relativ scharf abgegrenzt. Zellen ellipsoidisch bis eiförmig. Zellwand zart, ohne Skulptur. Chro-

352

Fig. 352. *Merismogloea ellipsoidea* Pascher in Ettl (nach Pascher).

matophor einer oder mehrere, wandständig, scheiben- oder muldenförmig, oft recht blaß. Ohne Pyrenoide. Als Reservestoff treten farblose Öltropfen auf.

Fortpflanzung nur durch Autosporen, die zu zweit oder auch zu viert gebildet werden. Nach Pascher soll auch Zoosporenbildung wahrscheinlich sein. Die Protoplastenteilung erfolgt etwas schief, oft folgen zwei Teilungen rasch aufeinander. So entstehen Zweier- oder Vierergruppen. Die Rest der alten Zellwände bleiben noch lange in der Gallerte erhalten. Auch der Zerfall der größeren Zellverbände in kleinere Teilkolonien trägt zur Fortpflanzung dieser Alge bei. Zysten nicht bekannt.

Wichtigste Literatur: Pascher 1939a, Ettl 1967, 1968.

Bestimmungsschlüssel der Arten

1a Zellen ellipsoidisch, mit nur zwei Chromatophoren .... **1. M.ellipsoidea**
1b Zellen eiförmig, mit mehreren Chromatophoren ...... **2. M.polychloris**

1. Merismogloea ellipsoidea Pascher in Ettl (Fig. 352)

Zellen ellipsoidisch, junge Zellen manchmal leicht schief. Die alte Zellwand bleibt nach dem Freiwerden der Autosporen nicht in der Gallerte erhalten. Chromatophoren nur zwei, seltener nur einer, wandständig, muldenförmig. Sonst mit den Merkmalen der Gattung.

Ausmaße der Zellen nicht angegeben, vielleicht 8–10 μm lang.

Auf Wasserpflanzen festhaftend, vielleicht gelegentlich sich auch loslösend.

2. Merismogloea polychloris Ettl (Fig. 353)

Zellen eiförmig bis eiförmig-ellipsoidisch, das eine Ende immer etwas breiter als das andere. Die alte Zellwand bleibt nach dem Freiwerden der Autosporen lange in der Gallerte erhalten. Chromatophoren mehrere, meistens vier bis sieben, wandständig, scheibenförmig. Sonst mit den Merkmalen der Gattung.

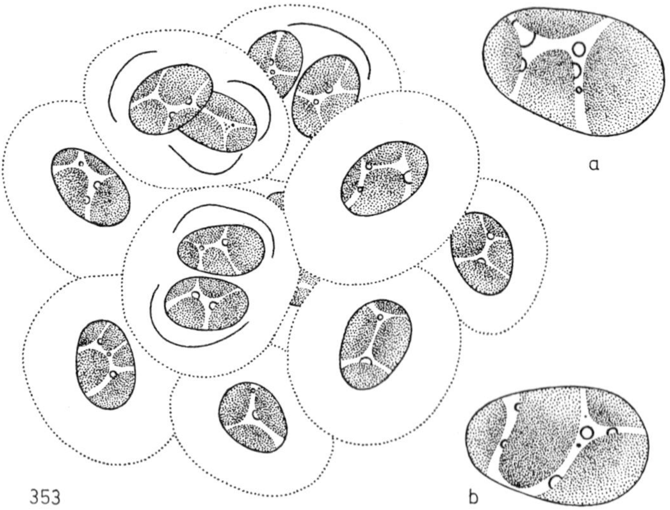

Fig. 353. *Merismogloea polychloris* Ettl – *a* und *b* einzelne Zellen stärker vergrößert und ohne Gallerte eingezeichnet (nach Ettl).

Zellen 6–7,5 μm lang und 4–5 μm breit.

Zwischen anderen Algen im Detritus und bräunlich grünem Schleim kleiner Wasserstellen in den Mooren bei Obergurgl in Tirol (Österreich). Die pH-Werte des Wassers lagen bei 4,8.

7. **Asterogloea** Pascher

Gallertlager mit wenigen oder vielen Zellen, die in der Gallerte einzeln oder kurz nach der Teilung zu zweit oder zu viert etwas genähert liegen. Gallerte ohne jede Struktur, vor allem keine wahrnehmbare Schichtung. Gallertlager relativ klein, doch mitunter auch makroskopisch werdend. Zellen kugelig bis regelrecht kugelrund. Zellwand derb, wahrscheinlich aus zwei Hälften bestehend, stark glänzend und vielleich verkieselt. Oberfläche deutlich skulpturiert entweder in Form von Reihensystemen maschenartig aneinanderschließender Tüpfel, die an den Maschenecken warzen- oder stachelartig vorgezogen sind, oder nur in Form vieler kleiner Warzen. Zellwand im optischen Schnitt immer gekerbt erscheinend. Manchmal ist die Zellwand auch rötlich verfärbt. Chromatophoren zwei bis mehrere, wandständig, scheiben- bis muldenförmig, oft ungleich groß. Ohne Pyrenoide. Im Plasma häufig Fett- und Öltropfen, vielleicht auch Chrysolaminarin und besonders vor der Teilung mit stäbchenförmigen, stark glänzenden Gebilden.

Fortpflanzung durch Zoosporen oder durch Autosporen. Zoosporen entstehen entweder einzeln in den Zellen oder zu zweit. Sie haben eine lange oder zwei ungleiche Geißeln (die Angaben sind nicht ganz gesichert), mit Stigma und pulsierenden Vakuolen; nicht stark formveränderlich. Autosporen werden zu zweit oder zu viert gebildet und bleiben nach dem Freiwerden noch eine Zeitlang beisammen. Zysten nicht gesehen.

Wichtigste Literatur: Pascher 1930b, 1939a, Ettl 1957, 1968.

Bestimmungsschlüssel der Arten

1a Oberfläche der Zellwand mit Reihensystemen von Tüpfeln, deren Maschenecken spitze Warzen bilden 2
1b Oberfläche der Zellwand ohne Tüpfel, nur mit Warzen bedeckt, 5–7 Chromatophoren .... **3. A.polychloris**
2a Zellen mit zwei oder drei Chromatophoren, Warzen derb und Tüpfel deutlich .... **1. A.gelatinosa**
2b Zellen mit mehreren (4–6) Chromatophoren, Warzen zart, Tüpfel wenig deutlich .... **2. A.delicatissima**

1. **Asterogloea gelatinosa** Pascher (Fig. 354)

Gallertlager relativ klein, nur Bruchteile eines Millimeters messend. Zellen mehr oder weniger kugelig. Zellwand sehr derb, stark glänzend und deutlich, oft grob skulpturiert. Skulptur in Form von Reihensystemen maschenartig aneinanderschließender Tüpfel, wobei die Maschenecken in kleine, spitze Wärzchen oder radiäre Zäpfchen ausgezogen sind. Im optischen Schnitt sind die Zellen an der Oberfläche regelmäßig gekerbt, wie mit kleinen kegelartigen Stacheln besetzt. Variabilität der Skulptur ziemlich groß, doch immer charakteristisch bleibend. Chromatophoren meistens zwei, seltener auch drei, scheiben- bis leicht muldenförmig, oft ungleich groß. Sonst mit den Merkmalen der Gattung. Zoosporen sollen eingeißelig sein.

Zellen 5–9 μm im Durchmesser, sehr selten bis 15 μm groß.

In stark sauren und humushaltigen stehenden Gewässern, vor allem in Mooren, die zugleich auch etwas eisenhaltig sind. Im Schleime von Wasserpflanzen, speziell *Utricularia*. Moore in Westböhmen und Nordmähren (Tschechoslowakei).

2. **Asterogloea delicatissima** Ettl (Fig. 355)

Gallertlager sehr klein, mit wenigen Zellen, Gallerte relativ zäh, aber völlig strukturlos, mit scharfer Umgrenzung, bei älteren Gallertlagern auch verfließend. Zellen mehr oder weniger kugelig bis völlig kugelrund, in der Gallerte unregelmäßig zerstreut. Zellwand derb, etwas rötlich verfärbt, vielleicht auch stärker verkieselt. An der Oberfläche mit zarter Skulptur in Form von maschenartig angeordneten feinen Tüpfeln. Maschenecken in zarte, stumpfstäbchenförmige Zäpfchen ausgezogen. Zellen im optischen Schnitt fein und kurz gestachelt. Chromatophoren mehrere (4–6), scheibenförmig. Ohne Pyrenoid. Fortpflanzung durch vier Autosporen, die eine Zeitlang als vierzellige Gruppen erhalten bleiben.

Zellen 5–8 μm im Durchmesser.

In einem Moorgraben, in dem bräunlich grüne Flocken vorhanden waren die reichlich Conjugaten und Diatomeen enthielten. Auch vereinzelt in eisenhaltigen und leicht moorigen Gewässern. Mehrmals in den Hochmooren bei Obergurgl in Tirol (Österreich) und in Mooren bei Boskovice (Tschechoslowakei) gefunden.

3. **Asterogloea polychloris** Ettl (Fig. 356)

Gallertlager makroskopisch, gelegentlich fast erbsengroß, verschieden geformt und mit unregelmäßig gelagerten Zellen. Zellen genau kugelrund, nur selten von dieser Gestalt etwas abweichend. Zellwand derb, an der Oberfläche nur Reihensysteme von kleinen, stumpf kegeligen Warzen tragend; Tüpfel fehlen. Chromatophoren mehrere, scheibenförmig, manchmal dicht aneinanderschließend und etwas polygonal werdend. Fortpflanzung sowohl durch Autosporen als auch Zoosporen. Letztere mit zwei Geißeln, wovon die Nebengeißel $^1/_3$ der Länge der körperlangen Hauptgeißel erreicht

Zellen 6–9 μm im Durchmesser.

In einem stark sauren, mit *Spagnum* verwachsenen Torftümpel in den Mooren des südlichen Böhmerwaldes (Tschechoslowakei).

Unsichere und zu streichende Art

Asterogloea undicola Norris – marine Art, die nur rein äußerlich an *Asterogloea* erinnert, da die Zellen in einer Gallertmasse leben und die Zellwände an der Oberfläche stachelartige Fortsätze tragen. Chromatophor einer oder zwei, muldenförmig. Zellen nur 3–5 μm groß. Weitere Untersuchungen sind nötig, denn die Beschreibung ist zu kurz.

8. **Gaumiella** Bourrelly

Keine festen Kolonien bildend, sondern nur gallertige Zellhaufen, die sich wieder loslösen oder zerfallen können. Jede Zelle hat ihre eigenen und selbständigen, farb- und strukturlosen, scharf begrenzten Gallerthof. Durch diese Gallerthöfe kleben die Zellen aneinander und bilden Gruppen, ähnlich den froschlaichartigen Kolonien von *Merismogloea*. Oft kommen die Zellen auch

---

Fig. 354. *Asterogloea gelatinosa* Pascher – *a* und *b* einzelne Zellen bei stärkerer Vergrößerung, *c* Detail der Skulptur Fig. 355. *Asterogloea delicatissima* Ettl – *a* Gallertlager bei schwächerer Vergrößerung, *b* Detail der Skulptur, *c* einzelne Zellen. Fig. 356. *Asterogloea polychloris* Ettl – *a* einzelne Zellen, *b* Detail der Skulptur (Fig. 354 nach Pascher, sonst nach Ettl).

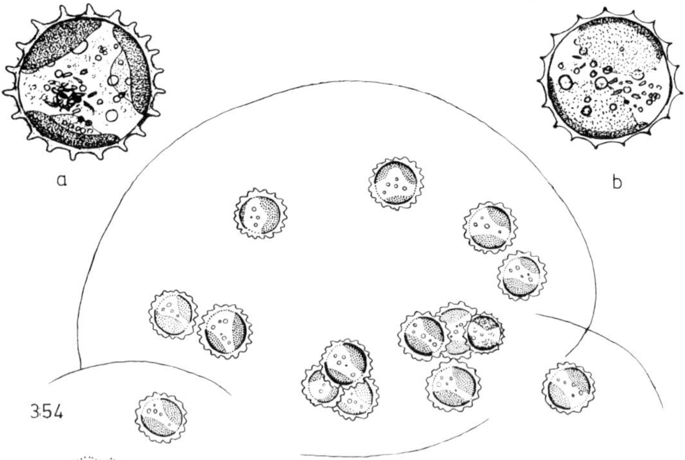

354

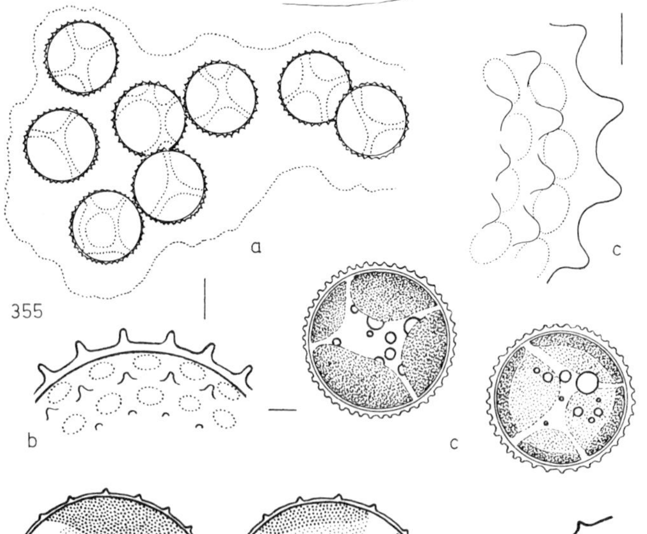

355

356

einzeln vor, doch stets mit breitem Gallerthof. Zellen ellipsoidisch oder ellipsoidisch-zylindrisch, an beiden Enden breit abgerundet. Zellwand deutlich und derb. Auf der sonst glatten Oberfläche viele, radiär angeordnete, relativ lange und spitz nadelförmige Stacheln aufgesetzt. Chromatophoren drei oder vier, wandständig, scheiben- bis muldenförmig. Ohne Pyrenoide. Im Plasma kleine Öltröpfchen. Fortpflanzung nicht gesehen.

Wichtigste Literatur: Bourrelly 1948, 1968.

Eine einzige Art:

Gaumiella bellifontana Bourrelly (Fig. 357)

Mit den Merkmalen der Gattung. Zellen 16–20 μm lang und 10–12 μm breit, die Stacheln werden 4–5 μm lang.

Bislang aus Teichplankton bekannt (Frankreich).

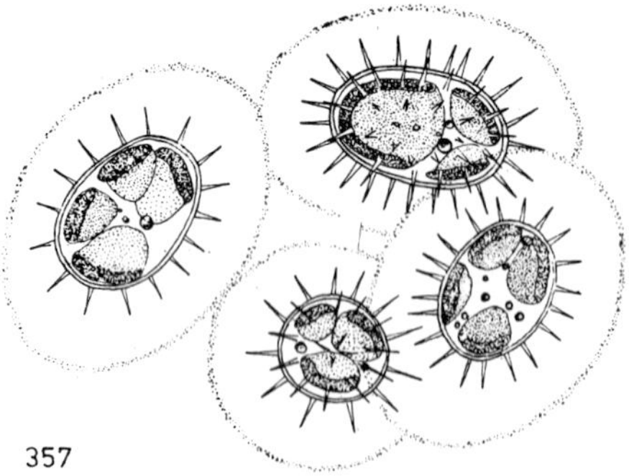

357

Fig. 357. *Gaumiella bellifontana* Bourrelly (nach Bourrelly).

5. Familie **Gloeopodiaceae** Pascher

Zellen einzeln lebend oder als bäumchenartig verzweigte Kolonien vorkommend, stets auf einer Unterlage festsitzend. Festhaftung der Organismen erfolgt mittels eines dicken Gallertstieles, der aus der Zelle ausgeschieden wird und in dessen Vertiefung die Zelle aufsitzt. Gallertstiele meist sehr derb und breit, elefantenfußartig. Dadurch, daß gelegentlich die Tochterzellen noch am oberen Ende der Gallertstiele der Mutterzelle ihre eigenen Gallertstiele bilden, kann es, wenn auch nicht oft, zur Bildung von zwei- oder vierzelligen, selten mehrzelligen Kolonien kommen. Diese Organismen unterscheiden sich von den übrigen festsitzenden Formen der anderen Familien dadurch, daß die Stiele nur aus ausgeschiedener Gallerte bestehen, an denen die Zellwand nicht teilnimmt. Bisher nur eine Gattung bekannt.

Gloeopodium Pascher

Malleodendron p. p. sensu Thompson, *Mischococcus* p. p. sensu Borzi

Zellen kugelig, ellipsoidisch bis ei- oder birnenförmig, bei einer Art auch verkehrt eiförmig, einzeln oder in bäumchenartig verzweigten Kolonien lebend. Mit einem langen oder kurzen Gallertstiel, der jedoch immer sehr dicht und an der Basis manchmal verbreitert ist, auf verschiedenen Unterlagen festhaftend. Die

Zellen sitzen einzeln mit dem morphologischen Vorderende in der oberen Aushöhlung des Gallertstieles. Letzterer ist gerade, leicht gekrümmt oder stark gebogen, nicht selten eine eigenartige, querstreifige Schichtung zeigend, die aus kleinen Strichen oder Punkten besteht und die zu unregelmäßigen Querreihen angeordnet sind. Zellen in ihrer Gestalt sehr schwankend, zu allermeist mit deutlicher, wenn auch manchmal zarter oder wieder sehr derber, manchmal rötlich verfärbter Zellwand. Am morphologischen Vorderende der Zellen sind in der Zellwand kleine punktförmige Poren nachzuweisen, aus denen die Substanz der Gallertstiele austritt. Chromatophor einer oder mehrere bis viele, wandständig, mulden- oder scheibenförmig. Wenn nur einer vorhanden ist, dann ist er oft tief gelappt. Ohne Pyrenoide. Manchmal rotes Exkretöl im Plasma.

Fortpflanzung vor allem durch Bildung von zwei oder vier Autosporen. Diese befestigen sich gelegentlich beim Heranwachsen zu vegetativen Zellen mit ihren derben Gallertstielen in der Vertiefung des oberen Endes des Gallertstieles der Mutterzelle. Auf diese Weise entstehen zwei- bis mehrzellige Kolonien. Bei einer Art zerfließen die Gallertstiele der benachbarten Zellen zu einem großen Gallertpolster, in dem sich auch die Strukturen der einzelnen Gallertstiele verlieren. Bei zwei Arten wurden Zoosporen beobachtet, über die jedoch zu wenig bekannt ist, vor allem was die Begeißelung anbelangt. Zysten nicht gesehen.

Wichtigste Literatur: Borzi 1888, Pascher 1939 a, Thompson in G. M. Smith 1950, Schumacher et al. 1963.

Bestimmungsschlüssel der Arten

1a Gallertstiele mehr- bis vielmal länger als die Zellen, deutlich geschichtet ... **1. G.hormotiloides**
1b Gallertstiele höchstens bis zweimal körperlang, nicht oder wenig deutlich geschichtet ... 2
2a Zellen verkehrt eiförmig bis verkehrt birnenförmig, mit einem Chromatophor ... **3. G.caespitosum**
2b Zellen eiförmig oder ellipsoidisch, mit zwei bis vielen Chromatophoren . 3
3a Zellen ellipsoidisch, Gallertstiele bedeutend kürzer als die Zellen und stark gekrümmt ... **2. G.nutans**
3b Zellen eiförmig, Gallertstiele körperlang oder etwas länger, nicht oder nur wenig gekrümmt ... 4
4a Zellwand derb, am freien Ende deutlich verdickt, mit mehreren bis vielen Chromatophoren ... **4. G.elephantipes**
4b Zellwand zart, am freien Ende nicht verdickt, mit 1–4 Chromatophoren ... 5
5a Gallertstiele verzweigt, immer selbständig, Zellen mit 1–3 Chromatophoren, Zoosporen zweigeißelig ... **5. G.rivulare**
5b Gallertstiele nicht verzweigt, benachbarte Gallertstiele zu einer Gallertmasse verflossen, Zellen mit 2–4 Chromatophoren, Zoosporen eingeißelig ... **6. G.concrescens**

1. Gloeopodium hormotiloides Pascher (Fig. 358)

Zellen regelmäßig ellipsoidisch, auf derben und sehr langen, meist deutlich quer geschichteten Gallertstielen sitzend. Manchmal kommen zweizellige Kolonien vor, deren Gallertstiel gabelig verzweigt ist. Zellen mit zarter Zellwand und mit zwei bis vier leicht muldenförmigen Chromatophoren. Sonst mit den Merkmalen der Gattung. Fortpflanzung nicht beobachtet.

Zellen 5–9 μm lang.

Aus Brackwasser auf Jütland (Dänemark).

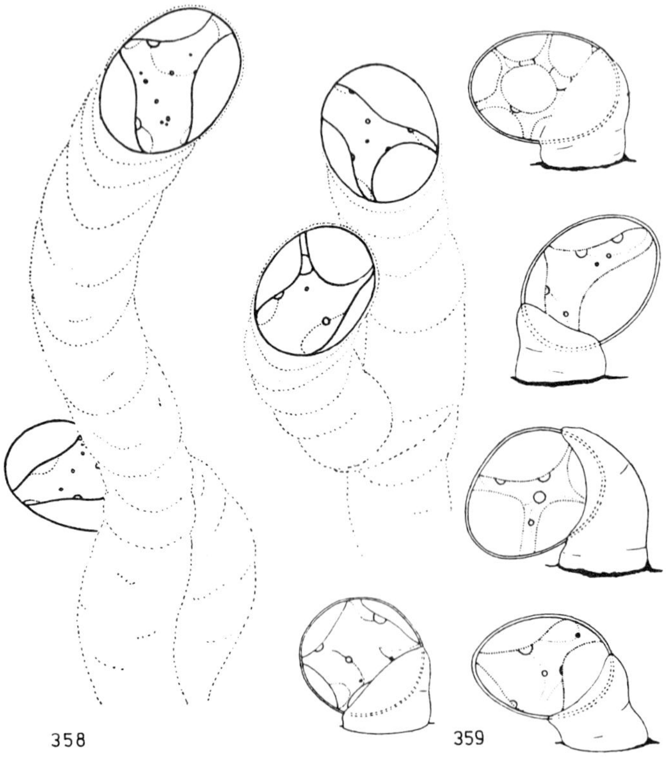

Fig. 358. *Gloeopodium hormotiloides* Pascher. Fig. 359. *Gloeopodium nutans* Pascher (nach Pascher).

2. Gloeopodium nutans Pascher (Fig. 359)

Zellen ellipsoidisch oder ellipsoidisch-eiförmig, auf sehr kurzen, oft kaum die Hälfte der Zelle messenden und stark gekrümmten Gallertstielen sitzend. Zellen daher schief, rechtwinkelig, ja sogar auch winkelig nach abwärts abgebogen. Gallertstiele ansonsten sehr dick, nicht verzweigt und daher auch keine Kolonien bildend. Zellwand recht derb. Chromatophoren zwei bis vier, ausnahmsweise auch mehrere, wandständig, scheibenförmig. Fortpflanzung nicht beobachtet.

Zellen 6–10 μm groß.

Aus den Altwässern der Traun im Salzkammergut und vom Ufer des Wolfgangsees (Österreich), auf *Cladophora* sitzend. Wahrscheinlich eine kalkholde Art.

3. Gloeopodium caespitosum (Thompson in Smith) Ettl (Fig. 360)
Malleodendron caespitosum Thompson in G. M. Smith

Zellen verkehrt eiförmig oder verkehrt birnenförmig, manchmal etwas unregelmäßig keulenförmig, auf derben, meist verzweigten und auch geschichteten Gallertstielen sitzend. Kolonien meist mehrzellig, Gallertstiele sehr verzweigt.

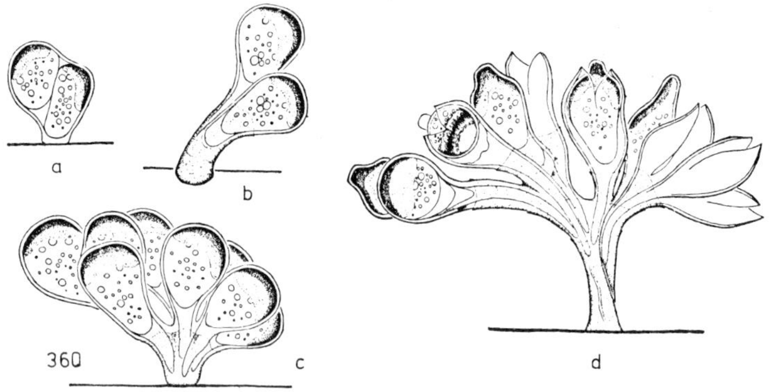

Fig. 360. *Gloeopodium caespitosum* (Thompson in Smith) Ettl – *a* Teilungsstadium eines einzelligen Keimlings, *b* zweizellige Kolonie, *c* mehrzellige bäumchenförmige Kolonie, *d* Kolonie mit entleerten Zellen und zwei Zysten (nach Thompson).

Zellen mit derber Zellwand und mit einem muldenförmigen Chromatophor, der das breitere Zellende auskleidet. Sonst mit den Merkmalen der Gattung. Fortpflanzung nicht beobachtet, wahrscheinlich durch Zoosporen, da leere aufgerissene Zellwände in den Kolonien beobachtet wurden. Zysten kugelig.

Zellen 8–18 µm lang, 4–11 µm breit.

Bei Solomons gefunden, Maryland (USA).

Da die Zellen eine ausgesprochene und deutliche Zellwand besitzen, kann dieser Organismus nicht als *Malleodendron* geführt werden. Auch den übrigen Merkmalen nach gehört er, falls es sich um eine Xanthophycee handelt, zu *Gloeopodium*. Die Zysten erinnern stark an die von Chrysophyceen. Neue Untersuchungen sind dringend nötig.

4. Gloeopodium elephantipes Pascher (Fig. 361)

Zellen meistens einzeln lebend, ausgesprochen ei- bis birnenförmig, manchmal etwas unregelmäßig, nach vorn manchmal geradlinig verschmälert. Zellwand derb, häufig am freien Ende sehr stark verdickt und hier manchmal geschichtet und ein haubenartiges Gebilde entwickelt. Gallertstiele sehr kräftig, oft die Zellen bis zu ihrem breitesten Teil umfassend, gerade oder leicht gekrümmt, an der Basis manchmal auffallend verbreitert und oft deutlich mit den zonenartigen Strukturen versehen. Chromatophoren mehrere bis viele, scheibenförmig. Im Plasma häufig rote Öltropfen. Zwei- bis vierzellige Kolonien kommen nur gelegentlich vor. Zoosporen einmal gesehen, mit einem oder zwei Chromatophoren, sehr formveränderlich. Hauptgeißel 1,5 mal körperlang, Nebengeißel stummelförmig.

Zellen 12–14 µm lang, Stiele bis 20 µm lang.

Aus Wiesenrinnsalen mit Schmelzwasser im Rosannatal in Tirol (Österreich). Auf derben *Ulothrix*- und *Microspora*-Fäden festhaftend. Anscheinend oligotherme Art.

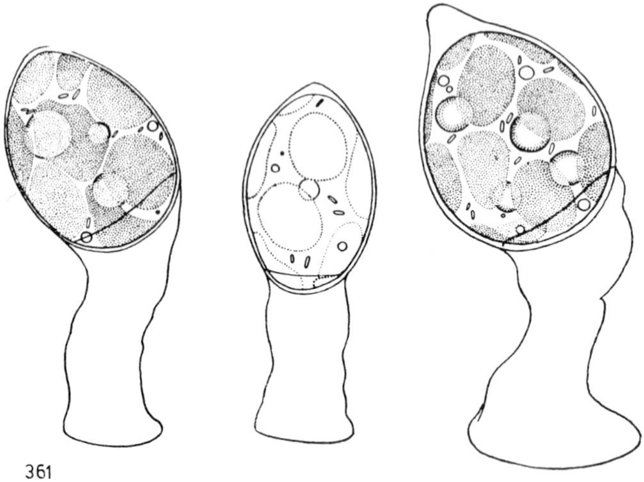

Fig. 361. *Gloeopodium elephantipes* Pascher (nach Pascher).

5. Gloeopodium rivulare Whitford et Schumacher (Fig. 362)

Große, vielzellige Kolonien bildend, die oft eine recht beträchtliche Größe erreichen. Einzelne Gallertstiele als Verzweigungen deutlich, basal jedoch mit den benachbarten zu einem großen niedrigen Gallertpolster zusammenfließend. Gallertstiele sehr dick, annähernd so lang wie die Zellen, deutlich geschichtet und

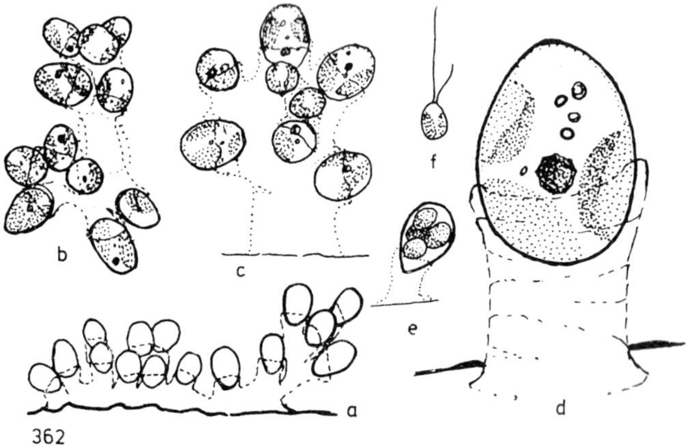

Fig. 362. *Gloeopodium rivulare* Whitford et Schumacher – *a* Kolonie von der Seite gesehen, *b* und *c* Kolonien detailierter eingezeichnet, *d* eine Zelle mit Gallertfuß bei starker Vergrößerung, *e* Zoosporenbildung, *f* Zoospore (nach Whitford und Schumacher).

nicht gekrümmt. Zellen eiförmig oder ellipsoidisch-eiförmig, mit dem breiteren Ende im Gallertstiel bis zu einem Drittel eingesenkt. Zellwand zart, während der Fortpflanzung deutlicher werdend. Chromatophoren 1–3, scheibenförmig. Im Plasma mehrere kleine und ein großer lichtbrechender Körper. Fortpflanzung durch Autosporen, die zu 2–8 in vergrößerten Zellen entstehen. Die frei gewordenen Tochterzellen setzen sich an den Gallertstielen der Mutterzelle fest und bilden auf diese Weise die Kolonien. Außerdem wurden auch zweigeißelige Zoosporen beobachtet, die die Mutterzelle verlassen und neue Individuen bilden.

Zellen 7–13 μm lang, 3–9 μm breit, Kolonien bis 1 cm groß.

Auf Steinen in rasch fließenden und klaren Gewässern von South Barton's Creek, Wake County (USA).

6. Gloeopodium concrescens Pascher (Fig. 363)
Mischococcus confervicola Naegeli p. p. sensu Borzi

Zellen mehr oder weniger eiförmig bis fast birnenförmig, auf einem derben aber kurzen Gallertstiel sitzend. Bei der Fortpflanzung entstehen zwei oder vier neue Zellen, die sich unter Verbreiterung des Gallertstieles oder eher durch Verschmelzung der einzelnen Gallertstiele verfestigen und dabei auch auseinander weichen können. So entstehen eigenartige, vier- und schließlich mehr- bis vielzellige Verbände, deren Zellen mit ihrem dickeren Ende in der mehr oder weniger gemeinsamen Gallertmasse stecken, die die Stumme der miteinander verbundenen und zusammengeflossenen Gallertstiele darstellt. Fortpflanzung auch durch Zoosporen, die nur eine Geißel haben sollen. Vielleicht wurde die kurze Nebengeißel übersehen.

Zellen 5–10 μm groß.

Wohl in kalkhaltigen Gewässern verbreitet, näherer Fundort nicht angegeben.

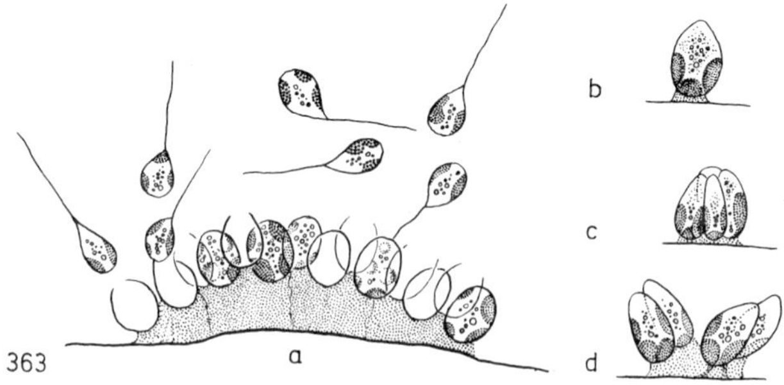

Fig. 363. *Gloeopodium concrescens* Pascher – *a* Seitenansicht einer Kolonie mit ausschwärmenden Zoosporen, *b* einzelliger Keimling, *c* Autosporenbildung eines Keimlings, *c* vierzellige Kolonie, die durch vier Autosporen entstanden ist (nach Borzi).

6. Familie **Mischococcaceae** Pascher

Heterodendrineae Fritsch

Algen im erwachsenen und entwickelten Zustand mit Zellen, die zu bäumchenartigen, dicho- oder tetratom oder auch unregelmäßig verzweigten, stockwerkartig gegliederten Kolonien vereinigt sind. Kolonien aus Stielen aufgebaut, die ihren Urpsrung in der verschleimenden Zellwand haben, also keine ausgeschiedene Gallerte wie bei der vorigen Familie. An den Enden der obersten Stiele sind die Zellen zu zweit oder viert gelagert. Fortpflanzung durch Zoosporen oder Autosporen. Bei der Autosporenbildung reißt die Zellwand der Mutterzelle auf, die Innenschichten quellen stielartig hervor und schieben an ihrem oberen Ende die zwei oder vier Autosporen vor sich her.

Wichtigste Literatur: Pascher 1925, 1939a, Fritsch 1935.

Mit der einzigen Gattung:

Mischococcus Naegeli

Kolonien in Form von bäumchenartig verzweigten und stockwerkartigen Gebilden, an deren Zweigenden die Zellen sitzen. Zellen kugelig oder kurz und breit ellipsoidisch, mit deutlicher, oft sogar derber Zellwand, die manchmal stark glänzt und gelegentlich durch Eisen braun gefärbt wird. Chromatophoren einer bis mehrere, wandständig, ohne Pyrenoide. Als Reservestoff Öl und Fett, bei einer Art auch Eiweißkristalle.

Fortpflanzung durch Autosporen oder Zoosporen, wobei sich die Zoosporen-bildenden Zellen bei einzelnen Arten auffallend vergrößern. Zoosporen wie auch Autosporen normalerweise zu zweit oder zu viert gebildet. Durch die Zoosporen vermehren sich die einzelnen Individuen, wogegen es durch Autosporenbildung meist nur zum Wachstum und weiterer Verzweigung der schon vorhandenen Kolonie kommt. Zoosporen mit kürzerer oder längerer Nebengeißel, mit oder ohne Stigma und mit zwei pulsierenden Vakuolen. Die Zoosporen bewegen sich nicht lange und setzen sich unter Abrundung und Behäutung fest, wobei sie ein oft unmerkliches, manchmal plumpes bis kurz stielförmiges Gallertkissen ausscheiden. In diesen Zellen bilden sich dann zwei oder vier Autosporen. Die Zellwand der Mutterzelle reißt hierbei am oberen Pol auf, die Innenschichten der Zellwand schieben sich stielartig vor und heben dabei die Autosporen empor. Letztere bleiben von der äußeren Schicht des Stieles eingeschlossen. Dadurch, daß sich die emporgehobenen Zellen wieder teilen und ihre Tochterzellen in gleicher Weise durch die stielförmig vorquellenden Innenschichten ihrer Mutterzellwände schief emporheben und dadurch, daß sich dieser Vorgang wiederholt, entstehen dichotome oder tetratome, stockwerkartig zusammengesetzte, bäumchenförmige Kolonien. Am Grunde jedes Stieles bleibt die leere Zellwand der Mutterzelle erhalten. Die Zahl der jeweils gebildeten Autosporen und damit die Zahl der von einem Punkt ausstrahlenden Äste einer solchen bäumchenförmigen Kolonie ist nicht bestimmt, es können zwei, vier, in seltenen Fällen auch mehr Autosporen und in der Folge davon die entsprechende Anzahl der Äste gebildet werden. Nicht immer erfolgt die Entwicklung einer Kolonie regelmäßig. Ganz abgesehen davon, daß sich nicht immer alle Zellen einer Kolonie an der Bildung von Autosporen und damit der Äste beteiligen müssen, kann die Zahl der gebildeten Tochterzellen und damit auch der aus einem Punkt ausstrahlenden Ästen einer Kolonie in weiten Grenzen schwanken. Gelegentlich vergrößern sich bei einigen Arten die einzelnen Zellen sehr stark. Diese großen Zellen bilden entweder Zoosporen oder auch Autosporen. Bei letzteren können sehr seltsame, vielstrahlige Kolonien entstehen. Ein Teil der neu entstandenen Autosporen kann wieder in die Größe wachsen, so daß in bunter Weise ein Teil der Kolonie regelmäßig, ein Teil aber sehr unregelmäßig und strahlig gebaut ist. Auch die Ausbildung der Gallertstiele kann sehr schwanken. Sie können sehr lang und zart, aber auch sehr kurz und derb sein. Gelegentlich sind sie so kurz, daß unregelmäßige Zellhaufen vorgetäuscht werden, die besonders dann auffallen, wenn die Zellen sehr ungleich groß sind.

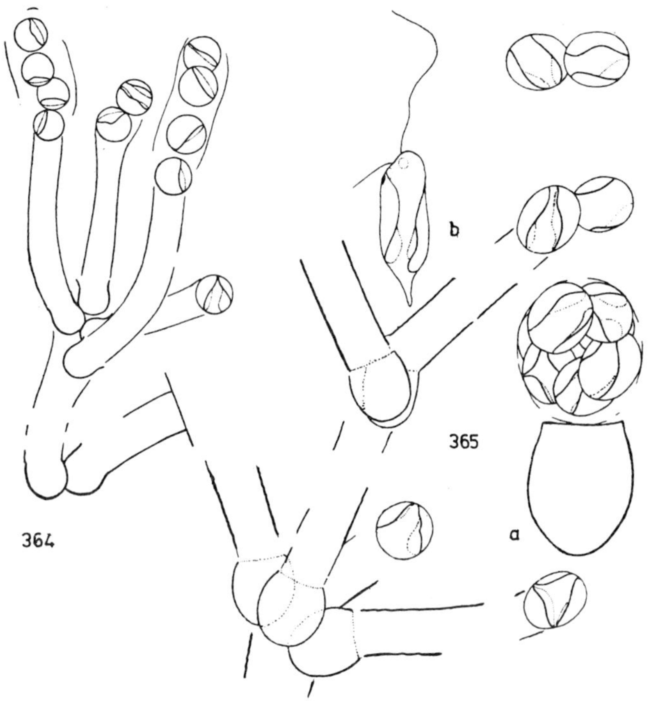

Fig. 364. *Mischococcus tenuissimus* Pascher. Fig. 365. *Mischococcus vischerianus* Pascher – *a* große Zelle mit Autosporenentleerung, *b* Zoospore (nach Pascher).

Wichtigste Literatur: Naegeli 1849, Borzi 1888, Pascher 1925, 1939 a, Printz 1927, Vischer 1932, Fritsch 1935.

Bestimmungsschlüssel der Arten

1a Zellen kugelig 2
1b Zellen kurz ellipsoidisch . . . . **2. M.vischerianus**
2a Zellen sehr klein, höchstens 3 μm messend, mit nur einem Chromatophor . . . . **1. M.tenuissimus**
2b Zellen größer, 5–10 μm messend, mit zwei bis mehreren Chromatophoren 3
3a Zellen mit mehreren Chromatophoren . . . . . . **3. M.pleiochloris**
3b Zellen mit nur zwei Chromatophoren 4
4a Zellen vor der Zoosporenbildung nicht vergrößert, nur zwei oder höchstens vier Zoosporen . . . . . . **4. M.confervicola**
4b Zellen vor der Zoosporenbildung sehr stark vergrößert, bis 16 Zoosporen bildend 5
5a Zoosporen ohne Stigma, Nebengeißel sehr kurz, stummelförmig . . . . . . **5. M.sphaerocephalus**
5b Zoosporen mit auffallend großem Stigma, Nebengeißel lang, ein Drittel der Hauptgeißel messend . . . . . . **6. M.dubius**

1. Mischococcus tenuissimus Pascher (Fig. 364)

Mischococcus confervicola var. *tenuissima* Printz

Zellen sehr klein, mit oft derber Zellwand. Chromatophor nur einer, muldenförmig, nicht selten den größeren Teil der Zellen auskleidend. Gallertstiele im lebenden Zustand sehr schwer sichtbar. Verzweigungen der Kolonien manchmal auffallend sparrig. Zellwand der entleerten Mutterzellen bleibt am Grund der Stiele erhalten, am oberen Rand manchmal leicht zurückgeschlagen.

Zellen nur 3 µm im Durchmesser.

Bis jetzt nur wenige Male beobachtet, aus kleinen Quelltümpeln aus den Voralpen bei Ischl (Österreich), aus der Umgebung von Braunschweig (BRD) und einem kleinen Quellbach in Nordmähren (Tschechoslowakei). Ursprünglich aus Zentralasien beschrieben.

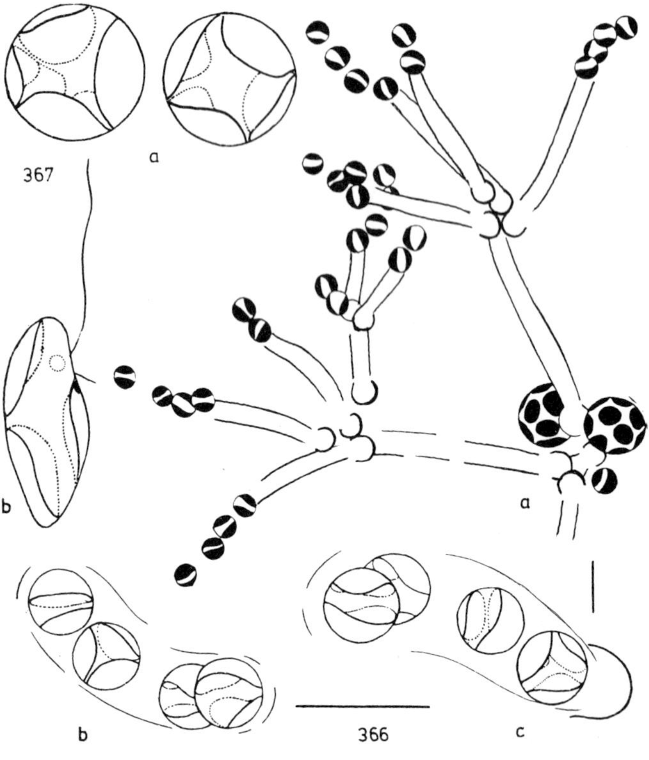

Fig. 366. *Mischococcus confervicola* Naegeli – *a* Gesamtansicht der Kolonie, *b* und *c* Beginn der Kolonienbildung. Fig. 367. *Mischococcus pleiochloris* Pascher – *a* einzelne vegetative Zellen mit mehreren Chromatophoren, *b* Zoospore (nach Pascher).

2. Mischococcus vischerianus Pascher (Fig. 365)

Zellen kurz und ausgesprochen zylindrisch, an beiden Enden abgerundet, ungefähr um ein Drittel länger als breit. Zellwand oft derb. Chromatophoren zwei, seltener drei, mulden- oder kurz bandförmig. Zellen vor der Zoosporenbildung nicht wesentlich vergrößert. Es werden zwei Zoosporen oder Autosporen gebildet. Zoosporen mit deutlichem Stigma und zwei sehr ungleichen Geißeln.

Zellen 6–8 μm lang und 4–6 μm breit.

Einmal in sehr wenigen Exemplaren auf *Tribonema, Bulbochaete* und *Microspora* auf der Rauhen Alb bei St. Johann (Österreich).

3. Mischococcus pleiochloris Pascher (Fig. 367)

Zellen kugelig, mit nicht allzu derber Zellwand. Chromatophoren immer mehrere, nicht immer gleich groß, scheibenförmig. Zoosporen mit zwei oder mehreren Chromatophoren und mit einem deutlichen Stigma. Hauptgeißel etwas länger als die Zelle, Nebengeißel kurz stummelförmig.

Zellen 8–12 μm im Durchmesser.

Aus kalkfreien Wiesengräben und von Teichufern bekannt. Keine näheren Angaben des Fundortes.

4. Mischococcus confervicola Naegeli (Fig. 366)

Zellen immer kugelig. Zellwand meist ziemlich hart. Chromatophoren gewöhnlich zwei. Bei der Zoosporenbildung werden die Zellen nicht vergrößert und bilden nur zwei, seltener vier Zoosporen oder Autosporen. Zoosporen mit einem oder zwei Chromatophoren, mit Stigma und einer kurzen stummelförmigen Nebengeißel.

Zellen 5–8 μm, nur manchmal bis 10 μm im Durchmesser.

Verbreitete Alge, die im Gebiet überall in kalkhaltigen Gewässern anzutreffen ist. Meidet kalkfreies Wasser. Gewiß keine einheitliche Art, sondern ein Konglomerat mehrerer morphologischer und auch ökologischer Rassen.

5. Mischococcus sphaerocephalus Vischer (Fig. 368)

Zellen kugelig, mit zarter Zellwand und zwei wandständigen Chromatophoren. Vor der Zoosporenbildung und auch vor der Autosporenbildung vergrößern sich die Zellen sehr stark und bilden bis zu 16, vielleicht auch bis zu 32 Zoosporen oder Autosporen. Zoosporen mit zwei Chromatophoren, aber ohne Stigma. Hauptgeißel zwei- bis dreimal körperlang, Nebengeißel stummelförmig, schwer sichtbar.

Zellen 3–5 μm groß, vor der Fortpflanzung bis auf 15–40 μm anwachsend.

Bis jetzt nur aus Reinkulturen bekannt (Schweiz), wahrscheinlich aber auch im Freiland verbreitet – Altwasser der Moldau bei Prag, Gewässer um Kladno (Tschechoslowakei), Voralpen bei Ischl (Österreich).

6. Mischococcus dubius Pascher (Fig. 369)

Zellen entsprechen in Form und Größe denen von *M. sphaerocephalus* und auch darin, daß sich die Zellen vor der Fortpflanzung sehr stark vergrößern. Die Zoosporen besitzen jedoch ein großes und auffallendes Stigma. Nebengeißel lang, $^1/_3$ der Hauptgeißel messend.

Zellen ungefähr 5 μm groß, vor der Zoosporenbildung bis auf 40 μm anwachsend.

Aus Teichen bei Šeberov bei Prag (Tschechoslowakei).

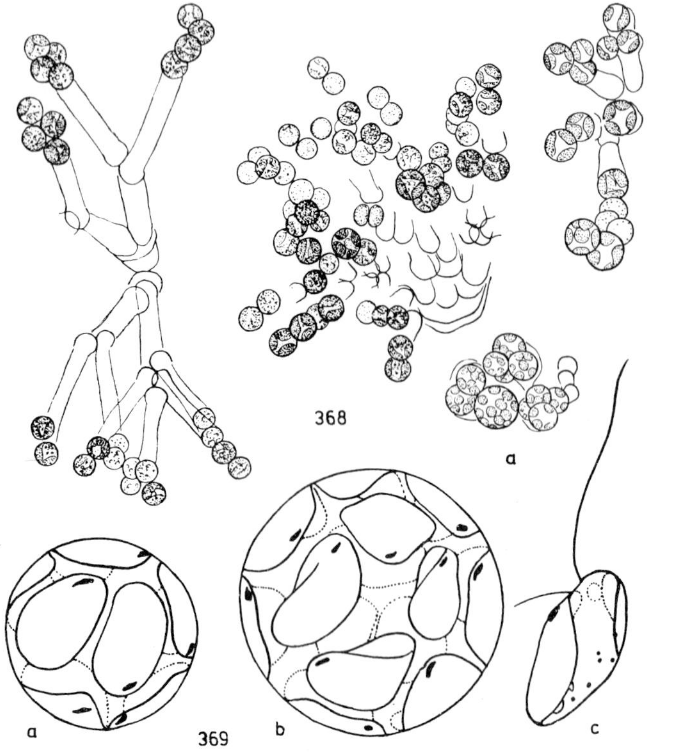

Fig. 368. *Mischococcus sphaerocephalus* Vischer – *a* Chlorellidium-Stadium (nach Vischer). Fig. 369. *Mischococcus dubius* Pascher – *a* und *b* Zoosporenbildung in stark vergrößerten Zellen, *c* Zoospore (nach Pascher).

7. Familie **Characiopsidaceae** Pascher

Zellen einzeln oder nur in Zweier- oder Vierergruppen lebend, jedoch ohne irgendwelche engere Zusammenhänge. Immer an einer Unterlage, meist an anderen Algen festsitzend, was entweder direkt oder mittels eines Stieles oder Gallertpolsters geschieht. Niemals frei lebend. Wenn Stiele vorhanden sind, so sind sie immer ein Bestandteil der Zellwand und werden immer aus dieser gebildet. Zellwand ein- oder zweiteilig, im letzteren Fall der obere Teil meistens kleiner als der untere und diesen deckelartig abschließend. Gewöhnlich ist die Zellwand glatt, doch in einigen Fällen ist sie auch deutlich skulpturiert. Zellwand dabei zart oder derb, manchmal dick oder mit lokalen Verdickungen. Chromatophoren einer bis mehrere, wandständig, verschieden geformt. Nicht selten mit deutlichem Pyrenoid. Assimilate wie bei den übrigen Xanthophyceen.

Fortpflanzung meistens durch Zoosporen, nur in wenigen Fällen auch durch Hemiautosporen oder Autosporen. Fortpflanzungszellen werden durch Aufreißen der Zellwand, bei zweiteiliger Wand durch Abfallen des Deckels frei. Die Anzahl der gebildeten Fortpflanzungszellen ist verschieden, wenn auch meistens vier gebildet werden. In einigen Fällen können sie auch bis zu 32 oder noch mehreren entstehen. Zysten nur bei wenigen Arten bekannt; sie werden nach dem üblichen Typus gebildet.

Eine künstliche Familie, die alle primär einkernigen und festsitzenden, keine Kolonien bildenden und nicht mit Gallertmassen versehenen Mischococcales vereinigt. Innerhalb der Familie grenzen sich einige Untergruppen ab, die sich vor allem durch die Zusammensetzung und Skulptur der Zellwand unterscheiden.

Wichtigste Literatur: Borzi 1888, Pascher 1925, 1939a, Fritsch 1935, G. M. Smith 1950, Ettl 1956, Bourrelly 1968, Starmach 1968.

Bestimmungsschlüssel der Gruppen

1a Zellwand deutlich, manchmal sogar grob skulpturiert .... **Chlorokoryne-Gruppe** (S. 313)
1b Zellwand immer glatt, ohne jede Skulptur 2
2a Zellwand aus zwei Teilen bestehend, von denen der eine das freie Zellende meist deckelartig abschließt .... **Chlorothecium-Gruppe** (S. 316)
2b Zellwand immer einteilig 3
3a Zellen mit einem Ende der Unterlage aufsitzend, die Unterlage niemals wurmartig umfassend, Ansatzstelle deutlich und differenziert .... **Characiopsis-Gruppe** (S. 326)
3b Zellen der ganzen Länge nach der Unterlage anliegend oder diese umfassend, ohne differenzierte Ansatzstelle . **Chytridiochloris-Gruppe** (S. 323)

Chlorokoryne-Gruppe

Zellen mit eiförmiger, birnenförmiger, flaschenförmiger bis länglich unregelmäßiger Gestalt, mit dem breiteren Ende auf der Unterlage festhaftend. Zellwand relativ derb, deutlich, manchmal sogar grob skulpturiert. Skulptur wie bei den Trachychlorideen ausgebildet – Tüpfelreihen mit warzig ausgezogenen Stacheln, die im optischen Querschnitt der Oberfläche ein gekerbtes Aussehen verleihen. Zellwand manchmal mit lokalen, vor allem terminalen Verdickungen. Zellen einzeln oder in dicht stehenden Gruppen, doch nie Kolonien bildend.

Mit einer einzigen Gattung:

1. **Chlorokoryne** Pascher

Erwachsene Zellen von verschiedener Gestalt, ellipsoidisch, eiförmig, meist schief birnen- bis flaschenförmig, unregelmäßig walzlich und dabei oft etwas gekrümmt oder unregelmäßig gebogen. An einem Ende (basal) breit, abgerundet oder abgeflacht, gegen das andere (freie) Ende zu meist etwas verschmälert bis deutlich zusammengezogen und hier die Zellwand deutlich verdickt und meist zapfenartig bis hornförmig oder auch stachelartig verlängert. Diese auffallende Verdickung häufig deutlich geschichtet, oft etwas von der Längsrichtung der Zelle abgebogen und dabei gerade oder gekrümmt. Zellen einzeln oder in losen, wenn auch dicht gedrängten Gruppen, zu allermeist mit ihrem breiteren Ende auf verschiedenen Unterlagen festsitzend. Wenn die Zellen dicht nebeneinander stehen, so platten sie sich gegenseitig ab. Zellwand meist derb, manchmal zweischichtig, außen in charakteristischer Weise skulpturiert. Skulptur in Form reihenartig angeordneter Tüpfel mit vorgezogenen Maschenecken, sich auch über die einseitige zapfenartige Verdickung der Zellwand fortsetzend. Nicht selten ist die Zellwand rötlich verfärbt. Chromatophoren mehrere bis viele, wandständig, scheibenförmig bis kurz bandförmig oder auch abgerundet polygonal. Ohne Pyrenoide. Im Plasma manchmal rote Öltropfen und Eiweißkristalle.

Fortpflanzung nicht beobachtet. Gelegentlich wurden gedehnte Zellen gesehen, in die zwei bereits behäutete und auch skulpturierte Tochterzellen eingeschlossen waren. Ferner waren auch kugelige, mit zarter Zellwand versehene Zellen zu finden, die allmählich zur beschriebenen Form heranwuchsen. Gelegentlich fanden sich auch Zellen mit binnenständig verlagerten Chromatophoren, wie sie gelegentlich vor der Aufteilung der Protoplasten in Zoosporen vorkommen. Demnach ist Zoosporenbildung wahrscheinlich. Im Lebenszyklus ist bei diesen Algen noch vieles unklar.

Wichtigste Literatur: Pascher 1939a, Starmach 1968.

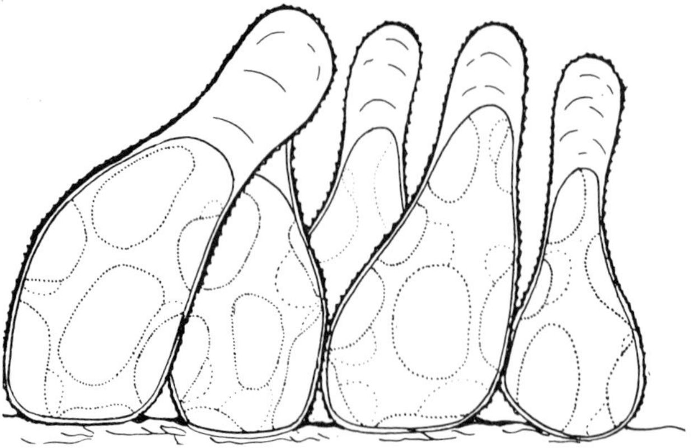

370

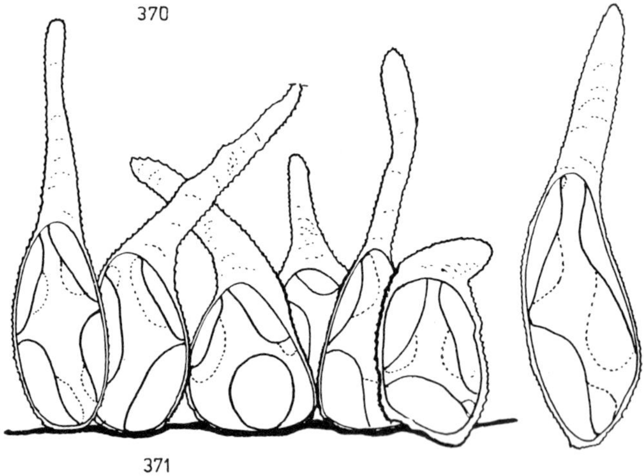

371

Fig. 370. *Chlorokoryne petrovae* Pascher. Fig. 371. *Chlorokoryne lagenaria* Pascher (nach Pascher).

Bestimmungsschlüssel der Arten

1a Verdickung der Zellwand sehr derb und dick, geschichtet, Skulptur grob, Zellwand basal nicht verdickt 2
1b Verdickung der Zellwand dünn bis zart, wenn auch sehr lang, nicht geschichtet, Skulptur fast undeutlich, Zellwand basal auch etwas verdickt . 3
2a Verdickung der Zellwand immer kürzer als die Zelle, höchstens die Hälfte der Zelle messend, viele Chromatophoren . . . . **1. Ch.petrovae**
2b Verdickung der Zellwand immer länger als die Zellen, bis zweimal körperlang, meist 2–3 Chromatophoren . . . . **2. Ch.lagenaria**
3a Zellen eiförmig bis spindelig, mehrere Chromatophoren . **3. Ch.regularis**
3b Zellen unregelmäßig und schief rechteckig, mit nur 2–3 Chromatophoren . . . . **4. Ch.irregularis**

1. Chlorokoryne petrovae Pascher (Fig. 370)

Zellen eiförmig bis birnenförmig, mitunter auch ellipsoidisch-eiförmig, oft auch unregelmäßig walzlich. Zellwand recht derb und grob skulpturiert. Verdickung der Zellwand sehr derb und dick, deutlich geschichtet, doch immer kürzer als die Zelle, oft kaum die Hälfte der Zelle messend. Mit vielen scheibenförmigen bis kurz bandförmigen Chromatophoren.

Zellen bis 10 μm lang und bis 8 μm breit, Verdickung der Zellwand bis 6 μm groß. Gelegentlich auch größere Zellen.

In größeren Mengen von den Teichufern der Teiche bei Prag (Tschechoslowakei).

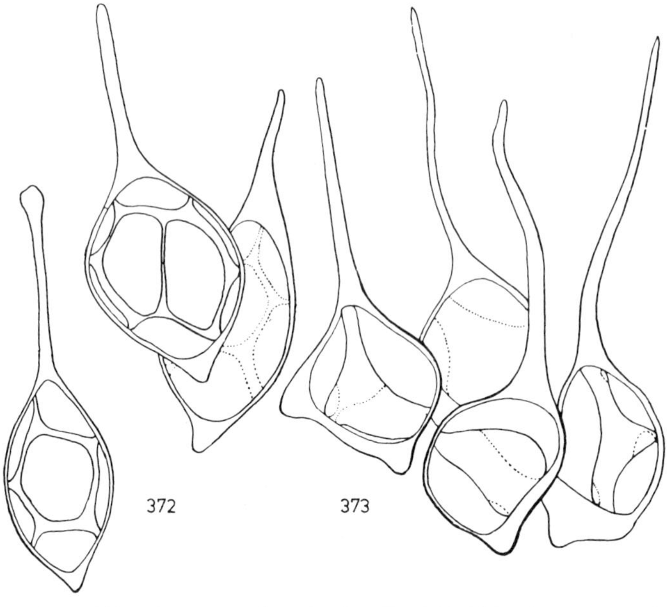

Fig. 372. *Chlorokoryne regularis* Pascher. Fig. 373. *Chlorokoryne irregularis* Pascher (nach Pascher).

2. Chlorokoryne lagenaria Pascher (Fig. 371)

Zellen im Prinzip gestreckt eiförmig, basal jedoch abgeflacht, so daß sie im optischen Längsschnitt auch fast dreieckig erscheinen. Zellwand recht derb, mit auffallend rauher Skulptur. Apikale Verdickung der Zellwand sehr lang, immer länger als die Zelle, manchmal bis zweimal körperlang, sehr derb und dick, geschichtet und nicht selten abgebogen oder unregelmäßig gekrümmt. Rauhe Skulptur auch auf der Verdickung. Chromatophoren meist 2–3, die auf einen gelappten und schließlich getrennten topfförmigen Chromatophor zurückgehen. Keine weiteren Angaben.

3. Chlorokoryne regularis Pascher (Fig. 372)

Zellen immer ausgesprochen eiförmig bis breit spindelförmig. Zellwand an beiden Enden der Zelle verdickt, wobei die apikale Verdickung oft sehr lang stielförmig bis keilförmig vorgezogen und meistens sehr dünn ist. Chromatophoren mehrere, bis 10. Keine weiteren Angaben.

4. Chlorokoryne irregularis Pascher (Fig. 373)

Zellen ausgesprochen schief, im optischen Schnitt manchmal fast rechteckig. Die Verdickung der Zellwand ist lang ausgezogen, sehr zart, oft gekrümmt. Zellwand basal auch verdickt, nicht selten mit zwei weiteren, meist kurzen und stumpfen Zapfen. Chromatophoren meist nur 2–3, muldenförmig. Keine weiteren Angaben.

Chlorothecium-Gruppe

Zellen einzeln lebend und an Unterlagen festsitzend. Entweder mit breiter oder schmaler Basis dem Substrat direkt aufsitzend oder kurz bis länger gestielt. Zellwand zart bis derb, immer aus zwei Teilen bestehend, in denen der obere, am freien Ende sich befindende, meist kleiner ist und die Zelle deckelartig abschließt. Fortpflanzung durch Zoosporen oder aber durch meist derbwandige, zweischalige Aplanosporen, die bei ihrer Keimung ein oder zwei Zoosporen entleeren. Die angeführten Formen entsprechen äußerlich den Characiopsidaceen, unterscheiden sich aber durch die zweiteilige Zellwand.

Bestimmungsschlüssel der Gattungen

1a Zellen niedrig halbkugelig bis brotlaibförmig, mit der ganzen breiten Basis aufsitzend .... **2. Hemisphaerella** (S. 316)
1b Zellen anders gestaltet, direkt mit der Basis oder mittels eines Stieles aufsitzend .... **3. Chlorothecium** (S. 317)

2. Hemisphaerella Pascher

Zellen halbkugelig, brotlaibförmig oder auch kalottenförmig, auf Algenfäden festsitzend, wobei die Längsachse der Zelle parallel zur Substratoberfläche verläuft. Oft sehr niedrig und dem Substrat schildlausartig aufliegend. Zellwand derb, vielleicht etwas gallertig, da sich die braune Eiseninkrustation auf der Zellwand fortsetzt und diese stellenweise braun färbt. Zellwand immer aus zwei Teilen bestehend, der obere Teil die Zelle deckelartig abschließend, meist viel kleiner als der untere Teil. In vereinzelten Fällen ist die Deckelwand axial stark verdickt. Protoplast im erwachsenen Zustand die Zellwand vollkommen ausfüllend. Chromatophoren zwei oder drei, wandständig, muldenförmig, meist lebhaft gefärbt, seltener blaß. Ohne Pyrenoide. Junge Protoplasten häufig noch mit pulsierenden Vakuolen. Alte Protoplasten heben sich deutlich von der Zellwand ab. Fortpflanzung durch Bildung von zwei bis vier Zoosporen, die einen Chromatophor und ein Stigma haben. Zystenbildung nicht gesehen.

Wichtigste Literatur: Pascher 1939a.

Eine einzige Art:

Hemisphaerella operculata Pascher (Fig. 374)

Mit den Merkmalen der Gattung. Zoosporen mit einem, selten zwei Chromatophoren, deutlichem Stigma, 1,5 mal körperlanger Hauptgeißel und einer Nebengeißel, die kaum $^1/_4$ der ersteren mißt.

Zellen 15–22 μm lang, 5–15 μm hoch.

Auf großen *Spirogyra*-Arten, einmal auch auf *Cladophora*, deren Zellwand stark verschleimt war. Gewöhnlich ist die Basis der Zellen stark mit Eisen inkrustiert, oft so sehr, daß die Krusten der einzelnen Zellen miteinander verbacken.

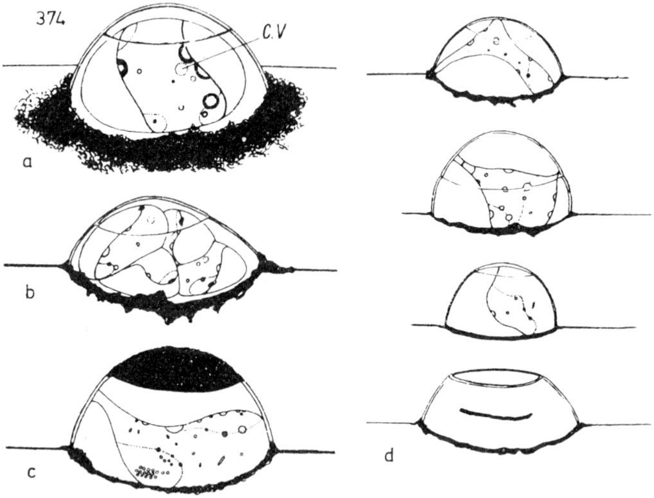

Fig. 374. *Hemisphaerella operculata* Pascher – *a* Zelle mit leicht abgehobenem Protoplast (*cv* – pulsierende Vakuole) vor der Zoosporenbildung, *b* Zoosporenbildung, *c* Zelle mit stark eiseninkrustiertem Deckel, *d* verschiedene Zellformen, unten eine entleerte Zelle mit abgefallenem Deckel (nach Pascher).

3. **Chlorothecium** Borzi em. Pascher

Characiopsis p. p. sensu Pascher

Zellen einzeln lebend, an Unterlagen festsitzend, fast kugelig bis ellipsoidisch, eiförmig bis verkehrt eiförmig oder walzlich, gerade oder auch leicht gekrümmt. Direkt mit unverschmälerter oder leicht bis stark verschmälerter Basis aufsitzend, davon alle Übergänge zur Bildung eines kurzen oder längeren, zarten bis derben Stieles. Zellwand zart bis derb, von vornherein aus zwei Teilen bestehend. Oberer Teil oft deutlich kleiner und deckelartig die Zelle abschließend; nur bei einzelnen Arten die beiden Hälften der Zellwand gleich. Bei zwei Arten ist die obere Hälfte der Zellwand größer als die untere. Zellwand nicht selten etwas bräunlich verfärbt, sehr häufig der Deckel allein eisengebräunt. Chromatophoren einer bis viele, wandständig, meist scheiben- oder leicht muldenförmig, in einem Fall auch diffus und als Maschenwerk auftretend. Ohne Pyrenoide.

Fortpflanzung durch Zoosporen, die zu zweit oder bis zu 32 gebildet werden. Gelegentlich wandeln sich die Teilprotoplasten nicht in Zoosporen, sondern in ziemlich derbwandige, kugelige bis etwas flach kugelige oder auch ellipsoidische Aplanosporen um, die eisengebräunt sein können und deren Wand aus zwei gleichen Teilen besteht. Bei der Entleerung treten die Aplanosporen meistens, doch nicht immer, von der zarten, innersten Schicht der alten Zellwand umgeben aus, die sich sehr stark erweitert und blasenförmig wird. Aus den Aplanosporen gehen entweder ein oder zwei Zoosporen hervor, die zu neuen *Chlorothecium*-Zellen werden, oder die Zoosporen können erneut zu Aplanosporen werden, die wieder bald zu Zoosporen keimen und sich endlich in festsitzende Zellen umwandeln.

Wichtigste Literatur: Borzi 1888 a, Pascher 1925, 1939 a, Printz 1927, Fritsch 1935.

Bestimmungsschlüssel der Arten

1a Zellen kugelig bis zwiebelförmig ... 2
1b Zellen gestreckt eiförmig, ellipsoidisch, spindelförmig oder kurz walzlich ... 3
2a Deckel größer als der untere Teil ... **1. Ch.inaequale**
2b Deckel sehr klein ... **3. Ch.cepa**
3a Zellen ohne Stiel ... 4
3b Zellen mit deutlichem Stiel ... 7
4a Zellen bis zur Basis gleichmäßig walzlich und dort nicht eingezogen ... **2. Ch.gladius**
4b Zellen mehr oder weniger spindelförmig, gegen die Basis verjüngt ... 5
5a Vorderende leicht in das fast halbkugelige, abgesetzte Deckelchen zusammengezogen ... 6
5b Vorderende gleichmäßig in das stumpfe bis spitze Ende verschmälert ... **4. Ch.crassiapex**
6a Zellen plump, Vorderende breit halbkugelig ... **5. Ch.pyxidatum**
6b Zellen schlank, Vorderende klein halbkugelig ... **6. Ch.capitatum**
7a Zellen in einen kurzen Stiel zusammengezogen, plump verkehrt eiförmig, ebenso lang wie breit, mit sehr großem Deckel, oft in der Mitte taillenartig eingezogen ... **7. Ch.contractum**
7b Zellen allmählich in einen Stiel verschmälert, keulenförmig, länger als breit, Deckel klein ... 8
8a Stiel sehr derb und kurz ... **8. Ch.pirottae**
8b Stiel sehr zart und lang ... **9. Ch.clava**

1. Chlorothecium inaequale Pascher (Fig. 375)

Zellen breit ellipsoidisch bis kugelig-ellipsoidisch oder fast kugelig, gegen die Basis ganz leicht zusammengezogen und breit aufsitzend. Freies Ende breit abgerundet. Zellwand ziemlich derb, ohne besondere Verdickungen, die obere deckelartige Hälfte der Zellwand fast immer größer als die untere; nicht selten ist der Deckel braun verfärbt. Zelle an der Fuge manchmal taillenartig eingezogen. Um die Basis oft ein breiter Gallerthof, der stark eiseninkrustiert ist. Chromatophoren zwei bis mehrere, oft sehr ungleich groß. Zoosporenbildung nicht gesehen. Aplanosporen kugelig bis ganz wenig ellipsoidisch, mit derber, etwas rauher Wand und zwei ungleich Wandhälften.

Zellen ungefähr 15 μm groß, Aplanosporen 8–10 μm messend.

Aus sehr durchwärmten Altwässern längs der Traun bei Lambach (Österreich), auf recht verschiedenem Substrat, auch auf Fadenalgen *(Rhizoclonium)*.

375 a

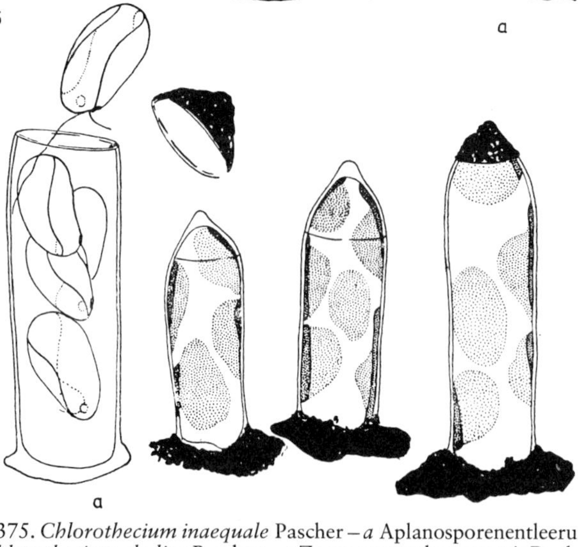

376 a

Fig. 375. *Chlorothecium inaequale* Pascher – *a* Aplanosporenentleerung. Fig. 376. *Chlorothecium gladius* Pascher – *a* Zoosporenentleerung mit Deckelabfall (nach Pascher).

2. Chlorothecium gladius (Pascher) Pascher (Fig. 376)
Characiopsis gladius Pascher

Zellen ausgesprochen zylindrisch säulenförmig, ohne jede basale Verschmälerung, immer mit breiter Basis aufsitzend, gelegentlich sogar an der Basis etwas verbreitert, vorn sehr kurz und bogig verschmälert. Vorderende manchmal schief kegelförmig. Zellwand gleichmäßig dick, nur an der stumpfen Spitze der Zelle deutlich verdickt, manchmal hier leicht warzig ausgezogen. Deckel sehr verschieden groß, manchmal bis zum zylindrischen Zellteil reichend, manchmal aber viel kleiner. Chromatophoren mehrere bis zahlreiche, scheibenförmig, oft große Zwischenräume zwischen sich lassend. Zoosporen mit einem oder zwei Chromatophoren, Stigma, etwas mehr als körperlanger Hauptgeißel und einer stummelförmigen Nebengeißel.

Zellen 15–20 μm lang, 5–8 μm breit, Zoosporen bis 10 μm groß.

Wahrscheinlich eine oligotherme Art. In kalten Frühjahrsgewässern auf *Ulothrix* und anderen oligothermen Fadenalgen sitzend, kann aber auch auf Detritus festhaften. Straßengräben im Böhmerwald (Tschechoslowakei), Wiesengräben bei Leysin (Schweiz).

3. **Chlorothecium cepa** Pascher (Fig. 377)

Zellen nur wenig höher als breit, ausgesprochen birnen- bis zwiebelförmig, mit breit abgerundeter Basis und mit dieser direkt aufsitzend. An der Ansatzstelle ist die Zellwand leicht verdickt und mit einem oft eiseninkrustierten Gallertkissen. Oberes Zellende deutlich verschmälert, manchmal an den Seiten leicht eingezogen und breit abgerundet. Zellwand relativ derb, manchmal vielleicht sogar geschichtet, deutlich aus zwei Teilen bestehend, von denen der obere deckelförmig dem unteren Teil aufsitzt. Deckel sehr klein, aber oft deutlich dicker als der untere Teil. Chromatophoren einer oder zwei, im Aussehen jedoch sehr wechselnd. Entweder in der Form von einer oder zwei muldenförmigen Platten, die den oberen und unteren Zellteil frei lassen, oder aber mehr oder weniger, oft sehr zart, netzförmig aufgelöst und aus maschig verbundenen, innerhalb einer Zelle sehr verschieden breiten Bändern bestehend. Im Plasma nicht selten rote Öltropfen. Fortpflanzung nicht gesehen, wohl aber entleerte Zellen, an denen die verquollenen inneren Schichten sehr deutlich zu bemerken waren.

Zellen 18–25 μm hoch, 15–18 μm breit, vereinzelt auch größere Zellen.

Einmal auf einer *Vaucheria* in einem Straßengraben gefunden, Straßengraben bei Horní Planá im Böhmerwald (Tschechoslowakei).

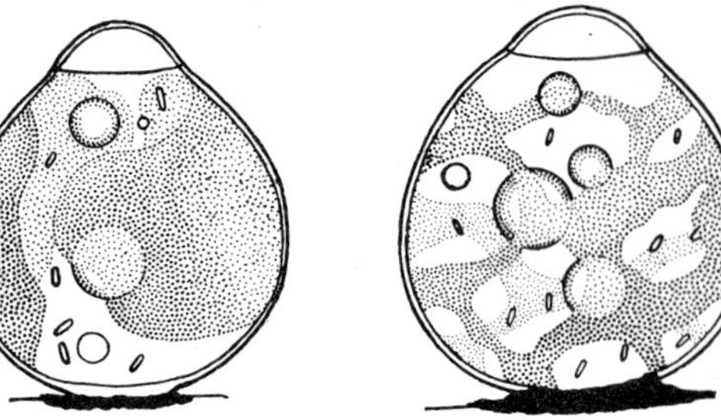

377 a b

Fig. 377. *Chlorothecium cepa* Pascher – *a* Zelle mit zwei großen, leicht muldenförmigen Chromatophoren, *b* Zelle mit maschenförmigem Chromatophor (nach Pascher).

4. **Chlorothecium crassiapex** (Printz) Pascher (Fig. 378)
Characiopsis crassiapex Printz

Zellen im Prinzip spindelförmig bis gestreckt eiförmig oder verkehrt gestreckt eiförmig, manchmal etwas unregelmäßig, gerade oder auch schief, nach vorn verschmälert, spitz oder etwas stumpf endend, basal manchmal nur wenig verschmälert, immer verjüngt und mit einem kleinen Fuß, der zu einem kleinen Scheibchen verbreitert ist, festsitzend. Apikaler Teil der Zellwand als Deckel

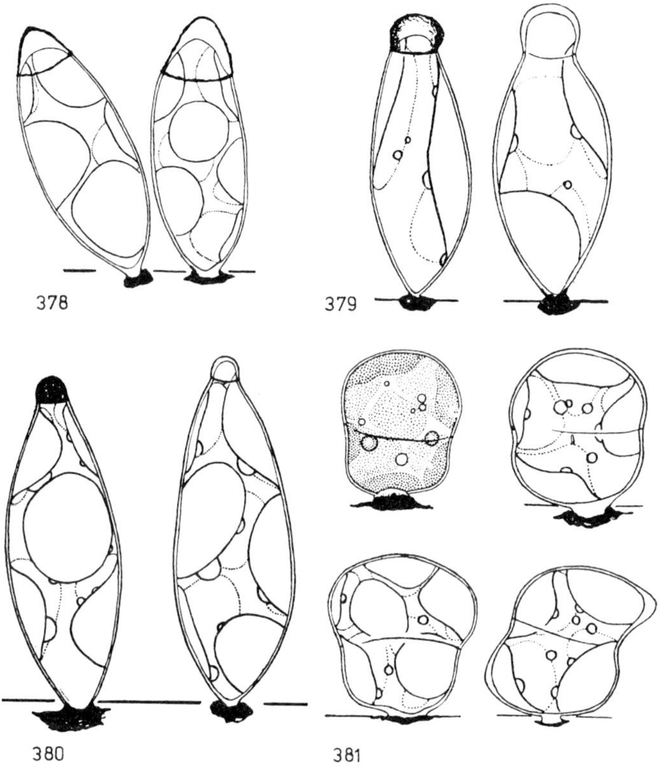

Fig. 378. *Chlorothecium crassiapex* (Printz) Pascher. Fig. 379. *Chlorothecium pyxidatum* Pascher. Fig. 380. *Chlorothecium capitatum* Pascher. Fig. 381. *Chlorothecium contractum* Pascher (nach Pascher).

entwickelt, der recht verschieden groß sein kann und meist deutlich verdickt ist; oft rotbraun verfärbt. Chromatophoren mehrere bis zahlreiche (4–16), oft verschieden groß, scheibenförmig, manchmal recht blaß. Fortpflanzung durch Zoosporen mit Stigma und einer sehr kleinen Nebengeißel.

Zellen 13–25 μm lang, bis 9 μm breit.

Wiederholt gesehen und im Gebiet verbreitet, auf verschiedenen Fadenalgen sitzend, besonders in Moorgewässern vorkommend.

5. Chlorothecium pyxidatum Pascher (Fig. 379)

Zellen eiförmig bis spindelförmig, manchmal etwas schief, gestreckt, bis dreimal länger als breit, gegen die Basis zu meist etwas rascher verschmälert als gegen die Spitze. Nicht selten auch mit fast spitzer Basis auf einem sehr deutlichen Scheibchen sitzend. Nach vorn in den auffallend großen kopfigen bis halbellipsoidischen oder auch halbkugeligen Deckel verschmälert, der deutlich vom übrigen Teil der Zelle abgesetzt ist. Deckel oft halb so breit und bis ein Viertel so lang wie die Zelle. Zellwand im allgemeinen ziemlich zart, im Deckel aber immer deutlich bis sehr verdickt. Chromatophoren zwei bis drei, seltener mehrere, oft recht ungleich groß und manchmal blaß. Fortpflanzung nicht gesehen.

Zellen 19–28 μm lang und bis 14 μm breit.

Einmal in großer Menge auf treibenden, größtenteils abgestorbenen *Mougeotia*-Watten aus dem Großteich bei Doksy (Tschechoslowakei).

6. **Chlorothecium capitatum** Pascher (Fig. 380)

Zellen spindelförmig bis gestreckt und lang eiförmig, selten angedeutet verkehrt eiförmig, immer schlank. Gegen die Basis zu sehr verschmälert und auf einem oft recht großen Scheibchen sitzend. Meist viermal länger als breit, nach vorn allmählich, fast geradlinig verschmälert und schließlich in ein fast halbkugeliges und oft etwas schiefes Köpfchen, den Deckel, zusammengezogen. Dieser kopfartige Deckel ist sehr klein und meist braun verfärbt. Chromatophoren 5–12, recht ungleich groß, scheibenförmig. Fortpflanzung nicht gesehen.

Zellen 25–40 μm lang und bis 8 μm breit.

Aus Wiesengräben bei Eutin in Holstein (BRD) auf *Tribonema, Microspora* und derben, fast schleimlosen *Zygnema*-Fäden.

7. **Chlorothecium contractum** Pascher (Fig. 381)

Zellen im Prinzip kugelig bis kugelig-walzlich, doch stark unregelmäßig oder schief verzogen, meist äquatorial, an der Fuge der Zellwand taillenartig zusammengezogen. Mit breiter, fast abgeflachter Basis und mit sehr kurzem, derbem, abgestumpftem Stiel dem Substrat aufsitzend. In manchen Fällen Zellen unregelmäßig windschief. Zellwand zart bis sehr derb, aus zwei gleichen Hälften bestehend und dann speziell im oberen Teil leicht geschichtet. Chromatophoren zwei bis mehrere, wandständig, mulden- bis scheibenförmig oder abgerundet polygonal. Gelegentlich treten im Plasma Eiweißkristalle auf. Fortpflanzung durch Bildung von zwei oder vier Zoosporen, die keine Nebengeißel, aber ein deutliches Stigma haben. Es werden auch Aplanosporen gebildet.

Zellen 10–25 μm lang.

In größeren Mengen auf *Utricularia, Vaucheria* und *Rhizoclonium* beobachtet. Altwässer der Olsch im südlichen Böhmerwald (Tschechoslowakei).

8. **Chlorothecium pirottae** Borzi (Fig. 382)

Zellen keulenförmig oder verkehrt eiförmig bis verkehrt eiförmig-ellipsoidisch, nach unten wenig und gleichmäßig in den sehr derben, kurzen Stiel übergehend, seltener die Zellen hier rascher zusammengezogen. Vorn breit, fast halbkugelig abgerundet. Zellwand zart bis derb, Deckel relativ klein und meistens nicht bis zum breitesten Teil der Zelle reichend. Chromatophoren zwei oder vier, aber auch viele (15–20), manchmal sehr ungleich groß. Fortpflanzung durch Zoosporen und Aplanosporen. Zoosporen mit einem, seltener zwei Chromatophoren; Hauptgeißel 1,5 mal körperlang, Nebengeißel reduziert. Manchmal sehr amöboid oder es treten statt der Zoosporen direkt Amöben aus. Aplanosporen bis zu 16 gebildet, kugelig und derbwandig. Wandhälften nicht gleich, an den Rändern verdickt.

Zellen 15–30 μm lang, während der Fortpflanzung sich noch vergrößernd.

Im Gebiet wiederholt beobachtet, wohl verbreitet. An sehr verschiedenem, auch anorganischem Substrat festhaftend.

9. **Chlorothecium clava** Pascher (Fig. 383)

Zellen plump keulenförmig bis zylindrisch keulenförmig, nach oben meist deutlich verbreitert, dabei gerade oder leicht gekrümmt bis schief. Oben immer breit abgerundet und dort auch am breitesten, nach unten zu verschmälert und leicht in den zarten, immer deutlichen und ziemlich langen Stiel übergehend oder

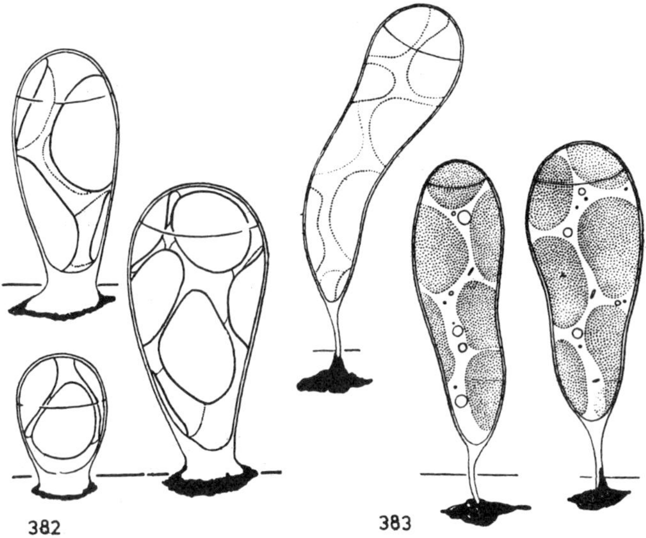

Fig. 382. *Chlorothecium pirottae* Borzi. Fig. 383. *Chlorothecium clava* Pascher (nach Pascher).

in diesen Stiel rascher, manchmal sogar einseitig zusammengezogen. Stiel annähernd so lang wie der Querdurchmesser der Zelle. Zellwand zart, Deckel ziemlich breit, doch nicht sehr groß, manchmal braun verfärbt. Chromatophoren viele (4–15), oft dicht aneinander liegend und dann polygonal. Fortpflanzung durch Zoosporen mit einem bis mehreren Chromatophoren, mit Stigma und kurzer Nebengeißel.

Zellen 15–25 μm seltener auch bis 35 μm lang.

Im Gebiet wiederholt, doch nur im heißen Sommer gesehen, vor allem in eutrophen Teichen und hier gern auf *Rhizoclonium* und derbwandigen *Oedogonium*-Fäden festhaftend, die speziell im Sommer gelbgrüne, leicht ausgebleichte Watten bilden.

Unsichere und zu streichende Art

Chlorothecium africanum Rino – wie der Beschreibung und der Abbildung zu entnehmen ist wohl keine *Chlorothecium*-Art. Wahrscheinlich ein nicht völlig entwickeltes *Ophiocytium*.

Chytridiochloris-Gruppe

Zellen gestreckt ellipsoidisch bis gestreckt spindelförmig oder walzlich, mitunter wurmförmig, an den Enden spitz oder stumpf, immer bedeutend länger als breit. Der ganzen Länge nach dem Substrat anliegend oder dieses umfassend, ohne besonders differenzierte Ansatzstelle. Zellen einzeln, nie in Gruppen. Fortpflanzung durch Zoosporen, wobei es oft zu Durchwachsungen kommt.Eine einzige Gattung:

4. Chytridiochloris (Pascher) Jane

Harpochytrium Lagerheim p.p. sensu Pascher, *Harpochytrium* subgenus *Chytridiochloris* Pascher

Zellen einzeln, soweit gesehen nie in größeren Gruppen vorkommend, gerade oder leicht gekrümmt, manchmal bis halbkreisförmig gebogen, mehr oder weniger um die Wirtsalge sich herumlegend oder ihr in verschiedener Weise anliegend und förmlich auf ihr kriechend. Zellen langgestreckt walzlich oder gestreckt spindelförmig, an den Enden verschmälert spitz oder etwas stumpf, seltener abgerundet. Ohne besonders differenzierte Ansatzstelle, nur manchmal mit etwas Gallerte an einem Ende. Zellwand zart bis derb, vielleicht aus zwei Teilen bestehend. Chromatophoren einer bis mehrere, wandständig, lang rinnen- oder

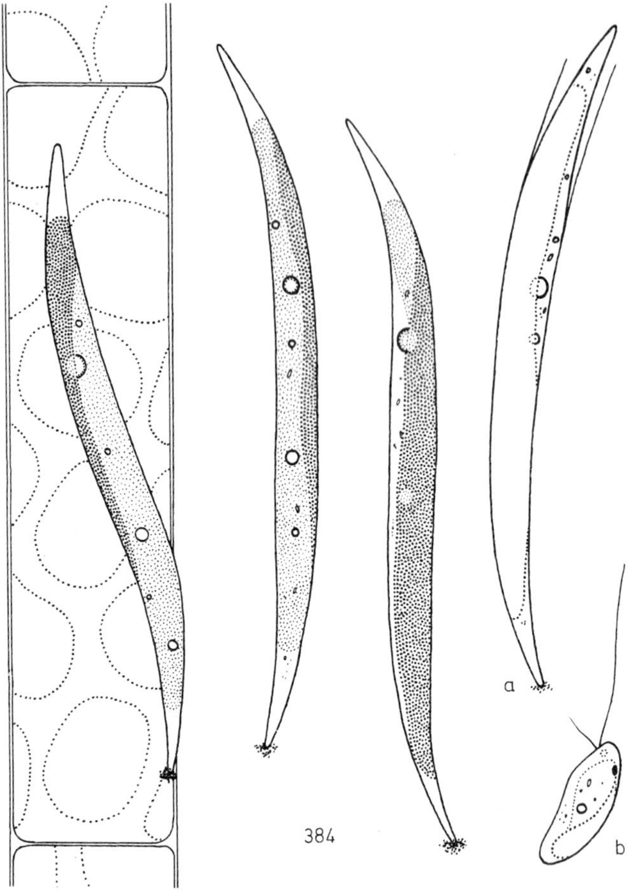

Fig. 384. *Chytridiochloris acus* Ettl – *a* Durchwachsung, *b* Zoospore (nach Ettl).

scheibenförmig. Ohne Pyrenoide. In den Zellen häufig Fett- und Öltropfen, oft in Reihen hintereinander.

Fortpflanzung durch Bildung von mehreren Zoosporen, wobei der Protoplast einer Zelle oft nicht vollständig aufgebraucht wird. Meist teilt sich der Protoplast zunächst in zwei Portionen auf, die hintereinander liegen. Von diesen zerfällt nur der vordere in eine größere Anzahl von Zoosporen, während der untere Teil sich neu behäutet und innerhalb der zur Hälfte entleerten Zellwand der Mutterzelle heranwächst. Die neu herangewachsene Zelle ist daher zum Teil mit einer doppelten Zellwand umgeben. Da sich gelegentlich dieser Vorgang wiederholen kann, kommt es oft zu recht verwickelten Durchwachsungsvorgängen, die nicht immer im Einzelfall leicht und vollständig gedeutet werden können. Oft wird auch der Inhalt der sich teilenden Zellen vollständig in Zoosporen aufgelöst. Andere Stadien nicht beobachtet.

Wichtigste Literatur: Pascher 1939a, Jane 1942, Ettl 1956, Starmach 1968.

Bestimmungsschlüssel der Arten

1a Zellen sehr gestreckt spindelförmig, mit einem langen rinnenförmigen Chromatophor . . . . **1. Ch.acus**
1b Zellen gestreckt walzlich bis wurmförmig, an den Enden spitz, stumpf, mit mehreren Chromatophoren . . . . **2. Ch.scherffelii**

1. Chytridiochloris acus Ettl (Fig. 384)

Zellen sehr lang, gestreckt spindelförmig, an beiden Enden allmählich in eine mehr oder weniger deutliche, scharfe Spitze auslaufend. Nie gerade, leicht gebogen oder gekrümmt, mitunter auch S-förmig. Sie liegen der Wirtsalge an oder umfassen sie leicht, an einem Ende oft mit etwas Gallerte. Zellwand zart, doch deutlich. Chromatophor einer, sehr groß, lang rinnenförmig, fast die ganze Zelle auskleidend, wandständig, blaß grün. Ohne Pyrenoid. Öltropfen oft häufig, aber klein und in Reihen hintereinander. Fortpflanzung durch Zoosporen, die zu mehreren gebildet werden. Oft bleibt ein Teil des Protoplasten in der alten Zellwand und wächst zu einer neuen Zelle innerhalb der alten Zellwand heran. Zoosporen mit einem Chromatophor, deutlichem Stigma und zwei pulsierenden Vakuolen. Hauptgeißel fast zweimal körperlang. Nebengeißel sehr kurz, fast stummelförmig.

Zellen 35–45 μm lang, ungefähr 3 μm breit, Zoosporen bis 7 μm lang.

Auf *Tribonema viride* oder *Batrachospermum moniliforme* in starken und rasch fließenden Quellen und kalten Gebirgsbächen (Tschechoslowakei, Polen).

2. Chytridiochloris scherffelii (Pascher) Ettl (Fig. 385)
Harpochytrium scherffelii Pascher

Zellen ausgesprochen walzlich und sehr lang, gegen die Enden plötzlich verschmälert und kurz oder abgerundet zugespitzt. Die Wirtsalge umfassend oder dieser dicht anliegend. Zellwand zart, aber deutlich. Chromatophoren mehrere, wandständig, scheibenförmig oder gestreckt muldenförmig. Zoosporen nicht beobachtet, doch wurden Durchwachsungen gesehen.

Zellen bis 30 μm lang und bis 6 μm breit.

Auf dicken *Spirogyra*-Fäden aus einem Altwasser der Moldau im Böhmerwald (Tschechoslowakei).

Unsichere und zu streichende Arten

Chytridiochloris viridis (Scherffel) Ettl – eingehende Untersuchungen, vor allem der Zoosporen, haben gezeigt, daß es sich um eine Chlorophycee handelt. Diese wurde schon von Korschikoff als *Acrochasma uncum* beschrieben.

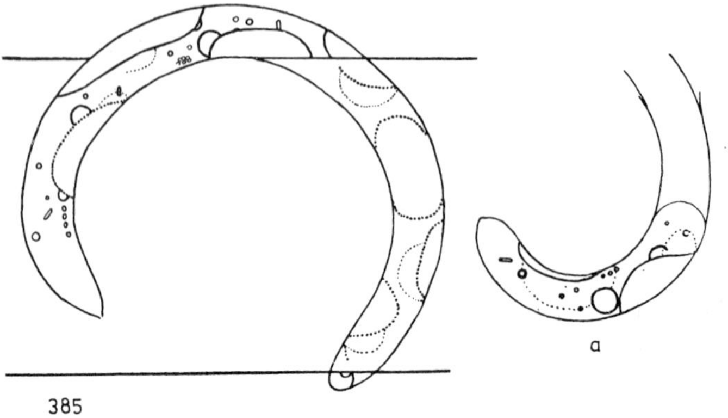

Fig. 385. *Chytridiochloris scherffelii* (Pascher) Ettl – *a* Durchwachsung (nach Pascher).

Chytridiochloris natrophilum (Hortobagyi) Starmach – gehört nicht zu *Chytridiochloris*, da differenzierte Haftscheiben gebildet werden und außerdem liegen die Zellen der Wirtsalge nicht mit ihrer ganzen Längsseite an. Es ist auch nicht sicher, ob es sich um eine Xanthophycee handelt.

Characiopsis-Gruppe

Einzeln lebende Zellen, die entweder mit einem aus der Substanz der Zellwand gebildeten Stiel oder direkt mit der Basis dem Substrat aufsitzen. Manchmal auch in Vierergruppen. Das Festhaften erfolgt durch differenzierte Scheiben oder deutliche. oft eiseninkrustierte Gallertpolster. Die Zellen stehen aufrecht, können auch gekrümmt sein, doch liegen sie nie dem Substrat der ganzen Länge nach an. Fortpflanzung meistens durch Zoosporen, weniger oft durch Autosporen, die dann aber durch die verschleimende alte Zellwand in Zweier- oder Vierergruppen zusammengehalten werden. Gelegentlich kommen auch Durchwachsungsvorgänge vor, wobei Teile des Protoplasten in der Mutterzelle verbleiben ohne sich in Zoosporen umzuwandeln, sie wachsen innerhalb dieser zu neuen Individuen heran.

Bestimmungsschlüssel der Gattungen

1a Zellen kugelig oder ellipsoidisch, dem Substrat ohne differenzierte Haftorgane aufsitzend, häufig in Zweier- oder Vierergruppen vorkommend .... 5. **Lutherella** (S. 327)

1b Zellen anders gestaltet, wenn auch kugelig oder ellipsoidisch, dann mit differenzierten Haftorganen -Stielen, Haftscheiben oder Gallertpolstern, immer einzeln lebend 2

2a Zellen meist in der Längsrichtung des Stieles entwickelt, mit einem apikalen Ende 3

2b Zellen quer zur Stielrichtung entwickelt, mit zwei apikalen Enden, die zu Warzen oder Dornen vorgezogen sind, im Schnitt fast dreieckig .... 6. **Dioxys** (S. 330)

3a Zellen immer gestielt, Stiel ebenso oder bedeutend länger als die Zelle, sehr zart und dünn, Protoplast kann in den Stiel hineinreichen .... 7. **Peroniella** (S. 336)

3b Zellen nicht immer gestielt, Stiel meistens kürzer als die Zelle, derb und deutlich, Protoplast nicht in den Stiel hineinreichend .... 8. **Characiopsis** (S. 340)

5. **Lutherella** Pascher

Zellen auf Fadenalgen oder anderen Substraten lebend, ungestielt und auch ohne differenzierte Haftorgane direkt mit der Basis aufsitzend, kugelig bis ellipsoidisch oder eiförmig bis verkehrt eiförmig. Zunächst einzelne lebend, im entwickelten Zustand aber in Zweier- oder Vierergruppen beisammenstehend, doch ist das nicht immer die Regel. Recht häufig auch nur als einzelne Zellen vorkommend. Zellwand zart, bis mäßig derb, vielleicht gelegentlich mit zarter Gallerthülle. Chromatophoren einer oder mehrere, wandständig mulden- oder scheibenförmig, zart, oft mit gelappten Rändern. Im Plasma häufig Fett- und Öltropfen, bei einer Art auch rotes Exkretöl.

Fortpflanzung entweder durch Zoosporen oder durch Autosporen. Zoosporen zu zweit oder zu viert gebildet, sehr formveränderlich, gelegentlich völlig amöboid, mit einem oder mehreren seitenständigen Chromatophoren und mit Stigma. Sie schwärmen kurz, oft nur Sekunden lang und setzen sich sehr häufig in der unmittelbaren Nachbarschaft der Mutterzelle schief mit dem Vorderende fest. Autosporen zu zweit oder zu viert gebildet. Diese werden nicht frei, sondern bleiben am Ort der Mutterzelle kleben, wobei die gedehnte Mutterzellwand verschleimt oder verschwindet. Solche Zweier- oder Vierergruppen oft dicht gedrängt, jedoch mit deutlichen Zwischenräumen nebeneinander lebend. Andere Stadien oder Zysten nicht gesehen.

Wichtigste Literatur – Pascher 1930b, 1939a, Fritsch 1935, Ettl 1956

Bestimmungsschlüssel der Arten

1a Zellen kugelig, sehr klein, 4–6 μm groß .... **1. L.globulosa**
1b Zellen nicht kugelig, größer 2
2a Zellen ellipsoidisch, meist mit einem einzigen Chromatophor, dieser sehr groß .... **3. L.adhaerens**
2b Zellen nicht ellipsoidisch, mit mehreren Chromatophoren 3
3a Zellen verkehrt eiförmig, um 10 μm groß .... 2. L.obovoidea
3b Zellen eiförmig bis birnenförmig, meist nur um 6 μm groß 4. L.pyriformis

1. **Lutherella globulosa** Pascher (Fig. 386)

Lutherella adhaerens Pascher p.p.

Zellen ausgesprochen kugelig, oft etwas abgeplattet, doch von der kugeligen Gestalt nicht abweichend. Einzelzellen auch genau kugelrund werdend. Zellwand zart, leicht verschleimend. Zellen einer Zweier- oder Vierergruppe meist nicht sehr aneinander gedrängt, oft sogar deutlich voneinander abstehend. Häufig völlig einzeln lebend. Chromatophor einer, wandständig, mulden- bis topfförmig, die halbe Zelle oder mehr auskleidend; selten auch zwei Chromatophoren. Fortpflanzung durch zwei oder vier Autosporen. Zoosporen in gleicher Zahl gebildet, mit einem Chromatophor, ungleichen Geißeln, aber ohne Stigma.

Zellen 3–6 μm, meist 4 μm im Durchmesser, Zoosporen bis 3 μm groß.

Auf verschiedenen Fadenalgen – *Tribonema, Microspora, Oedogonium* oder *Bulbochaete,* meist in größeren Mengen auftretend. Wiederholt beobachtet, Altwässer der Traun bei Ichsl, Lanser See bei Innsbruck (Österreich), Altwässer der Moldau, Teichufer in Südböhmen, Kalkquellen in Nordmähren (Tschechoslowakei). Wahrscheinlich kalkholde Alge.

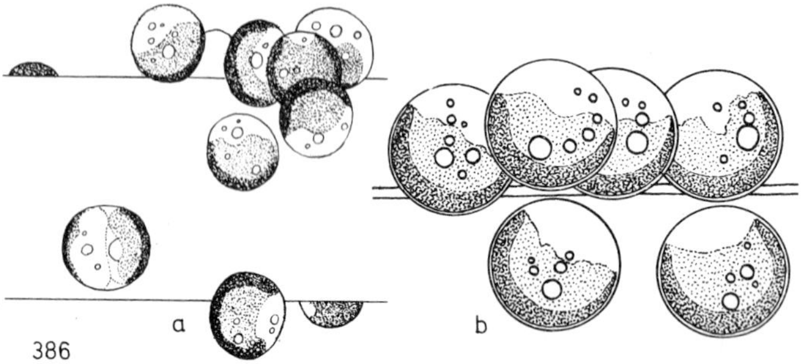

386

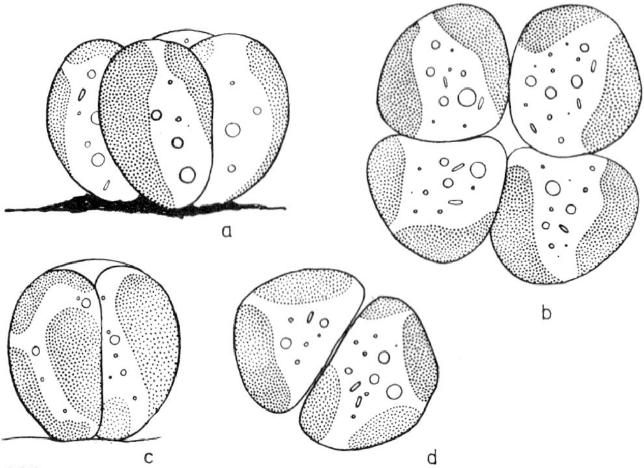

387

Fig. 386. *Lutherella globulosa* Pascher (*a* nach Pascher, *b* nach Ettl). Fig. 387. *Lutherella obovoidea* Pascher – *a* und *b* Vierergruppe von der Seite und von oben gesehen, *c* und *d* Teilungsstadium von der Seite und von oben gesehen (nach Pascher).

2. Lutherella obovoidea Pascher (Fig. 387)

Zellen ausgesprochen verkehrt eiförmig, oft unregelmäßig bis schief verkehrt birnenförmig, apikal breit abgerundet, gegen die Basis zu oft unregelmäßig verschmälert und in Zweier- oder Vierergruppen meistens dicht gedrängt beieinander stehend und dadurch an den Längswänden stark abgeplattet. Zellwand sehr zart. Chromatophoren meist zwei, seltener drei, wandständig, oft sehr ungleich groß, manchmal stark gelappt. Zoosporen verkehrt eiförmig, meist mit zwei etwas ungleichen Chromatophoren, großem Stigma und einer Nebengeißel, die die Hälfte der Länge der Hauptgeißel mißt. Junge Zellen behalten sehr lange die pulsierenden Vakuolen. Autosporenbildung wie bei den anderen Arten.

Zellen bis 10 μm groß, seltener bis 15 μm.

Oft in großen Mengen auf Detritus, aber auch auf Fadenalgen wie *Rhizoclo-*

nium, Vaucheria und großen *Spirogyra*-Arten. In kalkhaltigen Gewässern (Tschechoslowakei).

3. **Lutherella adhaerens** Pascher (Fig. 388)

Zellen ausgesprochen ellipsoidisch, gegen die Basis nicht verschmälert. Zellwand sehr zart, vielleicht leicht verschleimend. Chromatophor einer, wandständig, groß, an den Rändern etwas gelappt, meist nur die eine Längsseite der Zelle auskleidend; ohne Pyrenoid. Autosporen in Zweier- oder Vierergruppen beisammen bleibend. Zoosporen sehr formveränderlich, mit Stigma und einer Nebengeißel, die kaum $^1/_4$ der Hauptgeißel mißt. Amöboide Stadien wie auch animalische Ernährung der Zoosporen beobachtet.

Zellen 7–10 μm lang, 4–6 μm breit.

Epiphytisch auf verschiedenen Fadenalgen vorkommend. Verbreitet, aber immer nur in geringen Mengen auftretend und soweit beobachtet in Gewässern mit niedrigeren pH-Werten. Mehrmals in verschiedensten Kleingewässern in Nordböhmen und Nordmähren beobachtet (Tschechoslowakei). Auf *Tribonema vulgare* in einem sauren und eisenhaltigen Wassergraben bei Innsbruck (Österreich).

4. **Lutherella pyriformis** Pascher (Fig. 389)

Zellen ausgesprochen eiförmig, mit breiter Basis aufsitzend, nach vorn gleichmäßig verschmälert und breit abgerundet. In den Zweier- oder Vierer-

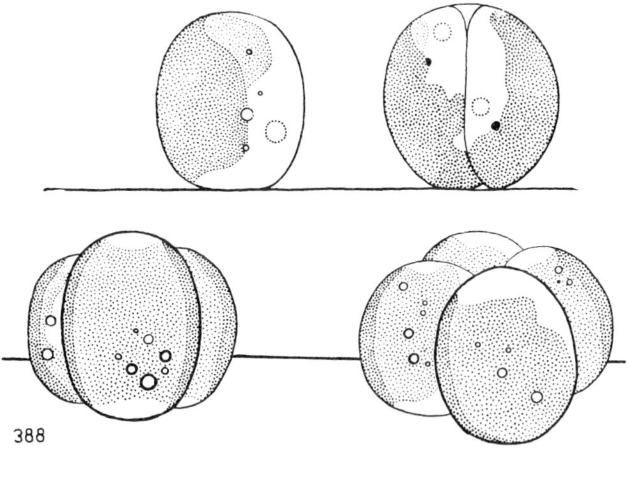

388

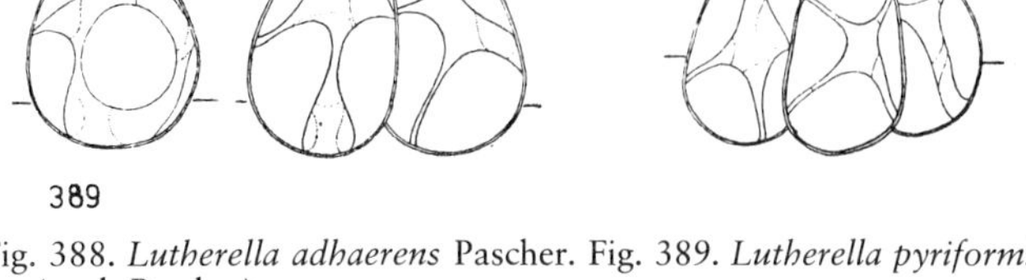

389

Fig. 388. *Lutherella adhaerens* Pascher. Fig. 389. *Lutherella pyriformis* Pascher (nach Pascher).

gruppen stehen die Zellen meist dicht nebeneinander und platten sich gegenseitig oft sehr unregelmäßig ab. Zellwand derb, manchmal rötlich verfärbt. Chromatophoren mehrere (4–8), scheibenförmig, manchmal dicht zusammengeschlossen oder untereinander zusammenhängend. Zoosporenbildung nicht beobachtet, aber sicher vorhanden, da Zellen vorkamen, die bereits geteilte Protoplasten hatten, in denen pulsierende Vakuolen und ein Stigma zu sehen waren. Autosporenbildung wie bei den übrigen Arten.

Zellen 6–8 μm groß.

Vielleicht Alge des Brackwassers. Einmal auf Vaucherien und auf *Cladophora* in brackigen Gräben an der Lübischen Bucht (BRD) und auf Jütland (Dänemark).

6. **Dioxys** Pascher

Characiopsis p.p. sensu Skuja

Zellen einzeln lebend, an verschiedenen Substraten festhaftend, immer gestielt. Dabei entweder ausgesprochen quer zum Stiel entwickelt oder nach oben verbreitert, oder schief bis bogig nach oben gerichtet. Die Gestalt der einzelnen Arten schwankt oft sehr. Umriß der Zellen meist ausgesprochen dreieckig. Dreieckform der Zellen manchmal dadurch verwischt, daß die beiden freien Ecken (die dritte wird durch den Ansatz des Stieles gebildete) mit sehr derben bis langen Warzen oder Dornen der Zellwand versehen sind. Doch bleibt meist die ursprüngliche Dreieckform der Zelle angedeutet. Manchmal auch etwas anders gestaltet dadurch, daß noch ein oder mehrere zusätzliche Dornen vorhanden sind. Stiele meist deutlich bis auffallend exzentrisch eingefügt, nur bei den mehr aufrechten Formen mittelständig. Zellwand einteilig, zart bis derb, bis auf die verdickten Ecken gleichmäßig dick, manchmal auffallend rötlich verfärbt, ohne Skulptur. Meist zwei bis mehrere scheibenförmige Chromatophoren, die immer wandständig sind und manchmal fast polygonal werden. An den jungen Zellen sind häufig noch das Stigma und die pulsierenden Vakuolen zu sehen, die jedoch später immer verschwinden. Gelegentlich rote Öltropfen und Eiweißkristalle im Plasma.

Fortpflanzung durch Zoosporen mit einem oder mehreren Chromatophoren und sehr kurzer Nebengeißel. Aplanosporen gesehen, die wahrscheinlich eine zweiteilige Zellwand haben. Durchwachsung der Zellen bei den mehr walzlichen Formen häufig. Dabei wird entweder bereits nach der ersten Protoplastenteilung die untere Hälfte neu behäutet und die obere in mehrere Zoosporen aufgeteilt oder ein kleinerer Teil des Protoplasten verbleibt in der sonst entleerten Zelle, behäutet sich und wächst wieder zu einer neuen vegetativen Zelle heran.

Wichtigste Literatur: Pascher 1932b, 1939a, Skuja 1948, 1956, G. M. Smith 1950, Bourrelly 1968, Rino 1972.

Bestimmungsschlüssel der Arten

1a Zellen an den apikalen Enden abgerundet, ohne warzen- oder dornenförmige Verdickungen der Zellwand 2
1b Zellen an den apikalen Enden immer zugespitzt, mit warzen- oder dornenförmigen Verdickungen 3
2a Zellen im Umriß halbmondförmig, freie Enden abwärts gebogen .... **1. D. umbilicata**
2b Zellen im Umriß regelmäßig dreieckig, freie Enden nicht abwärts gebogen .... **2. D. inermis**
3a Zellen mit drei oder mehreren dornartigen Verdickungen am freien Zellende 4

3b Zellen mit zwei dornartigen Verdickungen am freien Zellende 5
4a Zellen mit drei Dornen .... **3. D.tricornuta**
4b Zellen mit 7–8 Dornen .... **4. D.polyceras**
5a Zellen lang gestielt, Stiel ebenso lang wie die Zelle oder länger .... **5. D.biverruca**
5b Zellen ganz kurz gestielt, Stiel kaum ein Viertel der Zelle messend 6
6a Zellen mehr oder weniger quer zum Stiel entwickelt, waagrecht bis schief aufrecht 7
6b Zellen mehr oder weniger in der Richtung des Stieles entwickelt, länger als breit .... **6. D.rectus**
7a Zellen weniger gestreckt, immer mehr oder weniger ungleich dreieckig .... **8. D.incus**
7b Zellen sehr gestreckt, mehr walzlich und verschiedenartig gebogen, nicht dreieckig .... **7. D.gallus**

1. Dioxys umbilicata (Skuja) Bourrelly (Fig. 390)
Characiopsis umbilicata Skuja

Zellen leicht abgeflacht und vollkommen quer gelagert, ausgesprochen halbmond- bis länglich nierenförmig. Apikaler Teil konvex gebogen, wogegen an der konkaven Ventralseite in der Mitte eine kleine nabelförmige oder warzige Ausstülpung in den Stiel ausläuft. Zu beiden Seiten bilden die Zellen nach unten gebogene und abgerundete Enden. Im ganzen regenschirmartig gebaut und dem Typus von *Dioxys* mit zwei freien Zellenden entsprechend. Zellwand dünn, basal in den langen, zarten und etwas gallertigen, doch von der Zellwand gebildeten Stiel übergehend. Dieser sitzt an der Wirtsalge ohne Haftscheibe fest. Chromatophoren wandständig, 2–4, gewöhnlich paarig in den beiden Zellhälften lokalisiert. Kern in der Mitte. Im Plasma manchmal Körnchen von roten Karotinoiden und Öl als Reservestoff. Fortpflanzung nicht gesehen.

Zellen ohnen Stiel 3,5–3,8 μm hoch und 9,5–10,5 μm breit, Stiel bis 12 μm lang.

Auf der Gallerthülle von *Gomphosphaeria apenina* und *Gloeocystis bacillus*, recht selten, in den Seen von Uppland (Schweden).

Die von Rino als fa. *brevistipitata* beschriebene Form soll sich vom Typus durch den äußerst kurzen bis fast ganz reduzierten Stiel unterscheiden. Auf Gehäusen von Trachelomonaden lebend.

2. Dioxys inermis Thompson in G. M. Smith (Fig. 391)

Zellen dreieckig mit abgerundeten Enden und leicht konkaven Flanken, deutlich flachgedrückt. Zellwand derb, doch ohne Verdickungen oder Stacheln an den Ecken, basal in einen deutlichen, doch dünnen Stiel auslaufend, der mit einer Haftscheibe endet. Chromatophoren ein bis drei, wandständig, rinnenförmig, den schmalen Flanken anliegend. Mit mehreren lichtbrechenden Körnern im Zentrum der Zelle. Aplanosporenbildung bekannt, sonst Fortpflanzung nicht beschrieben.

Zellen ohne Stiel 11–15 μm lang, 7–12 μm breit und 4 μm dick, Stiel bis 4–6 μm lang.

Bislang aus den Gewässern von Kansas bekannt (USA).

3. Dioxys tricornuta Thompson in G. M. Smith (Fig. 392a)

Zellen im Umriß abgerundet rhombisch oder verkehrt breit birnenförmig bis fast abgerundet und verkehrt eiförmig. Am apikalen Ende mit drei spitzen und großen Dornen. Zellwand derb, mit Ausnahme der Dorne gleichmäßig dick; am apikalen Ende einen terminalen und zwei seitliche, mehr oder weniger waagrecht abstehende spitze dornförmige Verdickungen bildend. Basal mit einem relativ

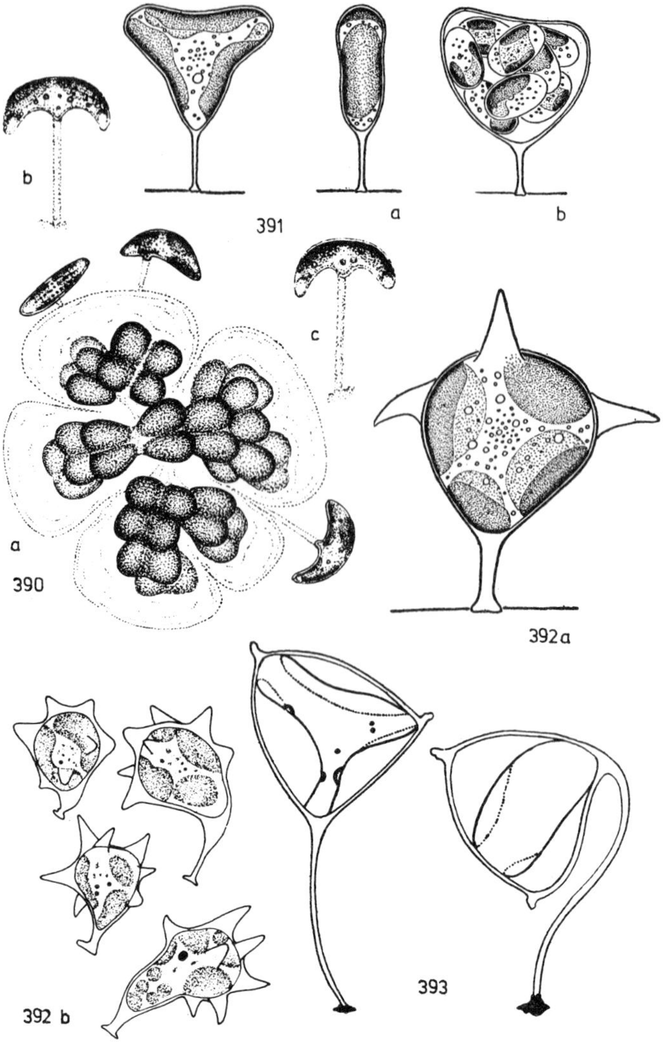

Fig. 390. *Dioxys umbilicata* (Skuja) Bourrelly – *a* Zellen auf *Gomphosphaeria* sitzend, *b* und *c* einzelne Zellen (nach Skuja). Fig. 391. *Dioxys inermis* Thompson in Smith, *a* Seitenansicht, *b* Aplanosporenbildung (nach Thompson). Fig. 392 a *Dioxys tricornuta* Thompson in Smith (nach Thompson). Fig. 392 b. *Dioxys polyceras* Rino (nach Rino). Fig. 393. *Dioxys biverruca* Pascher (nach Pascher).

kurzen, aber derben Stiel, der mit einer Haftscheibe endet. Chromatophor einer bis vier, wandständig, scheiben- bis kurz rinnenförmig. Im Zentrum der Zelle mit mehreren lichtbrechenden Körnern. Fortpflanzung nicht beschrieben.

Zellen 14–16 μm im Durchmesser, Dornen 4–5 μm lang, Stiel bis 6,5 μm messend.

Bislang aus Gewässern von Kansas (USA) bekannt.

4. Dioxys polyceras Rino (Fig. 392b)

Zellen im Prinzip verkehrt birnenförmig, oft gestreckt, mitunter auch keulenförmig, nicht selten gekrümmt oder gebogen. Vorn am breitesten, basal allmählich in einem relativ kurzen Stiel auslaufend, der mit einer Haftscheibe endet. Zellwand relativ derb bis dick, 7–8 kegel- bis stumpf dornenförmige Fortsätze am freien Zellende bildend. Durch diese Dornen bekommen die Zellen eine unregelmäßige, mehrspitzige Gestalt. Chromatophoren 2–4, wandständig, elliptisch bis scheibenförmig. Im Plasma Öltropfen und rote Karotinkörper. Fortpflanzung nicht beobachtet.

Zellen 11–18 μm lang; 9,5–13 μm breit.

Bislang aus Moçambique bekannt.

5. Dioxys biverruca Pascher (Fig. 393)

Zellen sehr lang gestielt; der dünne Stiel ebenso lang oder länger als die Zelle, oft gekrümmt und gebogen. Von der Breitseite sind die Zellen stumpf und etwas ungleichseitig dreieckig, meist schief zum Stiel orientiert. Zellwand relativ derb, an den freien Ecken mit je einer derben, meist stumpfen unregelmäßigen Warze versehen. Chromatophoren zwei bis drei, wandständig, leicht muldenförmig. Im Plasma leuchtend rote Öltropfen vorhanden. Zoosporen nicht gesehen. Es wurden Aplanosporen mit zweiteiliger Wand beobachtet, die zu zweit in den Zellen gebildet werden.

Zellen samt Stiel 14–16 μm hoch und 8–12 μm breit.

In nur wenigen Zellen aus leicht brackigen oder schmutzigen Gräben bei Haffkrug in der Lübecker Bucht (BRD).

6. Dioxys rectus Pascher (Fig. 394)

Zellen immer höher als breit, bis zweimal so hoch, jedoch immer noch die dreieckige Gestalt erkennen lassend. Sehr häufig auf der einen Seite bauchig konvex mit wenig bis ausgesprochen extraaxialem kurzem Stiel. Zellen oben gerade oder schief abgestutzt, nicht selten konvex vorgewölbt und an den Enden der Abstutzung mit derben, langen, ungleichen, divergierenden, deutlich geschichteten Stacheln versehen, von denen der eine oder der andere nicht selten die Länge des Stieles erreicht oder übertrifft. In seltenen Fällen ist der eine Stachel vollständig seitlich gelagert. Chromatophoren zwei bis vier, wandständig gebogen scheibenförmig. Fortpflanzung nicht beschrieben.

Zellen bis 25 μm hoch und bis 16 μm breit.

Auf *Microspora*-Fäden aus Torfmooren bekannt, Georgenfeld in Sachsen (DDR), Soos in Westböhmen (Tschechoslowakei).

7. Dioxys gallus Pascher (Fig. 395)

Zellen in der Gestalt sehr schwankend. Dreieckform durch die starke Längenentwicklung der Zelle meist undeutlich, doch immer markiert dadurch, daß zwei mächtige Warzen aus der Zellwand entwickelt sind, von denen die eine mehr oder weniger seitlich steht, während die andere das vordere Ende der Zelle bildet. Stiele kurz, Zellen bei normaler Ausbildung schief aufrecht, gerade bis leicht gebogen, vielmals länger als breit. Sehr häufig ist aber die Zelle entweder fast quer verbogen oder nach aufwärts bis zurück gekrümmt, dabei immer mehr oder

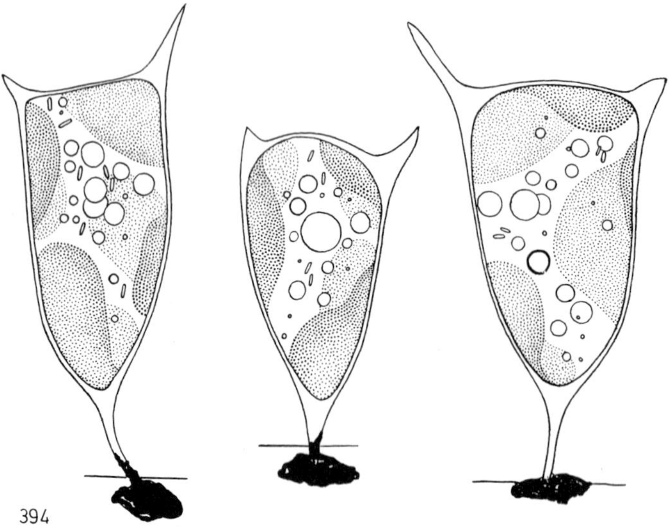

394

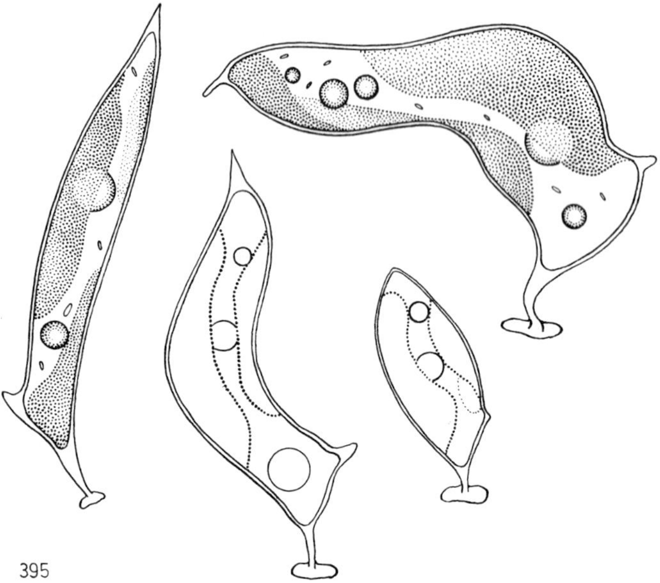

395

Fig. 394. *Dioxys rectus* Pascher. Fig. 395. *Dioxys gallus* Pascher (nach Pascher).

weniger deutlich, doch ungleich dick walzlich. Durchwachsungen der Zelle sehr häufig vorkommend. Zellwand mit Ausnahme der Hörner nicht sehr derb. Chromatophoren zwei bis fünf, gestreckt und gebogen scheiben- bis rinnenförmig. Fortpflanzung durch Zoosporen. Diese sind verkehrt eiförmig, mit einer 1,5 mal körperlangen Hauptgeißel und einer sehr kurzen Nebengeißel. Aplanosporen bekannt; sie werden zu mehreren gebildet, sind kugelig eiförmig, wahrscheinlich mit zweiteiliger Wand.

Zellen 12–20 μm lang und 4–7 μm breit. Manchmal vereinzelt auch größere Zellen.

Aus Tümpeln des salzhaltigen Flachmoores bei Lysá an der Elbe in Böhmen (Tschechoslowakei).

8. Dioxys incus Pascher (Fig. 396)

Zellen meist quer zum Stiel entwickelt und viel breiter als hoch, manchmal bis dreimal breiter als hoch. Zelle basal ganz allmählich in einen kurzen Stiel verschmälert, der niemals scharf abgesetzt ist. Flanken der Zelle, die im optischen Längsschnitt die Form eines rechtwinkligen oder schiefen Dreiecks hat, niemals gerade, sondern konvex bis konkav, oft auch wellig. Zellwand an den Ecken zu sehr derben, doch nicht besonderns langen Dornen verdickt. Chromatophoren zwei bis mehrere, wandständig, scheibenförmig. Fortpflanzung nicht beobachtet.

Zellen bis 18 μm hoch und bis 25 μ m breit.

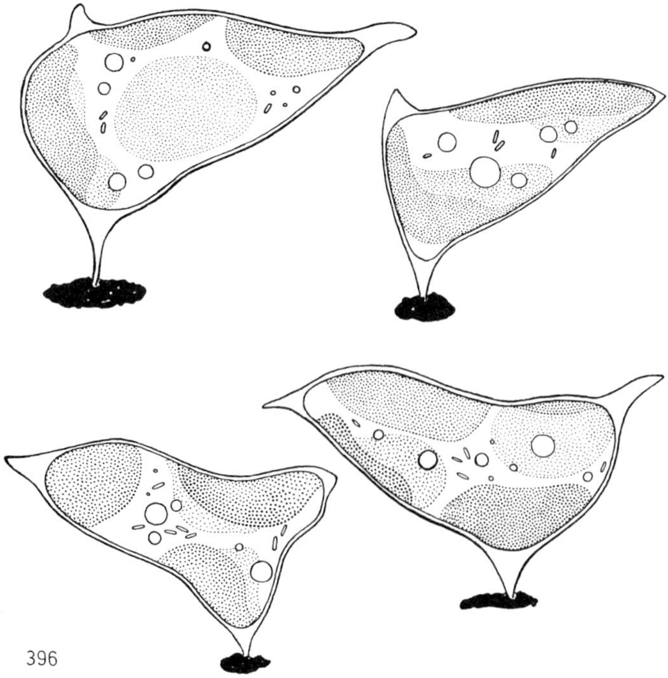

396

Fig. 396. *Dioxys incus* Pascher (nach Pascher).

Bislang in Gewässern mit höheren pH-Werten, vor allem an eutrophen Stellen, hier auf Schilf und sehr gern auf der Rinde kleiner, im Wasser faulender Äste, vielleicht seltener auf Algen. Teiche bei Hrnčíře bei Prag (Tschechoslowakei).

Unsichere und zu streichende Art:

Dioxys wurtzii Bourrelly – nach den Zeichnnungen von Bourrelly macht dieser Organismus eher den Eindruck einer Chlorophycee aus dem Formenkreis von *Bicuspidellopsis*. Sollte noch einmal überprüft werden, ob zu *Dioxys* gehörend.

7. **Peroniella** Gobi

Zellen einzeln lebend, langgestielt, auf verschiedenen Algen in der Weise festsitzend, daß die Zellen, die kugelig ellipsoidisch bis verkehrt eiförmig sein können, auf den Gallerthüllen verschiedener Algen, hauptsächlich Desmidiaceen und Volvocalen, aufsitzen oder in ihnen annähernd bis zur Hälfte eingesenkt sind, während der Stiel die Gallerte durchsetzt und mit oder ohne Haftscheibchen auf der festen Zellwand der Alge befestigt ist. Die Länge des Stieles soll von der Dicke der Gallerte der Wirtsalge abhängen. Zellwand zart bis derb, aber nicht dick, basal in einen sehr langen, geraden oder gebogenen Stiel auslaufend, der bedeutend länger als der Zellkörper sein kann, Protoplast reicht manchmal in den Stiel hinein. Chromatophoren einer, zwei oder auch mehrere bis viele, wandständig, scheibenförmig. Im Plasma noch Fett- und Öltropfen.

Fortpflanzung durch Zoosporen, die bis zu acht in einer Zelle gebildet werden und nach den bisherigen Angaben nur eine Geißel haben sollen. Vielleicht wurde die kurze Nebengeißel übersehen. Daneben sind auch noch derbwandige Dauerzellen (Akineten?) bekannt.

Eine recht wenig bekannt Gattung, deren Arten nicht immer eindeutig und klar beschrieben wurden. Nicht völlig geklärt ist die Stielbildung. Von einigen Autoren wird angegeben, daß der Protoplast in den Stiel hineinreicht, wogegen nach anderen der Stiel nur ein Fortsatz der Zellwand sein soll. Dieser Umstand bedarf noch genauer Untersuchung. Nur bei *Peroniella curvipes* ist die Frage der Stielbildung eindeutig geklärt. Er besteht aus feiner Substanz der Zellwand. Es ist auch nicht ausgeschlossen, daß einige Arten überhaupt nicht zu *Peroniella* oder zu den Xanthophyceen überhaupt gehören.

Wichtigste Literatur: Gobi 1886–87, Serbinow 1905, G. M. Smith 1920, 1950, Pascher 1925, 1930b, 1939a, Printz 1927, Rich 1935, Skvortzow 1946, Guerrero 1948, Mohlenbrock und Dillard 1963, Starmach 1968.

Bestimmungsschlüssel der Arten

1a Zellen im erwachsenen Zustand mit mehreren bis vielen kleinen scheibenförmigen Chromatophoren, Zellen bis 20 μm groß ..... **1. P.hyalothecae**
1b Zellen im erwachsenen Zustand mit 1–3 Chromatophoren, höchstens 10 μm groß 2
2a Stiel sehr lang, bis mehrmals länger als die Zelle, mannigfach und stark gebogen, 2–3 Chromatophoren .... **2. P.curvipes**
2b Stiel höchstens bis zweimal länger als die Zelle, gerade oder nur schwach gebogen, 1–2 Chromatophoren 3
3a Zellen mit nur einem Chromatophor 4
3b Zellen mit zwei einander gegenüber stehenden Chromatophoren .... **3. P.ovalis**
4a Zellen verkehrt eiförmig bis verkehrt birnenförmig, Zellwand derb, Chromatophor seitlich gelegen .... **4. P.planctonica**

4b Zellen breit ellipsoidisch, Zellwand zart, Chromatophor basal gelegen . . . . **5. P.richiana**

1. Peroniella hyalothecae Gobi (Fig. 397)
Peroniella gloeophila Gobi

Zellen kugelig bis verkehrt birnenförmig, mit zarter Zellwand und nicht scharf abgesetztem Stiel, der an der Basis ein breites Haftscheibchen hat und entsprechend der Dicke der Gallerthülle der Wirtsalge in der Länge schwankt. Protoplast reicht in den Stiel hinein. Chromatophoren zahlreich, ungleich groß und manchmal gelappt, gelegentlich auch im oberen Teil der stielförmigen Verschmälerung. Fortpflanzung durch Zoosporen. Junge Zellen mit nur zwei oder drei Chromatophoren.

Zellen im erwachsenen Zustand bis 20 μm groß (ohne Stiel).

Epiphytisch in der Gallerte verschiedener Desmidiaceen *(Hyalotheca, Staurastrum)* haftend, mit dem Stiel bis an die Zellwand der Wirtsalge reichend. Nach dem Vorkommen der Wirtsalgen zu schließen, in mehr sauren Gewässern vorkommend. Im Gebiet verbreitet.

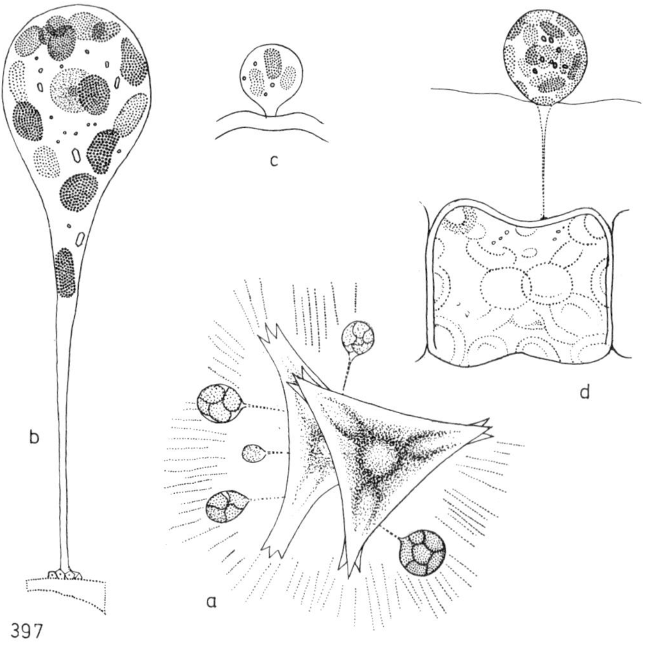

Fig. 397. *Peroniella hyalothecae* Gobi – *a* mehrere Zellen in der Gallerte von *Staurastrum asperum*, *b* einzelne Zelle stark vergrößert, *c* Keimling, *d* eine Zelle auf *Hyalotheca* (nach Serbinow).

2. Peroniella curvipes Pascher (Fig. 398)

Zellen einzeln oder in kleinen Gruppen vorkommend, verkehrt eiförmig bis verkehrt ei-birnenförmig, apikal abgerundet und entweder ohne oder manchmal

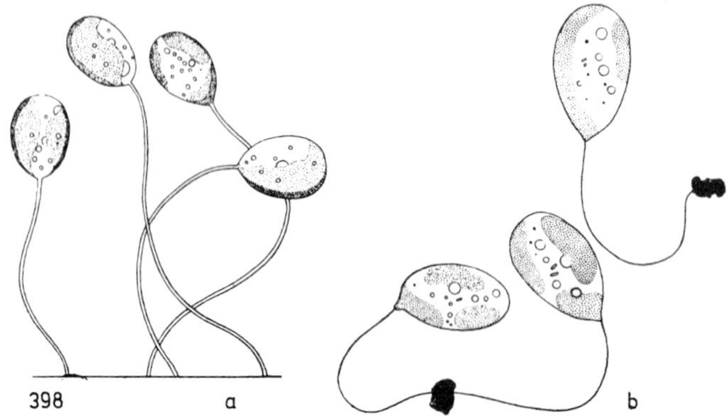

398 a b

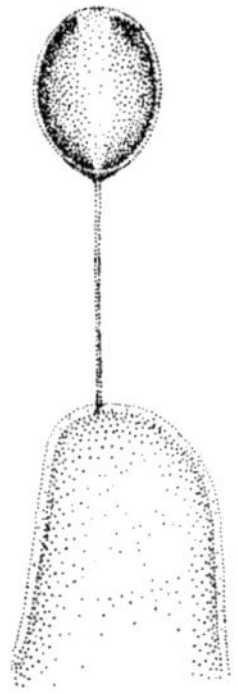

399

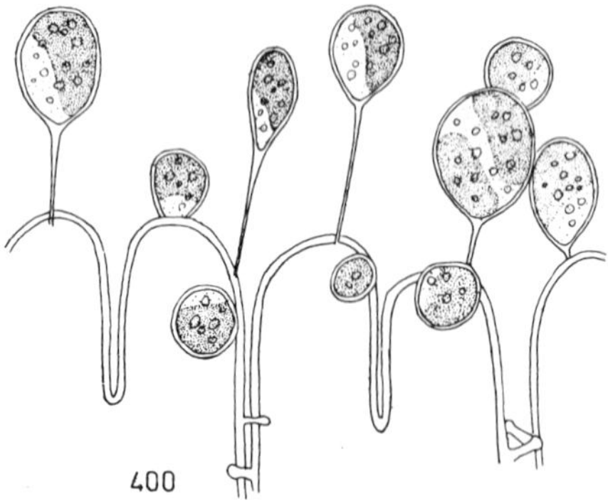

400

Fig. 398. *Peroniella curvipes* Pascher – *a* normale Ausbildung, *b* Form mit besonders dünnen Stielen (nach Pascher). Fig. 399. *Peroniella ovalis* Mohlenbrock et Dillard (nach Mohlenbrock und Dillard). Fig. 400. *Peroniella planctonica* G. M. Smith (nach G. M. Smith).

mit Verschmälerung in den Stiel übergehend. Dieser ist sehr zart und fadendünn oder auch etwas derber, bis sechsmal länger als die Zelle, oft vielfach und mannigfach gekrümmt. Haftscheibchen am Grund fehlend oder kaum angedeutet. Chromatophor einer oder auch bis drei, wandständig, einer von ihnen so stehend, daß er die Kuppe der Zelle auskleidet. Fortpflanzung nicht vollständig bekannt, schiefe bis quere Protoplastenteilung. Es werden zwei kleine Zoosporen mit zwei sehr ungleichen Geißeln und nur einem, seltener zwei Chromatophoren gebildet. Weiterentwicklung nicht beobachtet.

Zellen 6–9 μm lang, Stiele bis 40 μm messend.

Auf verschiedenen Algen, speziell Blaualgen festsitzend. Im schleimigen Aufwuchs der *Potamogeton natans*-Blätter in den Musikantenteichen bei Doksy und auf *Utricularia* aus der Umgebung von Františkovy Lázně (Tschechoslowakei).

3. Peroniella ovalis Mohlenbrock et Dillard (Fig. 399)

Zellen regelmäßig ellipsoidisch, mit zartem, geradem und bis zweimal körperlangem Stiel ohne Haftscheibe. Zellwand relativ zart, doch deutlich. Chromatophoren zwei, wandständig, als zwei seichte Mulden sich seitlich gegenüber liegend. Fortpflanzung nicht beschrieben.

Zellen 6,5–7,5 μm lang, 4–5 μm breit, Stiel bis 12 μm lang.

Epiphytisch auf *Sphaerozosma aubertianum* in einem Teich in Illinois (USA).

4. Peroniella planctonica G. M. Smith (Fig. 400)

Zellen breit eiförmig bis birnenförmig, mit dünnem, geradem und bis zweimal körperlangem Stiel ohne Haftscheibe. Zellwand anscheinend derb (nach den Abbildungen zu urteilen). Chromatophor einer, seltener zwei, seitlich gelegen, muldenförmig. Fortpflanzung durch eingeißelige (?) Zoosporen, die zu zweit in den Zellen gebildet werden.

Zellen 6–10 μm lang, mit Stiel 15–18 μm messend.

Lebt epiphytisch auf Fäden von *Sphaerozosma*. Bis jetzt nur aus den Seen von Wisconsin und Massachusetts (USA) bekannt.

5. Peroniella richiana Mohlenbrock et Dillard (Fig. 401)

Zellen regelmäßig und breit ellipsoidisch, mit relativ dickem, manchmal leicht gebogenem und bis zweimal körperlangem Stiel ohne Haftscheibe. Zellwand anscheinend sehr zart. Chromatophor einer, muldenförmig, basal gelegen. Fortpflanzung nicht beschrieben.

Zellen 8–10 μm lang, 6–8 μm breit, Stiel bis 18 μm messend.

Auf toten *Spirogyra*-Fäden gefunden, Süd-Rhodesien. Nach Angaben und Zeichnungen von Rich beschrieben.

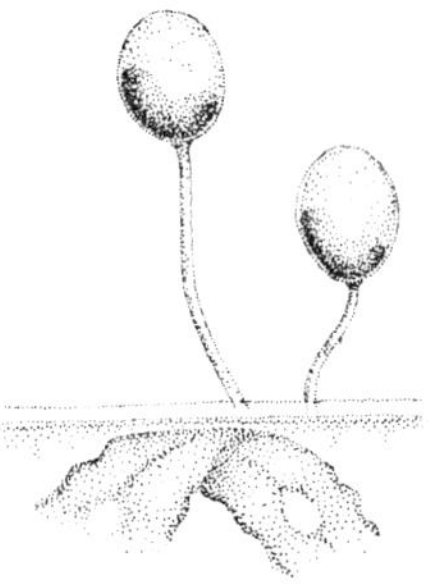
401

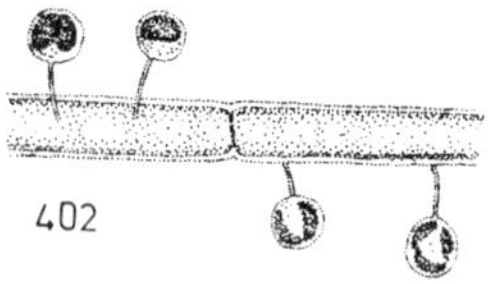
402

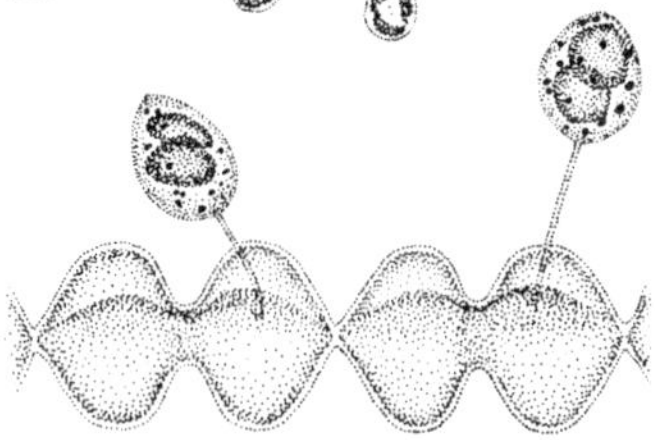
403

Fig. 401. *Peroniella richiana* Mohlenbrock et Dillard. Fig. 402. *Peroniella minuta* Rich. Fig. 403. *Peroniella kaplaniana* Mohlenbrock et Dillard (nach Mohlenbrock und Dillard).

Unsichere und zu streichende Arten

Peroniella minuta Rich (Fig. 402) – unvollständig bekannte Art mit kugeligen Zellen, die keine weiteren Einzelheiten erkennen läßt. Nicht sicher, ob überhaupt eine Xanthophycee.

Peroniella pandorinae Guerrero – vollkommen unsichere Art, an der nur die kugeligen Zellen zu erkennen sind und die sich dadurch von den übrigen Arten unterscheidet, daß sie in der Gallerte von *Pandorina* lebt. Zellinhalt nicht beschrieben. Besser zu streichen.

Peroniella eudorinae Skvortzow – unvollständig beschrieben, nach dem, was man der Beschreibung entnehmen kann, vielleicht mit *P. hyalothecae* identisch.

Peroniella kaplaniana Mohlenbrock et Dillard (Fig. 403) – wahrscheinlich nicht zu dieser Gattung gehörend, da zwei binnenständige Chromatophoren beschrieben werden. Auch sonst unvollständig beschrieben.

8. Characiopsis Borzi

Characium A. Braun p.p., *Hydrianum* Rabenhorst p.p., *Hydrocytium* Rabenhorst p.p.

Zellen einzeln lebend, dabei aber auch oft in Gruppen beisammen stehend, immer auf Unterlagen festsitzend. Die Festhaftung erfolgt entweder direkt durch die Zellbasis oder dadurch, daß die Zellwand am basalen Zellende zu einem Kissen oder Knöpfchen verbreitert, oder auch zu einem mehr oder weniger langen, zarten oder derben Stiel ausgezogen ist. An seinem Ende häufig mit einer Haftscheibe. Zelle meistens in der Richtung des Stieles stehend; sie kann aber auch winkelig bis fast rechtwinkelig abgebogen sein. In manchen Fällen steht der Stiel seitlich an der Zelle. Zellen kugelig bis eiförmig oder verkehrt eiförmig, ellipsoidisch, spindelförmig bis walzlich, oft apikal auch gegen die Basis zu verschmälert. Häufig sind die Zellen verschiedenartig gebogen und unregelmäßig gebaut. Zellwand zart bis derb, in einigen Fällen auch sehr derb bis dick und geschichtet. Apikales Zellende nicht selten mit verschieden geformten Verdickungen der Zellwand, wie Warzen, Stacheln, Dornen oder auch haubenartigen Gebilden. Viele Arten mit beschränktem Wachstum, manche Arten aber auch eine bedeutende Größe erreichend (60–90 μm). Zellen allgemein einkernig, nur bei manchen Arten im Alter und wahrscheinlich auch nur vor der Fortpflanzung vielkernig. Chromatophoren einer bis mehrere oder sehr zahlreiche, wandständig, mulden- oder scheibenförmig, gelegentlich sich gegenseitig fast polygonal abplattend. Manchmal sind die Chromatophoren sehr blaß und diffus. Pyrenoide bis jetzt nur bei einer Art beobachtet. Gelegentlich ist der Chromatophor in Form einer durchgehenden, wandständigen Platte ausgebildet, die spaltenförmig durchbrochen bis netzmaschig durchlöchert sein kann. Als Reservestoffe Fett, Öl und Chrysolaminarin, bei einigen Arten auch auffallende rote Öltropfen.

Fortpflanzung durch Zoosporen oder Aplanosporen, seltener durch Autosporen. Zoosporen zu zweit oder viert, manchmal bis zu vielen gebildet. Nebengeißel in der Länge sehr schwankend, vielleicht bei einigen Arten völlig fehlend. Mit einem oder mehreren Chromatophoren, mit oder ohne Stigma. Die Zoosporen setzen sich bald fest und wachsen wieder zu neuen vegetativen Zellen heran oder aber sie behäuten sich ohne sich festzusetzen und werden zu Aplanosporen. Aus diesen gehen dann nach einer gewissen Ruheperiode wieder Zoosporen hervor, die nun endgültig zu den festsitzenden vegetativen Zellen werden. Soweit Autosporen gebildet werden, entstehen diese ebenfalls zu zweit oder zu vielen. Der Zellinhalt kann sich auch innerhalb der alten Zellwand zusammenziehen und zu einem ein- bis vielkernigen, derbwandigen Ruhestadium werden (auch Aplanosporen!). Zystenbildung bekannt, wobei der Protoplast der Zellen vorher in Einzelteile geteilt wird und die Zysten auf die übliche Art und Weise gebildet werden. Die ganze Entwicklungsgeschichte dieser formenreichen Gattung ist sehr wenig bekannt und bedarf noch eingehender Untersuchungen. Entleerung der Zoosporen oder anderer Fortpflanzungszellen durch eine unregelmäßige Öffnung in der Zellwand, nicht durch Abstoßen eines Deckels wie bei *Chlorothecium*. Die alte Zellwand kann auch vollständig verschleimen. Möglicherweise bilden die Zoosporen auch palmelloide Stadien.

Die Unterschiede zwischen *Characiopsis* und den anderen zu dieser Familie gehörenden Gattungen sind gleitend und ziemlich künstlich. Vor allem zu den Gattungen *Dioxys, Peroniella* und *Chytridiochloris*. Auch die Gliederung innerhalb der Gattung *Characiopsis* ist künstlich und richtet sich lediglich nach der äußeren Gestalt der Zellen. Vielleicht wird man in Zukunft diese Gattung in mehrere Gattungen aufteilen müssen, wenn der Lebenszyklus aller Arten besser bekannt sein wird. Zu *Characiopsis* gibt es innerhalb anderer Algenreihen Parallelentwicklungen, die vor allem bei Untersuchung fixierten Materials kaum von diesen zu unterscheiden sind. Zum Verwechseln ähnlich sehen auch Keimlinge von fadenförmigen Xanthophyceen aus, wie z. B. von *Tribonema*. Hier kann nur die Verfolgung der Entwicklungsgeschichte weiterhelfen. Einzeln vorkommende Zellen übergehe man bei der Bestimmung. Die ist nur dann möglich, wenn reicheres Material vorliegt. Bei der Bestimmung sollte man sich nicht allein auf den Bestimmungsschlüssel stützen, sondern das untersuchte Material immer mit den Abbildungen vergleichen.

Wichtigste Literatur: Borzi 1893, Heering 1906, Lemmermann 1910, Printz 1916, Pascher 1925, 1939 a, Printz 1927, Cedercreutz 1931, Fritsch 1935, G. M. Smith 1950, Ettl 1956, 1957, 1960 a, 1968, 1977, Starmach 1968, Rino 1972.

Bestimmungsschlüssel der Arten

1a Zellen ohne Stiel oder Fuß, auch ohne differenzierte Haftscheibe, direkt mit der Basis der Zelle dem Substrat aufsitzend 2
1b Zellen mit deutlichem, wenn auch manchmal kurzem Stiel oder Fuß, manchmal auch mittels einer differenzierten Haftscheibe dem Substrat aufsitzend 9
2a Zellen breit verkehrt eiförmig .... **1. Ch. malleus**
2b Zellen anders gestaltet 3
3a Zellen am freien Ende abgerundet 4
3b Zellen am freien Ende spitz 6
4a Zellen regelmäßig, gerade und aufrecht 5
4b Zellen hakig gekrümmt, unregelmäßig .... **4. Ch. richiana**
5a Zellen gestreckt verkehrt eiförmig, basal verschmälert, gerade .... **5. Ch. obovoidea**
5b Zellen ausgesprochen walzlich, basal nicht verschmälert, oft gekrümmt oder leicht gebogen .... **2. Ch. columnaris**
6a Zellen mit einem Chromatophor .... **3. Ch. elegans**
6b Zellen mit zwei oder mehreren Chromatophoren 7
7a Zellen im Prinzip keulenförmig, breiteste Stelle im apikalen Zellviertel .... **7. Ch. incurva**
7b Zellen im Prinzip lanzett- oder spindelförmig, breiteste Stelle knapp unter der Mitte oder basal 8
8a Zellen spindelförmig, nur leicht gebogen, breiteste Stelle knapp unter der Mitte .... **6. Ch. subulata**
8b Zellen lanzettförmig, verschiedenartig und stark gebogen, breiteste Stelle völlig basal .... **8. Ch. ventricosa**
9a Zellen mit nur einem Chromatophor, nur ausnahmsweise zwei vorkommend 10
9b Zellen mit zwei bis mehreren oder vielen Chromatophoren 23
10a Chromatophor mit Pyrenoid .... **9. Ch. pyrenoidosa**
10b Chromatophor ohne Pyrenoid 11
11a Zellen am freien Ende mit hauben- oder stachelförmiger Verdickung der Zellwand 12
11b Zellen am freien Ende ohne Verdickung der Zellwand 13

12a Verdickung stachelförmig, hyalin .... **10. Ch.armata**
12b Verdickung kappenförmig, dunkelbraun .... **11. Ch.ambrosiana**
13a Freies Zellende abgerundet oder flach abgestutzt **14**
13b Freies Zellende spitz **16**
14a Freies Zellende flach und gerade abgestutzt .... **12. Ch.bourrellyi**
14b Freies Zellende abgerundet **15**
15a Zellen kugelig oder kugelig ellipsoidisch, Stiel zart und klein .... **13. Ch.pernana**
15b Zellen verkehrt eiförmig, ellipsoidisch keulenförmig, Stiel derb und größer .... **14. Ch.minima**
16a Stiel sehr kurz, kaum $^1/_5$ der Zelle messend **17**
16b Stiel länger, $^1/_3$ der Zelle messend bis mehr als körperlang **20**
17a Zellen breit spindelförmig, einseitig bauchig, höchstens zweimal länger als breit .... **15. Ch.minutissima**
17b Zellen nicht einseitig bauchig, spindelförmig bis walzlich spindelförmig, mehr als zweimal länger als breit **18**
18a Zellen spindelförmig-walzlich, 1–3 μm dick .... **16. Ch.aquilonaris**
18b Zellen spindelförmig oder spindelig-eiförmig, 4–7 μm dick **19**
19a Zellwand apikal nicht verdickt, freies Zellende stumpf, Stiel nicht scharf abgesetzt .... **17. Ch.anabaenae**
19b Zellwand apikal verdickt, warzenartig, freies Zellende spitz, Stiel scharf abgesetzt .... **18. Ch.minuta**
20a Zellen regelmäßig spindelförmig, höchstens 2,5 mal länger als breit .... **19. Ch.acuta**
20b Zellen gestreckt walzlich oder mondsichelartig gebogen, 6 mal oder noch mehr länger als breit **21**
21a Zellen halbkreisförmig oder mondsichelartig gebogen .. **20. Ch.lunaris**
21b Zellen gestreckt walzlich oder walzlich spindelförmig, manchmal am Zellende hakig gekrümmt **22**
22a Stiel nur ein Drittel der Zelle messend, Zellen gerade oder nur leicht gebogen .... **21. Ch.sphagnicola**
22b Stiel körperlang oder noch länger, Zellen beim Übergang in den Stiel und am apikalen Ende hakig gekrümmt .... **22. Ch.falx**
23a Zellen plump, fast oder ebenso breit wie lang oder auch breiter, kugelig, quer ellipsoidisch bis kugelig eiförmig **24**
23b Zellen immer länger als breit, anders gestaltet **27**
24a Zellen kugelig eiförmig, Chromatophoren mehrere (8–12) .... **23. Ch.pinguis**
24b Zellen kugelig bis kugelig ellipsoidisch, Chromatophoren nur zwei bis vier **25**
25a Zellen quer ellipsoidisch kugelig, Stiel sehr kurz, extraaxial **24. Ch.gibba**
25b Zellen kugelig oder kugelig ellipsoidisch, Stiel auffallend lang, axial . **26**
26a Stiel länger als die Zelle, mit kleiner Haftscheibe, Zellen 5–7 μm groß .... **27. Ch.malleolus**
26b Stiel halb so lang wie die Zelle, Haftscheibe groß, Zellen 6,5–9,5 μm groß .... **25. Ch.submalleolus**
27a Stiel nicht in der Längsachse der Zelle, seitlich eingefügt **26. Ch.curvata**
27b Stiel mehr oder weniger in der Längsachse der Zelle, basal aufsitzend **28**
28a Freies Zellende breit abgerundet, in einem Fall mit seitlich auslaufendem Stachel **29**
28b Freies Zellende kegelförmig verschmälert, terminal oft scharf zugespitzt oder dornenartig auslaufend **44**

29a Zellen spindelig-keulenförmig bis flaschenförmig 30
29b Zellen anders gestaltet 31
30a Zellen 20–22 μm lang, zwei Chromatophoren .... **28. Ch.lageniformis**
30b Zellen 30–35 μm lang, vier Chromatophoren .... **29. Ch.lagena**
31a Zellen mit sehr dicker und geschichteter Zellwand, daher mit unregelmäßig keulenförmigem Umriß .... **30. Ch.callosa**
31b Zellen mit ungeschichteter Zellwand, Umriß regelmäßig 32
32a Zellen sehr gestreckt walzlich bis schlangenförmig, mehrmals bis 12 mal länger als breit 33
32b Zellen nicht so sehr gestreckt, höchstens viermal länger als breit 34
33a Zellen gerade oder nur leicht gebogen oder gewellt .. **31. Ch.sublinearis**
33b Zellen sehr stark gebogen, schlangenförmig gekrümmt bis fast schraubig .... **32. Ch.cochlearis**
34a Freies Zellende zwar abgerundet, aber seitlich mit langem dünnem, horizontal oder abwärts verlaufendem Stachel .... **33. Ch.avis**
34b Freies Zellende glatt, ohne seitlichen Stachel 35
35a Stiel sehr breit und kräftig, nicht scharf abgesetzt, in einen dicken Fuß verwandelt 36
35b Stiel dünn, auch wenn kurz, scharf abgesetzt 37
36a Zellwand apikal kappenartig verdickt .... **34. Ch.pileata**
36b Zellwand apikal nicht kappenartig verdickt .... **35. Ch.pachypus**
37a Stiel sehr kurz und reduziert 38
37b Stiel auffallend lang, ein Viertel der Zelle messend oder bis körperlang 40
38a Zellen sehr groß, 45–60 μm lang, Chromatophoren sehr zahlreich (bis 30 und mehr) 39
38b Zellen kleiner, bis 30 μm lang, Chromatophoren wenige (4–8) .... **36. Ch.borziana**
39a Zellen plump, breit ellipsoidisch, Stiel undeutlich .... **37. Ch.naegelii**
39b Zellen schlank, ellipsoidisch walzlich, Stiel deutlich .... **38. Ch.cedercreutzii**
40a Zellen ellipsoidisch walzlich 41
40b Zellen verkehrt eiförmig bis verkehrt birnen- oder keulenförmig 43
41a Zellen an den Flanken in der Mitte eingezogen, nur zwei Chromatophoren .... **39. Ch.obliqua**
41b Zellen an den Flanken nicht eingezogen, mehrere bis viele Chromatophoren 42
42a Zellen apikal leicht verschmälert, Zellwand dort leicht verdickt .... **40. Ch.gracilis**
42b Zellen apikal breit abgerundet, Zellwand nicht verdickt ... **41. Ch.teres**
43a Zellen ellipsoidisch bis verkehrt eiförmig oder birnenförmig .... **43. Ch.pyriformis**
43b Zellen gestreckt verkehrt eiförmig bis ausgesprochen keulenförmig .... **42. Ch.tuba**
44 Zellen sehr lang gestreckt, 8–10 mal länger als breit .. **44. Ch.praeacuta**
44b Zellen nicht so lang, höchstens 4 mal länger als breit 45
45a Stiel sehr zart, fadenförmig, am freien Zellende ebenfalls eine fadenförmige Ausbildung .... **45. Ch.aristulata**
45b Stiel nicht fadenförmig, am freien Zellende kein fadenförmiges Gebilde 46
46a Zellwand am freien Zellende deutlich stachel-, dornen-, warzen- oder haubenartig verdickt 55
46b Zellwand am freien Zellende nicht oder kaum deutlich verdickt 47

47a Zellen deutlich gestielt, Stiel abgesetzt 48
47b Zellen nicht deutlich gestielt, Stiel nicht abgesetzt 51
48a Stiel ganz kurz, viele Chromatophoren 49
48b Stiel länger, 2–4 Chromatophoren 50
49a Zellen 30–50 µm lang, eiförmig walzlich oder verkehrt eiförmig walzlich, ausgesprochen plump .... **48. Ch.turgida**
49b Zellen bis 30 µm lang, ausgesprochen walzlich, schlank .... **49. Ch.polychloris**
50a Zellen mit Stiel bis 20 µm lang, Stiel nur die Hälfte der Zellänge erreichend .... **46. Ch.minor**
50b Zellen mit Stiel bis 50 µm lang, Stiel bis körperlang .... **47. Ch.longipes**
51a Zellen einseitig gebogen, mit kleinem Fuß und Haftscheibe 52
51b Zellen nicht gebogen, mit breitem Fuß und Haftscheibe 53
52a Mit vielen kleinen Chromatophoren, Zellen 23–26 µm lang .... **50. Ch.difflugicola**
52b Mit 2–4 Chromatophoren, Zellen 9–16 µm lang .... **51. Ch.microcysticola**
53a Zellen 20–30 µm lang 54
53b Zellen 40–90 µm lang .... **55. Ch.grandis**
54a Zellen plump spindelförmig, mit mehreren Chromatophoren, Fuß niedrig, nur als breite und mächtige Haftscheibe entwickelt ..... **52. Ch.sessilis**
54b Zellen schmal spindelförmig, mit zwei Chromatophoren, Fuß hoch, elefantenfußartig .... **54. Ch.elephantipes**
55a Basal zu einem dünnen Stiel zusammengezogen oder Zelle stark verschmälert und stielartig auslaufend 56
55b Basal mit sehr dickem Fuß oder breiter Haftscheibe, Zelle basal kaum verschmälert 63
56a Stiel sehr kurz und wenig entwickelt, kaum $^1/_{10}$ der Zelle messend ... 57
56b Stiel länger und deutlich entwickelt, mehr als $^1/_5$ der Zelle messend, oft viel länger 58
57a Zellen eiförmig bis ei-birnenförmig, Zellwand derb, Stiel kräftig, Zellen bis 30 µm lang .... **53. Ch.heeringiana**
57b Zellen einseitig entwickelt, spindelförmig-walzlich, Zellwand zart, Stiel zart, Zellen bis 50 µm lang .... **56. Ch.saccata**
58a Zellen regelmäßig ellipsoidisch bis ellipsoidisch walzlich, Zellwand apikal nur warzenartig verdickt .... **57. Ch.varians**
58b Zellen anders gestaltet, unregelmäßig, Zellwand apikal dornen- oder haubenartig verdickt 59
59a Stiel sehr lang, fast bis körperlang, fadenförmig dünn 60
59b Stiel kürzer, $^1/_4$ der Zelle messend, nicht fadenförmig dünn 61
60a Zellwand am freien Zellende schmal dornenförmig verdickt, Verdickung nicht das Vorderende bedeckend .... **58. Ch.aculeata**
60b Zellwand am freien Zellende sehr kräftig und breit kegelförmig verdickt, Vorderende haubenartig bedeckend .... **60. Ch.anas**
61a Am freien Zellende mit schmalem, schief abstehendem Stachel .... **59. Ch.pseudospinifer**
61b Am freien Zellende mit haubenartiger, stumpf kegelförmiger und geschichteter Verdickung 62
62a Zellen im Prinzip kurz walzlich, basal plötzlich in den Stiel verschmälert, Chromatophoren mehrere .... **61. Ch.calyptrata**
62b Zellen im Prinzip keulenförmig, basal allmählich in den Stiel verschmälert, 2–4 Chromatophoren .... **62. Ch.pseudaculeata**
63a Zellen mit breitem, säulenförmigen, geschichteten Fuß . **63. Ch.spinifer**
63b Zellen mit sehr niedrigem, in eine breite Haftscheibe umgebildeten

Fuß 64

64a Apikale Spitze terminal und aufrecht, Zellen bis 20 μm lang, mit zwei, selten vier Chromatophoren .... **64. Ch.spina**

64b Apikale Spitze seitlich und schief, Zellen bis 30 μm lang, mit mehreren Chromatophoren .... **65. Ch.crassirostrum**

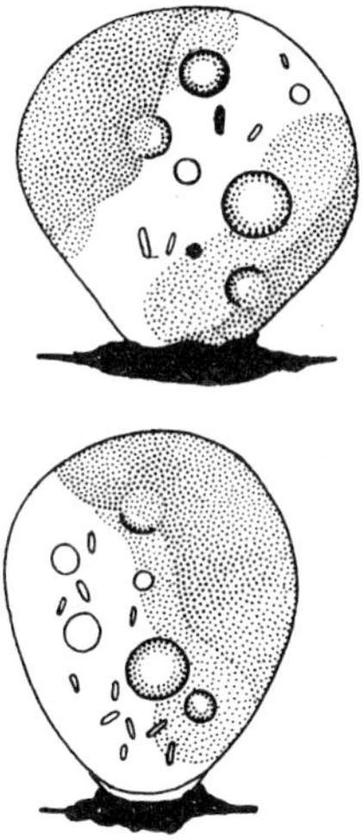

404

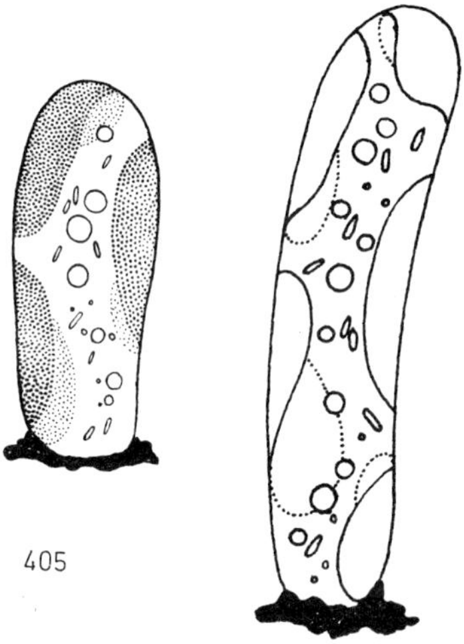

405

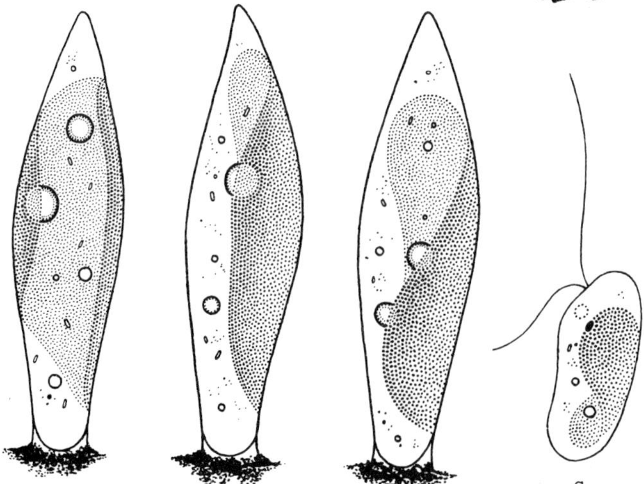

406

Fig. 404. *Characiopsis malleus* Pascher. Fig. 405. *Characiopsis columnaris* Pascher. Fig. 406. *Characiopsis elegans* Ettl – *a* Zoospore (Fig. 406 nach Ettl, sonst nach Pascher).

1. Characiopsis malleus Pascher (Fig. 404)

Zellen breit verkehrt eiförmig, manchmal recht unregelmäßig, gegen die Basis zu oft leicht eingeschnürt verschmälert, apikal breit bis flach abgerundet, gerade oder schief, manchmal ganz unregelmäßig ausgebeult. Zellwand sehr zart, basal zu einem sehr kurzen, scheibenförmigen Kissen leicht verdickt, das durch Eisenablagerungen manchmal ganz undeutlich wird. Chromatophor einer, seltener zwei, wandständig, groß muldenförmig. Fortpflanzung durch zwei bis vier Zoosporen mit Stigma und einer Nebengeißel, die ein Viertel so lang wie die Hauptgeißel ist.

Zellen 10–12 μm lang und bis 8 μm breit.

Auf *Oedogonium, Schizochlamys* und *Bulbochaete* in den nordböhmischen Teichen (Tschechoslowakei).

2. Characiopsis columnaris Pascher (Fig. 405)

Zellen walzlich, gerade oder leicht gekrümmt, manchmal etwas schief, vorn breit abgerundet, gegen die Basis zu nicht oder kaum merkbar verschmälert und hier direkt mit der breiten Basis mittels eines sehr flachen Kissens aufsitzend. Zellwand sehr zart, nur gelegentlich am apikalen Ende etwas verstärkt. Chromatophoren drei bis mehrere, meist recht groß, doch gelegentlich auch mehrere kleine scheibchenförmige. Fortpflanzung nicht gesehen. Zysten werden zu zweit oder zu viert hintereinander gebildet, die Ränder der beiden Schalen nicht verdickt.

Zellen 15–25 μm lang, bis 6 μm breit.

Aus der Uferregion der Hülbe bei Böhmenkirch in Württemberg (BRD) und auch in Wiesengräben im Erzgebirge (DDR).

3. Characiopsis elegans Ettl (Fig. 406)

Zellen spindelförmig, immer gerade, nie gekrümmt. Gegen die Basis zu sind die Zellen schwach verjüngt, laufen aber nicht in einen Stiel aus, sondern sitzen direkt mit der breiten Basis am Substrat fest. Am freien Ende sind die Zellen allmählich in eine Spitze ausgezogen. Zellwand zart, nur basal an der Verfestigungsstelle leicht verdickt. Chromatophor nur einer, groß, wandständig, rinnenbis mantelförmig, die eine Längsseite der Zelle auskleidend. Zoosporen werden zu zweit oder zu viert gebildet. Sie sind formveränderlich, mit einem Chromatophor, kleinem Stigma und zwei nicht sehr ungleich langen Geißeln.

Zellen 12–15 μm lang, 3–4 μm breit.

Auf *Tribonema viride* in einem kleinen, mit Quellwasser gespeisten Tümpel und in periodischen Wiesengräben in Nordmähren (Tschechoslowakei).

4. Characiopsis richiana Pascher (Fig. 407)
Characiopsis minuta Lemmermann sensu Rich

Zellen sehr plump und stiellos, mit der basal etwas verdickten Zellwand festsitzend. Zellen meist leicht bis hakig gekrümmt, nach vorn verschmälert, stumpf und nie abgerundet; auch gegen die Basis leicht verschmälert, daher unregelmäßig wurstförmig oder länglich bohnenförmig, oft einseitig ausgebaucht oder einoder mehrmal leicht eingezogen. Zellwand zart, gelegentlich rötlich verfärbt. Chromatophoren mehrere (3–10), scheibenförmig. Fortpflanzung nicht gesehen.

Zellen 10–16 μm lang und 5–8 μm breit.

Auf Fäden von *Spirogyra, Oedogonium* und *Bulbochaete* in Gräben am Neusiedler See (Österreich).

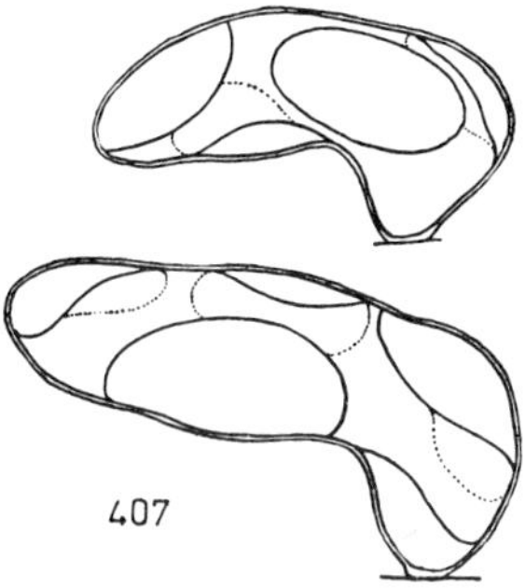
407

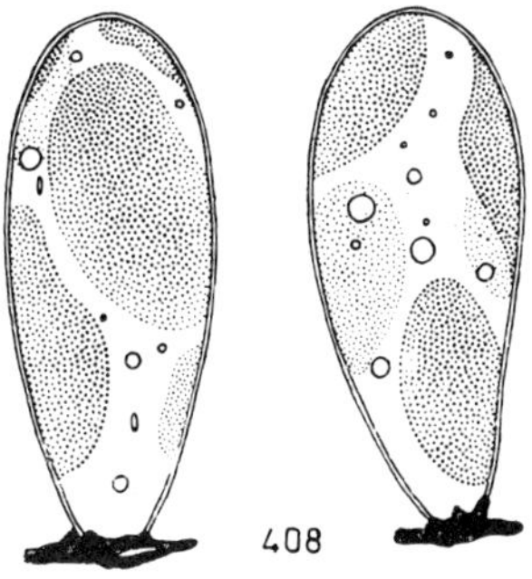
408

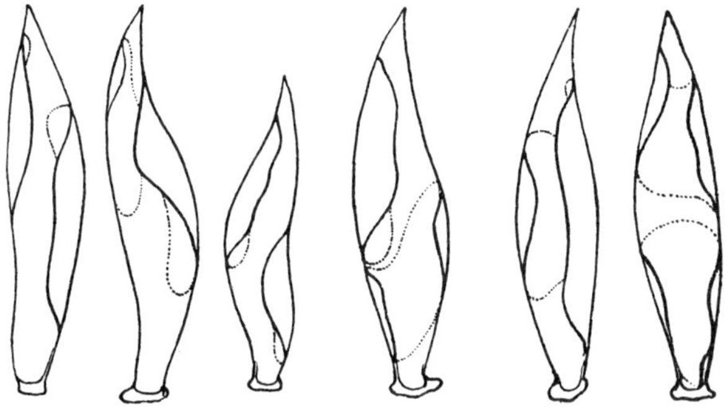
409

Fig. 407. *Characiopsis richiana* Pascher. Fig. 408. *Characiopsis obovoidea* Pascher. Fig. 409. *Characiopsis subulata* (A. Braun) Borzi (nach Pascher).

5. Characiopsis obovoidea Pascher (Fig. 408)

Zellen verkehrt eiförmig, ellipsoidisch bis gestreckt verkehrt eiförmig, manchmal etwas schief oder leicht gerkümmt, junge Zellen gelegentlich eiförmig. Freies Zellende breit abgerundet. Zellen mit dem schmäleren Ende direkt mit ganz flachem Kissen festsitzend. Zellwand sehr zart. Chromatophoren mehrere (6–8), scheibenförmig. Fortpflanzung nicht beobachtet.

Zellen bis 15 μm, seltener bis 22 μm lang und 4–5 μm breit.

Auf Detritus, Steinen, vereinzelten Fäden von *Oedogonium* in einer alten Lehmgrube im südlichen Böhmerwald (Tschechoslowakei).

6. Characiopsis subulata (A. Braun) Borzi (Fig. 409)
Characium subulatum A. Braun

Zellen im Prinzip spindelförmig oder ellipsoidisch spindelförmig, meist gerade, aber auch schief oder leicht gebogen. Nicht selten Flanken ungleich, die eine dann mehr konvex, die andere bis leicht konkav. Zellen aus der Mitte nach vorn allmählich in eine scharfe, oft leicht abgebogene Spitze verschmälert. Gegen die Basis zu auch verschmälert, doch noch mit einer relativ breiten Basis mittels eines Kissens festhaftend. Zellwand meist zart, gelegentlich nur an der Basis lokal verdickt. Chromatophoren wenige, meist zwei bis vier, seltener sechs, mantel- bis leicht muldenförmig, sehr blaß. Zoosporen mit einem seitenständigen Chromatophor und einer 1,5 mal körperlangen Hauptgeißel.

Zellen bis 20 μm lang, 4–6 μm breit, Zoosporen bis 6 μm lang.

Sehr häufige Art, die auf den verschiedensten Fadenalgen lebt und eine sehr weite ökologische Spannweite besitzt, d. h. sowohl in sauren als auch in leicht alkalischen Gewässern vorkommen kann. Im Gebiet verbreitet.

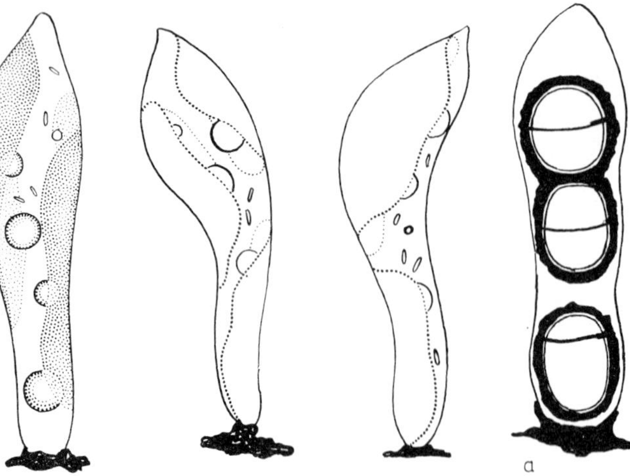

410

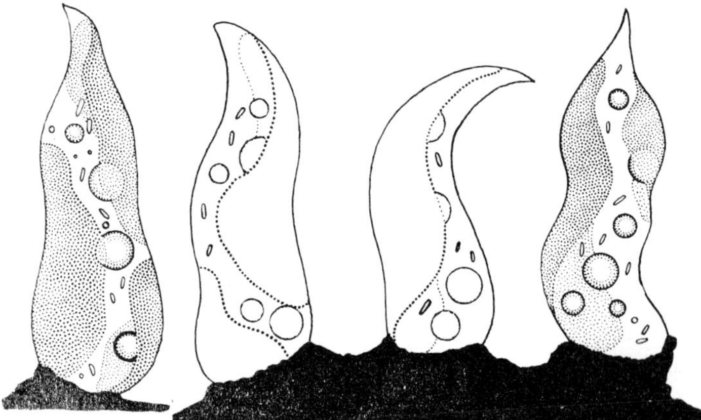

411

Fig. 410. *Characiopsis incurva* Ettl – *a* Aplanosporen mit starken Eiseninkrustationen. Fig. 411. *Characiopsis ventricosa* (Ettl) Ettl (nach Ettl).

7. Characiopsis incurva Ettl (Fig. 410)

Zellen recht verschieden geformt, keulenförmig, ohne Stiel direkt mit der Basis mittels eines größeren Kissens festsitzend. Immer deutlich einseitig buckelig gekrümmt, wobei die eine Längsseite deutlich vorgewölbt ist. Zelle im vorderen Zellviertel am breitesten, die apikale Zellhälfte immer bedeutend kräftiger als die basale. Freies Zellende rasch kegelartig verschmälert und zugespitzt, basal stumpf. Zellwand sehr zart, ohne Verdickung. Chromatophoren zwei oder drei, wandständig, rinnen- bis leicht muldenförmig. Bei jungen Zellen gelegentlich auch nur ein Chromatophor. Alte Zellen mit reichlichen Öltropfen. Fortpflanzung durch vier formveränderliche Zoosporen ohne Stigma. Es wurden auch in einer Zelle zweiteilige, derbwandige und mit dicken Eisenablagerungen versehene Aplanosporen beobachtet.

Zellen 13–20 μm lang, 4–6 μm breit.

Auf verschiedenen Fadenalgen festsitzend und in größeren Mengen vorkommend, in einem Torfgraben bei Boskovice (Tschechoslowakei). Bei niedrigen pH-Werten von 5,0–5,7.

8. Characiopsis ventricosa (Ettl) Ettl (Fig. 411)
Characiopsis subulata Borzi var. *ventricosa* Ettl

Zellen recht verschieden gestaltet, im Prinzip lanzettförmig im Umriß, unregelmäßig und gestreckt zugespitzt eiförmig. Apikal allmählich oder ziemlich plötzlich in eine deutliche, oft scharfe Spitze auslaufend, basal breit abgerundet und dort auch am breitesten. Zellen stets gebogen, manchmal sogar sichelförmig, die meisten mit welligen Flanken. Gegen die Basis zu sind die Zellen deutlich verdickt und fast bauchig aufgetrieben. Ohne Stiel direkt mittels breiter Kissen am Substrat sitzend. Kissen oft durch Eisenablagerungen in eine dunkelbraune Masse umgewandelt. Zellwand zart, ohne Verdickungen, Chromatophor einer, gelegentlich auch zwei oder drei, dann aber ungleich groß. Reichlich große Öltropfen. Zoosporen mit einem Chromatophor und körperlanger Hauptgeißel, ohne Stigma.

Zellen 17–22 μm lang, 5–7 μm breit.

Auf *Oedogonium* in alten Torfstichen eines kleinen, völlig verlandeten Moores bei Svitavy (Tschechoslowakei). Wasser wenig sauer (pH 6,3).

9. Characiopsis pyrenoidosa Ettl (Fig. 412)

Zellen breit spindelförmig bis fast zitronenartig, an beiden Enden etwas eingeschnürt verschmälert, manchmal einseitig leicht gebogen und mit einem kurzen Stiel versehen. Zellwand zart, nur am Stiel verdickt. Chromatophor nur einer, seltener zwei, wandständig, flach muldenförmig und die eine Längsseite der Zelle auskleidend. Oft ist er an den Rändern gewellt. Mit einem deutlichen, plattgedrückten und nackten Pyrenoid, das dem Chromatophor immer seitlich von innen aufsitzt. Wenn zwei Chromatophoren in den Zellen vorhanden sind, befindet sich das Pyrenoid nur auf einem, und zwar auf dem größeren. Fortpflanzung nicht beobachtet.

Zellen 15–18 μm lang und 4–7 μm breit.

Vereinzelt auf *Tribonema*-Fäden, in eisenhaltigen Wiesengräben in Nordmähren (Tschechoslowakei).

10. Characiopsis armata Ettl (Fig. 413)
Characiopsis anabaenae fo. sensu Ettl

Zellen relativ klein, gestreckt, doch meist einseitig spindelförmig. Die eine Längsflanke mehr konvex als die andere, was den Zellen ein leicht gebogenes Aussehen verleiht; manchmal sind die Zellen auch leicht S-förmig gebogen. Apikal verschmälert und durch den einseitigen Zellbau mit einer schief stehenden, großen, aber etwas stumpfen Spitze endend. Basal ebenfalls gleichmäßig verschmälert und allmählich in einen kurzen, vermittelten, aber derben Stiel auslaufend, der mit einer deutlichen kreisförmigen Haftscheibe endet. Zellwand zart, am freien Ende deutlich verdickt und eine Spitze bildend. Chromatophor einer, in Form einer großen, einseitigen Rinne, die meist der konvexen Flanke anliegt. Fortpflanzung nicht gesehen.

Zellen 8–11 μm lang, 2–3,5 μm breit.

Vereinzelt auf *Rhizoclonium* in dem Wasserpflanzen-Bassin des Botanischen Gartens in Innsbruck (Österreich).

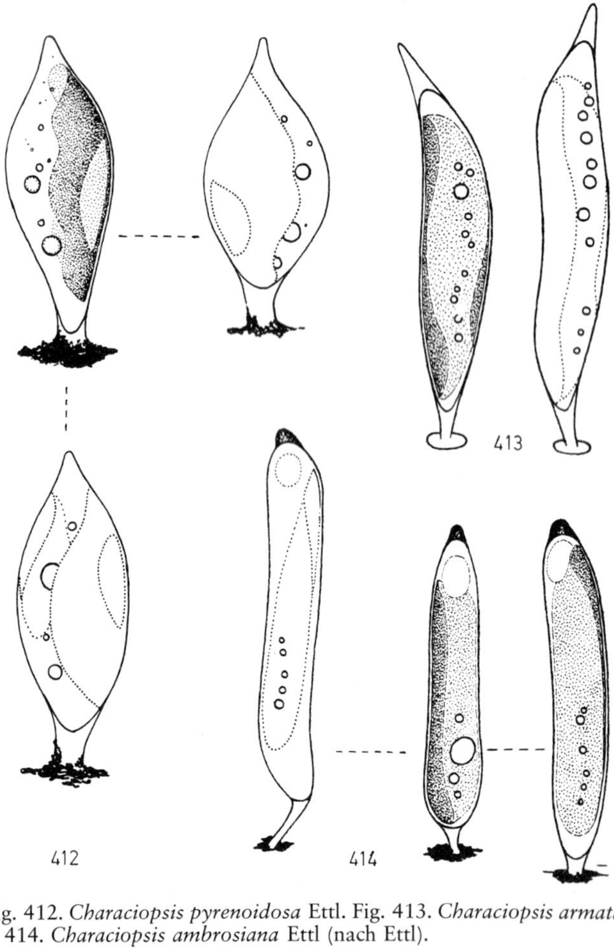

Fig. 412. *Characiopsis pyrenoidosa* Ettl. Fig. 413. *Characiopsis armata* Ettl. Fig. 414. *Characiopsis ambrosiana* Ettl (nach Ettl).

11. Characiopsis ambrosiana Ettl (Fig. 414)

Zellen gestreckt zylindrisch, häufig aber auch gebogen oder einseitig leicht verschmälert. Mitunter auch mit etwas konkaven Flanken, doch der Großteil aller Zellen mit fast parallelen Flanken. Apikal sind die Zellen plötzlich kegelartig verschmälert oder enden abgerundet kegelig und am Ende sind sie mit einer dunkelbraunen Kappe versehen (kein Deckel!). Basal ebenfalls verschmälert, selten abgerundet und in einen mehr oder weniger abgesetzten, aber sehr kurzen Stiel übergehend; dieser kann auch schief verlaufen. Haftscheibe groß, mit Eisenablagerungen. Zellwand sehr zart, nur am freien Zellende plötzlich verdickt und die kleine, aber deutliche Kappe bildend, die meist dunkelbraun verfärbt ist. Chromatophor einer, groß, rinnenförmig, die eine Längsseite der Zelle auskleidend, recht blaß. Fortpflanzung nicht beobachtet.

Zellen 8–15 μm lang, 1,5–2,5 μm breit.

Auf *Rhizoclonium hieroglyphicum* gemeinsam mit vielen epiphytischen Diatomeen in treibenden Watten am Ufer des Lanser Sees bei Innsbruck (Österreich).

12. Characiopsis bourrellyi Rino (Fig. 415)

Zellen schief keulenförmig oder angedeutet verkehrt birnenförmig, apikal breit und gerade abgestutzt, gegen die Basis zu dann allmählich und gleichmäßig verschmälert und in den Stiel übergehend. Zellwand zart und gleichmäßig, Stiel ziemlich derb, oft ungleichmäßig dick, ohne Haftscheibe. Chromatophor gewöhnlich nur einer, manchmal auch zwei, wandständig, in Form eines breiten

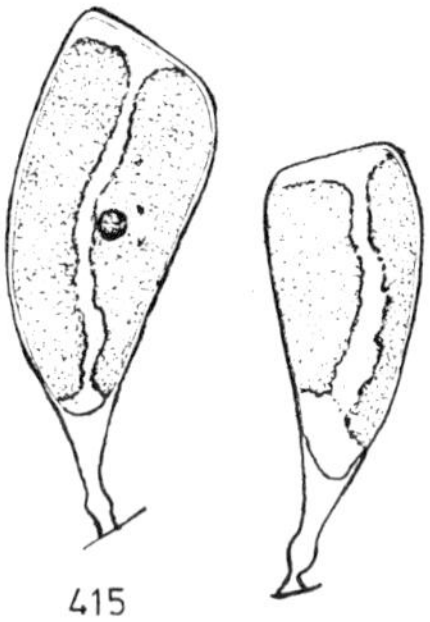

415

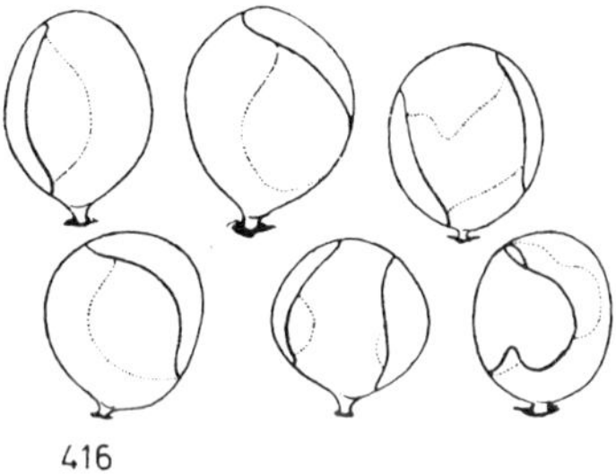

416

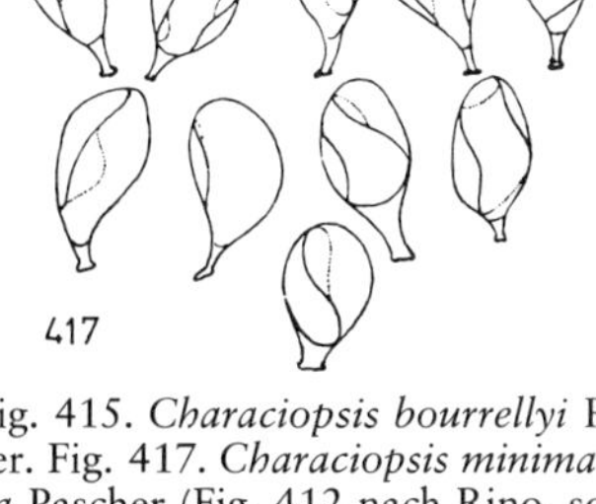

417

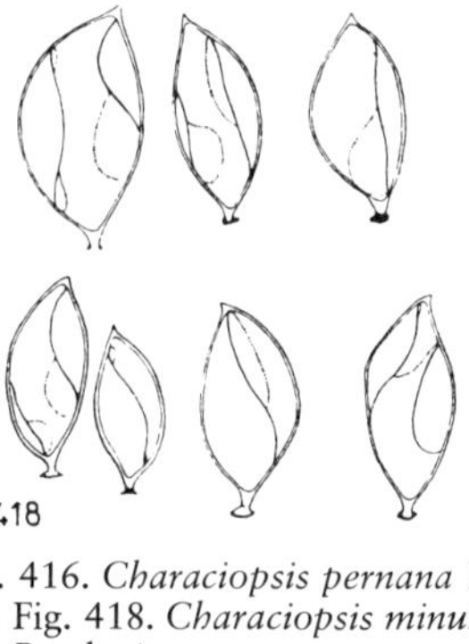

418

Fig. 415. *Characiopsis bourrellyi* Rino. Fig. 416. *Characiopsis pernana* Pascher. Fig. 417. *Characiopsis minima* Pascher. Fig. 418. *Characiopsis minutissima* Pascher (Fig. 412 nach Rino, sonst nach Pascher).

Mantels, die Zelle fast ringförmig auskleidend, doch immer eine schmale Stelle freilassend; an den Rändern gewellt. Im Plasma häufig rote Öltropfen.

Zellen 24–27 μm lang, 8–10 μm breit.

Auf Fadenalgen oder Resten von Wasserpflanzen festsitzend. Bislang nur aus Portugal bekannt.

13. **Characiopsis pernana** Pascher (Fig. 416)

Zellen kugelig bis breit ellipsoidisch oder leicht verkehrt eiförmig-kugelig. Apikal meist breit abgerundet, nur selten etwas verschmälert, basal mit einem winzigen Stiel, der zu einem kleinen Scheibchen verbreitert und etwas scharf abgesetzt ist, festsitzend. Zellwand sehr zart. Chromotophor immer nur einer, seitlich gelegen, mulden- oder bandförmig, gelegentlich gelappt oder etwas eingeschnitten. Fortpflanzung durch Bildung zweier Zoosporen mit auffallend langer Hauptgeißel und recht deutlichem Stigma.

Zellen bis 8 μm im Durchmesser.

Meist in großen Mengen als wärmeliebender Organismus recht sprunghaft auftretend. An Teichufern an den verfaulenden Schilfstengeln und anderen Substraten, Teiche in Böhmen (Tschechoslowakei).

14. **Characiopsis minima** Pascher (Fig. 417)

Zellen verkehrt eiförmig, ellipsoidisch keulenförmig bis plump spindelförmig, oft mit ungleichen und unregelmäßigen Flanken, nicht selten einseitig, ausgebaucht, gerade oder schief. Apikal stumpf bis abgerundet stumpf, basal in den verschiedenen langen, oft sehr kleinen und zarten, gelegentlich auch derben Stiel zusammengezogen, manchmal auch mit deutlicher Haftscheibe. Chromatophor einer, wandständig, muldenförmig, meist eine Flanke auskleidend, oft sehr klein und blaß. Fortpflanzung nicht gesehen, nur Zysten bekannt.

Zellen 5–8 μm lang, 3–5 μm breit.

Mehrmals und manchmal in riesigen Mengen auf Schilf, Detritus, Steinen und verschiedenen Algen. Immer an Stellen mit viel organischen Stoffen, vielleicht saprotroph. Im Gebiet wohl verbreitet.

15. **Characiopsis minutissima** Pascher (Fig. 418)

Zellen plump und meist recht einseitig spindelförmig, höchstens zweimal länger als breit, meist deutlich einseitig ausgebaucht, nach vorn fast geradlinig verschmälert, basal mit einem kurzen Stiel, der nicht allzu scharf abgesetzt ist. Zellwand relativ derb, vorn manchmal kaum merkbar in ein Spitzchen verdickt. Chromatophor gewöhnlich einer, nur in größeren Zellen zwei, wandständig, leicht muldenförmig. Fortpflanzung nicht beschrieben.

Zellen 6–9 μm lang, 4–6 μm breit.

Auf *Cladophora*, Steinen und submersen Stengelteilen von Wasserpflanzen aus kalkhaltigen Gewässern der Karawanken (Österreich).

16. **Characiopsis aquilonaris** Skuja (Fig. 419)

Zellen recht klein, spindelförmig, meist jedoch in der oberen Hälfte am breitesten und der Basis zu allmählich verschmälert. Apikal in der Regel kurz zugespitzt und manchmal leicht gekrümmt. Stiel sehr kurz, reduziert, mit schwach ausgebildeter Haftscheibe. Zellwand sehr dünn. Chromatophor einer, groß, lang rinnenförmig und die eine Längsseite auskleidend, gelbgrün. Fortpflanzung nicht gesehen.

Zellen 6–13 μm lang, 1–3 μm breit.

Auf verschiedenen Fadenalgen in moorigen Weihern, dystrophen und oligotrophen Seen wie auch in alpinen Gewässern in Lappland und Abisko (Schweden).

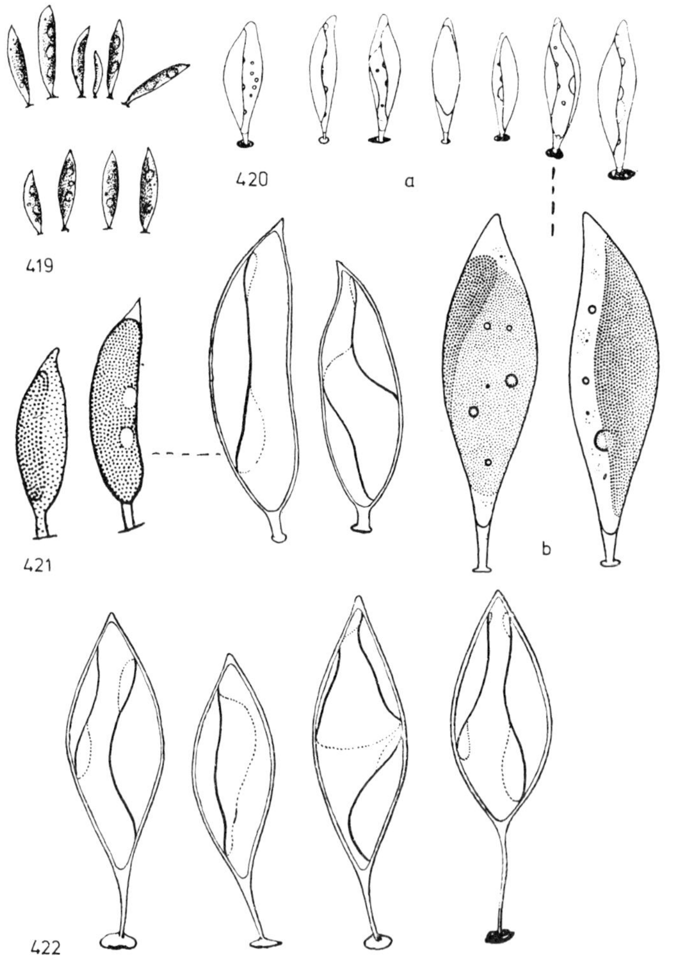

Fig. 419. *Characiopsis aquilonaris* Skuja (nach Skuja). Fig. 420. *Characiopsis anabaenae* Pascher – *a* typische Form, (nach Pascher), *b* var. *maior* Ettl (nach Ettl). Fig. 421. *Characiopsis minuta* (A. Braun) Lemmermann (links nach A. Braun, rechts nach Pascher). Fig. 422. *Characiopsis acuta* (A. Braun) Borzi (nach Pascher).

17. Characiopsis anabaenae Pascher (Fig. 420)

Zellen recht klein, meist gerade, einseitig spindelförmig, meist mit einer mehr und einer weniger konvexen Flanke, nach vorn zu aus der Hälfte oder aus dem vorderen Drittel gleichmäßig, manchmal leicht bogig in das stumpfliche Ende verschmälert. Basal ebenso in den kurzen, in keiner Weise scharf abgesetzten

Stiel auslaufend. Haftscheibe relativ groß, meist braun. Chromatophor einer, in der Form einer einseitigen, der mehr konvexen Flanke anliegenden, muldenförmigen Platte, die das Vorderende und die Basis frei läßt und am Rande manchmal leicht gelappt ist, seltener tief eingeschnitten. Meist sehr blaß und zart. Zellwand sehr zart, nicht verdickt. Fortpflanzung nicht vollständig beobachtet, nur Teilprotoplasten gesehen, die ein dunkles Stigma hatten.

Zellen 10–13 μm lang, und ungefähr 4 μm breit.

Eine recht verbeitete Art. Auf verschiedenen Algen, besonders aber auf planktischen Algen flacher, stehender Gewässer, ganz besonders auf Vertretern der Blaualgengattung *Anabaena*. Im Gebiet wohl verbreitet.

Außer der typischen Form wurde noch var. *maior* Ettl beschrieben, die sich durch wesentlich größere Ausmaße der Zellen unterscheidet (18–20 μm lang, 5 μm breit).

18. Characiopsis minuta (A. Braun in Kützing) Lemmermann (Fig. 421)
Characium minutum A. Braun in Kützing, *Characium acutum* Schröder, *Characium tenue* Hermann, *Characium ambiguum* Hermann, *Characium subulatum* G. S. West non *Characiopsis minuta* sensu Borzi

Zellen meist etwas schief, gestreckt ellipsoidisch-spindelförmig, gestreckt eiförmig-spindelförmig oder spindelförmig, manchmal leicht bogig. Apikal deutlich und scharf zugespitzt, basal nur leicht verschmälert und mit einem derben deutlichen Stiel versehen. Zellwand sehr zart, am Apex kaum verdickt. Chromatophor meist nur einer, rinnen- oder bandförmig, der konvexen Seite der Zelle anliegend, das Vorder- und Hinterende frei lassend. Fortpflanzung durch vier Zoosporen, die in jeder Zelle gebildet werden.

Zellen 12–20 μm lang, bis 7 μm breit.

Sehr verbreitete Art, die häufig in großen Mengen auftritt und einen ökologisch sehr weiten Spielraum hat. Auf Fadenalgen, aber auch auf Diatomeen. Im Gebiet recht verbreitet.

19. Characiospis acuta (A. Braun) Borzi (Fig. 422)
Characium acutum A. Braun, *Hydrianum acutum* Rabenhorst

Zellen eiförmig, spindelförmig bis spindelig-eiförmig, oft schief oder leicht gekrümmt. Meist aus der Hälfte heraus beiderseits lang, oft bogig verschmälert und vorn spitz bis stumpflich. Zellen basal in den langen, verdünnten, geraden oder leicht gekrümmten Stiel verjüngt, der bis über die halbe Zellänge messen kann und ein deutliches, scharf abgesetztes Haftscheibchen besitzt. Zellwand relativ zart, manchmal an der Spitze kaum merklich dicker werdend. Chromatophor einer oder zwei, relativ groß, wandständig, leicht muldenförmig, manchmal gelappt und nicht selten blaß. Fortpflanzung durch Bildung von 2–4 Zoosporen, deren Hauptgeißel zweimal länger als der Körper ist und deren Nebengeißel ein Drittel der ersteren mißt.

Zellen mit Stiel 15–28 μm lang, 6–10 μm breit.

Recht verbreitete Alge, die speziell im Herbst und im Frühjahr auf zahlreichen Algen und auch auf planktischen Krebsen vorkommt, überall im Gebiet.

20. Characiopsis lunaris Pascher (Fig. 423)

Zellen sehr verschieden geformt, bis fünfmal länger als breit, immer deutlich, oft fast halbkreisförmig oder mondsichelartig gebogen, mit einer gleichmäßigen und einer deutlich einseitig vorgewölbten Flanke, nach vorn gleichmäßig und

---

Fig. 423. *Characiopsis lunaris* Pascher. Fig. 424 *Characiopsis sphagnicola* Pascher. Fig. 425. *Characiopsis falx* Pascher in Ettl. Fig. 426. *Characiopsis pinguis* Ettl (Fig. 423 nach Pascher, sonst nach Ettl).

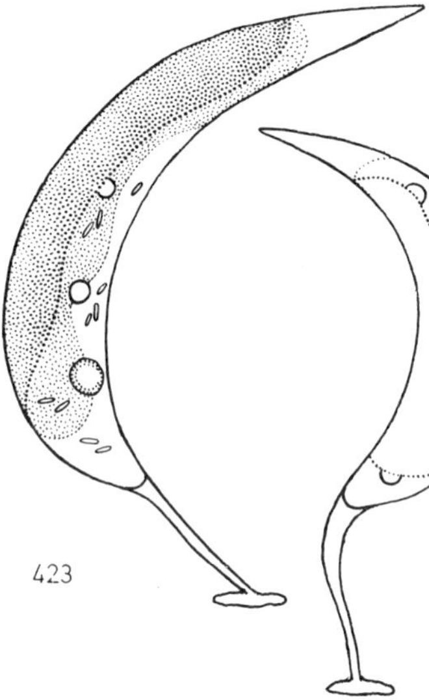

423

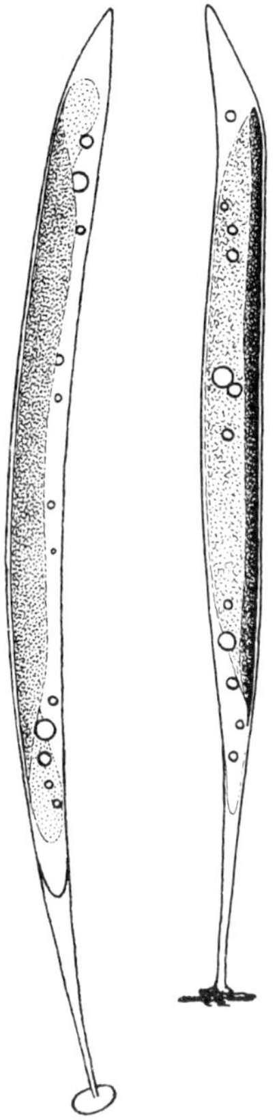

424

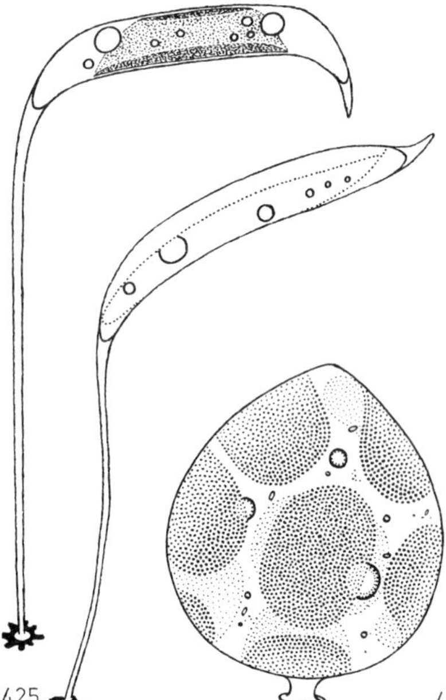

425

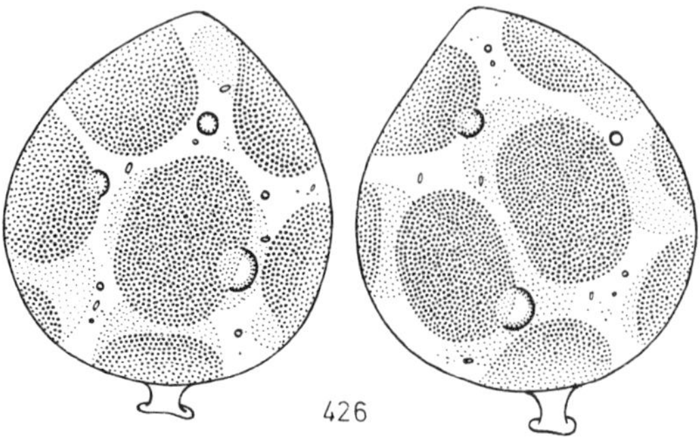

426

lang verschmälert und spitz, seltener etwas stumpf endend. Manchmal wiederholt buckelig aufgetrieben und dadurch ein- oder mehrmal eingeschnürt. Basis der Zellen mehr oder weniger rasch und einseitig in den Stiel zusammengezogen, der ein Drittel bis ein Viertel der Zelle mißt. Stiel gegen seine Basis zu dünner werdend und mit einer deutlichen Haftscheibe versehen, nie axial, sondern immer seitlich in die Zelle eingefügt. Zellwand sehr zart. Chromatophor einer, groß, mulden- bis rinnenförmig, meist der gewölbten Flanke anliegend, gelegentlich gelappt und recht blaß. In einigen Fällen auch zwei, dann aber ungleich groß. Fortpflanzung durch 2–4 Zoosporen mit Stigma und stummelförmiger Nebengeißel.

Zellen 12–22 μm lang, bis 6 μm breit.

In großen Mengen und dichten Gruppen auf *Rhizoclonium*, Holzstücken, Steinen, Moosen aus dem Großteich bei Doksy (Tschechoslowakei), einmal auch auf *Cladophora* vom Bodensee (BRD).

21. Characiopsis sphagnicola Pascher (Fig. 424)

Zellen sehr gestreckt walzlich, vielmals länger als breit, gerade oder leicht gekrümmt, nach vorn allmählich, oft einseitig verschmälert, basal ganz allmählich in den langen, zarten, meist exzentrischen Stiel auslaufend, der immer eine deutliche Haftscheibe hat. Zellwand sehr zart, auch am Zellende nicht verdickt. Chromatophor einer, lang und rinnenförmig, die eine Längsflanke auskleidend, manchmal auch schief bandförmig und oft blaß. Fortpflanzung nicht bekannt.

Zellen 12–23 μm lang, 3–5 μm breit.

Bis jetzt nur auf den grünen Zellen submerser *Sphagnum*-Pflänzchen gesehen. Torfmoore im Böhmerwald und bei Doksy (Tschechoslowakei), Flachmoore in Oberösterreich.

22. Characiopsis falx Pascher in Ettl (Fig. 425)

Zellen sehr schmal und sehr gestreckt, walzlich bis fast lineal, vorn leicht zugespitzt und schnabelartig gebogen, basal allmählich in den sehr langen, meist überkörperlangen Stiel auslaufend. Stiel mit deutlicher Haftscheibe. Am Übergang der Zelle in den Stiel oft hakig gebogen. Zellwand sehr zart. Chromatophor einer, sehr schmal, der Zellgestalt angepaßt, rinnenförmig, nur die eine Längsflanke auskleidend. Fortpflanzung nicht bekannt.

Zellen mit Stiel bis 50 μm lang, doch nur 3–4 μm breit.

Mehrmals in kleinen Tümpeln, Gräben und sumpfigen Wasserstellen gefunden, vor allem auf *Rhizoclonium* oder *Oedogonium* (Tschechoslowakei, Österreich).

23. Characiopsis pinguis Ettl (Fig. 426)

Zellen sehr breit bis kugelig eiförmig, apikal schwach verschmälert, basal hingegen immer breit abgerundet und immer plump wirkend. Zellwand zart, basal den scharf abgesetzten und kurzen Stiel mit Haftscheibe bildend. Chromatophoren mehrere (8–12), wandständig, scheibenförmig. Fortpflanzung durch 4–8 Zoosporen, die gestreckt sind und ein schief abgestutztes Vorderende haben. Mit vier Chromatophoren und deutlichem Stigma, Hauptgeißel mehr als körperlang, Nebengeißel ein Viertel der ersteren messend.

Zellen 9–12 μm lang und ebenso breit.

Auf *Tribonema viride* in kleinen, oft aufgestauten Quellen in Nordmähren (Tschechoslowakei).

24. Characiopsis gibba (A. Braun) Borzi (Fig. 427)

Characium gibbum A. Braun, *Hydrianum gibbum* Rabenhorst

Zellen kugelig bis breit quer ellipsoidisch, oft auch quer kugelig eiförmig bis

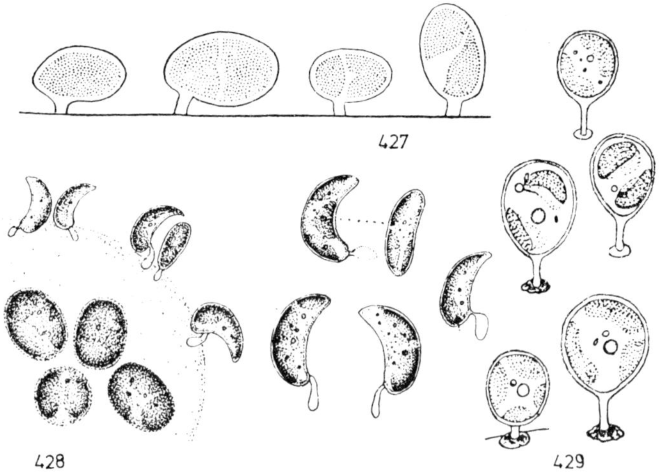

Fig. 427. *Characiopsis gibba* (A. Braun) Borzi (nach Borzi). Fig. 428. *Characiopsis curvata* (G. M. Smith) Skuja (nach Skuja). Fig. 429. *Characiopsis submalleolus* Starmach (nach Starmach).

quer ei-birnenförmig, mit einem kurzen, meist exzentrisch stehenden Stiel, der sehr kurz ist und sich in eine Haftscheibe verbreitert. Stiel nicht selten ganz seitlich. Zellwand meist zart. Chromatophoren gewöhnlich zwei, nur in manchen Fällen mehrere. Fortpflanzung durch 2–4 Zoosporen, die nur eingeißelig sind.

Zellen 8–10 μm breit

Nicht selten vorkommend, doch wohl oft übersehen, meist auf derben Algen wie *Vaucheria* oder *Cladophora*. Meidet saure Gewässer. Im Gebiet verbreitet.

25. **Characiopsis submalleolus** Starmach (Fig. 429)

Zellen breit ellipsoidisch oder breit eiförmig bis kugelig, apikal immer breit abgerundet, basal oft etwas verschmälert und dann in den derben Stiel übergehend, der immer kürzer als die Zelle ist. Stiel mit großer und deutlich kreisförmiger Haftscheibe, die mit Eisenablagerungen versehen sein kann. Zellwand relativ sehr derb. Chromatophoren zwei bis vier, wandständig und scheibenförmig. Plasma mit großen Öltropfen und Körnern von Chrysolaminarin. Zoosporen nicht beobachtet, doch sind Aplanosporen bekannt. Letztere werden zu viert in den Zellen gebildet und sind kugelig.

Zellen ohne Stiel 6,5–9,5 μm im Durchmesser.

Auf Fäden von *Oedogonium* sp. in kleinen Wasserlachen mit Eisenoxidhydrat bei Krynica (Polen).

26. **Characiopsis curvata** (G. M. Smith) Skuja (Fig. 428)
Characium curvatum G. M. Smith

Zellen hornartig oder sichelförmig gekrümmt und leicht seitlich zusammengedrückt, apikal mehr oder weniger zugespitzt, basal dick und leicht eckig bis einfach abgerundet. Hier mit einem seitlichen, von der konkaven Seite aus gebildeten, exzentrischen, etwas länglich sackförmigen Stiel, der der Zelle entgegengesetzt gekrümmt ist. Zellwand ansonsten zart. Chromatophoren vier, bei jün-

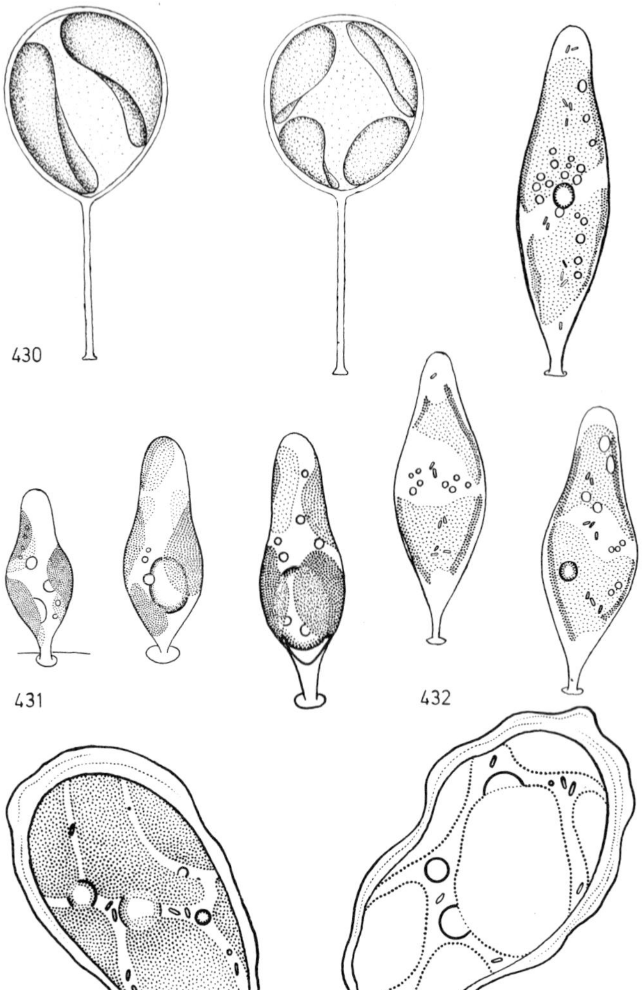

Fig. 430. *Characiopsis malleolus* Pascher et Klug. Fig. 431. *Characiopsis lagena* Pascher. Fig. 432. *Characiopsis lageniformis* Pascher. Fig. 433. *Characiopsis callosa* Ettl (Fig. 433 nach Ettl sonst nach Pascher).

geren Zellen wenigere oder auch nur einer, scheiben- oder plattenförmig, dorsal lokalisiert, gelblich grün. Fortpflanzung nicht beschrieben.

Zellen 4–13 μm lang, 2–5 μm breit und 1,5–3 μm dick, Stiel 1–3 μm lang.

Auf Plankton-Algen wie *Coelosphaerium*, *Stichogloea*, *Gloeocystis* oder *Crucigenia* festhaftend, in den Seen von Uppland (Schweden), aber auch sonst im Gebiet verbreitet.

27. Characiopsis malleolus Pascher et Klug (Fig. 430)

Zellen breit ellipsoidisch-kugelig bis kugelig, apikal breit abgerundet, basal manchmal merklich verschmälert. Stiel körperlang oder länger, gerade und mit winziger Haftscheibe. Zellwand etwas derb. Chromatophoren zwei bis vier, nicht selten ungleich groß, leicht muldenförmig. Fortpflanzung nicht bekannt.

Zellen ohne Stiel 5–7 μm im Durchmesser.

Auf Fadenalgen und Diatomeen aus Teichen bei Prag (Tschechoslowakei).

28. Characiopsis lageniformis Pascher (Fig. 432)

Zellen spindelig-keulenförmig, basal gegen das zarte kurze Stielchen aus dem unteren Drittel relativ rasch zusammengezogen, nach vorn weniger verschmälert, dann fast zylindrisch und schließlich vorn abgerundet stumpf. Im ganzen flaschenförmig. Zellwand sehr zart. Chromatophoren zwei, in der Form breiter, bandförmiger Rinnen, sehr ungleich breit, manchmal gelappt und hin und wieder mit faltig eingeschlagenen Rändern. In der Zelle hintereinander gelagert. Vorderende fast farblos. Fett- und Öltropfen oft in größeren Mengen, oft reihig angeordnet, daneben gelegentlich große Fettballen. Fortpflanzung nicht angegeben.

Zellen 20–22 μm lang, 7–11 μm breit.

Auf *Tribonema*, vor allem auf leeren verquollenen Zellen. Aus einem Wassergraben in Nordböhmen (Tschechoslowakei).

29. Characiopsis lagena Pascher (Fig. 431)

Zellen der vorigen Art sehr ähnlich, aber größer und derber. Zellform im allgemeinen die gleiche, nur etwas gedrungener, spindelig bis verkehrt keulenförmig, gegen den Stiel rasch verschmälert. Stiel mit großer kreisförmiger Haftscheibe. Im allgemeinen noch mehr flaschenförmig. Chromatophoren vier, scheiben- bis leicht muldenförmig. Fortpflanzung durch vier oder mehr Zoosporen, die oft amöboid werden.

Zellen 30–35 μm lang und bis 16 μm breit.

Auf *Tribonema*-Fäden in Straßengräben bei Doksy (Tschechoslowakei).

30. Characiopsis callosa Ettl (Fig. 433)

Zellen schief verkehrt eiförmig bis keulenförmig. Apikal breit abgerundet, zur Basis hin allmählich verschmälert und in den kurzen, aber dicken Stiel mit großer Haftscheibe übergehend. Ältere Zellen oft mit unregelmäßigem, stark gewelltem Umriß. Zellwand außerordentlich dick und derb, häufig mit deutlicher Schichtung. Bei alten Zellen ist die Zellwand unregelmäßig verdickt, gelb verfärbt und gibt den Zellen das unregelmäßige, gewellte Aussehen. Chromatophoren mehrere, scheibenförmig, oft etwas blaß. Im Plasma häufig größere Öltropfen. Fortpflanzung nicht beobachtet.

Zellen 16–22 μm lang, 8–12 μm breit.

Auf verschiedenen Fadenalgen, vor allem auf *Rhizoclonium* und *Oedogonium* am Ufer des Stadtteiches von Svitavy (Tschechoslowakei).

31. Characiopsis sublinearis Pascher (Fig. 434)

Zellen sehr gestreckt, fast walzlich ellipsoidisch, manchmal leicht gekrümmt bis geschlängelt oder wellig, öfter etwas schief. Apikal breit abgerundet, basal allmählich in den Stiel verschmälert, der relativ zart ist und kaum ein Sechstel der Zelle mißt und eine kleine Haftscheibe bildet. Zellwand zart. Chromatophoren mehrere bis viele, scheibenförmig, in manchen Fällen sternförmig gelappt. Zellen im Alter sicher mehrkernig. Fortpflanzung durch acht Zoosporen, die sehr amöboid sein können, ohne Stigma.

Zellen 20–60 μm lang, 4–8 μm breit.

Auf *Rhizoclonium* in verschiedenen Teichen von Böhmen (Tschechoslowakei).

32. Characiopsis cochlearis Pascher (Fig. 435)

Zellen sehr gestreckt walzlich, an beiden Enden abgerundet, doch sich sehr frühzeitig krümmend und biegend. Zellen dann geschlängelt und wellig, später schraubig werdend. Basal mit einem scharf abgesetzten, relativ kurzen und zarten Stiel. Zellwand zart, mitunter auch sehr zart. Mehrere größere, wandständi-

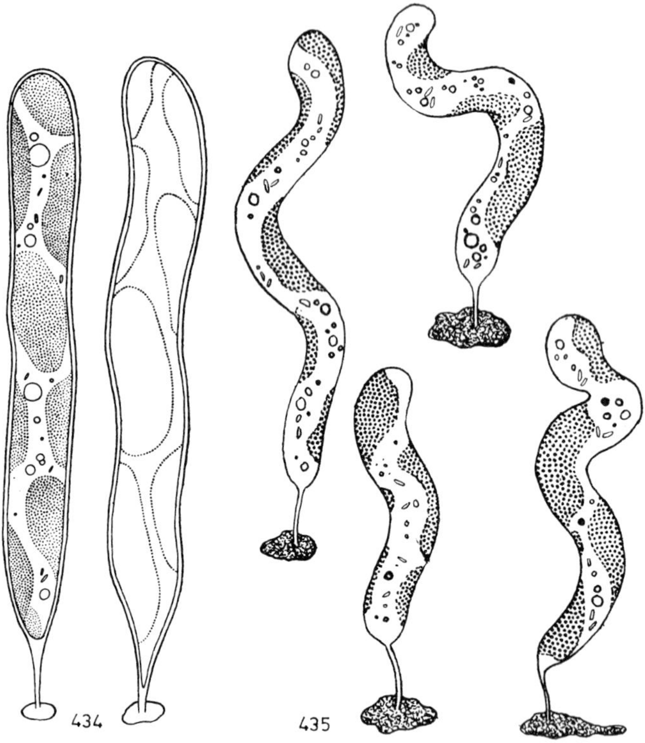

Fig. 434. *Characiopsis sublinearis* Pascher. Fig. 435. *Characiopsis cochlearis* Pascher (nach Pascher).

ge, länglich scheibenförmige bis kurz rinnenförmige, gelblich grüne Chromatophoren. Fortpflanzung nicht beobachtet.

Zellen bis 80 μm lang, ungefähr 6 μm breit.

Näherer Fundort nicht angegeben.

33. Characiopsis avis Pascher (Fig. 436)

Zellen ellipsoidisch, gerade oder schief, sehr häufig ungleichseitig, mit verschieden konvexen Längsflanken. Basal häufig verschmälert und dort direkt ohne eigentlichen Stiel in einen kurzen breiten Fuß übergehend, der sich sofort wieder in eine verbreiterte Haftscheibe umwandelt. Zellwand relativ derb, vorn seitlich (nicht apikal!) in einen scharf abgesetzten, langen, geraden, gleichmäßig und scharf zugespitzten Stachel ausgezogen. Dieser fällt nie in die Längsachse, sondern steht seitlich schief oder unter Umständen fast horizontal oder auch abwärts ab. Stachel länger als die halbe Zelle, an der Basis ist der Stachel nicht selten knöpfchenartig verdickt Chromatophoren mehrere (bis 10), scheibenförmig, Fortpflanzung nicht beobachtet.

Zellen 12–23 μm lang, 6–9 μm breit.

Auf verschiedenen Fadenalgen, vor allem *Oedogonium*, *Rhizoclonium* und *Cladophora*, aus leicht moorigen Gewässern des südlichen Böhmerwaldes und Nordmährens (Tschechoslowakei).

436

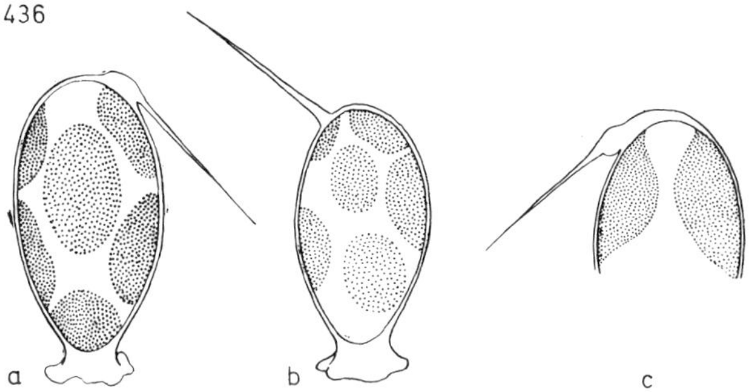

Fig. 436. *Characiopsis avis* Pascher – *a* und *b* zwei Zellen mit verschieden entwickeltem seitlichem Stachel, *c* Detail des Vorderendes (nach Pascher).

34. Characiopsis pileata Copeland (Fig. 438)

Zellen gestreckt eiförmig, apikal breit abgerundet, basal allmählich in ein sehr kurzes dickes Stielchen zusammengezogen. Zellwand allgemein sehr zart, apikal aber sehr stark, fast kappenartig verdickt. Verdickung das ganze apikale Ende bedeckend. Chromatophoren sechs und in bestimmter Lagerung zu je zweien grüne Bänder bildend. Zoosporen werden zu viert gebildet, die durch eine Öffnung unter der apikalen Verdickung entleert werden. Sie besitzen nur eine einzige Geißel.

Zellen 14–19 μm lang, 6–7 μm breit.

Auf *Tribonema* und *Microspora* aus Massachussets (USA) bekannt.

35. Characiopsis pachypus Pascher (Fig. 439)

Zellen ellipsoidisch bis leicht verkehrt eiförmig-ellipsoidisch, im allgemeinen gestreckt, gerade und regelmäßig oder mit ungleich vorgewölbten Flanken bis leicht bohnenförmig. Apikal breit abgerundet, gegen die Basis gleichmäßig verschmälert und dann direkt in ein kurzes, dickes, plumpes Füßchen übergehend, das leicht verbreitert ist, aber keine eigentliche Haftscheibe entwickelt. Chromatophoren drei bis sechs, gelegentlich mehrere, meist groß und gelegentlich etwas gelappt. Fortpflanzung durch 4–8 Zoosporen mit Stigma und einer recht kurzen Nebengeißel.

Zellen 12–25 μm lang, bis 9 μm breit.

Vielleicht eine Brackwasserform. Aus den Grundwassertümpeln zwischen den Dünen auf Sylt (BRD). Auf Wurzeln, im Wasser liegenden Zweigen, auf *Tribonema* und auch auf anderen Algen.

36. Characiopsis borziana Lemmermann (Fig. 437)
Characiopsis minuta Borzi non *Characium minutum* A. Braun

Zellen sehr verschieden gestaltet, ellipsoidisch bis ellipsoidisch-walzlich, spindelförmig, manchmal mit einer konvexeren und einer geraderen Flanke, oft leicht gekrümmt bis fast mondsichelförmig, manchmal gestreckt verkehrt eiförmig, basal in einen kurzen, doch derberen Stiel zusammengezogen, der sich in eine Haftscheibe verbreitert. Apikal immer stumpflich. Zellwand im allgemeinen zart, nicht verdickt. Chromatophoren nur in ganz jungen Zellen in der Ein-

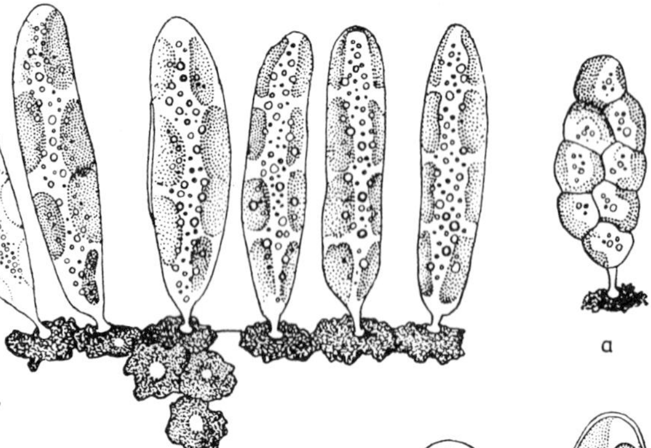
a
437

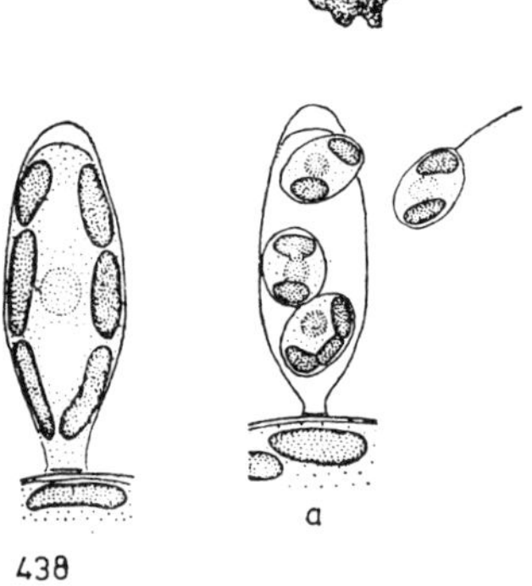
a
438

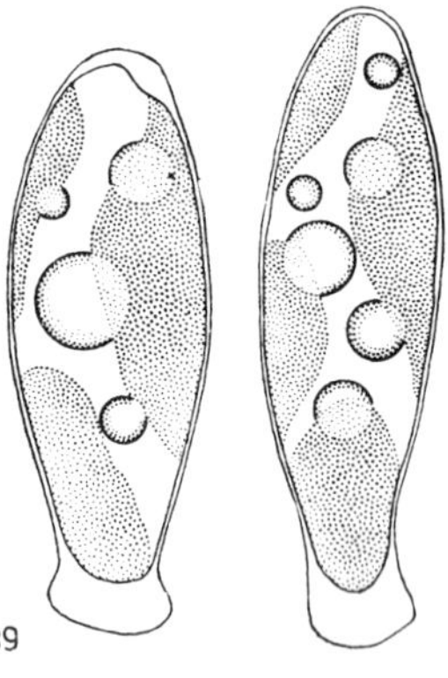
439

Fig. 437. *Characiopsis borziana* Lemmermann – *a* Zoosporenbildung (nach Borzi). Fig. 438. *Characiopsis pileata* Copeland – *a* Zoosporenentleerung (nach Copeland). Fig. 439. *Characiopsis pachypus* Pascher (nach Pascher).

zahl, im erwachsenen Zustand mehrere (4–8), wandständig und scheibenförmig. Fortpflanzung durch Bildung von 4–16 Zoosporen, die meist nur einen Chromatophor besitzen. Statt der Zoosporen werden auch zart behäutete Aplanosporen gebildet, die sich unter Umständen mit einer derberen Zellwand umgeben können und bei der Keimung erneut 2–4 Zoosporen bilden.

Zellen 12–30 μm lang, bis 10 μm breit.

Im Gebiet verbreitet, wahrscheinlich mit einem sehr weiten ökologischen Spannraum.

37. **Characiopsis naegelii** (A. Braun) Lemmermann (Fig. 441)
Characium naegelii A. Braun

Zellen im ausgebildeten Zustand meist aufrecht stehend, sehr regelmäßig breit ellipsoidisch, in seltenen Fällen fast kugelig, nur manchmal gestreckt ellipsoidisch, manchmal mit leichter Verschmälerung nach vorn. Mitunter auch sehr regelmäßig breit verkehrt eiförmig-ellipsoidisch. Zellwand zart, basal ein überaus kurzes schwaches Stielchen bildend, das in eine kleine Haftscheibe verbreitert ist. Chromatophoren sehr zahlreich, klein scheibenförmig, manchmal undeutlich werdend und grünnetzig strukturiert erscheinend. Ältere Zellen vor der Fortpflanzung mehrkernig werdend. Zoosporen birnenförmig, mit einem oder zwei Chromatophoren, doppelt körperlanger Hauptgeißel und sehr kleiner Nebengeißel.

Zellen 25–45 μm, manchmal bis 60 μm lang, meistens aber nur 20–35 μm groß.

Sehr verbreitete, doch nicht häufige Form mit sehr weiter ökologischer Spannweite. Meistens in leicht sauren Gewässern lebend.

38. **Characiopsis cedercreutzii** Pascher (Fig. 440)
Characiopsis borziana Lemmermann sensu Cedercreutz

Zellen in der Jugend mehr eiförmig ellipsoidisch, mit zunehmendem Wachstum immer mehr ausgesprochen walzlich werdend und dann vorn auch abge-

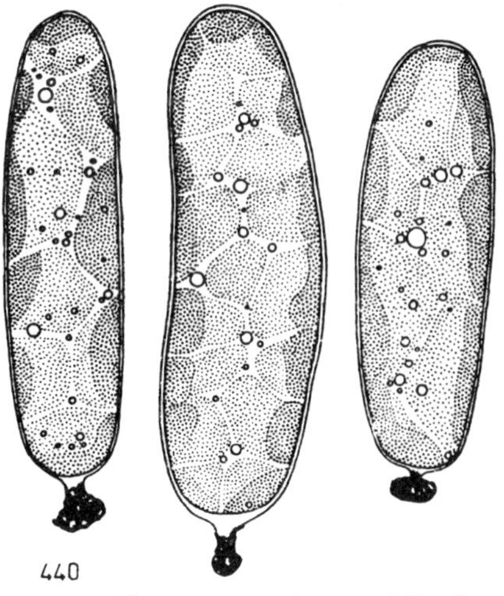

440

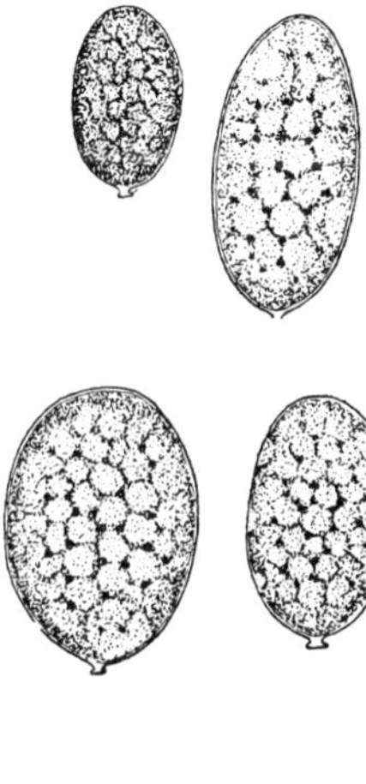

441

Fig. 440. *Characiopsis cedercreutzii* Pascher (nach Cedercreutz). Fig. 441. *Characiopsis naegelii* (A. Braun) Lemmermann (nach N. Carter).

rundet und kaum verschmälert, dabei gerade oder leicht gekrümmt, manchmal etwas schief zum Stiel orientiert, gelegentlich nach vorn etwas verbreitert. Stiel sehr kurz, doch derb. Zellen gegen den Stielansatz nicht verschmälert, sondern breit abgerundet. Zellwand sehr zart. Chromatophoren mehrere bis viele (30), scheibenförmig oder leicht polygonal werdend und dann eng aneinander gerückt, in sehr jungen Zellen nur ein Chromatophor. Fortpflanzung durch 4–32 Zoosporen mit einem binnenständigen Chromatophor und kurzer, stummelförmiger Nebengeißel.

Zellen 20–60 μm lang und 6–11 μm breit.

In sauren Gewässern verbreitet, auf Fadenalgen, aber auch auf Pflanzenresten (Tschechoslowakei, Österreich).

39. **Characiopsis obliqua** Pascher (Fig. 442)

Zellen eiförmig bis verkehrt eiförmig, meist aber walzlich, manchmal in der Mitte leicht eingezogen, vorn breit abgerundet und basal mehr oder weniger rasch in den zarten, ungefähr halb so langen, oft leicht gekrümmten Stiel zu-

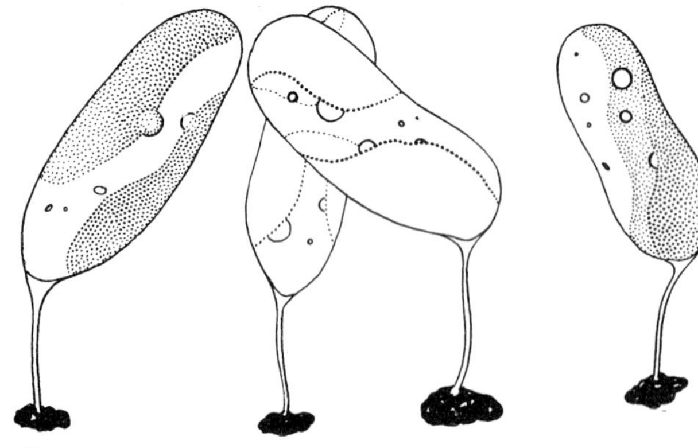

442

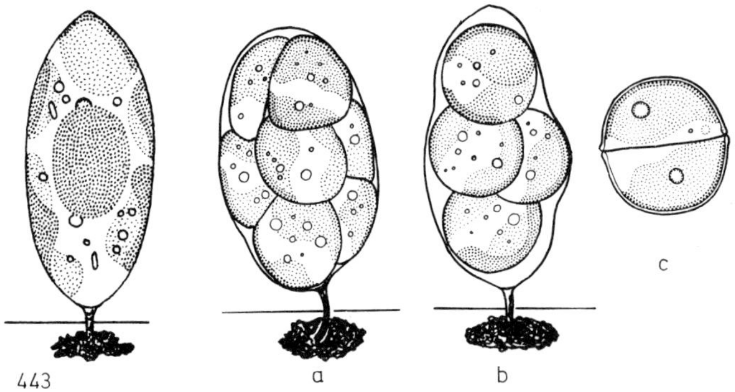

443

Fig. 442. *Characiopsis obliqua* Pascher. Fig. 443. *Characiopsis gracilis* Pascher – *a* Zoosporenbildung, *b* Aplanosporenbildung, *c* Aplanospore (nach Pascher).

sammengezogen, der meist eine große Haftscheibe hat. Zellen fast immer schief vom Stiel abgebogen, manchmal fast quer zum Stiel gelagert. Zellwand sehr zart. Chromatophor einer oder zwei, meist rinnenförmig. Fortpflanzung nicht gesehen.

Zellen 15–20 μm lang und 4–6 μm breit, Stiel bis 10 μm lang.

Vielleicht Alge leicht verschmutzter Gewässer. In Wiesengräben bei Stafflach am Brenner (Österreich) auf verschiedenen Unterlagen, aus Wiesengräben bei den Musikantenteichen bei Doksy (Tschechoslowakei), immer an etwas verjauchten Stellen.

40. Characiopsis gracilis Pascher (Fig. 443)

Zellen regelmäßig ellipsoidisch, ungefähr zweieinhalbmal länger als breit, apikal leicht in das spitze oder stumpfe Ende verschmälert. Basal kaum oder nur wenig verschmälert. Stiel kurz, nur ein Viertel der Zelle messend, zart, mit deutlicher Haftscheibe. Zellwand sehr zart. Chromatophoren mehrere (bis 8), scheibenförmig. Zoosporen werden meist zu acht gebildet, ohne Stigma. Nebengeißel ein Drittel der Hauptgeißel messend. Zysten werden zu 4–8 gebildet, sie sind kugelig, manchmal etwas abgeflacht.

Zellen 17–26 μm lang, bis 13–15 μm breit, ausnahmsweise große Zellen, die bis 35 μm lang und bis 25 μm breit werden.

Häufigere Art, die im Gebiet an den verschiedensten Stellen gefunden wurde. Sowohl in kalkfreien als auch kalkhaltigen Gewässern, auch in leicht salzigen Teichen. Wohl mit breiter ökologischer Spannweite.

41. Characiopsis teres Pascher (Fig. 444)
Characiopsis pyriformis var. *teres* Printz

Zellen ellipsoidisch, gerade oder seltener leicht bohnenförmig gekrümmt, an beiden Enden breit bis fast halbkugelig abgerundet. Basal mit einem scharf abgesetzten, zarten Stiel, der ein Viertel bis die Hälfte der Zellänge erreicht. Zellwand derb, manchmal leicht rötlich gefärbt. Chromatophoren mehrere, scheibenförmig, manchmal ungleich groß. Zoosporen nicht beobachtet. Aplanosporen ziemlich derbwandig, zu vielen in den erweiterten Zellen gebildet.

Zellen mit Stielen 19–30 μm lang, 8–14 μm breit, Stiele 8–12 μm lang.

Im Gebiet ziemlich verbreitet, doch wohl nur vereinzelt auftretend.

42. Characiopsis tuba (Hermann in Rabenh.) Lemmermann (Fig. 445)
Characium tuba Hermann in Rabenh., *Hydrianum tuba* Rabenhorst

Zellen meist recht unregelmäßig keulenförmig. Im obersten Drittel am breitesten. Apikal meistens breit abgerundet, seltener leicht verschmälert, immer aber breit stumpf. Gegen die Basis zu allmählich, manchmal wellig verschmälert und mit sehr ungleichen Flanken, die eine meist gerade oder sogar konkav, die andere meist stark konvex. Immer ganz allmählich in den Stiel verschmälert, der ungefähr ein halb bis ein Drittel so lang wie die Zelle ist, relativ kräftig und mit deutlicher Haftscheibe. Chromatophoren mehrere, in jüngeren Zellen meist auch nur zwei, mulden- oder scheibenförmig. Fortpflanzung nicht beobachtet, Zysten derbwandig und rauh.

Zellen 20–45 μm lang, 7–11 μm, seltener bis 18 μm breit.

Auf verschiedenen Fadenalgen im ganzen Gebiet verbreitet.

43. Characiopsis pyriformis (A. Braun) Borzi (Fig. 449)
Characium pyriforme A. Braun, *Hydrianum pyriforme* Rabenhorst

Zellen ellipsoidisch bis breit ellipsoidisch mit allen Übergängen zur verkehrteiförmiger Gestalt, apikal breit bis fast halbkugelig abgerundet. Basal allmählich in den fast ebenso langen, ober derberen, nach unten hin verschmälerten,

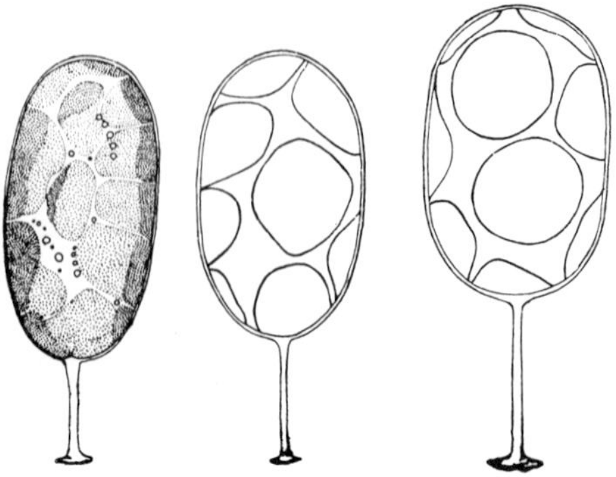

444

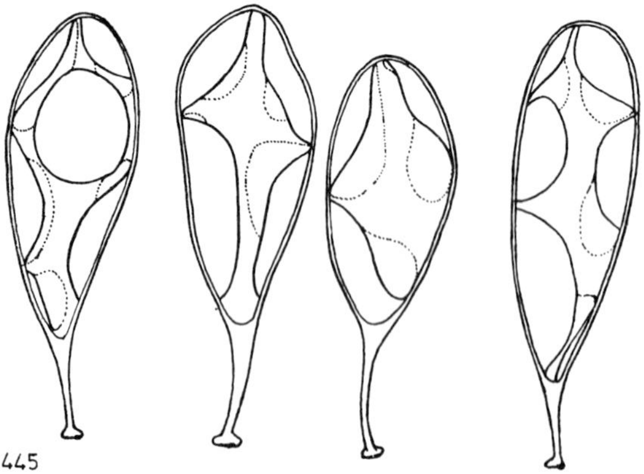

445

Fig. 444. *Characiopsis teres* Pascher. Fig. 445. *Characiopsis tuba (*Herrmann) Lemmermann (nach Pascher).

schließlich zarten, geraden oder manchmal gekrümmten Stiel verschmälert, der unten ein kleines Haftscheibchen besitzt. Zellen nicht selten einseitig gefördert und dann mit asymmetrischen Flanken. Zellwand relativ derb, an älteren Zellen rötlich gefärbt. Chromatophoren mehrere (2–5), relativ groß, wandständig, scheiben- bis muldenförmig, blaß gelbgrün. Fortpflanzung durch vier amöboide Zoosporen, die nur einen Chromatophor besitzen; Hauptgeißel bis zweimal körperlang.

Zellen 12–24 μm lang, 10–14 μm breit, Stiel bis 15 μm lang.

Im Gebiet sehr verbreitet auf verschiedensten Fadenalgen sitzend. Ökologische Spannweite recht breit.

Außer der typischen Form wurden noch weitere vier Varietäten beschrieben

a) var. *decrescens* Printz (Fig. 447)

Zellen oft schief und am Vorderende verschmälert spitz. Zellwand am Scheitel der Zelle nicht verdickt. Zellen 30–35 μm lang, 8–9 μm breit. Aus Norwegen bekannt.

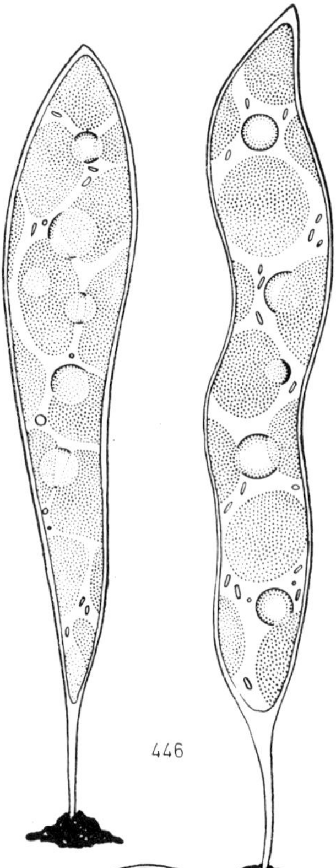

446

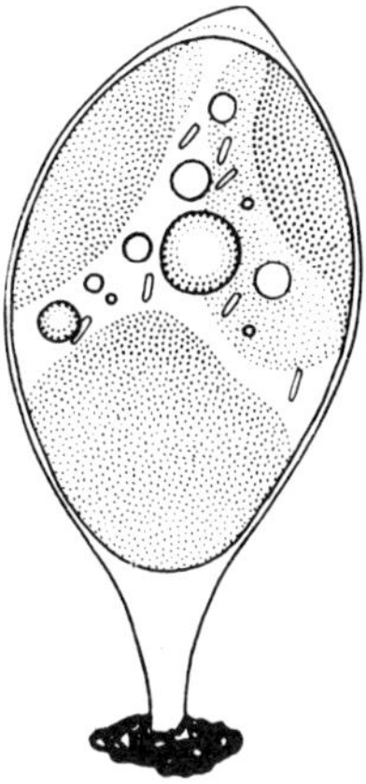

447

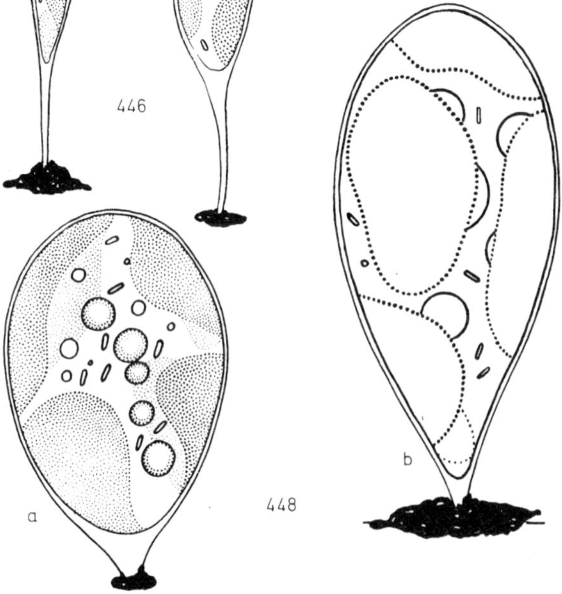

448

Fig. 446. *Characiopsis praeacuta* (Ettl) Ettl (nach Ettl). Fig. 447. *Characiopsis pyriformis* var. *decrescens* Printz (nach Pascher). Fig. 448. *Characiopsis pyriformis* var. *subsessilis* Lemmermann – *a* normale Zelle, *b* mehr gestreckte Zelle (nach Pascher).

b) var. *subsessilis* Lemmermann (Fig. 448)
Zellen kurz gestielt,manchmal fast ungestielt und durch alle Übergänge mit der typischen Form verbunden. Im Gebiet wiederholt gefunden.

c) var. *calyptrata* Ettl
Unterscheidet sich vom Typus durch das Vorhandensein einer haubenartigen Verdickung der Zellwand am Scheitel der Zelle. Zellen ohne Stiel 13–15 µm lang und 8 µm breit. Auf Fadenalgen in Kleingewässern (Tschechoslowakei).

d) var. *incrassata* Pascher (Fig. 450)
Stiele derb und allmählich in die Zelle übergehend. Nach Pascher soll diese Varietät einer eigenen Formenreihe angehören.

44. Characiopsis praeacuta (Ettl) Ettl (Fig. 446)
Characiopsis sublinearis Pascher var. *praeacuta* Ettl

Zellen sehr groß, lang gestreckt spindelförmig bis fast zylindrisch-spindelförmig, jedoch immer unregelmäßig. Vorn relativ kurz kegelförmig verschmälert, nach hinten zu ganz allmählich und langsam verschmälert und auch allmählich in einen kurzen, schmalen Stiel auslaufend. Oft sind die Zellen etwas unregelmäßig gebogen oder mit welligen Flanken, manchmal ist bei den erwachsenen Zellen die vordere Hälfte oder das vordere Drittel mächtiger und dicker, was das unregelmäßige Aussehen noch mehr betont. Stiel unten mit einer deutlichen, immer stark eiseninkrustierten Haftscheibe. Zellwand sehr derb, leicht gelblich verfärbt. Chromatophoren mehrere bis viele, scheibenförmig oder wenn dichter aneinander gerückt, mehr polygonal. Öltropfen reichlich vorhanden. Fortpflanzung durch acht Zoosporen mit zwei Chromatophoren, Stigma und zwei sehr ungleich langen Geißeln.

Zellen 32–50 µm lang, 6–10 µm breit.

Auf *Microspora pachyderma* in einer sumpfigen, leicht moorigen Bucht des Stadtteiches bei Svitavy und in leicht moorigen Wiesengräben, die von Quellwasser gespeist werden; in Nordmähren (Tschechoslowakei).

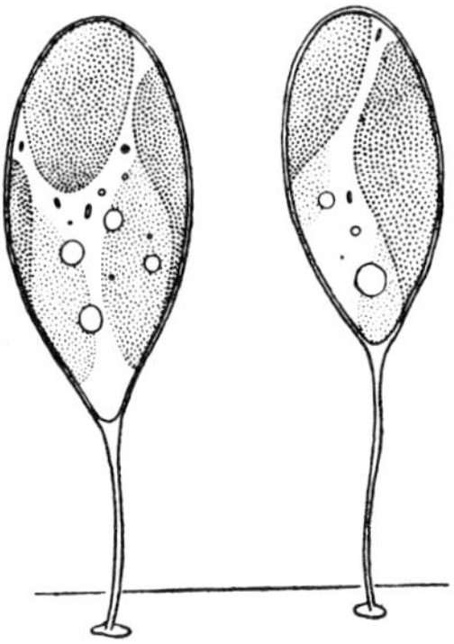

449

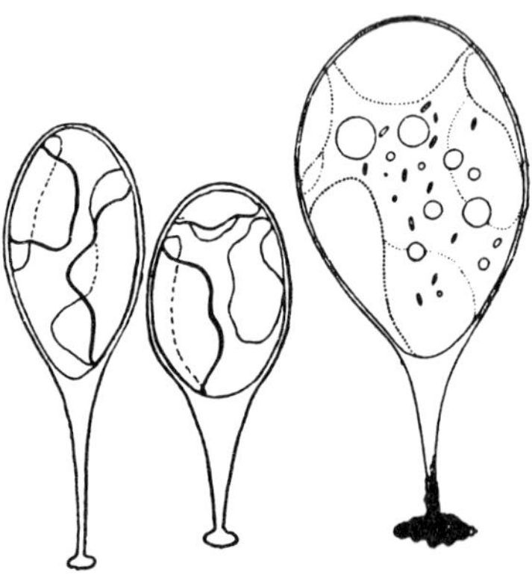

450

Fig. 449. *Characiopsis pyriformis* (A. Braun) Borzi – typische Ausbildung. Fig. 450. *Characiopsis pyriformis* var. *incrassata* Pascher (nach Pascher).

45. Characiopsis aristulata Beck-Mannagetta (Fig. 451)

Zellen spindelförmig bis walzlich spindelförmig, an beiden Enden meist gleichmäßig verschmälert. Apikal mit einer kürzeren oder längeren, feinen, fadenförmigen Ausziehung der Zellwand endend. Basal in den Stiel verschmälert, der ebenfalls sehr zart und fadenförmig ist und fast so lang wie die Zelle werden kann. Meist ist ein winziges Haftscheibchen entwickelt. Zellwand recht zart. Chromatophoren mehrere, oft sehr ungleich und im Prinzip scheiben- oder kurz handförmig. Gelegentlich ein leuchtend roter Öltropfen. Fortpflanzung durch zwei oder vier kleine Zoosporen mit Stigma und einer recht kurzen Nebengeißel.

Zellen mit Stiel und Endborsten bis 50 μm lang und bis 5 μm breit.

Zwischen *Sphagnum* in den Seen von St. Leonhard in Kärnten (Österreich) und auf *Tribonema*-Fäden in Gräben und Schlenken der Hochmoore des Riesengebirges (Tschechoslowakei).

46. Characiopsis minor Pascher (Fig. 452)

Zellen sehr verschieden gestaltet, im allgemeinen schief eiförmig bis breit spindelförmig, sehr unregelmäßig und sehr schief verschmälert; gerade stehend oder leicht bis fast rechtwinkelig vom Stiel abgebogen. Basal in ein langes, fast bis drei Viertel der Zellbreite messendes Stielchen verschmälert, das sich aus der Mitte heraus wieder etwas verbreitert und meist ohne eigentliches Haftscheibchen aufsitzt. Zellen nach vorn meist schon aus halber Länge sehr scharf und oft bogig spitz verschmälert. Zellwand sehr zart. Chromatophoren 2–3, seltener 4, sehr blaß und manchmal fast farblos erscheinend. Fortpflanzung nicht beschrieben.

Zellen ohne Stiel 10–15 μm lang und 6–8 μm breit.

Meistens auf Zygnemales, speziell *Zygnema* festsitzend, wobei die Länge des Stielchens zum Teil von der Dicke der Gallerthülle der Fadenalge abhängt. Im Gebiet mehrmals beobachtet, in ziemlich sauren Gewässern.

47. Characiopsis longipes (Rabenhorst) Borzi (Fig. 453)
Characium longipes Rabenhorst

Zellen gestreckt spindelförmig bis schmal lanzettlich, oft leicht gekrümmt, niemals in der Längsrichtung des Stieles, sondern schief bis fast quer dazu stehend. Zellwand sehr zart, nicht selten am spitzen Vorderende der Zelle etwas verdickt. Mit sehr langem, zartem Stiel, der bis doppelt länger als die eigentliche Zelle sein kann, manchmal leichte Krümmung zeigt und ein kleines Haftscheibchen hat. Chromatophoren meist einer, oft aber auch zwei, seltener mehrere, sehr blaß. Fortpflanzung durch birnenförmige Zoosporen, die in den Zellen bis zu 16 gebildet werden, mit einem Chromatophor und einer doppelt körperlangen Hauptgeißel.

Zellen mit Stiel 40–50 μm lang, 5–7 μm breit.

Im Gebiet sehr verbreitete Art, sehr verschiedenen Fadenalgen, Wurzeln von Wasserpflanzen und auch kleinen Wassertierchen aufsitzend. Meidet ausgesprochen saure Gewässer.

Von *Ch. longipes* treten sehr verschiedene Formen auf. Gewiß ist diese Art nicht immer einheitlich aufgefaßt worden. Plumpere Formen mit mehreren Chomatophoren wurden von Pascher als var. *dubia* bezeichnet. Weitere Untersuchungen müssen zeigen, wie *Ch. longipes* zu begrenzen ist.

48. Characiopsis turgida W. et G. S. West (Fig. 454)

Zellen in der Form schwankend, in den allermeisten Fällen ellipsoidisch-walzlich oder ellipsoidisch eiförmig bis verkehrt eiförmig, nach vorn rasch und kegelförmig verschmälert. Mehr walzliche Formen sind an beiden Enden kurz und gleichmäßig verschmälert, so daß sie im optischen Längsschnitt fast gestreckt

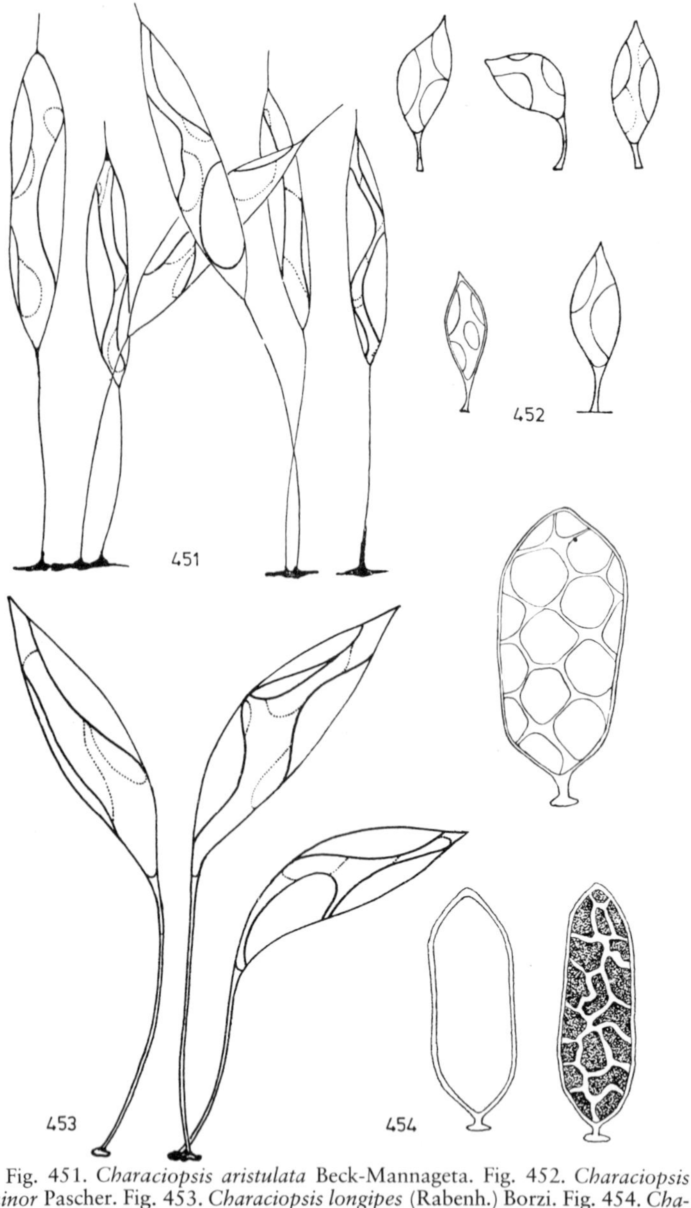

Fig. 451. *Characiopsis aristulata* Beck-Mannageta. Fig. 452. *Characiopsis minor* Pascher. Fig. 453. *Characiopsis longipes* (Rabenh.) Borzi. Fig. 454. *Characiopsis turgida* W. et G. S. West. (Fig. 454 nach W. und G. S. West, sonst nach Pascher).

sechseckig erscheinen, basal in ein sehr kurzes, derbes Stielchen zusammengezogen, das ein kräftiges Haftscheibchen hat, manchmal fast direkt dem Haftscheibchen aufsitzend. Zellwand derb, ohne lokale Verdickungen und auch an der Spitze kaum verdickt. Chromatophoren zahlreiche, groß, wandständig und oft polygonal aneinanderschließend, dabei recht unregelmäßig gestaltet. Fortpflanzung nicht gesehen.

Zellen 30–50 μm lang, 10–18 μm breit.

In sauren, oft moorigen Gewässern auf verschiedenen Fadenalgen. Bis jetzt aus England und der Tschechoslowakei bekannt.

49. Characiopsis polychloris Pascher (Fig. 455)

Zellen walzlich, mit parallelen, manchmal leicht eingezogenen Flanken, an beiden Enden gleichmäßig und kurz verschmälert. Basal sich direkt aus der Verschmälerung in ein kurzes Stielchen verlängernd, das sich gleich wieder in ein kleines Haftscheibchen verbreitert. Zellwand ziemlich derb, doch ohne jede Verdickung. Chromatophoren zahlreich (bis 30), klein und nicht selten sehr ungleich verteilt. Fortpflanzung nicht gesehen, nur dickwandige Aplanosporen, die zu viert in Reihen hinereinander gebildet werden und 4–8 Chromatophoren haben, zweischalig.

Zellen bis 30 μm lang und 6–10 μm breit.

In Altwässern auf verkümmerten *Cladophora*-Büscheln im Böhmerwald (Tschechoslowakei) und auf *Microspora* von der Insel Moen (Dänemark).

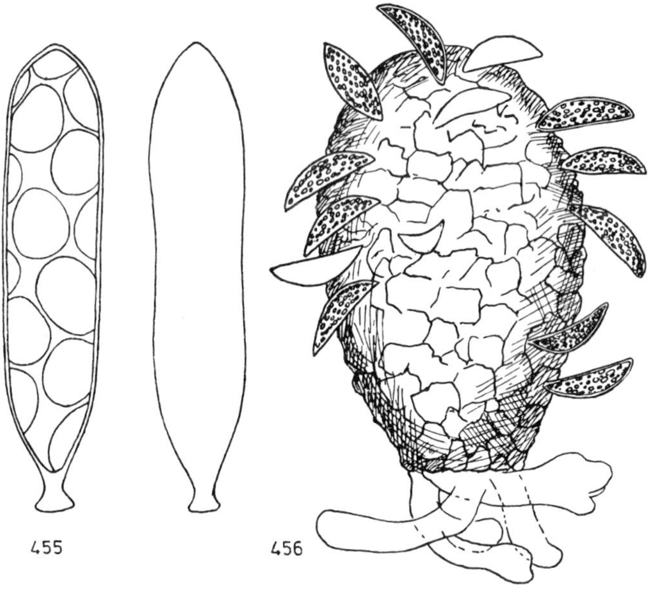

Fig. 455. *Characiopsis polychloris* Pascher (nach Pascher). Fig. 456. *Characiopsis difflugicola* Huber-Pestalozzi (nach Huber-Pestalozzi.)

50. Characiopsis difflugicola Huber-Pestalozzi (Fig. 456)

Zellen einseitig spindelförmig mit einer gewölbten und einer mehr geraden Flanke, von der Rücken- oder Bauchseite gesehen mehr lanzettlich. Zellwand, nach den Zeichnungen zu urteilen, ziemlich derb. Viele kleine scheibchenförmige Chromatophoren. Beide Zellenden spitz, vielleicht mittels einer leichten Verbreiterung oder Verlängerung des basalen Zellendes (Stielchenbildung?) festhaftend. Fortpflanzung nicht gesehen.

Zellen 23–26 μm lang, 6–8 μm breit.

Auf den Gehäusen von *Difflugia globulosa* sitzend, aus den Grundwasserteichen des Adelfinger Seengebietes (Schweiz).

51. Characiopsis microcysticola Skuja (Fig. 457)

Zellen einzeln oder in Gruppen lebend, im Prinzip einseitig spindelförmig, doch mitunter auch fast mondsichelförmig, die eine Flanke immer deutlich konvex, die andere mehr gerade oder leicht konkav. Apikal verschmälert und zugespitzt, doch ist das apikale Ende immer leicht hakig gebogen. Basal auch verschmälert und allmählich in den sehr kurzen, aber derben und mit einer deutlichen Haftscheibe versehenen Stiel übergehend. Zellwand verhältnismäßig derb, ohne Verdickungen. Chromatophoren einer bis vier, scheibenförmig und hintereinander liegend. Plasma oft mit Öltropfen und Körnern von Chrysolaminarin. Fortpflanzung nicht gesehen, doch vereinzelte Teilungsstadien und leere Zellwände, so daß auch hier Zoosporenbildung sehr wahrscheinlich ist.

Zellen 9–16 μm lang und 2–4 μm breit.

Epiplanktisch auf *Microcystis*-Arten lebend, wobei sie sich direkt an den Zellen oder auch nur an der Gallerte der Kolonien befestigen, Seen in Uppland (Schweden).

Von Rino wurde var. *phacuscola* beschrieben, die sich durch etwas größere Ausmaße und immer mondsichelförmige Zellen unterscheiden soll. Auf *Phacus longicauda* gefunden.

52. Characiopsis sessilis Pascher (Fig. 458)

Zellen derb, leicht verkehrt bis gestreckt eiförmig, apikal gleichmäßig oft schief und kurz, fast kegelförmig zugespitzt. Basal leicht verschmälert und ohne Stielbildung direkt einem niedrigen, doch sehr breiten und zugleich eine Haftscheibe bildenden Fuß aufsitzend. Zellwand mit Ausnahme der Basis dünn. Chromatophoren mehrere (2–6), relativ groß, scheibenförmig. Fortpflanzung durch Bildung von bis 16 Zoosporen. Vor der Zoosporenbildung tritt reichliche Chromatophorenvermehrung ein. Zoosporen amöboid mit einem wandständigen, muldenförmigen und großen Chromatophor, mit Stigma. Hauptgeißel 1,5 mal körperlang. Nebengeißel ein Drittel der ersteren messend.

Zellen 20–30 μm lang, 10–14 μm breit.

Aus leicht humussauren, mit Torfabwässern in Zusammenhang stehenden Tümpeln auf *Tribonema* oder *Oedogonium* im südlichen Böhmerwald (Tschechoslowakei).

53. Characiopsis heeringiana Pascher (Fig. 459)

Characiopsis turgida fo. sensu Heering, *Characiopsis turgida* var. *holsatica* Lemmermann

Zellen eiförmig bis breit eiförmig, gerade oder schief, manchmal auch leicht gekrümmt, nach vorn zu gleichmäßig verschmälert, basal rasch in ein kurzes, sehr derbes, scheibenförmiges Stielchen zusammengezogen, das sich sogleich in eine kleine Haftscheibe verbreitert. Zellwand relativ derb, apikal der Spitze etwas verdickt und in eine stumpfe Spitze ausgezogen. Chromatophoren sehr zahlreich, klein, oft recht ungleichmäßig. Fortpflanzung nicht beschrieben.

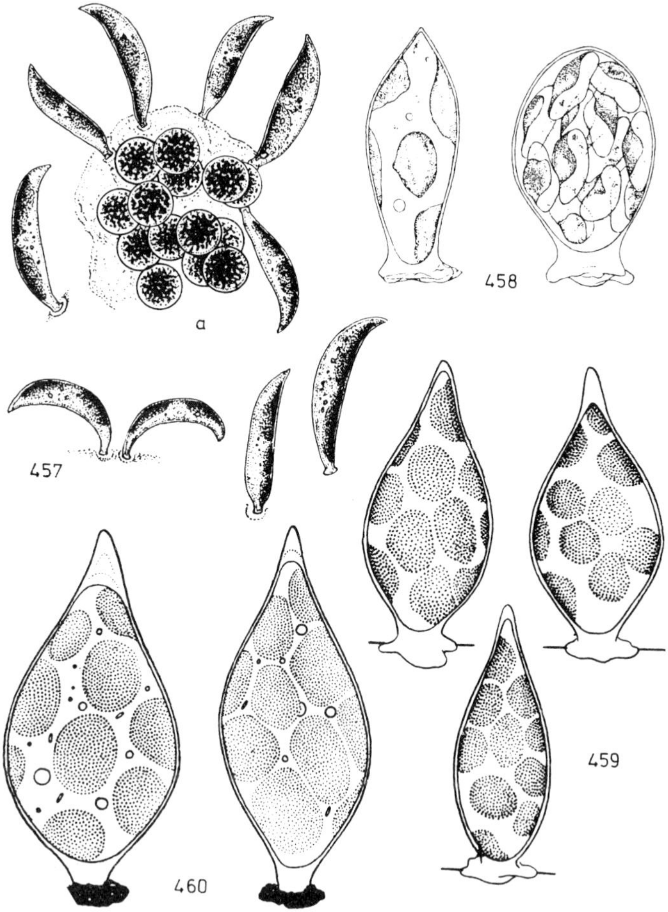

Fig. 457. *Characiopsis microcysticola* Skuja – *a* Zellen auf *Microcystis* sitzend. Fig. 458. *Characiopsis sessilis* Pascher. Fig. 459. *Characiopsis heeringiana* Pascher – typische Ausbildung. Fig. 460. *Characiopsis heeringiana* var. *maior* Pascher (Fig. 457 nach Skuja, sonst nach Pascher).

Zellen bis 30 μm lang und 12–18 μm breit.

Auf *Oedogonium*-Fäden in kleinen Wassertümpeln im Böhmerwald (Tschechoslowakei) an verschiedenen Stellen in Schleswig-Holstein (BRD).

Außer der typischen Form wurde von Pascher eine var. *maior* (Fig. 460) beschrieben, die bedeutend größer ist. Auch besitzt sie einen deutlicheren Stiel. Zellen bis 40 μm lang und 20 μm breit. Ich habe hingegen wieder eine Form gesehen, deren Zellen recht schlank waren und wenigere, aber größere Chromatophoren hatten (Fig. 462).

54. Characiopsis elephantipes Ettl (Fig. 461)

Zellen spindelförmig, wenn auch manchmal leicht bogig gekrümmt. Apikal immer zugespitzt, oft scharf spitz, gegen die Basis zu jedoch allmählich in einen vermittelten, dicken, ein Viertel der Zelle messenden Fuß auslaufend. Zellwand dünn und zart, basal in den breiten Fuß verdickt, der einem Elefantenfuß gleicht und wie dieser am Grunde leicht verbreitert ist. Dieser Fuß ist ziemlich veränderlich, doch behält immer die charakteristische Gestalt bei. Chromatophoren zwei, groß, mantel- bis rinnenförmig, selten ist nur ein einziger Chromatophor ausgebildet. Im Plasma häufig Öltropfen. Zoosporen werden zu viert gebildet.

Zellen 22–27 µm lang, 5–7 µm breit.

Zwischen anderen Epiphyten, hauptsächlich Diatomeen, auf *Oedogonium*-Fäden in alten Torfstichen des Pavlover Moores bei Boskovice (Tschechoslowakei).

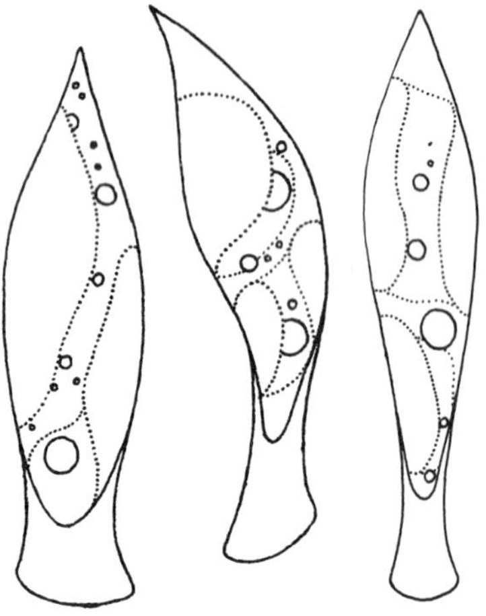

461

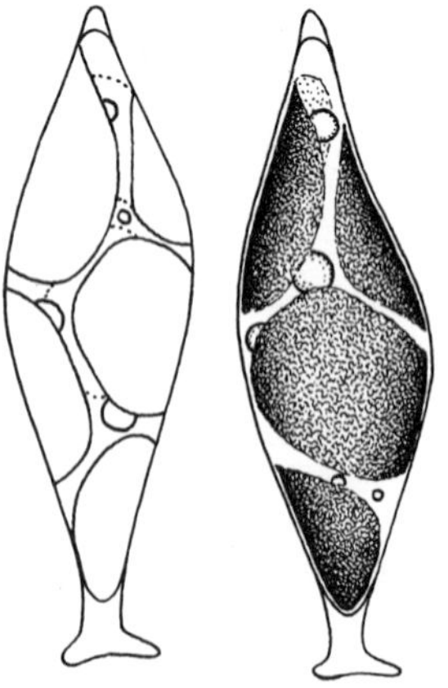

462

Fig. 461. *Characiopsis elephantipes* Ettl. Fig. 462. *Characiopsis heeringiana* Pascher fo. (nach Ettl).

55. Characiopsis grandis Pascher (Fig. 464)

Zellen sehr groß, ellipsoidisch-spindelförmig, nach vorn zu aus der Zellmitte gleichmäßig, manchmal schief in das spitze Ende verschmälert. Gegen die Basis ebenfalls gleichmäßig verschmälert und hier direkt ohne Stielbildung in einen kurzen und dicken Fuß mit großer und breiter Haftscheibe übergehend. Zellen manchmal schief oder sogar leicht gebogen. Zellwand im allgemeinen zart, manchmal leicht rötlich verfärbt. Chromatophoren sehr zahlreich (30 und mehr), scheibenförmig oder leicht polygonal. Fortpflanzung nicht beobachtet. In einem Fall wurden in den Zellen zartwandige, kugelige Aplanosporen beobachtet, die anscheinend zu 16 gebildet wurden.

Zellen 40–90 µm lang, 10–17 µm breit, wohl in bezug auf das Volumen die größte *Characiopsis*-Art.

Auf verschiedenen Algen, besonders auf *Rhizoclonium*, *Oedogonium* und *Tribonema* in Teichen und Wassergräben (BRD, DDR, Tschechoslowakei).

56. Characiopsis saccata N. Carter (Fig. 463)

Zellen immer einseitig entwickelt, meist mit deutlicher Rücken- und Bauchseite, gestreckt und oft unregelmäßig spindelförmig, an beiden Enden schief verschmälert, gerade oder gekrümmt, manchmal fast quer zum Stiel entwickelt und gelegentlich eigenartig dreieckig. Basal in ein sehr kurzes, mit einem kleinen Haftscheibchen versehenes Stielchen verschmälert. Zellwand zart. Chromatophoren in der Jugend einer, schließlich sehr viele. Zellen im Alter vor der Fortpflanzung vielkernig. Fortpflanzung nicht beobachtet.

Zellen 20–50 μm lang, 10 μm breit.

In der typischen Form bis jetzt nur aus England bekannt, etwas derbere Formen in Böhmen (Tschechoslowakei) und in den Seen von Uppland (Schweden) gesehen.

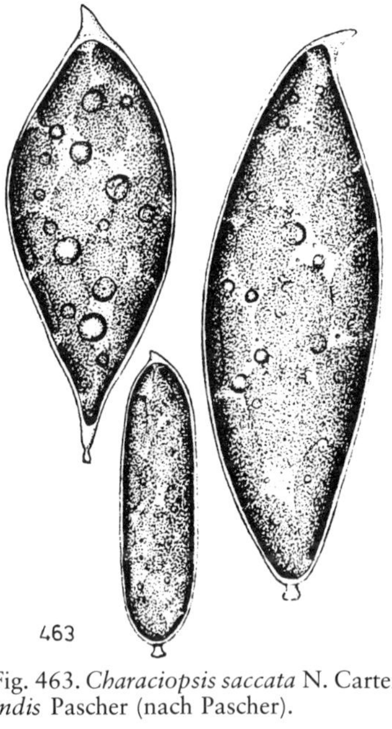

463

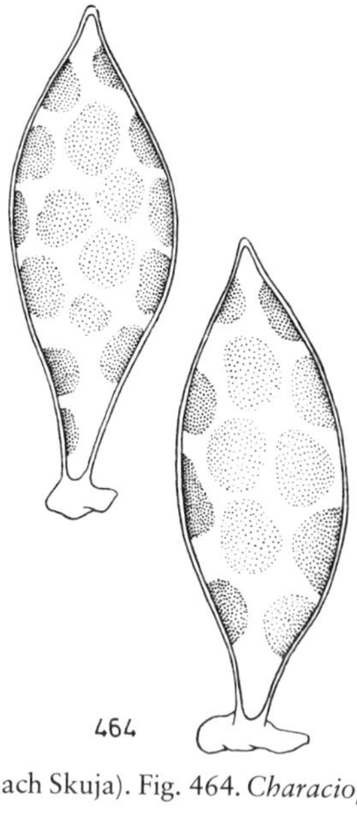

464

Fig. 463. *Characiopsis saccata* N. Carter (nach Skuja). Fig. 464. *Characiopsis grandis* Pascher (nach Pascher).

57. Characiopsis varians Pascher (Fig. 465)

Zellen ellipsoidisch, walzlich bis fast wurstförmig, mitunter leicht eiförmig, gerade oder leicht gekrümmt, manchmal in der Mitte leicht eingezogen. Nach vorn zu oft ziemlich kurz verschmälert und ebenso gegen die Basis zu abgerundet oder auch fast gerade verschmälert und hier in den derben Stiel übergehend, der halb so lang wie die Zelle werden kann. Zellwand etwas derb, vorn meist eine spitze bis stumpfe warzenartige Verdickung bildend. Chromatophoren bei guter Ausbildung auffallend viele (bis 50), sehr klein und scheibchenförmig, gelegentlich auch wenige und größere, manchmal nur in Form einer wandständigen, vielfach durchbrochenen oder netzig aufgelösten Platte. Bei jungen Zellen Chromatophoren auch leicht binnenständig. Fortpflanzung durch Zoosporen mit mehreren Chromatophoren, mit sehr kurzer Nebengeißel und ohne Stigma.

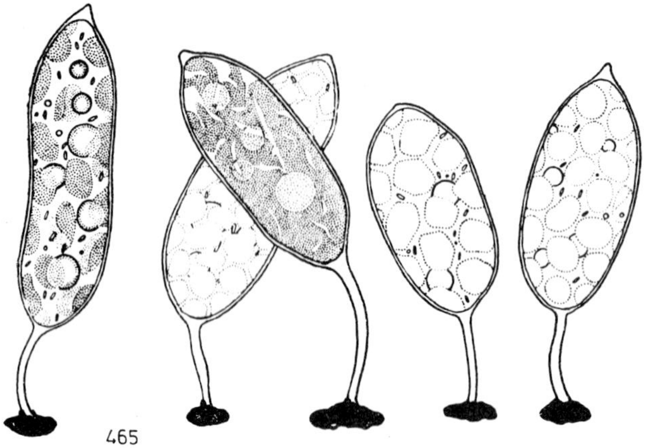

Fig. 465. *Characiopsis varians* Pascher (nach Pascher).

Zellen 15–30 μm lang, 6–9 μm breit.
Nicht sehr seltene, vielleicht wärmeliebende Art. Auf *Oedogonium*, *Rhizoclonium* u. a. Algen in Teichen Südböhmens, in Tümpeln und Kleingewässern in Nordmähren (Tschechoslowakei) und in den Altwässern der Donau in Bayern (BRD).

58. Characiopsis aculeata Pascher (Fig. 466)

Zellen schief oder unregelmäßig, länger oder kürzer spindelförmig bis kurz walzlich spindelförmig, apikal mehr oder weniger plötzlich verschmälert und immer in einen scharfen, oft gekrümmten Stachel ausgezogen. Basal allmählich verschmälert und ganz allmählich in den zarten Stiel übergehend, der so lang bis halb so lang wie die Zelle ist. Zellen meist etwas schief zum Stiel stehend. Zellwand im allgemeinen zart, doch gelegentlich stellenweise Verdickungen aufweisend. Chromatophoren wenige, groß und scheibenförmig. Gelegentlich rote Öltropfen im Plasma. Zoosporen nicht gesehen. Zysten vier bis acht in einer Zelle, ohne verdickte Schalenränder.
Zellen bis 35 μm lang, bis 14 μm breit.
Auf Fadenalgen, besonders auf *Vaucheria* in Wiesentümpeln (BRD, DDR, Österreich, Tschechoslowakei).

59. Characiopsis pseudospinifer (Ettl) Ettl (Fig. 467)
Characiopsis spinifer var. *gracilis* Ettl

Zellen ellipsoidisch-spindelförmig oder ellipsoidisch-zylindrisch, manchmal etwas gestreckt rhombisch, bis fünfmal länger als breit. Meistens sind die Zellen etwas unregelmäßig, leicht einseitig bauchig, apikal einseitig verjüngt und mit einer derben, langen und einseitigen abgebogenen, nach einer Seite gerichteten immer schiefen und bis ein Drittel der Zelle messenden Spitze versehen. Der einseitige Zellbau ist deutlich. Basal allmählich verjüngt und in einen kurzen, aber deutlichen und relativ dünnen Stiel übergehend, der mit einer Haftscheibe endet. Zellwand recht dick, apikal in die verdickte Spitze auslaufend. Chromatophoren mehrere, groß, scheiben- bis kurz bandförmig, oft dicht aneinander gedrängt und dann leicht polygonal. Fortpflanzung nicht beobachtet.
Zellen 20–25 μm lang, 3–5 μm breit.

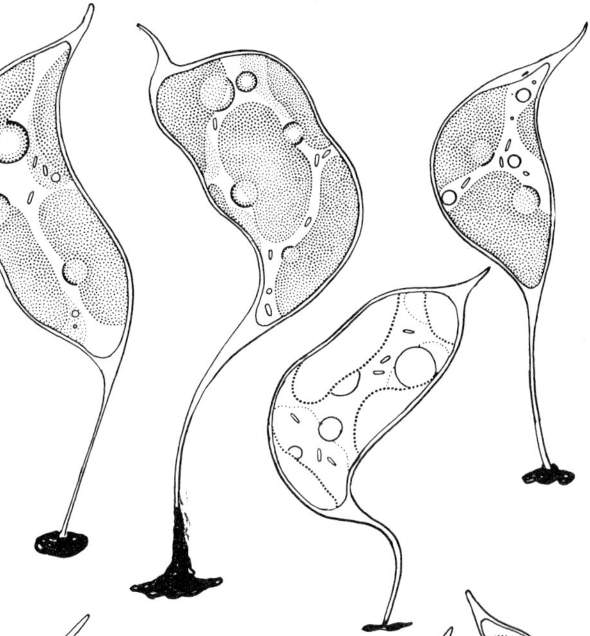

466

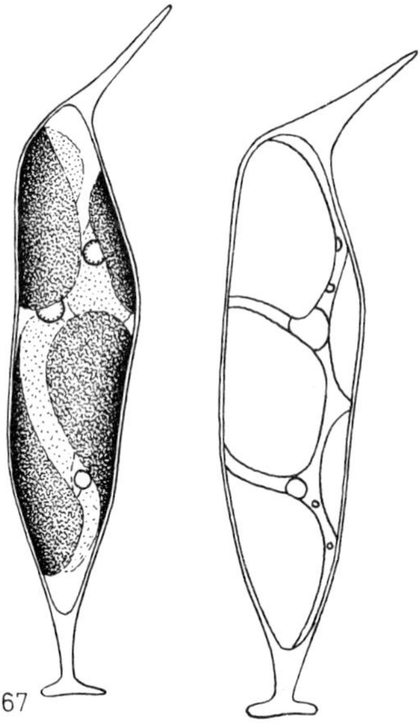

467

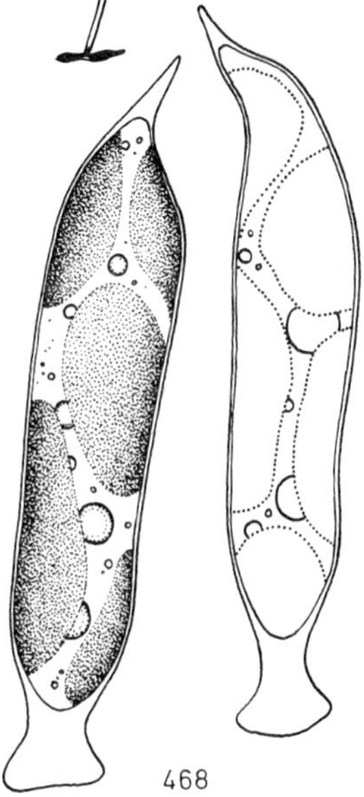

468

Fig. 466. *Characiopsis aculeata* Pascher. Fig. 467. *Characiopsis pseudospinifer* (Ettl) Ettl. Fig. 468. *Characiopsis spinifer* var. *robusta* Ettl (Fig. 466 nach Pascher, sonst nach Ettl).

Auf verschiedenen Fadenalgen sitzend, vor allem auf *Oedogonium*, in kleinen Tümpeln in Nordmähren (Tschechoslowakei).

60. Characiopsis anas Pascher (Fig. 469)

Zellen gerade, leicht bis fast halbkreisförmig gebogen, die untere Flanke flacher, die obere meist deutlich gewölbt. Basal allmählich oder etwas rascher in einen ebenso langen, meist leicht oder stark gekrümmten, relativ dünnen Stiel verschmälert, der basal ein deutliches Haftscheibchen besitzt. Zellen dabei deutlich geneigt und schief zum Stiel stehend. Zellwand ziemlich derb, apikal mächtig zunehmend verdickt und entenschnabelartig oder gebogen kegelförmig, meist leicht nach oben gekrümmt endend. Diese Verdickung auffallend geschichtet und haubenartig das ganze apikale Ende der Zelle bedeckend. Chromatophoren in jungen Zellen wenige (3–4), in älteren Zellen mehrere (bis 10), meist sehr groß, scheibenförmig. Fortpflanzung durch 2–8 Zoosporen, die jedoch nicht frei schwimmend beobachtet wurden.

Zellen 25–45 μm lang, wovon die Hälfte auf den zarten Stiel kommt, bis 8 μm breit, doch manchmal auch breiter.

Mehrmals, aber immer nur vereinzelt auf *Lemna*-Wurzeln und auf *Utricularia* sowie auf *Microspora* in den Altwässern der Moldau bei Prag (Tschechoslowakei).

61. Characiopsis calyptrata Pascher (Fig. 471)

Zellen kurz walzlich, gerade oder manchmal leicht gekrümmt, nicht selten in der Mitte etwas taillenförmig eingezogen, oft auch etwas unregelmäßig bauchig walzlich, in einzelnen Fällen, besonders bei überalterten Zellen unregelmäßig, manchmal auch schief verschmälert und vorn die sonst derbe Zellwand in einen mächtigen kegelförmigen, nicht selten geschichteten Zapfen verdickt, der apikal abgerundet oder zumindest stumpf ist. Zellen basal entweder rasch oder allmählich verschmälert, in den kurzen, selten etwas längeren, oft derben, manchmal unregelmäßigen Stiel zusammengezogen, der meist eine deutliche, oft große Haftscheibe hat. Chromatophoren mehrere bis viele, oft auffallend groß und polygonal aneinanderschließend. Nicht selten rote Öltropfen vorhanden. Fortpflanzung nicht beobachtet.

Zellen 22–35 μm lang, 8–20 μm breit, meist aber annähernd dreimal länger als breit.

In größeren Mengen auf *Utricularia* aus einem Altwasser der Donau bei Bogen in Bayern (BRD). In einer etwas kleineren, weniger derben Form einmal aus einem Wiesengraben auf *Fontinalis* im Böhmerwald (Tschechoslowakei).

62. Characiopsis obtusa (Ettl) Ettl (Fig. 470)
Characiopsis aculeata var. *obtusa* Ettl

Zellen gestreckt ellipsoidisch, schief oder unregelmäßig spindelförmig, meistens unregelmäßig gebogen oder gekrümmt. Nach vorn sind die Zellen rascher, basal allmählich verschmälert, in einen zarten, kürzeren Stiel übergehend. Dieser auch zur Basis hin allmählich dünner werdend und mit einer eiseninkrustierten Haftscheibe endend. Nur ein Viertel der Zelle messend. Zellwand etwas derb, apikal mit einer großen, kegelförmigen, oft geschichteten Verdickung versehen, die das Vorderende der Zelle haubenartig bedeckt. Nicht selten ist auch die Verdickung gekrümmt und sogar nach unten gebogen. Chromatophoren wenige (2–4), relativ groß, scheibenförmig. Im Plasma gelegentlich große Öltropfen. Fortpflanzung nicht gesehen, doch wahrscheinlich durch Zoosporen, da leere Zellwände gesehen wurden. Junge Zellen mehr gestreckt ellipsoidisch-spindelförmig und gerade.

Zellen 15–32 μm lang, 5–8 μm breit.

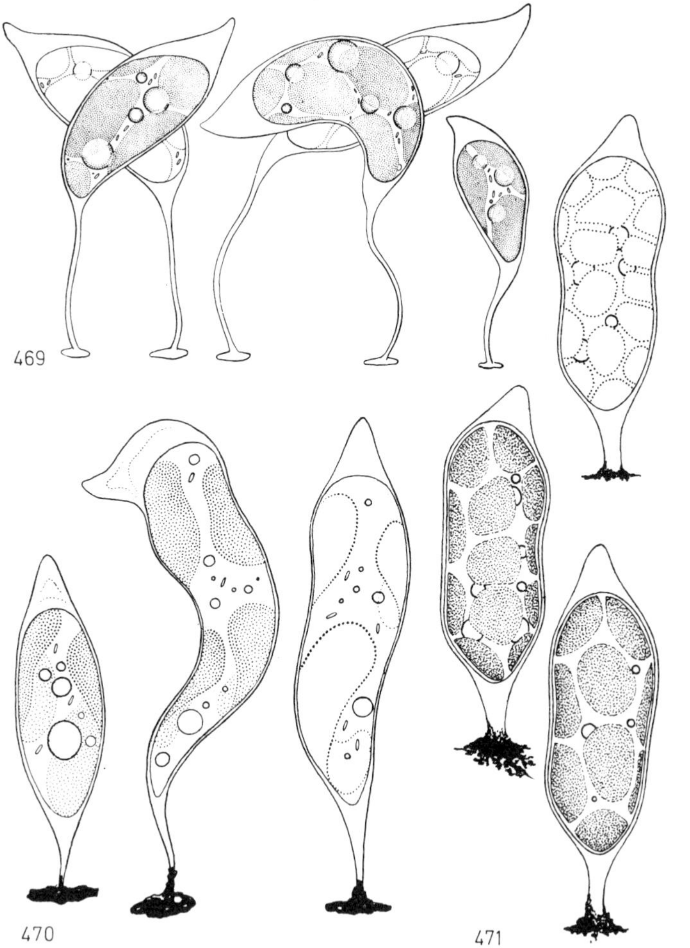

Fig. 469. *Characiopsis anas* Pascher. Fig. 470. *Characiopsis obtusa* Ettl. Fig. 471. *Characiopsis calyptrata* Pascher (Fig. 469 nach Pascher, sonst nach Ettl).

Auf *Oedogonium*-Fäden in alten Torfstichen des Pavlover Moores bei Boskovice (Tschechoslowakei).

63. Characiopsis spinifer Printz (Fig. 472)

Zellen ohne abgesetzten Stiel direkt auf einem dicken Fuß aufsitzend. Fuß mehr oder weniger lang, manchmal fast ein Drittel der Zelle messend und geschichtet, ein anderes Mal stark reduziert und eine niedrige Scheibe bildend. Zellen ellipsoidisch bis leicht ellipsoidisch-eiförmig, oft schief und dann die eine Längsflanke stärker konvex als die andere. Zellwand gleichmäßig dick, nur apikal in einen, manchmal sehr feinen, nicht scharf abgesetzten und am Grunde

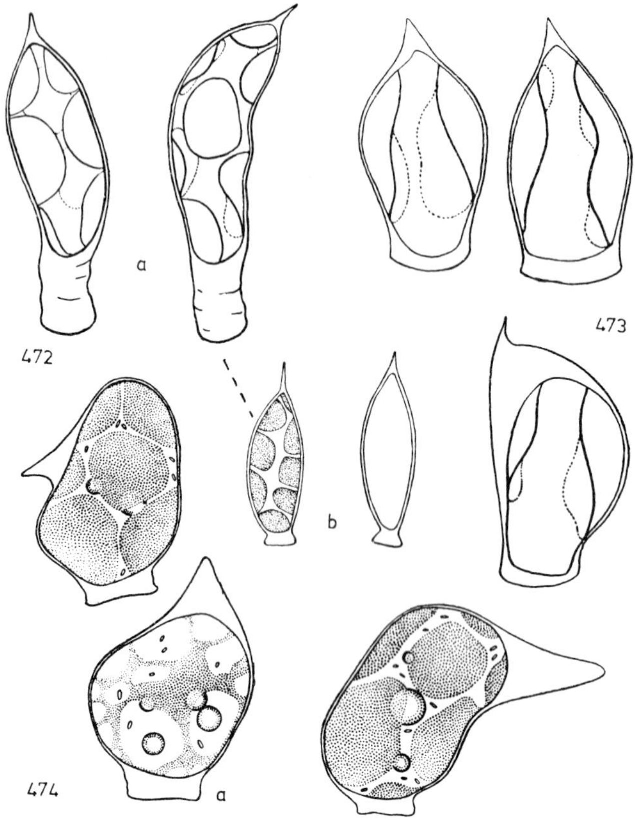

Fig. 472. *Characiopsis spinifer* Printz – *a* Form mit längerem Stiel, *b* typische Ausbildung. Fig. 473. *Characiopsis spina* Pascher. Fig. 474. *Characiopsis crassirostrum* Pascher (Fig. 472b nach Printz, sonst nach Pascher).

nicht knöpfchenförmig verdickten Stachel ausgezogen, der in die Längsachse der Zelle fällt. Chromatophoren mehrere, relativ groß und scheibenförmig. Fortpflanzung nicht beobachtet.

Zellen 22–30 μm lang, 7–9 μm breit, Stachel 3–6 μm lang.

Im Gebiet verbreitet, auf verschiedenen Fadenalgen, speziell auf *Oedogonium* und *Tribonema*. Bevorzugt wahrscheinlich leicht saure Gewässer.

Von dieser Art wurde die var. *robusta* Ettl beschrieben (Fig. 468). Sie unterscheidet sich vom Typus durch die robusten, mehr zylindrischen Zellen und die sehr derbe Zellwand. Stachel schief stehend und Fuß leicht eingezogen. Zellen bis 45 μm lang und bis 9 μm breit. Aus Mooren bei Boskovice (Tschechoslowakei).

64. Characiopsis spina Pascher (Fig. 473)

Zellen verkehrt eiförmig bis eiförmig, meist plump, nach vorn gleichmäßig, manchmal schief verschmälert und hier mit einem kräftigen und manchmal auffallend langen Stachel versehen. Zur Basis hin meist leicht verschmälert und dann in einen kurzen, derben, nicht scharf abgesetzten Fuß verbreitert, der manchmal Schichtungen zeigt. Zellwand derb, apikal in den Stachel verdickt. Chromatophoren immer zwei, wandständig und gegenständig, meist ziemlich groß und muldenförmig. Fortpflanzung durch zwei Zoosporen mit Stigma und einer ungefähr $^1/_3$ der Länge der Hauptgeißel messenden Nebengeißel.

Zellen bis 20 μm lang und bis 8 μm breit.

Auf *Drepanocladus, Nitella* und *Utricularia* in der Neuen Hülbe bei Böhmenkirch (BRD) aus Straßengräben im Böhmerwald (Tschechoslowakei) und aus einem stark verlandeten Altwasser der Donau (Österreich).

65. Characiopsis crassirostrum Pascher (Fig. 474)

Zellen plump zylindrisch bis bohnenförmig oder unregelmäßig eiförmig bis eingezogen verkehrt eiförmig, mit einem sehr kurzen, sehr derben und breiten Fuß aufsitzend. Zellwand ziemlich zart, vorn aber in eine mächtige, solide Warze verdickt, die häufig schief steht oder auch zur Seite gerückt sein kann und schnabelartig ausgezogen ist. Chromatophoren mehrere, groß und scheibenförmig. In manchen Fällen nur ein grünes, unregelmäßiges, in seiner Dichte schwankendes Maschenwerk vorhanden. Gelegentlich, besonders in alternden Zellen große rote Öltropfen. Fortpflanzung durch Zoosporen und Aplanosporen gesehen. Daneben auch Bildung weniger, großer, sich gegenseitig abplattender, derbwandiger Zysten, die sehr viel Reservestoffe haben und bei der Keimung Zoosporen entlassen.

Zellen 18–30 μm, gelegentlich bis 50 μm lang und bis 25 μm breit.

Auf recht verschiedenen organischen und anorganischen Substraten in einem Donaualtwasser bei Tulln (Österreich). Vielleicht kalkholde Form.

Unsichere und zu streichende Arten

Characiopsis acuminata Lemmermann – mangels näherer Angaben kaum zu identifizieren.

Characiopsis aegyptiaca Brunnthaler – Unvollständig und nach mangelhaft erhaltenem Material beschrieben.

Characiopsis clava (Herrmann in Rabenhorst) Lemmermann – nach fixiertem Material beschrieben und abgebildet.

Characiopsis constricta Lemmermann – es ist nicht sicher, ob eine Xanthophycee oder eine Chlorophycee vorgelegen hat.

Characiopsis crustacearum Elenkin – höchstwahrscheinlich eine Chlorophycee.

Characiopsis ellipsoidea G. S. West – kann weder nach der Beschreibung noch nach den Abbildungen zu *Characiopsis* gestellt werden.

Characiopsis epiphytica Bourrelly et Georges (Fig. 475) – schon von den Autoren mit Vorbehalt zu *Characiopsis* gestellt. Diese Art lebt epiphytisch an den Gehäusen von *Trachelomonas.* Fott und Komárek haben einen ähnlichen Organismus als *Colacium minimum* beschrieben. Ich führe *Ch. epiphytica* als unsichere Art auf, bis ihre Zugehörigkeit endgültig geklärt ist. Es kann sich in diesem Fall, wie Bourrelly und Georges betonen, auch um eine *Lutherella*-Art handeln. Zellen kugelig bis ausgesprochen kugelrund, einzeln oder in Gruppen lebend. Ohne deutlichen Stiel oder Haftscheibe, nur mittels eines eiseninkrustierten Gallertpolsters festhaftend. Zellwand deutlich; 1–5 scheibenförmige, gelbgrüne Chromatophoren. Fortpflanzung unbekannt; Zellen 6–10 μm im im Durchmesser. Aus Frankreich beschrieben.

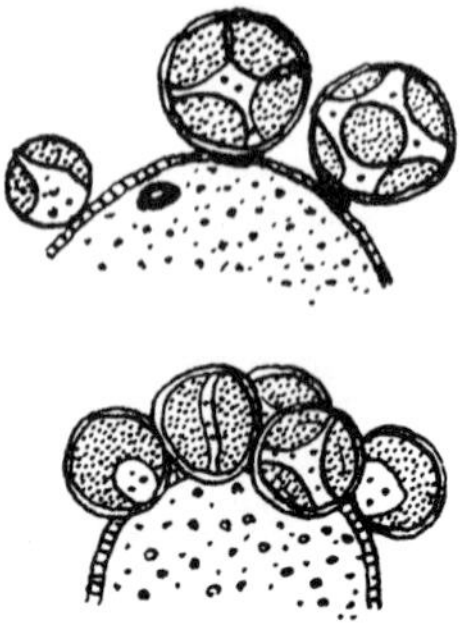

475

476

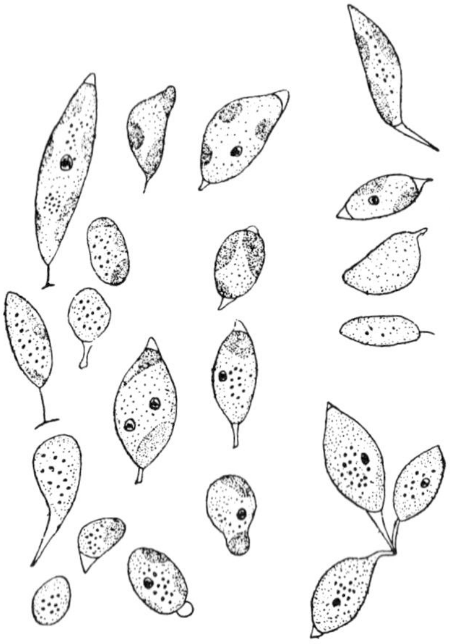

477

Fig. 475. *Characiopsis epiphytica* Bourrelly et Georges (nach Bourrelly und Georges). Fig. 476. *Characiopsis minuta* var. *maior* Wille (nach Wille). Fig. 477. *Characiopsis ovalis* Chodat (nach Chodat).

Characiopsis falcata (Schröder) Lemmermann – weder die unvollständige Beschreibung noch die Abbildungen deuten auf die Zugehörigkeit zu *Characiopsis*.

Characiopsis galeata Ettl – wahrscheinlich mit *Hydrianum crassiapex* Korschikoff identisch. Die von mir gesehenen Zoosporen sind als in die leeren Zellwände eingedrungene fremde Monaden zu deuten.

Characiopsis geitleri Halasz – nicht vollständig beschrieben und unzureichend abgebildet.

Characiopsis groenlandica (Richter) Lemmermann – weder Beschreibung noch Abbildung weisen auf eine Verwandtschaft mit *Characiopsis* hin.

Characiopsis horinzontalis (A. Braun) Lemmermann – auch hier läßt sich nicht erkennen, ob es sich um eine Chlorophycee oder Xanthophycee handelt.

Characiopsis lilloensis Conrad et Kufferath – bedarf einer nochmaligen Überprüfung.

Characiopsis minuta var. *maior* Wille – kaum mit *Ch. minuta* identisch, wahrscheinlich eine andere Art.

Characiopsis naviculiformis Kufferath – unvollständig und mangelhaft beschriebener Organismus, dessen Zugehörigkeit zu *Characiopsis* fraglich ist.

Characiopsis ovalis (Chodat) Chodat (Fig. 477) – wurde ursprünglich als *Monodus ovalis* bezeichnet. Ist nur aus Reinkulturen bekannt; die Stellung der Alge ist fraglich, sie gehört wahrscheinlich nicht zu *Characiopsis*. Die Art wurde anscheinend nicht einheitlich aufgefaßt. Zellen frei wie festhaftend vorkommend, kurz ellipsoidisch bis etwas länger, auch plump und oft recht unregelmäßig spindelförmig, nach vorn meist leicht verschmälert, basal oft mit einem kurzen Stachel (Stiel?), der manchmal derb ist und knöpfchenartig verbreitert sein kann. Chromatophoren meist einer oder zwei, seltener in größeren Zellen drei oder mehrere. Rote Öltröpfen gelegentlich vorhanden. Fortpflanzung durch Bildung von Autosporen und Zoosporen, letztere mit auffallend langer Nebengeißel. Zellen 8–15 μm lang, 5–7 μm breit. Bislang nur aus der Schweiz bekannt.

Characiopsis rossica (Elenkin) Dedusenko Ščegoleva – eine unvollständig beschriebene Art. Das Aussehen des Organismus, die bedeutende Größe (bis 155 μm lang), die walzlichen, schlauch- keulenförmigen Zellen und das epizootische Leben auf *Daphnia* und *Cyclops* deuten mehr auf die Zugehörigkeit zu *Filarskia* hin, einer epizootischen Grünalge.

Characiopsis subsessilis Kufferath – unvollständig und mangelhaft beschrieben, kann nicht eindeutig identifiziert werden.

Anhang:

Eine eigenartige *Characiopsis*-ähnliche Alge wurde als selbständige Gattung *Pseudocharaciopsis* beschrieben (nicht im Bestimmungsschlüssel enthalten). Lichtoptisch unterscheidet sie sich, mit Ausnahme des Pyrenoides, kaum von der Gattung *Characiopsis*, weist jedoch die für die **Eustigmatophyceen** typischen Merkmale in der Ultrastruktur auf.

Pseudocharaciopsis Lee et Bold

Characiopsis-ähnliche Alge, die sich von der Gattung *Characiopsis* durch das Vorhandensein eines gestielten Pyrenoides und durch eine andere Ultrastruktur der Zellen unterscheidet (siehe Charakteristik der Eustigmatophyceen im allgemeinen Teil auf S. 3). Fortpflanzung durch Zoosporen, andere Stadien nicht bekannt.

Wichtigste Literatur: Lee und Bold 1973.

Eine einzige Art:

Pseudocharaciopsis texensis Lee et Bold

Zellen spindelförmig oder spindelförmig-zylindrisch, mit einem kleinen Stiel und einer kleinen Haftscheibe festsitzend. Zellwand dünn, auch bei alten Zellen nicht bedeutend dicker werdend. Junge Zellen mit einem parietalen Chromatophor, ältere Zellen mit mehreren Chromatophoren; je nach der Größe der Zellen mit einem bis vier Pyrenoiden. Erwachsene Zellen mehrkernig. Fortpflanzung durch flaschenförmige, leicht amöboid werdende zweigeißelige Zoosporen, mit terminalem und nicht an den Chromatophor gebundenem Stigma; ohne Pyrenoid, Geißelschwellung an der Basis der Hauptgeißel. Die Zoosporen setzen sich mit ihrem apikalen Ende fest.

Zellen bis 32 μm lang und bis 12 μm breit.

Onion Creek, in der Nähe von Austin, Texas (USA).

8. Familie **Chloropediaceae** Pascher

Zellen in engen Verbänden oder regelrechten Kolonien lebend, die entweder nur wenigzellig sind, oder bis zu vielen Hunderten von Zellen zählen können. Kolonien dadurch gebildet, daß die direkt am Substrat festsitzenden Zellen die zu zweit oder zu viert gebildeten Autosporen mittels der lange erhalten bleibenden alten Zellwand zusammenhalten. Dabei können sich die Kolonien je nach der Zahl der Autosporen auf zwei oder vier Zellen beschränken, oder aber der Vorgang der Teilung kann sich wiederholen, so daß einschichtige, tafelförmige bis krustenartige Zellverbände entstehen, innerhalb deren die Zellen zu deutlichen Zweier- oder Vierergruppen zusammengefaßt sind. Solche Kolonien sitzen dann mit der breiten Fläche dem Substrat auf und erwecken den Eindruck von Pseudoparenchymen. Fortpflanzung durch Zoosporen oder durch Autosporen. Bislang nur eine einzige Gattung bekannt.

Chloropedia Pascher

Voll entwickelte Algen mehr- bis vielzellige Verbände bildend, die manchmal aus mehreren Hunderten Zellen bestehen und zumeist in einschichtigen Flächen angeordnet sind. In diesen Fällen platten sich die Zellen gegenseitig sehr ab, so daß die Zellfläche von oben gesehen unregelmäßig pseudoparenchymatisch erscheint. An Substraten anhaftend und festsitzend. Gelegentliche Mehrschichtigkeit der Lager entsteht dadurch, daß sich manchmal bei sehr raschem Wachstum Zellgruppen übereinander schieben oder auch dadurch, daß sich auf den alten Lagern Zoosporen festsetzen und über der alten Kolonie eine neue Zellfläche bilden. Zellwand zart, gelegentlich aber auch derb, sogar mehrschichtig, manchmal schleimig. Zellen mit einem oder mehreren wandständigen, mulden- bis scheibenförmigen Chromatophoren.

Fortpflanzung durch Zoosporen und Autosporen. Zoosporen zu zweit oder zu viert gebildet. Gelegentlich mit sehr kurzer Nebengeißel. Sie bewegen sich nur sehr kurze Zeit, setzen sich schief fest und bilden zunächst eine kugelige bis ellipsoidische, mit breiter Basis festsitzende Zelle. Dadurch, daß in den Verbänden manchmal nur begrenzte Zellgruppen Zoosporen bilden, entstehen mitten in den sonst grünen Zellflächen farblose Flecke. Die Zoosporen können vollständig amöboid werden. Die Vergrößerung der Lager oder ihre Entwicklung aus einzelligen Stadien erfolgt dann immer durch Autosporenbildung. Diese werden zu zweit oder zu viert gebildet und verfestigen sich innerhalb der erweiterten Mutterzelle auf der Unterlage. Dadurch entstehen Zweier- oder Vierergruppen, die noch eine Zeitlang von der alten Zellwand umschlossen werden. Die Zellflächen entwickeln sich dadurch weiter, daß die Zellen der Zweier- und Vierergruppen immer wieder neue Gruppen von zwei oder vier Zellen bilden. Junge Verbände lassen die Zusammensetzung aus den Gruppen meist deutlich erkennen, bei vorschreitendem Wachstum wird diese Zusammensetzung immer undeutlicher und schließlich entstehen pseudoparenchymatische Krusten. Bei größeren Lagern teilen sich die Zellen in der Mitte der Zellfläche meist nicht mehr, das Wachstum erfolgt dann in den peripher gelegenen Teilen oder nur am Rande. Die Zoosporenbildung setzt meistens mehr in der Mitte des Lagers ein. Gelegentlich setzen sich die Zoosporen nicht fest, sondern umgeben sich unter Abrundung mit Gallerte und bilden dann durch weitere Teilungen direkt Gallertlager. Aus ihnen schwärmen die Protoplasten wieder als Zoosporen aus, um sich schließlich festzusetzen und zu behäuten. Gelegentlich verschleimen bei den vegetativen Stadien die Zellwände so sehr, daß die Lager oder ein Teil von ihnen ein palmelloides Lager bilden, in dem die Einschichtigkeit zumeist verloren geht. Zysten nicht bekannt.

Wichtigste Literatur: Pascher 1930b, 1939a.

Bestimmungsschlüssel der Arten

1a Zellflächen klein, meist wenigzellige Kolonien, die die Zweier- oder Vierergruppen lange erkennen lassen. Zellen 6–9 μm groß .... **1. Ch.plana**

1b Zellflächen oft sehr groß, sehr bald unregelmäßig pseudoparenchymatisch werdend, aus sehr vielen bis Hunderten von Zellen bestehend. Zellen 8–11 μm und noch größer .... **2. Ch.incrustans**

1. Chloropedia plana Pascher (Fig. 478)

Zellen klein, meist etwas unregelmäßige, an anderen Pflanzen festhaftende Täfelchen bildend, die ihre Zusammensetzung aus Zweier- und Vierergruppen lange Zeit erkennen lassen und sehr leicht in Teilkolonien zerfallen. Immer nur aus wenigen oder mehreren Zellen bestehend. Zellwand ziemlich derb, leicht verschleimend, manchmal die Täfelchen völlig palmelloid. Chromotophoren meist zwei, wandständig und muldenförmig, oft recht ungleich. Zoosporen werden zu zweit gebildet. Sie sind mit einem punktförmigen Stigma, etwas über körperlanger Hauptgeißel und kaum ein Drittel der ersteren messender Nebengeißel versehen. Zoosporen sehr formveränderlich, gelegentlich auch ohne Geißeln und ganz amöboid. Autosporen werden zu zweit oder zu viert gebildet.

Zellen 6–10 μm groß.

Nicht häufiger Organismus, auf *Sphagnum* und *Utricularia* festsitzend; aus Kolken bei Františkovy-Lázně, aus Altwässern im südlichen Böhmerwald (Tschechoslowakei), aus Wiesentümpeln bei Bad Gastein, aus Mooren bei Obergurgl in Tirol (Österreich).

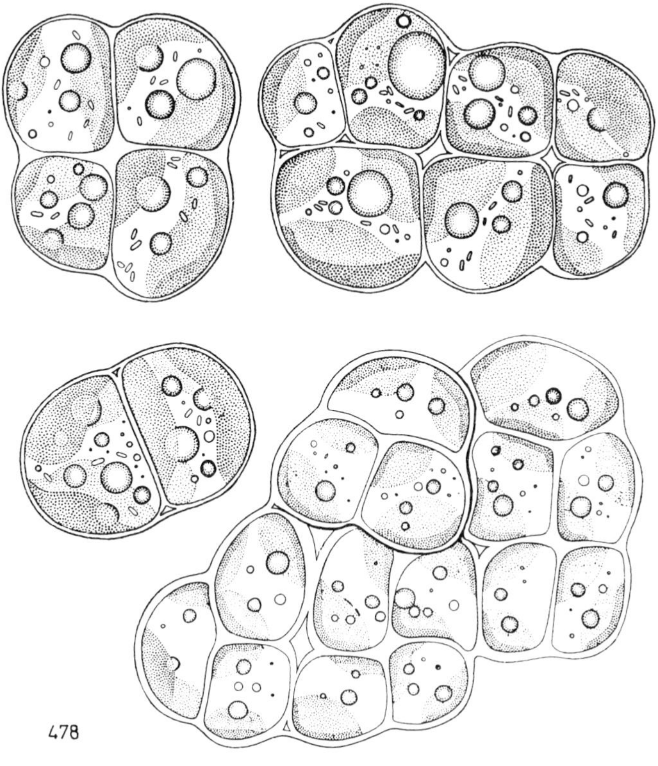

478

Fig. 478. *Chloropedia plana* Pascher (nach Pascher).

2. Chloropedia incrustans Pascher (Fig. 479)

Zellfächen im entwickelten Zustand sehr groß und schließlich aus mehreren hundert Zellen bestehend, meist einschichtig, stellenweise auch zweischichtig, in der Mitte der Zellfläche unregelmäßig pseudoparenchymatisch und meist keine Andeutung der ursprünglichen Zusammensetzung aus Zweier- und Vierergruppen erkennen lassend. Zellen in der Mitte der Zellfläche meist ungleich groß und oft recht unregelmäßig abgeplattet. Zellwand meist sehr derb, oft rötlich verfärbt und sehr leicht verschleimend, so daß entweder größere Partien eines sonst pseudoparenchymatischen Lagers in gallertiger Auflösung zu Palmellen- oder Gloeocysten-Stadien begriffen sind. Chromatophoren drei bis mehrere, oft ungleich. Zoosporen mit deutlichem Stigma und einer Nebengeißel, die ungefähr die Hälfte der Hauptgeißel mißt.

Zellen 8–13 μm, durchschnittlich 10 μm groß.

Manchmal in großen Mengen und in dichten Krusten verschiedene Fadenalgen überziehend, aber auch auf totem Substrat. Auf großen *Oedogonium*-Arten, *Cladophora*-Fäden, ferner auf *Lemna* und *Typha* aus sehr durchwärmten Teichen in Südböhmen, auch aus großen Wiesengräben bei Piešťany (Tschechoslowakei).

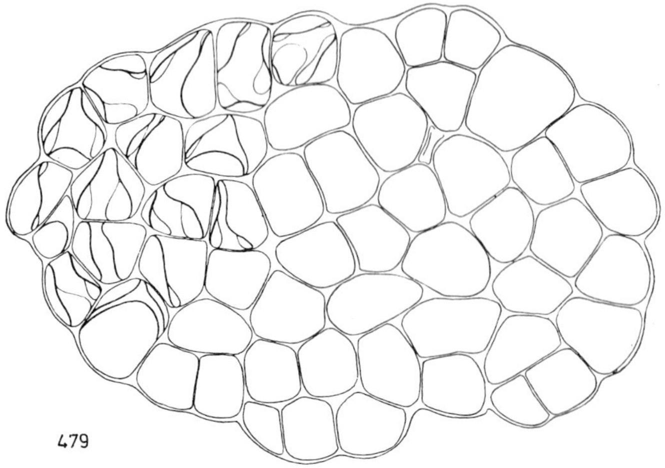

479

Fig. 479. *Chloropedia incrustans* Pascher (nach Pascher).

9. Familie **Trypanochloridaceae** Geitler

Zellen einzeln in den Schalen von Schnecken lebend. Bei schwacher Vergrößerung heben sich die Zellen als weißliche Sterne auffallend vom dunklen Hintergrund der Schalen ab. Ausgewachsene Zellen mit unregelmäßigen, einfach oder wiederholt dichotom gelappten Strahlen, die durch zentrifugales Wachstum gekennzeichnet sind. Fortpflanzung durch Autosporen. Bislang eine einzige Gattung bekannt.

Trypanochloris Geitler

Ausgewachsene Zellen plump sternförmig mit unregelmäßigen, einfach oder wiederholt dichotom gelappten Strahlen, die ein zentrifugales Wachstum haben und von einem relativ kleinen und unregelmäßigen mittleren Teil der Zelle ausgehen, in dem der Kern liegt. Zellwand zart und Zellulosereaktion gebend. Chromatophor in der Form einer großen wandständigen Platte mit zusammengebogenen Rändern, mitunter fast röhrenförmig. Weitere Einzelheiten des Chromatophorenbaus nicht gesehen. Ohne Pyrenoid. Im Plasma Öl, das das Zellinnere mehr oder weniger ausfüllt.

Fortpflanzung durch langellipsoidische oder fast zylindrische Autosporen, zu deren Bildung normalerweise nicht der ganze Protoplast verwendet wird. In der Zellmitte und an den Enden der Zellarme bleiben Plasmateile ungeteilt (Durchwachsung). Werden die Autosporen entleert, so behäuten sich die übriggebliebenen Protoplastenteile und wachsen innerhalb der teilweise entleerten Zelle wieder heran, so daß eigenartig zusammengesetzte Zellverbände entstehen. An diesem Wachstum beteiligen sich die randständigen Protoplastenreste mehr als der zentrale. Diese Vorgänge können sich wiederholen und so entstehen sehr verwickelte Thalli. Das Endstadium in der Entwicklung besteht darin, daß das zentrifugale Wachstum der Arme eingestellt wird und alle Zellen zu ellipsoidischen bis keulenförmigen, oft sehr unregelmäßigen und gebogenen Sporangien

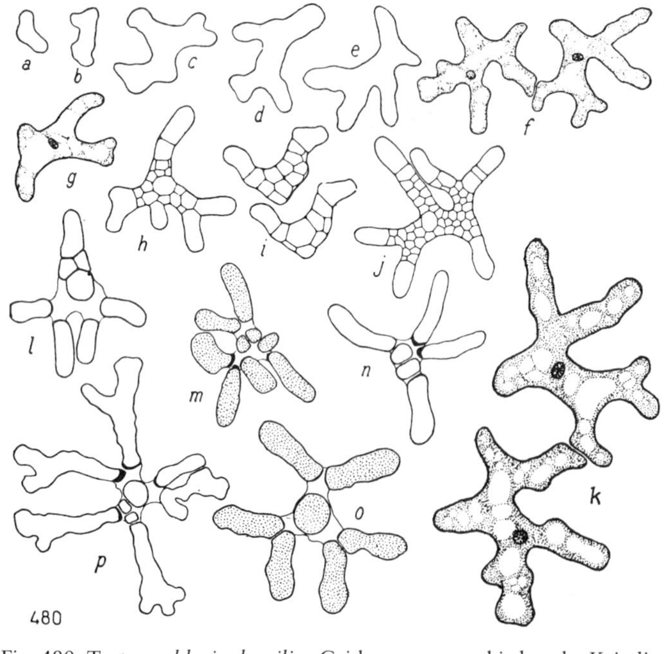

Fig. 480. *Trypanochloris clausiliae* Geitler – *a–g* verschieden alte Keimlinge, *h–j* primäre Autosporenbildung, *k* vegetative Zellen (gefärbt, um den Zellkern deutlich zu machen), *l–p* Autosporen entleert, die behäuteten Restprotoplasten wachsen in den Mutterzellen heran (nach Geitler).

anschwellen, in denen aber der gesamte Zellinhalt zu Autosporen umgewandelt wird. Die Zahl der ausgebildeten Autosporen kann weit über 128 betragen. Zoosporen und Zysten nicht beobachtet.

Wichtigste Literatur: Geitler 1935, Pascher 1939a,

Eine einzige Art:
Trypanochloris clausiliae Geitler (Fig. 480).

Mit den Merkmalen der Gattung. Reife Autosporen 7,5–8 µm lang, 2,7–3,8 µm breit, größte Sporangien 70 µm lang und 30 µm breit.

In den Schalen von *Clausilia corynodes, C. dubia* und *C. parvula* unmittelbar unter dem Periostraceum in der obersten Schicht des Ostracums lebend, von feuchten Kalkfelsen in der Umgebung von Lunz (Österreich) und vom Rigi (Schweiz). Sicher weiter verbreitet.

10. Familie **Centritractaceae** Pascher

Zellen einzeln und frei lebend, nur ausnahmsweise zwei oder mehrzellige, sternartige oder fadenförmige lockere und wieder zerfallende Verbände bildend. Zellen zunächst immer einkernig, von walzlicher Gestalt. Zellwand aus zwei gleichen, häufiger aber ungleichen Teilen bestehend. Längenwachstum der Zellen durch Einfügen von Einschubstücken zwischen den beiden primären Zellwandteilen. Zellen manchmal mit langen Borsten an den Zellenden. Fortpflanzung durch Zoosporen und Autosporen.

Wichtigste Literatur: Pascher 1939a, Starmach 1968, Bourrelly 1968.

Bestimmungsschlüssel der Gattungen

1a Zellen ohne Endborsten .... 1. **Bumilleriopsis** (S. 388)
1b Zellen mit Endborsten .... 2. **Centritractus** (S. 397)

1. **Bumilleriopsis** Printz

Ophiocytium p. p. sensu Gerneck, *Pseudobumilleriopsis* Deason et Bold, *Uteroflexus* Hortobagyi

Zellen frei lebend, nicht festgewachsen, einzeln oder zu kleinen zwei- bis mehrzelligen, fadenförmigen oder radiären Gruppen mit den Enden verklebt, doch nie echte Fäden oder Kolonien bildend. Zellen gestreckt spindelförmig, ellipsoidisch bis walzlich, gleich dick oder gegen das eine oder gegen beide Enden etwas verschmälert, manchmal stellenweise allmählich erweitert; gerade oder zu allermeist gekrümmt oder leicht wellig gebogen, mehrmals länger als breit. An den Enden abgerundet oder stumpf, seltener leicht zugespitzt, manchmal plötzlich verschmälert ausgezogen oder kegelförmig. Beide Enden gleich oder ungleich. Zellwand sehr zart bis mäßig derb, immer ohne Skulptur. Bei einer Art mit höckerartigen braunen Eisenablagerungen, bei einer anderen mit unregelmäßigen. Bei einigen Arten zeigen die in die Länge gewachsenen Zellen an den Enden je ein deutlich dickeres Stück der Zellwand, zwischen denen ein zartwandiges Zuwachsstück eingeschoben ist. Dickere Stücke der Zellwand meist ungleich groß und lang. Zellwand an den Zellenden entweder unverdickt oder nur warzen- bis kappenartig verdickt, zweiteilig, an der Querfurche manchmal eingeschnürt, die beiden Teile jedoch immer erst bei der Entleerung der Zoosporen oder der Autosporen sichtbar. Chromatophoren zwei bis zahlreiche, mulden- bis scheibenförmig, oft sehr ungleich, wandständig. Nur vor der Aufteilung des Protoplasten in Zoosporen deutlich binnenständig. Bei einer Art auch Pyrenoide bekannt. Zellkern einer, bei älteren und größeren Zellen auch mehrere.

Fortpflanzung durch 2–32 Zoosporen, je nach der Größe der Zellen, mit zwei recht ungleichen Geißeln, mit einem bis drei Chromatophoren, mit oder ohne Stigma. Statt der Zoosporen werden auch kugelige oder ellipsoidische Autosporen gebildet. Diese besitzen wahrscheinlich vom Anfang an eine zweiteilige Zellwand, die beim Heranwachsen der Zellen verlängert wird, wobei sich ein Zwischenstück einschiebt. Oft bleiben die reihig angeordneten Autosporen auch nach dem Freiwerden miteinander verklebt, so daß kurze *Heterothrix*-artige Fäden vorgetäuscht werden. Das geschieht besonders in Kulturen. Von echten fadenförmigen Xanthophyceen unterscheiden sich diese Verbände dadurch, daß die Zellen nicht miteinander verwachsen und daß auch keine vegetative Zellteilung erfolgt (siehe weiter unten). Trotzdem bedarf diese Gattung einer neuen Überprüfung im Hinblick auf die «Fadenbildung». Manchmal können austretende Zoosporen mit den Hinterenden strahlig verbunden bleiben und geben dann Anlaß zu sternartiger Gruppenbildung von *Bumilleriopsis*-Zellen. Als Ruhestadien werden derbwandige Aplanosporen gebildet.

Wichtigste Literatur: Printz 1914, 1927, Pascher 1925, 1939a, Skuja 1932, Vischer 1936, 1945, Deason und Bold 1960, Hortobagyi 1964, Starmach 1968, Ettl 1977.

Bestimmungsschlüssel der Arten

1a	Chromatophoren mit Pyrenoid	**1. B.pyrenoidosa**
1b	Chromatophoren ohne Pyrenoid	2
2a	Zellwand hyalin und glatt	3
2b	Zellwand mit höckerartigen und braunen Eisenablagerungen, sehr rauh	**3. B.verrucosa**
3a	Zellen höchstens 20 μm lang, mit 1–3 Chromatophoren	**2. B.simplex**
3b	Zellen viel länger, mit mehreren bis vielen Chromatophoren	4
4a	Zellen ohne Verdickungen an den Zellenden	5
4b	Zellen mit deutlichen Verdickungen an den Zellenden	10
5a	Zellenden bei Einzelzellen nicht ausgezogen und nicht verschmälert	6
5b	Zellenden bei Einzelzellen ausgezogen oder verschmälert	7
6a	Zellen kurz und plump, Zellwand zart	**4. B.peterseniana**
6b	Zellen lang und schlank, Zellwand derb	**6. B.brevis**
7a	Zellen an den Enden oft mamillenartig vorgezogen, doch stumpf oder abgeplattet stumpf	8
7b	Zellen an den Enden kegelförmig verschmälert und zugespitzt	**5. B.closterioides**
8a	Zellen an beiden Enden mamillenartig vorgezogen, sehr groß, bis 120 μm lang	7
8b	Zellen nur an einem Ende mamillenartig vorgezogen, 40–50 μm lang	9
9a	Zellen mit vielen Chromatophoren (bis 30), lange fadenförmige Gruppen bildend	**8. B.filiformis**
9b	Zellen mit wenigen Chromatophoren (2–4, seltener bis 8), keine langen fadenförmigen Gruppen bildend	**9. B.terricola**
10a	Verdickungen knopfförmig, Chromatophoren mehrere, bis höchstens 12	**10. B.biverruca**
10b	Verdickungen kappenförmig, Chromatophoren sehr zahlreich	**11. B.incrassata**

1. Bumilleriopsis pyrenoidosa (Deason et Bold) Ettl (Fig. 481)
Pseudobumilleriopsis pyrenoidosa Deason et Bold

Zellen ellipsoidisch bis ellipsoidisch-zylindrisch, an beiden Enden abgerundet, manchmal zu kleinen fadenförmigen Gruppen vereinigt. Zellwand deutlich, aus zwei etwas ungleichen Teilen bestehend. Chromatophoren einer bis mehrere, wandständig, scheiben- bis leicht muldenförmig. In den Chromatophoren deutliche nackte, für die Xanthophyceen charakteristische Pyrenoide. Ein bis mehrere Kerne. Fortpflanzung durch Zoosporen oder Autosporen, die bis zu 16 gebildet werden. Zoosporen mit einem Chromatophor, seltener zwei Chromatophoren, mit einem Stigma und sehr ungleichen Geißeln. Sie sind sehr formveränderlich bis amöboid.

Zellen bis 40 μm lang und bis 12 μm breit.

Aus Erdproben isoliert, die aus einem Quercetum bei McMahan stammten, Caldwell County, Texas (USA).

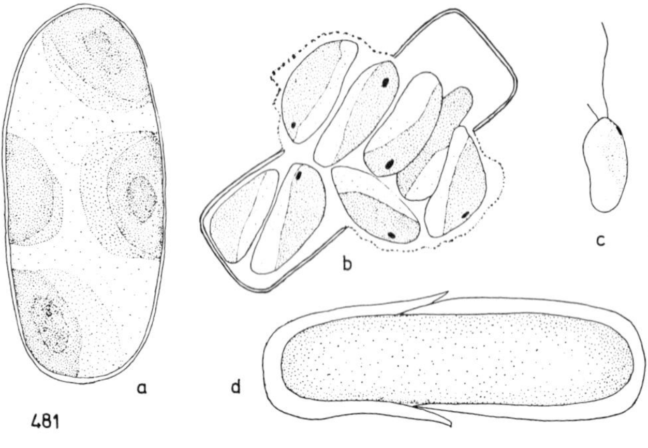

Fig. 481. *Bumilleriopsis pyrenoidosa* (Deason et Bold) Ettl – *a* vegetative Zelle, *b* Zoosporenbildung, *c* Zoospore, *d* Zellwand mit 10% KOH-Lösung behandelt (nach Deason und Bold).

2. Bumilleriopsis simplex Pascher (Fig. 482)

Zellen in der Jugend mehr gerade, dann leicht und schließlich deutlich gekrümmt, mit einer flachen und einer gewölbten Seite, nach beiden Enden hin fast geradlinig auslaufend. Daher ausgegewachsene Zellen in der Mitte am dicksten und gegen die Enden zu etwas einseitig und abgerundet stumpf. Zellwand sehr zart. Chromatophoren bei jungen Zellen meist zwei, seltener nur einer, in erwachsenen Zellen nie mehr als drei. Sie sind wandständig, scheiben- bis kurz rinnenförmig, mehr der gewölbten Seite anliegend. Fortpflanzung durch Bildung von zwei Zoosporen mit einem oder zwei Chromatophoren, Stigma und ungleichen, relativ weit voneinander inserierenden Geißeln. Bei der Entleerung der Zoosporen geht die Zellwand annähernd in halber Zellänge in zwei Stücke auseinander.

Zellen 15–20 μm lang, 4–7 μm breit.

Aus einem Wiesengraben bei Doksy in Böhmen (Tschechoslowakei) und aus einem Tümpel in Jütland (Dänemark).

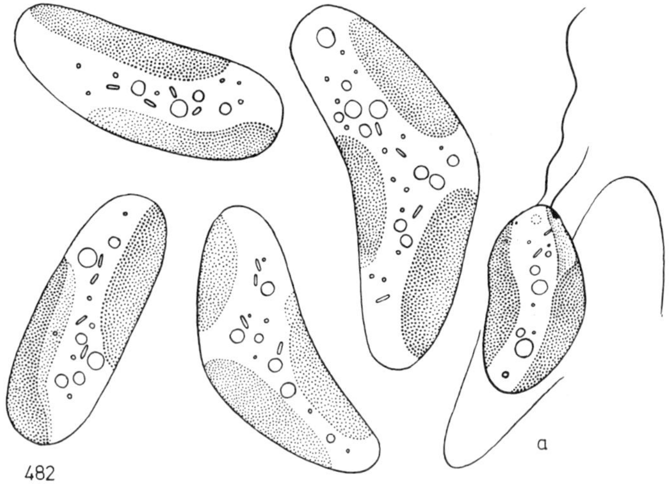

Fig. 482. *Bumilleriopsis simplex* Pascher – *a* Zoospore (nach Pascher).

3. Bumilleriopsis verrucosa (Hortobagyi) Ettl (Fig. 483)
Uteroflexus verrucosus Hortobagyi, incl. *Uteroflexus ornatus* Hortobagyi, *Ophiocytium ornatus* (Hortobagyi) Bourrelly

Zellen ellipsoidisch-zylindrisch oder völlig zylindrisch, an beiden Enden abgerundet, sehr stark gebogen, halbkreisförmig bis fast schneckenartig gebogen. Zellwand ziemlich derb, aus zwei sehr ungleichen Teilen bestehend (der eine Teil

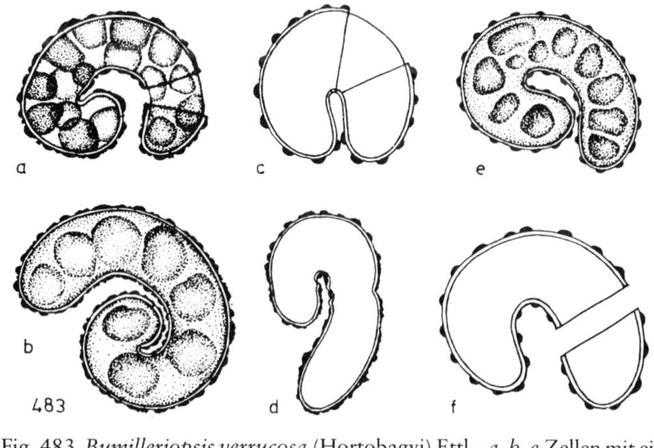

Fig. 483. *Bumilleriopsis verrucosa* (Hortobagyi) Ettl – *a, b, e* Zellen mit eingezeichneten Chromatophoren, *c, d, f* leere Zellwände, teilweise in zwei Teilstücke zerfallen und mit deutlichen Eisenablagerungen an der Oberfläche (nach Hortobagyi).

nur deckelartig), an der Oberfläche mehr oder weniger durch braune, höckerartige und kräftige Eisenablagerungen runzelig-warzig, manchmal sehr grob und unregelmäßig gekörnt. Chromatophoren mehrere, (8–16), wandständig, scheibenförmig. Fortpflanzung durch Zoosporen.

Zellen 3–3,5 μm breit und 4–9 mal länger als breit.

Zwischen anderen Algen im Plankton vorkommend (Ungarn).

4. Bumilleriopsis peterseniana Vischer et Pascher (Fig. 484)

Zellen in der Jugend rundlich, im ausgewachsenen Zustand walzlich bis unregelmäßig walzlich, manchmal direkt mantelförmig, 2–4 mal länger als breit, an beiden Enden etwas abgerundet, bisweilen fast abgestutzt. Zellwand im allge-

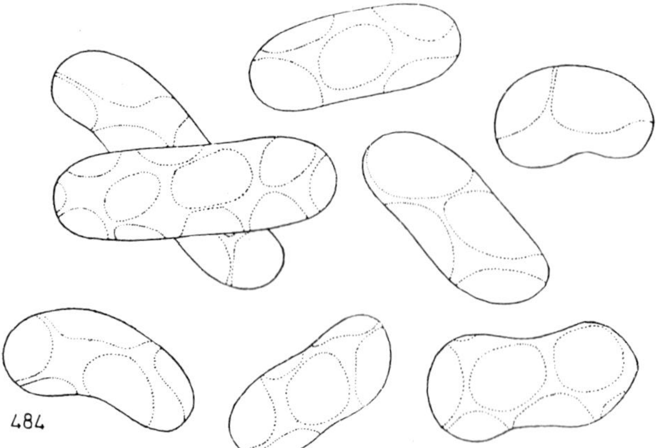

484

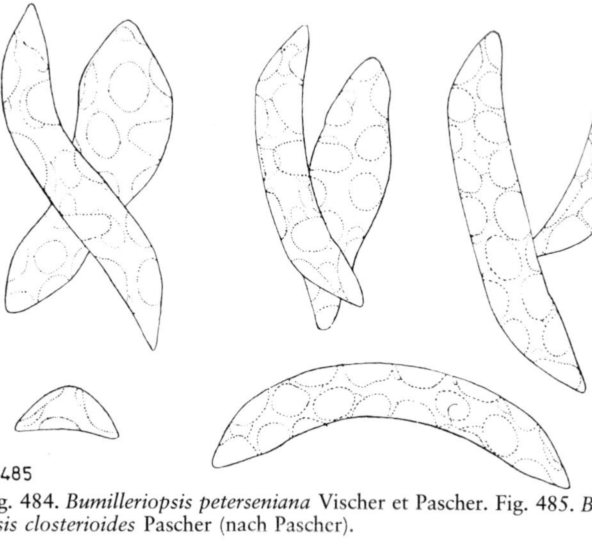

485

Fig. 484. *Bumilleriopsis peterseniana* Vischer et Pascher. Fig. 485. *Bumilleriopsis closterioides* Pascher (nach Pascher).

meinen zart, an den Enden manchmal deutlich verdickt. Die verdickten Enden meist sehr ungleich lang, dazwischen öfters aufgetrieben die sekundären Zuwachsstücke. Chromatophoren viele, relativ klein, oft sehr unregelmäßig verteilt. Fortpflanzung durch Zoosporen mit ausgesprochener Dorsiventralität, mit einem oder zwei Chromatophoren, deutlichem Stigma, 1,5 mal körperlangen Hauptgeißel und um zwei Drittel kürzeren Nebengeißel. Häufig auch Autosporenbildung.

Zellen 20–40 μm lang, 7–10 μm breit.

Recht verbreitete Art, die sowohl in stehenden Gewässern als auch in Erdproben gefunden wurde (Schweiz, Dänemark, Island, Tschechoslowakei).

5. **Bumilleriopsis closterioides** Pascher (Fig. 485)

Zellen gerade, doch meist leicht halbmondförmig gekrümmt, seltener S-förmig; gleichmäßig walzlich, erst an den Enden schief kegelförmig verschmälert, doch nicht spitz, sondern stumpf endend. Bis achtmal länger als breit, gewöhnlich einzeln lebend, seltener strahlenförmig zu Vierer- oder Achtergruppen verbunden, wobei dann die verbundenen Zellen meist stärker gekrümmt sind als die einzeln lebenden. Gelegentlich sind die Zellen unregelmäßig aufgetrieben, lassen aber immer noch mehr oder weniger deutlich die kegelförmigen Enden erkennen. Zellwand sehr zart, auch an den Enden nicht verdickt, aus zwei Teilen bestehend, zwischen die sich bei verlängerten Zellen ein Zuwachsstück einschiebt, das aber gegenüber den beiden Endstücken nicht besonders differenziert ist. Manchmal mit leichter Schleimhülle. Chromatophoren sehr zahlreich, scheibenförmig. Fortpflanzung durch 4–32 mehr kugelige Autosporen mit sehr zarter Zellwand und mit zwei bis drei, seltener nur mit einem Chromatophor. Die Autosporen wachsen direkt zu vegetativen Zellen heran oder der Inhalt der jungen Zellen tritt als Zoospore aus, wobei die Zellwand in zwei fast gleich große Hälften zerfällt. Es können aber aus den vegetativen Zellen auch direkt Zoosporen gebildet werden, die in gleicher Anzahl wie die Autosporen entstehen. Sie sind immer gestreckt, vorn abgeschrägt, besonders am Hinterende leicht amöboid. Mit einem bis drei Chromatophoren, Stigma und körperlanger Hauptgeißel. Nebengeißel sehr kurz. Junge vegetative Zellen zeigen sehr bald ein ausgiebiges Längenwachstum und bilden neue Einschubstücke.

Zellen 30–40 μm lang, 7–12 μm breit.

Aus Torfgruben im Erzgebirge (Tschechoslowakei), aus Wiesengräben in Holstein (BRD).

6. **Bumilleriopsis brevis** (Gerneck) Printz (Fig. 486)
Ophiocytium breve Gerneck

Zellen zylindrisch, gerade bis ziemlich stark gekrümmt, mit meist ungleichen Enden. Zellen einseitig verschmälert oder abgerundet stumpf, ein Ende oft mehr abgerundet als das andere. Zellwand sehr zart bis ziemlich derb, an den Enden manchmal leicht verdickt, aus zwei sehr ungleichen Stücken bestehend. Chromatophoren mehrere bis zahlreiche, scheibenförmig. Fortpflanzung durch Zoosporen (bis zu 16). Diese sind ellipsoidisch, sehr formveränderlich, mit einem bis vier Chromatophoren und ohne Stigma. Nebengeißel sehr kurz. Auch Aplanosporenbildung beobachtet; Aplanosporen meist reihenartig angeordnet.

Zellen 10–30 μm, seltener bis 45 μm lang, 4–10 μm breit.

Im Gebiet recht verbreitet, an Teichufern und auf feuchter Erde, auch in Erdproben.

7. **Bumilleriopsis megacystis** Skuja (Fig. 487)

Zellen walzlich, mehr oder weniger gekrümmt, stellenweise leicht eingeschnürt. An beiden, manchmal etwas ungleichen Enden rasch und leicht ver-

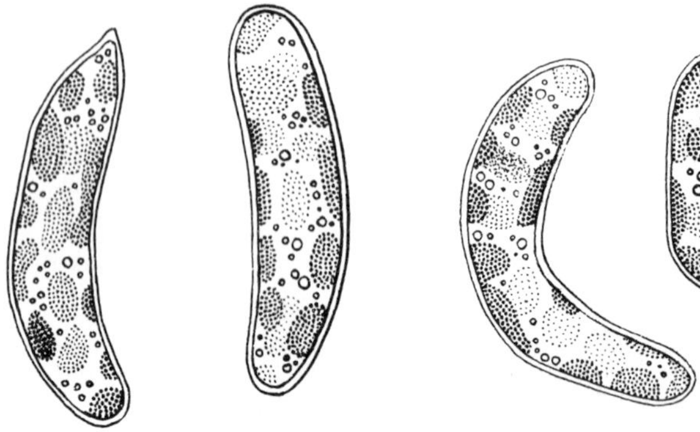

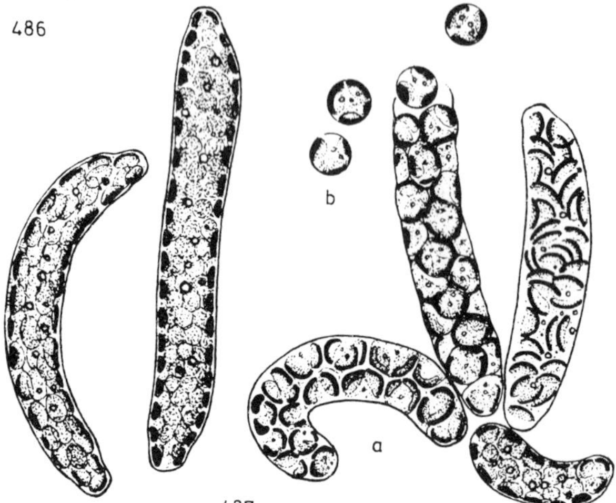

Fig. 486. *Bumilleriopsis brevis* Printz (nach Printz). Fig. 487. *Bumilleriopsis megacystis* Skuja – *a* Aplanosporenbildung, *b* Aplanosporen (nach Skuja).

schmälert und dann etwas mamillenartig vorgezogen und schließlich breit bis flächig abgerundet oder rundlich abgestutzt. Zellwand sehr zart, dünn und farblos, ohne Verdickungen. Chromatophoren sehr zahlreich, scheibenförmig und wandständig. Fortpflanzung durch Aplanosporen, die in großer Menge und nicht reihenförmig, sondern dicht nebeneinander in den Zellen gebildet werden, rund sind und zwei bis vier Chromatophoren besitzen. Zoosporenbildung nicht ausgeschlossen.

Zellen bis 120 μm lang und bis 12 μm breit. Aplanosporen bis 8 μm im Durchmesser.

In einem halb ausgetrockneten Graben auf nassem Lehmboden gemeinsam mit Zygnemaceen und Desmidiaceen (Lettland).

8. Bumilleriopsis filiformis Vischer (Fig. 488)

Zellen ellipsoidisch-zylindrisch bis zylindrisch, das eine Ende aufgetrieben oder auch beidseits bauchig, gerade, seltener gebogen, an den Enden abgerundet bis stumpf. Bei Einzelzellen das eine Ende mamillenartig vorgezogen. Selten sind die Zellen unregelmäßig. Oft lange fadenförmige Zellverbände bildend, die dadurch entstehen, daß die entleerten Autosporen sich hintereinander reihig anordnen. Zellwand deutlich zweiteilig, an den beiden Enden verdickt, das Zwischenstück jedoch zarter. Bei Entleerung zerfallen die Autosporen in zwei sehr ungleich große Teile, da das Zwischenstück dem einen Teil anhängt. Chromatophoren mehrere bis zahlreiche, scheibenförmig und wandständig. Kurz vor der Protoplastenteilung werden die Chromatophoren binnenständig. Fortpflanzung nur durch Autosporen, die zu zweit oder zu mehreren gebildet werden. Sie werden entweder regellos entleert oder bleiben oft an den Enden miteinander verklebt, wodurch die fadenförmigen Verbände entstehen.

Zellen bis 50 μm lang und bis 12 μm breit, Autosporen 8–10 μm groß.

Aus Erdproben einer Wiese bei Fuorn (Schweiz) isoliert.

9. Bumilleriopsis terricola Matwienko (Fig. 489)

Zellen gestreckt ellipsoidisch oder gestreckt ellipsoidisch-eiförmig, in der Jugend eiförmig, oft etwas unregelmäßig oder die eine Flanke mehr gebogen als die andere. Das eine Zellende deutlich mamillenartig vorgezogen. An beiden Enden abgerundet stumpf. Zellwand derb, aus zwei ungleichen Teilen bestehend. Chromatophoren 2–4, seltener 8, kurz bandförmig gebogen oder auch kurz spiralig gewunden. Fortpflanzung durch 4 oder 8 Autosporen.

Zellen 7–41 μm lang und 5–13 μm breit.

Aus verschiedenen Erdproben isoliert (UdSSR)

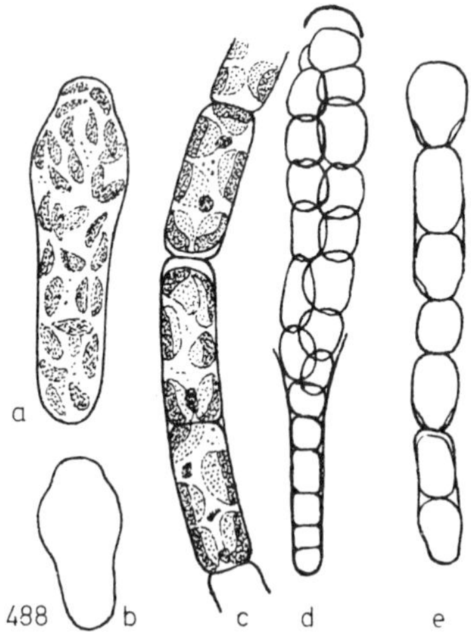

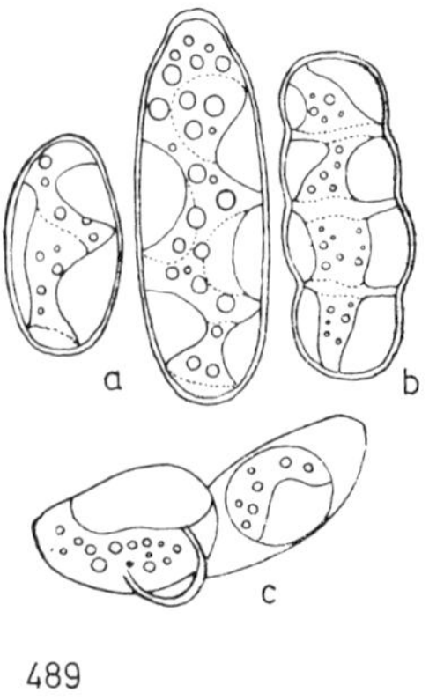

Fig. 488. *Bumilleriopsis filiformis* Vischer – *a* große Einzelzelle, *b* normale Einzelzelle, *c* fadenförmig hintereinander gereihte Zellen, *d* und *e* verschiedene Fadenformen, die durch Autosporen gebildet werden (nach Vischer). Fig. 489. *Bumilleriopsis terricola* Matwienko – *a* zwei verschieden große Zellen, *b* Zelle mit Einschnürungen, *c* Autosporenbildung (nach Matwienko).

10. Bumilleriopsis biverruca Pascher (Fig. 490)

Zellen gerade oder leicht gekrümmt, an beiden Enden sehr breit, manchmal ungleich abgerundet, mit ungemein zarter Zellwand, die manchmal von einer leichten Schleimhülle umgeben ist. Zellwand an den Enden mit deutlichen, kleinen, fast halbkugeligen Warzen versehen. Chromatophoren relativ wenige (bis

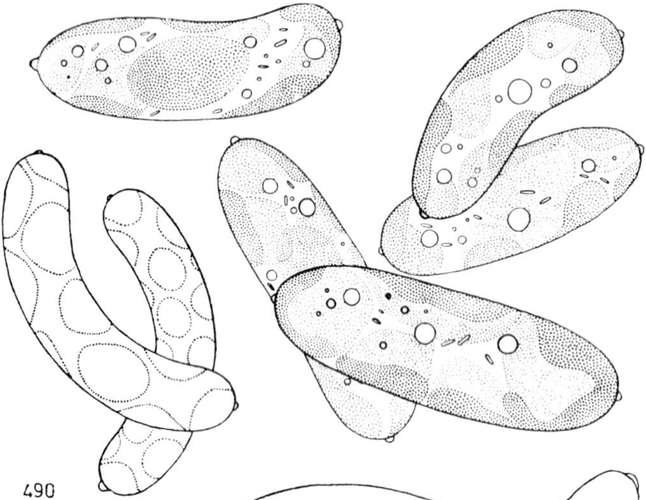

490

491

Fig. 490. *Bumilleriopsis biverruca* Pascher. Fig. 491. *Bumilleriopsis incrassata* Pascher (nach Pascher).

12), scheibenförmig, elliptisch bis leicht bandförmig, oft sehr ungleich groß, im allgemeinen größer als bei anderen Arten. Zoosporenbildung nicht beobachtet, doch wahrscheinlich, da Teilprotoplasten pulsierende Vakuolen und ein Stigma haben. Auch Autosporen gesehen.

Zellen bis 20 μm lang, auch länger, 6–9 μm breit.

Von Teichufern aus der Umgebung von Prag (Tschechoslowakei).

11. Bumilleriopsis incrassata Pascher (Fig. 491)

Zellen im ausgewachsenen Zustand fünf bis mehrmals länger als breit, meistens deutlich gekrümmt, ziemlich regelmäßig zylindrisch, manchmal in der Mitte oder gegen die Enden zu etwas eingeschnürt. Enden manchmal etwas vorgezogen, breit abgerundet, die sonst zarte Zellwand hier deutlich kappenartig verdickt. Chromatophoren zahlreich, oft sehr blaß, scheibenförmig, manchmal sehr unregelmäßig und fast bandförmig. Gelegentlich große tiefrote Öltropfen im Plasma. Fortpflanzung nicht gesehen. Diese Art bildet gelegentlich radiäre oder auch fadenförmige Verbände von 2–4 Zellen.

Zellen bis 50 μm lang, 5–8 μm breit.

In kleinen Vertiefungen auf Wiesen, mit stark verjauchtem Wasser, am Ameringkogel in der Steiermark.

2. Centritractus Lemmermann

Schroederia Schmidle p. p.

Zellen einzeln lebend, nur selten kleine, unregelmäßige, mehr zufällige Gruppen bildend. Zellen kugelig-ellipsoidisch, spindelförmig bis walzlich-spindelförmig oder zylindrisch, oft vielmals länger als breit, gerade oder leicht gekrümmt, manchmal mit ungleichen Enden. Zellwand zart bis derb, bei einer Art mit groben tiefbraunen Eisenablagerungen. An den Enden mit je einem axialen, kürzeren oder längeren, derben oder auch sehr zarten borstenartigen Stachel versehen. Beide Stacheln oft ungleich lang, gerade oder leicht gekrümmt. Zellwand aus zwei Teilen bestehend, von denen der eine, seltener beide Teile durch Zuwachsstücke, die oft viel zarter sind als die beiden ersten Stücke der Zellwand, in die Länge wachsen. Zellwand daher sehr ungleich dick werdend. Chromatophoren einer oder mehrere, muldenförmig, oft auch mantelförmig, gerade oder schief liegend, oft zerteilt und stark gelappt und auch scheibenförmig aufgelöst. Gelegentlich der ganze Chromatophor ein unregelmäßiges Maschenwerk darstellend.

Fortpflanzung unvollständig bekannt. Bildung von Zoosporen, die zu 2–16 entstehen, mit einem bis mehreren Chromatophoren, sowie von dünnwandigen Autosporen als auch derbwandigen Aplanosporen. Ihre Zellwand wahrscheinlich ebenfalls zweiteilig. Zysten nicht bekannt.

Bei allen *Centritractus*-Arten können die Zellen eigenartig aufgetrieben sein. Diese Auftreibungen beziehen sich immer nur auf die zarten Zuwachsstücke der Zellwand, ihre Ursache ist unklar.

Wichtigste Literatur: Lemmermann 1900, Pascher 1925, 1939 a, Printz 1927, Fritsch 1935, Starmach 1966, 1968.

Bestimmungsschlüssel der Arten

1a	Zellwand an der Oberfläche mit Warzen, die bei erwachsenen Zellen oft tiefbraun verfärbt sind	**1. C. brunneus**
1b	Zellwand glatt und farblos	2
2a	Zellen kugelig oder kugelig-ellipsoidisch	**2. C. globulosus**
2b	Zellen deutlich ellipsoidisch bis lang zylindrisch, zweimal bis mehrmals länger als breit	3

3a Endstachel sehr zart, haarförmig .... **3. C.capillifer**
3b Endstachel immer sehr derb 4
4a Zellen kurz ellipsoidisch oder kurz spindelförmig, erwachsene Zellen höchstens 2,5 mal länger als breit 5
4b Zellen lang bis gestreckt ellipsoidisch oder walzlich, erwachsen immer mehrmals (5–8 mal) länger als breit 6
5a Endstachel nicht in ein haarförmiges Ende auslaufend, immer kürzer als die Zelle, kaum die Hälfte erreichend, Zellen 5–6 μm breit ..... **4. C.dubius**
5b Endstachel in ein deutliches haarförmiges Ende auslaufend, länger als die Zelle, Zellen 7–9 μm breit .... **6. C.ellipsoideus**
6a Zellenden kegelförmig und geradlinig verschmälert, spitz und allmählich in den Stachel übergehend, Zellen unregelmäßig walzlich, oft gewellt, 5–6 μm breit .... **5. C.africanus**

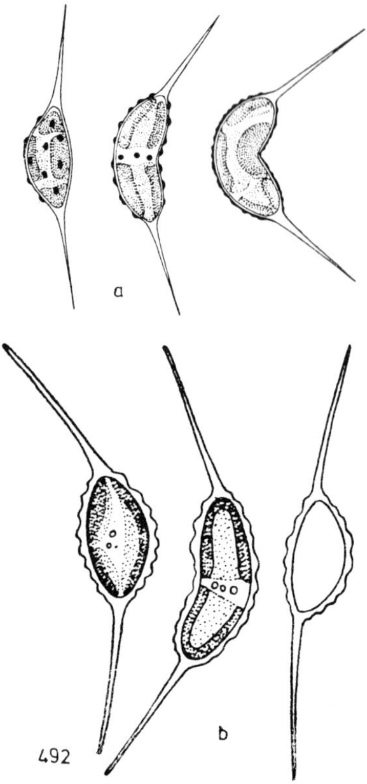

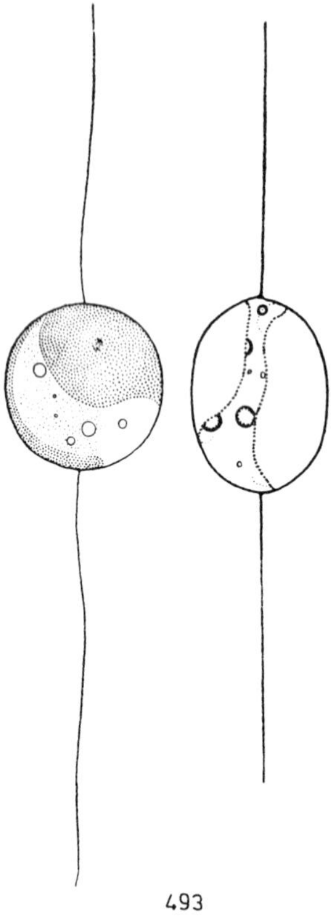

Fig. 492. *Centritractus brunneus* Fott – *a* Zellen mit Eiseninkrustationen in Form von braunen Flecken, *b* Zellen ohne Eiseninkrustationen (nach Fott). Fig. 493. *Centritractus globulosus* Pascher (nach Pascher).

6b Zellenden nicht kegelförmig und nicht geradlinig verschmälert, Stachel scharf abgesetzt, Zellen regelmäßig walzlich, 6–15 μm breit 7

7a Zellenden halbkugelig abgerundet, Stachel förmlich aufgesetzt, Zellen gerade, bis 30 μm lang, Einschubstück der Zellwand sehr zart .... **7. C.rotundatus**

7b Zellenden haubenförmig, manchmal etwas stumpf, rasch in den Stachel verschmälert, Zellen leicht gebogen, bis 47 μm lang, Einschubstück der Zellwand derber .... **8. C.belenophorus**

1. Centritractus brunneus Fott (Fig. 492)

Zellen kurz spindelförmig bis ellipsoidisch-spindelförmig, stark gebogen, etwas bohnenförmig, an beiden Enden gleich und deutlich verschmälert. Wenn die Zellen nicht auffallend gebogen sind, so ist wenigstens die eine Flanke immer deutlich stärker konvex. Zellwand recht derb, warzig. Bei älteren Zellen Warzen infolge von Eisenablagerungen tiefbraun gefärbt. An den Enden in zwei mehr als körperlange, spitz auslaufende Stacheln verdickt. Chromatophoren zwei bis vier, wandständig, mulden- bis scheibenförmig, manchmal auch kurz bandförmig. Fortpflanzung nicht bekannt.

Zellen 10–15 μm lang, 7–8 μm breit, Stacheln bis 15 μm und noch länger.

Im Plankton kleiner und mittelgroßer, stark eutropher Teiche (Tschechoslowakei).

2. Centritractus globulosus Pascher (Fig. 493)

Zellen kurz ellipsoidisch bis fast kugelig, mit breit abgerundeten Enden Zellwand sehr zart, wahrscheinlich aus zwei gleichen Stücken bestehend; mit borstenartigen Stacheln und gegen die Basis der Borsten manchmal ein wenig verdickt. Borsten sehr zart, jede bis dreimal länger als die Zelle, gerade oder leicht und unregelmäßig gekrümmt und basal weder plötzlich noch allmählich verdickt, sondern förmlich direkt aufgesetzt. Chromatophor meistens nur einer, groß, muldenförmig, oft stark gelappt und mehrere Chromatophoren vortäuschend. Fortpflanzung nicht gesehen.

Zellen 8–10 μm im Durchmesser.

Mit vielen schleimigen Algen zusammen in Gräben von Mooren in Nordböhmen (Tschechoslowakei) und im Schwarzwald (BRD).

3. Centritractus capillifer Pascher (Fig. 494)

Zellen in der Form nicht sehr regelmäßig, ellipsoidisch bis ellipsoidisch-walzlich, manchmal an einem Ende dicker als am anderen. Gegen die Enden zu lang und allmählich bogig verschmälert oder auch kurz zusammengebogen. Enden sehr häufig, besonders an längeren Zellen ungleich, das eine rasch zusammengezogen, das andere lang verschmälert. Zellwand sehr zart, ihre beiden Teile sehr ungleich, wobei der Teil, der das rascher verschmälerte Ende bildet, meist der kürzere ist. An den Zellenden je eine sehr zarte, haarförmige Borste. Beide Borsten ungleich lang, die kürzere oft kaum die halbe Zellänge, die längere oft anderthalb Zellängen messend. Chromatophor meistens einer, mantelförmig, den größten Teil der Zelle auskleidend, oft schief und wandständig, nur gelegentlich zwei Chromatophoren. Fortpflanzung nicht gesehen.

Zellen ohne Borsten 18–25 μm lang, 5–7 μm, selten bis 9 μm breit.

Aus verlandeten Altwässern der Traun und aus einem vergrasten Almtümpel im Toten Gebirge (Österreich).

4. Centritractus dubius Printz (Fig. 495)

Zellen kurz ellipsoidisch, an beiden Enden verschmälert abgerundet. Zellwand derb, anscheinend aus zwei fast gleichen Teilen bestehend. An den Zell-

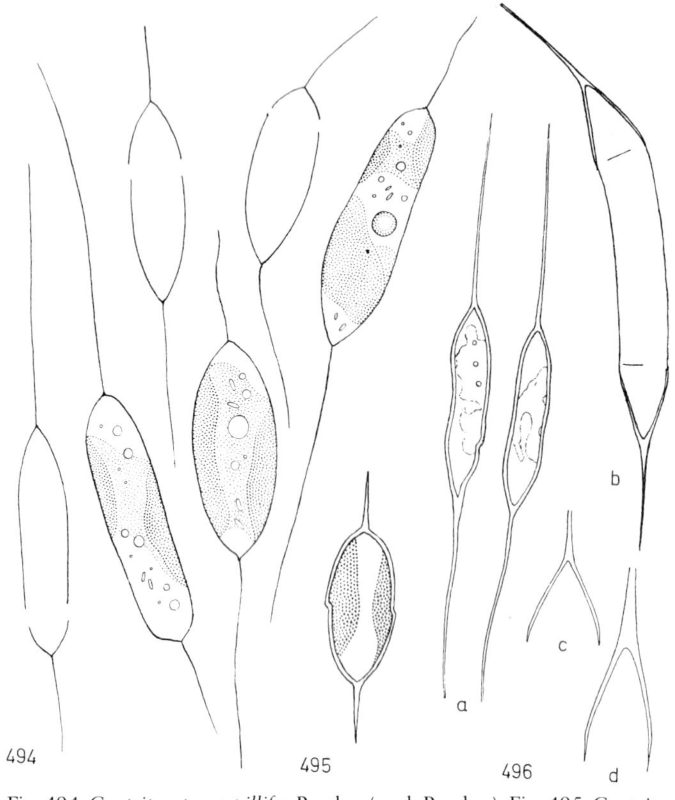

Fig. 494. *Centritractus capillifer* Pascher (nach Pascher). Fig. 495. *Centritractus dubius* Printz (nach Printz). Fig. 496. *Centritractus africanus* Fritsch et Rich – *a* Typus (nach Fritsch und Rich), *b* von Pascher gezeichnete Form, *c* und *d* Detaile der Zellenden.

enden axial je ein kurzer, nicht scharf aufgesetzter, derber, spitzer Stachel, der kaum so lang wie die Zellbreite ist. Zwei bis drei wandständige Chromatophoren. Fortpflanzung nicht beschrieben.

Zellen 10–14 μm lang, 5–6 μm breit.

Bislang nur aus dem Plankton in Norwegen bekannt.

5. Centritractus africanus Fritsch et Rich (Fig. 496)

Zellen oft recht lang, etwas unregelmäßig zylindrisch, gerade oder leicht wellig gekrümmt, vor den Enden nicht selten (auch wiederholt) taillenförmig eingezogen, die Enden selber deutlich kegelförmig verschmälert, geradlinig verlaufend und allmählich in die derben Stacheln übergehend. Stacheln meist länger als die Zelle. Chromatophoren wohl mehrere. Fortpflanzung nicht bekannt.

Zellen 27–37 μm lang, 5–6 μm breit, Stacheln bis 40 μm lang.

Aus dem Kapland beschrieben, aber auch in einem stark sauren Tümpel in einem Kiefernwald in Nordböhmen gefunden (Tschechoslowakei).

6. **Centritractus ellipsoideus** Starmach (Fig. 497)

Zellen ellipsoidisch bis breit und kurz spindelförmig, recht regelmäßig gebaut, an beiden Enden leicht spitz verschmälert und in den scharf abgesetzten Stachel übergehend. Zellwand ziemlich derb, aus zwei fast gleichen Teilen bestehend, die nur bei der Zoosporenentleerung deutlich werden. An beiden Enden mit je einem deutlich gebogenen, bis zweimal körperlangen derben Stachel, der an der Basis breiter ist, sich zum freien Ende hin allmählich verjüngt und schließlich fein haarförmig endet. Chromatophoren einer oder wenige (bis 4), wandständig, scheiben- bis bandförmig, oft ungleich groß. Fortpflanzung durch 8–16 unregelmäßig ellipsoidische bis eiförmige Zoosporen; diese mit einem Chromatophor, Stigma und zwei sehr ungleichen Geißeln.

Zellen ohne Stacheln 10–13,5 μm lang, 7–9 μm breit, Stacheln 10–20 μm lang.

Zwischen Detritus in kleinen Wasserlachen (Polen).

7. **Centritractus rotundatus** Pascher (Fig 498)

Zellen gestreckt zylindrisch, regelmäßig gebaut, mit halbkugelig abgerundeten Zellenden, denen die langen Stacheln direkt aufsitzen, so daß eine Verschmä-

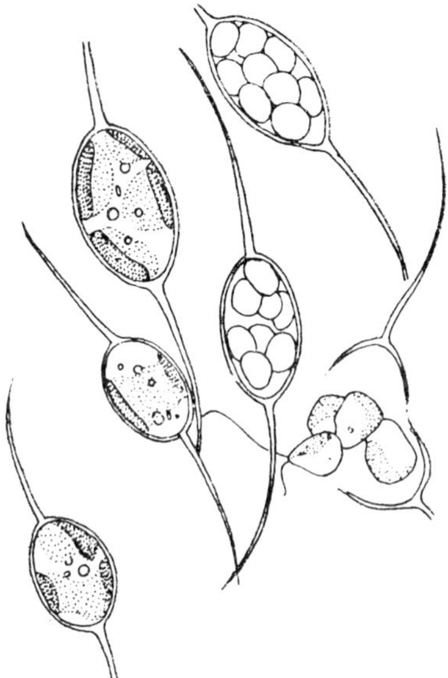

497

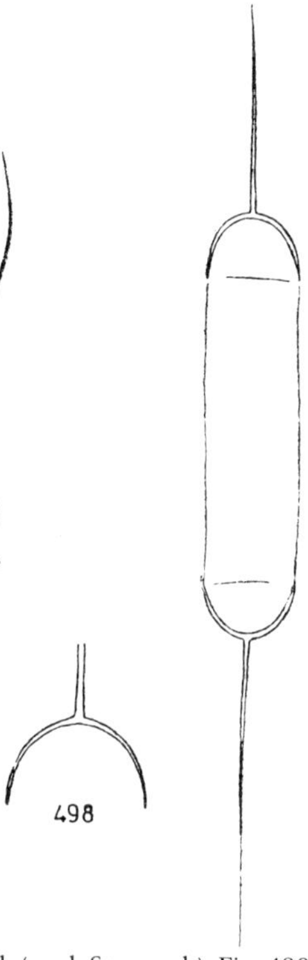

498

Fig. 497. *Centritractus ellipsoideus* Starmach (nach Starmach). Fig. 498. *Centritractus rotundatus* Pascher (nach Pascher).

lerung des Zellendes fehlt. Zellwand etwas derber, häufig auffallend rot verfärbt. Sonst *C. belenophorus* ähnlich.

Zellen bis 30 µm lang, 6–8 µm breit, Stacheln ebenso lang wie die Zellen.

In einem Graben bei Františkovy Lázně (Tschechoslowakei) mit Blaualgen und vor allem *Spirogyra* und *Hormidium* vergesellschaftet, auch in den Almtümpeln im Toten Gebirge (Österreich) gefunden.

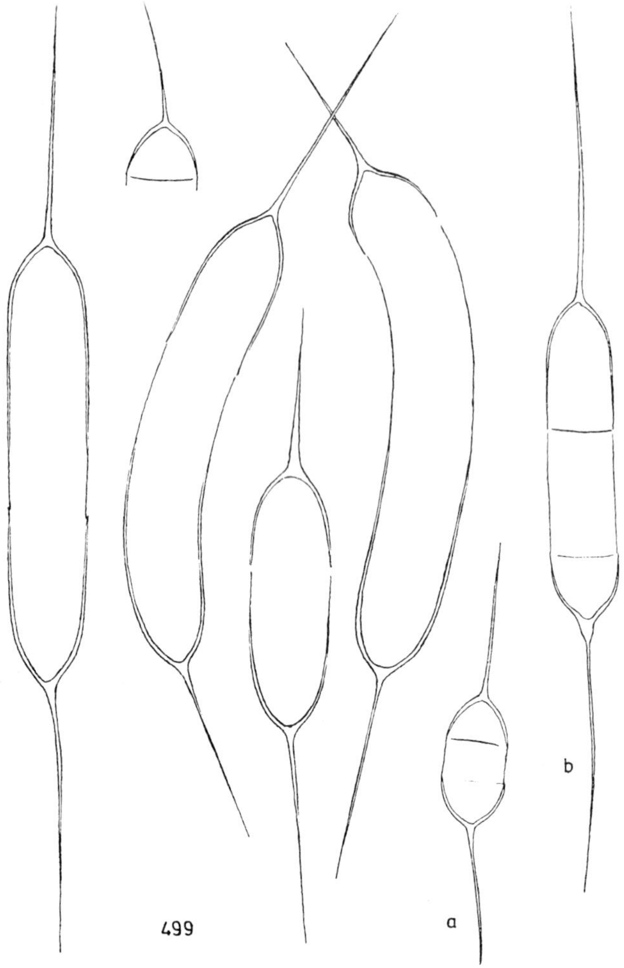

Fig. 499. *Centritractus belenophorus* Lemmermann – *a* und *b* verschiedene Stufen des Längenwachstums mit deutlichen Zwischenstücken der Zellwand (nach Pascher).

8. Centritractus belenophorus Lemmermann (Fig. 499)

Zellen ellipsoidisch bis zylindrisch, drei- bis achtmal länger als breit, manchmal leicht gekrümmt. Zellwand besonders an den Enden derb, hier manchmal leicht kappenförmig. Einschubstücke oft recht lang und meist deutlich zarter. Zonierung der Zellwand hie und da sehr deutlich. Zellen an den Enden rasch – doch niemals kegelförmig verschmälert oder abgerundet – zusammengezogen und hier die Zellwand in den nicht scharf abgesetzten Stachel ausgezogen. Stacheln oft länger als die Zelle, meist aber ebenso lang, mit spitzen Enden, gerade oder gekrümmt. Zellenden manchmal rötlich verfärbt. Die ursprünglichen Teile der Zellwand fast gleich oder sehr ungleich, manchmal so, daß der eine förmlich deckelartig aufsitzt. Chromatophor in seinem Aussehen recht wechselnd, manchmal auffallend blaß. Zoosporen mit einem oder zwei Chromatophoren, mit Stigma und fast stummelförmiger Nebengeißel. Aplanosporen leicht ellipsoidisch, manchmal mit kleinen Warzen an den Polen.

Zellen 16–40 μm lang, 8–15 μm breit, Stacheln 15–30 μm lang.

Im Gebiet sehr verbreitet, aber nicht sehr häufig. Allem Anschein nach mit sehr breiter ökologischer Spannweite.

11. Familie **Ophiocytiaceae** G. M. Smith

Sciadiaceae Pascher, *Pseudocoenobiaceae* Kirchner, *Eremobieae* Kirchner

Einzeln oder in doldenförmigen Kolonien lebende, im Prinzip walzliche oder schlauchförmige, oft mannigfach gekrümmte oder spiralig gewundene Zellen mit auffallend starkem Längenwachstum, an dem sich nur der eine Teil der zweiteiligen Zellwand beteiligt, während der andere deckelartig klein bleibt. Zellen werden bald vielkernig und bleiben es während des ganzen vegetativen Lebens (Coenoblast). Zellen frei lebend oder mit einem Stiel zeitweise oder dauernd befestigt. Fortpflanzung durch Zoosporen, die in sehr großer Menge gebildet werden. Mit einer einzigen Gattung.

Ophiocytium Naegeli

Zellen einzeln lebend oder in verschiedener Weise doldenförmige Kolonien bildend, frei oder mit einem Stiel festsitzend, oft durch Abbrechen des Stieles sekundär frei werdend. Zellen immer zylindrisch oder schlauchförmig, sehr gestreckt, mit sehr bedeutendem Längenwachstum, so daß die Zellen bis 3 mm lang werden können. Gerade, leicht gekrümmt, mannigfach gebogen, spiralig gedreht oder schraubig. Zellwand zart bis derb, an den Enden unbestachelt oder an einem Ende mit einem kürzeren oder längeren, manchmal mit einem Köpfchen versehenen Stachel. Oft auch an beiden Enden mit kurzen bis sehr langen, derben oder zarten, gleichen bis ungleichen Stacheln oder Borsten versehen. Zellwand aus zwei Teilen bestehend. Am Längenwachstum nur der eine Teil beteiligt, der schlauchförmig wird. Der andere Teil immer ohne Längenwachstum, die Zelle deckelartig abschließend. Durch die Art des Längenwachstums Zellwand oft derb und manchmal deutlich geschichtet. Gelegentlich Eisenauflagerungen vorhanden, die manchmal nur an den Enden manchmal aber auch über die ganze Zelle ringförmig entwickelt sind. Chromatophoren in jungen Zellen wenige, oft auch nur einer, später mehrere bis sehr zahlreiche, scheibenförmig, oft auch sternförmig und gelappt, aber auch riemen- und ringförmig bis fast schraubig bandförmig, gelegentlich der ganze Chromatophorenapparat in Form eines breiten Maschenwerkes entwickelt. Fett und Öl im Plasma manchmal reichlich vorhanden. Zellen zuerst einkernig, bald mehr- bis vielkernig werdend. Vegetative Zellen als Coenoblast entwickelt.

Fortpflanzung durch Bildung von zwei bis sehr vielen Zoosporen. Vor der Protoplastenteilung werden die scheibchenförmigen und binnenständigen Chromatophoren aufgeteilt. Zoosporen mit zwei sehr ungleichen Geißeln, schließlich deutlich amöboid, mit oder ohne Stigma. Nicht immer wird der ganze Protoplast in Zoosporen aufgeteilt, jedoch wurden Durchwachsungen nicht beobachtet.

Die Zoosporen verlassen, nachdem der deckelförmige Teil der Zellwand abgestoßen wurde, mit dem Hinterende voran die Mutterzelle. Sobald sich die keimenden Zoosporen behäutet haben, bilden sie manchmal einen Stiel und wachsen zu vegetativen Zellen heran. Sie liefern entweder einzeln lebende Zellen oder sie setzen sich an der Mündung der Mutterzelle fest und bilden gestielte Tochterzellen, die doldenartig zu 2–10 (oder noch mehreren), meist am oberen Ende der Mutterzelle stehen. Der Vorgang kann sich bei den festsitzenden Formen wiederholen und es entstehen dann eigenartige, wirtelige und stockwerkartig gegliederte Kolonien. Dabei nehmen die Zellen der aufeinanderfolgenden Generationen an Länge ab. Bei freilebenden Formen spielt sich der gleiche Vorgang ab, nur weniger häufig. Aus Teilprotoplasten können innerhalb einer Zelle auch derb behäutete, reihenförmig hintereinander stehende Aplanosporen entstehen.

Wichtigste Literatur: Naegeli 1849, A. Braun 1855, Rabenhorst 1864–68, Borzi 1894, Bohlin 1897, Lemmermann 1899, Heering 1906, Printz 1914, 1927, Pascher 1925, 1939a.

Bestimmungsschlüssel der Arten

1a Vorherrschend frei lebend, keine Kolonien bildend 2
1b Vorherrschend festsitzend, doldige Kolonien bildend 10
2a Zellen an den Enden abgerundet, ohne Stacheln .... **1. O.parvulum**
2b Zellen an einem oder an beiden Enden mit Stachel 3
3a Stachel nur an einem Ende 4
3b Stachel an beiden Enden 9
4a Stachel mit einem deutlichen Köpfchen endend .... **2. O.maius**
4b Stachel ohne Köpfchen, spitz 5
5a Stachel lang, borstenförmig ....**3. O.lagerheimii**
5b Stachel kurz, derb 6
6a Zellen dünn, nur bis 8 μm, Zellwand zart 7
6b Zellen sehr dick, 20–27 μm, Zellwand derb 8
7a Zellen stark gekrümmt, 5–8 μm breit .... **4. O.cochleare**
7b Zellen steif, wenig gekrümmt, 2–3 μm breit .... **5. O.gracillimum**
8a Zellen sehr kurz, höchstens 6 mal länger als breit, gerade oder wenig gekrümmt, Chromatophoren scheibenförmig und leicht gekerbt .... **6. O.maximum**
8b Zellen sehr lang, sehr stark bis schneckenförmig gekrümmt, Chromatophoren stark sternförmig gelappt .... **7. O.variabile**
9a Zellen 5–7 μm, selten bis 10 μm breit, sehr lang und schlank .... **8. O.capitatum**
9b Zellen 14–20 μm breit, 4–12 mal länger als breit, daher plump .... **9. O.bicuspidatum**
10a Erwachsene Zellen sehr kurz, höchstens bis dreimal länger als breit, Stiel mehrmals länger als die Zelle .... **10. O.longipes**
10b Erwachsene Zellen sehr lang, 10–20 mal länger als breit, vielleicht noch länger, Stiel sehr kurz 11
11a Freies Zellende zugespitzt und mit deutlichem Stachel, Zellen bis 9 μm breit .... **11. O.mucronatum**
11b Freies Zellende stumpf oder abgerundet, ohne Stachel. Zellen bis 7 μm breit 12
12a Zellen stark (fast winkelig) und mehrmals gekrümmt, Tochterzellen in den Kolonien länger als die Mutterzelle, Zellen 3–4 μm breit ... **12. O.ilkae**

12b Zellen gerade oder leicht gebogen, Tochterzellen in den Kolonien kürzer als die Mutterzelle, Zellen 5–7 μm breit **13**

13a Stiel 2–5 mal länger als die Zellbreite, freies Zellende leicht aufgetrieben, Kolonien mehr aufgelöst, einfach doldenförmig ...... **13. O.gracilipes**

13b Stiel kaum die Hälfte der Zellbreite messend oder fast fehlend, freies Zellende leicht verschmälert, Kolonien dicht gedrängt, doppelt doldenförmig .... **14. O.arbuscula**

1. Ophiocytium parvulum (Perty) A. Braun (Fig. 500)
Brochidium parvulum Perty

Zellen ohne Stacheln, meist wurstförmig bis spiralig gebogen, manchmal am Ende kopfig verbreitert, sonst an den Enden mehr oder weniger abgerundet.

Zellen 3–9 μm, meist aber nur 4–6 μm breit.

Im Gebiet überall verbreitet, bevorzugt saure und eisenhaltige Gewässer.

2. Ophiocytium maius Naegeli (Fig. 501)

Zellen oft sehr lang, meist nicht sehr gebogen, nur leicht geschlängelt, manchmal spiralig eingerollt oder förmlich ineinander verschlungen. Vorderes Ende breit abgerundet. Zellwand hier manchmal leicht verdickt, doch ohne jeden Fortsatz, basal mit einem kürzeren oder längeren Stiel, der oft abgebogen ist und mit einem Knöpfchen endet. Chromatophoren nicht selten gestreckt, stern-

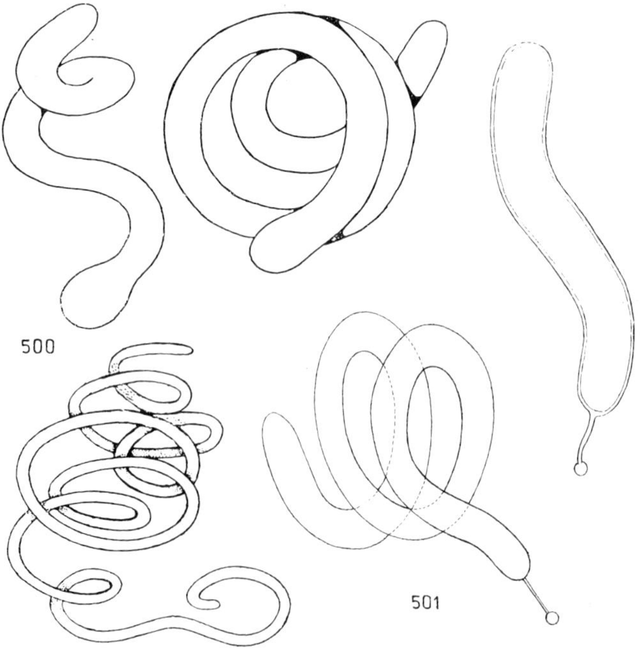

Fig. 500. *Ophiocytium parvulum* A. Braun. Fig. 501. *Ophiocytium maius* Naegeli (nach Pascher).

förmig gelappt, oft netzig bis einfach scheibenförmig. Zellwand oft rötlich verfärbt. Zoosporen und Aplanosporen beobachtet.

Zellen 5–10 μm dick, meist 80–600 μm lang, doch auch bis 2,5 mm messend.

Häufige Alge in Teichen, Tümpeln und Gräben mit niederen pH-Werten.

3. **Opiocytium lagerheimii** Lemmermann (Fig. 502)

Zellen gerade oder gekrümmt, wurstförmig bis schraubig, manchmal halbkreisförmig bis voll kreisförmig. Zellwand zart bis derb, an einem Ende der Zelle mit einem oft sehr langen, ziemlich zarten Stachel, der bis 80 μm messen kann. Das stachelfreie Ende abgerundet. Zellen einzeln oder auch mit ihren Stacheln radiär ausstrahlend und zu vier- bis achtzelligen Kolonien vereinigt.

Zellen bis 5 μm breit, oft nur 3 μm messend.

Verbreitet, doch nicht häufig.

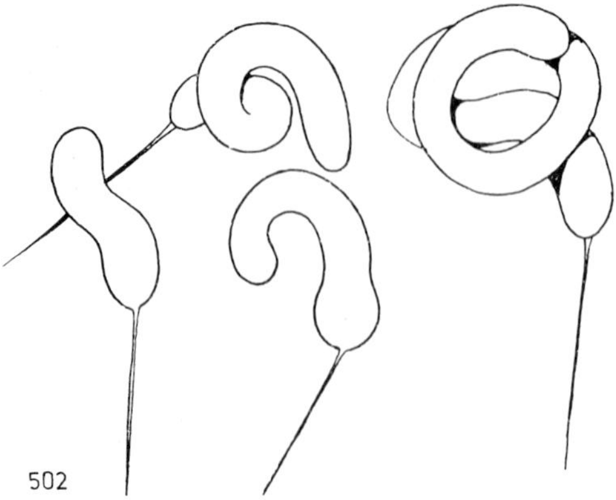

502

Fig. 502. *Ophiocytium lagerheimii* Lemmermann (nach Pascher).

4. **Ophiocytium cochleare** (Eichwald) A. Braun (Fig. 503)

Spirodiscus cochlearis Eichwald, *Ophiocytium apiculatum* Naegeli

Zellen einzeln; selten freie radiäre oder ansitzende Kolonien bildend, leicht bis sehr stark gebogen, in Form einer Spirale oder Schraube; an einem Ende breit abgerundet, am anderen Ende mit einem kurzen Stachel. Chromatophoren meist scheibenförmig, oder bandförmig. Zoosporen mit kurzer Nebengeißel, Aplanosporen beobachtet.

Zellen 5–8 μm breit, Stachel bis 12 μm lang, die Zellen erreichen eine Länge von 1,5 mm.

Sehr verbreitete, häufige Alge mit großer ökologischer Spannweite.

5. **Ophiocytium gracillimum** Borzi em. Pascher (Fig. 504)

Zellen nur selten stark gekrümmt, meist eigentümlich starr, oft förmlich unvermittelt bis fast winkelig gebogen, keine Kolonien bildend. Zellwand zart, an einem abgerundeten Ende meist stärker verdickt, am anderen Ende in einen kürzeren oder längeren, oft sogar langen Stiel ausgezogen. Chromatophoren lang und bandförmig, oft fast schraubig die Zelle auskleidend. Aplanosporen und Zysten beobachtet.

Zellen 2–3 μm breit.

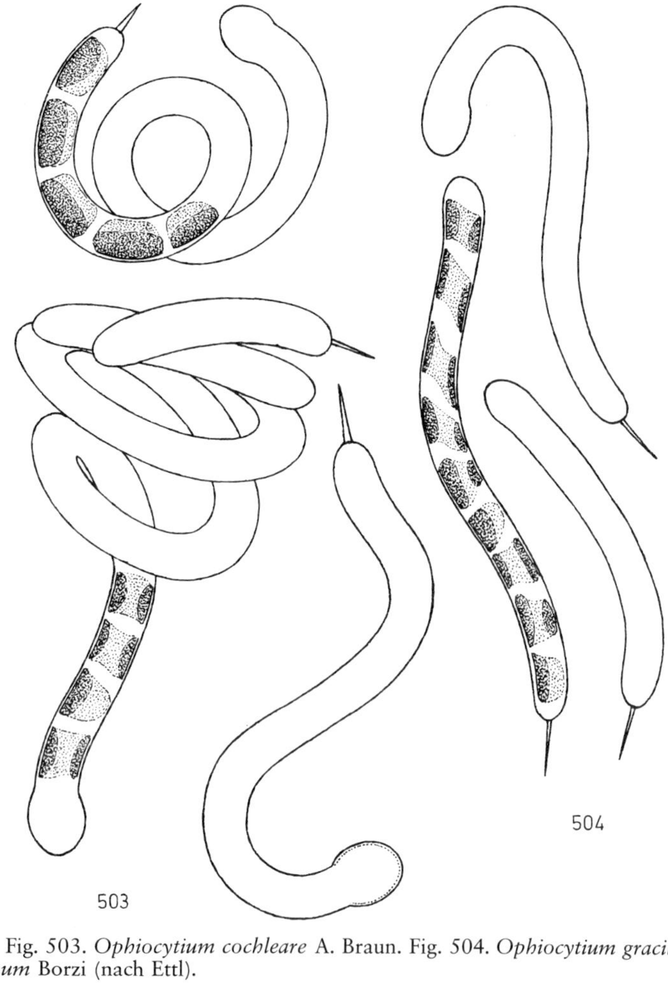

Fig. 503. *Ophiocytium cochleare* A. Braun. Fig. 504. *Ophiocytium gracillimum* Borzi (nach Ettl).

In Sümpfen bei Messina (Italien), in Almtümpeln auf den Villacher Alpen und in kleinen moorigen Tümpeln bei Obergurgl in Tirol (Österreich).

6. Ophiocytium maximum Borzi em. Pascher (Fig. 505)

Zellen plump, gerade bis wenig gekrümmt, sehr kurz (nur 4–6 mal länger als breit). Ein bedeutendes Längenwachstum niemals beobachtet. Vorderende breit abgerundet, basal in einen kurzen derben Stachel auslaufend. Anscheinend keine Kolonien bildend. Zellwand derb. Chromatophoren mehrere, scheibenförmig, leicht gekerbt.

Zellen bis 27 μm breit.
In den Altwässern der Erlauf bei Schauboden (Österreich) und in einem verwachsenen Lehmtümpel im südlichen Böhmerwald (Tschechoslowakei).

7. Ophiocytium variabile Bohlin (Fig. 506)

Zellen ziemlich stark bis schneckenartig gekrümmt. Zellwand meist derb und an einem Ende in einen kurzen, derben Stachel ausgezogen. Chromatophoren meist deutlich sternartig gelappt.
Zellen bis 20 μm dick.
Verbreitete Art, die in Mitteleuropa an mehreren Stellen gefunden wurde.

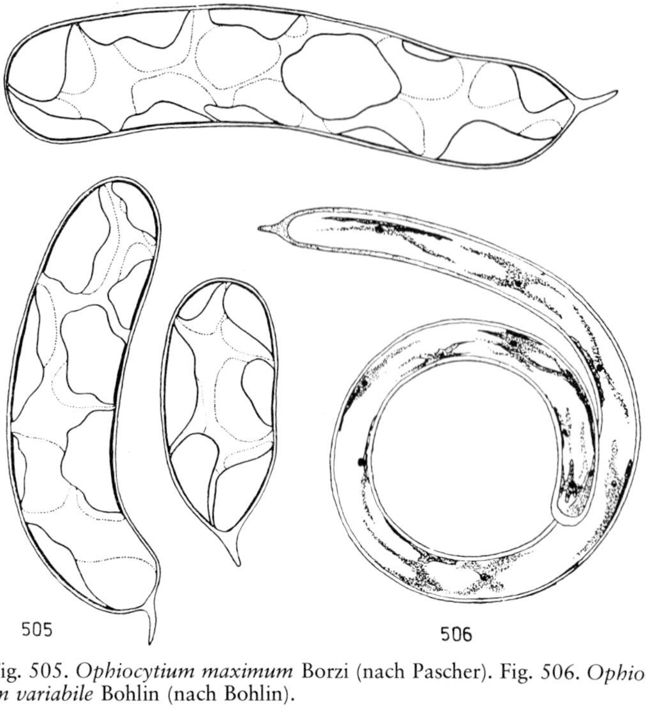

Fig. 505. *Ophiocytium maximum* Borzi (nach Pascher). Fig. 506. *Ophiocytium variabile* Bohlin (nach Bohlin).

8. Ophiocytium capitatum Wolle (Fig. 507)

Zellen wurstförmig gebogen, mitunter auch wellig oder unregelmäßig gekrümmt, manchmal bis kreisförmig oder schraubig gewunden. Beide Enden gleich oder ungleich verschmälert oder abgerundet, manchmal leicht aufgetrieben und an beiden Enden mit Stacheln, die ungleich lang, kurz bis sehr lang, oft auch borstenförmig sein können. Freie wie auch vorübergehend festsitzende Kolonien bildend.
Zellen 5–7 μm, selten bis 10 μm breit.
Im Gebiet recht verbreitet, bevorzugt leicht saure Gewässer.

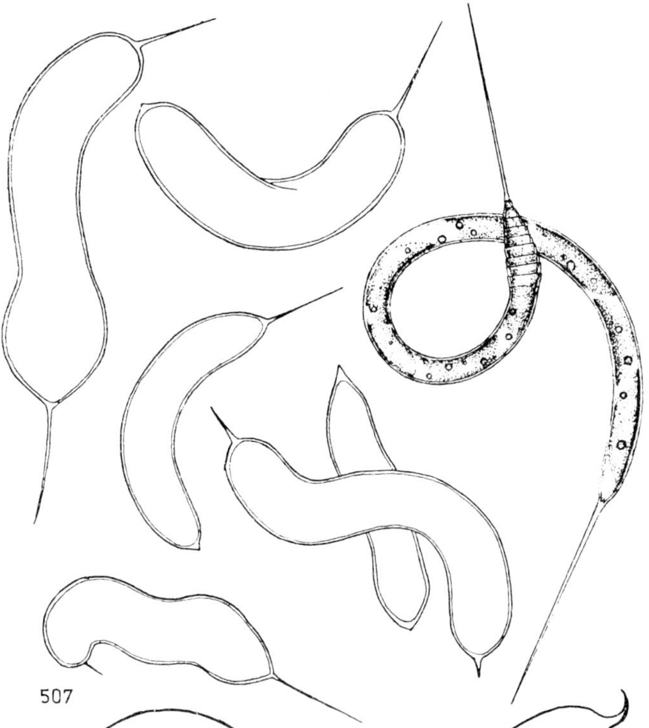

507

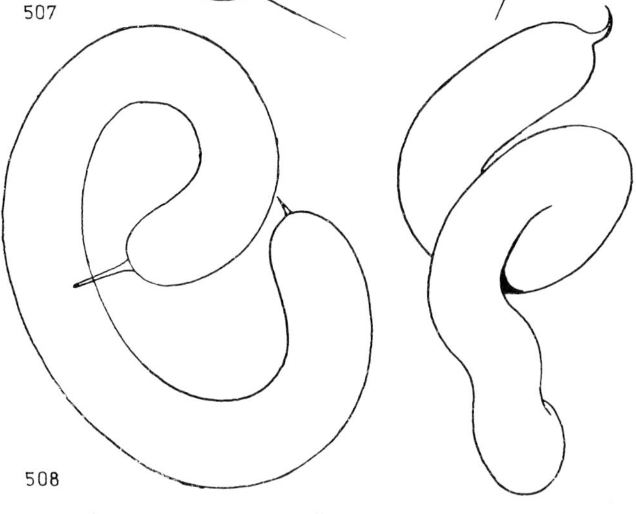

508

Fig. 507. *Ophiocytium capitatum* Wolle (nach Pascher, rechts eine Figur nach Skuja). Fig. 508. *Ophiocytium bicuspidatum* Lemmermann (nach Pascher).

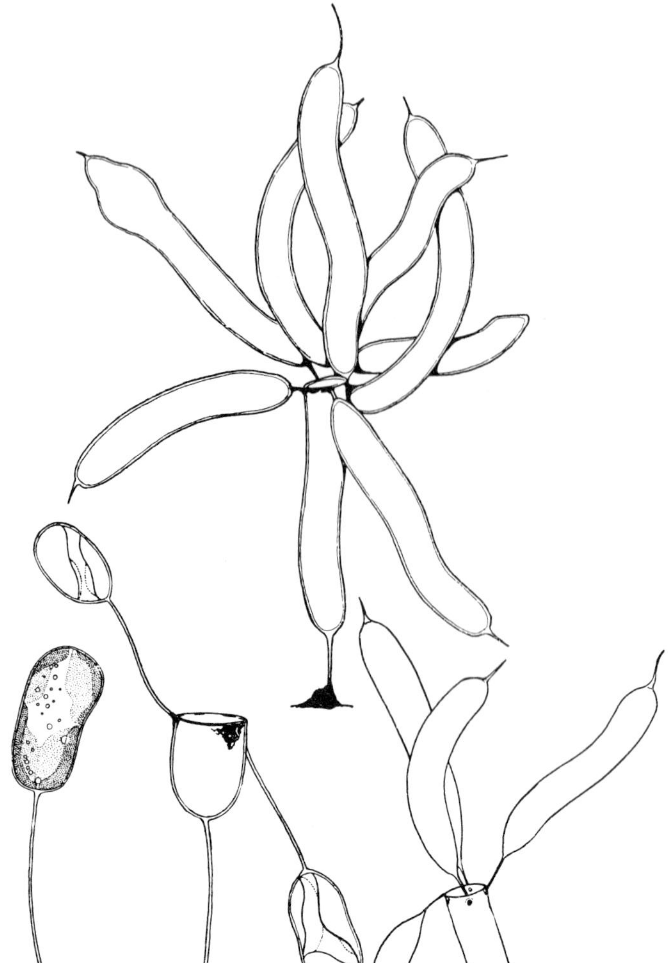

Fig. 509. *Ophiocytium longipes* Pascher – *a* Einzelzelle, *b* Kolonie. Fig. 510. *Ophiocytium mucronatum* (A. Braun) Rabenhorst (nach Pascher).

9. Ophiocytium bicuspidatum Lemmermann (Fig. 508)
Ophiocytium maius var. *bicuspidatum* Borge

Zellen derb, sehr plump, mit gleichen oder ungleichen Enden, die meist kurze, derbe, oft ungleiche Stacheln haben. Zellen meist 4–12 mal länger als breit. Zellwand oft derb. Chromatophoren viele, klein und scheibenförmig. Keine Kolonien beobachtet.

Zellen 14–21 μm breit, Stacheln 5–10 μm lang.

Nicht sehr häufige Art, nur in sauren Gewässern beobachtet (BRD, DDR, Österreich, Tschechoslowakei).

10. Ophiocytium longipes Pascher Fig. 509)

Zellen immer festsitzend, walzlich bis verkehrt birnen- oder eiförmig, immer kurz, nie mehr als dreimal länger als breit. Stiel auffallend lang, gerade oder leicht gebogen, mehrmals länger als die Zelle. Koloniebildung einige Male gesehen, nur wenige Tochterzellen der Mutterzelle aufsitzend. Zellwand ziemlich derb. Chromatophoren mehrere, scheibenförmig. Ohne betontes Längenwachstum der Zellen.

Zellen bis 30 μm lang, 8–13 μm breit.

Vielleicht auf mehr saure Gewässer beschränkt, vor allem an verlandeten Teichufern oder in Altwässern (Tschechoslowakei).

11. Ophiocytium mucronatum (A. Braun) Rabenhorst (Fig. 510)
Sciadium mucronatum A. Braun

Zellen meist derb, niemals zart, gerade oder geschlängelt, bis S-förmig oder fast halbkreisförmig gebogen, mit einem in der Länge wechselnden Stiel sitzend. Zellwand oft derb, an den Enden manchmal deutlich verdickt. Vorderende der Zellen mit einem derben, manchmal gekrümmten Stachel verschiedener Länge. Kolonien nur einfach doldig; nicht häufig.

Zellen 5–9 μm breit, Stiel 5–7 μm, Stachel bis 15 μm lang.

Im Gebiet verbreitet, mehr in sauren Gewässern vorkommend.

12. Ophiocytium ilkae (Istvanffi) Heering (Fig. 511)
Sciadium ilkae Istvanffi, *Ophiocytium gracilipes* var. *ilkae* (Istvanffi) Lemmermann

Kolonien nur einfach doldig, oft festsitzend. Die sehr langen und schlanken Tochterzellen werden ebenso lang oder meist noch länger als die Mutterzellen. Am Scheitel kopfig angeschwollen und mit reichlichen Eisenablagerungen. Einzelne Zellen in eigenartiger, leichter, aber steifer, fast winkeliger Krümmung. Durch die langen dünnen Tochterzellen fällt diese Art sehr auf. Zellwand zart. Chromatophoren relativ groß, kurz band- bis rinnenförmig, manchmal leicht gebogen.

Zellen meist 2–3 μm, seltener 4–5 μm breit.

In Teichen oder in Altwässern, aber auch in eisenhaltigen Kleingewässern vorkommend (Ungarn, Österreich, Tschechoslowakei).

13. Ophiocytium gracilipes (A. Braun) Rabenhorst (Fig. 512)
Sciadium gracilipes A. Braun, *Ophiocytium constrictum* Lemmermann

Kolonien schlank, locker, meist einfach doldenförmig. Zellen gerade oder nur leicht gekrümmt. Stiel zwei- bis fünfmal länger als die Zellbreite. Chromatophoren oft bandförmig. Zoosporen wahrscheinlich ohne Stigma, mit zwei binnenständigen Chromatophoren und einer Nebengeißel, die ein Drittel der Hauptgeißel mißt.

Zellen gewöhnlich 5–7 μm breit.

Im Gebiet verbreitet, doch nicht häufig, mit breiter ökologischer Spannweite.

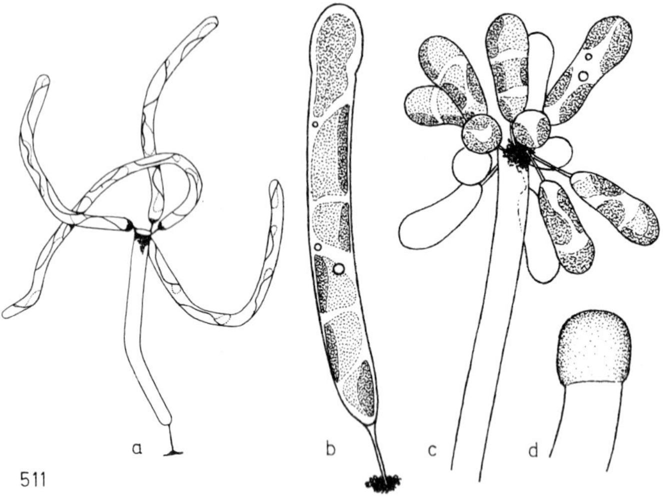

Fig. 511. *Ophiocytium ilkae* (Istvanffi) Heering – *a* erwachsene Kolonie (nach Pascher), *b* heranwachsende Einzelzelle, *c* junge Kolonie mit noch kurzen Tochterzellen, *d* eiseninkrustierter Deckel der Zelle (nach Ettl).

14. Ophiocytium arbuscula (A. Braun) Rabenhorst (Fig. 513)

Sciadium arbuscula A. Braun, *Sciadium balatonensis* Lemmermann

Zellen gerade, manchmal auch leicht S-förmig gekrümmt, selten wellig, basal mit kleinem Stiel, der kaum die Breite der Zelle erreicht und manchmal fast fehlt. Haftscheibchen meist klein, doch durch nachträgliche Auflagerungen oft sehr vergrößert. Zellen oft in mehreren Stockwerken zu doldenförmigen Kolonien vereinigt. Tochterzellen an Länge abnehmend. Zellen zweiter oder dritter Ordnung meist gerade oder leicht gekrümmt, manchmal auch stark gebogen.

Zellen bis 7 μm breit, Mutterzelle bis 60–120 μm lang, Tochterzellen bedeutend kürzer.

Sehr verbreitete Alge, die kalkhaltige Gewässer bevorzugt, saure meidet.

Unsichere und zu streichende Arten.

Ophiocytium desertum Printz – unvollständig beschrieben, vielleicht Jugendform anderer *Ophiocytium*-Arten.

Ophiocytium cuspidatum (Bailey) Rabenhorst – ist ein *Closterium.*

Ophiocytium breve Gerneck – ist *Bumilleriopsis brevis* Printz.

Unsichere und zu streichende Gattungen der Mischococcales.

Chlorrhabdion Jane (1944) – dem Zellbau nach und auch nach der Morphologie handelt es sich wohl um eine *Hydrianum*-Art. Hier gilt dasselbe wie für *Characiopsis galeata* Ettl.

Halosphaera Schmitz – wie die Untersuchungen von Parke et al. gezeigt haben, handelt es sich um Zysten von *Pyramimonas*-artigen Grünalgen.

Polychloris Borzi – unvollständig und nicht eindeutig beschrieben, besser zu streichen. Vielleicht zu *Botrydiopsis* gehörig.

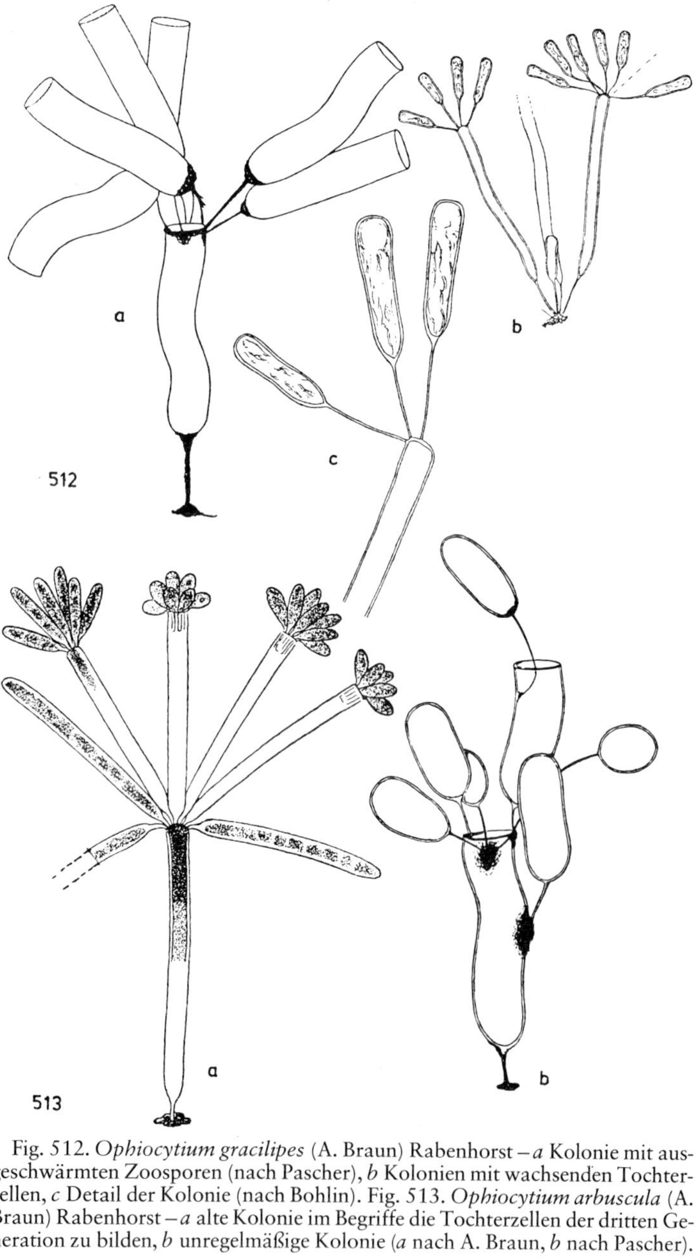

Fig. 512. *Ophiocytium gracilipes* (A. Braun) Rabenhorst – *a* Kolonie mit ausgeschwärmten Zoosporen (nach Pascher), *b* Kolonien mit wachsenden Tochterzellen, *c* Detail der Kolonie (nach Bohlin). Fig. 513. *Ophiocytium arbuscula* (A. Braun) Rabenhorst – *a* alte Kolonie im Begriffe die Tochterzellen der dritten Generation zu bilden, *b* unregelmäßige Kolonie (*a* nach A. Braun, *b* nach Pascher).

Saturnella Mattauch et Pascher – wie die hervorragenden Untersuchungen von Skuja gezeigt haben, handelt es sich um eine Grünalge.

Botryococcus Kützing – wurde endgültig zu den Grünalgen gestellt.

Harpochytrium Lagerheim – nach eingehenden Untersuchungen handelt es sich um keine Xanthophyceen, sondern um Pilze.

Rhabdium Dangeard – unvollständig beschriebene Gattung, die wahrscheinlich auch zu den Pilzen gehört.

Racovitziella De Wildemann – unsichere und unvollständig beschriebene Gattung, die vielleicht mit *Chlorosaccus* identisch sein könnte.

5. Ordnung Tribonematales

Heterotrichineae Pascher, *Heterotrichales* Pascher, *Heterotrichophycidae* Starmach, *Heterotrichophyceae* Dedusenko-Ščegoleva et Gollerbach, *Confervales* sensu auct.

Xanthophyceen, deren behäutete Zellen normalerweise zu einfachen oder verzweigten Zellfäden zusammengeschlossen sind. Charakteristisch, auch für die gelegentlich oder zeitlebens einzellig lebenden Formen, ist die typische Querteilung der Zellen mit gleichzeitiger Bildung einer Querwand. Zellen eines einfachen Fadens sind in bezug auf Teilung und Zoosporenbildung gleichwertig. Nur bei den festsitzenden Arten wird eine eigene, manchmal morphologisch abweichende Haftzelle ausgegliedert. Einfache Fäden in Form reihig hintereinander liegender Zellen. Verzweigte Ausbildungen entweder aufrecht, bäumchenförmig, und durch eine Haftzelle befestigt, oder mehr oder weniger kriechend und schließlich aufsteigend. Die kriechenden Fäden können durch dichten Zusammenschluß und durch seitliche Verwachsung der Astsysteme völlig pseudoparenchymatische Zellflächen bilden, die bei weiterem Wachstum die Herkunft aus Fadensystemen oft nicht mehr erkennen lassen und manchmal auch mehrschichtig werden können. Diese Krusten haben dann, soweit nicht einzelne Fäden hervorbrechen, oft ausgesprochenes Randwachstum. Eine Reihe von Formen bildet aus diesen Zellflächen oder den Rändern dieser Flächen noch aufsteigende, verzweigte Fäden. Verzweigungen der Fäden immer durch seitliches Auswachsen von Fadenzellen unter der oberen Querwand, dann Abgliederung dieses Auswuchses durch eine Scheidewand, worauf diese seitliche Zelle durch Teilungen zu einem Fadenzweig auswächst.

Zellen verschieden gestaltet, doch meist zylindrich oder leicht tonnenförmig. Zellwand einteilig oder zweiteilig, dann aus zwei gleichen oder ungleichen Stükken bestehend. Bei *Tribonema* ist die Zellwand besonders differenziert, schon von vornherein zweiteilig und H-förmige Stücke bildend. Chromatophoren einer bis viele, wandständig, verschieden geformt. Pyrenoide selten vorhanden. Zellen in der Regel einkernig, nur gelegentlich vor der Zoosporenbildung mehrkernig werdend. Auch durch Teilungshemmungen können vielkernige Ausbildungen zustande kommen. Reservestoffe wie bei den übrigen Xanthophyceen, vor allem Öl und Fett, oft in reichlicher Menge.

Fortpflanzung durch Zoosporen oder Aplanosporen. Wachstum der Fäden durch typische Querteilung mit Querwandbildung. Als Dauerstadien kommen auch Akineten und Zysten vor. Palmelloide Auflösung der Fäden ist bekannt, ebenso palmelloide Stadien, die aus Zoosporen entstehen. Bei einigen pseudoparenchymatischen Fadenalgen kommt eine eigenartige Art der Fortpflanzung vor: die wenig oder stark angeschwollenen Endzellen von Fadenzweigen runden sich ab und werden abgelöst, worauf die proximalen Zellen des Fadens durch ihre Teilungen den Faden immer wieder vorschieben. Die angeschwollenen, oft konidienartig gebildeten Endzellen werden zu Zoosporangien.

Die Tribonematales stellen wahrscheinlich keine phylogenetisch einheitliche Gruppe dar. Außerdem ist die Systematik innerhalb der Gruppe, vor allem die Artsystematik recht unklar. Von wenigen, morphologisch scharf abgegrenzten Arten abgesehen, hat sie einen ausgesprochen künstlichen Charakter. Dies sei für die Bestimmung im vornhinein betont.

Wichtigste Literatur: Pascher 1925, 1939 a, Printz 1927, Ettl 1956, Dedusenko-Ščegoleva et Gollerbach 1962, Starmach 1968, Bourrelly 1968.

Bestimmungsschlüssel der Familien

1a Fäden unverzweigt, einfach gebaut, nur ausnahmsweise einfache abnorme Gabelungen vorkommend 2
1b Fäden immer verzweigt, oft komplizierte Fadensysteme oder auch geschlossene pseudoparenchymatische Sohlen bildend 3
2a Fäden mit mächtiger Gallerthülle, Zellen selbständig, nicht miteinander verwachsen, meist auch sich nicht berührend . 1. **Neonemataceae** (S. 415)
2b Fäden ohne Gallerthüllen, Zellen miteinander verwachsen oder wenigstens eng verbunden, wodurch mehr oder weniger feste Fäden entstehen . . . . 2. **Tribonemataceae** (S. 418)
3a Fäden bäumchenförmig verzweigt, mit einer differenzierten Basalzelle festsitzend, aufrecht und mit einfach gebauten Ästen . . . . 3. **Heterodendraceae** (S. 460)
3b Fäden stark verzweigt, ohne Basalzelle, Fadensysteme aus kriechenden wie aufsteigenden oder aufrechten Ästen bestehend, manchmal auf kriechende, auch zu Zellflächen zusammenschließende Zweigsysteme beschränkt . . . . 4. **Heteropediaceae** (S. 462)

1. Familie **Neonemataceae** Ettl

Heterotrichaceae Pascher p.p.

Fäden immer mit deutlicher, oft mächtiger Gallerthülle, meistens einfach gebaut, aber gelegentlich auch gabelig verzweigt. Zellen immer selbständig in der Gallerte, in einfachen oder doppelten bis mehrfachen Reihen hintereinander liegend. Sie sind nie miteinander verwachsen oder verbunden, mit Ausnahme der Tochterzellen nach vollendeter Querteilung. Die Abstände zwischen den einzelnen Zellen sind verschieden groß. Jede einzelne Zelle hat noch eine eigene, mehr oder weniger deutliche Gallerthülle. Fortpflanzung wie bei den übrigen Tribonematales.

Wichtigste Literatur: Pascher 1925, 1932b, 1939 a, Ettl 1977.

Bestimmungsschlüssel der Gattungen

1a Fäden einreihig, Zellen regelmäßig hintereinander geordnet . . . . 1. **Neonema** (S. 415)
1b Fäden ein- bis mehrreihig, Zellen sehr unregelmäßig gelagert . . . . 2. **Chadefaudiothrix** (S. 416)

1. **Neonema** Pascher

Bumilleria p.p. sensu W. et G. S. West

Fäden oft sehr lang, nicht brüchig, meist lockere und leicht trennbare, schleimige, gelbgrüne Watten bildend, die besonders zur kalten Jahreszeit auftreten.

Fäden mit einer dicken Gallerthülle versehen, in der die Zellen regelmäßig in Reihen hintereinander angeordnet sind. Abstände zwischen den Zellen verschieden groß, nur bei Teilungsstadien fehlen sie. Zellen deshalb immer selbständig, zunächst fast kugelförmig bis kurz ellipsoidisch, später mehr kurz zylindrisch. Gallerte unstrukturiert bis auf den Umstand, daß um jede Zelle eine eigene differenzierte Gallertschicht liegt und entsprechend den Teilungen zwei, seltener vier Zellen von der gedehnten, nur wenig deutlichen und verschwindenden Gallerte der Mutterzelle umgeben sind. Gallerthüllen sehr dick, oft auf jeder Seite der Zellreihen den Durchmesser der Zelle erreichend. Zellen mit sehr zarter Zellwand und mit mehreren bis vielen scheibenförmigen Chromatophoren. Assimilate wie bei allen anderen Xanthophyceen.

Fortpflanzung durch Zoosporen, die mit mehreren Chromatophoren, deutlichem Stigma und sehr ungleichen Geißeln versehen sind. Zoosporen direkt in Fäden auswachsend oder ein palmelloides Stadium bildend, indem sie sich mit einem Gallerthof umgeben und sich in diesem teilen. Gelegentlich zerfließen die Fäden in palmelloide Lager mit geschichteter Gallerte und abgerundeten Zellen. Derbwandige Akineten beobachtet. Wachstum der Fäden durch Querteilung der Zellen.

Wichtigste Literatur: W. et G. S. West 1903, Pascher 1925, 1932b, 1939, Fritsch 1935.

Bestimmungsschlüssel der Arten

1a Zellen 4,8–5,7 μm breit .... **1. N.pumilum**
1b Zellen 9–11 μm breit .... **2. N.quadratum**

1. Neonema pumilum (W. et G. S. West) Pascher
Bumilleria pumila W. et G. S. West

Zellen sehr klein, mit mehreren Chromatophoren. Bis auf die geringe Größe wie *N. quadratum.* Fäden 4,8–5,7 μm breit.

Bis jetzt in der typischen Form nur aus Cornwall (England) und aus einer kalten, leicht versumpften Quelle in Nordmähren (Tschechoslowakei) bekannt.

2. Neonema quadratum Pascher (Fig. 514)

Im allgemeinen der Gattungsdiagnose entsprechend. Vielleicht mit deutlicher geschichteter Gallerte. Zellen bedeutend größer als bei der vorigen Art und mit zahlreichen Chromatophoren. Fäden 9–11 μm breit.

Aus Gräben in Stuben am Arlberg (Österreich), aus der Hohen Tatra (Tschechoslowakei).

2. Chadefaudiothrix Bourrelly

Fäden nicht so regelmäßig gestaltet wie bei *Neonema*, einfach oder manchmal auch gabelig verzweigt, gerade oder gebogen, an der Oberfläche auch gewellt bis buckelig. Gallerthülle dick bis sehr mächtig, in dieser die Zellen völlig unregelmäßig, ein- bis mehrreihig gelagert. Gallerte unstrukturiert; jedoch hat jede Zelle außerdem ihre eigene Gallertschicht, die sich bei der Teilung dehnt und noch die Tochterzellen umhüllen kann. Später wird sie aufgelöst und verschwindet. Zellen im allgemeinen die reihige Anordnung beibehaltend, immer selbständig und nicht miteinander verbunden. Zellen ellipsoidisch bis gestreckt ellipsoidisch

Fig. 514. *Neonema quadratum* Pascher – *a* normaler Zellfaden, *b* und *c* Faden ▶ in palmelloider Auflösung begriffen, *d* Zoosporenbildung, *e* Zoospore, *f* Einzelzelle, *g* einzelne Zellen in Akineten umgebildet (nach Pascher).

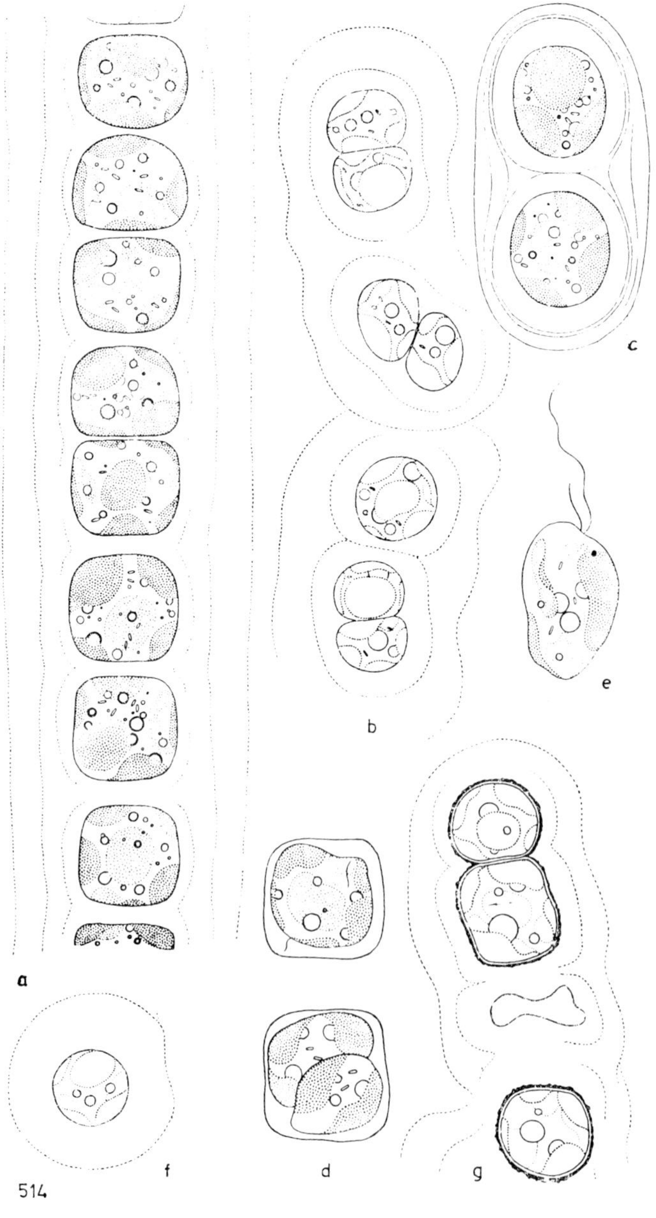

514

oder auch ellipsoidisch-spindelförmig, manchmal leicht gebogen. Zellwand relativ derb und deutlich. Chromatophoren wandständig, einer oder zwei.

Vegetative Querteilung der Zellen bekannt, wobei nach vollzogener Teilung die Trennwände schief stehen, ähnlich wie bei der Grünalge *Elakatothrix*. Fortpflanzung durch Zoosporen oder Aplanosporen nicht beobachtet, ebenso sind auch Dauerstadien unbekannt.

Wichtigste Literatur: Bourrelly 1957, 1968.

Bestimmungsschlüssel der Arten

1a Zellen mit nur einem Chromatophor, nur 2 μm breit .. **1. Ch.minouchetii**
1b Zellen mit zwei Chromatophoren, 6–8 μm breit .... **2. Ch.gallica**

1. Chadefaudiothrix minouchetii (Bourrelly) Bourrelly (Fig. 515)
Elakatothrix minouchetii Bourrelly

Fäden recht kurz, einfach und zylindrisch, festhaftend. Nur mit 4–32 Zellen, die nach der Teilung kurze Zeit zusammenhängen, doch dann selbständig werden. Gallerthülle dick, an der Oberfläche glatt und gerade. Zellen sehr schmal und gestreckt ellipsoidisch-spindelförmig. Zellwand deutlich und relativ derb. Chromatophor einer, wandständig, in Form einer langen Rinne, die nur die beiden Zellenden frei läßt. Nach der Querteilung der Zellen wird die alte Zellwand erweitert und verschleimt später.

Zellen nur 2 μm breit und 12–26 μm lang, Fäden mit Gallerte 13–15 μm dick werdend.

In Teichen im Forêt de Fontaineblau bei Paris (Frankreich).

2. Chadefaudiothrix gallica Bourrelly (Fig. 516)

Fäden ziemlich lang, unregelmäßig gebogen oder gewellt, mit mächtiger Gallerthülle, manchmal einfach gabelig verzweigt, frei lebend. Zellen ellipsoidisch bis kurz ellipsoidisch-spindelförmig, oft etwas unregelmäßig, einseitig leicht aufgetrieben oder gebogen. Zellwand zart, doch deutlich. Chromatophoren zwei, selten drei, wandständig, scheiben- oder kurz bandförmig, gelbgrün, einen großen Teil der Zelle frei lassend.

Zellen 6–8 μm breit und 27–30 μm lang, Fäden mit Gallerte 30–35 μm dick und bis 1 mm lang werdend.

In einem Moortümpel mit pH-Werten von 6,5, Seine-et-Oise (Frankreich).

2. Familie **Tribonemataceae** Pascher

Tribonematales p. p. sensu Pascher

Fäden normalerweise unverzweigt, einfach gebaut, ohne jede Gallerthülle (abgesehen von ganz leichen Schleimhüllen und palmelloiden Stadien), entweder von vornherein frei oder mit einer Haftzelle mit gestielter Haftscheibe auf einem Substrat festgewachsen, sich aber früher oder später loslösend oder abbrechend. Zellen miteinander eng verbunden oder verwachsen, also echte Zellfäden bildend. Manchmal nur einzellig oder kurze, wenigzellige Fäden bildend oder sekundär zerfallend. Auch in diesen Fällen jedoch die charakteristischen Eigenschaften beibehaltend, vor allem die vegetative Querteilung der Zellen. Zell-

---

Fig. 515. *Chadefaudiothrix minouchetii* Bourrelly. Fig. 516. *Chadefaudiothrix gallica* Bourrelly – *a* Gallertfaden bei schwacher Vergrößerung, *b* Verzweigung des Gallertfadens, *c* Detail der Zellen mit Gallertschichten (nach Bourrelly). ▶

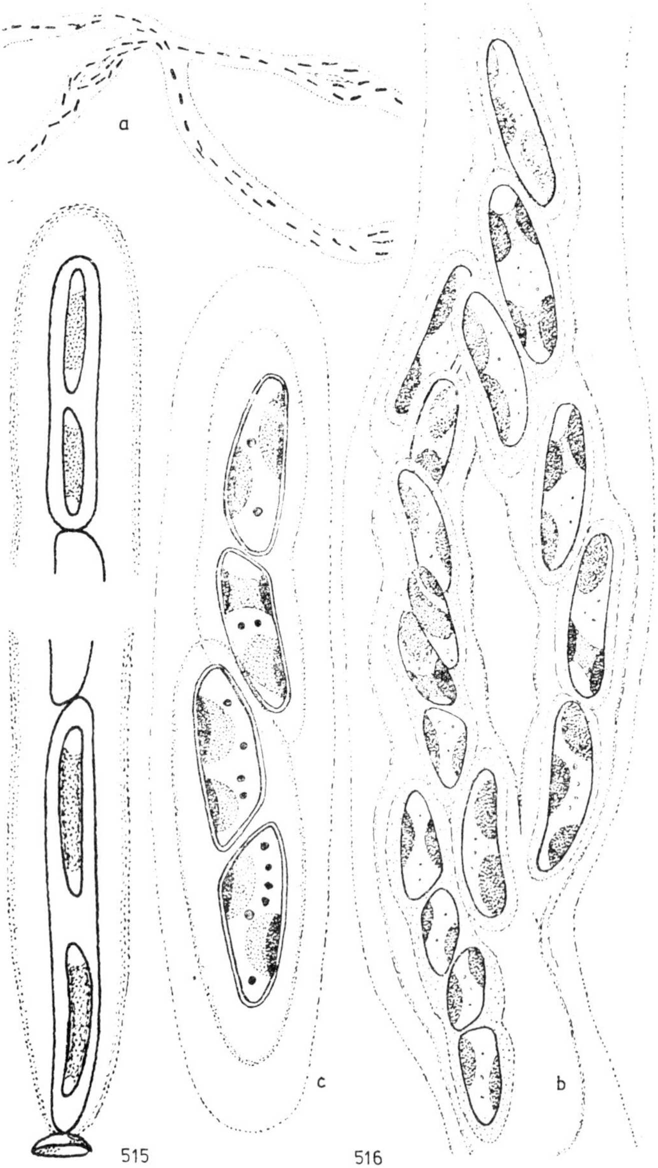
a
c
b
515
516

wand meist deutlich zweiteilig, manchmal sehr stark differenziert und schon an vegetativen Zellen in Form von H-Stücken erscheinend. Fortpflanzung durch Zoosporen und Aplanosporen. Als Dauerstadien kommen Akineten oder Zysten vor. Längenwachstum des Fadens durch vegetative Querteilung der Zellen; durch Fadenbruch kommt es dadurch auch zur Fortpflanzung.

Wichtigste Literatur: Pascher 1925, 1939 a, Printz 1927, Ettl 1956, Dedusenko-Ščegoleva et Gollerbach 1962, Starmach 1968, Bourrelly 1968.

Bestimmungsschlüssel der Gattungen

1a Zellen vorwiegend einzeln lebend oder nur gelegentlich kurze, wenigzellige Fäden bildend 2
1b Fäden vorherrschend mehr- bis vielzellig, regelrechte und oft lange Fäden bildend, nur gelegentlich sekundär zerfallend 3
2a Zellen an beiden Polen oder an den Enden der kurzen Fäden stumpf oder abgerundet, Zellwand an den Zellenden kappenartig verdickt . . . . **1. Brachynema** (S. 420)
2b Zellen an einem Pol oder an einem Ende der kurzen Fäden kegelförmig zugespitzt, Zellwand nicht verdickt . . . . **2. Heterotrichella** (S. 421)
3a H-Stücke an der Zellwand nicht vorgebildet, Fadenenden daher nicht «zweispitzig» endend, Fäden primär auch nicht festgewachsen und ohne Haftzelle 4
3b H-Stücke der Zellwand schon an den vegetativen Zellen differenziert, Fadenenden daher «zweispitzig» endend, Fäden primär mit einer Haftzelle festsitzend, später aber abbrechend . . . . **5. Tribonema** (S. 438)
4a Fäden gleichmäßig gebaut, ohne jede Andeutung von H-Stücken oder von Resten alter Zellwände an den vegetativen Zellen . **3. Heterothrix** (S. 422)
4b Fäden dadurch gegliedert, daß zwischen je 2–4 Zellen die bei der Zellteilung auseinander gewichenen Reste der alten Zellwand verkalkt sind und hierbei auch H-förmig aussehen . . . . **4. Bumilleria** (S. 435)

1. Brachynema Ålvik

Zellen einzeln oder zu kurzen Fäden vereinigt, von einer leichten, wenig deutlichen Schleimschicht umgeben, die nicht immer vorhanden sein muß. Zellen stäbchenförmig, gerade oder schwach gebogen, mit abgerundeten, seltener abgeflachten Enden. Zellwand zart, glatt, nur an den Zellenden deutlich kappenartig verdickt oder auch als undeutliche Ringe hervortretend. Chromatophor einer, wandständig, platten- oder mantelförmig, gelbgrün, den größeren oder kleineren Teil der Zelle auskleidend. Ohne Pyrenoid. Zellenden immer frei vom Chromatophor. Fortpflanzung nur durch vegetative Querteilung der Zellen bekannt, keine Zoosporen oder Dauerstadien gesehen.

Wohl eine Parallelform zur Grünalge *Stichococcus*, nicht nur in der Morphologie, sondern auch in der Art der Fortpflanzung.

Wichtigste Literatur: Ålvik 1934.

Eine einzige Art:
Brachynema bacillare Ålvik (Fig. 517)

Mit den Merkmalen der Gattung. Zellen 3–10 μm lang und 1,2–2,3 μm breit.
Im Küstengebiet Norwegens, wahrscheinlich auch im Brackwasser vorkommend.

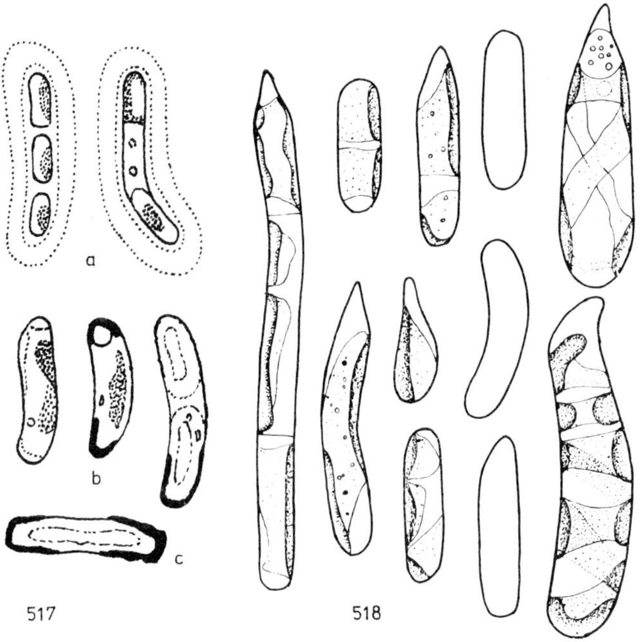

Fig. 517. *Brachynema bacillare* Ålvik – *a* kurze Fäden mit Gallertschichten, *b* einzelne Zellen, *c* Zellwand (nach Ålvik). Fig. 518. *Heterotrichella gracilis* Reisigl – rechts Zellen mit spiralig verlaufenden Chromatophorenbändern als Alterserscheinung (nach Reisigl).

2. **Heterotrichella** Reisigl

Zellen vorwiegend einzeln lebend, doch auch kurze, wenigzellige Fäden bildend. Zellen langgestreckt, wurstförmig bis zylindrisch, gerade oder leicht gebogen, an einem Ende breit abgerundet, am anderen kegelförmig und plötzlich zugespitzt. Auch an den Fäden das eine Ende zugespitzt, ähnlich wie bei der Grünalge *Uronema*. Zellen mit einer zarten Zellwand und einem, seltener zwei rinnenförmigen, sehr zarten Chromatophoren, ohne Pyrenoid. Im Plasma viele kleine Tropfen. Fortpflanzung nur durch vegetative Querteilung der Zellen bekannt. Die Fäden zerbrechen oft und zerfallen in Einzelzellen.

Wichtigste Literatur: Reisigl 1964, Starmach 1968.

Mit einer einzigen Art:
Heterotrichella gracilis Reisigl (Fig. 518)

Mit den Merkmalen der Gattung. Zellen 2–2,5 μm breit und 5,5–22 μm lang. Aus Erdproben, die von der Erdoberfläche mit *Encalypta rhabdocarpa* auf der Liebenerspitze in Tirol (Österreich) in einer Höhe von 3390 m Ü. M. entnommen wurden.

3. Heterothrix Pascher

Bumilleria p.p. sensu Klebs, *Tribonema* p.p. sensu Pascher

Fäden immer unverzweigt und nicht festgewachsen, entweder einzeln vorkommend oder leichte Überzüge oder auch blaßgrüne bis lichtgrüne Strähnen oder Flöckchen bildend. Fäden gerade, leicht gekrümmt oder gewellt, bei den Erdformen mit der Neigung gelegentlich in Einzelzellen oder kurze Fäden zu zerfallen. Zellen zylindrisch bis schwach tonnenförmig, gerade oder gelegentlich leicht gebogen. Zellwand bei normaler Ausbildung zart bis mäßig derb, einheitlich, erst vor der Teilung sich in zwei, oft ungleiche Hälften differenzierend, die sich bei der Zoosporenentleerung weit voneinander trennen. Keine echten H-Stücke bildend; diese können aber durch zwei zusammenhängende benachbarte Zellwandhälften vorgetäuscht werden. Chromatophoren einer oder mehrere bis zahlreiche. Wenn nur einer oder zwei vorhanden sind, dann sind sie mehr mulden- bis rinnenförmig, bei mehreren scheibenförmig. Assimilate wie bei allen Xanthophyceen.

Fortpflanzung durch Bildung von Zoosporen, die in den nicht vergrößerten Zellen meist zu zweit oder zu viert gebildet werden und oft sehr amöboid sind. Nebengeißel meist sehr kurz. Stigma vorhanden oder fehlend. Aus den Zoosporen entwickeln sich kugelige bis ellipsoidische Zellen, die sich weder festsetzen noch Stielchen bilden. Aus diesen Zellen gehen durch aufeinanderfolgende Zellteilungen die Fäden hervor. Gelegentlich bilden diese einzelligen Stadien gleich wieder Zoosporen. Daneben vermehren sich manche Formen, besonders die Erdformen, ausgiebig durch Fadenzerfall, unter Umständen durch völliges Auflösen in Einzelzellen. Unter günstigen Bedingungen tritt jedoch gleich wieder die Bildung der Fäden ein. Als Dauerstadien kommen sowohl Aplanosporen als auch derbwandige Akineten vor. Letztere entstehen direkt aus den vegetativen Zellen.

Wichtigste Literatur: Pascher 1932b, 1939a, Vischer 1936, 1945, Ettl 1956, 1957, 1960, 1965, 1968, 1977, Reisigl 1964, Vinatzer 1975.

Bestimmungsschlüssel der Arten

1a Zellen mit nur einem Chromatophor 2
1b Zellen mit zwei oder mehreren Chromatophoren 4
2a Fäden bis 2 cm lang, fest und nicht zerfallend, Zellen regelmäßig zylindrisch oder nur leicht aufgetrieben 3
2b Fäden kurz, aus wenigen Zellen bestehend, leicht zerfallend, Zellen unregelmäßig wurstförmig .... **1. H.stichococcoides**
3a Zellen 2–3 μm breit, nur bis 1,5 mal länger als breit, zylindrisch, mit geraden Flanken .... **2. H.monochloron**
3b Zellen 4 μm breit, bis 4 mal länger als breit, tonnenförmig .... **3. H.hormidioides**
4a Zellen mit zwei Chromatophoren 5
4b Zellen mit mehreren bis zahlreichen Chromatophoren 11
5a Zellen 9–12 μm breit .... **4. H.ulotrichoides**
5b Zellen bis 5 μm breit 6
6a Zellen sehr lang, 3–15 mal länger als breit 7
6b Zellen kurz, höchstens bis 2 mal länger als breit 9
7a Zellen 3–4 mal länger als breit, Fäden 3,5 μm breit, Chromatophoren groß .... **5. H.mucicola**
7b Zellen 6–15 mal länger als breit, Fäden 2–2,5 μm breit, Chromatophoren sehr klein 8
8a Zellen 2,5 μm breit, höchstens bis 8 mal länger als breit, nur leicht gebogen .... **6. H.oligochloris**

8b Zellen kaum 2 μm breit, bis 15 mal und noch mehr länger als breit, oft stark und schlangenartig gebogen . . . . 7. **H.tenuissima**
9a Fäden in Einzelzellen zerfallend, sonst nur wenigzellige Fäden bildend, Zellen mehr zylindrisch . . . . 8. **H.montana**
9b Fäden nicht zerfallend, Zellen mehr tonnenförmig 10
10a Chromatophoren der Länge nach sich gegenüberstehend, Zoosporen ohne Stigma . . . . 9. **H.exilis**
10b Chromatophoren sich nicht gegenüberstehend, Zoosporen mit Stigma . . . . 10 **H.debilis**
11a Zellen kurz, ebenso lang wie breit 12
11b Zellen länger, zwei- bis mehrmals länger als breit 13
12a Zellen 6–8 μm breit, mit 4 Chromatophoren . . . . 11. **H.pascheri**
12b Zellen 10–14 μm breit, mit 5 oder mehreren Chromatophoren . . . . 12. **H.quadrata**
13a Zellen höchstens 2,5 mal länger als breit 14
13b Zellen 4–7 mal länger als breit 16
14a Zellen 12–15 μm, seltener bis 18 μm breit . . . . . 13. **H.tribonemoides**
14b Zellen 4–6 μm breit 15
15a Fäden brüchig, Zellwand derb, Zellen 2–2,5 mal länger als breit . . . . 14. **H.bristoliana**
15b Fäden fest, Zellwand zart, Zellen nur 1–2 mal länger als breit . . . . 15. **H.solida**
16a Zellen 3,5–4 μm breit, höchstens 4 mal länger als breit, Zoosporen ohne Stigma . . . . 16. **H.constricta**
16b Zellen 10 μm breit, bis 7 mal länger als breit, Zoosporen mit Stigma . . . . 17. **H.elegans**

1. Heterothrix stichococcoides Pascher (Fig. 519)

Fäden sehr kurz, zwei- bis achtzellig, gerade oder gebogen, auch gekrümmt oder geknickt, sehr leicht zerfallend. Zellen oft sehr ungleich, walzlich, doch meist unregelmäßig wurstförmig, leicht gebogen, nicht selten einseitig ausgebaucht oder ungleichmäßig gekrümmt. Fäden dann ebenfalls ungleichmäßig gekrümmt. Zellwand sehr zart, vielleicht mit einer zarten Schleimhülle. Chromatophor einer, mulden- bis rinnenförmig, wandständig, oft gelappt, nicht selten sehr klein und blaß. Bei der Zoosporenbildung teilt sich die Zellwand in zwei oft sehr ungleiche Hälften. Die in Ein- oder Zweizahl gebildeten Zoosporen sind gestreckt, mit einem bauchständigen, manchmal auch binnenständigen Chromatophor und mit Stigma. Nebengeißel nur $^1/_4$ der Hauptgeißel messend. Derbwandige Akineten beobachtet.

Fäden 2–3 μm breit, Zellen bis 8 μm lang.

Vielleicht verbreitete, aber niemals sehr häufige Erdalge. Aus den sandigen Böden bei Doksy und Březová (Tschechoslowakei). Eine etwas derbere Form wurde aus einer Erdprobe aus der Sahara isoliert.

2. Heterothrix monochloron Ettl (Fig. 520)

Fäden bis zwei Zentimeter lang, biegsam, kleine schlüpfrige und blaßgrüne Flocken bildend. Zellen zylindrisch, manchmal schwach tonnenförmig werdend, doch nie aufgetrieben. Fäden daher an den Scheidewänden ganz leicht eingeschnürt und gerade. Zellwand ausgesprochen zart. Chromatophor nur einer, groß, wandständig, mantelförmig, die eine Längsseite der Zelle auskleidend. Oft recht blaß. Fortpflanzung durch Zoosporen, die zu zweit gebildet werden. Diese haben einen Chromatophor, ein kleines Stigma und eine pulsierende Vakuole. Hauptgeißel etwas mehr als körperlang, Nebengeißel $^1/_3$ der ersteren messend. Dauerstadien nicht bekannt.

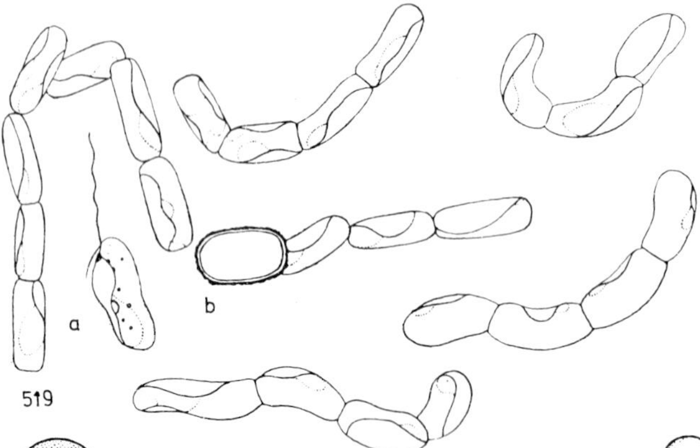

519

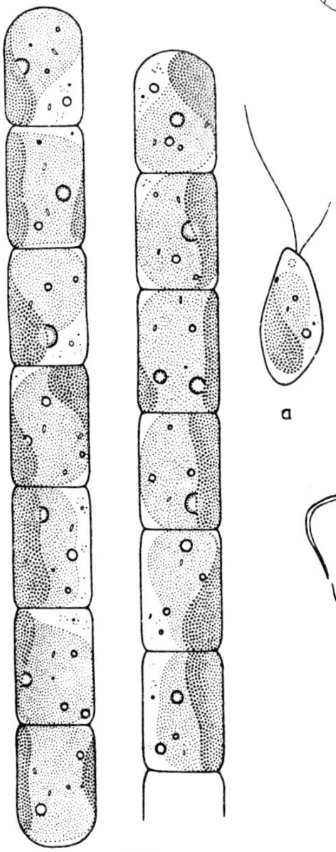

520

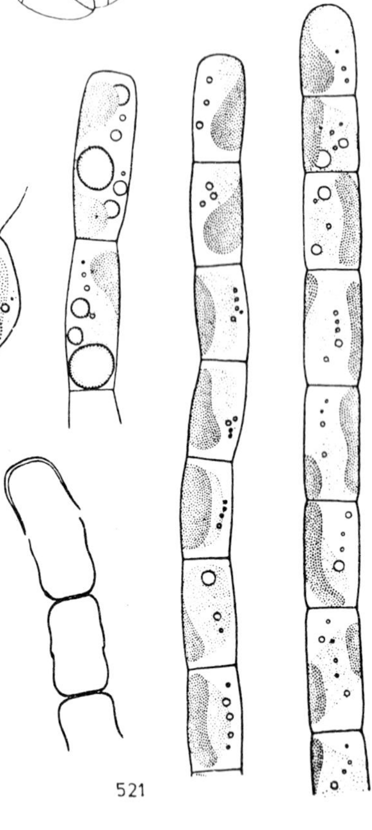

521

Fäden nur 2–3 μm breit, Zellen bis 4,5 μm lang.

In einer kleinen Waldquelle in der Umgebung von Březová in Nordmähren (Tschechoslowakei).

Außer der typischen Form wurde noch die var. *terrestris* Ettl et Kácha (Fig. 521) beschrieben. Lange, oft schmiegsame und leicht gekrümmte Fäden. Diese sind vielzellig, fest, selten zerfallend. Zellen zylindrisch bis ganz leicht tonnenförmig, an den Querwänden deutlich eingeschnürt. Chromatophor immer nur einer, mantelförmig, breiter und den größeren Teil der Zelle auskleidend. Fortpflanzung nicht gesehen. Fäden 2,3–3,7 μm breit, Zellen 2–3 mal länger als breit. Aus Erdproben aus der Umgebung von Prag (kalkhold).

3. Heterothrix hormidioides Vischer (Fig. 522a)

Fäden fest und vielzellig, relativ lang, gerade oder leicht gebogen, sehr stark an die Grünalge *Hormidium* erinnernd. Zellen bis 3 mal länger als breit, leicht bis deutlich tonnenförmig, an den Scheidewänden eingeschnürt und manchmal auch etwas einseitig oder einpolig aufgetrieben. Zellwand zart, in alten Zellen leicht dicker werdend. Chromatophor einer, seltener vor der Teilung auch zwei, mantelförmig bis halbringartig. Zoosporen nicht beobachtet.

Fäden 4 μm breit, Zellen 4–10 μm lang.

Aus Waldböden aus der Umgebung von Fuorn (Schweiz) isoliert, auch aus den alpinen Erdböden in Tirol (Österreich).

4. Heterothrix ulotrichoides Pascher (Fig. 523)

Fäden kurz, wenigzellig, meist eigentümlich starr, bis 16 Zellen zusammenhaltend, daneben aber auch zwei- oder vierzellige Fäden häufig; leicht in Einzelzellen zerfallend. Meist gerade, gekrümmte Fäden ziemlich selten. Zellen oft unregelmäßig walzlich bis ganz leicht tonnenförmig und an den Querwänden leicht eingezogen. Zellwand ziemlich derb, aber nicht dick. Chromatophoren zwei, muldenförmig, seiten- und meist gegenständig, oft sehr ungleich. Gelegentlich der eine oder der andere Chromatophor schief bandförmig. Zoosporen zu zweit oder zu viert gebildet, sehr amöboid, mit zwei bis drei Chromatophoren, mit Stigma und etwas überkörperlanger Hauptgeißel und relativ langer Nebengeißel. Als Dauerstadien treten Akineten mit derber, oft ungleichmäßiger Zellwand auf, die oft einseitige zapfenartige Verdickungen hat. Auch zwei- bis mehrzellige Fadenakineten beobachtet. Bei der Keimung bilden sich in den Akineten auch Zoosporen, die gelegentlich vollständig amöboid austreten können.

Fäden 9–12 μm breit, Zellen bis 16 μm lang.

Vielleicht seltenere, mehr auf sauren Böden vorkommende Alge. Zarte Überzüge an einer Straßengrabenwand bildend und in einer kurzzelligen Form vom Rande eines Tümpels (Tschechoslowakei). In alten Torfstichen bei Obergurgel in Tirol (Österreich), wo sie sekundär auch ins Wasser gelangt ist. Auch aus Frankreich bekannt.

◀ Fig. 519. *Heterothrix stichococcoides* Pascher – *a* Zoospore, *b* Akinete (nach Pascher). Fig. 520. *Heterothrix monochloron* Ettl *a* Zoospore (nach Ettl). Fig. 521 *Heterothrix monochloron* var. *terrestris* Ettl et Kácha (nach Ettl und Kácha).

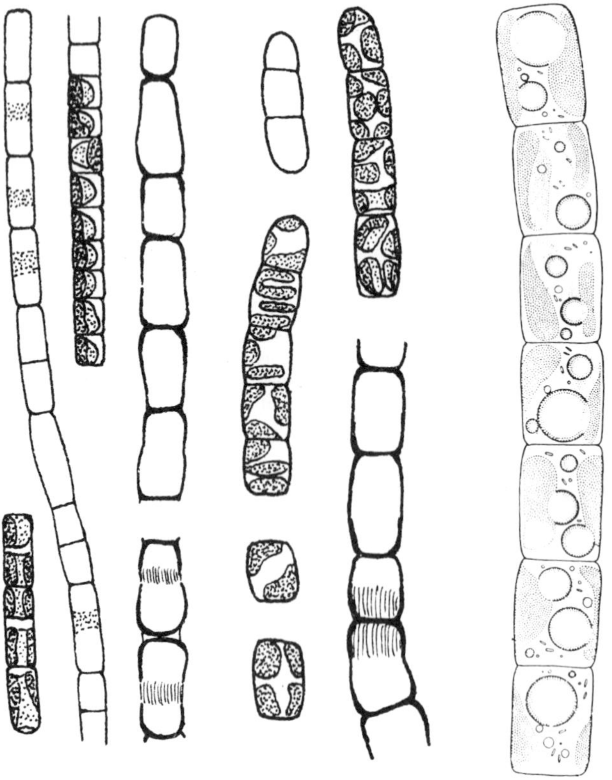

522a 522b 523

Fig. 522a *Heterothrix hormidioides* Vischer. Fig. 522b *Heterothrix solida* Vischer. Fig. 523. *Heterothrix ulotrichoides* Pascher (Fig. 523 nach Pascher, sonst nach Vischer).

5. Heterothrix mucicola Ettl (Fig. 526)

Fäden wenig- bis vielzellig, doch nie länger als zwei Millimeter werdend, gerade oder leicht gebogen, einzeln oder in kleinen losen Gruppen vorkommend. Zellen zylindrisch, meist gerade aber auch leicht gebogen, doch nie tonnenförmig aufgetrieben. An den Querwänden sind die Zellen leicht eingezogen und an den Enden der Fäden abgerundet oder stumpf. Zellwand zart, doch deutlich. Chromatophoren immer zwei, relativ groß, wandständig, mantel- bis fast halbringförmig, beide der einen Längsflanke der Zelle anliegend. Fortpflanzung durch zwei stark formveränderliche Zoosporen, die nach dem Auseinanderweichen der fast gleichen Hälften der Zellwand austreten. Zoosporen amöboid, oft in die Länge gestreckt, mit hyaliner Basis; mit einem halbringförmigen Chromatophor, der nur die vordere Zellhälfte ausfüllt, relativ großem Stigma, einer pul-

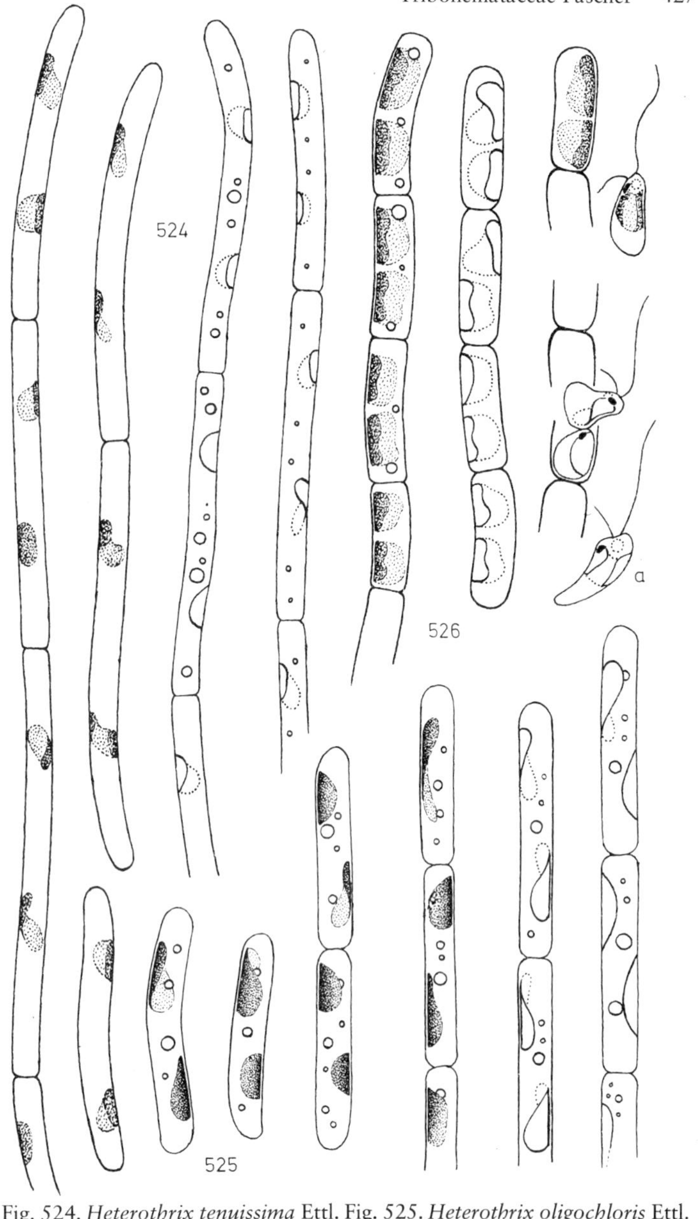

Fig. 524. *Heterothrix tenuissima* Ettl. Fig. 525. *Heterothrix oligochloris* Ettl. Fig. 526. *Heterothrix mucicola* Ettl – *a* Zoosporen und deren Entleeerung (nach Ettl).

sierenden Vakuole und einer überkörperlangen Hauptgeißel; Nebengeißel kaum $^{1}/_{4}$ der ersteren messend. Andere Stadien nicht gesehen.

Fäden 3,5 μm breit, Zellen bis 15 μm lang.

In der Gallerte von Froschlaich vorkommend, in den mit Quellwasser gespeisten Gräben und Tümpeln auf den Wiesen bei Svitavy (Tschechoslowakei).

6. Heterothrix oligochloris Ettl (Fig. 525)

Fäden sehr kurz, wenigzellig, nicht selten in Einzelzellen zerfallend. Mehrzellige Fäden schmiegsam, sonst aber gerade, sehr zart. Zellen sehr lang und gestreckt, regelmäßig zylindrisch bis schlauchförmig, Einzelzellen manchmal leicht gekrümmt. An beiden Enden stumpf oder abgerundet, in den Fäden an den Querwänden deutlich eingezogen. Zellwand äußerst zart. Zwei kleine, reduzierte, scheibenförmige Chromatophoren. Diese sind nicht nur durch die kleinen Ausmaße, sondern auch durch die sehr blasse, gelbgrüne Farbe gekennzeichnet. Plasma glashell, mit wenigen Öltropfen. Zoosporen nicht beobachtet.

Fäden nur 2,5 μm breit, Zellen 15–20 μm lang.

In einem mit alten Laub gefüllten Wassergraben, der mit reichlicher Schwefelflora besiedelt war, zwischen Detritus. Aus der Umgebung von Březová in Nordmähren (Tschechoslowakei).

7. Heterothrix tenuissima Ettl (Fig. 524)

Fäden ganz fein und zart, sehr lang, bis mehrere Millimeter oder Zentimeter messend. Schmiegsam, aber gerade oder nur leicht gebogen, in manchen Fällen auch stark bis schlangenartig gebogen. Zellen äußerst lang und gestreckt, bis 15 mal länger als breit, gestreckt zylindrisch bis schlauchförmig, gleichmäßig dick und an den Querwänden ganz leicht eingezogen. An den Enden der Fäden abgerundet. Zellwand sehr zart und fein. Chromatophoren nur zwei, relativ klein, scheiben- bis kurz bandförmig, seltener schief bandförmig oder halbringartig, recht blaß. Wenige Öltropfen im Plasma. Fortpflanzung durch vier bis acht formveränderliche Zoosporen mit einem Chromatophor, doch ohne Stigma; Geißeln sehr ungleich.

Fäden kaum 2 μm, meist 1,5 μm breit, Zellen 35–40 μm lang.

In einem eisenhaltigen, recht sauren Wiesengraben, der teilweise mit Quellwasser gespeist wurde (pH-Werte 6,2) zwischen anderen Algen, vor allem *Tribonema, Zygnema* und *Spirogyra*. Mehrmals in Nordmähren beobachtet (Tschechoslowakei). Eine sehr zarte Art, die leicht übersehen werden kann.

8. Heterothrix montana Vischer (Fig. 528)

Fäden sehr kurz und leicht zerfallend, gewöhnlich nur aus mehreren Zellen bestehend, doch oft in Einzelzellen zerfallend. Fäden gerade oder gebogen, wahrscheinlich etwas brüchig. Zellen kurz und meist regelmäßig zylindrisch, an den Querwänden leicht oder kaum eingezogen. Zellwand zart, aus zwei ungleichen Hälften bestehend. Chromatophoren zwei, recht groß, fast die ganze Zelle auskleidend, manchmal undeutlich, sonst mantel- bis muldenförmig. Fortpflanzung durch Zoosporen mit zwei Chromatophoren und deutlichem Stigma.

Fäden 5 μm breit, Zellen 7–10 μm lang.

Aus alpinen Erdböden isoliert, aus der Umgebung von Fuorn (Schweiz).

9. Heterothrix exilis (Klebs) Pascher (Fig. 527, 531)
Bumilleria exilis Klebs

Fäden oft sehr kurz und brüchig und sehr zur Auflösung in Einzelzellen neigend. Zellen walzlich, kaum tonnenförmig, an den Querwänden nur etwas eingezogen, recht kurz. Zellwand meistens sehr zart, doch gelegentlich auch derber, vielleicht mit leichter Schleimhülle. Chromatophoren zwei, mehr muldenförmig,

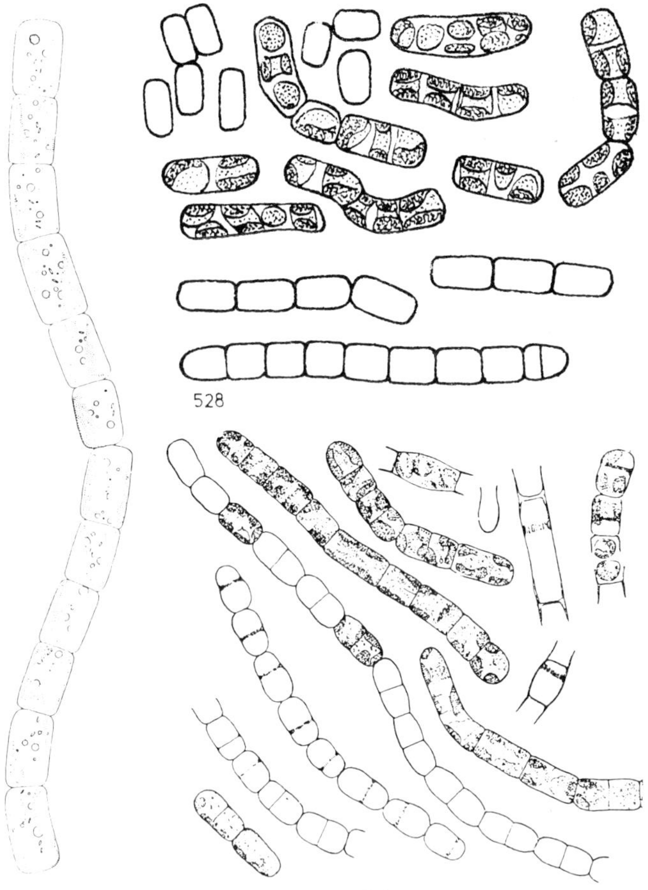

527 528 529

Fig. 527. *Heterothrix exilis* Pascher (Klebs). Fig. 528. *Heterothrix montana* Vischer. Fig. 529. *Heterothrix debilis* Vischer (Fig. 527 nach Pascher, sonst nach Vischer).

oft sehr ungleich und manchmal leicht gelappt, der Länge nach einander gegenüber stehend. Zoosporen meist in der Zweizahl gebildet, sehr formveränderlich, mit zwei Chromatophoren, ohne Stigma und mit sehr ungleichen Geißeln. Akinetenbildung sehr häufig, Akineten ziemlich feste, mehrgliedrige Verbände bildend. Palmelloide Stadien wahrscheinlich.

Fäden 3,5–4,5 μm breit, Zellen 6–8 μm lang.

Vorherrschend Erdalge, die aus mehreren Erdproben isoliert wurde. Im Gebiet recht verbreitet; kommt auch in alpinen Erdböden vor. Sie kann aber auch sekundär in Kleingewässern auftreten. Eine besondere Form, bei der die Zellen an den Querwänden stärker eingezogen sind, ist in Fig. 531 dargestellt.

10. Heterothrix debilis Vischer (Fig. 529)

Fäden ziemlich lang, aber auch in kürzere Abschnitte zerfallend, leicht gebogen. Zellen zylindrisch, manchmal leicht tonnenförmig aufgetrieben, an den Querwänden häufig etwas eingezogen, an den Enden der Fäden abgerundet bis stumpf. Zellwand zart, im Alter etwas derber werdend. Chromatophoren zwei, scheiben- bis mantelförmig, oft undeutlich, meist in den Zellen hintereinander liegend. Zoosporen werden zu zweit oder zu mehreren gebildet, sind stark amöboid und mit einem oder meist zwei Chromatophoren, deutlichem Stigma und sehr ungleich langen Geißeln versehen. Halbstücke der Zellwand, die beim Entleeren der Zoosporen auftreten, sehr ungleich.

Fäden 4–5 μm breit, Zellen 5–10 μm lang.

In einem stehenden Gewässer bei Basel (Schweiz) und in versumpften, langsam fließenden Quellen in Tirol (Österreich) gefunden. Kommt auch in Erdböden oder in Froschlaich vor.

11. Heterothrix pascheri Ettl (Fig. 530)

Fäden lang und schlüpfrig, zu großen, satt grünen Strähnen vereinigt. Meist gerade, aber teilweise auch etwas gekrümmt oder an manchen Stellen unregelmäßig geknickt. Zellen kurz zylindrisch, im Umriß quadratisch, ebeno breit wie lang, an den Querwänden deutlich eingeschnürt, oft etwas schief. Zellwand ziemlich dünn, bei einer Form etwas derber. Chromatophoren vier, wandständig, relativ groß, die ganze Zelle auskleidend, mulden- bis scheibenförmig. Bei einigen Fäden wurden Verzweigungen gesehen, die jedoch abnormal zustande kamen. Fortpflanzung durch 2 oder 4 Zoosporen, die gestreckt eiförmig sind und ein schief abgestutztes Vorderende haben. Mit zwei Chromatophoren und einem Stigma, zwei pulsierenden Vakuolen und sehr ungleichen Geißeln.

Fäden 6–8 μm breit, Zellen ebenso lang.

In einer kleinen kalkhaltigen Quelle in der Umgebung von Březová in Nordmähren (Tschechoslowakei).

12. Heterothrix quadrata (Pascher) Pascher (Fig. 532)
Tribonema quadrata Pascher

Fäden relativ lang, nicht leicht zerfallend, dunkelgrüne Flöckchen bildend. Oft stark gebogen oder gewunden. Zellen zylindrisch bis ganz leicht aufgetrieben, kaum länger als breit, an den Querwänden leicht eingezogen. Zellwand zart bis derb. Chromatophoren fünf bis zahlreiche, scheibenförmig, in ihrer Größe, oft innerhalb eines Fadens sehr schwankend. Zoosporen zu 2–4 gebildet, meist mit mehreren Chromatophoren und mit einem Stigma. Nebengeißel nur ein Drittel der Hauptgeißel messend. Als Dauerstadien werden nur kurze Fäden gebildet, die leicht gequollene, fast gallertige Zellwände haben.

Fäden 10–14 μm breit, Zellen ebenso lang.

Anscheinend wärmeliebende Art, an Teichufern, Altwässern, Tümpeln als sehr lockere, lichtgrüne Flöckchen vorkommend. Beim Austrocknen der Gewässer grüne Überzüge bildend, zwischen denen sich die kurzen derbwandigen Fadenstücke bilden (Tschechoslowakei, BRD, DDR, Ungarn). Von Starmach wurde die var. *angustata* beschrieben, deren Fäden nur 6,7–7,8 μm breit sind.

13. Heterothrix tribonemoides Pascher (Fig. 534, 537)

Fäden kurz, starr, leicht brüchig, manchmal etwas geknickt. Zellen zylindrisch bis ganz leicht aufgetrieben oder auch taillenartig eingezogen, an den Querwänden deutlich eingeschnürt. Zellwand relativ fest, manchmal direkt

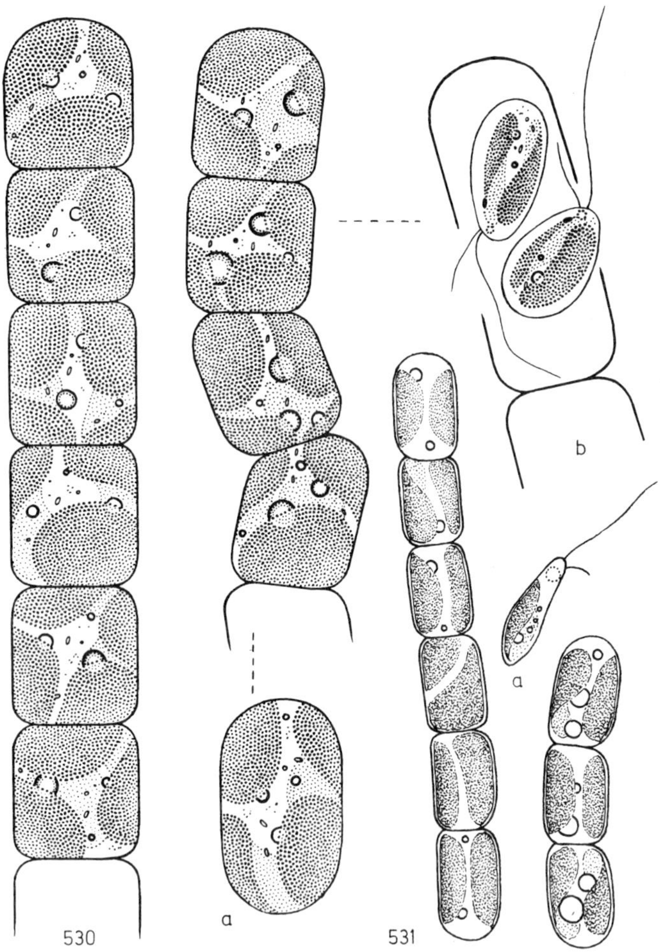

Fig. 530. *Heterothrix pascheri* Ettl – *a* Keimling, *b* Zoosporenentleerung. Fig. 531. *Heterothrix exilis* Pascher fo. – *a* Zoospore (nach Pascher).

derb. Chromatophoren 5–8, seltener mehr, auffallend groß und scheibenförmig. Zoosporen zu 2–8 gebildet, in der Größe schwankend, mit einem bis vier Chromatophoren, ohne Stigma und sehr ungleichen Geißeln. Als Dauerstadien kommen große, innerhalb der Zelle in Einzahl gebildete Zysten vor. Daneben auch Fadenzerfall mit leichter Verdickung der Zellwand.

Fäden 12–15 μm, seltener bis 18 μm breit, Zellen 18–30 μm lang.

Eine Alge stehender Gewässer, die sich aber auch auf feuchten Böden halten kann. An mehreren Orten, vor allem in Tümpeln und kleinen Teichen gesehen (Österreich, Tschechoslowakei). Eine eigenartige dünnwandige Form ist auf Fig. 537 dargestellt.

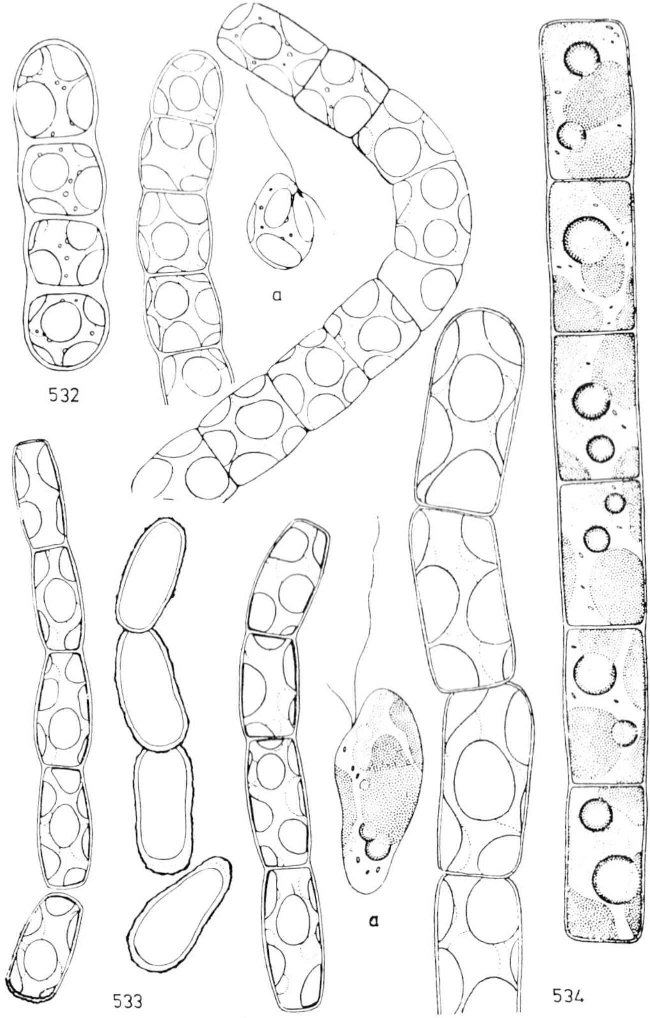

Fig. 532. *Heterothrix quadrata* (Pascher) Pascher – *a* Zoospore. Fig. 533. *Heterothrix bristoliana* Pascher – in der Mitte Fadenakineten. Fig. 534. *Heterothrix tribonemoides* Pascher – *a* Zoospore (nach Pascher).

14. Heterothrix bristoliana Pascher (Fig. 533)
Bumilleria exilis Bristol

Fäden meist kurz, wenigzellig, sehr brüchig. Zellen zwei- oder mehrmals länger als breit, leicht bis deutlich tonnenförmig, an den Querwänden wenig bis stark eingezogen. Zellwand ziemlich derb bis dick. Chromatophoren mehrere

(4–12), meist aber acht bis zehn, doch in der Zahl recht schwankend, nicht selten eine eigenartige, trübgrüne Färbung, zeigend. Zoosporen zu mehreren (2–8) gebildet, gewöhnlich mit zwei Chromatophoren und mit einer stummelförmigen Nebengeißel, ohne Stigma. Akinetenbildung beobachtet, gelegentlich auch Fadenakineten.

Fäden 4–6 μm breit, Zellen 10–15 μm lang.

Nicht sehr häufige Bodenalge, die ursprünglich aus Lehmböden isoliert wurde. Kann auch leichte grüne Anflüge auf nackter Erde bilden. Gelegentlich auch nasse Gegenstände überziehend. Im Gebiet wohl verbreitet.

15. Heterothrix solida Vischer (Fig. 522b)

Fäden fest und relativ lang, wenn diese auch gelegentlich in kürzere Fadenstücke zerfallen können. Zellen 1–2 mal länger als breit, zylindrisch, aber auch leicht tonnenförmig oder manchmal stark unregelmäßig und einseitig aufgetrieben, an den Querwänden immer eingezogen. Zellwand wahrscheinlich zart. Chromatophoren mehrere, scheibenförmig, oft undeutlich, die ganze Zelle auskleidend. Zoosporen nicht gesehen, doch Fortpflanzung mittels Aplanosporen, die durch das Auseinanderweichen beider Hälften der Zellwand frei werden.

Fäden 5–6 μm breit, Zellen 5–12 μm lang.

Auf Steinen in einem Bach vorkommend und in Kulturen gezogen in der Nähe von Fuorn (Schweiz).

16. Heterothrix constricta Ettl (Fig. 535)

Lange vielzellige Fäden bildend, die in Gewässern als lichtgrüne Flöckchen erscheinen. Fäden ziemlich gerade, schmiegsam, mit deutlich abgegliederten Zellen. Manchmal kommen auch nur kurze, wenigzellige Fadenstücke vor. Zellen sehr lang, bis viermal länger als breit, ausgesprochen zylindrisch, doch an den Querwänden sehr deutlich eingeschnürt und an den Fadenenden abgerundet. Zellwand sehr zart, Chromatophoren mehrere (5–8), wandständig, rund- scheibenförmig. Fortpflanzung durch leicht formveränderliche Zoosporen, die zu viert in den Zellen gebildet werden. Zoosporen mit zwei Chromatophoren und deutlich ungleichen Geißeln, ohne Stigma.

Fäden 3,5–4 μm breit, Zellen 12–18 μm lang.

In Gräben, die mit *Sphagnum* bewachsen waren in einem kleinen Moor bei Boskovice (Tschechoslowakei) mit pH-Werten von 6,3. Außerdem auch in einem leicht sauren Wiesengraben und in Mooren bei Innsbruck (Österreich).

17. Heterothrix elegans Ettl (Fig. 536)

Bildet lange, sattgrüne Strähnen mit langen und biegsamen Fäden, an denen die Zellen deutlich gegliedert sind. Nur ausnahmsweise Zerfall in kurze Fadenstücke. Zellen sehr lang und auffallend gestreckt, zylindrisch, mit geraden Flanken, an den Querwänden aber stark eingezogen und an den Enden der Fäden breit abgerundet. Zellwand zart und elastisch. Chromatophoren mehrere bis zahlreiche, rundlich oder breit elliptisch scheibenförmig. Plasma mit wenig Öltropfen. Fortpflanzung durch formveränderliche Zoosporen, die zu viert oder acht gebildet werden. Mit mehreren Chromatophoren, deutlichem Stigma und zwei pulsierenden Vakuolen. Hauptgeißel 1,5 mal körperlang, Nebengeißel $^{1}/_{3}$ der ersteren messend. Dauerstadien in Form von derbwandigen Zellen, vielleicht Akinetenbildung.

Fäden 10 μm breit, Zellen 50–70 μm, selten noch länger.

In einer sumpfigen und durchwärmten Wasserstelle, die durch eine kleine Quelle gespeist wurde, in der Umgebung von Březová in Nordmähren (Tschechoslowakei).

Im Anhang sei noch eine Art angeführt, die sich durch festsitzende Keimlinge unterscheidet und die nicht im Bestimmungsschlüssel enthalten ist.

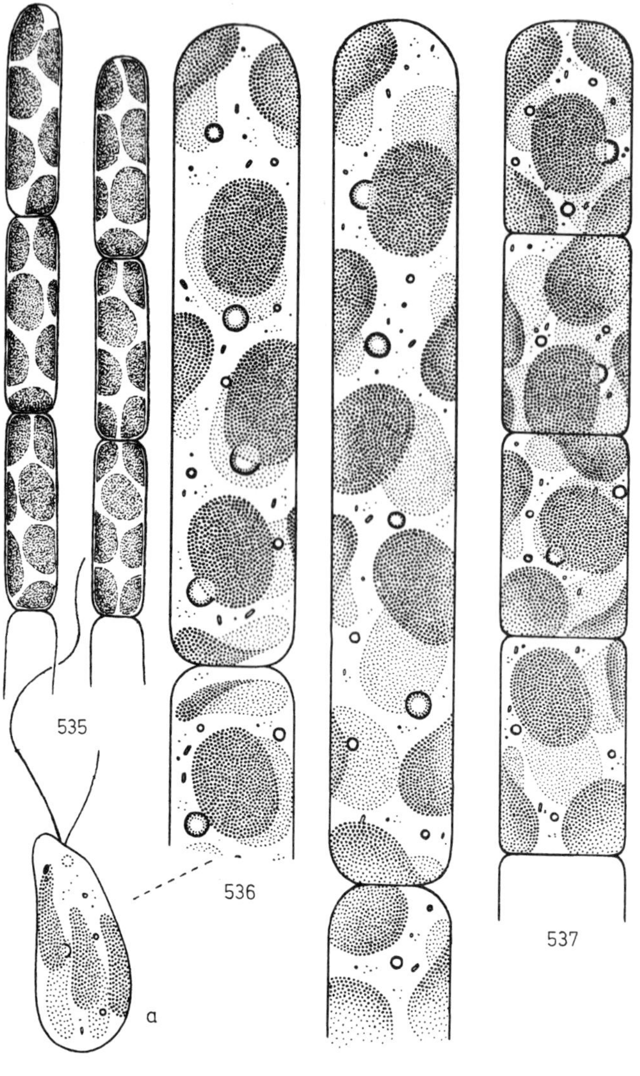

Fig. 535. *Heterothrix constricta* Ettl. Fig. 536. *Heterothrix elegans* Ettl – *a* Zoospore. Fig. 537. *Heterothrix tribonemoides* Pascher fo. (nach Ettl).

Heterothrix sessilis Vinatzer (Fig. 537a).

Fäden relativ lang, schmiegsam. Zellen zwei- bis dreimal länger als breit, an den Querwänden nur leicht eingezogen, doch im Prinzip zylindrisch bleibend. Zellwand zart. Chromatophoren einer oder zwei, die bei gutem Wachstum auch die Querwände bedecken können. Zoosporen zu zweit in jeder Zelle gebildet, mit einem Chromatophor und einer Geißel, ohne Stigma. Nach sehr kurzer Schwärmzeit werden die Zoosporen amöboid und büßen ihre Geißel ein. Ihre Festsetzung erfolgt mittels eines Stielchens, das zum Haftorgan des Keimlings wird. Akineten bekannt.

Fäden 4,5 μm breit, Zellen 10–15 μm lang.

Aus Erdböden isoliert, die vom Pitschberg (2300 m ü. M.) in Tirol (Österreich) entnommen wurden.

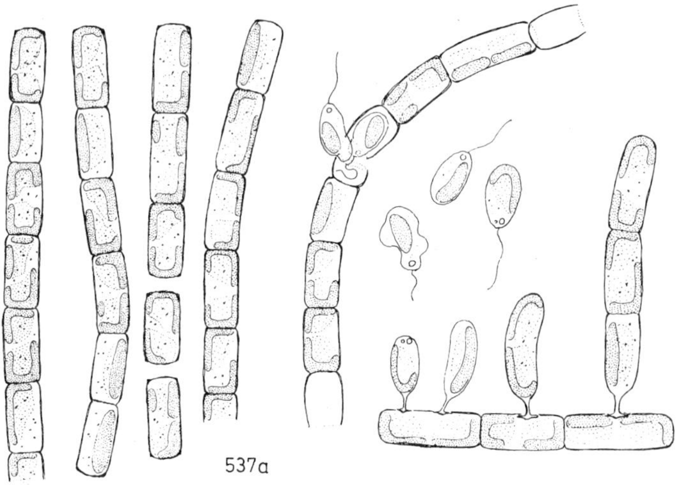

537a

Fig. 537a. *Heterothrix sessilis* Vinatzer – rechts Zoosporenbildung mit Zoosporen, rechts unten keimende Zoospore und ältere Keimlinge (nach Vinatzer).

4. **Bumilleria** Borzi

Fäden sehr lang oder kurz und leicht brüchig. In der Weise gegliedert, daß zwischen je zwei oder vier zylindrischen Fadenzellen dünne bis derbe, manchmal geschichtete H-Stücke eingeschaltet sind, die den benachbarten Zellen anliegen oder etwas von ihnen abstehen und manchmal auffallend gelb oder rötlich gefärbt sind. Die Fadenzellen haben zunächst eine einheitliche, meist zarte Zellwand, die erst bei der Zellteilung oder bei der Entleerung der Zoosporen in zwei gleiche oder ungleiche Teile zerissen wird. Die Fäden sind im Prinzip wie die von *Heterothrix* gebaut, nur daß zwischen je zwei oder vier Zellen die derben H-Stücke auftreten. Chromatophor einer oder mehrere, wandständig, scheibenförmig oder auch bandförmig schief durch die Zelle laufend. Vorkommen von Pyrenoiden nur bei einer nicht näher bezeichneten Art angegeben (Korschikoff 1930).

Bei der Zellteilung bilden sich rasch zwei, doch meist vier hintereinander liegende Tochterzellen, wobei die Zellwände der ursprünglichen Mutterzelle in zwei Hälften gespalten werden, die die Enden des neuen zwei- oder vierzelligen Fadenstückes begrenzen. Gelegentlich nicht Quer- sondern Längsteilung der Zellen und Gabelung der Fäden. Zoosporen zu zweit oder zu viert gebildet und durch zweiklappiges Aufreißen der alten Zellwand freiwerdend. Sie besitzen einen oder mehrere Chromatophoren und zwei sehr ungleiche Geißeln. Bei den bisher bekannten Arten fehlt das Stigma. Die Zoosporen bilden kugelige bis ellipsoidische Zellen, durch deren Teilung zwei- bis vierzellige junge Fäden entstehen, die rasch zur normalen Größe heranwachsen. Junge Fäden nie festgewachsen. Die jungen behäuteten Keimlinge können aber auch sofort wieder ausschwärmen, oder aber zwei oder vier behäutete Zellen liefern, die nicht fadenförmig angeordnet sind und durch weitere Teilungen einen unregelmäßigen Haufen runder Zellen liefern können, deren Zugehörigkeit zu *Bumilleria* zunächst nicht erkennbar ist. Früher oder später entwickeln die Zellen eines solchen Haufens Zoosporen oder keimen jede für sich zu einem Zellfaden aus. Die Zoosporen können auch gallertumhüllte kugelige Stadien liefern, durch deren Teilung kleine Gallertlager mit *Gloeocystis*artiger Gallertschichtung entstehen können. Als Dauerstadien sind derbwandige Akineten bekannt, die sich entweder voneinander trennen oder miteinander verbunden bleiben.

Wichtigste Literatur: Borzi 1888, Wille 1897, Pascher 1925, 1932b, 1939a, Printz 1927, Ettl 1965.

Bestimmungsschlüssel der Arten

1a Chromatophor meist einer, bandförmig, manchmal zerteilt oder spiralig gewunden .... **1. B.spirotaenia**
1b Chromatophoren immer mehrere, scheibenförmig 2
2a Fäden höchstens 10 µm breit .... **2. B.klebsiana**
2b Fäden über 15 µm breit .... **3. B.sicula**

1. Bumilleria spirotaenia Pascher (Fig. 538)

Fäden sehr brüchig, an den Querwänden leicht, oft auch stärker eingeschnürt. Bei stärkerer Einschnürung kann es dann leicht zu einem Fadenzerfall kommen. Zellen zylindrisch, bis viermal länger als breit, gerade. Zellwand sehr zart, doch die eingeschobenen H-Stücke meist derb und anliegend. Chromatophor einer, schmal und bandförmig, schief schraubig die Zelle auskleidend und nicht selten in mehrere Stücke zerfallend. Die bandförmige Gestalt ist jedoch immer zu erkennen. Zoosporen gewöhnlich zu zweit gebildet, mit bandförmigem, binnenständigem Chromatophor, ohne Stigma und mit sehr ungleichen Geißeln. Gallertstadien in Form von Gloeocysten bekannt, die sehr groß werden können.

Fäden bis 5 µm breit, Zellen 15–20 µm lang.

Als grüne Überzüge und Gallertklümpchen an einer schlammigen Uferstelle der Elbe bei Lysá in Böhmen, aber auch in Kleingewässern in Nordmähren (Tschechoslowakei) auftretend.

2. Bumilleria klebsiana Pascher (Fig. 540)
Bumilleria sicula sensu Klebs

Erdalge, die aber auch in stehenden Gewässern vorkommen kann. Zarte hellgrüne Flöckchen bildend, mit sehr brüchigen Fäden. Fäden daher recht kurz, doch Zerfall in Einzelzellen seltener. Zellen zylindrisch, an den Querwänden aber deutlich eingezogen, höchstens bis zweimal länger als breit. Zellwand ziemlich derb. H-Stücke gewöhnlich nicht sehr auffallend, zart bis derb, manchmal etwas abstehend, mit oft sehr ungleichen Hälften. Chromatophoren zunächst zwei, in späteren Stadien vier und vor der Teilung sogar 8–16, oft ungleich groß. Zoosporen zu zweit gebildet, sehr formveränderlich, mit zwei oder auch mehre-

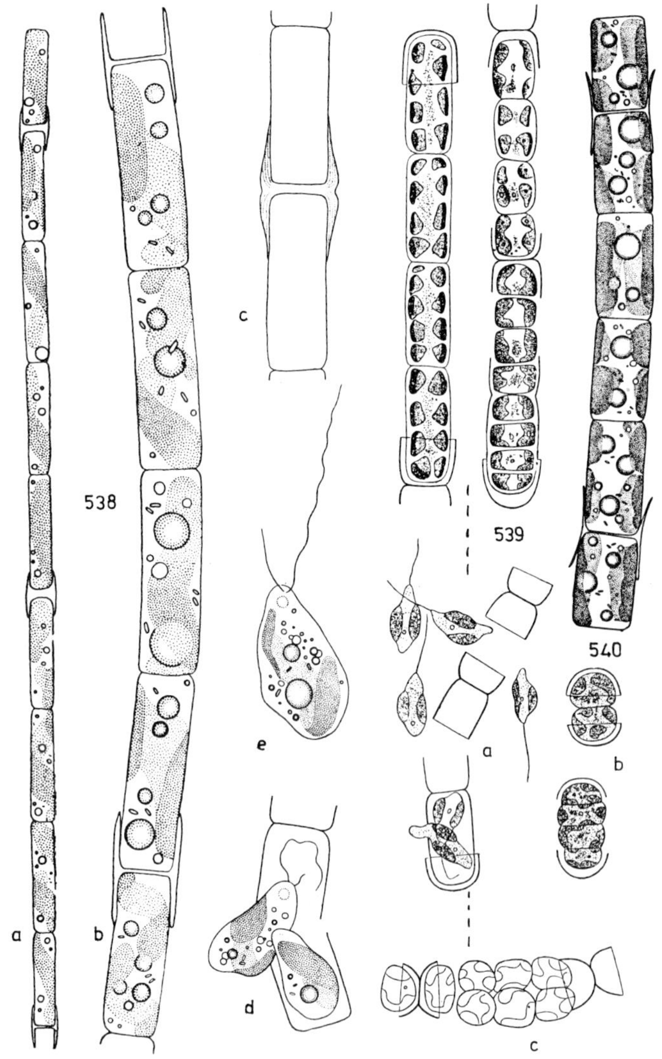

Fig. 538. *Bumilleria spirotaenia* Pascher – *a* und *b* Faden bei verschieden starker Vergrößerung, *c* Detail des H-Stückes, *d* Zoosporenentleerung, *e* Zoospore (nach Pascher). Fig. 539. *Bumilleria sicula* Borzi – *a* Zoosporenentleerung, *b* Keimung des Fadens, *c* Fadengabelung (nach Borzi). Fig. 540. *Bumilleria klebsiana* Pascher (nach Pascher).

ren Chromatophoren, ohne Stigma und mit sehr kurzer Nebengeißel. Als Dauerstadien Akinetenverbände oder Fadenakineten. Diese mit derber, oft einseitig stark verdickter Wand.

Fäden 8–10 μm breit, Zellen 15–18 μm lang.

Erdalge, die vorherrschend auf lehmigen, vielleicht kalkhaltigen Böden vorkommt und stark saure Böden zu meiden scheint. Im Gebiet wiederholt beobachtet.

3. Bumilleria sicula Borzi (Fig. 539)

Fäden sehr kurz, brüchig und oft in Einzelzellen oder kurze Fadenstücke zerfallend. Zellen zylindrisch bis leicht tonnenförmig, an den Querwänden deutlich eingeschnürt, Zellwand sehr zart, H-Stücke häufig anliegend, Chromatophoren zunächst zwei, doch sehr rasch vor der Teilung auf acht ansteigend. Zoosporen mit meist zwei, manchmal binnenständigen Chromatophoren und sehr kurzer Nebengeißel, ohne Stigma. Als Dauerstadien kommen Akineten oder Fadenakineten vor. Auch palmelloide Stadien wurden gesehen.

Fäden 15–18 μm breit, Zellen 22–35 μm lang.

Eine ausgesprochene Erdalge, die nicht häufig anzutreffen ist, vielleicht kalkhold. Im Gebiet verbreitet.

Unvollständig beschriebene und zu streichende Art.

Bumilleria bodanica Schmidle – ganz unzureichend beschrieben. Erlaubt die Zuordnung zu fast allen bekannten Tribonematales. Es ist fraglich ob es sich überhaupt um eine Xanthophycee handelt.

5. Tribonema Derbès et Solier

Conferva sensu Lagerheim, *Psichohormium* Kützing p. p.

Fäden primär immer festsitzend, einzeln oder in großen glatten oder krausen Strähnen vorkommend, falls von der Unterlage abgelöst, bilden sie treibende Flöckchen, seltener Watten. Oft in überaus großen Massen auftretend, gelbgrün bis dunkelgrün gefärbt. Einzelne Fäden normalerweise unverzweigt, zunächst mittels einer differenzierten Haftzelle festsitzend, die meist ein kürzeres oder längeres Stielchen entwickelt hat. Diese Haftzelle bei manchen Arten lange lebensfähig, bei anderen bald absterbend. Durch Abbrechen werden die Fäden früher oder später frei. Obere Endzellen der Fäden sind entweder abgerundet oder mit einer kürzeren oder längeren Spitze versehen. Zellen in den Fäden gewöhnlich zylindrisch, aber auch in der Mitte leicht bis stark aufgetrieben, so daß der Faden dann an den Querwänden eingeschnürt ist und die Zellen deutlich tonnenförmig erscheinen. Zellwand von vornherein bereits aus zwei, meist gleichen Halbstücken zusammengesetzt, die zu den bekannten H-Stücken verbunden sich. H-Stücke bei den zartwandigen Formen ohne Präparation schwer sichtbar, bei den derbwandigen hingegen sehr deutlich. Bei letzteren ist manchmal auch die Schichtung der H-Stücke erkennbar. Ränder der H-Stücke in den allermeisten Fällen dicht aneinander schließend. Querwände verschieden dick. Nicht selten ist die Zellwand stark eiseninkrustiert. Ebenso kann sich an den Zellwänden Kalk niederschlagen. Chromatophoren wandständig, einer bis viele, manchmal auch zahlreich. Falls nur ein oder zwei Chromatophoren vorhanden sind, ist ihre Form mulden- bis rinnenförmig. Zwei Chromatophoren können oft gegenständig sein. Sind mehrere Chromatophoren vorhanden, so sind sie meist scheibenförmig, mitunter aber auch kurz band- bis halbringförmig. Bei einigen Arten sind die Chromatophoren in der Form von manschettenförmigen Querbändern ausgebildet. Die Zahl und Gestalt kann oft wechseln, sie ändert sich bei gleichem Material, vor allem vor der Zellteilung. Normalerweise ist in jeder Zelle nur ein Kern vorhanden, doch können kurz vor der Zellteilung auch zwei oder mehrere Kerne auftreten. In den Zellen finden sich ferner Öl, Chrysolaminarin und Kristalle verschiedener Herkunft. Unter ungünstigen Umständen wird in den Zellen besonders viel Öl gespeichert.

Zellteilung gewöhnlich quer zur Fadenrichtung. Manchmal kann die Teilung auch etwas schief erfolgen, worauf sich die Teilprotoplasten erst sekundär in Richtung des Fadens übereinander schieben. In seltenen Fällen teilt sich der Protoplast der Länge nach, so daß es zu Gabelungen oder Bildung von Doppelfäden kommen kann. Zoosporen werden einzeln oder zu zweit, seltener zu mehreren in den Zellen gebildet. Sie haben das typische Xanthophyceen-artige Aussehen, mit oder ohne Stigma, in allen bekannten Fällen jedoch mit Nebengeißel. Chromatophoren liegen in den Zoosporen mehr oder weniger binnenständig. Die Zoosporen kommen nach kurzer Schwärmzeit zur Ruhe und setzen sich mit dem Vorderende am Substrat fest. Während des Festsetzens kann es zur Ausscheidung eines Stieles kommen. Die ganz jungen Keimlinge haben oft noch binnenständige Chromatophoren, ein Stigma und pulsierende Vakuolen. Erst bei fortschreitendem Wachstum lagern sich die Chromatophoren um und werden wandständig. Die erste Teilung des Keimlings ist oft ungleich, wobei die untere Hälfte mit weniger Chromatophoren zur Haftzelle wird. Das freie Ende des Keimlings ist entweder abgerundet oder trägt ein kürzeres oder längeres Spitzchen. Sehr häufig sind die Zoosporen amöboid oder werden unter Geißelverlust völlig zu Amöben. Zoosporen und Amöben können sich auch in kugelige derbwandige Aplanosporen umwandeln. Nicht selten wird der ganze Zellinhalt innerhalb der alten Zellwand, ohne sich vorerst in eine Zoospore umzuwandeln, zu einer derbwandigen Aplanospore. Akinetenbildung ist im Gegensatz zu den anderen fadenförmigen Xanthophyceen nicht sehr häufig. Meist als Fadenakineten auftretend. Palmelloide Gallertstadien entstehen auf zweierlei Weise. Entweder kommen die Zoosporen zur Ruhe und wandeln sich in eine mit Gallerte umgebene Zelle um, die durch weitere Teilungen große Gallertlager bilden kann oder der ganze Zellfaden verquillt und wandelt sich in ein Gallertlager um. Bei *Tribonema* sind auch Riesenzellen bekannt, die dadurch entstehen, daß der Protoplast einer Fadenzelle außerordentlich heranwächst und sich mit eigener derbwandiger und mehrschichtiger Wand umgibt. Bei der Keimung solcher Riesenzellen treten viele Zoosporen aus. Der Lebenszyklus von *Tribonema* kann durch Nebenzyklen recht kompliziert sein (siehe Lebenszyklus im allgemeinen Teil).

Wichtigste Literatur: Derbès et Solier 1856, Hazen 1902, Heering 1906, Pascher 1925, 1932b, 1939a, Printz 1925, Fritsch 1935, Skuja 1948, Ettl 1956, 1960b, 1965, 1968, 1977, Starmach 1968, Bourrelly 1968.

Bestimmungsschlüssel der Arten

1a	Zellen mit nur einem Chromatophor	2
1b	Zellen mit zwei oder mehreren Chromatophoren	7
2a	Chromatophor mit Pyrenoid	**1. T. pyrenigerum**
2b	Chromatophor ohne Pyrenoid	3
3a	Fäden 1,5–3 µm breit	4
3b	Fäden 5,5–7 µm breit	6
4a	Chromatophor gerade, rinnen- oder mantelförmig	5
4b	Chromatophor bandförmig, schraubig gewunden oder an den Querwänden umgeschlagen	**2. T. taeniatum**
5a	Zellen mehr zylindrisch, bis 8 mal länger als breit, Fäden 1,5–2 µm breit	**3. T. angustissimum**
5b	Zellen mehr aufgetrieben bis unregelmäßig, bis 4 mal länger als breit, Fäden 2,5–3 µm breit	**4. T. monochloron**

6a Zellen 3–8 mal länger als breit, Chromatophor in Form eines langen gebogenen bis schraubig gewundenen Bandes .... **5. T.spirotaenia**
6b Zellen nur 1,5–2 mal länger als breit, Chromatophor kurz rinnenförmig .... **6. T.fonticolum**
7a Chromatophoren zwei bis vier 8
7b Chromatophoren mehrere bis sehr viele 19
8a Fäden immer weniger als 10 µm breit 9
8b Fäden 10-24 µm breit 18
9a Fäden 1,5–3 (–4) µm breit 10
9b Fäden 5–7 µm breit 13
10a Zellen höchstens 2–4 mal länger als breit 11
10b Zellen 8–15 mal und mehr länger als breit 12
11a Chromatophoren auffallend klein, scheibenförmig, unregelmäßig gelagert, Fäden 3–4 µm breit, Querwände zart .... **7. T.elegans**
11b Chromatophoren normal groß, fast ringförmig, immer hintereinander liegend, Fäden 2,5–3 µm breit, Querwand derb, ... **8. T.bianulatum**
12a Fäden 2,5–3 µm breit, Chromatophoren scheibenförmig .... **9. T.microchloron**
12b Fäden 1,5–2 µm breit, Chromatophoren fast ringförmig .... **10. T.delicatissimum**
13a Zellen ebenso lang wie breit, im Umriß fast quadratisch, Chromatophoren sehr groß, die ganze Zelle auskleidend ..... **11. T.siderophilum**
13b Zellen immer länger als breit, im Umriß nie quadratisch, Chromatophoren zwischen sich immer größere Zwischenräume frei lassend ... 14
14a Zellen 2–3 mal länger als breit 15
14b Zellen sehr lang, 4–14 mal länger als breit 17
15a Chromatophoren 4 in zwei übereinander stehenden Paaren in der Gestalt gegenüber liegender Platten .... **12. T.regulare**
15b Chromatophoren 2, nur ausnahmsweise bei Teilungshemmungen 4, aber nicht regelmäßig gelagert 16
16a Chromatophoren fast ringförmig und übereinander liegend, Zoosporen ohne Stigma .... **13. T.minus**
16b Chromatophoren gebogen plattenförmig, seitenständig und einander gegenüberliegend, Zoosporen mit Stigma .... **14. T.aequale**
17a Zellen zylindrisch, an den Querwänden nicht verschmälert, Fäden 5–6 µm breit, Chromatophoren oft unregelmäßig gelappt ..... **15. T.affine**
17b Zellen leicht aufgetrieben, an den Querwänden deutlich verschmälert, Fäden 4–5 µm breit, Chromatophoren nicht gelappt **16. T.ambiguum**
18a Fäden 10 µm breit .... **17. T.ulotrichoides**
18b Fäden 16–24 µm breit .... **18. T.makrochloron**
19a Fäden sehr dünn, 2–3 µm breit .... **19. T.subtilissimum**
19b Fäden breiter, mehr als 6 µm breit 20
20a Fäden 6–8 µm breit .... **20. T.vulgare**
20b Fäden 10 µm und noch breiter 21
21a Fäden 10–13 µm breit 22
21b Fäden 13–25 µm und noch breiter 24
22a Chromatophoren scheiben- bis muldenförmig 23
22b Chromatophoren gestreckt bandförmig .... **23. T.vermichloris**
23a Zellen gestreckt, viermal und mehr länger als breit, Chromatophoren zahlreich, relativ klein, Zoosporen ohne Stigma .... **21. T.viride**
23b Zellen kurz, höchstens bis zweimal länger als breit, Chromatophoren wenige, relativ groß, Zoosporen mit Stigma .... **22. T.intermixtum**
24a Fäden 13–19 µm breit 25
24b Fäden 25–32 µm breit 26

25a Zellen regelmäßig tonnenförmig, 4–8 Chromatophoren, zweimal, höchstens bis dreimal länger als breit .... 25. **T.gayanum**

25b Zellen unregelmäßig aufgetrieben bis birnenförmig, mehrere bis viele Chromatophoren, oft mehr als dreimal länger als breit .... 24. **T.utriculosum**

26a Zellen nur wenig länger als breit, Chromatophoren nicht sehr viele, groß, länglich scheiben- bis kurz bandförmig, Zoosporen ohne Stigma .... 26. **T.crassum**

26b Zellen mehr als zweimal länger als breit, Chromatophoren sehr viele, klein scheibenförmig, Zoosporen mit Stigma .... 27 **T.giganteum**

1. Tribonema pyrenigerum Pascher (Fig. 541)

Fäden einzeln oder in wenigfädigen Bündeln vorkommend. Ziemlich brüchig, stets gerade oder kaum merklich gebogen. Zellen meist zylindrisch, manchmal auch leicht tonnenförmig aufgetrieben, bis zweimal länger als breit. Zellwand ziemlich derb, bei den mehr tonnenförmigen Zellen vielleicht ganz leicht verquollen. Chromatophor immer nur einer, wandständig, groß und rinnenförmig, die eine Zellhälfte der Länge nach auskleidend, manchmal auch gelappt, nicht selten gegen ein Zellende verlagert. An einer Stelle ist der Chromatophor verdickt und mit einem deutlichen Pyrenoid versehen, das allseitig gegen die Chromatophorensubstanz abgegrenzt ist. Zoosporen meist zu zweit gebildet, mit einem großen bandförmigen Chromatophor und deutlichem Stigma. Pyrenoid vorhanden, wenn auch bedeutend kleiner als bei den vegetativen Zellen. Hauptgeißel länger als die Zelle, Nebengeißel fast stummelförmig. Keimlinge ohne Spitze am freien Ende.

Fäden bis 8 μm breit, Zellen bis 20 μm lang.

Aus Wiesengräben im Salzkammergut (Österreich), aus einem Tümpel im Fränkischen Jura (BRD). Vielleicht wärmeliebend.

2. Tribonema taeniatum Pascher (Fig. 543)

Fäden recht lang, nicht brüchig, mehr oder weniger gerade, im allgemeinen sehr feine und zarte, schlüpfrige Watten bildend. Zellen sehr lang, 6–20 mal länger als breit, zylindrisch, an den Querwänden manchmal leicht eingeschnürt. Zellwand sehr zart. Chromatophor einer, wandständig, bandförmig, meist schief der Länge nach in der Zelle verlaufend und an den Querwänden oft umgeschlagen oder auch leicht schraubig gewunden, manchmal in zwei Teile zerteilt. Zoosporen nicht gesehen. Keimlinge allmählich in eine Haftscheibe verschmälert, ohne Spitze am freien Ende.

Fäden bis 3 μm breit, Zellen 18–60 μm lang.

Kalkholde Form aus einem Almtümpel im Toten Gebirge (Österreich).

3. Tribonema angustissimum Pascher (Fig. 542)

Fäden oft recht lang, mittels einer Haftzelle mit einer kleinen Haftscheibe und verschieden langem Stielchen festsitzend, meist aber abgebrochen und entweder unter andere Algen gemischt oder als recht zarte, weiche und sehr schlüpfrige Flöckchen entwickelt. Diese meist recht blaß. Zellen zylindrisch, bis achtmal länger als breit, an den Querwänden ganz leicht eingeschnürt. Zellwand sehr zart. Chromatophor einer, nur selten zwei, nicht sehr groß, rinnenförmig und nur einen kleinen Teil der Wand auskleidend. Zoosporen zu zweit oder zu viert gebildet, sehr klein und gestreckt, mit einer auffallend langen Hauptgeißel, Chromatophor binnenständig, ohne Stigma. Nebengeißel vielleicht wegen der Kleinheit nicht gesehen.

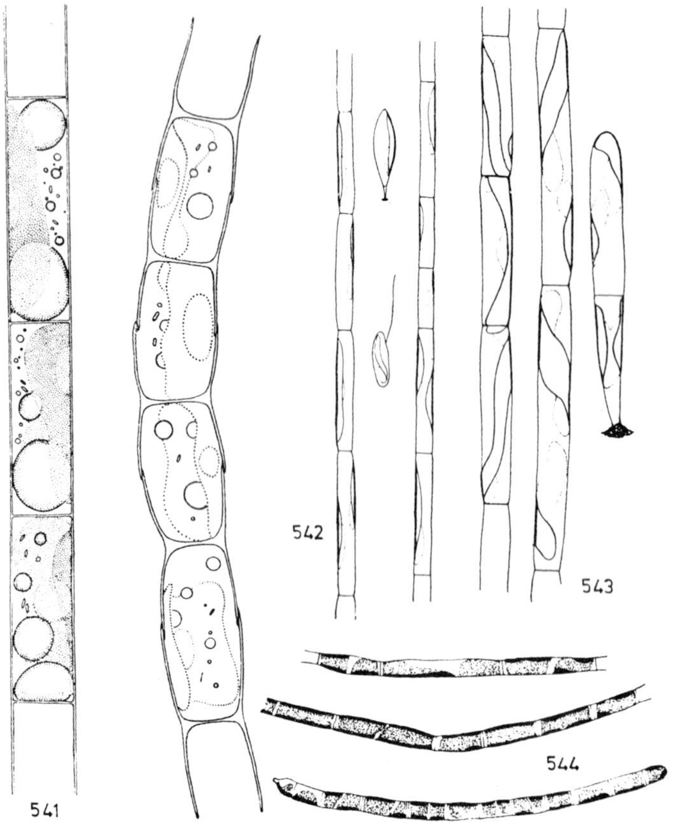

Fig. 541. *Tribonema pyrenigerum* Pascher. Fig. 542. *Tribonema angustissimum* Pascher. Fig. 543. *Tribonema taeniatum* Pascher. Fig. 544. *Tribonema monochloron* Pascher et Geitler (nach Pascher).

Fäden 1,5–3 μm breit, Zellen bis 16 μm lang.

Eine wohl recht verbreitete Art, die, falls sie nur vereinzelt vorkommt, sicher übersehen werden kann. Wärmeliebende Art, die in stärker durchwärmten Kleingewässern vorkommt und die sich gelegentlich auch auf feuchter Erde halten kann. Im Gebiet verbreitet, wahrscheinlich mehr kalkhold.

4. Tribonema monochloron Pascher et Geitler (Fig. 544)

Fäden mäßig lang, meist keine ausgesprochenen Watten oder Flöckchen bildend, oft zwischen anderen Fadenalgen eingestreut oder selten in zarten, leicht brüchigen, eigentümlich weichen Strähnen von relativ dunkler Farbe auftretend. Zellen 2–4 mal länger als breit, an den Querwänden leicht eingeschnürt und daher mehr oder weniger tonnenförmig. Zellwand sehr zart. Chromatophor nur einer, wandständig und rinnenförmig, manchmal unregelmäßig gelappt, gelegentlich fast röhrenförmig zusammenschließend. Zoosporen amöboid oder direkt als Amöben austretend; mit einem schief bandförmigen, meist binnenständigen Chromatophor, mit sehr kurzer Nebengeißel, ohne Stigma. Akinetenartig verdickte Fadenstücke gesehen.

Fäden 2,5–3 μm breit, Zellen bis 8–12 μm lang.

Recht verbreitete Alge, die im Gebiet wiederholt gesehen wurde. Meist das ganze Jahr über, zumindest als einzelne Fäden, zu finden.

5. **Tribonema spirotaenia** Ettl (Fig. 545)

Fäden ziemlich lang bis sehr lang, mehr oder weniger brüchig, doch nicht in kurze Fadenstücke zerfallend. Lange blaßgrüne Flocken oder Strähnen bildend. Zellen zylindrisch oder nur manchmal ganz leicht tonnenartig aufgetrieben, an den Scheidewänden nicht oder kaum eingeschnürt. Zellwand ziemlich derb bis dick. Chromatophor nur einer, bandförmig, wandständig, leicht schraubig gewunden oder wengigstens auf die andere Seite übergreifend. Fortpflanzung durch Zoosporen von mehr oder weniger ellipsoidischer Gestalt. Mit einem kurzen bandförmigen Chromatophor, großem Stigma und zwei sehr ungleichen Geißeln.

Fäden 5,5–7 μm breit, Zellen bis viermal länger.

In einer sumpfigen Wasserstelle in einem lichten Kiefernwald in Nordmähren und unterm Eis in einem künstlichen Wasserbecken in Prag (Tschechoslowakei).

6. **Tribonema fonticolum** Ettl (Fig. 546)

Fäden ziemlich lang werdend (bis 10 cm), gerade und kaum gegliedert. Lange, gelbgrüne und schmiegsame Strähnen bildend. Zellen ausgesprochen kurz zylindrisch, 1,5–2 mal länger als breit, nicht aufgetrieben und an den Querwänden auch nicht eingeschnürt. Zellwand derb und schon an lebenden Zellen deutliche H-Stücke zeigend. Chromatophor immer nur einer, gelbgrün, wandständig, mantel- bis kurz rinnenförmig. Fortpflanzung nicht beobachtet.

Fäden 6–7 μm breit, Zellen 9–12 μm lang.

In kleinen, aber ergiebigen Quellen im Böhmerwald und in Nordmähren (Tschechoslowakei), auch in Gebirgsquellen in der Hohen Tatra (Polen).

7. **Tribonema elegans** Pascher (Fig. 547)

Fäden nicht leicht zerbrechlich und nicht gegliedert, lockere Flocken oder Watten oder auch schmiegsame weiche Strähnen bildend. Sehr häufig vereinzelt unter anderen Algen vorkommend. Immer eigenartig stumpf und blaß lichtgrün. Zellen zylindrisch, bis dreimal länger als breit, an den Querwänden kaum oder nur ganz wenig eingezogen. Zellwand sehr zart, vielleicht mit einer ganz leichten Schleimhülle. Chromatophoren normalerweise zwei, selten einer oder drei, immer auffallend klein, wandständig, scheibenförmig oder auch halbringförmig, oft ein wenig unregelmäßig vorgezogen und nicht sehr lebhaft gefärbt. Es wird nur ein geringer Teil der Zellen bedeckt. Zoosporen zu zweit gebildet, seltener zu viert, mit einem oder seltener zwei Chromatophoren, immer ohne Stigma. Hauptgeißel 1,5 mal körperlang, Nebengeißel ein Drittel der ersteren messend. Ausgesprochene Neigung zur Amöboidie. Aplanosporen und Akineten beobachtet.

Fäden 3–4 μm breit, Zellen bis dreimal länger.

Vielleicht kalkholde Form, die aus verschiedenen Altwässern, aber auch aus den salzhaltigen Gräben der Soos in Westböhmen (Tschechoslowakei) bekannt ist. Auch in Österreich, Frankreich, Spanien und in der UdSSR gefunden.

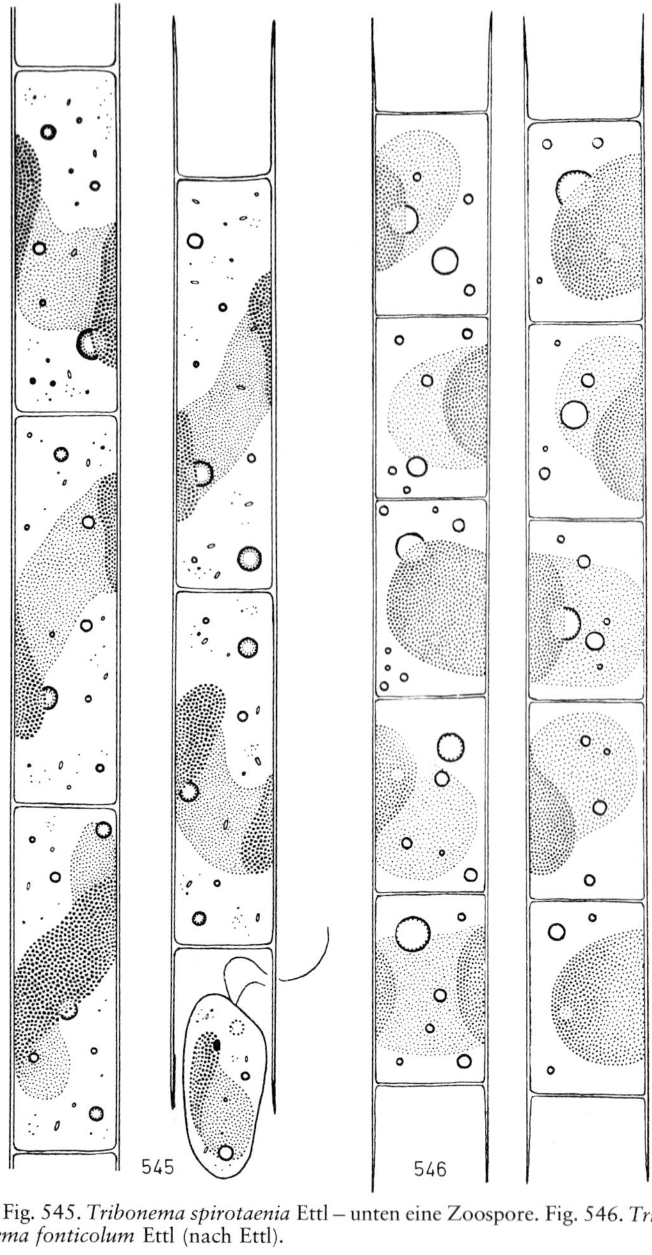

Fig. 545. *Tribonema spirotaenia* Ettl – unten eine Zoospore. Fig. 546. *Tribonema fonticolum* Ettl (nach Ettl).

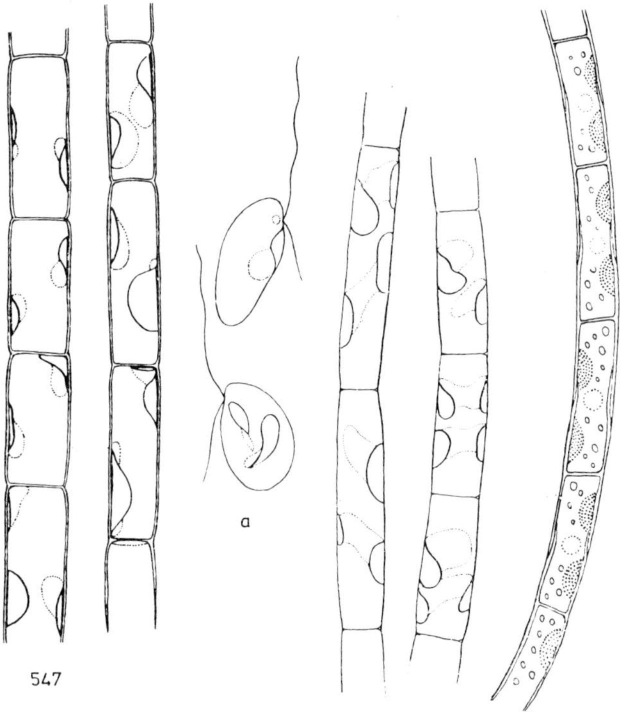

Fig. 547. *Tribonema elegans* Pascher – *a* Zoosporen (nach Pascher).

8. Tribonema bianulatum Ettl (Fig. 549)

Fäden relativ lang (bis 2 cm), schmiegsam und mehr gerade. Kleine Flocken oder Strähnen von gelbgrüner Farbe und zartem, leicht schleimigem Aussehen bildend. Junge Fäden immer mittels einer Haftzelle mit Haftscheibe und kürzerem Stiel festsitzend. Später jedoch meist abbrechend. Zellen leicht bis deutlich tonnenförmig, 3–4 mal länger als breit, an den Querwänden deutlich eingezogen. Zellwand allgemein zart, an den Querwänden jedoch deutlicher verdickt und die H-Stücke auch an lebenden Zellen erkennbar. Chromatophoren stets zwei, diese in den Zellen übereinander gelagert, in der Form fast geschlossener oder wenigstens mehr als halber Ringe. Oft ungleich gestaltet und auch innerhalb einer Zelle ungleich breit, von der charakteristischen ringartigen Gestalt aber kaum abweichend; schön gelbgrün gefärbt. Plasma häufig mit großem Öltropfen und Ballen unbekannter Natur. Fortpflanzung nicht gesehen, jedoch Keimlinge, deren freies Ende abgerundet ist, während das basale Ende allmählich verschmälert wird und in einen kurzen Stiel mit deutlicher Haftscheibe übergeht.

Fäden 2,5–3 μm breit, Zellen 10–14 μm lang.

In einem kleinen, leicht moorigen Tümpel (pH 5,1), gemeinsam mit *Microspora pachyderma* (Tschechoslowakei).

9. Tribonema microchloron Ettl (Fig. 548)

Fäden sehr lang, elastisch, gebogen oder auch stark gekrümmt, an den Querwänden kaum merklich eingezogen, weiche und schlüpfrige Strähnen bildend. Zellen äußerst lang, zylindrisch oder schlauchförmig, oft leicht aufgetrieben, aber nicht tonnenförmig werdend. Lange Zellen oft bogig oder sogar leicht S-förmig gekrümmt. Zellwand sehr zart, auch bei alten und degenerierten Zellen nicht dicker werdend. Chromatophoren normalerweise zwei, selten nur einer oder drei, scheibenförmig, auffallend klein und reduziert, so daß der Großteil der Zelle hyalin bleibt. Bei alten Zellen häufig große Öltropfen. Fortpflanzung durch kleine eiförmige Zoosporen mit einem leicht muldenförmigen Chromatophor und stark reduzierter Nebengeißel, ohne Stigma.

Fäden 2,5–3 μm breit, Zellen 30–45 μm, aber auch bis 50 μm lang.

Zwischen *Sphagnum* und *Drepanocladus* in einem Moortümpel, gemeinsam mit *Microspora pachyderma* und einer *Oedogonium*-Art, Nordmähren (Tschechoslowakei).

Außerdem wurde die var. *cylindrica* Ettl beschrieben, deren Zellen regelmäßig zylindrisch und nur 7–9 mal länger als breit sind. Auch sind die Chromatophoren etwas größer.

10. Tribonema delicatissimum Ettl (Fig. 551)

Fäden ziemlich lang (ungefähr 1–2 cm), leicht oder stark gewellt oder gebogen, sehr fein und wenig gegliedert, schmiegsam und nicht zerbrechlich. Ganz zarte, wenig auffallende gelbgrüne Flöckchen bildend. Zellen zylindrisch, nur manchmal ganz leicht aufgetrieben, ohne aber tonnenförmig zu werden, an den Querwänden kaum merklich eingezogen. Zellwand sehr zart, H-Stücke an lebenden Zellen nicht wahrnehmbar. Chromatophoren immer nur zwei, halbringförmig bis fast ringförmig geschlossen und übereinander in der Längsrichtung des Fadens gelegen; nicht immer gleich groß und auch die einzelnen Chromatophoren nicht gleich breit, manchmal etwas schief gelegen. Der Großteil der Zelle bleibt frei von Chromatophoren und ist hyalin. Deswegen machen die Fäden einen sehr zarten und blassen Eindruck. Zoosporen nicht gesehen, doch Keimlinge, deren freies Ende abgerundet und ohne Stachel ist. Haftzelle plötzlich verschmälert und mit einer Haftscheibe endend, bald abgestorben.

Fäden nur 1,5–2 μm breit, Zellen 20–30 μm lang.

Einmal in großen Mengen am Grund leicht eisenhaltiger Wiesengräben nach der Schneeschmelze gefunden (pH 5,2), aus der Umgebung von Moravská Třebová (Tschechoslowakei).

11. Tribonema siderophilum Ettl (Fig. 550)

Fäden meist einzeln zwischen andere Fadenalgen eingestreut oder ganz feine, blaßgrüne und nur bis 3 cm lange Flocken bildend. Einzelne Fäden relativ lang, recht starr, gerade oder nur wenig gebogen, auffallend gegliedert. Zellen ebenso lang wie breit, in der Mitte stark aufgetrieben und daher ausgesprochen tonnenförmig, an den Querwänden stark eingezogen bis eingeschnürt. Zellwand derb, aber nicht dick, manchmal mit deutlich geschichteter Struktur. Chromatophoren zwei, wandständig und sehr groß, fast die ganze Zelle auskleidend und nur einen schmalen Spalt zwischen einander frei lassend; mantel- bis halbringförmig, auf die andere Seite übergreifend und dort umschlungen. Oft ungleich groß,

---

Fig. 548. *Tribonema microchloron* Ettl – *a* Zoosporen. Fig. 549. *Tribonema bianulatum* Ettl – *a* isoliertes H-Stück. Fig. 550. *Tribonema siderophilum* Ettl. Fig. 551. *Tribonema delicatissimum* Ettl – *a* isoliertes H-Stück, *b* Basalzelle mit Stiel und Haftscheibe, *c* einzelliger Keimling (nach Ettl). ▶

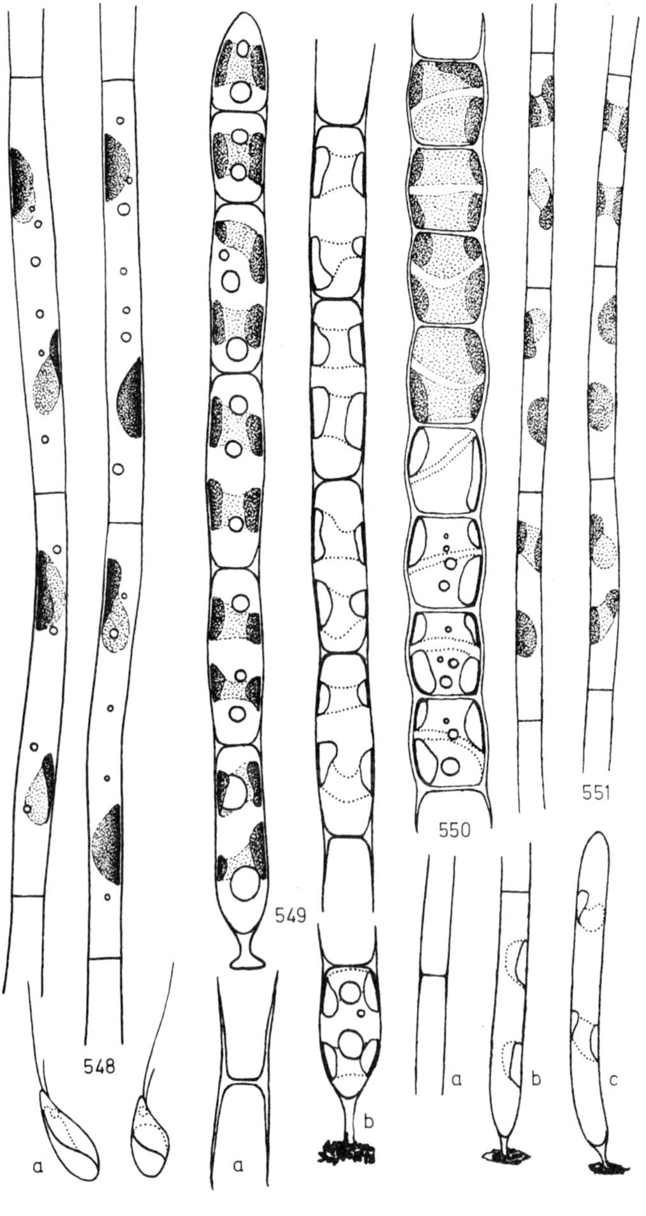
548
a
549
a
b
550
551
a
b
c

doch immer übereinander in Richtung des Fadens liegend und die Zelle ausfüllend, gelbgrün. Fortpflanzung nicht gesehen.

Fäden 6–7 μm breit, Zellen ebenso lang.

In einem kleinen Tümpel mit stark eisenhaltigem Wasser am Ufer, zwischen den rostbraunen Flocken von Eisenbakterien, gemeinsam mit anderen siderophilen Organismen wie *Ophiocytium, Spirogyra, Trachelomonas* u. a. In der Nähe von Moravská Třebová (Tschechoslowakei).

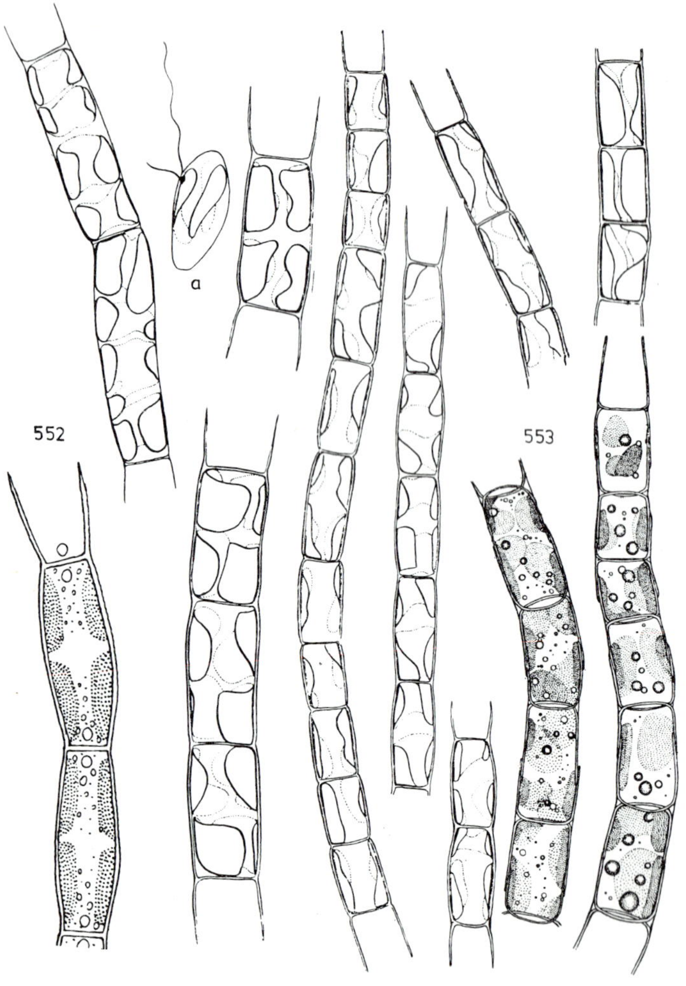

Fig. 552. *Tribonema regulare* Pascher – *a* Zoospore. Fig. 553. *Tribonema minus* (Klebs) Hazen (nach Pascher).

12. Tribonema regulare Pascher (Fig. 552)

Fäden ziemlich derb und starr, meist gerade, aber manchmal auch gewellt oder gebogen, mehr oder weniger gegliedert. Zellen meistens recht regelmäßig tonnenförmig und wenn mehr zylindrisch, so an den Querwänden immer eingezogen. Zellwand fest, doch nicht derb. Chromatophoren recht regelmäßig entwikkelt, meist vier, in zwei übereinanderstehenden Paaren in der Form gegenüberstehender Platten. Zoosporen mit zwei bis vier Chromatophoren, deutlichem Stigma und sehr ungleichen Geißeln. Aplanosporen und Akineten gesehen.

Fäden 6–7 μm breit, Zellen 2–3 mal länger als breit.

Wiederholt in leicht sauren Gewässern gefunden. Saure Wiesengräben bei Prag, sumpfige Wasserstellen in Nordmähren, Moore in Westböhmen und leicht anmoorige Wiesen im südlichen Böhmerwald (Tschechoslowakei).

13. Tribonema minus (Klebs) Hazen (Fig. 553)
Conferva minor Klebs, *Conferva bombycina* fa. *minor* Wille

Fäden einzeln oder in kleinen, weichen Strähnen, glatten oder leicht gekräuselten Watten, meist bald von der Unterlage abgelöst, lichtgrün. Einzelne Fäden recht gleichmäßig, an den Scheidewänden kaum oder nur wenig eingeschnürt, manchmal auffallend und stark gewellt oder gebogen. Zellen zylindrisch oder nur ganz leicht tonnenförmig, regelmäßig gestaltet. Zellwand zunächst recht zart, später deutlich verdickt bis derb, gelegentlich auch gelblich verfärbt. Chromatophoren in der Regel zwei, breit rinnen- oder halbringförmig, meist übereinander gelagert, doch auch etwas verlagert. Bei Teilungshemmungen kommen ausnahmsweise auch vier Chromatophoren vor. Manchmal sind sie recht klein und blaß. Zoosporen in Einzahl oder zu zweit gebildet, sehr formveränderlich, mit zwei Chromatophoren und mit stummelförmiger Nebengeißel, ohne Stigma. Keimlinge mit abgerundetem Ende, ohne Spitzchen und mit meist langgestielter Haftzelle, die lange lebensfähig bleibt. Aplanosporen und Akineten bekannt, letztere auch als Fadenakineten gebildet. Palmellen wahrscheinlich.

Fäden 4–6 μm breit, meist aber nicht über 5 μm messend, Zellen bis zweimal länger als breit.

Eine der verbreitetsten, nicht aber der häufigsten Arten, die kalkhaltiges Wasser bevorzugt und moorige Gewässer meidet. Häufiger Bewohner kalkhaltiger Quellen. Manchmal wächst sie auch auf feuchter Erde oder kommt im Boden vor (wahrscheinlich eine besondere Ökoform). Im Gebiet verbreitet und wiederholt gefunden.

14. Tribonema aequale Pascher (Fig. 554)

Fäden einzeln vorkommend oder eigenartige lichtgrüne und schlüpfrige Strähnen oder Flocken bildend, die sich sehr leicht ablösen und fast niemals kraus oder wellig sind. Einzelne Fäden an den Querwänden nicht oder ganz undeutlich eingeschnürt, zunächst mit einem zarten Stielchen der lange lebensfähigen Haftzelle festsitzend, aber sehr leicht abbrechend. Zellen zylindrisch, bei älteren Fäden leicht tonnenförmig aufgetrieben. Zellwand sehr zart, H-Stücke schwer erkennbar, meist nur an den Abbruchstellen deutlich. Chromatophoren meistens zwei, groß und breit rinnenförmig, seitenständig und gewöhnlich einander gegenüberstehend oder auch etwas verlagert, sich mit den Rändern manchmal fast berührend. Mitunter Chromatophoren auch kleiner, blaß grün. Zoosporen werden zu zweit gebildet, amöboid mit zwei binnenständigen Chromatophoren, deutlichem Stigma und sehr kurzer bis stummelförmiger Nebengeißel. Aplanosporen oft in großen Mengen, meist zu zweit, aber auch einzeln gebildet.

Fäden 5–7 μm breit, Zellen 2,5–3 mal länger.

Fig. 554. *Tribonema aequale* Pascher – *a* Zoospore. Fig. 555. *Tribonema affine* G. S. West. Fig. 556. *Tribonema ambiguum* Skuja (Fig. 556 nach Skuja, sonst nach Pascher).

Verbreitete, doch nicht häufige Alge, die vor allem in stehenden Gewässern vorkommt. Altwässer der Berounka bei Prag (Tschechoslowakei), in warmen Wiesenlachen im Vorarlberg (Österreich), Gräben bei Skive auf Jütland (Dänemark).

15. Tribonema affine (G. S. West) G. S. West (Fig. 555)
Conferva affinis G. S. West

Fäden einzeln lebend oder zarte Flocken oder lockere Watten bildend, von meist eigenartiger, trübgrüner bis gelblich brauner Farbe, seltener in dichten, derberen Rasen vorkommend. Einzelne Fäden recht gleichmäßig, an den Querwänden kaum eingeschnürt. Zellen immer mehrmals, in manchen Fällen bis 14 mal länger als breit, lang zylindrisch. Zellwand sehr zart bis etwas dicker, immer fest. Chromatophoren meist zwei, seltener nur einer oder drei, recht wechselnd ausgebildet, unregelmäßig rinnen- bis bandförmig, manchmal gürtelförmig oder leicht schraubig, manchmal mit unregelmäßig lappigem Umriß. Zoosporen mit einem mehr bandförmigen und binnenständigen Chromatophor, vielleicht auch mit Stigma und sehr ungleichen Geißeln. Keimlinge am freien Ende in ein deutliches Spitzchen verschmälert, das kurz borstenförmig sein kann. Basal sind die Haftzellen allmählich verschmälert und gehen ohne Stiel direkt in eine Haftscheibe über.

Fäden 5–6 μm breit, Zellen mehrmals, bis 14 mal länger.

Gebiet wohl verbreitet, in humösen bis leicht moorigen, langsam fließenden bis stehenden Gewässern. Auch in sauren, eisenhaltigen Gräben gefunden.

16. Tribonema ambiguum Skuja (Fig. 556)

Fäden meist einzeln vorkommend, keine Watten bildend. Einzelne Fäden relativ lang, gerade oder leicht gebogen, an den Querwänden wenig oder deutlich eingeschnürt. Zellen gestreckt tonnen- oder walzlich-tonnenförmig, bis 10 mal länger als breit. Zellwand sehr zart und dünn. Chromatophoren wenige (2–4), wandständig, scheiben- bis bandförmig, manchmal leicht angedeutet schraubig, gelbgrün. Fortpflanzung nicht beschrieben.

Fäden 4–5 μm breit, Zellen 15–50 μm lang.

Vereinzelt im Plankton schwedischer Seen gefunden, auch aus Frankreich bekannt.

17. Tribonema ulotrichoides Pascher (Fig. 557)

Fäden auffallend steif, dabei leicht brüchig, kleine strähnige und harte Watten oder Flöckchen bildend. Oft recht dunkelgrün und an Chlorophyceen erinnernd. Zellen kurz walzlich oder ganz leicht tonnenförmig, höchstens bis zweimal länger als breit. Zellwand ziemlich derb, mit selten eingestreuten sehr derben H-Stücken, manchmal leicht gelblich verfärbt. Chromatophoren in der Regel zwei, auffallend groß, die ganze Zelle auskleidend, mulden- bis kurz rinnenförmig. In jungen Zellen oft einander gegenüber gelagert, in längeren Zellen dann übereinander liegend, manchmal deutlich gelappt und verschiedenartig eingeschnitten. Bei Zellen, die viel Öl gespeichert haben, den Querwänden anliegend, nicht selten, wohl meist wegen ihrer Größe die Zellenden selber breit auskleidend. Oft sind die Chromatophoren so groß, daß zwischen ihnen nur ganz schmale, helle Streifen bleiben. Bei sehr gutem Wachstum vergrößern sich die Chromatophoren so sehr, daß sie sich falten oder unregelmäßig umschlagen und ihre Form kaum erkennbar ist. Junge Zellen nicht selten mit nur einem, wie bei *Ulothrix* gürtelförmigen Chromatophor. Zoosporen einzeln oder zu zweit gebildet, mit einem oder zwei, manchmal binnenständigen Chromatophor, deutlichem Stigma und einer stummelförmigen Nebengeißel. Oft treten die Zoosporen als Amöben aus. Keimlinge ohne Spitze am freien Ende. Aplanosporen und Akineten gesehen.

Fäden 10 μm breit, Zellen bis 26 μm lang.

Wahrscheinlich wärmeliebende Form, die mehr an humussauren oder moorigen Stellen, Gräben saurer Wiesen, Waldbodentümpeln, vielleicht auch auf feuchter saurer Walderde vorkommt. Im Gebiet verbreitet.

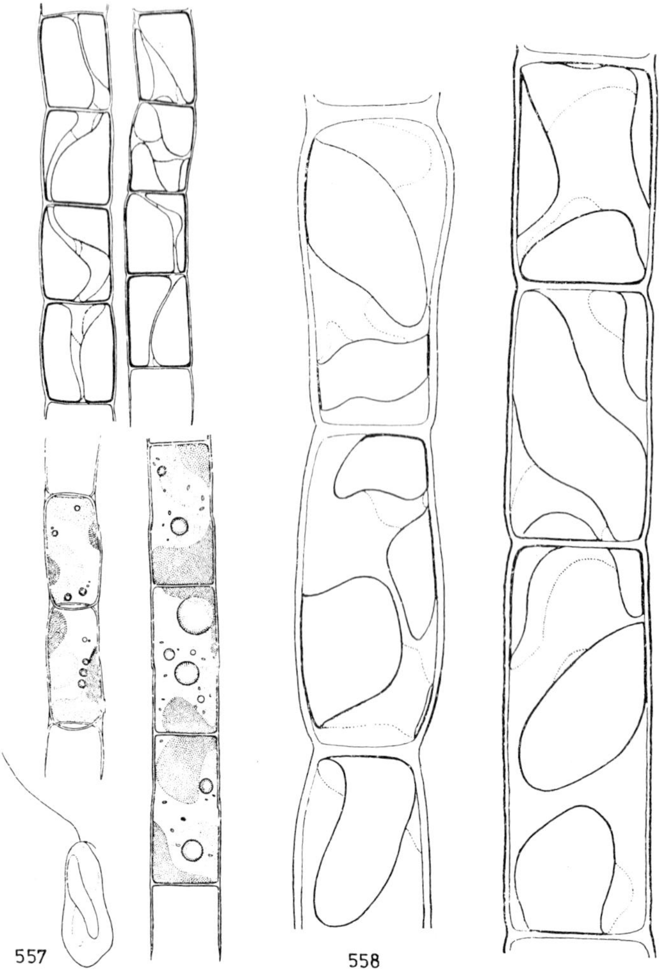

Fig. 557. *Tribonema ulotrichoides* Pascher. Fig. 558. *Tribonema makrochloron* Pascher (nach Pascher).

18. Tribonema makrochloron Pascher (Fig. 558)

Fäden einzeln lebend oder dunkelgrüne, straffe Strähnen bis gekrauste Watten bildend. Einzelne Fäden recht derb und relativ hart, mit einer kurz gestielten Haftzelle und am freien Ende abgerundet. Zellen zunächst walzlich, dann tonnenförmig bis unregelmäßig und leicht birnenförmig, mitunter auch in der Mitte leicht taillenartig eingezogen. Zellwand immer sehr fest und derb, manchmal dick, mit sehr deutlichen H-Stücken. Chromatosphoren meistens zwei, selten drei, sehr groß und plump, bandförmig, oft ungleich groß. Fortpflanzung nicht beschrieben.

Fäden 16–24 μm breit, Zellen bis dreimal länger.

Nach Pascher eine Mooralge. Vereinzelt zwischen anderen Fadenalgen in Moortümpeln und an moorigen Stellen in der Tschechoslowakei.

19. Tribonema subtilissimum Pascher (Fig. 559)

Conferva bombycina fa. *tenue* Hazen p. p.

Fäden einzeln vorkommend oder schleierartige, dünne, eigenartig lichtgrüne Flöckchen oder Watten bildend. Manchmal in Form von schön ausgerichteten

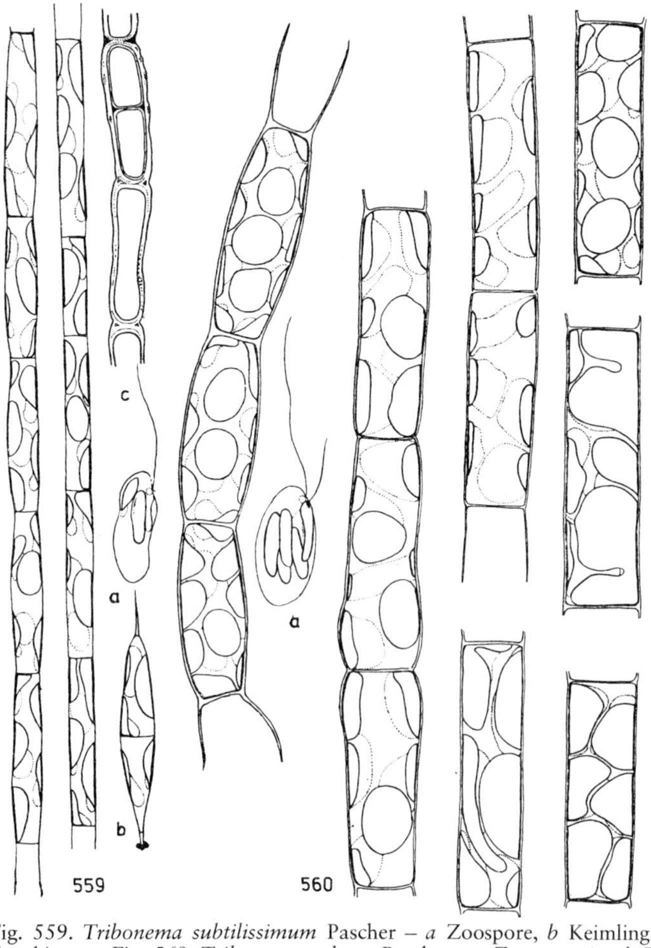

Fig. 559. *Tribonema subtilissimum* Pascher – *a* Zoospore, *b* Keimling, *c* Fadenakineten. Fig. 560. *Tribonema vulgare* Pascher – *a* Zoospore (nach Pascher).

eigenartig schmierig sich anfassenden Strähnen. Einzelne Fäden ziemlich festsitzend und nicht leicht ablösbar. Die Watten werden meist dadurch gebildet, daß sich lange, festsitzende Strähnen durch Abbrechen der Fäden ablösen. Zellen walzlich bis leicht tonnenförmig, immer ziemlich gestreckt. Zellwand sehr zart, an lebenden Zellen ohne deutliche H-Stücke. Chromatophoren mehrere (bis 8), scheibenförmig, manchmal ein wenig unregelmäßig. Ausnahmsweise können in den Zellen auch nur einer oder zwei Chromatophoren vorhanden sein; meist schön grün, selten blasser. Zoosporen in Ein- oder Zweizahl gebildet, mehr gestreckt, mit drei bis acht Chromatophoren, ohne Stigma; Nebengeißel nicht gesehen. Keimlinge mittels eines deutlich abgesetzten Stieles festsitzend, am freien Ende mit einer recht derben Borste. Akineten oder Fadenakineten bekannt.

Fäden 2–3 μm breit, Zellen 4–8 mal länger.

Wahrscheinlich verbreitete Alge, die vielleicht mit anderen dünnen *Tribonema*-Arten verwechselt wird. Im Betonrinnsal der Wasserbecken in der Station in Lunz, aus Tümpeln im Salzkammergut, von einer überrieselten Felswand bei Ischl, in der Uferzone eines Tümpels bei Seefeld (Österreich), aus einem Straßengraben auf Falster (Dänemark).

20. Tribonema vulgare Pascher (Fig. 560)
Conferva bombycina fa. *tenuis* Hazen p. p.

Fäden feine, etwas schlüpfrige, eigenartig weiche Strähnen oder Flocken von dunkel- bis hellgrüner Farbe bildend, die meist straff, seltener etwas kraus sind. Einzelne Fäden nicht leicht zerbrechlich, mit kürzerem Stiel oder direkt mit der nur wenig differenzierten und lange teilungsfähigen Haftzelle festsitzend. Zellen anfangs walzlich, an den Querwänden gar nicht oder wenig eingeschnürt, im Alter leicht tonnenförmig. Zellwand meist zart, bei den tonnenförmigen Zellen stärker entwickelt, manchmal auch leicht bräunlich verfärbt, gelegentlich mit Eisen- oder Kalkauflagerungen. Chromatophoren mehrere bis viele, meist scheibenförmig, gelegentlich aus unregelmäßig oder durch Aneinanderrücken mehr polygonal. Vielleicht eine Rasse mit konstant wenigen und großen Chromatophoren vorhanden. Chromatophoren nicht selten gelappt oder verschiedenartig eingeschnitten. Zoosporen oft nur in Einzahl gebildet, mit mehreren Chromatophoren, mehr oder weniger deutlichem Stigma oder statt des Stigmas mit wenigen gelblichen Körperchen; Geißeln auffallend ungleich lang. Aplanosporen, Akineten wie auch Fadenakineten bekannt. Auch Palmellen sichergestellt, die sowohl von den Zoosporen als auch durch Zerfall des Fadens gebildet werden.

Fäden 6–8 μm breit, Zellen 3–6 mal länger als breit.

Sehr verbreitete und sehr häufige Art mit sehr weiter ökologischer Spannweite. Vielleicht mehrere ökologische Rassen, da sie sowohl aus kalkhaltigen als auch aus kalkfreien und leicht moorigen Gewässern bekannt ist. Gehört zu den verbreitetsten *Tribonema*-Arten. Im Gebiet überall vorhanden, meidet jedoch stärker verunreinigte Gewässer.

21. Tribonema viride Pascher (Fig. 561)
Tribonema bombycinum Derbès et Solier, *Conferva bombycina* Agardh

Fäden meist in hellen bis gelblich grünen, doch auch sattgrünen, weichen Strähnen oder Watten, die manchmal eigenartig kraus oder auch gleichmäßig straff sind und eine beträchtliche Länge erreichen können. Oft in ungeheuer großen Massen auftretend. Fäden meist lange festsitzend. Basalzelle mit kurzem oder längerem Stiel, doch mitunter auch direkt mittels einer Haftscheibe festsitzend. Zellen zwei- bis achtmal länger als breit, zylindrisch bis leicht oder deutlich tonnenförmig, an den Querwänden in der Jugend kaum, später mehr oder weniger eingeschnürt. Zellwand meist fest, dabei nicht sehr derb, nur manchmal dikker und Schichtungen zeigend. H-Stücke schon an lebenden Zellen sichtbar.

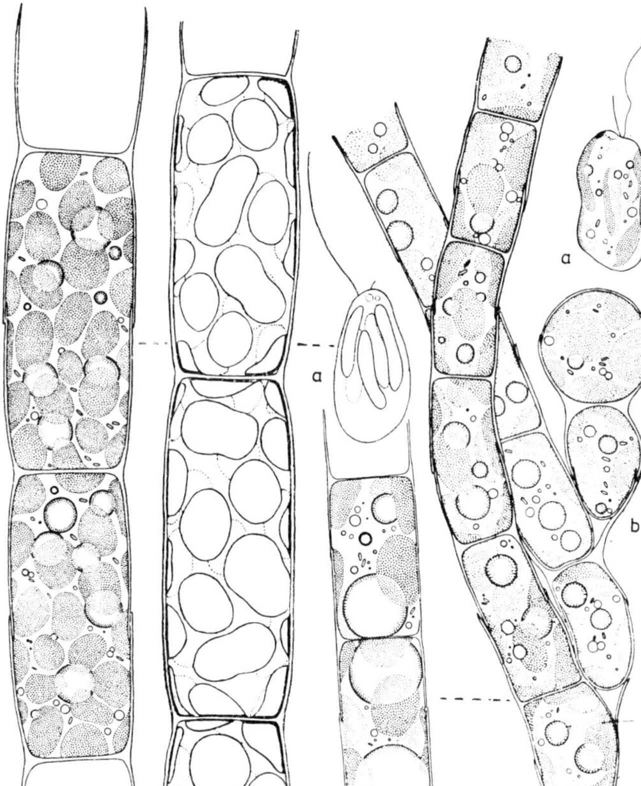

Fig. 561. *Tribonema viride* Pascher – *a* Zoospore. Fig. 562. *Tribonema intermixtum* Pascher – *a* Zoospore, *b* gabelartige Verzweigung des Fadens mit Akinetenbildung am kürzeren Ast (nach Pascher).

Chromatophoren mehrere bis zahlreiche, gewöhnlich regelmäßig oder auch unregelmäßig scheibenförmig, manchmal kurz bandförmig oder wenn dichter aneinandergeschlossen mehr polygonal, recht variabel. Zoosporen ziemlich formveränderlich, häufig auch als Amöben austretend, mit mehreren Chromatophoren, sehr ungleichen Geißeln, ohne Stigma. Nebengeißel stark reduziert. Aplanosporen und Akineten bekannt. Ebenso wurden Palmellen beobachtet.

Fäden 10–12 (–15) µm breit, Zellen zwei- bis achtmal länger.

Gehört zu den häufigsten *Tribonema*-Arten, wenn auch nicht so verbreitet wie *T. vulgare*. Ausgesprochen kalkhold und eurytherm. Vielleicht ebenfalls nicht einheitliche Art. Gehört zu den Algen, die im reinen kalkhaltigen Quellwasser anzutreffen sind, wo sie oft in Massen und in Form mehrere Meter langer Strähnen auftritt.

22. Tribonema intermixtum Pascher (Fig. 562)

Bis jetzt nur als kleine dunkelgrüne Fadenbündel unter anderen Algen gesehen. Fäden eigenartig steif und dadurch recht regelmäßig gestaltet. Zellen walzlich, nicht oder nur wenig an den Querwänden eingeschnürt. Zellwand dünn, doch recht fest und mit deutlich erkennbaren H-Stücken. Fäden schwer zerbrechlich, Chromatophoren mehrere (4–6), groß, den größten Teil der Zelle auskleidend, meist muldenförmig, aber auch scheibenförmig, manchmal leicht gelappt. Zoosporen ziemlich formveränderlich, mit mehreren großen binnenständigen Chromatophoren, mit Stigma und sehr ungleichen Geißeln. Diese Art neigt sehr zur Bildung von Aplanosporen und Akineten. Es wurden auch eigenartige Gabelungen des Fadens beobachtet, die durch abweichende und anomale Längsteilung der Protoplasten entstehen. Auch Fadenakineten kommen vor.

Fäden 10–12 μm breit, Zellen höchstens zweimal länger.

Mehrmals, aber immer mit anderen Fadenalgen vermischt, und in kleinen Mengen beobachtet. Mit *Oedogonium* aus einem Altwasser der Moldau bei Prag, aus Gräben mit langsam fließendem Wasser gemeinsam mit *Rhizoclonium* (Tschechoslowakei), aus kleinen Teichen in der Fränkischen Schweiz (BRD). Auch in Rumänien gefunden.

23. Tribonema vermichloris Ettl (Fig. 563)

Bildet lange, lichtgrüne und geschmeidige Strähnen, die nur wenig schleimig sind. Fäden biegsam, regelmäßig gebaut und kaum gegliedert. Zellen drei- bis fünfmal länger als breit, mehr zylindrisch, bisweilen aufgetrieben und dann leicht tonnenförmig, an den Querwänden kaum merklich eingeschnürt. Zellwand sehr derb, oft mit deutlichen H-Stücken und sichtbaren Schichtungen. Chromatophoren mehrere, wandständig, eigenartig bandförmig, manchmal leicht gekrümmt oder gebogen, oft die halbe Zellänge erreichend. Zoosporen werden zu viert gebildet. Diese sind ei- bis birnförmig, nur wenig formveränderlich, mit vier bandförmigen Chromatophoren, deutlichem Stigma und recht ungleichen Geißeln. Neigung zur Bildung von Fadenakineten.

Fäden 10 μm breit, Zellen 30–48 μm lang.

Auf einem überschwemmten Weg in der Nähe eines größeren Moores im südlichen Böhmerwald (Tschechoslowakei). In Massen in einem langsam fließenden Wasser in einem Moorgraben, der mit Eisenbakterien besiedelt war, in der Nähe von Innsbruck (Österreich).

24. Tribonema utriculosum (Kützing) Hazen (Fig. 564)

Tribonema bombycinum var. *utriculosum* Hazen, *Conferva utriculosa* Kützing, *Conferva bombycina* var. *utriculosa* Wille

Fäden einzeln lebend oder dunkelgrüne straffe Strähnen, gekrauste Flocken oder verfilzte Watten bildend. Einzelne Fäden sehr derb und eigentümlich hart, mit einer kurz gestielten Haftzelle festsitzend. Oberste Zelle breit abgerundet, nicht zugespitzt. Zellen zunächst walzlich, sehr bald aber aufgetrieben und dann unregelmäßig tonnenförmig bis leicht birnförmig, manchmal auch sehr unregelmäßig gebaut. Zellwand immer fest, derb oder auch auffallend dick, nicht selten geschichtet, manchmal mit einzelnen, sehr derben H-Stücken. Chromatophoren mehrere, auffallend groß, sich gegenseitig polygonal abplattend, bei ein-

---

Fig. 563. *Tribonema vermichloris* Ettl – *a* Faden bei schwächerer Vergrößerung. Fig. 564. *Tribonema utriculosum* (Kützing) Hazen (Fig. 563 nach Ettl, Fig. 564 nach Pascher). ▶

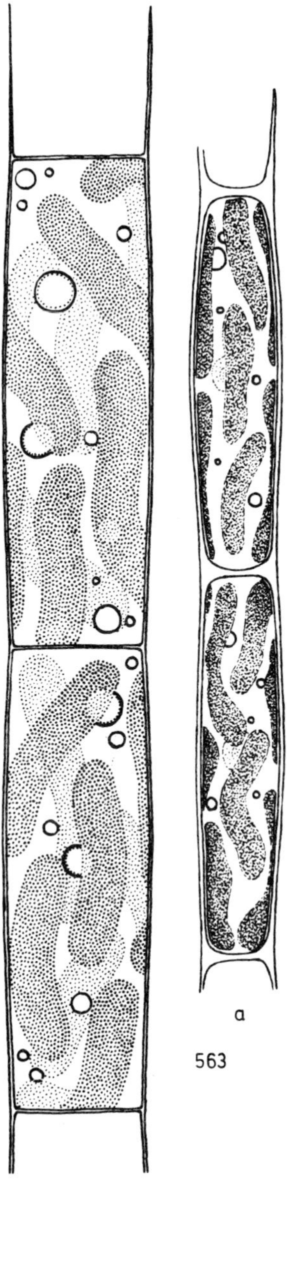

563

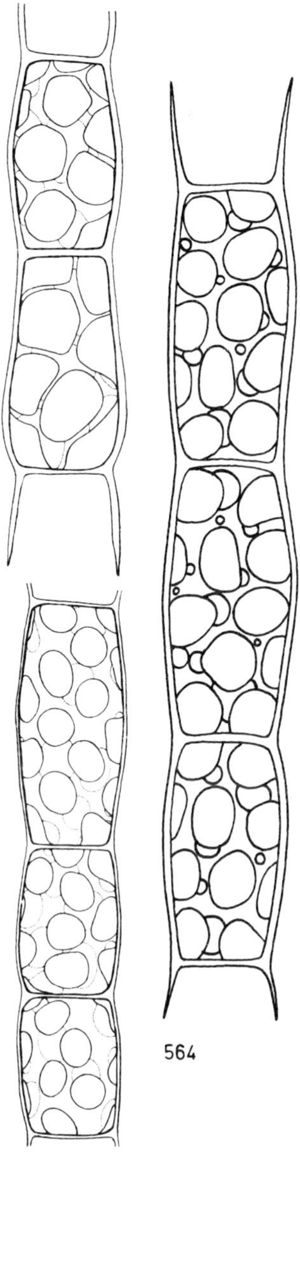

564

zelnen Formen aber auch zahlreiche kleine und scheibenförmige Chromatophoren. Zoosporen mit mehreren binnenständigen Chromatophoren und sehr ungleichen Geißeln, ohne Stigma. Akineten beobachtet.

Fäden 12–19 μm breit, gelegentlich noch breiter, Zellen bis viermal länger, nur selten noch länger.

Meist nur in geringen Mengen entwickelt, seltener in größeren Flocken vorkommend. Vielleicht kalkholde und nicht sehr wärmeliebende Form. Wahrscheinlich keine einheitliche Art. Im Gebiet nur vereinzelt vorkommend.

25. Tribonema gayanum Pascher (Fig. 565)
Tribonema bombycinum Hazen p. p.

Fäden meist derb, nicht selten brüchig, eigenartige, schwach krause, oft verfilzte, selten glattsträhnige Flocken und Watten bildend. Einzelne Fäden recht lange festsitzend, mit einem kurzen Stiel oder direkt mit der Haftzelle aufsitzend, an den Querwänden frühzeitig leicht eingeschnürt und bereits die zweizelligen Keimlinge solche Einschnürungen zeigend. Zellen mehr oder weniger deutlich tonnenförmig, in einigen Fällen fast ellipsoidisch. Zellwand, meist derb, oft auffallend dick, immer mehr oder weniger deutlich geschichtet, nicht selten und frühzeitig rötlich verfärbt, zur Verschleimung neigend. Chromatophoren wenige (4–8), auffallend groß und immer regelmäßig scheibenförmig oder leicht muldenförmig. Zoosporen zu zweit oder zu mehreren gebildet, mit mehr binnenständigen Chromatophoren und sehr ungleichen Geißeln, ohne Stigma. Keimlinge ohne Spitze am freien Ende. Aplanosporen und Akineten bekannt.

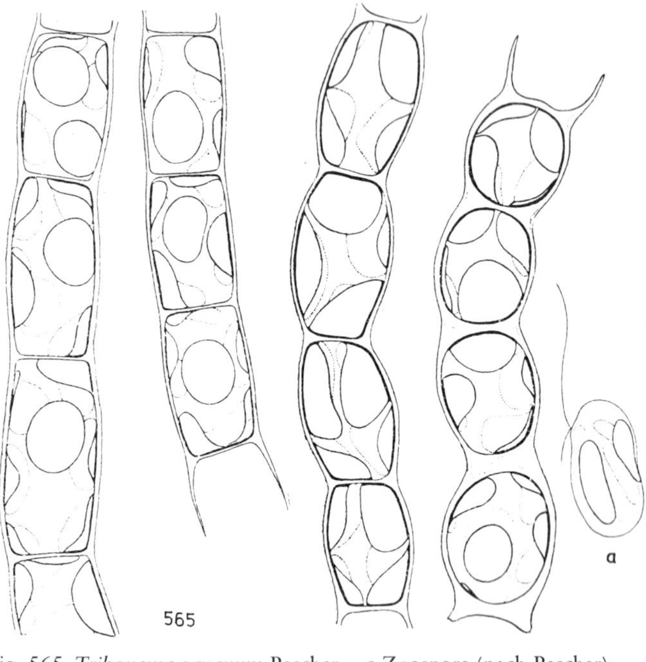

Fig. 565. *Tribonema gayanum* Pascher – *a* Zoospore (nach Pascher).

Fäden 10–17 μm breit, Zellen zwei- bis höchstens dreimal länger als breit. Nicht häufige, vielleicht wärmeliebende Form, die meist erst im Sommer in größerer Menge auftritt. Im Gebiet wiederholt gesehen, vielleicht auch kalkhold.

26. Tribonema crassum Pascher (Fig. 566)

Fäden derb, ziemlich leicht brüchig, einzeln oder in großen Strähnen vorkommend. An den Querwänden sind die Fäden etwas eingeschnürt. Zellen nur wenig länger als breit oder ebenso lang wie breit, mehr oder weniger tonnenförmig. Zellwand derb, manchmal deutlich verdickt und dann auch geschichtet. Chromatophoren nicht sehr viel, groß und meist länglich scheibenförmig bis kurz bandförmig, oft dicht aneinander schließend. Zoosporen zu 4–8 gebildet, mit zwei bis mehreren, oft binnenständigen Chromatophoren, deutlich ungleichen Geißeln, ohne Stigma. Andere Stadien nicht gesehen.

Fäden 25–32 μm breit, Zellen ebenso lang oder nur wenig länger als breit.

Vereinzelt gefunden, im Bassin des Botanischen Gartens in Prag (Tschechoslowakei) und an einem überrieselten Kalkfelsen bei Ischl (Österreich). Wohl eine wärmeliebende Art.

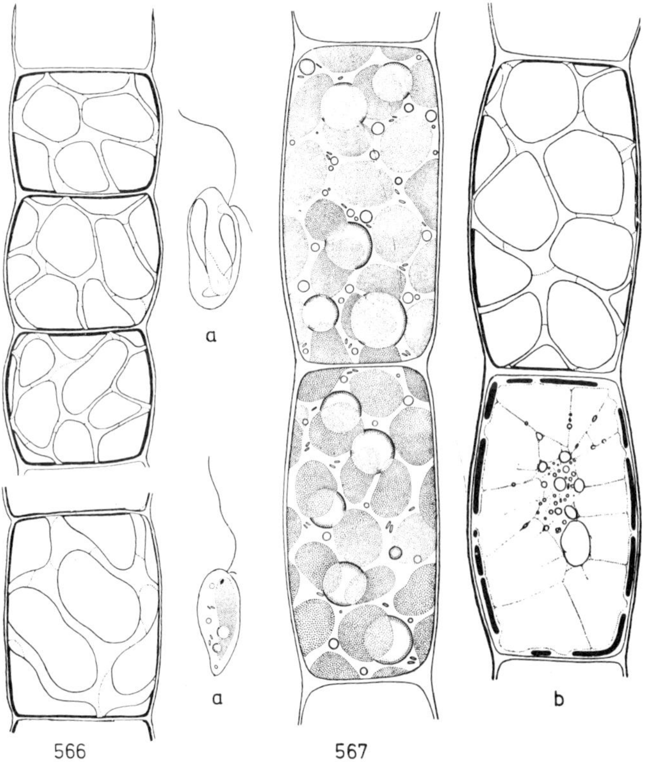

Fig. 566. *Tribonema crassum* Pascher – *a* Zoospore. Fig. 567. *Tribonema giganteum* Pascher – *a* Zoospore, *b* untere Zelle im optischen Längsschnitt, um die zentrale Saftvakuole zu zeigen (nach Pascher).

27. Tribonema giganteum Pascher (Fig. 567)

Bildet wie *T. crassum* derbe Fäden, die an den Querwänden nur wenig eingeschnürt sind. Zellen daher leicht tonnenförmig, soweit gesehen regelmäßig gebaut, mehr als zweimal länger als breit. Zellwand sehr derb bis dick, oft mit deutlichen H-Stücken. Chromatophoren zahlreich, relativ klein und ausgesprochen scheibenförmig. Plasma manchmal mit Saftvakuolen und deutlichen Plasmasträngen. Häufig auch mit großen Öltropfen. Zoosporen mit Stigma und stummelförmiger Nebengeißel. Es kommen gelegentlich auch große Synzoosporen vor.

Fäden bis 35 μm breit, Zellen mehr als zweimal länger.

Von Pascher ohne Standortsangaben beschrieben. Ich habe diese Art in ihrer typischen Ausbildung einmal in einer sehr starken Quelle im nordmährischen Quellengebiet (Tschechoslowakei) beobachtet, wo sie mit anderen *Tribonema*-Arten und *Batrachospermum moniliforme* vergesellschaftet war.

Unsichere und zu streichende Arten

Tribonema binucleatum Hawlitschka – Material mit Teilungshemmungen.

Tribonema cylindricum Heering – völlig unzureichend beschrieben und kaum zu identifizieren.

Tribonema obsoletum G. S. West – Beschreibung völlig unzureichend, vielleicht eine *Microspora*-Art.

Tribonema quadratum Pascher – gehört zur Gattung *Heterothrix*.

Tribonema raciborskii Heering – gehört zu *Microspora loefgrenii*.

Tribonema tenerrimum Heering – es ist völlig unklar, ob eine *Tribonema*- oder eine *Microspora*-Art vorlag.

3. Familie **Heterodendraceae** Pascher

Fadenförmige Xanthophyceen mit bäumchenförmiger Verzweigung. Aufrechte, mit einer differenzierten Haftzelle festsitzende Algen mit seitlich abgehenden Zweigen. Verzweigung in Form von Knospungen, meist sparrig und ohne wesentlichen Unterschied zwischen Hauptstamm und Seitenzweigen.

Wichtigste Literatur: Pascher 1932b, 1939a, Bourelly 1968.
Eine einzige Gattung:

Heterodendron Steinecke

Bäumchenförmig verzweigte Alge, die mit einer differenzierten halbkugeligen, kegelförmigen oder manchmal verlängerten, später toten Haftzelle festsitzt. Kleine Ausbildungen der Alge mit mehr monopodial durchgehendem, wenn auch vielfach abgewickeltem Hauptstamm, größere deutlich sympodial aufgebaut. Zellen meist mehr gestreckt tonnenförmig, verkehrt eiförmig bis keulenförmig, gerade oder leicht gekrümmt. Endzellen der Zweige immer abgerundet bis breit abgerundet, Verzweigungen sparrig, meist ohne wesentlichen Unterschied zwischen Hauptstamm und Seitenästen. Teilungsfähigkeit, mit Ausnahme der Haftzelle wohl allgemein, vielleicht im Hauptstamm gegen die Basis hin abnehmend. Zweiganlage durch seitliche Ausbeulung einer Fadenzelle knapp unter der oberen Querwand. Zellwand zart bis derb, manchmal – speziell die Querwände – sehr aufgequollen und geschichtet. Aus kann an den Enden der letzten Zweigzellen die Zellwand verdickt sein. Chromatophoren einer bis mehrere, wandständig, rinnen- bis scheibenförmig; ohne Pyrenoide.

Protoplastenteilung innerhalb der Zellen meist schief bis fast der Länge nach, wobei die Teilprotoplasten erst sekundär übereinander lagern. Zoosporen in Ein- bis Mehrzahl gebildet. Nebengeißel manchmal ziemlich lang. Die Zoosporen setzen sich fest und bilden zunächst eine kugelige oder ellipsoidische, dann breit halbkugelige bis kegelförmige Zelle, die sich basal verbreitert und zur Basalzelle wird. Die erste Verzweigung setzt meist schon im zwei- bis vierzelligen Stadium ein. Dauerstadien bislang unbekannt. Palmelloide Auflösung des ganzen Fadens mit Ausnahme der Haftzelle gesehen. Die Palmellen lassen zuerst noch die reihige Anordnung der Zellen erkennen. Die Protoplasten der palmelloid gewordenen Zellen haben pulsierende Vakuolen.

Die Alge erinnert lebhaft, auch in Einzelheiten, an die Chrysophyceen-Gattung *Phaeothamnion* und man kann nicht ausschließen, daß es sich vielleicht um *Phaeothamnion*-Formen handelt, deren Chromatophoren nur geringe Mengen des braunen Farbstoffes bilden. Auch Pascher scheint an der Berechtigung der Gattung *Heterodendron* und ihrer Einordnung bei den Xanthophyceen zu zweifeln. *Heterodendron* unterscheidet sich von *Phaeothamnion* eigentlich nur durch die Farbe der Chromatophoren. Die Chromatophoren der Chrysophyceen schlagen beim Absterben der Zellen oder unter ungünstigen Verhältnissen oft in grün um (Ettl 1959). Ich stelle diese Gattung also mit Vorbehalt zu den Xanthophyceen, eine eingehende Überprüfung ist dringend notwendig.

Wichtigste Literatur: Steinecke 1932, Pascher 1932b, 1939a, Ettl 1959, Bourrelly 1968.

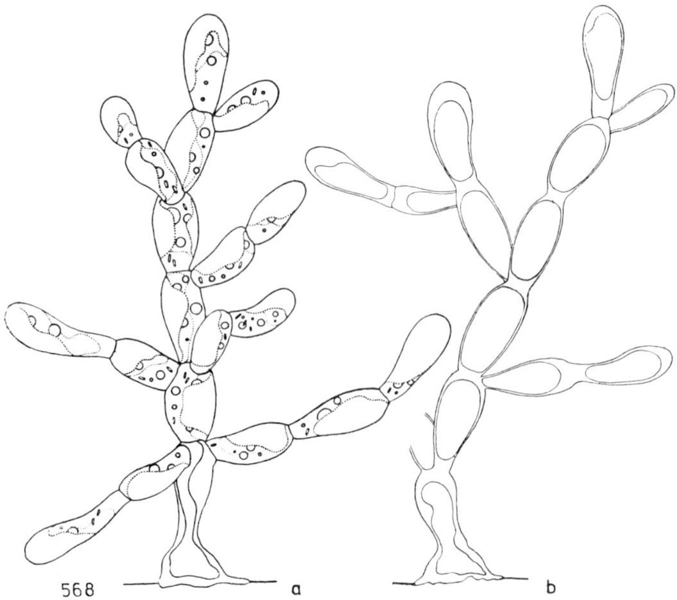

Fig. 568. *Heterodendron squarrosum* Pascher – *a* typische Ausbildung, *b* mit starker Verdickung der Querwände (nach Pascher).

Bestimmungsschlüssel der Arten

1a Zellen mit einem Chromatophor, Zoosporen mit Stigma **1. H.squarrosum**
1b Zellen mit mehreren Chromatophoren, Zoosporen ohne Stigma .... **2. H.pascheri**

1. Heterodendron squarrosum Pascher (Fig. 568)

Basalzelle meist aus breitem Grunde verlängert und nicht selten leicht eingeschnürt. Äste in sehr stumpfem Winkel abgespreizt. Zellen unregelmäßig keulenförmig, manchmal leicht gekrümmt. Endzellen breit abgerundet. Zellwand nicht oder wenig verschleimt, manchmal unregelmäßig verdickt. Chromatophor einer, groß, rinnenförmig, manchmal gelappt. Zoosporen mit recht ungleichen Geißeln, binnenständigem Chromatophor und deutlichem Stigma. Palmellen bekannt.

Zellen 9–18 μm lang und bis 6 μm breit, die ganze Alge bis 150 μm groß.

An Teichufern auf Schilf und Rohrkolben, abgefallenen Zweigen und Blättern, auch auf *Vaucheria.* Vielleicht Form kühler Jahreszeiten.

2. Heterodendron pascheri Steinecke (Fig. 569)

Haftzellen halbkugelig, die übrigen Zellen mehr gestreckt tonnenförmig oder verkehrt eiförmig, Endzellen stumpf. Zellwand sehr derb an den Querwänden besonders dick, deutlich die beiden Anteile der Zellen erkennen lassend und geschichtet. Chromatophoren mehrere, scheibenförmig. Teilung schief, in den oberen Zellen quer. Zoosporen mit relativ langer Nebengeißel (halb so lang wie die Hauptgeißel), mit mehreren Chromatophoren, ohne Stigma. Gallertstadien bekannt.

Zellen 8–13 μm lang, 3–5 μm breit.

Auf *Oedogonium* in einem kleinen Flachmoortümpel im ehem. Ostpreußen (pH 6,1).

Pascher beobachtete eine Form mit derberer Zellwand, die aber an den Querwänden nicht besonders verdickt war, und die weniger regelmäßige, verkehrt eiförmige Zellen hatte. Diese waren bis 19 μm lang und 7 μm breit. Wahrscheinlich handelt es sich um die eigentliche vegetative Form von *H.pascheri,* denn Steinecke gibt Abbildungen eines mehr vergallerteten und wohl in palmelloider Auflösung befindlichen Fadenverbandes. Außerdem sind die Abbildungen von Steinecke nicht vollständig und deshalb gebe ich Paschers Abbildung.

4. Familie **Heteropediaceae** Ettl

Heterocloniaceae Pascher, *Heteropedieae* Pascher, *Aeronemataceae* Fott nomen nudum

Meist recht differenzierte, verzweigte Fadenalgen, deren Zweigsysteme aus einem kriechenden Abschnitt und einem daraus hervorgehenden, aufsteigenden oder aufrechten Abschnitt bestehen. Beide Abschnitte aus vielen verzweigten Fäden zusammengesetzt. Diese Gliederung und Differenzierung ist bei manchen Formen oft wenig deutlich, da bei den einzelnen Gattungen und Arten die beiden Abschnitte verschieden stark betont sein können. Der kriechende Abschnitt in seinem Zweigsystem manchmal sohlenartig und pseudoparenchymatisch zusammenschließend und dann mit oder ohne aufsteigende Astsysteme, im letzteren Fall nur als pseudoparenchymatisches Lager oder Sohle ausgebildet (Nematoparenchym). Bei einer Gattung ist das Lager nur auf ein wenigzelliges, wenig verzweigtes Fadensystem beschränkt. Zoosporenbildung entweder in allen Zellen oder in spezialisierten Zoosporangien. Die Abgrenzung der Gattungen ist vorläufig völlig künstlich.

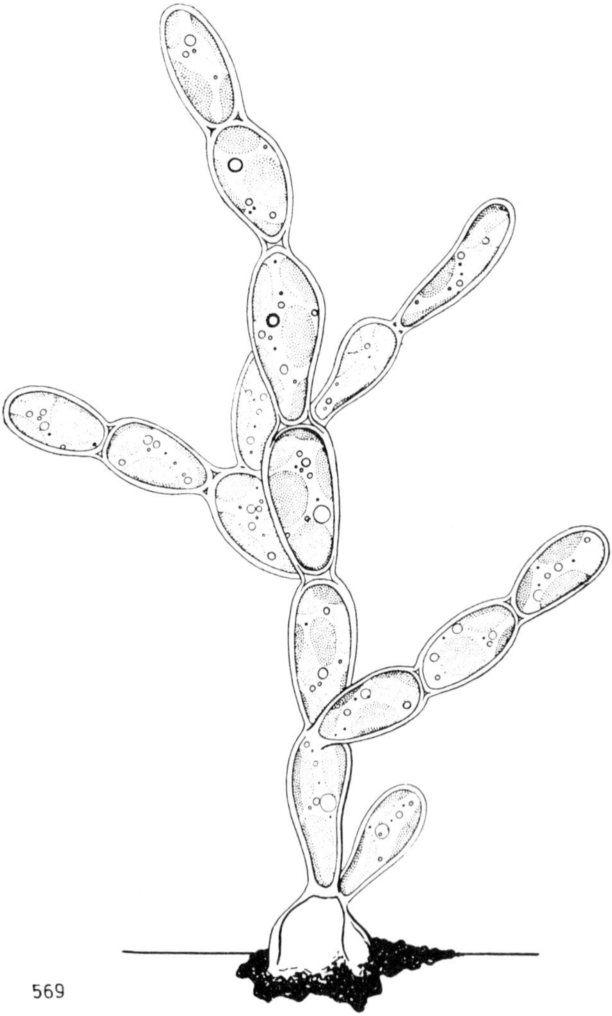

569

Fig. 569. *Heterodendron pascheri* Steinecke (nach Pascher).

Wichtigste Literatur: Chodat 1908, Printz 1927, Pascher 1939a, Bourrelly 1968, Ettl 1977.

Bestimmungsschlüssel der Gattungen

1a Kriechende Abschnitte des Fadensystems nicht zu einer pseudoparenchymatischen Sohle oder Kruste verwachsen 2

1b Kriechende Abschnitte des Fadensystems zu einer geschlossenen pseudoparenchymatischen Sohle oder Kruste verwachsen 4
2a Fäden kurz, wenig oder kaum verzweigt, in den Wasserzellen von *Sphagnum* lebend .... **1. Fremya** (S. 464)
2b Fäden länger, deutlich und stark verzweigt, frei lebend 3
3a Fäden gabelig verzweigt, auch aufrechte Äste bildend, *Microthamnion*-artig .... **2. Heterococcus** (S. 464)
3b Fäden radiär ausstrahlend, nur mit kriechenden Ästen, Hyphen-artig .... **3. Capitulariella** (S. 493)
4a Thallus nur aus der pseudoparenchymatischen Sohle bestehend, an den Rändern nur noch kriechende Fadensysteme zu erkennen 5
4b Thallus mit pseudoparenchymatischer Sohle, aus der aber auch noch aufrechte, einzeln stehende und ebenfalls verzweigte Fäden emporsteigen .... **6. Aeronemum** (S. 500)
5a Randzellen wenig differenziert, Endzellen wie die anderen breit und stumpf .... **4. Heteropedia** (S. 495)
5b Randzellen stark differenziert, länger und schmal werdend, Endzellen haarförmig und spitz auslaufend .... **5. Chaetopedia** (S. 498)

1. **Fremya** P. A. Dangeard

Erwachsene Thalli aus wenigzelligen, kurzen und einfach verzweigten Fäden bestehend. Oft aber auch nur aus reihig aneinandergeschlossenen Zellen zusammengesetzt oder auch in Einzelzellen zerfallend, die mehr oder weniger kugelig sind. Fadenzerfall recht häufig. Fäden in ihrer Gestalt und auch in der Zahl der Zellen sehr veränderlich. Zellen ziemlich groß, breit ellipsoidisch, tonnenbis keulenförmig. Zellwand relativ dünn, auch an den Querwänden nicht verdickt. Chromatophoren mehrere, scheibenförmig, relativ groß; ohne Pyrenoide. Die vegetativen Zellen können sich leicht in ein Zoosporangium mit mehreren bis vielen Zoosporen umwandeln. Zoosporen mit einem Chromatophor, deutlichem Stigma und mit nur einer Geißel. Die aus den Zoosporen keimenden Zellen besitzen zunächst nur einen Chromatophor, der sich während des weiteren Wachstums der Zelle in mehrere teilt. Der Organismus ist nicht vollständig bekannt, doch ist ein Wiedererkennen gut möglich. Seine Einordnung bei den Heteropediaceen geht auf Bourrelly zurück.

Wichtigste Literatur: Dangeard P. A. 1934, Pascher 1939 a, Bourrelly 1968.

Eine einzige Art:
Fremya sphagni P. A. Dangeard (Fig. 570)

Mit den Merkmalen der Gattung. Zellen bis 25 μm und die Zoosporen bis 5 μm groß.

In den Wasserzellen von *Sphagnum* lebend, bislang nur aus Frankreich bekannt.

2. **Heterococcus** Chodat

Monocilia Gerneck

Alge, die mit ihrem stark verzweigten Fadensystem eine der höchsten Entwicklungsstufen innerhalb der Heteropediaceen einnimmt. Sie bildet kleine Räschen aus mehr strahlig angeordneten Fadensystemen, die eine Größe von 1–2 mm erreichen können. Die höchst entwickelten Formen sind deutlich in kriechende und aufsteigende bis aufrechte Abschnitte gegliedert, ohne daß es aber zur Bildung von Sohlen oder pseudoparenchymatischen Flächen kommt. Bei manchen

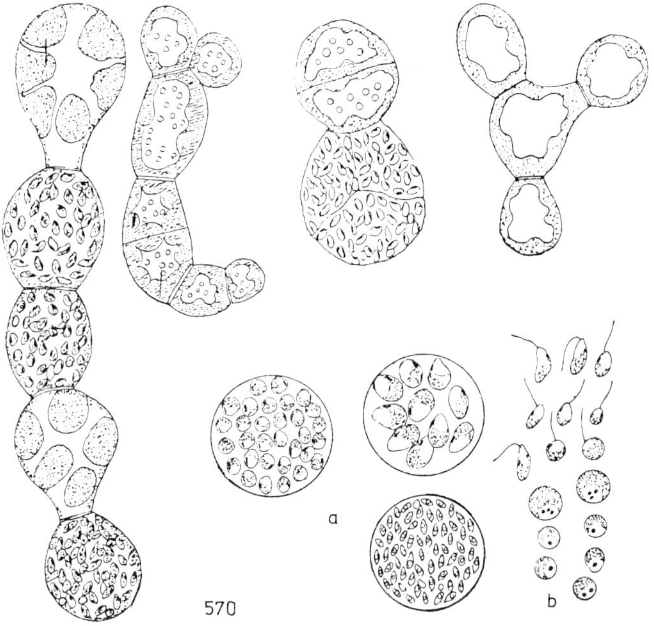

Fig. 570. *Fremya sphagni* Dangeard – *a* Zoosporenbildung, *b* Zoosporen und junge Zellen (nach Dangeard).

Arten läßt sich deutlich eine Gliederung in Kriechsprosse (Prostratae) und Luftsprosse (Erectae) unterscheiden. *Heterococcus* erweist sich als eine an das Luftleben angepaßte Xanthophyceen-Gattung. Zellen der gut wachsenden Fäden haben meist die gleiche Dicke, niemals kommt es zu starken Verdünnungen, die zu spitzen oder haarförmigen Ausläufern führen. Das Wachstum zeigt keine ausgesprochene Lokalisation, wenn sich auch die jüngeren, vorderen Fadenabschnitte lebhafter teilen als die mehr zentral gelegenen und älteren. Die Verzweigung erfolgt in der üblichen Art und Weise. Unter der oberen Querwand wölbt sich die Zelle seitlich vor, vergrößert sich und bildet eine Querwand, die die Vorwölbung abgliedert, so daß ein einzelliger Ast entsteht, der sich durch weitere Teilungen verlängert. Die Zweige können bei manchen Formen recht wenigzellig sein. Scheinverzweigungen kommen nicht selten dadurch zustande, daß Aplanosporen, die längere Zeit im Fadenverband bleiben, zu Fäden auswachsen. Zellen im allgemeinen walzlich oder nur leicht gestreckt eiförmig, manchmal leicht gekrümmt oder etwas einseitig erweitert, bei gutem Wachstum mehrmals länger als breit. Ältere Zellen in mehr zentral gelegenen Partien des Fadensystems sind kürzer und plumper, meist mehr tonnenförmig bis fast kugelig oder auch einseitig erweitert. Zellwand meist zart, vielleicht manchmal leicht verschleimend, bei älteren Zellen häufig derber werdend. Chromatophoren wandständig, meist mehrere bis viele, nur in den Endzellen manchmal nur einer; rinnen- bis bandförmig, aber auch scheibenförmig bis unregelmäßig elliptisch, oft sich auch gegenseitig polygonal begrenzend. Ohne Pyrenoide. Reservestoffe wie bei allen Xanthophyceen, große Öltropfen treten nur selten auf.

Fortpflanzng hauptsächlich durch Zoosporen, die einzeln oder zu mehreren bis vielen (bis zu 64) gebildet werden. Die Zoosporen sind dorsiventral gebaut, manchmal seitlich zusammengedrückt und können auch amöboid sein. Gewöhnlich mit einem, seltener zwei Chromatophoren und mit mehr oder weniger deutlichem Stigma. Nebengeißel meistens auffallend kurz, stummelförmig, eigenartig nach hinten abwärts gerichtet und in der Nähe des Stigmas inserierend. Außerdem Fortpflanzung durch Aplanosporen, die verdickte Wände haben können. Als Ruhestadien werden auch Akineten gebildet.

Im Gegensatz zu den verzweigten, am Rande des Lagers weiterwachsenden Fäden, wandeln sich die mehr in der Mitte des Lagers gelegenen Fadenzellen meist in verschiedener Weise um und werden mehr ellipsoidisch bis kugelig. Sie teilen sich dann häufig nicht mehr quer zur Fadenrichtung, sondern oft nach allen drei Raumrichtungen und bilden dann recht große und unregelmäßig Zellhaufen, die ohne die randständigen Fäden nicht mehr als *Heterococcus* erkennbar wären. In diesen Zellen tritt ebenfalls Zoosporenbildung ein, aber es kann auch zur Bildung von Aplanosporen kommen. Diese wachsen entweder direkt zu neuen Fäden aus oder bilden Zoosporen. Doch nie werden bei *Heterococcus* pseudoparenchymatische Flächen gebildet. *Heterococcus* ist eine ausgesprochene und sehr häufige Erdalge, die in den verschiedensten Erdproben vorkommt. Sie kann aber auch in Kleingewässer eingeschwemmt werden oder gelegentlich als Gonidie in den Thalli von Flechten auftreten.

Wichtigste Literatur: Gerneck 1907, Chodat 1908, Poulton 1925, Pascher 1925, 1939 a, Printz 1927, Fritsch 1935, Vischer 1937, 1945, Pitschmann 1963, 1969.

Die Gattung *Heterococcus* wurde nach der hervorragenden Studie Pitschmann's (1963) bearbeitet. Für die Trennung der einzelnen Arten hat Pitschmann folgende Kriterien berücksichtigt: Größe und Gestalt der Zellen in verschiedenen Altersstufen, Länge der Fäden, Anzahl der Zellen in den Fäden, Intensität der Verzweigung, Bildung von Luftsprossen und Kriechsprossen, wie auch das Verhalten auf verschiedenen Nährböden, vor allem bei Zugabe von Glukose. Die systematische Gliederung dieser Gattung ist derzeit nur an Hand von Kulturen möglich. Deshalb weichen auch die Beschreibungen von denen der übrigen Xanthophyceen ab.

Bestimmungsschlüssel der Arten (nach Pitschmann)

1a Aufrechte Luftfäden vorhanden (Erectae) 2
1b Aufrechte Luftfäden fehlen (Prostratae) **14**
2a Luftfäden nur bei der Keimung der Aplanosporen, die längere Zeit im Fadenverband beisammen bleiben, gebildet 3
2b Luftfäden aus normalen Zellen hervorkommend 4
3a Zellen der Endfäden 3–4 mal länger als breit, Endfäden kaum verzweigt, Zoosporen 4–5 μm lang, Keimfäden unverzweigt . . . . **1. H. virginis**
3b Zellen der Endfäden höchstens 2 mal länger als breit, Endfäden verzweigt, Keimfäden mit Seitenästen, Zoosporen 6–8 μm lang . **2. H. moniliformis**
4a Kolonie deutlich vulkankegelförmig 5
4b Kolonie nicht kegelförmig 6
5a Kegel bis 50 μm hoch werdend, Fäden bis 50 μm lang, Endzellen bis 30 μm lang, unverzweigt, oft blasenförmig angeschwollen . . . . . . **3. H. conicus**
5b Kegel höchstens 20 μm hoch, Fäden bis 120 μm lang, Endzellen sehr selten blasig . . . . **4. H. leptosiroides**
6a Fäden stark verzweigt 7
6b Fäden schwach verzweigt oder unverzweigt 8
7a Fäden mit Verzweigungen 2. und 3. Ordnung . . . . . . **5. H. ramosissimus**

7b Fäden mit Verzweigungen 2. Ordnung .... **6. H.caespitosus**
8a Fäden nur ganz selten verzweigt, perlschnurartig, Zellen bis 20 µm breit .. .. **7. H.nepalensis**
8b Fäden schwach verzweigt, Zellen unter 20 µm breit 9
9a Endfäden, vor allem bei Zuckerzusatz, oft regelmäßig gabelig .... **8. H.furcatus**
9b Endfäden nicht gabelig 10
10a Endzellen der Fäden in den Agar eindringend 11
10b Endzellen nicht in den Agar eindringend 12
11a Kolonie auf 1 % Glukose-Agar dicht gelagert, Fäden mehr oder weniger parallel liegend, zum Teil ineinander verschlungen, ältere Zellen bis 15 µm breit, Endfäden unverzweigt .... **9. H.plectenchymaticus**
11b Kolonie auf 1 % Glukose-Agar locker, Fäden nicht parallel, ältere Zellen bis 10 µm breit, Endfäden schwach verzweigt .... **10. H.geniculata**
12a Endzellen der Fäden warzenförmig .... **11. H.papillosus**
12b Endzellen der Fäden nicht warzenförmig 13
13a Fäden fest zusammenschließend, nicht über 140 µm lang werdend .... **12. H.granulatus**
13b Fäden locker liegend, bis 300 µm lang werdend, auf 2 % Glukose-Agar bald zerfallend .... **13. H.presolanensis**
14a Fäden wenigzellig, bis höchstens 20 Zellen, bis 250 µm lang werdend 15
14b Fäden von mehr als 20 Zellen gebildet, über 250 µm lang werdend .. 20
15a Fäden aus höchstens 10 Zellen bestehend, Zellen oft in Vierergruppen ... . **14. H.pleurococcoides**
15b Fäden aus 12–20 Zellen bestehend 16
16a Endzellen stark vergrößert, blasen- oder sackförmig 17
16b Endzellen nicht sackförmig vergrößert 18
17a Endzellen unregelmäßig blasig, bis 40 µm lang, mit bis zu 64 Chromatophoren .... **15. H.vesiculosus**
17b Endzellen keulenförmig stark verlängert, bis 75 µm lang, mit nur 8–10 Chromatophoren .... **16. H.clavatus**
18a Endzellen der meist unverzweigten Fäden kreisrund oder kopfig .... **17. H.capitatus**
18b Endzellen nicht kopfig 19
19a Ältere Zellen bis 11 µm breit, bei Zuckerzusatz bis 15 µm, Endzellen an der Basis etwas erweitert .... **18. H. crassulus**
19b Zellen kleiner, Endzellen an der Basis nur leicht angeschwollen .... **19. H.fuornensis**
20a Normalzellen bis 40 µm groß, Fäden bis 600 µm lang werdend .... **20. H.maximus**
20b Normalzellen kleiner 21
21a Fäden aus perlschnurartig aneinander gereihten Zellen gebildet 22
21b Fäden nicht perlschnurartig 29
22a Mittlere Fadenzellen quadratisch oder mehr oder weniger rechteckig 23
22b Zellen rund, nur die jüngsten Zellen länger als breit 25
23a Zellen von der Fadenmitte ab rechteckig, von der Basis an verzweigt, Endfäden schwach verzweigt, Zellen bis 20 µm lang .... **21. H.filiformis**
23b Ältere und mittlere Fadenzellen quadratisch 24
24a Fäden dicht zusammenschließend, Endfäden unverzweigt, bis 5 µm breit, nicht in den Agar eindringend .... **22. H.quadratus**
24b Fäden locker, Endzellen geweihartig verzweigt, bis 3 µm breit, in den Agar eindringend .... **23. H.corniculatus**

25a Fäden in parallelen Windungen, dicht zusammenschließend, Zellen bis 15 µm breit . . . . 24. **H.curvatus**

25b Fäden locker liegend, unter 15 µm breit 26

26a Fäden unverzweigt oder nur schwach verzweigt . . . . . . 25. **H.marietanii**

26b Fäden verzweigt 27

27a Fäden von der Basis an regelmäßig verzweigt, Endzellen bis 5 µm breit . . . . 26. **H.africanus**

27b Fäden erst vom oberen Drittel an verzweigt 28

28a Fäden in kurzen Zickzacklinien, am Ende nicht ineinander verschlungen, Endfäden nicht geweihartig . . . . 27. **H.anguinus**

28b Fäden nicht wellig gelagert, über der Mitte einander kreuzend, Endfäden geweihartig verzweigt . . . . 28. **H.undulatus**

29a Fäden dicht zusammenschließend 30

29b Fäden locker 33

30a Kolonie vulkankegelförmig 31

30b Kolonie nicht vulkankegelförmig 32

31a Vulkankegel bis 60 µm hoch werdend, mittlere und besonders junge Fadenzellen länger als breit, Endzellen nicht in den Agar wachsend, auf Glukose-Agar Endzellen 4–5 µm breit . . . . 29. **H.tectiformis**

31b Vulkankegel höchstens 30 µm hoch, mittlere Fadenzellen mehr oder weniger rund, Endzellen in der Agar wachsend, auf Glukose-Agar bis 10 µm breit . . . . 30. **H.unguis**

32a Endfäden meist hakig (schnabelförmig) gebogen, Fäden höchstens 200 µm lang, auf Glukoseagar nicht perlschnurartig werdend 31. **H.curvirostrus**

32b Endfäden nicht gekrümmt, Fäden über 300 µm lang werdend, auf Glukose-Agar perlschnurartig . . . . 32. **H.implexus**

33a Ältere Zellen unregelmäßig rundlich bis polyedrisch, meist über 20 µm groß 34

33b Ältere Zellen mehr oder weniger regelmäßig rund, unter 20 µm, oft unter 10 µm breit 35

34a Aplanosporangien bis 30 µm groß, Keimfäden bis 100 µm lang, Zoosporen bis 8 µm lang, auf Glukose-Agar nur kurze dicke Fäden . . . . 33. **H.teleutosporoides**

34b Aplanosporangien bis 22 µm groß, Keimfäden bis 25 µm lang, kurzzellig, Zoosporen 5 µm lang, auf Glukose-Agar 200 µm lange Fäden . . . . 34. **H.botrys**

35a Mittlere Zellen der Hauptfäden länger als breit 36

35b Mittlere Zellen der Hauptfäden fast von der Basis an mehr oder weniger einheitswendig verzweigt 37

36a Zellen bis 30 µm lang, Hauptfäden fast von der Basis an mehr oder weniger einseitswendig verzweigt . . . . 35. **H.longicellularis**

36b Zellen unter 20 µm lang, Hauptfäden etwa von der Mitte an unverzweigt, peitschenförmig . . . . 36. **H.mastigophorus**

37a Hauptfäden 250–350 µm lang, Zellen mindestens 10 µm groß 38

37b Hauptfäden 150–200 µm lang, Zellen kleiner als 10 µm 41

38a Hauptfäden bis 400 µm lang, von der Basis an regelmäßig verzweigt, mit über 100 µm langen Seitenästen . . . . 38. **H. brevicellularis**

38b Hauptfäden unter 300 µm lang, weniger stark verzweigt, Seitenäste kürzer 39

39a Aplanosporen, die in geringer Zahl gebildet werden, bleiben lange im Fadenverband (als Klumpfäden) beisammen, Zellen der Seitenäste rund . . . . 37. **H.thermalis**

39b Keine Klumpfäden, Zellen der Seitenäste mehr oder weniger zylindrisch 40

40a Seitenäste bis 130 μm lang, Zellen 2–4 μm breit, Zoosporen birnenförmig, 4 Tage alte Keimfäden bis 100 μm lang, Zellen auf Glukose-Agar 25 μm breit .... **40. H.stigeoclonioides**
40b Seitenäste bis 50 μm lang, Zellen 5 μm breit, Zoosporen spindelig, 4 Tage alte Keimfäden bis 30 μm lang, Zellen auf Glukose-Agar bis 10 μm breit .... **39. H.tirolienis**
41a Fäden auf Glukose-Agar von der Basis bis über die Mitte in Aplanosporen zerfallend, Endfäden dicht und mehr oder weniger parallel liegend .... **41. H.chodatii**
41b Fäden nicht in Aplanosporen zerfallend **42**
42a Endzelle relativ kurz und rundlich, 6–10 μm lang, 4–7 μm breit, an der Basis leicht zwiebelförmig angeschwollen .... **42. H.protonematoides**
42b Endzelle länger und schmäler, 12–30 μm lang, 2,5–4 μm breit **43**
43a Fäden schwach verzweigt, bis 120 μm lang, mit langen, schmalen Endzellen (20 x 4 μm) .... **43. H.fontanus**
43b Fäden stärker verzweigt, über 120–200 μm lang **44**
44a Endzellen 10 μm lang, 2–2,5 μm breit, auf Glukose-Agar Fäden bis 200 μm lang .... **44. H.mainxii**
44b Endzellen bis 30 μm lang, 5 μm breit, Fäden auf Glukose-Agar bis 120 μm lang .... **45. H.canadensis**

1. Heterococcus virginis Pitschmann (Fig. 571)

Die Keimung verläuft unregelmäßig, einseitswendig mit 10 μm langen, 3–4 μm breiten Zellen mit zwei Chromatophoren. Endzellen meist etwas keulenförmig, in denen schon nach 4 Tagen Zoosporen gebildet werden. Zoosporen 4–5 μm lang, am Hinterende abgerundet, vorn etwas zusammengezogen, mit einer 1,5 mal körperlangen Hauptgeißel und einer sehr kurzen Nebengeißel. In den Fadenzellen werden später 2–4 Aplanosporen gebildet, die bis zu einer bestimmten Größe heranwachsen, aber nicht aus dem Fadenverband entlassen werden. Dadurch entstehen dickere Klumpfäden (bis 300 μm lang) mit mehr oder weniger runden Zellen (10 μm breit). Die Aplanosporen bilden wiederum Keimfäden, die meist nur schwach verzweigt sind. Neben Kriechfäden werden auch kurze, meist 2–4 zellige Luftfäden gebildet. Kolonien relativ dicht gelagert.
Aus Feinschutt auf dem Jungfraujoch (3454 m ü.M.) isoliert (Schweiz).

2. Heterococcus moniliformis Vischer (Fig. 572)

Alge auf festem Nährboden sehr kurzzellig und gedrungen, mit kurzen, allseitig abstehenden Ästen. Junge Zellen walzlich, bis 25 μm lang und 5–6 μm breit. Während die Fäden an der Peripherie der Kolonie weiterwachsen, zerfallen die Pflänzchen sehr frühzeitig in runde, große Einzelzellen. Da diese abgerundeten Zellen aneinander haften bleiben, bekommt das ganze Fadensystem ein perlschnurartiges Aussehen, während die Kultur selber grobkörnig erscheint. Ältere Pflanzen zerfallen dann völlig in die abgerundeten vergrößerten Einzelzellen. Pflänzchen bis 500 μm messend.
Aus einem Komposthaufen im Botanischen Garten in Basel (Schweiz) isoliert.

3. Heterococcus conicus Pitschmann (Fig. 573)

Keimung mit anfänglich runden und 3–4 μm breiten Zellen und bis zu 100 μm langen, sehr selten verzweigten Fäden, wobei die Endzellen sackartig bis zu einem Durchmesser von 30 μm anschwellen. Diese enthalten viele linsenförmige Chromatophoren oder bis zu 64 Zoosporen. Nach einigen Tagen bilden die in der Mitte des Lagers liegenden Zellen Aplanosporen, die sich übereinander lagern; aus ihnen keimen nun wiederum Fäden nach allen Richtungen. So entsteht ein bis 40 μm hoher regelmäßiger Kegel, wobei die einzelnen Fäden mehr oder

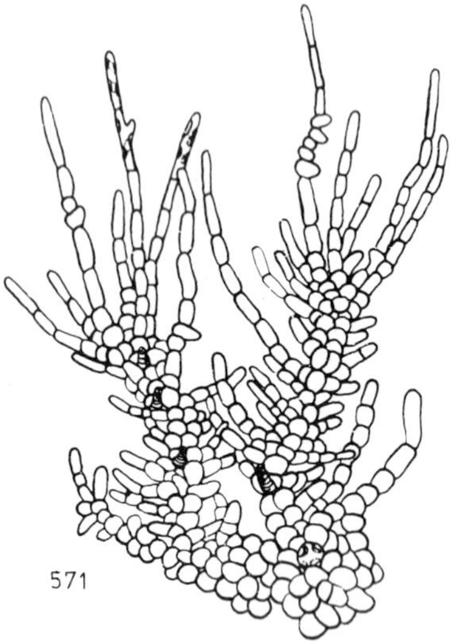

571

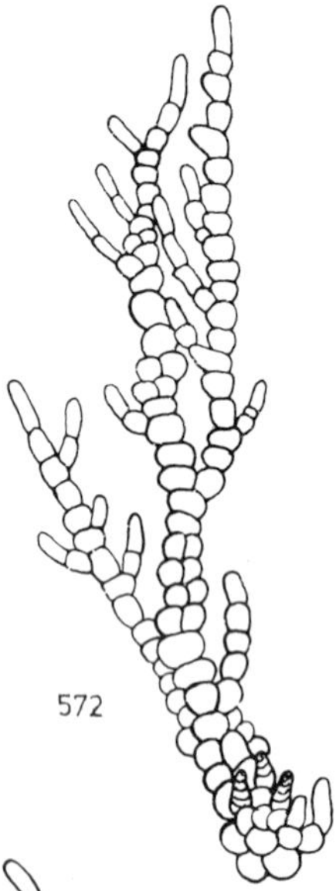

572

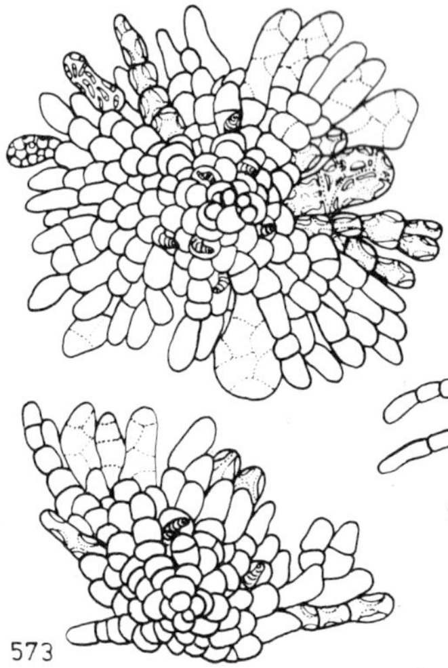

573

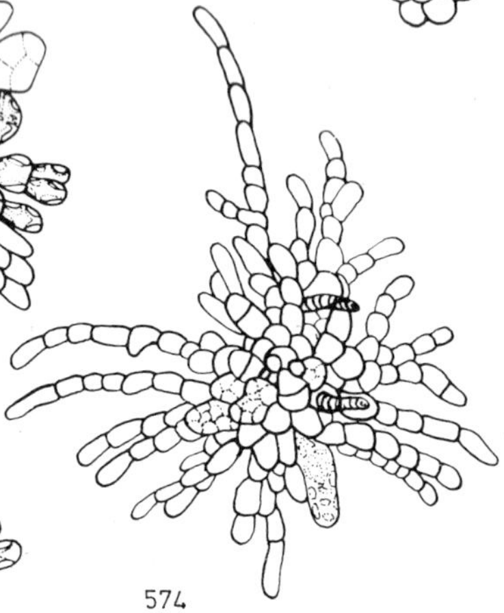

574

Fig. 571. *Heterococcus virginis* Pitschmann. Fig. 572 *Heterococcus moniliformis* Vischer. Fig. 573. *Heterococcus conicus* Pitschmann. Fig. 574. *Heterococcus leptosiroides* Pitschmann (nach Pitschmann).

weniger dicht zusammenschließen. Einzelne Fadenzellen bilden kurze Luftfäden, andere entsenden Fäden in den Agar, so daß sich die Kolonien von der Unterlage nicht trennen lassen. Zoosporen bis 6 μm lang, auf beiden Seiten zusammengezogen, Hauptgeißel etwa körperlang, Nebengeißel sehr kurz.

Aus der Bodenoberfläche unter *Quercus ilex* und *Spartium junceum* isoliert, Mte. Epomeo (750 m ü.M.) auf Ischia (Italien).

4. Heterococcus leptosiroides Pitschmann (Fig. 574)

Steht *H. conicus* nahe, doch ist der Wuchs lockerer und die Kolonien werden höchstens 2 mm dick. Keimung verläuft nicht regelmäßig sternförmig. Die Fadenzellen sind kleiner, die jüngeren länger als breit (10 x 5 μm), die Endzellen nur sehr selten sackförmig verbreitert. In älteren Kulturen erreichen die Fäden eine Länge bis zu 110 μm und sind oft verzweigt. Ältere Fadenzellen bilden Zoosporen oder Aplanosporen. Luftfäden wurden nur auf Glukose-Agar beobachtet, auf 2 % Glukose-Agar unterbleibt die Fadenbildung. Die Zoosporen sind höchstens 4 μm lang und mehr oder weniger spindelförmig. Die Kolonien lassen sich leicht vom Substrat trennen, da keine Fäden in den Agar eindringen.

In sterilem Feinschutt auf dem Gipfel der Kreuzspitze (3450 m ü. M.) in Tirol (Österreich).

5. Heterococcus ramosissimus Pitschmann (Fig. 575)

Besitzt von allen Arten die dünnsten Endfäden und gleicht in dieser Hinsicht *H. protonematoides,* doch sind hier die Endfäden nicht so stark verzweigt und erreichen niemals die Länge der beschriebenen Art. Bei der Keimung sind nach 4 Tagen bereits bis 100 μm lange verzweigte Fäden vorhanden, deren rundliche Zellen meist 2–4 ringförmige Chromatophoren enthalten. Nach mehreren Tagen erreichen die Fäden eine Länge von bis zu 380 μm. Die einzelnen Pflänzchen sind an der Basis dicht miteinander verflochten, die älteren Zellen rund, die jungen zylindrisch, die äußersten lang gestreckt und dünn (20 x 2 μm). Verzweigungen dritter Ordnung nicht selten. Ältere Fadenzellen teilen sich meist erst nach 10 Tagen in kurze Sporangien, diese bzw. Aplanosporen bleiben lange in mehrreihiger Anordnung im Fadenverband. Die Fäden sitzen lose der Agaroberfläche an, wobei auch regelmäßig kurze, meist 4–6 zellige Luftfäden gebildet werden. Zoosporen nicht beobachtet.

Aus der Wurzelzone *Saxifraga oppositifolia, Poa ovina* und *Racomitrium lanuginosum* vom Nordkap

6. Heterococcus caespitosus Vischer (Fig. 576)

Pflanzen auf festem Nährboden sehr reich verzweigt. Pflänzchen bis 1 mm oder mehr groß, mit kriechenden und aufsteigenden Ästen. Die ausläuferartigen Fäden entwickeln sich nach allen Richtungen auf der Unterlage und bringen reichlich lichtwendige Sprosse hervor, wodurch das Lager groß wird. Junge Fadenzellen sind fast walzlich und oft auffallend lang (5–6 μm breit und 50 μm lang). Mit der Zeit stellen die Fäden ihr Längenwachstum ein, die Zellen beginnen sich nach allen Raumrichtungen zu teilen, es entstehen Haufen von Zellen, die sich in Akineten umwandeln können. Auch ältere Fadenzellen sind kürzer und mehr abgerundet, haben annähernd gleiche Größe und wandeln sich allmählich in die erwähnten Akineten um. Die Zellen bilden, ohne sich zu auffallenden Zoosporangien zu vergrößern, Zoosporen mit einem oder zwei Chromatophoren und Stigma. Als Dauerstadien kommen außer Akineten auch noch Aplanosporen vor.

Auf Lehmerde bei Schmieheim in der Nähe von Freiburg im südlichen Schwarzwald (BRD).

7. Heterococcus nepalensis Pitschmann (Fig. 578)

Von allen Arten mit Luftfäden ist diese durch die schwache Verzweigung gekennzeichnet. Ältere Zellen meist rund (bis 20 μm im Durchmesser), Endzellen der Fäden meist langgestreckt (bis 22 μm lang und 5 μm breit). Ältere Zellen

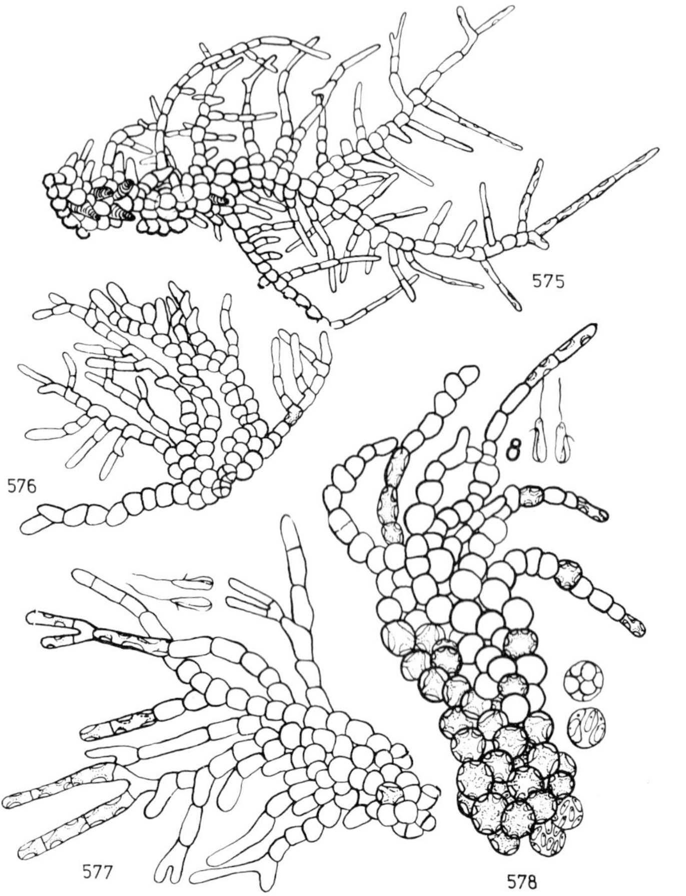

Fig. 575. *Heterococcus ramosissimum* Pitschmann. Fig. 576. *Heterococcus caespitosus* Vischer. Fig. 577. *Heterococcus furcatus* Pitschmann. Fig. 578. *Heterococcus nepalensis* Pitschmann (nach Pitschmann).

wandeln sich bald in Aplanosporangien um, die nach 10 Tagen nicht mehr keimen, sondern als traubige Sporenmassen aneinander kleben und mehr oder weniger an der Unterlage haften. Die Keimung erfolgt relativ langsam. Die einzelnen Pflänzchen sind kräftig und sternförmig angeordnet. Junge Zellen wandeln sich zu Zoosporangien um, die meist 4–8 birnenförmige Zoosporen entlassen, ältere Zellen bilden dagegen Aplanosporen, deren Chromatophoren noch längere Zeit einen Augenfleck besitzen. Auffallend ist die große Zahl linsenförmiger Chromatophoren in den älteren Zellen. Die Endzellen junger Fäden dringen meist in den Agar ein. Luftfäden werden nur selten ausgebildet.

In sterilem Feinschutt, Kvetang (4200 m ü. M.), Ostnepal.

8. Heterococcus furcatus Pitschmann (Fig. 577)

Die Zellen wachsen schon nach 4 Tagen zu 120 μm langen, regelmäßig verzweigte Fäden aus, deren Zellen 2, seltener 4 Chromatophoren besitzen. In den Endzellen kann die Querwandbildung mit dem raschen Wachstum nicht Schritt halten. Diese Keimschläuche besitzen nur zwei bandförmige Chromatophoren und erreichen oft eine Länge bis zu 25 μm. Nach 10-12 Tagen haben die meisten Pflänzchen ihre volle Länge erreicht (200 μm) und dann wandeln sich die meisten Zellen in Zoosporangien um oder zerfallen schließlich in Aplanosporen. Kurz zuvor verzweigen sich viele Spitzenzellen gabelförmig, wobei sich die beiden Äste noch strecken. Zoosporen werden meist zu 4–8 in nicht vergrößerten Zoosporangien gebildet. Sie sind birnenförmig, am Hinterende meist abgerundet, am Vorderende leicht zusammengezogen, mit einer etwas mehr als körperlangen Hauptgeißel. Aus isoliert liegenden Aplanosporen keimen sternförmig nach allen Seiten regelmäßig verzweigte Fäden. Neben Kriechfäden, die nur wenig in den Agar eindringen, werden auch bis 30 μm lange Luftfäden gebildet.

Zwischen *Ranunculus alpestris* und *Saxifraga androsacea* am Hafelekar (2300 m ü. M.) bei Innsbruck (Österreich).

9. Heterococcus plectenchymaticus Pitschmann (Fig. 579)

Aplanosporen keimen in zylindrische oder etwas tonnenförmige, 15 μm lange und 9 μm breite Zellen, die sich nur schwach verzweigen. Nach 4 Tagen sind die Fäden 160 μm lang und werden nach weiterem Wachstum bis 320 μm lang. Die Zellen bleiben zylindrisch. Einzelne Endzellen sind fast vollständig mit einem Chromatophor ausgekleidet und dringen in den Agar ein. In vielen mittleren Fadenzellen, in denen Aplanosporen gebildet werden, keimen diese mit kurzen Luftfäden. Zoosporen werden meist zu 4–8 in einer Zelle gebildet. Sie haben eine birnförmige Gestalt und sind am Vorderende etwas abgerundet, während das Hinterende verschmälert ist. Auf 1 % Glukose-Agar sind die Fäden an der Basis schwach verzweigt, etwa von der Mitte an unverzweigt und schließen zu einem plektenchymatischen Lager zusammen. Die Endfäden sind nicht verschmälert und dringen nicht in den Agar ein.

Aus der Wurzelzone von *Punica granatum* und *Ricinus* in der Oase Béni-Abbè (Algerien).

10. Heterococcus geniculatus Pitschmann (Fig. 581)

Der Wuchs der Pflänzchen ähnlich wie bei *H. plectenchymaticus*, doch sind die Zellen kleiner und die Keimfäden kürzer und unverzweigt. Ältere Zellen meist rund, 10 μm im Durchmesser, jüngere Zellen hingegen zylindrisch, die äußersten Fadenzellen mehr oder weniger lang gestreckt und auffallend gebogen. Die 2–3 Spitzenzellen dringen meist in den Agar ein. Die Endzellen sind zugespitzt und besitzen einen großen Chromatophor. Fäden von der Basis an meist verzweigt, locker gelagert, Luftfäden kurz. Zoosporen spindelförmig, auf beiden Seiten abgerundet, mit einer etwa körperlangen Hauptgeißel und einer sehr kurzen Nebengeißel.

Aus der Wurzelzone von *Saxifraga sedoides* am Pizzo Camino (1950 m ü. M.) in den Südalpen (Italien).

11. Heterococcus papillosus Pitschmann (Fig. 580 a)

Fäden kurz, nur schwach verzweigt und eng zusammenschließend. Endzellen warzenähnlich, schon bei der Keimung nach 4 Tagen in Erscheinung tretend. Während der Faden an der Pripherie der Lager noch einige Tage weiterwächst, zerfallen die Zellen in der Mitte der Kolonie in Aplanosporen oder Akineten. Zellen junger Fäden sind mehr oder weniger zylindrisch, bis 10 μm lang und 5–6

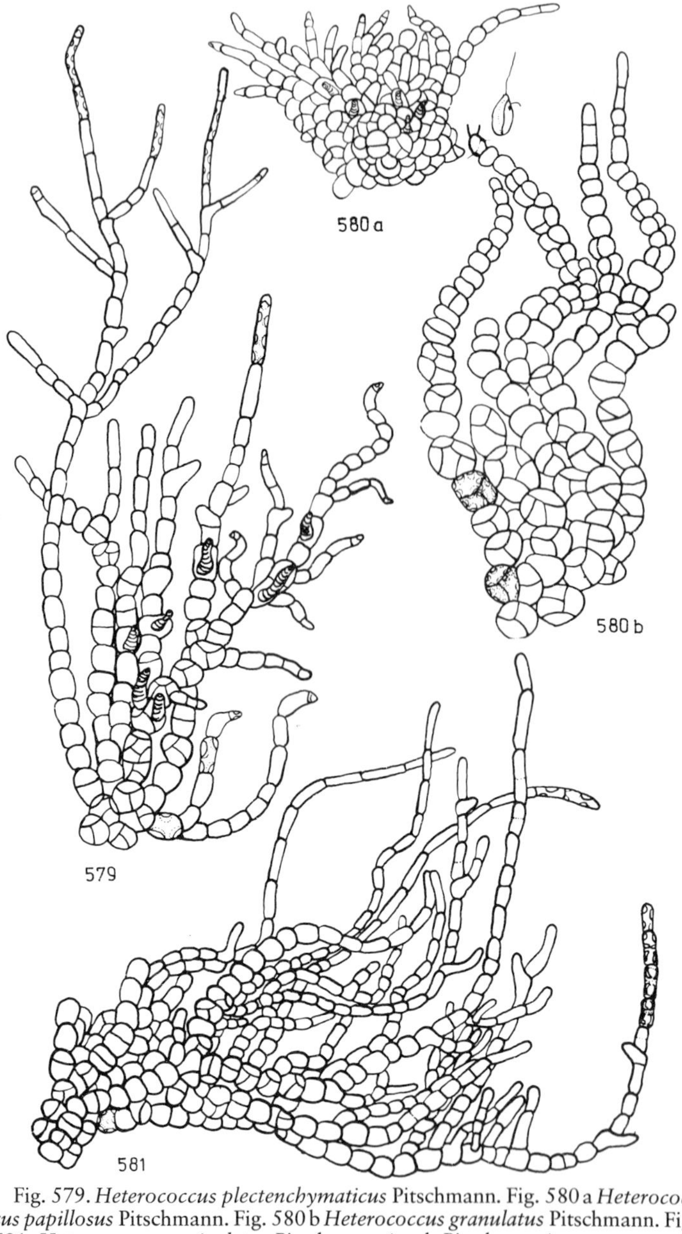

Fig. 579. *Heterococcus plectenchymaticus* Pitschmann. Fig. 580a *Heterococcus papillosus* Pitschmann. Fig. 580b *Heterococcus granulatus* Pitschmann. Fig. 581. *Heterococcus geniculatus* Pitschmann (nach Pitschmann).

μm breit, Endzellen meist warzenförmig. Die abgerundeten Zellen werden zu Zoosporangien, die 2–4 plump birnenförmige und bis 7 μm lange Zoosporen entlassen. Auf Glukose-Agar erreichen die Fäden nach 14 Tagen eine Länge von 200 μm, ihre Zellen einen Durchmesser von 18 μm.

Bodenoberfläche zwischen *Saxifraga oppositifolia* und *Poa ovina* vom Nordkap.

12. Heterococcus granulatus Pitschmann (Fig. 580b)

Fäden eng zusammenschließend, eine Länge von höchstens 100 μm erreichend, ohne warzenförmige Endzellen. Die Keimung erfolgt regelmäßig nach allen Seiten mit tonnenförmigen Zellen. Während die Zellen in der Mitte des Lagers bald in Aplanosporen oder Akineten zerfallen, wachsen die Fäden am Rande der Kolonie noch weiter und erreichen nach 14 Tagen eine Länge von 100 μm. Fadenzellen immer kürzer als breit, 3–4 μm lang und 8–10 μm breit, mit meist 4 Chromatophoren. Sie bilden meist schon nach 4–5 Tagen 2–4 Aplanosporen oder ebenso viele Zoosporen. Diese sind spindelförmig, auf beiden Seiten etwas ausgezogen, bis 8 μm lang. Akineten mit einer schwach granulierten Wand. Auf Glukose-Agar wachsen die Fäden bis zu einer Länge von 220 μm aus, sie sind unverzweigt und ihre Zellen rundlich bis oval. Die meisten bilden Aplanosporen, aber keine Luftfäden.

Aus der Wurzelzone von *Saxifraga oppositifolia* und *Poa ovina* vom Nordkap.

13. Heterococcus presolanensis Pitschmann (Fig. 582)

Isoliert liegende Aplanosporen keimen mit anfänglich zylindrischen, 5–6 μm langen und 2,5–3 μm breiten Zellen. Nach 4 Tagen erreichen die Keimfäden eine Länge von 40 μm; sie sind nur schwach verzweigt und eigentümlich hin- und hergebogen. Später runden sich die Zellen ab, wachsen zu langen, 170 μm messenden Fäden aus, deren Seitenäste meist bogig aufsteigen. Die Endzellen sind lang gestreckt 20 μm lang und 3–4 μm breit. Zoosporen meist birnenförmig, ab beiden Enden verjüngt, sie erreichen eine Länge von 9 μm. Hauptgeißel nur wenig länger als die Zelle, Nebengeißel $^1/_4$–$^1/_2$ der ersteren messend. Von allen bekannten Arten die längste Nebengeißel. Auf 1 % Glukose-Agar bildet die Art dichte Lager.

In Polstern von *Saxifraga presolanensis* auf der Nordseite der Presolana in den Südalpen (Italien).

14. Heterococcus pleurococcoides Pitschmann (Fig. 583)

Besitzt von allen bekannten Arten die kürzesten Fäden, die nur selten verzweigt sind und nur aus 3–9 Zellen bestehen. Sie zerfallen schon nach wenigen Tagen. Zellen meist rundlich oder oval, bis 8 μm breit, mit 2–4 scheibchenförmigen Chromatophoren. Zoosporangien von vegetativen Zellen nicht verschieden. Zoosporen spindelförmig. Aplanosporen meist zu 4–6 in einer Zelle gebildet, nach dem Freiwerden noch lange Zeit in charakteristischen Vierer- oder Sechsergruppen beisammen bleibend. Auf 1% Glukose-Agar werden keine Fäden gebildet, doch wachsen die Zellen bis zu einer Größe von 25 μm heran, wobei auch die Zahl der Chromatophoren vermehrt wird.

Grüner Überzug in einer Höhle über Äsch im Kanton Basel (Schweiz).

15. Heterococcus vesiculosus Pitschmann (Fig. 584)

Bildet kurze, bis 100 μm lange Fäden aus runden bis zylindrischen Zellen mit einem Durchmesser von 8–10 μm. Endzellen unregelmäßig blasig erweitert und eine Länge bis 40 μm erreichend. Diese enthalten entweder bis zu 64 Chromatophoren oder ebenso viele Aplanosporen. Zoosporen 6–7 μm lang, schmal und

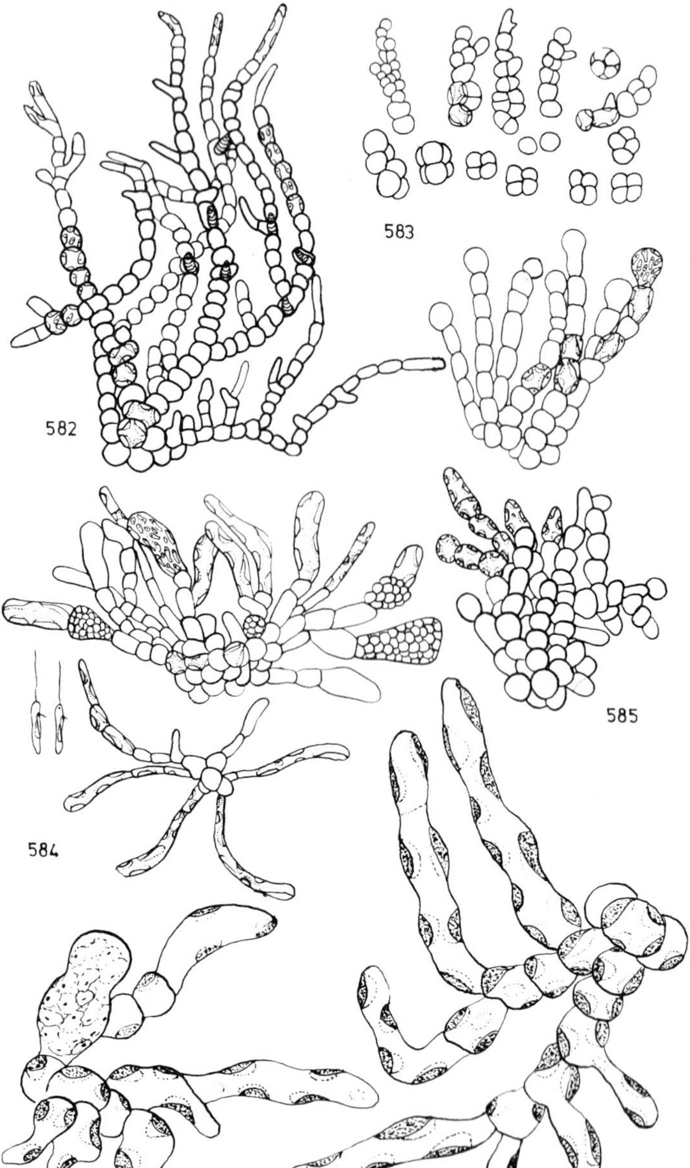
582
583
584
585
586

spindelförmig, an beiden Polen verjüngt, mit einer etwas überkörperlangen Hauptgeißel und einer sehr kurzen Nebengeißel. Die Keimung erfolgt sternförmig nach allen Seiten mit bis zu 40 μm langen sackartig erweiterten Zellen. Auf Glukose-Agar ist das Wachstum der Fäden unregelmäßig, doch treten ebenso die charakteristischen Blasenzellen auf, die Zahl der Chromatophoren ist jedoch vermehrt.

Aus der Wurzelzone von *Carex firma* und *Saxifraga oppositifolia*, Rumerspitze (2300 m ü. M.) in Tirol.

16. Heterococcus clavatus Pitschmann (Fig. 586)

Endzellen stark verlängert, keulenförmig, mit nur 8–10 Chromatophoren. Die Art bildet dichte, reich verzweigte, sternförmige Räschen. Die Fäden erreichen in 14 Tagen eine Länge von 350–400 μm und besitzen auffallend verlängerte und keulenförmig angeschwollene Endzellen, die in den Agar wachsen. Die übrigen Fadenzellen sind rund bis leicht tonnenförmig, mit einem Durchmesser von 8–12 μm. Gegenüber *H. vesiculosus* sind die Endzellen größer, bis 75 μm lang und enthalten nur 8–10 Chromatophoren. In den ebenfalls blasenförmig angeschwollenen Zoosporangien werden bis 120 Zoosporen gebildet. Diese sind 6–8 μm lang, kurz spindelförmig, am Vorderende etwas abgeflacht, mit einer etwa körperlangen Hauptgeißel und einer sehr kurzen Nebengeißel. Fortpflanzung außer durch Zoosporen auch durch Aplanosporen. Aplanosporangien, die aus älteren Kulturen auf frischen Nährboden übertragen werden, keimen ohne zu zerfallen mit langen, keulenförmigen Zellen.

Aus der Wurzelzone von *Lobelia telekii,* Kenya.

17. Heterococcus capitatus Pitschmann (Fig. 585)

Die Keimung erfolgt regelmäßig sternförmig nach allen Seiten; die jungen Fadenzellen sind schmal, bis 3 μm breit und besitzen nur zwei Chromatophoren. Nach 14 Tagen erreichen diese Fäden eine Länge bis zu 120 μm, sind meist unverzweigt und bestehen in der Regel aus 15–20 zylindrischen, 10–12 μm langen und 5–6 μm breiten Zellen mit 4–6 Chromatophoren. Endzellen durchwegs kopfartig vergrößert, meist rund und entweder viele Chromatophoren enthaltend, oder zu Zoo- oder Aplanosporangien umgewandelt. Die Lager sind locker, auf Glukose-Agar kleinhöckerig. Nach 15 Tagen zerfallen die Fäden in Aplanosporen oder Akineten. Zoosporen werden in den Zellen meist zu 4, in den größeren Endzellen zu 8–16 gebildet. Sie sind spindelförmig und besitzen eine körperlange Hauptgeißel und eine sehr kurze Nebengeißel. Bei der Bildung von Aplanosporen teilt sich der Protoplast in 2–4 Teile auf, die sich mit einer Wand umgeben.

Wiese in der Nähe von Scarl, Engadin (Schweiz).

18. Heterococcus crassulus Vischer (Fig. 587)

Zellfäden in der Jugend kurz, zuerst dünn. Die einzelnen Zellen vergrößern und strecken sich, andere teilen sich quer, so daß anfangs kurze, dicke Fäden entstehen. Bald bilden sich jedoch gleichmäßige Fäden, deren Zellen dick und groß sind, mit zahlreichen Chromatophoren. Die Fäden bilden rasenförmige Rosetten, deren Äste nicht verschmälert sind, sondern stumpf enden. Der Zerfall in Aplanosporen geschieht relativ spät, so daß die Pflänzchen eine ziemlich ansehn-

◀ Fig. 582. *Heterococcus presolanensis* Pitschmann. Fig. 583. *Heterococcus pleurococcoides* Pitschmann. Fig. 584. *Heterococcus vesiculosus* Pitschmann. Fig. 585. *Heterococcus capitatus* Pitschmann. Fig. 586. *Heterococcus clavatus* Pitschmann (nach Pitschmann).

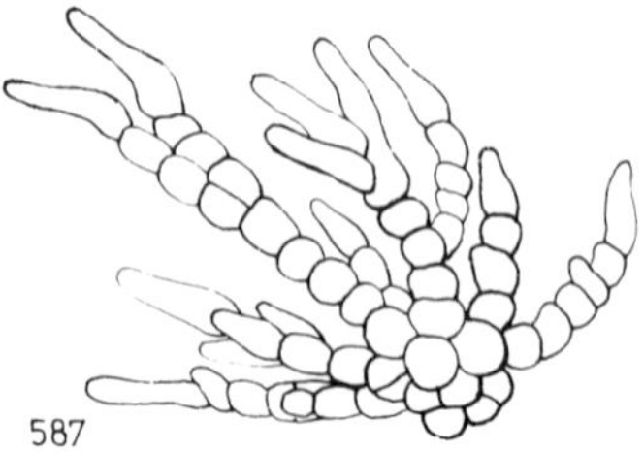

587

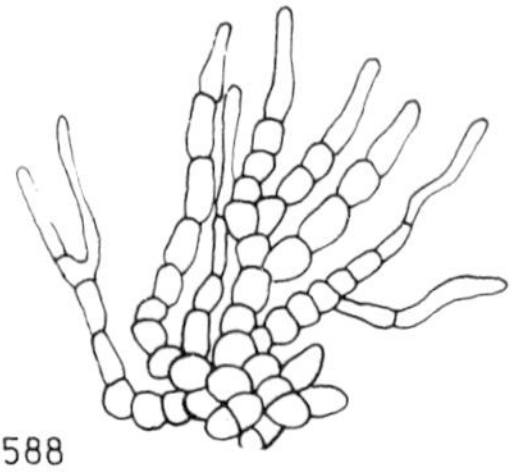

588

Fig. 587. *Heterococcus crassulus* Vischer. Fig. 588. *Heterococcus fuornensis* Vischer (nach Pitschmann).

liche Größe erreichen. Zoosporangien auffallend groß, mit vielen Zoosporen. Zellen 60–100 μm lang, 10-15 μm breit.

Auf steinigem Boden bei Meiringen (Schweiz), wo sie grüne Überzüge bildete.

19. Heterococcus fuornensis Vischer (Fig. 588)

Junge Pflänzchen wandeln sich oft in Zoosporangien um, oder aber sie vergrößern sich, teilen sich quer und die Fäden bleiben anfänglich kurz, gedrungen und etwas unregelmäßig. Erwachsene Pflänzchen klein, leicht zerfallen. Zellen unregelmäßig geformt. Die Äste der Fäden bleiben relativ kurz. Zoosporangien oval, mit vielen Zoosporen.

Zellen 6–8 μm breit, Zoosporangien 20–35 μm lang und 6–8 μm breit.

Aus Waldböden bei Fuorn (Schweiz) isoliert.

20. Heterococcus maximus Pitschmann (Fig. 589)

Bei der Keimung entwickelt sich nach 4 Tagen entweder ein sackförmiger , bis 70 μm langer und 20–25 μm breiter Keimschlauch mit zahlreichen Chromatophoren, oder es werden bis 60 μm lange, schwach verzweigte Fäden gebildet, deren Zellen rund oder zylindrisch sind und nur 4–6 Chromatophoren besitzen. Unter günstigen Bedingungen wandeln sich die Keimschläuche direkt in Zoosporangien um und entlassen zahlreiche spindelförmige Zoosporen. Erfolgt keine Wasserzufuhr, teilen sich die Säcke quer und wachsen zu normalen Fäden aus. Nach 14 Tagen stellen die meisten Fäden ihr Wachstum ein; sie erreichen eine Länge von 600 μm. Ältere Zellen runden sich ab, teilen ihren Inhalt in Aplanosporen auf und zerfallen schließlich. Die Fäden liegen locker, meist sternförmig nach allen Richtungen. Auf Glukose-Agar erreichen die Zellen einen Durchmesser von 40 μm.

Aus dem Boden der *Bromus erectus* – Wiese im Botanischen Garten bei Innsbruck (Österreich).

21. Heterococcus filiformis Pitschmann (Fig. 590)

Aus Aplanosporen oder Akineten entwickeln sich nach 4 Tagen meist nur nach einer Seite bis 70 μm lange, unverzweigte Keimfäden mit zylindrischen, 10 μm langen und 4–5 μm breiten Zellen. Nach einigen Tagen runden sich die älteren Zellen ab, ohne zu zerfallen und entwickeln sich zu perlschnurartigen Fäden, die etwa bis zur Mitte regelmäßig verzweigt sind, während sie sich gegen die Spitze zu nur noch selten verzweigen. Gegenüber den mittleren Fadenzellen sind

Fig. 589. *Heterococcus maximus* Pitschmann. Fig. 590. *Heterococcus filiformis* Pitschmann (nach Pitschmann). ▶

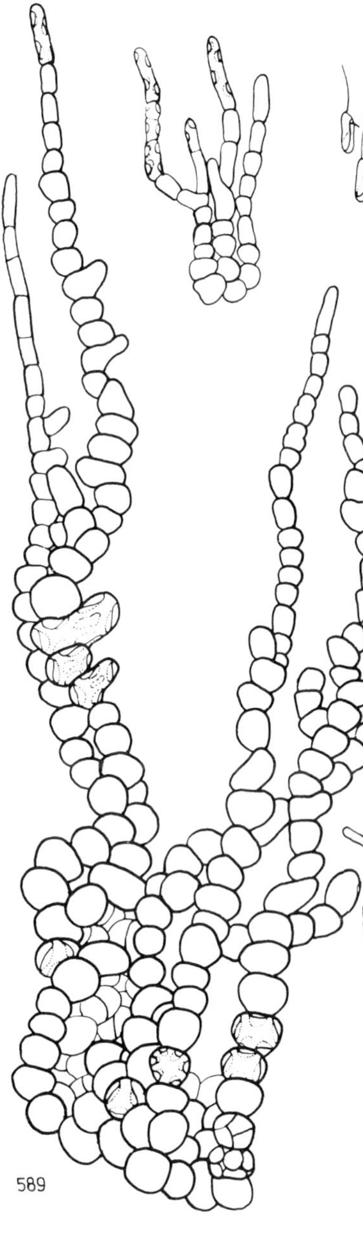

589

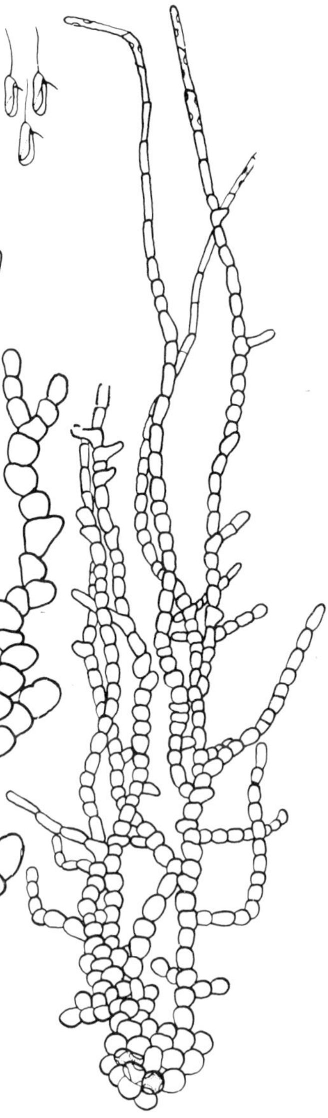

590

die Zellen der Fadenenden lang gestreckt bis 25 μm lang und 2–3 μm breit und nur sehr selten verzweigt. Nach 14 Tagen erreichen die Fäden eine Länge bis zu 500 μm und zerfallen dann in Akineten oder Aplanosporen. Ohne sich wesentlich zu vergrößern, bilden die gegen die Basis gelegenen Zellen Zoosporen, die länglich birnförmig sind, 5–6 μm lang werden und eine 1,5 mal körperlange Hauptgeißel haben. Die Fäden liegen relativ weit voneinander getrennt, so daß die Kolonie sehr locker erscheint. Auf 1 % Glukose-Agar sind die Fäden dichter gelagert.

Erdboden der Oase Béni-Abbès (Algerien).

22. Heterococcus quadratus Pitschmann (Fig. 591)

Fäden anfangs unverzweigt, Zellen breit-zylindrisch. Schon nach 8 Tagen teilen sich die älteren Zellen quer und nehmen quadratische Form an, mit einem Durchmesser von 8–10 μm. Fäden dann mehr oder weniger gerade, schwach verzweigt, bis 250 μm lang, mit lang gestreckten Endzellen. Sie schließen sich relativ eng zu einem weichen Lager zusammen. Sporangien von den vegetativen Zellen nicht unterscheidbar. Es werden 2–4 Zoosporen in einer Zelle gebildet. Sie sind birnenförmig, 5–6 μm lang und besitzen eine mehr als körperlange Hauptgeißel; Nebengeißel sehr kurz. Auf Glukose-Agar wachsen die Fäden bis zu einer Länge von 350 μm aus.

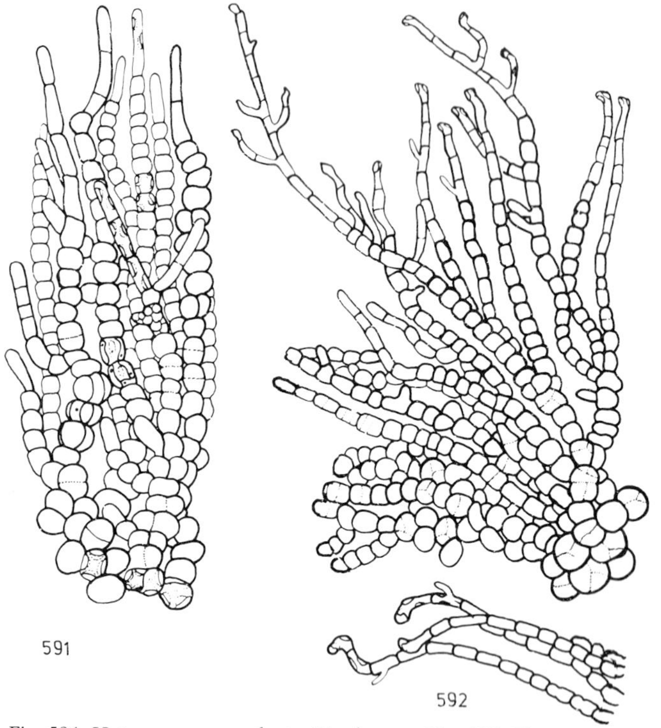

591

592

Fig. 591. *Heterococcus quadratus* Pitschmann. Fig. 592. *Heterococcus corniculatus* Pitschmann (nach Pitschmann).

Aus einem Polster von *Saxifraga moschata* auf dem Hafelekar (2300 m ü. M.) bei Innsbruck (Österreich).

23. Heterococcus corniculatus Pitschmann (Fig. 592)

Aplanosporen keimen mit kurzen Fäden sternartig nach allen Seiten. Zellen rundlich bis annähernd tonnenförmig, mit 2–4 Chromatophoren. Schon nach 6–7 Tagen nehmen die Zellen isodiametrische, mehr quadratische Form an, sind perlschnurartig aneinander gereiht und wachsen zu 200 μm langen Fäden aus, die nur schwach verzweigt sind. Endzellen sind langgestreckt, etwas gebogen und dringen in den Agar ein. Sie besitzen einen die ganze Zellwand auskleidenden Chromatophor. Zoosporen werden in normalen Zellen oder seltener in sackförmig erweiterten Zoosporangien gebildet. Nach 16 Tagen sind die meisten Fäden in Aplanosporen oder Akineten zerfallen. Auf 1 % Glukose-Agar sind die Pflänzchen an der Basis nur schwach ästig, die Zellen rundlich, an den Enden mehr oder weniger gestreckt und verschmälert, häufig geweihartig verzweigt.

Aus der Wurzelzone von *Saxifraga androsacea* und *Ranunculus alpestris* vom Südhang des Hafelekar (2200 m ü. M.) bei Innsbruck (Österreich).

24. Heterococcus curvatus Pitschmann (Fig. 593)

Aplanosporen, die meist in größeren traubenartigen Aggregaten aneinander haften, keimen in der Regel nach einer Seite hin mit zylindrischen Zellen, die sich bald quer teilen. Diese Keimfäden verzweigen sich nur sehr selten und erreichen nach 4 Tagen eine Länge von 130 μm. Bald runden sich die Zellen ab, wachsen noch bis zu einer Größe von 12–15 μm heran, bleiben perlschnurartig aneinander kleben und bilden 400 μm lange Fäden, die nur am äußersten Ende schwach verzweigt sind. Die Spitzenzellen sind wie die Keimzellen zylindrisch, 15–20 μm lang und 5–9 μm breit und enthalten 2–4 Chromatophoren. Während gegen die Spitze der Fäden zu in etwas vergrößerten Zellen Zoosporen gebildet werden, wandeln sich die Zellen an der Basis der Fäden zu Aplanosporangien um. Die Zoosporen sind schmal spindelförmig, am Vorderende abgerundet, am Hinterende leicht ausgezogen, bis 9 μm lang und 1,7–1,9 μm breit. Nach mehreren Tagen zerfallen die meisten Fäden, einzelne Zellen dagegen bilden Aplanosporen, die innerhalb der Mutterzelle heranwachsen, ohne deren Wand zu sprengen, wodurch polyedrische, bis 100 μm große Aggregate entstehen. Auf Glukose-Agar wird das Längenwachstum gehemmt.

Im Erdboden der Oase Béni-Abbès (Algerien).

25. Heterococcus marietanii Vischer (Fig. 595)

Erwachsene Pflänzchen, die bis 600 μm messen können, haben nur eine geringe Verzweigung, dafür sind aber die Zweige kräftig und groß, die Äste zweiter Ordnung kurz und spärlich. Die Kolonien haben daher kein rasenartiges, sondern ein mehr sternförmiges Aussehen, umso mehr, als auch die Zellen dann kürzer und derber und daher auch gedrungener sind, wobei sie annähernd gleiche Größe haben. Im Gegensatz zu den jungen Zellen ist ihre Zellwand etwas derber. Zoosporangien nicht besonders an Größe zunehmend, vor allem aus den gegen die Basis gelegenen Zellen gebildet. Auch Aplanosporen bildend. Junge walzliche Zellen bis 30 μm lang und 6 μm breit, ältere Zellen 10–15 μm im Durchmesser.

Bis jetzt aus dem Wallis (Schweiz) bekannt, bei einer Quelle in der Nähe des Dorfes Montana.

26. Heterococcus africanus Pitschmann (Fig. 594)

Nach 4 Tagen haben die Fäden bei der Keimung eine Länge von 190 μm erreicht. Die Zellen sind mehr oder weniger zylindrisch, 9–12 μm lang und 4–5 μm

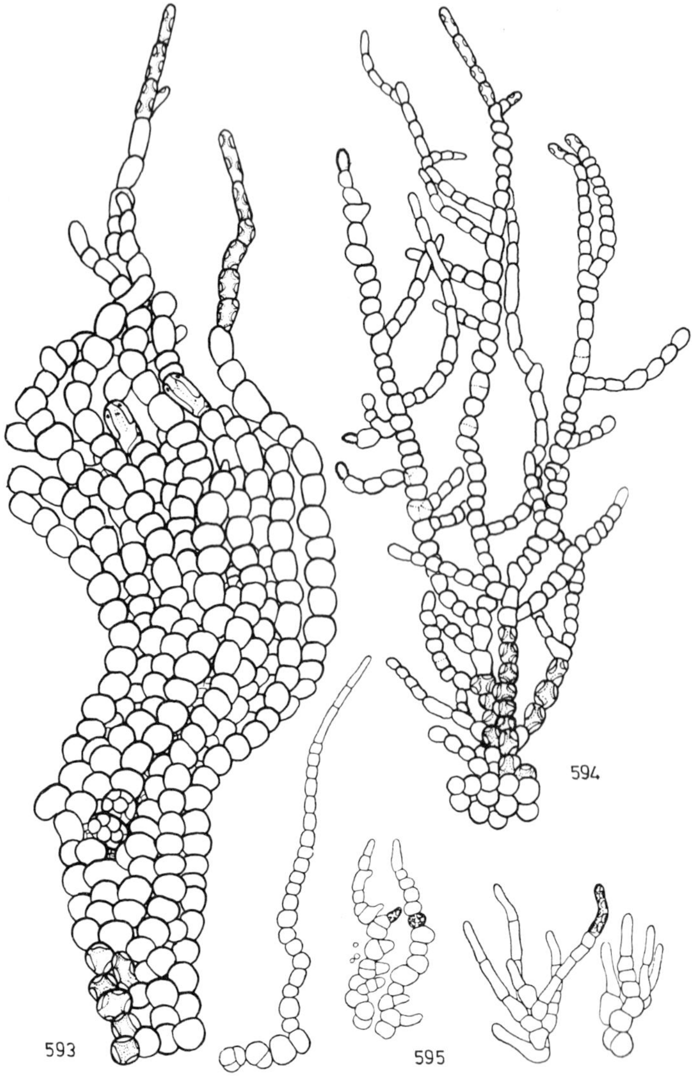

Fig. 593. *Heterococcus curvatus* Pitschmann. Fig. 594. *Heterococcus africanus* Pitschmann. Fig. 595. *Heterococcus marietanii* Vischer (Fig. 595 nach Vischer sonst nach Pitschmann).

breit. In 14 Tage alten Kulturen wachsen die Fäden zu einer Länge von 350–360 µm heran, ihre Endzellen sind nicht verschmälert, 10 µm lang und 6 µm breit und besitzen meist zwei bandförmige Chromatophoren. Die einzelnen Fadensysteme liegen relativ locker beisammen und sind leicht zu trennen. Zoosporen und Aplanosporen werden in gewöhnlichen Fadenzellen gebildet. Zoosporen spindelförmig, 5–6,5 µm lang, mit einer mehr als körperlangen Hauptgeißel und einer sehr kurzen Nebengeißel. Auf Glukose-Agar haben die Zellen eine zylindrische Form, sind 30 µm lang und 10 µm breit, besitzen meist 8–16 Chromatophoren. Die Fäden erreichen eine Länge bis zu 300 µm.

Aus Erdboden der Oasa Béni-Abbès (Algerien).

27. Heterococcus anguinus Pitschmann (Fig. 596)

Die Keimung verläuft unregelmäßig, einseitswendig. Nach 4 Tagen sind mehr oder weniger gleichmäßig lange, aus tonnenförmigen Zellen bestehende Fäden von 160 µm Länge vorhanden, die meist nur wenig verzweigt sind, aber leicht hin- und hergebogen erscheinen. Manche Zellen bilden schon Zoosporen. Nach 14 Tagen haben sich kräftige, bis 400 µm lange Fäden gebildet, die nur in den jüngsten Abschnitten verzweigt sind. Die älteren und mittleren Fadenzellen sind meist rund, 5–7 µm im Durchmesser, perlschnurartig aneinander gereiht, während die Spitzenzellen gestreckt und sehr schmal –15 µm lang und 2 µm breit sind. Der Hauptfaden der Pflänzchen ist zickzackartig hin- und hergebogen. Die Zoosporen, die aus gewöhnlichen Fadenzellen hervorgehen, sind spindelförmig, am Vorderende gestutzt, basal leicht ausgezogen. Nach 16 Tagen bilden sich gegen die Mitte der Kolonie Aplanosporen, die zu *Pleurococcus*-ähnlichen Paketen zusammengeschlossen sind. In 14 Tage alten Kulturen liegen die Fäden mehr oder weniger locker aneinander, die Lager sind weich und lassen sich leicht von der Unterlage abheben. Auf Glukose-Agar ist das Längenwachstum deutlich gehemmt.

Bodenoberfläche unter *Inula viscosa*, S. Angelo, Ischia (Italien).

28. Heterococcus undulatus Pitschmann (Fig. 597)

Nach 4 Tagen keimen Sporen zu 100 µm langen, nur schwach verzweigten Fäden mit zylindrischen Zellen. Nach 14 Tagen haben sich kräftige perlschnurartige Fäden entwickelt, die sich nur an den äußersten Enden verzweigen. Während sich die mittleren Fadenzellen abrunden, sind die Endzellen lang und dünn, 25 µm lang und 2 µm breit. Hauptfäden liegen wellenförmig und relativ dich aneinander. Gegen das Ende zu sind sie ineinander verschlungen. Zoosporen werden meist zu 2–4 in normalen Zellen gebildet. Auf Glukose-Agar ist das Längenwachstum nicht gehemmt, die Zellen sind größer.

Im Erdboden der Oase Béni-Abbès (Algerien).

29. Heterococcus tectiformis Pitschmann (Fig. 598)

Die Keimfäden wachsen sternförmig nach allen Seiten und sind von Anfang an regelmäßig verzweigt, mit mehr oder weniger tonnenförmigen Zellen. Nach 14 Tagen sind die Kolonien kegelförmig und erreichen eine Höhe von 100 µm. Fäden zu einem festen Lager zusammenschließend, meist schon an der Basis verzweigt. Zellen zylindrisch, mit 4–6 Chromatophoren, Spitzenzellen der Fäden 2 µm breit und nicht in den Agar eindringend. Zoosporen und Aplanosporen werden in den mittleren Fadenzellen gebildet. Die Zoosporen sind 5–6 µm lang, oval oder birnförmig, vorn abgerundet, basal ein wenig ausgezogen.

Wurzelzone von *Anemone stellata*, Mte. Epomeo (750 m ü. M.), Ischia (Italien).

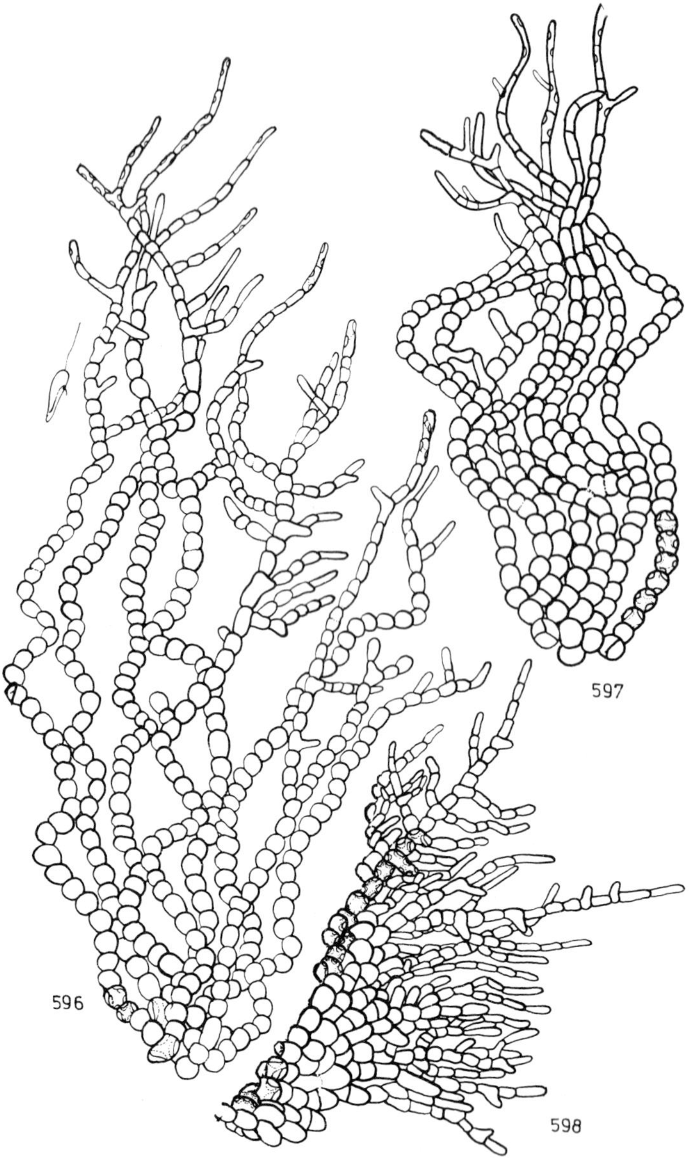

Fig. 596. *Heterococcus anguinus* Pitschmann. Fig. 597. *Heterococcus undulatus* Pitschmann. Fig. 598. *Heterococcus tectiformis* Pitschmann (nach Pitschmann).

30. Heterococcus unguis Pitschmann (Fig. 599)

Bei der Keimung wachsen die kurzzelligen Fäden sternförmig nach allen Richtungen. Die Zellen besitzen meist nur zwei Chromatophoren. In den basalen Fadenzellen werden wiederholt Aplanosporen gebildet, die sich zu kleinen Häufchen übereinander lagern, aber bald wieder zu neuen Fäden auskeimen. Die Kolonien erreichen eine Höhe von 30 μm. Basale und mittlere Fadenzellen sind rundlich oder einseitig erweitert, bis 16 μm lang und 12 μm breit, gegen das Fadenende zylindrisch und verschmälert, 12 μm lang und 2 μm breit. Sie dringen bogig in den Agar ein. Die Fäden liegen locker und besitzen krallenartige Endverzweigungen. Die birnförmigen, bis 5 μm langen Zoosporen werden zu 2–4 in normalen Zellen gebildet. Auf Glukose-Agar bleiben die Fäden kurz, doch sind die Zellen etwas größer.

In sterilem Feinschutt vom Westgrat des Cho Oyu (6150 m ü. M.), an der Grenze zwischen Nepal und Tibet.

31. Heterococcus curvirostris Pitschmann (Fig. 600)

Junge Keimzellen sind meist zylindrisch, 10–12 μm lang und 4–5 μm breit. Schon nach 8–10 Tagen zerfallen die basalen Zellen der Fäden und nehmen unregelmäßige Formen an, während die Spitzenzellen noch einige Zeit weiterwach-

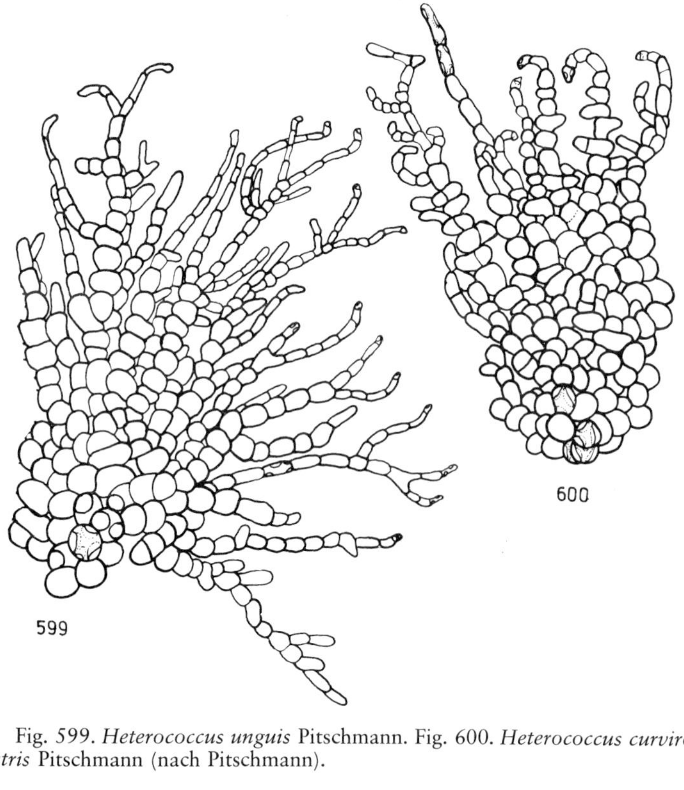

Fig. 599. *Heterococcus unguis* Pitschmann. Fig. 600. *Heterococcus curvirostris* Pitschmann (nach Pitschmann).

sen. Die Endzellen der Fäden dringen in den Agar ein und bilden so ein Hindernis für die dahinterliegenden Zellen, die sich strecken. Dadurch erscheinen die äußersten Fadenpartien schnabelartig gekrümmt. Schließlich reißt der Faden hinter der Spitzenzelle ab, während sich diese vergrößert und meist mehrere Aplanosporen bildet. Aplanosporen und Zoosporen werden in geringer Zahl in normalen Zellen gebildet. Auf Glukose-Agar sind die meisten Zellen zylindrisch oder mehr oder weniger tonnenförmig, die Fäden schwach verzweigt.

Aus den Polstern von *Saxifraga vandellii*, Mte. Alben (1900 m ü. M.) in den Südalpen (Italien).

32. Heterococcus implexus Pitschmann (Fig. 601)

Die Keimung erfolgt in der Regel nur nach einer Seite mit zylindrischen, 12 μm langen und 4 μm breiten Zellen, die nach 14 Tagen zu Fäden mit einer Länge von 300 μm auswachsen. Sie sind dicht gelagert, zum Teil ineinander verschlungen und tragen von der Basis an relativ kurze, meist nur 3–5 zellige Seitenäste. Die Zellen der Endfäden sind durchwegs schmal und relativ lang (20 μm lang, 2,5–3 μm breit) und besitzen zwei bandförmige Chromatophoren. Zoosporen und Aplanosporen werden in nicht vergrößerten Zellen gebildet. Die Zoosporen werden in der Regel als Synzoosporen entlassen. Auf Glukose-Agar sind die Basalzellen der Fäden rund, perlschnurartig aneinander gereiht. Die Zellen der Endfäden sind zylindrisch, ein wenig gestreckt und gebogen, die Endzelle ist zugespitzt und besitzt nur einen Chromatophor.

In der obersten Bodenschicht eines Steineichenwaldes bei Limone am Gardasee (Italien).

33. Heterococcus teleutosporoides Pitschmann (Fig. 602)

Großzellen keimen in der Regel mit hornförmigen Keimschläuchen, die noch lange ohne Querwände bleiben. Nach 7–8 Tagen haben sich unregelmäßig nach allen Seiten wachsende Fäden mit mehr oder weniger rundlichen oder zylindrischen oder auch unregelmäßig geformten Zellen gebildet, die eine Länge bis zu 40 μm und eine Breite bis zu 25 μm erreichen können. Die Fäden sind schwach verzweigt und zerfallen bereits nach 10–12 Tagen. Aplanosporen oder Zoosporen werden in bis zu 50 μm großen Sporangien gebildet. Die Zoosporen sind birnförmig, 8–9 μm lang und formveränderlich. Auf 1% Glukose-Agar ist der Großteil der Zellen rundlich bis zylindrisch, zum Teil sackförmig langgestreckt – bis 70 μm. Die Verzweigung erfolgt bei der Keimung meist einseitswendig, Teleutosporen – ähnlich. Die Endzellen der bis zu 250 μm langen Fäden sind schmal, zylindrisch und enthalten meist 4 Chromatophoren.

Zwischen den Wurzeln von *Saxifraga sedoides* am Pizzo Camino (1900 m ü. M.) in den Südalpen (Italien).

34. Heterococcus botrys Pitschmann (Fig. 603)

Fäden bestehen nach 14 Tagen aus unregelmäßig geformten Zellen, die zum Teil sackförmig vergrößert sind und einen Durchmesser bis zu 25 μm erreichen können. Die Keimfäden sind kurzzellig und erreichen nach 4 Tagen eine Länge von höchstens 40 μm. Die Zoosporen sind 5–6 μm lang, mehr oder weniger spindelförmig. Auf 1% Glukose-Agar werden die Fäden, die eine Länge von 200 μm erreichen, in der Hauptsache aus Aplanosporen gebildet.

Aus sterilem Feinschnutt auf der Finailspitze (3516 m ü. M.) in Tirol (Österreich).

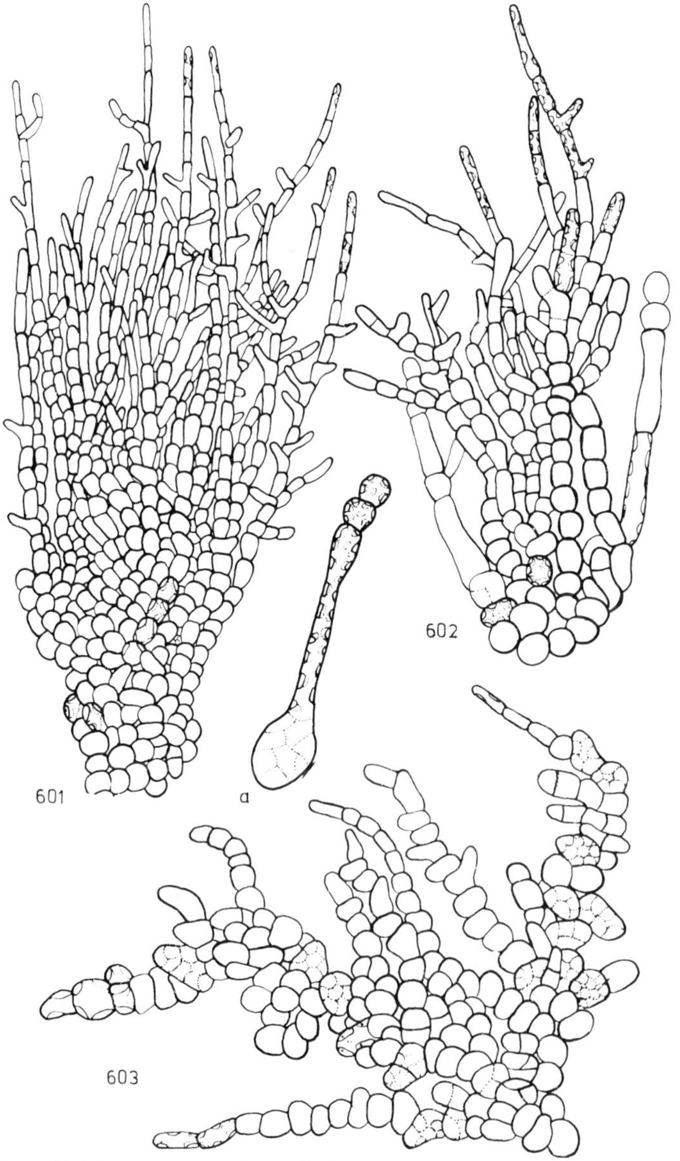

Fig. 601. *Heterococcus implexus* Pitschmann. Fig. 602. *Heterococcus teleutosporoides* Pitschmann – *a* kurzer Faden mit Sporangien. Fig. 603. *Heterococcus botrys* Pitschmann (nach Pitschmann).

35. Heterococcus longicellularis Pitschmann (Fig. 604)

Aplanosporen oder Akineten keimen mit anfänglich kurzen zylindrischen Zellen, die sich aber bald strecken und eine Länge bis zu 30 µm erreichen. Sie enthalten meist 4–8 große, unregelmäßig elliptische Chromatophoren. Die Fäden erreichen eine Länge von 450 µm, sind meist einseitswendig verzweigt, mit bis zu 140 µm langen Seitenästen, die ihrerseits kurze Äste zweiter Ordnung tragen. Nur die äußersten Spitzenzellen sind schwach verjüngt. Auf 1 % Glukose-Agar ist das Längenwachstum der Fäden gehemmt und die Zellen sind mehr oder weniger rund.

In der Wurzelzone von *Valeriana supina* vom Lafatscherjoch in Tirol (Österreich).

36. Heterococcus mastigophorus Pitschmann (Fig. 605)

Diese Art zeichnet sich durch lange, peitschenförmige, unverzweigte Fäden aus, deren Zellen fast von der Basis an zylindrisch und langgestreckt sind. Die Keimung verläufig langsam, nach 4 Tagen haben sich bis 50 µm lange Fäden gebildet, deren Zellen zum Teil rundlich, zum Teil zylindrisch sind. Schon nach 10 Tagen haben die meisten Zellen zylindrische Form und verzweigen sich nicht mehr. Nach 17 Tagen runden sich die Zellen ab, verdicken die Zellwand und lösen sich als Akineten aus dem Fadenverband. Aplanosporen oder Zoosporen wurden nicht beobachtet. Auf 1 % Glukose-Agar nehmen die Zellen stark an Größe zu, sie sind entweder rundlich, 20 µm im Durchmesser, lang gestreckt oder tonnenförmig und erreichen eine Länge bis zu 40 µm. Sie enthalten meist eine große Zahl linsenförmiger Chromatophoren.

Aus der Wurzelzone von *Dryas octopetala* vom Stempeljoch (2200 m ü. M.) in Tirol (Österreich)

37. Heterococcus thermalis Pitschmann (Fig. 606)

Bei der Keimung wandeln sich die geimpften Zellen meist in Zoosporangien um, oder sie teilen sich quer; die älteren Zellen bleiben kurz und rundlich, nur die jüngsten Spitzenzellen der Fäden sind mehr oder weniger langgestreckt. In den Zellen des Hauptfadens werden bald Aplanosporen gebildet, die längere Zeit im Fadenverband bleiben, zum Teil aber zu kurzen, gedrungenen Seitenästen auswachsen. Die Zoosporen sind spindelförmig, 5–6 µm lang und tragen eine körperlange Hauptgeißel und eine sehr kurze Nebengeißel. Auf Glukose-Agar sind die älteren Zellen rundlich oder seitlich ausgezogen, enthalten oft mehrere Aplanosporen, die schon nach wenigen Tagen zu schwach verzweigten Fäden auswachsen.

In den heißen Dämpfen umspülter Erde an der S-Therme am Langarvatn, östlich Reykjavik (Island).

38. Heterococcus brevicellularis Vischer (Fig. 607)

Junge Pflanzen wachsen sehr regelmäßig, wobei die Fäden aus gleichmäßig langen Zellen bestehen, die 1–2 mal länger als breit sind. Später zerfallen manche Zellen in Sporen, doch bald bilden sich kräftige Pflänzchen mit starker Verzweigung. Die Zellen bleiben jedoch kurz, nur die Endzellen sind etwas gestreckt. Zoosporangien bestehen aus kurzen, oder oft aus vergrößerten, ungeteilten Fadenzellen, mit vielen Zoosporen. Akinetenbildung durch Teilungen in alle Rich-

---

Fig. 604. *Heterococcus longicellularis* Pitschmann. Fig. 605. *Heterococcus mastigophorus* Pitschmann. Fig. 606. *Heterococcus thermalis* Pitschmann (nach Pitschmann). ▶

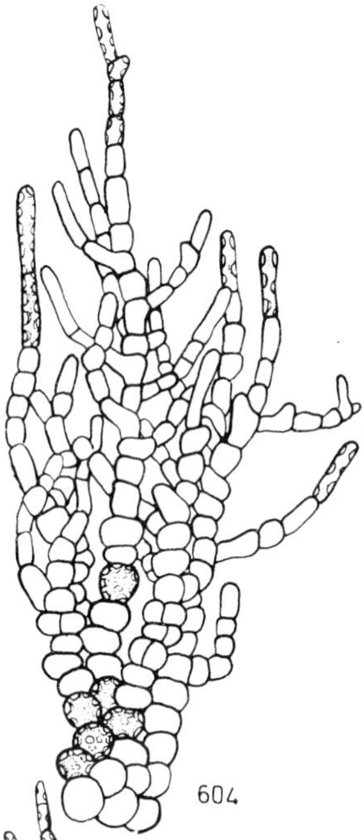

604

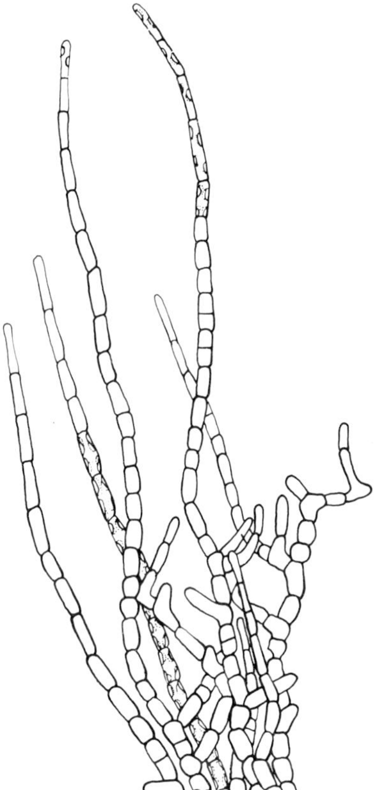

605

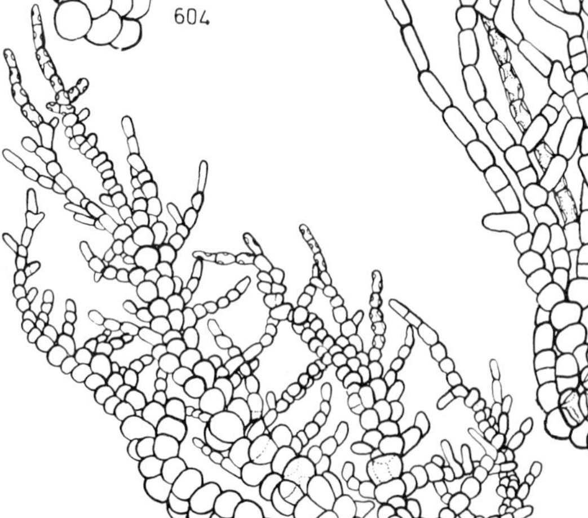

606

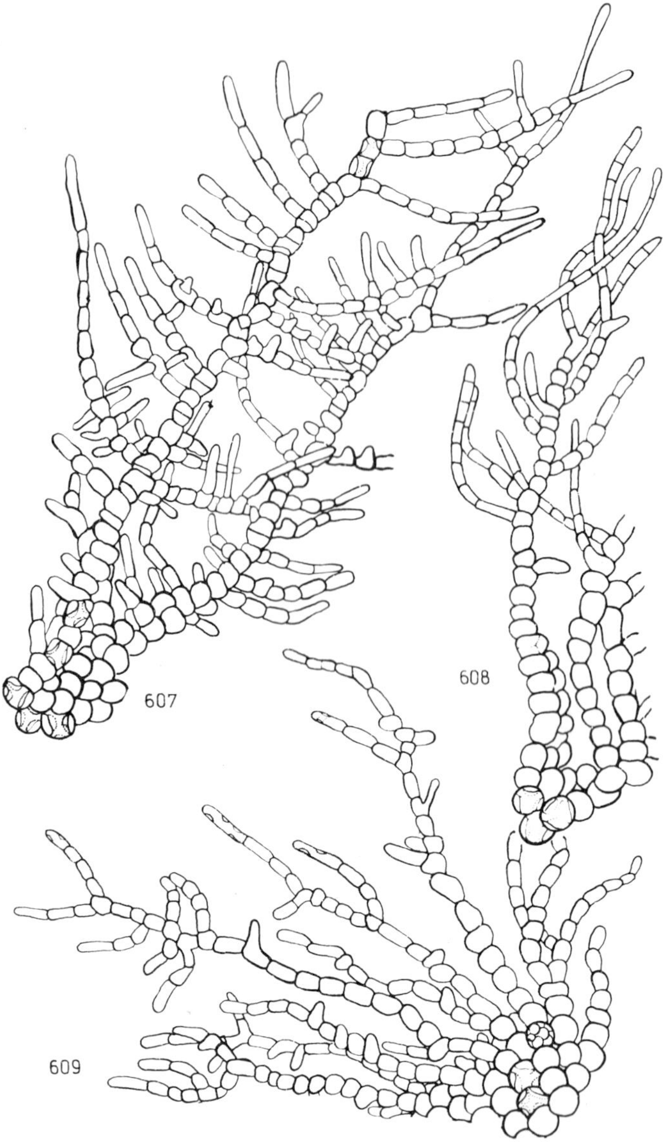

Fig. 607. *Heterococcus brevicellularis* Vischer. Fig. 608. *Heterococcus stigeoclonioides* Pitschmann. Fig. 609. *Heterococcus tiroliensis* Pitschmann (nach Pitschmann).

tungen, wobei *Pleurococcus*-artige Klumpen entstehen. Zellen 6–9 μm breit, 1–2 mal länger, Akineten 10–15 μm im Durchmesser.

Aus Waldböden aus der Umgebung von Fuorn (Schweiz) isoliert.

39. Heterococcus tiroliensis Pitschmann (Fig. 609)

Die Keimung erfolgt sehr zögernd und nach 4 Tagen haben sich bis 30 μm lange Keimfäden entwickelt. Nach etwa 8 Tagen setzt rasches Wachstum ein, die Zellen strecken sich und verzweigen sich intensiv mit relativ kurzen 3–7 zelligen Seitenästen. Die Zellen des Hauptfadens sind mehr oder weniger zylindrisch, 10–12 μm lang und 4–5 μm breit und besitzen meist 2–4 Chromatophoren. Die Spitzenzellen sind nicht verschmälert, manchmal etwas abgerundet und tragen 1–2 bandförmige Chromatophoren. Der Wuchs ist locker; von einem Zentrum älterer Zellen oder Akineten strahlen nach allen Seiten bis 200 μm lange Fäden aus, die sich erst über die Mitte stärker verzweigen. Sowohl Zoosporen als auch Aplanosporen gehen aus normalen, nicht vergrößerten Zellen hervor. Die Zoosporen sind spindelförmig, 4,5–5 μm lang und besitzen eine körperlange Hauptgeißel und sehr kurze Nebengeißel. Auf Glukose-Agar sind die Zellen kleiner, rundlich, besitzen meist nur zwei Chromatophoren und bilden bis 100 μm lange, meist reich verzweigte Fäden aus, die ein mehr oder weniger kompaktes Lager bilden.

In einem Cuvuletum am Spiegelkogel (3300 m ü. M.) in Tirol (Österreich).

40 Heterococcus stigeoclonioides Pitschmann (Fig. 608)

Die rundlichen bis zylindrischen Zellen junger Keimfäden besitzen meist nur einen bandförmigen Chromatophor. 12–14 Tage alte Pflanzen sind erst über der Mitte verzweigt. Die Seitenzweige werden von 18–20 μm langen und 3–4 μm breiten Zellen gebildet, die ebenso nur einen bandförmigen Chromatophoren führen. Die Seitenfäden sind meist schlank, erreichen eine Länge bis zu 120 μm und sind oft ineinander verschlungen. Die birnförmigen oder ovalen Zoosporen werden in normalen Zellen gebildet, ebenso die Aplanosporen. Auf 1 % Glukose-Agar schließen die sehr kurzen Fäden zu dichten Lagern zusammen. Ihre Zellen sind meist rundlich oder zylindrisch bis tonnenförmig und enthalten wenige Aplanosporen.

Zwischen den Wurzeln von *Diotis maritima* vom Strand von Citara auf Ischia (Italien).

41. Heterococcus chodatii Vischer (Fig. 610)

Junge Pflänzchen einfach gebaut, da auf der dem Lichte zugewendeten Seite die Bildung der Äste spärlicher ist. Außerdem kommen in jungen Kolonien nicht selten unregelmäßig gestaltete, große (vielleicht vielkernige) Zellen vor. Vegetative Zellen werden früh in Zoosporangien umgebildet, die in den älteren Fadenstücken sehr groß werden können. Bei Wasserzufuhr werden Zoosporen gebildet. Aplanosporenbildung beobachtet. Erwachsene Pflänzchen recht klein.

Nach kürzerer Zeit zerfallen die Lager in Einzelzellen. Zoosporen mit Stigma. Bislang nur in Reinkulturen ohne Angabe des Fundortes.

42. Heterococcus protonematoides Vischer (Fig. 611)

Besitzt von allen Arten die dünnsten und längsten Fäden und gleicht einem Moosprotonema. Junge Pflänzchen wachsen rasch und regelmäßig, so daß in wenigen Tagen ein dichtes Gewirr gleichmäßig dünner Fäden entsteht. Erwachsene Pflänzchen sind locker gebaut, die Zellen langgestreckt und relativ wenige Chromatophoren enthaltend, sie sind infolgedessen zart und durchsichtig. Die Pflänzchen zerfallen sehr spät in Sporen. Hierbei teilen sich die Fadenzellen oft in kurze, isodiametrische Zoosporangien. Zoosporen und Aplanosporen bilden

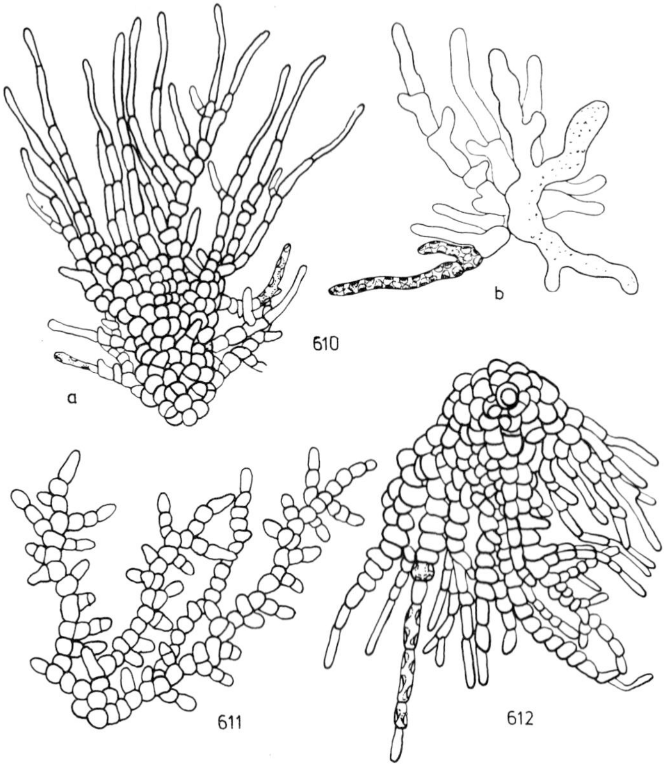

Fig. 610. *Heterococcus chodatii* Vischer. Fig. 611. *Heterococcus protonematoides* Vischer. Fig. 612. *Heterococcus fontanus* Pitschmann (Fig. 610 b nach Vischer sonst nach Pitschmann).

sich in kleiner Anzahl, oft nur in Einzahl. In älteren Kulturen werden Akineten gebildet. Zellen 3–4 μm breit, 30–60 μm lang, Sporangien 10–12 μm im Durchmesser.

Auf steinigen Böden mit anderen Erdalgen grüne Überzüge bildend, bei Meiringen (Schweiz).

43. Heterococcus fontanus Pitschmann (Fig. 612)

Bei der Keimung werden nur 40 μm lange, unverzweigte Fäden aus mehr oder weniger zylindrischen Zellen gebildet. Auch späterhin ist das Wachstum langsam, die Fäden erreichen schließlich nach 14 Tagen eine Länge von 130 μm. Die älteren Zellen sind rundlich bis oval, oft kürzer als breit, die Endzellen meist langgestreckt, 20 μm lang, 5 μm breit. In den Basalzellen der Fäden werden bald Aplanosporen gebildet, die nicht sogleich keimen, sondern in kleinen Aggregaten beisammenbleiben. Die Zoosporen sind länglich oval, am Hinterende ein wenig ausgezogen. Auf 1 % Glukose-Kulturen ist das Zellwachstum stark gefördert, es werden wiederholt Aplanosporen gebildet, die lange im Fadenverband

bleiben. Die Fäden werden 300 μm lang und die Zellen sind mehr rundlich.
Radiumquelle bei Disentis, Kanton Graubünden (Schweiz).

44. Heterococcus mainxii Vischer (Fig. 614, 615)

Kolonien mehr sternförmig; Zellen an den Enden der Fadenzweige feiner ausgezogen. Pflänzchen leicht in Einzelzellen zerfallend. Bei fortschreitendem Wachstum entwickeln sich große kugelige Zoosporangien, bis schließlich ganze Ketten solcher kugeliger Zoosporangien vorhanden sind. Zoosporen sehr formveränderlich, mit deutlichem Stigma, seitlich stark abgeflacht. Aplanosporen und Akineten bekannt. Pflänzchen relativ klein, bis 200 μm messend, Fadenzellen 4–8 μm breit, bis 20 μm lang.
Aus Erdproben in der Umgebung von Basel (Schweiz) isoliert.

45. Heterococcus canadensis Pitschmann (Fig. 613)

Die Keimfäden, die nach 4 Tagen eine Länge von 170 μm erreicht haben, verzweigen sich mit bogig aufsteigenden Seitenästen. Alle Zellen sind von Anfang an mehr oder weniger zylindrisch, bis 12 μm lang und 4–5 μm breit und enthalten meist 4 linsenförmige Chromatophoren. 14 Tage alte Fäden sind von der Basis an regelmäßig verzweigt und bestehen zum überwiegenden Teil aus zylindrischen Zellen mit 4–8 Chromatophoren. Später runden sich die Basalzellen ab oder erweitern sich sackförmig zu Zoosporangien oder Aplanosporangien. Die Zoosporen sind spindelförmig, 4–5 μm lang. Auf 1 % Glukose-Agar ist das Längenwachstum der Zellen und Fäden stark gefördert, die Verzweigung dagegen schwächer. Einzelne Zellen erreichen eine Länge bis 20 μm, die Fäden eine solche von 320 μm.
Bodenoberfläche unter *Ostrya virginiana, Acer saccharis* und *Quercus borealis* bei Kingston (Kanada).

Unsichere und zu streichende Arten

Heterococcus arcticus (Prescott) Prescott – unvollkommen beschrieben und abgebildet. Ein Wiedererkennen ist wohl kaum möglich.
Heterococcus flavescens Vischer – ohne Abbildung beschrieben. Sehr mangelhaft bekannte Art.
Heterococcus viridis (Gerneck) Chodat – nach den unvollkommenen Beschreibungen Gernecks ist die Art kaum mehr wieder zu erkennen (Fig. 616). Beschreibung und Abbildung passen auf mehrere Arten.

3. **Capitulariella** Pascher

Heteropedia p. p. sensu Bourrelly

Kleine mikroskopische Räschen bildend, die aus zarten, verzweigten Fäden bestehen und auf der Erde kriechen. Zweige eigenartig radiär ausstrahlend, so daß die Alge im gut entwickelten Zustand ein eigenartig strahliges Aussehen bekommt. Zweige im allgemeinen nicht sehr lang, sich manchmal förmlich gabelig verzweigend. Alge gelegentlich auch nur aus einem unverzweigten oder nur schwach verzweigten Faden bestehend. Seitenzweige von oft recht verschiedener Länge. Keine Rhizoide bildend. Zellen im Prinzip walzlich, an den Querwänden leicht eingeschnürt, etwas länger als breit, nur manchmal recht stark verlängert und dann drei- bis fünfmal länger als breit, gerade oder gekrümmt, manchmal unregelmäßig gestaltet. Zellwand zart bis mäßig derb. Chromatophoren mehrere (3–7), wandständig, scheibenförmig, in den Zellen oft verschieden groß. In den lang gestreckten Zellen auch eigenartig bandförmig,
Fortpflanzung durch Zoosporen. Vor der Fortpflanzung vergrößern sich die Endzellen der Äste häufig, wobei die Vergrößerung der Zellen gegen den Faden

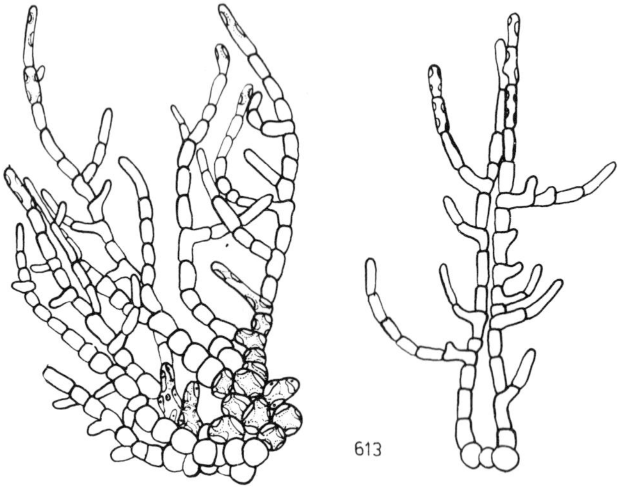

613

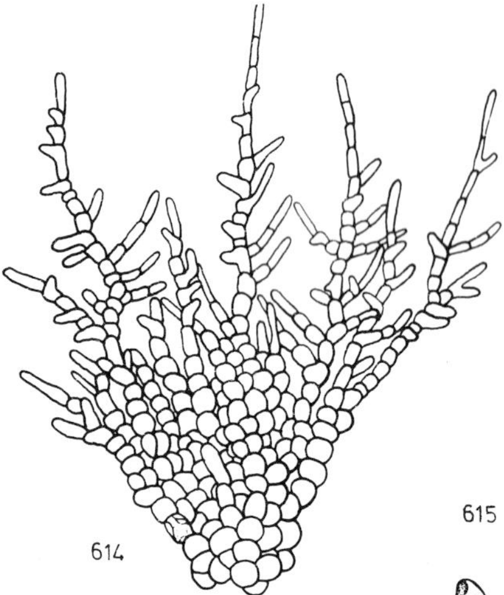

614

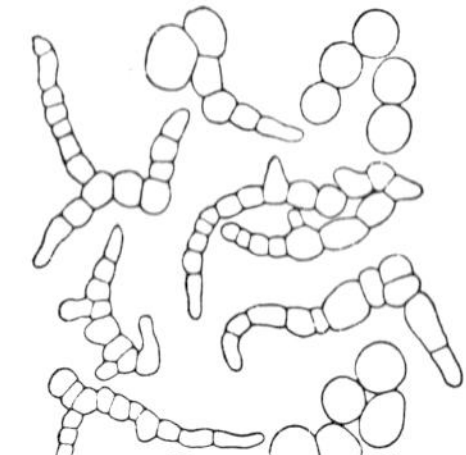

615

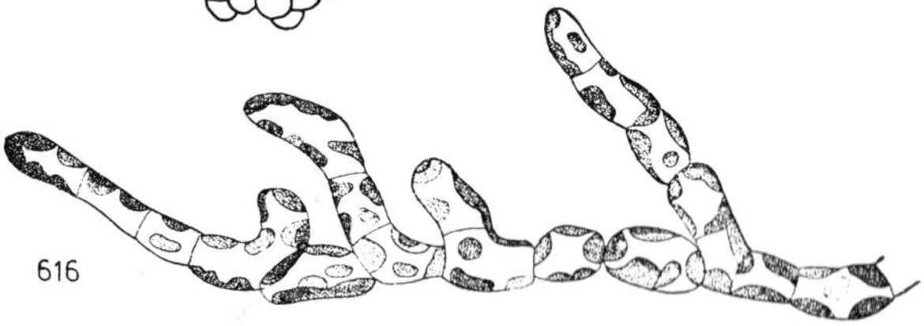

616

Fig. 613. *Heterococcus canadensis* Pitschmann. Fig. 614 und 615. *Heterococcus mainxii* Vischer. Fig. 616. *Heterococcus viridis* (Gerneck) Chodat (Fig. 615 nach Vischer, Fig. 616 nach Gerneck, sonst nach Pitschmann).

zu fortschreitet. Diese vergrößerten Zellen lösen sich mit der Zeit ab und werden zu dünnwandigen Sporangien. Sie stehen an den Enden der Zweige entweder einzeln oder zu mehreren hintereinander gereiht. Manchmal löst sich der ganze Faden in derartige meist mehr oder weniger vergrößerte Zellen auf. Die vergrößerten, abfallenden Zellen verhalten sich in ihrer weiteren Entwicklung recht verschieden. Meist wachsen sie nicht mehr weiter, sondern bilden mehrere Zoosporen aus. Gelegentlich aber wachsen diese Zellen vor oder nach dem Abfallen zu sehr großen, oft unregelmäßigen Zellen heran, aus denen dann sehr viele Zoosporen hervorgehen. Soweit gesehen erfolgt die Zoosporenbildung in den vergrößerten Zellen nur dann, wenn sie sich aus dem Verbande gelöst haben. Zoosporen mit zwei oder mehreren Chromatophoren und mit recht ungleichen Geißeln, ohne Stigma. Sie kommen bald zur Ruhe und bilden zunächst kugelige Zellen, in denen die pulsierenden Vakuolen und die binnenständigen Chromatophoren noch zu sehen sind. Die pulsierenden Vakuolen verschwinden mit der Zeit und die Chromatophoren werden wandständig. Danach teilen sich die Zellen und bilden zunächst einen unverzweigten Faden, der sich aber bald verzweigt und durch Ausbildung der radiär ausstrahlenden Zweige das charakteristische Aussehen bekommt. Immer nur aus kriechenden Fäden bestehend. In seltenen Fällen können die abgefallenen vergrößerten Zellen direkt zu neuen vegetativen Fäden auskeimen. Als Dauerstadien kommen Akineten vor, die aus den abgefallenen Zellen durch Verdickung der Zellwand entstehen.

Wichtigste Literatur: Pascher 1944, Bourrelly 1968.

Mit einer einzigen Art:
Capitulariella radians Pascher (Fig. 617)
Heteropedia radians (Pascher) Bourrelly

Mit den Merkmalen der Gattung. Zellen in der Größe recht wechselnd. Im allgemeinen vegetative Zellen 5–8 μm breit, doch auch dünner, die kopfigen Endzellen bis 20 μm im Durchmesser erreichend. Vereinzelte Endzellen mit starkem Größenwachstum bis 50 μm groß.

In Form von winzigen kleinen Lagern auf feuchter Lehmerde gefunden und längere Zeit auf feuchtem Lehm kultiviert. Verlassener Lehmausstrich einer Ziegelei bei Prag (Tschechoslowakei).

4. Heteropedia Pascher

Monocilia Gerneck sensu Pascher, *Heterococcus* Chodat p.p. sensu Vischer

Alge im entwickelten Zustand einschichtig, vielleicht stellenweise zwei- bis mehrschichtig, aufsitzende Zellager bildend, deren Randzellen deutlich zu längeren oder kürzeren, meist frühzeitig verzweigten Fäden auswachsen. Diese Fäden immer nur kriechend und weder vom Rande noch von der Mitte des Lagers aus als aufrechte Fäden aufsteigend. Die Lagerflächen stellen Nemato-Parenchyme dar, die dadurch entstehen, daß zunächst kriechende, verzweigte Fadensysteme, seitlich aneinander gelagerte Zweige das Ausgangsparenchym bilden, worauf innerhalb dieses Pseudoparenchyms schließlich die Zellvermehrung ohne direkten Zusammenhang mit der Zweigbildung erfolgt. Verzweigungen wie bei allen Heteropediaceen durch seitliches Auswachsen von Fadenzellen an ihren oberen Enden. Fäden mit stumpfen, manchmal vergrößerten Endzellen. Zellen meist kissenförmig vorgewölbt, durch gegenseitigen Druck verschieden geformt. Mit zarter Zellwand und mit einem oder mehreren wandständigen Chromatophoren. Assimilate wie bei den übrigen Xanthophyceen.

Fortpflanzung durch Zoosporen, die meist in nicht besonders vergrößerten Zellen gebildet werden, und deren Bildung mehr gegen die Mitte des Lagers zu be-

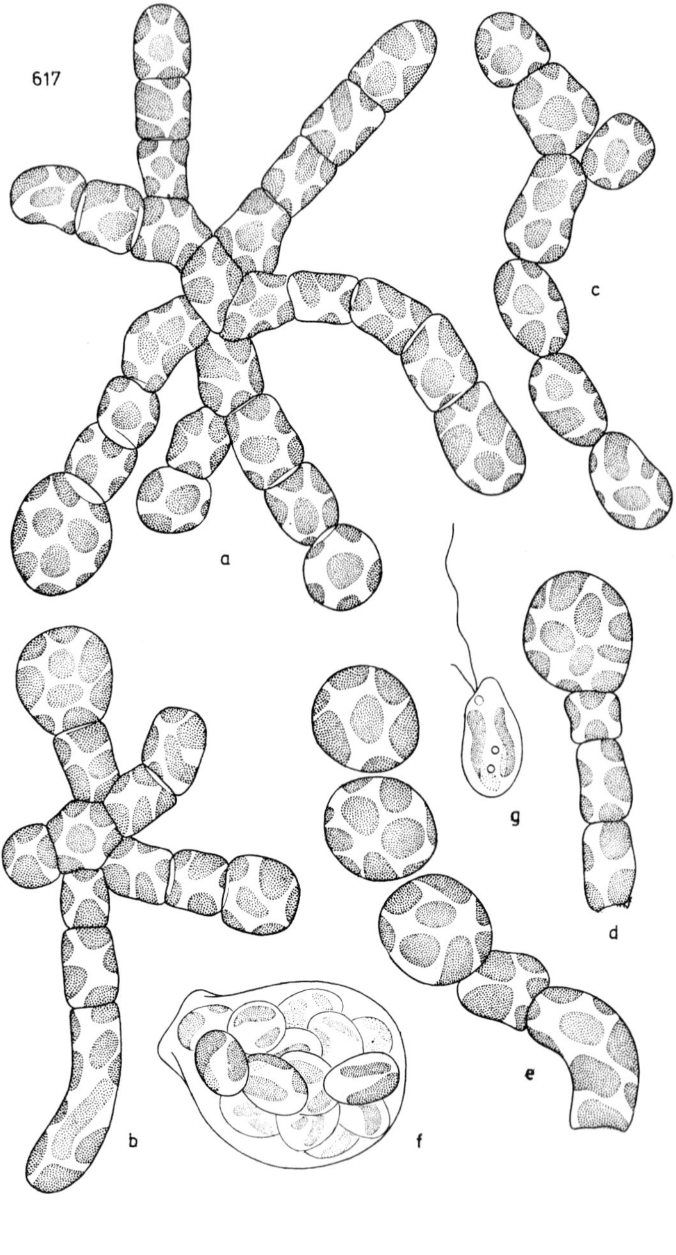
617
a
b
c
d
e
f
g

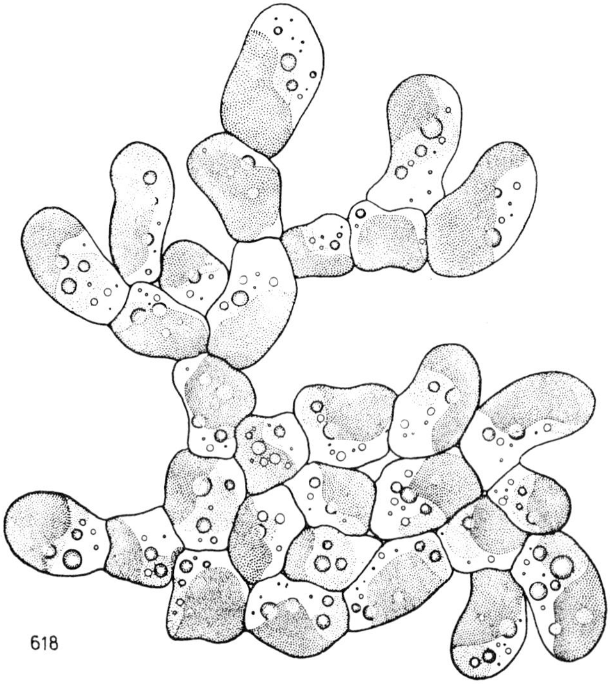

618

Fig. 618. *Heteropedia simplex* Pascher (nach Pascher).

ginnt. Zoosporen mit sehr kurzer oder völlig reduzierter Nebengeißel. Aus den Zoosporen entsteht eine kugelige Zelle, die durch Teilung einen zunächst unverzweigten, später verzweigten Faden bildet, dessen Zweige sich sehr bald pseudoparenchematisch zusammenschließen. Gelegentlich vergrößern sich diese kugeligen Keimzellen, ohne zur Fadenbildung zu schreiten, und bilden erneut 4–8 Zoosporen. Eigenartig ist die Fortpflanzung auch dadurch, daß an Randfäden die jeweiligen Endzellen ohne oder nach unbedeutender Vergrößerung sich so weit abrunden, daß sie den Zusammenhang mit der benachbarten Zelle verlieren und sich ähnlich wie bei *Capitulariella* ablösen, worauf der Faden nachrückt. Manchmal das ganze Lager von solchen konidienartig abgelösten Zellen umgeben. Diese Zellen können entweder durch Teilung direkt einen Faden ergeben oder sie bilden zwei bis vier Zoosporen bzw. Aplanosporen. Teilweise palmelloide Auflösung der Lager beobachtet. Ebenso können sich einzelne Zellen oder Zellverbände in Akineten umwandeln. Auch Zerfall in Einzelzellen oder Zellpakete beobachtet.

◀ Fig. 617. *Capitulariella radians* Pascher – *a* radiär ausstrahlender Zellfaden, *b* und *c* kurze Fäden, *d* stark vergrößerte Endzelle, *e* konidienartig sich loslösende vergrößerte Endzellen, *f* Endzelle in ein Zoosporangium umgewandelt, *g* Zoospore (nach Pascher).

Wichtigste Literatur: Pascher 1932b, 1939a, 1944, Vischer 1936, Bourrelly 1968.

Bestimmungsschlüssel der Arten

1a Zellen mit einem Chromatophor, Zoosporen eingeißelig, ohne Stigma .... **1. H.simplex**

1b Zellen mit mehreren Chromatophoren, Zoosporen zweigeißelig, mit Stigma .... **2. H.polychloris**

1. Heteropedia simplex Pascher (Fig. 618)
Monocilia simplex Pascher, *Heterococcus simplex* (Pascher) Vischer

Lager lockere Pseudoparenchyme bildend, die meist aus mehreren, durch einfache Fäden verbundenen Teilparenchymen bestehen. Zwischen den einzelnen Zellen manchmal große Lücken, infolgedessen ist die primäre Entstehung der Lagerflächen aus Fäden oft sehr leicht erkennbar. Endzellen meist etwas größer, sehr plump, bei der Zoosporenbildung nicht auffallend vergrößert. Zellwand immer zart. Chromatophor einer, wandständig, mulden- bis rinnenförmig. Zoosporen zu zweit oder zu viert gebildet; sehr amöboid, mit einem binnenständigen Chromatophor, ohne Stigma und ohne Nebengeißel. Palmelloide Auflösung, Aplanosporen und Akineten beobachtet.

Zellen 6–12 μm im Durchmesser, Endzellen gelegentlich bis 18 μm lang.

Aerophile Alge, die auf einem Blumentopf als grüner Anflug und auf einem vermorschten Baumstrunk im Riesengebirge (Tschechoslowakei) gefunden wurde.

2. Heteropedia polychloris Pascher (Fig. 619)

Lager meist geschlossener als bei der vorigen Art und meist ohne inselartige Teilparenchyme. Primäre Entstehung der Zellflächen nicht mehr leicht erkennbar. Endzellen gewöhnlich etwas weniger vergrößert. Zellen mit mehreren scheibchenförmigen Chromatophoren. Zoosporen in den nur wenig vergrößerten Zellen gebildet, sehr amöboid, mit meist zwei binnen- oder seitenständigen Chromatophoren, mit Stigma und zwei recht ungleichen Geißeln. Akineten und Aplanosporen beobachtet, ebenso völliger Zerfall der Lager in Einzelzellen, die in die Größe wachsen können. Endzellen der Randfäden gelegentlich als kugelige Zellen abfallend.

Zellen 6–8 μm im Durchmesser.

Dunkelgrüne Überzüge an leicht feuchten Stellen am Ufer eines Teiches in Westböhmen (Tschechoslowakei) bildend; auch von einem Tümpelrande im Urgestein bei Mallnitz in Kärnten (Österreich) bekannt.

5. **Chaetopedia** Pascher

Heteropedia Pascher p.p. sensu Bourrelly

Kriechende, schließlich ähnlich wie bei *Heteropedia*, pseudoparenchymatisch zusammenschließende Fadensysteme bildend; deren Randfäden sich zum Teil stark verlängern und verzweigen. Dabei werden die Zellen gegen das Ende zu immer dünner, bis schließlich die letzte Zelle lang und spitz ausläuft, mitunter fast haarförmig wird. Die Teilungstätigkeit ist im Faden mehr auf die Mitte oder an die Basis verlegt. Chromatophoren mehrere (2–5), scheibenförmig, in den haarförmigen Fadenzellen oft nur einer und in den Endzellen sehr blaß. Fortpflanzung durch typische dorsiventrale und ungleichgeißelige Zoosporen. Neben den spitz endenden Ästen bilden sich auch kurze, wenigzellige, oft derbere Äste, deren jeweilige Endzellen sich oft deutlich vergrößern und aus dem Verband lösen. Die abgelösten Zellen wachsen direkt zu neuen Fäden und Lagern

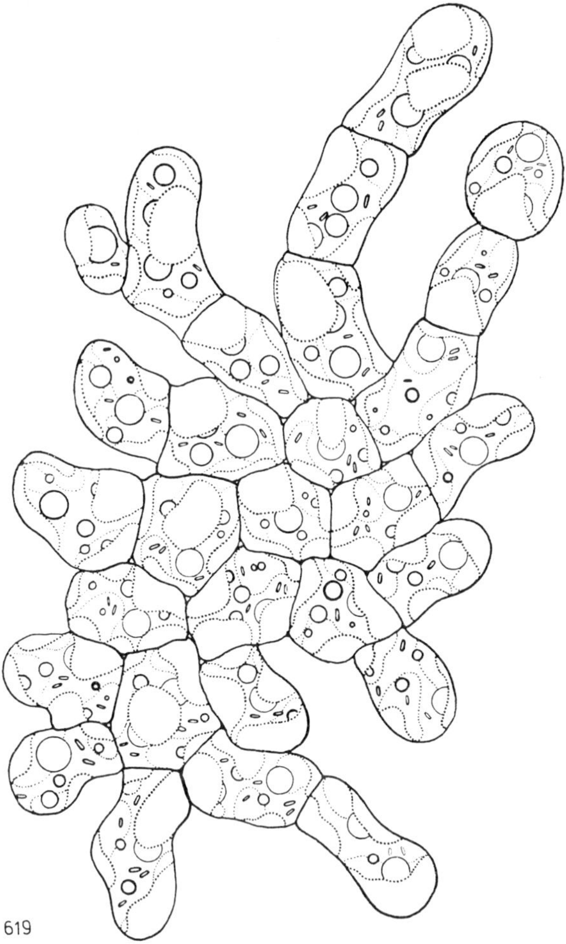

619

Fig. 619. *Heteropedia polychloris* Pascher (nach Pascher).

heran. Meist scheinen sie Zoosporen und Aplanosporen zu bilden. In ihrer Entwicklung noch wenig bekannte Alge.

Wichtigste Literatur: Pascher 1939a, Bourrelly 1968.

Mit einer einzigen Art:
Chaetopedia stigeoclonioides Pascher (Fig. 620)

Mit den Merkmalen der Gattung. Die Zellen des Pseudoparenchyms höchstens 10 μm im Durchmesser, die Endzellen aber bis 25 μm groß und noch länger.

Wasseralge, die auf *Scirpus*-Stengeln aufsitzt (Jugoslawien).

620

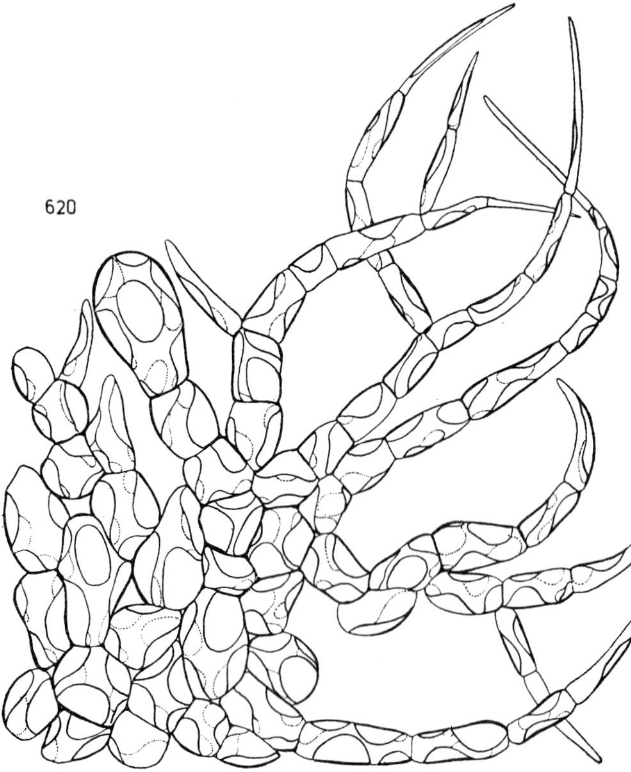

Fig. 620. *Chaetopedia stigeoclonioides* Pascher (nach Pascher).

6. **Aeronemum** Snow

Monocilia Gerneck sensu G. M. Smith, *Heterococcus* Chodat p.p. sensu Vischer

Algen, wenn voll entwickelt, aus einem einfachen, vielleicht stellenweise zwei- bis mehrfachen, manchmal unregelmäßigen Lager eng aneinanderschließender Zellen stehend, das primär aus einem zunächst kriechenden, reich verzweigten Fadensystem durch engen Zusammenschluß hervorgegangen ist (wie bei *Heteropedia*). Aus dieser Zellschicht brechen peripher und radiär kriechende Fäden hervor, deren Basen durch entsprechende Teilungen das Randwachstum besorgen. Das Randwachstum kann aber auch direkt aus den Randzellen ohne Fadenbildung erfolgen. Im allgemeinen scheinen alle Zellen, auch die Endzellen der Zweige, teilungsfähig zu sein. Aus der Sohle heben sich kürzere oder längere, oft einseitig verzweigte Fäden empor (Luftsprosse). Auch die Randfäden können sich zum Teil vom Lager emporheben und zu Luftsprossen werden, wobei ihre Basen durch das fortschreitende Wachstum der benachbarten Randzellen so vollständig umwachsen werden können, daß sie von den direkt aus der Oberfläche emporsprossenden Fäden nicht unterschieden werden können. Mit der Zeit entwickelt die Alge teils durch Teilungen nach allen Raumrichtungen, teils durch Zweigverwachsungen eine unregelmäßige krustenförmige, pseudoparenchymatische Zellmasse. Zellen des krustenförmigen Lagers nach oben vorgewölbt und dadurch mehr oder weniger kissenförmig. Zellen der Fäden walzlich bis keulenförmig-walzlich, die Endzellen stumpf und nicht spitz ausgezogen. Verzweigung wie bei allen anderen Heteropediaceen. In allen Stadien der Entwicklung können die Zellen der Sohlen oder der Fäden sich so stark abrunden, daß schließlich

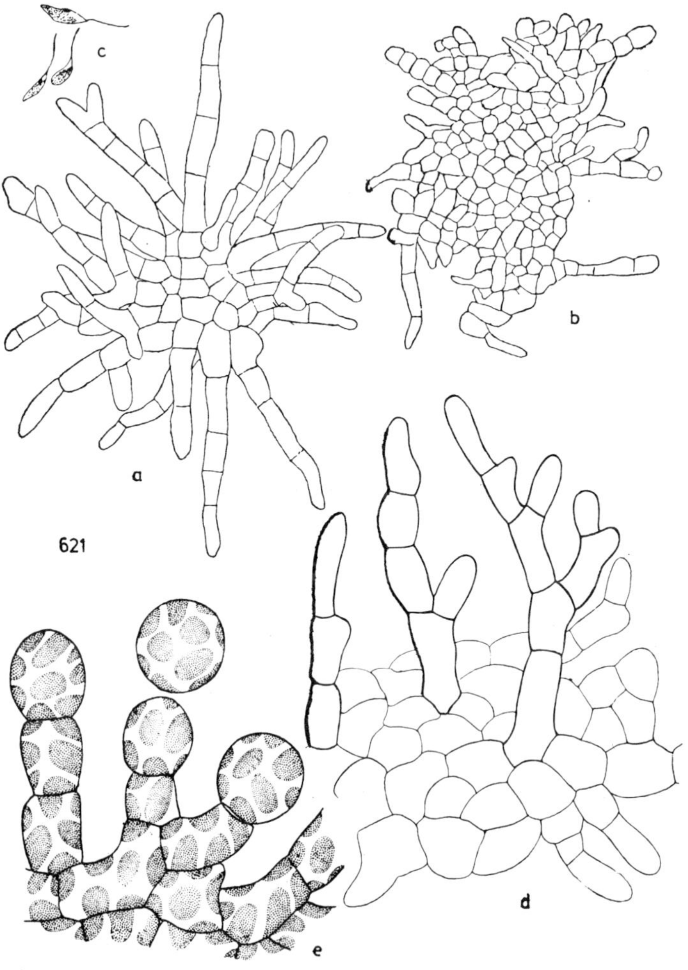

Fig. 621. *Aeronemum polymorphum* Snow – *a* jüngere Pflanze, *b* ältere Pflanze, *c* Zoosporen, *d* Teil eines Lagers mit parenchymatischer Sohle und aufrechten Luftstämmen, *e* vergrößerte Endzellen (*a–c* nach Snow, *d* und *e* nach Pascher).

Haufen einzelliger Stadien von sehr verschiedener Größe gebildet werden, die zum Teil noch an Größe zunehmen.

Fortpflanzung durch Zoosporen, die zu zweit bis zu 16 aus allen Zellen gebildet werden können, recht gestreckt sind, einen, seltener zwei Chromatophoren, eine Geißel und ein Stigma haben. Gelegentlich treten die auch sonst amöboid werdenden Zoosporen direkt als Amöben aus den Zellen aus. Bildung der Zoosporen beginnt meist mehr in der Mitte der Lager. Doch können sie auch in kugeligen, abgefallenen Zellen gebildet werden. Die Zoosporen kommen nach kurzer Bewegung zur Ruhe, bilden eine kugelige Zelle, die zunächst zu einem kriechenden und unverzweigten Faden auswächst. Aplanosporen anscheinend selten. Ein Teil der Zellen im pseudoparenchymatischen Lager kann sich zu derbwandigen Akineten umwandeln.

Wichtigste Literatur: Snow 1912, Printz 1927, Vischer 1937, Pascher 1939 a, G. M. Smith 1950, Bourrelly 1968.

Mit einer einzigen Art:

Aeronemum polymorphum Snow em. Pascher (Fig. 621)

Mit den Merkmalen der Gattung. Zellen 3–6 μm, aber auch bis 10 μm breit. Mehr terrestrische Alge, die mit Laub- und Lebermoosen auf Baumstrünken lebt und auch auf Blumentöpfen vorkommt (USA, Tschechoslowakei, Schweiz).

Unsichere und zu streichende Gattungen

Psephonema Skuja – sehr dünne, frei schwimmende Fäden, ohne Spitze und Basis, mit walzlichen Zellen, die sich nach der Teilung etwas voneinander trennen, so daß die Zellenden nicht abgeplattet, sondern abgerundet sind. Dieses Auseinanderrücken der Zellen ist vielleicht durch die Quellung pektinartiger

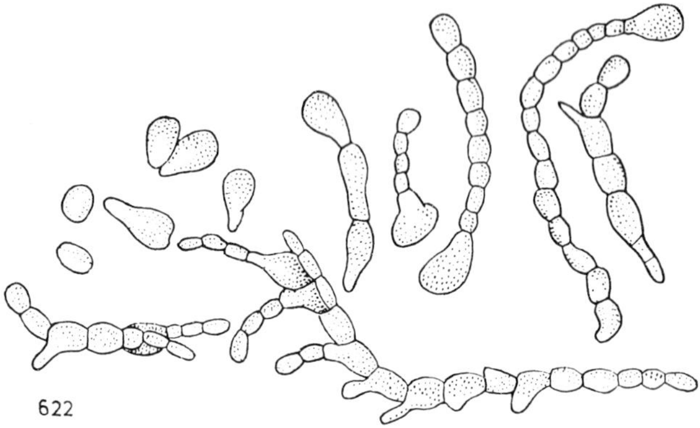

622

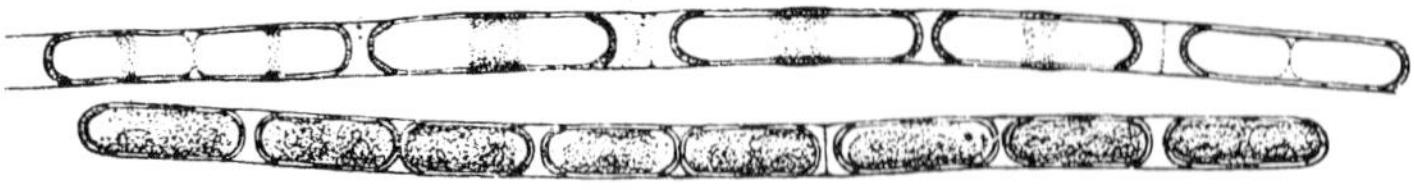

623

Fig. 622. *Pirula gemmata* Snow (nach Snow). Fig. 623. *Psephonema aenigmaticum* Skuja (nach Skuja).

Substanzen bedingt. Eben geteilte Zellen liegen dicht aneinander. Zellen von einer dünnen Wand, deren Beziehung zur Zellwand nicht klar ist, zum Faden zusammengehalten. Zellwand mäßig dick und glatt, aus zwei Halbstücken bestehend, zwischen denen sich ein verdickter ringförmiger Gürtel befindet. Chromatophor einer oder zwei, wandständig, oft einseitig gelagert, die beiden Zellenden frei lassend. Pyrenoide nicht mit Sicherheit festgestellt. Bei der Teilung teilt sich der Protoplast an der Stelle des verdickten Gürtels der Zellwand quer durch. Zerfall der Fäden beobachtet, der an den Querwandstellen des Fadens erfolgt. Entwicklung unbekannt, da nur fixiertes Material untersucht wurde. Mit einer einzigen Art.

Psephonema aenigmaticum Skuja (Fig. 623) – Zellen 2–3,7 μm breit und 6–14 μm lang, Fäden bis 700 μm lang. Im Plankton gefunden (China). Es steht nicht fest, ob diese Alge zu den Xanthophyceen gehört. Sollte es sich doch um eine Xanthophycee handeln, müßte sie in die Nähe von *Heterothrix* gestellt werden.

Planctonema Schmidle – gehört zu den Ulotrichales (Chlorophyceae).

Monocilia Gerneck – ohne gültige Diagnose, daher nur nomen nudum. Außerdem unvollständig beschrieben. Zoosporen nur mit einer (?) Geißel, nicht sicher ob mit *Heterococcus* identisch.

Pirula Snow (*Heterococcus* p.p. sensu Bourrelly) – Zellen einzeln oder häufiger zu unverzweigten, zerbrechlichen Fäden vereinigt, deren Querwände deutlich eingezogen sind und deren Endzellen sich stark vergrößern können. Ausgewachsene Zellen eiförmig bis birnförmig, oft recht unregelmäßig. Zellwand sehr zart. Chromatophor einer, recht groß, wandständig, nicht die ganze Zelle ausfüllend. Ohne Pyrenoid. Fortpflanzung durch Zerfall der Fäden sowie durch einen eigenartigen Sprossungsvorgang. Die Fadenzellen unter der Querwand treiben meist nach der gleichen Richtung schief nach auswärts je einen fingerförmigen Fortsatz, der sich durch eine Querwand von der größeren Mutterzelle abtrennt, zu einer ellipsoidischen Zelle wird und abfällt. Dieser Vorgang kann sich wiederholen, entweder in der Weise, daß sich nach dem Abfallen der Zelle der Sprossungsvorgang wiederholt oder daß es zur Bildung kleiner Ketten von solchen Vermehrungszellen kommt. Mit einer einzigen Art:

Pirula gemmata Snow (Fig. 622) (*Heterococcus gemmatus* [Snow] Bourrelly) – Zellen 8–12 μm lang und bis 8 μm breit, Fäden nur wenigzellig (bis 15 Zellen).

Auf epiphytischen Moosen und Lebermoosen von Guatemala und in Kulturgläsern in der Schweiz gefunden. Nicht sicher, ob es sich um eine Xanthophycee handelt.

6. Ordnung **Botrydiales**

Heterosiphonineae Pascher, *Heterosiphonales* Pascher, *Heterosiphonophyceae* Dedusenko Ščegoleva et Gollerbach, *Heterosiphonophycideae* Starmach

Xanthophyceen, die als Siphonoblast ausgebildet sind (siphonale Organisationsstufe); mit der Kernteilung ist keine Protoplasten- oder Zellteilung verbunden. Daraus resultiert schließlich ein großer vielkerniger Protoplast, als Summe vieler, nicht getrennter einkerniger Protoplasten, der von einer gemeinsamen Zellwand umgeben ist. Nur bei den Vorgängen der Fortpflanzung kehrt der Organismus zum Teil zur einkernigen Ausbildung zurück. Die Botrydiales stellen die Parallelgruppe zu den Siphoneen der Chlorophyceen dar. Fortpflanzung durch simultanen Zerfall in zahlreiche Zoosporen; mitunter werden auch Aplanosporen gebildet. Geschlechtliche Fortpflanzung nicht mit Sicherheit festgestellt, auch dann nur in Form von Iso- oder Anisogamie einkerniger Gameten. Ohne differenzierte Sexualorgane.

Bis jetzt nur eine Familie:

Botrydiaceae Rostafinski et Woronin

Botrydiales sensu Pascher, *Hydrogastraceae* Rabenhorst, *Hydrogastrideae* Lindley, *Hydrogastreae* Endlicher

Makroskopisch sichtbare, stecknadelkopfgroße, vielkernige Algen, die mit einem verzweigten Rhizoidsystem in der Erde befestigt sind, während über der Erde eine kugelige bis verkehrt eiförmige, manchmal schlauchförmige oder auch plump gabelig verzweigte Blase mit vielen Chromatophoren sichtbar ist. Dauerstadien in Form von verschieden großen und lokalisierten Aplanosporen und Akineten.

Wichtigste Literatur: Rostafinski et Woronin 1877, Borzi 1894, Heering 1906, Pascher 1925, 1939a, Printz 1927, Fritsch 1935, Starmach 1968.

Mit einer einzigen Gattung:

Botrydium Wallroth

Ulva p. p. sensu Linné, *Tremella* p. p. sensu Weiss, *Linckia* Wiggers, *Vaucheria* p.p. sensu Agardh, *Hydrogastrum* Desvaux, *Rhizococcum* Desmazières

Makroskopisch sichtbare, vielkernige, siphonale Alge, normalerweise mit deutlicher Gliederung in ein farbloses Rhizoidsystem und in eine oberirdische chromatophorenreiche Blase als Assimilator. Beide Teile verzweigungsfähig oder verzweigt, jedoch immer ohne Querwände. Die Blase geht vermittelt oder unvermittelt in das meist kräftige, verschieden lange Hauptrhizoid über, das entweder durch das ganze Rhizoidsystem zu verfolgen ist (monopodial) oder sich wiederholt gabelt, wobei beide Gabeläste gleichmäßig ausgebildet sind oder einer rückgebildet ist, so daß dann nur einer die Weiterführung des Rhizoidsystems besorgt (sympodial). Zwischenstücke zwischen den einzelnen Gabelungen bei den verschiedenen Arten verschieden lang. Rhizoide meist farblos und deren Ende derb oder fein. Oberirdischer grüner Abschnitt in Form einer kugeligen, eiförmigen bis verkehrt birnenförmigen Blase, die bei dichtem Nebeneinanderwachsen oder bei geringer Beleuchtung sich strecken kann und mehr schlauchförmig wird. Zellwand zunächst zart, aber immer mehrschichtig. Innenschichten treten besonders dann hervor, wenn sie vor der Entleerung der Zoosporen oder Aplanosporen stark aufquellen und die Sporen passiv entleeren. Zellwand bei älteren Blasen mit Kalkschüppchen bedeckt, die auch krustenförmig zusammentreten können. Chromatophoren bei Keimlingen und jungen Zellen kurz bandförmig, später scheibenförmig. Sie zeigen deutlich einen dünneren Saum und nach innen vorspringend eine kräftige Verdickung. Bei einer Art wurden echte Pyrenoide nachgewiesen. Die Chromatophoren liegen im Wandplasma zunächst in einer Schicht, bei weiterem Wachstum verstärkt sich die Plasmaschicht und damit reichern sich die Chromatophoren in zwei bis sechs Lagen an. Zentral in der Blase eine große Saftvakuole. Im Plasma zahlreiche Kerne, deren Anzahl von der Größe des Individiums abhängt. Als Assimilate Fett, Öl und stark lichtbrechende Substanzen. Die Blasen wachsen bei den einzelnen Arten immer nur zu begrenzter Größe heran. Ist diese Größe erreicht, dann schreitet die Alge zur Fortpflanzung oder zur Bildung von Dauerstadien.

Fortpflanzung hauptsächlich durch Zoosporen, die durch simultane Zerteilung des vielkernigen Protoplasten in einkernige Teilstücke erfolgt, so daß in einer Blase viele Tausend Zoosporen gebildet werden können. Die Bildung der Zoosporen wird durch Übergießen und Eintauchen der Pflanzen in Wasser ausgelöst, oft genügt schon die feuchte Atmosphäre. Die Entleerung der Zoosporen erfolgt durch Quellung der Innenschichten der Zellwand, die die Zoosporen an der Spitze der Blase durch ein Loch, oder auch durch die unregelmäßig zerrissene Zellwand austreiben. Zoosporen dorsiventral gebaut, mit manchmal schmaler

Rückenseite, mit einem bis mehreren etwas binnenständigen Chromatophoren, bei manchen Arten auch mit Stigma; Geißeln sehr ungleich lang.

Die einkernigen Teilstücke des Protoplasten können sich noch innerhalb der Blase mit einer zarten Zellwand umgeben. Die Entleerung dieser Aplanosporen erfolgt in gleicher Weise wie die der Zoosporen. Dabei bleiben sie als Haufen an der Spitze der Blase haften oder sie bilden einen Belag auf der unregelmäßig aufgerissenen Zellwand. Diese Aplanosporen bilden entweder wieder Zoosporen oder wachsen direkt zu neuen Pflänzchen heran. In einigen Fällen sind die Aplanosporen nicht einkernig, sondern mehrkernig, da sie aus größeren mehrkernigen Teilstücken des Protoplasten entstanden sind. Durch Verdickung der Zellwand werden die Aplanosporen zu typischen Dauerstadien, die entsprechend wieder ein oder mehrkernig sein können. Die mehrkernigen werden auch Sporozysten genannt. Oft sind wenige große Sporozysten vorhanden oder aber der ganze Protoplast wandelt sich in eine einzige große Sporozyste (Makrozyste) um. Doch ist eine solche große Sporozyste immer kleiner als das ursprüngliche Blasenvolumen. Die Sporozystenbildung kann auch im Rhizoidsystem stattfinden. Dabei strömt das chromatophorenführende Plasma in die Rhizoide. Das Rhizoidsystem schließt sich durch Verdickung der Zellwand am Hauptrhizoid von der Blase ab. Die Sporozysten liegen dann reihenweise in den Rhizoiden oder sie lagern sich an den Enden der Rhizoide, die dadurch knollenartig anschwellen. Wie und wo immer diese Sporozysten gebildet werden, sie entwickeln bei der Keimung entweder viele Zoosporen oder keimen direkt zu neuen Pflänzchen aus. Die Sporozysten sind sehr langlebig, besonders wenn sie in den Rhizoiden gebildet werden. Die Bildung der Zoosporen, Aplanosporen oder Sporozysten stellt sich, je nach der Art, bei erwachsenen Pflänzchen von selber ein, wird aber auch von den Außenfaktoren beeinflußt.

Biologisch stellt *Botrydium* eine typische Luft- oder Erdalge dar. Die eigenartige Sporenbildung kann als Anpassung an die aerophile Lebensweise gedeutet werden. Die Alge tritt vor allem an solchen Stellen auf, wo durch periodische Wasserführung lehmiger oder toniger Schlamm abgelagert wird. Vorbedingung ist nährstoffreicher Schlamm.

Wichtigste Literatur: Kützing 1842, Rostafinski et Woronin 1877, Heering 1906, Iyengar 1925, Pascher 1925, 1939 a, Miller 1927, Kolkwitz 1926, Printz 1927, Fritsch 1935, Vischer 1936, Starmach 1968.

Ein einwandfreier und eindeutig brauchbarer Bestimmungsschlüssel kann derzeit kaum zusammengestellt werden. Der hier angeführt Bestimmungsschlüssel ist daher als provisorisch anzusehen, stets sind Beschreibungen und Abbildungen zu vergleichen.

Bestimmungsschlüssel der Arten

1a Blase nicht kugelig, Hauptrhizoid nicht scharf abgesetzt 2
1b Blase kugelig bis breit kugelig, Hauptrhizoid scharf abgesetzt 7
2a Blase verkehrt eiförmig bis verkehrt birnenförmig, apikales Ende abgerundet 3
2b Blase gestreckt und lang eiförmig, apikales Ende zugespitzt und gekrümmt . . . . **1. B.corniforme**
3a Verzweigungen der Rhizoide nicht gabelig, sondern ausgesprochen monopodial . . . . **2. B.wallrothii**
3b Verzweigungen der Rhizoide gabelig 4
4a Rhizoide mit langen, auffallend peitschenartigen Enden, Hauptrhizoid mehrmals länger als Blase . . . . **3. B.becherianum**
4b Rhizoide ohne peitschenartige Enden, Hauptrhizoid kürzer, ebenso lang oder nur wenig länger als die Blase 5

5a Blase bis 2–3 mm groß, Hauptrhizoid dick und viel kürzer als die Blase .... **4. B.granulatum**
5b Blase höchstens 1 mm groß, Hauptrhizoid länger als die Blase 6
6a Rhizoide mit knöllchenartig verdickten Enden, Blase sehr klein (bis 0,4 mm), breiter als lang .... **5. B.tuberosum**
6b Rhizoide an den Enden nicht verdickt, Blase bis 1 mm groß, länger als breit . ... **6. B.cystosum**
7a Blase kugelig bis breit kugelig, Hauptrhizoid ebenso lang wie die Blase und scharf abgesetzt, Rhizoide an den Enden nicht verdickt .**7. B.pachydermum**
7b Blase kugelig bis breit kugelig-birnenförmig, Hauptrhizoid bis dreimal länger als die Blase, nicht allzu scharf abgesetzt, Rhizoide an den Enden knollenförmig verdickt .... **8. B.milleri**

1. Botrydium corniforme Wodenitscharov (Fig. 624)

Blase gestreckt und lang birnen- bis eiförmig, dem apikalen Ende zu allmählich verjüngt und etwas spitz endend, manchmal deutlich gekrümmt, basal plötzlich zusammengezogen und in das Hauptrhizoid übergehend. Hauptrhizoid fast so lang wie die Blase, relativ dick, unten dann plötzlich in viele feine Rhizoide dichotomisch verzweigt. An den Enden nicht verdickt. Fortpflanzung nicht beobachtet.

Blase bis über 1 mm lang und bis 400 μm breit, Hauptrhizoid bis 100 μm breit, Rhizoide an den Enden 5–10 μm breit.

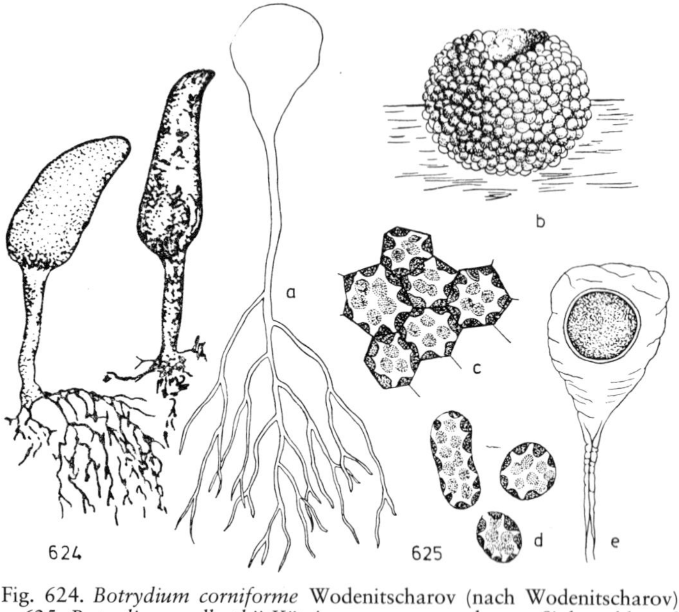

Fig. 624. *Botrydium corniforme* Wodenitscharov (nach Wodenitscharov).
Fig. 625. *Botrydium wallrothii* Kützing – *a* ausgewachsener Siphonoblast, *b* Haufen vielkerniger Aplanosporen, die in Form eines hohlkugeligen Ballens beisammen bleiben, *c* gegenseitig sich abplattende Aplanosporen, *d* isolierte Aplanosporen, *e* der ganze Inhalt der Blase hat sich zu einer großen Aplanospore umgewandelt (nach Miller).

Auf lehmiger Erde in einem Wald in größeren Gruppen oder einzeln vorkommend (Bulgarien).

2. Botrydium wallrothii Kützing em. Miller (Fig. 625)

Blasen eiförmig bis verkehrt birnenförmig. Zellwand ziemlich zart, meist mit einem feinkörnigen Kalküberzug, der der Pflanze ein mattbläuliches Aussehen gibt. Bei starker Transpiration eine lückenlose Kalkkruste vorhanden. Blase allmählich in das relativ dünne, aber lange Hauptrhizoid verschmälert. Rhizoidsystem ausgesprochen monopodial. Zoosporen beobachtet, die an der Oberfläche des Wassers schwimmen. Es können auch große Aplanosporen gebildet werden, die direkt zu neuen Pflänzchen keimen. Sporozysten mit derber Wand, bei langsamem Austrocknen kann in der Blase auch nur eine große Sporozyste gebildet

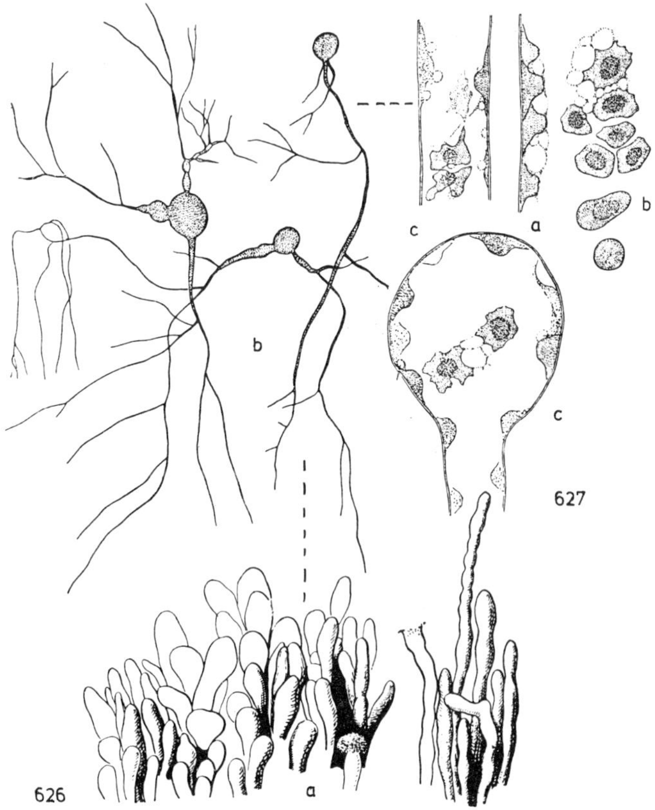

Fig. 626. *Botrydium becherianum* Vischer – *a* schlauchförmige Blasen, *b* Pflanzen mit charakteristischen Rhizoiden, *c* ein Teil der Pflanze mit Chromatophoren. Fig. 627. *Botrydium granulatum* Greville – *a* Chromatophoren von der Schmalseite, *b* Chromatophoren von der Breitseite, *c* junge Blase mit Chromatophoren (nach Vischer).

werden, wobei sich der Protoplast zusammenzieht und sich als Ganzes derb behäutet.

Blasen 0,7–0,8, seltener bis 1 mm groß, Hauptrhizoid 45–60 μm breit, Ende der Rhizoide 10 μm breit.

Verbreitete Alge, die sich auf feuchten Wegen, in Gemüsegärten, lehmigen Äckern und ähnlichen Standorten findet; da sie rasch Sporen bilden kann, wird sie auch durch starke Besonnung nicht getötet. Im Gebiet verbreitet, wenn auch nicht häufig.

3. Botrydium becherianum Vischer (Fig. 626)

Blasen nur bei sehr starker Belichtung mehr oder weniger birnenförmig, meistens aber mehr schlauchartig und gabelig verzweigt, meist dichtrasig und dann zumeist aufrecht nebeneinander stehend. Rhizoidsystem gabelig, zart und lang, mit peitschenartig verschmälerten Enden. Gliederung in die positiv phototrope grüne Blase und das negativ phototrope Rhizoidsystem nur bei guter Beleuchtung. Zoosporen bei viel Wasser, Aplanosporen bei Feuchtigkeit gebildet. Entleerung der Sporen durch ein vorderes Loch, worauf der leere Schlauch übrig bleibt, an dessen Mündung die Sporen haften bleiben. Sporozystenbildung beobachtet. Aus diesen entwickeln sich zunächst kleine Sporen, die erst wieder zu Pflänzchen heranwachsen.

Blase bis 1 mm lang und 100 μm breit.

Bis jetzt von austrocknenden Uferstellen zwischen den Sumpffeldern zwischen

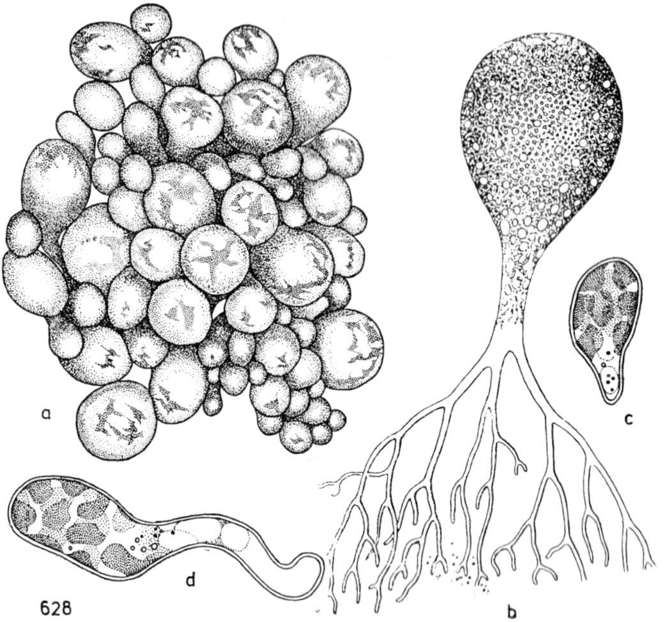

Fig. 628. *Botrydium granulatum* Greville – *a* eine Gruppe von Blasen bei schwacher Vergrößerung, *b* erwachsener Siphonoblast, *c* Keimling, *d* Keimling mit schon differenziertem Rhizoid (nach Rostafinski und Woronin).

Bourg und Lyon (Frankreich) mit *Botrydium granulatum* und *Protosiphon botrydioides*.

4. Botrydium granulatum Greville (Fig. 627, 628)
Botrydium argillaceum Wallroth, *Botrydium rupestre* Opiz, *Ulva granulata* Linné, *Ulva radicata* Retzius, *Tremella globosa* Weiss, *Linckia granulata* Wiggers, *Vaucheria radicata* Agardh, *Vaucheria granulata* Lyngby, *Hydrogastrum granulatum* Desvaux

Blasen verkehrt eiförmig bis birnenförmig, am apikalen Ende meist kugelig abgerundet, seltener leicht walzlich verlängert bis etwas unregelmäßig keulenförmig. Kalkausscheidungen in der Form zunächst einzeln stehender Kalkkörnchen. Verzweigungen des Rhizoidensystems stets ausgesprochen gabelig. Sowohl Zoosporen als auch Aplanosporen bildend. Dauerstadien in Form von Reihensporozysten in den Rhizoiden. Wohl eine Sammelart, die mehrere Formen umfaßt.

Blasen 2–3 mm groß, Enden der Rhizoide 20–40 µm breit.

Im Gebiet recht verbreitet, besonders auf Berieselungsfeldern, feuchten Äkkern, Teichufern, feuchten Wegen und Gräben, auch an Flüssen und Tümpeln vorkommend.

Von dieser Art werden drei Varietäten unterschieden:

a) var. *woroninii* Miller (Fig. 629) – Blasen immer kugelig, ziemlich rasch in das schmale Hauptrhizoid zusammengezogen. Rhizoidsystem spärlich verzweigt und sehr locker. Zwischenstücke zwischen den Gabelungen lang und zylindrisch. Dicke des Rhizoidsystems nur allmählich abnehmend, letzte Zweige relativ dick (bis 40 µm).

b) var. *eugranulatum* Miller (Fig. 630) – Blase ausgesprochen verkehrt birnenförmig, ganz allmählich in das plumpe Hauptrhizoid verschmälert. Rhizoidsystem dicht büschelig und reich verzweigt, die Gabelungen rasch aufeinanderfol-

629

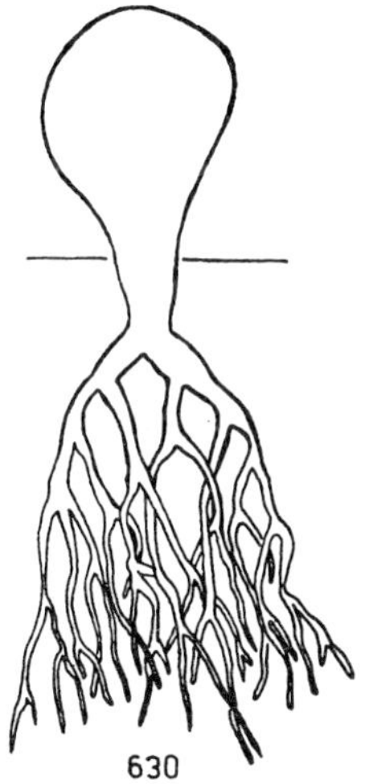
630

631

Fig. 629. *Botrydium granulatum* var. *woroninii* Miller. Fig. 630. *Botrydium granulatum* var. *eugranulatum* Miller. Fig. 631. *Botrydium granulatum* var. *kolkwitzianum* Vischer. (Fig. 631 nach Vischer, sonst nach Miller).

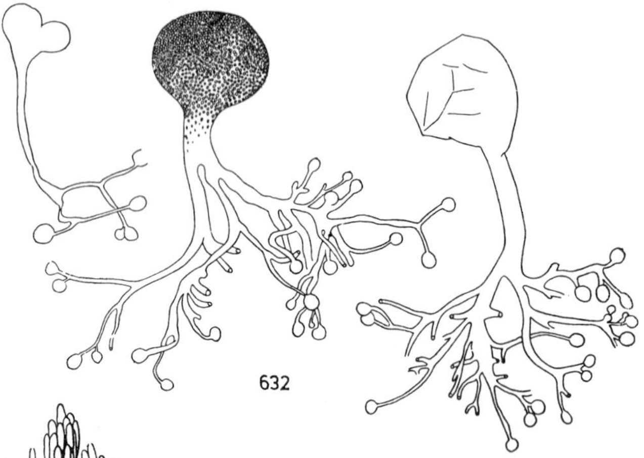

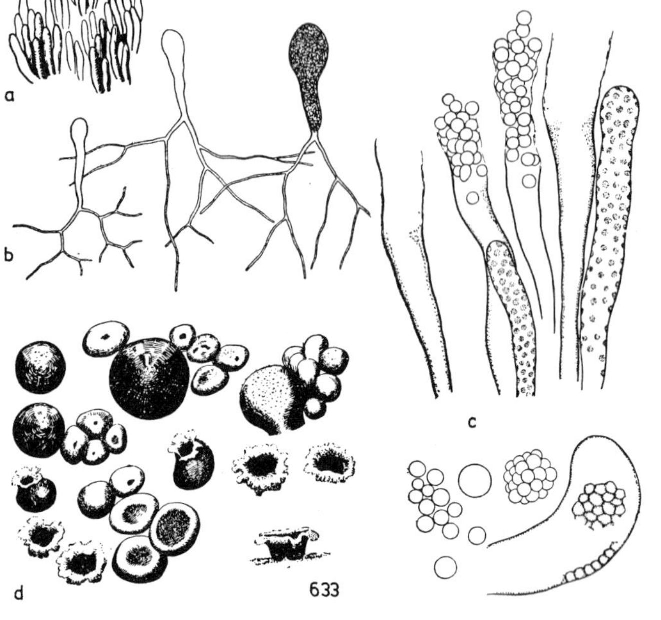

Fig. 632. *Botrydium tuberosum* Iyengar (nach Iyengar). Fig. 633. *Botrydium cystosum* Vischer – *a* schlauchförmige Blasen bei schwacher Vergrößerung, *b* Pflanzen bei stärkerer Vergrößerung, *c* Aplanosporenbildung, *d* Blasen in verschiedenen Stadien, auch entleerte Blasen mit terminaler Öffnung (nach Vischer).

gend. Zwischenstücke recht kurz. Rhizoide gegen ihr Ende rasch an Dicke abnehmend und fein endend.

c) var. *kolkwitzianum* Vischer (Fig. 631) – Blase ellipsoidisch oder verkehrt eiförmig. Unterscheidet sich vor allem dadurch, daß das im Prinzip gabelig verzweigte Rhizoidsystem bei den einzelnen Gabelungen meist nur einen Ast weiterentwickelt, während der andere kurz und unentwickelt bleibt.

5. **Botrydium tuberosum** Iyengar (Fig. 632)

Sehr kleine Form mit verkehrt ei- bis birnenförmiger, bisweilen leicht kugeliger Blase, die manchmal Andeutung einer gabeligen Verzweigung zeigt. Zellwand meist ohne Kalküberzug. Hauptrhizoid entweder sich sehr bald gabelig auflösend und dann reich verzweigt oder lange unverzweigt und nur mit wenigen Gabelästen versehen. Zoosporen beobachtet, in feuchter Luft bilden sich einkernige Aplanosporen. An den Enden der Rhizoide entstehen derbwandige Sporozysten; Enden dadurch knöllchenartig verdickt. Gelegentlich auch Reihensporozysten in den Rhizoiden.

Blasen nur 0,3–0,4 mm groß, Rhizoide 7–9 μm breit.

Bis jetzt nur in Indien und in der UdSSR beobachtet.

6. **Botrydium cystosum** Vischer (Fig. 633)

Blasen birnförmig oder gelegentlich auch mehr schlauchförmig verlängert, lebhaft grün, im Sporenstadium mehr hellgrün, mit kleinen Kalkschüppchen bedeckt. Rhizoidsystem gabelig verzweigt. Zoosporen mit einem oder zwei Chromatophoren. Aplanosporen meist mit mehreren Chromatophoren. Die ausgewachsene Blase bildet mehrkernige Sporozysten. Gelegentlich können diese am oberen Ende der Blase durch ein Loch ausgepreßt werden und dort haften bleiben.

Blase 0,5–1 mm groß werdend.

Bis jetzt nur aus der Umgebung von Basel (Schweiz).

7. **Botrydium pachydermum** Miller (Fig. 634)

Blasen meist kugelig bis breit kugelig, auch junge Pflanzen infolge der mehrschichtig gelagerten Chromatophoren dunkelgrün. Chromatophoren kleiner, doch dicker als bei anderen Arten. Kalküberzug aus großen zerstreuten Wärzchen bestehend. Hauptrhizoid scharf abgesetzt, meist lang und dünn und dichotom verzweigt. Gelegentlich fehlt das Hauptrhizoid ganz und es entspringen aus der Blase mehrere Rhizoide. Rhizoidenden sehr zart. Zoosporen gehen an die Oberfläche des Wassers. Aplanosporen kommen ebenfalls vor. Zum Dauerstadium wird auch der ganze Blaseninhalt; es entsteht eine einzige große Sporozyste, an deren geschichteter und derber Wand die alte Blasenwand dicht anliegt. Die Sporozyste wird dadurch entleert, daß ihre derben Wandschichten stark aufquellen und zerreißen.

Blase bis 0,5 mm im Durchmesser, Rhizoidenden 3,5 μm breit.

In der UdSSR, BRD und DDR wiederholt gefunden.

8. **Botrydium milleri** Wodenitscharov (Fig. 635)
Botrydium tuberosum Iyengar sensu Miller

Blase sehr breit verkehrt birnenförmig bis fast kugelig, manchmal auch breit verkehrt eiförmig. Hauptrhizoid sehr lang, dünn und dann gabelig verzweigt, regelmäßig, Rhizoide an den Enden knöllchenartig verdickt. Zellwand der Blase dünn, meist ohne Kalkkrusten. Zoosporen, Aplanosporen und Sporozysten wie bei den übrigen Arten.

Blase bis 0,5 mm groß, Hauptrhizoid 14–20 μm breit, die Rhizoidenden 5–10 μm breit.

Im Gebiet auf feuchter Erde und an Ufern verschiedener Gewässer.

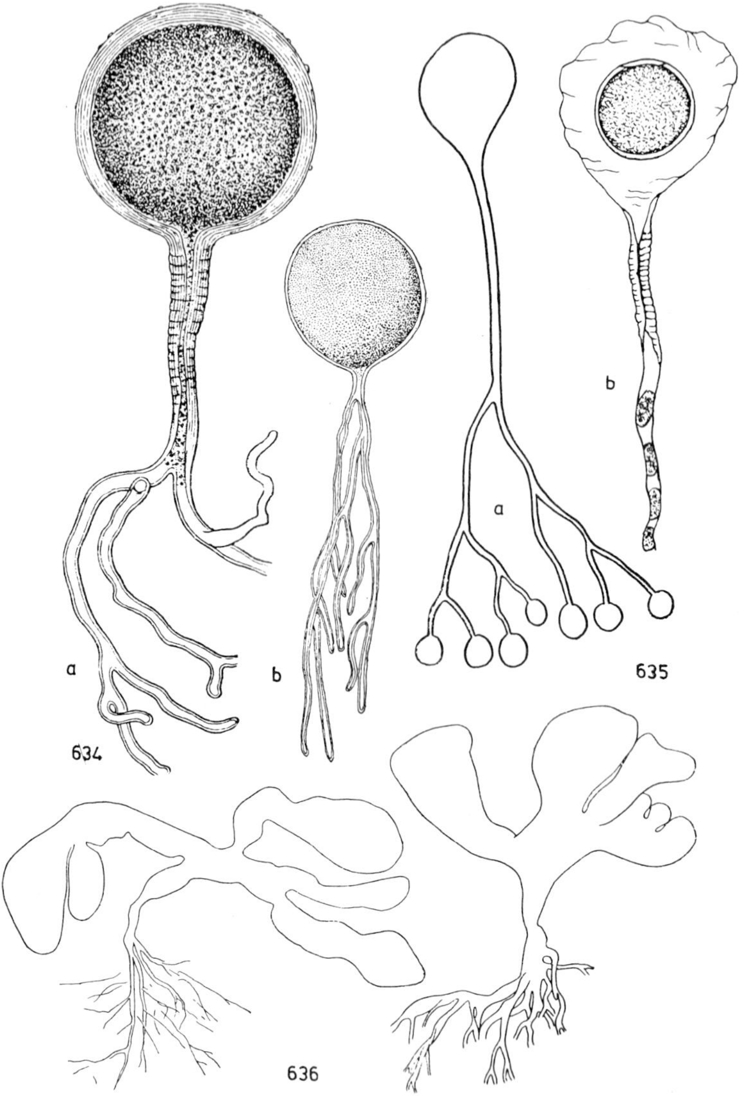

Fig. 634 *Botrydium pachydermum* Miller (*a* nach Rostafinski und Woronin, *b* nach G. M. Smith). Fig. 635. *Botrydium milleri* Wodenitscharov – *a* Pflanze mit Rhizozysten, *b* der ganze Inhalt in eine Aplanospore umgewandelt (nach Miller). Fig. 636. *Botrydium divisum* Iyengar (nach Iyengar).

Unsichere und zu streichende Arten.

Botrydium aequinoctiale Iyengar – ohne Beschreibung, nomen nudum.

Botrydium divisum Iyengar (Fig. 636) – Blasen nicht kugelig, sondern schlauchförmig und mit 2–5 Gabelästen. Gabelabschnitte plump. 300–500 μm dick, oft keulig und sehr ungleich groß. Rhizoidsystem sehr reich und gabelig verzweigt. Nicht völlig gesichert, da auch bei anderen Arten die Blasen gelegentlich gabelig verzweigt sein können.

Botrydium vulgare Pascher – Schreibfehler, nomen nudum.

Literaturverzeichnis

Allorge, P.: Héterocontes ou Xanthophycées. Revue algol. **5**: 230 (1930).

Ålvik, G.: Plankton-Algen norwegischer Austernpollen. Bergens Mus. Arbok, Naturvid. rekke **6**: 1–47 (1934).

Archer, W.: On *Chlamydomomyxa labyrinthuloides* nov. gen. nov. spec. a new freshwater sarcodic organism. Quart. J. Mic. Sci. N. S. **15**: 107–130 (1875).

Atkinson, G. F.: The genus *Harpochytrium* in United States. Annal. Mycol. **1**: 479–502 (1903).

Bachmann, H.: Das Plankton des Süßwassers mit besonderer Berücksichtigung des Vierwaldstätter Sees. Mitt. Naturf. Ges. Luzern **6**: 1–213 (1911).

Beger, H.: *Trachycystis hispida*, eine neue Heterokonte. Ber. Deutsch. Bot. Ges. **68**: 217–218 (1955).

Boeger, P. und O. Kiermayer: Electron microscopy of plastids of *Bumilleriopsis filiformis*. Arch. Microbiol. **98**: 207–214 (1974).

Bohlin, K.: Zur Morphologie und Biologie einzelliger Algen. Öfvers. Kgl. Svensk Vetensk.–Ak. Förh. **9**: 507–529 (1897a).

– Studier ofver uägra slägter af Alggrupper Confervales Borzi. Bih. till K. Svensk Vet. Akad. Handl. **23**: 1–47 (1897b).

– Etude sur la flore algologique d éau douce des Azores. Bih. till K. Svensk Vet. Akad. Handl. **27**: 1–85 (1901).

Borge, O.: Beiträge zur Algenflora von Schweden 5. Arkiv Bot. **28**: 6 (1936).

Borzi, A.: Studi algologici. Fasc. 1. p. 112, Messina 1883.

– Studi algologici. Fasc. 2. p. 257, Messina 1894.

– *Chlorothecium pirottae*. Malpighia **2**: 250–259 (1888a).

– Sullo sviloppo del *Mischococcus confevicola* Naegeli. Malpighia **2**: 133–147 (1888b).

Botrydiopsis, nuovo genere di alghe verde. Boll. Soc. Ital. Microscop. **1**: 66–70 (1889).

Bourrelly, P.: Microflore algale de la région maritime de Concerneae. Mem. Soc. Nat. Sci. Cherbourg **44**: 51 (1948a).

– *Gaumiella bellifontana*: un nouveau genre de Xanthophycée d'un mare de la Foret de Fonteinebleau. Rev. Gén. Bot. **55**: 373–375 (1948b).

– Xanthophycées rares ou nouvelles. Bull. Mus. 2e ser. **23**: 666–672 (1951).

– Un nouveau genre de Xanthophycée d'eau douce de la Foret de Sénart: »*Chadefaudiothrix*«. Rev. Algol. N. S. **3**: 97–102 (1957).

– Note systematique sur quelques algues microscopiques des cuvettes supralittorales de la region de Dinard. Bull. Labor. Marit. Dinard **43**: 111–118 (1958).

– *Chlorapion* nom. nov. Österr. Bot. Z. **106**: 172 (1959).

– Quelques Chrysophytes d'eau douce rares ou nouvelles. Protoplasma **57**: 137–143 (1963).

– Les algues d'eau douce. Initiation á la systématique. Tome II: les algues jaunes et brunes, p. 438, Paris 1968.

Boye-Petersen, J.: Einige neue Erdalgen. Arch. Protistenk. **79**: 395–408 (1932).

Braun, A.: Algarum unicellularum genera minus cognita, praemissis observationibus de algis unicellularibus in genere. p.111, Leipzig 1855.

Bristol, D. M.: On the Alga-flora of some desiccated English soils: an important factor in soil biology. Ann. Bot. **34**: 35–80 (1920).

Carter, N.: On the cytology of two species of *Characiopsis*. New Phytol. **18**: 177–186 (1919).

– New or interesting algae from brackish water. Arch. Protistenk. **90**: 1–68 (1938).

Casper, S. J.: Grundzüge eines natürlichen Systems der Mikroorganismen, p. 232, Jena 1974.

Cedercreutz, C.: Zwei neue Heterokontenarten. Arch. Protistenk. **75**: 517–522 (1931).

Chadefaud, M.: Observations cytologiques sur les Confervacées. Bull. Soc. Bot. France 77: 358–366 (1930).

– Le cytoplasma des algues vertes et des algues brunes, ses éléments figurés et ses inclusions. Thèse Faculté Sci. Univ. Paris, Sér. A., No. Sér. 1572, p. 286, Paris 1935.

Chodat, R.: Sur un nouveau genre de Conferves (*Heterococcus*). Bull. herb. Boissier, sér. 2, **8**: 81 (1908).

– Monographie des algues en culture pure. Mater. pour la flore cryptogam. Suisse 4, part 2, p. 266, Bern 1913.

Clemençon, H.: Kultur und Entwicklung von *Chlorocloster engadinensis* Vischer (Xanthophyceae). Arch. Mikrobiol. **51**: 199–212 (1965).

Conrad, W. und A. Kufferath: Recherches sur les eaux saumatres des environs de Lilloo. II. Mém. Inst. Sci. Nat. Belg. **127**: 1–346 (1954).

Correns, C.: Über eine neue braune Süßwasseralge, *Naegeliella flagellifera* nov. gen. et spec. Ber. Deutsch. Bot. Ges. **10**: 629–636 (1893).

Dangeard, P. A.: Une nouveau genre des Chytridiacées le *Rhabdium acutum*. Ann. Mycol. **1**: 93 (1903).

– Une algue verte peu connue appartenant au genre *Botrydiopsis*. Nuov. Notaris. 1925: 123–125 (1925).

– Mémoire sur une genre nouveau d'Heterocontées le *Fremya sphagni*. Le Botaniste **26**: 673–682 (1934).

Deason, T. R.: The fine structure of sporogenesis in the Xanthophycean alga *Pseudobumilleriopsis pyrenoidosa*. J. Phycol. **7**: 101–107 (1971).

Dedusenko Sčegoleva, N. T. und M. M. Gollerbach: Xanthophyta. In Opredelitel presnovodnych vodoroslej SSSR, Bd. 5, p. 271, Moskau 1962.

Derbés, A. und A. J. Solier: Mémoire sur quelques points de la physiologie des algues. Suppl. Compt. Rend. **1**: 18 (1856).

Doflein, F.: Die Gattung *Chloramoaba* Bohlin und ihre Stellung im Reiche der Organismen. Acta zool. **2**: 431–443 (1921).

Ducellier, F.: Note sur un nouveau Coelastrum. Bull. Soc. Bot. Genève **7**: 73–74 (1915).

Düringer, I.: Über die Verteilung epiphtischer Algen auf den Blättern wasserbewohnender Angiospermen sowie systematisch-entwicklungsgeschichtliche Bemerkungen über einige grüne Algen. Österr. Bot. Z. **105**: 1–43 (1958).

Ettl, H.: Ein Beitrag zur Systematik der Heterokonten. Bot. Notiser **109**: 411–445 (1956).

– Einige wenig bekannte und neue Heterokonten. Arch. Protistenk. **102**: 219–228 (1957).

– *Heterodendron* Steinecke, eine Chrysophycee? Nova Hedwigia **1**: 19–23 (1959).

– Neue Vertreter der Gattung *Characiopsis*. Bot Notiser **113**: 265–272 (1960a).

– Die Algenflora des Schönhengstes und seiner Umgebung. I. Nova Hedwigia **2**: 509–544 (1960b).

– *Trachydiscus* nov. gen., eine neue Gattung der coccalen Xanthophyceen. Bot. Notiser **117**: 213–221 (1964a).

– *Rhizochloris congregata* nov. sp. Nova Hedwigia **8**: 319–321 (1964b).

– Die Algenflora des Schönhengstes und seiner Umgebung. II. Nova Hedwigia **10**: 121–159 (1965).

– Über drei neue Heterokonten aus den Moorgewässern Tirols. Österr. Bot. Z. **114**: 245–254 (1967).

– Ein Beitrag zur Kenntnis der Algenflora Tirols. Ber. nat.-med. Ver. Innsbruck **56**: 177–354 (1968).
– Ein Beitrag zur Kenntnis der Algenflora Tirols. II. Ber. nat.-med. Ver. Innsbruck **58**: 89–124 (1970).
– Zur Taxonomie der Xanthophyceen. Nova Hedwigia – im Druck (1977).
Ettl, H. und A. Kácha: Zwei wenig bekannte Heterokonten. Bot. Notiser **111**: 512–516 (1958).
Falk, H.: Zum Feinbau von *Botrydium granulatum* Grév. (Xanthophyceae). Arch. Mikrobiol **58**: 212–227 (1967).
Falk, H. und H. Kleinig: Feinbau und Carotinoide von *Tribonema* (Xanthophyceae). Arch. Mikrobiol. **61**: 347–362 (1968).
Flint, E. A.: The occurrence of *Chlorosaccus fluidus* Luther. New Phytol. **54**: 84–88 (1955).
Fott, B.: Taxonomical studies on Chlorococcales II. Stud. bot. čechosl. **9**: 6–17 (1948).
– Taxonomie der mikroskopischen Flora einheimischer Gewässer. Preslia **29**: 278–319 (1957).
– Taxonomische Übertragungen und Namensänderungen unter den Algen. Preslia **32**: 142–154 (1960).
– On the genus *Trachychloron* (Xanthophyceae). Bull. Res. Counc. Israel **10D**: 66–72 (1961a).
– *Gloeobotrys coenococcoides* spec. nova. Preslia **33**: 203–205 (1961b).
Fott, B. und J. Komárek: Das Phytoplankton der Teiche im Teschner Schlesien. Preslia **32**: 113–141 (1960).
Fritsch, F. E.: Structure and reproduction of the algae. Vol. 1, p. 791, Cambr. 1935.
Fritsch, F. E. und R. P. John: An ecological and taxonomic study of the algae of British soils. II. Ann. Bot. N. S. **6**: 371–395 (1942).
Gardner, N. L.: *Leuvenia*, a new genus of flagellates. Univ. California Publ. Bot. **4**: 97–106 (1910).
Geitler, L.: Beiträge zur Kenntnis der Flora ostholsteiner Seen. Arch. Protistenk. **52**: 603–611 (1925).
– Neue Gattungen und Arten von Dinophyceen, Heterokonten und Chrysophyceen. Arch. Protistenk. **63**: 67–83 (1928).
– Ein grünes Filarplasmodium und andere neue Protisten. Arch. Protistenk. **69**: 615–636 (1930).
– Über das Auftreten von Carotin und die Abgrenzung der Heterokonten. Österr. Bot. Z. **79**: 329–332 (1931).
– *Trypanochloris*, eine neue grüne Alge in den Schalen von Landschnecken und ihre Begleitflora. Biol. gen. **11**: 135–148 (1935).
George, E. A.: *Chlorocloster solani* nov. sp., an alga endophyte in potato. New Phytol. **62**: 170–172 (1963).
Gerneck, R.: Zur Kenntnis der niederen Chlorophyceen. Beih. Bot. Centralbl. **21/2**: 221–290 (1907).
Gibbs, S. P.: The ultrastructure of the chloroplasts of algae. J. Ultrastr. Res. **7**: 418–435 (1962).
Gobi, Ch.: *Peroniella hyalothecae*, eine neue Süßwasseralge. Script. bot. hort. Petropol **2**: 233–255 (1887).
Gollerbach, M. M.: De vi taxonomica *Polyedriopsis spinulosae* Schmidle et genere novo Xanthophytorum *Pseudopolyedriopsis* Hollerb. notula. Not. syst. sect. cryptogam. Inst. Bot. Acad. Sci. URSS **15**: 62–67 (1962).
Guerrero, P. G.: Nuevos datos ficologicos de España. Ann. Jard. Bot. Madrid **8**: 278 (1948).
Hawlitschka, E.: Die Gattung *Tribonema*. Pflanzenforschung, Bd. 15, p. 36, Jena 1932.

Hazen, T. E.: The Ulotrichaceae and Chaetophoraceae of USA. Mem. Torrey Bot. Club **11**: 136–250 (1902).
Heering, W.: Heterokontae-Süßwasseralgen Schleswig-Holsteins und der angrenzenden Gebiete der freien und Hansestädte Hamburg und Lübeck mit besonderer Berücksichtigung zahlreicher im Gebiete bisher nicht beobachteter Gattungen und Arten. Jahrb. Hamb. wiss. Anst. 23, Beih. **3**: 61–150 (1906).
Hibberd, D. J. und G. F. Leedale: Eustigmatiophyceae-a new algal class with unique organization of the motile cell. Nature **225**: 758–760 (1970).
– Cytology and ultrastructure of the Xanthophyceae. II. Brit. phycol. J. **6**: 1–23 (1971a).
– A new algal class–The Eustigmatophyceae. Taxon **20**: 523–525 (1971b).
– Observations on the cytology and ultrastructure of the new algal class, Eustigmatophyceae. Ann. Bot. **36**: 49–71 (1972).
Hieronymus, G.: Zur Kenntnis von *Chlamydomyxa labyrinthuloides* Archer. Hedwigia **37**: 1–49 (1898).
Hortobagyi, T.: Neue Euglenophyten- und Chrysophytenarten. Acta Bot. Acad. Sci. Hungar. **10**: 145–158 (1964).
Iwanoff, L. A.: Zur Entwicklungsgeschichte von *Botrydium granulatum*. Arb. K. St. Petersburger Ges. Naturf. **29**: 155–156 (1898).
Iyengar, M. O. P.: Note on two new species of *Botrydium* from India. J. Bot. Ind. Soc. **4**: 193–201 (1925).
James, E. J.: An investigation of the algal growth in some naturelly occuring soils. Beih. Bot. Centralbl. **53**/A: 519–553 (1935).
Jane, F. W.: *Harpochytrium tenussimum* Korsch. New Phytol. **41**: 91–100 (1942).
– *Chlorrhabdion,* a new genus of the Xanthopyceae. J. R. Micr. Soc., ser. III, **64**: 16–25 (1944).
Janet, C.: Sur le *Botrydium granulatum*. C. R. Acad. Sci. Paris **166**: 960–963 (1918).
Kol, E.: The red snow of Greenland. I. West Greenland. Acta Bot. Acad. Sci. Hungar. **5**: 57–70 (1959).
– Algae from the soil of the Antarctic. Acta Bot. Acad. Sci. Hungar. **16**: 313–319 (1970).
Kol, E. und E. A. Flint: Algae in green ice from the Balley Islands, Antarctica. New Zealand J. Bot. **6**: 249–261 (1968).
Kolkwitz, R.: Zur Ökologie und Systematik von *Botrydium granulatum* (L.) Grev. Ber. Deutsch. Bot. Ges. **44**: 533–540 (1926).
Komárek, J.: Systematische Übersicht der Gattung *Dichotomococcus* Korsch. Preslia **36**: 8–15 (1964).
Korschikoff, A. A.: Notes on some new or little known Protococcales. Arch. Protistenk. **62**: 416–426 (1928).
– On the occurence of pyrenoids in Heterocontae. Beih. Bot. Centralbl. **46**/1: 470–478 (1930).
Kufferath, A.: La culture des algues. Rev. Algol. **4**: 1–222 (1928).
Kützing, T.: Über ein neues *Botrydium* (*Botrydium wallrothii*). Nov. Act. Caes. Leop. Carol. **19**: 383 (1842).
Lagerheim, G.: Zur Entwicklungsgeschichte einiger Confervaceen. Ber. Deutsch. Bot. Ges. **5**: 409–417 (1887).
– Studien über die Gattungen Conferva und Microspora. Flora **72**: 179–210 (1889).
Lankester, R.: *Chlamydomyxa montana* nov. spec., one of the Protozoa gymnomyxa. Quart. J. Micr. Sci. **39**: 233–244 (1886).
Lee, K. W. und H. C. Bold: *Pseudocharaciopsis texensis* gen. et sp. nov., a new member of the Eustigmatophyceae. Br. phycol. J. **8**: 31–37 (1973).

Lemmermann, E.: Das genus *Ophiocytium*. Hedwigia **38**: 20 (1899).
– Beiträge zur Kenntnis der Planktonalgen. Ber. Deutsch. Bot. Ges. **18**: 272–275 (1900).
– Zur Kenntnis der Planktonalgen. Arch. Hydrobiol. und Planktonk. **5**: 291–338 (1910).
Loeblich, A. R.: Notes on the divisions Chlorophyta, Chrysophyta, Pyrrhophyta and Xanthophyta and the family Paramastigaceae. Taxon **16**: 230–237 (1967).
Lohmann, H.: Neue Untersuchungen über den Reichtum des Meeres an Plankton. Wiss. Meeresunters., Abt. Kiel, N. F. **7**: 1–88 (1903).
Luther, A.: Über *Chlorosaccus*, eine neue Gattung der Süßwasseralgen nebst einigen Bemerkungen zur Systematik verwandter Alten. Bih. till Svensk Vat. Akad. Handl. **24**: 1–22 (1899).
Luther, H.: Über die Xanthophyceen im Sinne von Correns. Bot. Notiser **111**: 336–340 (1958).
Magne, F.: Les Chrysophycées marines de la Station Biol. de Roscoff. Rev. Gén. Bot. **61**: 389–416 (1954).
Margalef, R.: Algas de agua dulce del noroeste de España. P. Inst. Biol. Apl. **22**: 43–152 (1956).
Massalski, A. und G. F. Leedale: Cytology and ultrastructure of the Xanthophyceae. I. Br. phycol. J. **4**: 159–180 (1969).
Messikommer, E. und W. Vischer: Über eine neue, flutende Heterokonte, *Chlorosaccus ulvaceus*. Ber. Schweiz. Bot. Ges. **56**: 500–506 (1946).
Miller, V.: Untersuchungen über die Gattung *Botrydium*. Ber. Deutsch. Bot. Ges. **45**: 151–170 (1927).
Mohlenbrock, R. H. ud G. E. Dillard: A revision of the genus *Peroniella* (Chrysophyta). Trans. Amer. Microsc. Soc. **82**: 329–335 (1963).
Naegeli, C.: Gattungen einzelliger Algen, physiologisch und systematisch bearbeitet. p. 137, Zürich 1849.
Norris, R. E.: Observations on phytoplancton organisms collected on the N. Z. O. I. Pacific cruise, September 1958. New Zealand J. Sci. **4**: 162–188 (1961).
Oltmanns, F.: Morphologie und Biologie der Algen. Bd. 1, 2. Aufl. p. 459, Jena 1922.
Oye van, P.: Flagellates du Congo Belge. Bull. Soc. Bot. Roy. Belg. **58**: 1–9 (1925).
Palik, P.: Eine neue *Aulakochloris*-Art aus den Tropfsteinhöhlen von Abaliget. Intern. J. Speleology **1**: 25–28 (1964).
Pascher, A.: Die Heterokontengattung *Pseudotetraëdron*. Hedwigia **53**: 1–5 (1912).
– Zur Gliederung der Heterokonten. Hedwigia **53**: 6–22 (1913).
– Über Flagellaten und Algen. Ber. Deutsch. Bot. Ges. **32**: 136–160 (1914).
– Von der grünen Planktonalge des Meeres *Meringosphaera*. Ber. Deutsch. Bot. Ges. **35**: 170–175 (1917).
– Flagellaten und Rhizopoden in ihren gegenseitigen Beziehungen. Arch. Protistenk. **38**: 1–88 (1918).
– Über die Übereinstimmungen zwischen den Diatomeen, Heterokonten und Chrysomonaden. Ber. Deutsch. Bot. Ges. **39**: 236–248 (1921).
– Über die morphologische Entwicklung der Flagellaten zu Algen. Ber. Deutsch. Bot. Ges. **42**: 148–155 (1924).
– Heterocontae. In Paschers Süßwasserflora Deutschlands, Österreichs und der Schweiz. Bd. 11, p. 118, Jena 1925.
– Über einen grünen, assimilationsfähigen plasmodialen Organismus in den Blättern von *Sphagnum*. Arch. Protistenk. **71**: 311–358 (1930a).
– Zur Kenntnis der heterokonten Algen. Arch. Protistenk. **69**: 401–451 (1930b).

– Amöboide, animalisch sich ernährende Entwicklungsstadien bei einer Alge (Heterokonte). Jahrb. wiss. Bot. **73**: 226–240 (1930c).
– Systematische Übersicht über die mit Flagellaten in Zusammenhang stehenden Algenreihen und Versuch einer Einreihung in die Stämme des Pflanzenreiches. Beih. Bot. Centralbl. **48/2**: 317–332 (1931).
– Zur Kenntnis mariner Planktonten. I: *Meringosphaera*. Arch. Protistenk. **77**: 195–218 (1932a).
– Über einige neue oder kritische Heterokonten. Arch. Protistenk. **77**: 305–359 (1932b).
– Heterokonten. In Rabenhorst's Kryptogamenflora von Deutschland, Österreich und der Schweiz. Bd. 11, p. 1092, Leipzig 1939a.
– Über gelegentliche Synzoosporenbildungen bei Algen und über die Verbreitung synzoosporer Organisat. Beih. Bot. Centralbl. **59/A**: 389–408 (1939b).
– Über Conidien-artige Sporen bei grünen Algen. Beih. Bot. Centralbl. **62/A**: 360–375 (1944).
Penard, E.: Etude sur la *Chlamydomyxa montana*. Arch. Protistenk. **4**: 296–334 (1904).
Péterfi, L. S.: Latest data on the algal flora of the Retezat National Park. Contr. Bot. Univ. Cluj 1967: 287–295 (1967).
Pitschmann, H.: Vorarbeiten zu einer Monographie der Gattung *Heterococcus*. Nova Hedwigia **5**: 487–531 (1963).
– Zwei neue Heterokonten (*Pleurochloris polyphem* und *Heterococcus clavatus*) aus den Böden der alpinen Stufe des Mt. Kenya. Österr. Bot. Z. **116**: 486–491 (1969).
Poulton, E. M.: Etude sur les Heterocontes. Univ. Genév. Fac. Sci. sér. X. fasc. 11, Thèse 777 (1925).
Prescott, G. W.: New species and varieties of Wisconsin algae. Farlowia **1**: 347–385 (1944).
– Algae of the Western Great Lakes Area. p. 946, Michigan 1951.
Prescott, G. W. und H. T. Croasdale: New or noteworthly fresh water algae of Massachusetts. Trans. Amer. Microsc. Soc. **56**: 269–282 (1937).
Prescott, G. W. und W. C. Vinyard: Ecology of Alascan freshwater algae V. Trans. Amer. Microsc. Soc. **84**: 427–478 (1965).
Pringsheim, E. G.: Farblose Algen. p. 471, Jena 1963.
– Algenreinkulturen, ihre Herstellung und Erhaltung. p. 109, Jena 1954.
Printz, H.: Kristianiatraktens Protococcoider. Kgl. Norg. Vid. Selsk. Skr. Math.-Nat. Kl. 1913: 1–123 (1914).
– Contributiones ad floram Asiae interiores pertinentes. I: Chlorophyceen des südlichen Sibiriens und des Uriankailandes. Kgl. Norg. Vid. Selsk. Skr. Math.–Nat. Kl. 1914/15: 1–52 (1916).
– Chlorophyceae (nebst Conjugatae, Heterocontae, Charophyta). In Engler–Prantls Natürl. Pflanzenfam. 2. Aufl., Bd. 3, p. 463, Leipzig 1927.
Rabenhorst, L.: Flora europaea. Bd. 1–3, p. 391, Leipzig 1864–68.
Ramanathan, K. R.: Observations on some new or otherwise noteworthy algae from S. India. Phykos **5**: 50–57 (1966).
Reisigl, H.: Zur Systematik und Ökologie alpiner Bodenalgen. Österr. Bot. Z. **111**: 402–499 (1964).
Rich, F.: Contributions to our knowledge of the freshwater algae of Africa. II: Algae from a pan in Southern Rhodesia. Trans. Roy. Soc. South Africa **23**: 107–160 (1935).
Rino, J. A.: Subsidios para o conhecimento das algas de Portugal – IV. An. Soc, Broter. **35**: 41–72 (1969).
– Contribuicao para o conhecimento das algas de água doce de Mocambique-III. Rev. Sci. Biol. sér. A, **5**: 121–264 (1972).

Rosenberg, M.: Die geschlechtliche Fortpflanzung von *Botrydium granulatum* Grev. Österr. Bot. Z. 79:289–296 (1931).
Rostafinski, J. und M. Woronin: *Botrydium granulatum*. Bot. Z. **36**:649–671 (1877).
Ruinen, J.: Notizen über Salzflagellaten II. Arch. Protistenk. **90**: 210–258 (1938).
Scagel, R. F. und J. R. Stein: Marine nannoplankton from a British Columbia Fjord. Can. J. Bot. **39**:1205–1213 (1961).
Schiller, J.: Über neue Arten und Membranverkieselung bei *Meringosphaera*. Arch. Protistenk. **36**:198–208 (1916).
– Die planktontischen Vegetationen des Adriatischen Meeres. B: Chrysomonadina, Heterocontae, Cryptomonadinae, Eugleninae und Volvocales. 1. Syst. Teil. Arch. Protistenk. **53**:59–123 (1926).
Schmidle, W.: Bemerkungen zu einigen Süßwasseralgen. Ber. Deutsch. Bot. Ges. **21**:346–355 (1903).
Schumacher, G. J., V. J. Bellis und L. A. Whitford: Additions to the fresh-water algae in North Carolina. VI. J. Elisha Mitchell Sci. Soc. **79**:22–26 (1963).
Serbinow, J. L.: Über den Bau und die Polymorphie von *Peroniella gloeophila* Gobi. Script. Hort. Bot. Petropol. **23**:1–18 (1905).
Siemińska, J.: *Rhizochloris tatrica* n. sp. (Xanthophyceae). Acta Hydrobiol. **6**:323–325 (1964).
Skuja, H.: Vorarbeiten zu einer Algenflora Lettlands. III. Acta Hort. Bot. Latv. **2**:51–113 (1927).
– Beitrag zur Algenflora Lettlands. I. Acta Hort. Bot. Latv. **7**:1–86 (1932).
– Algae. In Handel-Mazzetis Symbolae Sinicae. **1**. (1937).
– Taxonomie des Phytoplanktons einiger Seen in Uppland, Schweden. Symb. Bot. Upsal. **9/3**:1–399 (1948).
– Taxonomische und Biologische Studien über das Phytoplankton Schwedischer Binnengewässer. Nova Acta Reg. Soc. Sci. Upsal. **16/3**:1–404 (1956).
– Alghe cavernicola nelle zone illuminate delle grotte di Castellana. Le Grotte d'Italia **2**:193–202 (1970).
Skvortzow, B. V.: Species novae et minus cognitae algarum, flagellatarum et phycomycetarum Asiae, Africae, Americae et Japoniae nec non Ceylon anno 1931–1945. Proc. Harbin Soc. Nat. Hist. et. Ethnol. **2**:7 (1946).
Smith, G. M.: Phytoplancton of the Inland Lakes of Wisconsin. 1. Wisc. Geol. and Nat. Hist. Surv. **57**:1–243 (1920).
– Freshwater algae of the United States. 2nd ed., p. 719, New York, Toronto, London 1950.
Snow, J. W.: The Plankton algae of Lake Erie with special reference to the Chlorophyceae. U. S. Fish. Comm. 1902:369–394 (1902).
– Two epiphytic algae. Bot. Gaz. **51**:360–367 (1911).
Starmach, K.: Glony roznowiciowe (Xanthophyceae) w wodách Poludniowej Polski. Frgam. Flor. et Geobot. **12**:533–547 (1966).
– Xanthophyceae. In Flora slodkowodna Polski. Bd. 7, p. 394, Warschau 1968.
Steinecke, F.: Algologische Notizen. Arch. Protistenk. **76**:589–594 (1932).
Teiling, E.: Some little known Swedish phytoplankters. Svensk Bot. Tidskr. **51**:207–222 (1957).
Thomas, D. M. und T. W. Goodwin: Nature and distribution of carotenoids in the Xanthophyta (Heterocontae). J. Phycol. **1**:118–121 (1965).
Tiffany, L. A.: The plankton of the Westend of Lake-Erie. Ohio State Univ., Franz Theodore Stone Lab., Contr. **6**:1–112 (1934)
Trenkwalder, H.: Neue Bodenalgen aus Föhrenwäldern im Raum von Brixen (Südtirol, Italien). Ber. nat.-med. Ver. Innsbruck. **62**:7–19 (1975)
Tschermak, E.: Untersuchungen über die Beziehungen von Pilz und Alge im Flechtenthallus. Österr. Bot. Z. **90**:233–307 (1941).

Villeret, S.: Une nouvelle espèce dálgue héterokontée *Gloeochloris mangenoti* n. sp. Bull. Soc. Sci. Bretagne **24**: 91–96 (1949).
Vinatzer, G.: Neue Bodenalgen aus den Dolomiten. Plant Syst. Evol. **123**: 213–235 (1975)
Vischer, W.: Experimentelle Untersuchungen (Gallertbildung) mit *Mischococcus sphaerocephalus* Vischer. Arch. Protistenk. **76**: 257–273 (1932).
– Über Heterokonten und heterokontenähnliche Grünalgen (*Bumilleriopsis, Heterothrix, Heterococcus, Dictyococcus, Muriella*). Ber. Schweiz. Bot. Ges. **45**: 372–410 (1936).
– Über einige Heterokonten (*Heterococcus, Chlorellidium*) und ihren Polymorphismus. Ber. Schweiz. Bot. Ges. **47**: 225–250 (1937).
– Zur Kenntnis der Gattung *Botrydium*. Ber. Schweiz. Bot. Ges. **48**: 538–561 (1938).
– Heterokonten aus alpinen Böden, speziell dem Schweizer Nationalpark. Ergebnisse wiss. Unters. Schweizer Nationalparks **1**: 481–512 (1945).
Vlk, W.: Über die Struktur der Heterokontengeißeln. Beih. Bot. Centralbl. **47/I**: 214–220 (1931).
Wawrik, F.: Planktonorganismen aus Waldviertler Fischteichen II. Arch. Protistenk. **106**: 369–377 (1963).
West, W. und G. S.: Algae from Centralafrika. J. Bot. **35**: 377–384 (1898).
– Notes on freshwater-algae 3. J. Bot. **41**: 76 (1903).
Wichmann, L.: Studien über die durch H-Stückbau der Membran ausgezeichneten Gattungen *Microspora, Binuclearia, Ulotrichopsis* und *Tribonema*. Pflanzenforschung Bd. 20, p. 110, Jena 1937.
Wille, F. N.: Ferskvandsalger fra Novaja Semlja af Dr. F. Kjellman paa Nordenskiölds expedition 1875. Öfvers. Kgl. Vet. Ak. Förh. Stockholm **75**: 13–74 (1897).
Williams, E. G.: Notes on three algae of small bodies of water. Br. phycol. Bull. **3**: 337–342 (1968).
Zeitler, I.: Untersuchungen über die Morphologie, Entwicklungsgeschichte und Systematik von Flechtengonidien. Österr. Bot. Z. **101**: 453–487 (1954).

Namensverzeichnis

(Die *kursiv* gedruckten Namen sind Synonyma.)